电力系统分析(SI 版)

Power System Analysis

John J. Grainger
[美] William D. Stevenson 著
Gary W. Chang

王 晶 孙向飞 译

電子工業出版社
Publishing House of Electronics Industry
北京·BEIJING

内容简介

本书是美国“电力系统分析”的经典教材，该版本为SI版(国际单位制版)。全书涵盖了电力系统分析的基本主题，包括现代电力系统的演变、主要元件、控制与运行，电网的分散管理和智能电网的概念。主要内容为：电力系统分析中单相和三相交流电路的基本原理；变压器和同步电机的稳态运行分析；输电线路的参数推导；不同长度线路的等效电路模型；网络分析；故障分析和对称分量法；保护原理和保护设备；发电机组的调度问题和现代自动发电控制；电力系统遭受不同扰动时发电机的行为。同时，本书有大量的讨论和案例，各章附有习题。学生可以借助MATLAB的图形用户界面开发环境(GUIDE)对习题进行分析，从而了解电力系统分析的基本概念。

本书适合作为“电力系统分析”课程的专业教材，以供电气工程与自动化、能源与动力等电气类专业的本科生或研究生学习，也可供电气工程师参考。

图书在版编目(CIP)数据

电力系统分析:SI版/(美)约翰·J. 格兰杰(John J. Grainger),(美)威廉·D. 史蒂文森(William D. Stevenson),(美)张文恭著;王晶,孙向飞译. —北京:电子工业出版社,2022.10
书名原文:Power System Analysis

ISBN 978-7-121-44458-6
Ⅰ. ①电… Ⅱ. ①约… ②威… ③张… ④王… ⑤孙… Ⅲ. ①电力系统-系统分析-高等学校-教材 Ⅳ. ①TM711

中国版本图书馆CIP数据核字(2022)第197913号

责任编辑:杨 博
印 刷:三河市鑫金马印装有限公司
装 订:三河市鑫金马印装有限公司
出版发行:电子工业出版社
北京市海淀区万寿路173信箱 邮编:100036
开 本:787×1092 1/16 印张:29.5 字数:755千字
版 次:2022年10月第1版
印 次:2022年10月第1次印刷
定 价:99.00元

所购买电子工业出版社图书有缺损问题,请向购买书店调换。若书店售缺,请与本社发行部联系,联系及邮购电话:(010)88254888,88258888。
质量投诉请发邮件至 zlts@phei.com.cn,盗版侵权举报请发邮件至 dbqq@phei.com.cn。
本书咨询联系方式:yangbo2@phei.com.cn。

译　者　序

智能电网、可再生能源、电力市场、通信和控制技术的发展给电力系统带来新的挑战和机遇。熟悉并掌握这些新技术成为现代电气技术人员的一个基本要求。

本书是北卡罗来纳州立大学荣誉教授 John J. Grainger 和已故的 William D. Stevenson 教授所著的《电力系统分析和电力系统元件》一书的改版。它不但对电力系统的基本原理和方法进行了详细介绍，而且对电力系统的新发展和新概念进行了综述。此外，书中还提供了大量配套的讨论、案例和练习题。读者可以借助 MATLAB 的分析能力，深入了解电力系统分析的基本概念。

本书由我（浙江工业大学信息学院王晶博士）和昆明理工大学电力学院孙向飞博士合译。其中，我负责全稿初译工作，孙向飞博士负责继电保护相关的翻译工作。

本书的翻译工作历时一年多，交稿时百感交集。整个过程时间太长、变化太快、挑战太多。所幸朋友多方支持和帮助，使我在斗转星移、昨是今非、沧海桑田中学会坚强。感谢孙向飞博士在我最需要的时候鼎力相助，感谢 Martha、Emma 给予的无微不至的照顾，感谢我年迈的父母永远欣赏、慈爱的关注，感谢杨博编辑给予的无条件协助。

最后，感谢我的丈夫和一对可爱儿女的陪伴及坚定不移的支持。

由于本书涉及电力系统的各个领域，内容非常丰富，而译者水平有限，难免存在错误和疏漏的地方，希望得到读者的不吝赐教。

王晶于杭州

前　言[1]

过去的二十年间，现代电力系统发展迅速，传统的电力设施捆绑服务发展成一个宽松的市场化环境。大型集中式的化石燃料发电发展成利用可再生能源的小型分布式发电。由于电网实时监控和控制的需要，电力系统的智能化运行已从依靠运行人员的、基于经验的经典信息和通信技术时代发展到智能电网时代，从而避免了大范围停电，并给系统带来了实时控制的能力。虽然现代电力系统日趋复杂，但对系统可靠和高效运行的要求仍然保持不变。

本书是北卡罗来纳州立大学荣誉教授 John J. Grainger 和已故的 William D. Stevenson 教授所著的《电力系统分析和电力系统元件》一书的改版。为了与电力工程的最新发展保持同步，作者对原书的内容进行了修订，加入了一些新的内容，从而向正在学习电力系统的本科生或研究生提供全面而基础的知识，以帮助他们了解当今电力系统分析遇到的主要问题。本书通过对实际案例的分析，使读者能深入理解现代电力系统元件的基本原理，包括发电、输电、运行和控制。

本书的第 1 章简要介绍了现代电力系统的主要研究内容，包括现代电力系统的演变、主要元件，以及控制与运行。本章还对电网的分散管理和智能电网的概念进行了介绍。第 2 章对单相和三相交流电路的基本原理进行了介绍。第 3 章对变压器和同步电机的稳态运行进行了分析。第 4 章对输电线路的参数进行了推导，第 5 章对不同长度的线路建立了等效的电路模型。第 6 章介绍了网络分析的原理，以形成用于潮流分析的节点导纳矩阵和阻抗矩阵。第 7 章介绍了几种常用的潮流分析方法，第 8 章到第 10 章研究故障分析和对称分量法，对电力系统在异常状态下短路电流和电压的计算进行了分析。第 11 章着重介绍保护原理和对电力系统不同元件进行保护的设备。第 12 章在考虑输电线路损耗的情况下，讨论了发电厂内及不同发电厂之间发电机组的经济调度问题，同时介绍了电厂的现代自动发电控制。第 13 章重点分析了电力系统遭受不同程度的扰动时发电机的行为，首先分析了经典的两机问题，然后提出了暂态稳定分析的数值方法。

本书在各章结尾处提供了实例、复习题和习题。本书中的大多数实例都附有在 GUIDE(图形用户界面开发环境)下开发的 MATLAB 程序，以方便读者理解基本概念，并通过软件包学习仿真技术。MATLAB 可以帮助读者轻松、快速地计算电力系统中的问题。手工计算结果也可以通过该工具建模来验证。MATLAB 可以实现对不同向量矩阵和数值分析方法的处理，并获得电力系统问题的解决方案。建议读者进入在线学习中心时，使用 MATLAB 2013a 或更新的版本。

① 本书译者针对部分与国内情况不一致的内容和知识点进行了修改。本书部分符号正、斜体与原书保持一致。

在本书的成书过程中，我要感谢我的研究生，Bob Chang，Shone Chen，Jian-Hua Chiao，Cheng-Yu Yu，Zoe Tang，Jeffrey Chen，Yi-Ying Chen，Henry Hong，Derek Yeh，Yu-Luh Lin，Jou-Wen Chen 和 Sandy Lin。感谢他们热心地参与 MATLAB 代码和其他习题的编写。

同时，感谢我的妻子 Fu-Nien，她对我的这个长期项目给予了极大的支持。感谢我的儿子 Brian 和我的女儿 Emily 在我成书过程中表现的耐心和帮助。

除了 McGraw-Hill 教育(亚洲)公司和几位匿名审稿者对本书提供的宝贵意见和建议，我还要感谢中国台湾电力公司向本书提供了各种设备的照片。

Gary W. Chang，博士，高级工程师　IEEE 会士

作 者 简 介

Gary W. Chang 分别于 1982 年、1988 年和 1994 年获得台湾台北理工学院的电气工程学士学位、台湾清华大学的硕士学位和得克萨斯大学奥斯汀分校的博士学位。

Chang 博士于 1994—1995 年期间在美国加州担任顾问职务，并参与美国电力科学研究院的电能质量项目，以及太平洋瓦电公司的配电自动化项目。1995—1998 年，他任职于美国明尼苏达州的西门子输配电有限责任公司，并负责全球电网能源管理系统项目的资源调度。Chang 博士于 1998 年 8 月加入中国台湾中正大学电气工程系，并于 2005 年晋升为正教授。2010 年后，他成为该学校的杰出教授。

Chang 博士在学术界和工业界都很活跃。他的论文不但发表在电力工程领域的众多杂志和国际会议上，而且也成为技术报告和教材的内容。Chang 博士是电力工程领域的多个国际期刊的编辑。他也是 IEEE 电力和能源学会台北分会的前任主席。2001 年后，他在 IEEE 电力和能源学会的输电和配电委员会和电能质量小组委员会中担任过多个领导职务。他是 IEEE 会士，同时也是在美国明尼苏达州注册的专业工程师。

John J. Grainger 是北卡罗来纳州立大学电气和计算机工程学院的名誉教授。他本科毕业于爱尔兰国立大学，之后在威斯康星大学麦迪逊分校获得硕士和博士学位。

Grainger 博士是北卡罗来纳州立大学电力研究中心的创始人，该中心联合院校和工业界，对电力系统工程进行合作研究。他主要负责该中心的输电和配电系统规划、设计、自动化和控制，以及电力系统动态特性的项目研究。

Grainger 教授还任教于威斯康星大学麦迪逊分校、伊利诺伊理工学院、马凯特大学和北卡罗来纳州立大学，并在爱尔兰供电局、芝加哥的英联邦爱迪生公司、密尔沃基的威斯康星电力公司、罗利的卡罗来纳电力照明公司分享了他的行业经验。Grainger 博士是旧金山的太平洋瓦电公司、罗斯密的南加州爱迪生公司等多家电力行业组织的活跃顾问。他曾参加的教育和技术协会包括 IEEE 电力和能源学会、美国工程教育学会、美国电力会议、国际配电会议(CIRED)和国际大型电力系统理事会(CIGRE)。

Grainger 博士在 IEEE 电力和能源工程协会期刊上发表了很多论文。1985 年，他获得 IEEE 输电和配电委员会颁发的最佳论文奖。1984 年，Grainger 教授获得爱迪生电气研究所的 EEI 电力工程教育奖。

作者简介

目　　录

第1章 背　　景

电力系统是人类有史以来最复杂的基础设施之一。住宅、商业和工业用户都需要用电，因此保证能源的可持续发展是一个国家生活水平持续提高的必要条件。此外，在保护环境的前提下保证电能的质量和供电的可靠性也意义重大。因此，电力系统需要高素质的工程师不断研究和利用各种新技术，从而解决电力工业面临的各种问题。

电力系统是一种转换和传输能量的手段，它实现对能量的即需即用。现代电力系统包含5个关键部分：发电厂、变电站、输电网、配电网和负荷。发电机将各种能源转换为电能。变压器改变输入和输出端口上的电压和电流等级。变压器和输电线路实现对电能的输送和分配，它们或者直接向电力用户供电，或者通过互联系统向其他电力系统供电。配电系统实现所有负荷与变电站的连接，其中变电站用于进行电压变换和实现开关功能。

本书旨在介绍现代电力系统分析所使用的方法。首先对电力系统的发展进行综述，然后对输电网、系统运行和控制相关的主题进行讲解。

1.1 电的发展简史

电磁的研究始于英格兰的 William Gilbert，1600 年，他在 *De Maganete* 一书中详述了他多年的研究成果，并创造了用于描述电的术语——“电子”。1663 年，德国的 Otto von Guericke 建造了第一台静电发电机，它通过摩擦一个旋转的硫磺球得到静电。1729 年，英格兰的 Stephen Gray 发现了电的传导性。1733 年，法国的 Charles Francois du Fay 提出，电有两种形式，即负电荷和正电荷。1745 年，荷兰物理学家 Pieter van Musschenbroek 发明了最早的电容器，它被称为莱顿罐，用于储存和释放电荷。1752 年，Benjamin Franklin 发现闪电就是电流，之后他发明了避雷针，这成为第一个实用的电力案例。1785 年，法国 Charles-Augustin de Coulomb 在他的研究报告中描述了电和磁的相互作用规律，并且成功地设计了一种仪器，以观察仪器表面的电流分布。因为该项研究的重要性，后人以他的名字来命名电量的单位库仑(C)。

在 Coulomb 之后，英格兰的 Henry Cavendish、意大利的 Luigi Galvani 和 Alessandro Volta 对电的实用化都做出了重大贡献。1747 年，Henry Cavendish 发表了不同材料导电率的测定结果，1786 年，Luigi Galvani 证明了神经脉冲的电学基础。1800 年，Alessandro Volta 制造出电流桩并首次发明了实用的发电方法。该发明被认为是第一个能够提供可靠、稳定电流的电池，它使研究人员能够探讨更多的电磁现象。为了表彰他的贡献，电压的单位被命名为伏特(V)。

1820 年，丹麦的 Hans Christian Oersted 发现电流在导线中流动时，导线会发热，同时附近的罗盘指针会发生偏移。同年，法国的 André-Marie Ampère 提出，当电流流过两根长直平行导线时，导线之间的作用力与它们之间的距离成反比，与流经它们的电流强度成正比。后来，电流的单位就以他的名字命名为安培(A)。1827 年，德国的 Georg Simon Ohm 通过电化学实验发现了电压、电流和电阻之间的基本关系，即欧姆定律。1831 年，英格兰的

Michael Faraday 通过一系列实验发现了电磁感应现象。他的实验结果带来了现代电动机、发电机和变压器等电力设备的产生。1832 年，Faraday 证明了由电磁产生的感应电、由电池产生的伏打电和静电的性质相同。大约同一时间，美国科学家 Joseph Henry 发现了电磁自感现象，他被认为是电动机的发明者。随后以他的名字命名了电感的标准单位亨利(H)。受 Faraday 的启发，苏格兰的 James Clerk Maxwell 在 1864 年证明了电场和磁场之间的微妙关系，即麦克斯韦方程，该方程还意外地与光速建立了联系。由此产生出光是电磁现象的想法，随后得到电的移动速度接近于光速的结论。图 1.1 所示为电学认知过程中的基础里程碑。

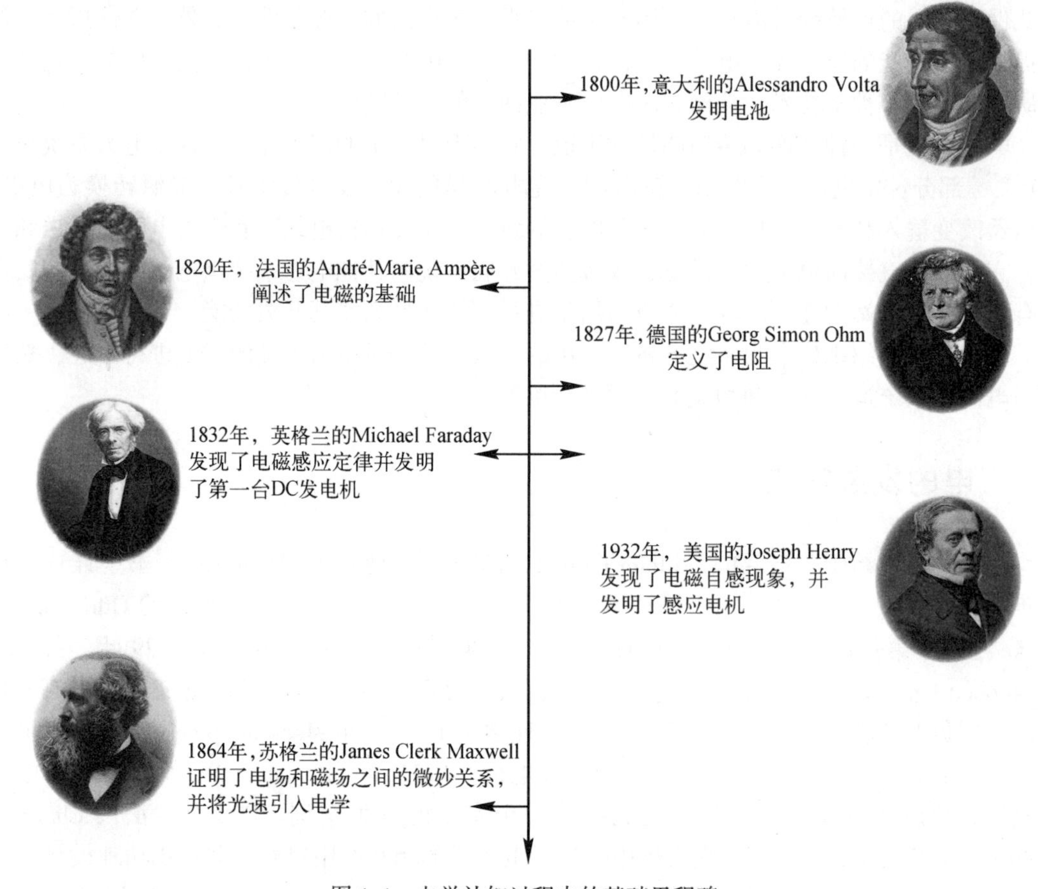

图 1.1　电学认知过程中的基础里程碑

1.2　现代电力系统的演变

1878 年，Thomas Edison 发明了白炽灯，1882 年，他在曼哈顿珍珠街建立了集中式低压直流(DC)发电厂，向 225 间住宅中的 5000 盏电灯供电，随后，电气化的发展使人类生活进入了一个崭新的时代。1881—1884 年，法国的 Lucien Gaulard 和英国的 John Dixon Gibbs 对变压器的优点，即改变电压，进行了证明。同一时间，George Westinghouse 正密切关注欧洲交流(AC)输电的发展。1885 年，当 Westinghouse 得到 Gaulard-Gibbes 在美国的专利权后，立即开始发展交流系统。1885—1886 年的冬天，Westinghouse 的早期合伙人 William Stanley，对变压器进行了改造和测试，他在位于马萨诸塞州大巴灵顿的实验室里铺设了第一个实验用的交流配电系统，向镇上的 150 盏电灯供电。美国的第一条交流输电线路于 1890 年投入运行，它利用威拉米特河瀑布进行水力发电并将产生的电能输送到 13 英里外俄勒冈州的波特兰。之后，业界对采用直流还是交流进行输电的问题展开了激烈的争论，直到 1896 年，Westinghouse 和 Nikola Tesla 在尼亚加拉大瀑布上修建了第一个水电站，它将交流电力输送到 26 英里之外的纽约水牛城，这标志着交流系统的最终胜出。

最早的输电线路是单相线路，主要用于照明供电。最早的电动机是单相电机，不过，Nikola Tesla 在 1888 年 5 月 16 日发表了一篇关于两相感应同步电动机的论文。这使得多相电机的优点得以凸显，1893 年在芝加哥的哥伦布博览会上，两相交流配电系统也公之于世。此后，交流输电(特别是三相交流输电)系统逐渐取代了直流输电系统。截至 1894 年 1 月，美国一共有 5 个多相发电厂，其中 1 个采用两相发电，其余 4 个电厂均为三相发电。当时大部分电能都采用交流输电方式，这是因为变压器能使输电电压高于电源电压或用户电压，所以交流输电系统能输送更多的电能。

直流输电系统中，交流发电机通过变压器和整流器向直流线路供电，在直流线路的末端逆变器将直流电变换为交流电，然后再由变压器进行降压。通过在直流线路的两端加装整流和逆变装置，电力可以实现双向输送。研究表明，在长距离输电的场合，直流架空线路比交流线路的性价比更高。此外，直流输电系统能够连接非同步运行的电力系统(例如，50 Hz 和 60 Hz 系统)。欧洲的输电线路通常都比美国长得多，而且欧洲很多区域的直流输电线路既有地下铺设方式，也有架空线路方式。在加利福尼亚州，通过沿着海岸线的 500 kV 交流线路可以将大量的水电从太平洋西北部输送到加利福尼亚州的南部，也可以通过内华达州的 800 kV(线间电压)直流输电线路将水电送达更远的内陆。

在交流输电的早期，美国曾疯狂地提升电压等级。1890 年，威拉米特-波特兰线路的电压等级是 3300 V。1907 年，线路的电压等级到了 100 kV。1913 年，电压上升到 150 kV，1923 年为220 kV，1926 年为 244 kV，1936 年，胡佛水坝-洛杉矶的线路投入运行时，线路电压为287 kV。1953 年建成了 345 kV 的线路。1965 年投入运行了 500 kV 线路。4 年后的 1969 年，第一条765 kV线路开始运行。20 世纪 70 年代开始盛行对 1000 kV 及以上电压等级的研究。但是，由于成本高昂，目前 1000 kV 及以上电压等级的商用电力系统已很少见。从 20 世纪 90 年代开始，美国和其他许多国家放宽了对电力市场的管制，输电业务与配电业务开始分离[①]。图 1.2 所示为现代电力工业形成过程中的里程碑。

美国早期的电力系统是分地区建立的，因此，截至 1917 年，这些系统都在各自区域内独立运行。但是，随着对功率需求和可靠性要求的不断提高，电气工程师们开始探讨相邻系统互联的可能性。第一，系统互联的性价比很高，投入少量的发电机就能满足轻载或空载的需要，同时互联系统可以共用备用发电机以满足峰荷或负荷的突然增加(用于支撑这一类负荷增长的备用通常称为旋转备用)。第二，系统互联可以减少发电机的数量，因为电网通常可以从互联的其他电网获得额外的电力供应。第三，系统互联可以充分利用最经济的能源。甚至，在某些时段内系统可以选择由其他系统供电，因为向其他供应商购电的成本远小于自

① 1949 年之前，我国的电力工业发展缓慢，输电线路建设同样迟缓，当时的电压等级按具体的工程需求决定。1908—1943 年，我国分别有 22 kV、33 kV、44 kV、66 kV、110 kV 和 154 kV 电压等级的输电线路。1949 年以后，我国开始按电网发展规划统一电压等级，之后逐渐形成了经济合理的电压等级序列。1981 年以前，我国主要以 220 kV 电压等级的电网为骨干网架。1981 年以后，随着我国第一条 500 kV 交流输电系统(平武线)的建成，开始形成了以 500 kV 和 330 kV 为主要网架的超高压电网。目前，面临大规模、远距离输电以及全国联网的需要，我国正在进行 1000 kV 交流和±800 kV 直流特高压输电试验示范工程的建设，并建立了用于深入研究的特高压试验研究基地。——译者注

己发电。目前，互联系统中不同电网之间交换电能已经成为一种常态。

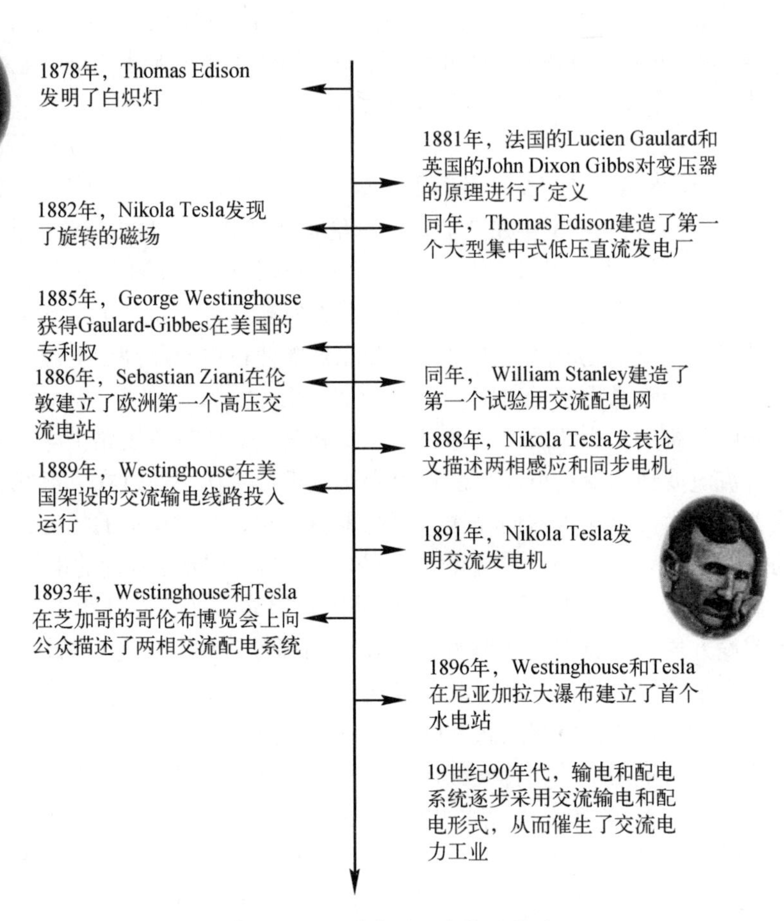
1878年，Thomas Edison
发明了白炽灯
1881年，法国的Lucien Gaulard和
英国的John Dixon Gibbs对变压器
的原理进行了定义
1882年，Nikola Tesla发现
了旋转的磁场
同年，Thomas Edison建造了第一
个大型集中式低压直流发电厂
1885年，George Westinghouse
获得Gaulard-Gibbes在美国的
专利权
1886年，Sebastian Ziani在伦
敦建立了欧洲第一个高压交
流电站
同年，William Stanley建造了
第一个试验用交流配电网
1888年，Nikola Tesla发表论
文描述两相感应和同步电机
1889年，Westinghouse在美
国架设的交流输电线路投入
运行
1891年，Nikola Tesla发
明交流发电机
1893年，Westinghouse和Tesla
在芝加哥的哥伦布博览会上向
公众描述了两相交流配电系统
1896年，Westinghouse和Tesla
在尼亚加拉大瀑布建立了首个
水电站
19世纪90年代，输电和配电
系统逐步采用交流输电和配
电形式，从而催生了交流电
力工业

图 1.2　现代电力工业形成过程中的里程碑

互联系统也带来了许多新问题。不过，大部分新问题都得到了妥善解决。互联系统使得电流增大。当系统发生短路时，断路器将动作以中断该电流。如果互联系统联络节点上没有安装合适的继保装置和断路器，那么任何一个系统中由于短路造成的扰动都会扩散到互联系统的其他部分。互联系统以及互联系统中所有同步发电机的额定频率都必须相同。

在规划电力系统的运行、改造和扩容时，需要考虑负荷、故障计算、保护(用于防止系统遭受闪电、开关浪涌及任何短路的影响)，以及系统的稳定性。在分析系统的运行效率时，需要确定任一时刻总发电量在各个电厂及电厂中各个机组单元之间的分配。

本章首先介绍发电、输电和配电的基本概念，然后对上文中的问题进行简单分析。最后，本章还将阐述计算机在电力系统规划和运行上的巨大贡献。

1.3　发电和电力需求

发电厂生产电能以满足各种负荷需求(即各种活动需要或者消耗的电能)，同时保持整个电网电压和频率的稳定。发电厂的发电机组可以按燃料进行分类。不可再生的能源包括化石燃料和核燃料，使用这一类燃料的电厂称为火力发电厂，它通过汽轮机和(或)燃气轮机带动发电机产生电能。可再生能源主要包括水力、风力、太阳能、生物能和地热能。图 1.3 和图 1.4 分别为化石燃料发电和联合循环发电的典型结构。

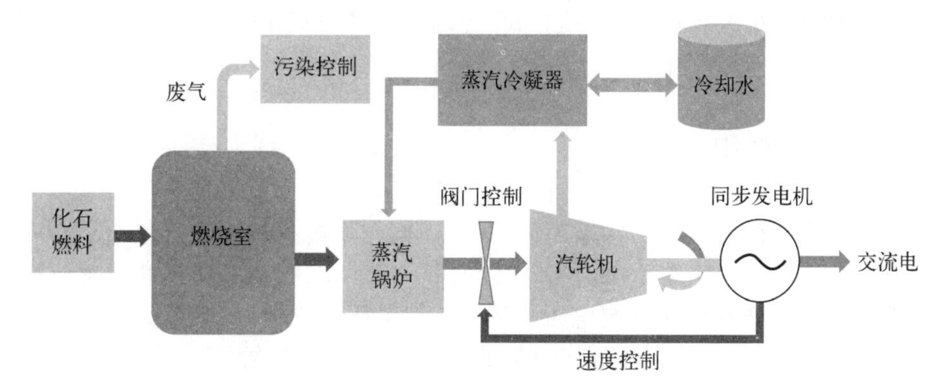

图 1.3　化石燃料发电的典型结构

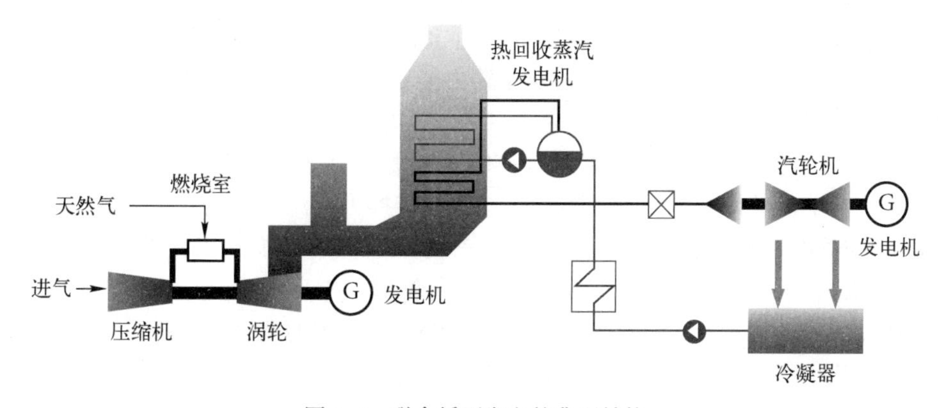

图 1.4　联合循环发电的典型结构

全球的电力需求极大，而且这种需求还在迅速增长，导致消耗的化石燃料也与日俱增。不过，在过去的几十年间，全球的主要发电燃料已经发生了很大的变化。统计数据显示，尽管在 20 世纪 70 年代至 20 世纪 90 年代期间，依靠核电和天然气的发电量持续增长，但煤炭仍然是最常用的燃料。由于受到 20 世纪 70 年代中期石油危机的影响，依靠石油的发电量持续下降。

因为化石燃料价格太高，同时温室气体(主要是二氧化碳)的排放对环境造成了很大的影响，所以业界掀起了一股狂潮，大力研究能替代化石燃料的能源(特别是可再生能源)。在这些可再生能源中，风力和太阳能的增长最快，天然气排名第二。燃煤发电在未来的一段时期内仍然占据主导地位，但随着全球对温室气体排放的限制，以及天然气成本的降低(因为页岩气生产技术的不断进步)，上述情况可能会大为改观。核能发电在 2010 年之前是一个热门的选择，但是在福岛核电站事件之后，很多国家开始重新考虑原有的核电政策，有些国家甚至取消了这些政策。尽管如此，受环境问题和能源安全性问题的影响，未来核能发电仍然会得到持续发展。

虽然可再生能源在环保方面优势明显，但在短期内，大多数可再生能源技术都无法与化石燃料的性价比相抗衡(不包括电价特别高或者政府提供奖励的场合)。风力和太阳能都是间歇性能源，它们只有在资源充沛时才能被利用。一般而言，风电场和光伏电站的运行成本低于传统热电厂；但是，风电场和光伏电站的工程造价高昂，因此建造和经营可再生发电厂的成本很高。此外，由于风力和太阳能并不是随时随地唾手可得的能源，电气工程师们很难控制它们，因此它们并不是可靠的发电方式。为了缓解上述间歇性问题，可以采用高性价比的储能新技术，以及分布式风力和太阳能发电场的方式。

1.4 输电、配电和变电站

大型同步发电机的端电压通常不超过 30 kV。汽轮发电机的额定容量可达 2000 MVA。发电机的输出频率为 50 Hz 或 60 Hz，其中北美、中美洲和亚洲一些国家通常使用 60 Hz。对于大多数国家，低压指的是额定电压小于 1 kV，中压的范围为 1~69 kV。在美国，输电线路上的电压通常大于 69 kV，低于 69 kV 的电压被认为是配电电压。通常情况下，发电机的输出电压需要升压到 115~765 kV 或更高。美国标准的高压(HV)为 115 kV、138 kV、161 kV 和 230 kV，超高压(EHV)为 345 kV、500 kV 和 765 kV[①]。

实际运行中，已经有 1000 kV 输电线路(通过 1200 MVA 升压变压器升压)。1100~1500 kV 的超高压(UHV)电压等级也在研究中。对于输电能力达 MVA 级的线路，提高输电线路电压等级的优势很明显。

不过，从 20 世纪 90 年代起，利用直流输送电力的高压直流输电系统(HVDC)更为普及。高压直流输电的关键技术是在送电端将交流电转换为直流电，然后在受电端将直流电变换回交流电。送电端和受电端都通过变换站来完成电力的转换。当代技术已经可以实现 ±800 kV 的直流输电。随着发电厂离负荷中心越来越远，当高压交流系统(HVAC)的传输距离大于 600~800 km(海底电缆超过 50 km)时，或者不同频率的电网需要进行互联时，高压直流输电的性价比更高。研究表明，直流输电系统被越来越多地应用于大型输电或海上风力发电的输送中。

在人口密集的地区或者无法架设架空线路的场合(由于空间限制或施工困难等原因)，通常使用地下电缆来构建输电网。地下电缆埋入大地时，必须使用绝缘材料。近年来，固体绝缘电缆主要使用额定电压 500 kV 的交联聚乙烯绝缘技术。800 kV 交流电缆的研发情况也有见诸报端。

输电电压第一次降压发生在大型变电所中，输电电压被降至 34.5~138 kV(由输电线路的电压等级决定)，并向某些工业用户直接供电。第二次降压发生在配电站中，线路电压被降至 4~34.5 kV 左右(通常为 11~15 kV)，对应的系统被称为主配电系统。例如，12470 Y/7200 V 的主配电系统，表示线电压为 12470 V，线对地或者线对中性点的电压为 7200 V。还有一种应用不太广泛的、电压等级更低的主配电系统，其电压为 4160 Y/2400 V。大多数工业负荷都由主配电系统供电，此外，主配电系统还通过配电变压器的二次侧向住宅区提供单相、三线电能。例如，二次侧的连接方式为：两相导线之间的电压为 240 V，第三相导线接地，其他两相导线对地电压为 120 V。另外，二次侧电路还有额定值为 208 Y/120 V 或 480 Y/277 V 的三相、四线系统。图 1.5 所示为包含不同电压等级的现代电力系统的概貌。

---

① 在我国，标准的高压通常指的是 110 kV 和 220 kV，超高压指的是 330 kV、500 kV 和 750 kV，特高压电网中的电压指的是交流 1000 kV 和直流±800 kV。——译者注

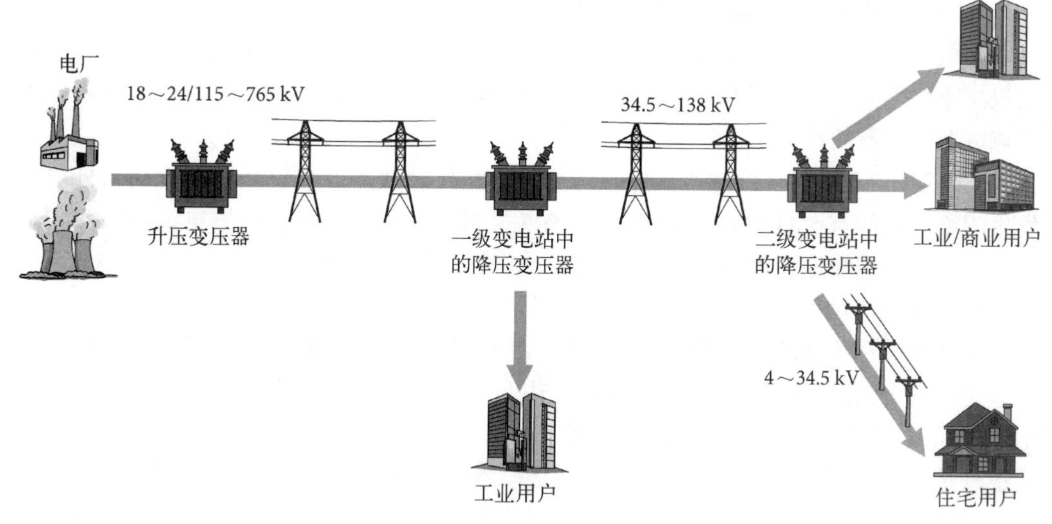

图 1.5　包含不同电压等级的现代电力系统的概貌①

1.5　负荷研究

负荷研究是为了确定正常运行条件下电网各节点的电压、电流、有功功率、无功功率或功率因数。负荷研究对于系统的发展规划至关重要，因为新负荷、新发电站及新输电线路都会影响系统的正常运行。

复杂系统的潮流计算(或负荷潮流)可以利用数字计算机完成。例如，分布式计算机可以对包含上万个节点和线路的系统进行实时潮流计算。

需要强调的是，对电力系统进行分析是系统规划中一个非常重要的内容，因为这些系统一旦规划好，可能会在 10~20 年内保持不变。在负荷中心还没有建立前，电力公司就需要清楚地知道发电厂厂址可能存在的问题，并提前完成线路的优化，以期向日后新建成的负荷中心供电。我们将在第 7 章学习基于计算机的潮流计算。

1.6　故障计算

电路的故障是指对正常电流造成干扰的任何事件。大多数 115 kV 以上输电线路的故障都是由闪电引起的，它会导致绝缘子闪络。导线与接地杆塔之间存在的高电压可能会引发电离现象，并为雷击电荷提供接地通路。一旦导线与大地之间建立了电离路径，导线中的电流将通过这条低阻抗的电离路径流向大地，然后通过大地流到变压器或发电机的接地中性点，从而形成完整的通路。和接地无关的线间故障在实际运行中相对较少。

断路器动作并将故障线路与系统中的其余部分隔离可以实现电离路径的中断并去游离。

① 我国电压等级少，因此配电层次简单。目前，除西北电网外，大部分电网的电压等级都是 500/220/110/35/10/0.38 kV，西北电网的电压等级分别为 750/330/110/35/10/0.38 kV 和 220/110/35/10/0.38 kV。电能送到负荷中心后，首先经过地区变电站将电压降低到 10 kV，然后再由 10 kV 配电线路输送到配电变压器，最后经过配电变压器将电压变成 0.38 kV 后向电力用户供电。单相用户得到的是相电压为 220 V 的民用交流电。——译者注

去游离的时间大约为 20 个周期，之后断路器重合闸，通常不会再次引发电弧。实际运行中可以对输电线路进行超高速重合闸，但如果是永久性故障，那么不管开关如何投切，重合闸都无效。永久性故障的原因有很多，比如线路接地、冰荷导致的绝缘子串破损、杆塔的永久性损坏以及避雷器故障等。

经验表明，70%~80%的输电线路故障都是单相接地故障，也就是单相导线与杆塔和大地发生闪络。大约有 5%的故障和三相线路有关，即三相故障。其他的输电线路故障包括两相接地故障以及与接地无关的线间故障。除三相故障外，上述所有故障均为不对称故障，系统各相间不再保持对称。

断路器可以在故障后的几个周期内动作，将故障与故障两侧的线路隔离。故障发生时，电力系统中的电流既不同于断路器动作前的电流，也不同于断路器不动作(未将故障与系统其他部分隔离)而系统重新进入稳态的电流。

正确选择断路器需要考虑两个因素：一是故障发生瞬间的电流大小，二是断路器必须能切断该故障电流。通过故障计算可以确定不同故障发生时系统各处的电流。这些计算数据可以用于对继保装置进行设置，从而控制断路器的动作。

后续章节中我们将学习一种强有力的分析工具，即对称分量法。它使得对非对称故障的分析几乎和三相故障分析一样容易。同样，非对称故障计算也必须使用数字计算机。因此，我们还将学习相关的计算机基本操作。

1.7 电力系统保护

电力系统包含各种元件，如发电机、变压器、母线、输电线路、电机，以及其他设备和负荷。故障可能对电力系统的元件造成很大的破坏。因此，需要通过各种方法(例如，设备开发、保护方案设计以及大量研究)来持续提高保护的能力，从而防止故障损坏输电线路和设备，或者造成发电的中断。

电力系统中故障的持续时间通常很短，因此故障发生的几个周期后可以通过自动重合闸的方式恢复正常运行。如果故障是永久性故障，则必须隔离故障，从而维持和确保系统的其余部分正常运行。检测故障并控制断路器的设备称为继保装置。在具体应用中，需要指明各种继电器的保护区域。继电器还将作为相邻区域或故障发生区域内另一个继电器的备份，以防止相邻区域中的继保装置拒动。在随后的章节中，我们将讨论继保装置的基本特点，并对实际案例、继电器的各种应用和继电保护的演变历史进行介绍。

1.8 经济分配

有一种说法，认为传统的电力工业正在逐步丧失竞争力，这是因为美国的每个电力公司都垄断了一个地区的电力服务。不过，将新产业引入一个地区时，就会带来竞争。一方面，理想的电价是决定一个新产业选址的重要指标。当然，和迅速增加的成本和不稳定的电价(相对于经济环境稳定时的电价)相比，电价不再是最重要的因素。另一方面，电力委员会通过制定电价规则不断向各个电力公司施压，以期在生产成本日益增高的压力下赚取合理的利润并达到经济利益最大化。

经济调度可以解决上述难题，它将系统的总负荷分配给使用不同燃料的各种发电厂，从而实现最经济的运行。后续章节中我们将学习通过计算机对系统中的所有电厂进行连续控制的案例，随着负荷的变化，发电厂间的功率将达到更经济的分配。

1.9 稳定性分析

交流发电机或同步电动机中的电流受电机感应电压(或内电势)的幅值、内电势的相角(以系统中其他电机的相角为参考)，以及电网和负荷特点的影响。例如，两台交流发电机并联且空载运行时，如果它们内电势的幅值和相角都相等，那么两台发电机中的电流将为0。如果它们的内电势幅值相等，但相角不同，那么两台电机的电压差就不等于0，这时两台电机之间将出现电流，电流的大小和方向由两台电机的电压差和阻抗决定。其中一台电机相当于发电机，向另一台电机供电，而另一台电机相当于电动机，接受电能。

内电势的相角由电机转子的相对位置决定。如果发电机之间非同步，那么发电机内电势的相角将不断变化，这属于不稳定运行。只有各台电机的转速与参考转速相等且保持不变时，同步电动机内电势的相角才能保持恒定。当系统负荷(任何一台发电机带的负荷或者整个系统的总负荷)变化时，发电机的电流或者整个系统的电流都将发生变化。

如果电流的变化没有导致电机内电势幅值的变化，则电机内电势的相角必须发生变化。为了调节内电势的相角，转速需要发生短时变化，因为相角由转子的相对位置决定。当电机的相角调整到新的角度或者引起相角瞬变的扰动被清除时，电机再次恢复同步速度。系统中的电机如果不能与其他电机保持同步，将会在系统中产生很大的环流。如果系统设计合理，继保装置和断路器会将该电机从系统中切除。稳定性分析是研究系统中发电机和电动机维持同步运行的问题。

稳定性分析按照它们是否包含稳态或暂态条件进行分类。交流发电机的可输出功率和同步电动机的可承载负荷都有最大值限制，这个限制称为稳定极限。任何使发电机的机械输入功率或电动机的机械负荷超过稳定极限的变化都将导致系统不稳定。负荷突增、故障、发电机励磁丢失以及开关动作都会造成系统扰动并导致失步，有时渐变的扰动也会导致功率达到极限并造成系统失步。根据系统是突然还是逐渐到达不稳定点的情况，可以将功率的极限分别称为暂态稳定极限和稳态稳定极限。

目前有多种提高稳定性以及预测稳态和暂态情况下稳定极限的方法。后续章节中我们将学习两机系统的稳定性分析。虽然两机系统的分析比多机系统简单，但研究两机系统可以推演得到许多提高稳定性的方法。复杂的多机系统的稳定性极限预测则需要通过数字计算机完成。

1.10 电力系统运行与控制

现代电力系统信息和通信系统(SCADA/EMS)用于实现对系统的运行与控制。SCADA/EMS系统可以与其他系统集成并用于分析和决策支持。能源管理系统(EMS)是电网运营商用于监控、控制和优化发电和输电性能的计算机软件包。其中的优化软件包是高级应用程序，它是指用于发电控制和调度的应用程序的集成。图1.6所示为EMS的典型结构，它包含电网控制中心的主要功能。

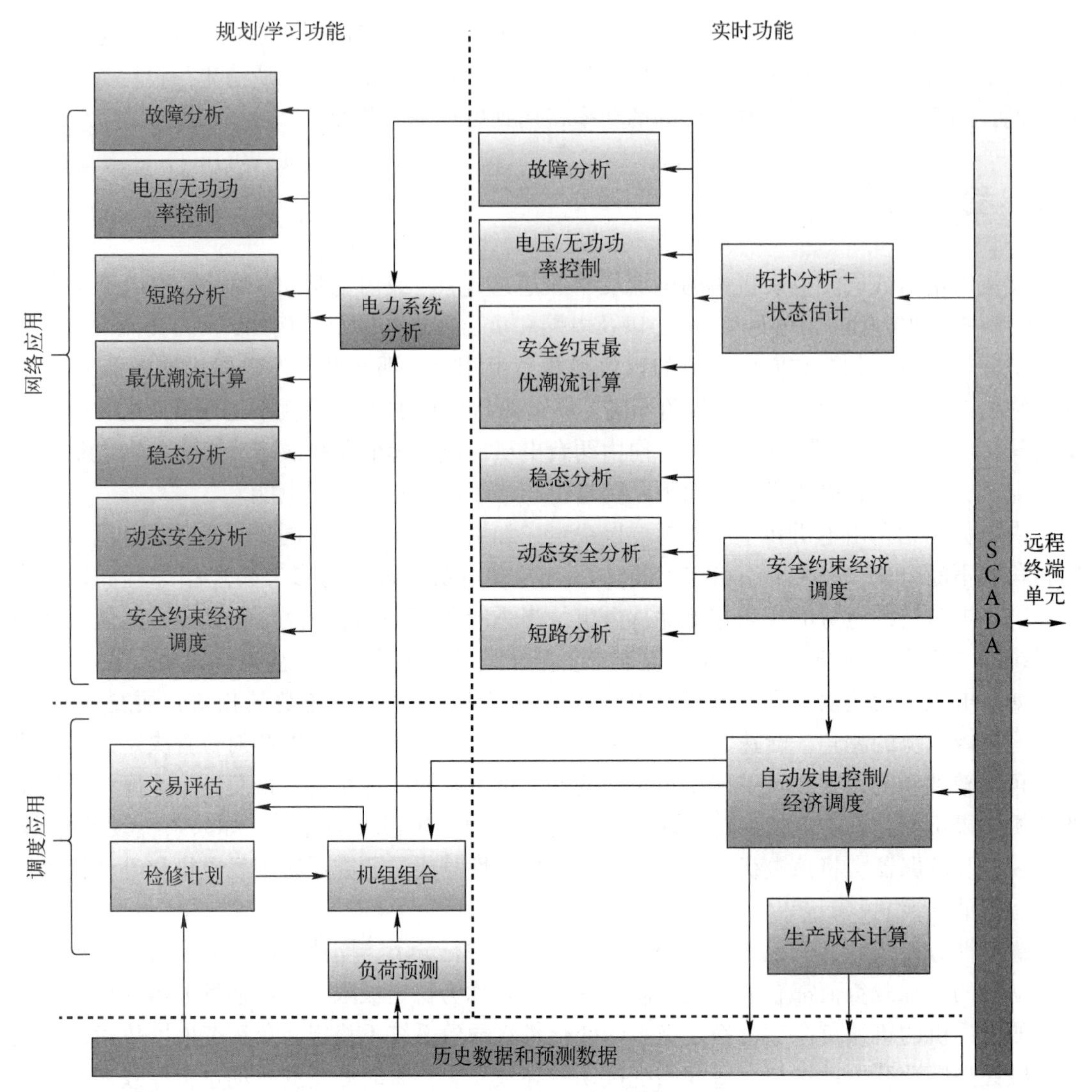

图 1.6　EMS 的典型结构

EMS 系统中的监测和控制模块称为数据采集与监视控制系统(SCADA)。SCADA 系统处理通信协议并通过 EMS 对系统进行控制。通过 SCADA 系统，运行人员能够在有人值班变电站和控制中心对无人值守的变电站进行远程控制，并从 SCADA 系统获取成功完成操作的指示。SCADA 系统还为远程运行人员提供指定设备或过程的状态，同时提供足够的信息用于激活这些设备或过程。数据采集是指对模拟电流和电压实测数据的收集，或对远程终端单元(RTU)发送的断路器状态(断开和闭合)的收集。运行人员和维修工程师通过分析这些数据实现对电网的监测，“控制”指的是将命令信号发送给需要操作的设备。

1.11　电网的去管制和重组

从 20 世纪 90 年代开始，英国、美国和世界上许多其他国家都开始放宽对电力市场的管制，输电业务与配电业务逐渐分开。许多电力公司将发电业务也进行了剥离。电力工业从一个经典的垄断结构转变为充满竞争的结构。因为独立电源供应商和电力批发市场的繁荣，发电方垄断消费者市场的经济性和效率都大不如从前。零售商自主选择电源供应商能刺激市场降低电力成本、增加发电量并提升服务。

在去管制和重组下，发电、输电和配电的垂直关系从法律上(或功能上)被拆开。批发和零售电力环节加入竞争。批发电力市场由多家发电公司组成，它们都在同一个中央池中，一旦与买家签署合同，就出售他们的电力。零售则允许用户直接从批发市场上选择电力销售商或生产商。但是，输电和配电仍然被天然垄断，因此需要监管。为了实现有效的竞争，必须通过监管来确保市场参与者平等对待并准入电网。图 1.7 所示为去管制和重组下北美电力系统的业务结构。

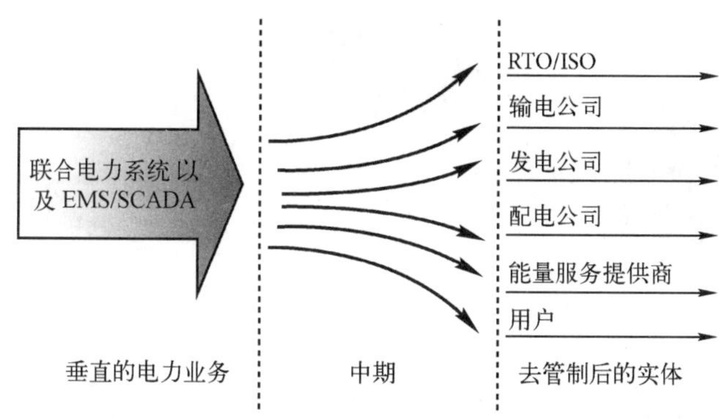

图 1.7　去管制和重组下北美电力系统的业务结构

去管制之前，通常由若干个电力公司组成联合电力系统，以平衡所辖电网中的负荷需求。联合电力系统通过制定对应的机制，实现不同电力公司之间的电力分配以及各电力公司 EMS/SCADA 系统的调度和控制。区域输电组织(RTO)负责对大型高压输电网进行协调、控制和监测，使州际的电力输送更为便利。在欧洲，输电系统运营商(TSO)执行与 RTO 类似的功能。独立系统运营商(ISO)是在美国联邦能源管理委员会(FERC)的指导和建议下形成的，它的工作与 RTO 相同，但通常只在特定的地域内进行控制。美国的电力市场分别由 10 个不同的主要的独立系统运营商(ISO)及区域输电组织(RTO)服务。

1.12　智能电网

智能电网是指 21 世纪利用计算机远程控制和自动化技术实现的输电和配电系统。实现智能电网的基础是在传统电网中采用先进的现代通信和信息技术(ICT)。

智能电网的出现与整合分布式能源资源(DER)、提高能效以及提供可靠电力供应的需求密切相关。通过 ICT 集成，可以将采集到的电力系统数据转化为有用的电网智能化信息。驱动智能电网发展的技术有 5 种，它们是集成通信、传感和测量技术、先进元件、高级控制方法以及改进的接口和决策支持。

发电、输电、配电和测量技术的有效协调能确保能源的高效利用和电力的可靠供应。例如，让 DER 并网并实现最优利用，需要利用电力系统和 DER 的实时双向通信来实现智能化的管理和元件的集成。DER 可以帮助电力系统缓解电网拥塞、满足本地负荷需求并提供优质的电力。和传统电网相比，智能电网有很多优势，包括：电力扰动后的自愈能力、授权用户积极参与的能力、应对攻击的弹性运行能力、高质量的电力供应能力、电网资产的优化能力、各种发电方式的适应能力，以及支持电力服务创新和电力市场的能力。

智能电网的主要特点之一是为各种需求提供高质量的电力。在数字经济时代，电力供应的可靠性对电力工业的可持续发展起着至关重要的作用。为了满足用户对优质电力的需求，智能电网需要能提供不同等级的电力，因此，电网必须更加智能。第一，采用广域监测和动态输送容量测量技术可以提高变电站的自动化程度，在系统故障时迅速自愈。第二，采用数字继电器和智能电子器件(IED)取代传统的保护装置，提高 SCADA 系统的管理和控制能力。此外，电力系统元件之间的传感、控制、通信机制和操作流程等应用也逐渐成为智能电网不可缺少的组成部分。新技术和新功能使得智能电网比传统的电网更具竞争力。图 1.8 所示为智能电网的覆盖范围，图 1.9 所示为传统电力系统向智能电网的演变。

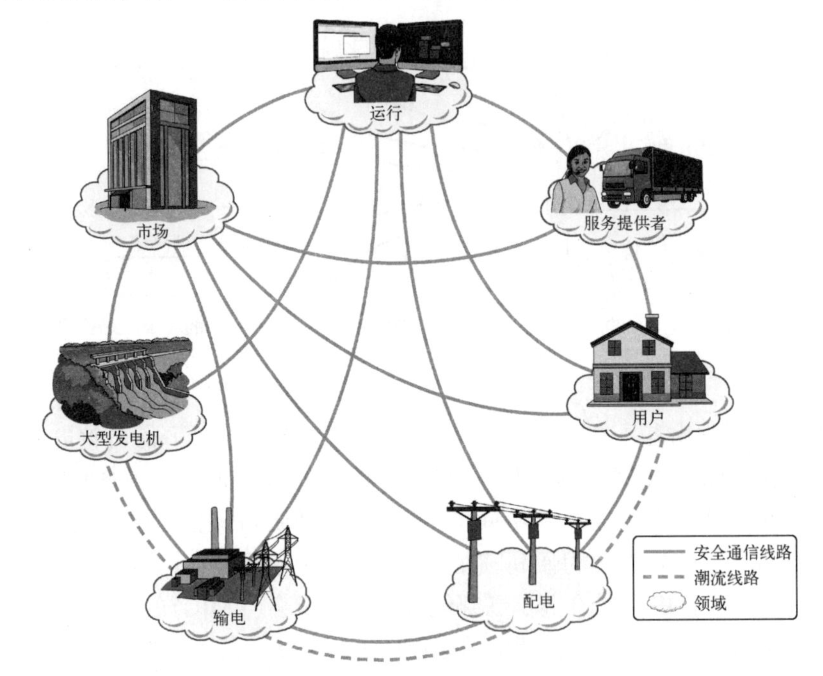

图 1.8　智能电网的覆盖范围(来源：NIST 智能电网框架 1.0)

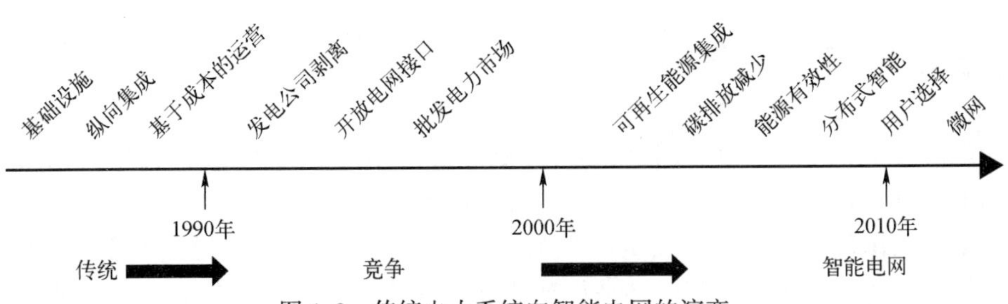

图 1.9　传统电力系统向智能电网的演变

1.13　小结

本章简要概述了电力系统的发展，对涉及现代电力系统运行、改造和扩容方面的重要问题进行了描述，并介绍了电力工业的最新发展情况。

需要强调的是，负荷研究、故障分析、稳定性分析和经济调度等内容必须掌握好，因为它们对系统的设计和可靠运行以及相关控制设备的选择至关重要。为了持续提升系统的可靠性和经济性，电气工程师们在电力系统的发展中将会面临更多的挑战。

第2章 基本概念

稳态交流电路(特别是三相电路)的分析是电气工程师必须掌握的内容。本章主要复习电路的基本知识，并学习电压、电流、阻抗和功率标幺值的概念。

2.1 引言

电力系统稳态运行时，母线电压被认为是频率恒定的纯正弦波。由于本书大部分情况下都在讨论正弦相量，因此用大写字母表示电气参数的相量。电压和电流的相量使用大写字母 V 和 I 表示(必要时使用适当的下标)，电压相量和电流相量的幅值用绝对值 $|V|$ 和 $|I|$ 表示。复数阻抗 Z 和复数导纳 Y 的幅值也使用绝对值表示。感应电压，即电动势(EMF)，使用字母 E 表示，以和两点之间的电位差相区别。

电压、电流和功率的瞬时值分别用斜体小写字母 v，i 和 p 表示。例如，瞬时电压和瞬时电流为

$$v(t) = v = 100\sqrt{2}\cos(\omega t + 30°)$$
$$i(t) = i = 5\sqrt{2}\cos\omega t$$

它们的最大值分别为 $V_{max} = 141.4$ V 和 $I_{max} = 7.07$ A。

电压和电流的最大值不用绝对值表示，直接用带下标“max”的 V 和 I 表示。电压和电流的幅值指的是均方根值(或 RMS)，它等于最大值除以$\sqrt{2}$。因此，对于上述表达式 v 和 i，有

$$|V| = 100\ \text{V}, \quad |I| = 5\ \text{A}$$

它们对应于普通电压表和电流表的测量值。RMS 也称为有效值。幅值为 $|I|$ 的电流通过电阻 R 产生的功率的平均值为 $|I|^2R$。交流电压的有效值表示电压源向电阻负荷供电的效率。交流电流的有效值表示在电阻中产生同样大小的平均功率所对应的直流电流值。

考虑到欧拉公式 $e^{j\theta} = \cos\theta + j\sin\theta$，有

$$\cos\theta = \text{Re}\{e^{j\theta}\} = \text{Re}\{\cos\theta + j\sin\theta\} \tag{2.1}$$

其中 Re 表示实部。因此电压和电流的瞬时值可以表示为

$$v = \text{Re}\{\sqrt{2}\,100\,e^{j(\omega t + 30°)}\} = \text{Re}\{100\,e^{j30°}\sqrt{2}\,e^{j\omega t}\}$$
$$i = \text{Re}\{\sqrt{2}\,5\,e^{j(\omega t + 0°)}\} = \text{Re}\{5\,e^{j0°}\sqrt{2}\,e^{j\omega t}\}$$

如果以电流为参考相量，有

$$I = 5e^{j0°} = 5\angle 0° = 5 + j0\ \text{A}$$

因为电压相角超前参考相量 30°，因此有

$$V = 100e^{j30°} = 100\angle 30° = 86.6 + j50\ \text{V}$$

当然，我们也可以选择瞬时电压 v 或电流 i 以外的量作为参考相量，这时，电压 v 或电流 i 的相量中将包含其他角度。

电路图中，通常电压终端的极性用+/−符号来表示，电流的正方向用箭头表示。三相电路的单相等效电路图中可以用单下标进行参数的标注，但三相电路需要使用双下标的标注方法。

2.2 单相交流电路

能量传输可以从电场和磁场相互作用的角度进行描述，但是电气工程师们通常更关心能量相对于电压和电流的时间变化率(即功率的定义)。功率的单位是瓦特(W)。在任意时刻负荷吸收的功率(单位：W)是负荷两端瞬时电压降(单位：V)和流过负荷的瞬时电流(单位：A)的乘积。图 2.1 中，如果负荷端子记为 a 和 n，且电压和电流为

$$v_{an} = V_{\max}\cos\omega t\,,\ \ i_{an} = I_{\max}\cos(\omega t - \theta)$$

那么瞬时功率等于

$$p = v_{an}\, i_{an} = V_{\max}\, I_{\max}\cos\omega t\cos(\omega t - \theta) \tag{2.2}$$

上述公式中与如果电流滞后于电压，那么功角 θ 为正，如果电流超前于电压，那么功角 θ 为负。功率 p 为正表示端子 a 与 n 之间的系统吸收能量的速率为正。当 v_{an} 和 i_{an} 都为正时，显然瞬时功率为正，当 v_{an} 和 i_{an} 符号相反时，瞬时功率为负。由图 2.2 可以观察到这一结论。

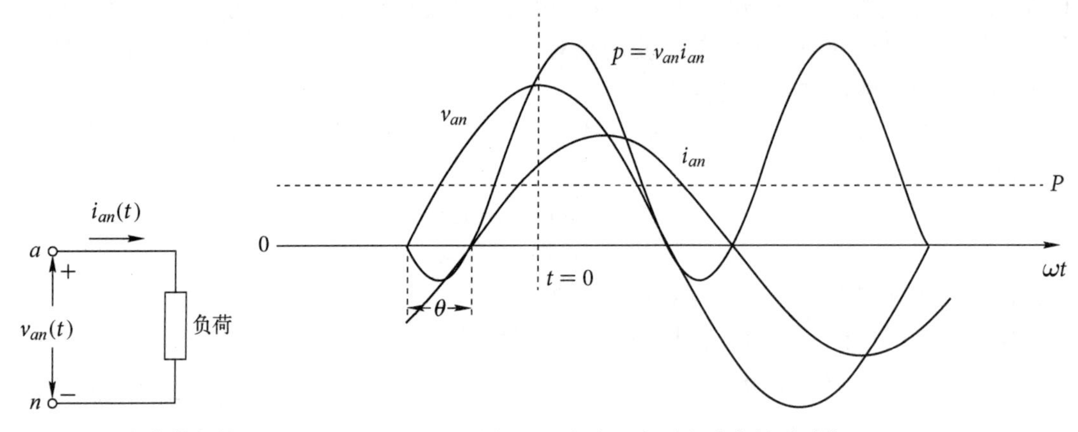

图 2.1 向负荷供电的单相交流电源

图 2.2 电流、电压和功率的瞬时值

当电流沿着电压降的方向流动时，功率 $v_{an}i_{an}$ 为正，它表示能量转移到负荷的速率为正。相反，当电流沿着电压升高的方向流动时，功率 $v_{an}i_{an}$ 为负，它表示能量从负荷转移到电源系统中。如果 v_{an} 和 i_{an} 同相，例如负荷为纯阻性负荷，那么瞬时功率将永远为正。如果电流和电压的相角差为 90°，例如负荷为理想的电路元件(纯电感或纯电容)，那么瞬时功率的正半周期和负半周期相等，其平均值始终为零。通过三角函数变换，式(2.2)简化为

$$p = \frac{V_{\max}\, I_{\max}}{2}\cos\theta(1 + \cos 2\omega t) + \frac{V_{\max}\, I_{\max}}{2}\sin\theta\sin 2\omega t \tag{2.3}$$

其中 $V_{\max}I_{\max}/2$ 等于电压和电流有效值的乘积，即 $|V_{an}||I_{an}|$ 或者 $|V||I|$。如果图 2.1 中的电压向阻性负荷供电，则式(2.3)右侧只包含第一个余弦项。

瞬时功率的表达式还有另一种求解方法，将与 v_{an} 同相的电流分量和与 v_{an} 相角相差 90° 的电流分量分开考虑。图 2.3(a)和图 2.3(b)分别为对应的并联 RL 电路和相量图。

电流 i_{an} 中，和 v_{an} 同相的电流分量为 i_R，由图 2.3(b)，$|I_R| = |I_{an}|\cos\theta$。如果 i_{an} 的最大值是 $I_{\max}$，那么 i_R 的最大值就是 $I_{\max}\cos\theta$。因为瞬时电流 i_R 与 v_{an} 同相，所以当 $v_{an} = V_{\max}\cos\omega t$ 时

$$i_R = I_{\max} \cos\theta \cos\omega t = I_R \cos\omega t \tag{2.4}$$

同样，电流 i_{an} 中，和 v_{an} 的相角相差 90°的电流分量为 i_X，i_X 的最大值为 $I_X = I_{\max} \sin\theta$。因为 i_X 滞后 v_{an} 90°，所以

$$i_X = I_{\max} \sin\theta \sin\omega t = I_X \sin\omega t \tag{2.5}$$

因此

$$\begin{aligned} v_{an} i_R &= V_{\max} I_{\max} \cos\theta \cos^2 \omega t \\ &= \frac{V_{\max} I_{\max}}{2} \cos\theta (1 + \cos 2\omega t) \end{aligned} \tag{2.6}$$

上式表示电阻的瞬时功率，对应式(2.3)中的第一项算式。图 2.4 所示为 v_{an}，i_R 及它们的乘积与时间 t 的关系。同样

$$\begin{aligned} v_{an} i_X &= V_{\max} I_{\max} \sin\theta \sin\omega t \cos\omega t \\ &= \frac{V_{\max} I_{\max}}{2} \sin\theta \sin 2\omega t \end{aligned} \tag{2.7}$$

上式表示电感的瞬时功率，对应式(2.3)中的第二项算式。图 2.5 为 v_{an}，i_X 及它们的乘积和时间 t 的关系。

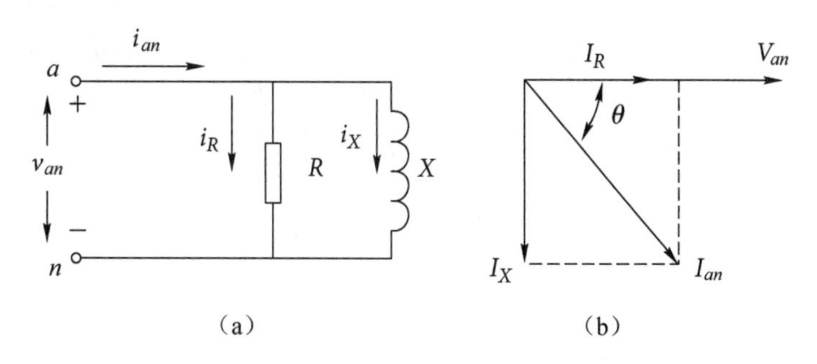

图 2.3 (a) 并联 RL 电路；(b) 相量图

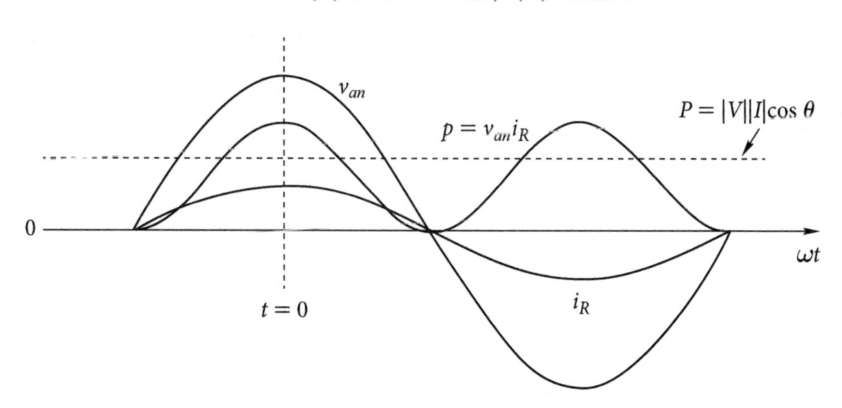

图 2.4 同相的电压、电流及功率与时间的关系

式(2.3)中第一项算式非负，且平均值为

$$P = \frac{V_{\max} I_{\max}}{2} \cos\theta \tag{2.8}$$

将电压和电流的有效值代入上式，有

$$P = |V||I|\cos\theta \tag{2.9}$$

如果术语“功率”前面没有形容词修饰，那么功率的大小用 P 代表。P 是平均功率，也称为

实数功率或有功功率。瞬时功率和平均功率的基本单位都是 W，但因为电力系统的容量太大，因此电力系统中 P 通常都用 kW 或 MW 为单位。

电压和电流的相角差 θ 的余弦称为功率因数。感性电路的功率因数滞后，容性电路的功率因数超前。换言之，功率因数滞后和功率因数超前分别表示电流滞后或超前于电压。

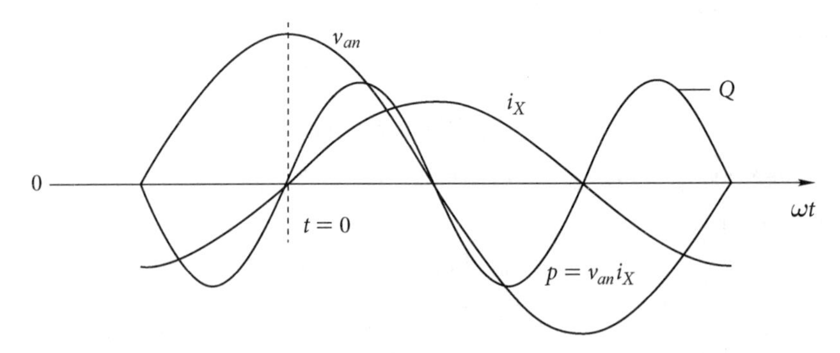

图 2.5　电压、滞后 90°的电流及功率与时间的关系

式(2.3)的第二项算式包含 $\sin\theta$，因此波形周期性正负变化，但平均值为零。瞬时功率 p 的这个分量被称为瞬时无功功率，它表示交替流入和流出负荷的能量。瞬时无功功率的最大值用 Q 来表示，它被称为无功功率、无功功率伏安或者虚数功率，后续章节将大量使用该参数来描述电力系统的运行状态。无功功率可表示为

$$Q=\frac{V_{\max}I_{\max}}{2}\sin\theta \tag{2.10}$$

或

$$Q=|V||I|\sin\theta \tag{2.11}$$

$|V|$和$|I|$的乘积等于$\sqrt{P^2+Q^2}$，因为

$$\sqrt{P^2+Q^2}=\sqrt{(|V||I|\cos\theta)^2+(|V||I|\sin\theta)^2}=|V||I| \tag{2.12}$$

当然，P 和 Q 的单位应该相同，但通常 Q 的单位为 var(表示无功功率伏安)，实践中更多使用 kvar 或 Mvar 为单位。

在简单串联电路中，如果 $Z=R+\mathrm{j}X$(注意 $\mathrm{j}=\sqrt{-1}$)，那么式(2.9)和式(2.11)中的$|V|$可以用$|I||Z|$代替，得到

$$P=|I|^2|Z|\cos\theta \tag{2.13}$$

$$Q=|I|^2|Z|\sin\theta \tag{2.14}$$

考虑到 $R=|Z|\cos\theta$ 且 $X=|Z|\sin\theta$，得

$$P=|I|^2R,\quad Q=|I|^2X \tag{2.15}$$

由式(2.9)和式(2.11)，可得 $Q/P=\tan\theta$。因此，功率因数可以用另一种形式表达为

$$\cos\theta=\cos\left(\arctan\frac{Q}{P}\right)$$

或者，由式(2.9)和式(2.12)，得

$$\cos\theta=\frac{P}{\sqrt{P^2+Q^2}} \tag{2.16}$$

如果式(2.3)中的电压源保持不变，但负荷变为典型的容性电路，那么 θ 变为负值，因此 $\sin\theta$ 和 Q 均为负。如果容性和感性电路并联，那么 RL 电路与 RC 电路的瞬时无功功率相

差180°。净无功功率等于 RL 电路与 RC 电路的无功功率之差。感性负荷吸收的无功功率为正，容性负荷吸收的无功功率为负。

电气工程师们通常将电容器认定为是发出正的无功功率的电源而不是吸收负的无功功率的负荷。这个概念合乎逻辑，因为和感性负荷并联的电容器吸收负的无功功率，它使得由系统供给感性负荷的无功功率减小。换句话说，电容器向感性负荷提供无功功率 Q。因此电容器等效于提供滞后电流的设备，而不是吸收超前电流的设备，如图 2.6 所示。

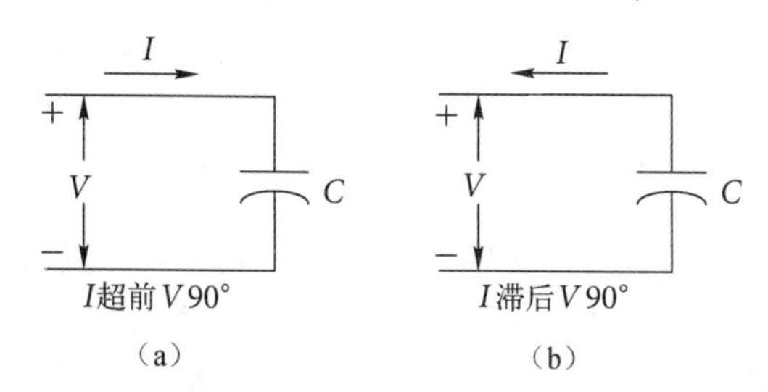

图 2.6 (a) 电容器等效为吸收超前电流的无源电路元件；(b) 电容器等效为提供滞后电流的发电机

例如，将可调电容器与感性负荷并联时，通过调节电容器，可以使电容器的电流幅值与感性负荷中感性电流分量的幅值相等。这样，合成的电流与电压同相。感性电路仍然需要正的无功功率，但净无功功率为零。由此可见，电容器可以视为向感性负荷提供无功功率的设备。当没有明确表明无功功率为正或负时，通常都假定无功功率为正。

1. 复数功率

如果已知电压和电流的相量形式，则用复数方法更容易计算有功功率和无功功率。设某一负荷(或某一电路两端)的电压降和电流分别为 $V=|V|\angle\alpha, I=|I|\angle\beta$，那么电压和电流共轭值的乘积用极坐标表示为

$$VI^{*}=|V|\mathrm{e}^{\mathrm{j}\alpha}\times|I|\mathrm{e}^{-\mathrm{j}\beta}=|V||I|\mathrm{e}^{\mathrm{j}(\alpha-\beta)}=|V||I|\angle\alpha-\beta \tag{2.17}$$

上式称为复数功率，通常用 S 表示。写成笛卡儿坐标形式为

$$S=VI^{*}=|V||I|\cos(\alpha-\beta)+\mathrm{j}|V||I|\sin(\alpha-\beta) \tag{2.18}$$

因为 $\alpha-\beta$ 代表电压和电流的相角差，即上文中的 θ，所以

$$S=P+\mathrm{j}Q \tag{2.19}$$

当电压和电流的相角差 $\alpha-\beta$ 为正，即 $\alpha>\beta$ 时，电流滞后电压，无功功率 Q 为正。反之，当 $\beta>\alpha$ 时，电流超前于电压，因此 Q 为负。这与感性电路中无功功率为正、容性电路中无功功率为负的结论一致。为了得到 Q 的方向，计算 S 时需要采用公式 VI^{*} 而不是 $V^{*}I$，否则将得到相反方向的 S。

2. 功率三角形

由式(2.19)可知，因为 $\cos\theta$ 等于 $P/|S|$，所以有了功率三角形法。通过这种图形方法，可以获取若干个负荷并联时总的 P，Q 和相角。当负荷为感性负荷时，对应的功率三角形如图 2.7 所示。

当多个负荷并联时，总的 P 等于各个负荷的平均功率之和，对应到功率三角形中，相当于将各个负荷的平均功率沿水平轴叠加。感性负荷的 Q 为正，因此它垂直向上。电容负荷的无功功率为负，因此 Q 垂直向下。图 2.8 所示为两个功率三角形的组合，其中 P_1，Q_1 和 S_1 组成的功率三角形代表功率因数滞后且相角为 θ_1 的负荷，P_2，Q_2 和 S_2 组成的功率三角形表示相角 θ_2 为负的容性负荷。

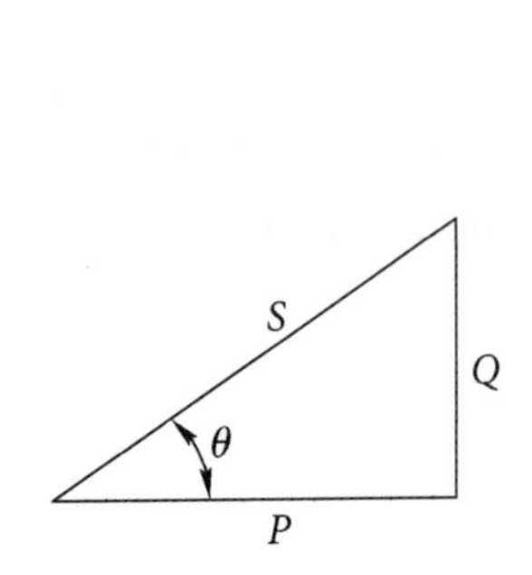

图 2.7　感性负荷的功率三角形

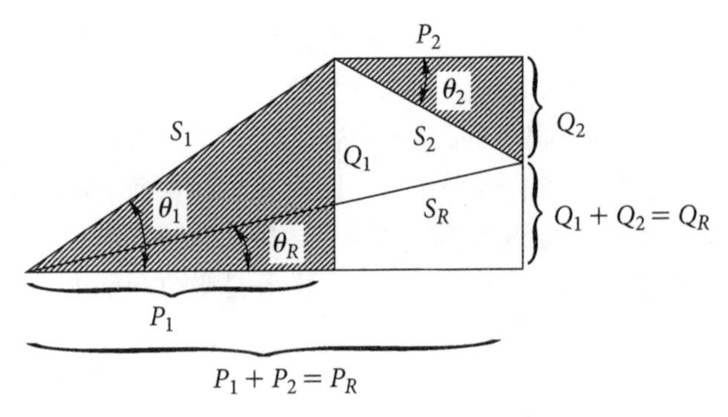

图 2.8　负荷并联时的功率三角形(注意 Q_2 为负)

将这两个负荷并联后，得到边长分别为 P_1+P_2 和 Q_1+Q_2、斜边为 S_R 的功率三角形。通常，$|S_R|$ 不等于 $|S_1|+|S_2|$。向并联负荷供电的电源的功率因数角为 θ_R。

例题 2.1　电源向 50kW 的感性负荷供电，其中电源电压为 220V，频率为 60Hz，功率因数为 0.8(滞后)。若需要将功率因数提高到 0.95(滞后)，求并联电容器的容量。

解：向感性负荷输送的有功功率为 50kW，功率因数为 0.8。因此，感性负荷吸收的无功功率为

$$0.8 = \frac{50}{\sqrt{50^2 + Q_1^2}}$$

$$Q_1 = 37.5\ \text{kvar}$$

电容器与感性负荷并联后，功率因数提高到 0.95，表示吸收的总无功功率降低了。因此

$$0.95 = \frac{50}{\sqrt{50^2 + Q^2}}$$

$$Q = 16.434\ \text{kvar}$$

电容器吸收的无功功率为

$$Q_2 = Q - Q_1 = -21.066\ \text{kvar}$$

由于 Q_2 为负，它意味着电容器提供了 21.066 kvar 的无功功率。因此电容值为

$$|Q_2| = \frac{V^2}{|X_C|} = \frac{220^2}{\dfrac{1}{2\pi \times 60 \times C}}$$

$$C = \frac{21\,066}{2\pi \times 60 \times 220^2} = 1.154\,5\ \text{mF}$$

图 2.9 所示为感性负荷和电容器并联后的功率三角形。

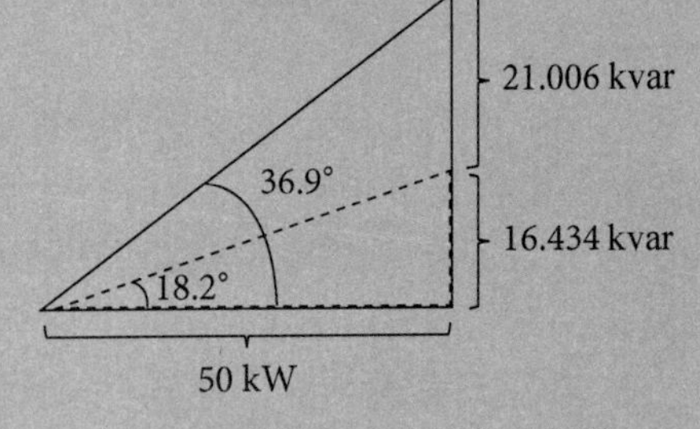

图 2.9　例题 2.1 的功率三角形

注意，在并联电容器之前，电源提供给负荷的复功率为 $S=50+\text{j}37.5=62.5\angle\arccos 0.8=62.5\angle 36.9°$ kVA，向负荷提供的电流为 62 500/220 = 284.1 A。并联电容器后，电源输送的复功率为 $S_2=50+\text{j}16.634=55.26\angle\arccos 0.95=55.26\angle 18.2°$ kVA，向负荷提供的电流为 55 260/220 = 251.2 A。可见，供电电流降低了，因此电源和负荷之间的线路损耗也明显降低了。对感性负荷进行无功功率补偿时，常常使用并联或分流电容器法。

MATLAB program for Example 2.1(ex2_1.m):

```
% Matlab M-file for Example 2.1: ex2_1.m
% Clean previous value
clc
```

```
clear all
% Initial values
% According to the problem: P=50kW, Pf=0.8 lagging, V=220V
P=50000; PF=0.8; V=220;
% System frequency=60, improve the PF to 0.95
PFnew=0.95; f=60;
% Solution
% The PF angle of initial system
theta=acosd(PF);
Q1=P*tand(theta);
% The PF angle of new system
theta_new=acosd(PFnew);
Q=P*tand(theta_new);
disp(['The PF angle of new system is 0.95'])
disp(['Q=P*tand(0.95)=',num2str(Q/1000), 'kVAR'])
% The reactive power absorbed the capacitor
Q2=Q-Q1;
disp(['The reactive power absorbed the capacitor is Q2=Q-Q1'])
% The capacitance (in Farad) required to improve the PF to 0.95.
C=abs(Q2)/(2*pi*(V^2)*f)*1000;
disp(['The capacitance (in Farad) required to improve the PF to 0.95.'])
disp(['C=|Q2|/(2*pi*(V^2)*f)*1000=',num2str(C), 'mF'])
disp(['The size of the required parallel capacitor is ',
num2str(C), 'mF'])
```

3. 潮流方向

P，Q 的方向和母线电压 V(或感应电压 E)的正负决定了系统的潮流方向，即在指定的电压和电流下，系统是输出还是吸收功率。

直流系统很容易判断功率的流向。以图 2.10(a)中的电流和电压为例，其中直流电流 I 流向电池。

如果电压表 V_m 和电流表 A_m 分别显示正的 100V 和 10A，则表示 $E=100$V 和 $I=10$A，电池正在充电(吸收能量)，吸收能量的速率为 $EI=1000$W。反之，如果将电流表反向连接，但电流方向保持不变，电流表 A_m 显示的值为正 10A，则表示 $I=-10$A，EI 的乘积为 $EI=-1000$W，即电池正在放电(提供能量)。交流电路也可以用同样的方法进行分析。

在图 2.10(b)的交流系统中，方框内的电路为理想电压源 E(幅值恒定，频率恒定，阻抗为零)，图中极性表示瞬时电压为正。同样，箭头方向对应流入方框的电流为正。图 2.10(b)中万用表的电流线圈和电压线圈分别和图 2.10(a)中的电流表 A_m 和电压表 V_m 对应。这两个线圈必须正确连接才能得到正向偏转的有功功率。根据定义，我们知道方框中电路吸收的功率为

$$S = VI^* = P + \mathrm{j}Q = |V||I|\cos\theta + \mathrm{j}|V||I|\sin\theta \tag{2.20}$$

其中 θ 是电流 I 滞后电压 V 的相角。因此，如果万用表的连接方式如图 2.10(b)所示，有功功率正向偏转，数值 $P=|V||I|\cos\theta$ 为正，它表示电源 E 吸收有功功率。如果万用表刻度反向偏转，则表示 $P=|V||I|\cos\theta$ 为负，那么需要将电流线圈或电压线圈中的一个反接，这样刻度将正向偏转，表示方框内的电源 E 正在提供正的功率，也可以说 E 吸收了负的功率。如果用无功功率表取代万用表，用同样的方法可以判断电源 E 是吸收还是提供无功功率 Q。

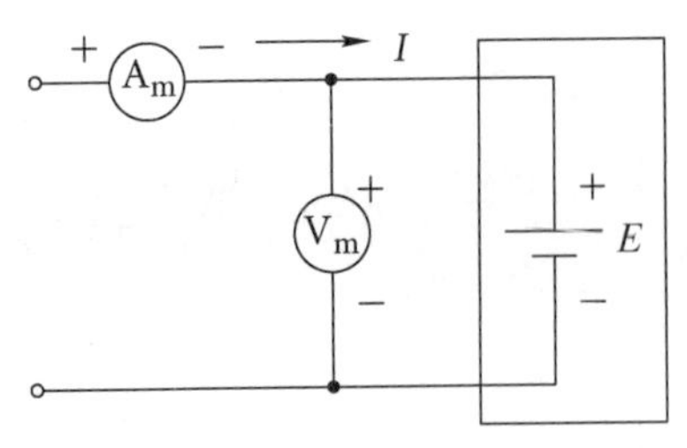

（a）利用电流表和电压表测量电池的直流电流I和电压E

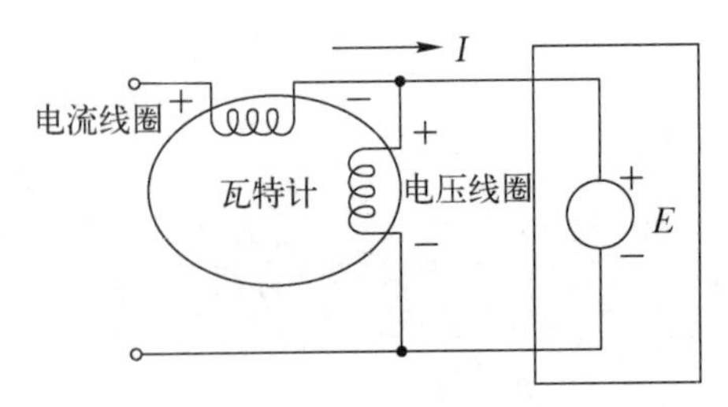

（b）利用万用表测量理想交流电压源吸收的有功功率

图 2.10　测量仪表的连接

一般情况下，为了判断某交流电路是吸收还是输出 P 和 Q，可以将该电路等效为一个黑盒。假定黑盒的输入电流 I 和电压 V 的极性如表 2.1 所示。然后，利用乘积 $S=VI^*$ 的实部和虚部就可以得到该电路吸收或输出的 P 和 Q。当电流 I 滞后电压 V，且相角 θ 在 0°~90°之间时，$P=|V||I|\cos\theta$ 和 $Q=|V||I|\sin\theta$ 均是正值，它表明黑盒为感性电路，它吸收有功和无功功率。当电流 I 超前电压 V，且相角 θ 在 0°~90°之间时，P 仍然为正，但 θ 和 $Q=|V||I|\sin\theta$ 都是负值，这表明黑盒为容性电路，它吸收负的或者输出正的无功功率。

表 2.1　潮流 P 和 Q 的方向，其中 $S=VI^*=P+jQ$

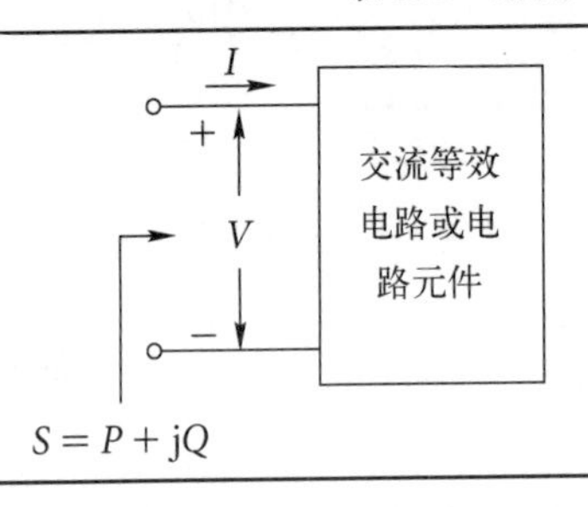 	如果 $P>0$，电路吸收有功功率 如果 $P<0$，电路输出有功功率 如果 $Q>0$，电路吸收无功功率（电流 I 滞后于电压 V） 如果 $Q<0$，电路输出无功功率（电流 I 超前于电压 V）

例题 2.2　电机 1 和电机 2 为两个理想的电压源，它们的连接如图 2.11 所示。如果 $E_1=100\angle 0°$ V，$E_2=100\angle 30°$ V，$Z=0+j5\ \Omega$，试求解：

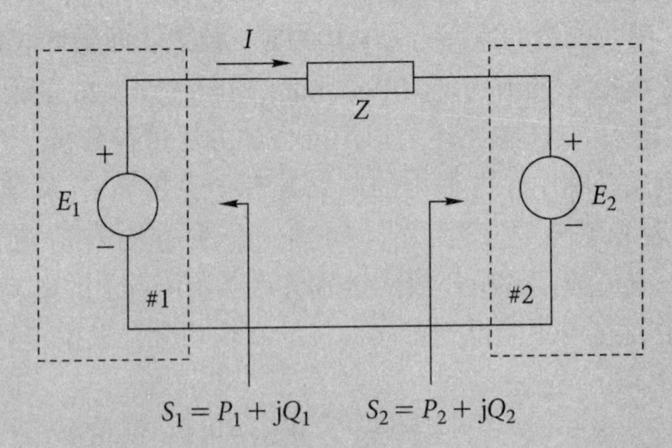

图 2.11　通过阻抗 Z 连接的两个理想电压源

（a）哪台电机提供有功功率？哪台电机消耗有功功率？提供或消耗的有功功率为多少？
（b）两台电机消耗或提供的无功功率是多少？
（c）阻抗吸收的 P 和 Q 是多少？

解：

$$I = \frac{E_1 - E_2}{Z} = \frac{100 + \mathrm{j}0 - (86.6 + \mathrm{j}50)}{\mathrm{j}5}$$
$$= \frac{13.4 - \mathrm{j}50}{\mathrm{j}5} = -10 - \mathrm{j}2.68 = 10.35\angle 195^\circ \text{ A}$$

进入黑盒 1 的电流为$-I$，进入黑盒 2 的电流为 I，所以

$$S_1 = E_1(-I)^* = P_1 + \mathrm{j}Q_1 = 100\,(10 + \mathrm{j}2.68)^* = 1000 - \mathrm{j}268 \text{ VA}$$
$$S_2 = E_2 I^* = P_2 + \mathrm{j}Q_2 = (86.6 + \mathrm{j}50)(-10 + \mathrm{j}2.68) = -1000 - \mathrm{j}268 \text{ VA}$$

串联阻抗消耗的无功功率为

$$|I|^2 X = 10.35^2 \times 5 = 536 \text{ var}$$

根据电流的方向和标注的极性，电机 1 应该是发电机。然而，由于 P_1为正，而 Q_1为负，这表示电机 1 消耗有功功率 1000 W，同时提供无功功率 268 var，因此电机 1 实际上是一台电动机。按假设，电机 2 应该是电动机，但它的 P_2和 Q_2均为负值，这表示该电机发出 1000 W 的有功功率，同时提供 268 var 的无功功率，因此电机 2 实际上是一台发电机。

注意，两台电机提供的总无功功率为 268+268 = 536 var，均被 5 Ω 的电感电抗消耗。由于该阻抗是纯感性的阻抗，因此它没有消耗有功功率 P，电机 2 产生的有功功率全部输送给了电机 1。

MATLAB program for Example 2. 2(ex2_2. m):

```
% Matlab M-file for Example 2.2: ex2_2.m
clc
clear all
% Initial value
% According to Fig. 2.11, two ideal voltage sources are
E1=100; E1angle=0;
E2=100; E2angle=30;
Z=complex(0,5);
% Solution
% Convert polar form to rectangular form
E1cp=E1*cosd(E1angle)+j*E1*sind(E1angle);
E2cp=E2*cosd(E2angle)+j*E2*sind(E2angle);
% Calculate the current flowing from E1 to E2
disp('Calculate the current flowing from E1 to E2')
I=(E1cp-E2cp)/Z;
I_mag=abs(I);
I_ang=angle(I)/180*pi;
disp(['I=(E1cp-E2cp)/Z=',num2str(I_mag),'∠',num2str(I_ang), 'A'])
% Calculate the apparent power delivered by two sources
% S=VI*
S1=E1cp*conj(-I);
S2=E2cp*conj(I);
disp('Calculate the apparent power delivered by two sources')
disp(['S1=E1cp*conj(-I)=',num2str(S1),'VA'])
disp(['S2=E2cp*conj(I)=',num2str(S2),'VA'])
% Calculate the reactive power absorbed by the series impedance
disp('Calculate the reactive power absorbed by the series impedance')
```

```
Qa=abs(S1+S2);
disp(['Qa= |S1+S2 |=',num2str(Qa), 'var'])
disp(['The reactive power absorbed in the series impedance is ',num2str(Qa),
'var']);
```

2.3　三相交流电路

电力系统由三相发电机供电。理想情况下，发电机向对称的三相负荷供电，这意味着三相负荷阻抗相等。实际上，照明负荷和小型电机都是单相负荷，不过配电系统在设计阶段就已经使三相负荷基本上保持对称。在图 2.12 所示电路中，Y 型连接的发电机向一个对称的 Y 型负荷供电，其中发电机侧的中点用 o 表示，负荷侧的中点用 n 表示。

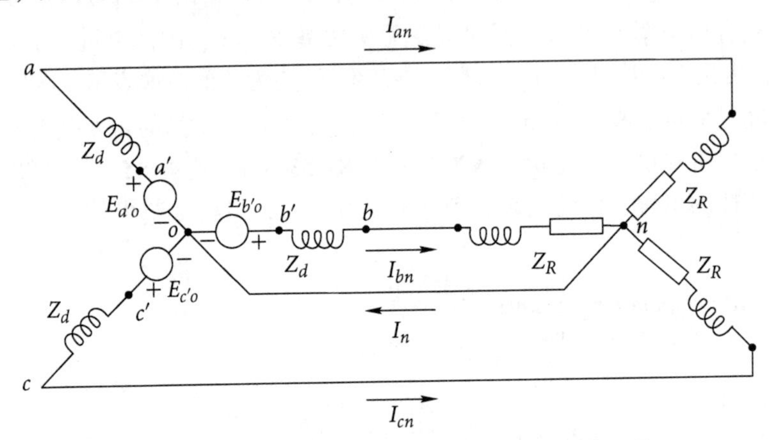

图 2.12　Y 型连接的发电机与对称的 Y 型负荷连接

以下分析中，忽略发电机终端与负荷终端以及节点 o 和 n 之间的直接阻抗。

三相发电机的等效电路由 3 个电动势组成，如图中的圆圈所示。每一个电动势都串联了一个由电阻和电感电抗构成的阻抗 Z_d。节点 a'，b'和 c'是虚构节点，因为实际上感应电动势与单相阻抗无法分离。发电机的终端对应节点 a，b 和 c。发电机电动势 $E_{a'o}$，$E_{b'o}$和 $E_{c'o}$的幅值相等，相角互差 120°。如果相序为正序(abc 序)，则表示 $E_{a'o}$超前 $E_{b'o}$120°，$E_{b'o}$超前 $E_{c'o}$ 120°。图 2.13 所示的电动势为 abc 序。

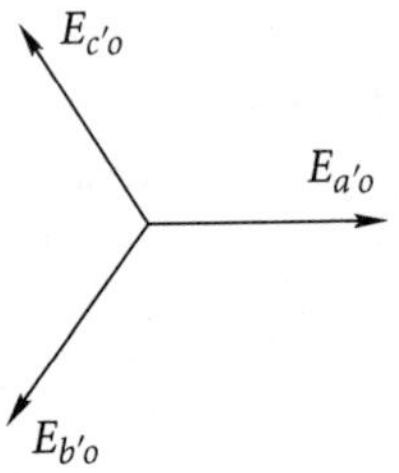

$E_{c'o}$　$E_{a'o}$　$E_{b'o}$

图 2.13　图 2.12 所示电路的电动势相量图

发电机终端节点 a，b 和 c 到中点的电压为

$$
\begin{aligned}
V_{ao} &= E_{a'o} - I_{an} Z_d = I_{an} Z_R \\
V_{bo} &= E_{b'o} - I_{bn} Z_d = I_{bn} Z_R \\
V_{co} &= E_{c'o} - I_{cn} Z_d = I_{cn} Z_R
\end{aligned} \tag{2.21}
$$

由于 o 和 n 同电位，所以 V_{ao}，V_{bo}和 V_{co}分别等于 V_{an}，V_{bn}和 V_{cn}，而线电流(即 Y 型电路的相电流)为

$$
\begin{aligned}
I_{an} &= \frac{E_{a'o}}{Z_d + Z_R} = \frac{V_{an}}{Z_R} \\
I_{bn} &= \frac{E_{b'o}}{Z_d + Z_R} = \frac{V_{bn}}{Z_R} \\
I_{cn} &= \frac{E_{c'o}}{Z_d + Z_R} = \frac{V_{cn}}{Z_R}
\end{aligned} \tag{2.22}
$$

由于$E_{a'o}$，$E_{b'o}$和$E_{c'o}$的幅值相等，相角互差120°，且阻抗对称，所以对应的三相电流也大小相等，相角互差120°。终端电压V_{an}，V_{bn}和V_{cn}也具有相同的关系。这种情况被称为系统电压和电流对称。令发电机节点a，b和c的终端电压的幅值为V_{max}，且以V_{an}为参考相量。节点a，b和c对应的三相瞬时端电压和线电流为

$$\begin{aligned} v_{an} &= V_{\max}\cos\omega t \\ v_{bn} &= V_{\max}\cos(\omega t - 120°) \\ v_{cn} &= V_{\max}\cos(\omega t - 240°) \end{aligned} \tag{2.23}$$

$$\begin{aligned} i_{an} &= I_{\max}\cos(\omega t - \theta) \\ i_{bn} &= I_{\max}\cos(\omega t - 120° - \theta) \\ i_{cn} &= I_{\max}\cos(\omega t - 240° - \theta) \end{aligned} \tag{2.24}$$

其中$I_{max}=V_{max}/|Z_R|$，θ为Z_R的相角。将式(2.23)和式(2.24)分别表示为式(2.25)和式(2.26)所示的相量形式。

$$V_{an} = V_{\max}\angle 0°,\quad V_{bn} = V_{\max}\angle{-120°},\quad V_{cn} = V_{\max}\angle{-240°} \tag{2.25}$$

$$I_{an} = I_{\max}\angle{-\theta},\quad I_{bn} = I_{\max}\angle{-120° - \theta},\quad I_{cn} = I_{\max}\angle{-240° - \theta} \tag{2.26}$$

利用三角函数变换，输送给三相负荷的总功率为

$$\begin{aligned} p_{3\phi} &= p_a + p_b + p_c = v_{an}i_{an} + v_{bn}i_{bn} + v_{cn}i_{cn} \\ &= V_{\max}I_{\max}[\cos\omega t\cos(\omega t - \theta) + \cos(\omega t - 120°)\cos(\omega t - 120° - \theta) \\ &\qquad + \cos(\omega t - 240°)\cos(\omega t - 240° - \theta)] \\ &= \frac{3}{2}V_{\max}I_{\max}\cos\theta \\ &= 3|V||I|\cos\theta \end{aligned} \tag{2.27}$$

式(2.27)表明，三相对称系统中，负荷吸收的瞬时功率为常数。所以大容量电力输送时三相系统优于单相系统。由于单相系统中负荷的瞬时功率是脉动的，单相电动机比三相电动机更容易发生振动。和单相系统相比，三相系统的优点还包括电力输送时使用的导线更少、相同功率下发电机或电动机的尺寸更小等。稍后，我们将学习三相系统中的其他电力术语。

图2.14(a)所示为对称系统的三线电流相量图。在图2.14(b)中，这些电流形成一个闭合的三角形，显然它们的和等于0。

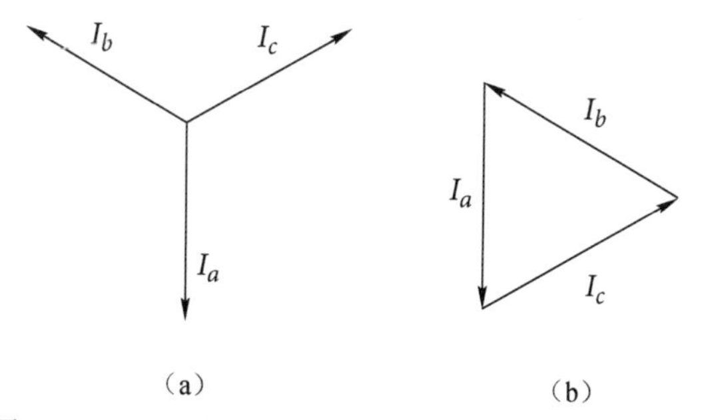

图2.14　对称三相负荷的电流相量图。(a)有公共连接点的相量；(b)形成闭合三角形的相量

因此，在图2.12中，连接发电机节点o和负荷中点n的线路电流I_n必须等于0。不论节点n和o之间是否有阻抗(甚至是断线)，节点n和o的电位都相等。但是如果负荷不对称，三相电流之和非零，节点o和n之间将出现电流。负荷不对称时，除非节点o和n被直接短接，否则它们的电位不再相等。

考虑到对称三相系统中电压和电流的相移关系，可以通过相角 120°快速地描述相量的旋转。两个复数相乘时，积的幅值为两个复数的幅值之积，角度为两个复数的角度之和。当一个相量乘以幅值为 1、相角为 θ 的复数时，将合成一个和原相量大小相等但角度偏移了 θ 的相量。幅值为 1、相角为 θ 的复数是一个算子，它使得相量旋转了角度 θ。常用的算子 j 是旋转 90°的结果，算子-1 代表旋转 180°。连续使用两次算子 j，对应的旋转角度为 90°+90°，因此 j×j 表示旋转 180°，即 j^2等于-1。算子 j 的其他幂次方的分析方法相同。

通常用字母 α 表示逆时针旋转了 120°的算子。该算子是幅值为 1、相角为 120°的复数，表示为

$$\alpha = 1\angle 120° = 1e^{j2\pi/3} = -0.5 + j0.866$$

如果对一个相量连续使用两次算子 α，则相量会旋转 240°。3 次连续使用算子 α 后相量将旋转 360°。因此，

$$\alpha^2 = 1\angle 240° = 1e^{j4\pi/3} = -0.5 - j0.866$$

$$\alpha^3 = 1\angle 360° = 1e^{j2\pi} = 1\angle 0° = 1$$

显然，$1+\alpha+\alpha^2=0$。图 2. 15 所示的相量代表 α 的各种幂和相关函数。其中虚线圆圈上的箭头代表相量的旋转方向。图 2. 12 所示电路中的线电压为 V_{ab}，V_{bc}和 V_{ca}。沿着 a-n-b 的路径可得

$$V_{ab} = V_{an} + V_{nb} = V_{an} - V_{bn} \tag{2.28}$$

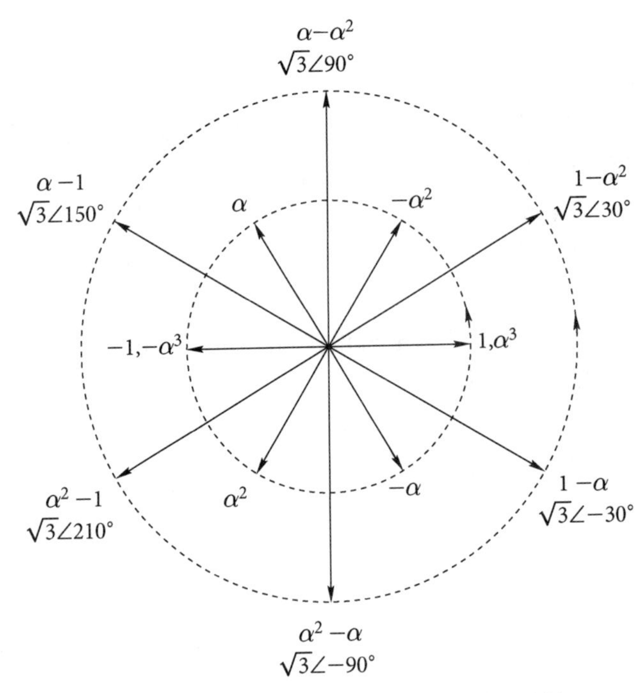

图 2. 15　算子 α 的各种幂和相关函数的相量图

在图 2. 12 中，尽管 $E_{a'o}$和 V_{an}不同相，仍然可以选用 V_{an}(而不是 $E_{a'o}$)作为电压的参考相量。对应相电压的相量图以及 V_{ab}的求解方法如图 2. 16 所示，其中两个虚线圆圈上的逆时针箭头表示 abc 序。

利用算子 α 可得，$V_{bn}=\alpha^2V_{an}$，所以

$$V_{ab} = V_{an} - \alpha^2 V_{an} = V_{an}(1-\alpha^2) \tag{2.29}$$

回顾图 2.15 可知，$1-\alpha^2=\sqrt{3}\angle 30°$，这表示

$$V_{ab}=\sqrt{3}\,V_{an}\,\mathrm{e}^{\mathrm{j}30°}=\sqrt{3}\,V_{an}\angle 30° \tag{2.30}$$

因此，V_{ab}的相角超前 V_{an} 30°，幅值为 V_{an}的$\sqrt{3}$倍。用同样方法可以得到其他线电压。图 2.17 所示为线电压和对应相电压相量的关系图。必须牢记，对称三相电路中线电压的幅值总是等于相电压幅值的$\sqrt{3}$倍。

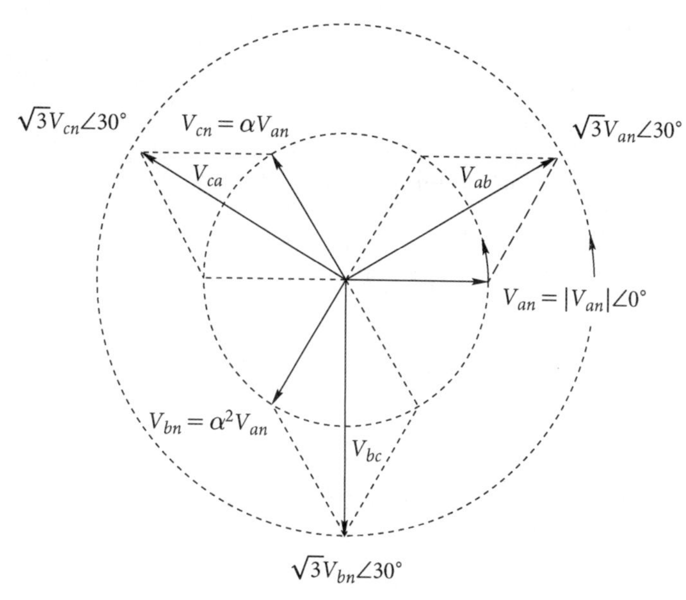

图 2.16　对称三相电路中线电压和相电压的相量图

图 2.17 展示了另一种表示线电压和相电压的方法。其中，参考相电压相量仍然是 V_{an}，线电压相量组成了一个闭合三角形。三角形顶点对应每个相量的始节点和终节点，它与对应的电压相量的下标保持一致。三角形的中心位置为相电压相量。利用这个相量图，可以快速确定各种电压相量。

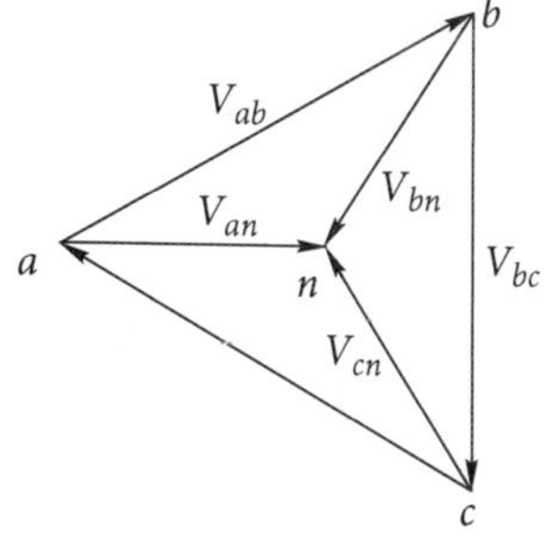

图 2.17　图 2.16 相量的另一种表示方式

当三角形以节点 n 为中心逆时针旋转时，三角形顶点 a，b 和 c 的移动顺序代表相序。在分析变压器或者使用对称分量法分析电力系统的不对称故障时，相序具有不可言喻的重要性。

按同样方法，可以绘制和相电压相关的电流相量图。

例题 2.3　对称的三相电路中，电压 V_{ab} 等于 173.2∠0° V，负荷为 Y 型连接且 $Z_L=10\angle 20°$ Ω时，试求全部的电压和电流相量。假设相序为 abc。

解： 以V_{ab}为参考相量，电压相量图如图 2.18 所示，可见

$$V_{ab}=173.2\angle 0°\ \text{V},\quad V_{an}=100\angle -30°\ \text{V}$$
$$V_{bc}=173.2\angle 240°\ \text{V},\quad V_{bn}=100\angle 210°\ \text{V}$$
$$V_{ca}=173.2\angle 120°\ \text{V},\quad V_{cn}=100\angle 90°\ \text{V}$$

显然，相电流滞后负荷阻抗两端的相电压 20°，相电流幅值为 10 A。对应的电流相量图如图 2.19 所示，

$$I_{an}=10\angle -50°\ \text{A},\ I_{bn}=10\angle 190°\ \text{A},\ I_{cn}=10\angle 70°\ \text{A}$$

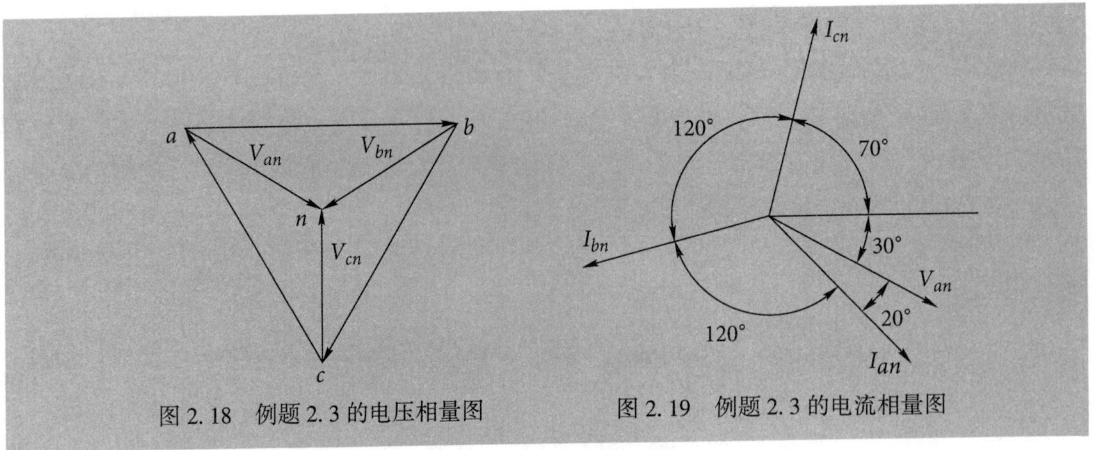

图 2.18　例题 2.3 的电压相量图　　图 2.19　例题 2.3 的电流相量图

对称负荷通常连接成如图 2.20 所示的△型。利用算子 α 求解各电流分量幅值的推导过程请读者自行完成，例如 I_a 等于 a 相电流 I_{ab} 幅值的$\sqrt{3}$倍，当相序为 abc 时，I_a滞后 I_{ab}30°。图 2.21 所示为以 I_{ab} 为参考相量的电流相量图。

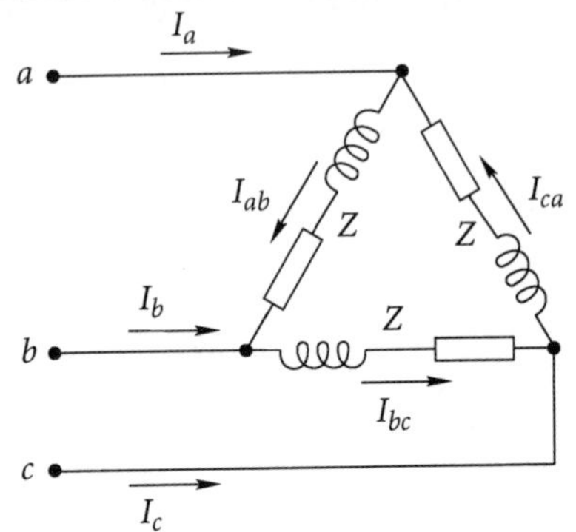

图 2.20　△型连接的三相负荷电路

分析对称三相电路不需要使用图 2.12 所示的完整三相电路。通常认为中线上阻抗为零，且中线上的电流为三相电流之和。当三相对称时，中线上电流为 0。因此可以直接在单相线路和中线组成的闭合回路中应用基尔霍夫电压定律。对应的电路如图 2.22 所示。

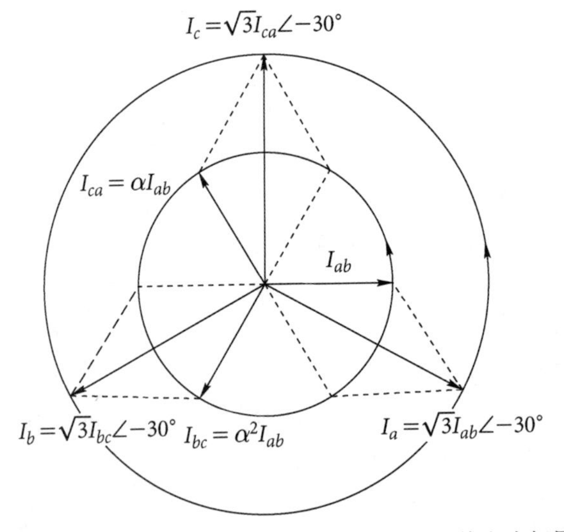

图 2.21　三相负荷为对称△型连接时的相电流和线电流相量图

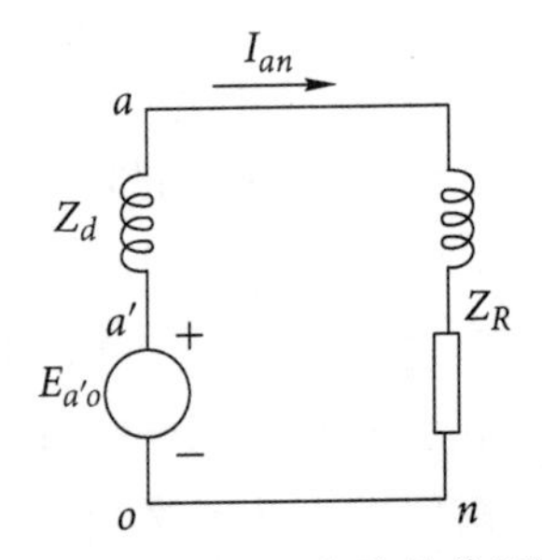

图 2.22　图 2.12 电路的单相图

图 2.22 为图 2.12 所示电路的单相或一相等值电路。利用该单相电路可以计算整个三相电路的参数，因为三相中的电流幅值相等，相角分别偏移 0°，120°和 240°。这与对称负荷(由线电压、总功率和功率因数确定)是△或 Y 型连接无关，因为△型电路总可以用它的等效 Y 型电路来替换，如表 2.2 所示。由该表可得 Y 型阻抗 Z_Y 和△型阻抗 $Z_\triangle'$之间的关系，如式(2.31)所示。

表 2.2　Y-△和△-Y 的变换

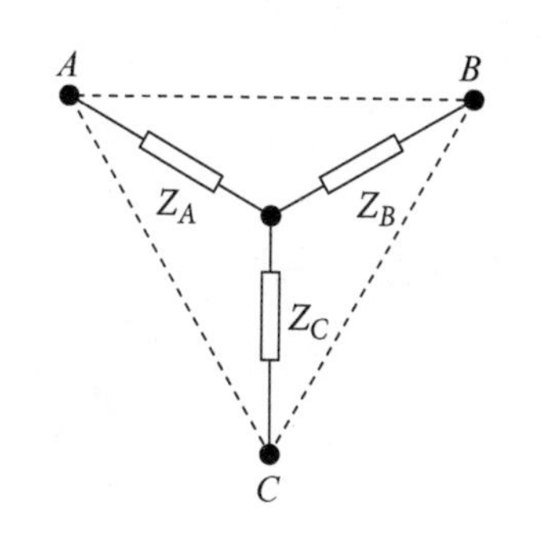	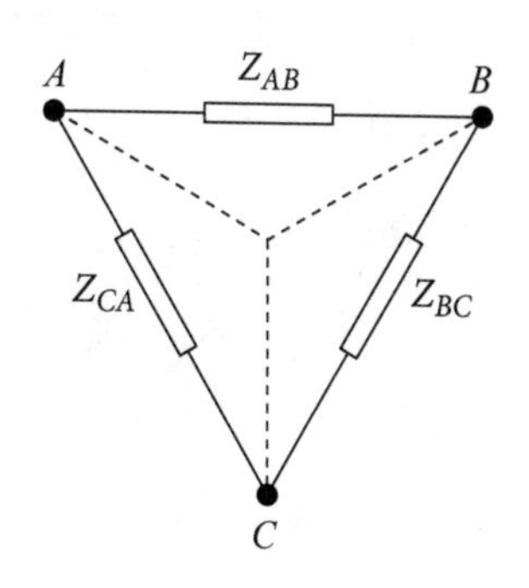
△→Y $Z_A=\frac{Z_{AB}Z_{CA}}{A_{AB}+Z_{BC}+Z_{CA}}$ $Z_B=\frac{Z_{BC}Z_{AB}}{Z_{AB}+Z_{BC}+Z_{CA}}$ $Z_C=\frac{Z_{CA}Z_{BC}}{A_{AB}+Z_{BC}+Z_{CA}}$	Y→△ $Z_{AB}=\frac{Z_AZ_B+Z_BZ_C+Z_CZ_A}{Z_C}$ $Z_{BC}=\frac{Z_AZ_B+Z_BZ_C+Z_CZ_A}{Z_A}$ $Z_{CA}=\frac{Z_AZ_B+Z_BZ_C+Z_CZ_A}{Z_B}$

$$Z_Y=\frac{\text{相邻阻抗}Z_{\triangle}'\text{的乘积}}{\text{阻抗}Z_{\triangle}'\text{之和}} \tag{2.31}$$

因此，当△中所有阻抗都相等(即 $Z_{\triangle}'$对称)时，等效 Y 型电路中每相阻抗 Z_Y都是△型电路中对应阻抗的 1/3。同样，由表 2.2 可得，将 Z_Y'变换到 $Z_{\triangle}'$的公式为

$$Z_{\triangle}=\frac{Z_Y'\text{两两相乘后求和}}{\text{对边的}Z_Y} \tag{2.32}$$

导纳也可以按相同的方法进行转换。

例题 2.4　如图 2.23 所示，对称三相负荷 Y 型连接，负荷阻抗为 $20\angle30°\ \Omega$，负荷端的线电压为 4.4 kV。负荷与变电站间的线路阻抗为 $Z_L=1.4\angle75°\ \Omega$。求变电站母线的线电压。

解：负荷侧的相电压幅值为 $4400/\sqrt{3}=2540$ V。

如果选负荷的端电压 V_{an}为参考相量，那么

$$V_{an}=2540\angle0°\ \text{V},\quad I_{an}=\frac{2540\angle0°}{20\angle30°}=127.0\angle-30\ \text{A}$$

变电站的相电压为

$$\begin{aligned}V_{an}+I_{an}Z_L&=2540\angle0°+127\angle-30°\times1.4\angle75°\\&=2540\angle0°+177.8\angle45°\\&=2666+\text{j}125.7=2670\angle2.70°\ \text{V}\end{aligned}$$

变电站母线电压的幅值为

$$\sqrt{3}\times2.67=4.62\ \text{kV}$$

图 2.24 所示为单相等效电路和对应的参数。

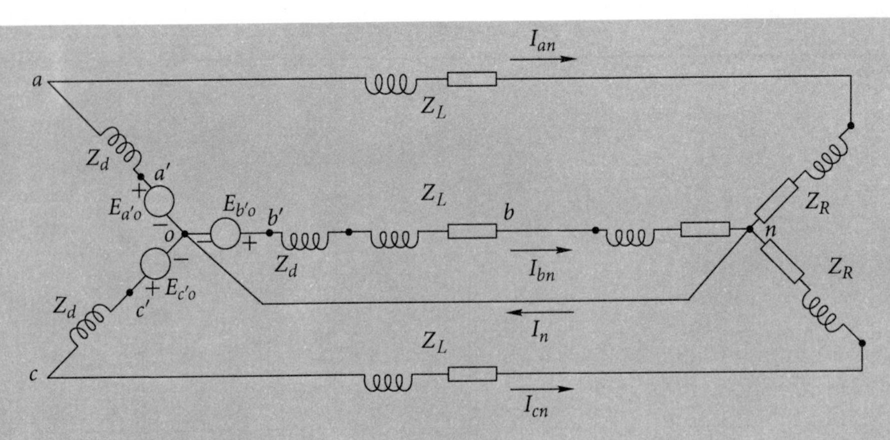

图 2.23　Y 型连接的发电机与对称的 Y 型负荷

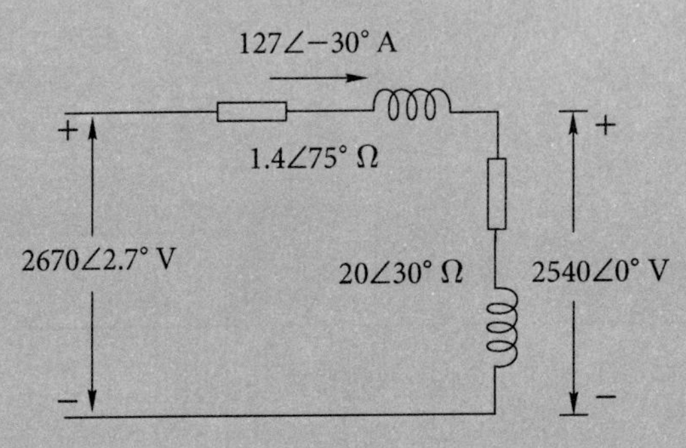

图 2.24　例题 2.4 的单相等效电路

MATLAB program for Example 2.4(ex2_4.m):

```
% Matlab M-file for Example 2.4: ex2_4.m
clc
clear all
% Initial value
Zline=20;
Zlineangle=30;
Zlinecp=Zline * cosd(Zlineangle)+j * Zline * sind(Zlineangle);
Zl=1.4;
Zlangle=75;
Zlcp=Zl * cosd(Zlangle)+j * Zl * sind(Zlangle);
Vline=4400;
% Solution
disp('If Van, the voltage across the load, is chosen as reference')
Van=Vline/sqrt(3);
Van_mag=abs(Van);
Van_ang=angle(Van) * 180/pi;
disp(['Van=',num2str(Van_mag),'∠',num2str(Van_ang), 'V'])
Ian=Van/Zlinecp;
Ian_mag=abs(Ian);
Ian_ang=angle(Ian) * 180/pi;
disp(['Ian=',num2str(Ian_mag),'∠',num2str(Ian_ang), 'V'])
Vn=Van+Ian * Zlcp;
Vn_mag=abs(Vn);
```

```
Vn_ang=angle(Vn)*180/pi;
disp(['Vn=Van+Ian*Zlcp=',num2str(Vn_mag),'∠',num2str(Vn_ang), 'V'])
disp(['The magnitude of line-to-neutral voltage at the substation bus is ',
num2str(abs(Vn/1000)), 'kV']);
Vs_ll=sqrt(3)*abs(Vn);
disp(['The line-to-neutral voltage at the substation is ', num2str(abs(Vs_
ll/1000)), 'kV'])
```

对称三相电路的功率

三相发电机输送的总功率或者三相负荷消耗的总功率等于三相功率之和，如式(2.27)所示。对于对称电路，因为各相的功率相同，所以总功率等于任何一相功率的3倍。

如果负荷为Y型连接，那么负荷的相电压幅值V_p为

$$|V_p| = |V_{an}| = |V_{bn}| = |V_{cn}| \tag{2.33}$$

负荷对应的相电流I_p为

$$|I_p| = |I_{an}| = |I_{bn}| = |I_{cn}| \tag{2.34}$$

那么三相总功率为

$$P = 3|V_p||I_p|\cos\theta_p \tag{2.35}$$

其中θ_p是相电流I_p滞后于相电压V_p的相角，即单相负荷的阻抗角。如果用$|V_L|$和$|I_L|$分别表示线电压V_L和线电流I_L的幅值，那么

$$|V_p| = \frac{|V_L|}{\sqrt{3}}, \qquad |I_p| = |I_L| \tag{2.36}$$

将式(2.36)代入式(2.35)，得

$$P = \sqrt{3}|V_L||I_L|\cos\theta_p \tag{2.37}$$

对应的总的无功功率为

$$Q = 3|V_p||I_p|\sin\theta_p \tag{2.38}$$

或者

$$Q = \sqrt{3}|V_L||I_L|\sin\theta_p \tag{2.39}$$

负荷的视在功率(VA)为

$$|S| = \sqrt{P^2+Q^2} = \sqrt{3}|V_L||I_L| \tag{2.40}$$

通常情况下，因为线电压、线电流和功率因数$\cos\theta_p$均已知，因此式(2.37)、式(2.39)和式(2.40)分别表示对称三相系统中P，Q和$|S|$的计算公式。除非另有说明，三相系统通常代表对称三相系统，三相系统的电压、电流和功率分别代表对称系统的线电压、线电流和三相总功率。

如果负荷连接成△型，那么各个阻抗承受的电压都是线电压，每一相阻抗中电流的幅值等于线电流幅值除以$\sqrt{3}$，即

$$|V_p| = |V_L|, \qquad |I_p| = \frac{|I_L|}{\sqrt{3}} \tag{2.41}$$

三相总功率为

$$P = 3|V_p||I_p|\cos\theta_p \tag{2.42}$$

将式(2.35)中$|V_p|$和$|I_p|$的值代入上式，可得

$$P = \sqrt{3}|V_L||I_L|\cos\theta_p \tag{2.43}$$

该式和式(2.37)相等。可见，不管负荷是△型还是Y型连接，都可以使用式(2.39)和式(2.40)来计算系统的总无功功率和视在功率。

例题2.5 已知三相电动机的马力为15 hp，满负荷运行，效率为90%，功率因数为0.8(滞后)。试求线电压为440 V时，三相线路向三相电动机提供的电流值以及电动机从线路吸收的P和Q。(注：hp=马力，1 hp=746 W)。

解：当效率为90%时，电动机的输出功率为

$$15 \times 746 = 11\,190\ \text{W}$$

因此

$$0.9 = \frac{P_{\text{out}}}{P_{\text{in}}} = \frac{11\,190}{\sqrt{3} \times 440 \times |I_L| \times 0.8}, \quad |I_L| = 20.39\ \text{A}$$

$$I_L = |I_L|\angle -\arccos\ (0.8) = 20.39\angle -36.87°\ \text{A}$$

那么

$$P = \sqrt{3}|V_L||I_L|\cos\theta = \sqrt{3} \times 440 \times 20.39 \times 0.8 = 12\,431.4\ \text{W}$$

$$Q = \sqrt{3}|V_L||I_L|\sin\theta = \sqrt{3} \times 440 \times 20.39 \times \sin(36.87°) = 9323.6\ \text{var}$$

2.4 标幺值

输电线路的电压等级通常以千伏(kV)为单位。由于输送的功率很大，因此功率的单位通常为kW/MW或kVA/MVA。但是，不管是电压、功率，还是电流、电阻，往往用百分比或标幺值(相对于指定参考值)表示。例如，如果选择120 kV作为基准电压，108 kV，120 kV和126 kV的电压将分别表示为标幺值0.90，1.00和1.05，或者百分比90%，100%和105%。有名值的标幺值定义为该有名值与基准值之比(表示为小数形式)。标幺值乘以100对应百分制中的百分比。

百分制和标幺制的表示方法都非常简单，而且能提供比实际的电流值、电阻值和电压值更多的信息。标幺制又优于百分制，因为两个标幺值的乘积本身就是标幺值，但两个用百分制表示的数值的乘积必须除以100才能得到它们乘积的百分值。

注意，电压、电流、功率(kVA)和阻抗并不是完全独立的关系，它们之间只需要确定任意两个参数的基准值，就能得到其他两个参数的基准值。例如，如果指定电流和电压的基准值，那么就可以确定阻抗和功率的基准值。阻抗基准值的计算方法为：当流过阻抗的电流等于基准电流，同时该阻抗两端的电压降等于基准电压时，对应的阻抗即为阻抗基准值。单相系统中的基准功率(kVA)对应基准电压(kV)和基准电流(A)的乘积。通常以功率(MVA)和电压(kV)作为基准参数。对单相系统或三相系统，当“电流”表示线电流，“电压”表示相电压，而“kVA”表示每相功率，那么各个参数之间满足以下公式：

$$\text{基准电流 A} = \frac{\text{基准功率}_{1\phi}}{\text{基准电压 kV}_{\text{LN}}} \tag{2.44}$$

$$\text{基准阻抗}\ \Omega = \frac{\text{基准电压 V}_{\text{LN}}}{\text{基准电流 A}} \tag{2.45}$$

$$\text{基准阻抗}\ \Omega = \frac{(\text{基准电压 kV}_{\text{LN}})^2 \times 1000}{\text{基准功率}_{1\phi}} \tag{2.46}$$

$$\text{基准阻抗}\ \Omega = \frac{(\text{基准电压 kV}_{\text{LN}})^2}{\text{MVA}_{1\phi}} \tag{2.47}$$

$$基准功率\ kW_{1\phi} = 基准功率_{1\phi} \tag{2.48}$$

$$基准功率\ MW_{1\phi} = 基准功率_{1\phi} \tag{2.49}$$

$$阻抗的标幺值 = \frac{阻抗有名值\ \Omega}{阻抗基准值\ \Omega} \tag{2.50}$$

对于三相电路，上述公式中的下标 1ϕ 和 LN 分别表示“一相”和“线到中点”。对于单相电路，上述公式中的 kV_{LN} 表示单相线路上的电压，或者线路一侧接地时的线对地电压。

在具体分析时，可以将对称三相电路等效为带中线的单相电路，单相电路中各个参数的基准值对应每相的功率(kVA)和相电压(kV)。不过实际运行中通常都是提供三相总功率(kVA/MVA)和线电压(kV)。因此，小心不要混淆线电压和相电压的标幺值。

不管基准电压是否为线电压，单相电路中关心的电压都是相对于中点的相电压。考虑到对称三相系统中线电压和相电压的比值等于$\sqrt{3}$，令单相电路中基准电压等于线电压基准值的 $1/\sqrt{3}$。因此，当系统对称时，以相电压为基准的相电压标幺值等于以线电压为基准的线电压标幺值。同样，因为三相功率(kVA)是一相功率(kVA)的 3 倍，因此选择三相功率(kVA)的基准值等于单相电路基准功率(kVA)的 3 倍。这样，以三相功率(kVA)为基准的三相功率(kVA)的标幺值等于以单相功率(kVA)为基准的单相功率(kVA)的标幺值。下面举例说明它们之间的关系。例如

$$基准功率\ kVA_{3\phi} = 30\ 000\ kVA$$

且

$$基准电压\ kV_{LL} = 120\ kV$$

其中下标 3ϕ 和 LL 分别表示“三相”和“线对线”，因此

$$基准功率\ kVA_{1\phi} = \frac{30\ 000}{3} = 10\ 000\ kVA$$

$$基准电压\ kV_{LN} = \frac{120}{\sqrt{3}} = 69.2\ kV$$

对于线电压为 108 kV 的对称三相系统，相电压为$\frac{108}{\sqrt{3}}=62.3\ kV$，对应的标幺值为

$$电压标幺值 = \frac{108}{120} = \frac{62.3}{69.2} = 0.90$$

若三相总功率为 18 000 kW，单相功率就是 6000 kW，因此有

$$功率标幺值 = \frac{10\ 800}{30\ 000} = \frac{6000}{10\ 000} = 0.6$$

当然，在上述讨论中，可以用 MW 和 MVA 代替 kW 和 kVA。通常，三相系统中的基准电压是指线电压，而基准功率(kVA/MVA)是指三相总功率。

阻抗和电流的基准值可以通过基准电压(kV)和基准功率(kVA)求得。如果我们将基准功率(kVA)和基准电压(kV)理解为三相总功率的基准值(kVA)和线电压的基准值，可得

$$基准电流\ A = \frac{基准功率\ kVA_{3\phi}}{\sqrt{3} \times 基准电压\ kV_{LL}} \tag{2.51}$$

由式(2.46)，

$$基准阻抗 = \frac{(基准电压\ kV_{LL}/\sqrt{3})^2 \times 1000}{基准功率\ kVA_{3\phi}/3} \tag{2.52}$$

$$基准阻抗 = \frac{(基准电压\ kV_{LL})^2 \times 1000}{基准功率\ kVA_{3\phi}} \tag{2.53}$$

$$基准阻抗 = \frac{(基准电压\ kV_{LL})^2}{基准功率\ MVA_{3\phi}} \tag{2.54}$$

除下标外，式(2.53)和式(2.54)分别与式(2.46)和式(2.47)相同。式中的下标用于区分单相和三相系统。上述等式如果不带下标，那么必须注意：

- 使用线电压(kV)时，需要使用三相功率(kVA/MVA)；
- 使用相电压(kV)时，需要使用单相功率(kVA/MVA)。

例如，式(2.44)采用的基准值为单相总功率(kVA)和相电压(kV)，该式可用于确定单相系统或三相系统的基准电流。式(2.51)选择三相总功率(kVA)和线电压(kV)为基准值，它可以用于确定三相系统的基准电流。

例题 2.6 以 4.4 kV 和 127 A 为基准值，使电压和电流幅值的标幺值都为 1，重做例题 2.4。因为例题 2.4 不涉及功率问题，因此可以选择电流和电压的基准值。

解：阻抗的基准值为

$$\frac{4400/\sqrt{3}}{127} = 20.0\ \Omega$$

因此，负荷阻抗的标幺值也等于 1.0。线路阻抗和线路电压为

$$Z = \frac{1.4\angle 75^\circ}{20} = 0.07\angle 75^\circ \text{ p.u.}$$

$$\begin{aligned} V_{an} &= 1.0\angle 0^\circ + 1.0\angle -30^\circ \times 0.07\angle 75^\circ \\ &= 1.0\angle 0^\circ + 0.07\angle 45^\circ \\ &= 1.0495 + \text{j}0.0495 = 1.051\angle 2.70^\circ \text{ p.u.} \end{aligned}$$

$$V_{LN} = 1.051 \times \frac{4400}{\sqrt{3}} = 2670\ \text{V} \quad 或 \quad 2.67\ \text{kV}$$

$$V_{LL} = 1.051 \times 4.4 = 4.62\ \text{kV}$$

MATLAB program for Example 2.6(ex2_6.m):

```
% Matlab M-file for Example 2.6: ex2_6.m
% Clean previous value
clc
clear all
% Initial the data from ex2.6
Vbase=4400;
Ibase=127;
% Initial the data get from ex2.3
Vline=4400;
ZL=1.4; ZL_angle=75;
Zline=20; Zline_angle=30;
% Convert polar form to rectangular form
ZL_cp=ZL * cosd(ZL_angle)+j * ZL * sind(ZL_angle);
Zline_cp=Zline * cosd(Zline_angle)+j * Zline * sind(Zline_angle);
% Calculate voltage and current in phase
Van=Vline/sqrt(3);
Ian=Van/Zline_cp;
% Solution
% Turning the value into pu form
```

```
Zbase=(4400/sqrt(3))/127;
disp(['Zbase=(4400/sqrt(3))/127=',num2str(Zbase), 'Ω'])
disp(['Base impedance is ',num2str(Zbase), 'Ω'])
Z=ZL_cp/Zbase;
Z_mag=abs(Z);
Z_ang=angle(Z)*180/pi;
disp(['Z=ZL_cp/Zbase=',num2str(Z_mag),'∠',num2str(Z_ang), 'per unit'])
disp(['The line impedance is ',num2str(Z_mag),'∠',num2str(Z_ang),'per
unit'])
Ian_pu=Ian/Ibase;
% Calculate voltage in phase a and turn it into line-line voltage
Van=complex(1,0)+Ian_pu*Z;
Van_mag=abs(Van);
Van_ang=angle(Van)*180/pi;
disp(['Van=1+Ian*Z=',num2str(Van_mag),'∠',num2str(Van_ang), 'per unit'])
disp(['The line-to-neutral voltage at the substation Van is ',num-
2str(Van_mag), 'per unit with angle of ',num2str(Van_ang), 'deg.'])
VLN=abs(Van)*Vbase/sqrt(3);
disp(['VLN=|Van/sqrt(3)|=',num2str(VLN), 'V'])
disp(['The magnitude of line-to-neutral voltage at the substation bus is ',
num2str(VLN), 'V']);
VLL=abs(Van)*Vbase;
disp(['VLL=|Van|=',num2str(VLL), 'V'])
disp(['The magnitude of line-to-line voltage at the substation bus is ',
num2str(abs(VLL)), 'V']);
```

对于复杂的电力系统，特别是涉及变压器时，标幺制的优点更加明显。如果只给出参数的标幺值(元件阻抗等)，却没有明确指定基准值，这通常表示以元件的额定电压(kV)和额定功率(MVA)为基准值。

不同基准值下标幺值的转换

系统中某些元件采用的基准值有时和系统其他部分采用的基准值不同。为了实现系统中阻抗标幺值的加减运算，必须采用相同的基准值，因此有必要掌握不同基准值下阻抗标幺值的转换方法。将式(2.46)或式(2.53)代入式(2.50)，可得

$$\text{阻抗标幺值}=\frac{(\text{实际阻抗}\ \Omega)\times(\text{基准功率 kVA})}{(\text{基准电压kV})^2\times 1000} \tag{2.55}$$

可见，阻抗标幺值与基准功率(kVA)成正比，与基准电压的平方成反比。因此，不同基准值下阻抗标幺值的转换可以采用下式：

$$\text{标幺值}\ Z_{new}=\text{标幺值}\ Z_{given}\left(\frac{\text{基准电压kV}_{given}}{\text{基准电压kV}_{new}}\right)^2\left(\frac{\text{基准功率kVA}_{new}}{\text{基准功率kVA}_{given}}\right) \tag{2.56}$$

注意，上述公式仅用于将特定基准值下的阻抗标幺值转换为新基准值下的标幺值。这个等式并不能将阻抗的有名值(Ω)从变压器的一侧转换到另一侧。

另一种方法是，先将给定基准值下的标幺值变成有名值(Ω)，然后再用有名值除以新的基准值，从而完成基准值的转换。

例题 2.7 以发电机铭牌上的额定值 18 kV，500 MVA 为基准值时，发电机的电抗标幺值 $X''=0.25$。求以 20 kV，100 MVA 为基准值时的电抗标幺值 X''。

解：由式(2.56)

$$X'' = 0.25\left(\frac{18}{20}\right)^2\left(\frac{100}{500}\right) = 0.0405 \text{ p.u.}$$

或者用第二种方法，先把标幺值转换为有名值，然后再除以新的基准阻抗

$$X'' = \frac{0.25(18^2/500)}{20^2/100} = 0.0405 \text{ p.u.}$$

制造商通常会直接提供设备电阻和电抗的百分比或标幺值。阻抗的基准值由设备的额定功率(kVA)和额定电压(kV)确定。附表 A.1 和附表 A.2 列出了变压器和发电机的典型电抗值。在第 3 章变压器的学习中我们还将进一步讨论标幺值。

2.5 单线图

第 3 章至第 5 章将分别学习变压器、同步电机和输电线路的电路模型。本节旨在描述这些元件的整体行为，从而为系统建模。

由于对称三相系统一般被等效为由单相和中线组成的单相等效电路，因此很少采用多相电路。另外，还可以进一步简化电路，将中线电路完全忽略，而只用标准符号来表示。输电线路由送端和受端之间的单线表示，线路上不显示电路参数。这种简化的电力系统图称为单线图或主接线图。它用单条线路和标准符号表明输电线路与电力系统其他设备的连接。

单线图的目的是通过简明的电路提供系统的相关重要信息。系统各个部分的重要性因所考虑的问题而异，因此电路图中要包含的信息取决于相应的目的。例如，进行负荷研究时断路器和继电器的位置将不重要。因此，如果电路图的主要目的是为了进行负荷研究，那么就不需要在电路图中显示断路器和继电器。另一方面，故障发生后系统在暂态条件下的稳定性取决于继保装置和断路器对系统故障隔离的速度。因此，在这种情况下断路器的相关信息就极其重要。单线图有时还需要包括电流互感器和电压互感器的信息，它们用于连接继电器或进行计量。单线图不是一成不变的，其提供的信息需要根据处理的问题和专业绘图公司的习惯而变化。

美国国家标准研究所(ANSI)和电气和电子工程师协会(IEEE)出版了一套关于电路图的标准符号①。但这些符号并不需要被强制使用，特别是在表示变压器时。图 2.25 所示为一些常用的符号示例。

电机或旋转电枢的基本符号用圆圈表示，改进的符号则包含了常用旋转电机的各个部分。为了方便阅读理解，建议按照电机的类型和额定值来选用这些符号。

当发生非对称接地故障时，必须知道接地点的位置才能计算系统的电流。三相 Y 型连接且中性点直接接地的标准符号如图 2.25 所示。为了限制故障电流流入大地，需要在 Y 的中性点和大地之间加装电阻器或电抗器，因此 Y 型接地的标准符号中需要加入相应的电阻或电感符号。大多数输电系统中的变压器都直接接地。发电机的中性点通常通过大电阻接地，有时也通过电感线圈接地。

---

① See *Graphic Symbols for Electrical and Electronics Diagrams*, IEEE Std 315-1975(Reaffirmed 1993).

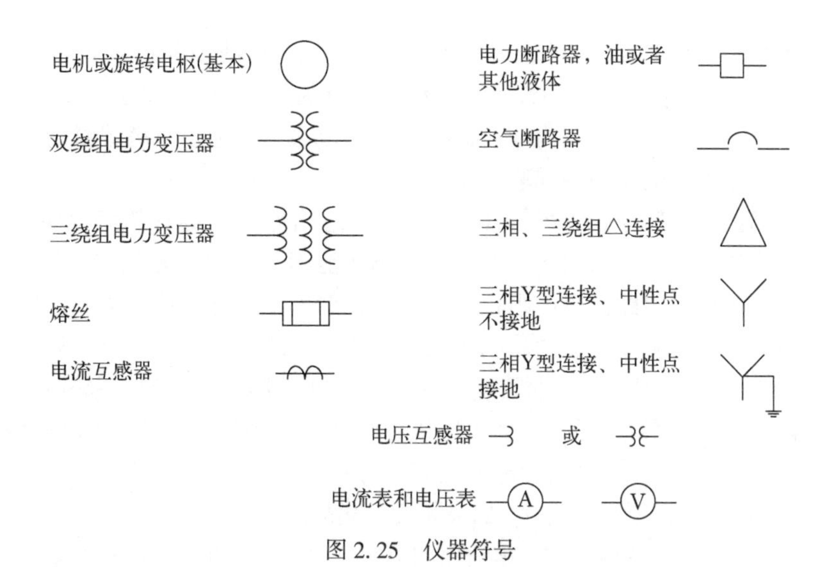

图 2.25　仪器符号

图 2.26 所示为简单电力系统的单线图。图中左侧的一台发电机通过电抗器接地，另一台发电机通过电阻器接地，两台发电机均连接到同一条母线上，然后通过一个升压变压器与输电线路相连。图中右侧的发电机通过电抗器接地，它与输电线路另一端的变压器二次侧母线相连。两条母线均带负荷。单相图中通常会提供负荷、发电机和变压器的额定值以及电路不同元件的电抗值。

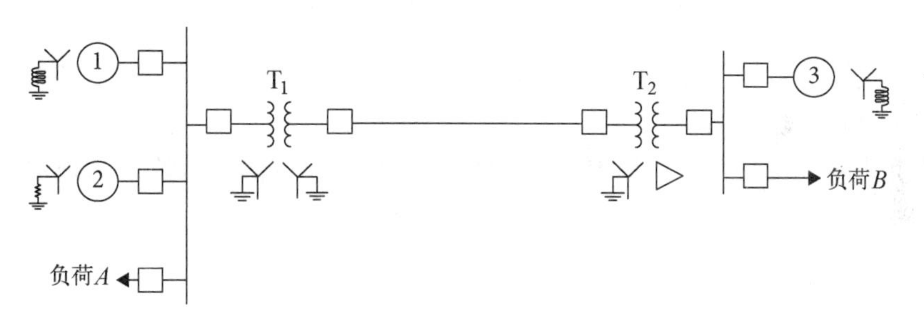

图 2.26　电力系统的单线图

2.6　阻抗和电抗图

为了分析系统在不同负荷或故障时的性能，需要利用单线图绘制单相等效电路。图 2.27 所示为与图 2.26 对应的单相阻抗图，该图中包含图 2.26 所示的各个元件的等效电路。

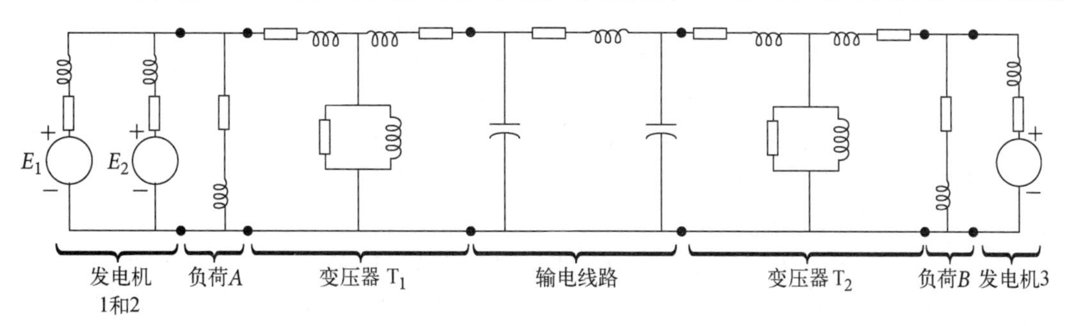

图 2.27　对应于图 2.26 单线图的单相阻抗图

进行负荷研究时，负荷 A 和 B(滞后)用电阻和电感电抗的串联形式表示。系统对称时流入大地的电流为 0，即发电机的中性点和系统中性点的电位相同，因此可以忽略发电机中性点和大地之间的限流阻抗。又因为变压器的励磁电流通常远远小于满载时的负荷电流，所以通常也忽略变压器等效电路中的并联导纳。

故障计算(不管是手工还是计算机计算)时常常忽略电阻。尽管忽略电阻会引起误差，但由于系统的电感电抗比电阻大得多，所以结果仍然能满足要求。这是因为，第一，电阻和电感电抗不是直接相加，因此如果电阻很小，阻抗就约等于电感电抗。第二，如果负荷不包含旋转机械，那么负荷对故障电流的影响不大，因此可以忽略负荷。但是，故障计算需要将同步电动机负荷纳入计算范围，因为同步电动机负荷的电动势将贡献部分短路电流。如果需要确定故障时的电流，那么系统的异步电动机应该用感应电动势和电感电抗串联的电路来等效。如果需要计算故障发生若干个周期后的电流，那么就可以忽略异步电动机，因为电动机被短路后，其提供的短路电流将迅速衰减至 0。如果需要简化故障计算，那么就可以忽略所有的静态负荷——电阻、变压器的并联导纳和输电线路的电容，对应的简化单相电抗图如图 2.28 所示。

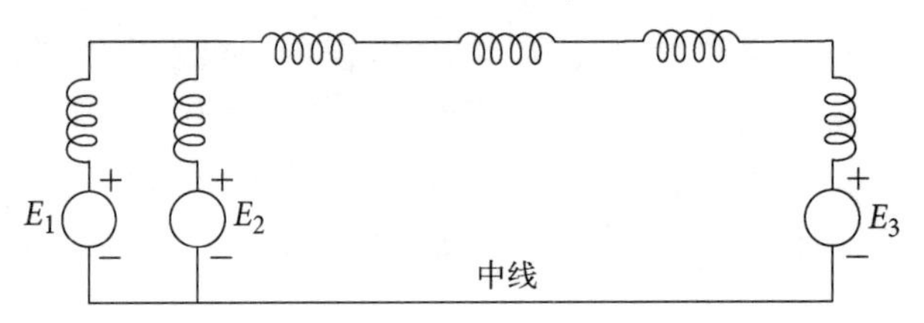

图 2.28　忽略图 2.27 中的负荷、电阻和并联导纳后的单相电抗图

上述简化的故障计算仅适用于第 8 章，而不适用于第 7 章的潮流分析。如果采用计算机计算，就不需要进行这种简化。

上述单相阻抗和电抗图也被称为单相正序图，因为它们表示的是对称电流流过对称三相系统时的相阻抗。第 9 章将使用单相正序图来分析系统。

2.7　小结

本章回顾了单相和对称三相电路的基本原理，解释了系统常用的专用符号，介绍了标幺值的计算，描述了单线图及其相关的阻抗图。

复习题

2.1 节

2.1　电流 $i=5\sqrt{2}\cos\omega t$ 的均方根(或 rms)值等于 5。(对或错)

2.2　幅值指的是 rms 值，而 rms 值等于最大值除以

a. $\sqrt{2}$　　b. $\sqrt{3}$　　c. $1/\sqrt{2}$　　d. $1/\sqrt{3}$

2.3　$V=110\angle 60°$的直角坐标形式是什么?

2.2 节

2.4　如果图 2.1 中的 v_{an} 和 i_{an} 同相，负荷的瞬时功率将永远不会是负值。(对或错)

2.5　如果负荷端电压和电流分别为 $V=|V|\angle\alpha$ 和 $I=|I|\angle\beta$，当电流滞后电压时，无功功率 Q 将为正。(对或错)

2.6　如果电路中的负荷电流滞后于负荷端电压。那么负荷是：

a. 电感　　b. 电容　　c. 电阻

2.7　在式(2.18)中，$\alpha>\beta$ 表示电流________电压，无功功率 Q 将为________。

a. 滞后，正　　c. 超前，正

b. 超前，负　　d. 滞后，负

2.8　电压和电流的相角差 θ 的________称为功率因数。

2.9　容性电路的功率因数为________。

2.3 节

2.10　对 Y 型连接的对称三相正序电网，线电压的幅值等于相电压幅值的$\sqrt{3}$倍，且相角超前 30°。(对或错)

2.11　在三相对称电路中，发电机提供的瞬时总功率恒定不变。(对或错)

2.12　在 Y 型连接的电路中，线电流________相电流。

a. 等于　　b. 小于　　c. 大于

2.13　对△型连接的电路，当相序为 abc 时，线电流________相电流________。

a. 滞后，60°　　b. 超前，60°　　c. 超前，30°　　d. 滞后，30°

2.14　对 Y 型连接的电路，当相序为 abc 时，线电压________相电压________。

a. 滞后，60°　　b. 超前，60°　　c. 超前，30°　　d. 滞后，30°

2.4 节

2.15　标幺值在不同基准值下进行变换时，以下哪个等式适用？

$$\text{a. 新的标幺值}\,Z_{new}=\text{给定的标幺值}\,Z_{given}\left(\frac{\text{基准电压}\,kV_{new}}{\text{基准电压}\,kV_{given}}\right)^2\left(\frac{\text{基准功率}\,kVA_{given}}{\text{基准功率}\,kVA_{new}}\right)$$

$$\text{b. 新的标幺值}\,Z_{new}=\text{给定的标幺值}\,Z_{given}\left(\frac{\text{基准电压}\,kV_{given}}{\text{基准电压}\,kV_{new}}\right)^2\left(\frac{\text{基准功率}\,kVA_{new}}{\text{基准功率}\,kVA_{given}}\right)$$

$$\text{c. 新的标幺值}\,Z_{new}=\text{给定的标幺值}\,Z_{given}\left(\frac{\text{基准电压}\,kV_{given}}{\text{基准电压}\,kV_{new}}\right)^2\left(\frac{\text{基准功率}\,kVA_{given}}{\text{基准功率}\,kVA_{new}}\right)$$

2.16　以 150 kV 为基准电压，108 kV 的标幺值是多少？

2.5 节

2.17　试描述单线图的作用。

2.6 节

2.18　如果需要确定故障后的瞬时电流，那么应该将异步电动机等效为感应电动势和感性电抗的串联形式。(对或错)

2.19　试描述阻抗图和电抗图的作用。

习题

2.1　如果 $v=141.4\sin(\omega t+30°)$ V，$i=11.31\cos(\omega t-30°)$ A，试求电压和电流：(a) 最大值，(b) RMS 值，(c) 电压相量和电流相量的极坐标和直角坐标表达式(以电压为参考相量)，此时电路是感性还是容性？

2.2 如果习题 2.1 的电路由纯电阻和纯电感组成，求 R 和 X。(a)串联连接，(b)并联连接。

2.3 单相电路中，相对于参考节点 o，电压 $V_a=120\angle45°\ \text{V}$，$V_b=100\angle-15°\ \text{V}$，求 V_{ba}的极坐标形式。

2.4 240 V 的单相交流电压向阻抗为 $10\angle60°\ \Omega$ 的串联电路供电。求电路的 R，X，P，Q 以及功率因数。编写 MATLAB 程序以验证结果。

2.5 将习题 2.4 的电路与一个电容器并联，该电容器提供 1250 var 的无功功率，试求 240 V 电源提供的 P 和 Q，以及对应的功率因数。

2.6 单相感性负荷消耗 10 MW 的有功功率，功率因数为 0.6(滞后)。绘制功率三角形，求解若要将功率因数提高到 0.85，需要并联一个多大的电容，提供的无功功率为多少?

2.7 一台单相异步电动机大部分时间都是轻载运行，电源向其提供的电流为 10 A。现在有一种"提高电动机效率"的装置。在演示的过程中，将该设备与空载电动机并联，电源提供的电流降为 8 A。当两台这种设备并联时，电流降至 6 A。请问哪种简单设备会导致电流下降?该设备具有哪些优点?该设备使电动机的效率增加了吗?(回忆一下，感应电动机吸收滞后的电流。)

2.8 如果例题 2.2 中电机 1 和电机 2 之间的阻抗为 $Z=-\text{j}5\ \Omega$，试求 (a) 两台电机分别是发电还是耗电；(b) 两台电机分别是吸收还是提供正的无功功率，对应的功率值是多少?(c) 阻抗吸收的 P 和 Q 值是多少?

2.9 如果 $Z=5\ \Omega$，重做习题 2.8。

2.10 电压源 $E_{an}=-120\angle210°\ \text{V}$，通过电压源的电流为 $I_{na}=10\angle60°\ \text{A}$。求 P 和 Q，并说明电源是提供功率还是消耗功率。编写 MATLAB 程序验证结果。

2.11 如果 $E_1=100\angle0°\ \text{V}$，$E_2=120\angle30°\ \text{V}$，重做例题 2.2，并将结果与例题 2.2 进行比较。

2.12 将以下各式写成极坐标形式:

a. $\alpha-1$

b. $1-\alpha^2+\alpha$

c. $\alpha^2+\alpha+\text{j}$

d. $\text{j}\alpha+\alpha^2$

编写 MATLAB 程序验证结果。

2.13 三个阻抗 $10\angle-15°\ \Omega$ Y 型连接后与线电压为 208 V 的三相对称线路相连。当相序为 abc 时，求以 V_{ca}为参考相量的所有线电压、相电压、线电流和相电流的相量。

2.14 在对称三相系统中，Y 型连接的阻抗为 $10\angle30°\ \Omega$。如果 $V_{bc}=416\angle90°\ \text{V}$，求 I_{cn}的极坐标形式。

2.15 三相电源的终端为 a，b 和 c。电压表连接任意两个终端，对应的读数均为 115 V。100 Ω 的电阻和 100 Ω 的电容器(在电源频率下)串联后连接在点 a 和点 b 之间，其中点 a 与电阻器相连。元件的公共连接点为点 n。试画出当相序分别为 abc 和 acb 时，点 c 和点 n 间电压表的读数。

2.16 将例题 2.5 的电动机通过阻抗为 $0.3+\text{j}1.0\ \Omega$ 的线路与电源相连，当电动机侧的电压为 440 V 时，求线路的线电压。

2.17 110 V 三相电源向负荷供电，其中，线路的相阻抗为 $2+\text{j}5\ \Omega$，负荷由△型和 Y 型连接的对称负荷并联而成，其中△型负荷的相电阻为 15 Ω，Y 型负荷的相电阻为 8+j6 Ω。求电源提供的电流以及与负荷相连的线路电压。

2.18 三相负荷从电压为 440 V 的线路上吸收的总有功功率为 250 kW，功率因数为 0.707（滞后）。该负荷与一个三相电容器组并联，电容器组吸收的功率为 60 kVA。求总电流和总功率因数。

2.19 三相电动机从 220 V 电源吸收 20 kVA 的功率，功率因数为 0.707（滞后）。若要使功率因数为 0.90（滞后），求电容器的额定容量 kVA 以及加装电容器后的线路电流值。编写 MATLAB 程序验证结果。

2.20 露天采煤用的索斗挖掘机由 36.5 kV 的三相线路供电。挖煤时消耗的功率为 0.92 MVA，功率因数为 0.8（滞后），当装满负荷的铲斗离开坑壁时，电机产生（输送给电力系统）的功率为 0.10 MVA，功率因数为 0.5（超前）。在每一个“挖掘”周期结束时，因为电源电流幅值发生了很大的变化，由固态电路构成的继保装置就会跳闸。因此，期望电流的变化幅度越小越好。现在，在该挖掘机的终端加装一个电容器，以消除稳态电流幅值的变化。让这台机器消耗的无功功率 Q 等于并联电容器的三相总容量 Mvar，求电容器的容量（kvar），挖掘机在挖煤和发电状态下的无功功率 Q，以及挖掘机线电流幅值的表达式。

2.21 一台发电机（可以由电动势串联电感电抗表示）的额定值为 500 MVA，22 kV。其绕组为 Y 型连接，对应的电抗值标幺值为 1.1。求该绕组的电抗有名值。编写 MATLAB 程序验证结果。

2.22 以 100 MVA，20 kV 作为基准值，求习题 2.21 的发电机绕组在该基准值下的电抗标幺值。

2.23 电机与例题 2.5 和习题 2.16 所述电源相连，绘制对应的单相等效电路（电机由电动势与电感电抗 Z_m 串联表示）。在电路图上标注线路阻抗的标幺值，求电动机终端电压的标幺值（以 20 kVA，440 V 为基准值），以及供电电压的标幺值和电源电压的有名值（V）。编写 MATLAB 程序验证结果。

第3章　变压器和同步电机

变压器连在电力系统的发电机与输电线路之间，或者连在不同电压等级的输电线路之间。输电线路的线电压额定值能高达 765 kV。发电机的额定电压通常为 18～30 kV，有时会稍高。变压器用于将电压降低到配电网电压等级并最终以 240 V/120 V 电压向住宅供电。变压器的效率和可靠性都非常高(接近 100%)。

交流发电机是最主要的电源，它是由涡轮机驱动的同步发电机，实现机械能向电能的转换。同步电动机则将电能转换为机械能。我们主要讨论同步发电机，但也会涉及同步电动机的部分内容。我们关注的重点是大型互联电力系统中同步电机的应用和运行。

本章将首先讨论变压器的建模，并理解标幺制的优点。同时，对用于实现有功功率和无功功率控制的变压器的电压幅值调整和相移进行分析。之后，本章将建立绕组的通用磁链方程，这组方程既适用于稳态分析，也适用于暂态分析。注意，对于多相同步电机，由于绕组间相互耦合且存在相对运动，因此互感可变。最后，建立电机的简化等效电路，既用于可视化电机内部的各种主要关系，又用于理解发电机在电力系统分析中的作用。

3.1　理想变压器

图 3.1 所示为超高压变电站中三相三绕组降压自耦变压器的实拍照片。

图 3.1　三相三绕组 500 MVA，345 kV/161 kV 降压变压器

该变压器的额定值为500 MVA，345/161 kV。变压器由两个或多个线圈组成，这些线圈的排列满足与同一个磁通相交链。电力变压器中的线圈缠绕在同一个铁心上，因此任何一个线圈都和其他线圈的磁通交链。一个绕组可以由多个线圈串联或并联组成，这些绕组可以与其他绕组交替缠绕在铁心上。

图3.2中，两个绕组缠绕在同一个铁心上，形成了壳式单相变压器。绕组中的匝数可能从几百匝变化到数千匝。假设铁心中的磁通为正弦波形，同时变压器是理想变压器，即：(1) 铁心的磁导率μ无穷大；(2) 所有磁通都通过铁心，因此该磁通与两个绕组的线圈都交链；(3) 铁心损耗和绕组电阻为0。因此，由磁通变化引起的电压e_1和e_2分别等于其端子电压v_1和v_2。

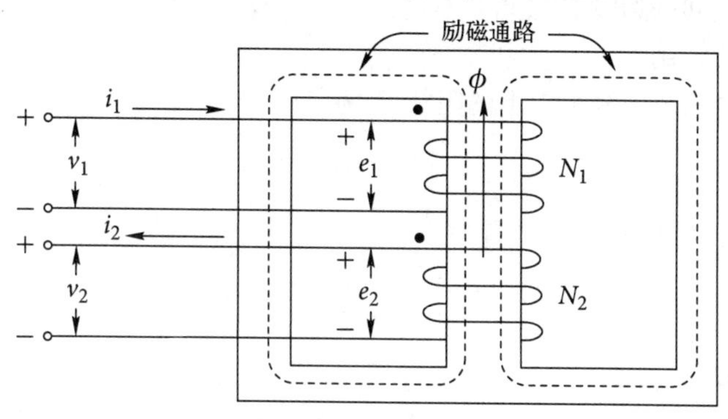

图3.2　双绕组变压器

从图3.2所示的绕组关系可见，由磁通变化引起的瞬时电压e_1和e_2同相(图中“+”和“-”所示为参考方向)。由法拉第定律，有

$$v_1 = e_1 = N_1 \frac{d\phi}{dt} \tag{3.1}$$

$$v_2 = e_2 = N_2 \frac{d\phi}{dt} \tag{3.2}$$

其中ϕ表示瞬时磁通，N_1和N_2对应图3.2中绕组1和绕组2的匝数。根据右手定则，磁通ϕ和线圈1的正方向相同，即，用右手握住线圈，使右手手指的方向和电流方向相同，此时拇指的方向为磁通的方向。由于已经假设磁通为正弦变化，因此将式(3.1)与式(3.2)相除，可得电压的相量形式

$$\frac{V_1}{V_2} = \frac{E_1}{E_2} = \frac{N_1}{N_2} \tag{3.3}$$

通常情况下，变压器的绕线方向未知。因此，为了表明方向，可以在绕组端口标注黑点“●”，有黑点“●”的端口表示电压为正，即对所有绕组而言，从标记了“●”点的端口到没做标记的端口的电压同相。图3.2中双绕组变压器上的“●”点就满足该规则。注意，也可以这样设置黑点“●”，当电流从标记了“●”点的绕组端口流向未做标记的绕组端口时产生的磁势(MMF)和磁路方向相同，这时也可以得到与上述相同的结论。根据安培定律，变压器原边和副边的磁势必须守恒，如式(3.4)所示。图3.3所示为变压器示意图，它与图3.2提供的信息相同，

$$N_1 i_1 = N_2 i_2 \tag{3.4}$$

将电流转换成相量形式，可得

$$N_1 I_1 - N_2 I_2 = 0 \tag{3.5}$$

$$\frac{I_1}{I_2} = \frac{N_2}{N_1} \tag{3.6}$$

因此 I_1 和 I_2 同相。注意，如果电流的正方向为从标识了“•”点的一端流入，从未做标识的一端流出，那么 I_1 和 I_2 同相。如果两个电流方向相反，那么它们就反相。

由式(3.6)可得

$$I_1 = \frac{N_2}{N_1} I_2 \tag{3.7}$$

对于理想变压器，如果 I_2 为 0，I_1 必须为 0。

和阻抗或其他负载相连的绕组被称为二次绕组，任何与此绕组相连的电路元件都位于变压器的二次侧。同样，与电源相连的绕组被称为一次绕组。实际上，变压器的能量可以双向流动，因此指定原边和副边没有意义。不过，由于这些术语是通用术语，所以，只要不引起混淆，仍然建议继续采用。

如果图 3.2 或图 3.3 中绕组 2 上的阻抗 Z_2 为

$$Z_2 = \frac{V_2}{I_2} \tag{3.8}$$

用式(3.3)和式(3.6)代替 V_2 和 I_2，有

$$Z_2 = \frac{(N_2/N_1)V_1}{(N_1/N_2)I_1} \tag{3.9}$$

从原边看到的阻抗为

$$Z_2' = \frac{V_1}{I_1} = \left(\frac{N_1}{N_2}\right)^2 Z_2 \tag{3.10}$$

因此，阻抗从二次侧变换到一次侧时(或由原边看到的阻抗)，相当于把变压器二次侧阻抗乘以原边和副边电压之比的平方。

再次使用式(3.3)和式(3.6)，有

$$V_1 I_1^* = \frac{N_1}{N_2} V_2 \times \frac{N_2}{N_1} I_2^* = V_2 I_2^* \tag{3.11}$$

因此

$$S_1 = S_2 \tag{3.12}$$

这意味着，对于理想变压器，输入一次绕组的复功率等于二次绕组输出的复功率。

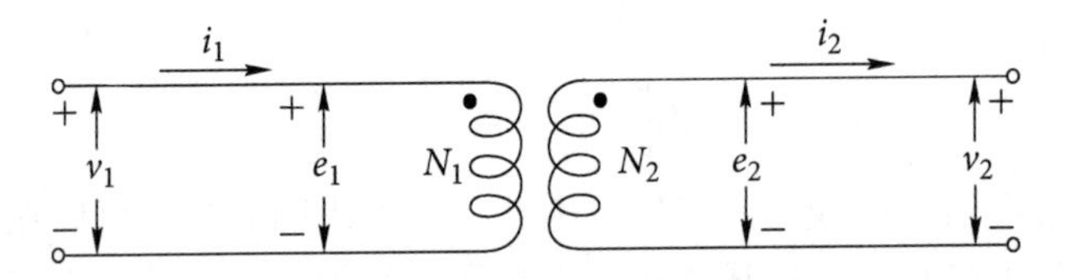

图 3.3　双绕组变压器的示意图

例题 3.1　图 3.3 中，$N_1 = 2000$，$N_2 = 500$，如果 $V_1 = 1200\angle 0°$ V，$I_1 = 5\angle -30°$ A，绕组 2 带阻抗 Z_2，试求 V_2，I_2，Z_2 和阻抗 Z_2'(即阻抗 Z_2 归算到变压器一次侧的值)。

解：

$$V_2 = \frac{N_2}{N_1} V_1 = \frac{500}{2\,000}(1\,200\angle 0°) = 300\angle 0° \text{ V}$$

$$I_2 = \frac{N_1}{N_2} I_1 = \frac{2\,000}{500}(5\angle -30°) = 20\angle -30° \text{ A}$$

$$Z_2 = \frac{V_2}{I_2} = \frac{300\angle 0^\circ}{20\angle -30^\circ} = 15\angle 30^\circ\ \Omega$$

$$Z_2' = Z_2\left(\frac{N_1}{N_2}\right)^2 = (15\angle 30^\circ)\left(\frac{2000}{500}\right)^2 = 240\angle 30^\circ\ \Omega$$

或者

$$Z_2' = \frac{V_1}{I_1} = \frac{1200\angle 0^\circ}{5\angle -30^\circ} = 240\angle 30^\circ\ \Omega$$

理想变压器是学习变压器的第一步，实际变压器和理想变压器的主要区别在于：(1) 磁导率非无穷，因此电感为有限值；(2) 一个绕组中的磁通并不是全部与其他绕组交链；(3) 绕组中存在电阻；(4) 由于磁通方向周期性发生变化，所以存在铁心损耗。

以图 3.4 所示的双绕组变压器为例(变压器的主要结构)，忽略铁心损耗，考虑磁导率、漏磁和铜耗。

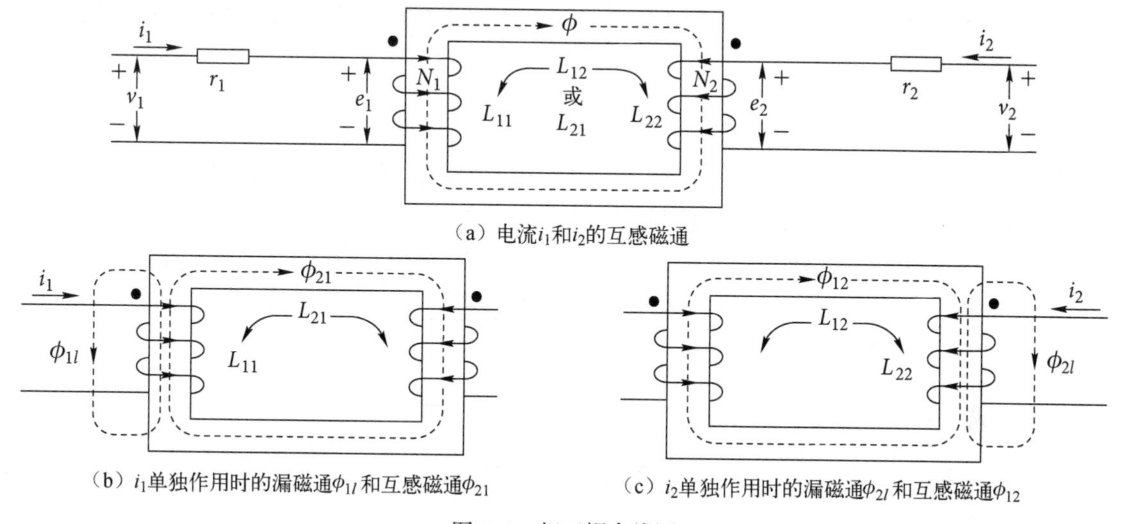

图 3.4　相互耦合线圈

电流 i_2的正方向的选择如图 3.4 所示，当电流 i_1 和 i_2 同为正(或负)时，电流 i_2 产生的磁通(根据右手法则)与 i_1产生的磁通方向相同，因此方程中的对应系数将为正。稍后，我们将对图 3.2 中的 i_2进行正方向的选择。电流 i_1产生的磁通为 ϕ_{11}，它的互感分量 ϕ_{21}同时与两个线圈交链，它的漏感分量 ϕ_{11}仅与线圈 1 交链，如图 3.4(b)所示。电流 i_1单独作用下，线圈 1 中的磁链为

$$\lambda_{11} = N_1\phi_{11} = L_{11}i_1 \tag{3.13}$$

其中 N_1表示匝数，L_{11}是线圈 1 的自感。在 i_1 单独作用的相同条件下，线圈 2 中的磁链为

$$\lambda_{21} = N_2\phi_{21} = L_{21}i_1 \tag{3.14}$$

其中 N_2是线圈 2 的匝数，L_{21}是线圈的互感。

i_2单独作用时，也采用相同的方式进行定义。它产生的磁通 ϕ_{22}包括两部分——只与线圈 2 交链的漏磁通 ϕ_{21}和两个线圈互相交链的互感磁通 ϕ_{12}，如图 3.4(c)所示。i_2单独作用下线圈 2 的磁链为

$$\lambda_{22} = N_2\phi_{22} = L_{22}i_2 \tag{3.15}$$

其中 L_{22}是线圈 2 的自感。i_2感应到线圈 1 中的磁链为

$$\lambda_{12} = N_1\phi_{12} = L_{12}i_2 \tag{3.16}$$

当两个电流共同作用时，将上述磁链相加，有

$$\begin{aligned}\lambda_1 &= \lambda_{11} + \lambda_{12} = L_{11}i_1 + L_{12}i_2 \\ \lambda_2 &= \lambda_{21} + \lambda_{22} = L_{21}i_1 + L_{22}i_2\end{aligned} \tag{3.17}$$

L_{12}和 L_{21}的下标的顺序无关紧要，因为线圈的互感具有互易性质，所以 $L_{12}=L_{21}$。电流的方向和线圈的指向决定了互感的符号，图 3.4 中该值为正，因为 i_1和 i_2的磁化效果相同。

磁链变化时，线圈两端和环路电流方向相同的电压降为

$$v_1 = r_1i_1 + \frac{\mathrm{d}\lambda_1}{\mathrm{d}t} = r_1i_1 + L_{11}\frac{\mathrm{d}i_1}{\mathrm{d}t} + L_{12}\frac{\mathrm{d}i_2}{\mathrm{d}t} \tag{3.18}$$

$$v_2 = r_2i_2 + \frac{\mathrm{d}\lambda_2}{\mathrm{d}t} = r_2i_2 + L_{21}\frac{\mathrm{d}i_1}{\mathrm{d}t} + L_{22}\frac{\mathrm{d}i_2}{\mathrm{d}t} \tag{3.19}$$

式(3.18)和式(3.19)中的“+”号表示线圈从电源吸收功率，就像负载一样。例如，图3.4 中，如果 v_2和 i_2同时为正，则线圈 2 吸收瞬时功率。如果将线圈 2 上的电压降反向，使 $v_2'=-v_2$，我们有

$$v_2' = -v_2 = -r_2i_2 - \frac{\mathrm{d}\lambda_2}{\mathrm{d}t} = -r_2i_2 - L_{21}\frac{\mathrm{d}i_1}{\mathrm{d}t} - L_{22}\frac{\mathrm{d}i_2}{\mathrm{d}t} \tag{3.20}$$

如果 v_2'和 i_2的瞬时值为正，则表示线圈 2 提供功率。因此，式(3.20)中的“-”号表示线圈等效为发电机，它将功率(能量随时间的变化)输送给外部负载。

当线圈中的电压和电流为交流稳态时，假设方程(3.18)和方程(3.19)的相量形式为

$$V_1 = \underbrace{(r_1 + \mathrm{j}\omega L_{11})}_{z_{11}}I_1 + \underbrace{(\mathrm{j}\omega L_{12})}_{z_{12}}I_2 \tag{3.21}$$

$$V_2 = \underbrace{(\mathrm{j}\omega L_{21})}_{z_{21}}I_1 + \underbrace{(r_2 + \mathrm{j}\omega L_{22})}_{z_{22}}I_2 \tag{3.22}$$

其中，线圈阻抗用小写的 z_{ij}表示，以区别于节点阻抗 Z_{ij}。

将式(3.21)和式(3.22)写成矩阵的相量形式，有

$$\begin{bmatrix}V_1\\V_2\end{bmatrix} = \begin{bmatrix}z_{11} & z_{12}\\z_{21} & z_{22}\end{bmatrix}\begin{bmatrix}I_1\\I_2\end{bmatrix} \tag{3.23}$$

注意，V 代表线圈两端的电压降，I 为线圈中的环流。系数矩阵的逆表示导纳矩阵，为

$$\begin{bmatrix}y_{11} & y_{12}\\y_{21} & y_{22}\end{bmatrix} = \begin{bmatrix}z_{11} & z_{12}\\z_{21} & z_{22}\end{bmatrix}^{-1} = \frac{1}{(z_{11}z_{22} - z_{12}^2)}\begin{bmatrix}z_{22} & -z_{12}\\-z_{21} & z_{11}\end{bmatrix} \tag{3.24}$$

将导纳矩阵(3.24)乘以方程(3.23)，得到

$$\begin{bmatrix}I_1\\I_2\end{bmatrix} = \begin{bmatrix}y_{11} & y_{12}\\y_{21} & y_{22}\end{bmatrix}\begin{bmatrix}V_1\\V_2\end{bmatrix} \tag{3.25}$$

当然，参数 y 和 z 虽然下标相同，但并不是简单的倒数关系。令线圈 2 的端子断开，那么式(3.23)中的电流 $I_2=0$，线圈 1 的开路输入阻抗为

$$\left.\frac{V_1}{I_1}\right|_{I_2=0} = z_{11} \tag{3.26}$$

如果线圈 2 的端子短路，那么 $V_2=0$，由式(3.25)可得线圈 1 的短路输入阻抗为

$$\left.\frac{V_1}{I_1}\right|_{V_2=0} = y_{11}^{-1} = z_{11} - \frac{z_{12}^2}{z_{22}} \tag{3.27}$$

将式(3.21)和式(3.22)的 z_{ij} 代入式(3.27)，可见，当线圈 2 短路时，线圈 1 的视在电抗减小了。

图 3.5 所示为互感耦合线圈的等效电路。线圈 2 中的电流为 I_2/a，对应的端口电压为 aV_2，其中 a 是正值常数。线圈 1 中的 V_1 和 I_1 保持不变。对电流 I_1 和 I_2/a 列写基尔霍夫电压方程，即可得到式(3.21)和式(3.22)。图 3.5 中，如果令 $a=N_1/N_2$，那么中括号内的电感将分别代表线圈的漏电感 L_{1l} 和 L_{2l}。由式(3.13)~式(3.16)，可见

$$L_{1l}=L_{11}-aL_{21}=\frac{N_1\phi_{11}}{i_1}-\frac{N_1}{N_2}\frac{N_2\phi_{21}}{i_1}=\frac{N_1}{i_1}\underbrace{(\phi_{11}-\phi_{21})}_{\phi_{1l}} \tag{3.28}$$

$$L_{2l}=L_{22}-L_{12}/a=\frac{N_2\phi_{22}}{i_2}-\frac{N_2}{N_1}\frac{N_1\phi_{12}}{i_2}=\frac{N_2}{i_2}\underbrace{(\phi_{22}-\phi_{12})}_{\phi_{2l}} \tag{3.29}$$

其中 ϕ_{11} 和 ϕ_{21} 表示线圈的漏磁通。同样，当 $a=N_1/N_2$ 时，并联电感 aL_{21} 为磁化电感，它表示由 i_1 产生的互感磁通 ϕ_{21} 的大小，

$$aL_{21}=\frac{N_1}{N_2}\frac{N_2\phi_{21}}{i_1}=\frac{N_1}{i_1}\phi_{21} \tag{3.30}$$

定义串联漏电抗为 $x_1=\omega L_{1l}$，$x_2=\omega L_{2l}$，并联磁化电纳为 $B_m=(\omega aL_{21})^{-1}$，得到图 3.6 所示的等效电路，它是 3.2 节中实际变压器的等效电路的基础。

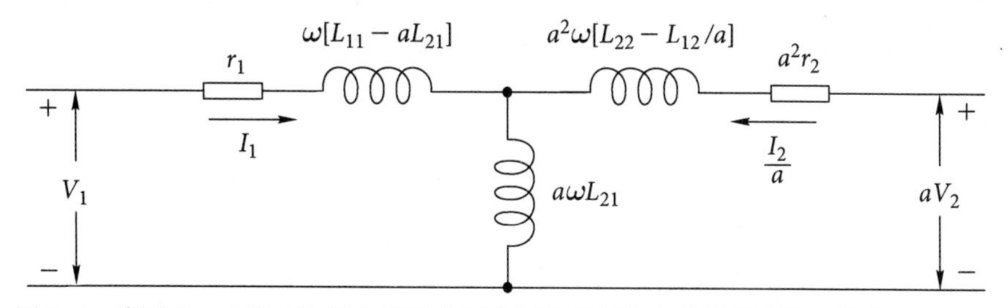

图 3.5　将图 3.4 中的二次侧电流和电压重新定义后的交流等值电路，其中 $a=N_1/N_2$

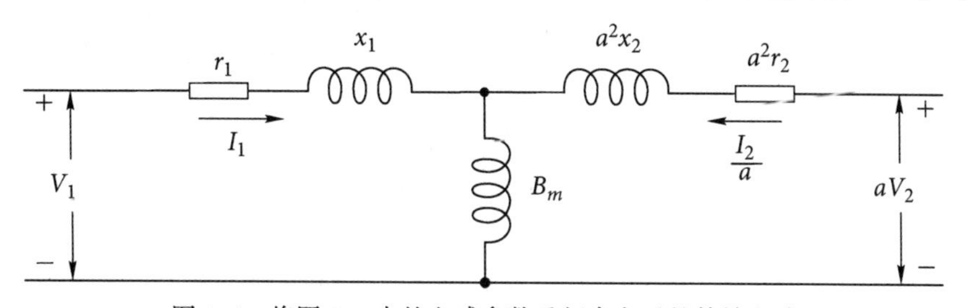

图 3.6　将图 3.5 中的电感参数重新命名后的等效电路

3.2　单相变压器的等效电路

图 3.6 所示的等效电路接近于实际变压器的物理特性。但是，它存在 3 个问题：(1) 它没有反映出电流或电压的变换；(2) 它没有将原边和副边进行电气隔离；(3) 它没有考虑铁心损耗。

令变压器二次绕组开路，在变压器的一次绕组上施加正弦电压，一次绕组上将产生一个很小的电流 I_E，即励磁电流。这个电流的主要分量为磁化电流，它流过图 3.6 中的磁化电纳 B_m。磁化电流在铁心中产生磁通。I_E 中较小的分量表示铁心损耗，它超前磁化电流 90°，因此图 3.6 没有显示该电流。铁心损耗包含两部分。首先，铁心中磁通方向的周期性变化会产

生热量，这部分铁心损耗被称为磁滞损耗。此外，磁通变化会在铁心中产生环流，这些电流产生的损耗等于$|I|^2R$，这部分铁心损耗被称为涡流损耗。采用高级合金钢材料可以降低磁滞损耗，采用钢层叠压技术可以降低涡流损耗。当二次绕组开路时，变压器的一次绕组相当于一个非常大的电感(由于铁心的作用)。在等效电路中，用电导G_c与磁化电纳B_m的并联电路表示I_E的通路，如图3.7所示。

在设计良好的变压器中，铁心磁通密度的最大点是变压器B-H(或饱和曲线)的拐点。因此，磁通密度和电场强度不是线性关系。为了在变压器中感应出正弦电压e_1和e_2，需要有正弦变化的磁通，那么当电源电压为正弦波形时，磁化电流就不能是正弦波形。励磁电流I_E中含有高达40%的三次谐波分量以及少量的高次谐波分量。不过由于I_E比额定电流小，为了计算的方便，就直接将I_E视为正弦分量，因此在等效电路中可以使用G_c和B_m。

在图3.6中加入一个变比为$a=N_1/N_2$的理想变压器，可以实现电压与电流的变换以及原边和副边的电气隔离，如图3.7所示。理想变压器的位置不是固定的。例如，可以将理想变压器移到串联元件a^2r_2和a^2x_2的左侧，然后将a^2r_2和a^2x_2改为二次绕组的绕组电阻r_2和漏电抗x_2。这与3.1节中关于理想变压器的规则一致，当一条支路阻抗从理想变压器的一侧变换到另一侧时，对应的阻抗值等于原阻抗值乘以另一侧到原来一侧的电压变比的平方。如果我们把所有的参数都归算到变压器的高压或低压侧，那么就可以将理想变压器从等效电路中删除。例如，图3.6中的所有电压、电流和阻抗都已经归算到了变压器的一次侧。去掉理想变压器后，我们必须加倍小心，以免在建立多绕组变压器等值电路时造成不必要的短路。

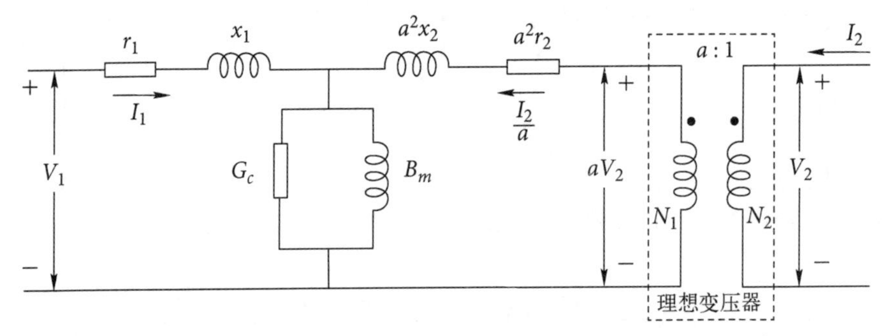

图3.7 带匝数比$a=N_1/N_2$的理想变压器的单相变压器等效电路

通常可以忽略励磁电流，因为它比正常的负载电流小得多，为了进一步简化电路，令

$$R_1 = r_1 + a^2r_2,\quad X_1 = x_1 + a^2x_2 \tag{3.31}$$

从而得到如图3.8所示的等效电路。所有与二次侧端口相连的阻抗和电压都必须归算到一次侧。

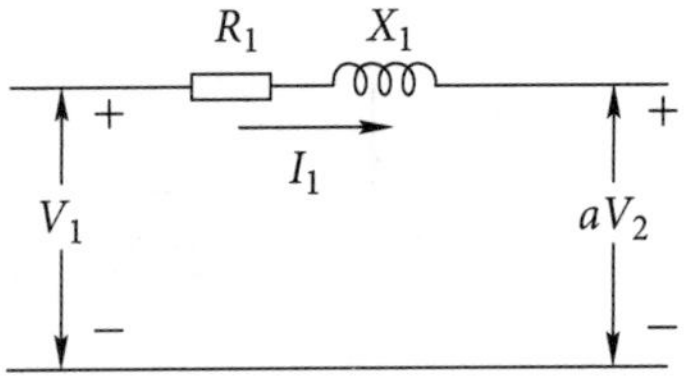

图3.8 忽略磁化电流后的变压器等效电路

电压调整率是指输入电压恒定时，变压器满载和空载时负载终端电压的幅值之差与满载时负载电压之比的百分比，用方程表示为

$$\text{调整率百分比} = \frac{|V_{2,\mathrm{NL}}| - |V_{2,\mathrm{FL}}|}{|V_{2,\mathrm{FL}}|} \times 100\% \tag{3.32}$$

$|V_{2,\mathrm{NL}}|$是空载时负载电压V_2的幅值，$|V_{2,\mathrm{FL}}|$是满载且$|V_1|$恒定时V_2的幅值。

例题 3.2 单相变压器一次绕组的匝数为 2000，二次绕组的匝数为 500。绕组电阻为 $r_1=2.0\,\Omega$，$r_2=0.125\,\Omega$。漏电抗为 $x_1=8.0\,\Omega$，$x_2=0.50\,\Omega$。电阻负载 Z_2 为 $12\,\Omega$。如果在一次绕组的端子上施加 1200 V 的电压，求 V_2 和电压调整率。注意：忽略磁化电流。

解：

$$a=\frac{N_1}{N_2}=\frac{2000}{500}=4$$

$$R_1=2+0.125(4)^2=4.0\,\Omega$$

$$X_1=8+0.5(4)^2=16\,\Omega$$

$$Z_2'=12\times(4)^2=192\,\Omega$$

等效电路如图 3.9 所示，可得

$$I_1=\frac{1200\angle 0^\circ}{192+4+\mathrm{j}16}=6.10\angle -4.67^\circ\ \mathrm{A}$$

$$aV_2=6.10\angle -4.67^\circ\times 192=1171.6\angle -4.67^\circ\ \mathrm{V}$$

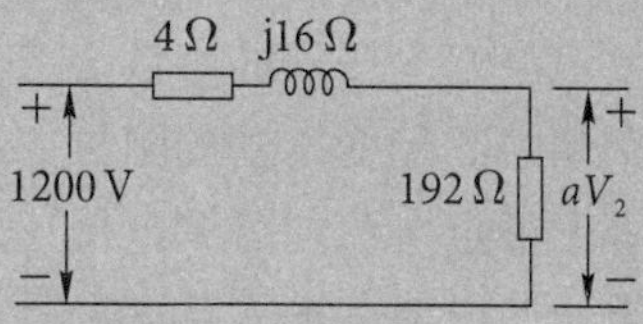

$$V_2=\frac{1171.6\angle -4.67^\circ}{4}=292.9\angle -4.67^\circ\ \mathrm{V}$$

图 3.9 例题 3.2 的电路

因为 $V_{2,\mathrm{NL}}=V_1/a$，所以

$$\text{电压调整率}=\frac{1200/4-292.9}{292.9}=0.0242\ \text{或}\ 2.42\%$$

MATLAB program for Example 3.2(ex3_2.m):

```
% Matlab M-file for Example 3.2: ex3_2.m
% Clean previous value
clc
clear all
% Initial values
% Turns ratio
N1=2000;
N2=500;
% Winding resistance
r1=2;
r2=0.125;
% Leakage reactance
x1=8;
x2=0.5;
% Resistive load
Z2=12;
% Voltage at the terminal of primary side
V1=1200;
% Solution
a=N1/N2;
R1=r1+r2*(a)^2;
X1=x1+x2*(a)^2;
Z2new=Z2*(a)^2;
```

```
I1=V1/(R1+j*X1+Z2new);
aV2=I1*Z2new;
V2=aV2/a;
V2_mag=abs(V2);
V2_ang=angle(V2)*180/pi; % Rad => Degree
disp(['V2_FL=aV2/a=',num2str(V2_mag),'!c',num2str(V2_ang), 'V']);
V2_NL=V1/a;
V2_FL=V2;
voltage_regulation=(abs(V2_NL)-abs(V2_FL))/abs(V2_FL);
disp(['V.R.=(|V2_NL|-|V2_FL|)/|V2_FL|=',num2str
(voltage_regulation)]);
disp(['Voltage regulation=',num2str(voltage_regulation*100), '%',]);
```

双绕组变压器的参数 R 和 X 可以通过短路试验得到，即将一个绕组短路，并从另一个绕组两端测量变压器的阻抗。通常选择将低压侧短路，然后在高压侧施加一个使低压短路电流等于额定电流的可调电压。这是因为，用于向高压侧供电的额定电流值小得多。短路试验的电压、电流和输入功率均已知。由于高压侧的电压较小，因此励磁电流微不足道，计算的阻抗值基本上就等于 $R+\mathrm{j}X$。

例题 3.3 单相变压器的额定值为 15 MVA，11.5/69 kV。将 11.5 kV 侧绕组(即绕组 2)短路，在绕组 1 上施加 5.5 kV 电压，使得绕组 2 上的电流为额定电流，输入功率为 105.8 kW。试求归算到高压绕组的 R_1 和 X_1 的有名值。

解： 69 kV 绕组的额定电流的幅值为

$$\frac{|S_1|}{|V_1|} = |I_1| = \frac{15\,000}{69} = 217.4\ \mathrm{A}$$

因此，

$$|I_1|^2 R_1 = (217.4)^2 R_1 = 105\,800$$

$$R_1 = 2.24\ \Omega$$

$$|Z_1| = \frac{5500}{217.4} = 25.30\ \Omega$$

$$X_1 = \sqrt{|Z_1|^2 - R_1^2} = \sqrt{(25.30)^2 - (2.24)^2} = 25.20\ \Omega$$

上述例题表明，变压器等效电路中可以忽略绕组电阻。通常，R 小于 1%。尽管在电力系统的大多数计算中，励磁电流都可以被忽略(如例题 3.2)，但仍然存在需要计算 $G_c-\mathrm{j}B_m$ 的场合，这时可以通过开路试验获取 $G_c-\mathrm{j}B_m$ 的值。通常选择在低压侧施加额定电压，然后测量输入功率和电流。这是因为向低压侧供电的电源的电压额定值小得多。测量得到的阻抗中包括绕组的电阻和漏电抗，但与 $1/(G_c-\mathrm{j}B_m)$ 相比，这些参数太小了，所以可以忽略。

例题 3.4 对例题 3.3 的变压器进行开路试验，其中电压为 11.5 kV，输入功率为 66.7 kW，电流为 30.4 A。求归算到高压绕组 1 的 G_c 和 B_m。如果额定电压下的负载为 12 MW，功率因数为 0.8(滞后)，求变压器的效率是多少？

解： 由例题 3.3 可知，匝数比 a 为 $N_1/N_2=6$。现在从低压侧进行试验。为了将并联导纳 $Y=G_c-\mathrm{j}B_m$ 从高压侧 1 归算到低压侧 2，需要将高压侧的 G_c 乘以 a^2、导纳 Y 除以 a^2。在开路试验条件下

$$|V_2|^2 a^2 G_c = (11.5 \times 10^3)^2 \times 36 \times G_c = 66.7 \times 10^3\ \text{W}$$

$$G_c = 14.0 \times 10^{-6}\ \text{S}$$

$$|Y| = \frac{|I_2|}{|V_2|} \times \frac{1}{a^2} = \frac{30.4}{11\ 500} \times \frac{1}{36} = 73.4 \times 10^{-6}\ \text{S}$$

$$B_m = \sqrt{|Y|^2 - G_c} = 10^{-6}\sqrt{73.4^2 - 14.0^2} = 72.05 \times 10^{-6}\ \text{S}$$

在额定条件下，变压器的总损耗近似为短路和开路试验得到的损耗之和，由于效率是输出与输入功率的比值，因此有

$$\text{效率} = \frac{12\ 000}{12\ 000 + (105.8 + 66.7)} \times 100 = 98.6\%$$

可见，G_c比B_m小得多，因此可以直接忽略。又由于B_m也很小，所以常常完全忽略I_E。

MATLAB program for Example 3. 4(ex3_4. m):

```
% Matlab M-file for Example 3.4: ex3_4.m
% Clean previous value
clc
clear all
% Initial value
% Turns ratio
a=6;
V2=11.5*10^3;
I2=30.4;
% Power input(Open circuit/Short circuit)
Psh=105.8*10^3;
Pop=66.7*10^3;
% Load
P=12*10^6;
% Solution
Gc=Pop/(abs(V2)^2*a^2);
disp([' |V2|^2 *a^2* Gc = 66.7*10^3W,thus Gc= ',num2str(Gc), 'S'])
Y=abs(I2)/abs(V2)*(1/a^2);
disp([' |Y|= |I2|/ |V2|* (1/a^2)=',num2str(Y), 'S'])
Bm=(Y^2-Gc^2)^(1/2);
disp(['Bm= (|Y|^2 - Gc^2 )^1/2=',num2str(Bm), 'S'])
efficiency=P/(P+Psh+Pop)*100;
disp(['Efficiency is ',num2str(efficiency),'% '])
```

3.3 自耦变压器

自耦变压器与普通变压器的不同点是自耦变压器既有电气连接，又有磁耦合。因此，自耦变压器可以等效为具有电气连接的理想变压器。图 3.10(a)所示为理想变压器的示意图，图 3.10(b)为自耦变压器的结构图，图中的电气连接只是绕组接线方式中的一种，这种连接方式使得电压相互加强。当然也可以把绕组连接成相互减弱的方式。自耦变压器的缺点是没有电气隔离，但接下来的例题将显示，自耦变压器可以达到更高的功率额定值。

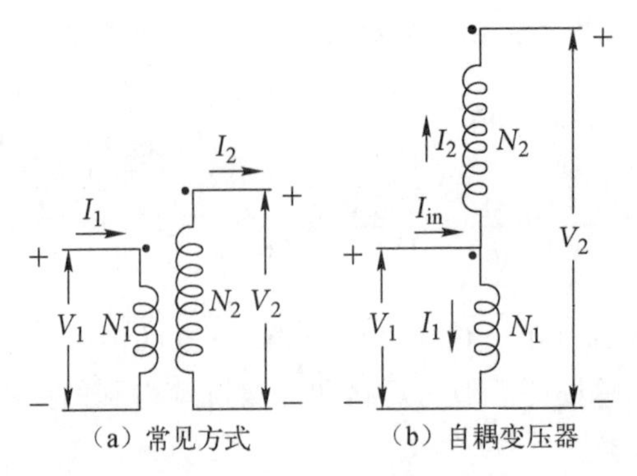

图 3.10　理想变压器的示意图

例题 3.5　90 MVA 单相变压器的额定值为 80/120 kV，将其连接成自耦变压器形式，如图 3.10(b)所示。在变压器低压绕组侧施加额定电压$|V_1|=80\,\text{kV}$。假设变压器为理想变压器，且负载刚好使得电流幅值$|I_1|$和$|I_2|$均为额定值。试求$|V_2|$和自耦变压器的额定容量(kVA)。

解：

$$|I_1| = \frac{90\,000}{80} = 1125\ \text{A}$$

$$|I_2| = \frac{90\,000}{120} = 750\ \text{A}$$

$$|V_2| = 80 + 120 = 200\ \text{kV}$$

I_1和I_2的参考方向与带“•”点的端口的关系表明，电流同相。因此，输入电流为

$$|I_{\text{in}}| = 1125 + 750 = 1875\ \text{A}$$

输入容量(kVA)为

$$|I_{\text{in}}| \times |V_1| = 1875 \times 80 = 150\,000\ \text{kVA}$$

输出容量(kVA)为

$$|I_2| \times |V_2| = 750 \times 200 = 150\,000\ \text{kVA}$$

可见，输入容量从 90 000 kVA 增加到 150 000 kVA，输出电压从 120 kV 变到 200 kV，这就是自耦变压器的优势。相同的成本下，自耦变压器的额定值更高，又因为自耦变压器的损耗与普通连接方式下的损耗相同，因此效率更高。

3.4　单相变压器的阻抗标幺值

从变压器高压侧和低压侧测量得到的阻抗有名值不同。但是采用标幺值表示时，不管是从变压器高压侧还是低压侧测量得到的阻抗，它的标幺值都不变。通常选择变压器的额定容量(kVA)为基准容量。当电阻和漏电抗被归算到变压器的低压侧时，选择低压绕组的额定电压为基准电压。同样，如果阻抗被归算到变压器的高压侧，则选择高压绕组的额定电压为基准电压。如例题 3.6 所示。

例题 3.6　单相变压器的额定值为 110/440 V，2.5 kVA。从低压侧测得的漏电抗为 0.06 Ω。确定漏电抗的标幺值。

解：由式(2.46)可得

$$\text{低压侧阻抗基准值} = \frac{0.110^2 \times 1000}{2.5} = 4.84\ \Omega$$

用标幺值表示为

$$X = \frac{0.06}{4.84} = 0.012\,4\ \text{p.u.}$$

如果从高压侧测量漏电抗，可得

$$X = 0.06\left(\frac{440}{110}\right)^2 = 0.96\ \Omega$$

$$\text{高压侧阻抗基准值} = \frac{0.440^2 \times 1000}{2.5} = 77.44\ \Omega$$

用标幺值表示为

$$X = \frac{0.96}{77.5} = 0.012\,4\ \text{p.u.}$$

为了体现标幺值计算在不同电压等级互联电路中的优势，需要选择合适的电压基准值。通常令不同电压等级的基准电压之比等于变压器绕组的匝数比。这种情况下，不管基准值来自变压器的一侧还是另一侧，得到的阻抗标幺值都相同。

因此，当忽略磁化电流时，变压器可以用阻抗(R+jX)表示。此时，不但变压器两侧的电压标幺值相同，两侧电流的标幺值也相同(忽略磁化电流)。

例题 3.7 单相电路分为 A，B 和 C 三部分，它们通过变压器互联，如图 3.11 所示。变压器的额定值如下：

A-B 10 000 kVA，13.8/138 kV，漏电抗为 10%；

B-C 10 000 kVA，138/69 kV，漏电抗为 8%。

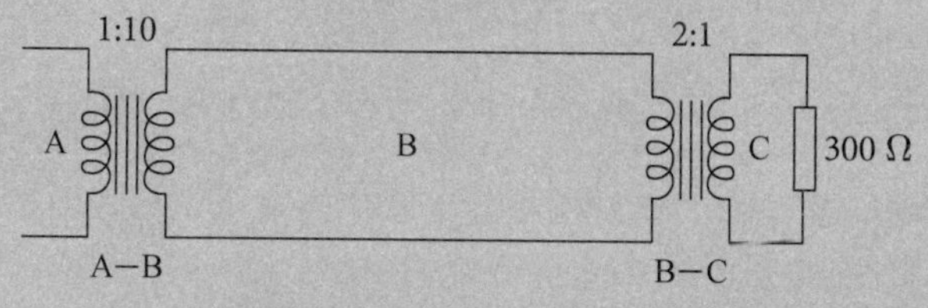

图 3.11 例题 3.7 的电路

如果选取电路 B 的基准值为 10 000 kVA 和 138 kV，试求电路 C 中 300 Ω 的电阻负载分别归算到电路 A，B 和 C 时的标幺值。绘制阻抗图(忽略磁化电流、变压器电阻和线路阻抗)。

解：

电路 A 的基准电压： $0.1 \times 138 = 13.8\ \text{kV}$

电路 C 的基准电压： $0.5 \times 138 = 69\ \text{kV}$

电路 C 的基准阻抗： $\dfrac{69^2 \times 1000}{10\,000} = 476\ \Omega$

负载阻抗归算到电路 C 的标幺值： $\dfrac{300}{476} = 0.63\ \text{p.u.}$

由于 3 个电路的电压基准值由变压器的匝数比决定，且基准容量(kVA)相同，所以负载归算到系统任意地方的阻抗标幺值都相同，证明如下：

电路 B 的基准阻抗： $\dfrac{138^2 \times 1000}{10\,000} = 1904\ \Omega$

归算到电路 B 的负载阻抗：　　　　　$300\times 2^2 = 1200\ \Omega$

归算到电路 B 的负载阻抗的标幺值：　$\dfrac{1200}{1904} = 0.63\ \text{p.u.}$

电路 A 的基准阻抗：　　　　　　　　$\dfrac{13.8^2\times 1000}{10\,000} = 19.04\ \Omega$

归算到 A 电路的负载阻抗的标幺值：　$\dfrac{12}{19.04} = 0.63\ \text{p.u.}$

由于选择的基准电压(kV)和基准容量(kVA)与变压器的额定值一致，因此两台变压器的电抗标幺值分别为 0.08 和 0.1。图 3.12 所示为对应的阻抗图，图中的数字代表对应的标幺值。

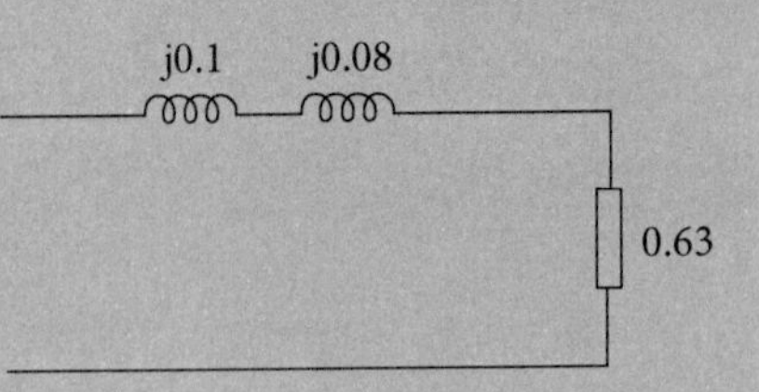

图 3.12　例题 3.7 的阻抗图，其中的阻抗用标幺值表示

MATLAB program for Example 3.7(ex3_7.m):

```
% Matlab M-file for Example 3.7: ex3_7.m
% Clean previous value
clc
clear all
% Turns ratio
a1=0.1; a2=0.5; Vb_A=a1*138;
disp(['Vb_A=(turn ratio A)*138=',num2str(Vb_A), 'Ω'])
disp(['Base voltage for circuit A : ',num2str(Vb_A), 'V'])
Vb_C=a2*138;
disp(['Vb_C=(turn ratio C)*138=',num2str(Vb_C), 'Ω'])
disp(['Base voltage for circuit C : ',num2str(Vb_C), 'V'])
Zb_C=69^2*1000/10000;
disp(['Zb_C=69^2*1000/10000=',num2str(Zb_C), 'Ω'])
disp(['Base impedance for circuit C : ',num2str(Zb_C), 'Ω'])
Zload_pu=300/Zb_C;
disp(['Zload_pu=300/Zb_C=',num2str(Zload_pu), 'Ω'])
disp(['Per unit impedance of load in circuit C :',num2str(Zload_
pu), 'per unit'])
Zb_B=138^2*1000/10000;
disp(['Zb_B=138^2*1000/10000=',num2str(Zb_B), 'Ω'])
disp(['Base impedance for circuit B : ',num2str(Zb_B), 'Ω'])
Zload_B=300*(1/a2)^2;
disp(['Zload_B=300*(1/(turn ratio C))^2=',num2str(Zload_B), 'Ω'])
disp(['Impedance of load referred to circuit B : ',num2str
(Zload_B), 'Ω'])
Zload_B_pu=Zload_B/Zb_B;
disp(['Zload_B_pu=Zload_B/Zb_B=',num2str(Zload_B_pu), 'Ω'])
disp(['Per unit impedance of load referred to circuit B :
', num2str(Zload_B_pu), 'pu'])
Zb_A=13.8^2*1000/10000;
disp(['Zb_A=13.8^2*1000/10000=',num2str(Zb_A), 'Ω'])
disp(['Base impedance for circuit A : ',num2str(Zb_A), 'Ω'])
Zload_A=300*(1/a2)^2*a1^2;
disp(['Zload_A=300*(1/(turn ratio C))^2*(turn ratio A)^2=',-
num2str(Zload_A), 'Ω'])
disp(['Impedance of load referred to circuit A : ',num2str
```

```
(Zload_A), 'Ω'])
Zload_A_pu=Zload_A/Zb_A;
disp(['Zload_A_pu=Zload_A/Zb_A=',num2str(Zload_A_pu), 'Ω'])
disp(['Per unit impedance of load referred to circuit A :
', num2str(Zload_A_pu), 'pu'])
```

由上例可见，为了体现标幺值计算的优点，需要尽量遵循前述的基准值选择原则。即，选择系统各部分的基准容量(kVA)相同，一旦选定了系统中某一部分的基准电压(kV)，就可以按照变压器的匝数比确定系统中其他部分的基准电压。这样，可以通过一个阻抗图描述整个系统的阻抗标幺值。

3.5　三相变压器

3 个相同的单相变压器(和自耦变压器)可以连接在一起组成三相变压器，其中同一个电压等级的 3 个绕组连接成△型，另一个电压等级的 3 个绕组连成 Y 型。这种变压器被称为 Y-△型或△-Y 型连接。变压器还可以连接成 Y-Y 型和△-△型。如果每个单相变压器都包含 3 个绕组(一个一次侧、一个二次侧、一个三次侧)，可以将两组绕组连接成 Y 型，另一组绕组连接为△型，或者两组连接成△型，另一组为 Y 型。相比于使用 3 个相同的单相变压器的结构，共用一个铁心的三相变压器组更为常见。

三相变压器的原理和由单相变压器组成的三相变压器组相同。三相变压器的优点是铁心需要的材料较少，因此比 3 个单相变压器更经济，同时占用的空间更少。3 个单相变压器的优点是在出现故障时不需要切除整个三相变压器组，而只需要更换其中一个变压器。如果 3 个单相变压器组成△-△型变压器组，一旦发生故障，可以只拆除其中一个单相变压器，剩余两个变压器仍然可以继续三相变压器的运行方式，但是输送的容量(kVA)有所减少。这种连接方式被称为“开口三角形”。

单相变压器的端口可以用“ • ”来表示方向，也可以用 H_1 和 X_1 分别表示高压绕组和低压绕组。高压绕组和低压绕组的另外一端则分别标注为 H_2 和 X_2。

图 3.13 所示为由 3 个单相变压器组成 Y-Y 型三相变压器的不同表现形式。本文将使用大写字母 A，B 和 C 来表示高压绕组的各相，小写字母 a，b 和 c 表示低压绕组的各相。三相变压器的高压端子标为 H_1，H_2 和 H_3，低压端子标为 X_1，X_2 和 X_3。图中，Y-Y 型或△-△型变压器从端子 H_1，H_2 和 H_3 到中性点的电压分别与端子 X_1，X_2 和 X_3 到中性点的电压同相。当然，△接线的绕组中没有中性点，但是与△型绕组连接的系统中将有接地点。因此，在平衡条件下以及△型绕组的终端与大地之间有电压时，大地可以作为有效的中性点。

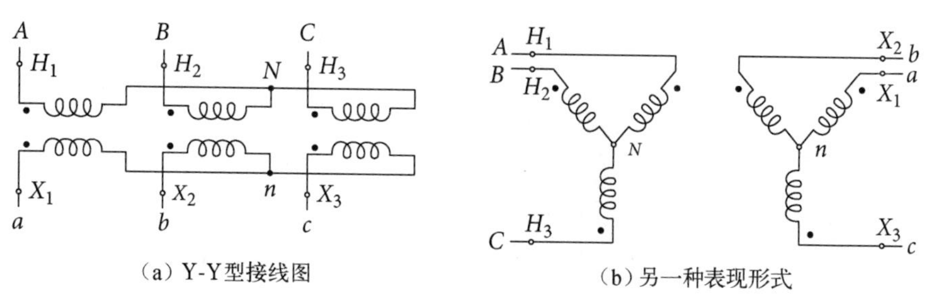

（a）Y-Y型接线图　（b）另一种表现形式

图 3.13　Y-Y 型变压器的接线图

为了符合美国标准，Y-△型或△-Y 型变压器的端口 H_1，H_2和 H_3到中性点的电压分别超前端口 X_1，X_2和 X_3到中性点的电压 30°。下一节将对这种相移展开充分讨论。

图 3.13(b)与图 3.13(a)相同。在图 3.13(b)中，平行的一次侧和二次侧绕组代表一个单相变压器或者三相变压器的同一磁路。例如，从 A 到 N 的绕组与从 a 到 n 的绕组通过相同的磁通链接，因此 V_{AN}与 V_{an}同相。图 3.13(b)只是布线图，并不是相量图。

图 3.14 用图解法表示三相变压器的绕组连接方式。图中，一个 66/6.6 kV 的 Y-Y 型变压器向 0.6 Ω 电阻或阻抗供电。因为所示系统为平衡系统，因此每一相线路，无论是否连接到中点，都可以单独处理。如果需要将阻抗有名值由低压侧归算到高压侧，那么需要乘以相电压之比的平方(与线电压之比的平方相同)，即

$$0.6\left(\frac{38.1}{3.81}\right)^2 = 0.6\left(\frac{66}{6.6}\right)^2 = 60\ \Omega$$

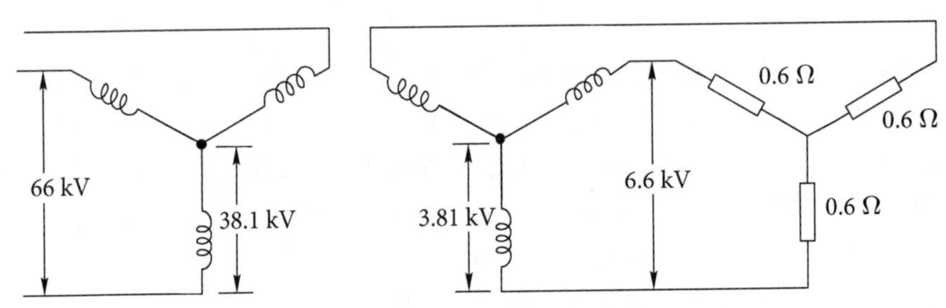

图 3.14　额定值为 66/6.6 kV 的 Y-Y 型变压器

如果采用 Y-△型变压器，向负载提供 6.6 kV 的电压，一次侧电压保持不变(仍然为 66 kV)，那么△绕组的额定电压应该为 6.6 kV(不是 3.81 kV)。因为只考虑低压终端的电压幅值，所以可以将 Y-△型变压器用相电压比为 $38.1:6.6/\sqrt{3}$ 或 $N_1:N_2/\sqrt{3}$ 的 Y-Y 型变压器替代，如表 3.1 所示，由一次侧看到的单相阻抗仍然等于 60 Ω。由此可得，阻抗归算中，基准电压的选择与线电压之比的平方(而不是 Y-△型变压器各个绕组的匝数比的平方)有关。

由上述讨论可见，将阻抗的有名值从三相变压器的一侧归算到另一侧时，不管变压器是 Y-Y 或 Y-△型连接，系数都是线电压之比的平方。表 3.1 对变压器不同接线时有效匝数比的关系进行了总结。在三相电路中进行变压器标幺值的计算时，我们要求变压器两边的基准电压之比与变压器两侧额定线电压之比相同，同时变压器两侧的基准容量相同。

表 3.1　从三相变压器一侧向另一侧转换时单相阻抗的有名值

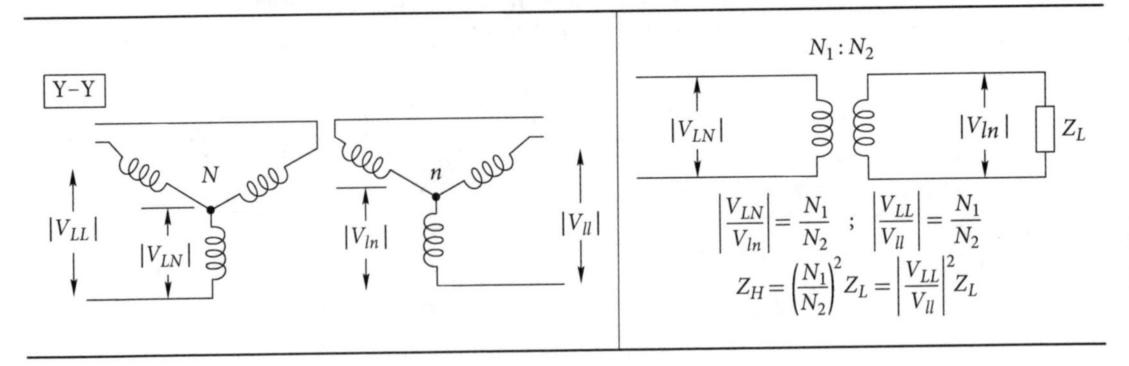

续表

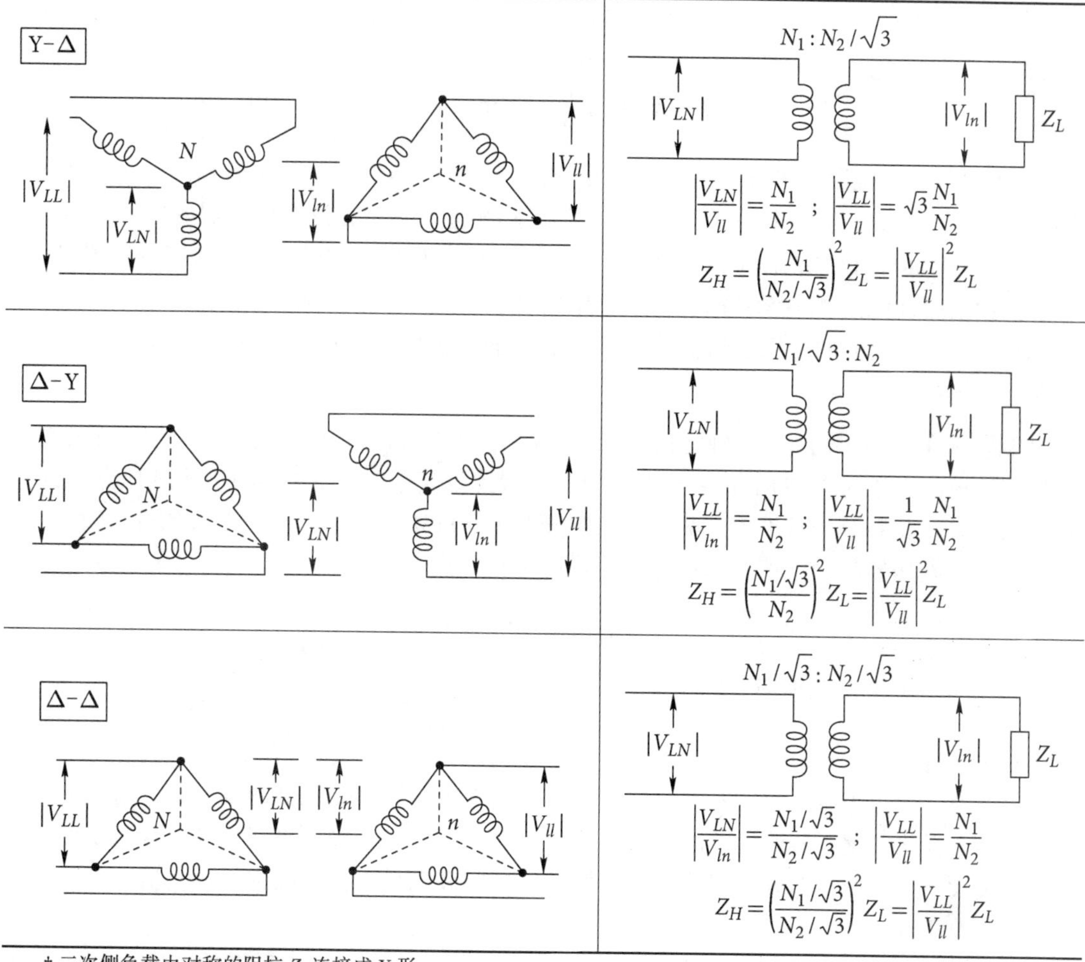

† 二次侧负载由对称的阻抗 Z_L 连接成 Y 形。

例题 3.8 3 台额定值为 25 MVA，38.1/3.81 kV 的变压器连接成 Y-△型，负载由对称的 3 个电阻组成，负载相电阻为 0.6 Ω，负载接成 Y 形。选择变压器高压侧的基准值为 75 MVA，66 kV，求低压侧的基准值，以及归算到低电压侧的负载电阻的标幺值。然后，求负载电阻 R_L 归算到高压侧的有名值以及对应的标幺值。

解： 因为 $\sqrt{3}\times38.1\,\text{kV}=66\,\text{kV}$，因此三相变压器的额定值为 75 MVA，66Y/3.81△ kV。因此，低压侧的基准值为 75 MVA，3.81 kV。

由式(2.54)，低压侧的基准阻抗为

$$\frac{(\text{基准电压kV}_{LL})^2}{\text{基准容量MVA}_{3\phi}} = \frac{(3.81)^2}{75} = 0.1935\ \Omega$$

因此，低压侧的电阻标幺值为

$$R_L = \frac{0.6}{0.1935} = 3.10\ \text{p.u.}$$

高压侧的基准阻抗为

$$\frac{(66)^2}{75} = 58.1\ \Omega$$

归算到高压侧的电阻为

$$0.6\left(\frac{66}{3.81}\right)^2 = 180\ \Omega$$

$$R_L = \frac{180}{58.1} = 3.10\ \text{p.u.}$$

三相变压器的电阻 R 和漏电抗 X 的测量方法与单相变压器的短路试验相同。在三相等效电路中，R 和 X 直接与理想三相变压器的 3 条线路相连。由于无论在变压器的低压侧或高压侧，R 和 X 的标幺值都相同，因此单相等值电路中直接用阻抗标幺值 $R+\mathrm{j}X$ 代表变压器，如果不考虑移相，且电路中所有参数都变换为适当基准值下的标幺值，那么就不需要理想变压器了。

附表 A. 1 为典型的变压器阻抗值，因为电阻的标幺值通常小于 0. 01，所以变压器阻抗实质上等于漏电抗。

例题 3. 9 三相变压器的额定值为 400 MVA，220Y/22△ kV。从变压器低压侧测得的 Y 型等效短路阻抗为 0. 121 Ω，由于电阻很小，因此该值近似等于漏电抗。求变压器电抗的标幺值，以及将系统的基准值选为变压器高压侧的 100 MVA，230 kV 时对应的标幺值。

解： 以变压器的额定值为基准值，对应的电抗标幺值为

$$\frac{0.121}{(22)^2/400} = 0.10\ \text{p.u.}$$

在选定的基准值下，电抗标幺值为

$$0.1\left(\frac{220}{230}\right)^2 \frac{100}{400} = 0.0229\ \text{p.u.}$$

当适当选择变压器两侧的基准值后，不管电路阻抗归算到变压器的哪一侧，对应的标幺值都相等。因此，变压器两侧电路的阻抗都可以在各自电压等级下进行计算。这就是使用标幺值的最大优点，即不需要将阻抗从变压器的一端归算到另一端。在进行标幺值计算时，需要牢记下面几点：

(1) 选择变压器一侧的基准电压(kV)和基准容量(kVA)。三相系统的基准值通常为线电压(kV)和三相容量(kVA 或 MVA)。

(2) 根据变压器线电压之比确定变压器另一侧的基准电压(kV)。系统的基准容量(kVA)不变。推荐在单相图上标记系统每个部分的基本电压(kV)。

(3) 三相变压器的阻抗通常指以铭牌的额定值为基准的标幺值或百分比。

(4) 对于由 3 个单相变压器组成的三相变压器，其额定值由 3 台单相变压器各自的额定值决定。三相变压器的阻抗百分比和单相变压器的阻抗百分比相同。

(5) 若需要将不同基准值下的标幺值归算到同一个基准值下，需要利用式(2. 56)进行转换。

利用标幺值极大地简化了电力系统的计算量。具体优点概括如下：

(1) 制造商提供的阻抗百分比或标幺值通常以铭牌上的额定值为基准值。

(2) 虽然额定值不同的电机所对应的阻抗有名值差异很大，但是同一类型发电机的阻抗标幺值通常很接近。因此，在无法得到阻抗准确值时，通常可以从列表中选择一个平均值作为阻抗标幺值。日常的经验有助于对不同的设备选择合适的标幺值。

(3) 如果已知等效电路中阻抗的有名值，为了将这些阻抗表示为同一个基准值下的标幺值，需要首先将这些阻抗乘以对应变压器额定变比的平方。如果选择了合适的基

准值，那么不管在变压器的哪一边，阻抗的标幺值都相等。

(4) 虽然三相变压器的连接方式决定了变压器两端的电压基准值，但是它不会影响等效电路的阻抗标幺值。

3.6 三绕组变压器

双绕组变压器一次侧和二次侧的额定容量(kVA)相同，但是对于三绕组变压器，三个绕组的额定容量(kVA)可能不同。三绕组变压器各个绕组的阻抗百分值或标幺值(以该绕组的额定值为基准)可以直接已知，或者通过试验得到。在任何情况下，所有的阻抗标幺值都必须归算到同一基准容量(kVA)下。

单相三绕组变压器如图 3.15(a)所示，其中 3 个绕组分别称为一次侧、二次侧和第三绕组。通过如下所示的短路试验可以得到 3 个阻抗：

Z_{ps} 二次侧短路、第三绕组开路时，一次侧测量得到的阻抗；

Z_{pt} 第三绕组短路、二次侧开路时，一次侧测量得到的阻抗；

Z_{st} 第三绕组短路、一次侧开路时，二次侧测量得到的阻抗。

将上述 3 个阻抗(有名值)归算到其中一个绕组上，可得绕组阻抗和测量阻抗的关系为

$$\begin{aligned} Z_{ps} &= Z_p + Z_s \\ Z_{pt} &= Z_p + Z_t \\ Z_{st} &= Z_s + Z_t \end{aligned} \tag{3.33}$$

这里的 Z_p，Z_s和 Z_t分别为归算到变压器一次侧的 3 个绕组阻抗，Z_{ps}，Z_{pt}和 Z_{st}为归算到一次侧的测量阻抗。求解方程(3.33)可得

$$\begin{aligned} Z_p &= \frac{1}{2}(Z_{ps} + Z_{pt} - Z_{st}) \\ Z_s &= \frac{1}{2}(Z_{ps} + Z_{st} - Z_{pt}) \\ Z_t &= \frac{1}{2}(Z_{pt} + Z_{st} - Z_{ps}) \end{aligned} \tag{3.34}$$

三绕组变压器的单相等效电路可以用 3 个绕组阻抗连接(忽略磁化电流)在一起的方式表示，如图 3.15(b)所示。图中，3 个绕组阻抗的公共连接点是虚构点，与系统的中点无关。点 p，s 和 t 分别连接到变压器的一次、二次和第三绕组上。和双绕组变压器的分析一样，阻抗标幺值进行归算时，3 个绕组的基准容量(kVA)需要相同，且 3 个绕组的电压基准值之比和 3 个绕组额定线电压比值需要相等。

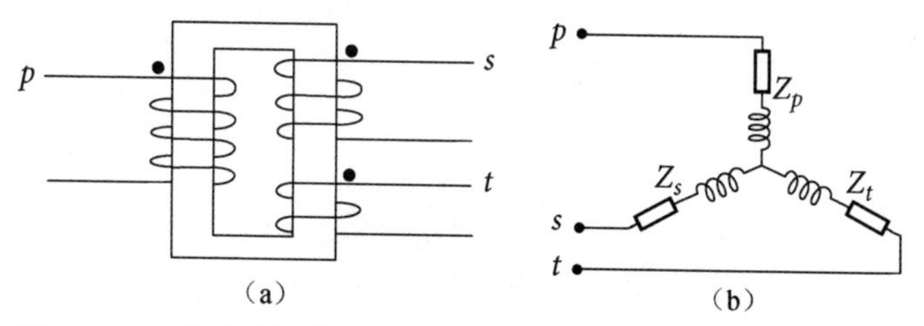

图 3.15 三绕组变压器的(a)原理图和(b)等效电路。点 p，s 和 t分别与变压器的一次侧、二次侧和第三绕组连接

电力系统中的三绕组变压器随处可见。除了第二绕组向负载供电外，第三绕组也能以不同的电压等级向变电站的辅助负载供电。此外，第三绕组还能限制短路故障期间线路到中点的故障电流，以及连接可投切电抗等设备。当3台三绕组变压器连接成三相运行模式时，为了给励磁电流的3次谐波分量提供通路，一次侧和二次侧绕组通常连接成Y型，第三绕组连接为△型。

例题3.10 三绕组变压器的参数为：

一次侧为Y型连接，66 kV，15 MVA；

二次侧为Y型连接，13.2 kV，10 MVA；

第三绕组为△连接，2.3 kV，5 MVA。

忽略电阻，漏抗为

$$Z_{ps}=7\%\ （基准值为15\ \text{MVA}, 66\ \text{kV}）$$

$$Z_{pt}=9\%\ （基准值为15\ \text{MVA}, 66\ \text{kV}）$$

$$Z_{st}=8\%\ （基准值为10\ \text{MVA}, 13.2\ \text{kV}）$$

求以一次侧15 MVA，66 kV为基准值时，单相等效电路的阻抗标幺值。

解：以一次侧15 MVA，66 kV为基准值时，二次侧基准值为15 MVA，13.2 kV，第三绕组的基准值为15 MVA，2.3 kV。

由于Z_{ps}和Z_{pt}都是从一次侧测量得到的值，所以它们的基准值就是一次侧的基准值。Z_{st}的电压基准值不变。但是Z_{st}的基准容量发生了变化，所以对应的Z_{st}为

$$Z_{st}=8\%\times\frac{15}{10}=12\%$$

因此，指定基准值下的标幺值为

$$Z_p=\frac{1}{2}(\text{j}0.07+\text{j}0.09-\text{j}0.12)=\text{j}0.02\ \text{p.u.}$$

$$Z_s=\frac{1}{2}(\text{j}0.07+\text{j}0.12-\text{j}0.09)=\text{j}0.05\ \text{p.u.}$$

$$Z_t=\frac{1}{2}(\text{j}0.09+\text{j}0.12-\text{j}0.07)=\text{j}0.07\ \text{p.u.}$$

例题3.11 恒压源(无穷大母线)向一个纯阻性三相负载和一个同步电机供电，其中三相负载为5 MW，2.3 kV。同步电机的次暂态电抗为$X''=20\%$。三绕组变压器参数如例题3.10所述，电压源和该变压器的一次侧相连。同步电机和纯阻性负载分别和变压器的二次侧和第三绕组相连。绘制系统的阻抗图，并标注阻抗的标幺值(以一次侧的66 kV，15 MVA为基准值)。忽略励磁电流以及除电阻负载外的所有电阻。

解：将恒压源等效为内阻为零的发电机。

以第三绕组的5 MVA，2.3 kV为基准值时，负载的阻抗标幺值为1.0。因此，以15 MVA，2.3 kV为基准值时，负载阻抗为

$$R=1.0\times\frac{15}{5}=3.0\ \text{p.u.}$$

以15 MVA，13.2 kV为基准值时，电机的电抗为

$$X''=0.20\,\frac{15}{7.5}=0.40\ \text{p.u.}$$

图3.16所示为对应的阻抗图。注意，Y型连接的一次侧和△型连接的第三绕组间发生了相移。

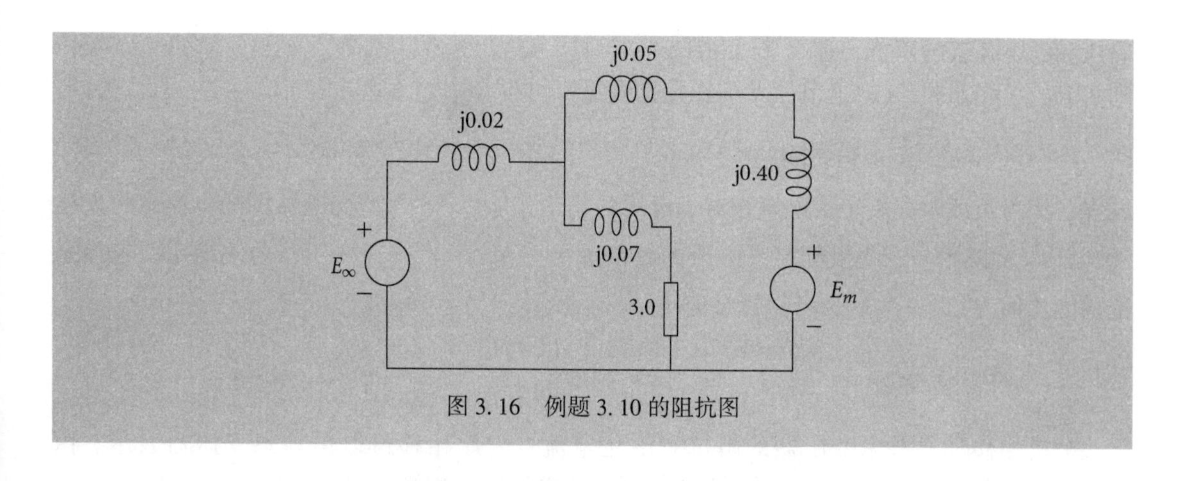

图 3.16　例题 3.10 的阻抗图

3.7　三相变压器：相移和等效电路

如 3.5 节所述，Y-△型变压器会发生相移。本节将对相移进行深入探讨，相序的重要性由此可见一斑。在后续的故障研究中，需要分别处理正序(或 *ABC* 序)以及负序(或 *ACB* 序)分量。因此，我们需要仔细分析正序和负序的相移。正序电压和电流由上标 1 表示，负序电压和电流由上标 2 表示。为了避免太多的下标，我们有时将终端 *A* 到 *N* 的电压降写成 $V_A^{(1)}$ 而不是 $V_{AN}^{(1)}$，其他指向中点的电压和电流也采用同样的写法。对于正序分量，相电压 $V_B^{(1)}$ 滞后 $V_A^{(1)}$ 120°，$V_C^{(1)}$ 滞后 $V_A^{(1)}$ 240°；对于负序分量，相电压 $V_B^{(2)}$ 超前 $V_A^{(2)}$ 120°，$V_C^{(2)}$ 超前 $V_A^{(2)}$ 240°。在第 8 至 10 章讨论不平衡电流和电压时，必须小心区分电压是指向中点还是大地，因为这两种电压在不平衡条件下并不相同。

图 3.17(a)所示为 Y-△型变压器的接线示意图，其中 Y 为高压侧。按照前述，大写字母用于表示高压侧，平行的绕组表示它们共用相同的铁心，即磁通相同。

图 3.17(a)中，绕组 AN 对应 Y 型电路的 *A* 相，它与△型电路中的相绕组 *ab* 的磁场交链。图中“•”点表示无论相序如何，V_{AN}始终与 V_{ab}同相。H_1代表线路 *A* 的终端，*B* 相和 *C* 相的终端称为 H_2和 H_3。

在美国的标准中，Y-△型变压器的端子 H_1和 X_1的定义为：无论高压绕组为 Y 型还是△型连接，从 H_1端到中点的正序电压超前从 X_1端到中点的正序电压 30°。同样，从 H_2端到中点的电压超前从 X_2到中点的电压 30°，从 H_3端到中点的电压超前从 X_3到中点的电压 30°。电压正负序分量的相量图分别如图 3.17(b)和图 3.17(c)所示。

图 3.17(b)所示为在终端 *A*，*B* 和 *C* 上施加正序电压时的电压相量关系。由“•”点的位置可知，电压 $V_A^{(1)}$(即 $V_{AN}^{(1)}$)和 $V_{ab}^{(1)}$ 同相，这样就可以确定其他电压的相量图。例如，在高压侧，$V_B^{(1)}$ 滞后 $V_A^{(1)}$ 120°。相量 $V_A^{(1)}$，$V_B^{(1)}$ 和 $V_C^{(1)}$ 的箭头指向同一点，因此可以得到线电压相量。对于低压侧，$V_{bc}^{(1)}$ 和 $V_{ca}^{(1)}$ 分别和 $V_B^{(1)}$ 和 $V_C^{(1)}$ 同相，因此可以得到线对中点的电压。比较一次侧和二次侧电压可见，$V_A^{(1)}$ 超前 $V_a^{(1)}$ 30°。因此，按照美国标准，低压终端 *a* 用 X_1表示，终端 *b* 和 *c* 分别标记为 X_2和 X_3。

图 3.17(c)所示为终端 *A*，*B* 和 *C* 上施加负序电压时的电压相量关系。由等效电路上“•”点的位置可见，$V_A^{(2)}$(不一定与 $V_A^{(1)}$ 同相)与 $V_{ab}^{(2)}$ 同相。按正序向量图的方法同样可以得到负序相量图，但 $V_B^{(2)}$ 超前 $V_A^{(2)}$ 120°。显然 $V_A^{(2)}$ 滞后于 $V_a^{(2)}$ 30°。如果 N_1和 N_2分别表示同一相的

高压和低压绕组的匝数，那么图 3.17(a)中，$V_A^{(1)}=(N_1/N_2)V_{ab}^{(1)}$，$V_A^{(2)}=(N_1/N_2)V_{ab}^{(2)}$。又由图 3.17(b)和图 3.17(c)，利用几何图形的关系，可得

$$V_A^{(1)}=\frac{N_1}{N_2}\sqrt{3}V_a^{(1)}\angle 30°,\qquad V_A^{(2)}=\frac{N_1}{N_2}\sqrt{3}V_a^{(2)}\angle -30° \tag{3.35}$$

同样，因为负载阻抗决定了电流相对于电压的相角，所以 Y-△型变压器中的电流也将发生 30°偏移。Y 绕组与△绕组额定线电压的比值等于$\sqrt{3}N_1/N_2$，选择变压器两侧额定线电压基准值的比值为$\sqrt{3}N_1/N_2$后，可得标幺值

$$\begin{aligned} V_A^{(1)}&=V_a^{(1)}\times 1\angle 30°,\qquad I_A^{(1)}=I_a^{(1)}\times 1\angle 30° \\ V_A^{(2)}&=V_a^{(2)}\times 1\angle -30°,\qquad I_A^{(2)}=I_a^{(2)}\times 1\angle -30° \end{aligned} \tag{3.36}$$

分析相移时不考虑变压器的阻抗和磁化电流，因此相移可以由理想变压器表示。由式(3.36)可见，变压器两边电压和电流的标幺值幅值完全相等(例如，$|V_a^{(1)}|=|V_A^{(1)}|$)。

通常，Y-△型变压器的高压绕组连接成 Y 型。因为这种连接下，从变压器的低压侧转换到高压侧时，电压增大到$\sqrt{3}(N_1/N_2)$倍[N_1，N_2的意义如式(3.35)所示]，这意味着升压过程中，可以减小绝缘材料的费用。

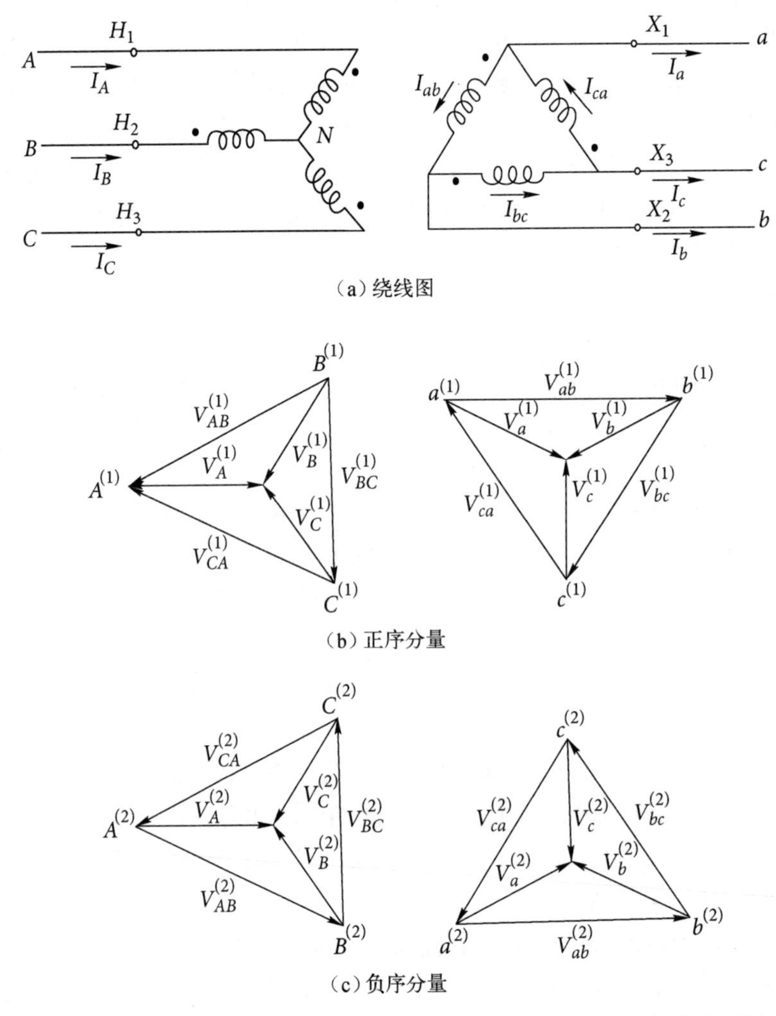

图 3.17　Y-△型三相变压器的绕线图和电压相量图，其中 Y 侧为高压侧

如果高压绕组是△型连接，那么实现的就是降压变换。图 3.18 所示为△-Y 型变压器的原理图，其中△侧是高压侧。读者可以自行证明电压相量关系与图 3.17(b) 和图 3.17(c) 完全相同，因此仍然可以采用式(3.35)和式(3.36)进行计算。如果将接线图上的所有电流反向，上述等式仍然正确。

正常运行条件下只存在正序分量，这时不管是 Y-△型还是△-Y 型变压器，升压时，电压将超前 30°。如前所述，电压的相移可以等效为匝数比为复数 $1:e^{j\pi/6}$ 的理想变压器。由于式(3.36)中 $V_A^{(1)}/I_A^{(1)}=V_a^{(1)}/I_a^{(1)}$，因此归算到理想变压器两侧的阻抗标幺值相等。就功率而言，因为电流的相移正好补偿了电压的相移，所以有功功率和无功功率潮流不受相移的影响。利用式(3.36)列写 Y-△(或△-Y)型变压器的复功率表达式，可见

$$V_A^{(1)}I_A^{(1)*} = V_a^{(1)}\angle 30^\circ \times I_a^{(1)*}\angle{-30^\circ} = V_a^{(1)}I_a^{(1)*} \tag{3.37}$$

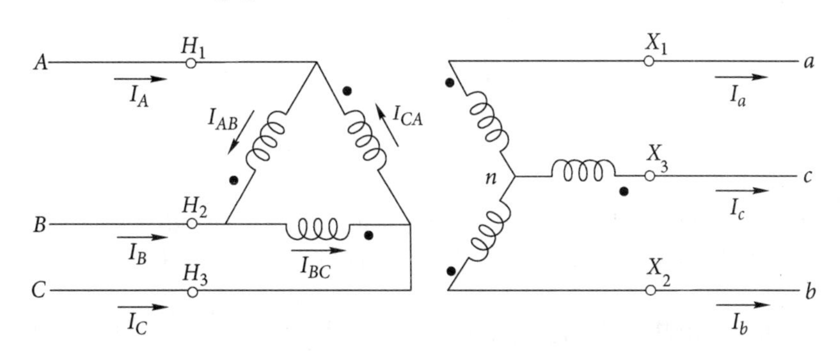

图 3.18　△-Y 型三相变压器的接线图和电压相量图，其中△侧为高压侧

因此，如果只需要求 P 和 Q，就不需要在阻抗图中用理想变压器来表示 Y-△和△-Y 型变压器的相移。但是，如果系统中含有由变压器组成的闭环，那么就不能忽略理想变压器，因为闭环中所有变压器的电压比的乘积不等于 1。3.8 节中的并联调压变压器就属于这种情况。通常，阻抗标幺值图中可以忽略理想变压器，这时计算出来的电流和电压与实际的电流和电压成正比。如果需要，可以在单线图中标注 Y-△和△-Y 型变压器的位置，并应用式(3.36)求得实际电流和电压的相角，即，当从△-Y 或 Y-△型变压器的低压侧升压到高压侧时，正序电压和电流需要超前 30°，负序电压和电流需要滞后 30°。

注意，由式(3.37)可得

$$\frac{I_A^{(1)}}{I_a^{(1)}} = \left(\frac{V_A^{(1)*}}{V_a^{(1)*}}\right)^{-1} \tag{3.38}$$

该式表明，相移变压器的电流比是电压比的共轭复数的倒数。通常，电路图中只显示电压比，但需要知道电流比是电压比的共轭复数的倒数。图 3.19(a)所示的单线图中，发电机经过Y-△型升压变压器后与高压输电线路相连，然后再经过 Y-△型降压变压器将电压降低到较低的电压水平以供配电。图 3.19(b)所示的等效电路中，忽略励磁电流，变压器电阻和漏电抗用标幺值表示。

图中，带方框的理想变压器表示相移，它与输电线路的等效电路(第 5 章将讨论输电线路的等效电路)相连。图 3.19(c)所示为进一步的简化电路，该电路忽略了电阻、并联电容器和理想变压器。单线图可以用于提醒我们 Y-△型变压器会引起相移。注意，高压输电线路中的正序电压和电流超前低压发电机和配电线路对应分量 30°。

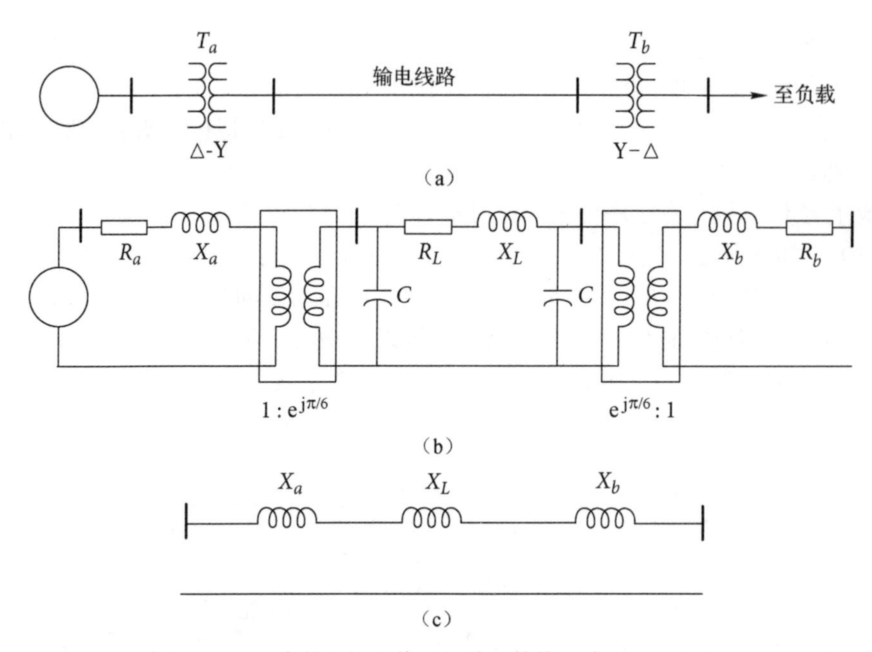

图 3.19 (a) 单相图；(b) 参数为标幺值时的单相等值电路；(c) 忽略电阻、电容和理想变压器的单相等效电路。输电线路的单相等效电路将在第5章中介绍

例题 3.12 图 3.20 中，三相发电机通过升压变压器向系统负载供电，其中，发电机的额定值为 300 MVA，23 kV，变压器的额定值为 330 MVA，23△/230Y kV 连接，漏抗为 11%；线路电压为 230 kV，负载容量为 240 MVA，功率因数为 0.9(滞后)。

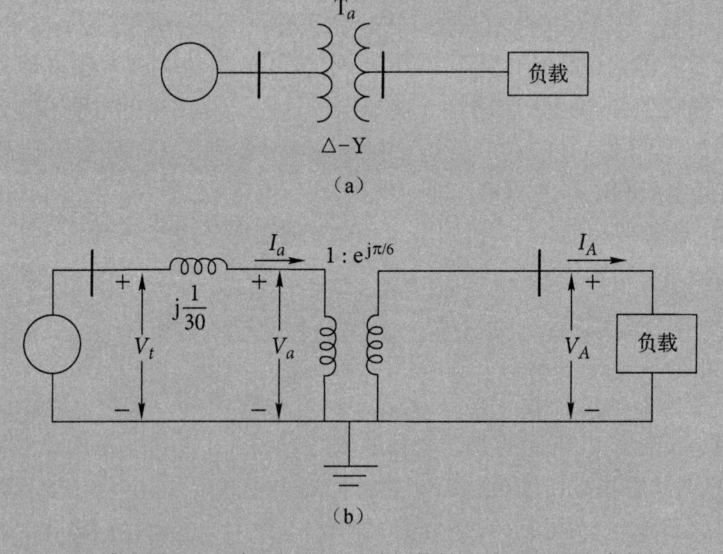

图 3.20 (a) 单线图；(b) 例题 3.12 的单相等效电路图，所有参数均为标幺值

不计磁化电流，并以负载侧的 100 MVA 和 230 kV 为基准值，求以 V_A 为参考相量的负载电流 I_A，I_B 和 I_C 的标幺值。为发电机电路选择合适的基准值，并确定发电机端的电流 I_a，I_b 和 I_c 及其端子电压。

解：负载电流为

$$\frac{24\,000}{\sqrt{3}\times 230}=602.45\ \text{A}$$

负载的基准电流为

$$\frac{100\,000}{\sqrt{3}\times 230}=251.02\ \text{A}$$

负载电流的功率因数角为

$$\theta=\arccos\ 0.9=25.84^\circ\ \text{lag}$$

因此，图 3.20(b)中，以 $V_A=1.0\angle 0^\circ$作为参考相量，流入负载的线电流为

$$I_A=\frac{602.45}{251.02}\angle{-25.84^\circ}=2.40\angle{-25.84^\circ}\ \text{p.u.}$$

$$I_B=2.40\angle(-25.84^\circ-120^\circ)=2.40\angle{-145.84^\circ}\ \text{p.u.}$$

$$I_C=2.40\angle(-25.84^\circ+120^\circ)=2.40\angle 94.16^\circ\ \text{p.u.}$$

低压侧电流滞后 30°，因此标幺值为

$$I_a=2.40\angle{-55.84^\circ},\quad I_b=2.40\angle{-175.84^\circ},\quad I_c=2.40\angle 64.16^\circ$$

所选基准值下的变压器电抗为

$$0.11\times\frac{100}{330}=\frac{1}{30}\ \text{p.u.}$$

由图 3.20(b)，发电机的端子电压为

$$\begin{aligned}V_t&=V_A\angle{-30^\circ}+\text{j}XI_a\\&=1.0\angle{-30^\circ}+\frac{\text{j}}{30}\times 2.40\angle{-55.84^\circ}\\&=0.932\,2-\text{j}0.455\,1=1.037\,4\angle{-26.02^\circ}\ \text{p.u.}\end{aligned}$$

发电机的基准电压为 23 kV，这意味着发电机的端子电压为 23×1.037 4 = 23.86 kV。发电机提供的有功功率为

$$\text{Re}\{V_tI_a^*\}=1.037\,4\times 2.4\cos(-26.02^\circ+55.84^\circ)=2.160\ \text{p.u.}$$

因为没有线路损耗 I^2R，所以发电机输出的有功功率等于负载吸收的有功功率 216 MW。感兴趣的读者可以发现，不管是忽略变压器的相移，还是令图 3.20(b)中高压侧的电抗标幺值为 j/30，$|V_t|$值都保持不变。

MATLAB program for Example 3.12(ex3_12.m):

```
% Matlab M-file for Example 3.12: ex3_12.m
% Clean previous value
clc
clear all
I=240*10^3/(sqrt(3)*230);
disp(['The current supplied to the load : ',num2str(I), 'A'])
Ib=100*10^3/(sqrt(3)*230);
disp(['The base current at the load is ',num2str(Ib), 'A'])
disp('The phasor angle of the load current is 25.84 lag')
VA=1;
IA=I/Ib*(cosd(-25.84)+j*sind(-25.84));
IB=I/Ib*(cosd(-25.84-120)+j*sind(-25.84-120));
IC=I/Ib*(cosd(-25.84+120)+j*sind(-25.84+120));
```

```
disp('Low voltage side current lag by 30, so in per unit:')
Ia=IA*(cosd(-30)+j*sind(-30));
Ia_mag=abs(Ia);
Ia_ang=angle(Ia)*180/pi; % Rad => Degree
Ib=IB*(cosd(-30)+j*sind(-30));
Ib_mag=abs(Ib);
Ib_ang=angle(Ib)*180/pi; % Rad => Degree
Ic=IC*(cosd(-30)+j*sind(-30));
Ic_mag=abs(Ic);
Ic_ang=angle(Ic)*180/pi; % Rad => Degree
disp(['Ia=',num2str(Ia_mag),'∠',num2str(Ia_ang), 'A']);
disp(['Ib=',num2str(Ib_mag),'∠',num2str(Ib_ang), 'A']);
disp(['Ic=',num2str(Ic_mag),'∠',num2str(Ic_ang), 'A']);
X=0.11*100/330;
disp(['The transformer reactance modified for chosen base is
', num2str(X), 'per unit'])
% the terminal voltage of the generator
Vt=VA*(cosd(-30)+j*sind(-30))+j*X*Ia;
Vt_mag=abs(Vt);
Vt_ang=angle(Vt)*180/pi; % Rad => Degree
disp(['The terminal voltage of the generator is ',num2str
(Vt_mag),'∠',num2str(Vt_ang), 'V'])
P=real(Vt*conj(Ia));
disp(['The real power supplied by the generator is:',num2str(P),'
per unit'])
```

3.8 抽头切换和调压变压器

变压器是电力系统的重要组成部分，它能实现电压幅值小范围的调整(通常为±10%内)，或者能改变线路电压的相角。电力系统中还有些变压器能同时调整电压幅值和相角。

为了改变变压器的变比，大部分变压器需要在断电时才能调节绕组上的抽头。有一些变压器不需要断电也可以切换抽头，这种变压器被称为有载调压(LTC)变压器或有载分接头(TCUL)变压器。为了将电压保持在规定的水平上，电机首先对继电器进行响应，然后自动完成抽头的切换。需要使用专用电路实现抽头切换过程中电流的连续。

用于对电压进行小范围调整(不进行电压等级的大变化)的变压器称为调压变压器。图 3.21 所示为用于控制电压幅值的调压变压器，图 3.22 所示为用于相位控制的调压变压器。图 3.23 所示的相量图用于阐述对应的角位移。

3 个抽头绕组和对应的相绕组共铁心，相绕组电压(从线到中点)和抽头绕组电压(从系统中点到抽头绕组中点的电压)的相角差为 90°。例如，令电压 V_{an} 增大 ΔV_{an}，其中 ΔV_{an} 与电压 V_{bc} 同相或者反相，因此 ΔV_{an} 与 V_{an} 的相角差为 90°。图 3.23 中，三相线电压发生了相位偏移，但幅值维持基本不变。下文将通过两个变压器并联的实例来讲解抽头切换和调压变压器的用处，该例中，只有一个变压器的变比等于变压器两侧的基准电压之比。

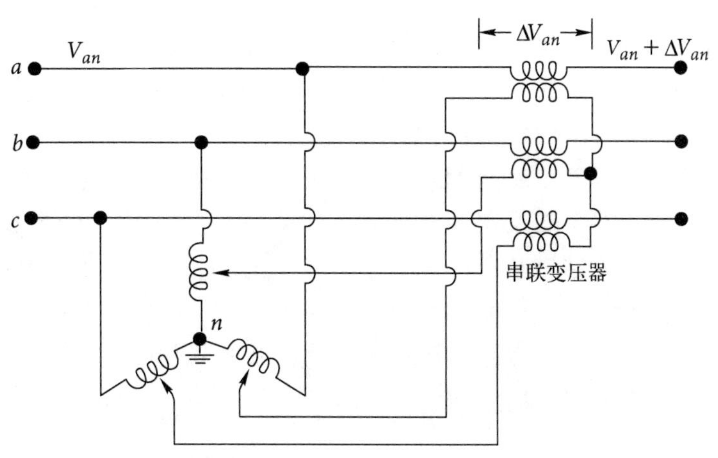

图 3.21　用于控制电压幅值的调压变压器

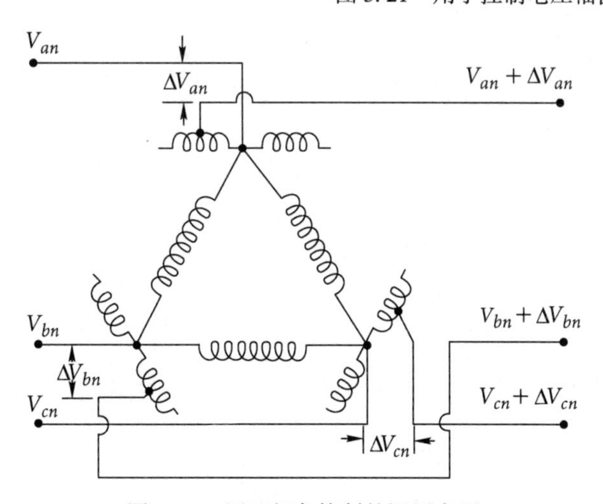

图 3.22　用于相角控制的调压变压器。平行绕组表示共铁心

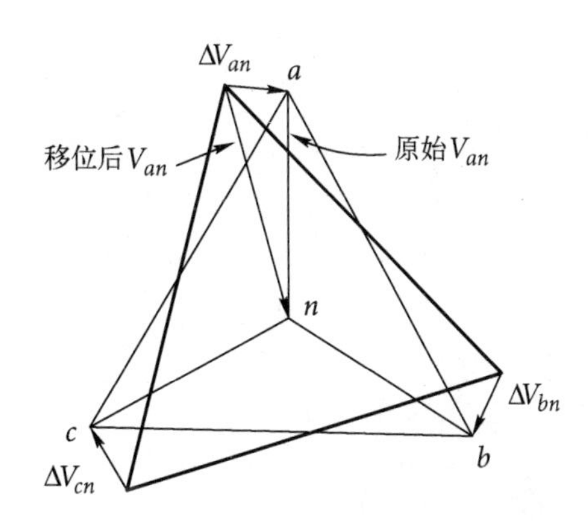

图 3.23　图 3.22 中调压变压器的相量图

令变压器与两条母线相连，变压器的线电压之比和两条母线的基准电压之比相同，那么可以用连接在两条母线之间的标幺值阻抗(选定基准值)来等效表示变压器单相电路(忽略磁化电流)，如图 3.24 所示，其中图 3.24(a)所示为两台变压器并联的单线图，一台变压器的变比为 $1/n$，它等于变压器两端基准电压之比，另一台变压器的变比为 $1/n'$。图 3.24(b)所示为该变压器的等效电路。

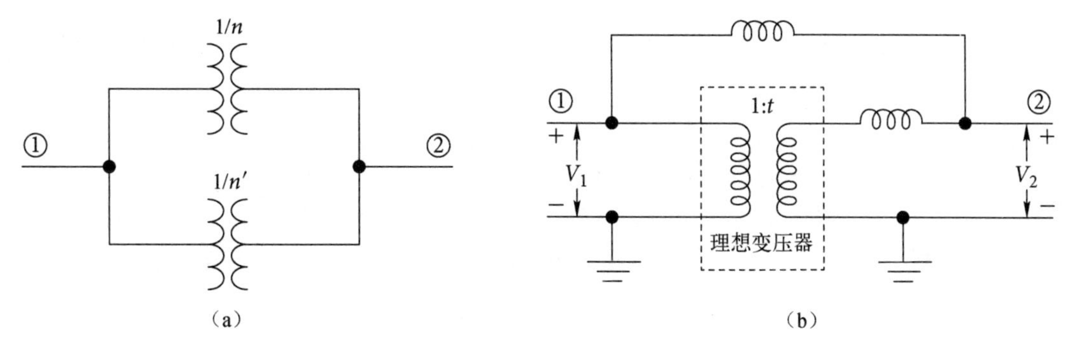

图 3.24　具有不同匝数比的变压器并联连接。(a) 单线图；(b) 标幺值表示的单相电抗图。变比$1/t$等于n/n'

为了对第二台变压器的非标称匝数比进行等效，在标幺值电抗图中加入变比为 $1/t$ 的理想(无阻抗)变压器(因为基准电压已经由第一台变压器的匝数比确定)。也可以把图 3.24(b)理解为两条平行的输电线路，其中一条线路上加装有调压变压器。

例题 3.13 两台变压器并联后向相阻抗(到中点)为 0.8+j0.6 的负载供电，负载电压 $V_2=1.0\angle 0°$p.u.。变压器 T_a的变比等于变压器两端基准电压之比。其阻抗标幺值为 j0.1(选定基准值)。变压器 T_b在该基准值下的阻抗标幺值也是 j0.1，但是它的变比等于 T_a的 1.05 倍(二次绕组的抽头在 1.05 的位置上)。

图 3.25 所示为对应的等效电路，其中变压器 T_b用对应的阻抗和串联电压源 ΔV 表示。求两台变压器分别输送给负载的复功率。

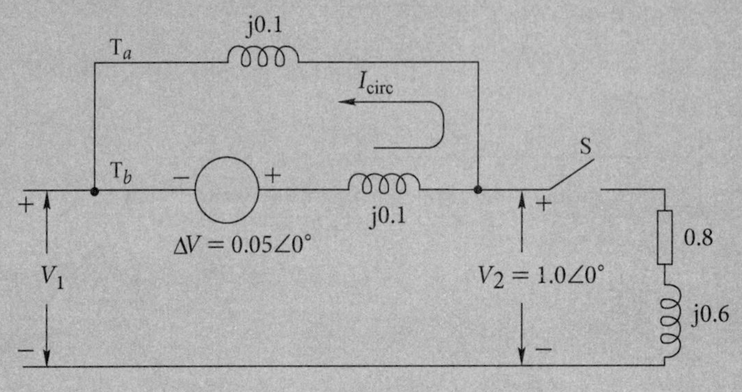

图 3.25 例题 3.13 的等效电路

解：负载电流为

$$\frac{1.0}{0.8+\mathrm{j}0.6}=0.8-\mathrm{j}0.6\ \text{p.u.}$$

在这里可以做一个近似处理，即，令电压 ΔV(变压器 T_b等效电路分支中的一部分)的标幺值等于 $t-1$，则闭合图 3.25 中的开关 S，就可以得到本题的等效电路。换言之，如果 T_a的变比大于 T_b的变比 5%，则 t 等于 1.05，ΔV 的标幺值等于 0.05。令开关 S 断开时，ΔV 在闭合回路中引起的循环电流为 I_{circ}，开关 S 闭合后，电流 I_{circ} 中只有很小一部分电流将流过负载阻抗(因为负载阻抗比变压器阻抗大得多)，应用叠加原理。ΔV 单独作用时，有循环电流为

$$I_{\text{circ}}=\frac{0.05}{\mathrm{j}0.2}=-\mathrm{j}0.25\ \text{p.u.}$$

将 ΔV 短路，那么两条变压器支路中的电流都等于负载电流的一半，即 0.4−j0.3。将该值与循环电流相加，得到

$$I_{\mathrm{T}_a}=0.4-\mathrm{j}0.3-(-\mathrm{j}0.25)=0.4-\mathrm{j}0.05\ \text{p.u.}$$

$$I_{\mathrm{T}_b}=0.4-\mathrm{j}0.3+(-\mathrm{j}0.25)=0.4-\mathrm{j}0.55\ \text{p.u.}$$

因此

$$S_{\mathrm{T}_a}=0.40+\mathrm{j}0.05\ \text{p.u.}$$

$$S_{\mathrm{T}_b}=0.40+\mathrm{j}0.05\ \text{p.u.}$$

MATLAB program for Example 3.13(ex3_13.m):

```
% Matlab M-file for Example 3.13: ex3_13.m
% Clean previous value
clc
clear all
% initial value
V=1; Z=0.8+j*0.6;
delta_V=0.05;
Xt=j*0.1; Xt2=j*0.1;
% solution
IL=V/Z; Icir=delta_V/(Xt+Xt2);
% the current in each path is half the load current
disp('The current in each path is half the load current')
ITa=IL/2-Icir; ITv=IL/2-Icir;
disp(['ITa=IL/2-Icir=',num2str(ITa)])
disp(['ITv=IL/2-Icir=',num2str(ITv)])
STa=1*conj(ITa); STb=1*conj(ITv);
disp(['STa=1*conj(ITa)=',num2str(STa)])
disp(['STb=1*conj(ITv)=',num2str(STb)])
disp([num2str(STa)'transmitted to the load through transformer A.'])
disp([num2str(STb)'transmitted to the load through transformer B.'])
```

由本例可见，抽头高的变压器向负载提供的无功功率更多。两台变压器提供的有功功率相同。由于两个变压器的阻抗相同，所以如果匝数比相同，那么两台变压器的有功功率和无功功率就相等。此时，两台变压器都用标幺值阻抗 j0.1 表示，两条支路中的电流也相等。两台变压器并联时，通过调整变压器的变比可以改变无功功率的分布。当两台容量(kVA)相等但阻抗不同的变压器并联时，功率无法在两台变压器间平均分配，这时可以通过切换抽头的方法来调节电压幅值比，从而使两台变压器的输送能量基本相等。

例题 3.14 重做例题 3.13，其中 T_b 由两个变压器串联组成，一个变压器的变比与 T_a 相同，另一个调压变压器产生 3°($t=e^{j\pi/60}=1.0\angle 3°$)的相移。$T_b$ 的总阻抗标幺值为 j0.1(以 T_a 的基准值为基准)。

解： 如例题 3.13 所示，在变压器 T_b 的阻抗上串联一个电压源 ΔV 进行近似求解。电压标幺值为

$$t-1=1.0\angle 3°-1.0\angle 0°=(2\sin 1.5°)\angle 91.5°=0.052\,4\angle 91.5°$$

$$I_{\text{circ}}=\frac{0.052\,4\angle 91.5°}{0.2\angle 90°}=0.262+\text{j}0.006\,9\ \text{p.u.}$$

$$I_{\text{T}_a}=0.4-\text{j}0.3-(0.262+\text{j}0.007)=0.138-\text{j}0.307\ \text{p.u.}$$

$$I_{\text{T}_b}=0.4-\text{j}0.3-(0.262+\text{j}0.007)=0.662-\text{j}0.293\ \text{p.u.}$$

因此

$$S_{\text{T}_a}=0.138+\text{j}0.307\ \text{p.u.}$$

$$S_{\text{T}_b}=0.662+\text{j}0.293\ \text{p.u.}$$

该例表明，移相变压器可以控制有功功率，但对无功功率的影响较小。例题 3.13 和例题 3.14 对输电线路并联且其中一条线路含有调压变压器的情况进行了很好的说明。

3.9　同步电机

同步电机有两个主要的铁磁结构部分。固定的部分实际上是一个空心圆筒，称为定子或电枢，定子上有纵向凹槽，其中放置由线圈组成的电枢绕组。电枢绕组向电力负载供电，或者接收由电动机产生的交流电流。转子是安装在定子空心内轴上的部分。转子上的绕组称为励磁绕组，它用于提供直流电流。励磁绕组中的电流产生很大的磁动势并与电枢绕组中电流产生的磁动势相结合。合成的磁势穿过定子和转子之间的气隙，既在电枢绕组中感应出电压，又提供定子和转子之间的电磁转矩。图 3.26 中，一个两极圆柱形转子正在和一个 800 MW高效、低辐射、超超临界发电机组的定子进行组装。

励磁绕组中的直流电流由励磁机提供，励磁机可以是和发电机安装在同一个轴上的发电机，也可以是通过滑环上的电刷和励磁绕组相连的直流电源。大型交流发电机的励磁机通常由交流电源与固态整流器组成。

图 3.26　双极圆柱形转子与 25 kV，1050 MVA 超超临界燃煤发电机组的定子进行组装的照片

如果电机为发电机，那么转子轴通常由汽轮机或水轮机等原动机驱动。当发电机向外输送电能时，发电机中的电磁转矩和原动机的转矩相反。两个转矩之差等于铁心损耗和摩擦力。电动机再将电磁转矩(除去铁心损耗和摩擦损耗)转换为机械转矩并驱动机械负载。

图 3.27 所示为三相发电机的简化图。图中，励磁绕组 f 产生 N 极和 S 极。磁极对应的轴称为直轴或简写为 d 轴，而极间的中心线称为交轴或简写为 q 轴。d 轴的正方向超前 q 轴的正方向 90°。

图 3.27 中的发电机称为隐极机或圆形转子电机，因为它的转子为圆柱形(如图 3.26 所示)。实际的电机中，转子周围的凹槽中分布有大量线圈。原动机带动转子旋转并产生强大的转子磁场，转子磁场交链到定子线圈并在电枢绕组中感应出电压。

定子横截面如图 3.27 所示。定子线圈近似为长方形，线圈的对边分别置于凹槽 a 和 a' 中，a 和 a' 的位置相差 180°。同样，凹槽 b 和 b' 以及凹槽 c 和 c' 中也布置有线圈。凹槽 a，b 和 c 中的线圈角度互差 120°。通常一对凹槽中放置了若干几何形状相同、截面积相同的线圈，但在简化图中只显示一匝。将相邻凹槽中的线圈串联并引出终端形成绕组 $a-a'$，$b-b'$ 以及 $c-c'$，3 个绕组在定子轴上分别关于 0°，120°和 240°对称。

图 3.28 所示为带有 4 个极的凸极机。一个电枢线圈的两条对边相隔 90°。因此，每相包含两个串联(或并联)连接的线圈。a，b，c 相的相邻线圈互隔 60°。

凸极机通常带有阻尼绕组(未显示在图 3.28 中)，它由通过极面的短路铜棒构成，类似于感应电动机的“鼠笼”式绕组。阻尼绕组的作用是减少转子在同步转速下的机械振荡，其中同步转速由电动机的极对数和系统频率共同决定。

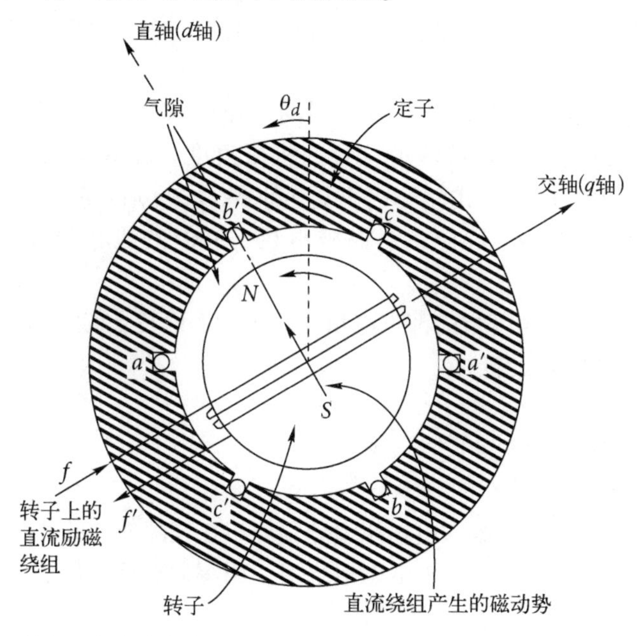

图 3.27　基本三相交流发电机的侧视图，图中包含两极圆柱形转子和定子截面

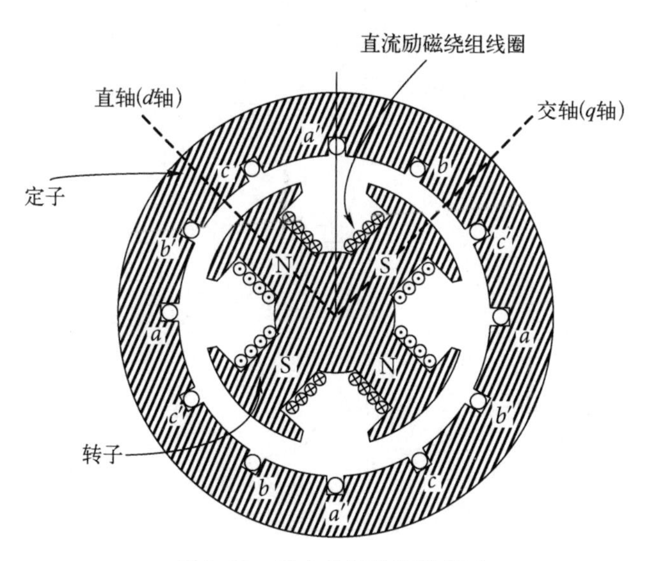

图 3.28　基本凸极机的横截面

若电机只包含一对极，那么转子旋转一圈将产生一个周期的电压。若电机包含两对极，那么转子旋转一圈将产生两个周期的电压。由于每转一圈对应的周期数等于极对数，因此电压的频率为

$$f = \frac{P}{2}\frac{N}{60} = \frac{P}{2}f_m \text{ Hz} \tag{3.39}$$

其中，f=电气频率(Hz)；

P=极个数；

N=转子每分钟的转速(rpm)；

$f_m=N/60$，每秒的机械频率(rps)。

由式(3.39)可知，一个两极、60 Hz 的电机的转速为 3600 rpm，而四极电机的转速为 1800 rpm。通常，基于化石燃料的汽轮发电机为双极电机，而水轮机组带有很多对极，为慢速电机。

由于一对极每通过线圈一次将产生一个周期电压(360°的电压波形)，所以必须区分电压、电流的电角度以及用于表示转子位置的机械角度。在双极电机中，电角度和机械角度相等。而对于其他电机，在式(3.39)两边同时乘以 2π 后可知，电角度或弧度值等于机械角度或弧度值的 $P/2$ 倍。因此，对四极电机，360°的机械角度将产生两个周期或720°的电角度。

除非另有说明，本书的角度指的都是电角度，而且无论转子的结构和极对数如何，直轴总是超前于交轴 90°(逆时针旋转)。

3.10 同步电机的工作原理

3.9 节中同步电机的励磁绕组和电枢绕组分别分布在气隙外围的凹槽中。本节用线圈 a，b 和 c 代表圆形转子电机中定子上的 3 个电枢绕组，用集总线圈 f 代表转子上的分布励磁绕组，如图 3.29 所示。

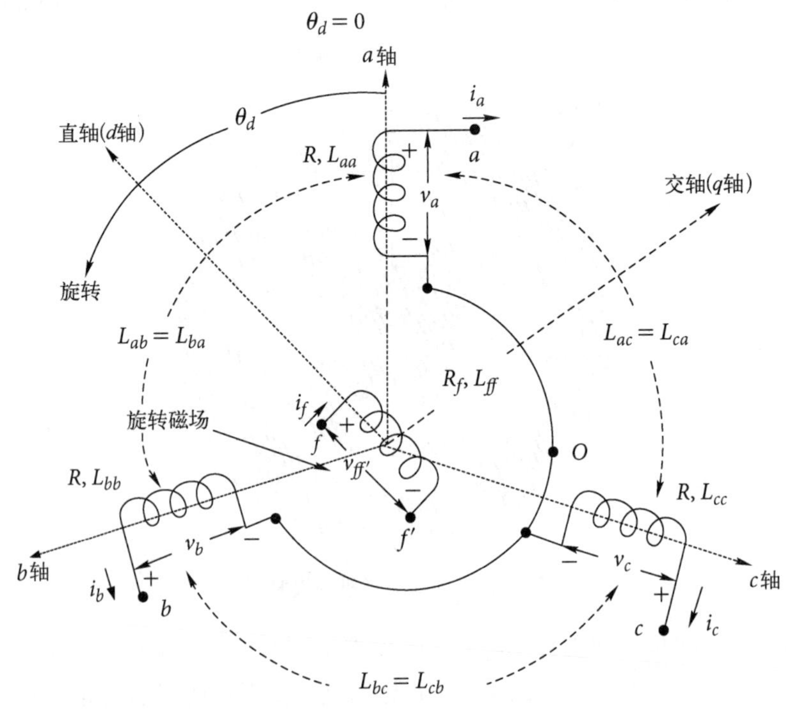

图 3.29　理想的三相发电机，图中包括电枢线圈 a，b，c 以及励磁线圈f。直轴超前交轴90°(逆时针旋转)

3个静止的电枢线圈完全相同，每一个线圈都有两个终端，其中一个终端与公共连接点 o 相连。其他3个终端用 a，b 和 c 表示。令线圈 a 的轴的角度为 $\theta_d=0$，沿着气隙逆时针旋转得到线圈 b 的轴为 $\theta_d=120°$，线圈 c 的轴为 $\theta_d=240°$。对于圆形转子电机，可知：

- 集总线圈 a，b 和 c 的自感为 L_s，它等于对应的分布电枢绕组的自电感 L_{aa}，L_{bb}和 L_{cc}

$$L_s = L_{aa} = L_{bb} = L_{cc} \tag{3.40}$$

- 相邻集总线圈之间的互感 L_{ab}，L_{bc}和 L_{ca}是负常数，用$-M_s$表示为

$$-M_s = L_{ab} = L_{bc} = L_{ca} \tag{3.41}$$

- 励磁线圈 f 和定子线圈的互感是转子位置角 θ_d的余弦函数，其中最大值为 M_f，因此

$$\begin{aligned} L_{af} &= M_f \cos\theta_d \\ L_{bf} &= M_f \cos(\theta_d - 120°) \\ L_{cf} &= M_f \cos(\theta_d - 240°) \end{aligned} \tag{3.42}$$

因为在圆形转子电机（事实上也包括凸极机）中，不管转子的位置如何（忽略电枢凹槽的影响），d 轴励磁绕组在定子中的磁通路径保持不变，所以励磁绕组的自感 L_{ff}保持恒定。

线圈 a，b，c 以及 f 中的磁链由4个线圈中的电流共同产生。因此，4个线圈对应的磁链方程如下。

电枢：

$$\begin{aligned} \lambda_a &= L_{aa}i_a + L_{ab}i_b + L_{ac}i_c + L_{af}i_f = L_s i_a - M_s(i_b + i_c) + L_{af}i_f \\ \lambda_b &= L_{ba}i_a + L_{bb}i_b + L_{bc}i_c + L_{bf}i_f = L_s i_b - M_s(i_a + i_c) + L_{bf}i_f \\ \lambda_c &= L_{ca}i_a + L_{cb}i_b + L_{cc}i_c + L_{cf}i_f = L_s i_c - M_s(i_a + i_b) + L_{cf}i_f \end{aligned} \tag{3.43}$$

励磁：

$$\lambda_f = L_{af}i_a + L_{bf}i_b + L_{cf}i_c + L_{ff}i_f \tag{3.44}$$

如果 i_a，i_b和 i_c是平衡的三相电流，那么

$$i_a + i_b + i_c = 0 \tag{3.45}$$

将 $i_a=-(i_b+i_c)$，$i_b=-(i_a+i_c)$，以及 $i_c=-(i_a+i_b)$代入式（3.43），有

$$\begin{aligned} \lambda_a &= (L_s + M_s)i_a + L_{af}i_f \\ \lambda_b &= (L_s + M_s)i_b + L_{bf}i_f \\ \lambda_c &= (L_s + M_s)i_c + L_{cf}i_f \end{aligned} \tag{3.46}$$

假设只考虑稳态。令电流 i_f是幅值为 I_f的直流且保持不变，磁场的转速恒定为 ω，对两极电机，有

$$\frac{\mathrm{d}\theta_d}{\mathrm{d}t} = \omega\,,\quad \theta_d = \omega t + \theta_{d0} \tag{3.47}$$

励磁绕组的初始位置 θ_{d0}为 $t=0$ 时刻的任意值。L_{af}，L_{bf}，L_{cf}和 θ_d的关系如式（3.42）所示。用（$\omega t+\theta_{d0}$）替换 θ_d，同时将 $i_f=I_f$代入式（3.46），可得

$$\begin{aligned} \lambda_a &= (L_s + M_s)i_a + M_f I_f \cos(\omega t + \theta_{d0}) \\ \lambda_b &= (L_s + M_s)i_b + M_f I_f \cos(\omega t + \theta_{d0} - 120°) \\ \lambda_c &= (L_s + M_s)i_c + M_f I_f \cos(\omega t + \theta_{d0} - 240°) \end{aligned} \tag{3.48}$$

由上式可知，λ_a包含两个磁链分量——一个由励磁电流 I_f产生，另一个由电枢电流 i_a产生，电枢电流的方向是离开发电机（发电）。如果线圈 a 的电阻为 R，那么图3.29中线圈终端 a 和终端 o 之间的电压降 v_a为

$$v_a = -Ri_a - \frac{\mathrm{d}\lambda_a}{\mathrm{d}t} = -Ri_a - (L_s + M_s)\frac{\mathrm{d}i_a}{\mathrm{d}t} + \omega M_f I_f \sin(\omega t + \theta_{d0}) \tag{3.49}$$

正如3.1节所述，式(3.49)中采用负号是因为电机等效为发电机。式(3.49)中的最后一项代表内部电动势，用 $e_{a'}$ 表示为

$$e_{a'} = \sqrt{2}|E_i|\sin(\omega t + \theta_{d0}) \tag{3.50}$$

其中有效值 $|E_i|$ 与励磁电流成正比，

$$|E_i| = \frac{\omega M_f I_f}{\sqrt{2}} \tag{3.51}$$

$i_a=0$ 时，励磁电流单独作用下 a 相终端的电压即为 $e_{a'}$，它也被称为 a 相的空载电势、开路电压、同步内电势或感应电动势。角 θ_{d0} 表示励磁绕组(或 d 轴)在 $t=0$ 时相对于 a 相的位置。因此，$\delta \triangleq \theta_{d0}-90°$ 表示 q 轴的位置，在图3.29中滞后 d 轴 90°。为方便起见，令 $\theta_{d0}=\delta+90°$，有

$$\theta_d = (\omega t + \theta_{d0}) = (\omega t + \delta + 90°) \tag{3.52}$$

其中 θ_d，ω 和 δ 的单位保持一致。将式(3.52)代入式(3.50)，由 $\sin(\alpha+90°)=\cos\alpha$ 可得 a 相的开路电压为

$$e_{a'} = \sqrt{2}|E_i|\cos(\omega t + \delta) \tag{3.53}$$

式(3.49)中的终端电压 v_a 为

$$v_a = -Ri_a - (L_s + M_s)\frac{\mathrm{d}i_a}{\mathrm{d}t} + \underbrace{\sqrt{2}|E_i|\cos(\omega t + \delta)}_{e_a'} \tag{3.54}$$

上式对应的单相等效电路如图3.30所示，其中空载电势 $e_{a'}$ 表示电压源，外部负载三相对称。

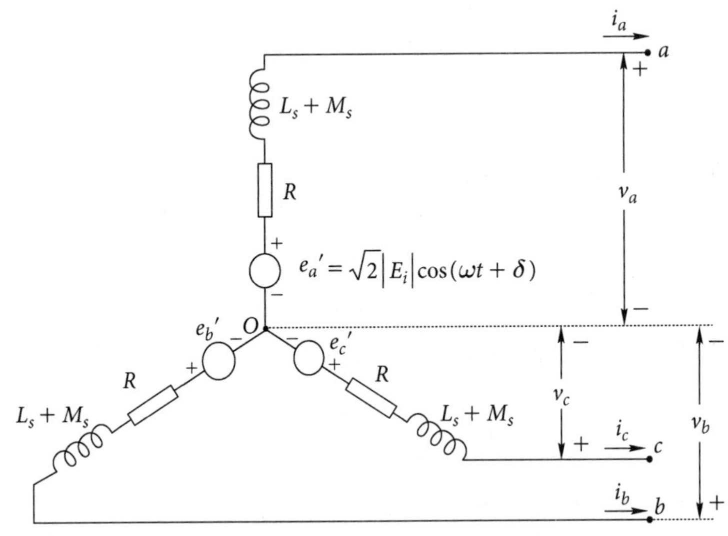

图3.30 理想三相发电机的电枢等效电路，其中 $e_{a'}$，$e_{b'}$ 和 $e_{c'}$ 为稳态时的空载电势

用与 λ_a 相同的方法处理式(3.48)中的磁链 λ_b 和 λ_c。由于电枢绕组相同，因此空载电势 $e_{b'}$ 和 $e_{c'}$ 的表达式与式(3.53)和式(3.54)相似，但 $e_{b'}$ 和 $e_{c'}$ 分别滞后 $e_{a'}$ 120°和240°，如图3.30所示。因此，$e_{a'}$，$e_{b'}$ 和 $e_{c'}$ 构成对称的三相电动势，产生的三相线电流也相互对称，即

$$\begin{aligned} i_a &= \sqrt{2}|I_a|\cos(\omega t + \delta - \theta_a) \\ i_b &= \sqrt{2}|I_a|\cos(\omega t + \delta - \theta_a - 120°) \\ i_c &= \sqrt{2}|I_a|\cos(\omega t + \delta - \theta_a - 240°) \end{aligned} \tag{3.55}$$

其中$|I_a|$为有效值，θ_a为电流i_a滞后$e_{a'}$的角度。当电动势和电流用相量表示时，图 3.30 与第 2 章图 2.12 中电源的等效电路相同。

分析凸极机需要采用双轴(d-q)模型①，因为沿直轴方向的气隙比沿交轴方向的气隙窄得多。

3.11 同步电机的等效电路

图 3.29 所示的耦合等效电路代表理想的 Y 型连接、圆形转子同步电机。假设电机的转速为同步速度ω，且励磁电流I_f为稳定的直流，就可以用图 3.30 的对称三相电路代表电机的稳态运行。图中，空载电动势为$e_{a'}$，$e_{b'}$和$e_{c'}$。以a相为例，可得图 3.31(a)所示的单相等效电路，其中a相电流和电压为稳态正弦分量，分别超前b相和c相对应分量 120°和 240°。

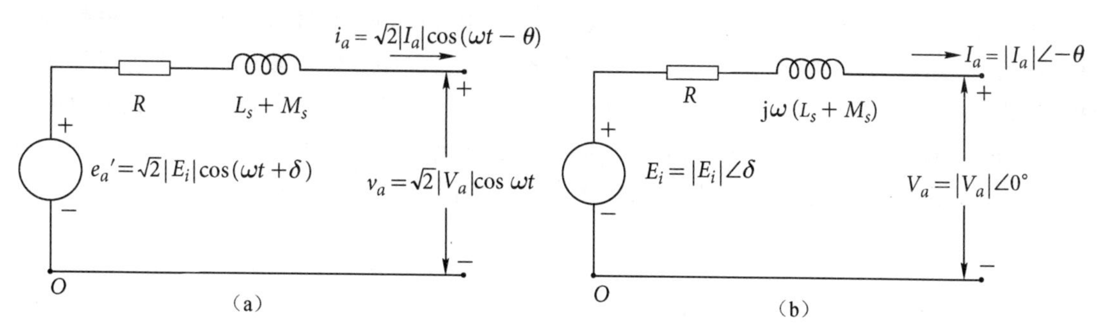

图 3.31 同步电机a相的等效电路。(a) 电压和电流为余弦形式；(b) 电压和电流相量形式

式(3.55)中，电流i_a以空载电势$e_{a'}$的相角为参考相角。但实际应用中，无法在系统带负载时测量空载电势$e_{a'}$的相角，所以最好以终端电压v_a的相角作为参考，并测量相对于v_a的电流i_a的相角。因此，重新定义

$$v_a=\sqrt{2}|V_a|\cos\omega t\ ,\ e_{a'}=\sqrt{2}|E_i|\cos(\omega t+\delta)\ ,\ i_a=\sqrt{2}|I_a|\cos(\omega t-\theta) \tag{3.56}$$

注意，$e_{a'}$仍然对应式(3.53)，i_a与式(3.55)的唯一不同在于，i_a的相角$\theta=\theta_a-\delta$现在是滞后于终端电压v_a的角度。式(3.56)的相量形式为

$$V_a=|V_a|\angle 0°\ ,\ E_{a'}=|E_i|\angle\delta\ ,\ I_a=|I_a|\angle-\theta \tag{3.57}$$

如图 3.31(b)所示，电压方程的相量形式为

$$V_a=\underbrace{E_i}_{\text{空载电势}}-\underbrace{RI_a}_{\text{电枢电阻的作用}}-\underbrace{\mathrm{j}\omega L_sI_a}_{\text{电枢自感抗的作用}}-\underbrace{\mathrm{j}\omega M_sI_a}_{\text{电枢互感抗的作用}} \tag{3.58}$$

当电流I_a超前V_a时，角θ的值为负，当I_a滞后V_a时，角θ的值为正。由于系统满足对称条件，b相和c相的相量方程与式(3.58)相似。将式(3.58)中的最后两项合并，得到的组合形式$\omega(L_s+M_s)$具有电抗的性质，通常被称为电机的同步电抗X_d。定义电机的同步阻抗为

$$Z_d=R+\mathrm{j}X_d=R+\mathrm{j}\omega(L_s+M_s) \tag{3.59}$$

式(3.58)可以简化为

$$V_a=E_i-I_aZ_d=E_i-I_aR-\mathrm{j}I_aX_d \tag{3.60}$$

① 关于双轴模型的讨论，请参阅 A. E. Fitzgerald et al., Electric Machinery, 6th ed., McGraw-Hill, Inc., New York, 2003.

由上式可得发电机的等效电路如图 3.32(a)所示。同步电动机与发电机的等效电路图相似，但 I_a 的方向相反，如图 3.32(b)所示，对应的电压电流关系为

$$V_a = E_i + I_aZ_d = E_i + I_aR + \mathrm{j}I_aX_d \tag{3.61}$$

式(3.60)和式(3.61)的相量图如图 3.33 所示，其中功率因数角 θ 滞后于终端电压。注意图 3.33(a)中，发电机的 E_i 总是超前 V_a，而在图 3.33(b)中，电动机的 E_i 总是滞后 V_a。

除了与负载组成独立系统的情况，大多数同步电机都与大型电力系统相连，因此终端电压 V_a(为了强调，接下来将被称为 V_t)不再随着负载的改变而改变。在这种情况下，同步电机与大型系统的连接点被称为无穷大母线，无穷大母线上的电压和频率保持恒定，不受同步电机运行状态的影响。

同步电机的参数和运行变量(如电压和电流)通常是以电机铭牌数据为基准值的标幺值或归算值。此类数据由制造商提供。无论电机的容量如何，只要设计方式相同，该类电机就有标准的参数，这些参数只会在一个很小的范围内变化，在无法获取具体电机参数的情况下，就可以参考这个标准的范围(见附表 A.2)。三相电机中，基准容量通常对应电机的三相额定值，基准电压对应额定线电压。对应到图 3.32，单相等效电路中的基准容量等于一相的基准容量，基准电压等于电机的相电压。因此，通过式(2.54)可以计算得到电枢阻抗的基准值。虽然感应电压 E_i 由励磁电流控制，但它是电枢电压，所以归算到电枢的基准值下。因而式(3.60)和式(3.61)可以直接表示电枢基准值下的标幺值。

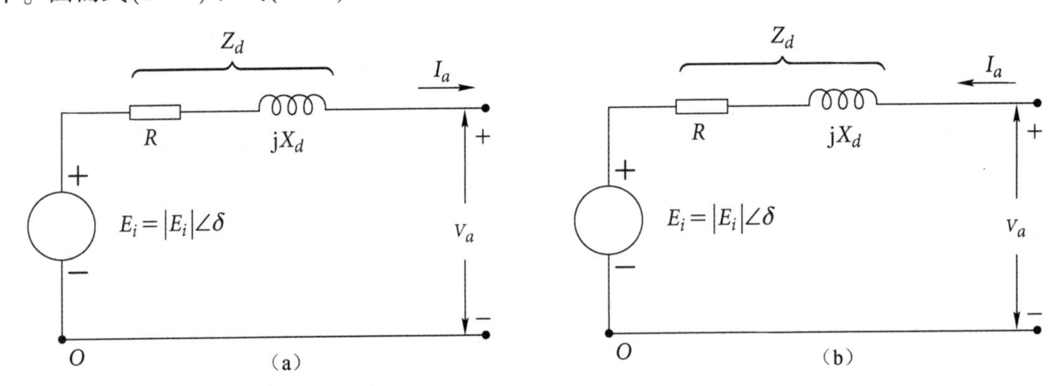

图 3.32　等效电路。(a) 同步发电机；(b) 具有恒定同步阻抗的同步电动机

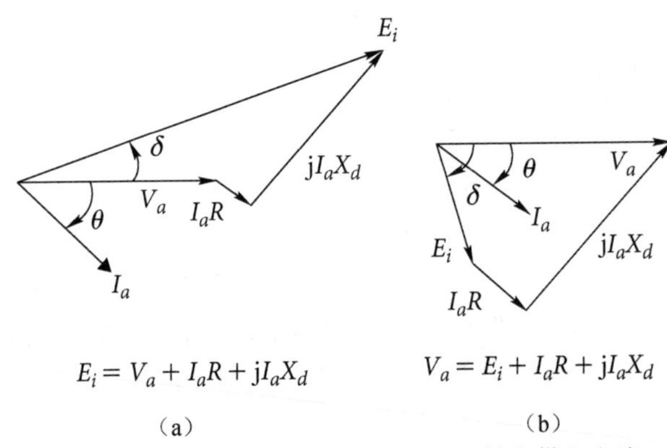

图 3.33　相量图。(a) 过励磁发电机，其中供电电流 I_a 滞后；(b) 欠励磁电动机，其中受电电流 I_a 滞后

例题 3.15 一个 60 Hz 三相同步发电机，忽略电枢电阻后的电感参数如下：

$$L_{aa} = L_s = 2.765\,6 \text{ mH}，M_f = 31.695\,0 \text{ mH}$$

$$L_{ab} = M_s = 1.382\,8 \text{ mH}，L_{ff} = 433.656\,9 \text{ mH}$$

该电机的额定参数为 635 MVA，功率因数为 0.90（滞后），3600 rpm，24 kV。当负载为额定负载时，a 相的相电压和线电流为

$$v_a = 19\,596 \cos \omega t \text{ V}，i_a = 21\,603 \cos(\omega t - 25.841\,9°) \text{ A}$$

稳态运行时，以电机的额定值为电枢的基准值，确定同步电抗的标幺值和定子变量 V_a，I_a和 E_i的标幺值相量。将开路条件下能使端电压为额定值的电流值 I_f为励磁电流的基准值，试求该运行条件下的 I_f值。

解：对于电枢，

$$基准容量 = 635\,000 \text{ kVA}$$

$$基准线电压 = 24 \text{ kV}$$

$$基准电流 = \frac{635\,000}{\sqrt{3} \times 24} = 15\,275.726 \text{ A}$$

$$基准阻抗 = \frac{24^2}{635} = 0.907\,1\ \Omega$$

由电感参数 L_s和 M_s值，有

$$X_d = \omega(L_s + M_s) = 120\pi(2.765\,6 + 1.382\,8) \times 10^{-3} = 1.563\,9\ \Omega$$

用标幺值表示为

$$X_d = \frac{1.536\,9}{0.907\,1} = 1.724\,1$$

因为负载工作在额定电压下（即指定的基准值），所以，如果将终端电压 V_a视为参考相量，有

$$V_a = 1.0\angle 0° \text{ p.u.}$$

负载电流的有效值为 $|I_a| = \dfrac{635\,000}{\sqrt{3} \times 24}$ A，即基准电枢电流。因此，$|I_a| = 1.0$ p.u.。又因为负载的功率因数角为 $\theta = \arccos 0.9 = 25.841\,9°$（滞后），所以，电流 I_a的相量形式是

$$I_a = |I_a|\angle -\theta = 1.0\angle -25.841\,9° \text{ p.u.}$$

利用式(3.60)，因为 $R = 0$，得到同步内电势 E_i

$$\begin{aligned} E_i &= V_a + \text{j}X_d I_a \\ &= 1.0\angle 0° + \text{j}1.724\,1 \times 1.0\angle -25.841\,9° \\ &= 1.751\,5 + \text{j}1.551\,7 = 2.340\angle 41.538\,4° \text{ p.u.} \end{aligned}$$

在开路条件下，保持电机端电压为额定值所需要的励磁电流可以利用式(3.51)和式(3.54)进行求解，其中 $i_a = 0$。

$$I_f = \frac{\sqrt{2}|E_i|}{\omega M_f} = \frac{19\,596 \times 10^3}{120\pi \times 31.695} = 1640 \text{ A}$$

因为 $|E_i|$与 I_f成正比，所以励磁电流为 2.34×1640 = 3838 A。

MATLAB program for Example 3.15(ex3_15.m):

```
% Matlab M-file for Example 3.15: ex3_15.m
% Clean previous value
```

```
clc
clear all
% Initial value
f=60; w=2*pi*f;
Ls=2.7656*10^(-3); Ms=1.3828*10^(-3); Mf=31.6950*10^(-3);
Sb=635*10^6;
disp(['Base kVa = ',num2str(Sb/1000), 'kVA'])
VLLb=24*10^3;
disp(['Base line voltage = ',num2str(VLLb/1000), 'kV'])
Ib=Sb/(sqrt(3)*VLLb);
disp(['Base current = ',num2str(Ib), 'A'])
Zb=VLLb^2/Sb; Xd=w*(Ls+Ms);
disp(['Base impedance = ',num2str(Zb), 'Ω'])
Xd_pu=Xd/Zb;
disp(['In per unit : Xd = ',num2str(Xd_pu), 'Ω'])
% For per unit, calculate the lagging Ia
Va=1; Ia_mag=1; Ia_ang=25.8419;
Ia=Ia_mag*(cosd(-Ia_ang)+j*sind(-Ia_ang));
Ei=Va+j*Xd_pu*Ia;
Ei_mag=abs(Ei);
Ei_ang=angle(Ei)*180/pi; % Rad => Degree
disp(['In per unit : Ei = Va + jXd*Ia = ',num2str(Ei_mag),'∠',-
num2str(Ei_ang), 'V'])
% Field current
If=19596/(w*Mf);
```

在串联 RL 电路上突然施加交流电压时，流过的电流通常包含两个分量：一个是按照电路的时间常数 L/R 进行衰减的直流分量，另一个是恒定幅值的正弦分量。如果是同步电机的终端忽然发生短路，短路现象将更复杂，短路电流中的直流分量会使短路电流的波形偏移或不对称。第 8 章将讨论利用短路电流的对称分量来确定断路器的额定值。本章只考虑短路对电机电抗的影响。

空载发电机端口忽然三相短路时，可以在其中一相上加装电流示波器，以观察短路电流。由于三相电机的相电压互隔 120°，因此短路发生时，各相电压大小不同，各相电流的单向(或直流)暂态分量也不相同①。如果将相电流中的直流分量去掉，则相电流的交流分量的幅值与时间有关，如图 3. 34 所示，变化规律大致为

$$i(t) = |E_i|\frac{1}{X_d} + |E_i|\left(\frac{1}{X_d'} - \frac{1}{X_d}\right)e^{-t/T_d'} + |E_i|\left(\frac{1}{X_d''} - \frac{1}{X_d'}\right)e^{-t/T_d''} \tag{3.62}$$

其中 $e_i=\sqrt{2}\,|E_i|\cos\omega t$ 表示电机的同步内电势或空载电势。

由式(3. 62)可见，当电枢相电流去掉直流分量后，还有 3 个分量，其中两个分量的衰减率不同，分别是次暂态和暂态周期。忽略电枢电阻，图 3. 34 中，距离 o-a 表示持续短路电流的最大值，其有效值 $|I|$ 为

$$|I| = \frac{o\text{-}a}{\sqrt{2}} = \frac{|E_i|}{X_d} \tag{3.63}$$

① 直流分量的详细讨论见 S. J. Chapman, *Electric Machinery Fundamentals*, 4th ed., McGraw-Hill, Inc., New York, 2005, 以及本书的第 8 章。

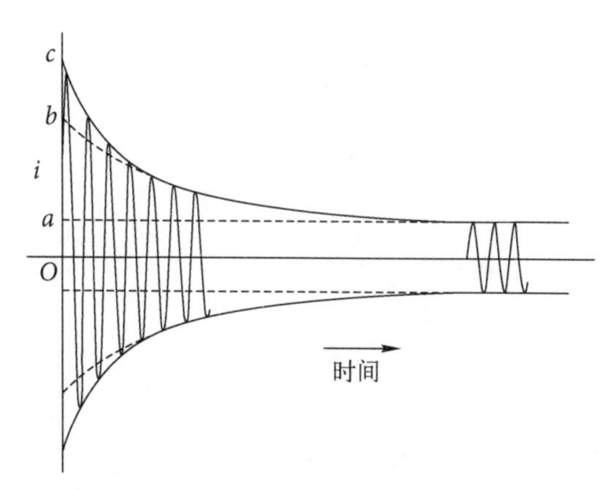

图 3.34　空载同步发电机短路后电流与时间的关系(忽略电流的直流暂态分量)

将电流的包络线延长到零时刻，同时忽略衰减速度非常快的前几个周期的电流，那么可得距离 o-b。该距离对应的电流有效值称为暂态电流 $|I'|$，定义为

$$|I'| = \frac{o-b}{\sqrt{2}} = \frac{|E_i|}{X'_d} \tag{3.64}$$

图 3.34 中由距离 o-c 确定的电流有效值称为次暂态电流 $|I''|$，定义为

$$|I''| = \frac{o-c}{\sqrt{2}} = \frac{|E_i|}{X''_d} \tag{3.65}$$

次暂态电流通常被称为初始对称电流有效值。后者定义更为准确，因为它既传达了忽略直流分量的思想，又能在故障发生后立即得到电流交流分量的有效值。通过对图 3.34 的波形分析，式(3.64)和式(3.65)不仅可以用于计算电机参数 X'_d和 X''_d，而且在电抗已知时可以用于确定发电机的故障电流。如果故障发生时发电机为空载，电机可以表示为空载相电压与对应电抗的串联。图 3.35(a)中空载电势 E_i 和 X''_d 的串联可用于计算次暂态电流，图 3.35(b)中空载电势 E_i和 $X_d{}'$的串联可用于计算暂态电流。

图 3.35(c)中的 X_d用于进行稳态分析。次暂态电流 $|I''|$ 比稳态电流 $|I|$ 大得多，因为 X''_d 远小于 X_d。因为假定发电机的初始状态为空载，所以图 3.35 中所有电路的内电势 E_i 均相同。第 8 章中，为了分析电机带负载时的短路情况，还将对该等值电路进行适当调整。

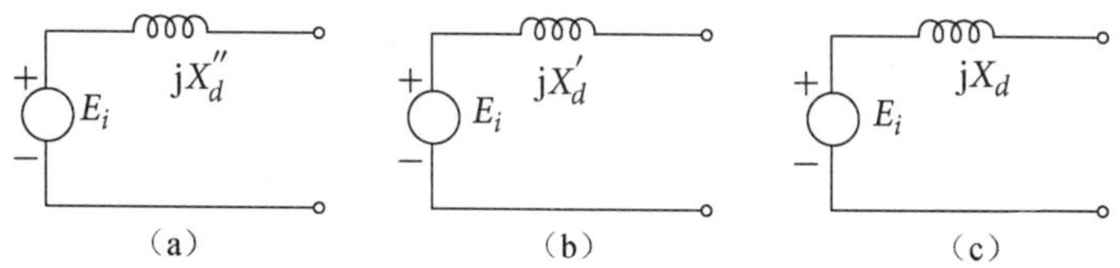

(a) E_i, jX''_d　(b) E_i, jX'_d　(c) E_i, jX_d

图 3.35　同步发电机的等效电路，其中，内部电压为 E_i。(a) 次暂态电抗 X''_d；(b) 暂态电抗X'_d；(c) 同步电抗X_d。8.2节将讨论电压E_i随负载的变化

例题 3.16　如图 3.36(a)所示，两台发电机并联后与三相△-Y 型变压器的低压侧相连。发电机 1 的额定值为 50 000 kVA，13.8 kV，发电机 2 的额定值为 25 000 kVA，13.8 kV。两台发电机的次暂态电抗均为 25%(以各自的额定值为基准)。变压器的额定值为 75 000 kVA，13.8△/69Y kV，电抗为 10%。故障发生前，变压器高压侧电压为 66 kV。变压器空载，且发电机之间没有环路电流。试求当变压器高压侧发生三相短路时，两台发电机各自的次暂态电流。

解：以高压线路的 69 kV，75 000 kVA 为基准。则低压侧的基准电压为 13. 8 kV。

发电机 1

$$X''_{d1} = 0.25\frac{75\,000}{50\,000} = 0.375 \text{ p.u.}$$

$$E_{i1} = \frac{66}{69} = 0.957 \text{ p.u.}$$

发电机 2

$$X''_{d2} = 0.25\frac{75\,000}{25\,000} = 0.750 \text{ p.u.}$$

$$E_{i2} = \frac{66}{69} = 0.957 \text{ p.u.}$$

变压器

$$X_t = 0.10 \text{ p.u.}$$

图 3. 36(b)所示为故障前的电抗图。P 点发生三相故障时，开关 S 闭合。两台发电机等效为并联连接，因为它们内电势的幅值和相位均相同，因此没有环流。并联等效次暂态电抗为

$$X''_d = \frac{X''_{d1}X''_{d2}}{X''_{d1}+X''_{d2}} = \frac{0.375\times 0.75}{0.375+0.75} = 0.25 \text{ p.u.}$$

将 $E_i \triangleq E_{i1}=E_{i2}$ 作为参考相量，短路电流的次暂态电流为

$$I'' = \frac{E_i}{\text{j}X''_d+\text{j}X_t} = \frac{0.957}{\text{j}0.25+\text{j}0.10} = -\text{j}2.734 \text{ p.u.}$$

变压器△侧的电压 V_t 为

$$V_t = I''\times \text{j}X_t = (-\text{j}2.734)(\text{j}0.10) = 0.273\,4 \text{ p.u.}$$

发电机 1 和发电机 2 中

$$I''_1 = \frac{E_{i1}-V_t}{\text{j}X''_{d1}} = \frac{0.957-0.273\,4}{\text{j}0.375} = -\text{j}1.823 \text{ p.u.}$$

$$I''_2 = \frac{E_{i2}-V_t}{\text{j}X''_{d2}} = \frac{0.957-0.273\,4}{\text{j}0.75} = -\text{j}0.911 \text{ p.u.}$$

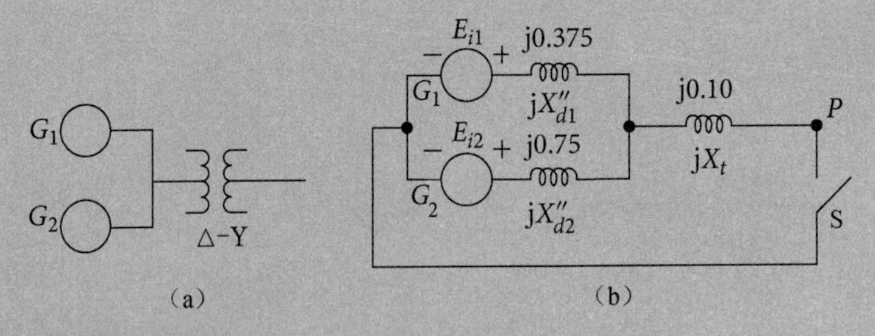

图 3. 36 （a）单相图；（b）例题 3. 16 的电抗图

MATLAB program for Example 3. 16(ex3_16. m):

```
% M-file for Example 3.16: ex3_16.m
% Clean previous value
clc
clear all
```

```
% Generator 1
Xd1=0.25*(75000/50000); Ei1=66/69;
% Generator 2
Xd2=0.25*(75000/25000); Ei2=66/69;
% Transformer
Xt=0.1; Xd=Xd1*Xd2/(Xd1+Xd2);
disp(['Equivalent parallel subtransient reactance is
', num2str(Xd), 'Ω'])
Ei=Ei1;
I=Ei/(j*Xd+j*Xt);
I_mag=abs(I); I_ang=angle(I)*180/pi; % Rad => Degree
disp(['Subtransient current ',num2str(I_mag),'∠',num2str(I_ang), 'A'])
Vt=I*j*Xt;
disp(['The voltage Vt on the delta side of the transformer is
',num2str(Vt), 'V'])
disp('Subtransient current in generators 1 and 2')
I1=(Ei1-Vt)/(j*Xd1);
I1_mag=abs(I1); I1_ang=angle(I1)*180/pi; % Rad => Degree
disp(['I1=(Ei1-Vt)/(j*Xd1)=',num2str(I1_mag),'∠',num2str
(I1_ang), 'A'])
I2=(Ei2-Vt)/(j*Xd2);
I2_mag=abs(I2); I2_ang=angle(I2)*180/pi; % Rad => Degree
disp(['I2=(Ei2-Vt)/(j*Xd2)=',num2str(I2_mag),'∠',num2str
(I2_ang), 'A'])
disp(['Subtransient current I1= ',num2str(I1_mag),'∠',num2str
(I1_ang), 'A'])
disp(['Subtransient current I2= ',num2str(I2_mag),'∠',num2str
(I2_ang), 'A'])
```

3.12 有功功率和无功功率控制

当同步电机与无穷大母线相连时，其转速和终端电压恒定且保持不变。但是，同步电机上的机械转矩和励磁电流可变。由于同步电机的转速恒定，因此改变有功功率的唯一手段是控制发电机原动机上的转矩，或者控制电动机上的机械负载转矩。发电机或电机中无功功率的控制通过控制励磁电流 I_f 来实现，对应的系统被称为励磁系统控制。图 3.37 所示为用于终端电压控制的发电机励磁系统，其中，电压调整器自动增加(或减小)励磁以及励磁电流，因此内部电动势变得更高(或更低)，并最终使终端电压等于参考电压。下面将通过相量图进行进一步说明。

因为主要考虑圆形转子发电机的无功功率控制，因此我们忽略电阻。假定发电机输送电能时，其终端电压 V_t 与电机感应电压 E_i 之间的角度为 δ[见图 3.38(a)]。发电机向系统提供的复功率的标幺值为

$$S = P + \mathrm{j}Q = V_t I_a^* = |V_t||I_a|(\cos\theta + \mathrm{j}\sin\theta) \tag{3.66}$$

将上式的实部和虚部分开，得到

$$P = |V_t||I_a|\cos\theta,\ Q = |V_t||I_a|\sin\theta \tag{3.67}$$

注意，功率因数滞后时，因为角度 θ 为正，所以 Q 为正值。如果期望发电机提供的有

功功率 P 保持不变，由式(3.67)可见，$|I_a|\cos\theta$ 必须保持恒定。当我们改变直流励磁电流 I_f 时，感应电压 E_i 按比例发生变化，但 $|I_a|\cos\theta$ 始终保持为常数，如图 3.38(a)的轨迹所示。额定励磁指的是满足以下条件的励磁：

$$|E_i|\cos\delta = |V_t| \tag{3.68}$$

过励磁和欠励磁分别对应 $|E_i|\cos\delta > |V_t|$ 和 $|E_i|\cos\delta < |V_t|$ 的情况。图 3.38(a)中，发电机过励磁，向系统提供无功功率 Q。从系统的角度来看，此时电机相当于一个电容器。图 3.38(b)所示为发电机欠励磁，虽然它向系统提供的有功功率不变，但电流超前电压(或者认为从系统中吸收滞后的电流)。发电机欠励磁运行时，它从系统吸取无功功率，等效于一个电抗器。

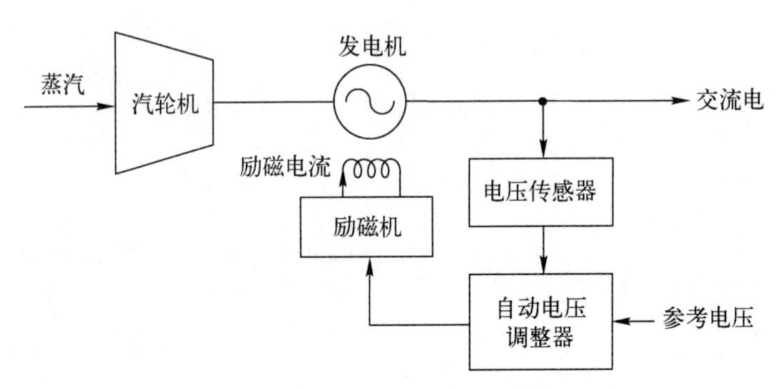

图 3.37 用于控制终端电压的同步发电机的励磁系统

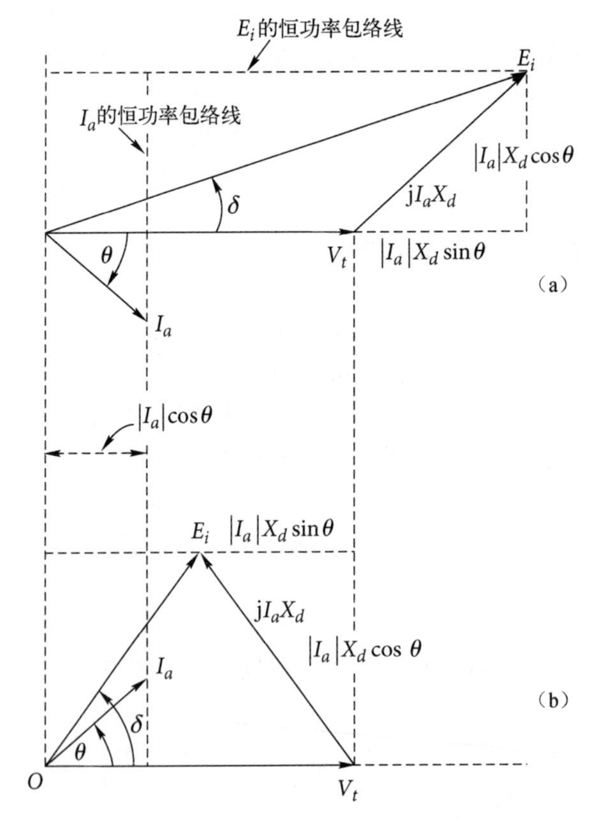

图 3.38 恒定功率轨迹的相量图。(a) 过励磁发电机向系统提供无功功率；(b) 欠励磁发电机从电压 E_i 吸收无功功率。两种情况下发电机提供的有功功率不变

图 3.39 中，因为终端电压相同，所以过励磁和欠励磁同步电机吸收的有功功率也相同。对系统而言，过励磁电机向系统提供无功功率，它从系统吸收超前的电流并相当于电容电路。欠励磁电机吸收滞后的电流，它吸收无功功率，对系统相当于电感电路。简单地说，图 3.38 和图 3.39 表明，过励磁发电机和电动机向系统提供无功功率，欠励磁发电机和电动机从系统吸收无功功率。

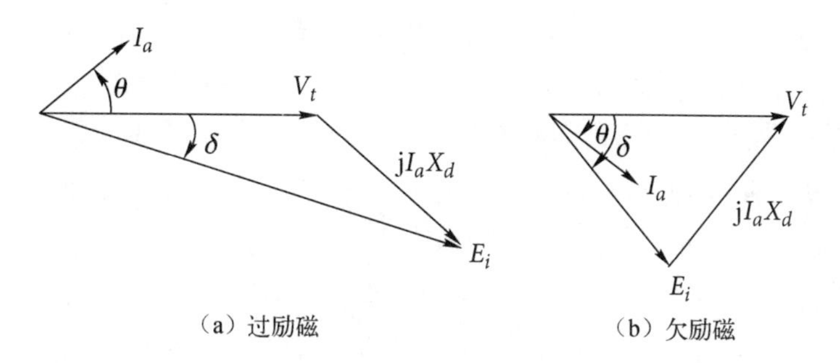

图 3.39　同步电动机电流 I_a 的相量图和终端电压恒定时的恒定功率

接下来继续分析有功功率 P，有功功率通过调节涡轮机阀门的开度(打开或关闭)来控制进入涡轮机的蒸汽(或水)。当注入发电机的功率增加时，转子的转速将增加，如果保持励磁电流 I_f 不变，即保持 $|E_i|$ 恒定，则 E_i 和 V_t 之间的角度 δ 将增加。由图 3.38(a)和图 3.38(b)可知，当相量 E_i 逆时针旋转时(即 δ 增大后)，$|I_a|\cos\theta$ 也将增大。因此，发电机的角 δ 越大，向系统提供的有功功率越多，施加在原动机上的反向转矩越大。因此，原动机的输入功率重新达到平衡，转速再次与无穷大母线的频率相一致。电动机有功功率的分析也可以用上述方式进行解释。

P 对功角 δ 的依赖关系如下。如果

$$V_t = |V_t|\angle 0°,\quad E_i = |E_i|\angle\delta$$

其中 V_t 和 E_i 既可以表示为相电压的有名值，也可以表示为标幺值，则

$$I_a = \frac{|E_i|\angle\delta - |V_t|}{jX_d},\quad I_a^* = \frac{|E_i|\angle-\delta - |V_t|}{-jX_d} \tag{3.69}$$

因此，由发电机终端向系统提供的复功率为

$$\begin{aligned} S = P + jQ = V_t I_a^* &= \frac{|V_t||E_i|\angle-\delta - |V_t|^2}{-jX_d} \\ &= \frac{|V_t||E_i|(\cos\delta - j\sin\delta) - |V_t|^2}{-jX_d} \end{aligned} \tag{3.70}$$

将式(3.70)的实部和虚部分开，有

$$P = \frac{|V_t||E_i|}{X_d}\sin\delta,\qquad Q = \frac{|V_t|}{X_d}(|E_i|\cos\delta - |V_t|) \tag{3.71}$$

若式(3.71)中的 V_t 和 E_i 为有名值，必须注意，当 V_t 和 E_i 是相电压时，P 和 Q 为相功率。当 V_t 和 E_i 为线电压时，P 和 Q 值就是三相总功率。式(3.71)中的 P 和 Q 若为标幺值，在转化为有名值时，需要根据需求(求三相总功率或单相功率)来决定容量的基准值为三相还是单相容量。

由式(3.71)可知，$|E_i|$ 和 $|V_t|$ 恒定时，P 随着功角 δ 的变化而变化。如果 P 和 V_t 恒定，

当$|E_t|$增大时(提高了直流励磁)，那么δ一定会减少。当P为常数时，若Q为正，那么增大$|E_i|$或者减少δ都将使Q值增大；若Q为负，那么增大$|E_i|$或者减少δ将使Q的幅值逐渐减小并有可能变成正值。3.13节将用图形的形式描述发电机的上述运行特性。

例题3.17 例题3.15中，发电机与无穷大系统相连，发电机的同步电抗$X_d=1.7241$ p.u.，终端电压为$1.0\angle 0°$ p.u.，向系统提供的电流为0.8 p.u.(功率因数滞后)。取电机的额定值为基准值。忽略电阻，试求同步电机内电势E_i的幅值和相角，以及向无穷大母线提供的P和Q。如果发电机的有功功率P保持恒定，但发电机的励磁(a)增加20%，(b)减少20%，试求E_i和终端母线电压之间的角度δ以及发电机向系统提供的无功功率Q。

解： 功角为$\theta=\arccos 0.9=25.8419°$(滞后)，因此由式(3.60)可得同步电机的内电势为

$$\begin{aligned}E_i &= |E_i|\angle\delta = V_t + \mathrm{j}X_d I_a \\ &= 1.0\angle 0° + \mathrm{j}1.7241 \times 0.8\angle{-25.8419°} \\ &= 1.6012 + \mathrm{j}1.2414 = 2.0261\angle 37.7862° \text{ p.u.}\end{aligned}$$

由方程(3.71)可得发电机输出的P和Q：

$$P = \frac{|V_t||E_i|}{X_d}\sin\delta = \frac{1.0\times 2.0261}{1.7241}\sin 37.7862° = 0.7200 \text{ p.u.}$$

$$Q = \frac{|V_t|}{X_d}(|E_i|\cos\delta - |V_t|) = \frac{1.0}{1.7241}(1.6012 - 1.0) = 0.3487 \text{ p.u.}$$

(a) P和V_t恒定时，励磁增大20%，

$$\frac{|V_t||E_i|}{X_d}\sin\delta = \frac{1.0\times 1.2\times 2.0261}{1.7241}\sin\delta = 0.72$$

$$\delta = \arcsin\left(\frac{0.72\times 1.7241}{1.20\times 2.0261}\right) = 30.7016°$$

则发电机提供的Q为

$$Q = \frac{1.0}{1.7241}[1.20\times 2.0261\cos(30.7016°) - 1.0] = 0.6325 \text{ p.u.}$$

(b) 当励磁下降20%时，有

$$\frac{|V_t||E_i|}{X_d}\sin\delta = \frac{1.0\times 0.80\times 2.0261}{1.7241}\sin\delta = 0.72$$

$$\delta = \arcsin\left(\frac{0.72\times 1.7241}{0.80\times 2.0261}\right) = 49.9827°$$

发电机提供的Q为

$$Q = \frac{1.0}{1.7241}[0.80\times 2.0261\cos(49.9827°) - 1.0] = 0.0245 \text{ p.u.}$$

由此可见，控制励磁可以实现对发电机输出无功功率的控制。

MATLAB program for Example 3.17(ex3_17.m):

```
% M-file for Example 3.17: ex3_17.m
% Clean previous value
clc
clear all
% Initial value
Xd=1.7241; Vt=1; Ia=0.8; % Per unit
ang=25.8419;             % Lagging
```

```
Ei=Vt+j*Xd*Ia*(cosd(-ang)+j*sind(-ang));
Ei_mag=abs(Ei); Ei_ang=angle(Ei)*180/pi;
disp(['Ei = Vt + jXd*Ia ',num2str(Ei_mag),'∠',num2str(Ei_ang),'
per unit'])
% P and Q output of the generator
P=abs(Vt)*abs(Ei)*sind(Ei_ang)/Xd;
disp(['P = |Vt||Ei| * sin(ang)/Xd =',num2str(P), 'per unit'])
Q=abs(Vt)*(abs(Ei)*cosd(Ei_ang)-abs(Vt))/Xd;
disp(['Q = |Vt| * (|Ei|* cos(ang) - |Vt|)/Xd =',num2str(Q),'
per unit'])
disp('Now,increasing excitation by 20% with P and Vt constant :')
ang1=asin(P*Xd/(1.2*abs(Vt)*abs(Ei)))*180/pi;
Q= abs(Vt)*(1.2*abs(Ei)*cosd(ang1)-abs(Vt))/Xd;
disp(['theta= |Vt|*1.2* |Ei|* sin(ang) /Xd = ',num2str(ang1)])
disp(['Q = ',num2str(Q),'per unit'])
disp('Now, decreasing excitation by 20% :')
ang2=asin(P*Xd/(0.8*abs(Vt)*abs(Ei)))*180/pi;
Q= abs(Vt)*(0.8*abs(Ei)*cosd(ang2)-abs(Vt))/Xd;
disp(['theta= |Vt|*0.8* |Ei|* sin(ang) /Xd = ',num2str(ang2)])
disp(['Q = ',num2str(Q),'per unit'])
```

3.13 同步发电机的运行极限

圆形转子发电机与无穷大母线相连时，对应的所有正常工作状况都可以用同一张图来描述，通常将该图称为电机的负载能力图或运行图。同步电机的运行极限图对于负载的选择和发电机的运行都非常重要。

假定发电机的终端电压 V_t 恒定，且忽略电枢电阻。以 V_t 作为参考相量可得到如图 3.38(a)所示的相量图。对图 3.38(a)的相量图进行镜像并旋转后，得到图 3.40，图中，通过运行点 m 的轨迹共有 5 条。它们分别对应于保持发电机一个参数恒定时的 5 种可能的运行模式。

恒励磁 以点 n 为圆心、内电势幅值 $|E_i|$ 的长度 n-m 为半径的励磁圆。由式(3.51)可知，通过维持励磁绕组中直流电流 I_f 可以保持 $|E_i|$ 不变。

恒 $|I_a|$ 以点 o 为圆心、与恒定电流 $|I_a|$ 成正比的长度 o-m 为半径的电枢电流圆。因为 $|V_t|$ 恒定，因此该轨迹上的运行点代表发电机输出视在功率($|V_t||I_a|$)保持恒定。

恒有功功率 电机有功功率的标幺值为 $P=|V_t||I_a|\cos\theta$。因为 $|V_t|$ 恒定，所以，沿着与垂直轴 n-o 平行的方向在距离轴 n-o 为 $X_d|I_a|\cos\theta$ 的位置画垂线 m-p，即可代表有功功率 P 恒定时的工作轨迹。无论输出功率因数多大，发电机的有功输出始终为正。

恒无功功率 电机无功功率的标幺值为 $Q=|V_t||I_a|\sin\theta$，其中功角 θ 为正且功率因数滞后。当 $|V_t|$ 恒定时，沿着与水平轴 o-p 平行的方向在距离轴 o-p 为 $X_d|I_a||\sin\theta|$ 的位置画水平线 q-m，即可代表无功功率 Q 恒定时的工作点轨迹。当功率因数等于 1 时，发电机的输出无功功率 Q 为 0，对应于水平轴 o-p 上的点。对于滞后(超前)功率因数，输出无功功率 Q 为正(负)，对应的运行点位于 o-p 的上(下)半平面。

恒功率因数 半径 o-m 表示功率因数角 θ(电枢电流 I_a 和终端电压 V_t 之间的夹角)固定不变。图 3.40 中，角 θ 表示滞后的负载功率因数角。当 $\theta=0°$ 时，功率因数等于 1，运行点在水平轴 o-p 上。水平轴的下半平面表示功率因数超前。

将图3.40的坐标轴按比例缩放后可以表示发电机负载的 P 和 Q。因此，重新整理式(3.66)，得

$$P=\frac{|E_i||V_t|}{X_d}\sin\delta,\quad Q+\frac{|V_t|^2}{X_d}=\frac{|E_t||V_t|}{X_d}\cos\delta \tag{3.72}$$

因为 $\sin^2\delta+\cos^2\delta=1$，对式(3.72)两边同时求平方，然后相加，得到

$$(P)^2+\left(Q+\frac{|V_t|^2}{X_d}\right)^2=\left(\frac{|E_i||V_t|}{X_d}\right)^2 \tag{3.73}$$

上式是以$(x=a,y=b)$为圆心、以 r 为半径的圆$[(x-a)^2+(y-b)^2=r^2]$。因此 P 和 Q 的轨迹是以$(0,-|V_t|^2/X_d)$为圆心、以$|E_t||V_t|/X_d$为半径的圆。将图3.40中的每个相量乘以$|V_t|/X_d$(等比缩放)，得到图3.41，其中水平轴为 P，垂直轴为 Q，原点为 o。

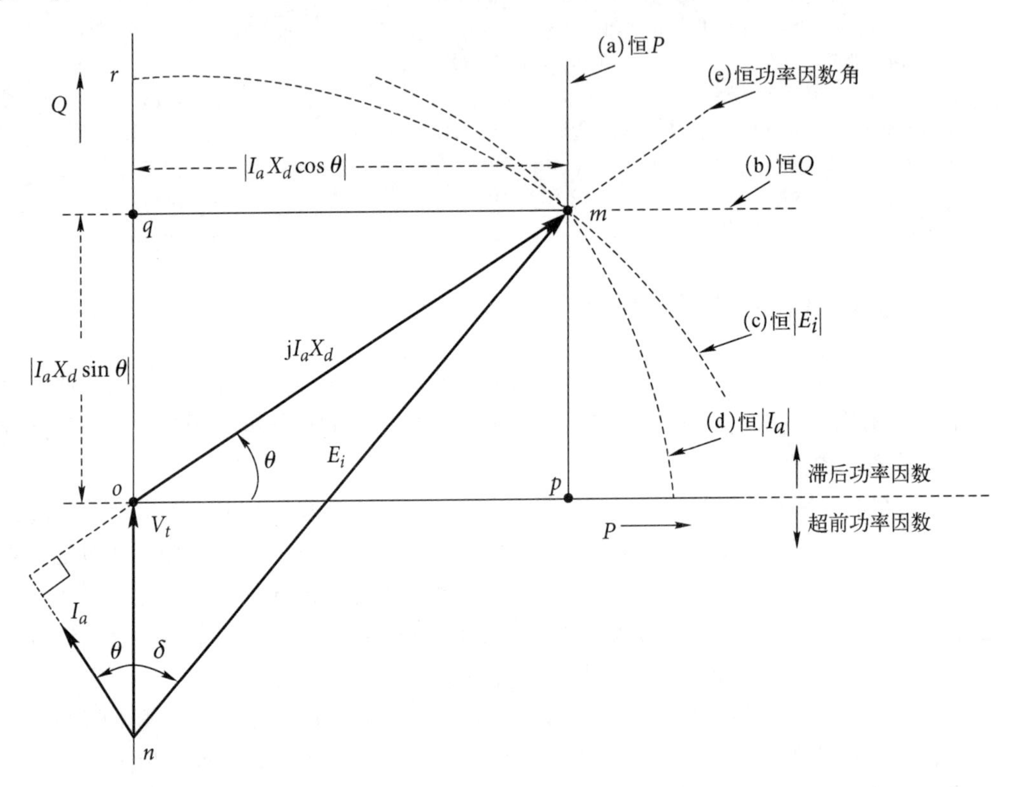

图3.40　图3.38(a)镜像后得到的相量图，其中包含通过点 m 的5条轨迹。(a) 恒有功功率 P；(b) 恒无功功率Q；(c) 恒内电势$|E_i|$；(d) 恒电枢电流$|I_a|$；(e) 恒功率因数角θ

图3.41中，垂直轴上的长度 $o-n$ 等于无功功率$|V_t|^2/X_d$(其中 V_t为终端电压)。通常，负载的$|V_t|=1.0$ p.u.，因此，长度 $o-n$ 表示无功功率等于 $1/X_d$ p.u.。可见，长度 $o-n$ 是确定 P 轴和 Q 轴刻度的关键。

考虑电枢和励磁绕组中的最大允许热损耗(损耗 I^2R)，以及原动机的功率极限和电枢铁心的热损耗，可以得到更加实用的同步发电机负载图。下面以圆柱形转子汽轮机组为例说明绘制如图3.42所示的负载容量图的步骤，其中汽轮机组的额定值为635 MVA，24 kV，功率因数为0.9，$X_d=172.41\%$。

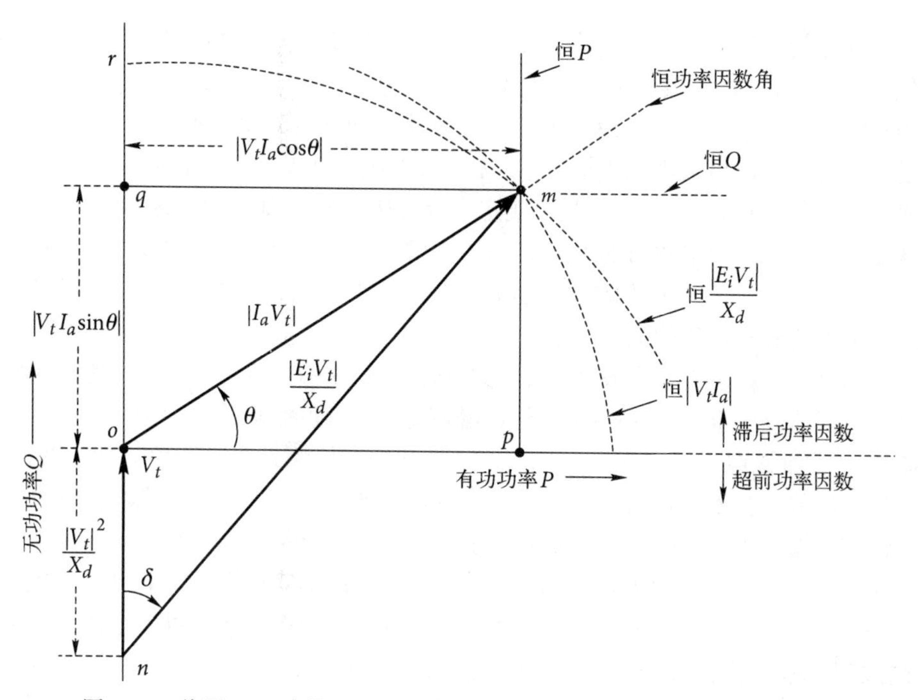

图 3.41　将图 3.40 中的所有距离乘以 $|V_t/X_d|$（重新缩放）后得到的相量图

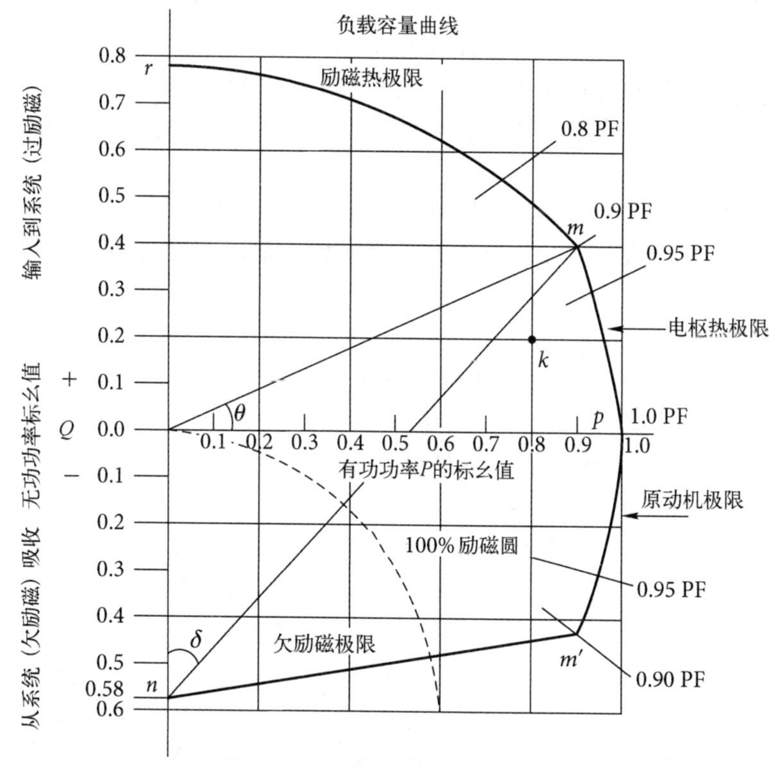

图 3.42　圆柱形转子汽轮发电机的负载容量曲线，其中发电机的参数为 635 MVA，24 kV，功率因数为0.9，X_d = 172.4%，最大涡轮输出量 = 635MW，点k对应例题3.18

具体步骤如下：

- 以电机的额定电压为基准值，$|V_t|$ = 1.0 p.u.。

- 使用简化的伏安刻度法，在垂直轴上距离点 o 为 $1/X_d$（以电机的额定值为基准值）的位置标记点 n，使长度 $o-n$ 等于 $1/X_d$。本例中，因为 $X_d = 1.7241$ p. u.，因此图 3.42 中长度 $o-n$ 表示 $1/X_d = 0.58$ p. u.。水平轴采用同样的刻度表示。
- 沿着 P 轴，找到和原动机最大输出功率对应的距离并做标记。假定图 3.42 对应的涡轮机功率极限为 1.00 p. u.（以电机的额定容量为基准值）。画垂直线表示 $P = 1.00$ p. u.。
- 从原点出发、以额定功角 θ 为角度（本例中等于 arccos 0.90）画射线，在该射线上找到长度 $o-m$ 等于 1.0 p. u. 的点并做标记。以 o 点为中心、以长度 $o-m$ 为半径，得到表示电枢电流极限功率的圆。
- 以 n 为圆心、$n-m$ 为半径得到最大允许励磁面积 $m-r$。该圆形区域对应最大励磁电流极限。通常将长度为 $o-n$ 的恒定励磁圆定义为励磁等于 100% 或 1.0 p. u.，所以图 3.42 的励磁电流极限为 2.340 p. u.，即 Q 轴上长度 $r-n$ 与长度 $o-n$ 之比。
- 当系统向电机注入无功功率时，需要在励磁水平较低时做欠励磁限制。如后续所述，制造商的设计决定了欠励磁限制的大小。

图 3.42 的点 m 对应于额定功率因数滞后时发电机的额定容量。为了使发电机在额定点 m 能够过励磁运行，电机设计者必须将励磁电流设计得足够大。由于励磁电流的最大值受圆形 $m-r$ 的限制，因此发电机的输出容量 Q 减少了。实际中，电机饱和将使得对应的同步电抗 X_d 减小，因此大多数制造商提供的曲线都偏离了这里描述的励磁热极限的理论值。

m 的镜像对应欠励磁区域中的运行点 m'。受系统的稳态稳定性和电机本身过热问题的影响，发电机应该尽量避免工作在容量曲线的欠励磁区域。

理论上，当图 3.40 和图 3.41 中 E_i 和 V_t 的夹角 δ 为 90°时，即达到稳态稳定的极限。但是实际上，系统的动态特性使稳定极限变得很复杂。因此，电厂运行人员应该尽量避免电机的次暂态运行状态。

当电机进入次暂态运行区域时，电枢铁心部分的涡流开始增加。电枢末端的热损耗 I^2R 也增大。为了限制这种热损耗，电机制造商通常会提供相应产品的容量曲线，并建议电机在这些约束之内工作。因此，图 3.42 中线段 $m'-n$ 只是示意图。

为了获得图 3.42 中任一运行点有功功率和无功功率的有名值，需要将图中 P 和 Q 的标幺值乘以该电机的额定容量（本例为 635 MVA）。另外，图 3.42 中的长度 $n-m$ 对应图 3.41 中运行点 m 的 $|E_iV_t|/X_d$ 的标幺值。因此，计算 $|E_i|$ 在基准电压 24 kV 下的标幺值，只需要将长度 $n-m$（标幺值）乘以 $X_d/|V_t|$ 的标幺值，或简单地乘以 X_d，因为图 3.42 中 $|V_t| = 1.0$ p. u.。计算 $|E_i|$ 的有名值时，需要乘以电机的额定电压。

如果实际的终端电压 $|V_t|$ 不等于 1.0 p. u.，那么图 3.42 中代表距离 $o-n$ 的标幺值 $1/X_d$ 需要变为图 3.41 所示的标幺值 $|V_2|^2/X_d$。因此图 3.42 中的比例需要乘以 $|V_t|^2$，从图中得到的 P 和 Q 的标幺值必须首先乘以 $|V_t|^2$ 的标幺值，然后再乘以基准容量（此处为 635 MVA），才能得到实际运行条件下有功功率和无功功率的有名值。例如，如果实际的终端电压为 1.05 p. u.，那么图 3.42 中 Q 轴上的点 n 对应的实际值为 $0.58 \times 1.05^2 = 0.63945$ p. u. 或 406 Mvar，P 轴上 0.9 p. u. 对应的实际值为 $0.9 \times 1.05^2 = 0.99225$ p. u. 或 630 MW。

当终端电压不等于额定电压时，为了计算与运行点 m 对应的励磁电压 E_i 的有名值，可以先将图 3.42 中的长度 $n-m$ 乘以 $|V_t|^2$ 的标幺值，然后再乘以 $X_d/|V_t|$ 的标幺值。即，将长度 $n-m$ 乘以 $X_d|V_t|$（标幺值）可得 $|E_i|$（标幺值）。如果要求 $|E_i|$ 的有名值，还需要再乘以电机的额定基准电压。注意，因为图 3.40 和图 3.41 中的几何图形保持不变，所以图形缩放后

功角 θ 和内角 δ 保持不变。但是，读者应该知道，图中运行边界的约束指的是物理限制。因此，一旦调整了图形的比例，运行边界可能会受到影响。

例题 3.18 将对上述整个过程进行阐述。

例题 3.18　60 Hz 三相发电机的额定值为 635 MVA，24 kV，3600 rpm，功率因数为 0.9，对应的运行图如图 3.42 所示。无穷大母线电压为 22.8 kV，发电机向无穷大母线输送的有功功率和无功功率分别为 458.47 MW 和 114.62 Mvar。计算励磁电压 E_i：（1）图 3.32(a)所示的等效电路；（2）图 3.42 所示的负载图。同步电抗 $X_d = 1.7241$ p. u.（以电机额定值作为基准值，并忽略电阻）。

解：选电机的额定容量和额定电压作为基准值。

（a）以终端电压作为参考相量，有

$$V_t = \frac{22.8}{24.0}\angle 0° = 0.95\angle 0° \text{ p.u.}$$

$$P + \text{j}Q = \frac{458.47 + \text{j}114.62}{635} = 0.722 + \text{j}0.180\,5 \text{ p.u.}$$

$$I_a = \frac{0.722 - \text{j}0.180\,5}{0.95\angle 0°} = 0.76 - \text{j}0.19 \text{ p.u.}$$

$$\begin{aligned} E_i &= V_t + \text{j}X_d I_a = 0.95\angle 0° + \text{j}1.724\,1(0.76 - \text{j}0.19) \\ &= 1.277\,6 + \text{j}1.310\,3 = 1.830\angle 45.723\,9° \text{ p.u.} \\ &= 43.920\angle 45.723\,9° \text{ kV} \end{aligned}$$

（b）对图 3.42 中的运行点 k，有

$$P_k + \text{j}Q_k = \frac{P + \text{j}Q}{0.95^2} = \frac{0.722 + \text{j}0.180\,5}{0.95^2} = 0.8 + \text{j}0.2 \text{ p.u.}$$

因此，n-k 之间的距离为 $\sqrt{0.8^2+0.78^2} = 1.1173$ p. u.。因此 $|E_i|$ 的实际值为

$$|E_i| = (1.117\,3 \times 0.95^2)\frac{1.724\,1}{0.95} = 1.830 \text{ p.u.}$$

可见，两种方法得到的结果相同。测量可得，$\delta = 45°$。

本章的最后一部分介绍同步发电机的端子电压和无功功率的关系。发电机的端子电压取决于无功功率的裕度。通常，当发电机单机运行时，终端电压随着发电机无功功率负载的变

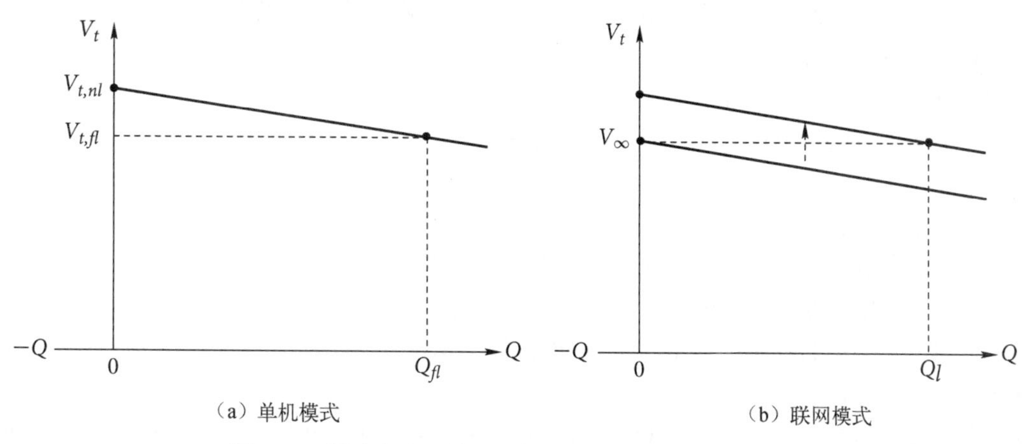

图 3.43　同步发电机端电压与无功功率(电压下垂)特性

化而变化，这种变化可以用图 3.43(a)所示的电压下垂特性曲线描述，其中，$V_{t,nl}$，$V_{t,fl}$，Q_{fl}分别为空载终端电压(内部电动势)、满载终端电压和满载无功功率。增加负载的无功功率会降低端电压，而增加电容负载能提高终端电压。增大发电机的内部电动势可以改善终端电压偏低的情况。图 3.43(b)所示为联网模式下的电压下垂特性曲线。由于电网电压 V_{∞} 始终保持恒定，图 3.37 中的自动稳压器将根据无功功率 Q_l的需求调整发电机的内部电动势，同时终端电压 V_{∞} 保持不变。

3.14 小结

变压器的等效电路具有重要意义，因此，本章首先介绍变压器的简化等效电路。然后，对标幺值计算进行讲解。通过标幺值计算可以将等效电路中的变压器删除。注意，如果令线电压基准值和相电压基准值之比等于 $\sqrt{3}$，那么标幺值计算中就不会出现比值 $\sqrt{3}$。正确选择与变压器相连的各个电路的基准值，并将电路各个部分的参数归算为对应基准值下的标幺值，是构建单线系统等效电路的基础。

利用空载发电机端子三相短路时的单相电流波形可以分析故障对同步电机电抗的影响。故障期间，与电枢电流相关的电抗包括次暂态、暂态和稳态电抗。如第 8 章所述，次暂态电抗对于计算同步发电机故障电流或同步发电机附近的短路故障电流都很重要。第 13 章将使用暂态电抗进行稳定性研究。

本章建立了同步发电机的简化等效电路。显然，同步电抗 X_d决定了同步电机的稳态运行特性，它是电机稳态运行时等效电路的基础。同步发电机稳态运行时，增加励磁将增加提供给系统的无功功率。反之，减少励磁将减少同步发电机的无功功率，欠励磁时，同步发电机从系统吸收无功功率。圆形转子发电机与大系统(无穷大母线)相连时，所有的正常稳态运行条件都可以通过电机的负载容量图进行描述。

复习题

3.1 节

3.1　实际变压器意味着导磁系数大小有限。(对或错)

3.2　如果变压器一次侧和二次侧的匝数比为 N_1/N_2，则一次侧电流与二次侧电流的比值为 N_1/N_2。(对或错)

3.3　列出理想变压器的特性。

3.4　如果变压器的匝数比为 N_1/N_2，则二次侧的阻抗 Z_2归算到一次侧为________。

3.2 节

3.5　变压器短路试验和开路试验的目的是什么?

3.6　通过变压器的开路试验可以获得变压器的哪些参数?

3.7　什么叫变压器的电压调整率?

3.8　非理想变压器的效率可达 100%。(对或错)

3.3 节

3.9　匝数比为 $N_1/N_2=2$ 的 100 MVA 单相变压器如果连接成自耦变压器，它的额定容量是多少?

3.10　与单相双绕组变压器相比，单相自耦变压器有什么优点和缺点?

3.4 节

3.11 变压器二次侧负载的标幺值与从一次侧看到的标幺值相同。(对或错)

3.12 单相系统的标幺值计算时，变压器两侧的基准电压之比必须等于变压器绕组的匝数比。(对或错)

3.13 考虑励磁电流时，变压器可以完全由其阻抗标幺值表示。(对或错)

3.5 节

3.14 美国的标准指出，对于Y-△型或△-Y型变压器，高压侧正序电压滞后低压侧正序电压30°。(对或错)

3.15 和3台单相变压器组成的三相变压器相比，一台三相变压器的3个相需要的铁心材料较少，并且更经济，占用的空间更小。(对或错)

3.16 对于Y-△型或△-Y型变压器，高压侧的负序电流滞后于低压侧的负序电流：

a. 15°　　b. 20°　　c. 25°　　d. 30°

3.17 当3个单相变压器组成的△-△型变压器发生故障时，可以移除其中一个单相变压器，其余两个变压器仍然可以作为三相变压器继续运行，但输送容量减少了。这样的运行方式称为“开口三角形”。(对或错)

3.18 在三相电路的标幺值计算中，变压器两侧基准电压之比与两侧的额定________之比相等。

3.6 节

3.19 三绕组变压器的3个绕组必须有相同的容量。(对或错)

3.20 列出三绕组变压器的第三绕组的两种应用。

3.21 三绕组变压器在三相系统中的典型连接方式是什么?

3.7 节

3.22 如图3.17(a)所示，美国标准指出，Y-△型变压器上端子H_1和X_1的标注需要满足：无论高压侧是Y还是△型连接，都要求从H_1到中性点的正序电压超前从X_1到中性点的正序电压30°。(对或错)

3.23 当从△-Y型或Y-△型变压器的低压侧升压到高压侧时，负序电压和电流会滞后30°。(对或错)

3.8 节

3.24 调压变压器用于对电压进行小范围调整，它不能大范围调整电压等级。(对或错)

3.25 多数变压器在绕组上安装有抽头，用于在变压器断电时调整电压变换率。抽头的变更需要将变压器断电。当变压器通电时，不能对变压器抽头进行更换。(对或错)

3.26 容量相等的两台变压器并联，如果因为阻抗不同而导致负载不能均分，可以通过改变变压器抽头的方式来调整电压幅值比，使负载在两台变压器间实现近似均分。(对或错)

3.27 移相变压器主要用于控制无功功率，对有功功率的影响较小。(对或错)

3.9 节

3.28 同步电机转子上的绕组称为励磁绕组，流过励磁绕组的电流是直流电流。(对或错)

3.29 通常由汽轮机或水轮机作为原动机来驱动同步发电机。(对或错)

3.30 同步电机的电气频率和机械频率有什么区别?

3.31 同步发电机的同步频率、磁极数和转子转速之间有什么关系?

3.10 节

3.32　通过调节励磁电流可以改变同步发电机的内部电动势。(对或错)

3.33　同步发电机内部电动势的幅值与电流成正比。(对或错)

3.11 节

3.34　绘制过励磁发电机的相量图，其中电流滞后。

3.35　空载发电机的端子发生三相短路时，电枢相电流中存在的 3 个主要分量是什么？假设忽略直流分量。

3.36　空载发电机的端子发生三相短路，试比较电枢相电流中稳态、暂态和次暂态分量的大小。

3.12 节

3.37　过励磁发电机吸收无功功率。(对或错)

3.38　在图 3.38 和图 3.39 中，哪一个是同步电机的正常励磁状态？

a. $|E_i|\cos\delta = |V_t|$　　b. $|E_i|\cos\delta > |V_t|$　　c. $|E_i|\cos\delta < |V_t|$

3.39　在图 3.38 中，发电机能提供的最大有功功率是多少？

3.13 节

3.40　在图 3.40 中，如何保持有功功率恒定和无功功率恒定的运行状态？

3.41　通过调节各个发电机的励磁系统，可以将整个输电系统的电压维持在可接受范围内。(对或错)

习题

3.1　单相变压器的额定值为 7.2 kVA，1.2 kV/120 V，其中一次绕组为 800 匝。试求：(a)二次绕组匝数以及匝数比；(b)当变压器在额定电压下输送额定容量时，两个绕组的电流是多少？验证方程(3.6)。

3.2　习题 3.1 中，变压器以额定电压和滞后的功率因数 0.8 输送 6 kVA 的功率。(a)确定与二次侧终端相连的阻抗 Z_2；(b)将该阻抗归算到一次侧后是多少(即 Z_2')？(c)利用求得的 Z_2'值，确定一次侧电流的幅值和电源提供的功率(kVA)。

3.3　图 3.2 中，变压器铁心上的磁通密度为时间 t 的函数：$B(t) = B_m \sin(2\pi ft)$，其中 B_m 为磁通密度的峰值，f 为对应的频率，单位为 Hz。如果磁通密度均匀分布在横截面积为 $A\ \mathrm{m}^2$ 的中心柱上，试求：

a. 用 B_m，f，A 和 t 表示的瞬时磁通 $\phi(t)$；

b. 由方程(3.1)得到的瞬时感应电压 $e_1(t)$；

c. 解释一次侧感应电压有效值的表达式：$|E_1| = \sqrt{2}\pi f N_1 B_m A$；

d. 如果 $A = 100\ \mathrm{cm}^2$，$f = 60\ \mathrm{Hz}$，$B_m = 1.5\ \mathrm{T}$，$N_1 = 1000$ 匝，计算 $|E_1|$。

3.4　对图 3.4 所示的互耦合线圈，$L_{11} = 1.9\ \mathrm{H}$，$L_{12} = L_{21} = 0.9\ \mathrm{H}$，$L_{22} = 0.5\ \mathrm{H}$，$r_1 = r_2 = 0\ \Omega$。系统频率为 60 Hz。

a. 写出系统方程(3.23)的阻抗形式。

b. 写出系统方程(3.25)的导纳形式。

c. 确定一次侧电压 V_1 和一次侧电流 I_1，当二次侧：

i. 开路，且感应电压 $V_2 = 100\angle 0°\ \mathrm{V}$；

ii. 短路，且短路电路 $I_2=2\angle 90°$ A。

3.5 习题3.4中，参数不变，并设匝数比 a 等于2，求习题3.4互耦合线圈的等效T型网络(如图3.5所示)。绕组的漏电抗和耦合线圈的激磁电纳值是多少？

3.6 单相变压器的额定值为1.2 kV/120 V，7.2 kVA，绕组参数为：$r_1=0.8\,\Omega, x_1=1.2\,\Omega, r_2=0.01\,\Omega, x_2=0.01\,\Omega$。试求：

a. 归算到图3.8一次侧的等效绕组电阻和漏电抗；

b. 归算到二次侧的等效参数；

c. 当电压为120 V，功率因数为0.8(滞后)时，变压器向负载输送的功率为7.2 kVA，求变压器的电压调整率。

3.7 单相变压器的额定值为440/220 V，5.0 kVA。当低压侧短路、高压侧施加35 V电压时，绕组电流等于额定电流，输入功率等于100 W。若两侧绕组的功率损耗相等且电抗电阻比相等，求高压绕组和低压绕组的电阻与电抗值。

3.8 单相变压器的额定值为1.2 kV/120 V，7.2 kVA。试验结果如下：开路(一次侧开路)电压 $V_2=120$ V，电流 $I_2=1.2$ A，功率 $W_2=40$ W，短路(二次侧短路)电压 $V_1=20$ V，电流 $I_1=6.0$ A，功率 $W_1=40$ W。试求：

a. 归算到图3.7一次侧的参数 $R_1=r_1+a^2r_2, X_1=x_1+a^2x_2, G_c$ 和 B_m；

b. 将上述参数归算到二次侧的值；

c. 当电压为120 V，功率因数为0.9时(滞后)，变压器输送的视在功率为6 kVA，求变压器的效率和电压调整率。

3.9 单相变压器的额定值为1.2 kV/120 V，7.2 kVA。归算到一次侧的参数为：$R_1=r_1+a^2r_2=1.0\,\Omega$，$X_1=x_1+a^2x_2=4.0\,\Omega$。假定铁心损耗等于40 W(额定电压，负载电流任意)。

a. 求变压器输送7.2 kVA功率时的效率和调节率，其中，电压 $V_2=120$ V，功率因数为：(i) 0.8(滞后)；(ii) 0.8(超前)。

b. 当负载电压和功率因数保持不变时，证明变压器的效率在负载为kVA级时达到最大值，此时，绕组损耗 I^2R 等于铁心损耗。利用该结果，确定在额定电压下、当功率因数等于0.8时，上述变压器的最大效率以及对应的负载容量。

3.10 单相变压器的额定值为30 kVA，1200/120 V，组合成自耦变压器并将1200 V母线电压转换为1320 V。

a. 绘制变压器接线图，标注绕组的极性，选择各个绕组的电流正方向，使电流同相；

b. 在图上标明绕组电流、输入和输出端的额定电流值；

c. 确定自耦变压器的额定容量(kVA)；

d. 如果变压器以1200/120 V向功率因数等于1的额定负载供电，且变压器的效率等于97%，求绕组中电流为额定电流、电压为额定电压、负载功率因数等于1时自耦变压器的效率。

3.11 将变压器的母线电压1200 V换为1080 V，重做习题3.10。

3.12 图3.11所示的单相系统中，两个变压器均与线路B相连，并向受端C的负载供电。各元件的额定值和参数如下。

变压器A-B：500 V/1.5 kV，9.6 kVA，漏电抗=5%。

变压器B-C：1.2 kV/120 V，7.2 kVA，漏电抗=4%。

线路B：串联阻抗=(0.5+j3.0)Ω。

负载 C：120 V，6 kVA，功率因数等于 0.8(滞后)。

a. 求负载阻抗的有名值，以及两台变压器分别归算到一次侧和二次侧的阻抗的有名值；

b. 以 1.2 kV 作为线路 B 的基准电压，以 10 kVA 作为系统的基准容量，将该系统中的阻抗用标幺值表示；

c. 在给定负载的情况下送端电压等于多少?

3.13 △连接的 8000 kW 对称电阻负载与 Y-△型变压器的低压△侧相连，变压器的额定值为 10 000 kVA，138/13.8 kV。求归算到变压器高压侧的单相负载电阻的有名值。忽略变压器阻抗，并假定变压器一次侧为额定电压。

3.14 令电阻负载为 Y 型连接，重做习题 3.13。

3.15 二次侧额定值为 5 kVA，220 V 的 3 个变压器连接成△-△型并以 220 V 电压向对称的 15 kW 纯电阻负载供电。保持负载为纯电阻对称状态，同时将负载大小减少到 10 kW。考虑到负载降低为原来负载的 2/3，所以有人建议去掉一个变压器，而将系统改为开口三角形的运行方式，因为两个线电压(也包括第三个线电压)将保持不变，所以负载的 3 相电压仍然平衡。为了进一步分析该建议的合理性，

a. 求负载为 10 kW 且去掉 a 和 c 之间的变压器后的 3 个线电流(幅值和相角)(假设 $V_{ab}=220\angle 0°$，相序为 abc。)；

b. 求剩下两台变压器输送的视在功率(kVA)；

c. 当变压器的运行方式为开口三角形时，负载需要满足什么约束条件?

d. 为什么负载为纯电阻时变压器输送的视在功率(kVA)中还包含无功功率分量 Q。

3.16 变压器的额定值为 200 MVA，345Y/20.5△ kV，通过输电线路向三相平衡负载供电，其中三相负载额定值为 180 MVA，22.5 kV，功率因数为 0.8(滞后)。试求：

a. 与上述三相变压器等效的 3 个单相变压器的额定值；

b. 以 100 MVA，345 kV 为基准值，求阻抗图上负载的复阻抗标幺值。

3.17 三相变压器的额定值为 5 MVA，115/13.2 kV，对应的串联相阻抗标幺值为 0.007+j0.075。配电线路与变压器相连，对应的相串联阻抗标幺值为 0.02+j0.10(基准值为 10 MVA，13.2 kV)。配电线路向平衡三相负载供电，其中负载的额定值为 4 MVA，13.2 kV，功率因数为 0.85(滞后)。

a. 以 10 MVA，13.2 kV 作为基准值，绘制系统的等效电路(阻抗用标幺值表示)；

b. 变压器一次侧电压保持为 115 kV 时，断开负载，求负载处的电压调整率。

3.18 将 3 台相同的单相变压器连接成一个三相变压器。其中每台变压器的额定值为 1.2 kV/120 V，7.2 kVA，漏电抗标幺值为 0.05。变压器的二次侧与平衡的 Y 型负载连接，每相负载为 5 Ω。试求从一次侧看到的 Y 型等效电路中的相阻抗标幺值，其中变压器的连接方式按表 3.1 所示，为：

a. Y-Y　　b. Y-△　　c. △-Y　　d. △-△

3.19 图 3.20(a)中，三相发电机通过额定值为 12 kV△/600 V Y，600 kVA 的三相变压器向负载供电。变压器的单相漏抗等于 10%。发电机输出的线电压和线电流分别为 11.9 kV 和20 A。发电机侧的功率因数等于 0.8(滞后)，电源相序为 ABC。

a. 试求负载侧的线电流和线电压，以及负载的相(等效 Y 型)阻抗。

b. 令变压器一次侧的相电压 V_A为参考电压，绘制单相相量图，图中需要展示一次侧

和二次侧的全部变量及相位关系；

c. 计算发电机输出的和负载消耗的有功功率和无功功率。

3.20 当相序为 ACB 时，重做习题 3.19。

3.21 两条母线 a 和 b 通过并联阻抗 $X_1=0.1$ 和 $X_2=0.2$(标幺值)相连。母线 b 为负载母线，负载电流的标幺值为 $I=1.0\angle-30°$，母线电压的标幺值为 $V_b=1.0\angle0°$。求下述情况下通过两条阻抗支路向母线 b 提供的 P 和 Q：(a) 当前电路；(b) 在阻抗值较大的支路上连接调压变压器(图 3.44 的母线 b 侧)，使得母线 b 的电压升高 3%($a=1.03$)；(c) 在调压变压器的调节下，相角超前 2°($a=e^{j\pi/90}$)。假设 V_a可调、V_b保持不变，使用环路电流法，重做问题 b 和问题 c。图 3.44 所示为在母线 b 上设置调压变压器后，母线 a 和母线 b 的单线图。忽略变压器的阻抗。

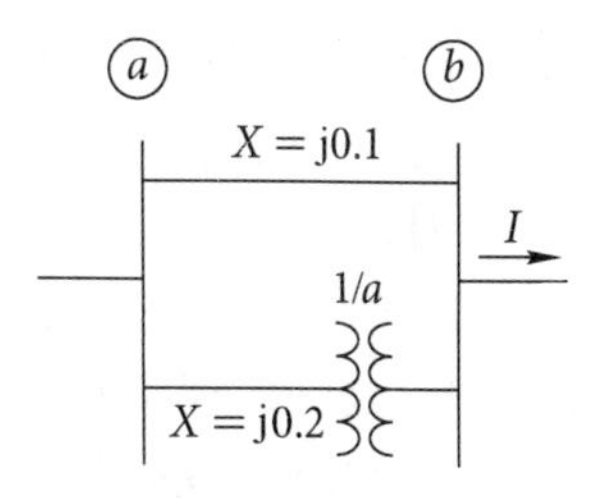

图 3.44 习题 3.21 的电路

3.22 母线 a 和 b 通过两个并联阻抗连接，其中并联阻抗的标幺值分别为 $X_1=0.08$，$X_2=0.12$。如果电压的标幺值分别为 $V_a=1.05\angle10°$，$V_b=1.0\angle0°$，那么需要在阻抗 X_2上串联匝数比为多少的调压变压器(连接在母线 b 侧)，才能使通过阻抗 X_1流入母线 b 的无功功率等于 0？采用环路电流法，忽略调压变压器的电抗且令负载 P，Q 及 V_b保持不变。

3.23 额定值为 115Y/13.2△ kV 的两台变压器并联运行，负载为 35 MVA，13.2 kV，功率因数为 0.8(滞后)。变压器 1 的额定容量为 20 MVA，$X=0.09$ p.u.，变压器 2 的额定容量为 15 MVA，$X=0.07$ p.u.。试求：流过两台变压器的电流幅值(标幺值)，变压器的输出容量以及使两台变压器均不过载的最大负载。将变压器 1 的抽头调节为 111 kV，变压器 2 的抽头不变(仍然为 115 kV)，使得变压器 1 的低压侧电压比变压器 2 的低压侧电压高 3.6%，当负载保持不变，仍为 35 MVA 时，试求两台变压器的输出容量以及使变压器不过载的最大负载。选择低压侧的 35 MVA，13.2 kV 作为基准值，用环路电流法求解。

3.24 两台发电机同轴，其中一台发电机的频率为 60 Hz，另一台发电机的频率为 25 Hz，求电机的最高转速以及每台电机的极个数。

3.25 例题 3.15 中，60 Hz 三相同步发电机向额定负载供电，a 相的终端相电压和线电流如例题 3.15 所示，试求：

a. 同步发电机的内电势和励磁电流 I_f的幅值；

b. 推导磁链与励磁绕组的关系

$$\lambda_f = L_{ff}I_f - \frac{3M_f}{\sqrt{2}}|I_a|\sin\theta_a$$

其中 θ_a表示 i_a滞后于同步发电机内电势的相角；

c. 计算 λ_f；

d. 若负载不变、电压为额定电压且功率因数等于 1，重做该题。

3.26 习题 3.25 中，三相同步发电机的转速为 3600 rpm，负载的功率因数等于 1。如果电机的终端电压为 22 kV，励磁电流为 2500 A，试确定负载的线电流和负载消耗的总功率。

3.27 三相圆形转子同步发电机的同步电抗标幺值 X_d等于 1.65 p.u.，忽略电枢电阻。该电机与电压标幺值为 $1.0\angle0°$ p.u. 的无穷大母线连接。当电机向无穷大母线输送的电流为：

a. $1.0\angle30°$ p.u.

b. $1.0\angle 0°$ p. u.

c. $1.0\angle -30°$ p. u.

试求电机的内电势 E_i，并绘制这 3 种情况下电机的相量图；

3.28 三相圆形转子同步发电机的额定值为 10 kV，50 MVA，电枢电阻的标幺值 R 为 0.1，同步电抗的标幺值 X_d 为 1.65。该电机与 10 kV 无穷大母线相连，电流为 2000 A，功率因数为 0.9(超前)。

a. 确定电机的内电势 E_i 和功角 δ，并绘制其相量图；

b. 励磁保持不变，求该电机的开路电压；

c. 励磁保持不变，求稳态短路电流。忽略饱和效应。

3.29 三相圆形转子同步发电机的额定值为 16 kV，200 MVA，同步电抗的标幺值为 1.65，忽略损耗。它与电压为 15 kV 的无穷大母线相连。该电机的内部电动势 E_i 和功角 δ 分别为 24 kV(线电压)和 27.4°。

a. 确定输入系统的线路电流以及三相有功功率和无功功率。

b. 维持问题 a 的功率因数不变，改变发电机的输入机械功率和励磁电流，使电机的线电流降低 25%，求新的内部电动势 E_i 和功角 δ。

c. 维持问题 b 的线电流不变，进一步调整输入机械功率和励磁，使电机输出的功率因数等于 1。计算新的 E_i 和 δ 值。

3.30 习题 3.29 中，三相同步发电机与 15 kV 无穷大母线相连，输送容量为 100 MVA，功率因数为 0.8(滞后)。

a. 确定内电势 E_i、功角 δ 和电机的线电流。

b. 保持电机的机械功率不变，将电机的励磁电流减少 10%，求新的 δ 值以及输入系统的无功功率。

c. 继续调整原动机的功率，使电机向系统输送的无功功率等于 0。试求新的 δ 值以及输入系统的有功功率。

d. 保持问题 b 和问题 c 的励磁不变，求电机能提供的最大无功功率。

e. 分别画出问题 a、问题 b 和问题 c 下的电机相量图。

3.31 若同步电机的电枢电阻 R 不等于 0，由式(3.60)开始，推导式(3.71) 的改进形式：

$$P = \frac{|V_t|}{R^2 + X_d^2}\{|E_i|(R\cos\delta + X_d\sin\delta) - |V_t|R\}$$

$$Q = \frac{|V_t|}{R^2 + X_d^2}\{X_d(|E_i|\cos\delta - |V_t|) - R|E_i|\sin\delta\}$$

3.32 例题 3.18 中，三相同步发电机与 25.2 kV 的无穷大母线相连。发电机的内电势幅值 $|E_i| = 49.5$ kV，功角 $\delta = 38.5°$。利用图 3.42 所示的负载容量图，确定电机输入系统的有功功率和无功功率。然后用式(3.71)验证答案。

3.33 电力系统空载时的单线图如图 3.45 所示。两条输电线路的电抗如图中所示。发电机和变压器的额定值如下。

发电机 1：20 MVA，13.8 kV，$X''_d = 0.20$ p. u.。

发电机 2：30 MVA，18 kV，$X''_d = 0.20$ p. u.。

发电机 3：30 MVA，20 kV，$X''_d = 0.20$ p. u.。

变压器 T_1：25 MVA，220Y/13.8△ kV，$X = 10\%$。

变压器 T_2：单相变压器组，每台的额定容量为 10 MVA，127/18 kV，$X=10\%$。

变压器 T_3：35 MVA，220Y/22Y kV，$X=10\%$。

a. 绘制阻抗图，其中，电抗用标幺值表示，阻抗图中的点与单线图中对应点的字母相同。以发电机 1 的 50 MVA 和 13.8 kV 为基准值。

b. 假设系统空载，且系统中任何一点的电压标幺值均为 1.0(基准值与问题 a 相同)。若母线 c 发生三相接地短路故障，试求短路电流相量的有名值，其中发电机电抗用次暂态电抗表示。

c. 求问题 b 中 3 台发电机分别提供的容量。

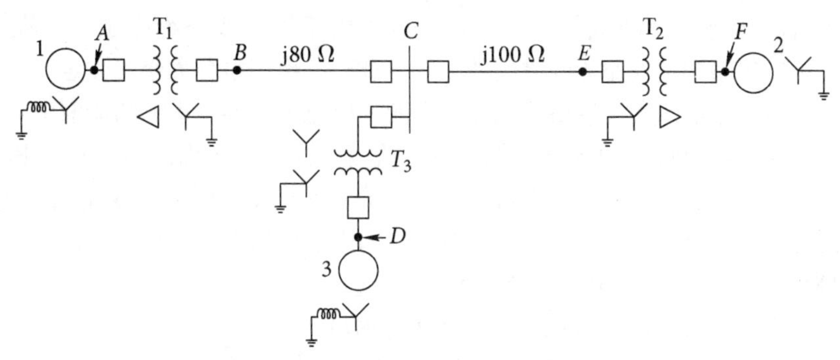

图 3.45　习题 3.33 的单线图

3.34　图 3.46 中，发电机、电动机和变压器的额定值为

发电机 1：20 MVA，18 kV，$X''_d=20\%$。

发电机 2：20 MVA，18 kV，$X''_d=20\%$。

同步电机 3：30 MVA，13.8 kV，$X''_d=20\%$。

三相 Y-Y 型变压器：20 MVA，138Y/20Y kV，$X=10\%$。

三相 Y-△型变压器：15 MVA，138Y/13.8△ kV，$X=10\%$。

a. 绘制该系统的阻抗图，其中阻抗用标幺值表示。忽略电阻，基准值选为 50 MVA，138 kV。

b. 假设系统空载，且系统中任何一点的电压标幺值均为 1.0(基准值与问题 a 相同)。若母线 C 发生三相接地短路故障，试求短路电流相量的有名值，其中发电机电抗用次暂态电抗表示。

c. 求问题 b 中两台发电机分别提供的容量。

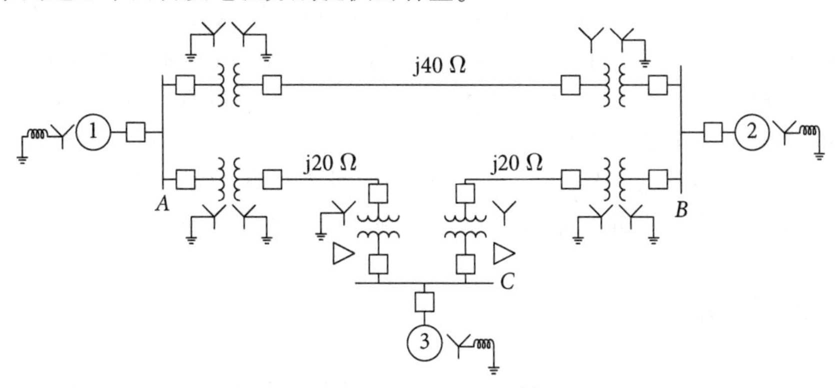

图 3.46　习题 3.34 的单线图

第 4 章　输电线路参数

电力系统的输电线路有 4 个参数会影响其输电能力：电阻、电感、电容和电导。本章将讨论前 3 个参数。第 4 个参数——电导——代表架空线路的绝缘子上或电缆绝缘层中泄漏电流的大小，它存在于导线之间或导线和大地之间。由于架空线路绝缘子上的泄漏电流非常小，因此通常可以忽略架空线路导线之间的电导。此外，由于电导大小不固定，也没有有效的方法来测量它，因此也常常直接忽略。电导存在的主要原因是绝缘子上的泄漏电流，该电流随着大气条件和绝缘子表面灰尘的导电性能而发生改变。当导线表面的电压梯度超过一定限度时，导线周围的空气会发生电离并发光放电，即电晕(随着大气环境的变化而发生变化)，这也会导致线路之间出现泄漏电流。不过，在并联导纳中电导的影响很小，可以忽略不计。

电路特性可以通过电路中电流周围的电场和磁场来解释。图 4.1 所示为单相线路及其相关的磁场和电场。磁力线形成与电路交链的闭合回路，电力线从带正电荷的导线开始并结束于电荷为负的导线。

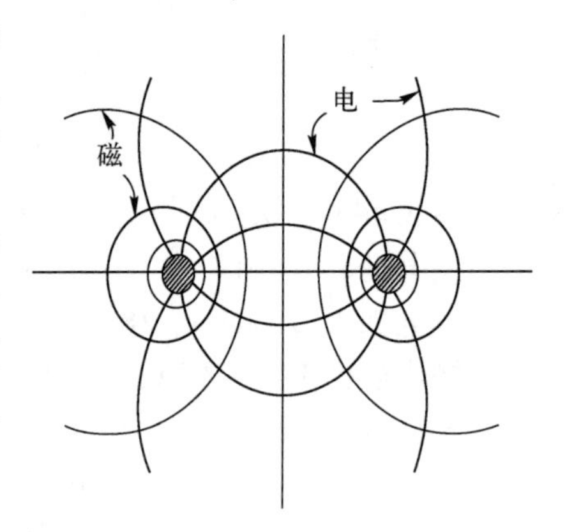

图 4.1　两根导线的磁场和电场

电路中电流的变化会引起与电路交链的磁通量的变化。磁通量的变化会在电路中产生一个与磁通量的变化成正比的感应电压。电路的电感与这个感应电压有关。导线间出现单位电位差时导线上的电荷被定义为导线之间的电容。

串联阻抗由沿线路均匀分布的电阻和电感组成。并联导纳由导线之间(单相线路)或者导线-中线之间(三相线路)的电导和电容组成。尽管电阻、电感和电容都是分布参数，但本书的后续章节统一将线路的等效电路用集总参数表示。

输电线路的电容代表导线之间存在电位差，该电位差会引起类似于电容器极板间的充放电过程。导线之间的电容定义为单位电位差对应的电荷。平行导线之间的电容为常数，其大小取决于导线的尺寸和线间距离。对于 80 km(50 mi)以下的电力线路，由于电容的影响很小，常常被忽略。电容的重要性随着电压等级的增高和线路的增长而逐渐增强。

当在输电线路上施加交流电压时，导线任意点上的电荷将随着该点电压瞬时值的变化而变化。电荷的流动即为电流，交流电压使得线路交替充电和放电，产生的电流称为线路的“充电电流”。由于电容存在于导线之间，因此即使线路开路，输电线路上也会流过充电电流。线路的电压降、效率、功率因数和所在系统的稳定性都受到影响。

4.1　导线的电阻

早期的电力导线通常采用铜作为材料，现在的架空线路则完全采用铝材料。因为当电阻相同时，铝导线不但成本更低、重量更轻，而且它的直径比铜导线的直径大。直径越大，在相同电压下导线表面的电力线将分得越开。这意味着导线表面的电压梯度更低，导线周围的空气发生电离的可能性更小。如前述，电离会引起不需要的电晕现象。

美国对不同类型的铝线采用的符号如下：

AAC　　铝导线

AAAC　　铝合金导线

ACSR　　钢芯铝绞线

ACAR　　铝合金芯铝绞线

中国以不同的拉丁字母表示导线的材料，如铝(L)、铜(T)、铝合金(HL)。由于多股线优于单股线，架空线路多半采用绞合的多股导线。多股导线的标记为J[电力系统稳态分析，南京工学院，陈珩编]。

由于多股铝线的机械性能差，往往将铝和钢组合起来制成钢芯铝线。钢芯铝线中，因铝线部分与钢线部分截面积比值的不同，机械强度也不同，又可将其分为3类：

普通钢芯铝线，标记为LGJ；

加强型钢芯铝线，标记为LGJJ；

轻型钢芯铝线，标记为LGJQ。

铝合金导线(AAAC)的抗拉强度比普通的铝导线(AAC)高。钢芯铝绞线(ACSR)采用钢绞线作为中心，外围由电力铝绞线层层包围。铝合金芯铝绞线(ACAR)采用高强度的铝芯作为中心，外围由多层导电级别的铝包围。

绞线中相邻层的导线缠绕的方向相反，既防止绕线散开，又能使该层的外半径与下一层的内半径重合。绞线使得导线的横截面积更大。绞线的股数取决于层数以及各层绞线的直径。同心绞线由直径相同的绞线进行环形填充，对应的总股数为7、19、37、61、91或更多。

图4.2所示为典型的钢芯铝绞线(ACSR)的横截面。

图中的导线由7根钢绞线组成线芯，外围为两层共24根铝绞线。该绞合导线用24 Al/7 St(或24/7)表示。将钢和铝组合后，可以得到各种拉伸强度、电流容量和尺寸的导线。扩展型ACSR是其中的一种导线，其中有一层像纸一样的填充物，它把内部钢绞线与外部铝绞线隔离开来。当电导率和抗拉强度固定时，这层纸还能起到扩大直径(因此有较小的电晕)的作用。扩展型ACSR通常用在超高压(EHV)线路上。

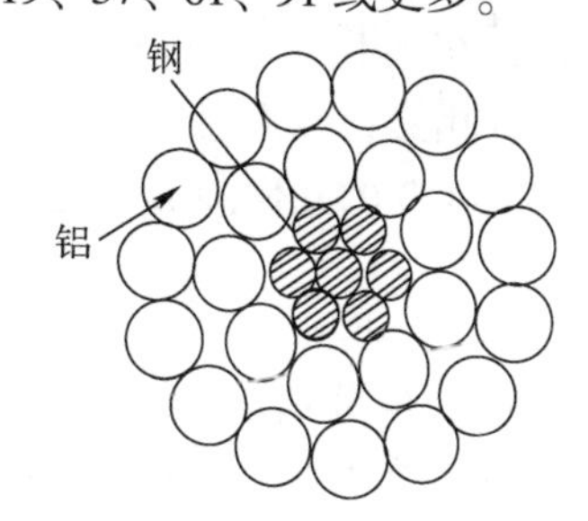

图4.2　钢芯铝绞线的横截面，其中包含7根钢绞线和24根铝绞线

附表A.3为ACSR的具体电特性参数。该表中的导线符号是美国铝工业采用的唯一符号。

输电线路的电阻是造成输电线路功率损耗的主要原因。除非特别说明，术语“电阻”均表示有效电阻。导线的有效电阻指

$$R=\frac{\text{导体中的功率损耗}}{|I|^2}\ \Omega \tag{4.1}$$

其中功率的单位是瓦特(W)，I是流过导线的电流的均方根值，单位为安培(A)。当电流在导线中均匀分布时，有效电阻等于导线的直流电阻。接下来将首先复习直流电阻的基本概念，然后再简要讨论电流分布的不均匀性。

直流电阻的公式为

$$R_0 = \frac{\rho l}{A} \quad \Omega \tag{4.2}$$

其中，ρ=导线的电阻率；

l=长度；

A=横截面积。

上述变量的单位制需要相同。在 SI 制中，l 的单位为 m，A 的单位为 m^2，ρ 的单位为 $\Omega \cdot m$[①]。在美国，l 的单位通常为英尺(ft)，A 的单位为圆密尔(cmil)，ρ 的单位为 $\Omega \cdot cmil/ft$，有时也称为 $\Omega/cmil \cdot ft$。

1 cmil 指的是直径为 1 密尔的圆的面积。1 密尔等于 10^{-3} 英寸(in)。以圆密尔为单位的实心圆柱型导线的横截面积等于该导线以密尔为单位时直径的平方。以圆密尔为单位的数值乘以 $\pi/4$ 后等于以平方密尔为单位所对应的值。1 mm^2 等于 1 cmil 的面积乘以 5.067×10^{-4}。美国以及其他一些国家的制造商用 cmil 为单位区分不同导线的横截面积，因此有必要了解该单位。

电导率的国际标准为退火铜。商用硬拉铜线的电导率等于退火铜的 97.3%，铝的电导率等于退火铜的 61%。温度为 20℃时，硬拉铜的 $\rho = 1.77\times10^{-8}\ \Omega \cdot m$($10.66\ \Omega \cdot cmil/ft$)，铝的 $\rho = 2.83\times10^{-8}\ \Omega \cdot m$($17.00\ \Omega \cdot cmil/ft$)。

绞线的直流电阻大于由式(4.2)计算得到的数值，因为绞线采用螺旋布线方式，因此绞线的实际长度更长。对于单位长度的导线(mi)，除了线芯正中间的绞线，绞线中电流流过的长度大于 1 mi。例如，3 股绞线由于螺旋布线增加的电阻大约为 1%，同心绞线大约为 2%。

正常工作范围内，金属导线的电阻和温度呈线性关系。如图 4.3 所示，纵轴表示温度，横轴表示电阻。利用直线的延长线可以对不同温度的电阻进行快速校正。直线的延长线在电阻为零时与温度轴相交，该点对应于金属导线的一个常数。

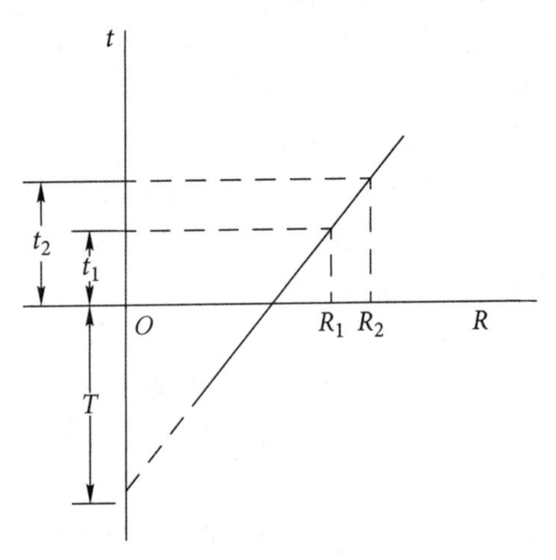

图 4.3 金属导线电阻和温度的关系

由图 4.3 的几何图形可见

$$\frac{R_2}{R_1} = \frac{T + t_2}{T + t_1} \tag{4.3}$$

其中，R_1 和 R_2 分别是导线在温度 t_1 和 t_2 时的电阻，温度的单位为℃，T 是图 4.3 所示的常数，单位为℃，对应的值为

$$T=\begin{cases}234.5, & 100\%\text{电导率的退火铜}\\ 241, & 97.3\%\text{电导率的硬拉铜}\\ 228, & 61\%\text{电导率的硬拉铝}\end{cases}$$

只有通过直流电时，导线横截面上的电流才能均匀分布。增加电流的频率将导致不均匀分布的特性加强。由频率导致的电流密度不均匀的现象称为集肤效应。对圆导线，电流密度通常从内向外呈增势。但是，当导线的半径足够大时，可能会出现电流密度随着径向半径的变化而振荡的情况。

由电感分析可知，导线内部也存在磁力线。导线表面的磁力线和导线内部的磁力线互不交链，靠近导线表面的磁力线比导体内部的磁力线少。交变磁通使得导线内部的感应电压大

---

① SI 表示国际单位制。

于导线表面附近的感应电压。又由楞次定律可知，感应电压和产生它的电流反向，因此内部的感应电压越大，导线表面附近的电流密度就越大，对应导线的有效电阻也就越大。就算是电力系统的频率，集肤效应仍然是影响大导线参数的一个重要因素。

不同导线的直流电阻可以由式(4.2)计算得到，螺旋布线导致的电阻增量可以通过估算得到。电阻的温度校正可以由式(4.3)得到。同样，集肤效应引起的圆形导线和导管上的电阻增量以及对应的曲线 $R/R_0$①都可以计算得到。但是，上述信息不是必须知道的，因为电气制造厂家会提供相应导线的电气特性表。例如，附表 A.3 就提供了一些实用数据。

例题 4.1 同心铝绞线 20℃时的直流电阻为 0.051 18 Ω/km(或 0.015 58 Ω/1000ft)，50℃的交流电阻为 0.059 42 Ω/km(或 0.095 6 Ω/mi)。该导线由 61 股绞线组成，截面积为 563.965 mm^2(或 1 113 000 cmil)。验证直流电阻是否正确，并求交流电阻与直流电阻的比值。

解： 由式(4.2)，20℃时同心铝绞线的直流电阻增加了 2%。铝在 20℃时，$\rho=2.83\times 10^{-8}\ \Omega\cdot m$(或 17.00 Ω · cmil/ft)。

$$R_0=\frac{2.83\times 10^{-8}\times 1000}{563.965\times 10^{-6}}\times 1.02=0.051\,18\ \Omega/\text{km}$$

由式(4.3)，50℃时

$$R_0=0.051\,18\,\frac{228+50}{228+20}=0.057\,37\ \Omega/\text{km}$$

因此，$\dfrac{R}{R_0}=\dfrac{0.059\,42}{0.057\,37}=1.035\,7$

在集肤效应的作用下，电阻增大了 3.6%左右。使用 Ω/1000 ft，Ω/mi 和 cmil 为单位可以得到同样的结果。

MATLAB program for Example 4.1(ex4_1.m):

```
% M-file for Example 4.1: ex4_1.m
% Clean previous value
clc
clear all
% Initial values
size=(1113*10^3)*(5.067*10^(-4)); % m^2
t1=20;                 % Temperature (Celsius degrees)
t2=50;                 % Temperature (Celsius degrees)
R0=(2.83*10^-8*1000*1.02)/563.965*10^-6;
R2=0.0594;             % ohm/km
% Solution
% At t=20 (Celsius degrees) from Eq. (4.2) with an increase of 2%
for concentrically stranded conductors
disp('Calculate density of Alumium at 20℃')
disp(['Alumium at 20℃ is ', num2str(R0), 'Ω per 1000 m'])
% At t=50 (Celsius degrees) from Eq. (4.3)
disp('Calculate density of Alumium at 50℃ by the density of Alumium at 20℃')
R0_2=R0*(228+t2)/(228+t1); % ohm per 1000 m
disp('R_50C=R_20C*(228+50)/(228+20);')
disp(['Alumium at 50℃ is ', num2str(R0_2), 'Ω per 1000 m'])
% Skin effect causes a 3.7% increase in resistance
```

① 详见 Aluminum Association，*Aluminum Electrical Conductor Handbook*，2nd ed.，Washington，DC，1982.

```
ratio=R2/R0_2;
disp(['Skin effect causes a ', num2str(ratio-1), 'increase in resistance'])
```

4.2 输电线路的串联阻抗

输电线路的电感表示每安培电流对应的磁链。如果导磁系数μ为常数，正弦电流产生的磁通是和电流同相的正弦分量。对应的磁链用相量λ表示，且

$$L=\frac{\lambda}{I} \tag{4.4}$$

如果用瞬时电流i代替式(4.4)中的相量I，那么λ就对应i产生的瞬时磁链。磁链的单位为韦伯-匝(Wbt)。

图4.1仅显示导线外部的磁力线。其实，导线内部也存在磁场，如前述的集肤效应。导线内部磁力线的变化也会在电路中感应电压并产生电感。考虑内部磁通的影响后，仍然可以用磁链与电流的比值表示电感的校正值，因为导线内部每条磁力线都只与总电流的很小一部分交链。

为了获得输电线路电感的精确解，需要同时考虑导线内部和外部的磁通。下面以长圆柱型导线为例进行分析，该导线的横截面如图4.4所示。

假设该导线的电流返回路径很远，因此返回电流不会影响图4.4所示导线的磁场。同时假设磁力线与导线同心。

由安培定律，沿任何闭合路径的磁动势(mmf，单位为安培-匝)等于该闭合路径所包围的电流(单位为安培)。磁动势等于磁场强度沿着其切线所组成的闭合路径的线积分。

$$\text{mmf}=\oint H\cdot \mathrm{d}s=I \quad \text{At} \tag{4.5}$$

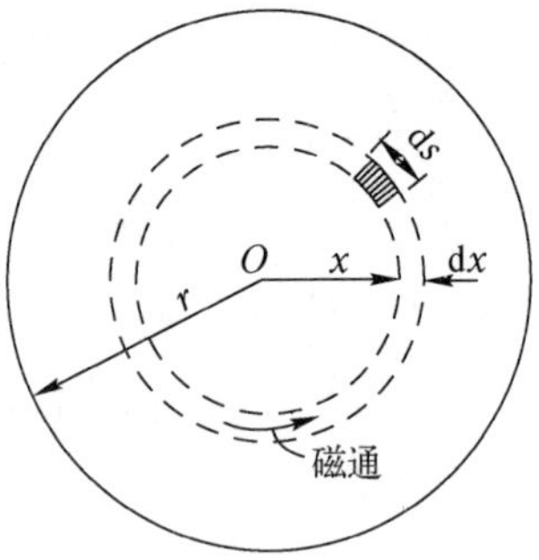

图4.4 圆柱型导线的横截面

其中，H=磁场强度，单位为At/m；

s=闭合路径的长度，单位为m；

I=该路径所包围的电流，单位为A。

注意，因为上述分析同时适用于交流电流和直流电流，所以H和I用相量表示，这样它们可以代表交替变化的正弦分量。为简单起见，可以将电流I认为是直流电流，H是实数。注意，式(4.5)中H和ds之间的点表示H是ds切线方向的磁场强度分量。

令距离导线中心为x(m)的磁场强度为H_x。因为磁场对称，所以与导线中心等距的点的H_x均相等。利用式(4.5)，对距离导线中心为x(m)的同心环路积分，则H_x保持恒定且与该环路相切。因此，式(4.5)为

$$\oint H_x \mathrm{d}s=I_x \tag{4.6}$$

进一步表示为

$$2\pi x H_x=I_x \tag{4.7}$$

其中I_x表示闭合路径所包围的电流。假设电流密度均匀分布，且满足

$$I_x=\frac{\pi x^2}{\pi r^2}I \tag{4.8}$$

其中I表示导线中流过的总电流。将式(4.8)代入式(4.7)，可得

$$H_x = \frac{x}{2\pi r^2} I \qquad \text{At/m} \tag{4.9}$$

距离导线中心为 x(m)的磁通密度为

$$B_x = \mu H_x = \frac{\mu x I}{2\pi r^2} \qquad \text{Wb/m}^2 \tag{4.10}$$

其中 μ 表示导体的导磁系数。①

在厚度为 dx 的管状导线中，磁通 dϕ 等于 B_x乘以与 B_x垂直的横截面积(即 dx 乘以轴向长度)。轴向长度为 1 m 时，对应的磁通量为

$$\mathrm{d}\phi = \frac{\mu x I}{2\pi r^2}\mathrm{d}x \qquad \text{Wb/m} \tag{4.11}$$

磁通在单位长度(m)管状导线中产生的磁链 dλ 等于单位长度(m)管状导线中的磁通量和交链的电流分量的乘积。因此

$$\mathrm{d}\lambda = \frac{\pi x^2}{\pi r^2}\mathrm{d}\phi = \frac{\mu I x^3}{2\pi r^4}\mathrm{d}x \qquad \text{Wbt/m} \tag{4.12}$$

从导线中心到其外边缘积分，可以求到导线内部的总磁链为

$$\lambda_{\text{int}} = \int_0^r \frac{\mu I x^3}{2\pi r^4}\mathrm{d}x = \frac{\mu I}{8\pi} \qquad \text{Wbt/m} \tag{4.13}$$

令相对导磁率等于 1，即 $\mu=4\pi\times10^{-7}$ H/m 时，有

$$\lambda_{\text{int}} = \frac{I}{2} \times 10^{-7} \quad \text{Wbt/m} \tag{4.14}$$

$$L_{\text{int}} = \frac{1}{2} \times 10^{-7} \quad \text{H/m} \tag{4.15}$$

上式即为单位长度圆柱型导线内部磁场产生的电感(H/m)计算公式。为了方便起见，下文将单位长度的电感简称为电感，但必须注意，它代表单位长度的电感。

接下来继续推导由绝缘导线外部磁场产生的磁链的表达式。如图 4.5 所示，P_1和 P_2分别表示导线外部的两个点，这两个点到导线中心的距离分别表示为 D_1和 D_2。现在考虑位于 P_1和 P_2之间的外部磁场。

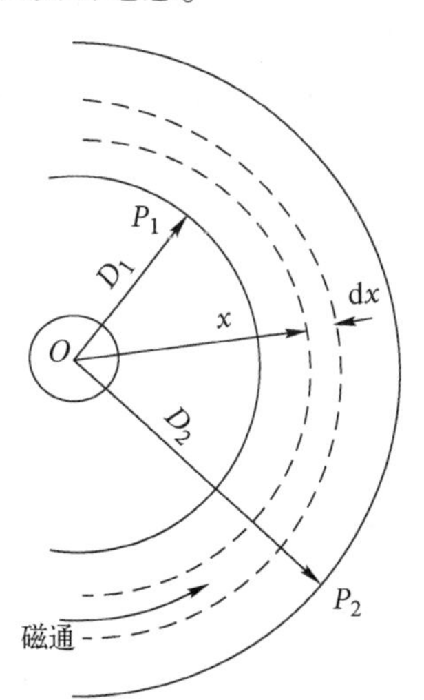

图 4.5　导线和其外部的点 P_1和 P_2

导线通过电流 I_A。由于磁通的路径是围绕导线的同心圆，所以 P_1和 P_2之间的所有磁通都在以 P_1和 P_2为边界的同心圆柱(由圆实线表示)内。令距离导线中心为 x(m)的管状导线的磁场强度为 H_x。该部分的磁动势为

$$2\pi x H_x = I \tag{4.16}$$

H_x乘以 μ 后，得到磁通密度 B_x

$$B_x = \frac{\mu I}{2\pi x} \quad \text{Wb/m}^2 \tag{4.17}$$

厚度为 dx 的管状导线中的磁通量 dϕ 为

$$\mathrm{d}\phi = \frac{\mu I}{2\pi x}\mathrm{d}x \qquad \text{Wb/m} \tag{4.18}$$

由于导线外部的磁通量和导线中的全电流仅交链一次，所以单位长度(m)的磁链 dλ 在

① 国际单位制中，真空磁导率为 $\mu_0=4\pi\times10^{-7}$ H/m，相对磁导率为 $\mu_r=\mu/\mu_0$。

数值上等于磁通量$d\phi$。因此，P_1和P_2之间的磁链为

$$\lambda_{12}=\int_{D_1}^{D_2}\frac{\mu I}{2\pi x}\mathrm{d}x=\frac{\mu I}{2\pi}\ln\frac{D_2}{D_1}\qquad \text{Wbt/m} \tag{4.19}$$

当相对导磁率为 1 时，有

$$\lambda_{12}=2\times10^{-7}I\ln\frac{D_2}{D_1}\qquad \text{Wbt/m} \tag{4.20}$$

因此，P_1和P_2之间的磁场产生的电感为

$$L_{12}=2\times10^{-7}\ln\frac{D_2}{D_1}\qquad \text{H/m} \tag{4.21}$$

单相双线线路的电感　本节分析由实心圆柱型导线组成的简单双线线路的电感。图 4.6 所示为单相双线线路横截面图，其中两个导线的半径分别为r_1和r_2。两个导线互为回路。接下来首先考虑导线 1 中电流产生的磁链。当距离导线 1 的中心的长度大于或等于$D+r_2$时，导线 1 中电流引起的磁场不再与本电路交链。当距离小于$D-r_2$时，磁力线交链的电流为导线 1 的全电流。因此，当D远远大于r_1和r_2时，可以近似认为D等于$D-r_2$或$D+r_2$。事实上，即使D很小，仍然可以证明该假设下的计算结果正确。

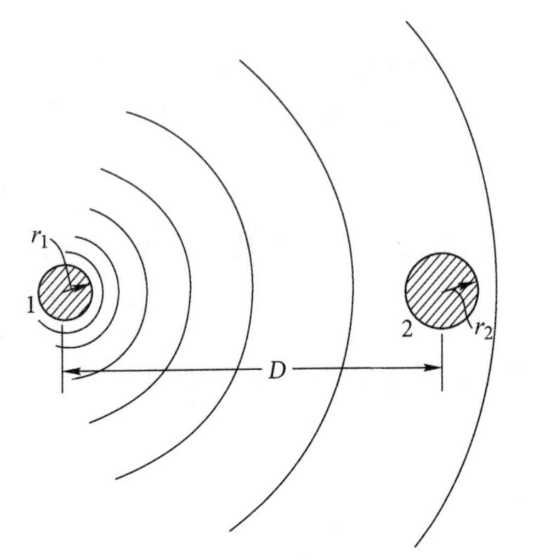

图 4.6　不同半径的导线和仅由导线1中电流产生的磁场

将式(4.15)计算得到的由内部磁链产生的电感与式(4.21)计算得到的由外部磁链产生的电感相加，即可得到导线 1 的电感，其中，D_1被r_1替换，D_2被D替换

$$L_1=\left(\frac{1}{2}+2\ln\frac{D}{r_1}\right)\times10^{-7}\qquad \text{H/m} \tag{4.22}$$

对式(4.22)进行因式分解，同时注意到$\ln e^{1/4}=1/4$，可以得到更为简洁的电感表达式：

$$L_1=2\times10^{-7}\left(\ln e^{1/4}+\ln\frac{D}{r_1}\right) \tag{4.23}$$

将式(4.23)中各项合并后，有

$$L_1=2\times10^{-7}\ln\frac{D}{r_1e^{-1/4}} \tag{4.24}$$

如果我们用r_1'代替$r_1e^{-1/4}$，有

$$L_1=2\times10^{-7}\ln\frac{D}{r_1'}\qquad \text{H/m} \tag{4.25}$$

其中，半径r_1'为虚拟导线的半径，该虚拟导线没有内部磁场，且自感与半径为r_1的实际导线的自感相同。$e^{-1/4}$等于 0.778 8。式(4.25) 通过对导线半径的修正删除了内部磁场的影响。注意，用于修正半径的乘数因子 0.778 8 仅适用于实心圆导线。稍后还会对其他导线进行分析。

因为导线 2 中电流的流动方向与导线 1 中电流的流动方向相反(或者说相位相差 180°)，由电导线 2 中的电流单独作用产生的磁链与导线 1 中电流产生的磁链方向完全相同。这两个导线的合成磁链由两个导线的磁动势之和决定。不过，如果导磁系数恒定，可以把两条导线的磁链(以及电感)直接相加。

由式(4.25)可以得到导线2对应的电感为

$$L_2 = 2 \times 10^{-7} \ln \frac{D}{r_2'} \qquad \text{H/m} \tag{4.26}$$

因此双线线路的总电感为

$$L = L_1 + L_2 = 4 \times 10^{-7} \ln \frac{D}{\sqrt{r_1' r_2'}} \qquad \text{H/m} \tag{4.27}$$

如果 $r_1' = r_2' = r'$，有

$$L = 4 \times 10^{-7} \ln \frac{D}{r'} \qquad \text{H/m} \tag{4.28}$$

该电感有时称为每圈米或每圈哩的电感，以便和单导线电流产生的电感进行区别。后者如式(4.25)所示，是单相线路总电感的一半，因此称为单导线的电感。

一束导线中单导线的磁链 和双线导线相比，一束导线中单导线通电产生的磁链现象更为普遍。如图4.7所示，导线1，2，3，…，n 中分别流过相量为 I_1，I_2，I_3，…，I_n 的电流，注意，导线中电流总和等于零。

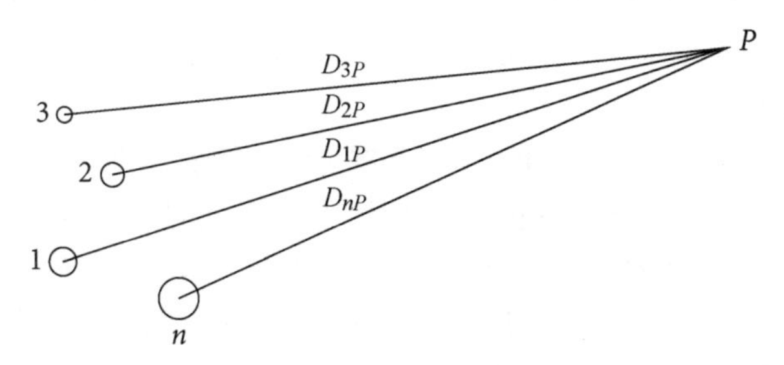

图4.7 含 n 个导线的一束导线的横截面图，其中电流总和为0，点 P 至导线的距离足够远

该束导线到点 P 的距离分别为 D_{1P}，D_{2P}，D_{3P}，…，D_{nP}。导线1中电流 I_1 产生的磁链为 λ_{1P1}，该磁链包括导线1的内部磁链，但是不包括 P 点以外的其他磁链。由式(4.14)和式(4.20)，有

$$\lambda_{1P1} = \left(\frac{I_1}{2} + 2I_1 \ln \frac{D_{1P}}{r_1}\right) \times 10^{-7} \tag{4.29}$$

$$\lambda_{1P1} = 2 \times 10^{-7} I_1 \ln \frac{D_{1P}}{r_1'} \qquad \text{Wbt/m} \tag{4.30}$$

电流 I_2 在导线1中产生的磁链 λ_{1P2}(不含 P 点以外的磁链)等于点 P 和导线1之间电流 I_2 产生的磁通量(即，与导线2的距离分别为 D_{2P} 和 D_{12})，因此

$$\lambda_{1P2} = 2 \times 10^{-7} I_2 \ln \frac{D_{2P}}{D_{12}} \tag{4.31}$$

该束导线中所有导线在导线1中产生的磁链 λ_{1P}(P 点以内)为

$$\lambda_{1P} = 2 \times 10^{-7} \left(I_1 \ln \frac{D_{1P}}{r_1'} + I_2 \ln \frac{D_{2P}}{D_{12}} + I_3 \ln \frac{D_{3P}}{D_{13}} + \cdots + I_n \ln \frac{D_{nP}}{D_{1n}}\right) \tag{4.32}$$

多项式展开并重新整理后，有

$$\begin{aligned} \lambda_{1P} = 2 \times 10^{-7} \Big(& I_1 \ln \frac{1}{r_1'} + I_2 \ln \frac{1}{D_{12}} + I_3 \ln \frac{1}{D_{13}} + \cdots + I_n \ln \frac{1}{D_{1n}} \\ & + I_1 \ln D_{1P} + I_2 \ln D_{2P} + I_3 \ln D_{3P} + \cdots + I_n \ln D_{np} \Big) \end{aligned} \tag{4.33}$$

因为该束导线中电流的总和等于0，即

$$I_1 + I_2 + I_3 + \cdots + I_n = 0$$

因此，I_n为

$$I_n = -(I_1 + I_2 + I_3 + \cdots + I_{n-1}) \tag{4.34}$$

将式(4.33)中右侧第二项的I_n用式(4.34)代入，重新整理后，有

$$\begin{aligned}\lambda_{1P} = 2 \times 10^{-7} \bigg(& I_1 \ln \frac{1}{r_1'} + I_2 \ln \frac{1}{D_{12}} + I_3 \ln \frac{1}{D_{13}} + \cdots + I_n \ln \frac{1}{D_{1n}} \\ & + I_1 \ln \frac{D_{1P}}{D_{nP}} + I_2 \ln \frac{D_{2P}}{D_{nP}} + I_3 \ln \frac{D_{3P}}{D_{nP}} + \cdots + I_{n-1} \ln \frac{D_{(n-1)P}}{D_{nP}} \bigg)\end{aligned} \tag{4.35}$$

将点P移动到无限远处，使式(4.35)中和点P相关的所有距离之比都近似等于1，对应的对数变成无穷小，因此有

$$\lambda_1 = 2 \times 10^{-7} \left(I_1 \ln \frac{1}{r_1'} + I_2 \ln \frac{1}{D_{12}} + I_3 \ln \frac{1}{D_{13}} + \cdots + I_n \ln \frac{1}{D_{1n}} \right) \quad \text{Wbt/m} \tag{4.36}$$

将点P移动到无限远处后，上述推导就包含了导线1的所有磁链。因此，只要该束导线中电流之和等于零，式(4.36)就代表了导线束中和导线1交链的所有磁链。如果电流是交流形式的，就必须表示为瞬时值形式，从而得到瞬时磁链，或者表示为带均方根的复数形式，从而得到带均方根的复数磁链。

复合导线的电感　复合导线是指由两根或多根导线并联组成的导线。绞线就属于复合导线。本节仅考虑各股导线及导线中的电流都相同的情况。指定导线的内电感可以从厂家或者手册中找到。本节所述方法不但适用于对多相导线以及导线中电流分布不均匀的复杂问题进行简单的处理，还适用于计算导线并联时的线路电感，因为并联的两根导线可以认为是单根复合导线。

图4.8所示为由两根导线组成的单相线路。为了更具一般性，令每根导线包含的股数任意，而且各股导线的排放位置也任意。注意，并联的各股导线必须为圆柱形且线中电流相等。导线X由n股相同的导线并联组成，每股导线中的电流都是I/n。导线Y是导线X中电流的返回路径，它由m股相同的导线并联组成，每股导线中流过的电流都是$-I/m$。各股导线之间的距离用带相应下标的字母D表示。对导线X中的单股导线a应用式(4.36)，可得单股导线a的磁链为

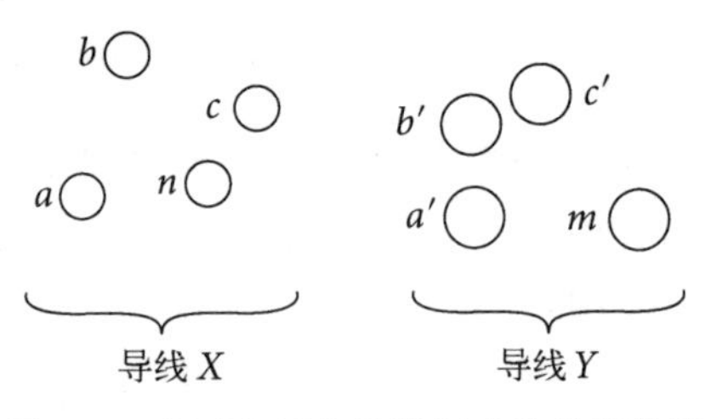

图4.8　由两个复合导线组成的单相线路

$$\begin{aligned}\lambda_a = & 2 \times 10^{-7} \frac{I}{n} \left(n \frac{1}{r_a'} + \ln \frac{1}{D_{ab}} + \ln \frac{1}{D_{ac}} + \cdots + \ln \frac{1}{D_{an}} \right) \\ & -2 \times 10^{-7} \frac{I}{m} \left(\ln \frac{1}{D_{aa'}} + \ln \frac{1}{D_{ab'}} + \ln \frac{1}{D_{ac'}} + \cdots + \ln \frac{1}{D_{am}} \right)\end{aligned} \tag{4.37}$$

整理后，得

$$\lambda_a = 2 \times 10^{-7} I \ln \frac{\sqrt[m]{D_{aa'} D_{ab'} D_{ac'} \ldots D_{am}}}{\sqrt[n]{r_a' D_{ab} D_{ac} \ldots D_{an}}} \quad \text{Wbt/m} \tag{4.38}$$

式(4.38)两边同时除以电流I/n，可得单股导线a的电感为

$$L_a = \frac{\lambda_a}{I/n} = 2n \times 10^{-7} \ln \frac{\sqrt[m]{D_{aa'} D_{ab'} D_{ac'} \ldots D_{am}}}{\sqrt[n]{r_a' D_{ab} D_{ac} \ldots D_{an}}} \quad \text{H/m} \tag{4.39}$$

同样，单股导线b的电感为

$$L_b = \frac{\lambda_b}{I/n} = 2n \times 10^{-7} \ln \frac{\sqrt[m]{D_{ba'}D_{bb'}D_{bc'}\ldots D_{bm}}}{\sqrt[n]{D_{ba}r'_bD_{bc}\ldots D_{bn}}} \quad \text{H/m} \tag{4.40}$$

导线 X 中各股导线的平均电感为

$$L_{av} = \frac{L_a + L_b + L_c + \cdots + L_n}{n} \tag{4.41}$$

导线 X 由 n 股导线并联组成。如果各股导线的电感都相同，导线 X 的电感将是一股导线的电感的 $1/n$。注意上述分析中，每股导线的电感都不相同，但并联后，各股导线的集总电感是平均电感的 $1/n$。因此，导线 X 的电感为

$$L_X = \frac{L_{av}}{n} = \frac{L_a + L_b + L_c + \cdots + L_n}{n^2} \tag{4.42}$$

将式(4.42)中每股导线的电感表示为对应的对数形式，然后合并同类项，得到

$$L_X = 2 \times 10^{-7} \times \ln \frac{\sqrt[mn]{(D_{aa'}D_{ab'}D_{ac'}\cdots D_{am})(D_{ba'}D_{bb'}D_{bc'}\cdots D_{bm})\cdots(D_{na'}D_{nb'}D_{nc'}\cdots D_{nm})}}{\sqrt[n^2]{(D_{aa}D_{ab}D_{ac}\cdots D_{an})(D_{ba}D_{bb}D_{bc}\cdots D_{bn})\cdots(D_{na}D_{nb}D_{nc}\cdots D_{nn})}} \ \text{H/m} \tag{4.43}$$

上式中，r'_a，r'_b和 r'_n分别用 D_{aa}，D_{bb}和 D_{nn}替代，这使得表达式的形式更加对称。

注意，式(4.43)中对数项的分子部分是对 mn 个距离的乘积开 mn 次方，也就是对导线 X 中 n 股导线到导线 Y 中 m 股导线的距离的乘积开 mn 次方。导线 X 中每股导线相对导线 Y 中的一股导线都有一个距离，因此导线 X 中的一股导线对应导线 Y 有 m 个距离。导线 X 有 n 股导线，n 股导线乘以 m 个距离就得到 mn 个距离项。对 mn 个距离的乘积开 mn 次方被称为导线 X 与导线 Y 的几何平均距离(GMD)，可缩写为 D_m或 GMD，因此也可称为两个导线之间的互 GMD。

另外，式(4.43)中对数项的分母部分是对 n^2个距离的乘积开 n^2次方。导线 X 中的每股导线相对导线 X 中的另一股导线都有一个距离，加上每股导线的半径 r'，每股导线对应有 n 个距离的乘积。导线 X 有 n 股导线，所以共有 n^2个距离项相乘。有时称 r'_a为单股导线 a 到自己的距离，用符号 D_{aa}表示，因此分母中根号内的表达式可以认为是导线 X 中每股导线到自己以及到其他各股导线的距离的乘积。对 n^2 个距离的乘积开 n^2 次方被称为导线 X 的自 GMD，单股导线的 r'称为该股导线的自 GMD。自 GMD 也称为几何平均半径(GMR)。正确的数学表达式应该是自 GMD，但实践中常常采用 GMR。为了和实践保持一致，本书使用 GMR 的写法，并表示为 D_s。

使用 D_m和 D_s后，式(4.43)改为

$$L_X = 2 \times 10^{-7} \ln \frac{D_m}{D_s} \quad \text{H/m} \tag{4.44}$$

读者请自行比较式(4.44)和式(4.25)。

导线 Y 的电感可以用同样的方法确定，因此复合导线的电感为

$$L = L_X + L_Y$$

例题 4.2 单相输电线路由 3 根半径为 0.25 cm 的实心导线组成。回路由两根半径为 0.5 cm 的导线组成。导线的排列如图 4.9 所示。

求 X 侧和 Y 侧线路以及整个电路的电感，单位为 H/m 或者 mH/mile。

解：求 X 侧和 Y 侧线路的 GMD

$$D_m = \sqrt[6]{D_{ad}D_{ae}D_{bd}D_{be}D_{cd}D_{ce}}$$

$$D_{ad} = D_{be} = 9\ \text{m}$$

$$D_{ae} = D_{bd} = D_{ce} = \sqrt{6^2 + 9^2} = \sqrt{117}$$

$$D_{cd} = \sqrt{9^2 + 12^2} = 15\ \text{m}$$

$$D_m = \sqrt[6]{9^2 \times 15 \times 117^{3/2}} = 10.743\ \text{m}$$

求 X 侧的 GMR

$$D_s = \sqrt[9]{D_{aa}D_{ab}D_{ac}D_{ba}D_{bb}D_{bc}D_{ca}D_{cb}D_{cc}}$$

$$= \sqrt[9]{(0.25 \times 0.7788 \times 10^{-2})^3 \times 6^4 \times 12^2} = 0.481\ \text{m}$$

Y 侧

$$D_s = \sqrt[4]{(0.5 \times 0.7788 \times 10^{-2})^2 \times 6^2} = 0.153\ \text{m}$$

$$L_X = 2 \times 10^{-7} \ln \frac{10.743}{0.481} = 6.212 \times 10^{-7}\ \text{H/m}$$

$$L_Y = 2 \times 10^{-7} \ln \frac{10.743}{0.153} = 8.503 \times 10^{-7}\ \text{H/m}$$

$$L = L_X + L_Y = 14.715 \times 10^{-7}\ \text{H/m}$$

$$(L = 14.715 \times 10^{-7} \times 1609 \times 10^3 = 2.37\ \text{mH/mi})$$

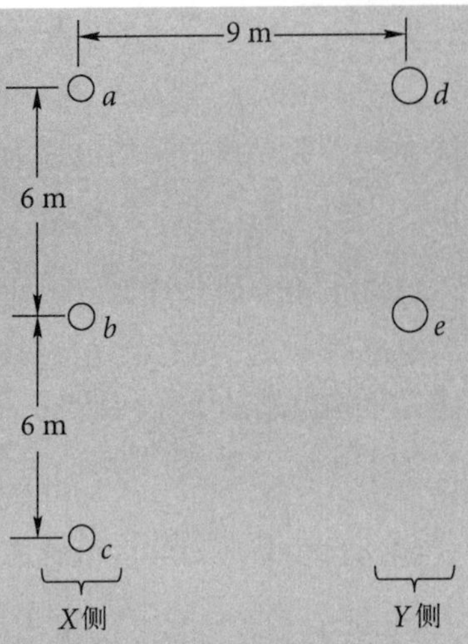

图 4.9　例题 4.2 的导线排列

例题 4.2 中，每一侧平行导线的相间距离都为 6 m，X 侧和 Y 侧线路之间的距离为 9 m，本例互 GMD 的计算很重要。但是，当两侧线路由绞线组成时，由于两侧导线之间的距离很大，因此可以近似认为互 GMD 等于两侧导线的中心距离。

当铝绞线的层数为偶数时，忽略 ACSR 中钢芯的影响不会对电感计算的精度造成明显影响。但如果铝绞线的层数为奇数时，那么钢芯的影响会明显一些，但利用铝绞线的计算方法仍然可以得到较高精度的解。

参数表的利用　为了便于对电感电抗、并联电容电抗和电阻进行计算，标准导线的参数表通常都会提供 GMR 和其他各种有关信息。由于美国和其他一些国家的使用习惯，这些表均采用 in，ft 和 mi 作为单位。本书所用案例也将使用 ft 和 mi 作为单位，当然也可以使用单位 m 和 km。

为了方便起见，计算中通常需要求解电感电抗(Ω)，而不是电感(H)。单相双线线路中单根导线的电感电抗为

$$\begin{aligned} X_L &= 2\pi f L = 2\pi f \times 2 \times 10^{-7} \ln \frac{D_m}{D_s} \\ &= 4\pi f \times 10^{-7} \ln \frac{D_m}{D_s} \qquad \Omega/\text{m} \end{aligned} \tag{4.45}$$

或者为

$$X_L = 2.022 \times 10^{-3} f \ln \frac{D_m}{D_s} \qquad \Omega/\text{mi} \tag{4.46}$$

其中 D_m 代表导线间的距离。D_m 和 D_s 的单位相同，通常是 m 或 ft。参数表中的 GMR 可以代替 D_s，但 D_s 考虑了集肤效应对电感的影响。对于直径相同的导线，频率越高，集肤效应越大。附表 A.3 为 60 Hz 下的 D_s 值。

除提供 GMR 外，有些参数表还提供电感电抗的值。将式(4.46)中的对数项展开，得到

$$X_L = \underbrace{2.022 \times 10^{-3} f \ln \frac{1}{D_s}}_{X_a} + \underbrace{2.022 \times 10^{-3} f \ln D_m}_{X_d} \quad \Omega/\text{mi} \tag{4.47}$$

如果D_m和D_s的单位为 ft，式(4.47)中右边第一项表达式表示线间距离为 1 ft 时双线线路中单根导线的电感电抗，通过比较式(4.47)与式(4.46)也可以得到相同的结论。因此，式(4.47)中的第一项表达式被称为间距为 1 ft 的电感电抗 X_a。它依赖于导线的 GMR 和频率。式(4.47)中第二项表达式被称为电感电抗间距因子 X_d。该项与导线的类型无关，仅取决于频率和间距。附表 A.3 为间距为 1 ft 的电感电抗，附表 A.4 为电感电抗间距因子。

例题 4.3 求 60 Hz 单相线路的电感电抗(Ω/mi)。导线型号为 Partridge(如附表 A.3所示)，线间距离为 20 ft。

解：由附表 A.3 可得该导线的 D_s=0.021 7 ft。由式(4.46)可知单根导线的电抗为

$$\begin{aligned} X_L &= 2.022 \times 10^{-3} \times 60 \times \ln \frac{20}{0.0217} \\ &= 0.828\ \Omega/\text{mi} \end{aligned}$$

$$(X_L = 0.828/1.609 = 0.5146\ \Omega/\text{km})$$

上述方法必须首先知道 D_s的大小。由附表 A.3 可得间距为 1 ft 时电感电抗 X_a=0.465 Ω/mi。由附表 A.4 可得电感电抗间距因子为 X_d=0.363 5 Ω/mi，因此单根导线的电感电抗等于

$$\begin{aligned} 0.465 + 0.3635 &= 0.8285\ \Omega/\text{mi} \\ &= 0.5148\ \Omega/\text{km} \end{aligned}$$

由于来回线路的导线相同，因此整条线路的电感电抗为

$$\begin{aligned} 2X_L = 2 \times 0.8285 &= 1.657\ \Omega/\text{mi} \\ &= 1.0296\ \Omega/\text{km} \end{aligned}$$

有间距的三相线路的电感 到目前为止，讨论只限于单相线路。但是，可以将之前推导的公式进行简单的改造，以适用于三相线路电感的计算。图 4.10 所示为导线按等边三角形排列的三相线路。

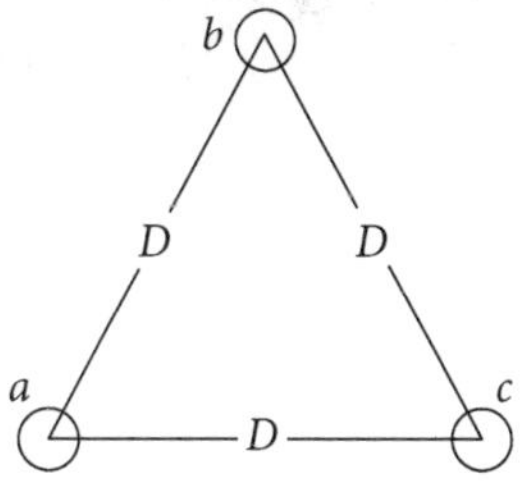

图 4.10 等间距的三相线路的横截面图

假设三相线路无中线，或者三相电流的相量和等于 0，即 $I_a+I_b+I_c=0$，由式(4.36)可得导线 a 的磁链为

$$\lambda_a = 2 \times 10^{-7} \left(I_a \ln \frac{1}{D_s} + I_b \ln \frac{1}{D} + I_c \ln \frac{1}{D} \right) \quad \text{Wbt/m} \tag{4.48}$$

因为 $I_a = -(I_b+I_c)$，式(4.48)可写为

$$\lambda_a = 2 \times 10^{-7} \left(I_a \ln \frac{1}{D_s} - I_a \ln \frac{1}{D} \right) = 2 \times 10^{-7} I_a \ln \frac{D}{D_s} \quad \text{Wbt/m} \tag{4.49}$$

因此

$$L_a = 2 \times 10^{-7} \ln \frac{D}{D_s} \quad \text{H/m} \tag{4.50}$$

式(4.50)和描述单相线路的式(4.25)具有相同的形式，但 r'被 D_s代替了。由于对称，导线 b 和导线 c 的电感与导线 a 的电感相同。因为每相线路都只包含一根导线，所以可以用式(4.50)来求解三相线路的单相电感。

4.3 输电线路的换位

当输电线路三相导线的相间距离不相等时，电感的求解变得很复杂。因为每一相的磁链和电感都不相同。各相电感的差异导致电路不平衡。补偿的方法是沿线路每隔一段距离就更换导线的位置，使得在相同的距离段内每相导线的位置都被轮换，这种方法可以使三相线路恢复平衡。这种交换导线位置的方法称为换位。图 4.11 所示为一个完整的换位周期。

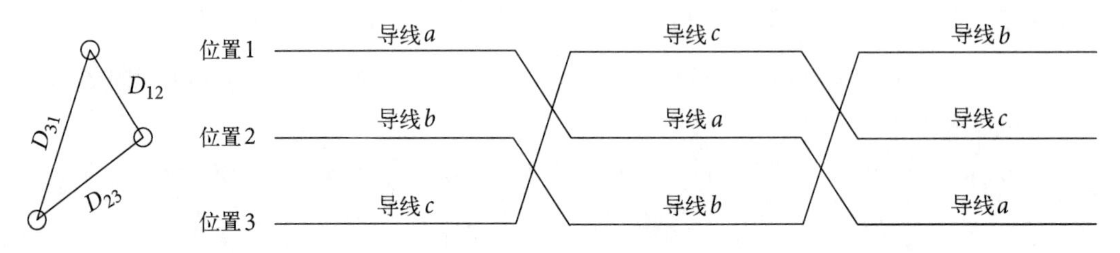

图 4.11　换位周期

三相线路分别用 a，b 和 c 表示，所在位置分别表示为 1，2 和 3。整周期换位使得 3 条导线在一个完整周期内的平均电感相同。

现代电力线路通常不进行定距离换位，为了使各相的电感更接近平衡，导线的换位可以在电力开关站中完成。所幸，就算未经换位，各相线路间的不对称性也很小，因此在大多数电感计算中都可以忽略这种不对称性。如果忽略不对称性，未经换位线路的电感被认为等于该线路经过正确换位后单相感应电抗的平均值。下文的推导建立在线路已经进行换位的基础上。

为了求解换位线路中单相导线的平均电感，首先需要确定在整个换位周期的每一个位置上单相导线的磁链，然后再求解平均磁链。对图 4.11 中的导线 a 应用式(4.36)，可得到导线 a 在位置 1、导线 b 在位置 2、导线 c 在位置 3 时导线 a 中的磁链相量为

$$\lambda_{a1} = 2 \times 10^{-7}\left(I_a \ln \frac{1}{D_s} + I_b \ln \frac{1}{D_{12}} + I_c \ln \frac{1}{D_{31}}\right) \quad \text{Wbt/m} \tag{4.51}$$

当 a 在位置 2、b 在位置 3、c 在位置 1 时，有

$$\lambda_{a2} = 2 \times 10^{-7}\left(I_a \ln \frac{1}{D_s} + I_b \ln \frac{1}{D_{23}} + I_c \ln \frac{1}{D_{12}}\right) \quad \text{Wbt/m} \tag{4.52}$$

当 a 在位置 3、b 在位置 1、c 在位置 2 时，有

$$\lambda_{a3} = 2 \times 10^{-7}\left(I_a \ln \frac{1}{D_s} + I_b \ln \frac{1}{D_{31}} + I_c \ln \frac{1}{D_{23}}\right) \quad \text{Wbt/m} \tag{4.53}$$

导线 a 的磁链的平均值为

$$\begin{aligned}\lambda_a &= \frac{\lambda_{a1} + \lambda_{a2} + \lambda_{a3}}{3} \\ &= \frac{2 \times 10^{-7}}{3}\left(3I_a \ln \frac{1}{D_s} + I_b \ln \frac{1}{D_{12}D_{23}D_{31}} + I_c \ln \frac{1}{D_{12}D_{23}D_{31}}\right) \quad \text{Wbt/m}\end{aligned} \tag{4.54}$$

考虑到 $I_a=-(I_b+I_c)$，有

$$\begin{aligned}\lambda_a &= \frac{2 \times 10^{-7}}{3}\left(3I_a \ln \frac{1}{D_s} - I_a \ln \frac{1}{D_{12}D_{23}D_{31}}\right) \\ &= 2 \times 10^{-7} I_a \ln \frac{\sqrt[3]{D_{12}D_{23}D_{31}}}{D_s} \quad \text{Wbt/m}\end{aligned} \tag{4.55}$$

单相平均电感为

$$L_a = 2 \times 10^{-7} \ln \frac{D_{eq}}{D_s} \qquad \text{H/m} \tag{4.56}$$

其中

$$D_{eq} = \sqrt[3]{D_{12} D_{23} D_{31}} \tag{4.57}$$

D_s表示导线的 GMR。D_{eq}是不对称线路 3 条导线相互距离的几何平均值，比较式(4.56)与式(4.50)可知，它是等边三角形的等效距离。注意导线电感的所有计算公式都具有相似性。如果电感的单位为 H/m，对应公式需要乘以因子 2×10^{-7}，但对数中的分母项仍然代表导线的 GMR。分子项表示双线线路两根导线之间的距离，或者是复合导线单相线路两侧(流出和流回)的互 GMD，或者是线路按等边三角形排列时导线之间的距离，或者线路为非对称排列时导线之间的等效距离。

例题 4.4 图 4.12 所示为一单回路、三相线路，系统频率为 60 Hz。导线型号为 ACSR Drake(如附表 A.3所示)。求单相电感电抗(Ω/mi)。

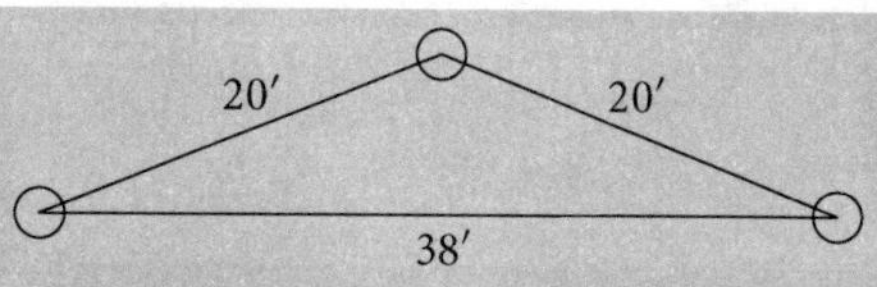

图 4.12 例题 4.4 中导线的排列方式

解：由附表 A.3，有

$$D_s = 0.0373\ \text{ft},\ D_{eq} = \sqrt[3]{20 \times 20 \times 38} = 24.8\ \text{ft}$$

$$L = 2 \times 10^{-7} \ln \frac{24.8}{0.0373} = 13.00 \times 10^{-7}\ \text{H/m}$$

因此，单相电感电抗为

$$X_L = 2\pi 60 \times 1609 \times 13.00 \times 10^{-7} = 0.788\ \Omega/(\text{mi}\cdot\text{相})$$

$$= 0.490\ \Omega/(\text{km}\cdot\text{相})$$

同样还可以利用式(4.46)或者附表 A.3 和附表 A.4 得到

$$X_a = 0.399$$

当 D_{eq} = 24.8 ft 时，利用附表 A.4

$$X_d = 0.3896$$

$$X_L = 0.399 + 0.3896 = 0.7886\ \Omega/(\text{mi}\cdot\text{相})$$

$$(X_L = 0.7886/1.609 = 0.4900\ \Omega\ (\text{km}\cdot\text{相})$$

分裂导线的电感计算 在超高压(EHV)线路中，即电压高于 230 kV 的情况下，如果每相线路只包含一根导线，那么电晕损耗以及电晕对通信的干扰将非常严重。但是如果令超高压线路的每一相中包含两根以上的导线，且同一相中各导线的距离远小于三相线路的相间距离，那么导线上的电压梯度将显著减少。这种线路被称为分裂导线。分裂导线由二、三或四根导线组成。图 4.13 所示为分裂导线的不同排列。除非有内部换位，否则分裂导线中的电流将不会相等，但这种差异没什么实际意义，因为利用 GMD 计算已经能得到足够的精度。

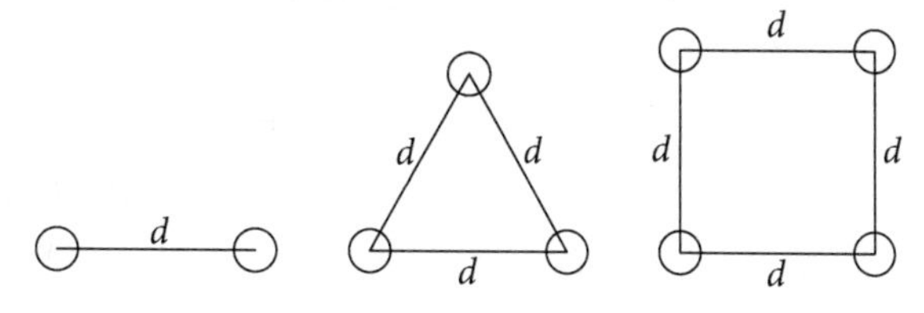

图 4.13 分裂导线的分布

分裂导线的另一个重要的优势是减小电抗。增加分裂导线的数目不但可以减少电晕的影响，而且可以减少电抗。由于分裂导线的 GMR 变大，所以电抗减小了。分裂导线 GMR 的计算与绞线的计算相同。例如，两分裂导线中的每一根导线都可以认为是双股绞线中的一股

线。由图 4.13，令 D_s^b为分裂导线的 GMR，D_s为分裂导线中单根导线的 GMR，可得

对二分裂导线

$$D_s^b = \sqrt[4]{(D_s \times d)^2} = \sqrt{D_s \times d} \tag{4.58}$$

对三分裂导线

$$D_s^b = \sqrt[9]{(D_s \times d \times d)^3} = \sqrt[3]{D_s \times d^2} \tag{4.59}$$

对四分裂导线

$$D_s^b = \sqrt[16]{(D_s \times d \times d \times \sqrt{2}d)^4} = 1.09\sqrt[4]{D_s \times d^3} \tag{4.60}$$

利用式(4.56)计算分裂导线的电感时，需要用分裂导线的距离 D_s^b代替单根导线的 D_s。计算 D_{eq}时，分别用 D_{ab}，D_{bc}和 D_{ca}表示各相分裂导线的中心距离，已经能获得足够的精度。通常情况下，一相分裂导线中一根导线到另一相分裂导线中另一根导线之间的实际 GMD 几乎和用中心距离得到的值完全相同。

例题 4.5 图 4.14 中，各相分裂导线的型号均为 ACSR，1 272 000-cmil Pheasant(如附表 A.3 所示)。

求单相电感电抗(单位分别为 W/km 和 W/mi)，其中 $d=45$ cm。若线路长160 km，基准值为 100 MVA，345 kV，求单相串联电抗的标幺值。

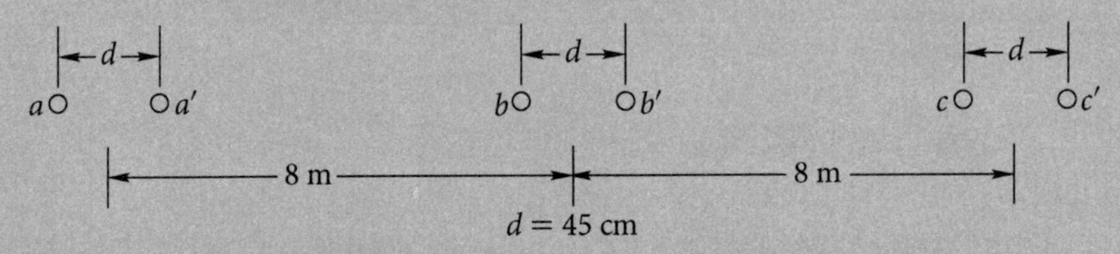

图 4.14 分裂导线的间距

解： 由附表 A.3，$D_s=0.0466$ ft，将 D_s乘以 0.304 8，使单位变为 m。

$$D_s^b = \sqrt{0.0466 \times 0.3048 \times 0.45} = 0.080 \text{ m}$$

$$D_{eq} = \sqrt[3]{8 \times 8 \times 16} = 10.08 \text{ m}$$

$$\begin{aligned} X_L &= 2\pi \times 60 \times 2 \times 10^{-7} \times 10^3 \ln \frac{10.08}{0.08} \\ &= 0.365\ \Omega/(\text{km}\cdot\text{相}) \\ &= 0.365 \times 1.609 = 0.587\ \Omega/(\text{mi}\cdot\text{相}) \end{aligned}$$

$$\text{Base } Z = \frac{(345)^2}{100} = 1190\ \Omega$$

$$X = \frac{0.365 \times 160}{1190} = 0.049 \text{ p.u.}$$

MATLAB program for Example 4.5(ex4_5.m):

```
% M-file for Example 4.5: ex4_5.m
% Clean previous value
clc
clear all
% Initial value
Ds=0.0466;                 % ft (from Table A.3)
d=0.45;                    % m
Dab=8; Dbc=Dab;            % m (from Fig. 4.9)
Dac=16;                    % m (from Fig. 4.9)
```

```
V=345;                          % kV
S=100;                          % MVA
l=160;                          % km
f=60;                           % Hz
% Solution
Dsb=sqrt(Ds*0.3048*d); % Multiply feet by 0.3048 to convert
to meter
Deq=nthroot(Dab*Dbc*Dac,3);
XL=2*pi*f*2*10^(-7)*10^3*log(Deq/Dsb); % ohm/km per phase
XL_2=XL*1.609;                  % ohm/mi per phase
Base_Z=(V^2)/S;                 % ohm
X=(XL*l)/Base_Z;                % pu
disp(['X = (X_pu*length_of_line)/Base_Z = ', num2str(X), 'Ω/km per
phase'])
disp(['Each conductor of the bundled-conductor line is ', num-
2str(X), 'Ω/km per phase'])
```

4.4 输电线路的并联导纳

电容分析的基础是电场理论中的高斯定理。高斯定理指出，封闭曲面内的总电荷等于通过表面的总电通量。换言之，封闭曲面内的总电荷等于电通密度法向分量的面积分。电场线始于正电荷，终于负电荷。曲面法线方向的电荷密度为 D_f，它等于 kE，其中 k 是曲面的介电常数，E 是电场强度①。

如果一根长直圆柱导线的介质唯一(如空气)，并且该导线与其他电荷绝缘，那么该导线中的电荷将在表面均匀分布，对应的电通量为放射状。与此导线等距离的所有点均为等电位点，而且电通密度相同。图 4.15 所示即为该绝缘导线。

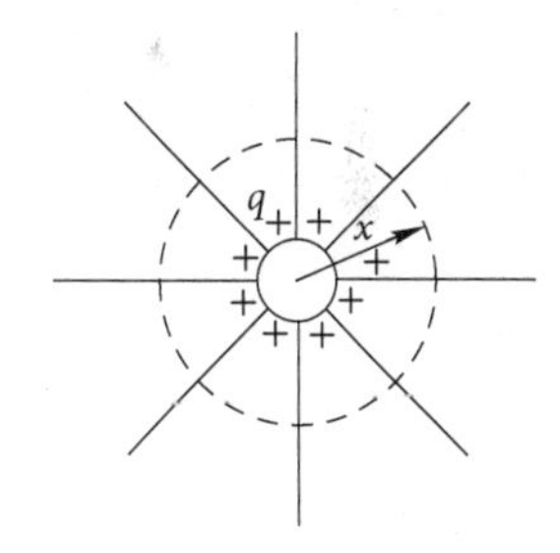

图 4.15　由均匀分布在绝缘圆柱型导线表面的正电荷产生的电通线

距离导线 x m 处的电通密度可以等效为和该导线同心的、半径为 x m 的圆柱面的电通密度。由于该圆柱面上的所有点都与导线等距，因此该圆柱面是一个等电位面，圆柱面上的电通密度等于通过单位长度(m)导线的电通量(从内向外)除以该导线的表面积。电通密度为

$$D_f=\frac{q}{2\pi x}\quad \text{C/m}^2 \tag{4.61}$$

其中 q 是导线上的电荷，单位为 C/m，x 是需要求解电通密度的点到导线的距离。电场强度，或电位梯度的负值，等于电通密度除以介质的介电常数。因此，电场强度等于

$$E=\frac{q}{2\pi xk}\quad \text{V/m} \tag{4.62}$$

E 和 q 可以是瞬时值、相量或直流。

电荷引起的两点间的电位差　两点间的电位差(单位为 V)在数值上等于在两点间移动 1

① 在 SI 制中，真空的介电常数 k_0 等于 8.85×10^{-12} m/s(F/m)。相对介电常数 k_r 是材料的实际介电常数 k 与真空介电常数的比值。因此，$k_r=k/k_0$。空气的介电常数 k_r 等于 1.000 54，架空线路的 k_r 通常认为等于 1。

库仑电荷所需的功(J/C)。电场强度是测量电场电荷力的一种方法。电场强度(V/m)等于1库仑电荷在电场中受的力(N/C)。对作用在1库仑正电荷上的力(N)的线积分等于将该电荷从低电位点移动到高电位点时做的功，功的大小等于两点之间的电位差。

接下来考虑一条带正电荷 q(C/m)的长直导线，如图4.16所示。

点 P_1 和 P_2 分别距离导线 D_1 m 和 D_2 m。因为导线是一个等电位面，所以计算导线外部的电通量时，可以将导线表面均匀分布的电荷等效为导线中心的集总电荷。导线上的正电荷将排斥电场中的正电荷。因此，由于 D_2 大于 D_1，必须要对正电荷做功，才能将正电荷从 P_2 移动到 P_1，因此 P_1 的电位比 P_2 高。两点的电位差等于移动单位电荷(C)需要做的功。相反，如果1库仑电荷从 P_1 移动到 P_2，它将消耗能量，消耗的能量(或者消耗的功，N·m)等于点 P_1 到 P_2 的电压降。电位差和移动的路径无关。两点间电压降的最简计算方法是求解通过 P_1 和 P_2 的两个等电位面之间的电压。将电场强度对 P_1 和 P_2 的等电位曲面进行径向积分，得到点 P_1 和 P_2 之间的瞬时电压降为

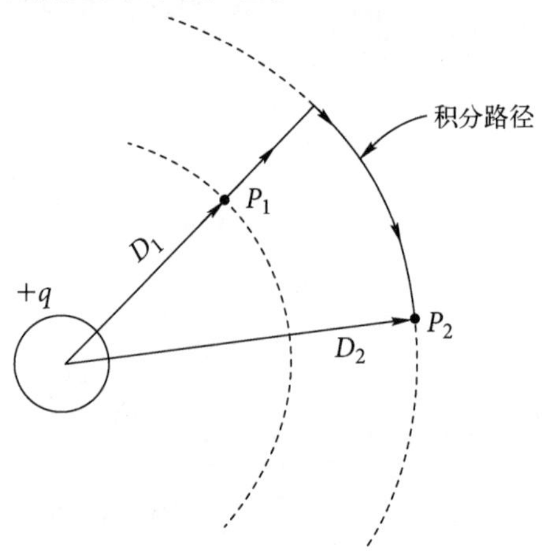

图4.16　圆柱型导线上正电荷均匀分布时，导线外两点的积分路径

$$v_{12}=\int_{D_1}^{D_2} E\mathrm{d}x=\int_{D_1}^{D_2}\frac{q}{2\pi kx}\,\mathrm{d}x=\frac{q}{2\pi k}\ln\frac{D_2}{D_1}\qquad \mathrm{V} \tag{4.63}$$

其中 q 是导线上的瞬时电荷(C/m)。注意，上式中，q 的值既可能是正，也可能是负，而对数表达式的正负取决于 D_2 与 D_1 的大小，所以，电压降的正负既取决于电荷的正负，又取决于电压降的方向是从靠近导线的点到远离导线的点，还是相反。

双线线路的电容　双线线路间的电容定义为导线间存在单位电位差时导线上的电荷。单位长度上电容的定义为

$$C=\frac{q}{v}\qquad \mathrm{F/m} \tag{4.64}$$

其中 q 是线路的电荷(C/m)，v 是导线间的电位差(V)。为了方便起见，下文将单位长度导线的电容简称为电容。将式(4.64)中的 v 用式(4.63)代替后，可得两个导线之间的电容。对于图4.17所示的双线线路，首先计算由导线 a 上的电荷 q_a 引起的电压降，然后计算由导线 b 上的电荷 q_b 引起的电压降，即可得到两个导线之间的电压降 v_{ab}。

根据叠加原理，由导线 a 到导线 b 的电压降，等于两根导线上的电荷单独作用时引起的电压降的和。

图4.17中导线 a 上的电荷 q_a 在导线 b 附近引起的等电位曲面如图4.18所示。

对式(4.63)积分时，为了避免对图4.18扭曲的等电位面进行积分，可采用未扭曲的替代路径。因此，求由 q_a 引起的 v_{ab} 时，由未扭曲的区域可知，式(4.63)中的距离 D_1 对应导线 a 的半径，距离 D_2 对应导线 a 和 b 的中心距离。同样，求由 q_b 引起的 v_{ab} 时，距离 D_2 和 D_1 分别对应 r_b 和 D。表示为相量(q_a 和 q_b 为相量)后，有

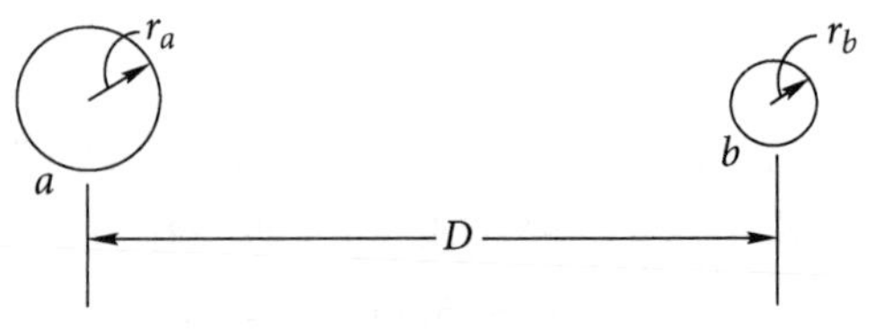

图4.17　平行线路的横截面

$$V_{ab}=\underbrace{\frac{q_a}{2\pi k}\ln\frac{D}{r_a}}_{\text{由}q_a\text{引起}}+\underbrace{\frac{q_b}{2\pi k}\ln\frac{r_b}{D}}_{\text{由}q_b\text{引起}}\quad \mathrm{V} \tag{4.65}$$

因为双线线路中，$q_a=-q_b$，

$$V_{ab}=\frac{q_a}{2\pi k}\left(\ln\frac{D}{r_a}-\ln\frac{r_b}{D}\right)\quad \mathrm{V} \tag{4.66}$$

合并对数项后，有

$$V_{ab}=\frac{q_a}{2\pi k}\ln\frac{D^2}{r_a r_b}\quad \mathrm{V} \tag{4.67}$$

导线之间的电容为

$$C_{ab}=\frac{q_a}{V_{ab}}=\frac{2\pi k}{\ln(D^2/r_a r_b)}\quad \mathrm{F/m} \tag{4.68}$$

如果 $r_a=r_b=r$，那么

$$C_{ab}=\frac{\pi k}{\ln(D/r)}\quad \mathrm{F/m} \tag{4.69}$$

式(4.69)即为双线线路的电容计算公式。如果线路由中心抽头接地的变压器供电，则单条导线到大地的电位差等于导线间电位差的一半，因此导线到大地或者到中性点的电容为

$$C_n=C_{an}=C_{bn}=\frac{q_a}{V_{ab}/2}=\frac{2\pi k}{\ln(D/r)}\quad \mathrm{F/m}\ (\text{至中性点}) \tag{4.70}$$

导线和中性点间电容的概念如图 4.19 所示。

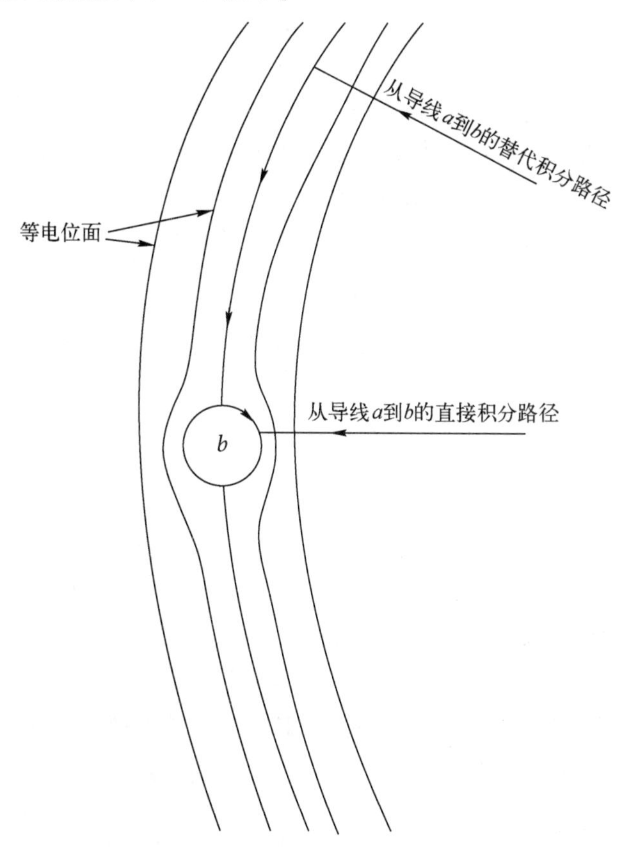

图 4.18　由带电导线 a(未显示)引起的等电位表面。导线 b 导致等电位曲面扭曲。箭头表示对导线 b 上的一点与导线a上的一点进行积分时的可选路径，图中显示的等电位曲面是由导线a上的电荷q_a引起的

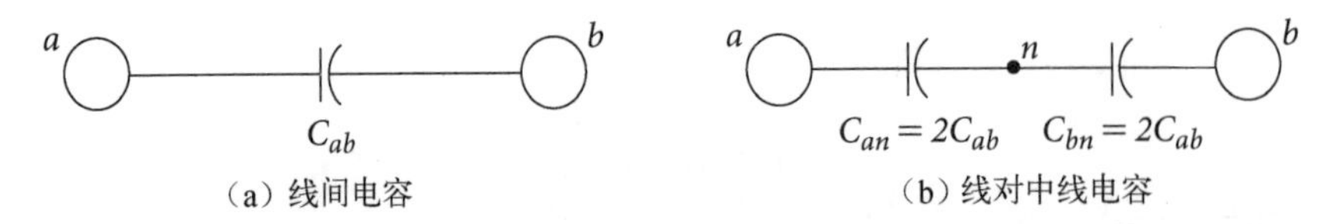

（a）线间电容　　　　　　　　　　（b）线对中线电容

图 4.19　线间电容和线对中线电容的关系

式(4.70)和电感公式(4.25)对应。注意电容和电感公式的区别：电容公式中的半径是导线的实际外径，电感公式中的半径是导线的几何平均半径(GMR)。

式(4.65)~式(4.70)均由式(4.63)推导得到，但是式(4.63)需要满足电荷在导线表面均匀分布的前提条件。当电场中存在其他电荷时，导线表面的电荷不再均匀分布，基于式(4.63)的推导从严格意义上说不再正确。不过，当导线为架空线路时，可以忽略电荷分布的不均匀性，因为式(4.70)的计算误差很小，甚至当距离小到 $D/r=50$ 时，误差也仅为0.01%。但是，因为式(4.70)仅针对实心圆导线，所以当导线为绞合电缆线时，就需要重新考虑式(4.70) 分母中对数项的取值了。由于电场和理想导线的表面互相垂直，所以绞线表面的电场不同于圆柱型导线表面的电场。又因为绞线附近的电场和推导式(4.70)所用的实心导线附近的电场存在差异，因此直接将绞线的外半径替代式(4.70)中的 r 后，计算结果会稍有误差。但是，因为只有非常接近导线表面的电场才会受到影响，所以这个误差很小，仍可以采用绞线的外半径来计算电容。

确定导线至中性点的电容后，就可以得到对应的电容电抗为(令相对介电常数 $k_r=1$)

$$X_C=\frac{1}{2\pi fC}=\frac{2.862}{f}\times 10^9\ln\frac{D}{r}\qquad \Omega\cdot\text{m}\ (\text{至中性点}) \tag{4.71}$$

式(4.71)中，C 的单位为 F/m，因此 X_C 的单位为 Ω · m。注意，式(4.71)表示线路长 1 m 时导线到中性点的电抗。由于电容电抗与线路并联，因此 X_C(Ω · m)必须除以线路的长度(m)才能得到整条线路至中性点的电容电抗(Ω)。

将式(4.71)除以 1609 后，电容电抗的单位变为 Ω · mi

$$X_C=\frac{1.779}{f}\times 10^6\ln\frac{D}{r}\qquad \Omega\cdot\text{mi}\ (\text{至中性点}) \tag{4.72}$$

附表 A.3 所示为使用最为广泛的 ACSR 的外径尺寸。如果式(4.72)中 D 和 r 的单位为 ft，将该式进一步分解可得

$$\begin{aligned}X_C&=\frac{1.779}{f}\times 10^6\ln\frac{1}{r}+\frac{1.779}{f}\times 10^6\ln D\qquad \Omega\cdot\text{mi}\ (\text{至中性点})\\&=X_a'+X_d'\end{aligned} \tag{4.73}$$

其中第一项 X_a'表示间距为 1 ft 的电容电抗，第二项 X_d'表示电容电抗空间因子。

附表 A.3 还提供了 ACSR 各种常用尺寸下的 X_a'值，读者还可以找到包含其他类型的导线和尺寸的各种参数表。附表 A.5 列出了对应的 X_d'值，注意，虽然电容电抗空间因子和同步电机的暂态电抗符号相同，但是它不代表同步电机的暂态电抗。

例题 4.6　求单相线路每 mi 的电容电纳，其中频率为 60 Hz。导线型号为附表 A.3 中的 Partridge，中心距为 20 ft。

解：

方法 1

附表 A.3 列出该导线的外径为 0.642 in，因此

$$r = \frac{0.642}{2 \times 12} = 0.026\,8 \text{ ft}$$

由式(4.72)

$$X_C = \frac{1.779}{60} \times 10^6 \ln \frac{20}{0.026\,8} = 0.196\,1 \times 10^6\ \Omega \cdot \text{mi}\ (\text{至中性点})$$

$$(= 0.196\,1 \times 10^6 \times 1.609 = 0.315\,6 \times 10^6\ \Omega \cdot \text{km}\ (\text{至中性点}))$$

$$B_C = \frac{1}{X_C} = 5.10 \times 10^{-6}\ \text{S/mi}\ (\text{至中性点})$$

$$(= 5.10 \times 10^{-6}/1.609 = 3.168\,6 \times 10^{-6}\ \text{S/km}\ (\text{至中性点}))$$

方法 2

由附表 A.3 和附表 A.5，可得间距为 1 ft 的电容电抗和电容电抗空间因子为

$$X'_a = 0.107\,4\ \text{M}\Omega \cdot \text{mi}$$

$$(= 0.107\,4 \times 1.609 = 0.172\,8\ \text{M}\Omega \cdot \text{km})$$

$$X'_d = 0.068\,31 \times \log 20 = 0.088\,9\ \text{M}\Omega \cdot \text{mi}$$

$$(= 0.088\,9 \times 1.609 = 0.143\,1\ \text{M}\Omega \cdot \text{km})$$

$$X'_C = X'_a + X'_d = 0.107\,4 + 0.088\,9 = 0.196\,3\ \text{M}\Omega \cdot \text{mi}\ (\text{每根导线})$$

$$(= 0.172\,8 + 0.143\,1 = 0.315\,9\ \text{M}\Omega \cdot \text{km}\ (\text{每根导线}))$$

线间电容电抗和电纳为

$$X_C = 2 \times 0.196\,3 \times 10^6 = 0.392\,6 \times 10^6\ \Omega \cdot \text{mi}$$

$$(= 0.392\,6 \times 1.609 \times 10^6 = 0.631\,8 \times 10^6\ \Omega \cdot \text{km})$$

$$B_c = \frac{1}{X_C} = 2.55 \times 10^{-6}\ \text{S/mi}$$

$$(= 2.55 \times 10^{-6}/1.609 = 1.584\,5 \times 10^{-6}\ \text{S/km})$$

等边三角形排列的三相导线　图 4.20 中，半径等于 r 的三相导线等距排列。

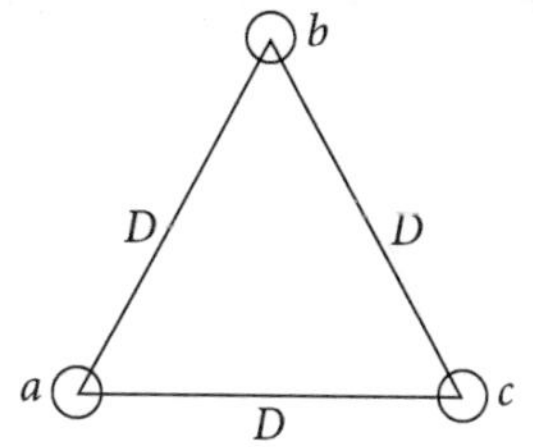

图 4.20　等间距的三相线路的横截面

由两条导线上电荷引起的电压如式(4.65)所示，其中两条导线上的电荷分布均匀。因此，由导线 a 和 b 上的电荷引起的电压 V_{ab} 等于

$$V_{ab} = \frac{1}{2\pi k} \underbrace{\left(q_a \ln \frac{D}{r} + q_b \ln \frac{r}{D}\right)}_{\text{由}q_a\text{和}q_b\text{引起}} \quad \text{V} \tag{4.74}$$

因为均匀分布在导线表面的电荷等效于集中在导线中心，所以式(4.63)也可以用于分析 q_c 的作用。电荷 q_c 单独作用下的 V_{ab} 等于

$$V_{ab} = \frac{q_c}{2\pi k} \ln \frac{D}{D} \quad \text{V}$$

显然，因为 q_c 与 a 和 b 等距，所以 V_{ab} 等于零。整体考虑三相电荷，有

$$V_{ab} = \frac{1}{2\pi k}\left(q_a \ln \frac{D}{r} + q_b \ln \frac{r}{D} + q_c \ln \frac{D}{D}\right) \quad \text{V} \tag{4.75}$$

$$V_{ac} = \frac{1}{2\pi k}\left(q_a \ln \frac{D}{r} + q_b \ln \frac{D}{D} + q_c \ln \frac{r}{D}\right) \quad \text{V} \tag{4.76}$$

将式(4.75)和式(4.76)相加，有

$$V_{ab}+V_{ac}=\frac{1}{2\pi k}\left[2q_a\ln\frac{D}{r}+(q_b+q_c)\ln\frac{r}{D}\right]\quad \text{V} \tag{4.77}$$

上述推导认为大地离导线足够远，以至于其影响微乎其微。假定电压为正弦，因此电荷也是正弦变化的。如果附近没有其他电荷，3个导线上的电荷之和将等于零，因此 q_b+q_c 可以替代式(4.77)中的 $-q_a$，用相量表示，有

$$V_{ab}+V_{ac}=\frac{3q_a}{2\pi k}\ln\frac{D}{r}\quad \text{V} \tag{4.78}$$

图4.21所示为电压的相量图。

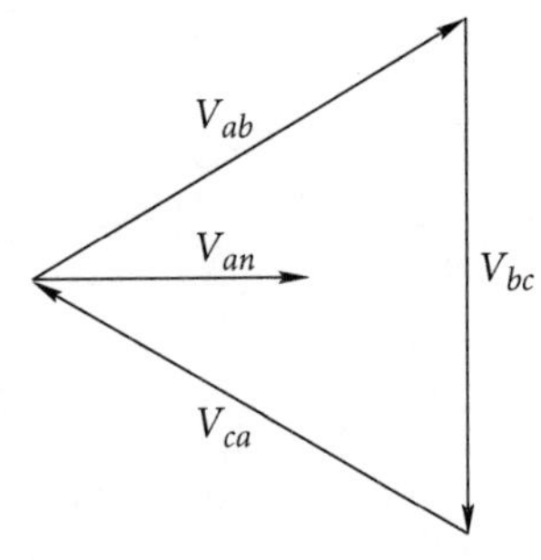

图4.21 三相线路上平衡电压的相量图

从该图可以得到线电压 V_{ab} 和 V_{ac}

$$V_{ab}=\sqrt{3}V_{an}\angle 30°=\sqrt{3}V_{an}(0.866+\text{j}0.5) \tag{4.79}$$

$$V_{ac}=-V_{ca}=\sqrt{3}V_{an}\angle -30°=\sqrt{3}V_{an}(0.866-\text{j}0.5) \tag{4.80}$$

将式(4.79)和式(4.80)相加，有

$$V_{ab}+V_{ac}=3V_{an} \tag{4.81}$$

以 $3V_{an}$ 代替式(4.78)中的 $V_{ab}+V_{ac}$，可得到线路 a 到中性点的电压 V_{an} 为

$$V_{an}=\frac{q_a}{2\pi k}\ln\frac{D}{r}\quad \text{V} \tag{4.82}$$

导线到中性点的电容等于导线上电荷与导线到中性点的电压之比

$$C_n=\frac{q_a}{V_{an}}=\frac{2\pi k}{\ln(D/r)}\quad \text{F/m（至中性点）} \tag{4.83}$$

比较式(4.70)和式(4.83) 可知，两式相同。这两个公式分别用于求解单相线路和等距三相线路到中性点的电容。同样，如前所述，单相和等距三相线路的单相电感公式也相同。

和线路电容相关的电流被称为“充电电流”。对于单相电路，充电电流是线电压和线间电纳的乘积，用相量表示为

$$I_{\text{chg}}=\text{j}\omega C_{ab}V_{ab} \tag{4.84}$$

对于三相线路，充电电流等于相电压和线路到中性点的电容电纳的乘积。式(4.84)为单相充电电流，它等于平衡三相电路以中性线作为回路时每相线路的充电电流。a 相的充电电流的相量为

$$I_{\text{chg}}=\text{j}\omega C_nV_{an}\quad \text{A/km（或A/mi）} \tag{4.85}$$

由于线路电压的有效值跟随线路而变化，因此线路上每一处的充电电流都不相同。通常用线路的额定电压(例如220 kV或500 kV)来求解充电电流，但这个电压值可能既不等于发电厂发出的电压，也不等于负载上的实际电压。

间距不相等的三相线路上的电容 当三相线路的相间距离不相等时，电容的计算问题变得更加困难。通常线路都没有经过换位，这时每相导线对中性点的电容都不相等。在换位线路中，若经过完整换位周期，任意相到中性点的电容的平均值都相等，因为在完整换位周期内，三相导线将轮流处在3个不同的位置上。对于常见的线路结构，未换位导致的不对称性影响很小，所以电容的计算仍然以所有线路均进行了换位为基础。

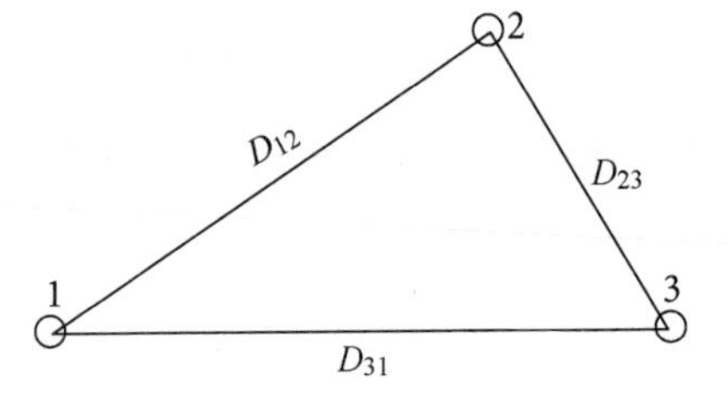

图4.22 不对称间距时三相线路的横截面

图4.22中，对于换位周期的3个不同位置，可以列写关于 V_{ab} 的3个方程。

当 a 相在位置 1、b 相在位置 2、c 相在位置 3 时，

$$V_{ab}=\frac{1}{2\pi k}\left(q_a\ln\frac{D_{12}}{r}+q_b\ln\frac{r}{D_{12}}+q_c\ln\frac{D_{23}}{D_{31}}\right)\quad \text{V} \tag{4.86}$$

当 a 相在位置 2、b 相在位置 3、c 相在位置 1 时，

$$V_{ab}=\frac{1}{2\pi k}\left(q_a\ln\frac{D_{23}}{r}+q_b\ln\frac{r}{D_{23}}+q_c\ln\frac{D_{31}}{D_{12}}\right)\quad \text{V} \tag{4.87}$$

当 a 相在位置 3、b 相在位置 1、c 相在位置 2 时，

$$V_{ab}=\frac{1}{2\pi k}\left(q_a\ln\frac{D_{31}}{r}+q_b\ln\frac{r}{D_{31}}+q_c\ln\frac{D_{12}}{D_{23}}\right)\quad \text{V} \tag{4.88}$$

式(4.86)~式(4.88)和换位线路中单根导线的磁链公式(4.51)~式(4.53)类似。不过，磁链公式中的电流在换位周期的每一个分段内都相等。在式(4.86)~式(4.88)中，如果忽略线路的沿线电压降，在一个换位周期任何一个分段中的相电压与该相在其他分段中的电压相同。这样，在整个换位周期中，任何两根导线之间的电压都相同。因此，当导线相对于其他导线的位置发生变化时，导线上的电荷也必然发生变化。式(4.86)~式(4.88)的处理方式虽然与式(4.51)~式(4.53)的处理方式类似，但并不严格。

除非相邻导线的平面距离相等，否则电容的严格解对实际环境有强依赖关系。对于常见的间距和导线，只要假设单位长度导线上的电荷在换位周期的各个阶段中都相同，就能获得足够的精度。但是，一旦假设电荷相同，那么在换位周期的各个阶段中，两条导线之间的电压就不相同。因此，可以先求到导线之间的平均电压，然后再求对应的电容值。将式(4.86)~式(4.88)相加，然后除以 3，即可得到平均电压。因为假设一根导线的电荷在换位周期各个阶段都相同，因此导线 a 和 b 之间的平均电压为

$$\begin{aligned}V_{ab}&=\frac{1}{6\pi k}\left(q_a\ln\frac{D_{12}D_{23}D_{31}}{r^3}+q_b\ln\frac{r^3}{D_{12}D_{23}D_{31}}+q_c\ln\frac{D_{12}D_{23}D_{31}}{D_{12}D_{23}D_{31}}\right)\\&=\frac{1}{2\pi k}\left(q_a\ln\frac{D_{\text{eq}}}{r}+q_b\ln\frac{r}{D_{\text{eq}}}\right)\end{aligned} \tag{4.89}$$

其中，

$$D_{\text{eq}}=\sqrt[3]{D_{12}D_{23}D_{31}} \tag{4.90}$$

同样，导线 a 到导线 c 的电压降的平均值为

$$V_{ac}=\frac{1}{2\pi k}\left(q_a\ln\frac{D_{\text{eq}}}{r}+q_c\ln\frac{r}{D_{\text{eq}}}\right)\quad \text{V} \tag{4.91}$$

应用式(4.81)

$$3V_{an}=V_{ab}+V_{ac}=\frac{1}{2\pi k}\left(2q_a\ln\frac{D_{\text{eq}}}{r}+q_b\ln\frac{r}{D_{\text{eq}}}+q_c\ln\frac{r}{D_{eq}}\right)\quad \text{V} \tag{4.92}$$

因为 $q_a+q_b+q_c=0$，所以单相导线至中性点的电压满足

$$3V_{an}=\frac{3}{2\pi k}q_a\ln\frac{D_{\text{eq}}}{r}\qquad \text{V} \tag{4.93}$$

且

$$C_n=\frac{q_a}{V_{an}}=\frac{2\pi k}{\ln(D_{\text{eq}}/r)}\qquad \text{F/m（至中性点）} \tag{4.94}$$

式(4.94)为三相线路换位后单相导线至中性点的电容计算公式，它与三相线路换位后单相

电感的计算公式(4.56)相似。在求解与 C_n 对应的电抗时，可以如式(4.73)所示，将该电抗分解为间距为 1 ft 时相到中性点的电容电抗 X'_a 和电容电抗空间因子 X'_d。

例题 4.7　求例题 4.4 中 1 mi 长线路的电容和电容电抗。如果线路长 175 mi，额定运行电压为 220 kV，求整条线路的相到中线的电容电抗、每 mi 的充电电流和充电总功率(MVA)。

解：

$$r = \frac{1.108}{2 \times 12} = 0.046\,2\ \text{ft}$$

$$D_{eq} = 24.8\ \text{ft}$$

$$C_n = \frac{2\pi \times 8.85 \times 10^{-12}}{\ln(24.8/0.046\,2)} = 8.846\,6 \times 10^{-12}\ \text{F/m}$$

$$X_C = \frac{10^{12}}{2\pi \times 60 \times 8.846\,6 \times 1609} = 0.186\,4 \times 10^6\ \Omega \cdot \text{mi}$$

$$(= 0.186\,4 \times 1.609 \times 10^6 = 0.300\,0 \times 10^6\ \Omega \cdot \text{km})$$

或者由表可得

$$X'_a = 0.091\,2 \times 10^6,\quad X'_d = 0.068\,31 \times \log 24.8 = 0.095\,3 \times 10^6$$

$$X_C = (0.091\,2 + 0.095\,3) \times 10^6 = 0.186\,5 \times 10^6\ \Omega \cdot \text{mi}\ (\text{至中性点})$$

$$[= 0.186\,5 \times 1.609 \times 10^6 = 0.300\,0\ \Omega \cdot \text{km}\ (\text{至中性点})]$$

线路总长为 175 mi(或 281.6 km)时，

$$\text{电容电抗} = \frac{0.186\,5 \times 10^6}{175} = 1066\ \Omega\ (\text{至中性点})$$

$$|I_{chg}| = \frac{220\,000}{\sqrt{3}}\frac{1}{X_C} = \frac{220\,000 \times 10^{-6}}{\sqrt{3} \times 0.186\,5} = 0.681\ \text{A/mi}$$

$$(= 0.681/1.609 = 0.423\ \text{A/km})$$

或者

0.681×175=0.423×281.6=119 A。无功功率为 $Q = \sqrt{3} \times 220 \times 119 \times 10^{-3} = 45.3$ Mvar。为了与第 2 章的约定保持一致，分布电容吸收负的无功功率分量。换言之，线路的分布电容产生正的无功功率。

MATLAB program for Example 4.7(ex4_7.m):

```
% M-file for Example 4.7: ex4_7.m
% Clean previous value
clc
clear all
% Initial value
V=220000;
l=175;                 % mi
% Solution
r=1.108/(2*12);
Deq=24.8;              % From Example 4.4
Cn=2*pi*8.85*(10^(-12))/log(Deq/r);
Xc=1/(2*pi*60*Cn*1609);
% From table
X_a=0.0912*10^6;
X_d=0.0953*10^6;
```

```
Xc_2=(X_a+X_d);
Capacitive_reactance=Xc_2/l;
Ichg=V/(sqrt(3)*Xc_2); Ichg_1=Ichg/1.609;
disp(['Ichg=V/(sqrt(3)*Xc_2)=', num2str(abs(Ichg)), 'A/mi'])
disp(['=', num2str(abs(Ichg_1)), 'A/km'])
```

4.5 大地对三相输电线路电容的影响

因为大地的存在改变了导线的电场，因此大地会影响输电线路的电容。假设大地是一个具有无穷大平面的水平理想导线，那么带电导线-大地系统的电场将与带电导线单独作用时的电场不同。带电导线-大地系统的电场必须要满足大地对电场的要求。尽管由于地形的不规则和地表类型的多样性，大地实际上不是光滑的等电位面，但是，这个假设有助于更好地理解大地对电容计算的影响。

接下来考虑以大地作为回路的单个架空线路的电路。当导线充电时，电荷从大地流到导线上，导线与大地出现电位差。大地中的电荷与导线上的电荷大小相等，但符号相反。因为大地的表面被假定为理想导线，因此由导线指向大地的电通量与大地的等电位面垂直。假想一个尺寸和形状与架空导线相同的虚拟导线，该虚拟导线位于架空导线正下方，且与架空导线的距离等于架空导线到大地的距离的两倍。将大地移除，假设虚拟导线中的电荷与架空导线上的电荷大小相等，符号相反，那么架空导线和虚拟导线正中间的平面就是一个等电位面，它与大地为等电位面。架空导线与该等电位面之间的电通量等于导线与大地之间的电通量。因此，计算电容时，可以用一个地中的虚拟带电导线取代大地，该导线到大地的距离等于架空导线到大地的距离。该导线称为“虚拟导线”，虚拟导线上的电荷与架空导线上的电荷相比，大小相等、符号相反。

用架空导线的镜像导线来代替大地并计算电容的方法可以扩展到多条导线。如果为每条架空导线都设置一条镜像导线，则原始架空导线与其镜像之间的电通量与大地的等效平面垂直，且该平面是一个等电位面。该等电位面之上的电通量与没有虚拟导线但有大地时的电通量相同。

对三相线路使用镜像法，如图 4.23 所示。假设线路经过循环换位，导线 a，b 和 c 上的电荷为 q_a，q_b 和 q_c，在循环换位的第一阶段，各导线所处的位置分别为 1、2、3。图 4.23 中间的水平面为大地，地中导线的镜像电荷分别为 $-q_a$，$-q_b$ 和 $-q_c$。一个循环换位的 3 个阶段中，导线 a 到导线 b 的电压降可以由 3 个带电导线及其镜像决定。

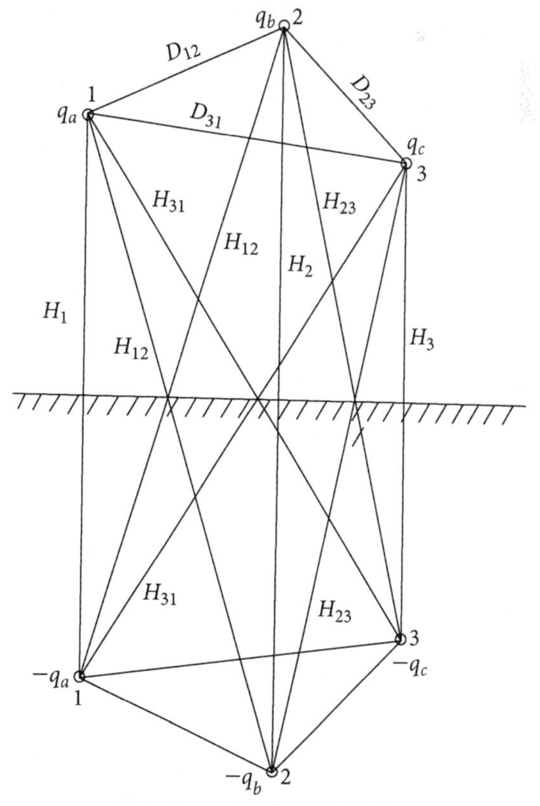

图 4.23 三相线路及其镜像

当导线 a 在位置 1、b 在 2、c 在 3 时，由式(4.63)，

$$V_{ab}=\frac{1}{2\pi k}\left[q_a\left(\ln\frac{D_{12}}{r}-\ln\frac{H_{12}}{H_1}\right)+q_b\left(\ln\frac{r}{D_{12}}-\ln\frac{H_2}{H_{12}}\right)+q_c\left(\ln\frac{D_{23}}{D_{31}}-\ln\frac{H_{23}}{H_{31}}\right)\right] \tag{4.95}$$

用同样的方法可以得到换位周期其他部分的 V_{ab} 的表达式。假设导线单位长度的电荷在整循环换位周期中处处相等，即可得到相量 V_{ab} 的平均值。用同样的方法可以得到相量 V_{ac} 的平均值，将 V_{ab} 和 V_{ac} 的平均值相加，得到 $3V_{an}$。因为电荷之和为零，因此有

$$C_n=\frac{2\pi k}{\ln\left(\frac{D_{\text{eq}}}{r}\right)-\ln\left(\frac{\sqrt[3]{H_{12}H_{23}H_{31}}}{\sqrt[3]{H_1H_2H_3}}\right)}\quad \text{F/m (至中性点)} \tag{4.96}$$

比较式(4.94)和式(4.96)可知，大地使线路电容增加了。为了考虑大地的影响，需要将式(4.94)的分母减去修正项

$$\ln\left(\frac{\sqrt[3]{H_{12}H_{23}H_{31}}}{\sqrt[3]{H_1H_2H_3}}\right)$$

大多数情况下，因为导线到地面的距离远远大于导线之间的距离，修正项分子中的对角距离几乎和分母中的垂直距离相等，因此修正项将非常小。除了当三相电流的总和不为零且需要利用对称分量法分析电路时，一般均忽略大地的影响。

分裂导线的电容计算 图 4.24 所示为三相分裂导线，可以用类似于式(4.86)的推导方法，先求导线 a 到导线 b 的电压降，但需要注意，图 4.24 中的 6 条导线上均有电荷。

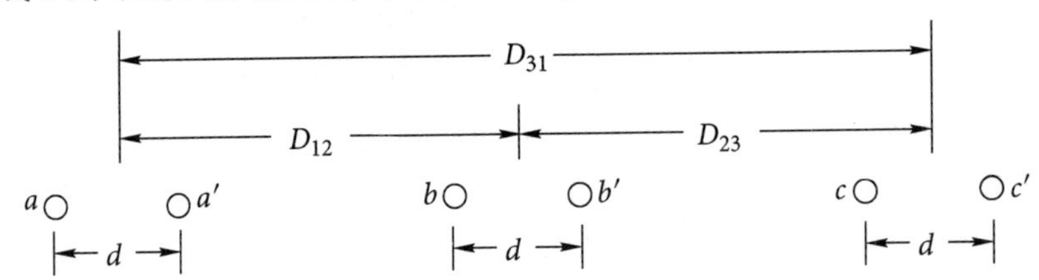

图 4.24　分裂导线三相线路的横截面积

因为各相导线的相间距离通常是分裂导线线间距离的 15 倍以上，又加上分裂导线中各股导线相互平行，因此可以认为同一条分裂导线中各股导线上的电荷相等。此外，由于 D_{12} 远大于 d，因此可以用 D_{12} 替代 $D_{12}-d$ 和 $D_{12}+d$，同样也可以用该方法对其他分裂间距进行近似处理。通常，这种近似处理对计算结果的影响微乎其微，甚至在计算结果需要精确到 5 或 6 个有效数字时，都观察不到这种近似处理带来的影响，因此，不必使用上文所述的精确方法来求解 V_{ab}。

如果 a 相电荷为 q_a，两条导线 a 和 a' 将分别带有电荷 $q_a/2$；b 和 c 相的电荷分布也相同。因此

$$V_{ab}=\frac{1}{2\pi k}\left[\frac{q_a}{2}\left(\underbrace{\ln\frac{D_{12}}{r}}_{a}+\underbrace{\ln\frac{D_{12}}{d}}_{a'}\right)+\frac{q_b}{2}\left(\underbrace{\ln\frac{r}{D_{12}}}_{b}+\underbrace{\ln\frac{d}{D_{12}}}_{b'}\right)+\frac{q_c}{2}\left(\underbrace{\ln\frac{D_{23}}{D_{31}}}_{c}+\underbrace{\ln\frac{D_{23}}{D_{31}}}_{c'}\right)\right] \tag{4.97}$$

上式中，每个对数项下的字母表示对应导线上电荷的作用。合并式(4.97)中的各项，得到

$$V_{ab}=\frac{1}{2\pi k}\left(q_a\ln\frac{D_{12}}{\sqrt{rd}}+q_b\ln\frac{\sqrt{rd}}{D_{12}}+q_c\ln\frac{D_{23}}{D_{31}}\right) \tag{4.98}$$

式(4.98)与式(4.86)相同，但 r 被 $\sqrt{rd}$ 替代。考虑线路换位，进一步推导得

$$C_n = \frac{2\pi k}{\ln\left(\dfrac{D_{\text{eq}}}{\sqrt{rd}}\right)} \quad \text{F/m（至中性点）} \tag{4.99}$$

$\sqrt{rd}$ 与双导线分裂导线中的 D_s^b 相同，但是 D_s 被 r 取代了。由此可得出结论，二分裂三相线路的电容可以用改进几何平均距离(GMD)法进行计算。该改进方法中，外半径代替了单根导线的 GMR。

改进 GMD 法也可以用于其他分裂结构。为了与电感计算中的 D_s^b 区别，用 D_{sC}^b 表示电容计算中的 GMR，因此

$$C_n = \frac{2\pi k}{\ln\left(\dfrac{D_{\text{eq}}}{D_{sC}^b}\right)} \quad \text{F/m（至中性点）} \tag{4.100}$$

对于二分裂导线

$$D_{sC}^b = \sqrt[4]{(r \times d)^2} = \sqrt{rd} \tag{4.101}$$

对于三分裂导线

$$D_{sC}^b = \sqrt[9]{(r \times d \times d)^3} = \sqrt[3]{rd^2} \tag{4.102}$$

对于四分裂导线

$$D_{sC}^b = \sqrt[16]{(r \times d \times d \times d \times \sqrt{2})^4} = 1.09\sqrt[4]{rd^3} \tag{4.103}$$

例题 4.8 求例题 4.5 线路的单相电容电抗(单位为 Ω · km 和 Ω · mi)。

解： 按附表 A.3 所示直径，有

$$r = \frac{1.382 \times 0.304\,8}{2 \times 12} = 0.017\,55\ \text{m}$$

$$D_{sC}^b = \sqrt{0.017\,55 \times 0.45} = 0.088\,9\ \text{m}$$

$$D_{eq} = \sqrt[3]{8 \times 8 \times 16} = 10.08\ \text{m}$$

$$C_m = \frac{2\pi \times 8.85 \times 10^{-12}}{\ln\left(\dfrac{10.08}{0.088\,9}\right)} = 11.75 \times 10^{-12}\ \text{F/m}$$

$$X_C = \frac{10^{12} \times 10^{-3}}{2\pi \times 60 \times 11.754} = 0.225\,7 \times 10^6\ \Omega \cdot \text{(km/相至中性点)}$$

$$\left(X_C = \frac{0.225\,7 \times 10^6}{1.609} = 0.140\,3 \times 10^6\ \Omega \cdot \text{(mi/相至中性点)}\right)$$

双回路三相线路 如果结构相同且并联运行的三相电路的间距很小，则线路之间存在耦合，对应等效电路的电感电抗和电容电抗可以用 GMD 法来计算。

图 4.25 所示为架设在同一个杆塔上的双回路三相线路的典型排列。尽管线路可能未经换位，但本节仍然假设线路为循环换位线路，以便获得电感电抗和电容电抗的实用值。

a 相由平行的导线 a 和 a' 组成。同理有 b 相和 c 相。假设三相导线为换位导线，在一个完整换位周期中，三相导线分别处于导线 a 和 a'、导线 b 和 b' 以及导线 c 和 c' 的位置。

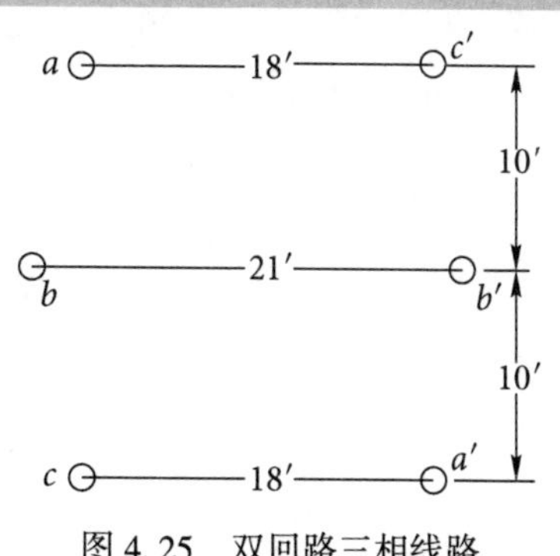

图 4.25 双回路三相线路的典型排列方式

利用 GMD 方法计算 D_{eq}时，需要用到符号 D_{ab}^{p}，D_{bc}^{p}和 D_{ca}^{p}，其中上标代表平行线路，例如，D_{ab}^{p}表示 a 相和 b 相导线的相间 GMD。

令两条导线分别处在位置 a 和 a'、b 和 b'、c 和 c'，且用 D_{p}^{s}表示这两条导线的 GMR 值。计算电感时，用 D_{p}^{s}代替式(4.56)中的 D_s。计算电容时，由于电容和电感计算相似，可以假设电容计算中的 D_{sC}^{p}与电感计算中的 D_{s}^{p}相同，但是用 r 取代了单条导线参数计算时的 D_s。

接下来将通过例题 4.9 进行详细讲解。

例题 4.9 三相双回路的导线型号为 300 000 cmil 26/7 Ostrich(见附表 A.3)，如图 4.25 所示。系统为 60 Hz 时，试分别求单相电感电抗(Ω/mi 和 Ω/km)和相容电纳(S/mi 和 S/km)。

解： 由附表 A.3，有

$$D_s = 0.022\,9\ \text{ft}$$

$$a\text{到}b\text{的距离：原始位置} = \sqrt{10^2 + 1.5^2} = 10.1\ \text{ft}$$

$$a\text{到}b'\text{的距离：原始位置} = \sqrt{10^2 + 19.5^2} = 21.9\ \text{ft}$$

相间 GMD 为

$$D_{ab}^{p} = D_{bc}^{p} = \sqrt[4]{(10.1 \times 21.9)^2} = 14.87\ \text{ft}$$

$$D_{ca}^{p} = \sqrt[4]{(20 \times 18)^2} = 18.97\ \text{ft}$$

$$D_{eq} = \sqrt[3]{(14.87 \times 14.87 \times 18.97)} = 16.1\ \text{ft}$$

为了计算电感，需要首先求取导线 a 和 a'、导线 b 和 b'以及导线 c 和 c'的 GMR。a 到 a'的实际距离为$\sqrt{20^2+18^2}=26.9$ ft。因此，单相 GMR 为

$$\text{处于位置}a - a'\text{: } \sqrt{26.9 \times 0.022\,9} = 0.785\ \text{ft}$$

$$\text{处于位置}b - b'\text{: } \sqrt{21 \times 0.022\,9} = 0.693\ \text{ft}$$

$$\text{处于位置}c - c'\text{: } \sqrt{26.9 \times 0.022\,9} = 0.785\ \text{ft}$$

因此得到双回线路的 GMR

$$D_{s}^{p} = \sqrt[3]{0.785 \times 0.693 \times 0.785} = 0.753\ \text{ft}$$

$$L = 2 \times 10^{-7} \ln \frac{16.1}{0.753} = 6.13 \times 10^{-7}\ \text{H/m}\cdot\text{相}$$

$$X_L = 2\pi \times 60 \times 1609 \times 6.13 \times 10^{-7} = 0.372\ \Omega/\text{mi}\cdot\text{相}$$

$$(= 0.372/1.609 = 0.231\ \Omega/\text{km}\cdot\text{相})$$

计算电容时，取 D_{sC}^{p}与 D_{s}^{p}相同，但用 Ostrich 型导线的外半径替代导线的自 GMR。Ostrich 型导线的外径为 0.680 in，因此

$$r = \frac{0.680}{2 \times 12} = 0.028\,3\ \text{ft}$$

$$D_{sC}^{p} = \left(\sqrt{26.9 \times 0.028\,3}\sqrt{21 \times 0.028\,3}\sqrt{26.9 \times 0.028\,3}\right)^{1/3}$$

$$= \sqrt{0.028\,3}\,(26.9 \times 21 \times 26.9)^{1/6} = 0.837\ \text{ft}$$

$$C_n = \frac{2\pi \times 8.85 \times 10^{-12}}{\ln \dfrac{16.1}{0.837}} = 18.807 \times 10^{-12}\ \text{F/m}$$

$$B_c = 2\pi \times 60 \times 18.807 \times 1609 \times 10^{-12}$$
$$= 11.41 \times 10^{-6}\ \text{S/mi}(\text{相至中性点})$$
$$(= 11.41 \times 10^{-6}/1.609 = 7.09 \times 10^{-6}\ \text{S/km}(\text{相至中性点}))$$

MATLAB program for Example 4.9(ex4_9.m):

```
% M-file for Example 4.9: ex4_9.m
clc
clear all
% Initial value
f=60;
% Solution
Ds= 0.0229;
Distance_atob= sqrt((10^2)+1.5^2);
% Distance from a to b prime
Distance_atobp= sqrt((10^2)+19.5^2);
% GMDs between phases
Dab= nthroot((Distance_atob * Distance_atobp)^2, 4);
Dbc= Dab;
Dac= nthroot((20 * 18)^2, 4);
Deq= nthroot(Dac * Dab * Dbc, 3);
Distance_atoap= sqrt((20^2)+18^2);
a_ap= sqrt(Distance_atoap * Ds);
b_bp= sqrt(21 * Ds);
c_cp= sqrt(Distance_atoap * Ds);
Ds_2= nthroot(a_ap * b_bp * c_cp, 3);
L= 2 * (10^(-7)) * log(Deq/Ds_2);        % H/m
Xl= 2 * pi * f * 1609 * L;               % ohm/mi
r= 0.68/(2 * 12);
DsC= (sqrt(Distance_atoap * r) * sqrt(21 * r) * sqrt(Distance_
atoap * r))^(1/3);
Cn= 2 * pi * 8.85 * (10^(-12))/log(Deq/DsC); % F/m
Bc= 2 * pi * 60 * Cn * 1609;             % S/mi
disp(['Xl = 2 * pi * 60 * L * 1609 = ', num2str(Xl), ' ohm/mi per phase to
neutral'])
disp([' = ', num2str(Xl/1.609), ' ohm/km per phase
to neutral'])
disp(['Bc = 2 * pi * 60 * Cn * 1609 = ', num2str(Bc), ' S/mi per phase to
neutral'])
disp([' = ', num2str(Bc/1.609), ' S/km per phase
to neutral'])
```

4.6 小结

电感和电容的计算非常相似。虽然利用各种计算机程序进行求解更简单，但是为了在设计线路时能深刻理解各种参数的影响，必须了解这些公式的推导过程。附表 A.3、附表 A.4 和附表 A.5 提供了各种数据，这些数据使参数计算变得简单(除双回线路外)。附表 A.3 还提供了相关电阻值。

为方便和强调起见，再次列出单回三相线路单相电感的表达式，

$$L = 2 \times 10^{-7} \ln \frac{D_{eq}}{D_s} \qquad \text{H/m} \cdot \text{相} \tag{4.104}$$

将电感(H/m)乘以 2π×60×1000 后得到 60 Hz 下电感电抗(Ω/km)值，

$$X_L = 0.0754 \ln \frac{D_{eq}}{D_s} \qquad \Omega/\text{km} \cdot \text{相} \tag{4.105}$$

或者

$$X_L = 0.1213 \ln \frac{D_{eq}}{D_s} \qquad \Omega/\text{mi} \cdot \text{相} \tag{4.106}$$

D_{eq}和 D_s的单位相同，通常为 ft。对于每相只有一条导线的线路，直接从表中可得 D_s。对于分裂导线，用 D_s^b(见 4.3 节的定义)替换 D_s。对于单导线和分裂导线

$$D_{eq} = \sqrt[3]{D_{ab}D_{bc}D_{ca}} \tag{4.107}$$

对于分裂导线，D_{ab}，D_{bc}和 D_{ca}分别表示三相分裂导线的相间距离。

对于每相只有一条导线的线路，通过将附表 A.3 中的 X_a与附表 A.5 中的 X_d(对应于 $d=D_{eq}$)相加，可以得到 X_L。

电容计算中，最重要的为单回路、三相线路的相对中性点的电容公式，

$$C_n = \frac{2\pi k}{\ln \dfrac{D_{eq}}{D_{sC}}} \qquad \text{F/m (至中性点)} \tag{4.108}$$

D_{sC}是由一条导线组成的单相导线的外半径 r。对架空线，k 等于 8.854×10^{-12}(因为空气的 $k_r=1.0$)。电容电抗(Ω·km)等于 $1/2\pi fC$，其中 C 的单位为 F/m。所以，60 Hz 时，

$$X_C = 4.77 \times 10^4 \times \ln \frac{D_{eq}}{D_{sC}} \qquad \Omega \cdot \text{km (至中性点)} \tag{4.109}$$

或者将上式除以 1.609 km/mi，得到

$$X_C = 2.964 \times 10^4 \times \ln \frac{D_{ed}}{D_{sC}} \qquad \Omega \cdot \text{mi (至中性点)} \tag{4.110}$$

用单位 S/km 和 S/mi 表示的电容电纳值分别是式(4.109)和式(4.110)的倒数。

D_{eq}和 D_{sC}的单位相同，通常为 ft。对于分裂导线，用 D_{sC}^b代替 D_{sC}。对于单导线和分裂导线

$$D_{eq} = \sqrt[3]{D_{ab}D_{bc}D_{ca}} \tag{4.111}$$

对于分裂导线，D_{ab}，D_{bc}和 D_{ca}分别表示三相分裂导线的相间距离。

对于每相只有一条导线的线路，通过将附表 A.3 中的 X'_a与附表 A.5 中的 X'_d(对应于 D_{eq})相加，可以得到 X_C。

例题 4.9 对并联线路的电感、电容和相关电抗的求解进行说明。

复习题

4.1 节

4.1 什么是导线的集肤效应?

4.2 导线周围电离产生的不良影响叫电晕。(真或假)

4.3 在正常工作范围内，金属导线的电阻和温度是非线性关系。(真或假)

4.4 电路的________不但与电通量变化产生的电压有关，而且与电流变化率有关。

a. 电阻　　b. 电感　　c. 电容　　d. 电导率

4.5 金属导线的直流电阻与导线的________成反比。

a. 电阻率　　b. 长度　　c. 横截面积

4.6 输电线路用于实现电力系统输电功能的 4 个参数是什么?

4.7 列出 3 种不同类型的铝导线的符号。

4.8 增大电流频率会使导线的电阻减小。(真或假)

4.9 一个圆密尔(1 cmil)等于多少 mm^2?

4.10 1 Ω · cmil/ft 等于多少 Ω · m?

4.2 节

4.11 输电线路的电感单位为________/A。

4.12 请解释由两根复合导线组成的单相线路中的互几何均距 GMD。

4.13 请解释上题的几何平均半径或 GMR。

4.14 如果仅考虑圆导线的内部电通量，求圆导线单位长度的电感。

4.15 图 4.5 中，如果 $D_2 = 2.7183 D_1$，那么导线外部两点 P_1 和 P_2 之间的电感值是________?

4.16 求解图 4.10 中导线 b 的电感值。

4.3 节

4.17 增加分裂导线的数目，不会降低电晕的影响，但能降低电抗。(真或假)

4.18 输电线路换位的目的是什么?

4.4 节

4.19 输电线路存在电容是由于导线之间存在电位差。

4.20 以下陈述中哪一项是错误的?

a. 双线线路间电容的定义是导线间存在单位电位差时导线上的电荷。

b. 术语“充电电流”不是线路上电容的电流。

c. 如果线路由具有中心抽头接地的变压器供电，则每条导线与地面之间的电位差等于两条导线之间电位差的一半，或者是电容到大地(电容到中性点)的电位差的一半。

4.21 两个电容 C_1 和 C_2 串联后的等效电容值是多少?

4.22 解释单相输电线路中充电电流的产生原因。

4.23 对图 4.20 中的三相线路，推导相到中性点的电容计算公式(4.83)。

4.5 节

4.24 考虑大地对三相输电线路电容的影响时，需要将大地用一个地中的虚拟带电导线替代，该虚拟导线到大地的距离等于架空导线到大地的距离。(真或假)

4.25 如果输电线路距离大地很远，则不可忽略大地的影响。(真或假)

习题

4.1 型号为 Bluebell 的全铝导线(AAC)由 37 股绞线组成，每条绞线的直径为 0.1672 in。AAC 的电特性参数值表中指出该导线的面积为 1 033 500 cmil($1\ \text{cmil} = (\pi/4) \times 10^{-6}\ \text{in}^2$)。上述描述是否一致? 求这些股数的整体面积($m^2$)。

4.2 利用式(4.2)和习题 4.1 的信息，确定 20℃时型号为 Bluebell 的导线的直流电阻(Ω/km)。将该值与电特性参数表中的 0.016 78 Ω/1000 ft 进行比较并验证是否正确。计算 50℃时的直流电阻(Ω/km)，将计算结果与该导线在表中 50℃，60 Hz 下的交流电阻进行比较。解释值的差别。假设旋转缠绕使得电阻增大了 2%。

4.3 AAC 由 37 股绞线组成，每股导线的直径为 0.333 cm。计算 75℃时的直流电阻(Ω/km)。假设旋转缠绕使得电阻增大了 2%。

4.4 磁场中某一点的能量密度(即单位容积的能量)为 $B^2/2\mu$，其中 B 是磁通量密度，而 μ 为导磁率。利用这个结果和式(4.10)，可以得到：固体圆导线中流过电流 I 时，该导线单位长度的总磁场能量为 $\mu I^2/16\pi$。忽略集肤效应，请验证式(4.15)。

4.5 60 Hz 单相线路的导线为实心圆铝线，直径为 0.412 cm。导线间距为 3 m。求分别以 mH/mi 和 mH/km 为单位的线路电感。由内部磁通量导致的电感有多大？忽略集肤效应。

4.6 60 Hz 单相架空线路由对称水平杆塔支撑。导线(a 和 b)的间距是 2.5 m。电话线位于电力线路下方 1.8 m 的地方，也由杆塔进行对称支持，它们(c 和 d)的间距是 1.0 m。

a. 利用式(4.36)，验证电路 a-b 和电路 c-d 单位长度的互感公式，

$$4\times10^{-7}\ln\sqrt{\frac{D_{ad}D_{bc}}{D_{ac}D_{bd}}}\qquad \text{H/m}$$

其中，D_{ad}表示导线 a 和 d 的距离，单位为 m，其他符号意义类似。

b. 计算 1 km 长的电力线路和电话线路之间的互感。

c. 当电力线路中的电流为 150 A 时，求每 km 电话线路感应的 60 Hz 电压。

4.7 如果习题 4.6 中的电力线路和电话线路铺设在同一水平面上，两条线路上最近的两根导线相距 18 m，利用习题 4.6(a)的结果，求电力线路和电话电路之间的互感。另外，当电力线路中的电流为 150 A 时，求每 km 电话线路感应的 60 Hz 电压。

4.8 求 3 股绞线的 GMR，其中每股线的半径为 r。

4.9 求图 4.26 中各种非常规导线的 GMR，其中每股线的半径为 r。

4.10 单相线路的导线间距为 3 m。每一条导线中，6 股导线对称地围绕在一股导线的周围，因此一条导线由 7 股相同的导线组成。每一股导线的直径为 2.54 mm。证明每一根导线的 D_s是每股导线半径的 2.177 倍。求以 mH/km 为单位的电感。

4.11 如图 4.9 所示，当单相线路的 Y 侧与 X 侧相同且两侧相距 9 m 时，重新求解例题 4.2。

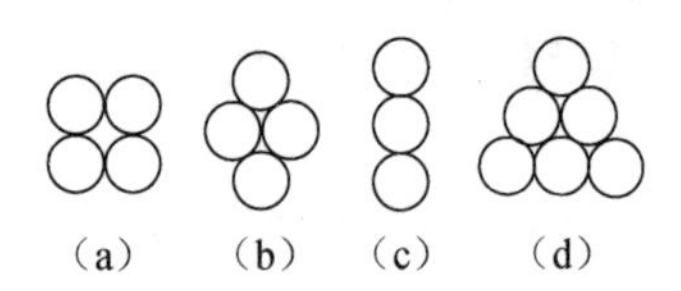

图 4.26　习题 4.9 的非常规导线的横截面图

4.12 求间距为 1 m 时型号为 Rail 的 ACSR 的电感电抗，单位为 Ω/km。

4.13 求间距为 7 ft 时附表 A.3 中电感电抗等于 0.651 Ω/mi 的导线型号。

4.14 Dove 型 ACSR 导线构成等间距的三相线路。如果导线的相间距离为 3 m，求60 Hz时线路的单相电抗，单位为 Ω/km。

4.15 三相线路等距且相间距离为 5 m。现在将线路水平排列($D_{13}=2D_{12}=2D_{23}$)并进行循环换位。为了获得与原电路相同的电感，相邻导线之间的间距应该是多少？

4.16 60 Hz 三相输电线路的导线按三角形排列，其中两个间距为 7.62 m，第三个间距为 12.8 m。导线的型号为 ACSR Osprey。求每 km 的单相电感和单相电感电抗。

4.17 60 Hz 三相线路水平排列。当相邻导线的间距为 10 m 时，导线对应的 GMR 等于 0.013 3 m。求解单相电感电抗，单位为 Ω/km。这条导线的型号是什么？

4.18 对于短输电线路，如果忽略电阻，每相线路可以传输的最大功率等于

$$\frac{|V_S| \times |V_R|}{|X|}$$

其中 V_S 和 V_R 分别是线路送端和受端的相电压，X 是线路的电感电抗。第 5 章将会对上述功率进行详细解释。如果保持 V_S 和 V_R 的幅值不变，并且令导线的成本与其横截面积成正比，试在附表 A.3 中寻找合适的导线，使得在给定的几何平均间距下导线单位成本对应的功率输送能力最大。

4.19 三相地下配电线路的电压为 23 kV。线沟中的三相导线水平排列，并用 0.5 cm 的实心聚乙烯进行绝缘。导线的横截面是圆形，由 33 股铝线构成。导线的直径为 1.46 cm。厂商提供的 GMR 等于 0.561 cm，导线的横截面积为 1.267 cm^2。在正常的最高温度为 30℃的土壤中，线路的热额定值为 350 A。试求 50℃时的直流和交流电阻以及以 Ω/km 为单位的电感电抗。为了确定在计算电阻时是否需要考虑集肤效应，求解最接近地下导线尺寸的 ACSR 导线在 50℃时的集肤效应的影响程度(%)。注意，由于导线的间距很小，因此电感很小，对应配电线路的串联阻抗中，R 远远大于 X_L。

4.20 习题 4.6 中的单相电力线路被水平杆塔支撑的三相线路替代，杆塔所在的位置与原始单相线路的位置相同。导线的间距为 $D_{13} = 2D_{12} = 2D_{23}$，等效等边间距为 3 m。电话线路的位置与习题 4.6 相同。如果线路中的电流为 150 A，求每 km 电话线路中感应的电压，并讨论感应电压与线路电流的相位关系。

4.21 60 Hz 三相线路中，各相均由型号为 Bluejay 的 ACSR 导线构成，三相导线水平排列，相邻导线的间距为 11 m。假设将该线路中每相的导线改为由 2 条型号为 ACSR 26/7 的导线构成，铝线的总横截面积和单导线的横截面积相同，三相导线的相间距离为 11 m。绞线内导线的间距为 40 cm。试比较两种线路的单相电感电抗(单位为 Ω/km)。

4.22 计算 60 Hz 时三相分裂导线的电感电抗，单位为 Ω/km。各相均由型号为 Rail 的 ACSR 导线构成，绞线内导线的间距为 45 cm。导线的相间距离分别为 9 m，9 m 和 18 m。

4.23 三相输电线路水平排列，相邻导线的间距为 2 m。假设某一时刻，一条外侧导线上的电荷为 60 μC/km，此时，处于中心位置的导线和另一侧导线上的电荷均为-30 μC/km。每条导线的半径均为 0.8 cm。忽略大地的影响，求该时刻带相同电荷的两条导线之间的电压降。

4.24 60 Hz 单相线路中，线间距离为 1.5 m，一条导线到中性点的电容电抗等于 315.6 kΩ · km。求 25 Hz 下、间距为 0.3 m 时，该导线到中性点的电容电抗(单位为 Ω · mi)在参数特征表中是多少？该导线的横截面积以 mm^2 和 cmil 为单位时各是多少？

4.25 频率为 50 Hz、运行间距为 3 m 时，重做例题 4.6。

4.26 三相线路中，各相导线的型号均为 Cardinal ACSR，利用式(4.83)求线对中性点的电容(单位为 μF/km)，线路的相间距离均为 20 ft。求 60 Hz 下线电压为 100 kV 时线路的充电电流(A/km)？

4.27 60 Hz 三相输电线路三角形排列，相间距离分别为 7.62 m，7.62 m 和 12.8 m。导线的型号为 ACSR Osprey。求以 mF/km 和 Ω · km 为单位时线到中性点的电容和电容电抗值。如果线路长 240 km，求线到中性点的总电容和总电容电抗。

4.28 60 Hz 三相线路水平排列。导线的外径为 3.28 cm，导线的相间距离为 12 m。求以 Ω · m 为单位的线到中性点的电容电抗，如果线路的长度为 200 km，求以 Ω 为单位的总电容电抗。

4.29 a. 使用与三相线路电容推导公式相同的方法，考虑大地的影响，推导单相线路以 F/m 为单位的相到中性点的公式，其中大地的影响用镜像电荷表示。

b. 利用上述推导公式，计算由两个实心圆导线组成的单相线路的电容(单位为 F/m)，其中每条导线的直径为 0.582 cm。导线的相间距离为 3 m，距离地面 7.6 m。将计算结果与式(4.70)的结果进行比较。

4.30 考虑大地的影响，重做习题 4.28。假设导线水平排列且距离地面 20 m。

4.31 60 Hz 三相线路由型号为 Bluejay 的 ACSR 导线组成，相邻导线的水平间距为 11 m。将该线路的导线改为由型号为 ACSR 26/7 的双绞线组成，铝线的总横截面积和单导线的横截面积相同，导线的相间距离为 11 m。绞线的间距为 40 cm。比较两种线路的单相电容电抗(Ω · km)。

4.32 计算 60 Hz 下由绞线组成的三相线路的电容电抗(Ω · km)，其中每束绞线的导线型号为 ACSR Rail，绞线间的距离为 45 cm。线路的相间距离为 9 m，9 m 和 18 m。

4.33 60 Hz 双回三相线路如图 4.25 所示，它由 6 条型号为 Drake ACSR 的导线组成。垂直间距是 4.3 m，水平距离长的为 9.8 m，短的为 7.6 m。试求：

a. 单相电感(H/km)和单相电感电抗(Ω/km)；

b. 相到中性点的电容电抗(Ω · km)以及 138 kV 时每相线路每根导线中的充电电流(A/km)。

第5章　输电线路建模

在输电线路的4个参数沿线均匀分布的前提下，本章将建立输电线路电压和电流的一般方程。短线和中等长度的导线可以用集总参数表示，因为集总参数已经具有足够的精度。短的架空线路只需要考虑线路串联总电阻 R 和总电感 L，并联电容可以被忽略，因为并联电容很小，对计算精度的影响微乎其微。

中等长度的线路也可以用集总参数 R 和 L 表示，如图5.1所示，等效电路的两端各并联了一个电容，电容的大小等于线到中性点的集总电容的一半。

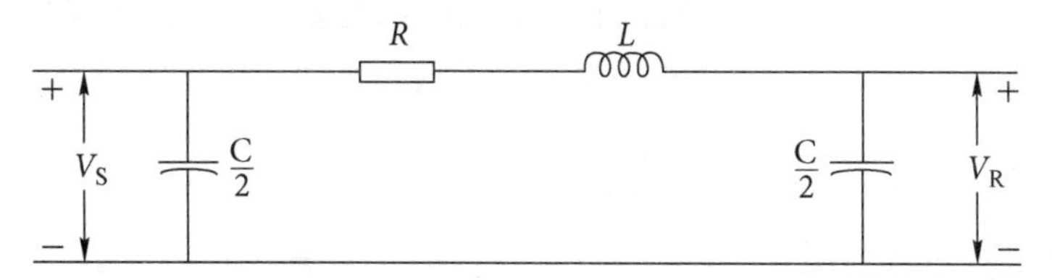

图5.1　中等长度线路的单相等效电路。如果是短输电线路，可以忽略电容

如前所述，并联电导 G 在架空输电线路的电压和电流计算中通常被忽略。如果再忽略电容，则该电路就变成了短线路。

对60 Hz系统，短输电线路是指长度小于80 km(50 mi)的裸线线路。中等长度线路是指80 km(50 mi)～240 km(150 mi)左右的线路。若计算精度不高，集总参数可以描述长达320 km(200 mi)的长线路。但是如果需要考虑精度，当线路长度超过240 km(150 mi)时，就需要考虑分布参数。

通常情况下，输电线路的负载为三相平衡负载。虽然线路不是等间距分布，也没有换位，但由此导致的不对称程度很低，因此仍然可以认为三相平衡。

为了区分线路的串联总阻抗以及单位长度的串联阻抗，采用以下符号进行区分：

z=单相单位长度的串联阻抗；

y=单相单位长度相到中性点的并联导纳；

l=线路的长度；

$Z=zl$=单相串联总阻抗；

$Y=yl$=相到中性点的并联总导纳。

5.1　短输电线路

图5.2所示为短输电线路的等效电路，其中 I_S 和 I_R 分别表示送端和受端电流，V_S 和 V_R 分别表示送端和受端的相电压。

该电路是一个简单的串联交流电路。所以

$$I_S = I_R \tag{5.1}$$

$$V_S = V_R + I_R Z \tag{5.2}$$

其中 Z 等于 zl，代表线路的串联总阻抗。

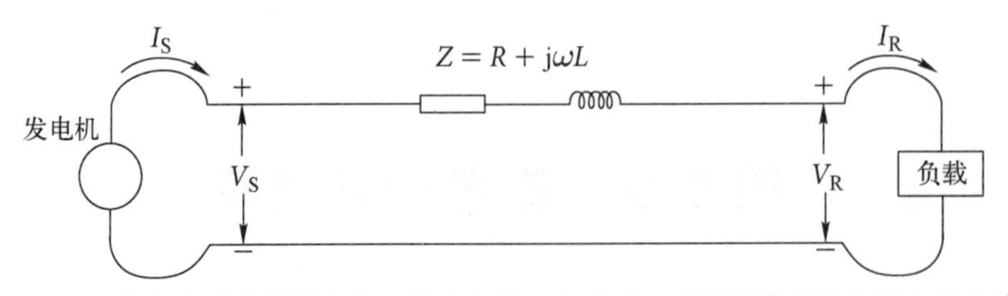

图 5.2　短输电线路的等效电路，其中电阻 R 和电感 L 表示线路的总电阻和总电感

为了便于理解，接下来首先分析负载功率因数对短线路电压的影响。当移除额定功率因数下的满载负载且维持送端电压不变时，输电线路受端电压升高的比率即为电压调整率，它表示为满载电压的百分比形式。将式(3.32)重写为

$$\text{电压调整率} = \frac{|V_{R,NL}| - |V_{R,FL}|}{|V_{R,FL}|} \times 100 \tag{5.3}$$

其中 $|V_{R,NL}|$ 是空载时受端电压的幅值，$|V_{R,FL}|$ 是送端电压 $|V_S|$ 恒定且满载时受端电压的幅值。图 5.2 中，如果切除短输电线路的负载，受端电压和送端电压将相等。带负载时，受端电压为 V_R，$|V_R| = |V_{R,FL}|$。送端电压为 V_S，$|V_S| = |V_{R,NL}|$。

图 5.3 所示为不同功率因数下的电压电流相量图，其中，受端电压和电流的大小恒定。和受端电压、电流同相的情况相比，当受端电流滞后于受端电压时，送端电压最大，否则无法维持受端电压不变。

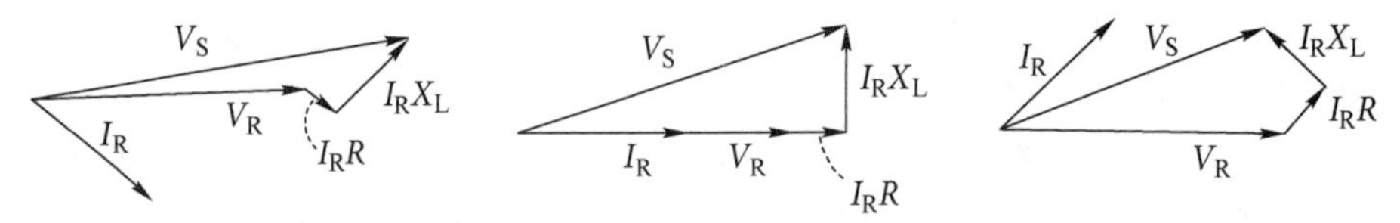

(a) 负载功率因数 = 70%，滞后　(b) 负载功率因数 = 100%　(c) 负载功率因数 = 70%，超前

图 5.3　短输电线路的相量图。3 个图中的 V_R 和 I_R 幅值保持不变

当受端电流超前受端电压时，为了维持受端电压恒定需要的送端电压最小。串联阻抗的电压降在 3 种情况下都相同，但是由于功率因数不同，使得对应电压降的相角不同。功率因数滞后时，电压调整率最大；功率因数超前时，电压调整率最小，甚至为负值。因为输电线路的电感电抗大于电阻，所以图 5.3 所示的电压调整方法适用于所有由感性电路供电的负载。绘制相量图时，为了更清楚地表明电压、电流的关系，对短输电线路上电压降的幅值 $I_R R$ 和 $I_R X_L$ 进行了放大。较长线路中功率因数与电压调整率之间的关系与短输电线路类似，但没有后者直观。

例题 5.1　三相发电机通过 64 km 的输电线路向一系列同步电动机供电，线路的两端都装有变压器，对应的单相图如图 5.4 所示。发电机的额定值为 300 MVA，20 kV，次暂态电抗为 20%。

电动机集总为两个等效电动机。电动机 M_1 的中性点通过电抗接地。电动机 M_2 的中性点未与大地相连(这种情况不常见)。电动机 M_1 和 M_2 的额定输入容量分别为 200 MVA 和 100 MVA，对应的额定电压均为 13.2 kV。两台电动机的 X''_d 都等于 20%。三相变压器 T_1 的额定值为 350 MVA，20/230 kV，漏抗为 10%。变压器 T_2 由三单相变压器组成，每台单相变压器的额定值为 127/13.2 kV，100 MVA，漏抗为 10%。输电线路长 64 km，线路的串联电抗为 0.5 Ω/km。绘制该系统的电抗图，其中所有电抗均表示为以发电机额定值为基准值的标幺值。

解：变压器 T_2的三相额定值为

$$3 \times 100 = 300\ \text{MVA}$$

其线电压变比为

$$\sqrt{3} \times \frac{127}{13.2} = \frac{220}{13.2}\ \text{kV}$$

选择 300 MVA，20 kV 为系统的基准值，因此各部分的电压基准值为：

输电线路为 230 kV(因为 T_1的额定电压为 20/230 kV)。

电动机电路

$$230 \times \frac{13.2}{220} = 13.8\ \text{kV}$$

上述基准值在图 5.4 中为小括号内的值。

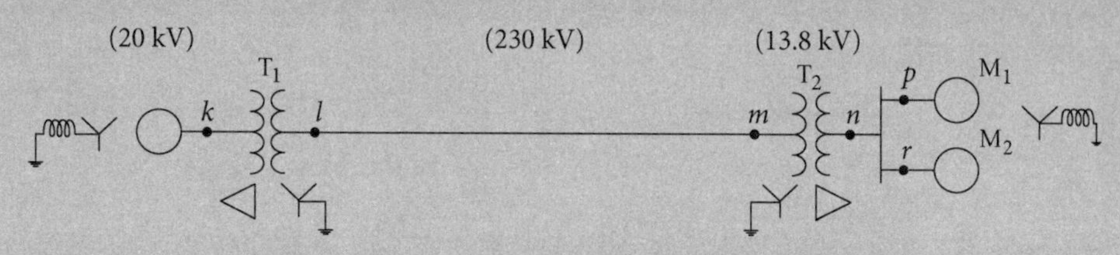

图 5.4　例题 5.1 的单线图

变换到统一基准值下的变压器的电抗为

$$\text{变压器}T_1:\quad X = 0.1 \times \frac{300}{350} = 0.085\,7\ \text{p.u.}$$

$$\text{变压器}T_2:\quad X = 0.1 \times \left(\frac{13.2}{13.8}\right)^2 = 0.091\,5\ \text{p.u.}$$

输电线路的基准阻抗为

$$\frac{(230)^2}{300} = 176.3\ \Omega$$

线路电抗为

$$\frac{0.5 \times 64}{176.3} = 0.181\,5\ \text{p.u.}$$

电动机 M_1的电抗为

$$M_1 = 0.2\left(\frac{300}{200}\right)\left(\frac{13.2}{13.8}\right)^2 = 0.274\,5\ \text{p.u.}$$

电动机 M_2的电抗为

$$M_2 = 0.2\left(\frac{300}{100}\right)\left(\frac{13.2}{13.8}\right)^2 = 0.549\,0\ \text{p.u.}$$

图 5.5 所示为忽略变压器相移时的电抗图。

MATLAB program for Example 5.1(ex5_1.m):

```
% M-file for Example 5.1: ex5_1.m
% Clean previous value
clc
clear
Srating_T2 = 3*100;                    % Rating of T2
Vratio_LL = sqrt(3)*127/13.2;          % Line to line voltage ratio
Vtran = 230;                           % Transmission line
```

```
Vmotor = 230 * 13.2/220;                          % Motor circuit
disp('The reactances of the transformers converted to the proper base are');
X_T1 = 0.1 * Srating_T2/350;
X_T2 = 0.1 * (13.2/13.8)^2;
disp(['X_T1 = 0.1 * Srating_T2/350 =', num2str(X_T1), ' per unit']);
disp(['X_T2 = 0.1 * (13.2/13.8)^2 =', num2str(X_T2), ' per unit']);
Impedance_line = Vtran^2/Srating_T2; % Base impedance of
transmission line
Reactance_line = 0.5 * 64/Impedance_line; % Reactance of the line
disp('The reactances of the motors converted to the proper base are');
Xdpp_M1 = 0.2 * 300/200 * (13.2/Vmotor)^2;
Xdpp_M2 = 0.2 * 300/100 * (13.2/Vmotor)^2;
disp(['Xdpp_M1 = 0.2 * 300/200 * (13.2/Vmotor)^2', num2str(Xdpp_M1),
'per unit']);
disp(['Xdpp_M2 = 0.2 * 300/100 * (13.2/Vmotor)^2', num2str(Xdpp_M2),
'per unit']);
disp(['Reactance of the line is ', num2str(Reactance_line), ' per unit'])
```

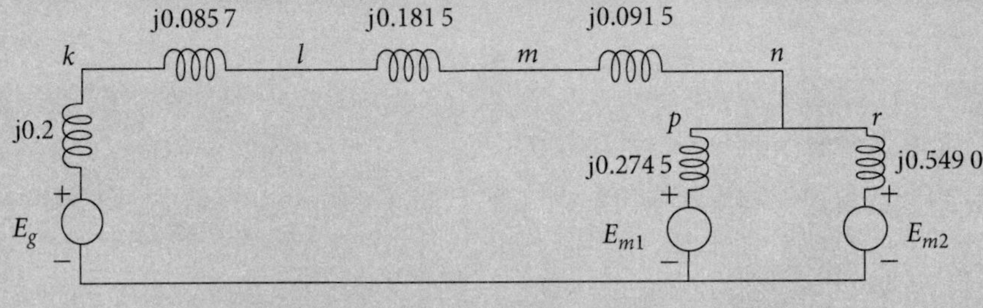

图 5.5　例题 5.1 的电抗图。电抗为各基准值下的标幺值

例题 5.2　例题 5.1 中，电动机 M_1 和 M_2 在 13.2 kV 时的功率分别为 120 MW 和 60 MW，两个电动机的功率因数均等于 1，求发电机的终端电压和线路的电压调整率。

解： 电动机的总功率为 180 MW，表示为标幺值形式，为

$$\frac{180}{300} = 0.6 \text{ p.u.}$$

因此，当电动机的 V 和 I 用标幺值表示时，

$$|V| \times |I| = 0.6 \text{ p.u.}$$

以电动机终端的相电压为参考值，有

$$V = \frac{13.2}{13.8} = 0.956\,5\angle 0° \text{ p.u.}$$

$$I = \frac{0.6}{0.956\,5} = 0.627\,3\angle 0° \text{ p.u.}$$

图 5.5 中其他点上 a 相电压的标幺值为

m点：$V = 0.956\,5 + 0.627\,3\,(\text{j}0.091\,5)$

$= 0.956\,5 + \text{j}0.057\,4 = 0.958\,2\angle 3.434° \text{ p.u.}$

l点：$V = 0.956\,5 + 0.627\,3\,(\text{j}0.091\,5 + \text{j}0.181\,5)$

$= 0.956\,5 + \text{j}0.171\,3 = 0.971\,7\angle 10.154° \text{ p.u.}$

k点：$V = 0.956\,5 + 0.627\,3\,(\text{j}0.091\,5 + \text{j}0.181\,5 + \text{j}0.087\,5)$

$= 0.956\,5 + \text{j}0.226\,1 = 0.982\,9\angle 13.30° \text{ p.u.}$

该线路的电压调整率为

$$电压调整率(\%)=\frac{0.982\,9-0.958\,2}{0.958\,2}\times 100=2.58\%$$

发电机端电压的幅值为

$$0.982\,9\times 20=19.658\ \text{kV}$$

如果需要考虑 Y-△型变压器的相移，点 m 和 l 上 a 相电压的相角应该增大 30°。线路上 a 相电流的相角也应该从 0°增加到 30°。

5.2 中等长度输电线路

中等长度输电线路的参数计算需要考虑并联导纳(通常为纯电容)。将线路的并联总导纳平均分配到线路的送端和受端，形成如图 5.6 所示的 π 型电路，该电路被称为标称 π 型电路。接下来利用图 5.6 进行公式推导。

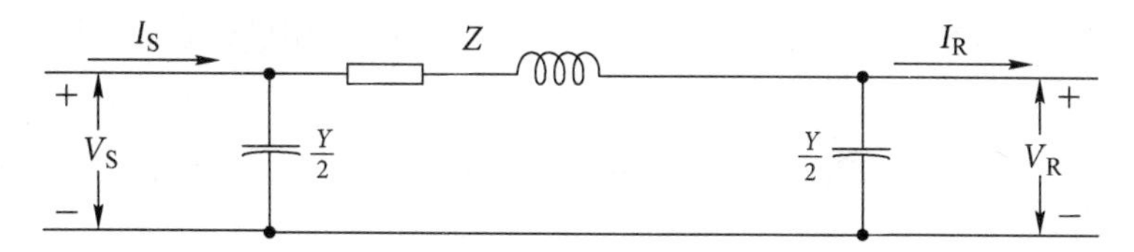

图 5.6 中等长度输电线路的标称 π 型电路

首先推导 V_S。注意受端电容中的电流等于 $V_R Y/2$，而串联电路中的电流为 $I_R+V_R Y/2$，因此有

$$V_S=\left(V_R\frac{Y}{2}+I_R\right)Z+V_R \tag{5.4}$$

$$V_S=\left(\frac{ZY}{2}+1\right)V_R+ZI_R \tag{5.5}$$

接着推导 I_S。注意送端电容中的电流为 $V_S Y/2$，加上串联电路中的电流，有

$$I_S=V_S\frac{Y}{2}+V_R\frac{Y}{2}+I_R \tag{5.6}$$

将式(5.5)代入式(5.6)，得到

$$I_S=V_R Y\left(1+\frac{ZY}{4}\right)+\left(\frac{ZY}{2}+1\right)I_R \tag{5.7}$$

将式(5.5)和式(5.7)表示为一般形式，有

$$V_S=AV_R+BI_R \tag{5.8}$$

$$I_S=CV_R+DI_R \tag{5.9}$$

其中，

$$\begin{aligned}A=D&=\frac{ZY}{2}+1\\B=Z,\quad C&=Y\left(1+\frac{ZY}{4}\right)\end{aligned} \tag{5.10}$$

常数 A，B，C，D 也被称为传输线路广义电路的常数。一般而言，它们是复数。A 和 D 无量纲，如果从电路任何一端看入的线路都相同，则 A 和 D 相等。B 和 C 的单位分别为欧姆(Ω)和姆欧(或西门子，S)。常数 A，B，C，D 适用于任何具有两对终端的线性、无源或双向四端子网络。这样的网络称为双端口网络。

这些常数具有明确的物理意义。将式(5.8)中的I_R设为零，则A等于空载时的V_S/V_R。同样，B等于受端短路时的V_S/I_R。常数A可用于计算电压调整率。如果送端电压为V_S且满载时，受端电压为$V_{R,FL}$，则式(5.3)为

$$电压调整率(\%)=\frac{|V_S|/|A|-|V_{R,FL}|}{|V_{R,FL}|}\times 100 \tag{5.11}$$

附表A.6列出了各种网络和网络组合的A，B，C，D值。

5.3 长输电线路

如果输电线路需要精确解，或者超过240 km(或150 mi)的60 Hz线路对计算精度有要求，就需要使用均匀分布在整条线路上的分布参数，而不是集总参数。

图5.7所示为三相线路上单相线路到中性点的电路。因为被分析的线路阻抗和导纳均匀分布，因此图中未画出集总参数。图5.7中，dx为距离受端为x的线路上的一段无穷小长度。其中zdx和ydx分别是线路dx的串联阻抗和并联导纳。V和I为相量，它们随着x而变化。

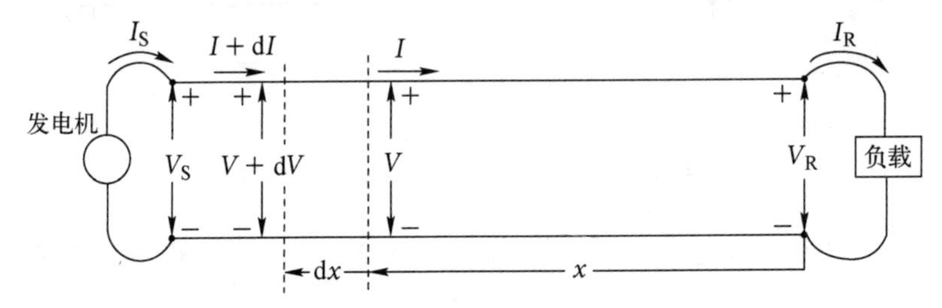

图5.7 输电线路中单相线路以大地作为回路的示意图。图中标明了线路和无穷小导线的长度

该段线路的平均线电流等于$(I+I+\mathrm{d}I)/2$，因此电压增量dV的精确解为

$$\mathrm{d}V=\frac{I+I+\mathrm{d}I}{2}z\,\mathrm{d}x=Iz\,\mathrm{d}x \tag{5.12}$$

注意，上式忽略了导数项的乘积。同样

$$\mathrm{d}I=\frac{V+V+\mathrm{d}V}{2}y\,\mathrm{d}x=Vy\,\mathrm{d}x \tag{5.13}$$

由式(5.12)和式(5.13)，有

$$\frac{\mathrm{d}V}{\mathrm{d}x}=Iz \tag{5.14}$$

且

$$\frac{\mathrm{d}I}{\mathrm{d}x}=Vy \tag{5.15}$$

将式(5.14)和式(5.15)对x求导，有

$$\frac{\mathrm{d}^2V}{\mathrm{d}x^2}=z\frac{\mathrm{d}I}{\mathrm{d}x} \tag{5.16}$$

且

$$\frac{\mathrm{d}^2I}{\mathrm{d}x^2}=y\frac{\mathrm{d}V}{\mathrm{d}x} \tag{5.17}$$

分别将式(5.15)和式(5.14)中的dI/dx和dV/dx代入式(5.16)和式(5.17)，可得

$$\frac{\mathrm{d}^2V}{\mathrm{d}x^2}=yzV \tag{5.18}$$

$$\frac{d^2 I}{dx^2}=yzI \tag{5.19}$$

式(5.18)中的变量是 V 和 x，式(5.19)中的变量是 I 和 x。V 和 I 乘以时间常数 yz 后分别等于 V 和 I 对 x 的二阶导数。例如，V 对 x 的二阶导数一定等于 yzV。因此 V 的表达式中一定含有指数分量。假设式(5.18)的解为

$$V=A_1 e^{(\sqrt{yz})x}+A_2 e^{-(\sqrt{yz})x} \tag{5.20}$$

将式(5.20)中的 V 对 x 求二阶导数，得

$$\frac{d^2 V}{dx^2}=yz\left[A_1 e^{(\sqrt{yz})x}+A_2 e^{-(\sqrt{yz})x}\right] \tag{5.21}$$

可见，式(5.21)是式(5.20)的 yz 倍。因此，式(5.20)是式(5.18)的解。将式(5.20)代入式(5.14)，得到

$$I=\frac{1}{\sqrt{z/y}}A_1 e^{(\sqrt{yz})x}-\frac{1}{\sqrt{z/y}}A_2 e^{-(\sqrt{yz})x} \tag{5.22}$$

常数 A_1 和 A_2 的值可以利用线路受端的已知条件进行求解。即当 $x=0$ 时，$V=V_R$，$I=I_R$。将上述值代入式(5.20)和式(5.22)，得到

$$V_R=A_1+A_2\,,\qquad I_R=\frac{1}{\sqrt{z/y}}(A_1-A_2)$$

令 $Z_c=\sqrt{z/y}$，求得 A_1 和 A_2 为

$$A_1=\frac{V_R+I_R Z_c}{2}\,,\qquad A_2=\frac{V_R-I_R Z_c}{2}$$

将 A_1 和 A_2 的值代入式(5.20)和式(5.22)，并令 $\gamma=\sqrt{yz}$，可得

$$V=\frac{V_R+I_R Z_c}{2}e^{\gamma x}+\frac{V_R-I_R Z_c}{2}e^{-\gamma x} \tag{5.23}$$

$$I=\frac{V_R/Z_c+I_R}{2}e^{\gamma x}-\frac{V_R/Z_c-I_R}{2}e^{-\gamma x} \tag{5.24}$$

其中，$Z_c=\sqrt{z/y}$ 为线路的特征阻抗，$\gamma=\sqrt{yz}$ 为线路的传播常数。

若已知 V_R，I_R 和线路参数，由式(5.23)和式(5.24)可得距离受端为 x 的指定点的 V 和 I 的有效值及相角。

式(5.23)和式(5.24)中，γ 和 Z_c 都是复数。传播常数 γ 的实数部分称为衰减常数 α，单位为奈培(Np)/单位长度。γ 的虚数部分称为相位常数 β，单位为弧度/单位长度。因此有

$$\gamma=\alpha+j\beta \tag{5.25}$$

式(5.23)和式(5.24)重新写为

$$V=\frac{V_R+I_R Z_c}{2}e^{\alpha x}e^{j\beta x}+\frac{V_R-I_R Z_c}{2}e^{-\alpha x}e^{-j\beta x} \tag{5.26}$$

$$I=\frac{V_R/Z_c+I_R}{2}e^{\alpha x}e^{j\beta x}-\frac{V_R/Z_c-I_R}{2}e^{-\alpha x}e^{-j\beta x} \tag{5.27}$$

$e^{\alpha x}$ 和 $e^{j\beta x}$ 表示电压和电流相量是线路距离的函数。$e^{\alpha x}$ 的幅值随着 x 变化而变化，但 $e^{j\beta x}$(等同于 $\cos\beta x+j\sin\beta x$)的幅值恒等于1，因此 $e^{j\beta x}$ 引起大小为 β 弧度/单位长度的相移。

随着到受端距离 x 的增大，式(5.26)的第一项$[(V_R+I_R Z_c)/2]e^{\alpha x}e^{j\beta x}$的幅值增大，相角超前。反之，随着到送端距离的增大，该项的幅值将减小，相角滞后。这即是行波的特性，类似于水波的特性，水波中的任何一点也是时间的函数，但它的相位滞后，幅值随着到原点距离的增加而减小。虽然式(5.26)的第一项没有反映瞬时值的变化，但因为 V_R 和 I_R 为相量，因此仍然可以观察到这种瞬时变化。式(5.26)的第一项被称为入射电压。

随着到受端距离 x 的增大，式(5.26)的第二项$[(V_R-I_RZ_c)/2]e^{-\alpha x}e^{-j\beta x}$的幅值减小，相角滞后。它被称为反射电压。线路上任何一点的电压都是该点入射电压和反射电压之和。

电流方程与电压方程相似，因此可以认为电流也由入射电流和反射电流组成。

如果线路始末两端间的阻抗刚好等于特征阻抗，那么受端电压 $V_R=I_RZ_c$，将式(5.26)和式(5.27)中的 V_R用 I_RZ_c代替后，电压或电流都没有了反射波。线路阻抗等于特征阻抗的线路被称为平直线路或无限长线路。称为无限长线路的原因是只有无限长的线路才没有反射波。通常情况下，线路的阻抗不会等于它们的特征阻抗，不过通信线路为了消除反射波，通常将线路阻抗设置为等于特征阻抗。典型单回路架空线路的 Z_c为 400 Ω，典型双回路线路的 Z_c为 200 Ω。Z_c的相角通常介于 0°～-15°之间。分裂导线的 Z_c值较低，因为和每相只有一根导线的线路相比，分裂导线的 L 值较低而 C 值较高。

电力系统中，特征阻抗有时被称为浪涌阻抗。不过，“浪涌阻抗”一词通常用来描述无损线路。如果一条线路为无损线路，那么它的串联电阻和并联电导等于 0，当 L 表示线路的串联电感(H)、C 表示线路的并联电容(C)时，特征阻抗等于实数$\sqrt{L/C}$，单位为 Ω。此外，由于线损导致的衰减常数 α 为 0，对于长度为 l 的线路，传播常数 $\gamma=\sqrt{yz}$只剩下虚数部分 $j\beta=j\omega\sqrt{LC}/l$。当处理高频或由于闪电引起的浪涌时，常常忽略损耗，因此浪涌阻抗非常重要。若负载等于浪涌阻抗，那么线路向该纯电阻负载提供的功率被称为线路的浪涌阻抗负载(SIL)。此时，线路的电流为

$$|I_L|=\frac{|V_L|}{\sqrt{3}\times\sqrt{L/C}}\quad \text{A}$$

其中$|V_L|$指负载的线电压。由于负载是纯电阻

$$\text{SIL}=\sqrt{3}|V_L|\frac{|V_L|}{\sqrt{3}\times\sqrt{L/C}}\quad \text{W}$$

或用$|V_L|$(kV)表示为

$$\text{SIL}=\frac{|V_L|^2}{\sqrt{L/C}}\quad \text{MW} \tag{5.28}$$

用 SIL 的标幺值来描述传输功率有时很方便，它代表传输给浪涌阻抗负载的功率比率。例如，输电线路的容许负载可以表示为 SIL 的一部分，同时用 SIL 可以表示负载和线路载流能力之比。①

波长 λ 是指线路上两个相位互差 360°或 2π 弧度的波之间的距离。如果 β 代表相移(弧度/km)，则波长(km)为

$$\lambda=\frac{2\pi}{\beta} \tag{5.29}$$

波的传播速度(km/s)是波长(km)和频率(Hz)的乘积，或者写成

$$\text{速度}=\lambda f=\frac{2\pi f}{\beta} \tag{5.30}$$

对于长度为 l(m)的无损线路，因为 $\beta=2\pi f\sqrt{LC}/l$，所以式(5.29)和式(5.30)变成

① R. D. Dunlop, R. Gutman and P. P. Marchenko, “Analytical Development of Loadability Characteristics for EHV and UHV Transmission Lines,” IEEE Transactions on Power Apparatus and Systems, vol. PAS-98, no. 2, 1979, pp. 606-617.

$$\lambda = \frac{l}{f\sqrt{LC}} \text{ m}, \quad 速度 = \frac{l}{\sqrt{LC}} \text{ m/s}$$

将低损耗架空线路的 L 和 C 值代入上述公式后，可得，60 Hz 频率对应的波长大约为 4830 km(3000 mi)，传播速度接近于光在空气中的速度(约 3×10^8 m/s 或 186 000 mi/s)。

如果线路上没有负载，则 I_R 等于 0，由式(5.26)和式(5.27)可见，受端的入射和反射电压大小相等且同相。在这种情况下，受端的入射和反射电流大小相等，相位相差 180°。因此，在线路开路时受端的入射电流和反射电流互相抵消，但是，除非线路完全无损，衰减系数 α 等于零，否则线路其他点的入射和反射电流并不能互相抵消。

长输电线路的双曲方程 在电力线路的电压计算中，几乎分不出电压的入射波和反射波。仍然按入射波和反射波来讨论线路电压和电流的原因，是因为这样的分析有助于更好地理解输电线路上的现象。通过引入双曲函数，可以得到快速计算电力线路电流和电压的公式。以指数形式表示的双曲函数为

$$\sinh\theta = \frac{e^{\theta} - e^{-\theta}}{2} \tag{5.31}$$

$$\cosh\theta = \frac{e^{\theta} + e^{-\theta}}{2} \tag{5.32}$$

对式(5.23)和式(5.24)重新整理，并用双曲函数代替其中的指数项，可得沿线电压和电流为

$$V = V_R \cosh\gamma x + I_R Z_c \sinh\gamma x \tag{5.33}$$

$$I = I_R \cosh\gamma x + \frac{V_R}{Z_c} \sinh\gamma x \tag{5.34}$$

令 $x=l$，可得送端的电压和电流为

$$V_S = V_R \cosh\gamma l + I_R Z_c \sinh\gamma l \tag{5.35}$$

$$I_S = I_R \cosh\gamma l + \frac{V_R}{Z_c} \sinh\gamma l \tag{5.36}$$

观察上述公式，可见长输电线路的广义电路常数为

$$A = \cosh\gamma l, \quad C = \frac{\sinh\gamma l}{Z_c}$$
$$B = Z_c \sinh\gamma l, \quad D = \cosh\gamma l \tag{5.37}$$

令 V_S 和式 I_S 已知，求解式(5.35)和式(5.36)，可得 V_R 和 I_R 为

$$V_R = V_S \cosh\gamma l - I_S Z_c \sinh\gamma l \tag{5.38}$$

$$I_R = I_S \cosh\gamma l - \frac{V_S}{Z_c} \sinh\gamma l \tag{5.39}$$

对于平衡的三相线路，上述公式中的电流为线电流，电压是相电压(即线电压除以 $\sqrt{3}$)。为了求解上述公式，必须首先求到双曲函数的值。由于 γl 通常是复数，对应双曲函数也是复数，因此可以借助计算器或计算机进行求解。

如果上述问题出现的频率不高，也不希望借助计算机来求解，那么可以采用以下几种方法。第一种方法是，将复数形式的双曲线正弦函数和余弦函数扩展为实数形式的三角函数和双曲函数

$$\cosh(\alpha l + j\beta l) = \cosh\alpha l \cos\beta l + j\sinh\alpha l \sin\beta l \tag{5.40}$$

$$\sinh(\alpha l + j\beta l) = \sinh\alpha l \cos\beta l + j\cosh\alpha l \sin\beta l \tag{5.41}$$

式(5.40)和式(5.41)使复数双曲函数的计算成为可能。βl 的数学单位为弧度，它对应 γl 的正交分量。将双曲函数的指数形式和三角函数的指数形式代入式(5.40)和式(5.41)，可以验证式(5.40)和式(5.41)的正确性。

另外一种方式是，按式(5.31)和式(5.32)所示，用 $\alpha+\mathrm{j}\beta$ 代替 θ，可得

$$\cosh(\alpha+\mathrm{j}\beta)=\frac{\mathrm{e}^{\alpha}\mathrm{e}^{\mathrm{j}\beta}+\mathrm{e}^{-\alpha}\mathrm{e}^{-\mathrm{j}\beta}}{2}=\frac{1}{2}(\mathrm{e}^{\alpha}\angle\beta+\mathrm{e}^{-\alpha}\angle-\beta) \tag{5.42}$$

$$\sinh(\alpha+\mathrm{j}\beta)=\frac{\mathrm{e}^{\alpha}\mathrm{e}^{\mathrm{j}\beta}-\mathrm{e}^{-\alpha}\mathrm{e}^{-\mathrm{j}\beta}}{2}=\frac{1}{2}(\mathrm{e}^{\alpha}\angle\beta-\mathrm{e}^{-\alpha}\angle-\beta) \tag{5.43}$$

例题 5.3 60 Hz 单回路输电线路长 370 km(230 mi)。导线型号为附表 A.3 中的 Rook，导线水平排练，导线间距为 7.25 m(23.8 ft)。线路上的负载为 125 MW，215 kV，功率因数为 100%。求送端的电压、电流和功率，线路的电压调整率，以及波长和线路的传播速度。

解：为了能利用附表 A.3～附表 A.5，这里不采用 m 和 km 作为单位，而是采用 ft 和 mi 来计算 z 和 y。

$$D_{\mathrm{eq}}=\sqrt[3]{23.8\times23.8\times47.6}\cong30.0\ \mathrm{ft}$$

从表中的型号 Rook，可得

$$z=0.1603+\mathrm{j}(0.415+0.4127)=0.8431\angle79.04^\circ\ \Omega/\mathrm{mi}$$
$$=0.5240\angle79.04^\circ\ \Omega/\mathrm{km}$$
$$y=\mathrm{j}[1/(0.0950+0.1009)]\times10^{-6}=5.105\times10^{-6}\angle90^\circ\ \mathrm{S/mi}$$
$$=3.1728\times10^{-6}\angle90^\circ\ \mathrm{S/km}$$
$$\gamma l=(\sqrt{yz})l=\left(\sqrt{0.5240\times3.1728\times10^{-6}}\angle\left(\frac{79.04^\circ+90^\circ}{2}\right)\right)\times370$$
$$=0.4772\angle84.52^\circ=0.0456+\mathrm{j}0.4750$$
$$Z_c=\sqrt{\frac{z}{y}}=\left(\sqrt{\frac{0.5240}{3.1728\times10^{-6}}}\right)\angle\left(\frac{79.04^\circ-90^\circ}{2}\right)=406.4\angle-5.48^\circ\ \Omega$$
$$V_{\mathrm{R}}=\frac{215\times10^3}{\sqrt{3}}=124130\angle0^\circ\ \mathrm{V}\ (\text{至中性点})$$
$$I_{\mathrm{R}}=\frac{125\times10^6}{\sqrt{3}\times125\times10^3}=335.7\angle0^\circ\ \mathrm{A}$$

由式(5.42)和式(5.43)，因为 0.4750 rad = 27.22°，所以

$$\cosh\gamma l=\frac{1}{2}\mathrm{e}^{0.0456}\angle27.22^\circ+\frac{1}{2}\mathrm{e}^{-0.0456}\angle-27.22^\circ$$
$$=0.4654+\mathrm{j}0.2394+0.4248-\mathrm{j}0.2185$$
$$=0.8902+\mathrm{j}0.0209=0.8904\angle1.34^\circ$$
$$\sinh\gamma l=0.4654+\mathrm{j}0.2394-0.4248+\mathrm{j}0.2185$$
$$=0.0406+\mathrm{j}0.4579=0.4597\angle84.93^\circ$$

由式(5.35)

$$V_{\mathrm{S}}=124130\times0.8904\angle1.34^\circ+335.7\times406.4\angle-5.48^\circ\times0.4597\angle84.93^\circ$$
$$=110495+\mathrm{j}2585+11483+\mathrm{j}61656$$
$$=137860\angle27.77^\circ\ \mathrm{V}$$

由式(5.36)

$$
\begin{aligned}
I_S &= 335.7\times 0.890\,4\angle 1.34^\circ + \frac{124.130}{406.4\angle -5.48^\circ}\times 0.459\,7\angle 84.93^\circ \\
&= 298.83 + j6.99 - 1.00 + j140.41 \\
&= 332.31\angle 26.33^\circ\ \text{A}
\end{aligned}
$$

对于送端

$$
\text{线电压} = \sqrt{3}\times 137.86 = 238.8\ \text{kV}
$$

$$
\text{线电流} = 332.3\ \text{A}
$$

$$
\text{功率因数} = \cos(27.77^\circ - 26.33^\circ) = 0.999\,7 \cong 1.0
$$

$$
\text{功率} = \sqrt{3}\times 238.8\times 332.3\times 1.0 = 137\,444\ \text{kW}
$$

由式(5.35)可见，空载时($I_R=0$)

$$
V_R = \frac{V_S}{\cosh \gamma l}
$$

因此，电压调整率为

$$
\frac{(137.86/0.890\,4) - 124.13}{124.13}\times 100 = 24.7\%
$$

波长和传播速度为

$$
\beta = \frac{0.475\,0}{370} = 0.001\,284\ \text{rad/km}\ (\approx 0.002\,066\ \text{rad/mi})
$$

$$
\lambda = \frac{2\pi}{\beta} = \frac{2\pi}{0.001\,284} = 4893\ \text{km/s}\ (\approx 3041\ \text{mi/s})
$$

$$
\text{速度} = f\lambda = 60\times 4893 \approx 293\,580\ \text{km/s}\ (\approx 182\,480\ \text{mi/s})
$$

注意，本例中，V_S和I_S公式中电压的单位都是V，并且都是相电压。

MATLAB program for Example 5.3(ex5_3.m):

```
% M-file for Example5.3: ex5_3.m
% Clean previous value
clc
clear
Deq = nthroot(23.8*23.8*47.6,3);
z = 0.1603+(0.415i+0.4127i);
mag_z = abs(z)/1.609;            % Magnitude
ang_z = angle(z)*180/pi;         % Rad => Degree
y = i*(1/(0.095+0.1009))*10^(-6);
mag_y = abs(y)/1.609; ang_y = angle(y)*180/pi;
mag_rl = 370*sqrt(mag_z*mag_y); ang_rl = (ang_z+ang_y)/2;
mag_Zc = sqrt(mag_z/mag_y); ang_Zc = (ang_z-ang_y)/2;
% Receiving end voltage and current
VR = 215*10^3/sqrt(3); IR = 125*10^6/(sqrt(3)*215*10^3);
coshrl = 0.4654+0.2394i+0.4248-0.2185i;
sinhrl = 0.4654+0.2394i-(0.4248-0.2185i);
% Sending end voltage
Vs=VR*0.8904*(cosd(1.34)+i*sind(1.34))+335.7*406.4*(cosd(-5.48)...
+i*sind(-5.48))*0.4597*(cosd(84.93)+i*sind(84.93));
mag_Vs = abs(Vs); ang_Vs = angle(Vs)*180/pi;
% Sending end current
Is=IR*0.8904*(cosd(1.34)+i*sind(1.34))+124130/
(406.4*(cosd(-5.48)...
```

```
+i * sind(-5.48))) * 0.4597 * (cosd(84.93)+i * sind(84.93));
mag_Is = abs(Is); ang_Is = angle(Is) * 180/pi;
% Line voltage (current)
disp('At the sending end');
VL = sqrt(3) * mag_Vs;
disp(['Line voltage= ', num2str(VL), 'kV']);
IL = mag_Is;
disp(['Line current= ', num2str(IL), ' A']);
format long
PF = cosd(ang_Vs-ang_Is);
disp(['Power factor= ', num2str(PF)]);
format short
Power = sqrt(3) * VL * IL * PF;
disp(['Power= ', num2str(Power/1000), ' kW']);
Vregulation =((mag_Vs/1000)/abs(coshrl)-(VR/1000))/(VR/1000) * 100;
disp(['Voltage regulation is ', num2str(Vregulation), ' % ']);
B = imag(sqrt(y * z)/1.609); wavelength = 2 * pi/B;
Velocity = 60 * wavelength;
disp(['Wavelength = 2 * pi/B = ', num2str(wavelength)])
disp(['Velocity = 60 * wavelength = ', num2str(Velocity)])
disp(['Wavelength= ', num2str(wavelength), 'mi']);
disp(['Velocity= ', num2str(Velocity), 'mi/s']);
```

例题 5.4 计算例题 5.3 中送端电压和电流的标幺值。

解： 为了简化标幺值，以 125 MVA，215 kV 为基准值，可得基准阻抗和基准电流为

$$\text{基准阻抗} = \frac{215^2}{125} = 370\ \Omega$$

$$\text{基准电流} = \frac{125\,000}{\sqrt{3} \times 215} = 335.7\ \text{A}$$

因此，

$$Z_c = \frac{406.4\angle -5.48^\circ}{370} = 1.098\angle -5.48^\circ\ \text{p.u.}$$

$$V_R = \frac{215}{215} = \frac{215\sqrt{3}}{215\sqrt{3}} = 1.0\ \text{p.u.}$$

选择 V_R 作为参考电压并用在式(5.35)中，得

$$V_R = 1.0\angle 0^\circ\ \text{p.u.}\ (\text{相电压})$$

由于负载的功率因数等于 1，因此

$$I_R = \frac{335.7\angle 0^\circ}{335.7} = 1.0\angle 0^\circ$$

如果功率因数小于 100%，I_R 将大于 1.0，且 I_R 的相角将由功率因数决定。由式(5.35)

$$\begin{aligned} V_S &= 1.0 \times 0.890\,4\angle 1.34^\circ + 1.0 \times 1.098\angle -5.48^\circ \times 0.459\,7\angle 84.93^\circ \\ &= 0.890\,2 + \text{j}0.020\,8 + 0.092\,4 + \text{j}0.496\,2 \\ &= 1.110\,3\angle 27.75^\circ\ \text{p.u.} \end{aligned}$$

由式(5.36)

$$\begin{aligned} I_S &= 1.0 \times 0.890\,4\angle 1.34^\circ + \frac{1.0\angle 0^\circ}{1.098\angle -5.48^\circ} \times 0.459\,7\angle 84.93^\circ \\ &= 0.890\,2 + \text{j}0.020\,8 - 0.003\,0 + \text{j}0.418\,7 \\ &= 0.990\angle 26.35^\circ\ \text{p.u.} \end{aligned}$$

对于送端

$$线电压 = 1.110\,3 \times 215 = 238.7\ \text{kV}$$

$$线电流 = 0.990 \times 335.7 = 332.3\ \text{A}$$

注意，电压标幺值乘以线电压基准值将得到线电压的幅值。电压的标幺值乘以相电压基准值将得到相电压的幅值。用标幺值表示时，计算公式中将不再出现 $\sqrt{3}$。

MATLAB program for Example 5.4(ex5_4.m):

```
% M-file for Example5.4: ex5_4.m
% Clean previous value
clc
clear
% Base impedance and current
Impedance_base = 215^2/125; I_base = 125000/(sqrt(3)*215);
% Zc pu value
Zc = 406.4/370*(cosd(-5.48)+i*sind(-5.48));
mag_Zc =abs(Zc); ang_Zc =angle(Zc)*180/pi;
% Voltage and current reference
Vref = 215/215; Iref =I_base/I_base;
% Sending end voltage
disp('Calculate sending end voltage')
Vs=Vref*0.8904*(cosd(1.34)+i*sind(1.34))+Iref*1.098*(c
osd(-5.48)...
+i*sind(-5.48))*0.4597*(cosd(84.93)+i*sind(84.93));
mag_Vs =abs(Vs); ang_Vs =angle(Vs)*180/pi;
disp('Vs=Vref*0.8904*(cosd(1.34)+i*sind(1.34))+Iref*1.098*(c
osd(-5.48)...')
disp('+i*sind(-5.48))*0.4597*(cosd(84.93)+i*sind(84.93))')
% Sending end current
disp('Calculate sending end current')
Is=Vref*0.8904*(cosd(1.34)+i*sind(1.34))+Iref/
(1.098*(cosd(-5.48)...
+i*sind(-5.48)))*0.4597*(cosd(84.93)+i*sind(84.93));
mag_Is =abs(Is); ang_Is =angle(Is)*180/pi;
disp('Is=Vref*0.8904*(cosd(1.34)+i*sind(1.34))+Iref/
(1.098*(cosd(-5.48)...')
disp('+i*sind(-5.48)))*0.4597*(cosd(84.93)+i*sind(84.93))')
VL = mag_Vs*215; IL = mag_Is*I_base;
disp(['Line voltage= ', num2str(VL), 'kV']);
disp(['Line current= ', num2str(IL), 'A']);
```

5.4 长输电线路的等效电路

严格上说，输电线路不能等效为标称 π 型电路，因为标称 π 型电路不能代表沿线均匀分布的线路参数。标称 π 型电路与实际线路之间的差异会随着线路变长而变大。但是，因为通常都是从线路的两端进行测量，因此将长输电线路等效为集总参数网络有可能具有足够的精度。

将一条长直线路用图 5.6 中的 π 型电路进行等效，其中，等效电路中的串联支路用 Z' 表示，并联支路用 $Y'/2$ 表示。式(5.5)为基于对称 π 型电路的串联、并联支路以及受端电压、电流的送端电压。将式(5.5)中的 Z 和 $Y/2$ 替换为新等效电路中的 Z' 和 $Y'/2$，就可以得到以受端电压、电流和串联、并联支路为参数的送端电压，

$$V_S = \left(\frac{Z'Y'}{2} + 1\right)V_R + Z'I_R \tag{5.44}$$

当上述电路表示长输电线路时，式(5.44)和式(5.35)中的参数 V_R 和 I_R 的系数必须相等。令两式中电流 I_R 的系数相等，有

$$Z' = Z_c \sinh\gamma l$$

$$Z' = \sqrt{\frac{z}{y}}\sinh\gamma l = zl\frac{\sinh\gamma l}{(\sqrt{zy})l} \tag{5.45}$$

$$Z' = Z\frac{\sinh\gamma l}{\gamma l} \tag{5.46}$$

其中 Z 等于 zl，表示线路的串联总阻抗。$(\sinh\gamma l)/\gamma l$ 为因子项，标称 π 型电路的串联阻抗必须乘以该因子才能转换为等效 π 型电路的串联阻抗。当 γl 很小时，$\sinh\gamma l$ 和 γl 几乎相等，由此也证明，对中等长度的输电线路，标称 π 型电路的串联支路已经相当准确。

对于等效 π 型电路的并联支路，电压 V_R，令式(5.35)和式(5.44)中 V_R 的系数相等，可得

$$\frac{Z'Y'}{2} + 1 = \cosh\gamma l \tag{5.47}$$

用 $Z_c\sinh\gamma l$ 代替 Z'，可得

$$\frac{Y'Z_c\sinh\gamma l}{2} + 1 = \cosh\gamma l \tag{5.48}$$

$$\frac{Y'}{2} = \frac{1}{Z_c}\frac{\cosh\gamma l - 1}{\sinh\gamma l} \tag{5.49}$$

并联电纳还有另一种表达方式，将式(5.49)中的对应项表示为

$$\tanh\frac{\gamma l}{2} = \frac{\cosh\gamma l - 1}{\sinh\gamma l} \tag{5.50}$$

上式可通过将式(5.31)和式(5.32)中的指数项替换为双曲函数，并利用 $\tanh\theta = \sinh\theta/\cosh\theta$ 来进行验证。因此，

$$\frac{Y'}{2} = \frac{1}{Z_c}\tanh\frac{\gamma l}{2} \tag{5.51}$$

$$\frac{Y'}{2} = \frac{Y}{2}\frac{\tanh(\gamma l/2)}{\gamma l/2} \tag{5.52}$$

其中 Y 等于 yl，表示该线路的并联总导纳。$\tanh(\gamma l/2)/(\gamma l/2)$ 为因子项，标称 π 型电路的并联支路导纳需要乘以该校正因子才能转换为等效 π 型电路的对应参数。当 γl 很小时，$\tanh(\gamma l/2)$ 和 $\gamma l/2$ 非常接近，因此用标称 π 型电路的并联支路代表中等长度输电线路的并联支路具有足够的精度，正如前面所述，对于中等长度线路来说，可以忽略串联支路的校正系数。等效 π 型电路如图 5.8 所示。输电线路也可以用等效 T 型电路表示。

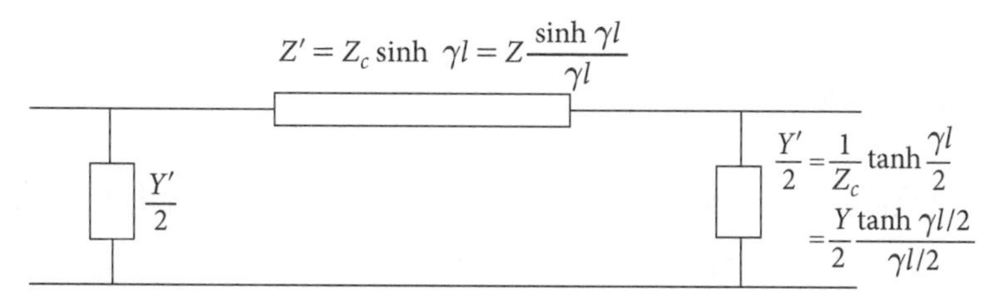

$Z' = Z_c \sinh\ \gamma l = Z\dfrac{\sinh \gamma l}{\gamma l}$
$\dfrac{Y'}{2}$
$\dfrac{Y'}{2} = \dfrac{1}{Z_c}\tanh\dfrac{\gamma l}{2}$
$= \dfrac{Y}{2}\dfrac{\tanh \gamma l/2}{\gamma l/2}$

图 5.8　输电线路等效 π 型电路

例题 5.5　求例题 5.3 线路的等效 π 型电路，并将其与标称 π 型电路进行比较。

解： 由例题 5.3，已经求到 $\sinh\gamma l$ 和 $\cosh\gamma l$，因此可以直接利用式(5.45)和式(5.49)，

$$Z' = 406.4\angle{-5.48°} \times 0.459\,7\angle 84.93° = 186.82\angle 79.45°\ \Omega$$

$$\frac{Y'}{2} = \frac{0.890\,2 + \mathrm{j}0.020\,8 - 1}{186.82\angle 79.45°} = \frac{0.111\,8\angle 169.27°}{186.82\angle 79.45°}$$

$$= 0.000\,598\angle 89.82°\ \mathrm{S}\ （单条并联支路）$$

利用例题 5.3 的 z 和 y，可得标称 π 型电路的串联阻抗为

$$Z = 370 \times 0.524\,0\angle 79.04° = 193.9\angle 79.04°\ \Omega$$

并联支路上

$$\frac{Y}{2} = \frac{3.172\,8 \times 10^{-6}\angle 90°}{2} \times 370 = 0.000\,587\angle 90°\ \mathrm{S}$$

对本例所示线路，标称 π 型电路比等效 π 型电路中串联支路的阻抗大 3.8%。标称 π 型电路比等效 π 型电路中并联支路的电导小 2.0%。

MATLAB program for Example 5.5(ex5_5.m):

```
% Matlab M-file for Example 5.5:ex5_5.m
% Clean previous value
clc
clear
% Z'= Zc * sinhrl
Z = 406.4 * (cosd(-5.48)+i * sind(-5.48)) * 0.4597 *
(cosd(84.93)+i * sind(84.93));
% Y'/2 = (coshrl-1)/Z'
y12 = (0.8902+0.0208i-1) /Z;
mag_Vs = abs(y12); ang_Vs = angle(y12) * 180/pi;
% From Example 5.3
Z_2 = 370 * 0.524 * (cosd(79.04)+i * sind(79.04));
mag_Z_2 = abs(Z_2); ang_Z_2 = angle(Z_2) * 180/pi;
y12_2 = i * 3.1728 * 10^(-6)/2 * 370; % Y'/2
mag_y12_2 = abs(y12_2); ang_y12_2 = angle(y12_2) * 180/pi;
disp(['Z_2 = 370 * 0.524 * 1∠79.04 = ', num2str(mag_Z_2), '∠', -
num2str(ang_Z_2), 'Ω'])
disp(['y12_2 = i * 5.10510 * 10^(-6)/2 * 230 = ', num2str(mag_Z_2), '∠',
num2str(ang_Z_2), 'Ω'])
disp(['The nominal-π circuit a series impedance is ', num2str
(mag_Z_2), '∠', num2str(ang_Z_2), 'Ω'])
disp(['The nominal-π circuit a equal shunt is ', num2str
(mag_y12_2), '∠', num2str(ang_y12_2), 'Ω'])
```

由此可得，如果线路对精度要求不高的话，标称 π 型电路可以代表长线路。

5.5 输电线路的潮流计算

虽然通过输电线路上电压、电流和功率因数可以计算得到线路上任何一点的潮流，但是通过常数 A，B，C，D 推导得到的功率公式更有意义。这个公式适用于任何双口(或两端口)网络。将式(5.8)重写如下：

$$V_S = AV_R + BI_R \tag{5.53}$$

可得受端电流 I_R 为

$$I_R = \frac{V_S - AV_R}{B} \tag{5.54}$$

令

$$A = |A|\angle\alpha, \qquad B = |B|\angle\beta$$

$$V_R = |V_R|\angle 0°, \quad V_S = |V_S|\angle\delta$$

可得

$$I_R = \frac{|V_S|}{|B|}\angle(\delta - \beta) - \frac{|A||V_R|}{|B|}\angle(\alpha - \beta) \tag{5.55}$$

因此，受端的复数功率 $V_R I_R^*$ 为

$$P_R + jQ_R = \frac{|V_S||V_R|}{|B|}\angle(\beta - \delta) - \frac{|A||V_R|^2}{|B|}\angle(\beta - \alpha) \tag{5.56}$$

受端的有功功率和无功功率为

$$P_R = \frac{|V_S||V_R|}{|B|}\cos(\beta - \delta) - \frac{|A||V_R|^2}{|B|}\cos(\beta - \alpha) \tag{5.57}$$

$$Q_R = \frac{|V_S||V_R|}{|B|}\sin(\beta - \delta) - \frac{|A||V_R|^2}{|B|}\sin(\beta - \alpha) \tag{5.58}$$

注意，式(5.56)的复数功率 P_R+jQ_R 由极坐标上的两个相量组合而成，其中极坐标的水平轴和垂直轴的单位分别为 W 和 var。图 5.9 上显示了这两个复数以及式(5.56)的相量差。

图 5.10 中的相量不变，但坐标轴发生移位。该图中，功率的幅值为 $|P_R+jQ_R|$ 或者 $|V_R||I_R|$，功率的夹角为 θ_R。

显然，$|P_R+jQ_R|$ 的实数和虚数分别为

$$P_R = |V_R||I_R|\cos\theta_R \tag{5.59}$$

$$Q_R = |V_R||I_R|\sin\theta_R \tag{5.60}$$

其中 θ_R 表示 V_R 超前于 I_R 的相角(如第 2 章所述)。Q 的符号与之前的约定一致，即当电流滞后电压时 Q 为正。

令 $|V_S|$ 和 $|V_R|$ 恒定，接下来求负载变化时图 5.10 中相关点的位置。首先，点 n 的位置和电流 I_R 无关，只要 $|V_R|$ 保持不变，点 n 的位置就不动。此外，$|V_S|$ 和 $|V_R|$ 保持不变时，点 n 到点 k 的距离也保持不变。因此，当距离 0-k 随着负载的变化而变化时，点 k 的轨迹将是以点 n 为圆心的圆(因为点 k 到点 n 的距离保持不变)。为了保持 k 的轨迹，P_R 的任何变化都需要同步改变 Q_R。如果 $|V_R|$ 保持不变，但 $|V_S|$ 为另一个常数值，那么点 n 的位置不变，但是圆的半径 n-k 为新的值。

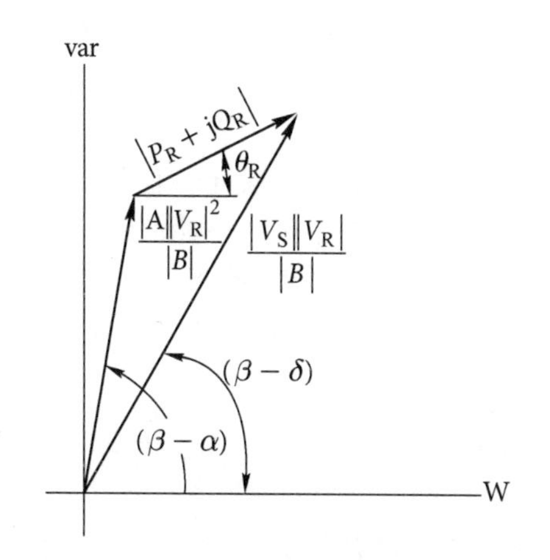

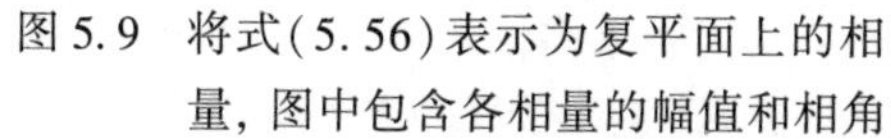
图 5.9 将式(5.56)表示为复平面上的相量，图中包含各相量的幅值和相角

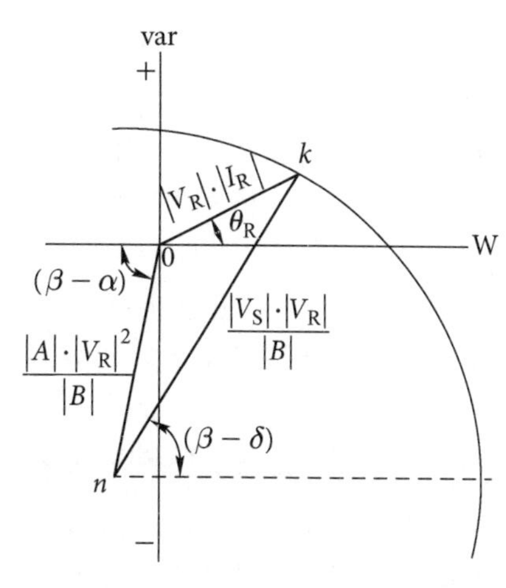

图 5.10 图 5.9 坐标原点移动后的功率图

由图 5.10 可见，在送端和受端电压幅值固定的情况下，线路输送的有功功率受限。为了增加输送的有功功率，需要将点 k 沿着圆轨迹移动，直到角 $\beta-\delta=0$，即，$\beta=\delta$ 表示允许增大输送的有功功率。

进一步增大 δ 将导致受端的有功功率减小。最大有功功率为

$$P_{\mathrm{R,max}}=\frac{|V_\mathrm{S}||V_\mathrm{R}|}{|B|}-\frac{|A||V_\mathrm{R}|^2}{|B|}\cos(\beta-\alpha) \tag{5.61}$$

为了使负载有功功率达到最大，负载必须吸收很大的超前电流。实际运行中，通常维持 δ 角小于 35°，$|V_\mathrm{S}|/|V_\mathrm{R}|$不小于 0.95。对于短输电线路，负载还受线路热容量的限制。

式(5.53)~式(5.61)中，$|V_\mathrm{S}|$和$|V_\mathrm{R}|$是相电压，图 5.10 的坐标轴分别对应单相有功功率和单相无功功率。但是，如果$|V_\mathrm{S}|$和$|V_\mathrm{R}|$是线电压，则图 5.10 的各个距离都需要乘以 3，图中的坐标将代表三相总有功功率和无功功率。如果电压用 kV 表示，则坐标的单位分别为 MW 和 Mvar。

5.6 输电线路的无功功率补偿

通过串联或并联设备对输电线路(特别是中、长输电线路)进行无功功率补偿，可以提高线路性能。串联补偿由串联在线路各相导线上的电容器组实现。并联补偿是指在线路到中性点之间放置电感，从而部分降低或者完全中和高压线路的并联电纳，并联补偿在轻载时特别重要，否则受端电压可能很高。

串联补偿能减小线路的串联阻抗，而串联阻抗既是电压下降的主要原因，又是线路最大传输功率的决定性因素。为了理解串联阻抗 Z 对最大传输功率的影响，再次观察式(5.61)，最大传输功率依赖于广义电路中常数 B 的倒数，标称 π 型电路的 B 等于 Z，等效 π 型电路的 B 等于 $Z(\sinh\gamma l)/\gamma l$。常数 A，C 和 D 也都是 Z 的函数，所以它们的值也会跟随 Z 而发生变化，但与 B 的变化相比，这些变化都很小。

串联补偿中，电容器组的电抗值由补偿线路的总电感电抗决定。它们的比值用术语“补偿度”来进行描述，补偿度的定义为 $X_\mathrm{C}/X_\mathrm{L}$，其中 X_C 表示串联电容器组的相电容电抗，X_L 是线路的相电感电抗。

当线路和电容器组等效为标称 π 型电路时，电容器组在线路上的物理位置被忽略掉。在分析线路送端和受端潮流时，这种忽略不会导致重大错误。但是，当关心线路沿线运行情况时，就必须考虑电容器组的物理位置。这时最简单的实现方法是，将电容器组的两侧线路用 A，B，C，D 值表示，同时将电容器组也用常数 A，B，C，D 来表示。该线路-电容器-线路组合电路(实际上称为级联连接)的等效常数可以通过附表 A. 6 的公式求取。

当远离负载中心(上百公里或英里)的大型发电厂需要远距离输送大量电能时，串联补偿就非常重要。线路串联补偿还能够减小线路的电压降。此外，也可以用于平衡两条平行线路之间的电压降。

例题 5. 6 为了说明串联补偿对常数 B 以及 A，C 和 D 的影响，分别求例题 5. 3 线路在未补偿及补偿度为 70%的常数 A，B，C，D。

解：将例题 5. 3 和例题 5. 5 中求得的等效 π 型电路和数值用于式(5. 37)，可求到未补偿时线路的常数 A，B，C，D 为

$$A = D = \cosh\gamma l = 0.890\,4\angle 1.34°$$

$$B = Z' = 186.82\angle 79.45°\ \Omega$$

$$C = \frac{\sinh\gamma l}{Z_c} = \frac{0.459\,7\angle 84.93°}{406.4\angle -5.48°}$$
$$= 0.001\,131\angle 90.41°\ \mathrm{S}$$

串联补偿只改变等效 π 型电路的串联支路。串联支路上新的阻抗等于广义常数 B。因此

$$B = 186.82\angle 79.45° - \mathrm{j}0.7 \times 370 \times (0.415 + 0.412\,7)/1.609$$
$$= 34.21 + \mathrm{j}50.40 = 60.91\angle 55.84°\ \Omega$$

由式(5. 10)

$$A = 60.91\angle 55.84° \times 0.000\,598\angle 89.82° + 1 = 0.970\angle 1.21°$$

$$C = 2 \times 0.000\,598\angle 89.82° + 60.91\angle 55.84°(0.000\,598\angle 89.82°)^2$$
$$= 0.001\,180\angle 90.42°\ \mathrm{S}$$

该例表明，补偿后，常数 B 只有补偿前的 1/3 左右，但常数 A 和 C 在补偿前后并没有显著变化。因此，允许的最大传输功率增大了 300%左右。

当输电线路(无论是否进行了串联补偿)满足输电容量的要求后，就需要关注轻载或者空载的运行情况。其中需要重点关注充电电流，充电电流不允许超过线路的额定满载电流值。

由式(4. 85)可见，通常可以定义充电电流等于 $B_C|V|$，其中 B_C 表示线路的总电容电纳，$|V|$ 表示额定相电压。但正如式(4. 85)后的解释，这种方式计算得到的充电电流不是精确值，因为 $|V|$ 会沿线发生变化。如果在输电线路沿线各点和中性点之间并联电感，并使总电感电纳为 B_L，则充电电流为

$$I_{chg} = (B_C - B_L)|V| = B_C|V|\left(1 - \frac{B_L}{B_C}\right) \tag{5.62}$$

可见，小括号内的 B_L/B_C 决定了充电电流减小的程度。B_L/B_C 为并联补偿度。

对于高压长线路，空载时线路的受端电压往往过高，而并联补偿的优点之一就是能降低线路受端的电压。在推导式(5. 11)时已知，$|V_S|/A$ 等于 $|V_{R,NL}|$。此外，忽略并联电容时 A 等于 1. 0。对中等长度以及长输电线路，电容会使 A 变小。因此，空载时引入并联电感，使并联电纳降低到(B_C-B_L)，可以限制受端空载电压的升高。

将串联和并联补偿应用于长输电线路，可以在满足电压约束的前提下进行高效大功率输

送。理想情况下，串联和并联元件应该每隔一段距离放置一组。如果有需要，可以将串联电容器短路，并使并联电抗器断路。与串联补偿一样，并联补偿的分析也可以直接使用常数 A，B，C，D 的方法。

例题 5.7 例题 5.3 空载时，在线路受端放置一并联电抗器，如果该电抗器补偿了线路并联总导纳的 70%，试求例题 5.3 中线路的电压调整率。

解：由例题 5.3，线路的并联导纳为

$$y = \mathrm{j}5.105 \times 10^{-6}\ \mathrm{S/mi}$$
$$= \mathrm{j}3.172\,8 \times 10^{-6}\ \mathrm{S/km}$$

线路的并联总导纳为

$$B_{\mathrm{C}} = 3.172\,8 \times 10^{-6} \times 370 = 0.001\,174\ \mathrm{S}$$

由 70%的补偿度，可得并联电抗为

$$B_{\mathrm{L}} = 0.7 \times 0.001\,174 = 0.000\,822\ \mathrm{S}$$

通过例题 5.6，可得线路的 A，B，C，D 常数。由附表 A.6 可知，电感可用广义常数表示为

$$A = D = 1\ ,\ B = 0\ ,\ C = -\mathrm{j}B_{\mathrm{L}} = -\mathrm{j}0.000\,822\ \mathrm{S}$$

又由附表 A.6 中两个串联网络的公式可知，对于线路和电感，

$$A_{\mathrm{eq}} = 0.890\,4\angle 1.34° + (186.82\angle 79.45°)(0.000\,822\angle -90°)$$
$$= 1.041\,2\angle -0.4°$$

空载时，并联电抗作用下的电压调整率为

$$\frac{(137.86 / 1.041\,1) - 124.13}{124.13} \times 100\% = 6.68\%$$

和未经补偿的线路相比，电压调整率降低了 24.7%。

5.7 直流输电

与交流输电相比，只有当直流线路两端设备所需的成本和建造交流线路所需的成本相当时，直流输电才具有经济性。直流线路两端的变换器既能将交流电变换成直流电（即整流器），又能将直流电变换成交流电（即逆变器），因此功率可以朝任一方向流动。

现代高压直流输电始于 1954 年，当时，一条横跨波罗的海的 100 kV 直流线路将瑞典大陆的 Vastervik 和 Gotland 海岛中的 Visby 连接，该线路长 100 km（62.5 mi）。在此之前静态变换设备早就用于 25 Hz 和 60 Hz 系统之间的能量转换，该系统实际上相当于一个长度为零的直流输电线路。美国有一条 800 kV 的直流线路，将太平洋西北部的电力输送到加利福尼亚州的南部。由于变换设备的成本相对于线路建设成本逐步降低，因此直流线路的最短经济距离也逐步减少，现在大约是 600~800 km，海底电缆则是 50 km。

直流线路的运营始于 1977 年，它将北达科他州 Center 市的燃煤坑口发电厂的电能输送到明尼苏达州的 Duluth 附近，传输距离大约为 740 km（460 mi）。这条线路的额定电压为 ±250 kV（线电压为 500 kV），传输功率为 500 MW。初步研究表明，和同等的交流线路和辅助设备的成本相比，包括终端设施在内的直流线路的成本节省 30%左右。

通常直流线路上两条导线的电位大小相等，但符号相反。这种线路被称为双极型线路。双极型线路也可以运行在只有一条导线充电并以大地作为回路的方式下，和交流电相比，直流电对应的电阻更小。上述情况或者以接地导线作为回路的情况被认为是单极型线路。

直流系统除了远距离输电成本较低外，还有其他很多优点。比如，电压调整不再是问题，因为频率为零，所以没有串联电抗 ωL，而串联电抗是交流线路电压下降的主要原因。此外，在紧急情况下(比如双极型线路中的一条线路接地)直流输电存在单级型运行的可能性。

由于地底交流长距离输电的充电电流非常大，所以地下交流输电的距离被限制为 5 km 左右，例如，英法两国采用的连接英吉利海峡并实现功率传输的直流线路。采用直流系统还能避免两个国家交流系统的同步问题。当前，最新技术已经可以支持±800 kV 的电压进行高压直流输电。研究还表明，越来越多的大型电力输送或海上风电场采用高压直流输电方式。

不过目前还无法形成直流输电网络，因为和高度发达的交流开关相比，还没有相匹配的直流断路器。因为交流电流每周期有两次过零点，所以交流断路器可以熄灭断路器断开时的电弧。而直流线路中功率的方向和大小由变换器控制，其中晶闸管控制整流器(SCR)代替了电网中的汞弧控制器件。近来，高压直流输电技术正逐步采用基于绝缘栅双极型晶体管(IGBT)的变换器与交联聚乙烯直流电缆系统相结合的方式，从而对传统基于双极型半导体技术的变换器进行补充，使系统具有更好的操控性。

高压直流输电需要的线路走廊比高压交流输电小。另外交流线路的电压峰值是等效直流电压的 $\sqrt{2}$ 倍。因此，交流输电线路对塔杆和导线之间的绝缘要求更多，同时和大地之间的距离需要更大。

总之，相对交流输电，直流输电有很多优点。虽然目前除了长线路和大容量输电外，直流输电的使用仍然受到限制，但预计在不久的将来，直流装置也具有类似于交流断路器的开关操作和保护能力。同时，就像利用变压器完成交流系统的变压一样，利用直流技术来改变电压水平的研究也正在进行中。

5.8 小结

式(5.35)和式(5.36)的长线路公式适用于任意长度的线路。在没有计算机的情况下，对短输电线路和中等长度线路进行近似处理，可以使分析更加简单。

本章对功率的圆形图进行了介绍，无论在描述线路最大输送功率，还是在说明负载功率因数或电容器的影响方面，圆形图都具有重要的指导价值。

常数 A，B，C，D 提供了一种简单直接的方法来建立方程，同时还有助于求解网络降阶问题。它们在串联和并联无功功率补偿分析中的作用不言而喻。

本章介绍了高压直流输电的优点及发展方向。由于变换器技术的进步，直流输电的输送能力不断提高，并有望在不久的将来得到进一步发展。

复习题

5.1 节

5.1 当功率因数超前时，输电线路的电压调整率最大，当功率因数滞后时，对应的电压调整率最小，甚至为负。(对或错)

5.2 空载时，短输电线路送端的端电压等于受端的端电压。(对或错)

5.3 输电线路受端的端电压一定低于送端的端电压，因此功率输送存在损耗。(对或错)

5.2 节

5.4 中等长度输电线路可以用 R 和 L 串联的等效电路表示，其中等效电路的两端均并联有

一个值等于集总电容(线到中性点之间)一半的电容。(对或错)

5.5　中等长度输电线路可以用忽略电容后的标称 π 型电路表示。(对或错)

5.6　中等长度输电线路标称 π 型电路的电压调整率等于________。

5.7　已知线路的并联导纳 Y 和串联阻抗 Z，送端电压和送端电流可以表示为一般形式：$V_S=AV_R+BI_R$，$I_S=CV_R+DI_R$。对于中等长度的线路，常数 A，B，C，D 是多少？

5.8　常数 A，B，C，D 的单位分别是什么？

5.3 节、5.4 节和 5.5 节

5.9　对于长输电线路，如果从受端看入的阻抗等于线路的特征阻抗 Z_c，则反射电压和反射电流等于 0。(对或错)

5.10　长输电线路的传播常量是实数。(对或错)

5.11　如果线路无损，则其串联电阻和并联电导等于 0，特征阻抗减少为 $\sqrt{C/L}$。(对或错)

5.12　若纯电阻负载与长输电线路的浪涌阻抗相等，则线路的浪涌阻抗等于负载功率。(对或错)

5.13　长输电线路的等效 π 型电路不能由中等长度输电线路的标称 π 型电路推导得到。(对或错)

5.14　长输电线路的波长为 λ，相移为 β 弧度/km，基频 f 时波的传播速度为________km/s。

(A) $\dfrac{2\pi f}{\beta}$　(B) $2\pi f\lambda$　(C) $\dfrac{\lambda f}{\beta}$　(D) $\dfrac{\lambda f}{2\pi}$

5.15　当负载等于浪涌阻抗时，向该负载提供的功率称为________。

5.16　无损长输电线路中，波在 60 Hz 时波长大约等于 4827 km(3000 mi)，对应的传播速度近似等于________ m/s。

5.17　长输电线路双曲线公式中的常数 A，B，C，D 分别为：

$A=$________ $B=$________ $C=$________ $D=$________

5.18　长输电线路不能用等效 π 型电路进行建模。(对或错)

5.19　输电线路上的潮流可以通过常数 A，B，C，D 推导得到。(对或错)

5.6 节和 5.7 节

5.20　利用功率图求输电线路的最大输送功率。

5.21　并联电感可以向电力系统提供无功功率。(对或错)

5.22　对未补偿输电线路进行串联补偿可以提高最大输送功率，试说明原因。

5.23　如果输电线路轻载时受端电压很高，那么可能需要无功功率补偿。你会选择串联还是并联补偿？为什么？

5.24　HVDC 系统中，单极型和双极型线路的区别是什么？

5.25　和交流断路器断开 HVAC 相比，用直流断路器熄灭 HVDC 断开时形成的电弧更容易。(对或错)

5.26　与交流输电相比，直流输电有哪些优点？

习题

5.1　一条 60 Hz 的单回三相线路长 18 km，其导线型号为附表 A.3 中的 Partridge，导线间距

相等，线间距离为1.6 m。线路以11 kV的电压向一平衡负载输送2500 kW的功率。假设导线温度为50℃，

a. 确定线路每相的串联阻抗。

b. 当功率因数如下，送端电压是多少？

i）80%，滞后；

ii）100%；

iii）90%，超前。

c. 确定上述功率因数对应的线路电压调整率(%)。

d. 绘制相量图，描述上述3种情况下线路的运行状态。

5.2 一条长161 km的单回三相输电线路向负载输送55 MVA的功率，其中功率因数为0.8(滞后)，线电压为132 kV。线路型号为附表A.3中的Drake型，相邻导线之间的水平间距为3.63 m。假定线路的温度为50℃。求：

a. 线路的串联阻抗和并联导纳；

b. 线路的常数A，B，C，D；

c. 送端电压、电流、有功和无功功率，以及功率因数；

d. 线路的电压调整率(%)。

5.3 已知π型电路送端的并联电阻为600 Ω，受端的并联电阻为1 kΩ，串联电阻为80 Ω。求π型电路的常数A，B，C，D。

5.4 三相输电线路的常数A，B，C，D为

$$A = D = 0.936 + \mathrm{j}0.016 = 0.936\angle 0.98^\circ$$

$$B = 33.5 + \mathrm{j}138 = 142\angle 76.4^\circ\ \Omega$$

$$C = (-5.18 + \mathrm{j}914) \times 10^{-6}\ \mathrm{S}$$

受端电压为220 kV，负载为50 MW，功率因数为0.9(滞后)。假设送端电压的幅值保持不变，求送端电压的幅值和电压调整率。

5.5 一条长113 km的单回三相线路，导线型号为附表A.3中的Ostrich，导线水平排列，相邻导线间的距离为4.6 m。该线路电压为230 kV，它向负载提供的功率为60 MW，功率因数为0.8(滞后)。

a. 以230 kV，100 MVA为基准值，求线路串联阻抗和并联导纳的标幺值。假定导线温度为50℃。注意基准导纳是基准阻抗的倒数。

b. 求以标幺值和有名值表示的送端电压、电流、有功功率和无功功率以及功率因数。

c. 求线路的电压调整率。

5.6 单回三相输电线路的导线型号为附表A.3中的Parakeet，导线水平排列，相邻导线之间的水平间距为6.05 m。求频率为60 Hz且温度为50℃时线路的特征阻抗和传播常数。

5.7 利用式(5.23)和式(5.24)证明，如果从线路受端看入的阻抗等于特征阻抗Z_c，则不管线路长度如何，从线路送端看入的阻抗也等于Z_c。

5.8 输电线路长320 km，60 Hz下的参数为

相电阻r=0.130 5 Ω/km

相串联电抗x=0.485 Ω/km

相电纳b=3.368×10^{-6} S/km

求：

a. 60 Hz 下的衰减常数 α、波长 λ 和传播速度；

b. 如果线路受端开路，受端线电压维持为 100 kV，利用式(5.26)和式(5.27)求送端电压和电流的入射和反射分量；

c. 确定线路的送端电压和电流。

5.9 当 $\theta=0.5\angle 82°$时，求 $\cosh\theta$ 和 $\sinh\theta$。

5.10 由式(5.1)、式(5.2)、式(5.10)和式(5.37)，证明 3 种输电线路模型的广义电路常数都满足以下条件

$$AD-BC=1$$

5.11 令例题 5.3 中线路的送端线电压、电流和功率因数分别为 260 kV，300 A 和 0.9(滞后)。求对应的受端电压、电流和功率因数。

5.12 一条长为 280 km 的三相输电线路，线路电压为 220 kV，频率为 60 Hz。线路的串联总阻抗为 35+j140 Ω，并联导纳为 $930\times10^{-6}\angle 90°$ S，输送的功率为 40 MW，功率因数为 90%(滞后)。用下述模型求送端电压：(a)短输电线路的逼近法；(b)标称 π 型等效电路的近似法；(c)长输电线路公式。

5.13 假定送端电压保持不变，求习题 5.12 中线路的电压调整率。

5.14 三相 60 Hz 输电线路长 400 km。送端电压为 220 kV。线路参数为 $R=0.1243\ \Omega/\text{km}$，$X=0.4971\ \Omega/\text{km}$，$Y=3.2934\ \mu\text{S/km}$。求线路空载时的送端电流。

5.15 如果习题 5.14 中负载为 80 MW，电压为 220 kV，功率因数等于 1，假定送端电压保持恒定，计算送端的电流、电压、功率以及该负载下线路的电压调整率。

5.16 三相输电线路长 483 km，负载为 400 MVA，功率因数为 0.8(滞后)，电压为 345 kV。线路的 A，B，C，D 常数为

$$A=D=0.8180\angle 1.3°$$

$$B=172.2\angle 84.2°\ \Omega$$

$$C=0.001933\angle 90.4°\ \text{S}$$

a. 求送端相电压、电流和满载时的电压降(%)；

b. 求空载时受端相电压、送端电流以及电压调整率。

5.17 调整式(5.50)，用指数表达式代替其中的双曲函数。

5.18 求习题 5.12 中线路的等效 π 型电路。

5.19 利用式(5.1)和式(5.2)来简化短输电线路的式(5.57)和式(5.58)，其中：(a)已知串联电抗 X 和电阻 R；(b)已知串联电抗 X，忽略电阻。

5.20 通常在城市内很难获取线路走廊，因此或者将线路导线的尺寸扩大，或者对线路重新绝缘，使线路升级到能在更高的电压等级下运行。其中主要考虑热效应和线路的最大允许输送功率。已知一条 138 kV 的线路，导线型号为 Partridge，线路长 50 km，相邻导线之间的水平间距为 5 m。忽略电阻，求电压 $|V_S|$ 和 $|V_R|$ 恒定且 δ 等于 45°时下述情况下的功率增量(%)：

a. 导线型号由附表 A.3 的 Partridge 型变成 Osprey 型，使对应的铝面积(m^2)扩大 2 倍；

b. 在原导线 40 cm 的地方并联另一根型号为 Partridge 的导体，形成双分裂导线，分裂导线的线间距离为 5 m；

c. 将线路电压升至 230 kV，导线间距增大到 8 m。

5.21 绘制习题 5.12 的受端功率圆形图(类似于图 5.10)。找出负载的对应点。若 $|V_R|=$ 220 kV，求 $|V_S|$的圆轨迹的中心。绘制通过负载点的圆。测量该圆的半径并确定 $|V_S|$，将该值与习题 5.12 得到的值进行比较。

5.22 为了改善线路受端总的功率因数，将同步冷凝器与习题 5.12 的负载并联。调整送端电压以维持受端电压为 220 kV。使用习题 5.21 的功率圆形图，当受端总的功率因数为下述值时，求送端电压和由同步冷凝器提供的无功功率：(a)等于 1；(b)等于 0.9(超前)。

5.23 将电抗等于 146.6 Ω 的串联电容器组安装在习题 5.16 长线路的中间位置，线路长 480 km。和 240 km 线路对应的 A，B，C，D 常数为

$$A = D = 0.953\,4\angle 0.3°$$

$$B = 90.33\angle 84.1°\ \Omega$$

$$C = 0.001\,014\angle 90.1°\ \text{S}$$

a. 求线路-电容器组-线路级联电路的等效 A，B，C，D 常数。(见附表 A.6)；

b. 用等效 A，B，C，D 常数来求解习题 5.16。

5.24 480 km 长输电线路的并联导纳为

$$y_c = \text{j}4.269 \times 10^{-6}\ \text{S/km}$$

当补偿度为 60%时，求并联电抗器的 A，B，C，D 常数。

5.25 在习题 5.16 线路的受端并联电抗器，线路长 480 km，并联电抗器的额定值为 250 Mvar，345 kV，并联电抗器的导纳为 0.002 1∠−90° S，求空载时，

a. 并联电抗器所在线路的等效 A，B，C，D 常数(见附表 A.6)；

b. 利用该等效 A，B，C，D 常数和习题 5.16 求到的送端电压，重做习题 5.16 的问题 b。

第6章　电网计算

输电网络通常覆盖的地域广，它涉及大量电气元件。前几章已经分析了各种电气元件的电特性，现在我们来分析由这些电气元件连接形成的电网。大型电力系统分析中，电网模型由矩阵表示，其中矩阵参数由不同的元件构成。

电网元件上电流与电压降的关系可以用导纳描述，也可以用阻抗描述。本章首先建立用导纳描述电网各元件电气特性的原始模型。建立该模型不需要获取电网元件相互连接的信息，当然，该模型也不能提供这些信息。为了获取系统中各个元件的稳态特性，需要建立基于网络节点分析法的节点导纳矩阵。通常电力系统的节点导纳矩阵维数大且参数稀疏，因此可以采用系统化的矩阵块构造法。通过矩阵块构造法可以更清楚地了解开发的算法对电网变化的适应性。

然后，本章将讨论建立节点导纳矩阵和节点阻抗矩阵，并用在之后的潮流分析和故障分析中。大型互联电力系统的节点导纳矩阵通常都非常稀疏，其中的元素主要为零。节点导纳矩阵 $\mathbf{Y}_{\text{bus}}$ 的求解将从原始导纳矩阵开始，并逐步追加支路，最后得到 $\mathbf{Y}_{\text{bus}}$。节点阻抗矩阵 $\mathbf{Z}_{\text{bus}}$ 可以直接对 $\mathbf{Y}_{\text{bus}}$ 求逆得到，但是这只是概念上的简单，大型系统分析时很少采用这种直接求逆的方法。一旦已知 $\mathbf{Z}_{\text{bus}}$，就可以对电力系统进行大量详尽的观察。

节点阻抗矩阵可以用每次增加一个元素的简单方法直接获取。构造 $\mathbf{Z}_{\text{bus}}$ 比构造 $\mathbf{Y}_{\text{bus}}$ 的工作量大很多，但节点阻抗矩阵所包含的信息远远大于 $\mathbf{Y}_{\text{bus}}$。例如，后续分析可见，$\mathbf{Z}_{\text{bus}}$ 的对角线元素反映了整个系统的重要特征，它们与各节点戴维南变换后的阻抗相对应。与 $\mathbf{Y}_{\text{bus}}$ 不同的是，互联系统的节点阻抗矩阵不是稀疏阵，只有当系统被隔离为独立部分时，才出现零元素。例如，第 10 章零序电网中将出现这种开路系统。

第 7 章的潮流分析将大量使用节点导纳矩阵。而电力系统的故障分析则青睐节点阻抗矩阵。因此，$\mathbf{Y}_{\text{bus}}$ 和 $\mathbf{Z}_{\text{bus}}$ 在电力系统的电网分析中都具有重要作用。本章主要研究 $\mathbf{Z}_{\text{bus}}$ 的直接构造法，以及如何利用 $\mathbf{Z}_{\text{bus}}$ 了解电网的特点。

6.1　节点和节点导纳矩阵

单相分析中，输电系统中的元件由无源阻抗(或等效导纳)和有源电压源(或电流源)的组合来表示。例如，稳态时，发电机可以由图 6.1(a)或图 6.1(b)表示。

当电路具有恒电势 E_s、串联阻抗 Z_a 和端电压 V 时，对应的电压公式为

$$E_s = IZ_a + V \tag{6.1}$$

将上式除以 Z_a 后得到图 6.1(b)所示的电流公式，

$$I_s = \frac{E_s}{Z_a} = I + VY_a \tag{6.2}$$

其中，$Y_a = 1/Z_a$。因此，电动势 E_s 及其串联阻抗 Z_a 可以和电流源 I_s 及其并联导纳 Y_a 互换，且满足

$$I_s = \frac{E_s}{Z_a}, \quad Y_a = \frac{1}{Z_a} \tag{6.3}$$

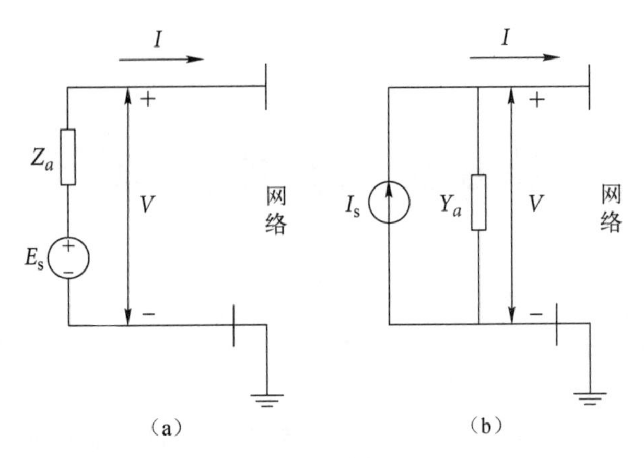

图 6.1　电源的等效电路，其中 $I_s=E_s/Z_a$，$Y_a=1/Z_a$

电源 E_s 和 I_s 可以认为是输电系统的外部节点，这样输电系统为无源支路。本章用下标 a 和 b 来区分不同的支路，用下标 m，n，p 和 q 或其他数字表示节点。电网建模时，以方便为原则，可以采用支路阻抗 Z_a 或支路导纳 Y_a 来代表支路。支路阻抗 Z_a 被称为原始阻抗，支路导纳 Y_a 被称为原始导纳。支路方程为

$$V_a = Z_a I_a \quad 或 \quad Y_a V_a = I_a \tag{6.4}$$

其中，Y_a 是 Z_a 的倒数，支路电压降 V_a 与支路电流 I_a 方向相同。不管支路与电网如何连接，支路一般都有两个变量 V_a 和 I_a，它们之间的关系满足式(6.4)。为了建立电网的节点导纳矩阵，下面将重点讨论支路导纳，然后再对支路阻抗进行处理。

假设节点ⓜ和节点ⓝ之间只有支路导纳 Y_a，如图 6.2 所示，因为大电网中节点数很多，所以该图只标注了节点ⓜ、ⓝ和参考节点。取由节点注入电网的电流为正向，从节点离开电网的电流为负向。图 6.2 中，电流 I_m 是通过 Y_a 注入节点ⓜ的总电流。同样，I_n 是通过 Y_a 注入节点ⓝ的总电流。电压 V_m 和 V_n 分别是节点ⓜ和节点ⓝ相对网络参考节点的电压。

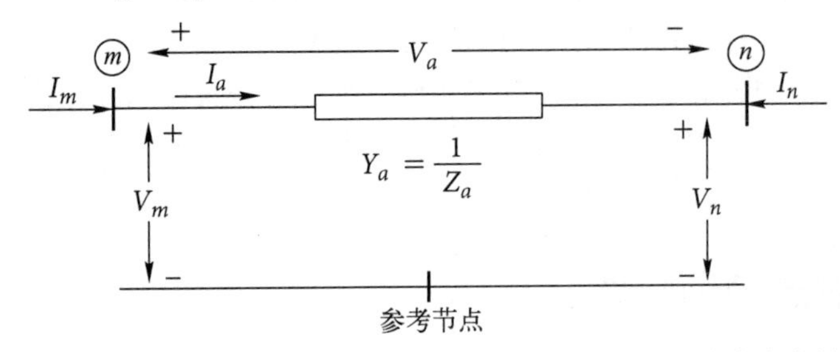

图 6.2　原始支路电压降 V_a、支路电流 I_a、注入电流 I_m 和 I_n，相对于网络参考点的节点电压 V_m 和 V_n

由基尔霍夫电流定律有，节点ⓜ的电流为 $I_m=I_a$，节点ⓝ的电流为 $I_n=-I_a$。这两个电流用列向量表示为

$$\begin{bmatrix} I_m \\ I_n \end{bmatrix} = \begin{matrix} ⓜ \\ ⓝ \end{matrix}\begin{bmatrix} 1 \\ -1 \end{bmatrix} I_a \tag{6.5}$$

在式(6.5)中，标签ⓜ、ⓝ和电流 I_a 的流向相关，因为电流由节点ⓜ流向节点ⓝ，所以 1 对应节点ⓜ，−1 对应节点ⓝ，接下来将分别描述为注入行ⓜ和行ⓝ。同样，电压降 V_a 与 I_a 同相，等于 V_m-V_n，用列向量表示为

$$V_a = \overset{ⓜ\ \ ⓝ}{[1\ \ -1]} \begin{bmatrix} V_m \\ V_n \end{bmatrix} \tag{6.6}$$

将 V_a 代入导纳方程 $Y_aV_a=I_a$，得

$$Y_a\,[\overset{\textcircled{m}}{1}\ \ \overset{\textcircled{n}}{-1}]\begin{bmatrix}V_m\\V_n\end{bmatrix}=I_a \tag{6.7}$$

在式(6.7)两边同时乘以式(6.5)中的列向量，得

$$\begin{matrix}\textcircled{m}\\\textcircled{n}\end{matrix}\begin{bmatrix}1\\-1\end{bmatrix}Y_a\,[\overset{\textcircled{m}}{1}\ \ \overset{\textcircled{n}}{-1}]\begin{bmatrix}V_m\\V_n\end{bmatrix}=\begin{bmatrix}I_m\\I_n\end{bmatrix} \tag{6.8}$$

进一步整理为

$$\begin{matrix}\textcircled{m}\\\textcircled{n}\end{matrix}\begin{bmatrix}\overset{\textcircled{m}}{Y_a} & \overset{\textcircled{n}}{-Y_a}\\-Y_a & Y_a\end{bmatrix}\begin{bmatrix}V_m\\V_n\end{bmatrix}=\begin{bmatrix}I_m\\I_n\end{bmatrix} \tag{6.9}$$

式(6.9)即为支路 Y_a 的节点导纳方程，对应的系数矩阵称为节点导纳矩阵。注意，非对角线元素与支路导纳大小相等，符号相反。式(6.9)中的矩阵是奇异阵，因为节点ⓜ和节点ⓝ都不和参考节点相连。特殊情况下，比如，ⓝ点是参考节点，那么节点电压 V_n 就等于零，式(6.9)降阶为 1×1 维矩阵方程，

$$\textcircled{m}[\overset{\textcircled{m}}{Y_a}]\,V_m=I_m \tag{6.10}$$

这个结果对应于从系数矩阵中直接移除第ⓝ行和第ⓝ列。

尽管式(6.9)及其推导过程很直接，但它们对更一般情况下的推导至关重要。注意支路电压 V_a 转换为节点电压 V_m 和 V_n，同样支路电流 I_a 由节点的注入电流 I_m 和 I_n 表示。式(6.9)中节点电压和电流的系数矩阵满足式(6.8)，

$$\begin{matrix}\textcircled{m}\\\textcircled{n}\end{matrix}\begin{bmatrix}1\\-1\end{bmatrix}[\overset{\textcircled{m}}{1}\ \ \overset{\textcircled{n}}{-1}]=\begin{matrix}\textcircled{m}\\\textcircled{n}\end{matrix}\begin{bmatrix}\overset{\textcircled{m}}{1} & \overset{\textcircled{n}}{-1}\\-1 & 1\end{bmatrix} \tag{6.11}$$

上式中的 2×2 维矩阵是重要的矩阵块，正如下文所述，它们可用于代表更一般的电网。系数矩阵中的各个元素用相应的节点作为行和列的标签。例如，式(6.11)第一行和第二列的元素-1 用图 6.2 中的节点ⓜ和ⓝ作为标签，其他元素也用相同的方法进行标注。

因此，式(6.9)和式(6.10)中的系数矩阵只是实现简单的存储，其中行和列的标签分别由各支路的端节点决定。电网的每条支路都对应一个类似的矩阵，矩阵中的标签由该支路与电网节点的连接情况决定。为了获得整个电网的节点导纳矩阵，将各个支路矩阵中行和列标签相同的元素进行叠加。这种加法满足基尔霍夫电流定律，即电网中流出每个节点的支路电流之和等于流入该节点的电流之和。在完整的矩阵中，非对角线元素 Y_{ij} 等于节点ⓘ和节点ⓙ之间导纳之和的负数，而对角线元素 Y_{ii} 表示所有连接到节点ⓘ的导纳之和。若电网中至少有一条支路和参考节点相连，那么求到的 $\mathbf{Y}_{\text{bus}}$ 就是系统的最终结果，如下例所示。

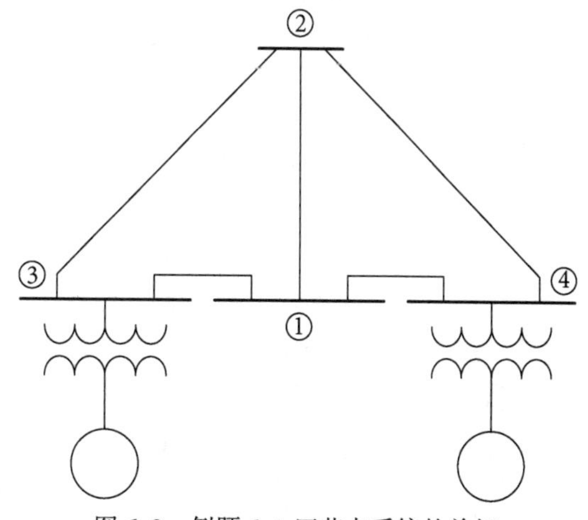

图 6.3　例题 6.1 四节点系统的单相图。图中未显示参考节点

例题 6.1　小型电力系统的单线图如图 6.3 所示。对应的电抗图如图 6.4 所示，其中电抗为标幺值。发电机的内电势等于 1.25∠0°(标幺值)，它通过变压器连接到高压线路的节

点③上，电动机的内电势等于 0.85∠-45°，它通过变压器与节点④相连。求电网各条支路的节点导纳矩阵和全系统的节点导纳方程。

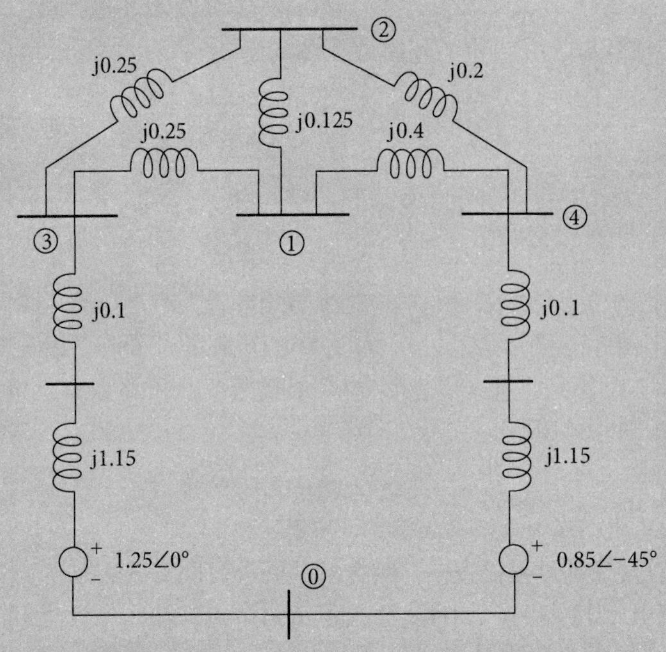

图 6.4　图 6.3 的电抗图。节点⓪为参考节点，电抗和电压均为标幺值

解：将发电机和电动机的电抗归算到各自升压变压器的电抗中。将电抗和内电势串联的电源替换为等效电流源和导纳并联的形式，如图 6.5 所示。将电流源认为是流入节点③和节点④的外部电源，7 条支路分别与各支路电流和电压的下标对应。例如，节点①和节点③之间的支路为支路 c。各条支路的导纳都是支路阻抗的倒数，图 6.5 所示为用标幺值表示的导纳图。和参考节点相连的两条支路 a 和 g 用式(6.10)表示，其他 5 条支路用式(6.9)表示。将式(6.9)和式(6.10)中的 m 和 n 分别与图 6.5 中各支路终端的节点编号对应，可得

$$\overset{③}{③[\,1\,]}Y_a \quad \begin{matrix} & ③ & ② \\ ③ & 1 & -1 \\ ② & -1 & 1 \end{matrix}\;Y_b \quad \begin{matrix} & ③ & ① \\ ③ & 1 & -1 \\ ① & -1 & 1 \end{matrix}\;Y_c \quad \overset{④}{④[\,1\,]}Y_g$$

$$\begin{matrix} & ② & ① \\ ② & 1 & -1 \\ ① & -1 & 1 \end{matrix}\;Y_d \quad \begin{matrix} & ④ & ② \\ ④ & 1 & -1 \\ ② & -1 & 1 \end{matrix}\;Y_e \quad \begin{matrix} & ④ & ① \\ ④ & 1 & -1 \\ ① & -1 & 1 \end{matrix}\;Y_f$$

注意，在行和列遵循相同的顺序时，此处标签的顺序并不重要。但是，为了与后续章节保持一致，此处节点的编号与图 6.5 中支路电流的方向一致，该电流的方向也决定了对应导纳的符号。将上述矩阵中具有相同标签的行和列相加，得到

$$\begin{matrix} & ① & ② & ③ & ④ \\ ① & (Y_c+Y_d+Y_f) & -Y_d & -Y_c & -Y_f \\ ② & -Y_d & (Y_b+Y_d+Y_e) & -Y_b & -Y_e \\ ③ & -Y_c & -Y_b & (Y_a+Y_b+Y_c) & 0 \\ ④ & -Y_f & -Y_e & 0 & (Y_e+Y_f+Y_g) \end{matrix}$$

将支路导纳的数值代入矩阵，可得整个电网的节点导纳矩阵方程 $\mathbf{Y}_{\text{bus}}\mathbf{V}=\mathbf{I}$ 为

$$\begin{bmatrix} -j14.5 & j8.0 & j4.0 & j2.5 \\ j8.0 & -j17.0 & j4.0 & j5.0 \\ j4.0 & j4.0 & -j8.8 & 0.0 \\ j2.5 & j5.0 & 0.0 & -j8.3 \end{bmatrix} \begin{bmatrix} V_1 \\ V_2 \\ V_3 \\ V_4 \end{bmatrix} = \begin{bmatrix} 0 \\ 0 \\ 1.00\angle -90^\circ \\ 0.68\angle -135^\circ \end{bmatrix}$$

在上式的两边同时乘以导纳矩阵的逆 $\mathbf{Y}_{\text{bus}}^{-1} = \mathbf{Z}_{\text{bus}}$，利用计算机计算可得

$$\mathbf{Z}_{\text{bus}} = \begin{bmatrix} j0.7187 & j0.6688 & j0.6307 & j0.6193 \\ j0.6688 & j0.7045 & j0.6242 & j0.6258 \\ j0.6307 & j0.6242 & j0.6840 & j0.5660 \\ j0.6193 & j0.6258 & j0.5660 & j0.6840 \end{bmatrix}$$

因此节点电压为：$V_1 = 0.9750\angle -17.78^\circ$，$V_2 = 0.9728\angle -18.02^\circ$，$V_3 = 0.9941\angle -15.89^\circ$，$V_4 = 0.9534\angle -20.18^\circ$。

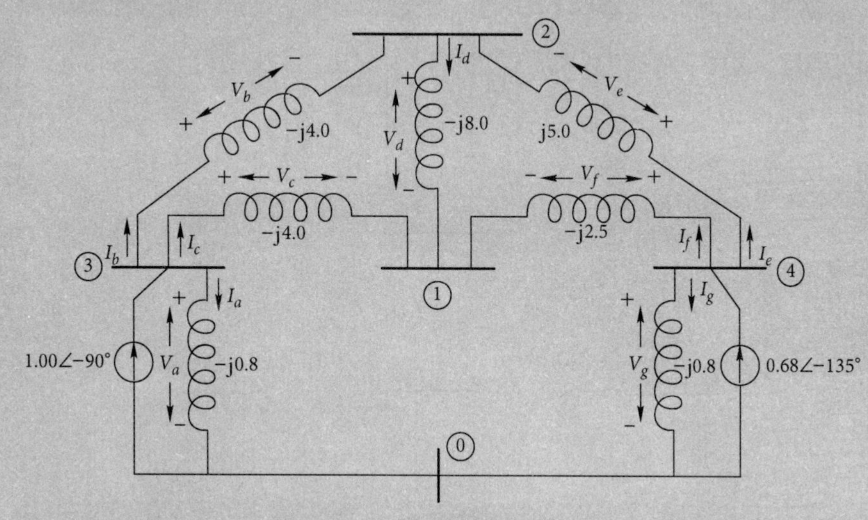

图 6.5　将图 6.4 的导纳图用标幺制表示，其中电压源被电流源替换。电压源支路和电流源支路的下标与支路名称a～g对应

节点方程

两个或多个电路元件(R，L，C 或理想的电压源、电流源)相互连接的点称为节点。电力系统问题的计算机精确求解的基础是基于基尔霍夫电流定律的电路节点方程。

下面以图 6.6 所示的简单电路为例来说明节点方程的特点，图中的节点编号用加圆圈的数字表示。电流源连接在节点③和节点④之间，所有元件参数都为导纳。电压用单下标表示，对应于指定节点和参考节点⓪的电压。对节点①采用基尔霍夫电流定律，使流出节点的电流等于电流源流入该节点的电流，有

$$(V_1 - V_3)Y_c + (V_1 - V_2)Y_d + (V_1 - V_4)Y_f = 0 \tag{6.12}$$

由节点③

$$V_3 Y_a + (V_3 - V_2)Y_b + (V_3 - V_1)Y_c = I_3 \tag{6.13}$$

重新整理上述式，有

节点①

$$V_1(Y_c + Y_d + Y_f) - V_2Y_d - V_3Y_c - V_4Y_f = 0 \tag{6.14}$$

节点③

$$-V_1Y_c - V_2Y_b + V_3(Y_a + Y_b + Y_c) = I_3 \tag{6.15}$$

同样可以对节点②和节点④建立类似的方程，通过这 4 个方程可以同时求解电压 V_1，V_2，V_3和 V_4。当已知这些节点的电压后，就可以求到任意支路的电流，注意，对参考节点建立节点方程没有任何意义。因此，建立的独立节点方程的数量少于节点的数量。

节点②和节点④的方程可以按上述的标准方法建立，不再赘述。由式(6.14)和式(6.15)可知，电流源注入电网节点的电流等于多项参数乘积之和。对任一节点，乘积项可以分为两类。其中一个乘积项等于该节点的电压乘以与该节点相连的所有导纳之和。如果和该节点相连的其他节点的电压都为零，则该乘积代表流出该节点的电流之和。另一个乘积项等于其他节点上电压的负值乘以直接连接在两个节点之间(该节点和其他节点)的导纳。例如，节点③的式(6.15)中，乘积项$-V_2Y_b$表示除了节点②以外其他节点电压均为 0 时，流出节点③的电流。

图 6.6 的 4 个独立方程的通用矩阵可以表示为

$$
\begin{array}{c} \\ ① \\ ② \\ ③ \\ ④ \end{array}
\begin{array}{c} \begin{array}{cccc} ① & ② & ③ & ④ \end{array} \\
\begin{bmatrix} Y_{11} & Y_{12} & Y_{13} & Y_{14} \\ Y_{21} & Y_{22} & Y_{23} & Y_{24} \\ Y_{31} & Y_{32} & Y_{33} & Y_{34} \\ Y_{41} & Y_{42} & Y_{43} & Y_{44} \end{bmatrix} \end{array}
\begin{bmatrix} V_1 \\ V_2 \\ V_3 \\ V_4 \end{bmatrix} = \begin{bmatrix} I_1 \\ I_2 \\ I_3 \\ I_4 \end{bmatrix} \tag{6.16}
$$

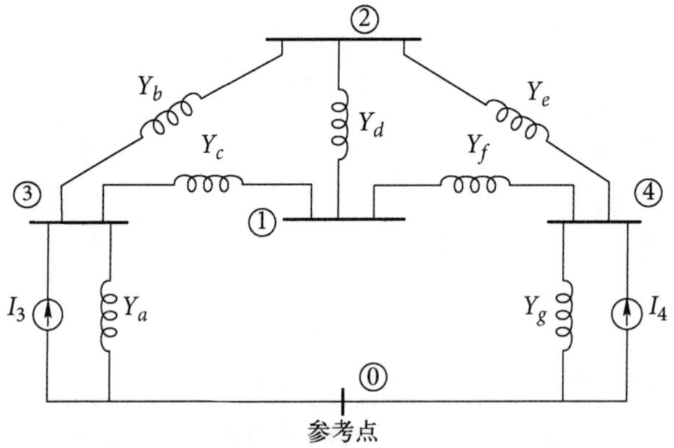

图 6.6　节点③和节点④与电流源相连，其他元件的参数为导纳

上述公式具有对称性，因此便于记忆，而且易于扩大到任意节点数。**Y** 的下标的顺序满足因果关系，也就是说，第一个下标表示流过电流的节点，第二个下标表示导致该电流的电压节点。**Y** 矩阵用 $\mathbf{Y}_{\text{bus}}$表示，称为节点导纳矩阵。形成 $\mathbf{Y}_{\text{bus}}$的通用规则为：

- Y_{jj}等于和节点ⓙ直接相连的导纳之和；
- Y_{ij}等于节点ⓘ和节点ⓙ之间的净导纳的负值。

矩阵对角线上的导纳被称为节点的自导纳，非对角线上的导纳被称为节点的互导纳。也可以将节点的自导纳和互导纳称为节点的驱动点导纳和转移导纳。按上述规则，图 6.6 所示电路的 $\mathbf{Y}_{\text{bus}}$为

$$
\mathbf{Y}_{\text{bus}} =
\begin{array}{c} \\ ① \\ ② \\ ③ \\ ④ \end{array}
\begin{array}{c} \begin{array}{cccc} ① & ② & ③ & ④ \end{array} \\
\begin{bmatrix} (Y_c+Y_d+Y_f) & -Y_d & -Y_c & -Y_f \\ -Y_d & (Y_b+Y_d+Y_e) & -Y_b & -Y_e \\ -Y_c & -Y_b & (Y_a+Y_b+Y_c) & 0 \\ -Y_f & -Y_e & 0 & (Y_e+Y_f+Y_g) \end{bmatrix} \end{array} \tag{6.17}
$$

其中，用圆圈表示的数字是节点编号，它们与 $\mathbf{Y}_{\text{bus}}$ 中元素 Y_{ij} 的下标对应。因为图 6.5 和

图 6.6 表示的是相同的网络，所以式(6.17)与例题 6.1 中的 $\mathbf{Y}_{bus}$相同。

为了理解 $\mathbf{Y}_{bus}$中各个元素的物理意义，继续分析图 6.6 和式(6.16)。从节点②开始

$$I_2 = Y_{21}V_1 + Y_{22}V_2 + Y_{23}V_3 + Y_{24}V_4 \tag{6.18}$$

如果将节点①、节点③、节点④对参考节点短路，使电压 V_1，V_3和 V_4为 0，同时在节点②上施加电压 V_2，使得电流 I_2流入节点②，则节点②的自导纳为

$$Y_{22} = \left.\frac{I_2}{V_2}\right|_{V_1=V_3=V_4=0} \tag{6.19}$$

因此，节点的自导纳可以通过将其他节点与参考节点短路来进行测量，然后求注入该节点的电流与该节点上电压的比值。图 6.7 绘制了 4 节点无源网络的导纳求取方法。该结果显然等于对与该节点相连的导纳进行求和。图 6.7 绘制了 $\mathbf{Y}_{bus}$的非对角线导纳的求取方法。对节点①，将式(6.16)展开，可以得到

$$I_1 = Y_{11}V_1 + Y_{12}V_2 + Y_{13}V_3 + Y_{14}V_4 \tag{6.20}$$

可见

$$Y_{12} = \left.\frac{I_1}{V_2}\right|_{V_1=V_3=V_4=0} \tag{6.21}$$

因此，互导纳 Y_{12}的测量方法为：将除节点②外的其他节点全部对参考节点短路，然后在节点②上施加电压 V_2，如图 6.7 所示。Y_{12}等于从短路网络节点①流出的电流的负值与电压 V_2之比。离开节点①的电流为负值，因为 I_1被定义为流入网络的电流。因此，得到的导纳等于直接连接在节点①和节点②之间的导纳的负值。

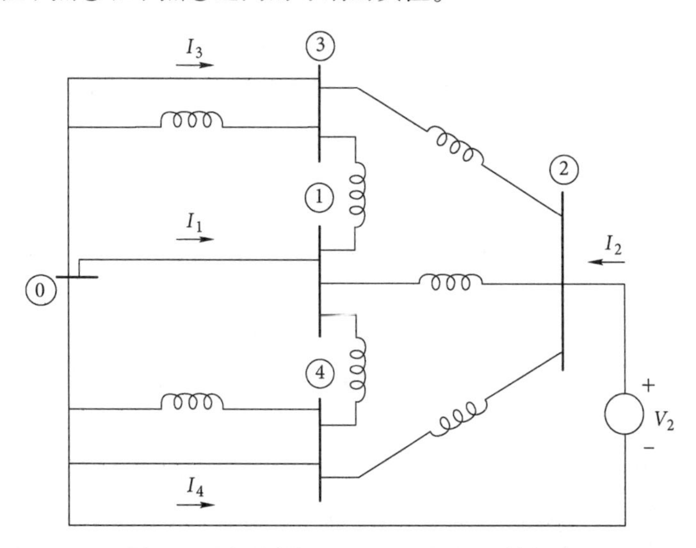

图 6.7　用于测量 Y_{22}，Y_{12}，Y_{32}和 Y_{42}的电路

6.2　利用 Kron 降阶法消除节点

在大型互联电力系统的分析中，有时只对系统中某些节点的电压感兴趣，例如，一个与其他电力公司联网的电力公司，可能只希望研究自己服务范围内的变电站的电压水平。通过对系统节点选择性编号以及矩阵代数运算，系统的 $\mathbf{Y}_{bus}$可以降阶到只包含感兴趣的节点。降阶方程组中的系数矩阵代表仅包含被保留节点的等效电网的 $\mathbf{Y}_{bus}$。其他所有节点都从数学意

义上被消除，它们的节点电压和注入电流不再显式出现。这种方程组降阶的方法使得计算更有效率，并有助于聚焦电网中的指定部分。

对于没有外部负载或电源的电网节点，注入电流为 0。对于这些节点，通常不需要求解电压值，因此可以在对应的表达式中消除它们。

考虑标准节点方程的矩阵形式

$$\mathbf{I} = \mathbf{Y}_{\text{bus}}\mathbf{V} \tag{6.22}$$

其中 $\mathbf{I}$ 和 $\mathbf{V}$ 是列向量，$\mathbf{Y}_{\text{bus}}$ 是对称方阵。注意，预消除节点所对应的元素置于列向量的上部。导纳矩阵中的元素也做相应的放置。将列向量分块是为了使预消除节点所对应的元素能与其他元素分离。导纳矩阵也进行相应分块，使预消除节点所对应的元素与其他元素分离。按照上述规则进行分块后，式(6.22)成为

$$\begin{bmatrix} \mathbf{I}_X \\ \mathbf{I}_A \end{bmatrix} = \begin{bmatrix} \mathbf{K} & \mathbf{L} \\ \mathbf{L}^{\mathrm{T}} & \mathbf{M} \end{bmatrix} \begin{bmatrix} \mathbf{V}_X \\ \mathbf{V}_A \end{bmatrix} \tag{6.23}$$

其中 $\mathbf{I}_X$ 是由预消除节点的电流组成的子向量，$\mathbf{V}_X$ 是由这些节点的电压组成的子向量。显然，$\mathbf{I}_X$ 中各个元素都是 0，否则这些节点无法被消除。组成 $\mathbf{M}$ 阵的自导纳和互导纳仅与那些预保留节点相关。$\mathbf{K}$ 阵中只包含预消除节点所对应的自导纳和互导纳。它是一个方阵，其阶数等于预消除节点数。$\mathbf{L}$ 阵和它的转置阵 $\mathbf{L}^{\mathrm{T}}$ 分别包含那些预保留节点和预消除节点对应的互导纳。

分别求式(6.23)中的各项，得

$$\mathbf{I}_X = \mathbf{K}\mathbf{V}_X + \mathbf{L}\mathbf{V}_A \tag{6.24}$$

且

$$\mathbf{I}_A = \mathbf{L}^{\mathrm{T}}\mathbf{V}_X + \mathbf{M}\mathbf{V}_A \tag{6.25}$$

因为 $\mathbf{I}_X$ 中的所有元素都是 0，所以在式(6.24)两边同时减去 $\mathbf{K}\mathbf{V}_X$ 并乘以 $\mathbf{K}$ 的逆(即 $\mathbf{K}^{-1}$)，得到

$$-\mathbf{K}^{-1}\mathbf{L}\mathbf{V}_A = \mathbf{V}_X \tag{6.26}$$

将上式代入式(6.25)，得

$$\mathbf{I}_A = \mathbf{M}\mathbf{V}_A - \mathbf{L}^{\mathrm{T}}\mathbf{K}^{-1}\mathbf{L}\mathbf{V}_A = \mathbf{Y}_{\text{bus}}^{e}\mathbf{V}_A \tag{6.27}$$

因此该节点的导纳矩阵为

$$\mathbf{Y}_{\text{bus}}^{e} = \mathbf{M} - \mathbf{L}^{\mathrm{T}}\mathbf{K}^{-1}\mathbf{L} \tag{6.28}$$

通过这个导纳矩阵 $\mathbf{Y}_{\text{bus}}^{e}$ 可以构造一个新的电路，其中预消除节点已经被删除，如下例所示。

例题 6.2 针对例题 6.1 的 $\mathbf{Y}_{\text{bus}}$，利用矩阵代数运算法消除节点①和节点②。求消除这些节点后的等效电路，并求节点③和节点④上流出(或者注入)电网的复功率以及节点③上的电压。

解： 为了消除节点①和节点②，对节点导纳矩阵进行分块处理，得

$$\mathbf{Y}_{\text{bus}} = \begin{bmatrix} \mathbf{K} & \mathbf{L} \\ \mathbf{L}^{\mathrm{T}} & \mathbf{M} \end{bmatrix} = \left[\begin{array}{cc|cc} -\mathrm{j}14.5 & \mathrm{j}8.0 & \mathrm{j}4.0 & \mathrm{j}2.5 \\ \mathrm{j}8.0 & -\mathrm{j}17.0 & \mathrm{j}4.0 & \mathrm{j}5.0 \\ \hline \mathrm{j}4.0 & \mathrm{j}4.0 & -\mathrm{j}8.8 & 0.0 \\ \mathrm{j}2.5 & \mathrm{j}5.0 & 0.0 & -\mathrm{j}8.3 \end{array}\right]$$

右下角子矩阵的逆为

$$\mathbf{K}^{-1} = \frac{1}{-182.5}\begin{bmatrix} -\mathrm{j}17.0 & -\mathrm{j}8.0 \\ -\mathrm{j}8.0 & -\mathrm{j}14.5 \end{bmatrix} = -\begin{bmatrix} -\mathrm{j}0.0931 & -\mathrm{j}0.0438 \\ -\mathrm{j}0.0438 & -\mathrm{j}0.0795 \end{bmatrix}$$

$$
\begin{aligned}
\mathbf{Y}_{\text{bus}}^{e} &= \mathbf{M}-\mathbf{L}^{\mathrm{T}}\mathbf{K}^{-1}\mathbf{L} \\
&= \begin{bmatrix} -\mathrm{j}8.8 & 0.0 \\ 0.0 & -\mathrm{j}8.3 \end{bmatrix} - \begin{bmatrix} -\mathrm{j}4.164\,4 & -\mathrm{j}3.835\,6 \\ -\mathrm{j}3.835\,6 & -\mathrm{j}3.664\,4 \end{bmatrix} \\
&= \begin{bmatrix} -\mathrm{j}4.635\,6 & \mathrm{j}3.835\,6 \\ \mathrm{j}3.835\,6 & -\mathrm{j}4.635\,6 \end{bmatrix}
\end{aligned}
$$

仔细观察该矩阵，可见，被保留的节点③和节点④之间的导纳为-j3. 835 6，它的倒数对应这两个节点之间的阻抗的标幺值。

节点③、节点④与参考节点之间的导纳为

$$-\mathrm{j}4.635\,6-(-\mathrm{j}3.835\,6)=-\mathrm{j}0.800\,0\ \text{p.u.}$$

对应的电路如图 6. 8(a)所示。把电流源变换为等效的电压源，得到如图 6. 8(b)所示的电路，其中阻抗为标幺值。对应的支路电流为

$$
\begin{aligned}
I_{34} &= \frac{1.25\angle 0° - 1.85\angle -45°}{\mathrm{j}(1.250+0.260\,7+1.250)} = 0.217\,7-\mathrm{j}0.235\,1 \\
&= 0.320\,4\angle -47.20°\ \text{p.u.}
\end{aligned}
$$

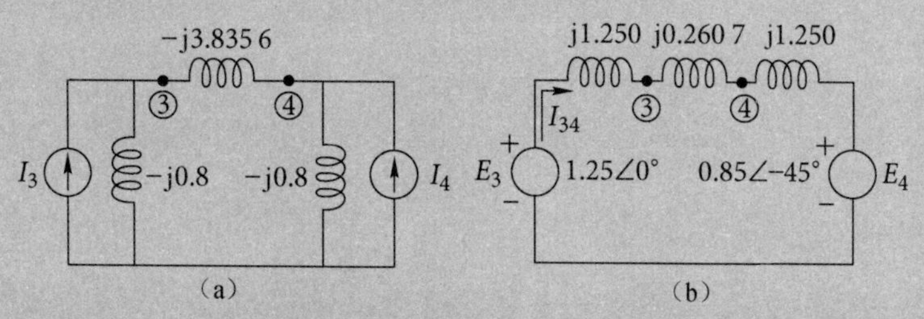

图 6. 8　图 6. 5 降阶后的等效电路

由电源 E_3输出的复功率为

$$
\begin{aligned}
S_3 = E_3 I_{34}^* &= (1.25\angle 0°)\times(0.320\,4\angle 47.20°) \\
&= 0.272\,1+\mathrm{j}0.293\,9\ \text{p.u.}
\end{aligned}
$$

注入电源 E_4的复功率为

$$
\begin{aligned}
S_4 = E_4 I_{34}^* &= (0.85\angle -45°)\times(0.320\,4\angle 47.20°) \\
&= 0.272\,1+\mathrm{j}0.010\,5\ \text{p.u.}
\end{aligned}
$$

注意，电路上的无功功率为

$$(0.320\,4)^2\times(1.250+0.260\,7+1.250)=0.283\,4\ \text{p.u.}$$

节点③的电压为

$$
\begin{aligned}
1.25\angle 0° - \mathrm{j}1.250(0.217\,7-\mathrm{j}0.235\,1) &= 0.956\,1-\mathrm{j}0.272\,1 \\
&= 0.994\,1\angle -15.89°\ \text{p.u.}
\end{aligned}
$$

MATLAB program for Example 6. 2(ex6_2. m):

```
% M_File for Example 6.2: ex6_2.m
clc
clear all
disp('Get admittance matrix from example 6.1')
Y=[-j*14.5  j*8.0  j*4.0  j*2.5;
    j*8.0  -j*17.0  j*4.0  j*5.0;
```

```
    j*4.0  j*4.0  -j*8.8  0.0;
    j*2.5  j*5.0  0.0    -j*8.3]
disp('Get K, L, M from admittance matrix')
K=[-j*14.5  j*8;    j*8    -j*17]
L=[j*4     j*2.5;    j*4    j*5]
M=[-j*8.8    0;    0    -j*8.3]
V3=1.25; V3angle=0;
V4=0.85; V4angle=-45;          % Degree
det_K=det(K);                  % inv(K);
K_cal=[K(2,2) -K(1,2); -K(2,1) K(1,1)];
inv_K=K_cal/det_K;
LKL=L.'*inv(K)*L;
disp('Eliminate nodes 1 and 2 by the matrix-algebra procedure')
disp(['Ye_bus = M - LKL '])
Ye_bus=M-LKL
Z3=Ye_bus(2,2)-(-Ye_bus(1,2));
X3=abs(1/Z3); X4=X3;
X34=abs(1/(-Ye_bus(1,2)));
V4cp=V4*cosd(V4angle)+j*V4*sind(V4angle);
I=(V3-V4cp)/(j*(X3+X4+X34));
I_mag=abs(I); I_ang=angle(I)*180/pi;
disp('Using new admittance matrix to calculate power and reactive
voltamperes')
% Power out of source V3 and Power into source V4
Power_V3=V3*I';
disp(['Power out of source V3 is ', num2str(Power_V3), ' per unit'])
Power_V4=V4cp*I';
disp(['Power into source V4 is ', num2str(Power_V4), ' per unit'])
Q=abs(I)^2*(X3+X3+X34); % The reactive voltamperes in the
circuit
% The voltage at node 3
V_3=V3-j*X3*I;
V3_mag=abs(V_3); V3_ang=angle(V_3)*180/pi;
disp(['The voltage at node 3 is ', num2str(V_3), ' per unit'])
```

该例所示的电路比较简单，因此也可以通过Y-△变换以及阻抗的串并联变换来消除节点。矩阵分块法是计算机求解的通用方法。但是，如果需要消除的节点很多，矩阵**M**的逆也会很大。

一次消除一个节点的方法可以避免对矩阵求逆，而且步骤简单。但预消除节点的编号必须最大，因此可能需要重新对节点进行编号。矩阵**M**中只能有一个元素，矩阵$\mathbf{M}^{-1}$是该元素的倒数。因此，原始的导纳矩阵被分割成子矩阵**K**，**L**，$\mathbf{L}^{\mathrm{T}}$和**M**。

$$
\mathbf{Y}_{\mathrm{bus}} = \left[\begin{array}{ccc:c} Y_{11} & \cdots\ Y_{1j} & \cdots & Y_{1N} \\ \vdots & & & \vdots \\ Y_{k1} & \cdots\ Y_{kj} & \cdots & Y_{kN} \\ \vdots & & & \vdots \\ \hdashline Y_{N1} & \cdots\ Y_{Nj} & \cdots & Y_{NN} \end{array}\right] \quad \text{(上方 } \mathbf{K}\text{，右侧 } \mathbf{L}\text{，下方 } \mathbf{L}^{\mathrm{T}}\text{、}\mathbf{M}\text{)} \tag{6.29}
$$

利用式(6.28)将上述矩阵降阶为$(N-1)\times(N-1)$维

$$\mathbf{Y}_{\text{bus}}=\begin{bmatrix}Y_{11}\cdots Y_{1j}\cdots\\ \vdots \quad\quad \vdots\\ Y_{k1}\cdots Y_{kj}\cdots\\ \vdots \quad\quad \vdots\end{bmatrix}-\frac{1}{Y_{NN}}\begin{bmatrix}Y_{1N}\\ \vdots\\ Y_{kN}\\ \vdots\end{bmatrix}[Y_{N1}\quad\cdots\quad Y_{Nj}\quad\cdots] \tag{6.30}$$

消除全部不需要的节点后，最后得到第k行、第j列元素为

$$Y_{kj(\text{new})}=Y_{kj(\text{orig})}-\frac{Y_{kN(\text{orig})}Y_{Nj(\text{orig})}}{Y_{NN(\text{orig})}} \tag{6.31}$$

式(6.29)原始矩阵$\mathbf{K}$中的每个元素$Y_{kj(\text{new})}$都需要修改。比较式(6.29)与式(6.31)可以看到修改各个元素的过程。对第k行、第j列元素，首先将最后一列中的元素Y_{kN}和最后一行中的元素Y_{Nj}相乘，然后将乘积$Y_{kN}Y_{Nj}$与Y_{NN}相除，最后用已经修改过的元素$Y_{kj(\text{orig})}$减去该值即可。下面通过例题对该过程进行阐述。

例题 6.3 对例题6.2进行节点消除，首先删除节点④，然后删除节点③。

解： 如例题6.2所示，为了删除节点④，将原始矩阵分块为

$$\mathbf{Y}_{\text{bus}}=\left[\begin{array}{ccc:c}-\text{j}14.5 & \text{j}8.0 & \text{j}4.0 & \text{j}2.5\\ \text{j}8.0 & -\text{j}17.0 & \text{j}4.0 & \text{j}5.0\\ \text{j}4.0 & \text{j}4.0 & -\text{j}8.8 & 0.0\\ \hdashline \text{j}2.5 & \text{j}5.0 & 0.0 & -\text{j}8.3\end{array}\right]$$

对第3行、第2列元素$Y_{32(\text{orig})}$进行修改，可得

$$Y_{32}=Y_{32(\text{old})}-\frac{Y_{34(\text{orig})}Y_{42(\text{orig})}}{Y_{44(\text{orig})}}=\text{j}4.0-\frac{0.0\times\text{j}5.0}{-\text{j}8.3}=\text{j}4.0$$

同样，修改后第1行、第1列的元素为

$$Y_{11}=-\text{j}14.5-\frac{\text{j}2.5\times\text{j}2.5}{-\text{j}8.3}=-\text{j}13.747\,0$$

用同样的方法可以得到

$$\mathbf{Y}_{\text{bus}}=\begin{bmatrix}-\text{j}13.747\,0 & \text{j}9.506\,0 & \text{j}4.0\\ \text{j}9.506\,0 & -\text{j}13.988\,0 & \text{j}4.0\\ \text{j}4.0 & \text{j}4.0 & -\text{j}8.8\end{bmatrix}$$

对上述矩阵进一步删除节点③得到

$$\mathbf{Y}_{\text{bus}}=\begin{bmatrix}-\text{j}11.928\,8 & \text{j}11.324\,2\\ \text{j}11.324\,2 & -\text{j}12.169\,8\end{bmatrix}$$

这个结果与同时消除两个节点的分块矩阵法得到的结果完全相同。

MATLAB program for Example 6.3(ex6_3.m):

```
% M_File for Example 6.3: ex6_3.m
clc
clear all
% Input values
disp('Get admittance matrix from example 6.1')
Y=[-j*14.5    j*8.0    j*4.0    j*2.5;
    j*8.0    -j*17.0   j*4.0    j*5.0;
    j*4.0    j*4.0    -j*8.8    0.0;
```

```
    j*2.5    j*5.0    0.0    -j*8.3]
% Solution
for i=1:1:3
    for k=1:1:3
        Y3(i, k)=Y(i, k)-Y(i, 4)*Y(4, k)/Y(4, 4);
    end
end
disp('Reducing the above matrix to remove node 4 yields')
Y3
for(i=1:1:2)
    for(k=1:1:2)
        Y2(i, k)=Y3(i, k)-Y3(i, 3)*Y3(3, k)/Y3(3, 3);
    end
end
disp('Reducing the above matrix to remove node 3 yields')
Y2
```

6.3 节点阻抗矩阵

节点阻抗矩阵对故障计算非常重要。为了理解矩阵中各个阻抗的物理意义，接下来将采用与节点导纳矩阵类似的方法进行分析。仍然以图 6.6 所示的电网为例。对四节点系统 $\mathbf{Y}_{bus}$ 求逆可得节点阻抗矩阵 $\mathbf{Z}_{bus}$，它的标准形式为

$$\mathbf{Z}_{bus} = \mathbf{Y}_{bus}^{-1} = \begin{matrix} & ① & ② & ③ & ④ \\ ① & Z_{11} & Z_{12} & Z_{13} & Z_{14} \\ ② & Z_{21} & Z_{22} & Z_{23} & Z_{24} \\ ③ & Z_{31} & Z_{32} & Z_{33} & Z_{34} \\ ④ & Z_{41} & Z_{42} & Z_{43} & Z_{44} \end{matrix} \tag{6.32}$$

上式即为节点阻抗矩阵的定义，

$$\mathbf{Z}_{bus} = \mathbf{Y}_{bus}^{-1} \tag{6.33}$$

因为 $\mathbf{Y}_{bus}$关于主对角线对称，所以 $\mathbf{Z}_{bus}$也是对称阵。矩阵 $\mathbf{Z}_{bus}$不一定需要通过求节点导纳矩阵才能得到，本章的另一节中将介绍直接求解 $\mathbf{Z}_{bus}$ 的方法。$\mathbf{Z}_{bus}$ 主对角线上的阻抗元素被称为节点的驱动点阻抗，而非对角线元素被称为节点的转移阻抗。

在式(6.22)两边同时乘以 $\mathbf{Y}_{bus}^{-1}=\mathbf{Z}_{bus}$得到

$$\mathbf{V} = \mathbf{Z}_{bus}\,\mathbf{I} \tag{6.34}$$

注意，上式中，$\mathbf{V}$ 和 $\mathbf{I}$ 均为列向量，它们分别表示节点电压和电流源注入节点的电流。将式(6.34)用于图 6.6 所示的电网，展开后可得

$$V_1 = Z_{11}I_1 + Z_{12}I_2 + Z_{13}I_3 + Z_{14}I_4 \tag{6.35}$$

$$V_2 = Z_{21}I_1 + Z_{22}I_2 + Z_{23}I_3 + Z_{24}I_4 \tag{6.36}$$

$$V_3 = Z_{31}I_1 + Z_{32}I_2 + Z_{33}I_3 + Z_{34}I_4 \tag{6.37}$$

$$V_4 = Z_{41}I_1 + Z_{42}I_2 + Z_{43}I_3 + Z_{44}I_4 \tag{6.38}$$

由式(6.36)可知，驱动点阻抗 Z_{22}为：将节点①、节点③、节点④的电流源开路并在节点②上注入电流 I_2。阻抗 Z_{22}为

$$Z_{22} = \left.\frac{V_2}{I_2}\right|_{I_1=I_3=I_4=0} \tag{6.39}$$

图 6.9 所示为求解 Z_{22}的等效电路。由于 Z_{22}的求解需要断开其他节点的电流源，而 Y_{22}的求解需要将其他节点短路，因此这两种参数之间没有倒数关系。图 6.9 所示的电路也可以用于测量转移阻抗，因为由式(6.35)可知，当电流源 I_1，I_3和 I_4开路时

$$Z_{12} = \frac{V_1}{I_2}\bigg|_{I_1=I_3=I_4=0} \tag{6.40}$$

由式(6.37)和式(6.38)可得

$$Z_{32} = \frac{V_3}{I_2}\bigg|_{I_1=I_3=I_4=0} \tag{6.41}$$

$$Z_{42} = \frac{V_4}{I_2}\bigg|_{I_1=I_3=I_4=0} \tag{6.42}$$

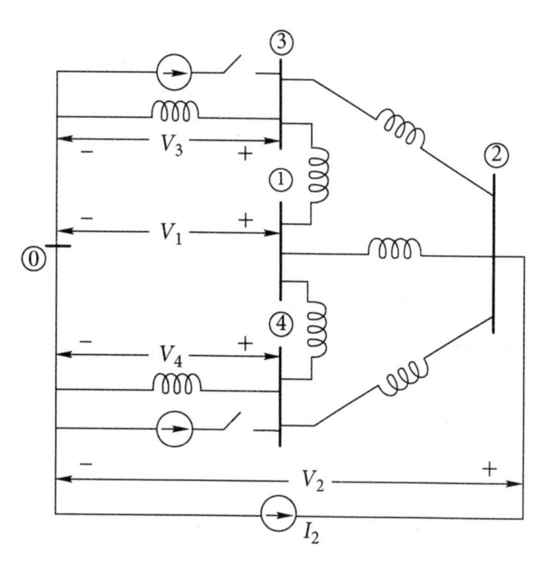

图 6.9　用于测量 Z_{22}，Z_{12}，Z_{32}和 Z_{42}的电路

因此，转移阻抗 Z_{12}，Z_{32}和 Z_{42}的测量方法为：将节点②以外其他所有节点上的电流源开路，并在节点②上注入电流，然后分别求取电压 V_1，V_3和 V_4与电流 I_2的比值。注意，互导纳的测量是将某节点以外的全部节点短路，而转移阻抗的测量是将某电流源以外的全部电流源开路。由式(6.35)可见，如果在节点①注入电流，同时使节点②、节点③、节点④的电流源开路，那么 I_1流通的电路的等效阻抗就是 Z_{11}。同理，由式(6.36)、式(6.37)和式(6.38)可得 I_1在节点②、节点③、节点④上产生的电压为

$$V_2 = I_1Z_{21}, \quad V_3 = I_1Z_{31}, \quad V_4 = I_1Z_{41} \tag{6.43}$$

上述对 $\mathbf{Z}_{\text{bus}}$的讨论非常重要，$\mathbf{Z}_{\text{bus}}$不但可以用于潮流分析，而且在故障计算中具有举足轻重的作用。

6.4　戴维南定理和节点阻抗矩阵

节点阻抗矩阵提供了电网计算所需要的重要信息。本节将研究 $\mathbf{Z}_{\text{bus}}$中的元素与电网各个节点的戴维南阻抗之间的关系。令节点电压与节点电流 $\mathbf{I}$ 的初始值 $\mathbf{I}^0$的关系为 $\mathbf{V}^0 = \mathbf{Z}_{\text{bus}}\mathbf{I}^0$。电压 $V_1^0 \sim V_N^0$代表开路电压的有效值，即电压表放置在测量节点和参考节点之间得到的电压值。当节点电流由初始值变为新值($\mathbf{I}^0+\Delta\mathbf{I}$)时，用叠加原理可以求到新的节点电压，

$$\mathbf{V} = \mathbf{Z}_{\text{bus}}(\mathbf{I}^0+\Delta\mathbf{I}) = \underbrace{\mathbf{Z}_{\text{bus}}\mathbf{I}^0}_{\mathbf{V}^0} + \underbrace{\mathbf{Z}_{\text{bus}}\Delta\mathbf{I}}_{\Delta\mathbf{V}} \tag{6.44}$$

其中 $\Delta\mathbf{V}$ 表示新的节点电压相对于原始电压的变化。

图 6.10(a)所示为一个大型电力系统的示意图，它以系统的参考节点和节点ⓚ作为两个端点。

初始时刻，电路未导通，因此节点电流 $\mathbf{I}^0$和电压 $\mathbf{V}^0$均为 0。然后，与参考节点相连的电流源向节点ⓚ注入电流 ΔI_kA(如果 $\mathbf{Z}_{\text{bus}}$为标幺值，那么 ΔI_k的单位也为标幺值)。电网各节点的电压变化用 $\Delta V_1 \sim \Delta V_N$表示，为

$$
\begin{bmatrix} \Delta V_1 \\ \Delta V_2 \\ \vdots \\ \Delta V_k \\ \vdots \\ \Delta V_N \end{bmatrix} = \begin{matrix} ① \\ ② \\ \\ ⓚ \\ \\ Ⓝ \end{matrix} \overset{\begin{matrix} ① & ② & & ⓚ & & Ⓝ \end{matrix}}{\begin{bmatrix} Z_{11} & Z_{12} & \cdots & Z_{1k} & \cdots & Z_{1N} \\ Z_{21} & Z_{22} & \cdots & Z_{2k} & \cdots & Z_{2N} \\ \vdots & \vdots & \ddots & \vdots & \ddots & \vdots \\ Z_{k1} & Z_{k2} & \cdots & Z_{kk} & \cdots & Z_{kN} \\ \vdots & \vdots & \ddots & \vdots & \ddots & \vdots \\ Z_{N1} & Z_{N2} & \cdots & Z_{Nk} & \cdots & Z_{NN} \end{bmatrix}} \begin{bmatrix} 0 \\ 0 \\ \vdots \\ \Delta I_k \\ \vdots \\ 0 \end{bmatrix} \tag{6.45}
$$

其中，电流相量中只有第ⓚ行电流非 0，等于 ΔI_k。将式(6.45)右侧的矩阵相乘，得到节点电压的增量

$$
\begin{bmatrix} \Delta V_1 \\ \Delta V_2 \\ \vdots \\ \Delta V_k \\ \vdots \\ \Delta V_N \end{bmatrix} = \begin{matrix} ① \\ ② \\ \\ ⓚ \\ \\ Ⓝ \end{matrix} \overset{ⓚ}{\begin{bmatrix} Z_{1k} \\ Z_{2k} \\ \vdots \\ Z_{kk} \\ \vdots \\ Z_{Nk} \end{bmatrix}} \Delta I_k \tag{6.46}
$$

其数值等于 $\mathbf{Z}_{\text{bus}}$的第ⓚ列元素乘以电流 ΔI_k。按式(6.44)，将各节点的电压增量与原始电压相加，可得节点ⓚ上的电压为

$$
V_k = V_k^0 + Z_{kk}\Delta I_k \tag{6.47}
$$

对应的电路如图 6.10(b)所示，显然，节点ⓚ对应的戴维南阻抗 Z_{th}等于

$$
Z_{\text{th}} = Z_{kk} \tag{6.48}
$$

其中 Z_{kk}是 $\mathbf{Z}_{\text{bus}}$第 k 行、第 k 列的对角线元素。

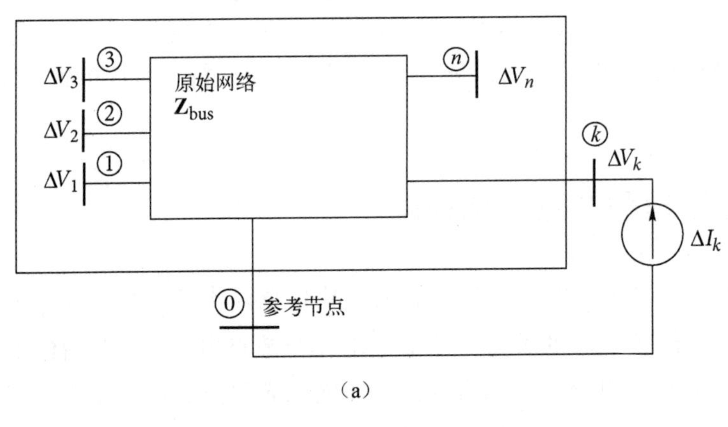

(a)

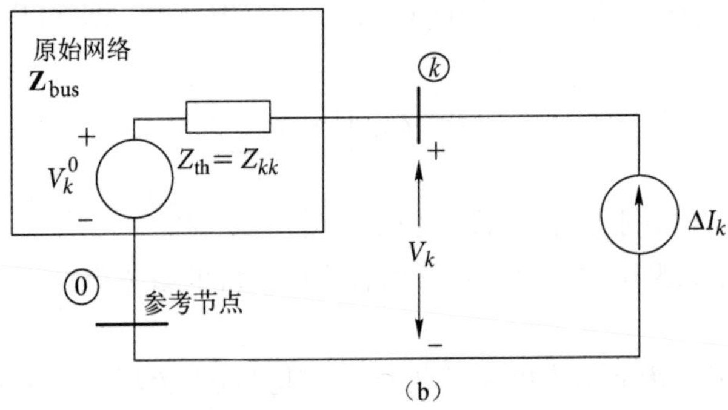

(b)

图 6.10 (a) 包含参考节点和节点ⓚ的原始电网，节点ⓝ上的电压 ΔV_n 由注入电网的电流ΔI_k引起；(b) 节点ⓚ的戴维南等效电路

同理，可以确定电网任意两个节点ⓙ和节点ⓚ之间的戴维南阻抗。如图 6.11(a)所示，无源网络中，ΔI_j向节点ⓙ注入电流，同时 ΔI_k向节点ⓚ注入电流。

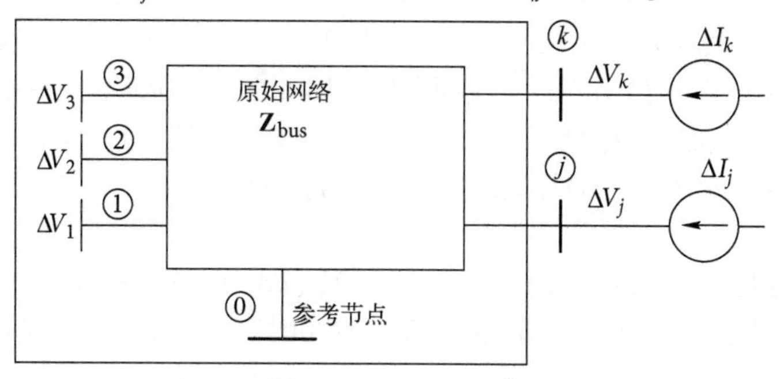

(a) 节点ⓙ带电流源ΔI_j，节点ⓚ带电流源ΔI_k

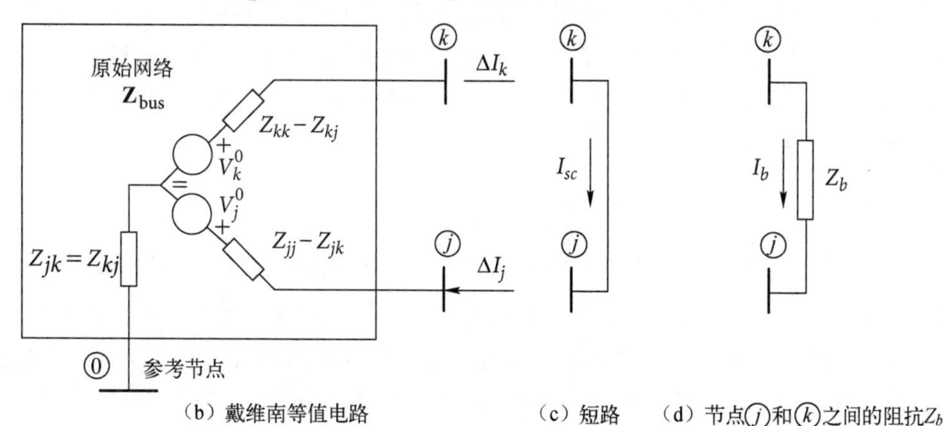

(b) 戴维南等值电路　　(c) 短路　　(d) 节点ⓙ和ⓚ之间的阻抗Z_b

图 6.11　原始电网

用 $\Delta V_1 \sim \Delta V_N$表示这两个电流源共同作用下节点电压的变化，有

$$
\begin{bmatrix} \Delta V_1 \\ \vdots \\ \Delta V_j \\ \Delta V_k \\ \vdots \\ \Delta V_N \end{bmatrix}
=
\begin{array}{c} ① \\ \\ ⓙ \\ ⓚ \\ \\ Ⓝ \end{array}
\overset{\begin{array}{cccccc} ① & & ⓙ & ⓚ & & Ⓝ \end{array}}{
\begin{bmatrix}
Z_{11} & \cdots & Z_{1j} & Z_{1k} & \cdots & Z_{1N} \\
\vdots & \ddots & \vdots & \vdots & \ddots & \vdots \\
Z_{j1} & \cdots & Z_{jj} & Z_{jk} & \cdots & Z_{jN} \\
Z_{k1} & \cdots & Z_{kj} & Z_{kk} & \cdots & Z_{kN} \\
\vdots & \ddots & \vdots & \vdots & \ddots & \vdots \\
Z_{N1} & \cdots & Z_{Nj} & Z_{Nk} & \cdots & Z_{NN}
\end{bmatrix}}
\begin{bmatrix} 0 \\ \vdots \\ \Delta I_j \\ \Delta I_k \\ \vdots \\ 0 \end{bmatrix}
\tag{6.49}
$$

$$
= \begin{bmatrix} Z_{1j}\Delta I_j + Z_{1k}\Delta I_k \\ \vdots \\ Z_{jj}\Delta I_j + Z_{jk}\Delta I_k \\ Z_{kj}\Delta I_j + Z_{kk}\Delta I_k \\ \vdots \\ Z_{Nj}\Delta I_j + Z_{Nk}\Delta I_k \end{bmatrix}
$$

其中，公式右侧相量的值等于 ΔI_j乘以 $\mathbf{Z}_{bus}$的第 j 列后再加上 ΔI_k乘以 $\mathbf{Z}_{bus}$的第 k 列。由式(6.44)，将电压增量与原始节点电压相加，可得节点ⓘ和节点ⓚ的新电压

$$V_j = V_j^0 + Z_{jj}\Delta I_j + Z_{jk}\Delta I_k \tag{6.50}$$

$$V_k = V_k^0 + Z_{kj}\Delta I_j + Z_{kk}\Delta I_k \tag{6.51}$$

在式(6.50)中加上(再减去)$Z_{jk}\Delta I_j$项，同样，在式(6.51)中加上(再减去)$Z_{kj}\Delta I_k$项后，得到

$$V_j = V_j^0 + (Z_{jj} - Z_{jk})\Delta I_j + Z_{jk}(\Delta I_j + \Delta I_k) \tag{6.52}$$

$$V_k = V_k^0 + Z_{kj}(\Delta I_j + \Delta I_k) + (Z_{kk} - Z_{kj})\Delta I_k \tag{6.53}$$

由于$\mathbf{Z}_{\text{bus}}$对称，所以Z_{jk}等于Z_{kj}，与这两个公式对应的电路如图6.11(b)所示，它代表了节点ⓙ和节点ⓚ之间的戴维南等效电路。由图6.11(b)可知，节点ⓚ和节点ⓙ之间的开路电压等于$V_k^0-V_j^0$，图6.11(c)中短路电流I_{sc}对应的等效阻抗等于戴维南阻抗，

$$Z_{\text{th},jk} = Z_{jj} + Z_{kk} - 2Z_{jk} \tag{6.54}$$

上式的证明很简单，只需要用$I_{sc}=\Delta I_j=-\Delta I_k$代入式(6.52)和式(6.53)，同时使电压差$V_j-V_k$等于0。考虑到节点ⓙ和节点ⓚ分别与外部电路连接，因此图6.11(b)可作为原始系统的等效电路。

从节点ⓙ和参考节点看入的戴维南阻抗为$Z_{jj}=(Z_{jj}-Z_{jk})+Z_{jk}$，开路电压为$V_j^0$；从节点ⓚ和参考节点看入的戴维南阻抗为$Z_{kk}=(Z_{kk}-Z_{jk})+Z_{kj}$，开路电压为$V_k^0$。节点ⓚ和节点ⓙ之间的戴维南阻抗由式(6.54)决定，开路电压为$V_k^0-V_j^0$。当在图6.11(d)节点ⓙ和节点ⓚ之间添加支路阻抗Z_b时，产生的电流I_b为

$$I_b = \frac{V_k^0 - V_j^0}{Z_{\text{th},jk} + Z_b} = \frac{V_k - V_j}{Z_b} \tag{6.55}$$

6.5节将使用上述公式来说明电网两个节点之间添加支路阻抗时$\mathbf{Z}_{\text{bus}}$的修改。

例题6.4 在例题6.1电路的节点④和参考节点之间添加标幺值为5.0的电容器。初始的电源电动势和注入节点③和节点④的外部电流和例题6.1均相同。求电容器吸收的电流。

解：由例题6.1计算得到，节点④的戴维南等效电路的电动势$V_4^0=0.9534\angle-20.1803°$(标幺值)，该电势等于例题6.1在未连接电容器前节点④的电压。节点④的戴维南阻抗$Z_{44}=\text{j}0.6840\,\text{p.u.}$，戴维南等效电路如图6.12(a)所示。因此，电容器吸收的电流I_{cap}为

$$I_{\text{cap}} = \frac{0.9534\angle -20.1803°}{-\text{j}5.0 + \text{j}0.6840} = 0.2209\angle 69.8197°\ \text{p.u.}$$

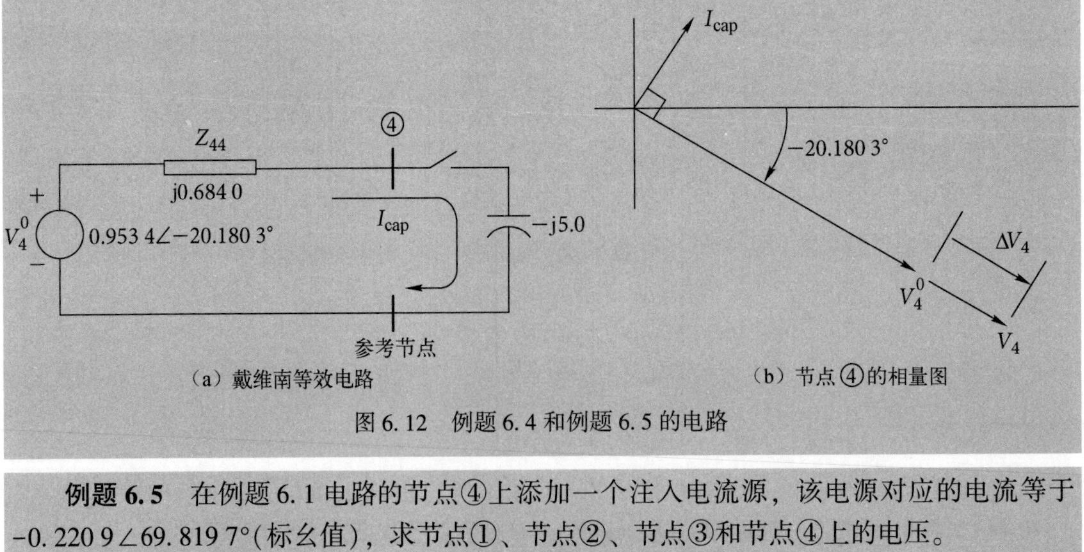

(a) 戴维南等效电路　　(b) 节点④的相量图

图6.12 例题6.4和例题6.5的电路

例题6.5 在例题6.1电路的节点④上添加一个注入电流源，该电源对应的电流等于-0.2209∠69.8197°(标幺值)，求节点①、节点②、节点③和节点④上的电压。

解：利用例题6.1求得的节点阻抗矩阵，可以计算出注入电流源对各节点电压的影响。利用$\mathbf{Z}_{\text{bus}}$第4列的阻抗值，可得节点④上新增电流引起的电压增量(标幺值)为

$$\Delta V_1 = -I_{cap} Z_{14} = -0.220\,9\angle 69.819\,7^\circ \times j0.619\,3 = 0.136\,8\angle -20.180\,3^\circ$$
$$\Delta V_2 = -I_{cap} Z_{24} = -0.220\,9\angle 69.819\,7^\circ \times j0.625\,8 = 0.138\,2\angle -20.180\,3^\circ$$
$$\Delta V_3 = -I_{cap} Z_{34} = -0.220\,9\angle 69.819\,7^\circ \times j0.566\,0 = 0.125\,0\angle -20.180\,3^\circ$$
$$\Delta V_4 = -I_{cap} Z_{44} = -0.220\,9\angle 69.819\,7^\circ \times j0.684\,0 = 0.151\,1\angle -20.180\,3^\circ$$

按式(6.44)，将电压增量和例题 6.1 的原始电压叠加，得到新的节点电压(标幺值)为

$$V_1 = 0.975\,0\angle -17.783\,4^\circ + 0.136\,8\angle -20.180\,3^\circ = 1.056\,8 - j0.345\,0$$
$$= 1.111\,7\angle -18.078\,5^\circ$$
$$V_2 = 0.972\,8\angle -18.018\,2^\circ + 0.138\,2\angle -20.180\,3^\circ = 1.054\,8 - j0.348\,6$$
$$= 1.110\,9\angle -18.287\,2^\circ$$
$$V_3 = 0.994\,1\angle -15.887\,2^\circ + 0.125\,0\angle -20.180\,3^\circ = 1.073\,5 - j0.315\,3$$
$$= 1.118\,8\angle -16.365\,8^\circ$$
$$V_4 = 0.953\,4\angle -20.180\,3^\circ + 0.151\,1\angle -20.180\,3^\circ = 1.036\,7 - j0.381\,0$$
$$= 1.104\,5\angle -20.180\,3^\circ$$

图 6.12(b)中，因为注入电流引起的电压增量的相角均相同，而这个相角与原始电压的相角相差很小，所以近似计算就能满足要求。节点电压幅值的变化近似等于电流幅值(标幺值)与对应的驱动点阻抗或转移阻抗的幅值的乘积。这个乘积和原始电压幅值相加后就很接近新的电压幅值。本例能够使用近似计算法是因为电网是纯感性电路，不过在电抗远大于电阻的场合(即正常的输电系统)，这种近似的效果都很好。

例题 6.4 和例题 6.5 说明了节点阻抗矩阵的重要性，顺便解释了在节点上添加电容器能引起节点电压上升的原因。不过，上述分析的前提条件是连接电容器后电压源和电流源的相角保持不变，而这在实际运行中不一定能实现。第 7 章将使用计算机潮流计算程序来分析此类系统的运行。

6.5 $\mathbf{Z}_{bus}$阵的修改

上一节利用戴维南等效电路和 $\mathbf{Z}_{bus}$来求解电网新增一条支路时不需要建立新的 $\mathbf{Z}_{bus}$就能得到新的节点电压的方法。由于 $\mathbf{Z}_{bus}$在电力系统分析中非常重要，本节研究添加新节点或者新支路时如何修改原始 $\mathbf{Z}_{bus}$的方法。当然可以用 $\mathbf{Y}_{bus}$求逆的方法，不过 $\mathbf{Z}_{bus}$可以通过直接修改得到，而且即使是在节点数很少的情况下，该方法都比矩阵求逆简单得多。一旦掌握了 $\mathbf{Z}_{bus}$的修改方法，就可以直接形成 $\mathbf{Z}_{bus}$。

令电网原有的节点阻抗矩阵为 $\mathbf{Z}_{bus}$，添加一条阻抗为 Z_b的支路后，$\mathbf{Z}_{bus}$有多种修改方法。假设原始节点阻抗矩阵为 $N\times N$ 维，用 $\mathbf{Z}_{orig}$表示。现有节点用数字或字母 h，i，j 和 k 来标识。新添加的节点用字母 p 或 q 表示，因此 $\mathbf{Z}_{orig}$的维数将扩大为$(N+1)\times(N+1)$。对节点ⓚ，初始电压为 V_k^0，$\mathbf{Z}_{bus}$修改后新的电压为 V_k，节点ⓚ上的电压变化为$\Delta V_k = V_k - V_k^0$。接下来将考虑以下 4 种情况。

情况 1 添加一条和参考节点相连的支路并引出一个新的节点ⓟ，对应支路阻抗为 Z_b。

新添加的节点ⓟ通过 Z_b和参考节点相连，它和原始网络没有任何连接，因此在新节点上注入电流 I_p时，不会对其他节点的初始电压产生任何影响。新节点上的节点电压 V_p等于

I_pZ_b。因此有

$$\begin{bmatrix} V_1^0 \\ V_2^0 \\ \vdots \\ V_N^0 \\ \hline V_p \end{bmatrix} = \underbrace{\left[\begin{array}{cccc|c} & & & & 0 \\ & & & & 0 \\ & \mathbf{Z}_{\text{orig}} & & & \vdots \\ & & & & 0 \\ \hline 0 & 0 & \cdots & 0 & Z_b \end{array}\right]}_{\mathbf{Z}_{\text{bus(new)}}} \begin{bmatrix} I_1 \\ I_2 \\ \vdots \\ I_N \\ \hline I_p \end{bmatrix} \tag{6.56}$$

注意，电流列向量乘以新的 $\mathbf{Z}_{\text{bus}}$后不会改变原始网络的电压，但会在新节点ⓟ上产生对应的电压。

情况 2 在原有节点 ⓚ上引出一条支路，并产生一个新的节点ⓟ，对应支路阻抗为 Z_b。

新添加的节点ⓟ通过 Z_b与原有节点ⓚ相连，注入节点ⓟ的电流 I_p会流到原始网络中的节点ⓚ上，因此流入原始网络的电流将等于流过 Z_b的电流 I_p和节点ⓚ的注入电流 I_k之和，如图 6.13 所示。

流入节点ⓚ的电流 I_p将使原始网络中节点ⓚ的电压 V_k^0增大 I_pZ_{kk}[见式(6.47)]，即

$$V_k = V_k^0 + I_pZ_{kk} \tag{6.57}$$

V_p将比更新后的电压 V_k高 I_pZ_b，即

$$V_p = V_k^0 + I_pZ_{kk} + I_pZ_b \tag{6.58}$$

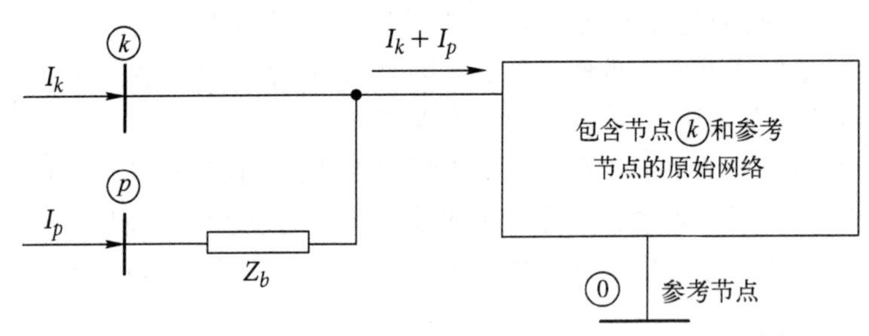

图 6.13 在原有节点ⓚ上添加一个新的阻抗并引出一个新节点ⓟ

将 V_k^0的表达式代入，得到

$$V_p = \underbrace{I_1Z_{k1} + I_2Z_{k2} + \cdots + I_NZ_{kN}}_{V_k^0} + I_p(Z_{kk} + Z_b) \tag{6.59}$$

可见，为了求得 V_p，需要在 $\mathbf{Z}_{\text{orig}}$上新增一行

$$Z_{k1} \quad Z_{k2} \quad \cdots \quad Z_{kN} \quad (Z_{kk} + Z_b)$$

由于 $\mathbf{Z}_{\text{bus}}$是关于主对角线对称的方阵，所以也必须新增一列，它等于新增行向量的转置。新增列表示 I_p引起的所有节点电压的增量[如式(6.45)所示]。矩阵形式为

$$\begin{bmatrix} V_1 \\ V_2 \\ \vdots \\ V_N \\ \hline V_p \end{bmatrix} = \underbrace{\left[\begin{array}{cccc|c} & & & & Z_{1k} \\ & & & & Z_{2k} \\ & \mathbf{Z}_{\text{orig}} & & & \vdots \\ & & & & Z_{Nk} \\ \hline Z_{k1} & Z_{k2} & \cdots & Z_{kN} & Z_{kk} + Z_b \end{array}\right]}_{\mathbf{Z}_{\text{bus(new)}}} \begin{bmatrix} I_1 \\ I_2 \\ \vdots \\ I_N \\ \hline I_p \end{bmatrix} \tag{6.60}$$

注意，新增行前面的 N 个元素对应 $\mathbf{Z}_{\text{orig}}$的第 k 行元素，新增列前面的 N 个元素对应 $\mathbf{Z}_{\text{orig}}$的第 k 列元素。

情况 3　在现有节点ⓚ和参考节点之间新增一条支路，支路阻抗等于 Z_b。

为了分析新增阻抗 Z_b 对 $\mathbf{Z}_{\text{orig}}$ 的影响，首先添加一个新的节点ⓟ，并且使节点ⓟ和节点ⓚ之间的阻抗为 Z_b。这和情况 2 相同，$\mathbf{Z}_{\text{bus}}$ 中新增加了一行和一列，对应的矩阵方程和式(6.60) 相同。然后，将节点ⓟ对参考节点短路，使 V_p 等于 0。因为电压列矩阵等于 0，所以接着利用 Kron 降阶法消除第(N+1)行和第(N+1)列。利用式(6.29)～式(6.31)可求得新矩阵中的元素 $Z_{hi(\text{new})}$ 为

$$Z_{hi(\text{new})} = Z_{hi} - \frac{Z_{h(N+1)}\,Z_{(N+1)i}}{Z_{kk} + Z_b} \tag{6.61}$$

情况 4　在两个现有节点ⓙ和节点ⓚ之间添加 Z_b。

如图 6.14 所示，在现有节点ⓙ和节点ⓚ之间添加新的支路阻抗 Z_b，其中节点ⓙ和节点ⓚ是原始网络 $\mathbf{Z}_{\text{orig}}$ 中的节点。

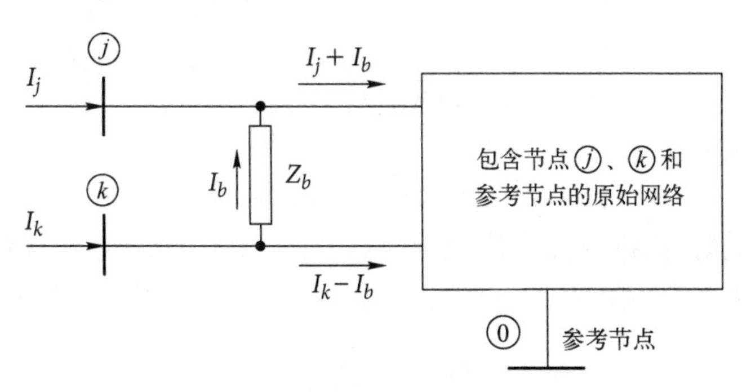

图 6.14　在现有节点ⓙ和节点ⓚ之间添加阻抗 Z_b

由节点ⓚ流向节点ⓙ的电流 I_b 与图 6.11 所示的电流类似。因此，由式(6.49)，在节点ⓙ上注入电流 I_b 和在节点ⓚ上注入电流 $-I_b$ 后节点ⓗ的电压增量为

$$\Delta V_h = (Z_{hj} - Z_{hk})I_b \tag{6.62}$$

由上式可知，列向量△V 可以将 $\mathbf{Z}_{\text{orig}}$ 的第 j 列与第 k 列相减后再乘以 I_b 得到。基于电压变化的定义，可以将部分节点电压的公式表示为

$$V_1 = V_1^0 + \Delta V_1 \tag{6.63}$$

利用式(6.62)可得

$$V_1 = \underbrace{Z_{11}I_1 + \cdots + Z_{1j}I_j + Z_{1k}I_k + \cdots + Z_{1N}I_N}_{V_1^0} + \underbrace{(Z_{1j} - Z_{1k})I_b}_{\Delta V_1} \tag{6.64}$$

同样，节点ⓙ和节点ⓚ有

$$V_j = \underbrace{Z_{j1}I_1 + \cdots + Z_{jj}I_j + Z_{jk}I_k + \cdots + Z_{jN}I_N}_{V_j^0} + \underbrace{(Z_{jj} - Z_{jk})I_b}_{\Delta V_j} \tag{6.65}$$

$$V_k = \underbrace{Z_{k1}I_1 + \cdots + Z_{kj}I_j + Z_{kk}I_k + \cdots + Z_{kN}I_N}_{V_k^0} + \underbrace{(Z_{kj} - Z_{kk})I_b}_{\Delta V_k} \tag{6.66}$$

因为 I_b 未知，所以这里还需要多建立一个等式。将式(6.55)重新排列后，有

$$0 = V_j^0 - V_k^0 + (Z_{\text{th},jk} + Z_b)I_b \tag{6.67}$$

由式(6.65)可知，V_j^0 等于 $\mathbf{Z}_{\text{orig}}$ 的第 j 行与节点电流列向量 I 之积。同样，式(6.66)中的 V_k^0 等于 $\mathbf{Z}_{\text{orig}}$ 的第 k 行乘以 I。将 V_j^0 和 V_k^0 的表达式代入式(6.67)，得到

$$
0 = [(\text{第}j\text{行} - \text{第}k\text{行})\ \text{of}\ \mathbf{Z}_{\text{orig}}]\begin{bmatrix} I_1 \\ \vdots \\ I_j \\ I_k \\ \vdots \\ I_N \end{bmatrix} + (Z_{\text{th},jk} + Z_b)I_b \tag{6.68}
$$

对比式(6.64)~式(6.66)和式(6.68)的系数，得到矩阵公式

$$
\begin{bmatrix} V_1 \\ \vdots \\ V_j \\ V_k \\ \vdots \\ V_N \\ \hline 0 \end{bmatrix} = \left[\begin{array}{c|c} \mathbf{Z}_{\text{orig}} & \begin{matrix}(\text{第}j\text{列} - \text{第}k\text{列}) \\ \text{of}\ \mathbf{Z}_{\text{orig}}\end{matrix} \\ \hline (\text{第}j\text{行} - \text{第}k\text{行})\ \text{of}\ \mathbf{Z}_{\text{orig}} & Z_{bb} \end{array}\right]\begin{bmatrix} I_1 \\ \vdots \\ I_j \\ I_k \\ \vdots \\ I_N \\ \hline I_b \end{bmatrix} \tag{6.69}
$$

最后一行中，I_b的系数为

$$
Z_{bb} = Z_{\text{th},jk} + Z_b = Z_{jj} + Z_{kk} - 2Z_{jk} + Z_b \tag{6.70}
$$

新增列是$\mathbf{Z}_{\text{orig}}$的第j列减去第k列，其中$(N+1)$行等于Z_{bb}。新增行是新增列的转置。按前述方法消去式(6.69)中方阵的第$(N+1)$行和第$(N+1)$列，可得新矩阵中的元素$Z_{hi(\text{new})}$为

$$
Z_{hi(\text{new})} = Z_{hi} - \frac{Z_{h(N+1)}Z_{(N+1)i}}{Z_{jj} + Z_{kk} - 2Z_{jk} + Z_b} \tag{6.71}
$$

本节Z_b不考虑添加两个新节点的情况，因为在添加第二个新节点前，总可以先将其中一个新节点通过阻抗连接到现有节点或者参考节点上。

移除支路 如果需要移除两个节点之间的支路(阻抗为Z_b)，只需要在这两个节点之间添加一条阻抗为$-Z_b$的支路即可。因为现有支路Z_b和附加支路$-Z_b$的并联相当于开路。表6.1对上述情况1~4的步骤进行了总结。

表6.1 现有$\mathbf{Z}_{\text{bus}}$的修改

情　况	添加支路Z_b	$\mathbf{Z}_{\text{bus(new)}}$
1	节点ⓟ和参考节点 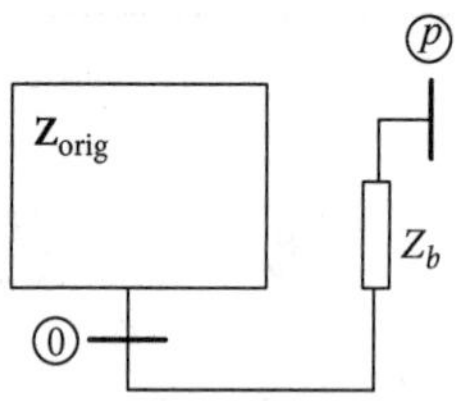 ⓟ　$\mathbf{Z}_{\text{orig}}$　Z_b　⓪	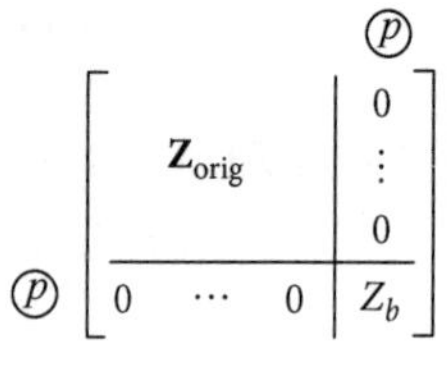 $\left[\begin{array}{ccc\|c} & \mathbf{Z}_{\text{orig}} & & \begin{matrix}0\\ \vdots \\ 0\end{matrix} \\ \hline 0 & \cdots & 0 & Z_b \end{array}\right]$ (行、列：ⓟ)
2	现有节点ⓚ和节点ⓟ 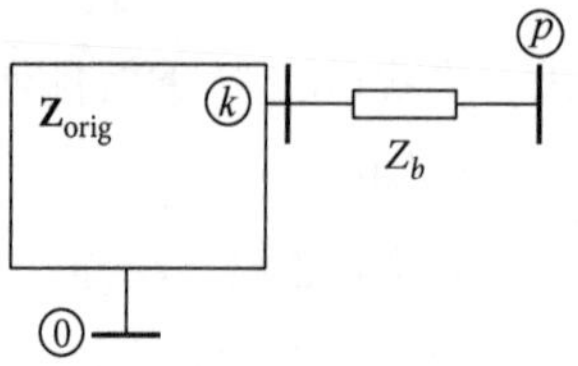 ⓟ　$\mathbf{Z}_{\text{orig}}$　ⓚ　Z_b　⓪	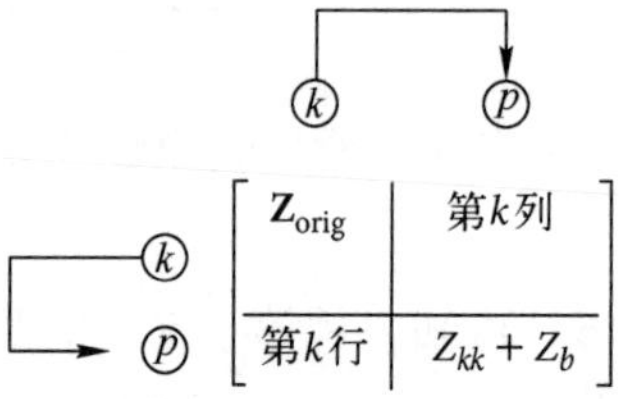 $\left[\begin{array}{c\|c} \mathbf{Z}_{\text{orig}} & \text{第}k\text{列} \\ \hline \text{第}k\text{行} & Z_{kk} + Z_b \end{array}\right]$ (ⓚ→ⓟ)

续表

<table>
<tr><th>情　况</th><th>添加支路 Z_b</th><th>$\mathbf{Z}_{bus(new)}$</th></tr>
<tr><td>3</td><td>现有节点ⓚ和参考节点 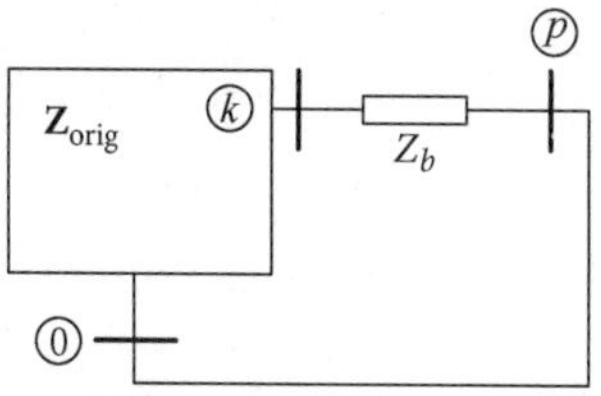
(节点ⓟ为临时节点)</td><td>• 首先重复情况 2；
• 用 Kron 降阶法移除第 p 行和第 p 列</td></tr>
<tr><td>4</td><td>现有节点ⓙ和ⓚ 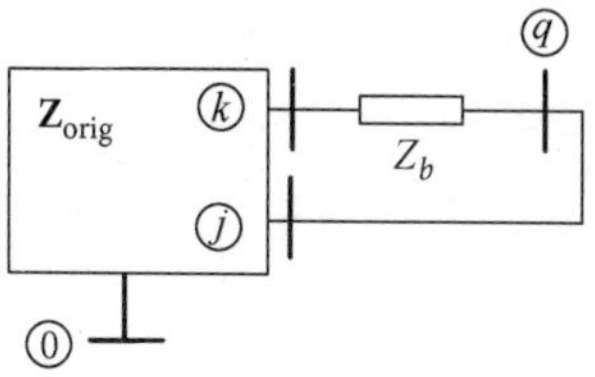
(节点ⓠ为临时节点)</td><td>• 由矩阵
$$\begin{array}{c|c} \mathbf{Z}_{orig} & \text{第}j\text{列}-\text{第}k\text{列} \\ \hline \text{第}j\text{行}-\text{第}k\text{行} & Z_{th,jk}+Z_b \end{array}$$
其中 $Z_{th,jk}=Z_{jj}+Z_{kk}-2Z_{jk}$
• 用 Kron 降阶法移除第 q 行和第 q 列</td></tr>
</table>

例题 6.6　对例题 6.1，在图 6.5 的节点④和参考节点之间添加一个电抗标幺值为 5.0 的电容器，求修改后的节点阻抗矩阵。保持例题 6.1 中的电流源不变，求新矩阵下的电压 V_4，并与例题 6.5 求得的 V_4进行比较。

解： 首先求节点导纳矩阵 $\mathbf{Y}_{bus}$ 的逆阵

$$\mathbf{Z}_{orig}=\mathbf{Y}_{bus}^{-1}=\begin{bmatrix} -j14.5 & j8.0 & j4.0 & j2.5 \\ j8.0 & -j17.0 & j4.0 & j5.0 \\ j4.0 & j4.0 & -j8.8 & j0.0 \\ j2.5 & j5.0 & 0.0 & -j8.3 \end{bmatrix}^{-1}$$

$$=j\begin{bmatrix} 0.7187 & 0.6688 & 0.6307 & 0.6193 \\ 0.6688 & 0.7045 & 0.6242 & 0.6258 \\ 0.6307 & 0.6242 & 0.6840 & 0.5660 \\ 0.6193 & 0.6258 & 0.5660 & 0.6840 \end{bmatrix}$$

因为例题 6.1 的 $\mathbf{Z}_{orig}$为 4×4 维矩阵，因此式(6.60)中的下标 $k=4$，$Z_b=-j5.0$ p.u.，有

$$\begin{bmatrix} V_1 \\ V_2 \\ V_3 \\ V_4 \\ \hline 0 \end{bmatrix}=\left[\begin{array}{cccc|c} & & & & j0.6193 \\ & \mathbf{Z}_{orig} & & & j0.6258 \\ & & & & j0.5660 \\ & & & & j0.6840 \\ \hline j0.6193 & j0.6258 & j0.5660 & j0.6840 & -j4.3160 \end{array}\right]\begin{bmatrix} I_1 \\ I_2 \\ I_3 \\ I_4 \\ \hline I_b \end{bmatrix}$$

第 5 行和第 5 列中的非对角线元素与 $\mathbf{Z}_{orig}$的第 4 行和第 4 列元素相同，且

$$Z_{44}+Z_b=j0.6840-j5.0=-j4.3160$$

继续消除第 5 行和第 5 列，利用式(6.61)，可以得到 $\mathbf{Z}_{bus(new)}$ 中的元素

$$Z_{11(\text{new})} = \text{j}0.718\,7 - \frac{\text{j}0.619\,3 \times \text{j}0.619\,3}{-\text{j}4.316\,0} = \text{j}0.807\,6$$

$$Z_{24(\text{new})} = \text{j}0.625\,8 - \frac{\text{j}0.625\,8 \times \text{j}0.625\,8}{-\text{j}4.316\,0} = \text{j}0.725\,0$$

同理，可以得到其他元素为

$$\mathbf{Z}_{\text{bus(new)}} = \begin{bmatrix} \text{j}0.807\,6 & \text{j}0.758\,6 & \text{j}0.711\,9 & \text{j}0.717\,5 \\ \text{j}0.758\,6 & \text{j}0.795\,2 & \text{j}0.706\,3 & \text{j}0.725\,0 \\ \text{j}0.711\,9 & \text{j}0.706\,3 & \text{j}0.758\,2 & \text{j}0.655\,7 \\ \text{j}0.717\,5 & \text{j}0.725\,0 & \text{j}0.655\,7 & \text{j}0.792\,4 \end{bmatrix}$$

将新的 $\mathbf{Z}_{\text{bus}}$乘以电流的列向量后可得新的节点电压。该电流列向量与例题 6. 1 完全相同。由于 I_1和 I_2均为 0，而 I_3和 I_4非零，所以

$$\begin{aligned} V_4 &= \text{j}0.655\,7(1.00\angle-90°) + \text{j}0.792\,4(0.68\angle-135°) \\ &= 1.036\,7 - \text{j}0.381\,0 \\ &= 1.104\,5\angle-20.180\,3° \end{aligned}$$

和例题 6. 5 相同。

注意，如果将节点④设为参考节点，就可以通过式(6. 55)直接求得 V_4。因为 $k=4$，$Z_{\text{th}}=Z_{44}$，所以

$$V_4 = Z_b \frac{V_4^0}{Z_{\text{th}} + Z_b} = -\text{j}5.0 I_{\text{cap}}$$

$$= 1.104\,5\angle-20.180\,3° \text{ p.u.}$$

其中，I_{cap}为例题 6. 4 的计算结果。

MATLAB program for Example 6. 6(ex6_6. m):

```
% M_File for Example 6.6: ex6_6.m
clc
clear all
% Input values
I=-0.22056; Iangle=69.2534;
Icp=I * cosd(Iangle)+j * I * sind(Iangle); % Convert degree to radian
disp('Obtain admittance matrix and Ibus from Example 6.1')
Ibus=[0;0;-j * 1;0.68 * (cosd(-135)+j * sind(-135))]
Ybus=[-j * 14.5    j * 8.0    j * 4.0    j * 2.5;
        j * 8.0   -j * 17.0    j * 4.0    j * 5.0;
        j * 4.0    j * 4.0   -j * 8.8       0.0;
        j * 2.5    j * 5.0       0.0   -j * 8.3]
Zb=-j * 5.0;
Zbus=inv(Ybus);
Vbus=Zbus * Ibus;
% Solution
Z44plusZb=Zbus(4, 4)+Zb;
for i=1:1:4
    for k=1:1:4
        Znew(i, k)=Zbus(i, k)-Zbus(i, 4) * Zbus(4, k)/Z44plusZb;
    end
end
```

```
disp('Eliminating the fifth row and column, we obtain for Zbus(new)
from Eq. (6.61)')
Znew
V4=Znew(3,4)*Ibus(3,1)+Znew(4,4)*Ibus(4,1);
V4_mag=abs(V4); V4_ang=angle(V4)*180/pi; % rad->degree
disp(['V4 = Znew(3,4)*Ibus(3,1)+Znew(4,4)*Ibus(4,1) = ', num-
2str(V4_mag), '∠', num2str(V4_ang), ' V'])
disp(['Since both I1 and I2 are zero while I3 and I4 are nonzero,
we obtain ', 'V4=', num2str(V4_mag), '∠', num2str(V4_ang), ' V']);
% other way
V4_other_way=Zb*Vbus(4,1)/(Zbus(4,4)+Zb);
V4_other_way_mag=abs(V4);
V4_other_way_ang=angle(V4)*180/pi; % rad->degree
```

6.6 节点阻抗矩阵的直接求解法

$\mathbf{Z}_{bus}$可以通过对$\mathbf{Y}_{bus}$求逆的方法得到，但是，正如上文所示，对于大规模系统来说，这种方法并不实用。相对而言，使用计算机的直接$\mathbf{Z}_{bus}$构造法简单得多。

假设已知支路阻抗以及这些支路和节点的关系。首先找一条连接参考节点和某一个节点的支路，令支路阻抗为Z_a，那么有

$$[V_1] = \textcircled{1}\overset{\textcircled{1}}{[Z_a]}[I_1] \tag{6.72}$$

上述公式涉及3个矩阵，每一个矩阵都只有一行和一列。接着，添加一个与第一个节点或者参考节点相连的新节点。例如，如果第二个节点通过Z_b连接到参考节点上，那么就有矩阵公式

$$\begin{bmatrix} V_1 \\ V_2 \end{bmatrix} = \begin{matrix} \textcircled{1} \\ \textcircled{2} \end{matrix}\overset{\begin{matrix}\textcircled{1} & \textcircled{2}\end{matrix}}{\begin{bmatrix} Z_a & 0 \\ 0 & Z_b \end{bmatrix}}\begin{bmatrix} I_1 \\ I_2 \end{bmatrix} \tag{6.73}$$

按照6.5节所述步骤逐步添加其他的节点和支路，从而不断修改$\mathbf{Z}_{bus}$矩阵。这些步骤合起来就形成了$\mathbf{Z}_{bus}$的构造法。通常，计算机算法会对网络节点重新进行内部编号，以便和建立$\mathbf{Z}_{bus}$的顺序保持一致。

例题 6.7 求图6.15的$\mathbf{Z}_{bus}$，其中阻抗为标幺值，其符号用数字1~6表示。保留所有节点。

解： 按支路编号进行顺序添加，$\mathbf{Z}_{bus}$后的数字下标代表求解的中间步骤。首先添加节点①和参考节点之间的阻抗，有

$$[V_1] = \textcircled{1}\overset{\textcircled{1}}{[\mathrm{j}1.25]}[I_1]$$

因此第一个1×1维节点阻抗矩阵为

$$Z_{bus,1} = \textcircled{1}\overset{\textcircled{1}}{[\mathrm{j}1.25]}$$

按照式(6.60)添加节点②和节点①之间的阻抗，有

$$\mathbf{Z}_{bus,2} = \begin{matrix} \textcircled{1} \\ \textcircled{2} \end{matrix}\overset{\begin{matrix}\textcircled{1} & \textcircled{2}\end{matrix}}{\begin{bmatrix} \mathrm{j}1.25 & \mathrm{j}1.25 \\ \mathrm{j}1.25 & \mathrm{j}1.50 \end{bmatrix}}$$

上式矩阵中元素j1.5等于j1.25和j0.25之和。新增行和新增列中的元素j1.25对应原

始矩阵中的第 1 行和第 1 列元素。

继续添加节点③以及节点③和节点②之间的阻抗，有

$$\mathbf{Z}_{\text{bus},3}=\begin{array}{c} \\ \textcircled{1} \\ \textcircled{2} \\ \textcircled{3} \end{array}\begin{array}{c} \begin{array}{ccc} \textcircled{1} & \textcircled{2} & \textcircled{3} \end{array} \\ \begin{bmatrix} \text{j}1.25 & \text{j}1.25 & \text{j}1.25 \\ \text{j}1.25 & \text{j}1.50 & \text{j}1.50 \\ \text{j}1.25 & \text{j}1.50 & \text{j}1.90 \end{bmatrix} \end{array}$$

因为新增节点③与节点②相连，上述矩阵中的元素 j1. 90 是 $\mathbf{Z}_{\text{bus},2}$ 矩阵中 Z_{22} 和新增支路阻抗 Z_b 的和。因为新增节点与节点②相连，所以新增行和新增列中的其他元素是 $\mathbf{Z}_{\text{bus},2}$ 矩阵的第 2 行和第 2 列的元素。

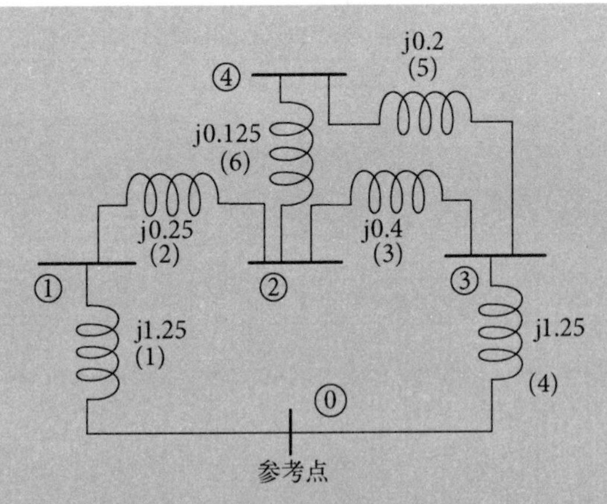

图 6. 15　例题 6. 7 和例题 6. 8 的网络图。其中支路阻抗为标幺值，支路的编号用带小括号的数字表示

现在要在节点③和参考节点之间增加阻抗 Z_b = j1. 25，引入一个新的节点ⓟ与 Z_b 连接，按照式(6. 60)，可以得到阻抗矩阵

$$\mathbf{Z}_{\text{bus},4}=\begin{array}{c} \\ \textcircled{1} \\ \textcircled{2} \\ \textcircled{3} \\ \textcircled{4} \end{array}\begin{array}{c} \begin{array}{cccc} \textcircled{1} & \textcircled{2} & \textcircled{3} & \textcircled{4} \end{array} \\ \left[\begin{array}{ccc|c} \text{j}1.25 & \text{j}1.25 & \text{j}1.25 & \text{j}1.25 \\ \text{j}1.25 & \text{j}1.25 & \text{j}1.50 & \text{j}1.25 \\ \text{j}1.25 & \text{j}1.50 & \text{j}1.90 & \text{j}1.90 \\ \hline \text{j}1.25 & \text{j}1.50 & \text{j}1.90 & \text{j}3.15 \end{array}\right] \end{array}$$

上述矩阵中的元素 j3. 15 等于 $Z_{33}+Z_b$ 的和。因为 Z_b 连接在节点③和参考节点之间，所以新增行和新增列中的其他元素对应 $\mathbf{Z}_{\text{bus},3}$ 矩阵中的第 3 行和第 3 列的元素。

接着用 Kron 降阶法消去矩阵的第 p 行和第 p 列。由式(6. 61)可得新矩阵中的部分元素为

$$Z_{11(\text{new})}=\text{j}1.25-\frac{\text{j}1.25(\text{j}1.25)}{\text{j}3.15}=\text{j}0.753\,97$$

$$Z_{22(\text{new})}=\text{j}1.50-\frac{\text{j}1.50(\text{j}1.50)}{\text{j}3.15}=\text{j}0.785\,71$$

$$Z_{23(\text{new})}=Z_{32(\text{new})}=\text{j}1.50-\frac{\text{j}1.50(\text{j}1.90)}{\text{j}3.15}=\text{j}0.595\,24$$

按上述方法继续求解其他元素，得

$$\mathbf{Z}_{\text{bus},5}=\begin{array}{c} \\ \textcircled{1} \\ \textcircled{2} \\ \textcircled{3} \end{array}\begin{array}{c} \begin{array}{ccc} \textcircled{1} & \textcircled{2} & \textcircled{3} \end{array} \\ \begin{bmatrix} \text{j}0.753\,97 & \text{j}0.654\,76 & \text{j}0.496\,03 \\ \text{j}0.654\,76 & \text{j}0.785\,71 & \text{j}0.595\,24 \\ \text{j}0.496\,03 & \text{j}0.595\,24 & \text{j}0.753\,97 \end{bmatrix} \end{array}$$

继续添加新节点④，它与节点③相连，它们之间的阻抗为 Z_b = j0. 20，利用式(6. 60)，有

$$\mathbf{Z}_{\text{bus},6}=\begin{array}{c} \\ \textcircled{1} \\ \textcircled{2} \\ \textcircled{3} \\ \textcircled{4} \end{array}\begin{array}{c} \begin{array}{cccc} \textcircled{1} & \textcircled{2} & \textcircled{3} & \textcircled{4} \end{array} \\ \left[\begin{array}{ccc|c} \text{j}0.753\,97 & \text{j}0.654\,76 & \text{j}0.496\,03 & \text{j}0.496\,03 \\ \text{j}0.654\,76 & \text{j}0.785\,71 & \text{j}0.595\,24 & \text{j}0.595\,24 \\ \text{j}0.496\,03 & \text{j}0.595\,24 & \text{j}0.753\,97 & \text{j}0.753\,97 \\ \hline \text{j}0.496\,03 & \text{j}0.595\,24 & \text{j}0.753\,97 & \text{j}0.953\,97 \end{array}\right] \end{array}$$

因为新增节点④与节点③相连，所以新增行和新增列的非对角线元素对应 $\mathbf{Z}_{\text{bus},5}$ 矩阵的第 3 行

和第 3 列的元素。新的对角线元素等于 $\mathbf{Z}_{\text{bus},5}$矩阵的 Z_{33} 与 Z_b=j0.20 之和。

最后，在节点②和节点④之间添加阻抗 Z_b=j0.125。用数字 2 和 4 分别代替式(6.69)中的 j 和 k，就得到第 5 行和第 5 列的元素为

$$Z_{15} = Z_{12} - Z_{14} = \text{j}0.654\,76 - \text{j}0.496\,03 = \text{j}0.158\,73$$

$$Z_{25} = Z_{22} - Z_{24} = \text{j}0.785\,71 - \text{j}0.595\,24 = \text{j}0.190\,47$$

$$Z_{35} = Z_{32} - Z_{34} = \text{j}0.595\,24 - \text{j}0.753\,97 = -\text{j}0.158\,73$$

$$Z_{45} = Z_{42} - Z_{44} = \text{j}0.595\,24 - \text{j}0.953\,97 = -\text{j}0.358\,73$$

由公式(6.70)，有

$$\begin{aligned} Z_{55} &= Z_{22} + Z_{44} - 2Z_{24} + Z_b \\ &= \text{j}[0.785\,71 + 0.953\,97 - 2(0.595\,24)] + \text{j}0.125 = \text{j}0.674\,21 \end{aligned}$$

结合矩阵 $\mathbf{Z}_{\text{bus},6}$，得 5×5 维矩阵

$$\begin{array}{c} \\ \\ \\ \\ \\ ⑨ \end{array}\left[\begin{array}{cccc|c} & & & & ⑨ \\ & & & & \text{j}0.158\,73 \\ & & & & \text{j}0.190\,47 \\ & & \mathbf{Z}_{\text{bus},6} & & -\text{j}0.158\,73 \\ & & & & -\text{j}0.358\,73 \\ \hline \text{j}0.158\,73 & \text{j}0.190\,47 & -\text{j}0.158\,73 & -\text{j}0.358\,73 & \text{j}0.674\,21 \end{array}\right]$$

利用 Kron 降阶法，由公式(6.71)，有

$$\mathbf{Z}_{\text{bus}} = \begin{array}{c} \\ ① \\ ② \\ ③ \\ ④ \end{array}\begin{array}{c} \begin{array}{cccc} \quad① & \quad\quad② & \quad\quad③ & \quad\quad④ \end{array} \\ \begin{bmatrix} \text{j}0.716\,60 & \text{j}0.609\,92 & \text{j}0.533\,40 & \text{j}0.580\,49 \\ \text{j}0.609\,92 & \text{j}0.731\,90 & \text{j}0.640\,08 & \text{j}0.696\,59 \\ \text{j}0.533\,40 & \text{j}0.640\,08 & \text{j}0.716\,60 & \text{j}0.669\,51 \\ \text{j}0.580\,49 & \text{j}0.696\,59 & \text{j}0.669\,51 & \text{j}0.763\,10 \end{bmatrix} \end{array}$$

上式即为最终的节点阻抗矩阵。所有计算结果都四舍五入到小数点后 5 位数。

因为后续章节还会再次使用上述结果，所以这里强调一下，图 6.15 所示的电抗图由图 6.6 推导而来。不过，图 6.15 对图 6.6 的节点进行了重新编号，因为如前所述，$\mathbf{Z}_{\text{bus}}$的构造法必须从与参考节点相连的节点开始。

用计算机建立 $\mathbf{Z}_{\text{bus}}$的方法很简单，增加支路时首先需要确定节点阻抗矩阵的修改类型。不过，建立 $\mathbf{Z}_{\text{bus}}$的步骤必须按顺序进行，以避免添加的阻抗连接了两个新节点。

读者若有兴趣，可以利用 6.3 节的方法来验证 $\mathbf{Z}_{\text{bus}}$的阻抗值。

例题 6.8 例题 6.7 中，令注入节点②、节点③、节点④的电流为 0，首先确定节点①和参考节点之间的阻抗，接着求解电路的 Z_{11}。

解：由式(6.39)

$$Z_{11} = \left.\frac{V_1}{I_1}\right|_{I_2=I_3=I_4=0}$$

注意图 6.15 中，节点②和节点③之间有两条并联支路，并联阻抗为

$$\frac{(\text{j}0.125 + \text{j}0.20)(\text{j}0.40)}{\text{j}(0.125 + 0.20 + 0.40)} = \text{j}0.179\,31$$

该阻抗与(j0.25+j1.25)串联后再与j1.25并联，有

$$Z_{11}=\frac{\mathrm{j}1.25(\mathrm{j}0.25+\mathrm{j}1.25+\mathrm{j}0.179\,31)}{\mathrm{j}(1.25+0.25+1.25+0.179\,31)}=\mathrm{j}0.716\,60$$

该值与例题6.7的值相同。

虽然例题6.8所述的网络降阶法比其他 $\mathbf{Z}_{bus}$ 方法简单，但通常情况下，这种降阶法并不容易，因为矩阵中每个元素需要的降阶都不相同。例如，利用网络降阶法求例题6.8的 Z_{44} 就比求 Z_{11} 要困难得多。计算机可以通过消除节点来实现网络降阶，但必须对每个节点都进行重复操作。

6.7 对 $\mathbf{Y}_{bus}$ 进行三角分解法求 $\mathbf{Z}_{bus}$

实践研究表明，大型电力系统的节点导纳矩阵 $\mathbf{Y}_{bus}$ 可以用矩阵 **L** 和 **U** 的乘积表示，其中矩阵 **L** 的对角线上方的元素为0，被称为 $\mathbf{Y}_{bus}$ 的下三角矩阵；而矩阵 **U** 的对角线下方的元素为0，被称为 $\mathbf{Y}_{bus}$ 的上三角矩阵。这两个矩阵相乘的结果等于 $\mathbf{Y}_{bus}$，它使得计算非常方便，将 $\mathbf{Y}_{bus}$ 写为

$$\mathbf{Y}_{bus}=\mathbf{LU} \tag{6.74}$$

将 $\mathbf{Y}_{bus}$ 分解为三角矩阵 **L** 和 **U** 的过程被称为三角分解。通常使用Crout法来对 $\mathbf{Y}_{bus}$ 进行三角分解。以四节点系统为例，

$$\begin{array}{c} \\ ① \\ ② \\ ③ \\ ④ \end{array}\begin{array}{c} \begin{array}{cccc} ① & ② & ③ & ④ \end{array} \\ \begin{bmatrix} Y_{11} & Y_{12} & Y_{13} & Y_{14} \\ Y_{21} & Y_{22} & Y_{23} & Y_{24} \\ Y_{31} & Y_{32} & Y_{33} & Y_{34} \\ Y_{41} & Y_{42} & Y_{43} & Y_{44} \end{bmatrix} \end{array}=\begin{bmatrix} l_{11} & 0 & 0 & 0 \\ l_{21} & l_{22} & 0 & 0 \\ l_{31} & l_{32} & l_{33} & 0 \\ l_{41} & l_{42} & l_{43} & l_{44} \end{bmatrix}\begin{bmatrix} 1 & u_{12} & u_{13} & u_{14} \\ 0 & 1 & u_{23} & u_{24} \\ 0 & 0 & 1 & u_{34} \\ 0 & 0 & 0 & 1 \end{bmatrix} \tag{6.75}$$

由上式可知，**L** 和 **U** 中的元素满足 $Y_{11}=l_{11}$，$Y_{12}=u_{12}l_{11}$，$Y_{12}=u_{13}l_{11}$，$Y_{14}=u_{14}l_{11}$，以此类推可得其他元素值。因此，**L** 和 **U** 中的元素可以写为

$$\begin{cases} l_{mn}=Y_{mn}-\sum\limits_{p<n}l_{mp}u_{pn}, & m\geqslant n, \\ u_{mn}=(Y_{mn}-\sum\limits_{p<m}l_{mp}u_{pn})/l_{mm}, & m<n, \end{cases}\quad \text{当}m,n=1,2,3,4 \tag{6.76}$$

由式(6.76)可知，三角分解法可以应用于更多节点的系统。

如果具体应用中不需要使用 $\mathbf{Z}_{bus}$ 中的全部元素，就可以利用 $\mathbf{Y}_{bus}$ 的上、下三角矩阵按需对 $\mathbf{Z}_{bus}$ 中的元素进行计算。具体过程如下。首先 $\mathbf{Z}_{bus}$ 右乘一个只有第 m 行元素非零 $1_m=1$、其余元素均为0的向量。当 $\mathbf{Z}_{bus}$ 为 $N\times N$ 维矩阵时，有

$$\begin{array}{c} \\ ① \\ ② \\ \\ ⓜ \\ \\ Ⓝ \end{array}\underbrace{\begin{array}{c} \begin{array}{cccccc} ① & ② & & ⓜ & & Ⓝ \end{array} \\ \begin{bmatrix} Z_{11} & Z_{12} & \cdots & Z_{1m} & \cdots & Z_{1N} \\ Z_{21} & Z_{22} & \cdots & Z_{2m} & \cdots & Z_{2N} \\ \vdots & \vdots & \ddots & \vdots & \ddots & \vdots \\ Z_{m1} & Z_{m2} & \cdots & Z_{mm} & \cdots & Z_{mN} \\ \vdots & \vdots & \ddots & \vdots & \ddots & \vdots \\ Z_{N1} & Z_{N2} & \cdots & Z_{Nm} & \cdots & Z_{NN} \end{bmatrix} \end{array}}_{\mathbf{Z}_{bus}}\begin{bmatrix} 0 \\ 0 \\ \vdots \\ 1_m \\ \vdots \\ 0 \end{bmatrix}=\begin{array}{c} \\ ① \\ ② \\ \\ ⓜ \\ \\ Ⓝ \end{array}\underbrace{\begin{array}{c} ⓜ \\ \begin{bmatrix} Z_{1m} \\ Z_{2m} \\ \vdots \\ Z_{mm} \\ \vdots \\ Z_{Nm} \end{bmatrix} \end{array}}_{\mathbf{Z}_{bus}^{(m)}} \tag{6.77}$$

$\mathbf{Z}_{\text{bus}}$右乘向量后可提取出第 m 列元素 $\mathbf{Z}_{\text{bus}}^{(m)}$，即

$$\mathbf{Z}_{\text{bus}}^{(m)} \triangleq \begin{bmatrix} \mathbf{Z}_{\text{bus}} \\ \text{的第}m\text{列} \\ \text{元素} \end{bmatrix} = \begin{matrix} ① \\ ② \\ \\ ⓜ \\ \\ Ⓝ \end{matrix} \overset{ⓜ}{\begin{bmatrix} Z_{1m} \\ Z_{2m} \\ \vdots \\ Z_{mm} \\ \vdots \\ Z_{Nm} \end{bmatrix}}$$

由于 $\mathbf{Y}_{\text{bus}}$和 $\mathbf{Z}_{\text{bus}}$的乘积等于单位矩阵，因此

$$\mathbf{Y}_{\text{bus}}\mathbf{Z}_{\text{bus}} \begin{bmatrix} 0 \\ 0 \\ \vdots \\ 1_m \\ \vdots \\ 0 \end{bmatrix} = \mathbf{Y}_{\text{bus}}\mathbf{Z}_{\text{bus}}^{(m)} = \begin{bmatrix} 0 \\ 0 \\ \vdots \\ 1_m \\ \vdots \\ 0 \end{bmatrix} \tag{6.78}$$

如果已知 $\mathbf{Y}_{\text{bus}}$的下三角矩阵 $\mathbf{L}$ 和上三角矩阵 $\mathbf{U}$，可以将式(6.78)重写为

$$\mathbf{LUZ}_{\text{bus}}^{(m)} = \begin{bmatrix} 0 \\ 0 \\ \vdots \\ 1_m \\ \vdots \\ 0 \end{bmatrix} \tag{6.79}$$

显然，利用式(6.79)可得列向量 $\mathbf{Z}_{\text{bus}}^{(m)}$。如果只需要列向量 $\mathbf{Z}_{\text{bus}}^{(m)}$中的部分元素，则还可以减少计算量。例如，如果要求解四节点系统 $\mathbf{Z}_{\text{bus}}$中的 Z_{33}和 Z_{43}，利用 $\mathbf{L}$ 和 $\mathbf{U}$，有

$$\begin{bmatrix} l_{11} & \cdot & \cdot & \cdot \\ l_{21} & l_{22} & \cdot & \cdot \\ l_{31} & l_{32} & l_{33} & \cdot \\ l_{41} & l_{42} & l_{43} & l_{44} \end{bmatrix} \begin{bmatrix} 1 & u_{12} & u_{13} & u_{14} \\ \cdot & 1 & u_{23} & u_{24} \\ \cdot & \cdot & 1 & u_{34} \\ \cdot & \cdot & \cdot & 1 \end{bmatrix} \underbrace{\begin{bmatrix} Z_{13} \\ Z_{23} \\ Z_{33} \\ Z_{43} \end{bmatrix}}_{\mathbf{Z}_{\text{bus}}^{(3)}} = \begin{bmatrix} 0 \\ 0 \\ 1 \\ 0 \end{bmatrix} \tag{6.80}$$

按以下两个步骤，可得 $\mathbf{Z}_{\text{bus}}^{(3)}$

$$\begin{bmatrix} l_{11} & \cdot & \cdot & \cdot \\ l_{21} & l_{22} & \cdot & \cdot \\ l_{31} & l_{32} & l_{33} & \cdot \\ l_{41} & l_{42} & l_{43} & l_{44} \end{bmatrix} \begin{bmatrix} x_1 \\ x_2 \\ x_3 \\ x_4 \end{bmatrix} = \begin{bmatrix} 0 \\ 0 \\ 1 \\ 0 \end{bmatrix} \tag{6.81}$$

其中

$$\begin{bmatrix} 1 & u_{12} & u_{13} & u_{14} \\ \cdot & 1 & u_{23} & u_{24} \\ \cdot & \cdot & 1 & u_{34} \\ \cdot & \cdot & \cdot & 1 \end{bmatrix} \underbrace{\begin{bmatrix} Z_{13} \\ Z_{23} \\ Z_{33} \\ Z_{43} \end{bmatrix}}_{\mathbf{Z}_{\text{bus}}^{(3)}} = \begin{bmatrix} x_1 \\ x_2 \\ x_3 \\ x_4 \end{bmatrix} \tag{6.82}$$

从上往下正向求解公式(6.81)，有

$$x_1 = 0, \quad x_2 = 0, \quad x_3 = \frac{1}{l_{33}}, \quad x_4 = -\frac{l_{43}}{l_{44}l_{33}}$$

将上述结果回代入式(6.82)，得到$\mathbf{Z}_{\text{bus}}$第3列的对应元素为

$$Z_{43}=x_4$$

$$Z_{33}=x_3-u_{34}Z_{43}$$

如果需要求解$\mathbf{Z}_{\text{bus}}^{(3)}$的所有元素，可以继续计算，得到

$$Z_{23}=x_2-u_{23}Z_{33}-u_{24}Z_{43}$$

$$Z_{13}=x_1-u_{12}Z_{23}-u_{13}Z_{33}-u_{14}Z_{43}$$

合理选择节点数可以减少相关元素的计算量。

后续章节还需要求解$\mathbf{Z}_{\text{bus}}$第ⓜ列和第ⓝ列的元素之差($Z_{im}-Z_{in}$)。如果$\mathbf{Z}_{\text{bus}}$未知，那么可以通过求解如下方程组得到相关元素之差：

$$\mathbf{LUZ}_{\text{bus}}^{(m-n)}=\begin{bmatrix}0\\\vdots\\1_m\\\vdots\\-1_n\\\vdots\\0\end{bmatrix}\tag{6.83}$$

其中$\mathbf{Z}_{\text{bus}}^{(m-n)}=\mathbf{Z}_{\text{bus}}^{(m)}-\mathbf{Z}_{\text{bus}}^{(n)}$等于$\mathbf{Z}_{\text{bus}}$的第$m$列减去第$n$列，上述等式右边列向量的第$m$行元素$1_m=1$，第$n$行元素$-1_n=-1$。

对大型系统，不需要建立完整的$\mathbf{Z}_{\text{bus}}$，使用三角公式(6.83)就可以求解方程，该方法显著提高了计算效率。这种计算考虑是本书中基于$\mathbf{Z}_{\text{bus}}$的许多正式开发方法的基础。

例题 6.9 图6.16为五节点系统，其中的阻抗为标幺值。该系统的对称节点导纳矩阵如下：

$$\mathbf{Y}_{\text{bus}}=\begin{matrix} & ① & ② & ③ & ④ & ⑤ \\ ① & -j30.0 & j10.0 & 0 & j20.0 & 0 \\ ② & j10.0 & -j26.2 & j16.0 & 0 & 0 \\ ③ & 0 & j16.0 & -j36.0 & 0 & j20.0 \\ ④ & j20.0 & 0 & 0 & -j20.0 & 0 \\ ⑤ & 0 & 0 & j20.0 & 0 & -j20.0 \end{matrix}$$

$\mathbf{Y}_{\text{bus}}$对应的三角矩阵为

$$\mathbf{L}=\begin{bmatrix}-j30.0 & \cdot & \cdot & \cdot & \cdot \\ j10.0 & -j22.866\,667 & \cdot & \cdot & \cdot \\ 0 & j16.000\,000 & -j24.804\,666 & \cdot & \cdot \\ j20.0 & j6.666\,667 & j4.664\,723 & -j3.845\,793 & \cdot \\ 0 & 0 & j20.000\,000 & j3.761\,164 & -j0.195\,604\end{bmatrix}$$

$$\mathbf{U}=\begin{bmatrix}1 & -0.333\,333 & 0 & -0.666\,667 & 0 \\ \cdot & 1 & -0.699\,708 & -0.291\,545 & 0 \\ \cdot & \cdot & 1 & -0.188\,058 & -0.806\,300 \\ \cdot & \cdot & \cdot & 1 & -0.977\,995 \\ \cdot & \cdot & \cdot & \cdot & 1\end{bmatrix}$$

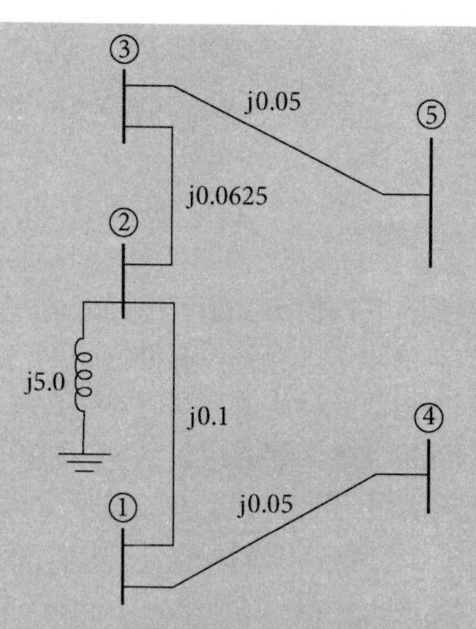

图 6.16　例题 6.9 的电抗图，图中阻抗均为标幺值

使用三角矩阵求解 $Z_{th,45}=(Z_{44}-Z_{45})-(Z_{54}-Z_{55})$，即图 6.16 中从节点④和节点⑤看入系统的戴维南阻抗。

解： 由于 $\mathbf{Y}_{bus}$ 对称，因此 **U** 的列元素等于 **L** 的列元素除以对应的对角元素。用 l 表示 **L** 中元素的数值，对下述方程组正向求解：

$$\begin{bmatrix} l_{11} & \cdot & \cdot & \cdot & \cdot \\ l_{21} & l_{22} & \cdot & \cdot & \cdot \\ l_{31} & l_{32} & l_{33} & \cdot & \cdot \\ l_{41} & l_{42} & l_{43} & l_{44} & \cdot \\ l_{51} & l_{52} & l_{53} & l_{54} & l_{55} \end{bmatrix} \begin{bmatrix} x_1 \\ x_2 \\ x_3 \\ x_4 \\ x_5 \end{bmatrix} = \begin{bmatrix} 0 \\ 0 \\ 0 \\ 1 \\ -1 \end{bmatrix}$$

得到中间值

$$x_1 = x_2 = x_3 = 0$$

$$x_4 = l_{44}^{-1} = (-\mathrm{j}3.845\,793)^{-1} = \mathrm{j}0.260\,024$$

$$x_5 = \frac{-1 - l_{54}x_4}{l_{55}} = \frac{-1 - \mathrm{j}3.761\,164 \times \mathrm{j}0.260\,024}{-\mathrm{j}0.195\,604} = -\mathrm{j}0.112\,500$$

回代入以下公式

$$\begin{bmatrix} 1 & u_{12} & u_{13} & u_{14} & u_{15} \\ \cdot & 1 & u_{23} & u_{24} & u_{25} \\ \cdot & \cdot & 1 & u_{34} & u_{35} \\ \cdot & \cdot & \cdot & 1 & u_{45} \\ \cdot & \cdot & \cdot & \cdot & 1 \end{bmatrix} [\mathbf{Z}_{bus}^{(4-5)}] = \begin{bmatrix} 0 \\ 0 \\ 0 \\ \mathrm{j}0.260\,024 \\ -\mathrm{j}0.112\,500 \end{bmatrix}$$

其中 u 代表 **U** 中元素的数值，由最后两行，有

$$Z_{54} - Z_{55} = -\mathrm{j}0.112\,5 \text{ p.u.}$$

$$Z_{44} - Z_{45} = \mathrm{j}0.260\,024 - u_{45}(Z_{54} - Z_{55}) = \mathrm{j}0.260\,024 - (-0.977\,995)(-\mathrm{j}0.112\,5)$$

$$= \mathrm{j}0.150\,0 \text{ p.u.}$$

因此，从节点④和节点⑤看入系统的戴维南阻抗为

$$Z_{th,45} = (Z_{44} - Z_{45}) - (Z_{54} - Z_{55}) = j0.150\,0 - (-j0.112\,5) = j0.262\,5\ \text{p.u.}$$

该结果与图 6.18 的结论相同。

6.8 等功率变换

电网的复功率是一个物理量，它的值不会随着电网表达方式的改变而改变。例如，电网电流和电压可以用支路值或节点值表示。但是在两种情况下，无论何种变量参与计算，电网各支路中的功率都应该保持不变。改变网络变量同时保持功率不变，即为等功率。凡是涉及节点阻抗矩阵的功率变换，都需要满足某些通用关系，下面将对这些通用关系进行推导。

令 **V** 和 **I** 分别代表电网的节点电压和电流。与这些变量相关的复功率为标量，表示为

$$S_L = V_1 I_1^* + V_2 I_2^* + \cdots + V_N I_N^* \tag{6.84}$$

或者用矩阵形式表示为

$$S_L = [V_1\, V_2 \cdots V_N]\begin{bmatrix} I_1^* \\ I_2^* \\ \vdots \\ I_N^* \end{bmatrix} = \mathbf{V}^{\mathrm{T}}\mathbf{I}^* \tag{6.85}$$

利用转换矩阵 **C**，将母线电流 **I** 用新的节点电流 $\mathbf{I}_{new}$ 表示为

$$\mathbf{I} = \mathbf{C}\mathbf{I}_{new} \tag{6.86}$$

上述变换用于电网参考节点发生变化、同时需要重新计算新的节点阻抗矩阵 $\mathbf{Z}_{bus(new)}$ 的场合。现有节点电压和新的节点电压可表示为

$$\mathbf{V} = \mathbf{Z}_{bus}\mathbf{I},\quad \mathbf{V}_{new} = \mathbf{Z}_{bus(new)}\mathbf{I}_{new} \tag{6.87}$$

下面继续探讨当电流按式(6.86)变换后，为了保持功率不变，$\mathbf{V}_{new}$ 和 $\mathbf{Z}_{bus(new)}$ 需要满足的条件。

将式(6.87)中的 **V** 代入式(6.85)中，得到

$$S_L = (\mathbf{Z}_{bus}\mathbf{I})^{\mathrm{T}}\,\mathbf{I}^* = \mathbf{I}^{\mathrm{T}}\mathbf{Z}_{bus}\mathbf{I}^* \tag{6.88}$$

其中 $\mathbf{Z}_{bus}$ 为对称阵。将式(6.86)中的 **I** 代入式(6.88)，得到

$$S_L = (\mathbf{C}\mathbf{I}_{new})^{\mathrm{T}}\,\mathbf{Z}_{bus}(\mathbf{C}\mathbf{I}_{new})^* \tag{6.89}$$

因此有

$$S_L = \mathbf{I}_{new}^{\mathrm{T}}\underbrace{\mathbf{C}^{\mathrm{T}}\mathbf{Z}_{bus}\mathbf{C}^*}_{\mathbf{Z}_{bus(new)}}\mathbf{I}_{new}^* = \mathbf{I}_{new}^{\mathrm{T}}\mathbf{Z}_{bus(new)}\mathbf{I}_{new}^* \tag{6.90}$$

比较式(6.88)和式(6.90)可得，当用新的变量表示复功率时，为了保持复功率不变，新的节点阻抗矩阵需要满足以下关系：

$$\mathbf{Z}_{bus(new)} = \mathbf{C}^{\mathrm{T}}\mathbf{Z}_{bus}\mathbf{C}^* \tag{6.91}$$

对构建新的节点阻抗矩阵而言，上式是一个最基本的结果。由式(6.87)和式(6.90)，有

$$S_L = \mathbf{I}_{new}^{\mathrm{T}}\mathbf{Z}_{bus(new)}\mathbf{I}_{new}^* = \mathbf{V}_{new}^{\mathrm{T}}\mathbf{I}_{new}^* \tag{6.92}$$

由式(6.85)，有

$$S_L = \mathbf{V}^{\mathrm{T}}\mathbf{C}^*\mathbf{I}_{new}^* = (\mathbf{C}^{*\mathrm{T}}\mathbf{V})^{\mathrm{T}}\,\mathbf{I}_{new}^* \tag{6.93}$$

由式(6.92)和式(6.93)可得结论，新的电压变量 $\mathbf{V}_{new}$ 与现有电压变量 **V** 需要满足下述关系：

$$\mathbf{V}_{\text{new}} = \mathbf{C}^{*\mathrm{T}}\mathbf{V} \tag{6.94}$$

转换矩阵 **C** 中的元素在很多情况下都是实数(特别是涉及电网连通矩阵的变换)，在这种情况下，可以去掉 $\mathbf{C}^*$ 的共轭复数上标。

式(6.84)代表注入和流出所有网络节点的有功和无功功率的总和。因此，S_L代表系统总的复功率损耗，它是一个相量，等于式(6.90)有功和无功功率分量的和

$$S_L = P_L + \mathrm{j}Q_L = \mathbf{I}_{\text{new}}^{\mathrm{T}}\mathbf{C}^{\mathrm{T}}\mathbf{Z}_{\text{bus}}\mathbf{C}^*\mathbf{I}_{\text{new}}^* \tag{6.95}$$

式(6.95)的共轭复数为

$$S_L^* = P_L - \mathrm{j}Q_L = \mathbf{I}_{\text{new}}^{\mathrm{T}}\mathbf{C}^{\mathrm{T}}\mathbf{Z}_{\text{bus}}^{\mathrm{T}*}\mathbf{C}^*\mathbf{I}_{\text{new}}^* \tag{6.96}$$

将式(6.95)和式(6.96)相加，可得 P_L为

$$P_L = \mathbf{I}_{\text{new}}^{\mathrm{T}}\mathbf{C}^{\mathrm{T}}\left[\frac{\mathbf{Z}_{\text{bus}} + \mathbf{Z}_{\text{bus}}^{\mathrm{T}*}}{2}\right]\mathbf{C}^*\mathbf{I}_{\text{new}}^* \tag{6.97}$$

大多数情况下，当 $\mathbf{Z}_{\text{bus}}$为对称阵时，$\mathbf{Z}_{\text{bus}}$可以写成

$$\mathbf{Z}_{\text{bus}} = \mathbf{R}_{\text{bus}} + \mathrm{j}\mathbf{X}_{\text{bus}} \tag{6.98}$$

其中 $\mathbf{R}_{\text{bus}}$和 $\mathbf{X}_{\text{bus}}$都是对称阵。注意，如果已知电网的 $\mathbf{Z}_{\text{bus}}$，通过观察 $\mathbf{Z}_{\text{bus}}$就可以得到 $\mathbf{R}_{\text{bus}}$和 $\mathbf{X}_{\text{bus}}$。将式(6.98)代入式(6.97)，去掉 $\mathbf{Z}_{\text{bus}}$的电抗部分后，有

$$P_L = \mathbf{I}_{\text{new}}^{\mathrm{T}}\,\mathbf{C}^{\mathrm{T}}\,\mathbf{R}_{\text{bus}}\,\mathbf{C}^*\mathbf{I}_{\text{new}}^* \tag{6.99}$$

可见，上式计算只涉及 $\mathbf{Z}_{\text{bus}}$的电阻部分，因此 P_L的计算得到了简化。

系统参考节点发生变更时可以使用式(6.91)和式(6.94)求解新的 $\mathbf{Z}_{\text{bus}}$。当然，也可以使用 6.6 节的构造法，从新的参考节点开始，完全重建新的 $\mathbf{Z}_{\text{bus}}$。但是，这种做法太低效。下面将使用式(6.91)和式(6.94)对参考节点变更时 $\mathbf{Z}_{\text{bus}}$的修改进行解释。以图 6.17 所示的五节点系统为例，系统已经建立了以节点ⓝ为参考节点的 $\mathbf{Z}_{\text{bus}}$。

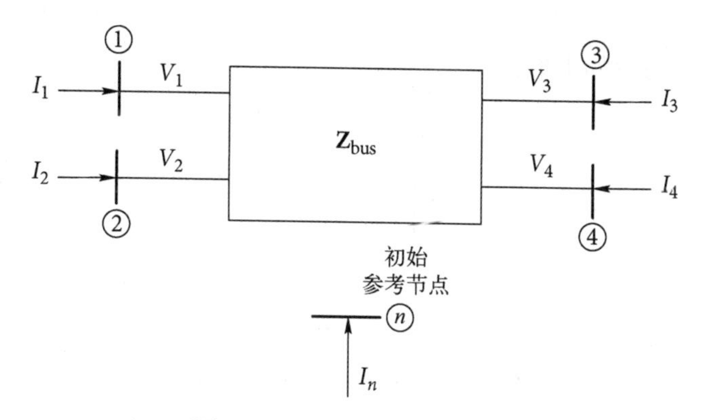

图 6.17　改变 $\mathbf{Z}_{\text{bus}}$的参考节点

对应的节点公式可以写为

$$\begin{array}{c}\\ \begin{bmatrix} V_1 \\ V_2 \\ V_3 \\ V_4 \end{bmatrix}\end{array} = \begin{array}{c} \\ ① \\ ② \\ ③ \\ ④ \end{array}\begin{array}{c} \quad ① \qquad ② \qquad ③ \qquad ④ \\ \begin{bmatrix} Z_{11} & Z_{12} & Z_{13} & Z_{14} \\ Z_{21} & Z_{22} & Z_{23} & Z_{24} \\ Z_{31} & Z_{32} & Z_{33} & Z_{34} \\ Z_{41} & Z_{42} & Z_{43} & Z_{44} \end{bmatrix}\end{array}\begin{array}{c}\\ \begin{bmatrix} I_1 \\ I_2 \\ I_3 \\ I_4 \end{bmatrix}\end{array} \tag{6.100}$$

其中节点电压 V_1，V_2，V_3和 V_4均以节点ⓝ为参考节点，注入的电流 I_1，I_2，I_3和 I_4是独立变量。对图 6.17 使用基尔霍夫电流定律，有

$$I_n + I_1 + I_2 + I_3 + I_4 = 0 \tag{6.101}$$

假设将参考节点从节点ⓝ变更为节点④，则 I_4不再独立，因为它可以用其他 4 个节点的电流表示。即

$$I_4 = -I_1 - I_2 - I_3 - I_n \tag{6.102}$$

由式(6.102)可得新的独立电流向量 $\mathbf{I}_{\text{new}}$与老的向量 $\mathbf{I}$ 的关系为

$$\underbrace{\begin{bmatrix} I_1 \\ I_2 \\ I_3 \\ I_4 \end{bmatrix}}_{\mathbf{I}} = \underbrace{\begin{bmatrix} 1 & 0 & 0 & 0 \\ 0 & 1 & 0 & 0 \\ 0 & 0 & 1 & 0 \\ -1 & -1 & -1 & -1 \end{bmatrix}}_{\mathbf{C}} \underbrace{\begin{bmatrix} I_1 \\ I_2 \\ I_3 \\ I_n \end{bmatrix}}_{\mathbf{I}_{\text{new}}} \tag{6.103}$$

式(6.103)中，I_1，I_2和 I_3保持不变，但 I_4被独立电流 I_n(新的电流向量 $\mathbf{I}_{\text{new}}$的第四行)替代。在式(6.103)的变换矩阵 $\mathbf{C}$ 中，所有元素都是实数，因此，将 $\mathbf{C}$ 和 $\mathbf{Z}_{\text{bus}}$代入式(6.91)后，有

$$\mathbf{Z}_{\text{bus(new)}} = \underbrace{\begin{bmatrix} 1 & 0 & 0 & -1 \\ 0 & 1 & 0 & -1 \\ 0 & 0 & 1 & -1 \\ 0 & 0 & 0 & -1 \end{bmatrix}}_{\mathbf{C}^{\text{T}}} \underbrace{\begin{bmatrix} Z_{11} & Z_{12} & Z_{13} & Z_{14} \\ Z_{21} & Z_{22} & Z_{23} & Z_{24} \\ Z_{31} & Z_{32} & Z_{33} & Z_{34} \\ Z_{41} & Z_{42} & Z_{43} & Z_{44} \end{bmatrix}}_{\mathbf{Z}_{\text{bus}}} \underbrace{\begin{bmatrix} 1 & 0 & 0 & 0 \\ 0 & 1 & 0 & 0 \\ 0 & 0 & 1 & 0 \\ -1 & -1 & -1 & -1 \end{bmatrix}}_{\mathbf{C}} \tag{6.104}$$

通过下述两个简单步骤可完成式(6.104)的矩阵相乘，首先计算

$$\mathbf{C}^{\text{T}}\mathbf{Z}_{\text{bus}} = \begin{bmatrix} Z_{11} - Z_{41} & Z_{12} - Z_{42} & Z_{13} - Z_{43} & Z_{14} - Z_{44} \\ Z_{21} - Z_{41} & Z_{22} - Z_{42} & Z_{23} - Z_{43} & Z_{24} - Z_{44} \\ Z_{31} - Z_{41} & Z_{32} - Z_{42} & Z_{33} - Z_{43} & Z_{34} - Z_{44} \\ -Z_{41} & -Z_{42} & -Z_{43} & -Z_{44} \end{bmatrix} \tag{6.105}$$

为了方便起见，写成如下形式：

$$\mathbf{C}^{\text{T}}\mathbf{Z}_{\text{bus}} = \begin{bmatrix} Z'_{11} & Z'_{12} & Z'_{13} & Z'_{14} \\ Z'_{21} & Z'_{22} & Z'_{23} & Z'_{24} \\ Z'_{31} & Z'_{32} & Z'_{33} & Z'_{34} \\ Z'_{41} & Z'_{42} & Z'_{43} & Z'_{44} \end{bmatrix} \tag{6.106}$$

式(6.106)中元素用上标“′”表示。对比式(6.105)和式(6.106)可知，式(6.106)中矩阵的第 1 行至第 3 行元素分别对应 $\mathbf{Z}_{\text{bus}}$的第 1 行至第 3 行元素减去第 4 行元素，式(6.106)中矩阵的第 4 行元素等于将 $\mathbf{Z}_{\text{bus}}$的第 4 行元素反号。式(6.106)右乘 $\mathbf{C}$，得

$$\mathbf{Z}_{\text{bus(new)}} = \mathbf{C}^{\text{T}}\mathbf{Z}_{\text{bus}}\mathbf{C}$$

$$= \begin{array}{c} \\ ① \\ ② \\ ③ \\ ⓝ \end{array} \begin{array}{c} \begin{array}{cccc} \quad ① \quad & \quad ② \quad & \quad ③ \quad & \quad ⓝ \quad \end{array} \\ \begin{bmatrix} Z'_{11} - Z'_{14} & Z'_{12} - Z'_{14} & Z'_{13} - Z'_{14} & -Z'_{14} \\ Z'_{21} - Z'_{24} & Z'_{22} - Z'_{24} & Z'_{23} - Z'_{24} & -Z'_{24} \\ Z'_{31} - Z'_{34} & Z'_{32} - Z'_{34} & Z'_{33} - Z'_{34} & -Z'_{34} \\ Z'_{41} - Z'_{44} & Z'_{42} - Z'_{44} & Z'_{43} - Z'_{44} & -Z'_{44} \end{bmatrix} \end{array} \tag{6.107}$$

上述计算同样很简单，只需要将 $\mathbf{C}^{\text{T}}\mathbf{Z}_{\text{bus}}$的第 1 列至第 3 列元素分别减去式(6.106)中的第 4 列元

素，同时将第 4 列元素的符号取反。注意，$\mathbf{Z}_{\text{bus(new)}}$的第一个对角线元素用原始$\mathbf{Z}_{\text{bus}}$表示为$(Z'_{11}-Z'_{14})=(Z_{11}+Z_{44}-2Z_{14})$，它对应节点①和节点④之间的戴维南阻抗，和式(6.54)得到的结果相同。$\mathbf{Z}_{\text{bus(new)}}$的其他对角线元素也有类似含义。

由式(6.94)，与新参考节点④相关的节点电压为

$$\mathbf{V}_{\text{new}}=\begin{bmatrix}V_{1,\text{new}}\\V_{2,\text{new}}\\V_{3,\text{new}}\\V_{4,\text{new}}\end{bmatrix}=\underbrace{\begin{bmatrix}1&0&0&-1\\0&1&0&-1\\0&0&1&-1\\0&0&0&-1\end{bmatrix}}_{\mathbf{C}^{\mathrm{T}}}\begin{bmatrix}V_1\\V_2\\V_3\\V_4\end{bmatrix}=\begin{bmatrix}V_1-V_4\\V_2-V_4\\V_3-V_4\\-V_4\end{bmatrix}\tag{6.108}$$

因此，一般情况下，选择原始$\mathbf{Z}_{\text{bus}}$的节点ⓚ为新的参考节点时，可以用两个连续步骤来确定新的节点阻抗矩阵$\mathbf{Z}_{\text{bus(new)}}$：

1. 将$\mathbf{Z}_{\text{bus}}$的其他行分别与现有第k行相减，同时改变第k行符号，即可得到$\mathbf{C}^{\mathrm{T}}\mathbf{Z}_{\text{bus}}$；
2. 将矩阵$\mathbf{C}^{\mathrm{T}}\mathbf{Z}_{\text{bus}}$中的其他列分别与第$k$列相减，同时改变第$k$列的符号，即可得到$\mathbf{C}^{\mathrm{T}}\mathbf{Z}_{\text{bus}}\mathbf{C}=\mathbf{Z}_{\text{bus(new)}}$，其中第$k$行和第$k$列元素与原始参考节点对应。

上述步骤还将运用于第 12 章的经济运行分析中。

6.9 小结

本章介绍了节点导纳矩阵及其形成的背景，并对输电系统的节点表示法进行了推导。此外，利用 Kron 降阶法简化了网络变化时$\mathbf{Y}_{\text{bus}}$的修改过程。

本章接着介绍了$\mathbf{Z}_{\text{bus}}$的构造法，首先在参考节点和起始节点之间选择一条支路，然后在起始节点上添加一条支路并产生一个新的节点。生成的 2×2 维节点阻抗矩阵中分别有一行和一列元素对应起始节点和新节点。在这两个节点中的一个或者两个节点上继续添加第三条支路，从而扩大电网和矩阵$\mathbf{Z}_{\text{bus}}$。按这种方式，每次节点阻抗矩阵都增加一行和一列，直到电网的所有支路都纳入$\mathbf{Z}_{\text{bus}}$。只要有可能，选择在当前$\mathbf{Z}_{\text{bus}}$对应的节点上添加下新支路会更加高效。如果只对$\mathbf{Z}_{\text{bus}}$中的部分元素感兴趣，从计算角度而言，使用$\mathbf{Y}_{\text{bus}}$的三角因子法更有吸引力。

分析电网可以采用各种各样的变量。但是，无论选用哪一种方式，电网中的功率都不能随意变更。当把电流和电压从一种形式转为另一个形式时，需要满足等功率的要求。

电力系统的潮流分析和短路(故障)分析是电力行业的日常工作，因此，节点导纳矩阵和节点阻抗矩阵对第 7 章和第 10 章的分析必不可少。

复习题

6.1 节

6.1 节点导纳矩阵是典型的对称阵。(对或错)

6.2 在节点导纳矩阵中，非对角线元素对应相应支路导纳的负值。(对或错)

6.3 如何测量输电系统中指定节点的自导纳？

6.2 节

6.4 Kron 降阶法可用于减少输电系统的支路数量。(对或错)

6.5　电力系统中注入电流为零的节点可以用 Kron 降阶法消除。(对或错)

6.3 节

6.6　节点阻抗矩阵是节点导纳矩阵的逆矩阵。(对或错)

6.7　节点阻抗矩阵不是对称阵。(对或错)

6.8　如何测量节点阻抗矩阵中指定节点的驱动点阻抗?

6.4 节

6.9　系统中一个节点对应的戴维南阻抗 Z_{th} 等于该节点的驱动点阻抗。(对或错)

6.10　节点阻抗矩阵中每个对角线元素都是戴维南阻抗，它反映了系统的重要特征。(对或错)

6.11　在输电系统某一节点上连接电容器组，则该节点的电压幅值通常会降低。(对或错)

6.5 节、6.6 节和 6.7 节

6.12　获取节点阻抗矩阵的唯一办法是对导纳矩阵求逆。(对或错)

6.13　如果需要移除电网中两个节点之间的阻抗 Z_b，可以通过在这两个节点之间添加阻抗 $-Z_b$ 来实现。(对或错)

6.14　通过对节点导纳矩阵的三角分解法可以直接获得输电系统节点阻抗矩阵。(对或错)

6.15　已知 3×3 维节点导纳矩阵，试用三角分解法确定矩阵 **L** 和 **U** 中的每个元素。

6.8 节

6.16　改变输电系统变量的同时保留功率不变即为等功率。(对或错)

习题

6.1　使用 6.1 节的矩阵块构造法，求图 6.18 所示电路的 $\mathbf{Y}_{bus}$。

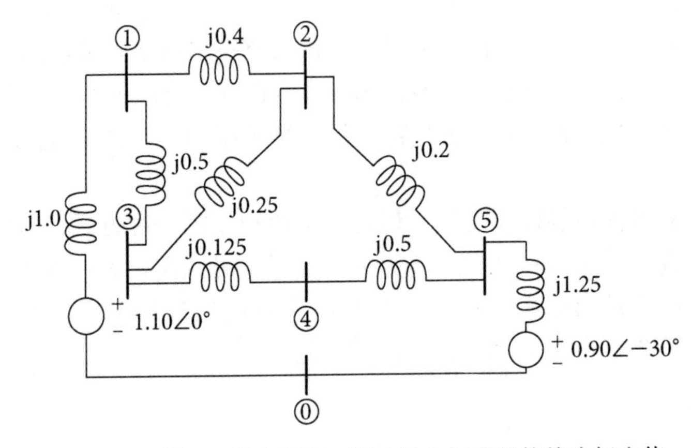

图 6.18　习题 6.1 的电路图，图中的电压和阻抗均为标幺值

6.2　从图 6.18 中移除支路①-③和支路②-⑤，试修改习题 6.1 的 $\mathbf{Y}_{bus}$。

6.3　求图 6.18 的节点导纳方程并求节点电压公式。

6.4　(a) 利用 Kron 降阶法，求消除图 6.18 中节点②后的 $\mathbf{Y}_{bus}$；(b) 利用表 2.2 的 Y-△ 变换消除图 6.18 中节点②，并求解降阶后电路的 $\mathbf{Y}_{bus}$。比较方法(a)和(b)的结果。

6.5　将图 6.19 中的节点⑤消除并将电压源转换为电流源后，求对应的 $\mathbf{Z}_{bus}$。当 $V=1.2\angle 0°$，

负载电流分别为 $I_{L1}=-\mathrm{j}0.1$，$I_{L2}=-\mathrm{j}0.1$，$I_{L3}=-\mathrm{j}0.2$ 和 $I_{L4}=-\mathrm{j}0.2$ 时，确定 4 个节点相对于参考节点的电压(图中参数均为标幺值)。

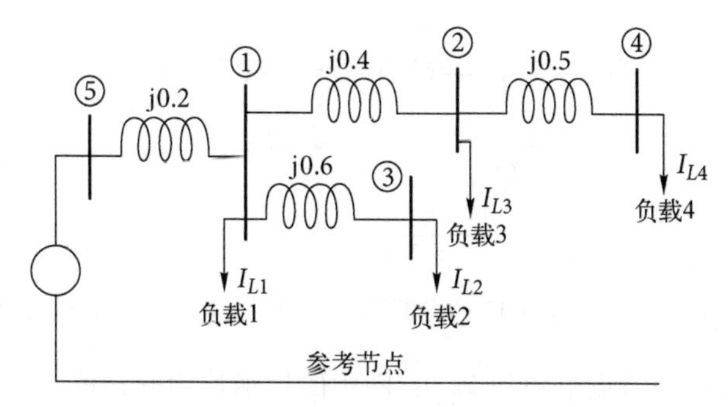

图 6.19　由理想电压源供电的恒流负载，图中参数均为标幺值

6.6　绘制图 6.19 中由节点④看入系统的戴维南等效电路，当节点④和参考节点之间连接一个电抗标幺值为 5.4 的电容器时，求该电容器吸收的电流。按照例题 6.5 的步骤，计算电容器引起的各个节点的电压变化。

6.7　在习题 6.5 的节点④和参考节点之间增加一个电抗标幺值为 5.4 的电容器，试修正习题 6.5 的 $\mathbf{Z}_{\text{bus}}$，使用修正后的 $\mathbf{Z}_{\text{bus}}$ 计算新的节点电压并与习题 6.5 和习题 6.6 的结果进行比较。

6.8　在例题 6.7(图 6.15)的节点③上引出一个新的节点，新节点和节点③之间阻抗的标幺值为 j0.5，求修正后的 $\mathbf{Z}_{\text{bus}}$。

6.9　在例题 6.7(图 6.15)的节点①和节点④之间添加一个标幺值为 j0.2 的阻抗，求修正后的 $\mathbf{Z}_{\text{bus}}$。

6.10　移除例题 6.7(见图 6.15)中节点②和节点③之间的支路，求修正后的 $\mathbf{Z}_{\text{bus}}$。

6.11　利用 6.5 节的 $\mathbf{Z}_{\text{bus}}$ 构造法求图 6.18 的 $\mathbf{Z}_{\text{bus}}$。

6.12　对图 6.20 所示的感性电网：

a. 用直接法求解 $\mathbf{Z}_{\text{bus}}$；

b. 计算各母线的电压；

c. 当节点③和中性点之间电容器的电抗标幺值为 5.0 时，计算电容器吸收的电流；

d. 计算该电容器引起的各个节点的电压变化；

e. 计算添加该电容器后各个节点的电压。

假设电源电压的幅值和相角保持恒定。

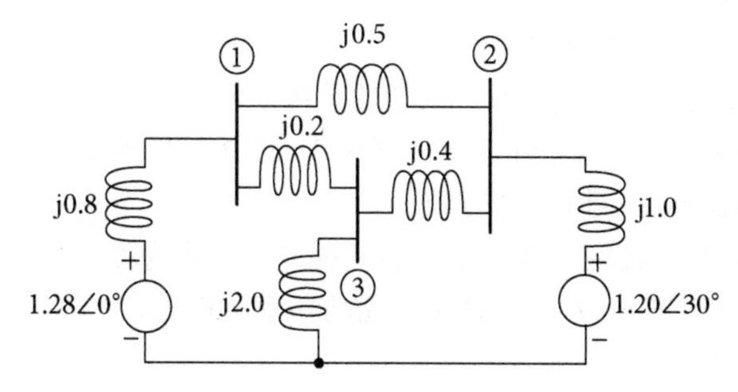

图 6.20　习题 6.12 的电路，其中电压和阻抗均为标幺值

6.13 用 6.5 节的 $\mathbf{Z}_{bus}$ 构造法求图 6.21 所示的三节点电路的 $\mathbf{Z}_{bus}$。编写 MATLAB 程序并进行计算。

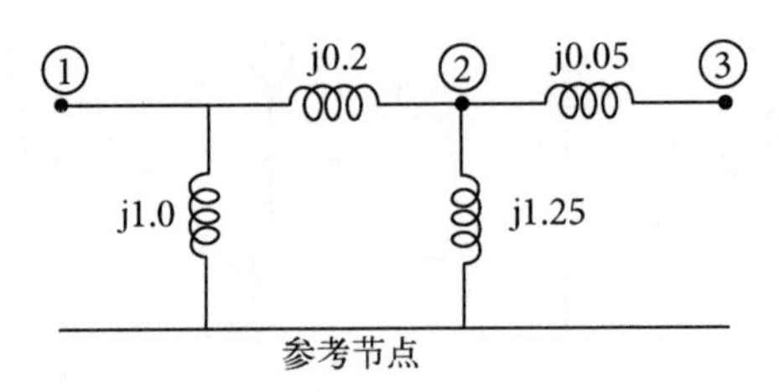

图 6.21 习题 6.13 的电路图。图中的电抗值均为标幺值

6.14 求图 6.22 所示的四节点电路的 $\mathbf{Z}_{bus}$，图中的导纳均为标幺值。

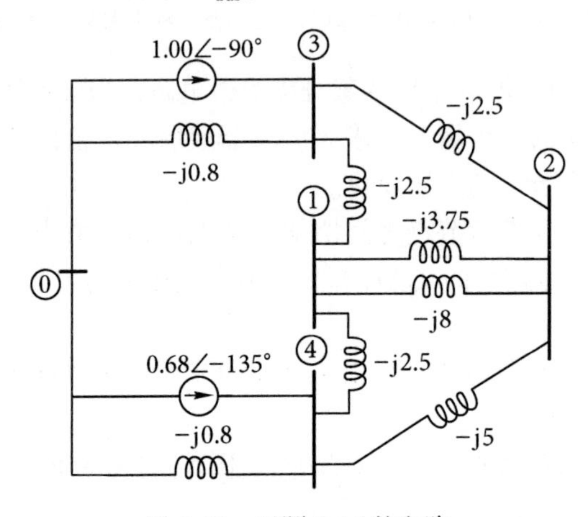

图 6.22 习题 6.14 的电路

6.15 求对称矩阵 **M** 的三角因子 **L** 和 **U**。编写 MATLAB 程序并进行计算。

$$\mathbf{M}=\begin{bmatrix}2 & 1 & 3\\ 1 & 5 & 4\\ 3 & 4 & 7\end{bmatrix}$$

6.16 图 6.21 中，三节点电路的对称阵 $\mathbf{Y}_{bus}$ 的三角因子为(图中电抗均为标幺值)

$$\mathbf{L}=\begin{bmatrix}-j6.0 & \cdot & \cdot\\ j5.0 & -j21.633\,333 & \cdot\\ 0 & j20.0 & -j1.510\,038\end{bmatrix}\quad \mathbf{U}=\begin{bmatrix}1 & -0.833\,333 & 0\\ \cdot & 1 & -0.924\,499\\ \cdot & \cdot & 1\end{bmatrix}$$

使用 **L** 和 **U** 计算：

a. $\mathbf{Z}_{bus}$ 中的元素 Z_{12}，Z_{23} 和 Z_{33}；

b. 由图 6.21 节点①和节点③看入系统的戴维南阻抗 $Z_{th,13}$。

6.17 利用习题 6.16 $\mathbf{Y}_{bus}$ 的三角矩阵计算从图 6.21 的节点②和参考节点看入系统的戴维南阻抗 Z_{22}。通过图 6.21 进行结果验证。

6.18 使用 6.7 节的方法，证明无功功率总损耗的计算公式为 $Q_L=\mathbf{I}^T\mathbf{X}_{bus}\mathbf{I}^*$。

6.19 利用式(6.88)计算图 6.19 所示系统的无功功率总损耗。

第7章　潮流分析

利用潮流分析或负荷潮流分析对稳态运行下的电力系统进行研究。潮流分析对电力系统的规划和设计以及确定系统的最佳运行点都具有重要意义。很多情况下都需要进行潮流计算，比如扩建发电厂、增加新的变电站设备(如变压器)、添加大负荷、线路因检修而隔离对其他输电线路上潮流变化的监测等。

实际运行或规划条件下的电力系统潮流分析被称为基本情况。异常情况下输电线路和母线电压的变化将以这个基本情况作为基准。通过比较可以发现系统的问题，如低电压、线路过载或超负荷，然后从设计层面改变或补充基本系统并消除上述问题。

现代商业化的潮流程序可以实时处理包含数以万计的节点和线路的系统。当然，只要计算机功能足够强大，这些程序还可以用于更大规模的系统。

潮流分析用的公式是一组非线性方程组，其中有功功率和无功功率均为节点电压的函数，它表示各个节点上有功功率和无功功率的平衡关系。数值方法是潮流分析的重要手段，可用于求解各个节点以及整个系统的有功功率和无功功率平衡方程。潮流分析可得到每个节点上电压的幅值和相角、每条线路的有功功率和无功功率以及系统损耗。本章将研究潮流分析所使用的基础数值方法。潮流分析的计算机方法在电力系统设计和运行中具有重要价值。

7.1　Gauss-Seidel 迭代法

考虑一个单变量非线性方程

$$f(x)=0$$

上述方程也可以表示为

$$x=h(x)$$

假设指定一个初始值 x^0，上述方程的解就可以通过迭代计算得到。Gauss-Seidel 法计算简单，从预设的初始解开始，每一步的迭代计算由式(7.1)决定，

$$x^{k+1}=h(x^k),\quad k=0,1,2,\cdots \tag{7.1}$$

直到满足下列收敛条件：

$$|x^{k+1}-x^k|\leqslant\varepsilon \tag{7.2}$$

其中 ε 是指定的误差。图 7.1 描述 Gauss-Seidel 法的收敛性，其中 x^* 代表满足条件(7.2)的解。

对于一组多变量非线性方程

$$f_i(x_1,x_2,\cdots,x_N)=0,\quad i=1,2,\cdots,N \tag{7.3}$$

上述方程可以表示为

$$x_i=h_i(x_1,x_2,\cdots,x_N),\quad i=1,2,\cdots,N \tag{7.4}$$

假设变量的初始值为 $x_i^0, i=1,2,\cdots,N$，将最新一组计算结果$(x_1^{k+1},x_2^{k+1},\cdots,x_i^{k+1})$代入多变量方程可以得到以下迭代公式：

$$x_{i+1}^{k+1} = h_{i+1}(x_1^{k+1}, x_2^{k+1}, \cdots, x_i^{k+1}, x_{i+1}^k, \cdots, x_N^k), \quad i = 1, 2, \cdots, N \tag{7.5}$$

直到每个变量的相对误差都小于指定误差

$$|x_i^{k+1} - x_i^k| \leqslant \varepsilon_i, \quad i = 1, 2, \cdots, N \tag{7.6}$$

其中 ε_i对应解 x_i的预定误差。

Gauss-Seidel 法还可以采用加速因子 λ 来提高收敛速度，对应的迭代步骤如下：

$$x_i^{k+1} = x_i^k + \lambda[h(x_i^k) - x_i^k] \tag{7.7}$$

合适 λ 值的选择需要由经验确定。潮流分析中加速因子的范围通常为 $1<\lambda\leqslant2$。

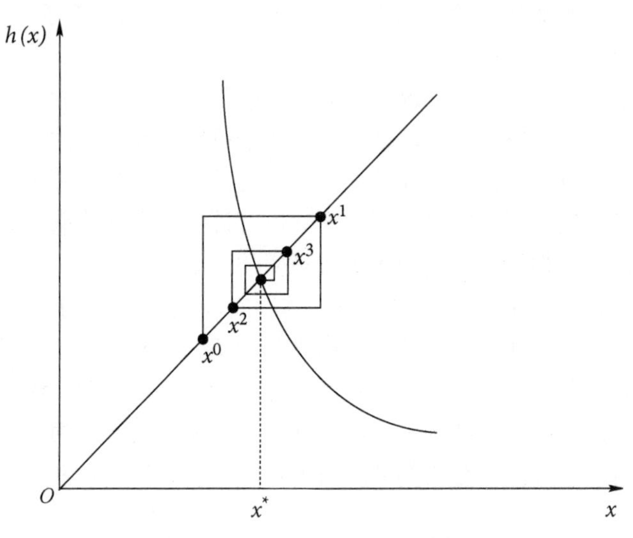

图 7.1　Gauss-Seidel 法的收敛性

例题 7.1　应用 Gauss-Seidel 法求以下非线性方程的解：

$$f(x) = x^3 - 9x^2 + 26x - 24 = 0$$

假设初始解为 $x^0=1$，收敛误差为 $\varepsilon=0.0001$。

解：首先，将方程重新排列为

$$x = h(x) = -\frac{x^3}{26} + \frac{9x^2}{26} + \frac{12}{13}$$

因此有迭代公式

$$x^{k+1} = -\frac{1}{26}(x^k)^3 + \frac{9}{26}(x^k)^2 + \frac{12}{13}, \quad k = 0, 1, 2, \cdots$$

对应的前两次迭代为

$$x^1 = h(x^0) = -\frac{(x^0)^3}{26} + \frac{9(x^0)^2}{26} + \frac{12}{13} = -\frac{(1)^3}{26} + \frac{9(1)^2}{26} + \frac{12}{13} = 1.230\,769\,2$$

$$x^2 = h(x^1) = -\frac{(x^1)^3}{26} + \frac{9(x^1)^2}{26} + \frac{12}{13}$$

$$= -\frac{(1.230\,769\,2)^3}{26} + \frac{9(1.230\,769\,2)^2}{26} + \frac{12}{13} = 1.375\,722\,1$$

使用相同的步骤，71 次迭代后得到解：$x=1.998\,735\,1$。表 7.1 列出了迭代解，直到满足收敛标准。

表 7.1　迭代结果

k	x	$h(x)$	绝对误差
0	1	1.230 769 2	0.230 769 2
1	1.230 769 2	1.375 722 1	0.144 952 9
2	1.375 722 1	1.478 069	0.102 346 9
3	1.478 069	1.555 118 2	0.070 491
⋮	⋮	⋮	⋮
70	1.998 629 5	1.998 735 1	0.000 105 6
71	1.998 735 1	1.998 832 6	0.000 097 5

MATLAB program for Example 7.1(ex7_1.m):

```
% M_File for Example 7.1: ex7_1.m
clc
clear all
% Solution
format long;
% set initial of x0=1, error=0.0001
x=1;
epsilon=0.0001;
i=1;
% Apply Gauss-Seidel method to find a solution
% End the loop until the error is less than 0.0001
while(1)
    % rearrange the equation
    h(i)=(-x^3)/26+(9*x^2)/26+12/13;
    % apply k(i)=abs(x^i-h(i))
    k(i)=abs(h(i)-x);
    if (k(i)<= epsilon)
          break;
    end
    x=h(i);
    i=i+1;
end;
```

例题 7.2　当加速因子 $\lambda=1.3$ 时，用 Gauss-Seidel 法求例题 7.1 的解。

解： 利用方程(7.6)，前两次迭代为

$$x^1 = x^0 + \lambda[h(x^0) - x^0] = 1 + 1.3(1.230\,769 - 1) = 1.300\,000$$

$$x^2 = x^1 + \lambda[h(x^1) - x^1] = 1.3 + 1.3(1.423\,577 - 1.3) = 1.460\,65$$

重复该步骤，57 次迭代后得到收敛解为 1.999 2。

表 7.2 所示为迭代结果以及对应的迭代次数。

表 7.2

k	x	$h(x)$	绝对误差
0	1	1.230 769	0.3
1	1.3	1.423 577	0.160 65

续表

k	x	$h(x)$	绝对误差
2	1.460 65	1.541 738	0.105 416
3	1.566 065	1.624 314	0.075 724
⋮	⋮	⋮	⋮
56	1.998 99	1.999 091	0.000 101 1
57	1.999 091	1.999 182	0.000 091 0

MATLAB program for Example 7.2(ex7_2.m):

```
% M_File for Example 7.2: ex7_2.m
clear all
clc
format long;
% Set initial of x0=1, error=0.0001, acceleration factor
x=1;
lumbda=1.3;
epsilon=0.0001;
i=1;
% Apply Gauss-Seidel method to find a solution
while(1)
    temp=(-x^3)/26+(9*x^2)/26+12/13;
    h(i)=x+lumbda*(temp-x);
    k(i)=lumbda*(temp-x);
    if (k(i)<= epsilon)
            break;
    end
    x=h(i);
    i=i+1;
end;
```

例题 7.3 用 Gauss-Seidel 法求解以下非线性方程组：

$$3x_1+2x_2-\frac{x_1x_2}{10}=4$$

$$2x_1+4x_2-\cos x_2=5$$

假设初始解为 $x_1^0=x_2^0=0.5$，收敛条件为 $\varepsilon=0.0001$。

解：将方程重新排列为

$$x_1=\frac{4}{3}-\frac{2}{3}x_2+\frac{x_1x_2}{30}$$

$$x_2=\frac{5}{4}-\frac{x_1}{2}+\frac{\cos x_2}{4}$$

第一次迭代得到的解为

$$x_1^1=\frac{4}{3}-\frac{2}{3}(x_2^0)+\frac{1}{30}x_1^0x_2^0=\frac{4}{3}-\frac{2}{3}\left(\frac{1}{2}\right)+\frac{1}{30}\left(\frac{1}{2}\right)\left(\frac{1}{2}\right)=1.008\,333\,3$$

$$x_2^1=\frac{5}{4}-\frac{x_1^1}{2}+\frac{\cos x_2^0}{4}=\frac{5}{4}-\frac{1}{2}(1.008\,333\,3)+\frac{1}{4}\times\cos\left(0.5\times\frac{180}{\pi}\right)=0.965\,229$$

重复相同的步骤，经过 6 次迭代后，得到收敛解为：$x_1^*=0.659\,219\,6$，$x_2^*=1.045\,724\,5$。表 7.3 列出了迭代结果与迭代次数。

表 7.3

k	x_1	x_3
0	0.5	0.5
1	1.008 333 3	0.965 229
2	0.722 289 8	1.031 162 3
3	0.670 718 4	1.043 096 3
4	0.661 256 6	1.045 258 6
5	0.659 533 7	1.045 652 7
6	0.659 219 6	1.045 724 5

MATLAB program for Example 7.3(ex7_3.m):

```
% M_File for Example 7.3: ex7_3.m
clear all
clc
% Set initial values
format long;
x1(1)=1;
x2(1)=0.5;
epsilon=0.0001;
i=1;
% End the loop until the error< 0.0001
while(1)
    % Rearrange the equations
    x1(i+1)=4/3-2*x2(i)/3+x1(i)*x2(i)/30
    x2(i+1)=1.25-x1(i+1)/2+cos(x2(i))/4
    % calculate the absolute error of x1 and x2
    if (abs(x1(i+1)-x1(i)) <= epsilon)
        if (abs(x2(i+1)-x2(i)) <= epsilon)
            break;
        end
    end
    i=i+1;
end;
```

7.2 Newton-Raphson 法

Newton-Raphson 法是求解非线性方程组最常用的数值方法之一。假设 x^* 是下述非线性方程的精确解：

$$f(x^*)=0$$

设初始解为 x^k。Taylor 展开后，有

$$f(x^{k+1})=f(x^k)+f'(x^k)h+\frac{f''(x^k)}{2!}h^2+\frac{f^{(3)}(x^k)}{3!}h^3+\cdots \tag{7.8}$$

其中 $h=x^{k+1}-x^k$，$k=0,1,2,\cdots$。将式(7.8)线性化，只保留 h 的一次项，有

$$f(x^{k+1})\cong f(x^k)+f'(x^k)h=f(x^k)+f'(x^k)(x^{k+1}-x^k) \tag{7.9}$$

因为$f(x^{k+1})=0$，所以有

$$0=f(x^k)+f'(x^k)(x^{k+1}-x^k) \tag{7.10}$$

$$x^{k+1}=x^k-\frac{f(x^k)}{f'(x^k)} \tag{7.11}$$

Newton-Raphson 法从预估的初始值x^0开始首先对点$[x^0, f(x^0)]$求切线，切线的斜率为$f'(x^0)$。然后求该切线和x轴的交点，并以该交点作为新的x值。重复该步骤，直到满足收敛条件。如果初始预估值很接近真解，那么 Newton-Raphson 法的计算效率很高。图7.2对这种方法的收敛性进行了图形说明。

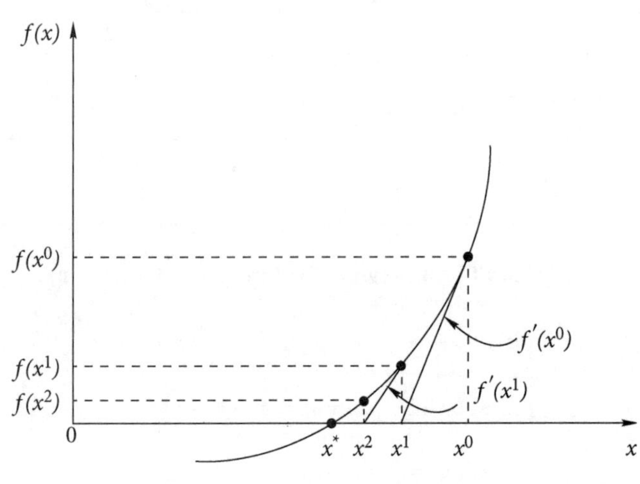

图 7.2　Newton-Raphson 法的收敛性

接下来考虑非线性方程组

$$\begin{aligned} h_1(x_1,x_2,\cdots,x_N)&=b_1\\ h_2(x_1,x_2,\cdots,x_N)&=b_2\\ &\vdots\\ h_N(x_1,x_2,\cdots,x_N)&=b_N \end{aligned} \tag{7.12}$$

上述方程组可以表示为

$$\begin{aligned} f_1(x_1,x_2,\cdots,x_N)&=h_1(x_1,x_2,\cdots,x_N)-b_1=0\\ f_2(x_1,x_2,\cdots,x_N)&=h_2(x_1,x_2,\cdots,x_N)-b_2=0\\ &\vdots\\ f_N(x_1,x_2,\cdots,x_N)&=h_N(x_1,x_2,\cdots,x_N)-b_N=0 \end{aligned} \tag{7.13}$$

$$\begin{aligned} f_1^*&=f_1(x_1^*,x_2^*,\cdots,x_N^*)=f_1(x_1^0+\Delta x_1^0,x_2^0+\Delta x_2^0,\cdots,x_N^0+\Delta x_N^0)=0\\ f_2^*&=f_2(x_1^*,x_2^*,\cdots,x_N^*)=f_2(x_1^0+\Delta x_1^0,x_2^0+\Delta x_2^0,\cdots,x_N^0+\Delta x_N^0)=0\\ &\vdots\\ f_N^*&=f_N(x_1^*,x_2^*,\cdots,x_N^*)=f_N(x_1^0+\Delta x_1^0,x_2^0+\Delta x_2^0,\cdots,x_N^0+\Delta x_N^0)=0 \end{aligned} \tag{7.14}$$

$$\begin{aligned} f_1^*&=f_1(x_1^0,x_2^0,\cdots,x_N^0)+\Delta x_1^0\left.\frac{\partial f_1}{\partial x_1}\right|^{(0)}+\Delta x_2^0\left.\frac{\partial f_1}{\partial x_2}\right|^{(0)}+\cdots+\Delta x_N^0\left.\frac{\partial f_1}{\partial x_N}\right|^{(0)}=0\\ f_2^*&=f_2(x_1^0,x_2^0,\cdots,x_N^0)+\Delta x_1^0\left.\frac{\partial f_2}{\partial x_1}\right|^{(0)}+\Delta x_2^0\left.\frac{\partial f_2}{\partial x_2}\right|^{(0)}+\cdots+\Delta x_N^0\left.\frac{\partial f_2}{\partial x_N}\right|^{(0)}=0\\ &\vdots\\ f_N^*&=f_N(x_1^0,x_2^0,\cdots,x_N^0)+\Delta x_1^0\left.\frac{\partial f_N}{\partial x_1}\right|^{(0)}+\Delta x_2^0\left.\frac{\partial f_N}{\partial x_2}\right|^{(0)}+\cdots+\Delta x_N^0\left.\frac{\partial f_N}{\partial x_N}\right|^{(0)}=0 \end{aligned} \tag{7.15}$$

$$\begin{bmatrix} \frac{\partial f_1}{\partial x_1} & \frac{\partial f_1}{\partial x_2} & \cdots & \frac{\partial f_1}{\partial x_N}\\ \frac{\partial f_2}{\partial x_1} & \frac{\partial f_2}{\partial x_2} & \ddots & \frac{\partial f_2}{\partial x_N}\\ \vdots & \vdots & & \vdots\\ \frac{\partial f_N}{\partial x_1} & \frac{\partial f_N}{\partial x_2} & \cdots & \frac{\partial f_N}{\partial x_N} \end{bmatrix}^{(0)} \begin{bmatrix} \Delta x_1^0\\ \Delta x_2^0\\ \vdots\\ \Delta x_N^0 \end{bmatrix} = \begin{bmatrix} 0-f_1(x_1^0,x_2^0,\cdots,x_N^0)\\ 0-f_2(x_1^0,x_2^0,\cdots,x_N^0)\\ \vdots\\ 0-f_N(x_1^0,x_2^0,\cdots,x_N^0) \end{bmatrix} = \begin{bmatrix} \Delta f_1^0\\ \Delta f_2^0\\ \vdots\\ \Delta f_N^0 \end{bmatrix} \tag{7.16}$$

上述方程组用矩阵形式表示为

$$\mathbf{J}^0 \Delta \mathbf{x}^0 = \Delta \mathbf{f}^0 \tag{7.17}$$

其中，$\mathbf{J}^0$为雅可比矩阵。因此

$$\Delta \mathbf{x}^0 = (\mathbf{J}^0)^{-1} \Delta \mathbf{f}^0 \tag{7.18}$$

且

$$\mathbf{x}^1 = \mathbf{x}^0 + \Delta \mathbf{x}^0 \tag{7.19}$$

或

$$\begin{bmatrix} x_1^1 \\ x_2^1 \\ \vdots \\ x_N^1 \end{bmatrix} = \begin{bmatrix} x_1^0 + \Delta x_1^0 \\ x_2^0 + \Delta x_2^0 \\ \vdots \\ x_N^0 + \Delta x_N^0 \end{bmatrix} \tag{7.20}$$

重复上述步骤，直到修正项的幅值满足收敛条件 $\varepsilon>0$，即 $|\Delta x_i|<\varepsilon$，$i=1,2,\cdots,N$。如果初始预估解远离真解，那么 Newton-Raphson 法可能会发散。不过，具体工程中总能找到合适的初始解，因此 Newton-Raphson 法可以很快收敛。Newton-Raphson 法的基本概念将通过如下例题描述。

例题 7.4 应用 Newton-Raphson 法求解以下方程，其中初始值为 $x^0=3$，$\varepsilon=0.001$，

$$f(x) = x^3 - 5x^2 - 8x + 12 = 0$$

解： 因为 $f'(x)=3x^2-10x-8$，所以

$$x^1 = x^0 - \frac{f(x^0)}{f'(x^0)} = 3 - \frac{-30}{-11} = 0.272\,7$$

$$x^2 = x^1 - \frac{f(x^1)}{f'(x^1)} = 0.272\,7 - \frac{9.466\,8}{-10.503\,9} = 1.174\,0$$

$$x^3 = x^2 - \frac{f(x^2)}{f'(x^2)} = 1.174\,0 - \frac{-2.663\,7}{-15.604\,9} = 1.003\,2$$

$$x^4 = x^3 - \frac{f(x^3)}{f'(x^3)} = 1.003\,2 - \frac{-0.048\,1}{-15.012\,8} = 1.000\,0$$

经过 5 次迭代后，得到 $x^*=1$。表 7.4 所示为各次迭代的对应结果。

表 7.4

迭代次数(k)	x^k	绝对误差
1	0.272 7	2.727 3
2	1.174 0	0.901 2
3	1.003 2	0.170 7
4	1.000 0	0.003 2
5	1.000 0	0.000 001

MATLAB program for Example 7.4(ex7_4.m):

```
% M_File for Example 7.4: ex7_4.m
% Newton-Raphson algorithm
% clear previous value
clc
clear all
```

```
% Set initial values
for i=1:11
X(I, 1)=3;
end
error=10^(-5);
% find''
disp('f(x)=x^3-5x^2-8x+12=')
syms x
f=x^3-5*x^2-8*x+12;
f_diff=diff(f)
% iteration for x
i=2;
% End the loop until the error< 0.0001
while(1)
    % iteration: i-1
    X(i, 1)=X(i-1, 1)-(X(i-1, 1)^3-5*X(i-1, 1)^2-8*X(i-1, 1)+12)…
          /(3*X(i-1, 1)^2-10*X(i-1, 1)-8);
    if i>3 & abs(X(i, 1)-X(i-1, 1))<error
       break;
    end
     i=i+1;
end
% show the answer
for k=1:i
    if (k-1)>0
    disp('Iterations time=', num2str(k-1)]);
    x=X(k, 1)
    error=abs(X(k, 1)-X(k-1, 1))
    end
end
```

例题 7.5 用 Newton-Raphson 法求解以下非线性方程组：

$$x_1^2+x_2^2-x_3^2=-1$$

$$x_1^2-x_1x_2+4x_3=12$$

$$2x_1+x_1x_2+x_3^2=17$$

假设初始解为 $x_1^0=x_2^0=x_3^0=1$，收敛条件为 $\varepsilon=0.0001$。

解：将方程组重新排列为

$$f_1=x_1^2+x_2^2-x_3^2+1=0$$

$$f_2=x_1^2-x_1x_2+4x_3-12=0$$

$$f_3=2x_1+x_1x_2+x_3^2-17=0$$

由式(7.16)和式(7.17)，有

$$\mathbf{J}=\begin{bmatrix}2x_1 & 2x_2 & -2x_3\\ 2x_1-x_2 & -x_1 & 4\\ 2+x_1 & x_1 & 2x_3\end{bmatrix}, \quad \Delta\mathbf{f}^0=\begin{bmatrix}-f_1^0\\ -f_2^0\\ -f_3^0\end{bmatrix}=\begin{bmatrix}-2\\ 8\\ 13\end{bmatrix}$$

第一次迭代后，有

$$\begin{bmatrix}2 & 2 & -2\\2 & -1 & 4\\2 & 1 & 2\end{bmatrix}\begin{bmatrix}\Delta x_1^0\\\Delta x_2^0\\\Delta x_3^0\end{bmatrix}=\begin{bmatrix}-2\\8\\13\end{bmatrix}$$

$$\begin{bmatrix}\Delta x_1^0\\\Delta x_2^0\\\Delta x_3^0\end{bmatrix}=\begin{bmatrix}2 & 2 & -2\\2 & -1 & 4\\2 & 1 & 2\end{bmatrix}^{-1}\begin{bmatrix}-2\\8\\13\end{bmatrix}=\begin{bmatrix}-3.5\\8.3333\\5.8333\end{bmatrix}$$

第二次迭代的预估值为

$$\begin{bmatrix}x_1^1\\x_2^1\\x_3^1\end{bmatrix}=\begin{bmatrix}x_1^0+\Delta x_1^0\\x_2^0+\Delta x_2^0\\x_3^0+\Delta x_3^0\end{bmatrix}=\begin{bmatrix}-2.5\\9.3333\\6.8333\end{bmatrix}$$

重复上述过程，经过 15 次迭代后满足收敛条件。终解为 $x_1=x_2=2$，$x_3=3$。表 7.5 所示为迭代结果。当收敛条件为 $\varepsilon=0.005$ 时，只需要 10 次迭代就能得到最终解。但是当 $\varepsilon=0.0001$ 时，需要 15 次迭代才能得到最终解。

表 7.5

k	x_1	x_2	x_3
0	1	1	1
1	-2.5	9.333 3	6.833 3
2	4.463 5	7.592 9	5.396 3
⋮	⋮	⋮	⋮
10	2.001 7	1.996 8	2.999 0
⋮	⋮	⋮	⋮
15	2.000 0	2.000 0	3.000 0

MATLAB program for Example 7.5(ex7_5.m):

```
% M_File for Example 7.5: ex7_5.m
clc
clear all
% The three nonlinear equations are given by
% x1^2+ x2^2 - x3^2 = -1
% x1^2- x1x2 + 4x3 = 12
% 2x1+ x1x2 + x3^2 = 17;
% The initialsolutions : x1 =x2 =x3 =1
x= [1; 1; 1];
% Assuming delta x is greater than 0.0001
deltax =[10;10;10];
% Iterationcount : i
i=1;
while(max(abs(deltax))>=0.0001) % convergence criterion
disp(['The number of iteration : 'num2str(i)])
i=i+1;
F= [ x(1)^2+x(2)^2-x(3)^2;                    % Equations
    x(1)^2-x(1)*x(2) + 4*x(3) ;
    2*x(1)+x(1)*x(2)+ x(3)^2];
```

```
% Jacobian matrix
% J= [2x1 2x2 -2x3
%     2x1    -x1    4
%      2      x1    2x3];
J= [2*x(1) 2*x(2) -2*x(3); 2*x(1) -x(1) 4; 2 x(1) 2*x(3)]
df =[-1 ;12 ;17] - F ;          % Mismatch equation
deltax =J\df
   x= x+deltax
end
```

7.3 潮流计算

对 N 节点电力系统来说，通常使用导纳矩阵 $\mathbf{Y}_{\text{bus}}$ 来进行潮流计算。第一步是画出系统单线图并准备系统的支路和节点数据。输电线路由单相标称 π 型等效电路表示。一旦已知每条线路的串联阻抗 Z 和总线路充电导纳 Y(通常表示为额定电压下注入线路的无功功率)，就可以使用计算机程序来确定 $N\times N$ 维节点导纳矩阵，其中元素 Y_{ij} 表示为

$$Y_{ij} = |Y_{ij}|\angle\theta_{ij} = |Y_{ij}|\cos\theta_{ij} + \mathrm{j}|Y_{ij}|\sin\theta_{ij} = G_{ij} + \mathrm{j}B_{ij} \tag{7.21}$$

此外，还需要已知变压器的额定值和阻抗、并联电容器的额定值、变压器分接头设置等关键信息。在进一步分析潮流之前，还必须知道某些节点的电压和注入功率，如下所述。

图 7.3 中，典型节点 i 的电压用极坐标表示为

$$V_i = |V_i|\angle\delta_i = |V_i|(\cos\delta_i + \mathrm{j}\sin\delta_i) \tag{7.22}$$

由图 7.3 可知，注入节点 i 的净电流等于 $I_{gi}-I_{di}=I_i$，其中 I_{gi} 是注入节点 i 的发电机电流，I_{di} 是流出节点 i 的负荷电流。如图 7.3(b)所示，节点 i 上的净注入电流等于该节点送到相邻节点的净电流，因此节点 i 送出的电流可以通过 $\mathbf{Y}_{\text{bus}}$ 中元素 Y_{in} 用下述方式求和得到：

$$\begin{aligned} I_i &= (V_i - V_1)y_{i1} + (V_i - V_2)y_{i2} + \cdots + (V_i - V_N)y_{iN} \\ &= \left(\sum_{n=1}^{N} y_{in}\right)V_i + (-y_{i1})V_1 + (-y_{i2})V_2 + \cdots + (-y_{iN})V_N \\ &= Y_{i1}V_1 + Y_{i2}V_2 + \cdots + Y_{iN}V_N \\ &= \sum_{n=1}^{N} Y_{in}V_n \end{aligned} \tag{7.23}$$

令 P_i 和 Q_i 分别表示节点 i 注入系统的净有功功率和无功功率，因此节点 i 注入系统的复功率为

$$(P_i + \mathrm{j}Q_i)^* = (V_iI_i^*)^* = V_i^*I_i$$

或

$$P_i - \mathrm{j}Q_i = V_i^*\sum_{n=1}^{N} Y_{in}V_n \tag{7.24}$$

将式(7.21)和式(7.22)代入式(7.24)，有

$$P_i - \mathrm{j}Q_i = \sum_{n=1}^{N} |Y_{in}V_iV_n|\angle(\theta_{in} + \delta_n - \delta_i) \tag{7.25}$$

因为注入节点 i 的复功率等于该节点输出的复功率，因此式(7.25)的右边求和项等于由节点 i 输送到与之相连的其他节点的功率的共轭。将式(7.25)的右边求和项展开，并让有功功率和无功功率分别相等，即可得到以下有功功率和无功功率平衡方程：

$$P_i = \sum_{n=1}^{N} |Y_{in}V_iV_n|\cos(\theta_{in} + \delta_n - \delta_i) \tag{7.26}$$

$$Q_i = -\sum_{n=1}^{N} |Y_{in}V_iV_n|\sin(\theta_{in} + \delta_n - \delta_i) \tag{7.27}$$

式(7.26)和式(7.27)称为潮流方程的极坐标形式；由它们可以计算得到由指定节点 i 注入系统的净有功功率 P_i 和净无功功率 Q_i。如图 7.4(a)所示，指定母线 i 输出的有功功率为 P_{gi}，指定母线 i 上负荷的有功功率为 P_{di}，因此，$P_{i,\text{sch}}=P_{gi}-P_{di}$，表示由母线 i 注入系统的预定净有功功率，如图 7.4(b)所示。

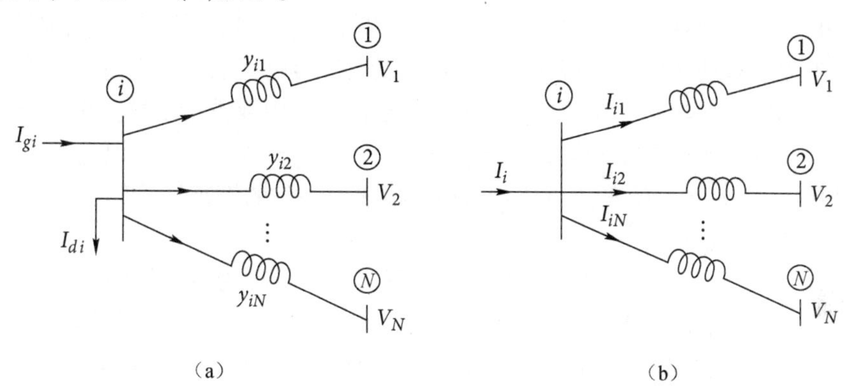

图 7.3 (a)注入节点 i 的电流；(b)图(a)的等效注入电流

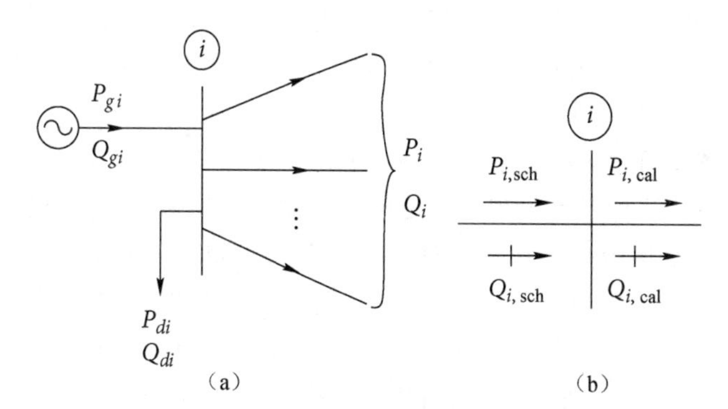

图 7.4 符号注释：(a)潮流分析中典型节点 i 的有功功率和无功功率；(b)图(a)的等效注入功率

P_i 的计算值用 $P_{i,\text{cal}}$ 表示，则 P_i 的预定值 $P_{i,\text{sch}}$ 和计算值 $P_{i,\text{cal}}$ 之差 ΔP_i 为

$$\Delta P_i = P_{i,\text{sch}} - P_{i,\text{cal}} = (P_{gi} - P_{di}) - P_{i,\text{cal}} \tag{7.28}$$

同样，如图 7.4(b)所示，节点 i 的无功功率为

$$\Delta Q_i = Q_{i,\text{sch}} - Q_{i,\text{cal}} = (Q_{gi} - Q_{di}) - Q_{i,\text{cal}} \tag{7.29}$$

如果 P_i 和 Q_i 的计算功率不等于预定功率，表示潮流计算结果不平衡。如果计算功率 $P_{i,\text{cal}}$，$Q_{i,\text{cal}}$ 和预定功率 $P_{i,\text{sch}}$，$Q_{i,\text{sch}}$ 相同，那么节点 i 的功率差值 ΔP_i 和 ΔQ_i 就等于 0，功率平衡方程可写为

$$f_{i,P} = P_i - P_{i,\text{sch}} = P_i - (P_{gi} - P_{di}) = 0 \tag{7.30}$$

$$f_{i,Q} = Q_i - Q_{i,\text{sch}} = Q_i - (Q_{gi} - Q_{di}) = 0 \tag{7.31}$$

7.5 节将介绍使用函数 $f_{i,P}$ 和 $f_{i,Q}$ 编写 ΔP_i 和 ΔQ_i 方程非常方便。如果节点 i 上没有发电机或负荷，式(7.30)和式(7.31)中的相应项就等于 0。网络的每一个节点都对应上述两个方程，因此，求解式(7.26)和式(7.27)的潮流问题转变为求解式(7.30)和式(7.31)的节点电压问题。

如果节点 i 的 $P_{i,\text{sch}}$ 未知，那么就无法确定误差 $\Delta P_i = P_{i,\text{sch}} - P_{i,\text{cal}}$，则没有必要建立方程式(7.30)。同样，如果节点 i 上的 $Q_{i,\text{sch}}$ 未知，则没必要建立方程式(7.31)。

和节点 i 相关的 4 个未知数分别为 P_i，Q_i，电压幅值 $|V_i|$ 和电压相角 δ_i，其中 P_i 和 Q_i 可以表示为 $|V_i|$ 和 δ_i 的函数。每个节点最多只能建立两个类似于式(7.30)和式(7.31)的方程，因此在开始求解潮流问题之前，必须考虑减少未知数的数量，并使之与方程个数保持一致。

潮流计算时一般将电网的节点分为 3 种类型。任一节点 i 都必须知道 4 个变量 δ_i，$|V_i|$，P_i 和 Q_i 中的两个，其余两个需要计算求取。节点的具体分类如下所述。

(1) 负荷(PQ)节点。不接发电机的节点称为负荷节点，该类节点的 P_{gi} 和 Q_{gi} 都等于 0，负荷从系统吸收的有功功率 P_{di} 和无功功率 Q_{di} 可以通过历史记录、负荷预测或测量获得。很多时候只知道有功功率，无功功率需要由假定的功率因数进行求解。负荷节点 i 经常被称为 PQ 节点，因为已知预定功率 $P_{i,\text{sch}} = -P_{di}$，$Q_{i,\text{sch}} = -Q_{di}$，所以误差项 $\triangle P_i$ 和 $\triangle Q_i$ 已知。显然，式(7.30) 和式(7.31)可以用于描述这一类的潮流计算问题，对应需要求解的两个未知数为 δ_i 和 $|V_i|$。

(2) 电压控制(PV)节点。系统中电压幅值保持恒定的节点称为电压控制节点。对与发电机相连的节点，发电机输出的有功功率由原动机控制，且调整发电机励磁系统可以控制电压的幅值。因此，对发电机节点 i，P_{gi} 和 $|V_i|$ 已知。如果 P_{di} 也已知，那么就可以由式(7.28)得到有功功率误差 $\triangle P_i$。

为了维持预定电压 $|V_i|$，就无法提前确定发电机无功功率 Q_{gi}，即不知道 $\triangle Q_i$ 值。因此，对发电机节点 i，式(7.30)的 P_i 已知，需要求解的未知量为电压相角 δ_i。之后，通过式(7.27)就可以计算得到 Q_i。

显然，发电机节点通常被称为电压控制或 PV 节点。有一些不含发电机的节点可能也具有电压控制能力，这种节点也被认为是电压控制节点，该类节点产生的有功功率为 0。

(3) 平衡(SL)节点。平衡节点也称为摇摆节点。为方便起见，本章将节点 1 定义为平衡节点。平衡节点的电压相角被认为是其他节点电压相角的参考角度。因为式(7.26)和式(7.27)中 P_i 和 Q_i 的值由电压的相角差决定，所以平衡节点的电压相角的大小并不重要。通常令 $\delta_1 = 0°$。如下文所述，潮流计算中不会指定平衡节点的功率误差，因此需要已知电压幅值 $|V_1|$ 和 $\delta_1 = 0°$。所以，平衡节点不需要建立式(7.30)或式(7.31)。

接下来以 N 节点系统为例说明无法提前规划平衡节点的 P_1 和 Q_1 的原因。对该系统的每一个节点都列写一个类似于式(7.30)的等式($1 \leqslant i \leqslant N$)。把 N 个等式相加，可得

$$\underbrace{P_L}_{\text{有功功率损耗}} = \sum_{i=1}^{N} P_i = \underbrace{\sum_{i=1}^{N} P_{gi}}_{\text{总发电功率}} - \underbrace{\sum_{i=1}^{N} P_{di}}_{\text{总负荷}} \tag{7.32}$$

上式中，P_L 等于网络中输电线路和变压器上的总有功损耗 I^2R。当系统各个节点电压的幅值和相角未知时，各条输电线路中的电流也未知。因此，P_L 未知，自然也没有办法提前确定式(7.32) 中各个求和项的大小。在建立潮流方程时，通常认为除平衡节点的 P_g 不确定外，其他节点的有功功率均为已知量。

平衡节点的有功功率可以在求得潮流结果后，用其他节点注入系统的 P 之和减去输出有功 P 与功率损耗 I^2R 之和得到。因此，平衡节点必须为发电机节点。发电机提供的总无功功率和负荷所吸收的总无功功率之差为

$$\sum_{i=1}^{N} Q_i = \sum_{i=1}^{N} Q_{gi} - \sum_{i=1}^{N} Q_{di} \tag{7.33}$$

式(7.33)的解需要满足式(7.31)对各个节点的要求。然后，利用式(7.27)即可得到各个节点的 Q_i值。等式(7.33)左侧的值包括线路充电无功功率、并联电容器无功功率、安装在节点上的并联电抗器的无功功率以及输电线路串联电抗上的无功功率损耗 I^2X。

将未知的母线电压的幅值和相角称为状态变量或因变量，因为它们的值(描述系统的状态)取决于所有节点的值。因此，潮流问题是通过求解一系列给定初值的潮流方程来求解和方程数量相同的状态变量的值。

如果 N 节点系统中有 N_g个电压控制节点(不包括平衡节点)，那么对($2N-N_g-2$)个状态变量将有($2N-N_g-2$)个方程，如表 7.6 所示。一旦求得这些状态变量，就知道了系统的完整状态，也可以得到所有依赖于状态变量的其他量，比如平衡节点的 P_1和 Q_1、电压控制节点的 Q_i以及系统的功率损耗 P_L。

表 7.6　潮流问题的符号表述

节点类型	节点数量	给定的变量	方程数量	状态变量$\|V_i\|$，δ_i的数量
平衡节点：$i=1$	1	$\delta_1, \|V_1\|$	0	0
电压控制节点(PV)($i=2,\cdots,N_g+1$)	N_g	$P_i, \|V_i\|$	N_g	N_g
负荷节点(PQ)($i=N_g+2,\cdots,N$)	$N-N_g-1$	P_i, Q_i	$2(N-N_g-1)$	$2(N-N_g-1)$
总计	N	$2N$	$2N-N_g-2$	$2N-N_g-2$

方程式(7.26)和式(7.27)中的函数 P_i和 Q_i都是状态变量 δ_i和$|V_i|$的非线性函数。因此，潮流计算通常采用迭代法，如前面章节介绍过的 Gauss-Seidel 和 Newton-Raphson 法。Newton-Raphson 法用于求解极坐标形式的潮流方程，使所有节点上的 ΔP 和误差项 cQ 都在指定的误差范围内。Gauss-Seidel 法用于求解直角(复数变量)坐标形式的潮流方程，使前后两次迭代得到的节点电压的差值小于指定误差。这两种方法都以节点导纳矩阵为基础。

例题 7.6　假设已知九节点小型电力系统的负荷有功功率和无功功率，节点①、节点②、节点⑤和节点⑦与同步发电机相连。通过潮流计算，求功率误差 ΔP 和 ΔQ 以及各个节点的状态变量。选择节点①作为平衡节点。

解：系统的 9 个节点分类如下。

平衡节点：①；

PV 节点：②，⑤和⑦；

PQ 节点：③，④，⑥，⑧和⑨。

对应的功率误差如下。

PQ 节点：ΔP_3，ΔQ_3；ΔP_4，ΔQ_4；ΔP_6，ΔQ_6；ΔP_8，ΔQ_8；ΔP_9，ΔQ_9；

PV 节点：ΔP_2，ΔP_5，ΔP_7。

状态变量如下。

PQ 节点：δ_3，$|V_3|$；δ_4，$|V_4|$；δ_6，$|V_6|$；δ_8，$|V_8|$；δ_9，$|9|$；

PV 节点：δ_2，δ_5，δ_7。

因为 $N=9$ 和 $N_g=3$，所以和上述 13 个状态变量对应的方程为 $2N-N_g-2=13$ 个。

潮流计算的数值方法可以用计算机程序实现。除了向潮流计算的程序提供上述节点数据，还需要提供输电线路和变压器的数据。节点的类型也需要明确，需要知道节点是平衡节点，还是由发电机提供无功功率并使得电压幅值恒定的电压控制(或 PV)节点，或者是有功功率和无功功率保持恒定的负荷(或 PQ)节点。对于不要求保持恒定的参数，它们的输入数据将被认为是初始估计值。此外，还需要明确发电机有功功率和无功功率的极限值。

单条线路的充电无功功率(Mvar)由该线路上的并联电容器产生，它等于$\sqrt{3}$倍的额定线电压(kV)乘以I_{chg}，然后再除以10^3。即

$$(\text{Mvar})_{chg} = \sqrt{3}|V|I_{chg} \times 10^{-3} = \omega C_n |V|^2 \tag{7.34}$$

其中$|V|$是额定线电压，单位为kV，C_n是整条线路的相电容，单位为F，I_{chg}为4.4节所述的充电电流。潮流程序中线路上由充电功率(Mvar)计算得到的电容被平均分配在两端，从而形成线路的标称π型电路。由式(7.34)可见，当线路电压的标幺值为1.0时，线路充电功率的标幺值将等于线路并联电纳的标幺值。对于长线路，程序也可以将等值π型电路中的电容处理为沿线均匀分布。通常需要限定线路的输送容量。除非另行指定，潮流程序通常假定基准值为100 MVA。

7.4 Gauss-Seidel 潮流法

电力系统中不同类型的节点对应的数据类型不同，这使得潮流计算变得复杂。尽管可以建立足够的方程以匹配未知的状态变量，但却无法得到闭合解。

潮流计算的数值求解通过迭代过程完成，首先对未知的节点电压分配一个初始值，然后通过这些初始值和对应的有功功率和无功功率计算出各节点新的电压值。之后，用得到的这一组新的电压值来计算下一组节点电压。计算得到一组新的电压值的过程被称为迭代。迭代过程重复进行，直到每个节点的电压变化小于指定的最小值。

考虑一个N节点电力系统，其中的平衡节点为节点①。接下来将从节点②开始推导基于 Gauss-Seidel 的潮流方程。令$P_{2,sch}$和$Q_{2,sch}$分别是已知的由节点②注入系统的有功功率和无功功率，由方程(7.24)可得

$$\frac{P_{2,\text{sch}} - \text{j}Q_{2,\text{sch}}}{V_2^*} = Y_{21}V_1 + Y_{22}V_2 + Y_{23}V_3 + \cdots + Y_{2N}V_N \tag{7.35}$$

求解V_2得

$$V_2 = \frac{1}{Y_{22}}\left[\frac{P_{2,\text{sch}} - \text{j}Q_{2,\text{sch}}}{V_2^*} - (Y_{21}V_1 + Y_{23}V_3 + \cdots + Y_{2N}V_N)\right] \tag{7.36}$$

假设节点③至节点Ⓝ都是负荷节点，且有功功率和无功功率已知。为每个节点编写类似于式(7.36)的表达式。对节点③，有

$$V_3 = \frac{1}{Y_{33}}\left[\frac{P_{3,\text{sch}} - \text{j}Q_{3,\text{sch}}}{V_3^*} - (Y_{31}V_1 + Y_{32}V_2 + \cdots + Y_{3N}V_N)\right] \tag{7.37}$$

将式(7.36)和式(7.37)的实部和虚部分开表示，并按相同的方法处理节点④至节点Ⓝ，就可以建立含$2(N-1)$个状态变量($\delta_2,\cdots,\delta_N,|V_2|,\cdots,|V_N|$)的$2(N-1)$个等式。不过，本节将直接由上述方程求解对应的复数电压。以节点②,③,…,Ⓝ上的有功功率和无功功率、平衡节点电压$V_1=|V_1|\angle\delta_1$和其他节点上的电压预估值$V_2^{(0)},V_3^{(0)},\cdots,V_N^{(0)}$为基础，下面继续迭代求解。

利用方程(7.36)的解可得修正电压 $V_2^{(1)}$ 为

$$V_2^{(1)} = \frac{1}{Y_{22}}\left[\frac{P_{2,\mathrm{sch}} - \mathrm{j}Q_{2,\mathrm{sch}}}{V_2^{(0)*}} - (Y_{21}V_1 + Y_{23}V_3^{(0)} + \cdots + Y_{2N}V_N^{(0)})\right] \tag{7.38}$$

上式右侧表达式中的所有量均为已知量或初始估计值。计算得到的 $V_2^{(1)}$ 和估算值 $V_2^{(0)}$ 不相等。

若干次迭代后，当解具有足够精度时，该值将作为 V_2 的修正解，不过，这个解以其他节点的估算电压为基础，而且没有考虑到其他节点的功率变化。在指定的潮流条件下，因为计算 V_2 所使用的电压是其他节点的电压估算值 $V_3^{(0)}$ 和 $V_4^{(0)}$，而不是实际电压，所以这个解并不是 V_2 的真解。

当获得一个节点的修正电压后，就可以将该修正电压用于计算下一节点的修正电压。因此，将 $V_2^{(1)}$ 代入式(7.37)中，可得节点③的第一次计算值

$$V_3^{(1)} = \frac{1}{Y_{33}}\left[\frac{P_{3,\mathrm{sch}} - \mathrm{j}Q_{3,\mathrm{sch}}}{V_3^{(0)*}} - (Y_{31}V_1 + Y_{32}V_2^{(1)} + Y_{34}V_4^{(0)} + \cdots + Y_{3N}V_N^{(0)})\right] \tag{7.39}$$

当已知节点 i 的 P 和 Q，节点 i 的一般电压计算公式为

$$V_i^{(k)} = \frac{1}{Y_{ii}}\left[\frac{P_{i,\mathrm{sch}} - \mathrm{j}Q_{i,\mathrm{sch}}}{V_i^{(k-1)*}} - \sum_{j=1}^{i-1} Y_{ij}V_j^{(k)} - \sum_{j=i+1}^{N} Y_{ij}V_j^{(k-1)}\right] \tag{7.40}$$

上标(k)表示电压当前的迭代次数，($k-1$)是指上一次迭代的次数。所以等式右侧的电压值表示相关节点的上一次计算值(k 为 1 表示未开始迭代，右侧电压值对应预估电压)。

对网络中的全部节点进行上述迭代(除平衡节点外)，当计算得到全部状态变量时，第一次迭代结束。重复上述迭代，直到每个节点的电压误差小于预定的精度指标(或收敛指标)。

如果初始值设置合理且相位偏差不大，那么一般就不会收敛到错误解上。通常情况下，将所有负荷节点上未知电压的初始值都设为 $1.0\angle 0°$(标幺值)。这种初始化被称为“平稳开始”，因为通常认为电压为标幺值 1。

式(7.40)仅适用于已知有功功率和无功功率的负荷节点，电压幅值恒定的电压控制节点需要另行处理。在学习新的处理方法之前，将先学习计算负荷节点的案例。

电压控制节点 当已知节点 m 的电压幅值而无功功率未知时，需要首先计算无功功率，才可以对电压的实部和虚部进行迭代计算。由式(7.24)有

$$Q_m = -\mathrm{Im}\left\{V_m^* \sum_{j=1}^{N} Y_{mj}V_j\right\} \tag{7.41}$$

上式可以等效为

$$Q_m^{(k)} = -\mathrm{Im}\left\{(V_m^{(k-1)})^*\left[\sum_{j=1}^{m-1} Y_{mj}V_j^{(k)} + \sum_{j=m}^{N} Y_{mj}V_j^{(k-1)}\right]\right\} \tag{7.42}$$

其中 Im 表示“虚部”，上标表示相关的迭代次数。将上一次迭代的最优解代入式(7.42)后可以得到无功功率 $Q_m^{(k)}$，再把 $Q_m^{(k)}$ 值代入式(7.40)得到新的 $V_m^{(k)}$。如式(7.43)所示，$V_m^{(k)}$ 乘以常数 $|V_m|$ 与 $|V_m^{(k)}|$ 的比值，即可得到幅值已知的复数电压的修正值，然后存储节点 m 的电压值 $V_{m,\mathrm{corr}}^{(k)}$，以进行下一次迭代。

$$V_{m,\mathrm{corr}}^{(k)} = |V_m|\frac{V_m^{(k)}}{|V_m^{(k)}|} \tag{7.43}$$

如 7.3 节所述，除平衡节点已知电压幅值和相角外，其他节点都必须给定电压幅值或者

无功功率。和发电机相连的节点给定了电压幅值和发电机提供的有功功率 P_g。发电机输入系统的无功功率 Q_g 可以通过求解潮流问题得到。实际运行中，发电机输出的 Q_g 受下述不等式的限制：

$$Q_{\min} \leqslant Q_g \leqslant Q_{\max} \tag{7.44}$$

其中 $Q_{\min}$ 和 $Q_{\max}$ 分别是发电机允许输出的最小功率和最大功率。潮流计算的过程中，如果 Q_g 的计算值超出对应的限制，则需要将 Q_g 设置为对应的极限，原始给定的电压幅值不再恒定，因此该节点成为 PQ 节点，潮流计算将给该节点赋新值。在随后的迭代中，程序努力地使该节点保持初始的电压，同时确保 Q_g 位于允许的范围内。这种情况是可能存在的，因为系统中其他地方可能会发生相应的变化，以支持发电机励磁系统对终端电压的调整，从而使终端电压为指定值。

例题 7.7 图 7.5 所示为简单四节点电力系统的单线图。其中，节点①和节点④与发电机相连，4 个节点都带有负荷。输电系统的基准值为 100 MVA，230 kV。表 7.7 所示为等效为标称 π 型电路的 4 条线路的串联阻抗和线路充电电纳。

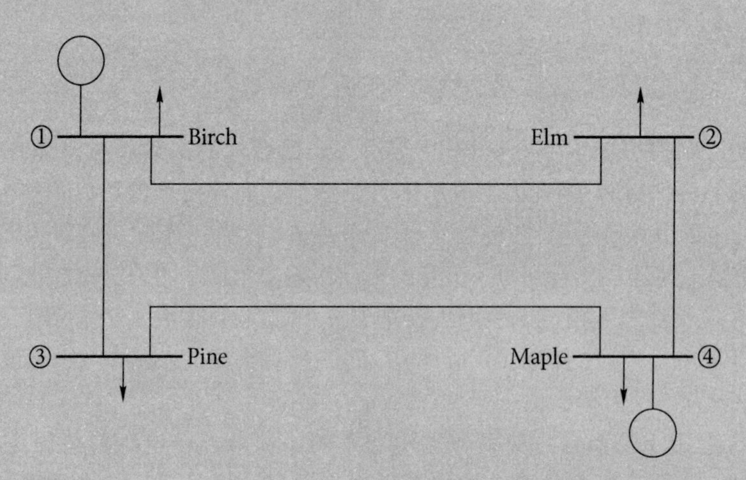

图 7.5　例题 7.7 的单线图，图中包含各节点的名称和编号

表 7.7　例题 7.7 的线路数据

母线间的线路	串联 Z		串联 $Y=Z^{-1}$		串联 Y	
	R (p. u.)	X (p. u.)	G (p. u.)	B (p. u.)	总充电无功功率 (Mvar)‡	$Y/2$ (p. u.)
①-②	0.010 08	0.050 40	3.815 629	−19.078 144	10.25	0.051 25
①-③	0.007 44	0.037 20	5.169 561	−25.847 809	7.75	0.038 75
②-④	0.007 44	0.037 20	5.169 561	−25.847 809	7.75	0.038 75
③-④	0.012 72	0.063 60	3.023 705	−15.118 528	12.75	0.063 75

† 基准值 100 MVA，240 kV。

‡ 230 kV

表 7.8 所示为各节点的 P，Q 和 V 值。

表 7.8　例题 7.7 的节点数据

节　点	发　电		负　荷			
	P/MW	Q/Mvar	P/MW	Q/Mvar†	V/p. u.	备　注
①	—	—	50	30.99	1.00∠0°	平衡节点
②	0	0	170	105.35	1.00∠0°	负荷节点(感性)
③	0	0	200	123.94	1.00∠0°	负荷节点(感性)
④	318	—	80	49.58	1.02∠0°	电压控制

† 负荷的无功功率对应功率因数为 0.85，有功功率为 P。

负荷的无功功率是在功率因数为 0.85 时的值，负荷节点②和节点③上的净预定值 $P_{i,\text{sch}}$和 $Q_{i,\text{sch}}$为负。电源所在节点的电压幅值均已知，但 Q_{gi}未知。负荷节点上的电压为初始估算值。平衡节点的电压幅值和相角分别为$|V_1|$和 δ_1，节点④的电压幅值$|V_4|$如表 7.8 中所示且保持不变。

使用 Gauss-Seidel 法进行潮流分析。假设从节点②开始迭代计算，求解第一次迭代后的 V_2，V_3和 V_4。

解： 为了使计算精度较高，令精确到小数点后第 6 位。由表 7.7 所示的线路数据可以得到如表 7.9 所示的 $\mathbf{Y}_{\text{bus}}$。

表 7.9　例题 7.7 的节点导纳矩阵†

节　点	①	②	③	④
①	8.985 190 −j44.835 953	−3.815 629 +j19.078 144	−5.169 561 +j25.847 809	0
②	−3.815 629 +j19.078 144	8.985 190 −j44.835 953	0	−5.169 561 +j25.847 809
③	−5.169 561 +j25.847 809	0	8.193 267 −j40.863 838	−3.023 705 +j15.118 528
④	0	−5.169 561 +j25.847 809	−3.023 705 +j15.118 528	8.193 267 −j40.863 838

† 标幺值四舍五入到小数点后第 6 位数字。

例如，图 7.5 中节点②的非零对角元素 Y_{21}和 Y_{24}分别等于相应线路导纳的负值，

$$Y_{21} = -3.815\,629 + \text{j}19.078\,144;\quad Y_{24} = -5.169\,561 + \text{j}25.847\,809$$

Y_{22}为连接到节点②的所有导纳之和，它包括线路②-①和线路②-④的充电电纳，因此有

$$Y_{22} = (-Y_{21}) + \text{j}0.051\,25 + (-Y_{24}) + \text{j}0.038\,75 = 8.985\,190 - \text{j}44.835\,953$$

同样，

$$Y_{31} = -5.169\,561 + \text{j}25.847\,809;\quad Y_{34} = -3.023\,705 + \text{j}15.118\,528$$

Y_{33}为连接到节点③的所有导纳之和，它包括线路③-①和③-④的充电电纳，为

$$Y_{33} = (-Y_{31}) + \text{j}0.038\,75 + (-Y_{34}) + \text{j}0.063\,75 = 8.193\,267 - \text{j}40.863\,837$$

代入式(7.38)和式(7.39)，得到电压的标幺值为

$$V_2^{(1)} = \frac{1}{Y_{22}}\left[\frac{-1.7 + j1.053\,5}{1.0+ j0.0} - 1.00(-3.815\,629 + j19.078\,144) \right.$$

$$\left. -1.02(-5.169\,561 + j25.847\,809)\right]$$

$$= \frac{1}{Y_{22}}[-1.7 + j1.053\,5 + 9.088\,581 - j45.442\,909]$$

$$= \frac{7.388\,581 - j44.389\,409}{8.985\,190 - j44.835\,953} = 0.983\,564 - j0.032\,316$$

$$V_3^{(1)} = \frac{1}{Y_{33}}\left[\frac{-2.0 + j1.239\,4}{1.0 + j0.0} - 1.00(-5.169\,561 + j25.847\,809) \right.$$

$$\left. -1.02(-3.023\,705 + j15.118\,528)\right]$$

$$= \frac{1}{Y_{33}}[-2.0 + j1.239\,4 + 8.253\,7401 - j41.268\,708]$$

$$= \frac{6.253\,740\,1 - j40.029\,308}{8.193\,627 - j40.863\,838} = 0.971\,216 - j0.041\,701$$

节点④为电压控制节点，因此由式(7.42)得

$$Q_4^{(1)} = -\operatorname{Im}\left[(V_4^{(0)})^* \left(Y_{41}V_1 + Y_{42}V_2^{(1)} + Y_{43}V_3^{(1)} + Y_{44}V_4^{(0)}\right)\right]$$

$$= -\operatorname{Im}\left\{1.02\begin{bmatrix}0 + (-5.169\,561 + j25.847\,809)(0.983\,564 - j0.032\,316) \\ + (-3.023\,705 + j15.118\,528)(0.971\,216 - j0.041\,701) \\ + (8.193\,267 - j40.863\,838)(1.02)]\end{bmatrix}\right\}$$

$$= 1.307\,266 \text{ p.u.}$$

用 $Q_4^{(1)}$ 代替式(7.40)中的 $Q_{4,\text{sch}}$后，下式右侧的值全部已知，因此有

$$V_4^{(1)} = \frac{1}{Y_{44}}\left[\frac{P_{4,\text{sch}} - jQ_4^{(1)}}{(V_4^{(0)})^*} - (Y_{41}V_1 + Y_{42}V_2^{(1)} + Y_{43}V_3^{(1)})\right]$$

$$= \frac{1}{Y_{44}}\left\{\frac{(3.18 - 0.8) - j1.307\,266}{1.02} \right.$$

$$\left. - \begin{bmatrix}0 + (-5.169\,561 + j25.847\,809)(0.983\,564 - j0.032\,316) \\ + (-3.023\,705 + j15.118\,528)(0.971\,216 - j0.041\,701)\end{bmatrix}\right\}$$

$$= \frac{8.888\,843 - j41.681\,115}{8.193\,267 - j40.863\,838} = 1.022\,508 + j0.012\,509$$

$$= 1.022\,585\angle 0.700\,9^\circ \text{ p.u.}$$

因为$|V_4|$已知，所以需要对 $V_4^{(1)}$ 进行修正

$$V_{4,\text{corr}}^{(1)} = |V_4|\frac{V_4^{(1)}}{|V_4^{(1)}|} = 1.02\,\frac{1.022\,508 + j0.012\,509}{1.022\;585} = 1.019\,924 + j0.012\,477$$

$$= 1.02\angle 0.700\,9^\circ$$

如例题 7.1 和例题 7.2 所示，加速因子可以加快 Gauss-Seidel 法的收敛速度。由潮流分析的求解过程也可知，如果每个节点的电压修正量都乘以某一常数，就能增加修正幅度，使电压更接近它的真解，从而大幅减少迭代次数。将新的节点电压值和上一次节点电压的最优值相减，然后再乘以适当的加速因子后，就能得到一个更好的修正量并用于与上一次的节点电压相加。例如，对节点 i，由下述线性关系可得第一次迭代的加速后电压值 $V_{i,\mathrm{acc}}^{(1)}$：

$$V_{i,\mathrm{acc}}^{(1)} = V_i^{(0)} + \alpha(V_i^{(1)} - V_i^{(0)}) \tag{7.45}$$

其中 α 是加速因子。对于第 k 次迭代的加速后电压值，更为一般的表达式为

$$V_{i,\mathrm{acc}}^{(k)} = V_{i,\mathrm{acc}}^{(k-1)} + \alpha(V_i^{(k)} - V_{i,\mathrm{acc}}^{(k-1)}) \tag{7.46}$$

如果 $\alpha=1$，则 Gauss-Seidel 法计算得到的 V_i 值即为第 k 次迭代的值。在潮流分析中，为了提高收敛性，α 通常取值在 1 和 2 之间。

对电压控制节点 m，如果考虑了加速因子，可将式(7.42)的无功功率修正为

$$Q_m^{(k)} = -\operatorname{Im}\left\{(V_{m,\mathrm{acc}}^{(k-1)})^*\left[\sum_{j=1}^{m-1} Y_{mj}V_{j,\mathrm{acc}}^{(k)} + \sum_{j=m}^{N} Y_{mj}V_{j,\mathrm{acc}}^{(k-1)}\right]\right\} \tag{7.47}$$

节点 m 的电压为

$$V_m^{(k)} = \frac{1}{Y_{mm}}\left[\frac{P_{m,\mathrm{sch}} - jQ_m^{(k)}}{V_{m,\mathrm{acc}}^{(k-1)*}} - \sum_{j=1}^{m-1} Y_{mj}V_{j,\mathrm{acc}}^{(k)} - \sum_{j=m+1}^{N} Y_{mj}V_{j,\mathrm{acc}}^{(k-1)}\right] \tag{7.48}$$

然后再利用式(7.48)计算保持电压幅值不变时节点 m 的复数电压值。

例题 7.8 对例题 7.7 进行第一轮 Gauss-Seidel 迭代计算，其中加速因子为 1.6。

解： 将例题 7.7 的结果和加速因子 1.6 代入式(7.46)，有

$$\begin{aligned} V_{2,\mathrm{acc}}^{(1)} &= 1 + 1.6[(0.983\,564 - \mathrm{j}0.032\,316) - 1] \\ &= 0.973\,703 - \mathrm{j}0.051\,706\ \mathrm{p.u.} \end{aligned}$$

利用 $V_{2,\mathrm{acc}}^{(1)}$ 计算节点③的电压，得到

$$V_{3,\mathrm{acc}}^{(1)} = 0.953\,949 - \mathrm{j}0.066\,708\ \mathrm{p.u.}$$

因为节点④是电压控制节点，所以必须分开处理。修正量实部和虚部的加速因子可能不同。任何系统都存在最优加速因子，但是不合适的加速因子会导致收敛速度变慢或者不收敛。通常可以令实部和虚部的加速因子为 1.6，但是特定系统可能需要求解最优加速因子。对节点④，由式(7.47)有

$$Q_4^{(1)} = -\operatorname{Im}\left[(V_4^{(0)})^*\left(Y_{41}V_1 + Y_{42}V_{2,\mathrm{acc}}^{(1)} + Y_{43}V_{3,\mathrm{acc}}^{(1)} + Y_{44}V_4^{(0)}\right)\right]$$

其中，节点②和节点③的电压值指的是第一次迭代后的加速值。对节点④，将式(7.40)的 $Q_{4,\mathrm{sch}}$ 用 $Q_4^{(1)}$ 代替，得

$$V_4^{(1)} = \frac{1}{Y_{44}}\left[\frac{P_{4,\mathrm{sch}} - jQ_4^{(1)}}{(V_4^{(0)})^*} - (Y_{41}V_1 + Y_{42}V_{2,\mathrm{acc}}^{(1)} + Y_{43}V_{3,\mathrm{acc}}^{(1)})\right]$$

上式右侧的各项均为已知量。由于 $|V_4|$ 已知，需要按照式(7.43)对 $V_4^{(1)}$ 的幅值进行修正，

$$V_{4,\mathrm{corr}}^{(1)} = |V_4|\frac{V_4^{(1)}}{|V_4^{(1)}|}$$

接着存储节点④的电压值 $V_{4,\mathrm{corr}}^{(1)}$ 并用于下一轮迭代。

由表 7.8 可知，$Y_{41}=0$，因此由式(7.47)得

$$Q_4^{(1)} = -\mathrm{Im}\left\{(V_4^{(0)})^*\left[Y_{42}V_{2,\mathrm{acc}}^{(1)} + Y_{43}V_{3,\mathrm{acc}}^{(1)} + Y_{44}V_4^{(0)}\right]\right\}$$

将具体数值代入上述方程，有

$$Q_4^{(1)} = -\mathrm{Im}\left\{\begin{array}{r} 1.02\,[(-5.169\,561 + \mathrm{j}25.847\,809)(0.973\,703 - \mathrm{j}0.051\,706) \\ + (-3.023\,705 + \mathrm{j}15.118\,528)(0.953\,949 - \mathrm{j}0.066\,708) \\ +(8.193\,267 - \mathrm{j}40.863\,838)(1.02) \end{array}\right\}$$

$$= -\mathrm{Im}\{1.02[-5.573\,064 + \mathrm{j}40.059\,396 + (8.193\,267 - \mathrm{j}40.863\,838)1.02]\}$$

$$= -1.654\,153\ \mathrm{p.u.}$$

将 $Q_4^{(1)}$ 代入式(7.48)，得到

$$V_4^{(1)} = \frac{1}{Y_{44}}\left[\frac{P_{4,\mathrm{sch}} - \mathrm{j}Q_4^{(1)}}{(V_4^{(0)})^*} - (Y_{42}V_{2,\mathrm{acc}}^{(1)} + Y_{43}V_{3,\mathrm{acc}}^{(1)})\right]$$

$$= \frac{1}{Y_{44}}\left[\frac{2.38 - \mathrm{j}1.654\,153}{1.02 - \mathrm{j}0.0} - (-5.573\,066 + \mathrm{j}40.059\,398)\right]$$

$$= \frac{7.906\,399 - \mathrm{j}41.681\,117}{8.193\,267 - \mathrm{j}40.863\,838} = 1.017\,874 - \mathrm{j}0.010\,604$$

$$= 1.017\,929\angle -0.6^\circ\ \mathrm{p.u.}$$

上述的 $|V_4^{(1)}|$ 等于 1.017 929，需要修正为幅值等于 1.02，

$$V_{4,\mathrm{corr}}^{(1)} = \frac{1.02}{1.017\,929}(1.017\,874 - \mathrm{j}0.010\,604)$$

$$= 1.019\,945 - \mathrm{j}0.010\,625$$

$$= 1.02\angle -0.6^\circ\ \mathrm{p.u.}$$

本例第一次迭代时，$Q_4^{(1)}$ 的标幺值为 1.654 153。如果节点④的无功功率发电功率(标幺值)的最大极限值小于 1.654 153，则需要将 $Q_4^{(1)}$ 设定为指定的极限值，节点④在该情况下变成负荷节点。在迭代过程中只要发电机无功功率超出 Q 的极限，就都需要对节点进行上述转换。

潮流分析可以使用 Gauss-Seidel 法。但是，实际应用中一般采用 Newton-Raphson 法，因为它容易收敛、计算高效和存储容量小。例题 7.7 和例题 7.8 用 Newton-Raphson 法可得到同样的收敛性。

7.5 Newton-Raphson 潮流法

如 7.2 节所述，用 Newton-Raphson 法求解非线性方程组的基础是将包含两个或多个变量的函数进行泰勒级数展开。下面将首先分析两节点的潮流问题，对应的方程组中仅包含两个方程和两个变量。然后再继续分析更复杂的潮流方程。

例题 7.9 利用 Newton-Raphson 法求解图 7.6 所示两节点系统中节点②的电压。该系统中所有变量均为标幺值。节点①为平衡节点，对应电压为 $V_1\angle\delta_1 = 1\angle 0^\circ$。令变量 $x_1 = \delta_2$，$x_2 = |V_2|$。初始条件为 $x_1^{(0)} = 0$ 和 $x_2^{(0)} = 1.0$。计算精度 $\varepsilon = 10^{-5}$。

解：节点②的功率平衡方程为

$$f_1(\delta_2,|V_2|) = P_2(\delta_2,|V_2|) - (P_{g2} - P_{d2})$$

$$= 4|V_1||V_2|\sin\delta_2 + 0.6 = 0$$

$$f_2(\delta_2,|V_2|) = Q_2(\delta_2,|V_2|) - (Q_{g2} - Q_{d2})$$

$$= 4|V_2|^2 - 4|V_1||V_2|\cos\delta_2 + 0.3 = 0$$

用 x_1 和 x_2 表示上述功率平衡方程，得

$$f_1(x_1,x_2) = 4x_2\sin x_1 + 0.6 = 0$$

$$f_2(x_1,x_2) = 4x_2^2 - 4x_2\cos x_1 + 0.3 = 0$$

对 x_1 和 x_2 求偏导，得到雅可比矩阵

$$\mathbf{J} = \begin{bmatrix} \dfrac{\partial f_1}{\partial x_1} & \dfrac{\partial f_1}{\partial x_2} \\ \dfrac{\partial f_2}{\partial x_1} & \dfrac{\partial f_2}{\partial x_2} \end{bmatrix} = \begin{bmatrix} 4x_2\cos x_1 & 4\sin x_1 \\ 4x_2\sin x_1 & 8x_2 - 4\cos x_1 \end{bmatrix}$$

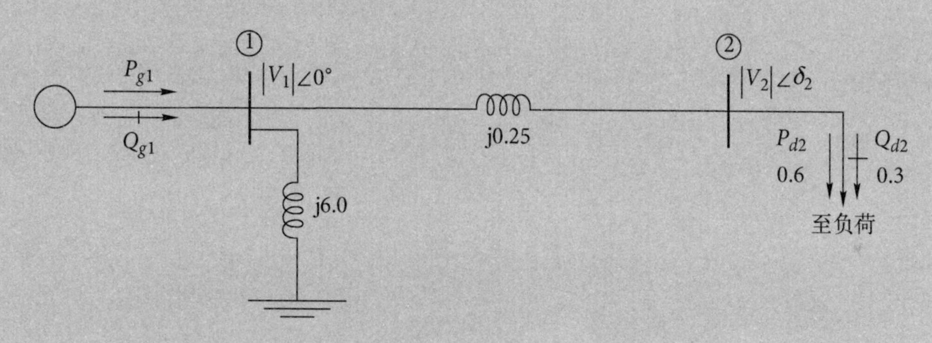

图 7. 6　例题 7. 9 潮流方程对应的系统

迭代 1：将 x_1 和 x_2 的初始估计值代入，得到不平衡分量：

$$\Delta f_1^{(0)} = 0 - f_{1,\text{calc}} = -0.6 - 4\sin(0) = -0.6$$

$$\Delta f_2^{(0)} = 0 - f_{2,\text{calc}} = -0.3 - 4\times(1.0)^2 + 4\cos(0) = -0.3$$

代入式(7. 17)，得

$$\begin{bmatrix} 4\cos(0) & 4\sin(0) \\ 4\sin(0) & 8 - 4\cos(0) \end{bmatrix} \begin{bmatrix} \Delta x_1^{(0)} \\ \Delta x_2^{(0)} \end{bmatrix} = \begin{bmatrix} -0.6 \\ -0.3 \end{bmatrix}$$

对上述 2×2 维矩阵求逆，得到修正误差项为

$$\begin{bmatrix} \Delta x_1^{(0)} \\ \Delta x_2^{(0)} \end{bmatrix} = \begin{bmatrix} 4 & 0 \\ 0 & 4 \end{bmatrix}^{-1} \begin{bmatrix} -0.6 \\ -0.3 \end{bmatrix} = \begin{bmatrix} -0.150 \\ -0.075 \end{bmatrix}$$

因此，第一次迭代后的修正值 x_1 和 x_2 为

$$x_1^{(1)} = x_1^{(0)} + \Delta x_1^{(0)} = 0.0 + (-0.150) = -0.150 \text{ p.u.}$$

$$x_2^{(1)} = x_2^{(0)} + \Delta x_2^{(0)} = 1.0 + (-0.075) = 0.925 \text{ p.u.}$$

因为修正误差大于指定的精度，因此继续迭代。

迭代 2：新的不平衡分量为

$$\begin{bmatrix}\Delta f_1^{(1)}\\\Delta f_2^{(1)}\end{bmatrix}=\begin{bmatrix}-0.6-4(0.925)\sin(-0.15)\\-0.3-4(0.925)^2+4(0.925)\cos(-0.15)\end{bmatrix}=\begin{bmatrix}-0.047\,079\\-0.064\,047\end{bmatrix}$$

更新雅可比矩阵，得到新的修正误差项：

$$\begin{bmatrix}\Delta x_1^{(1)}\\\Delta x_2^{(1)}\end{bmatrix}=\begin{bmatrix}3.658\,453 & -0.597\,753\\-0.552\,921 & 3.444\,916\end{bmatrix}^{-1}\begin{bmatrix}-0.047\,079\\-0.064\,047\end{bmatrix}=\begin{bmatrix}-0.016\,335\\-0.021\,214\end{bmatrix}$$

修正误差项仍然大于指定的精度误差，因此继续迭代，对应的修正值为

$$x_1^{(2)}=-0.150+(-0.016\,335)=-0.166\,335\,\text{p.u.}$$

$$x_2^{(2)}=0.925+(-0.021\,214)=0.903\,786\,\text{p.u.}$$

继续第三次迭代，修正误差项 $\Delta x_1^{(3)}$ 和 $\Delta x_2^{(3)}$ 远远小于容许误差10^{-5}。因此，对应的解为

$$x_1^{(4)}=\delta_2^{(4)}=-0.166\,876\text{ rad}\,,\qquad x_2^{(4)}=|V_2^{(4)}|=0.903\,057\,\text{p.u.}$$

简单验证后，可以发现此时的不平衡分量非常小。

MATLAB program for Example 7. 9(ex7_9. m) :

```
% M_File for Example 7.9: ex7_9.m
clc
clear all
syms x1 x2 u
% show f1(x1, x2, u), f2(x1, x2, u)
disp('f1(x1, x2, u)=4*u*x2*sin(x1)+0.6=0')
disp('f2(x1, x2, u)=4*x2^2-4u*x2*cos(x1)+0.3=0')
f1=4*u*x2*sin(x1)+0.6;
f2=4*x2*x2-4*u*x2*cos(x1)+0.3;
A=[f1;f2];
B=[x1, x2];
J=jacobian(A, B)
% now, let u=1 x1=0 x2=1
disp('Now, using u=1 x1=0 x2=1')
Jnew=[4*cos(0) 4*sin(0);4*sin(0) 8*1-4*cos(0)]
disp('[delta(x1) delta(x2)]=inv(Jnew)*[-0.6 -0.3]')
% calculate the first iteration of X1 X2
disp('first iteration:')
x1=0.0+(-0.15)
x2=1+(-0.075)
% Using first iteration of X1 X2 tocaculate f1 f2
disp('using the first iteration, now, u=1 x1=-0.15 x2=0.925')
f1new=-0.6-4*0.925*sin(-0.15)
f2new=-0.3-4*0.925*0.925+4*0.925*cos(-0.15)
delta_x=inv([3.658453 -0.597753;-0.552921 3.444916])*[f1new;f2new]
disp('[delta(x1) delta(x2)]=inv(Jnew)*[-0.6 -0.3]')
disp('x1new=x1+delta(x1) x2new=x2+delta(x2)')
X1new=x1+delta_x(1, 1)
X2new=x2+delta_x(2, 1)
```

为了用 Newton-Raphson 法求解 N 节点系统的潮流方程，将节点电压和线路导纳表示为极坐标形式。以图 7.3 中注入节点 i 的复数功率为例，将式(7.26)和式(7.27)的有功功率和无功功率平衡方程分别表示为式(7.49)和式(7.50)：

$$P_i = |V_i|^2 G_{ii} + \sum_{\substack{n=1 \\ n \neq i}}^{N} |Y_{in} V_i V_n| \cos(\theta_{in} + \delta_n - \delta_i) \tag{7.49}$$

$$Q_i = -|V_i|^2 B_{ii} - \sum_{\substack{n=1 \\ n \neq i}}^{N} |Y_{in} V_i V_n| \sin(\theta_{in} + \delta_n - \delta_i) \tag{7.50}$$

其中，G_{ii}和B_{ii}分别为Y_{ii}的实部和虚部。

首先忽略电压控制节点，把平衡节点以外的其他节点均作为负荷节点，即已知有功功率P_{di}和无功功率Q_{di}。平衡节点的δ_1和$|V_1|$为定值，现在需要求解网络中其他节点的状态变量δ_i和$|V_i|$。对每一个非平衡节点，都有一个类似于例题7.9中$x_1^{(0)}$和$x_2^{(0)}$的初始估计值。利用7.3节的式(7.28)和式(7.29)，可得负荷节点i的功率不平衡分量如下：

$$\Delta P_i = P_{i,\text{sch}} - P_{i,\text{calc}} \tag{7.51}$$

$$\Delta Q_i = Q_{i,\text{sch}} - Q_{i,\text{calc}} \tag{7.52}$$

其中，$P_{i,\text{calc}}$和$Q_{i,\text{calc}}$分别通过式(7.26)和式(7.27)计算得到。对负荷节点i，$P_{i,\text{sch}}=P_{gi}-P_{di}=0-P_{di}=-P_{di}$，$Q_{i,\text{sch}}=Q_{gi}-Q_{di}=0-Q_{di}=-Q_{di}$。

对于N节点系统，有功功率P_i的功率不平衡分量为

$$\begin{aligned}\Delta P_i &= \frac{\partial P_i}{\partial \delta_2}\Delta\delta_2 + \frac{\partial P_i}{\partial \delta_3}\Delta\delta_3 + \cdots + \frac{\partial P_i}{\partial \delta_N}\Delta\delta_N \\ &+ \frac{\partial P_i}{\partial |V_2|}\Delta|V_2| + \frac{\partial P_i}{\partial |V_3|}\Delta|V_3| + \cdots + \frac{\partial P_i}{\partial |V_N|}\Delta|V_N|\end{aligned} \tag{7.53}$$

同样，无功功率Q_i的不平衡分量为

$$\begin{aligned}\Delta Q_i &= \frac{\partial Q_i}{\partial \delta_2}\Delta\delta_2 + \frac{\partial Q_i}{\partial \delta_3}\Delta\delta_3 + \cdots + \frac{\partial Q_i}{\partial \delta_N}\Delta\delta_N \\ &+ \frac{\partial Q_i}{\partial |V_2|}\Delta|V_2| + \frac{\partial Q_i}{\partial |V_3|}\Delta|V_3| + \cdots + \frac{\partial Q_i}{\partial |V_N|}\Delta|V_N|\end{aligned} \tag{7.54}$$

系统中每个非平衡节点都可以建立如ΔP_i和ΔQ_i的两个公式。将所有不平衡公式表示为矩阵形式，有

$$\underbrace{\begin{bmatrix} \frac{\partial P_2}{\partial \delta_2} & \cdots & \frac{\partial P_2}{\partial \delta_N} & \frac{\partial P_2}{\partial |V_2|} & \cdots & \frac{\partial P_2}{\partial |V_N|} \\ \vdots & \mathbf{J}_{11} & \vdots & \vdots & \mathbf{J}_{12} & \vdots \\ \frac{\partial P_N}{\partial \delta_2} & \cdots & \frac{\partial P_N}{\partial \delta_N} & \frac{\partial P_N}{\partial |V_2|} & \cdots & \frac{\partial P_N}{\partial |V_N|} \\ \frac{\partial Q_2}{\partial \delta_2} & \cdots & \frac{\partial Q_2}{\partial \delta_N} & \frac{\partial Q_2}{\partial |V_2|} & \cdots & \frac{\partial Q_2}{\partial |V_N|} \\ \vdots & \mathbf{J}_{21} & \vdots & \vdots & \mathbf{J}_{22} & \vdots \\ \frac{\partial Q_N}{\partial \delta_2} & \cdots & \frac{\partial Q_N}{\partial \delta_N} & \frac{\partial Q_N}{\partial |V_2|} & \cdots & \frac{\partial Q_N}{\partial |V_N|} \end{bmatrix}}_{\text{雅可比矩阵}} \underbrace{\begin{bmatrix} \Delta\delta_2 \\ \vdots \\ \Delta\delta_N \\ \Delta|V_2| \\ \vdots \\ \Delta|V_N| \end{bmatrix}}_{\text{修正量}} = \underbrace{\begin{bmatrix} \Delta P_2 \\ \vdots \\ \Delta P_N \\ \Delta Q_2 \\ \vdots \\ \Delta Q_N \end{bmatrix}}_{\text{不平衡分量}} \tag{7.55}$$

对于平衡节点，因为P_1和Q_1未知，所以不能计算ΔP_1和ΔQ_1，也无法建立功率不平衡分量公式。此外，需要去掉公式中所有和δ_1与$\Delta|V_1|$相关的项，因为对平衡节点，这两个量都等于零。为了强调雅可比矩阵$\mathbf{J}$中4种不同类型的偏导，将等式(7.55)进行分块化处理。式(7.55)的迭代过程如下：

- 给出状态变量$\delta_i^{(0)}$和$|V_i|^{(0)}$的估算值。
- 利用估算值计算下述值：
  由式(7.49)和式(7.50)得到$P_{i,\text{calc}}^{(0)}$和$Q_{i,\text{calc}}^{(0)}$；由式(7.51)和式(7.52)得到$\Delta P_i^{(0)}$和$\Delta Q_i^{(0)}$；计算雅可比矩阵 **J** 中的偏导数元素。
- 通过方程(7.55)得到初始修正误差$\Delta\delta_i^{(0)}$和$\Delta|V_i|^{(0)}$。
- 用修正误差来修正初始估算值，得

$$\delta_i^{(1)} = \delta_i^{(0)} + \Delta\delta_i^{(0)} \tag{7.56}$$

$$|V_i|^{(1)} = |V_i|^{(0)} + \Delta|V_i|^{(0)} \tag{7.57}$$

- 将求到的新的$\delta_i^{(1)}$和$|V_i|^{(1)}$作为第二次迭代的初始值，继续迭代。

因此，第 k+1 次迭代的起始值用第 k 次迭代的变量表示为

$$\delta_i^{(k+1)} = \delta_i^{(k)} + \Delta\delta_i^{(k)} \tag{7.58}$$

$$|V_i|^{(k+1)} = |V_i|^{(k)} + \Delta|V_i|^{(k)} \tag{7.59}$$

对 N 节点系统，子矩阵$\mathbf{J}_{11}$表示为

$$\mathbf{J}_{11} = \begin{bmatrix} \dfrac{\partial P_2}{\partial \delta_2} & \dfrac{\partial P_2}{\partial \delta_3} & \cdots & \dfrac{\partial P_2}{\partial \delta_N} \\ \dfrac{\partial P_3}{\partial \delta_2} & \dfrac{\partial P_3}{\partial \delta_3} & \cdots & \dfrac{\partial P_3}{\partial \delta_N} \\ \vdots & \vdots & \ddots & \vdots \\ \dfrac{\partial P_N}{\partial \delta_2} & \dfrac{\partial P_N}{\partial \delta_3} & \cdots & \dfrac{\partial P_N}{\partial \delta_N} \end{bmatrix} \tag{7.60}$$

上述矩阵中的元素为式(7.49)中相应项的偏导。当变量 n 等于给定值 j 时，等式(7.49)中只有求和项包含一个关于δ_j的余弦分量，对该分量求δ_j的偏导数，可得$\mathbf{J}_{11}$的非对角线元素为

$$\frac{\partial P_i}{\partial \delta_j} = -|V_i V_j Y_{ij}|\sin(\theta_{ij} + \delta_j - \delta_i)，\text{其中 } i \neq j \tag{7.61}$$

同时，式(7.49)的求和项中每一项都包含δ_i，因此$\mathbf{J}_{11}$的对角线元素为

$$\frac{\partial P_i}{\partial \delta_i} = \sum_{\substack{n=1\\n\neq i}}^{N} |V_i V_n Y_{in}|\sin(\theta_{in} + \delta_n - \delta_i) = -\sum_{\substack{n=1\\n\neq i}}^{N} \frac{\partial P_i}{\partial \delta_n} \tag{7.62}$$

同样，可以推导子矩阵$\mathbf{J}_{21}$中的元素为

$$\frac{\partial Q_i}{\partial \delta_j} = -|V_i V_j Y_{ij}|\cos(\theta_{ij} + \delta_j - \delta_i)\text{，其中 } i \neq j \tag{7.63}$$

$$\frac{\partial Q_i}{\partial \delta_i} = \sum_{\substack{n=1\\n\neq i}}^{N} |V_i V_n Y_{in}|\cos(\theta_{in} + \delta_n - \delta_i) = -\sum_{\substack{n=1\\n\neq i}}^{N} \frac{\partial Q_i}{\partial \delta_n} \tag{7.64}$$

对子矩阵$\mathbf{J}_{12}$中的元素，首先计算$\partial P_i/\partial|V_j|$

$$\frac{\partial P_i}{\partial |V_j|} = |V_i Y_{ij}|\cos(\theta_{ij} + \delta_j - \delta_i)\text{，其中 } i \neq j \tag{7.65}$$

同样，$\mathbf{J}_{12}$的对角线元素为

$$\frac{\partial P_i}{\partial |V_i|} = 2|V_i|G_{ii} + \sum_{\substack{n=1\\n\neq i}}^{N} |V_n Y_{in}|\cos(\theta_{in} + \delta_n - \delta_i) \tag{7.66}$$

其中G_{ii}是Y_{ii}的实部。最后，求雅可比矩阵中子矩阵$\mathbf{J}_{22}$的非对角线元素和对角线元素为

$$\frac{\partial Q_i}{\partial |V_j|} = -|V_i Y_{ij}|\sin(\theta_{ij} + \delta_j - \delta_i)\text{，其中 } i \neq j \tag{7.67}$$

$$\frac{\partial Q_i}{\partial |V_i|} = -2|V_i|B_{ii} - \sum_{\substack{n=1\\n\neq i}}^{N} |V_n Y_{in}|\sin(\theta_{in} + \delta_n - \delta_i) \tag{7.68}$$

其中 B_{ii}是 Y_{ii}的虚部。

下面将考虑电压控制节点。用极坐标形式的潮流方程更有利于分析电压控制节点。例如，如果 N 节点系统中节点 N 是电压控制节点，那么 $|V_N|$是已知的恒定值，电压的修正误差$\Delta|V_N|$ 始终为零。因此，式(7.55)中雅可比矩阵的对应列(即最后一列)总是乘以 0(因为$\Delta|V_N|=0$)，即可以删除该列。此外，由于 Q_N未知，因此无法求解不平衡分量 ΔQ_N，所以也必须删除式(7.55) 中与 Q_N对应的最后一行。当然，一旦得到潮流计算的结果，就可以求解 Q_N了。

通常情况下，如果除平衡节点外还有 N_g个电压控制节点，则雅可比矩阵中和所有电压控制节点对应的行和列都应该被删除，即雅可比矩阵还剩($2N-N_g-2$)行和($2N-N_g-2$)列，如表 7.6 所示。

例题 7.10 例题 7.7 的线路数据和节点数据如表 7.7 和表 7.8 所示。利用 Newton-Raphson 法求解极坐标形式下的潮流方程。利用表 7.7 的已知值和电压初始估计值计算：

(a) 雅可比矩阵的维数；

(b) 初始不平衡分量 $\Delta P_3^{(0)}$；

(c) 雅可比矩阵中相关元素的初始值：第二行、第三列；第二行、第二列；第五行、第五列；

(d) 求第一次迭代时用式(7.55)表示的不平衡方程，并列出更新后的所有节点电压。

解：(a) 由于雅可比矩阵中不包含平衡节点，因此如果其他 3 个节点的有功功率和无功功率已知，那么雅可比矩阵为 6×6 维。但是，因为节点④的电压幅值已知且保持恒定，因此雅可比是 5×5 维矩阵。

(b) 为了由表 7.8 所示的电压给定值和估计值计算 $P_{3,\text{calc}}$，首先需要将表 7.9 中非对角线元素表示为极坐标形式：

$$Y_{31} = 26.359\,695\angle 101.309\,93°,\quad Y_{34} = 15.417\,934\angle 101.309\,93°$$

对角线元素 $Y_{33} = 8.193\,267 - \text{j}40.863\,838$。因为 Y_{32} 以及初始值 $\delta_3^{(0)}$ 和$\delta_4^{(0)}$ 都等于零，由式(7.49)可得

$$\begin{aligned}P_{3,\text{calc}}^{(0)} &= |V_3V_1Y_{31}|\cos\theta_{31} + |V_3|^2|Y_{33}|\cos\theta_{33} + |V_3V_4Y_{34}|\cos\theta_{34}\\ &= 1.0\times 1.0\times(-5.169\,561) + (1.0)^2\times 8.193\,267 + 1.0\times 1.02\times(-3.023\,705)\\ &= -0.060\,47\ \text{p.u.}\end{aligned}$$

已知注入节点③的有功功率的标幺值为-2.00，所以 $P_{3,\text{calc}}$的初始不平衡分量为

$$\Delta P_{3,\text{calc}}^{(0)} = -2.00 - (-0.060\,47) = -1.939\,53\ \text{p.u.}$$

(c) 由式(7.55)，雅可比矩阵为

$$\mathbf{J} = \begin{vmatrix}\dfrac{\partial P_2}{\partial\delta_2} & \dfrac{\partial P_2}{\partial\delta_3} & \dfrac{\partial P_2}{\partial\delta_4} & \dfrac{\partial P_2}{\partial|V_2|} & \dfrac{\partial P_2}{\partial|V_3|}\\[2ex] \dfrac{\partial P_3}{\partial\delta_2} & \dfrac{\partial P_3}{\partial\delta_3} & \dfrac{\partial P_3}{\partial\delta_4} & \dfrac{\partial P_3}{\partial|V_2|} & \dfrac{\partial P_3}{\partial|V_3|}\\[2ex] \dfrac{\partial P_4}{\partial\delta_2} & \dfrac{\partial P_4}{\partial\delta_3} & \dfrac{\partial P_4}{\partial\delta_4} & \dfrac{\partial P_4}{\partial|V_2|} & \dfrac{\partial P_4}{\partial|V_3|}\\[2ex] \dfrac{\partial Q_2}{\partial\delta_2} & \dfrac{\partial Q_2}{\partial\delta_3} & \dfrac{\partial Q_2}{\partial\delta_4} & \dfrac{\partial Q_2}{\partial|V_2|} & \dfrac{\partial Q_2}{\partial|V_3|}\\[2ex] \dfrac{\partial Q_3}{\partial\delta_2} & \dfrac{\partial Q_3}{\partial\delta_3} & \dfrac{\partial Q_3}{\partial\delta_4} & \dfrac{\partial Q_3}{\partial|V_2|} & \dfrac{\partial Q_3}{\partial|V_3|}\end{vmatrix}$$

因此，雅可比矩阵的第二行、第三列元素为

$$\frac{\partial P_3}{\partial \delta_4} = -|V_3\ V_4 Y_{34}|\sin(\theta_{34} + \delta_4 - \delta_3)$$
$$= -(1.0 \times 1.02 \times 15.417\,934)\sin(101.309\,93°)$$
$$= -15.420\,898\ \text{p.u.}$$

由式(7.62)可得第二行、第二列元素为

$$\frac{\partial P_3}{\partial \delta_3} = -\frac{\partial P_3}{\partial \delta_1} - \frac{\partial P_3}{\partial \delta_2} - \frac{\partial P_3}{\partial \delta_4}$$
$$= -|V_3 V_1 Y_{31}|\sin(\theta_{31} + \delta_1 - \delta_3) - 0 - (-15.420\,898)$$
$$= -(1.0 \times 1.0 \times 26.359\,695)\sin(101.309\,93°) + 15.420\,898$$
$$= 41.268\,707\ \text{p.u.}$$

由式(7.68)可得第五行、第五列元素为

$$\frac{\partial Q_i}{\partial |V_i|} = -2|V_i|B_{ii} - \sum_{\substack{n=1\\ n\neq i}}^{N} |V_n\ Y_{in}|\ \sin(\theta_{in} + \delta_n - \delta_i)$$

$$\frac{\partial Q_3}{\partial |V_3|} = -2|V_3|B_{33} - \frac{\partial P_3}{\partial \delta_3}$$
$$= -2(1.0)(-40.863\,838) - 41.268\,707 = 40.458\,969\ \text{p.u.}$$

(d) 同样利用初始输入数据进行简单计算后，可以得到雅可比矩阵中其他元素的初始值以及系统中所有节点的不平衡功率。精确到小数点后三位，对应的不平衡方程如下所示：

$$\begin{matrix} ② \\ ③ \\ ④ \\ ② \\ ③ \end{matrix}\left[\begin{array}{ccc|cc} 45.443 & 0 & -26.365 & 8.882 & 0 \\ 0 & 41.269 & -15.421 & 0 & 8.133 \\ -26.365 & -15.421 & 41.786 & -5.273 & -3.084 \\ \hline -9.089 & 0 & 5.273 & 44.229 & 0 \\ 0 & -8.254 & 3.084 & 0 & 40.456 \end{array}\right]\begin{bmatrix} \Delta\delta_2 \\ \Delta\delta_3 \\ \Delta\delta_4 \\ \Delta|V_2| \\ \Delta|V_3| \end{bmatrix} = \begin{bmatrix} -1.597 \\ -1.940 \\ 2.213 \\ \hline -0.447 \\ -0.835 \end{bmatrix}$$

通过求解该方程组可以得到第一次迭代后电压的修正值，然后根据式(7.58)和式(7.59)更新状态变量。第一次迭代结束后各节点的电压更新值如下所示。

节点 i	①	②	③	④
δ_i(角度)	0	−0.930 94	−1.787 90	−1.543 83
$\|V_i\|$(p. u.)	1.00	0.983 35	0.970 95	1.02

第二次迭代将使用上述电压更新值重新计算雅可比矩阵和不平衡分量。当不平衡分量 ΔP_i 和 ΔQ_i 小于指定的误差或所有 $\Delta\delta_i$，$\Delta|V_i|$ 均小于指定的精度时，迭代结束。之后，利用式(7.49)和式(7.50) 计算平衡节点的有功功率和无功功率 P_1 和 Q_1，以及电压控制节点④上的无功功率 Q_4。若已知各个节点间的电压差和线路参数，就可以计算线路的潮流。例题 7.10 的节点电压和线路电流的计算值分别如图 7.7 和图 7.8 所示。

Newton-Raphson 法基于节点导纳矩阵，其迭代次数实际上与节点个数无关。Gauss-Seidel 法也使用节点导纳矩阵，但它的计算时间几乎随节点数量的增加而线性增加。相反，计算雅可比矩阵中的元素很耗时，Newton-Raphson 法在每次迭代中都需要用大量的时间计算雅可比矩阵的元素。不过，对于大中型系统，如果采用稀疏矩阵技术，Newton-Raphson

法就可以在较短的时间内得到相同精度的解。

节点信息								线路潮流			
				发电机		负荷				线路潮流	
节点编号	名称	电压 (p.u.)	相角 (deg.)	(MW)	(Mvar)	(MW)	(Mvar)	节点类型	相节点的名称	(MW)	(Mvar)
①	Birch	1.000	0	186.81	114.50	50.00	30.99	SL	2 Elm	38.69	22.30
									3 Pine	98.12	61.21
②	Elm	0.982	−0.976	0.	0.	170.00	105.35	PQ	1 Birch	−38.46	−31.24
									4 Maple	−131.54	−74.11
③	Pine	0.969	−1.872	0.	0.	200.00	123.94	PQ	1 Birch	−97.09	−63.57
									4 Maple	−102.91	−60.37
④	Maple	1.020	1.523	318.00	181.43	80,00	49.58	PV	2 Elm	133.25	74.92
									3 Pine	104.75	56.93
	区域总量			504.81	295.93	500.00	309.66				

图 7.7 例题 7.10 所示系统的 Newton-Raphson 法潮流解。基准值为 230 kV 100 MVA。线路数据和节点数据分别如表 7.7 和表 7.8 所示

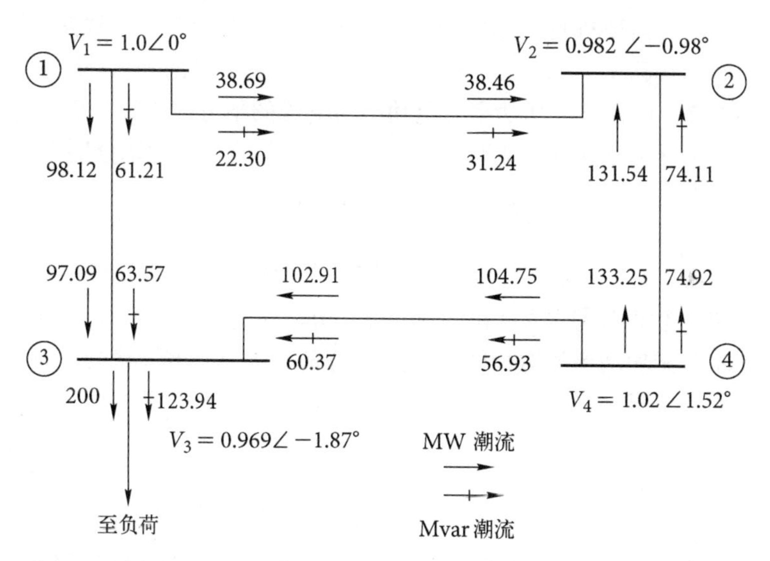

图 7.8 例题 7.10 节点③上的 P 和 Q。箭头旁边的数字表示对应的 P 和 Q 的大小，单位分别为 MW 和 Mvar。节点电压为标幺值

通常情况下，程序输出的结果可以用多个表格表示。其中，最重要一个表格中包含节点编号和名称、节点电压幅值(标幺值)和相角、各节点上发出和消耗的有功功率(MW)和无功功率(Mvar)，以及节点上静态电容器和电抗器的无功功率(Mvar)。除了节点信息外，还包括与该节点相连的输电线路上的潮流(单位为 MW 和 Mvar)，整个系统发出的有功功率(MW)和无功功率(Mvar)，以及负荷的有功功率(MW)和无功功率(Mvar)。图 7.7 所示为例题 7.10 所示的四节点系统的相关数据列表。

潮流分析中，可以将一个系统划分为多个区域，或者将若干个区域的分属不同电力公司的系统组合起来。计算机程序会对区域之间的潮流进行监测，如果这些潮流偏离指定值，那么就需要调节各区域内指定发电机的发电量。实际运行中也需要监测区域之间交换的潮流，以确定一个区域的输出功率是否能满足其他区域的需要。

程序输出的其他信息包括：电压幅值(标幺值)大于 1.05 或低于 0.95(或者超出其他约束)的所有节点的列表、线路的负荷(MVA)列表、系统总损耗$|I|^2R$(MW)和系统的无功功率需求$|I|^2X$(Mvar)，以及各个节点的有功功率 P 和无功功率 Q 的不平衡分量。不平衡分量为流入和流出各个节点的有功功率 P(通常也包括 Q)之差，它用于检验潮流解的精度。

用 Newton-Raphson 法求解例题 7.10，得到的结果如图 7.7 所示。系统的线路数据和节点数据如表 7.7 和表 7.8 所示。一共进行了 3 次迭代。如果采用 Gauss-Seidel 法则需要迭代更多次，这是这两种迭代方法的主要区别。仔细观察输出结果可知，系统的损耗$|I|^2R$ 为 504.81-500.0=4.81 MW。

图 7.7 提供了输出表格以外的更多信息。这些信息可以标注在单线图上，以表示整个系统或系统的一部分(如图 7.8 所示的负荷节点③)。通过比较线路两端的有功功率，可以得到任何一条线路的损耗(MW)。例如，由图 7.8 可知，有 98.12 MW 的有功功率注入节点①并流过线路①-③，而由线路①-③注入节点③的有功功率为 97.09 MW。显然，该三相线路的总功率损耗$|I|^2R$ 等于 1.03 MW。

线路①-③上无功功率潮流的分析会复杂一些，因为线路上有充电功率。计算无功功率时，线路上的分布电容需要进行集总处理，并将集总电容平均分配在线路的两端。在表 7.8 所示的线路数据中，线路①-③的无功功率充电功率为 7.75 Mvar，该值对应的电压标幺值等于 1.0。由式(7.34)可知，无功功率充电功率与电压的平方成正比，而节点①和节点③的电压标幺值分别为 1.0 和 0.969，因此节点①和节点③上的充电功率分别为

$$\frac{7.75}{2}\times(1.0)^2=3.875\ \text{Mvars}\ (\text{节点①})$$

$$\frac{7.75}{2}\times(0.969)^2=3.638\,\text{Mvars}\ (\text{节点③})$$

由图 7.8 可知，由节点①注入线路①-③的无功功率为 61.21 Mvar，节点③吸收的无功功率为 63.57 Mvar。无功功率的增量即为线路上的充电功率。该线路的三相有功功率和无功功率的单线图如图 7.9 所示。

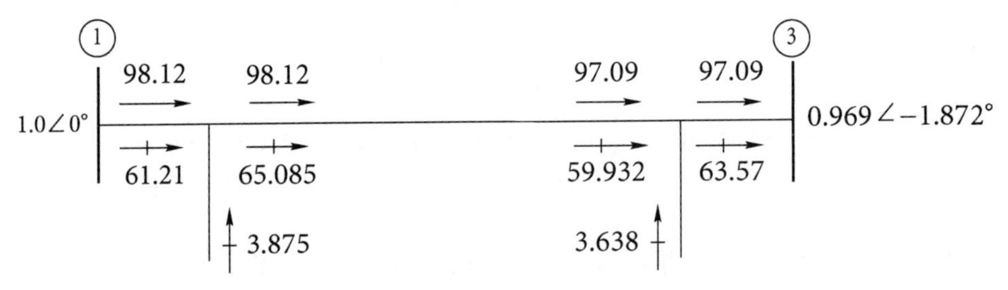

图 7.9　例题 7.10 和例题 7.11 中线路①-③上有功和无功功率的单线潮流图

例题 7.11　按照图 7.9 所示的线路潮流，计算图 7.5 的 230 kV 系统中节点①和节点③之间线路上的电流。然后利用表 7.7 的线路参数和求得的电流计算线路损耗 I^2R，并将该值与线路①-③两端注入节点①和输出节点③的有功功率之差进行比较。用同样的方法计算线路的无功功率损耗 I^2X，并与图 7.9 中的数据比较。

解： 图 7.9 所示为线路①-③的单相等效电路潮流图。流过 R 和 X 的三相总功率为

$$S=98.12+\text{j}65.085=117.744\angle 33.56^\circ\ \text{MVA}$$

$$或 S = 97.09 + j59.932 = 114.098\angle 31.69° \text{ MVA}$$

$$且 |I| = \frac{117\,744}{\sqrt{3}\times 230\times 1.0} = 295.56 \text{ A}$$

$$或 |I| = \frac{114\,098}{\sqrt{3}\times 230\times 0.969} = 295.57 \text{ A}$$

流过串联阻抗 R+jX 的电流 I 的幅值也可以按下式计算：$|I|=|V_1-V_3|/|R+jX|$。阻抗基准值为

$$Z_{\text{base}} = \frac{(230)^2}{100} = 529\ \Omega$$

使用表 7.7 中 R 和 X 的参数，有

$$损耗 I^2 R = 3\times(295.56)^2\times 0.007\,44\times 529\times 10^{-6} = 1.03 \text{ MW}$$

$$线路 I^2 X = 3\times(295.56)^2\times 0.037\,20\times 529\times 10^{-6} = 5.157 \text{ Mvar}$$

图 7.9 中有功功率和无功功率之差分别为(98.12−97.09)= 1.03 MW 和(65.085−59.932)= 5.153 Mvar。

MATLAB program for Example 7.11(ex7_11.m):

```
% M_File for Example 7.11: ex7_11.m
% clean previous value
clc
clear all
% solution
% calculate value of I
S=complex(98.12, 65.085)
disp('|I |=117744/(3^(1/2)*230*1)')
ans=117744/(3^(1/2)*230*1)
Zbase=230*230/100
% calculate the loss of real part
disp('Using the R and X parameters of table 6.6')
disp('I^2*R loss=3*(295.56)^2*0.00744*529*10^-6 in 3MW')
ans=3*(295.56)^2*0.00744*529*10^-6
% calculate the loss of imaginary part
disp('I^2*X loss=3*(295.56)^2*0.03720*529*10^-6 in Mvar')
ans=3*(295.56)^2*0.03720*529*10^-6
```

调压变压器　如 3.8 节所述，调压变压器可以控制电路中的有功功率和无功功率潮流。本部分讨论含调压变压器的节点导纳矩阵方程。图 7.10 所示为更详细的调压变压器的等效电路图。变压器的变比为 1:t，导纳 Y 在理想变压器靠近节点 j 的一侧，即调压分接头一侧，它等于变压器阻抗标幺值的倒数。下述公式推导中将针对该等效电路。

考虑具有非标称变比 t 的变压器，其中 t 是实数或者虚数，例如 t = 1.02 表示电压升压 2%左右，而 $t=e^{j\pi/60}$表示电压相移 3°左右。

图 7.10 中，电流 I_i和 I_j分别表示流进节点 i 和 j 的电流，V_i和 V_j分别为这两个节点相对于参考点的电位。

从节点 i 和节点 j 流入理想变压器的复功率分别为

$$S_i = V_i I_i^*, \qquad S_j = V_i I_j^* \tag{7.69}$$

假设理想变压器无损，由节点 i 流入理想变压器的功率 S_i 等于流出理想变压器节点 j 的功率

的负值$-S_j$，因此，由等式(7.69)得

$$I_i = -t^* I_j \tag{7.70}$$

电流I_j可以表示为

$$I_j = (V_j - tV_i)Y = -tYV_i + YV_j \tag{7.71}$$

将上式乘以$-t^*$，并用I_i代替$-t^* I_j$，可得

$$I_i = tt^*YV_i - t^*YV_j \tag{7.72}$$

令$tt^* = |t|^2$，并将式(7.71)和式(7.72)重新整理成带$\mathbf{Y}_{\text{bus}}$的矩阵形式，有

$$\begin{bmatrix} Y_{ii} & Y_{ij} \\ Y_{ji} & Y_{jj} \end{bmatrix}\begin{bmatrix} V_i \\ V_j \end{bmatrix} = \begin{bmatrix} |t|^2Y & -t^*Y \\ -tY & Y \end{bmatrix}\begin{bmatrix} V_i \\ V_j \end{bmatrix} = \begin{bmatrix} I_i \\ I_j \end{bmatrix} \tag{7.73}$$

如果t为实数，那么$Y_{ij}=Y_{ji}$，即得到和节点导纳矩阵相关的等效π型电路。不过，如果存在相移，式(7.73)的系数矩阵以及整个系统的$\mathbf{Y}_{\text{bus}}$矩阵将不再对称。如果变压器仅改变幅值，没有移相，那么等效电路如图7.11所示。如果Y中包含实数分量，那么该电路无法进行物理实现，因为电路中将包含负值的电阻。

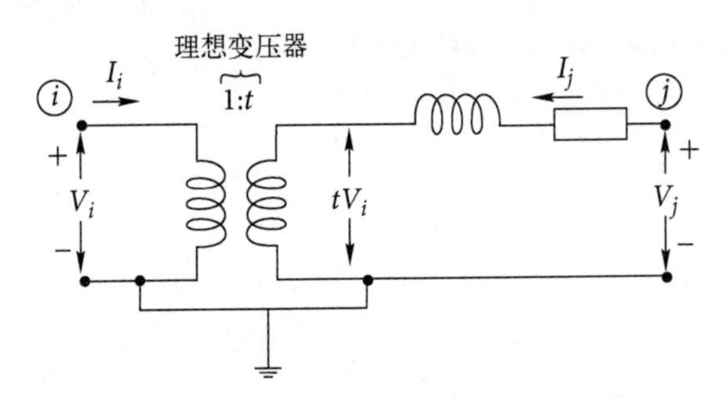

图7.10　变压器的电抗图(标幺值)，其中变比等于$1/t$

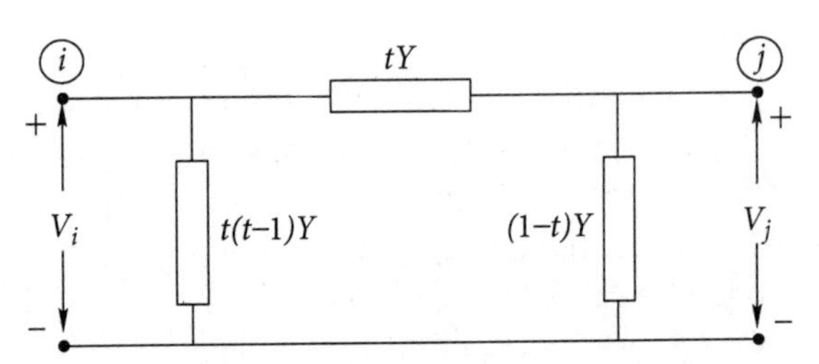

图7.11　式(7.73)所示节点导纳矩阵方程对应的电路，其中t为实数

有些文献将导纳Y放置在不含变压器抽头的另一侧，通常将变比表示为$1:a$，如图7.12(a)所示。该电路的分析方法和之前方法类似，但图7.12(a)的节点导纳矩阵方程为

$$\begin{bmatrix} Y_{ii} & Y_{ij} \\ Y_{ji} & Y_{jj} \end{bmatrix}\begin{bmatrix} V_i \\ V_j \end{bmatrix} = \begin{bmatrix} Y & -Y/a \\ -Y/a^* & Y/|a|^2 \end{bmatrix}\begin{bmatrix} V_i \\ V_j \end{bmatrix} = \begin{bmatrix} I_i \\ I_j \end{bmatrix} \tag{7.74}$$

将式(7.73)中节点号i和j互换，并令$t=1/a$，即可得到式(7.74)。当a为实数时，等效电路如图7.12(b)所示。通过式(7.73)或式(7.74)，含分接头的变压器模型可以与系统$\mathbf{Y}_{\text{bus}}$的第i行和第j列相加。式(7.73)对应的方程更简单，而且在计算$\mathbf{Y}_{\text{bus}}$和$\mathbf{Z}_{\text{bus}}$时可以包含幅值、相移和非标称变比变压器。

如果系统中某一输电线路承载的无功功率太小或太大，则可以在线路的一端加装调压变压器，使线路能够输送更大或更小的无功功率，如3.8节所述。当负荷变化导致变压器一次

侧电压小幅下降时，可以通过改变变压器的抽头来保持负荷侧电压稳定。潮流程序中的自动调压功能可用于分析节点电压的幅值调节功能。例如，例题 7.10 的四节点系统中，若希望节点③的负荷电压升高，就可以在负荷和节点③之间加装一个幅值可调的变压器。令 t 为实数，式(7.73)中 $i=3$、负荷节点 $j=5$。为了分析可调变压器的影响，在系统节点导纳矩阵 $\mathbf{Y}_{\text{bus}}$ 中分别增加和节点⑤相关的一行和一列，并将式(7.73)导纳矩阵中关于节点③和节点⑤的元素加入原始节点导纳矩阵中，得

$$\mathbf{Y}_{\text{bus(new)}} = \begin{array}{c} \\ ① \\ ② \\ ③ \\ ④ \\ ⑤ \end{array} \begin{array}{c} \begin{array}{ccccc} ① & ② & ③ & ④ & ⑤ \end{array} \\ \begin{bmatrix} Y_{11} & Y_{12} & Y_{13} & 0 & 0 \\ Y_{21} & Y_{22} & 0 & Y_{24} & 0 \\ Y_{31} & 0 & Y_{33}+t^2Y & Y_{34} & -tY \\ 0 & Y_{42} & Y_{43} & Y_{44} & 0 \\ 0 & 0 & -tY & 0 & Y \end{bmatrix} \end{array} \tag{7.75}$$

元素 Y_{ij} 为未连接可调变压器时节点导纳矩阵中的相关元素。状态变量列向量取决于潮流模型中对节点⑤的处理。主要有以下两种方式：

- 在潮流计算开始之前，将分接头 t 看作一个独立变量，并给定初始值。将节点⑤视为负荷节点，其功角 δ_5 和电压幅值 $|V_5|$ 将与其他 5 个状态变量一起组成状态变量列向量。在这种情况下，状态变量的列向量为

$$\mathbf{X} = [\delta_2, \delta_3, \delta_4, \delta_5, |V_2|, |V_3|, |V_5|]^{\mathrm{T}}$$

- 提前给定节点⑤的电压幅值，因此 $|V_5|$ 不再是状态变量，电压控制节点⑤上的状态变量变为 t 和 δ_5。此时，$\mathbf{X}=[\delta_2,\delta_3,\delta_4,\delta_5,|V_2|,|V_3|,t]^{\mathrm{T}}$，当然，对应的雅可比矩阵也需要进行相应的改变。

有些研究认为，变量 t 是一个独立的控制变量。有兴趣的读者可以尝试列写上述两种方式的雅可比矩阵和不平衡方程(见习题 7.11 和习题 7.12)。

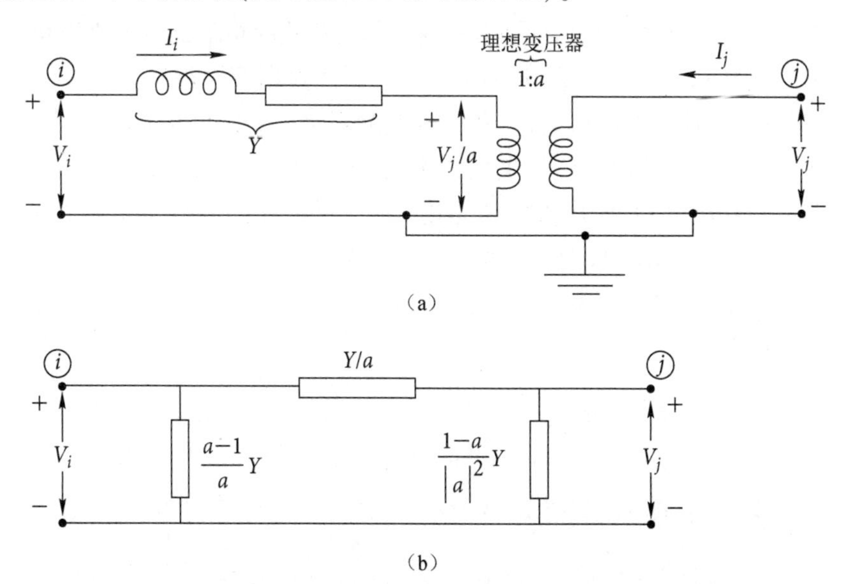

图 7.12　可调变压器的单相形式：(a)在分接头另一侧的导纳矩阵 $\mathbf{Y}$(标幺值)；(b)当 a 为实数时的等效电路(标幺值)

调压变压器分接头的切换需要时间，所以需要利用离散控制来实现调压变压器对节点电压的调节。图 7.8 中负荷节点③的电压调节结果示于图 7.13 的单线图中。调压变压器(LTC)的电抗标幺值为 0.02。将 LTC 的变比设为 1.037 5，因此负荷电压升高，此时节点③上的电压略低于图 7.8 的对应电压，线路①-③和线路④-③的电压降略高。因为调压变压器需要的无功功率增大，因此节点①和节点④输送的无功功率 Q 将增大，相比之下，有功潮流未受影响。由于线路上的无功功率增大，因此线损增大，同时节点③上由充电电容提供的无功功率 Q 减小。

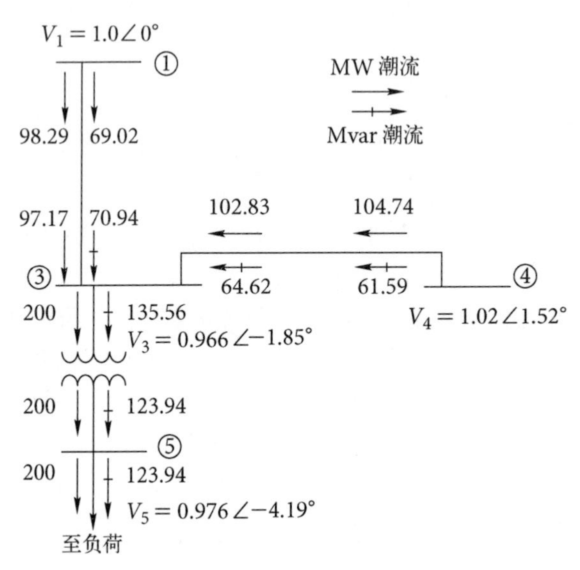

图 7.13　在图 7.8 的节点③和负荷节点之间加装调压变压器后节点③的 P 和 Q

为了分析移相变压器的作用，令式(7.73)中复数 t 的幅值等于 1。

例题 7.12　两台变压器并联后向负载供电，其中负载的相阻抗标幺值为 0.8+j0.6，负载电压标幺值 $V_2=1.0\angle 0°$。变压器 T_a 的变比等于变压器两端基准电压之比。变压器的阻抗标幺值为 j0.1(在对应的基准值下)。变压器 T_b 的阻抗标幺值也是 j0.1(相同的基准下)，但是变压器 T_b 的变比是 T_a 的 1.05 倍(T_b 的二次绕组的分接头为 1.05)。

图 7.14 所示为包含变压器 T_a 和 T_b 的等效电路。试按式(7.73)建立两个变压器的 $\mathbf{Y}_{\text{bus}}$ 模型，并求解这两个变压器分别向负荷输送的复功率。

解：两台变压器的导纳 Y 的标幺值均为 1/j0.1=-j10。因此，图 7.14 中流过变压器 T_a 的电流可以由节点导纳方程确定：

$$\begin{bmatrix} I_1^{(a)} \\ I_2^{(a)} \end{bmatrix} = \begin{matrix} ① \\ ② \end{matrix}\overset{\begin{matrix} ① & & ② \end{matrix}}{\begin{bmatrix} Y & -Y \\ -Y & Y \end{bmatrix}}\begin{bmatrix} V_1 \\ V_2 \end{bmatrix} = \begin{matrix} ① \\ ② \end{matrix}\overset{\begin{matrix} ① & & ② \end{matrix}}{\begin{bmatrix} -\text{j}10 & \text{j}10 \\ \text{j}10 & -\text{j}10 \end{bmatrix}}\begin{bmatrix} V_1 \\ V_2 \end{bmatrix}$$

t=1.05 时，变压器 T_b 中的电流如图 7.14 所示，数值由式(7.73)可得：

$$\begin{bmatrix} I_1^{(b)} \\ I_2^{(b)} \end{bmatrix} = \begin{matrix} ① \\ ② \end{matrix}\overset{\begin{matrix} ① & & ② \end{matrix}}{\begin{bmatrix} t^2Y & -tY \\ -ty & Y \end{bmatrix}}\begin{bmatrix} V_1 \\ V_2 \end{bmatrix} = \begin{matrix} ① \\ ② \end{matrix}\overset{\begin{matrix} ① & & ② \end{matrix}}{\begin{bmatrix} -\text{j}11.025 & \text{j}10.500 \\ \text{j}10.500 & -\text{j}10.000 \end{bmatrix}}\begin{bmatrix} V_1 \\ V_2 \end{bmatrix}$$

图 7.14 中，电流 $I_1=(I_1^{(a)}+I_1^{(b)})$，$I_2=(I_2^{(a)}+I_2^{(b)})$，因此可以将前述的两个矩阵方程直接相

加(等效于两个导纳并联连接)，得

$$\begin{bmatrix} I_1 \\ I_2 \end{bmatrix} = \begin{matrix} ① \\ ② \end{matrix}\begin{bmatrix} -j21.025 & j20.500 \\ j20.500 & -j20.000 \end{bmatrix}\begin{bmatrix} V_1 \\ V_2 \end{bmatrix}$$

由于参考电压 V_2等于 $1.0\angle 0°$，计算可得电流 $I_2=-0.8+j0.6$，

$$I_2 = -0.8 + j0.6 = j20.5V_1 - j20(1.0)$$

节点①上的电压标幺值为

$$V_1 = \frac{-0.8 + j20.6}{j20.5} = 1.004\,9 + j0.039\,0 \text{ p.u.}$$

将 V_1和 V_2代入变压器 T_a的导纳矩阵方程，可得

$$\begin{aligned} I_2^{(a)} &= j10V_1 - j10V_2 = j10(1.004\,9 + j0.039\,0 - 1.0) \\ &= -0.390 + j0.049 \text{ p.u.} \end{aligned}$$

由变压器 T_b的导纳矩阵方程得

$$\begin{aligned} I_2^{(b)} &= j10.5V_1 - j10V_2 = j10.5(1.004\,9 + j0.039\,0) - j10 \\ &= -0.41 + j0.551 \text{ p.u.} \end{aligned}$$

因此，变压器输出的复功率为

$$S_{Ta} = -V_2 I_2^{(a)*} = 0.39 + j0.049 \text{ p.u.}$$

$$S_{Tb} = -V_2 I_2^{(b)*} = 0.41 + j0.551 \text{ p.u.}$$

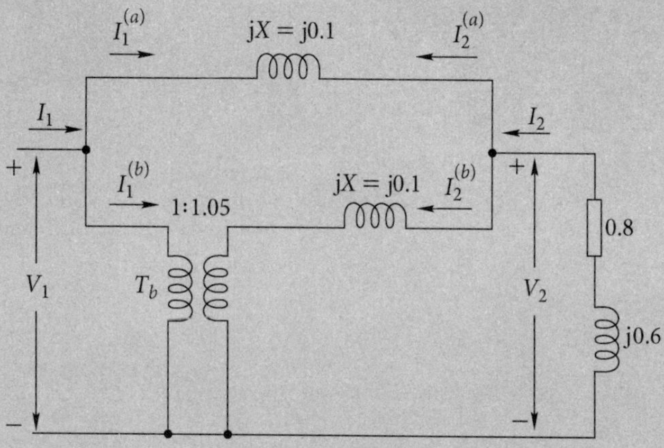

图 7. 14　例题 7. 12 的电路，其中的参数均为标幺值

MATLAB program for Example 7. 12(ex7_12. m):

```
% M_File for Example 7.12: ex7_12.m
clc
clear all
% previous Y
Y1 = [-10i 10i;10i -10i]
% adding transformer Tb with t = 1.05
Y2 = [-11.025i 10.500i;10.500i -10.000i]
disp('I1 = I1a+I1b, I2 = I2a+I2b')
% adding two matrix
Y = Y1+Y2
V2 = 1;
```

```
I2=complex(-0.8, 0.6);
disp('-0.8+0.6j=(20.5j)*V1-20j*1')
% calculate for V1
V1=(-0.8+20.6i)/(20.5i)
% findig current (in per unit)
I2a=10i*V1-10i*V2
I2b=10.5i*V1-10i*V2
% show the output power S= VI* in per unit
STa=-V2*(I2a)'
STb=-V2*(I2b)'
```

例题 7.13 上题中，变压器 T_b 的变比和变压器 T_a 的变比相同，但是变压器 T_b 存在 3°($t=e^{j\pi/60}=1.0\angle 3°$)的相移，按式(7.73)的精确 $\mathbf{Y}_{bus}$ 模型重做例题 7.12。T_b 的阻抗为 0.1(基准值与例题 3.14 的 T_a 相同)，比较结果。

解：因为变压器 T_b 的相移为 $t=e^{j\pi/60}=1.0\angle 3°$，所以式(7.73)的导纳矩阵方程为

$$\begin{bmatrix} I_1^{(b)} \\ I_2^{(b)} \end{bmatrix} = \begin{bmatrix} -j10|1.0\angle 3°|^2 & 10\angle 87° \\ 10\angle 93° & -j10 \end{bmatrix} \begin{bmatrix} V_1 \\ V_2 \end{bmatrix}$$

将上式和例题 7.12 中变压器 T_a 的导纳矩阵方程相加，得到

$$\begin{bmatrix} I_1 \\ I_2 \end{bmatrix} = \begin{bmatrix} -j20.0 & 0.5234+j19.9863 \\ -0.5234+j19.9863 & -j20.0 \end{bmatrix} \begin{bmatrix} V_1 \\ V_2 \end{bmatrix}$$

按例题 7.12 的步骤，有

$$-0.8+j0.6=(-0.5234+j19.9863)V_1-j20(1.0)$$

因此节点①的电压为

$$V_1=\frac{-0.8+j20.6}{-0.5234+j19.9863}=1.031+j0.013 \text{ p.u.}$$

电流为

$$I_2^{(a)}=j10(V_1-V_2)=-0.13+j0.31 \text{ p.u.}$$

$$I_2^{(b)}=I_2-I_2^{(a)}=-0.8+j0.6-(-0.13+j0.31)$$
$$=-0.67+j0.29 \text{ p.u.}$$

输出的复功率为

$$S_{Ta}=-V_2 I_2^{(a)*}=0.13+j0.31 \text{ p.u.}$$

$$S_{Tb}=-V_2 I_2^{(b)*}=0.67+j0.29 \text{ p.u.}$$

实际上，为了确保输电线路的电压运行在允许的范围内，只能采用如图 3.37 所示的发电机电压控制方式进行就地控制，或者通过可调变压器、其他无功功率电源(如电容器组和电抗器)等方式进行电压控制。保持整个电力系统中的电压在可接受范围内是一项持续的、艰巨的任务。

7.6 快速解耦潮流法

严格来说，Newton-Raphson 法需要在每次迭代中都重新计算雅可比矩阵。不过，实际

操作上允许经过几次迭代后才重新计算雅可比矩阵，这能加快求解速度。当然，最终解仍然由功率不平衡分量的限值和各节点的电压误差确定。

大型输电系统的分析可以采用快速解耦潮流法，该方法不但可以提高计算效率并降低对计算机存储的要求，而且和 Newton-Raphson 法的步骤相似。

以图 7.15 所示的两节点电力系统为例，送端节点输出的复功率为

$$V_S I^* = P_S + jQ_S$$
$$= (|V_S|\angle\delta_S)\left(\frac{|V_S|\angle\delta_S - |V_R|\angle\delta_R}{R + jX}\right)^* = \frac{|V_S|^2 - |V_S||V_R|\angle\delta_S - \delta_R}{R - jX} \tag{7.76}$$

对于输电系统，因为 $X>>R$，所以可以忽略输电线路的电阻，将式(7.76)的有功功率和无功功率近似表示为式(7.77)和式(7.78)：

$$P_S \cong \frac{|V_S||V_R|\sin(\delta_S - \delta_R)}{X} \tag{7.77}$$

$$Q_S \cong \frac{|V_S|^2 - |V_S||V_R|\cos(\delta_S - \delta_R)}{X} = |V_S|\frac{|V_S| - |V_R|\cos(\delta_S - \delta_R)}{X} \tag{7.78}$$

此外，由于输电系统的 $|V_S|\cong1$，$|V_R|\cong1$，$\delta_S-\delta_R$ 通常小于 10°，因此，$\sin(\delta_S-\delta_R)\approx\delta_S-\delta_R$，$\cos(\delta_S-\delta_R)\approx1$。式(7.77)和式(7.78)可以进一步简化为式(7.79)和式(7.80)：

$$P_S \cong \frac{\delta_S - \delta_R}{X} \tag{7.79}$$

$$Q_S \cong \frac{|V_S| - |V_R|}{X} \tag{7.80}$$

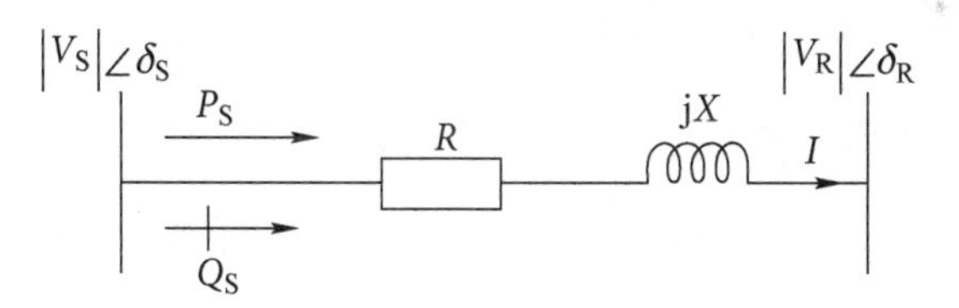

图 7.15　两节点电力系统

由式(7.79)和式(7.80)可以得到两个结论。首先，节点电压功角 δ 的变化主要影响输电线路的有功功率 P，而无功功率 Q 基本不变。这个结论相当于认为$\partial Q_i/\partial\delta_j$近似为零。其次，节点电压幅值$|V|$的变化主要影响输电线路的无功功率 Q，而有功功率 P 基本不变。这一结论意味着$\partial P_i/\partial|V_j|$近似为零。

将上述两个近似为零的表达式代入式(7.55)的雅可比矩阵中，使对应子矩阵 $\mathbf{J}_{12}$ 和 $\mathbf{J}_{21}$ 中的元素均为零，则式(7.81)中只剩下两个独立的方程，分别表示为式(7.82)和式(7.83)：

$$\begin{bmatrix} \mathbf{J}_{11} & 0 \\ 0 & \mathbf{J}_{22} \end{bmatrix}\begin{bmatrix} \Delta\boldsymbol{\delta} \\ \Delta|\mathbf{V}| \end{bmatrix} = \begin{bmatrix} \Delta\mathbf{P} \\ \Delta\mathbf{Q} \end{bmatrix} \tag{7.81}$$

$$\begin{bmatrix} \dfrac{\partial P_2}{\partial\delta_2} & \cdots & \dfrac{\partial P_2}{\partial\delta_N} \\ \vdots & \mathbf{J}_{11} & \vdots \\ \dfrac{\partial P_N}{\partial\delta_2} & \vdots & \dfrac{\partial P_N}{\partial\delta_N} \end{bmatrix}\begin{bmatrix} \Delta\delta_2 \\ \vdots \\ \Delta\delta_N \end{bmatrix} = \begin{bmatrix} \Delta P_2 \\ \vdots \\ \Delta P_N \end{bmatrix} \tag{7.82}$$

$$\begin{bmatrix} \frac{\partial Q_2}{\partial |V_2|} & \cdots & \frac{\partial Q_2}{\partial |V_N|} \\ \vdots & \mathbf{J}_{22} & \vdots \\ \frac{\partial Q_N}{\partial |V_2|} & \cdots & \frac{\partial Q_N}{\partial |V_N|} \end{bmatrix} \begin{bmatrix} \Delta |V_2| \\ \vdots \\ \Delta |V_N| \end{bmatrix} = \begin{bmatrix} \Delta Q_2 \\ \vdots \\ \Delta Q_N \end{bmatrix} \tag{7.83}$$

上述方程称为解耦方程，因为电压功角误差 $\Delta\delta$ 的计算只需要有功功率的不平衡分量 ΔP，而电压幅值误差的计算只需要无功功率的不平衡分量 ΔQ。但是，系数矩阵 $\mathbf{J}_{11}$ 和 $\mathbf{J}_{22}$ 仍然相关，因为 $\mathbf{J}_{11}$ 取决于求解式(7.83)的电压幅值，而 $\mathbf{J}_{22}$ 取决于求解式(7.82)的相角。接下来将利用输电线路的潮流特性，对上述方程组进行进一步的简化。

- 系统节点之间的功角差 $\delta_i-\delta_j$ 通常很小，因此

$$\cos(\delta_i - \delta_j) = 1; \qquad \sin(\delta_i - \delta_j) \approx (\delta_i - \delta_j) \tag{7.84}$$

- 线路电纳 B_{ij} 远远大于线路电导 G_{ij}，因此

$$G_{ij} \sin(\delta_i - \delta_j) << B_{ij} \cos(\delta_i - \delta_j) \tag{7.85}$$

- 正常运行时，注入系统任何节点 i 的无功功率 Q_i 远远小于该节点短路时产生的无功功率。即

$$Q_i << |V_i|^2 B_{ii} \tag{7.86}$$

上述特性可以用于进一步简化雅可比矩阵。利用式(7.61)和式(7.67)，$\mathbf{J}_{11}$ 和 $\mathbf{J}_{22}$ 的非对角线元素为

$$\frac{\partial P_i}{\partial \delta_j} = |V_j| \frac{\partial Q_i}{\partial |V_j|} = -|V_i V_j Y_{ij}| \sin(\theta_{ij} + \delta_j - \delta_i) \tag{7.87}$$

因为 $\sin(\alpha+\beta)=\sin\alpha\cos\beta+\cos\alpha\sin\beta$，因此式(7.87)可以表示为

$$\frac{\partial P_i}{\partial \delta_j} = |V_j| \frac{\partial Q_i}{\partial |V_j|} = -|V_i V_j| \{B_{ij} \cos(\delta_j - \delta_i) + G_{ij} \sin(\delta_j - \delta_i)\} \tag{7.88}$$

其中，$B_{ij}=|Y_{ij}|\sin\theta_{ij}$，$G_{ij}=|Y_{ij}|\cos\theta_{ij}$。进一步简化上式，可得 $\mathbf{J}_{11}$ 和 $\mathbf{J}_{22}$ 的非对角元素为

$$\frac{\partial P_i}{\partial \delta_j} = |V_j| \frac{\partial Q_i}{\partial |V_j|} \cong -|V_i V_j| B_{ij} \tag{7.89}$$

$\mathbf{J}_{11}$ 和 $\mathbf{J}_{22}$ 的对角线元素如式(7.62)和式(7.68)所示。基于式(7.50)和式(7.62)，并考虑 $Q_i<<|V_i|^2B_{ii}$，可得

$$\frac{\partial P_i}{\partial \delta_i} \cong |V_i| \frac{\partial Q_i}{\partial |V_i|} \cong -|V_i|^2 B_{ii} \tag{7.90}$$

将式(7.89)和式(7.90)代入子矩阵 $\mathbf{J}_{11}$ 和 $\mathbf{J}_{22}$，得到

$$\begin{bmatrix} -|V_2 V_2| B_{22} & \cdots & -|V_2 V_N| B_{2N} \\ \vdots & \cdots & \vdots \\ -|V_2 V_N| B_{N2} & \cdots & -|V_N V_N| B_{NN} \end{bmatrix} \begin{bmatrix} \Delta\delta_2 \\ \vdots \\ \Delta\delta_N \end{bmatrix} = \begin{bmatrix} \Delta P_2 \\ \vdots \\ \Delta P_N \end{bmatrix} \tag{7.91}$$

$$\begin{bmatrix} -|V_2| B_{22} & \cdots & -|V_2| B_{2N} \\ \vdots & \cdots & \vdots \\ -|V_N| B_{N2} & \cdots & -|V_N| B_{NN} \end{bmatrix} \begin{bmatrix} \Delta|V_2| \\ \vdots \\ \Delta|V_N| \end{bmatrix} = \begin{bmatrix} \Delta Q_2 \\ \vdots \\ \Delta Q_N \end{bmatrix} \tag{7.92}$$

下面继续考虑去掉式(7.92)系数矩阵中的电压，首先用修正向量与系数矩阵的第一行相乘，然后再除以 $|V_2|$，得到

$$-B_{22}\Delta|V_2| - B_{23}\Delta|V_3| - \cdots - B_{2N}\Delta|V_N| = \frac{\Delta Q_2}{|V_2|} \tag{7.93}$$

上式中，系数均为常数，其值等于 $\mathbf{Y}_{bus}$ 中和节点②相关的行的电纳的负数。对式(7.92)的每一行都进行类似的处理，使节点 i 上的无功功率不平衡分量为 $\Delta Q_i/|V_i|$。这样，式(7.92)系数矩阵中的所有元素均成为由 $\mathbf{Y}_{bus}$ 的电纳值确定的已知值。同样，将式(7.91)的第一行和修正功角向量相乘，并重新整理后，得到

$$-|V_2|B_{22}\Delta\delta_2-|V_3|B_{23}\Delta\delta_3-\cdots-|V_N|B_{2N}\Delta\delta_N=\frac{\Delta P_2}{|V_2|} \tag{7.94}$$

令上式左侧的 $|V_2|\sim|V_N|$ 等于标幺值 1.0，那么上式的系数和式(7.93)的系数相同。注意，$\Delta P_2/|V_2|$ 代表式(7.93)中的有功不平衡分量。对式(7.94)中的每一行都进行类似的处理，即得到 N 节点系统的两个解耦方程：

$$\begin{bmatrix}-B_{22} & \cdots & -B_{2N}\\ \vdots & \overline{\mathbf{B}} & \vdots\\ -B_{N2} & \cdots & -B_{NN}\end{bmatrix}\begin{bmatrix}\Delta\delta_2\\ \vdots\\ \Delta\delta_N\end{bmatrix}=\begin{bmatrix}\dfrac{\Delta P_2}{|V_2|}\\ \vdots\\ \dfrac{\Delta P_N}{|V_N|}\end{bmatrix} \tag{7.95}$$

$$\begin{bmatrix}-B_{22} & \cdots & -B_{2N}\\ \vdots & \overline{\mathbf{B}} & \vdots\\ -B_{N2} & \cdots & -B_{NN}\end{bmatrix}\begin{bmatrix}\Delta|V_2|\\ \vdots\\ \Delta|V_N|\end{bmatrix}=\begin{bmatrix}\dfrac{\Delta Q_2}{|V_2|}\\ \vdots\\ \dfrac{\Delta Q_N}{|V_N|}\end{bmatrix} \tag{7.96}$$

一般情况下，矩阵 $\overline{\mathbf{B}}$ 是对称的稀疏阵，其中的非零元素为实数，数值上等于 $\mathbf{Y}_{bus}$ 中电纳的负值。因此，很容易计算得到矩阵 $\overline{\mathbf{B}}$，而且 $\overline{\mathbf{B}}$ 在迭代过程中不需要重新计算，这大大加快了迭代速度。对电压控制节点，Q 未给定，而且 $\Delta|V|$ 等于零，因此，可以删除式(7.96)中与此类节点对应的行和列。

典型计算步骤如下：

1. 计算初始不平衡分量 $\Delta P/|V|$；
2. 通过方程(7.95)求解 $\Delta\delta$；
3. 更新功角 δ，并使用更新后的角度计算不平衡分量 $\Delta Q/|V|$；
4. 通过方程(7.96)求解 $\Delta|V|$，更新电压幅值 $|V|$；
5. 返回式(7.95)，重复迭代，直到所有不平衡分量都在指定的误差范围内。

使用 Newton-Raphson 的解耦算法，可以快速得到满足精度范围的潮流计算解。

例题 7.14 使用 Newton-Raphson 的解耦算法，求例题 7.10 第一次迭代的潮流解。

解：由表 7.9 可以直接读取 $\overline{\mathbf{B}}$ 矩阵，由例题 7.10 可以得到与初始电压估计值对应的不平衡分量，因此，式(7.95)为

$$\begin{bmatrix}44.835\,953 & 0 & -25.847\,809\\ 0 & 40.863\,838 & -15.118\,528\\ -25.847\,809 & -15.118\,528 & 40.863\,838\end{bmatrix}\begin{bmatrix}\Delta\delta_2\\ \Delta\delta_3\\ \Delta\delta_4\end{bmatrix}=\begin{bmatrix}-1.596\,61\\ -1.939\,53\\ 2.212\,86\end{bmatrix}$$

求解上式，得到相角的修正值(单位：弧度)为

$$\Delta\delta_2=-0.019\,34;\quad \Delta\delta_3=-0.037\,02;\quad \Delta\delta_4=0.028\,22$$

将上述结果与表 7.8 的初始估计值相加，得到 δ_2，δ_3 和 δ_4 的更新值，然后用更新的功角和 $\mathbf{Y}_{bus}$ 中的元素来计算无功功率的不平衡分量：

$$\frac{\Delta Q_2}{|V_2|}=\frac{1}{|V_2|}\{Q_{2,\text{sch}}-Q_{2,\text{calc}}\}$$

$$=\frac{1}{|V_2|}\begin{Bmatrix} Q_{2,\text{sch}}-[-|V_2|^2 B_{22}-|Y_{12}V_1V_2|\sin(\theta_{12}+\delta_1-\delta_2) \\ -|Y_{24}V_2V_4|\sin(\theta_{24}+\delta_4-\delta_2) \end{Bmatrix}$$

$$=\frac{1}{|1.0|}\begin{Bmatrix} -1.0535+1.0^2(-44.835953)+19.455965 \\ \sin(101.30993\times\pi/180+0+0.01934)+26.359695 \\ \times 1.02\sin(101.30993\times\pi/180+0.02822+0.01934 \end{Bmatrix}$$

$$=-0.8044\ \text{p.u.}$$

$$\frac{\Delta Q_3}{|V_3|}=\frac{1}{|V_3|}\{Q_{3,\text{sch}}-Q_{3,\text{calc}}\}$$

$$=\frac{1}{|V_3|}\begin{Bmatrix} Q_{3,\text{sch}}-[-|V_3|^2 B_{33}-|Y_{13}V_1V_3|\sin(\theta_{13}+\delta_1-\delta_3) \\ -|Y_{34}V_3V_4|\sin(\theta_{34}+\delta_4-\delta_3) \end{Bmatrix}$$

$$=\frac{1}{|1.0|}\begin{Bmatrix} -1.2394+1.0^2(-40.863838)+26.359695 \\ \sin(101.30993\times\pi/180+0+0.03702)+15.417934 \\ \times 1.02\sin(101.30993\times\pi/180+0.02822+0.03702 \end{Bmatrix}$$

$$=-1.2775\ \text{p.u.}$$

节点④是电压控制节点，不需要建立无功功率不平衡方程。所以，由式(9.91)，有

$$\begin{bmatrix} 44.835953 & 0 \\ 0 & 40.863838 \end{bmatrix}\begin{bmatrix} \Delta|V_2| \\ \Delta|V_3| \end{bmatrix}=\begin{bmatrix} -0.8044 \\ -1.2775 \end{bmatrix}$$

求解可得 $\Delta|V_2|=-0.01793$，$\Delta|V_3|=-0.03125$。节点②和节点③更新后的电压幅值为：$|V_2|=0.98207$，$|V_3|=0.96875$，第一次迭代结束。使用更新后的电压值更新式(7.95)的不平衡分量，并开始第二次迭代。重复迭代直到得到最终解。显然，最终解和图 7.7 所示的结果相同。

工业级潮流程序通常会对式(7.95)和式(7.96)进行修正。对式(7.96)中$\overline{\mathbf{B}}$的修正如下：

- 令 $t=1.0\angle 0°$，即忽略$\overline{\mathbf{B}}$中相移的影响。忽略和电压控制节点相关的行和列，修正后的矩阵用 $\mathbf{B}''$表示。

对式(7.95)的系数矩阵修正如下：

- 忽略$\overline{\mathbf{B}}$中主要影响无功功率的元素，如并联电容器和电抗器，并令非标称变压器的变比 t 等于 1。另外，忽略输电线路等效 π 型电路中的串联电阻，并将修正后的矩阵称为 $\mathbf{B}'$。

直流潮流模型 当用 $\mathbf{B}$ 取代式(7.95)中的$\overline{\mathbf{B}}$后，该模型为无损网络。同时，假定所有节点电压都等于额定电压 1.0(标幺值)且保持恒定，该模型就称为直流潮流模型。在这种假设下，不再需要式(7.96)(因为对任意节点 i，$\Delta|V_i|=0$)，式(7.95)变成可用于直流潮流计算的形式：

$$\begin{bmatrix} -B_{22} & \cdots & -B_{2N} \\ \vdots & \mathbf{B}' & \vdots \\ -B_{N2} & \cdots & -B_{NN} \end{bmatrix}\begin{bmatrix} \Delta\delta_2 \\ \vdots \\ \Delta\delta_N \end{bmatrix}=\begin{bmatrix} \Delta P_2 \\ \vdots \\ \Delta P_N \end{bmatrix} \tag{7.97}$$

上式中，$\mathbf{B}'$中元素的求解基于线路无损的假设。对系统突发故障下涉及异常发电计划或负荷水平等的情况，可以用直流潮流分析法快速获取系统的近似解，从而判断系统在这种情况下是否能满足运行要求。电力系统的设计人员将利用直流潮流程序持续进行仿真，直到系统性能满足本地和区域计划或操作标准。下面将通过实例说明直流潮流模型在输电网络有功潮流计算方面的应用。

例题 7.15 图 7.16 所示的电力系统中，节点①是平衡节点，电压相角等于零。采用直流潮流法求：(a)各节点电压的功角；(b)平衡节点输出的有功功率；(c)输电系统中各支路的有功潮流。(注：线路导纳为标幺值)

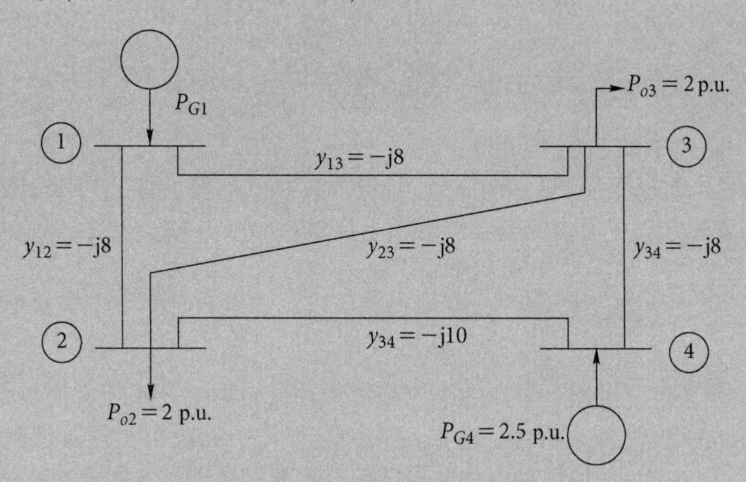

图 7.16 用于直流潮流分析的四节点系统

解：

(a) 因为节点①是平衡节点，因此

$$\mathbf{Y}_{\text{bus}}=\begin{bmatrix} -j16 & j8 & j8 & 0 \\ j8 & -j26 & j8 & j10 \\ j8 & j8 & -j24 & j8 \\ 0 & j10 & j8 & -j18 \end{bmatrix}$$

且

$$\mathbf{B}=\begin{bmatrix} -26 & 8 & 10 \\ 8 & -24 & 8 \\ 10 & 8 & -18 \end{bmatrix}$$

(b) 因为 $\mathbf{P}=\mathbf{B}\boldsymbol{\delta}$，所以

$$\begin{bmatrix} -26 & 8 & 10 \\ 8 & -24 & 8 \\ 10 & 8 & -18 \end{bmatrix}\begin{bmatrix} \delta_2 \\ \delta_3 \\ \delta_4 \end{bmatrix}=\begin{bmatrix} -2 \\ -2 \\ 2.5 \end{bmatrix}$$

$$\begin{bmatrix} \delta_2 \\ \delta_3 \\ \delta_4 \end{bmatrix}=\begin{bmatrix} 0.0895 \\ 0.098 \\ -0.0456 \end{bmatrix}\text{rad} \quad 或 \quad \begin{bmatrix} \delta_2 \\ \delta_3 \\ \delta_4 \end{bmatrix}=\begin{bmatrix} 5.13^\circ \\ 5.61^\circ \\ -2.61^\circ \end{bmatrix}$$

(c) 节点①输出的有功功率和各支路的有功功率分布如下：

$$P_{G1} = 2 + 2 - 2.5 = 1.5 \text{ p.u.}$$

$$P_{12} = -P_{21} = \frac{0 - 0.0895}{0.125} = -0.716 \text{ p.u.}$$

$$P_{13} = -P_{31} = \frac{0 - 0.098}{0.125} = -0.784 \text{ p.u.}$$

$$P_{23} = -P_{32} = \frac{0.0895 - 0.098}{0.125} = -0.068 \text{ p.u.}$$

$$P_{24} = -P_{42} = \frac{0.0895 + 0.0456}{0.1} = 1.351 \text{ p.u.}$$

$$P_{34} = -P_{43} = \frac{0.098 + 0.0456}{0.125} = 1.149 \text{ p.u.}$$

实际运行中，为了使输电系统的电压运行在规定的范围内，只能进行就地控制(如图3.37所示的发电机电压控制)、调压变压器控制(如3.8节所述)，或其他类型的无功功率电源控制(如安装在固定地点的电容器组和电抗器)。

7.7 小结

为了求解给定条件下电网各节点的电压幅值和功角，本章介绍了常用的潮流计算方法。描述了Gauss-Seidel法和Newton-Raphson法在潮流计算中的应用，并通过例题进行了详细的数值分析。为了快速获得输电网络的节点电压，本章还介绍了解耦潮流法。

基于计算机的潮流程序可以用来对系统进行规划和设计。通过指定电压控制节点的电压值可以分析发电机节点的电压控制情况。

本章除了讨论潮流分析的具体步骤，还介绍了有功功率、无功功率的控制方法。对两台变压器并联的情况进行分析，其中包括两台变压器的变比不同，以及一台变压器发生相移的情况。然后，建立了含变压器的节点导纳矩阵，并介绍了用于无功功率控制的等效电路。

通过有功功率P与节点电压功角δ的关系，建立了直流潮流模型，实现了电力系统在异常运行下的快速近似潮流计算以及系统评估。

复习题

7.1 节

7.1　Gauss-Seidel法可以应用加速因子来提高非线性方程的求解收敛速度。(对或错)

7.2　Gauss-Seidel法具有线性收敛性。(对或错)

7.2 节

7.3　Newton-Raphson法是基于泰勒级数的线性化方法。(对或错)

7.4　如果初始值接近真解，Newton-Raphson法的计算效率很高。(对或错)

7.3 节

7.5　潮流计算之前，需要准备好线路数据和节点数据。(对或错)

7.6　平衡节点提供的无功功率和有功功率用于平衡整个系统的潮流。(对或错)

7.7 长输电线路中，由节点 m 流向节点 n 的无功功率一定等于从节点 n 流向节点 m 的无功功率的负值。(对或错)

7.8 以下描述哪一项正确？

a. 负荷节点是 PQ 节点；

b. 负荷最大的节点是平衡节点；

c. 大负荷的节点是 PV 节点。

7.9 用 Gauss-Seidel 法分析一个七节点系统的潮流。除了平衡节点，还已知两个节点是发电机节点。求需要建立多少个电压方程？

7.10 潮流分析的目的是什么？

7.4 节

7.11 潮流计算中，如果提供的初始解比较接近真解，那么 Gauss-Seidel 法的收敛性优于 Newton-Raphson 方法。(对或错)

7.12 用 Gauss-Seidel 法求解潮流问题时，可以忽略 PV 节点的无功功率极限。(对或错)

7.13 如果在 Gauss-Seidel 迭代期间，PV 节点的无功功率超出发电机的限制，则需要将 PV 节点变更为 PQ 节点。(对或错)

7.14 列出用 Gauss-Seidel 迭代法求解潮流问题的主要步骤。

7.5 节

7.15 Newton-Raphson 潮流法在迭代期间不需要更新雅可比矩阵。

7.16 用 Newton-Raphson 法分析一个九节点电力系统的潮流。除了平衡节点，还已知 3 个节点是发电机节点。求需要用电压和节点导纳建立多少个功率平衡方程？

7.17 如果潮流分析中包含移相变压器，如何修改导纳矩阵？

7.18 潮流计算收敛后，电压控制节点的电压幅值可以与已知的值不同。(对或错)

7.19 列出用 Newton-Raphson 法求解潮流问题的主要步骤。

7.6 节

7.20 快速解耦潮流法可用于求解含不同电压等级的电力系统。(对或错)

7.21 快速解耦潮流法的收敛性优于 Newton-Raphson 法，因为前者需要的迭代次数较少。(对或错)

7.22 快速解耦潮流算法特别适合于可忽略输电线路电阻的电力系统。(对或错)

7.23 在快速解耦潮流算法中，雅可比矩阵是一个常数矩阵。(对或错)

7.24 对系统突发故障下涉及异常发电计划或负荷水平等的情况，可以用直流潮流分析法快速获取系统的近似解，从而判断系统在这种情况下是否能满足运行要求。(对或错)

习题

7.1 图 7.17 所示的两节点系统中，$P_{T2}+jQ_{T2}=1.1+j0.4$。用 Gauss-Seidel 法进行潮流计算，求解两次迭代后节点②的电压幅值和相角。假设节点①是平衡节点，而节点②上的初始电压为 $1.0\angle 0°$。(上述参数均为标幺值)

7.2 图 7.18 包含 2 个三节点系统，分别用 Gauss-Seidel 法对这两个系统进行潮流计算，求解第二次迭代结束后节点②和节点③的电压。假设节点①是平衡节点，负荷节点的初始电压为 $1.0\angle 0°$。

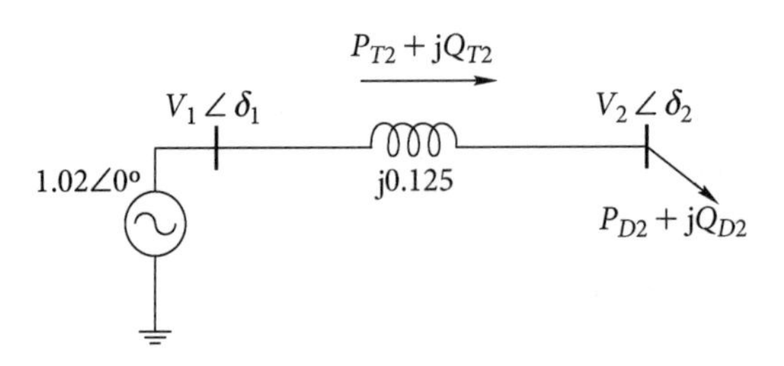

图 7.17　习题 7.1 的两节点系统

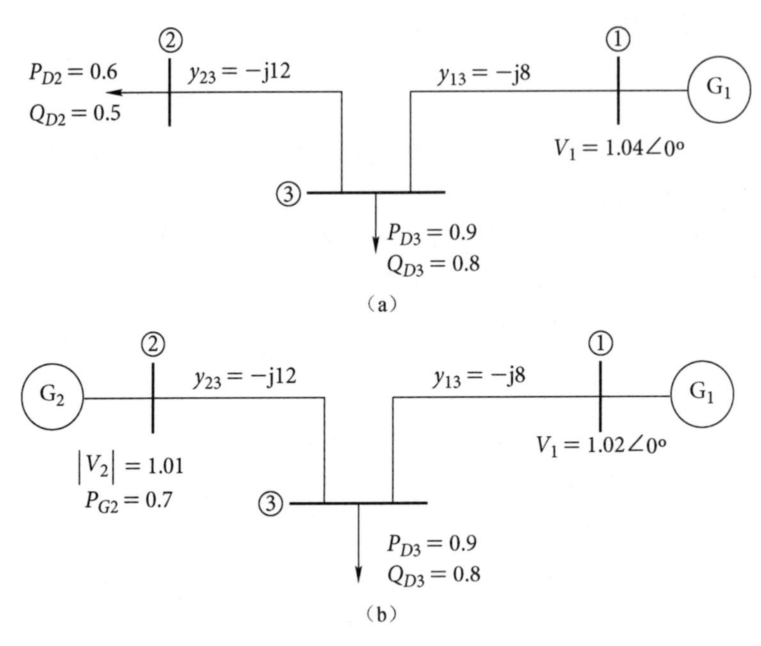

图 7.18　习题 7.2 的三节点系统。(a)一台发电机；(b)两台发电机

7.3　例题 7.8 中，假设节点④的最大输出无功功率为 125 Mvar。用 Gauss-Seidel 法重新计算第一次迭代后节点④的电压。

7.4　对图 7.5 所示的系统，以例题 7.7 和例题 7.8 第一次迭代后求到的节点电压作为初始值，完成 Gauss-Seidel 的第二次迭代。假设加速因子为 1.6。

7.5　图 7.5 中节点③与节点④之间输电线路的等效 π 型电路如图 7.19 所示。使用图 7.7 的潮流计算结果，求解图 7.19 中的下述参数：(a)与线路③-④相连的节点③与节点④输出的 P 和 Q 值；(b)线路③-④等效 π 型电路中的充电无功功率；(c)线路③-④等效 π 型电路中串联线路两端的 P 和 Q 值。

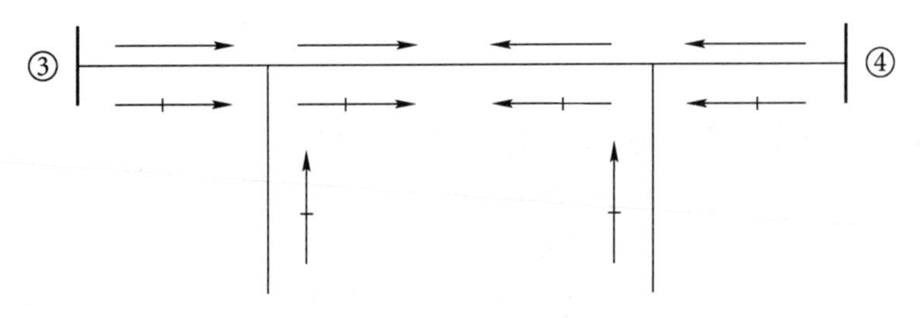

图 7.19　习题 7.5 的示意图

7.6 根据图 7.7 潮流计算得到的潮流信息，求解 4 条输电线路各自的线路损耗 I^2R，并验证这 4 条线路的线路损耗之和等于系统总损耗 4.81 MW。

7.7 例题 7.10 中，在节点③和参考节点之间连接一个额定容量为 18 Mvar 的并联电容器组。修改表 7.9 中的 $\mathbf{Y}_{\text{bus}}$，并估计该电容器向系统注入的实际无功功率。

7.8 图 7.10 中，若分接头位于节点 i 侧，即变压器变比为 $t:1$。求式(7.73)中的 $\mathbf{Y}_{\text{bus}}$，并绘制如图 7.11 所示的等效 π 型电路。

7.9 用 Newton-Raphson 法重做习题 7.1，同样进行两次迭代。

7.10 用 Newton-Raphson 法重做习题 7.2，仅迭代一次。

7.11 在例题 7.10 四节点系统的负荷和节点③之间装设一个电抗标幺值为 0.2 的调压变压器，如图 7.13 所示。可变分接头位于变压器的负荷侧。如果已知新出现的负荷节点⑤的电压幅值，即节点⑤的电压幅值不是状态变量，那么变压器的可变抽头 t 将被视为状态变量。用 Newton-Raphson 法求解以下潮流问题：

a. 列写功率不平衡方程(7.55)。

b. 用雅可比矩阵中与变量 t 相对应的列元素列写方程(即关于 t 的偏导)，用表 7.8 的初始估算电压进行评估，并令节点⑤的电压幅值为 0.97，δ_5的初始估算值为 0。

c. 列写节点⑤的有功功率 P 和无功功率 Q 不平衡方程，并估算第一次迭代的不平衡分量。变量 t 的初始估计值为 1.0。

7.12 若习题 7.11 中节点⑤的电压幅值未知，但已知变压器的分接头，那么 V_5就是状态变量。假设分接头 t 为 1.05，求：

a. 列写功率不平衡方程(7.55)；

b. 列写雅可比矩阵中和变量 $|V_5|$的偏导相对应的方程，用初始估算值进行评估，V_5的初始估计值为 $1.0\angle 0°$；

c. 列写节点⑤的有功功率 P 和无功功率 Q 不平衡方程，并估算第一次迭代时的不平衡分量。

7.13 当 $t=1.0\angle -3°$时，重做例题 7.13，并将得到的有功功率与无功功率与例题 7.13 的结果进行比较。

7.14 将例题 7.10 中原来连接到节点④的发电机通过升压变压器连接到节点④上，如图 7.20 所示。该变压器的电抗标幺值为 0.02，分接头安装在变压器的高压侧，非标称变比为 1.05。求雅可比矩阵中与节点④和节点⑤对应的相关行元素。

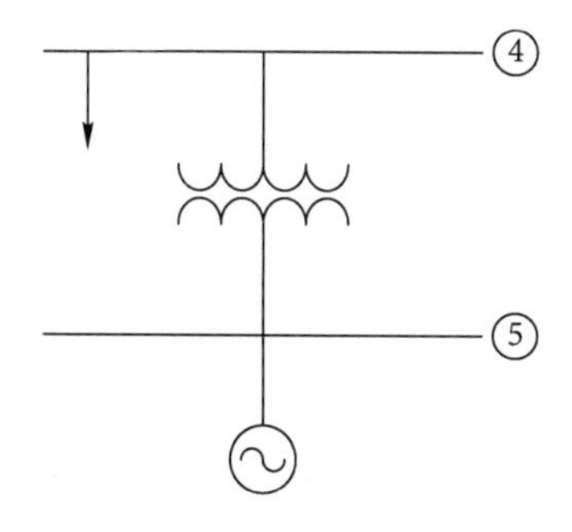

图 7.20 习题 7.14 的发电机-升压变压器

7.15 对习题 7.14，求解耦潮流法的矩阵 $\mathbf{B}'$和 $\mathbf{B}''$。

7.16 图 7.21 所示为一个五节点电力系统。线路、节点、变压器和电容器参数分别如

表 7.10、表 7.11、表 7.12 和表 7.13 所示。使用 Gauss-Seidel 法求第一次迭代的节点电压。

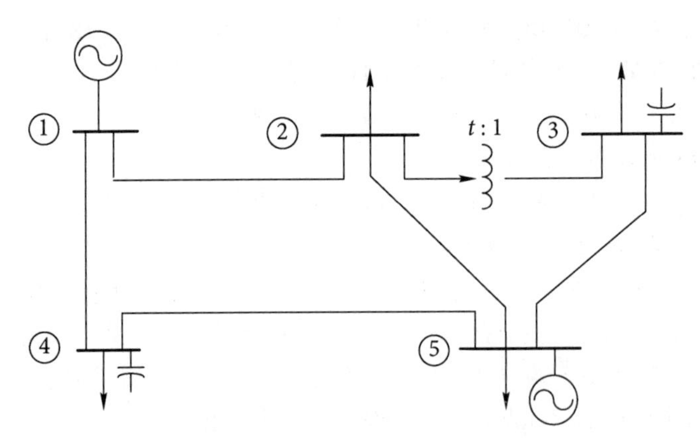

图 7.21　习题 7.16~习题 7.20 使用的系统图，线路和节点数据见表 7.10~表 7.13

表 7.10　图 7.21 系统的线路数据

线路 节点-节点	串联 Z(标幺值)		串联 Y(标幺值)		充电功率(Mvar)
	R	X	G	B	
①-②	0.010 8	0.064 9	2.5	−15	6.6
①-④	0.023 5	0.094 1	2.5	−10	4.0
②-⑤	0.011 8	0.047 1	5.0	−20	7.0
③-⑤	0.014 7	0.058 8	4.0	−16	8.0
④-⑤	0.011 8	0.052 9	4.0	−18	6.0

表 7.11　图 7.21 系统的节点数据

节点	发　电　机		负　　荷		V p. u.	备　　注
	P(MW)	Q(Mvar)	P(MW)	Q(Mvar)		
①					$1.01\angle 0°$	平衡节点
②			60	35	$1.0\angle 0°$	
③			70	42	$1.0\angle 0°$	
④			80	50	$1.0\angle 0°$	
⑤	190		65	36	$1.0\angle 0°$	PV 节点

表 7.12　图 7.21 系统的变压器数据

变压器 节点-节点	电抗标幺值	分接头设置
②-③	0.04	0.975

表 7.13　图 7.21 系统的电容数据

节　　点	额定无功功率(Mvar)
③	18
④	15

7.17 用 Newton-Raphson 法分析图 7.21 所示系统的潮流，求：

a. 系统的 $\mathbf{Y}_{bus}$；

b. 节点⑤的不平衡方程，迭代开始时初始电压估计值如表 7.10 所示；

c. 列写如式(7.55)所示的功率不平衡方程。

7.18 对图 7.21 所示的系统，求解耦潮流法的矩阵 $\mathbf{B}'$和 $\mathbf{B}''$。另外，求节点④在第一次迭代时的有功功率 P 和无功功率 Q 的不平衡方程，并求第一次迭代结束后节点④的电压幅值。

7.19 若图 7.21 的节点②和节点③之间的变压器是一个移相变压器，其中 t 为复数，等于 $1.0\angle -2°$。求：(a) 该系统的 $\mathbf{Y}_{bus}$；(b) 与习题 7.17 的潮流解进行比较，从节点⑤流向节点③的有功功率是增加了还是减少了？无功功率呢？请进行定性解释。

7.20 用解耦潮流法重做习题 7.19，求矩阵 $\mathbf{B}'$和 $\mathbf{B}''$。

7.21 用解耦潮流法重做习题 7.2，进行两次迭代。

7.22 Newton-Raphson 法中，如果 PV 节点上保持该电压恒定所需要的无功功率超过其无功功率发电能力的最大极限，则需要将该节点上的无功功率更改为极限值，且将对应的节点类型也更改为负荷节点。假设例题 7.10 中，节点④上的最大无功功率发电极限为 150 Mvar。使用 7.5 节例题 7.10 第一次的迭代结果，确定是否应在第二次迭代开始时将节点④的类型更改为负荷节点。如果需要进行节点类型的转换，试求解节点④上的无功功率不平衡分量，并建立第二次迭代的不平衡方程。

7.23 图 7.22 所示的输电网络中，所有参数均为标幺值，系统基准值为 100 MVA。求：(a) 节点②和节点③的电压相角；(b) 各条输电线路上的有功功率。假定节点①是平衡节点，且参考相角为零。

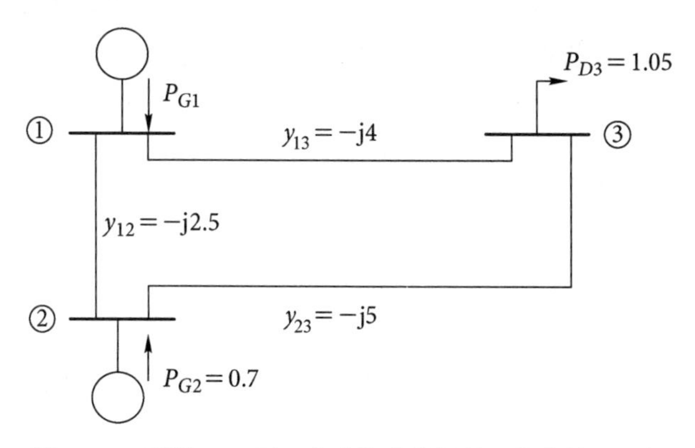

图 7.22　习题 7.23 用于直流潮流分析的三节点输电网络

第8章　对称故障

电路故障是指干扰电流正常流动的任意问题。对于115 kV及以上电压等级的输电线路，大部分故障都由闪电引起，闪电会导致绝缘子闪络。导线与接地杆塔之间的高电位差导致电离，为雷击引起的电荷提供了一个接地路径。电离路径的阻抗很小，因此电流将从导线流向大地，然后通过大地流向变压器或发电机的接地中性点，从而形成完整通路。

出现线间不接地故障的情况较少。断路器动作可以将故障和系统的其余部分隔离，中断电离路径并去游离。去游离时间大约为20个周期，然后断路器重合闸，该操作通常不会引起电弧复燃。输电线路运行的经验表明，超高速重合闸断路器在大多数故障后都可以成功地进行重合闸操作。

很多情况下重合闸失败意味着发生了永久性故障，这时，无论断路器开断的时间以及重合闸的时间间隔多大，都不可能重合成功。永久性故障的原因之一是线路接地，这可能是绝缘子串因冰荷载而破损，或者是杆塔的永久性损坏，或者避雷器故障。经验还表明，单线接地故障占输电线路故障的70%~80%，这类故障由一条线路与杆塔和大地发生闪络引起。三相故障所占的比例大约为5%，本章称之为对称三相故障。其他类型的输电线路故障包括两相接地故障和不接地的线间故障。除三相故障外的其他故障都导致相间不平衡，所以将这些故障称为不对称故障。第10章将介绍不对称故障。

电力系统故障时，系统各部分的电流不同于故障发生后、断路器动作前的几个周期的电流，也不同于故障发生后、断路器不动作而系统重新进入稳态的电流。正确选择断路器依赖两个因素：故障发生瞬时的电流与断路器必须断开的电流。在故障分析中，通过对系统中不同位置、不同类型故障的计算可得到这些电流值。计算得到的故障数据能用于设置继电器的参数，从而实现对断路器的控制。

8.1　RL串联电路的暂态过程

电力系统断路器的选择不仅取决于断路器在正常运行条件下的电流，也取决于流过它的最大电流以及线路在正常电压下断路器必须断开的电流。

为了求解系统短路时的初始电流，下面以恒定电阻和电感组成的阻感电路为例进行说明。其中，交流电压源为$V_{\max}\sin(\omega t+\alpha)$。$t=0$时将电压源接入电路，$\alpha$用于确定电路导通时的电压幅值。如果开关闭合时瞬时电压过零并朝正方向增大，则α为零。如果瞬时电压为最大正值，则α为$\pi/2$。对应的微分方程为

$$V_{\max}\sin(\omega t+\alpha)=Ri+L\frac{\mathrm{d}i}{\mathrm{d}t} \tag{8.1}$$

该方程的解为

$$i=\frac{V_{\max}}{|Z|}\left[\sin(\omega t+\alpha-\theta)\right]-\mathrm{e}^{-Rt/L}\sin(\alpha-\theta)] \tag{8.2}$$

其中$|Z|=\sqrt{R^2+(\omega L)^2}$，$\theta=\arctan(\omega L/R)$。

式(8.2)等号右侧的第一项是随时间变化的正弦函数，第二项为非周期单调衰减的指数函数，其中衰减时间常数为恒定值，等于L/R。这一项非周期分量也称为电流的直流分量(DC 分量)。第一项正弦分量为给定电压下 RL 电路的电流稳态解。如果$t=0$时电流稳态值非零，那么为了满足开关合闸时电路电流为零的特性，则直流分量不能为零。注意，如果在$\alpha-\theta=0$或$\alpha-\theta=\pi$时闭合电路，则直流分量为零。图 8.1(a)为式(8.2)在$\alpha-\theta=0$时的电流波形。

如果开关在$\alpha-\theta=\pm\pi/2$时闭合，直流分量的初始值最大，等于正弦分量的最大值。图 8.1(b) 为$\alpha-\theta=-\pi/2$时电流随时间的变化。直流分量在 0 到$V_{max}/|Z|$之间变动，具体大小取决于电路闭合时电压的瞬时值以及电路的功率因数。接入电压源的瞬间，为了使电路上的瞬时电流为零，直流分量和稳态分量的幅值相等，符号相反。

第 3 章介绍了同步发电机的运行原理，旋转磁场产生电压并向电阻和电抗组成的电枢绕组供电。发电机短路时电流的变化类似于在电阻和电感串联电路上突然施加交流电压源产生的电流变化。它们之间的主要区别是阻尼和电枢绕组中的电流会影响旋转磁场，如 3.11 节所述。

如果忽略短路的电枢绕组相电流的直流分量，即可得到如图 3.34 所示的相电流和时间的关系。比较图 3.34 和图 8.1(a)，可知，同步电机短路与普通 RL 电路短路不同。虽然两张图均不包含直流分量，但电流的包络线完全不同。同步电机中，短路瞬间与几个周期后通过气隙的磁通不同。磁通的变化由磁场、电枢、阻尼绕组或圆柱形转子的铁心部分共同决定。故障发生后，次暂态、暂态和稳态过程分别用次暂态电抗X''_d、暂态电抗X'_d和稳态电抗X_d表示。这 3 个电抗依次增大(即$X''_d<X'_d<X_d$)，因此对应的短路电流的幅值依次减小($|I''|>|I'|>|I|$)。如果不考虑直流分量，那么初始对称电流有效值就等于故障发生后瞬间故障电流交流分量的有效值。

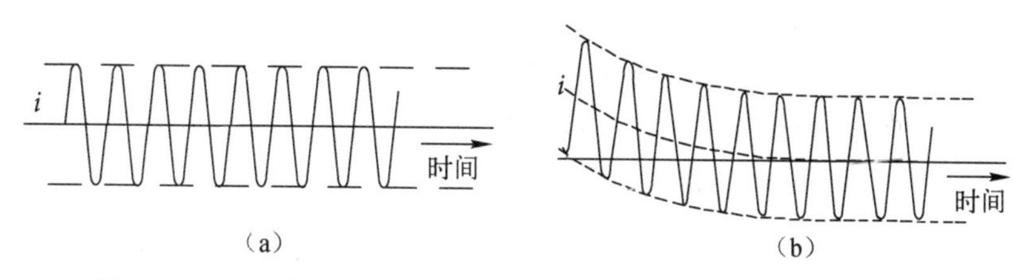

图 8.1　RL 电路电流与时间的关系。(a) $\alpha-\theta=0$；(b) $\alpha-\theta=-\pi/2$，其中$\theta=\arctan(\omega L/R)$。电压为$V_{max}\sin(\omega t+\alpha)$，短路时$t=0$

具体分析中，用相量表示电机的内电势以及次暂态、暂态和稳态电流。故障发生后瞬间电枢绕组上感应的电压和电流与重新进入稳态时的电压不同。为了说明感应电压的差别，接下来分别使用电抗(X''_d，X'_d和X_d)和内电势串联的方法来计算次暂态、暂态和稳态电流。如果发电机为空载，则电机可以表示为中性点接地的空载电势与相应电抗的串联，如图 3.35 所示。如果需要更高的精度，则应考虑电阻。如果发电机端子与短路电路之间存在阻抗，则电路中还必须包含外部阻抗。下一节我们将分析带负荷时电机的暂态过程。

发电机电抗取决于磁路的饱和程度，所以不是恒为常数，但它们的值通常在一定的范围内，因此可以根据发电机的类型来预测这些电抗的大小。附表 A.2 列出了发电机的典型电抗值，以便于短路计算和稳定性分析。通常，短路瞬间初始电流的计算使用发电机和电动机的次暂态电抗。断路器开断容量(不包括具有瞬时开断能力的断路器)的计算中，通常发电机使用次暂态电抗表示，而同步电机使用暂态电抗表示。在稳定性分析中，如果需要确定故障发生至断路器动作的时间间隔内是否会发生发电机失去同步的问题，就需要采用暂态电抗。

8.2 故障时有载发电机的内电势

接下来分析故障发生时发电机带负荷的情况。图 8.2(a)所示为发电机带平衡三相负荷时的等效电路。因为有些电路还包含电动机，因此发电机的内部电势和电抗用带有 g 的下标表示。该图中还包含发电机端子和故障点 P 之间的外部阻抗。

故障发生前点 P 的电流为 I_L、电压为 V_f，发电机端电压为 V_t，同步发电机的稳态等效电路用空载电势 E_g 和同步电抗 X_{dg} 串联表示。点 P 发生三相故障时，不能直接将点 P 和中性点相连，因为这样不满足次暂态电流的计算条件，即次暂态电流 I'' 的计算需要使用 X''_{dg}，暂态电流 I' 的计算需要使用 X'_{dg}。

因此，将图 8.2(a)重新用图 8.2(b)表示。其中，电压源 E''_g 与 X''_{dg} 串联，当开关 S 断开时电压源支路提供稳态电流 I_L，当开关 S 闭合时电压源支路通过 X''_{dg} 和 Z_{ext} 提供短路电流。如果已知 E''_g，则 X''_{dg} 上的电流就是 I''。开关 S 断开时，有

$$E''_g = V_t + \mathrm{j}X''_{dg}I_L = V_f + (Z_{\text{ext}} + \mathrm{j}X''_{dg})I_L \tag{8.3}$$

式中，E''_g 被称为次暂态电势。同样，当计算暂态电流 I' 时，需要使用暂态电抗 X'_{dg}，对应的电势为暂态电势 E'_g

$$E'_g = V_t + \mathrm{j}X'_{dg}I_L = V_f + (Z_{\text{ext}} + \mathrm{j}X'_{dg})I_L \tag{8.4}$$

可见，电势 E'_g 和 E''_g 的值由负荷电流 I_L 的大小决定，因此空载时($I_L=0$)，E'_g 和 E''_g 等于空载电势 E_g，即 $E_g=V_t$。

需要注意，采用 E''_g 与 X''_{dg} 的串联形式来代表故障前后瞬间发电机的状态时，发电机对应的故障前电流必须等于 I_L。但是，当发电机用 E_g 与同步电抗 X_{dg} 的串联形式表示时，负荷电流可以为任意值。E_g 的幅值由发电机的励磁电流决定，因此，对图 8.2(a)，当 I_L 值不同时，对应的 $|E_g|$ 保持不变，但 E''_g 的值发生了变化。

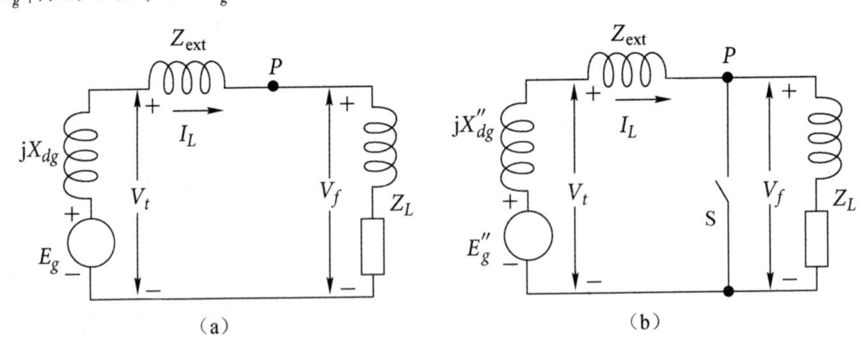

图 8.2 发电机带平衡三相负荷时的等效电路。点 P 的三相故障用闭合开关 S 来等效。(a) 有载稳态运行下发电机的等效回路；(b) 计算电流 I'' 的电路

同步电动机的电抗与同型号的发电机的电抗相同。电动机短路时，它不再从电力线路吸收电能，但它的磁场保持充电状态，转子的惯性和与之相连的负荷能维持电动机在短时间内继续旋转。同步电动机的内电势导致电动机向系统提供电流，此时电动机就相当于发电机。

通过与发电机公式的比较，可以得到同步电动机的次暂态电势 E''_m 和暂态电势 E'_m 的表达式为

$$E''_m = V_t - \mathrm{j}X''_{dm}I_L \tag{8.5}$$

$$E'_m = V_t - \mathrm{j}X'_{dm}I_L \tag{8.6}$$

其中，V_t为电动机的端电压。带负荷情况下故障电流的计算可以通过以下两种方法来求解：(1) 求电机的次暂态(或暂态)电势；(2) 使用戴维南定理。下面将通过一个简单的例子来说明这两种方法。

假设同步发电机通过阻抗为 Z_{ext} 的外部线路与同步电动机相连。电动机端子发生对称三相短路前，电动机的负荷电流为 I_L。图 8.3 所示为故障发生前、后瞬间的等效电路和电流。

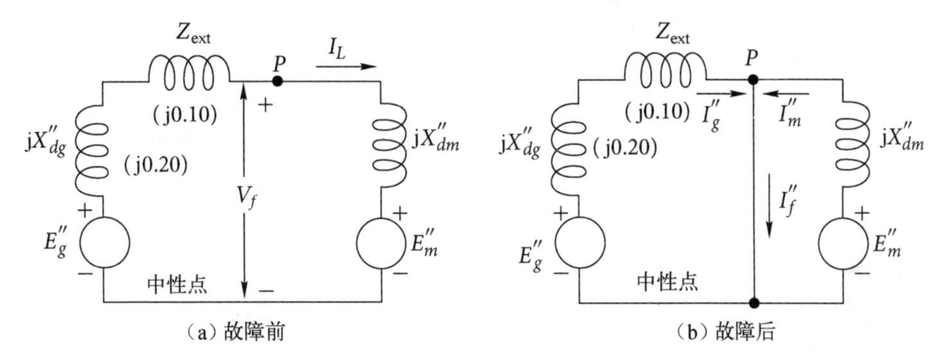

图 8.3　同步电动机端子故障时的等效电路和线路电流，其中，同步发电机通过阻抗为 Z_{ext} 的线路与同步电动机相连。例题 8.1 和对应方程中的 I_L 将使用该图的数值

将发电机和电动机的同步电抗用图 8.3(a)所示的次暂态电抗表示后，故障发生前瞬间发电机和电动机的次暂态电势就可以用 V_f 来计算，

$$E''_g = V_f + (Z_{\text{ext}} + \mathrm{j}X''_{dg})I_L \tag{8.7}$$

$$E''_m = V_f - \mathrm{j}X''_{dm}I_L \tag{8.8}$$

如图 8.3(b)所示，发生故障时，发电机的次暂态电流 I''_g 和电动机的电流 I''_m 为

$$I''_g = \frac{E''_g}{Z_{\text{ext}} + \mathrm{j}X''_{dg}} = \frac{V_f}{Z_{\text{ext}} + \mathrm{j}X''_{dg}} + I_L \tag{8.9}$$

$$I''_m = \frac{E''_m}{\mathrm{j}X''_{dm}} = \frac{V_f}{\mathrm{j}X''_{dm}} - I_L \tag{8.10}$$

将这两个电流相加即得到图 8.3(b)所示的总对称故障电流 I''_f。即

$$I''_f = I''_g + I''_m = \underbrace{\frac{V_f}{Z_{\text{ext}} + \mathrm{j}X''_{dg}}}_{I''_{gf}} + \underbrace{\frac{V_f}{\mathrm{j}X''_{dm}}}_{I''_{mf}} \tag{8.11}$$

其中，I''_{gf} 和 I''_{mf} 分别表示发电机和电动机对故障电流 I''_f 的贡献。注意，故障电流不包括故障前(负荷)电流。

第二种方式是使用戴维南定理。由式(8.11)可知，故障电流的计算只涉及 V_f(即故障前的故障点电压)和电机的次暂态电抗。因此，只需要将电压 V_f 施加在从故障点 P 看入的无源次暂态电路上，就可以得到 I''_f 以及该电流在整个电网的分布，如图 8.4(a)所示。重新整理

网络，见图 8.4(b)，使用戴维南定理从故障点的次暂态等效电路中可以得到对称次暂态故障电流。

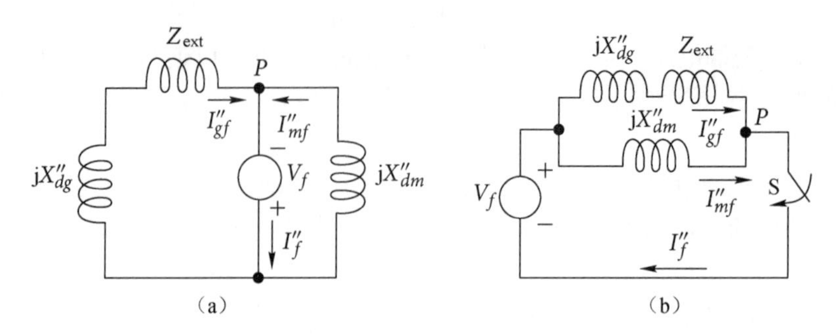

图 8.4　点 P 发生三相故障时的电路与故障电流的分布。(a) 将 V_f与原系统相连，进行故障仿真；(b) 从点 P 看入系统的戴维南等效电路

图中的戴维南等效电路是故障点上由一个发电机和一个阻抗串联组成的电路。等效发电机的内电势为 V_f(故障发生前故障点的电压)。阻抗是令所有电压源均短路时从故障点看入电路的阻抗。因为故障发生时初始对称故障电流不变，所以使用次暂态电抗。由图 8.4(b) 可得戴维南阻抗 Z_{th}为

$$Z_{\text{th}}=\frac{jX''_{dm}(Z_{\text{ext}}+jX''_{dg})}{Z_{\text{ext}}+j(X''_{dg}+X''_{dm})} \tag{8.12}$$

点 P 发生三相短路后，开关 S 闭合，故障点 P 的次暂态电流为

$$I''_f=\frac{V_f}{Z_{\text{th}}}=\frac{V_f[Z_{\text{ext}}+j(X''_{dg}+X''_{dm})]}{jX''_{dm}(Z_{\text{ext}}+jX''_{dg})} \tag{8.13}$$

因此，通过次暂态电势或戴维南定理可以分析带负荷情况下发电机和电动机的三相对称故障。

例题 8.1　同步发电机和电动机的额定容量均为 30 000 kVA，额定电压为 13.2 kV，次暂态电抗为 20%，它们之间的线路电抗为 10%(以电机的额定值为基准值)。电动机端子发生对称三相故障前，电动机上的负荷为 20 000 kW，功率因数为 0.8(超前)，负荷终端电压为 12.8 kV。利用电机的内电势求发电机、电动机以及故障点的次暂态电流。

解：故障前系统的等效电路如图 8.3(a)所示。选取 30 000 kVA，13.2 kV 为基准值，且选取故障点电压 V_f为参考相量，有

$$V_f=\frac{12.8}{13.2}=0.970\angle 0^\circ\ \text{p.u.}$$

$$\text{电流基准值}=\frac{30\,000}{\sqrt{3}\times 13.2}=1312\ \text{A}$$

$$I_L=\frac{20\,000\angle\arccos(0.8)}{0.8\times\sqrt{3}\times 12.8}=1128\angle 36.9^\circ\ \text{A}$$

$$=\frac{1128\angle 36.9^\circ}{1312}=0.86\angle 36.9^\circ\ \text{p.u.}$$

$$=0.86(0.8+j0.6)=0.69+j0.52\ \text{p.u.}$$

对发电机

$$V_t = 0.970 + j0.1(0.69 + j0.52) = 0.918 + j0.069 \text{ p.u.}$$

$$E''_g = 0.918 + j0.069 + j0.2(0.69 + j0.52) = 0.814 + j0.207 \text{ p.u.}$$

$$I''_g = \frac{0.814 + j0.207}{j0.3} = 0.69 - j2.71 \text{ p.u.}$$

$$= 1312(0.69 - j2.71) = 905.28 - j355\,5.52 \text{ A}$$

对电动机

$$V_t = V_f = 0.970\angle 0° \text{ p.u.}$$

$$E''_m = 0.970 + j0 - j0.2(0.69 + j0.52) = 0.970 - j0.138 + 0.104 \text{ p.u.}$$

$$= 1.074 - j0.138 \text{ p.u.}$$

$$I''_m = \frac{1.074 - j0.138}{j0.2} = -0.69 - j5.37 \text{ p.u.}$$

$$= 1312(-0.69 - j5.37) = -905.28 - j7045.44 \text{ A}$$

对故障点

$$I''_f = I''_g + I''_m = 0.69 - j2.71 - 0.69 - j5.37 = -j8.08 \text{ p.u.}$$
$$= -j8.08 \times 1312 = -j10\,600.96 \text{ A}$$

图 8.3(b)为 I''_g，I''_m和 I''_f的电流分布。

MATLAB Program for Example 8.1(ex8_1.m):

```
clc
clear all
disp('Choosing a base of 30,000kVA,13.2kv')
Vf=12.8/13.2; % Caculate pu of Vf
% Caculate Ibase
Ibase=30000/(sqrt(3)*13.2);
disp(['Base current = 30,000/[(3)^1/2*13.2) = ',num2str(Ibase),' A'])
i=complex(16000,12000);
IL=i/(0.8*sqrt(3)*12.8); IL_unit=IL/Ibase;
disp('Caculate the fault current of generator')
jXdg=0.2i; Zext=0.1i;
Vt=Vf+IL_unit*Zext;
Vt_mag=abs(Vt); Vt_ang=angle(Vt)*180/pi;
disp(['Vt=Vf+IL_unit*Zext = ',num2str(Vt_mag),'∠',num2str(Vt_
ang),' per unit']);
Eg=Vt+jXdg*IL_unit;
Eg_mag=abs(Eg); Eg_ang=angle(Eg)*180/pi;
disp(['Eg=Vt+jXdg*IL_unit = ',num2str(Eg_mag),'∠',num2str(Eg_
ang),' per unit']);
Ig_unit=Eg/(jXdg+Zext); Ig=Ig_unit*Ibase;
Ig_mag=abs(Ig); Ig_ang=angle(Ig)*180/pi;
disp(['Ig=Eg/(jXdg+Zext)*Ibase',num2str(Ig_mag),'∠',num2str(Ig_
ang),' A']);
disp('Caculate the fault current of motor')
jXdm=0.2i;
Em=Vf-IL_unit*jXdm;
```

```
Em_mag=abs(Em); Em_ang=angle(Em)*180/pi;
disp(['Em=Vf-IL_unit*jXdm = ',num2str(Em_mag),'∠',num2str(Em_
ang),' per unit']);
Im_unit=Em/jXdm; Im=Im_unit*Ibase;
Im_mag=abs(Im); Im_ang=angle(Im)*180/pi;
disp(['Im=Em/jXdm*Ibase = ',num2str(Im_mag),'∠',num2str(Im_ang),' A']);
disp('Caculate the total fault current')
If=Ig+Im;
If_mag=abs(If); If_ang=angle(If)*180/pi;
disp(['If=Ig+Im = ',num2str(If_mag),'∠',num2str(If_ang),' A']);
```

例题 8.2 使用戴维南定理求解例题 8.1。

解: 戴维南等效电路如图 8.4 所示,

$$Z_{\text{th}} = \frac{\text{j}0.3 \times \text{j}0.2}{\text{j}0.3 + \text{j}0.2} = \text{j}0.12 \text{ p.u.}$$

$$V_f = 0.970\angle 0^\circ \text{ p.u.}$$

对故障点

$$I_f'' = \frac{V_f}{Z_{\text{th}}} = \frac{0.97 + \text{j}0}{\text{j}0.12} = -\text{j}8.08 \text{ p.u.}$$

上述故障电流按比例分流到发电机和电动机的并联电路中，发电机和电动机中的电流与它们的阻抗成反比。

因此，对发电机

$$I_{gf}'' = -\text{j}8.08 \times \frac{\text{j}0.2}{\text{j}0.5} = -\text{j}3.23 \text{ p.u.}$$

对电动机

$$I_{mf}'' = -\text{j}8.08 \times \frac{\text{j}0.3}{\text{j}0.5} = -\text{j}4.85 \text{ p.u.}$$

忽略负荷电流，得

发电机提供的故障电流 = 3. 23×1312 = 4237. 76 A

电动机提供的故障电流 = 4. 85×1312 = 6363. 20 A

故障点的故障电流 = 8. 08×1312 = 10 600. 96 A

无论是否考虑负荷电流，故障点的故障电流都相同，但线路中的电流不同。当考虑负荷电流 I_L时，由例题 8. 1 可得

$$I_g'' = I_{gf}'' + I_L = -\text{j}3.23 + 0.69 + \text{j}0.52 = 0.69 - \text{j}2.71 \text{ p.u.}$$

$$I_m'' = I_{mf}'' - I_L = -\text{j}4.85 - 0.69 - \text{j}0.52 = -0.69 - \text{j}5.37 \text{ p.u.}$$

注意，I_L和 I_g''的方向相同，但和 I_m''的方向相反。显然，I_f''，I_g''和 I_m''的标幺值与例题 8. 1 相同，因此有名值也相同:

发电机提供的故障电流 = |905−j3550| = 3663. 54 A

电动机提供的故障电流 = |−905−j7050| = 7107. 84 A

考虑负荷电流后，发电机和电动机的电流相位将不再相同，因此发电机和电动机的电流幅值之和不等于故障点的故障电流的幅值。

MATLAB Program for Example 8. 2(ex8_2. m):

```
clc
clear all
```

```
Ibase=1312;
Zth=0.3i*0.2i/(0.3i+0.2i); % Caculate Zth and Vf to find fault
current
disp('During the fault:')
Vf=complex(0.97,0); If=Vf/Zth;
disp(['If=Vf/Zth = ',num2str(If),' A'])
disp('Using current division to obtain fault currents:')
Igf_unit=If*(0.2i/(0.2i+0.3i));
Igf_unit_mag=abs(Igf_unit); Igf_unit_ang=angle(Igf_unit)*180/pi;
disp(['Igf_unit=If*(0.2i/(0.2i+0.3i)) = ',num2str(Igf_unit_
mag),'∠',num2str(Igf_unit_ang),' per unit']);
Imf_unit=If*(0.3i/(0.2i+0.3i));
Imf_unit_mag=abs(Imf_unit); Imf_unit_ang=angle(Imf_unit)*180/pi;
disp(['Igf_unit=If*(0.2i/(0.2i+0.3i)) = ',num2str(Imf_unit_
mag),'∠',num2str(Imf_unit_ang),' per unit']);
disp('Neglect load current:')
Igf=abs(Igf_unit*Ibase);
Igf_mag=abs(Igf); Igf_ang=angle(Igf)*180/pi;
disp(['Igf=abs(Igf_unit*Ibase) = ',num2str(Igf_mag),'∠',num-
2str(Igf_ang),' per unit']);
Imf=abs(Imf_unit*Ibase);
Imf_mag=abs(Imf); Imf_ang=angle(Imf)*180/pi;
disp(['Imf=abs(Imf_unit*Ibase) = ',num2str(Imf_mag),'∠',num-
2str(Imf_ang),' per unit']);
If=abs((Igf_unit+Imf_unit)*Ibase);
If_mag=abs(If); If_ang=angle(If)*180/pi;
disp(['If=abs((Igf_unit+Imf_unit)*Ibase) = ',num2str(If_
mag),'∠',num2str(If_ang),' per unit']);
disp('When load current is considered:')
disp('Ig=Igf+IL , Im=Imf-IL , (IL=0.69+0.52i) in per unit')
IL=0.69+0.52i;
Ig=abs(Igf_unit+IL)*1312; Im=abs(Imf_unit-IL)*1312;
disp(['Ig= |Igf_unit+IL|*Ibase = ',num2str(Ig),' A'])
disp(['Im= |Imf_unit+IL|*Ibase = ',num2str(Im),' A'])
```

求解线路的故障电流时通常会忽略负荷电流。如果用戴维南方法求解，忽略负荷电流意味着故障时各线路的电流中不包含故障前各线路上的电流。例题 8.1 之所以能将故障前所有电机的次暂态电势设置为等于故障前的电压 V_f，就是因为忽略了负荷电流，所以故障前网络中没有电流流动。此外，故障分析中电阻、充电电容和非标称分接头变压器也可以忽略，因为它们对故障电流的影响很小。这样一来，整个网络只包含感性电抗，故障系统中所有电流都同相，从而使故障电流的计算得到简化，如例题 8.2 所示。

8.3 利用节点阻抗矩阵 Z_{bus} 进行故障计算

8.2 节讨论了简单电路的故障计算，本节将讨论一般网络的故障计算。首先从图 6.4 所示的网络入手，进而推导通用方程。

将图 6.4 中和电压源串联的电抗转换为次暂态电抗，并且将电压源变成次暂态电势源，则得到如图 8.5 所示的网络。

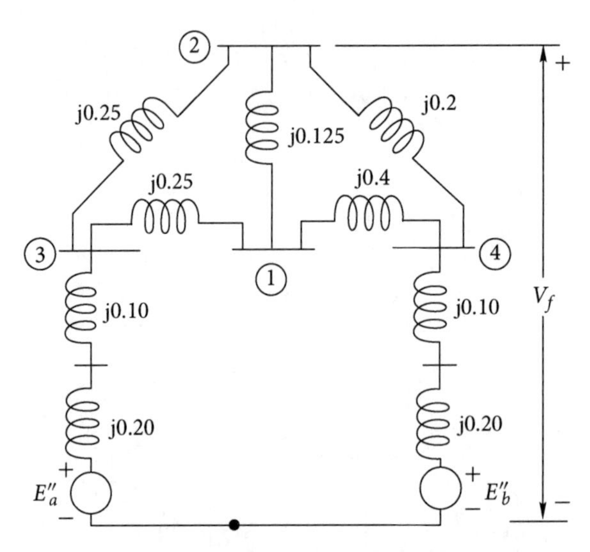

图 8.5　与图 6.4 对应的电抗图，其中电机的同步电抗和同步电势由次暂态值代替，电抗值均为标幺值

该网络等效于平衡三相系统的单相等值电路。如果需要研究某节点的故障，例如节点②，可以按照 8.2 节的方法，定义 V_f为故障前节点②的实际电压。

节点②发生三相故障时的电路如图 8.6 所示，其中短路用电压源 V_f和 $-V_f$的串联支路来等效。

电压源 V_f对应故障前节点②的电压，因此故障前该支路中没有电流。电压源 V_f和 $-V_f$串联后即代表该支路短路，短路电流为 I''_f。显然，I''_f由附加电压源 $-V_f$引起。电流 I''_f经过参考节点、电压源 $-V_f$后由节点②注入整个系统。系统中的节点电压也因为节点②的故障而发生变化。如果将 E''_a，E''_b和 V_f短路，则 $-V_f$成为系统中的唯一电源，该电源提供的进入节点②的电流 $-I''_f$也成为进入网络的唯一电流。对应网络的节点阻抗方程可以用 $\mathbf{Z}_{\text{bus}}$表示为

$$\begin{bmatrix}\Delta V_1\\ \Delta V_2\\ \Delta V_3\\ \Delta V_4\end{bmatrix}=\begin{bmatrix}\Delta V_1\\ -V_f\\ \Delta V_3\\ \Delta V_4\end{bmatrix}=\begin{matrix}①\\②\\③\\④\end{matrix}\overset{\begin{matrix}① & ② & ③ & ④\end{matrix}}{\begin{bmatrix}Z_{11} & Z_{12} & Z_{13} & Z_{14}\\ Z_{21} & Z_{22} & Z_{23} & Z_{24}\\ Z_{31} & Z_{32} & Z_{33} & Z_{34}\\ Z_{41} & Z_{42} & Z_{43} & Z_{44}\end{bmatrix}}\begin{bmatrix}0\\ -I''_f\\ 0\\ 0\end{bmatrix} \tag{8.14}$$

前缀 Δ 表示电流 $-I''_f$导致的各节点电压的变化。

图 8.6 所示网络的节点阻抗矩阵可以用 $\mathbf{Z}_{\text{bus}}$构建算法来求解。将该矩阵中和同步电机对应的元素改为次暂态电抗。$-I''_f$引起的节点电压的变化为

$$\begin{bmatrix}\Delta V_1\\ \Delta V_2\\ \Delta V_3\\ \Delta V_4\end{bmatrix}=\begin{bmatrix}\Delta V_1\\ -V_f\\ \Delta V_3\\ \Delta V_4\end{bmatrix}=-I''_f\begin{bmatrix}\mathbf{Z}_{\text{bus}}\\ \text{的第2列}\\ \text{元素}\end{bmatrix}=\begin{bmatrix}-Z_{12}I''_f\\ -Z_{22}I''_f\\ -Z_{32}I''_f\\ -Z_{42}I''_f\end{bmatrix} \tag{8.15}$$

由上述方程的第二行可得

$$I''_f=\frac{V_f}{Z_{22}} \tag{8.16}$$

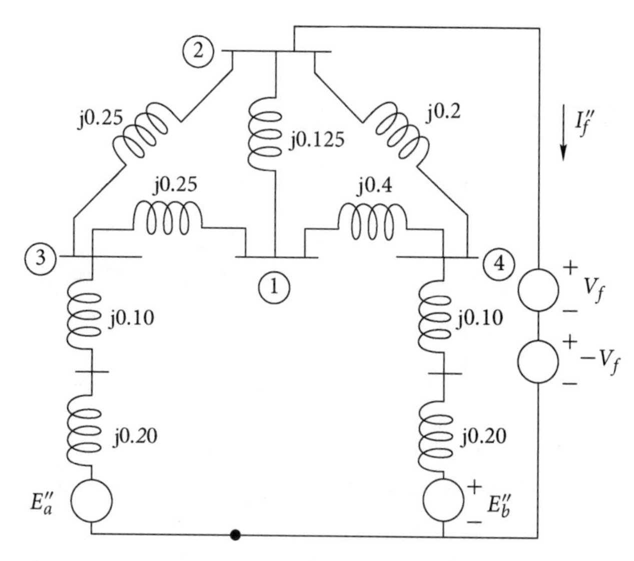

图 8.6　图 8.5 节点②发生三相故障时的电路，其中节点②的故障用 V_f和$-V_f$的串联表示

可见，$\mathbf{Z}_{\text{bus}}$ 的对角线元素 Z_{22} 代表由节点②看入网络的戴维南阻抗。将 I_f'' 代入式(8.15)，得

$$\begin{bmatrix} \Delta V_1 \\ \Delta V_2 \\ \Delta V_3 \\ \Delta V_4 \end{bmatrix} = \begin{bmatrix} -\dfrac{Z_{12}}{Z_{22}}V_f \\ -V_f \\ -\dfrac{Z_{32}}{Z_{22}}V_f \\ -\dfrac{Z_{42}}{Z_{22}}V_f \end{bmatrix} \tag{8.17}$$

将图 8.6 中的电压源$-V_f$短路，考虑电压源 E_a''，E_b''和 V_f，则网络各处的电流和电压将与故障前一样。通过叠加原理，将这些故障前电压与式(8.17)求到的电压增量相加，就可以求到故障发生后的总电压。

通常假定故障前网络空载。如前所述，故障前无电流流动，因此支路阻抗上无电压差，整个网络的节点电压都等于 V_f(即故障前的故障点电压)。可见，忽略故障前的网络电流极大地简化了工作量，应用叠加原理，可得节点电压为

$$\begin{bmatrix} V_1 \\ V_2 \\ V_3 \\ V_4 \end{bmatrix} = \begin{bmatrix} V_f \\ V_f \\ V_f \\ V_f \end{bmatrix} + \begin{bmatrix} \Delta V_1 \\ \Delta V_2 \\ \Delta V_3 \\ \Delta V_4 \end{bmatrix} = \begin{bmatrix} V_f - Z_{12}I_f'' \\ V_f - V_f \\ V_f - Z_{32}I_f'' \\ V_f - Z_{42}I_f'' \end{bmatrix} = V_f \begin{bmatrix} 1 - \dfrac{Z_{12}}{Z_{22}} \\ 0 \\ 1 - \dfrac{Z_{32}}{Z_{22}} \\ 1 - \dfrac{Z_{42}}{Z_{22}} \end{bmatrix} \tag{8.18}$$

可见，通过故障前的节点电压 V_f和 $\mathbf{Z}_{\text{bus}}$ 中与故障节点对应的列元素可以计算网络中所有节点的节点电压。如果已知系统的 $\mathbf{Z}_{\text{bus}}$(其中电机的电抗用次暂态参数表示)，则利用计算得到的节点电压还可以求到各支路的次暂态电流。

一般而言，当大型网络的节点ⓚ发生三相故障时，有

$$I_f'' = \frac{V_f}{Z_{kk}} \tag{8.19}$$

忽略故障前的负荷电流，故障时节点ⓙ的电压为

$$V_j = V_f - Z_{jk}I_f'' = V_f - \frac{Z_{jk}}{Z_{kk}}V_f \tag{8.20}$$

其中 Z_{jk} 和 Z_{kk} 分别对应 $\mathbf{Z}_{\text{bus}}$ 的第ⓚ列元素。如果节点ⓙ与节点ⓚ的故障前电压不同，那么就需要用故障前节点ⓙ的实际电压替代式(8.20)中左侧的 V_f。求到故障发生时各节点的电压后，令节点ⓘ和节点ⓙ之间的线路阻抗为 Z_b，则节点ⓘ到节点ⓙ的次暂态电流 I_{ij}'' 为

$$I_{ij}'' = \frac{V_i - V_j}{Z_b} = -I_f''\left(\frac{Z_{ik} - Z_{jk}}{Z_b}\right) = -\frac{V_f}{Z_b}\left(\frac{Z_{ik} - Z_{jk}}{Z_{kk}}\right) \tag{8.21}$$

由上式可知，I_{ij}'' 是故障电流 I_f'' 的一部分，在故障电路中，它相当于从节点ⓘ流向节点ⓙ的线路电流。如果节点ⓙ通过串联阻抗 Z_b 直接连接到故障节点ⓚ，则节点ⓙ向故障节点ⓚ贡献的电流为 V_j/Z_b，其中 V_j 由式(8.20)给出。

以上讨论表明，在分析节点ⓚ的对称三相故障对系统的影响时，只需要使用 $\mathbf{Z}_{\text{bus}}$ 的第ⓚ列元素，即 $\mathbf{Z}_{\text{bus}}^{(k)}$。8.5 节将介绍通过 $\mathbf{Y}_{\text{bus}}$ 的三角因子生成矩阵 $\mathbf{Z}_{\text{bus}}^{(k)}$ 的方法。

例题 8.3 图 8.5 中，节点②发生三相故障。试确定故障发生时起始对称电流的有效值(即次暂态电流)，故障期间节点①、节点③和节点④的电压，从节点③流向节点①的电流，以及线路③-②、线路①-②和线路④-②对故障点的电流贡献。故障前节点②的电压 V_f 等于 1.0∠0°(标幺值)，忽略所有故障前电流。

解：对图 8.5，利用导纳矩阵的逆或 $\mathbf{Z}_{\text{bus}}$ 组建算法可得

$$\mathbf{Z}_{\text{bus}} = \begin{matrix} & ① & ② & ③ & ④ \\ ① & \text{j}0.2436 & \text{j}0.1938 & \text{j}0.1544 & \text{j}0.1456 \\ ② & \text{j}0.1938 & \text{j}0.2295 & \text{j}0.1494 & \text{j}0.1506 \\ ③ & \text{j}0.1544 & \text{j}0.1494 & \text{j}0.1954 & \text{j}0.1046 \\ ④ & \text{j}0.1456 & \text{j}0.1506 & \text{j}0.1046 & \text{j}0.1954 \end{matrix}$$

因为忽略负荷电流，因此各个节点的故障前电压都与节点②的 V_f 相同，即等于 1.0∠0°(标幺值)。发生故障时

$$I_f'' = \frac{1.0}{Z_{22}} = \frac{1.0}{\text{j}0.2295} = -\text{j}4.3573\ \text{p.u.}$$

由式(8.18)，故障期间的电压为

$$\begin{bmatrix} V_1 \\ V_2 \\ V_3 \\ V_4 \end{bmatrix} = \begin{bmatrix} 1 - \dfrac{\text{j}0.1938}{\text{j}0.2295} \\ 0 \\ 1 - \dfrac{\text{j}0.1494}{\text{j}0.2295} \\ 1 - \dfrac{\text{j}0.1506}{\text{j}0.2295} \end{bmatrix} = \begin{bmatrix} 0.1556 \\ 0 \\ 0.3490 \\ 0.3438 \end{bmatrix}\ \text{p.u.}$$

线路③-①中的电流为

$$I_{31} = \frac{V_3 - V_1}{Z_b} = \frac{0.3490 - 0.1556}{\text{j}0.25} = -\text{j}0.7736\ \text{p.u.}$$

相邻非故障节点产生的故障电流为

由节点①$\dfrac{V_1}{Z_{b1}}=\dfrac{0.155\,6}{\text{j}0.125}=-\text{j}1.244\,8$ p.u.

由节点③$\dfrac{V_3}{Z_{b3}}=\dfrac{0.349\,0}{\text{j}0.25}=-\text{j}1.396\,0$ p.u.

由节点④$\dfrac{V_4}{Z_{b4}}=\dfrac{0.343\,8}{\text{j}0.20}=-\text{j}1.719\,0$ p.u.

去掉舍入误差后，上式电流之和等于 I''_f。

8.4 使用 $\mathbf{Z}_{\text{bus}}$ 等效电路进行故障计算

节点阻抗矩阵中的元素无法和实际网络直接对应。但是，图 8.4 表明，可以利用矩阵元素构造相应节点的戴维南等效电路。戴维南等效电路可以很好地诠释上一节的对称故障方程。

图 8.7(a)所示的戴维南等效电路中，假定节点ⓚ为故障节点，节点ⓙ为非故障节点。该图中的阻抗直接对应于 $\mathbf{Z}_{\text{bus}}$ 中的元素，且所有节点的故障前电压都与故障节点的电压 V_f 相同(忽略负荷电流)。图中，用 x 做标记的两点有相同的电位，因此可以将它们直接连接，从而形成只包含一个电压源 V_f 的如图 8.7(b)所示的等效电路。当节点ⓚ和参考节点之间的开关 S 断开时，表示网络未发生短路，因此任何支路中都不存在短路电流。当开关闭合 S，则表示节点ⓚ发生短路，电流从节点ⓚ流入电路。故障电流大小为 $I''_f=V_f/Z_{kk}$，与式(8.19) 相同。故障电流沿参考节点至节点ⓙ的方向产生的电压降为$(Z_{jk}/Z_{kk})V_f$。因此，节点ⓙ相对于参考节点的电压增量为$-(Z_{jk}/Z_{kk})V_f$，即，节点ⓙ在故障期间的电压为 $V_f-(Z_{jk}/Z_{kk})V_f$，与式(8.20)结果一致。

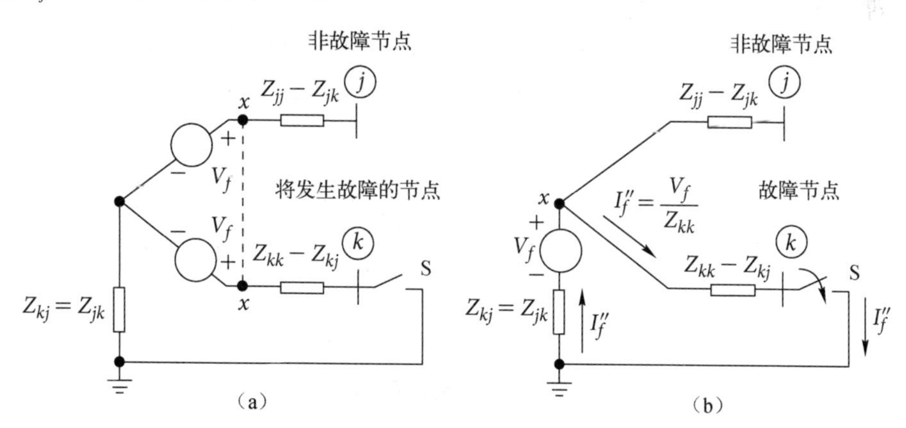

图 8.7 故障前无负荷电流时节点ⓙ和节点ⓚ看入系统的戴维南等效电路。(a) 故障前(开关 S 断开)；(b)故障期间(开关 S 闭合)

可见，将具体的阻抗值代入图 8.7(b)所示的简单等效电路中，就可以计算出系统在故障前、后的节点电压。当开关 S 断开时，节点ⓚ和节点ⓙ之间的电压等于 V_f。如果图 8.6 所示网络的故障前电流为零，那么 E''_a，E''_b和其他节点电压都将等于 V_f。

节点ⓚ发生故障时，节点ⓙ相对于参考节点的电压变化可以通过闭合图 8.7(b)中开关 S 来等效。因此，大型网络的节点ⓚ发生三相短路故障时，只需要将对应的阻抗插入到如

图 8.7 所示的基本电路中，就能计算出故障电流以及任意非故障节点的电压。下面将对具体过程进行解释。

当系统中任意节点或输电线路发生三相故障时，都可以通过已知的节点阻抗矩阵建立对应的等效电路。接下来将用具体的案例说明实现步骤。

例题 8.4 五节点系统中，节点①和节点③与发电机相连，两台发电机的额定容量分别为 270 MVA 和 225 MVA。发电机的次暂态电抗与连接到同一节点的变压器的电抗(标幺值)之和均为 0.30(以发电机的额定值为基准值)。变压器变比等于 1(令两个发电机的额定电压为各自电路的电压基准值)。线路阻抗标幺值(基准值为 100 MVA)如图 8.8 所示。

忽略所有电阻。利用该网络的节点阻抗矩阵(包括发电机电抗和变压器电抗)，节点④发生三相故障，求次暂态电流以及各条线路上的故障电流。令故障前电流为零，且故障发生前所有节点的电压标幺值均为 1.0。

解：以 100 MVA 为基准值，与节点①相连的发电机和变压器的总电抗标幺值为

$$X = 0.30 \times \frac{100}{270} = 0.1111 \text{ p.u.}$$

与节点③相连的发电机和变压器的总电抗标幺值为

$$X = 0.30 \times \frac{100}{225} = 0.1333 \text{ p.u.}$$

上述电抗和线路阻抗的标幺值如图 8.8 所示，利用 $\mathbf{Z}_{\text{bus}}$ 组建算法求得对应的节点阻抗矩阵为

$$\mathbf{Z}_{\text{bus}} = \begin{array}{c} \\ ① \\ ② \\ ③ \\ ④ \\ ⑤ \end{array} \begin{array}{c} \begin{array}{ccccc} ① & ② & ③ & ④ & ⑤ \end{array} \\ \begin{bmatrix} j0.0793 & j0.0558 & j0.0382 & j0.0511 & j0.0608 \\ j0.0558 & j0.1338 & j0.0664 & j0.0630 & j0.0605 \\ j0.0382 & j0.0664 & j0.0875 & j0.0720 & j0.0603 \\ j0.0511 & j0.0630 & j0.0720 & j0.2321 & j0.1002 \\ j0.0608 & j0.0605 & j0.0603 & j0.1002 & j0.1301 \end{bmatrix} \end{array}$$

由于需要求解节点③和节点⑤流入故障节点④的电流，因此需要知道故障期间的电压 V_3 和 V_5。为了方便电流和电压的计算，将图 8.8 等效为图 8.9 所示的电路。

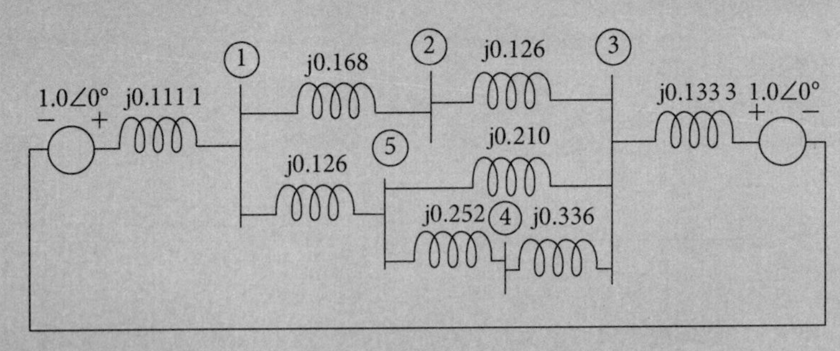

图 8.8 例题 8.4 的阻抗图。发电机电抗为发电机次暂态电抗和对应的变压器电抗之和。图中所有参数均为归算到 100 MVA 的标幺值

由图 8.9(a)可得节点④发生三相故障时的次暂态电流。将开关 S 闭合，得

$$I_f'' = \frac{V_f}{Z_{44}} = \frac{1.0}{\text{j}0.2321} = -\text{j}4.308 \text{ p.u.}$$

由图 8.9(a)可知，故障期间节点③上的电压为

$$V_3 = V_f - I_f'' Z_{34} = 1.0 - (-\mathrm{j}4.308)(\mathrm{j}0.0720) = 0.6898 \text{ p.u.}$$

由图 8.9(b)可知，故障期间节点⑤的电压为

$$V_5 = V_f - I_f'' Z_{54} = 1.0 - (-\mathrm{j}4.308)(\mathrm{j}0.1002) = 0.5683 \text{ p.u.}$$

节点③通过线路阻抗 Z_b流入故障点④的电流为

$$\frac{V_3}{Z_{b3}} = \frac{0.6898}{\mathrm{j}0.336} = -\mathrm{j}2.053 \text{ p.u.}$$

节点⑤通过线路阻抗 Z_b流入故障点④的电流为

$$\frac{V_5}{Z_{b5}} = \frac{0.5683}{\mathrm{j}0.252} = -\mathrm{j}2.255 \text{ p.u.}$$

因此，节点④的总故障电流的标幺值=-j4. 308。

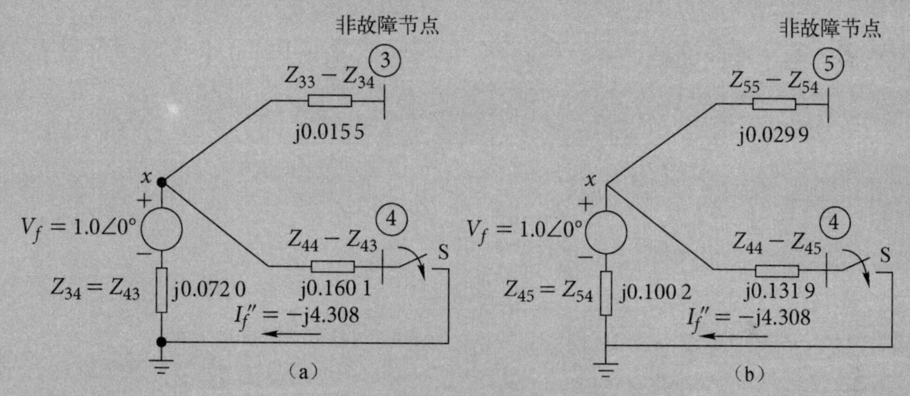

图 8.9　使用戴维南等效电路计算节点④发生故障时的下述电压：(a) 节点③；(b) 节点⑤

和变电站节点相比，输电线路更容易发生三相故障，因为输电线路暴露在风暴和各种不可预期的干扰之中。为了分析线路故障，可以将线路上的故障点等效为一个新的节点，然后修改正常网络的 $\mathbf{Z}_{\text{bus}}$，使其包含新增节点。当线路故障被清除时，线路两端的断路器有时不能同时断开。如果只有一个断路器断开，那么故障并没有完全清除，仍然会存在短路电流。若三相故障接近线路终端，而且只有线路中靠近故障的一个断路器断开，这种情况被称为线路终端故障，故障侧的线路断路器称为近端断路器，远离故障的断路器称为远端断路器。

图 8. 10 所示的五节点系统的单线图中，线路①-②之间的点 P 发生线路终端故障。

该线路的串联阻抗为 Z_b。节点②的近端断路器断开，远端断路器仍为闭合状态，因此点 P 的故障未清除，将该故障点称为节点ⓚ。为了体现近端断路器的状态，接下来对正常情况下的节点阻抗矩阵 $\mathbf{Z}_{\text{orig}}$进行修正。修正过程分为下述两个步骤：

步骤 1：增加一条阻抗为 Z_b的和节点①连接的串联线路，从而引出新节点ⓚ；

步骤 2：按照 6. 6 节所述的方法，在节点①和节点②之间的线路上串联阻抗$-Z_b$，以断开线路①-②。

在表 8. 1 第 2 种情况下，首先用 $\mathbf{Z}_{\text{orig}}$中的元素 Z_{ij}建立新矩阵的前 5 行和前 5 列

$$
\mathbf{Z} = \begin{array}{c} \\ ① \\ ② \\ ③ \\ ④ \\ ⓚ \\ ⓠ \end{array}
\left[\begin{array}{cccc|c|c}
① & ② & ③ & ④ & ⓚ & ⓠ \\
 & & & & Z_{11} & Z_{11}-Z_{12} \\
 & & & & Z_{21} & Z_{21}-Z_{22} \\
 & \mathbf{Z}_{\text{orig}} & & & Z_{31} & Z_{31}-Z_{32} \\
 & & & & Z_{41} & Z_{41}-Z_{42} \\
\hline
Z_{11} & Z_{12} & Z_{13} & Z_{14} & Z_{11}+Z_b & Z_{11}-Z_{12} \\
\hline
(Z_{11}-Z_{21}) & (Z_{12}-Z_{22}) & (Z_{13}-Z_{23}) & (Z_{14}-Z_{24}) & (Z_{11}-Z_{21}) & (Z_{\text{th},12}-Z_b)
\end{array}\right] \tag{8.22}
$$

其中，当 $\mathbf{Z}_{\text{orig}}$对称时，$Z_{\text{th},12}=Z_{11}+Z_{22}-2Z_{12}$。然后按表 8.1 中第 4 种情况所述，先形成矩阵的第 q 行和第 q 列元素，然后用 Kron 降阶法对矩阵 $\mathbf{Z}$ 降阶，从而获得包含新节点ⓚ的 5×5 维矩阵 $\mathbf{Z}_{\text{bus,new}}$。

但是，因为计算节点ⓚ的故障电流所需要的唯一元素是 $Z_{kk,\text{new}}$(见图 8.10 的点 P)，所以直接观察式(8.22)，可以得到 Kron 降阶后的 $Z_{kk,\text{new}}$为

$$
Z_{kk,\text{new}} = Z_{11} + Z_b - \frac{(Z_{11}-Z_{21})^2}{Z_{\text{th},12}-Z_b} \tag{8.23}
$$

注意，上式中，$Z_{12}=Z_{21}$，$Z_{\text{th},12}=Z_{11}+Z_{22}-2Z_{12}$。忽略故障前电流，并令故障节点 P 的故障前电压 $V_f=1.0\angle 0°$(标幺值)，从节点ⓚ流出的线路终端故障电流 I_f''为

$$
I_f'' = \frac{1.0}{Z_{kk,\text{new}}} = \frac{1.0}{Z_{11}+Z_b-(Z_{11}-Z_{21})^2/(Z_{\text{th},12}-Z_b)} \tag{8.24}
$$

可见，I_f''的计算只涉及 $\mathbf{Z}_{\text{orig}}$中的元素 Z_{11}，$Z_{12}(=Z_{21})$和 Z_{22}。

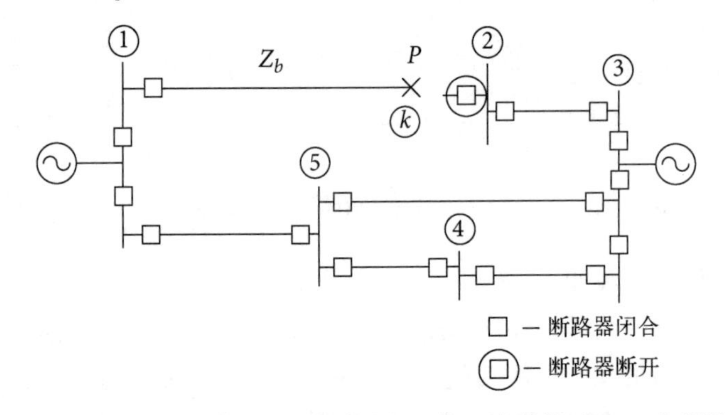

图 8.10　图 8.8 的点 P 发生线路终端故障，点 P 位于线路①-②上，串联阻抗等于 Z_b

注意，通过图 8.11(a)也可以直接得到与式(8.24)相同的线路终端故障电流，该图中包含故障前从节点①和节点②看入系统的戴维南等效电路。

按照前面所述步骤 1 和步骤 2 在图 8.11(a)中分别添加阻抗 Z_b和$-Z_b$。然后直接可得从开关 S 的端口看入系统的阻抗为

$$
Z_{kk,\text{new}} = Z_b + \frac{(Z_{11}-Z_{12})(Z_{22}-Z_{21}-Z_b)}{Z_{11}-Z_{12}+Z_{22}-Z_{21}-Z_b} + Z_{12} \tag{8.25}
$$

因为 $Z_{12}=Z_{21}$，$Z_{\text{th},12}=Z_{11}+Z_{22}-2Z_{12}$，代入上式可得

$$
\begin{aligned}
Z_{kk,\text{new}} &= Z_b + \frac{(Z_{11}-Z_{12})[(Z_{\text{th},12}-Z_b)-(Z_{11}-Z_{12})]}{Z_{\text{th},12}-Z_b} + Z_{12} \\
&= Z_{11} + Z_b - \frac{(Z_{11}-Z_{21})^2}{Z_{\text{th},12}-Z_b}
\end{aligned} \tag{8.26}
$$

因此，线路终端故障电流 I_f'' 的计算只需要闭合图 8.11(b)中的开关 S 并进行简单分析即可，得到的故障电流 I_f'' 与式(8.24)相同。使用戴维南等效电路必然会得到和式(8.22)矩阵运算相同的结果——因为不管系统多大，戴维南定理都不会改变外部电路的连接方式。

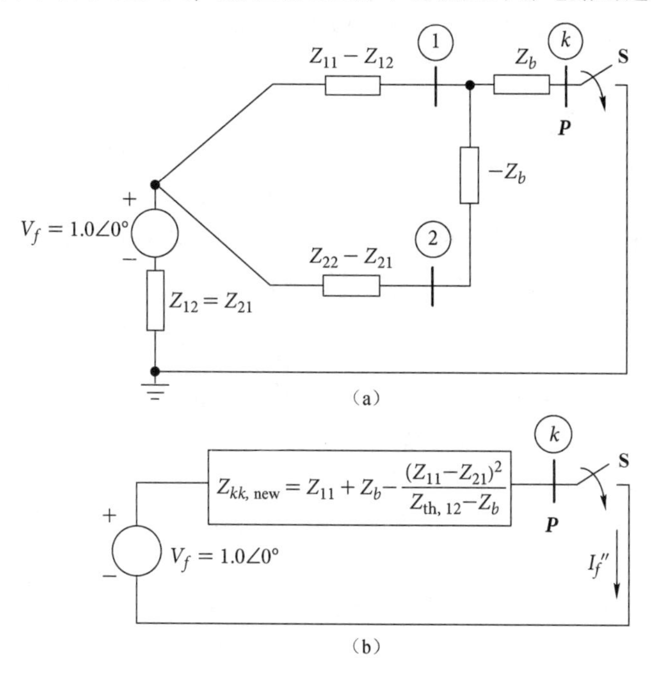

图 8.11　利用戴维南等效电路对图 8.10 的线路终端故障进行仿真。(a) 故障前断开线路①-②；(b) 故障中(闭合 S)

基于节点阻抗矩阵的等效电路还有多种其他用途。

例题 8.5　图 8.8 所示的五节点系统中，线路①-②上靠近节点②的断路器侧发生线路终端短路故障。忽略故障前电流，并假设故障点电压为额定电压，当仅有节点②侧的近端断路器断开时，计算故障点的次暂态电流。

解：故障前从节点①和节点②看入系统的等效电路如图 8.11(a)所示。由图 8.8 可知，线路①-②的阻抗为 Z_b=j0.168(标幺值)，同时，由例题 8.4 可得 $\mathbf{Z}_{\text{bus}}$。因此，并联阻抗为

$$Z_{11}-Z_{12}=\text{j}0.0793-\text{j}0.0558=\text{j}0.0235$$

$$Z_{22}-Z_{21}-Z_b=\text{j}0.1338-\text{j}0.0558-\text{j}0.168=-\text{j}0.09$$

由式(8.25)可得故障发生时从故障点 P 和参考节点看入系统的新的戴维南等效阻抗为

$$Z_{kk,\,\text{new}}=\text{j}0.168+\frac{(\text{j}0.0235)(-\text{j}0.09)}{(\text{j}0.0235-\text{j}0.09)}+\text{j}0.0558=\text{j}0.2556\ \text{p.u.}$$

因此，流入线路终端的次暂态电流为

$$I_f''=\frac{1}{\text{j}0.2556}=-\text{j}3.912\ \text{p.u.}$$

8.5　断路器的选择

电力公司需要向用户提供各种数据，以便用户确定故障电流，从而为工厂或者工业配电

系统选择合适的断路器与电力公司相连。通常电力公司并不提供从连接点看入系统的戴维南阻抗，而是向用户提供额定电压下的短路容量(MVA)，即

$$\text{短路容量 (MVA)} = \sqrt{3} \times (\text{额定电压 (kV)}) \times |I_{sc}| \times 10^{-3} \tag{8.27}$$

其中$|I_{sc}|$(A)为与电力公司相连的连接点三相故障时短路电流的有效值。基准容量和基准电压(kV)与基准电流$|I_{base}|$(A)的关系为

$$\text{基准容量 (MVA)} = \sqrt{3} \times (\text{基准电压 (kV)}) \times |I_{base}| \times 10^{-3} \tag{8.28}$$

令基准电压等于额定电压，用式(8.27)除以式(8.28)，得到式(8.27)的标幺值形式

$$\text{短路容量 (标幺值)} = |I_{sc}| \ \text{(标幺值)} \tag{8.29}$$

在额定电压下，从连接点看入系统的戴维南等效电路由电势等于1.0∠0°(标幺值)的电压源与阻抗Z_{th}(标幺值)串联组成。因此，在短路条件下

$$|Z_{th}| = \frac{1.0}{|I_{sc}|}\ \text{p.u.} = \frac{1.0}{\text{短路容量 (MVA)}}\ \text{p.u.} \tag{8.30}$$

如果忽略电阻和并联电容，那么$Z_{th}=X_{th}$。因此，电力公司指定用户节点的短路容量(MVA)，即指定了额定电压下的短路电流和从连接点看入系统的戴维南导纳。

断路器额定值及应用的研究很多，本节只是简单的讨论。讨论的目的不是为了研究断路器的应用，而是为了说明故障计算的重要性。有关选择断路器的相关指南，读者可以查阅本节脚注中的相关ANSI文献。

从电流的角度来看，选择断路器时需要考虑两个因素：

- 断路器必须允许(承受)的最大瞬时电流；
- 断路器触头断开电路时的总电流。

到目前为止，本书主要研究次暂态电流，即不包含直流分量的初始对称电流。考虑直流分量后，故障发生时刻的电流大于次暂态电流，且故障发生时刻的电流的有效值非零。对于5kV以上的油浸式断路器，该电流的有效值等于次暂态电流的1.6倍，在故障发生后的前半周期中，断路器必须能承受这种电流引起的破坏。该电流被称为瞬时电流，多年来，断路器一直把瞬时电流作为标准之一①。

断路器的开断额定值通常用开断容量(kVA或MVA)来表示。开断容量(kVA)等于$\sqrt{3}\times$与断路器相连的节点电压值(kV)×断路器触头必须能开断的电流(A)。当然，开断电流小于瞬时电流，它的大小取决于断路器的开断速度，即从故障发生到电弧彻底熄灭所用的时间(如8、5、3或2个周期)。断路器可以按额定开断时间进行分类。断路器的额定开断时间是指启动跳闸到电弧彻底熄灭所用的时间，如图8.12所示。

开断时间之前为跳闸延迟时间，通常认为是继电器的信号接收时间。

断路器必须能开断的电流实际上为不对称电流，因为该电流中通常会包含衰减的直流分量。交流高压油断路器参数表中的额定值指的是断路器非对称电流中与零轴对称的分量的额定开断电流。这种电流的正确名称应该是必需的对称开断容量，或简称为额定对称短路电流。通常形容词“对称”可以省略。总电流(包括直流分量)也可以用于选择断路器。② 本书

---

① 参阅G. N. Lester, “High Voltage Circuit Breaker Standards in the USA: Past, Present, and Future,” *IEEE Transactions on Power Apparatus and Systems*, vol. 93, 1974, pp. 590-600。

② 参阅“*Preferred Ratings and Related Required Capabilities for AC High-Voltage Circuit Breakers Rated on a Symmetrical Current Basis*”, ANSI/IEEE C37.06-2000, and “*Guide for Calculation of Fault Currents for Application of AC High-Voltage Circuit Breakers Rated on a Total Current Basis*”, ANSI/IEEE C37.5-1979, American National Standards Institute, New York。

对断路器的选择建立在对称的基础上。

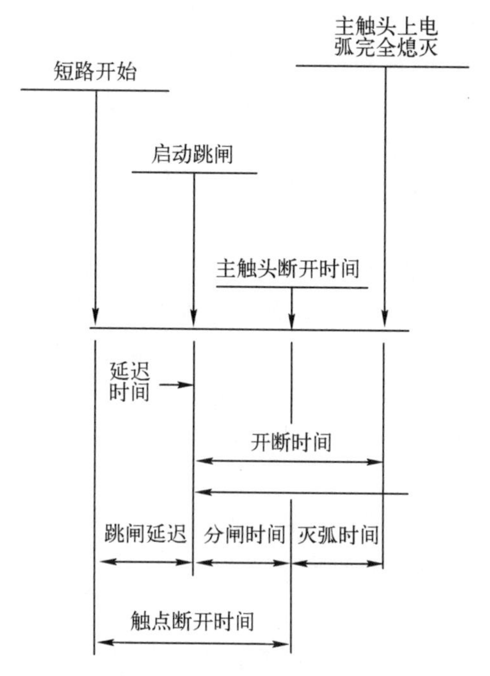

图 8.12　IEEE 标准 C37.010-1999(R2005)“基于对称电流的交流高压断路器额定值的应用指南”一文对开断时间的定义

断路器按额定电压等级(如 69 kV)进行分类。其他需要明确的指标包括额定连续电流、额定最大电压、电压范围系数 K 以及额定最大电压下的额定短路电流。断路器的额定最高电压是指断路器所能承受的最高电压的有效值。额定电压范围系数 K 等于额定最高电压除以工作电压的下限值。K 值用于确定使额定短路电流与工作电压的乘积保持恒定的电压范围。断路器在实际应用中不允许超过断路器短路容量。断路器的最大对称开断容量等于 K 与额定短路电流的乘积。当断路器工作在额定最高电压和额定最高电压的 $1/K$ 倍之间时，对称开断容量指额定短路电流与额定最高电压/工作电压之比的乘积。

例题 8.6　69 kV 断路器的电压范围系数 K 等于 1.21，连续电流额定值为 1200 A，额定短路电流为 19 000 A，最高额定电压为 72.5 kV。确定断路器的最大对称开断容量，并解释其在较低工作电压下的重要性。

解： 最大对称开断容量为

$$K\times 额定短路电流 = 1.21\times 19\,000 = 22\,990\ \text{A}$$

断路器的电流不允许超过对称开断电流。由 K 的定义，有

$$工作电压的最低限值 = \frac{额定最高电压}{K} = \frac{72.5}{1.21} \cong 60\ \text{kV}$$

因此，当工作电压的范围为 72.5~60 kV 时，对称开断电流可能会超过额定短路电流 19 000 A，但它不会超过 22 990 A。例如，当电压为 66 kV 时，开断电流为

$$\frac{72.5}{66}\times 19\,000 = 20\,871\ \text{A}$$

115 kV 及以上电压等级的断路器的 K 值等于 1。

对称短路电流的计算可以采用简化的方法，即 E/X 方法[①]，该方法忽略了所有电阻、静态负荷和故障前电流。对应的发电机的电抗为次暂态电抗，同步电动机的电抗选为电动机 X''_d 的 1.5 倍，大约等于电动机的暂态电抗 X'_d。50 马力以下的异步电动机可以直接忽略电抗，更大容量的感应电动机的电抗用 X''_d 的倍数表示，倍数的大小由电动机的容量决定。如果电路中没有电动机，那么对称短路电流等于次暂态电流。

因为短路电流等于故障电压 V_f 除以故障点的对应阻抗，因此采用 E/X 方法计算短路电流时，需要先求取对应故障点的阻抗。例如，为节点ⓚ选择断路器时，按照式(8.19)，故障节点ⓚ的阻抗对应于节点阻抗矩阵(已经采用适当方式表示电机电抗)中的 Z_{kk}。如果已知该阻抗的 X/R 不大于 15，则可以选择额定开断电流等于或大于计算电流的、具有恰当电压和容量(kVA)的断路器。如果不知道 X/R 的比值，则断路器在现有节点电压下的允许电流值的 80%必须大于计算电流。ANSI 应用指南还提出了一种考虑电流幅值衰减的短路电流修正方法，该方法提出，当 $X/R>15$ 时需要使用交流和直流衰减时间常数。同时，该方法还对断路器的动作速度进行了讨论。

例题 8.7 如图 8.13 所示，一台发电机通过变压器向 4 个相同的电动机供电。发电机的额定值为 25 000 kVA，13.8 kV，$X''_d=15\%$。

单台电动机的次暂态电抗为 $X''_d=20\%$(基准值为 5 000 kVA，6.9 kV)。三相变压器的额定值为 25 000 kVA，13.8/6.9 kV，漏电抗为 10%。点 P 发生三相故障前，电动机的节点电压为 6.9 kV。点 P 发生三相故障后，确定：(a) 故障的次暂态电流；(b) 断路器 A 上的次暂态电流；(c) 故障点和断路器 A 上的对称短路开断电流(用于选择断路器)。

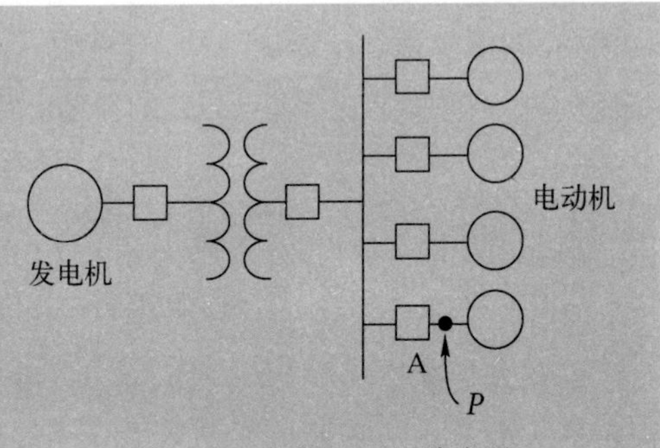

图 8.13 例题 8.7 的单线图

解：(a) 因为发电机的基准值为 25 000 kVA，13.8 kV，而电机的基准值为 25 000 kVA，6.9 kV。因此电动机的次暂态电抗变为

$$X''_d = 0.20\,\frac{25\,000}{5\,000} = 1.0\text{ p.u.}$$

图 8.14 所示为采用次暂态电抗时的等效电路。

当点 P 发生故障时

$$V_f = 1.0\angle 0^\circ\text{ p.u.} \qquad Z_{\text{th}} = \text{j}0.125\text{ p.u.}$$

$$I''_f = \frac{1.0\angle 0^\circ}{\text{j}0.125} = -\text{j}8.0\text{ p.u.}$$

当基准电压为 6.9 kV 时，电路中的基准电流为

$$|I_{\text{base}}| = \frac{25\,000}{\sqrt{3}\times 6.9} = 2090\text{ A}$$

因此

$$|I''_f| = 8\times 2\,090 = 16\,720\text{ A}$$

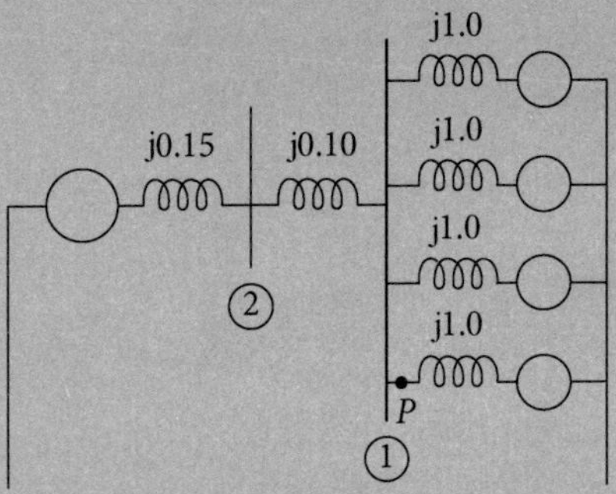

图 8.14 例题 8.7 的电抗图

---

① 参阅 *Application Guide for AC High-Voltage Circuit Breakers Rated on a Symmetrical Current Basis*，IEEE Standard C37.010-1999 (R2005)，IEEE，New York。

(b) 发电机和其他 3 台电动机向断路器 A 提供了短路电流。发电机提供的电流为

$$-\mathrm{j}8.0\times\frac{0.25}{0.50}=-\mathrm{j}4.0\ \mathrm{p.u.}$$

剩余故障电流中，3 台电动机各自的贡献均为 25%，即每台电机贡献的电流都是-j1.0 A，因此，对断路器 A

$$I''=-\mathrm{j}4.0+3(-\mathrm{j}1.0)=-\mathrm{j}7.0\ \mathrm{p.u.}$$

$$\text{或}\ 7\times 2\,090=14\,630\ \mathrm{A}$$

(c) 为了计算断路器 A 开断的电流，用电动机的暂态电抗 j1.5 代替图 8.14 中的次暂态电抗 j1.0。得

$$Z_{\mathrm{th}}=\mathrm{j}\frac{0.375\times 0.25}{0.375+0.25}=\mathrm{j}0.15\ \mathrm{p.u.}$$

发电机贡献的电流为

$$\frac{1.0}{\mathrm{j}0.15}\times\frac{0.375}{0.625}=-\mathrm{j}4.0\ \mathrm{p.u.}$$

各台电动机贡献的电流为

$$\frac{1}{4}\times\frac{1.0}{\mathrm{j}0.15}\times\frac{0.25}{0.625}=-\mathrm{j}0.67\ \mathrm{p.u.}$$

必须断开的对称短路电流的有名值为

$$(4.0+3\times 0.67)\times 2\,090=12\,560\ \mathrm{A}$$

令所有与点 P 相连的断路器都以流入故障节点的电流为基础，因此，与 6.9 kV 节点相连的断路器的额定短路开断电流值至少等于

$$4+4\times 0.667=6.67\ \mathrm{p.u.}$$

或者

$$6.67\times 2\,090=13\,940\ \mathrm{A}$$

选择额定电压为 14.4 kV 的断路器，该断路器的额定最高电压等于 15.5 kV，K 等于 2.67，15.5 kV 时的额定短路开断电流为 8900 A。当电压低至 15.5/2.67 = 5.8 kV 时，该断路器的额定对称短路开断电流为 2.67×8900 = 23 760 A。即使断路器所在电路的电压低于5.8 kV，断路器能开断的最大电流也不会发生变化。6.9 kV 下短路开断电流的额定值为

$$\frac{15.5}{6.9}\times 8900=20\,000\ \mathrm{A}$$

13 940 A 远远低于 20 000 A 的 80%，因此本例选择的断路器满足要求。

利用节点阻抗矩阵也可以求到短路电流。将图 8.14 的节点编号为①和②。节点①位于变压器的低压侧，节点②位于高压侧。采用 j1.5(标幺值)作为电动机的电抗值，有

$$Y_{11}=-\mathrm{j}10+\frac{1}{\mathrm{j}1.5/4}=-\mathrm{j}12.67$$

$$Y_{12}=\mathrm{j}10\quad Y_{22}=-\mathrm{j}10-\mathrm{j}6.67=-\mathrm{j}16.67$$

节点导纳矩阵及对应的逆矩阵为

$$
\mathbf{Y}_{bus} = \begin{matrix} & ① & ② \\ ① & \left[\begin{matrix} -j12.67 \\ j10.00 \end{matrix}\right. & \left.\begin{matrix} j10.00 \\ -j16.67 \end{matrix}\right] \end{matrix} \qquad \mathbf{Z}_{bus} = \begin{matrix} & ① & ② \\ ① & \left[\begin{matrix} j0.150 \\ j0.090 \end{matrix}\right. & \left.\begin{matrix} j0.090 \\ j0.114 \end{matrix}\right] \end{matrix}
$$

电压标幺值 $V_f = 1.0$ 以及节点阻抗矩阵为 $\mathbf{Z}_{bus}$ 时的网络如图 8.15 所示。节点①的故障用闭合 S_1、断开 S_2 表示。

节点①发生三相故障时，对称短路开断电流为

$$
I_{SC} = \frac{1.0}{j0.15} = -j6.67 \text{ p.u.}
$$

这个结果与前述计算一致。通过节点阻抗矩阵也可以求到节点①发生故障时节点②的节点电压

$$
V_2 = 1.0 - I_{SC} Z_{21} = 1.0 - (-j6.67)(j0.09) = 0.4
$$

因为节点①和节点②之间的导纳为-j10，从变压器流向故障点的电流为

$$
(0.4 - 0.0)(-j10) = -j4.0 \text{ p.u.}
$$

该值也和前面的结果一致。

同样，将图 8.15 中的 S_1 断开，S_2 闭合，可以求到节点②发生三相故障时的短路电流

$$
I_{SC} = \frac{1.0}{j0.114} = -j8.77 \text{ p.u.}
$$

上述例题反映了节点阻抗矩阵在节点故障分析中的价值。矩阵求逆不是必需的，因为通过 6.6 节的 $\mathbf{Z}_{bus}$组建算法或者 6.7 节的 $\mathbf{Y}_{bus}$的三角因子法可以直接计算得到 $\mathbf{Z}_{bus}$。

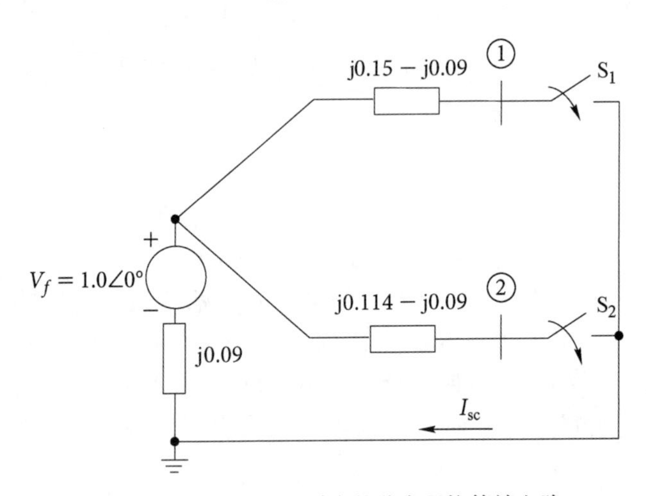

图 8.15　图 8.14 $\mathbf{Z}_{bus}$对应的节点阻抗等效电路

例题 8.8　图 8.16(a)所示的网络中，节点①和节点②上发电机的同步电抗为 $X_{d1} = X_{d2} =$ j1.70(标幺值)，次暂态电抗为 $X''_{d1} = X''_{d2} =$ j0.25(标幺值)。如果空载(所有节点电压的标幺值等于 1.0∠0°)时节点③上发生三相短路故障，求下述位置的初始对称(次暂态)电流：(a) 故障点；(b) 线路①-③；(c) 节点②的电压。使用 $\mathbf{Y}_{bus}$的三角因子进行求解。

解： 按已知的故障条件，网络的次暂态电抗图如图 8.16(b)所示。

$\mathbf{Y}_{bus}$的三角因子为

$$\mathbf{Y}_{\text{bus}} = \underbrace{\begin{bmatrix} -\text{j}10 & \cdots & \cdots \\ \text{j}1 & -\text{j}7.9 & \cdots \\ \text{j}5 & \text{j}3.5 & -\text{j}3.949\,37 \end{bmatrix}}_{\mathbf{L}} \underbrace{\begin{bmatrix} 1 & -0.1 & -0.5 \\ \cdots & 1 & -0.443\,04 \\ \cdots & \cdots & 1 \end{bmatrix}}_{\mathbf{U}}$$

由于故障发生在节点③上，由式(8.19)~式(8.21)可知，计算涉及次暂态矩阵 $\mathbf{Z}_{\text{bus}}$ 中的第 3 列 $\mathbf{Z}_{\text{bus}}^{(3)}$，组建的 $\mathbf{Z}_{\text{bus}}$ 为

$$\begin{bmatrix} -\text{j}10 & \cdots & \cdots \\ \text{j}1 & -\text{j}7.9 & \cdots \\ \text{j}5 & \text{j}3.5 & -\text{j}3.949\,37 \end{bmatrix} \begin{bmatrix} x_1 \\ x_2 \\ x_3 \end{bmatrix} = \begin{bmatrix} 0 \\ 0 \\ 1 \end{bmatrix}$$

求解方程，有

$$x_1 = x_2 = 0,\quad x_3 = \frac{1}{-\text{j}3.949\,37} = \text{j}0.253\,20\ \text{p.u.}$$

$\mathbf{Z}_{\text{bus}}^{(3)}$ 的元素可由下式得到：

$$\begin{bmatrix} 1 & -0.1 & -0.5 \\ \cdots & 1 & -0.443\,04 \\ \cdots & \cdots & 1 \end{bmatrix} \begin{bmatrix} Z_{13} \\ Z_{23} \\ Z_{33} \end{bmatrix} = \begin{bmatrix} 0 \\ 0 \\ \text{j}0.253\,20 \end{bmatrix}$$

可见

$$Z_{33} = \text{j}0.253\,20\ \text{p.u.}$$
$$Z_{23} = \text{j}0.112\,18\ \text{p.u.}$$
$$Z_{13} = \text{j}0.137\,82\ \text{p.u.}$$

(a) 由式(8.19)可知，故障点的次暂态电流为

$$I_f'' = \frac{V_f}{Z_{33}} = \frac{1}{\text{j}0.253\,20} = -\text{j}3.949\,37\ \text{p.u.}$$

(b) 由式(8.21)可知，线路①-③上的电流为

$$\begin{aligned} I_{13}'' &= -\frac{V_f}{Z_b}\left(\frac{Z_{13} - Z_{33}}{Z_{33}}\right) \\ &= -\frac{1}{\text{j}0.2}\left(\frac{\text{j}0.137\,82 - \text{j}0.253\,20}{\text{j}0.253\,20}\right) = -\text{j}2.278\,44\ \text{p.u.} \end{aligned}$$

(c) 由式(8.20)可知，故障期间节点②的电压为

$$\begin{aligned} V_2 &= V_f\left(1 - \frac{Z_{23}}{Z_{33}}\right) = 1.0\left(\frac{\text{j}0.112\,18}{\text{j}0.253\,20}\right) \\ &= 0.556\,95\ \text{p.u.} \end{aligned}$$

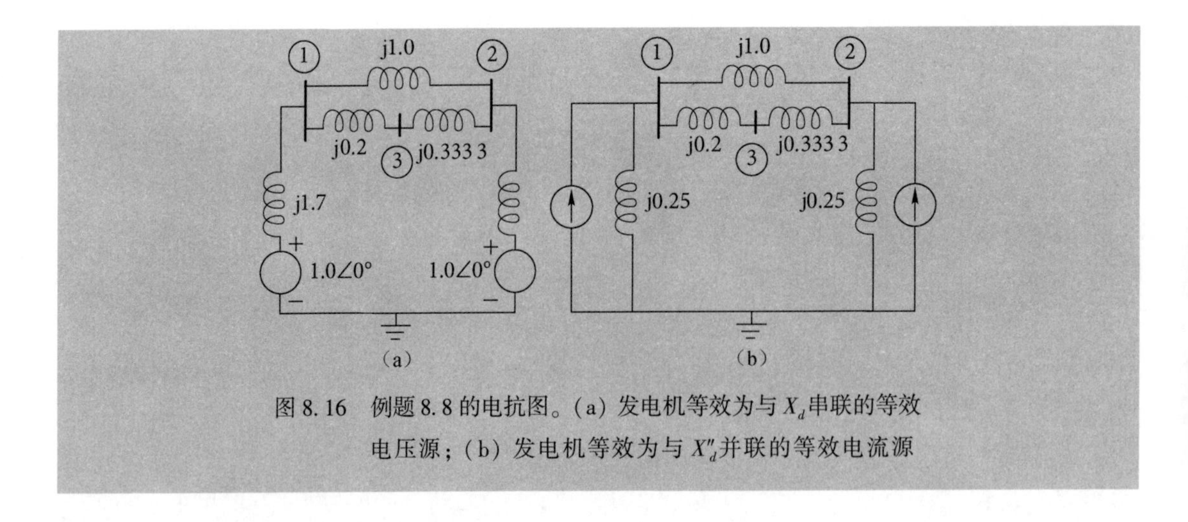

图 8.16　例题 8.8 的电抗图。(a) 发电机等效为与 X_d 串联的等效电压源；(b) 发电机等效为与 X''_d 并联的等效电流源

8.6　小结

电网故障瞬间的电流由系统元件和同步电机的阻抗决定。将电机等效为次暂态电抗和次暂态电势串联，可以确定初始对称故障电流的有效值。次暂态电流大于暂态和稳态电流。断路器的额定值由最大瞬时电流决定，断路器必须承受并能够断开该电流。开断电流取决于断路器的动作速度。断路器的正确选择和应用需要遵循 ANSI 标准的建议，本章引用了该标准中的部分内容。

通过以下假设可以简化基于工业的故障研究：

- 忽略输电线路和变压器等效电路中系统节点到参考节点(中性点)的所有并联电路。
- 系统建模时忽略负载阻抗，因为负载阻抗远远大于网络元件的阻抗。
- 系统中所有节点的额定电压/标称电压均为 $1.0\angle 0°$(标幺值)，因此故障前网络中没有电流。
- 根据断路器的动作速度以及是否需要计算瞬时或开断故障电流(参考 ANSI 标准)，将同步电机等效为次暂态电抗(或暂态电抗)与电压标幺值为 $1.0\angle 0°$ 的电源串联的电路。
- 由电压源串联阻抗组成的同步电机等效电路可转换为电流源与阻抗并联的等效模型。电机模型中的分流阻抗表示到参考节点的唯一分流支路。

节点阻抗矩阵常常用于计算故障电流。$\mathbf{Z}_{bus}$ 的元素可以直接由 $\mathbf{Z}_{bus}$ 构建算法显式获得，也可以由 $\mathbf{Y}_{bus}$ 的三角因子得到。本章介绍了基于 $\mathbf{Z}_{bus}$ 的等效电路对线路终端故障电流计算的简化方法。

复习题

8.1 节

8.1　关于同步发电机次暂态电抗 X''_d、暂态电抗 X'_d 和稳态电抗 X_d 的关系，下述哪个描述正确？

a. $X_d < X'_d < X''_d$

b. $X''_d < X'_d < X_d$

c. $X'_d < X_d < X''_d$

8.2 电力系统中70%~80%的输电线路故障都是单相接地故障。(对或错)

8.2 节

8.3 故障分析中通常忽略电阻、充电电容和变压器的非标称抽头，因为它们不会对故障电流造成很大的影响。(对或错)

8.4 戴维南定理可用于分析指定节点上的三相对称故障。(对或错)

8.3 节

8.5 大型系统的节点ⓚ发生三相接地故障时，故障电流为 $I''_f = V_f / Z_{kk}$，其中 Z_{kk} 指从节点ⓚ看入系统的戴维南阻抗，V_f是节点ⓚ的故障前电压。假设故障阻抗为零。(对或错)

8.6 故障发生期间，不能应用叠加定理计算系统指定节点的故障电压。(对或错)

8.7 和 $\mathbf{Y}_{\text{bus}}$相比，$\mathbf{Z}_{\text{bus}}$更常用于故障电流的计算。(对或错)

8.4 节

8.8 线路终端故障表示三相故障发生的位置非常接近线路的终端节点之一，且线路侧的第一断路器(靠近故障)开路。(对或错)

8.9 和变电站节点相比，输电线路发生三相故障的情况更多。(对或错)

8.5 节

8.10 大多数情况下，初始对称电流都不包括直流分量。(对或错)

8.11 短路容量(MVA)的标幺值等于 $\sqrt{3}$×电压的标幺值×(________)$\times 10^{-3}$。

8.12 断路器用于隔离线路的故障部分，并保持系统稳定。(对或错)

8.13 115 kV 线路断路器的电压范围 K 等于 1.0，连续电流额定值等于 1000 A，额定短路电流等于 17 000 A，最大额定电压为 72.5 kV。最大对称开断容量为：

a. 1.0×1000

b. 72.5×1000

c. 1.0×17 000

d. 72.5×17 000

8.14 请说明断路器的选择标准。

8.15 断路器的开断额定值和开断电流是指什么？

习题

8.1 闭合开关，使交流电压源与串联 RL 电路组成通路。其中电压源的有效值为 100 V，频率为 60 Hz；RL 电路的电阻为 15 Ω，电感为 0.12 H。

a. 开关闭合瞬间的电压等于 50 V，求闭合瞬间的电流的直流分量。

b. 电压瞬时值为多少时闭合开关引起的直流分量最大？

c. 电压瞬时值为多少时闭合开关不会引起直流分量？

d. 瞬时电压为零时闭合开关，求 0.5、1.5 和 5.5 个周期后的瞬时电流。

8.2 发电机通过断路器与变压器相连。断路器的动作时间为 5 个周期，发电机的额定值为 100 MVA，18 kV，电抗 $X''_d = 19\%$，$X'_d = 26\%$，$X_d = 130\%$。线路空载且线路电压为额定值时，断路器和变压器之间的线路发生三相短路。求：（a）断路器中的持续短路电流；（b）断路器中初始对称电流的有效值；（c）断路器短路电流中的最大可能直流分量。

8.3 习题 8.2 中，三相变压器的额定值为 100 MVA，240Y/18△ kV，$X=10\%$。空载且线路电压为额定值时，变压器的高压侧发生三相短路，求：（a）变压器高压绕组上的初始对称电流有效值；（b）线路低压侧的初始对称电流有效值。

8.4 60 Hz 发电机的额定值为 500 MVA，20 kV，$X''_d=0.20$p. u.（标幺值）。它向一个 400 MW 的纯电阻负荷供电，负荷电压为 20 kV。负荷直接与发电机的端子相连。如果负荷的三相线路同时短路，求发电机的初始对称电流有效值的标幺值，取 500 MVA，20 kV 为基准值。

8.5 发电机通过变压器与同步电动机相连。选用统一的基准值后，发电机和电动机的次暂态电抗的标幺值分别为 0.15 和 0.35，变压器的漏电抗标幺值为 0.10。当发电机终端电压的标幺值为 0.9、发电机输出电流的标幺值为 1.0、功率因数为 0.8(超前)时，电动机的端子发生三相故障。取发电机端电压为参考相量，利用下述两种方法，求故障点、发电机和电动机中次暂态电流的标幺值：（a）通过计算发电机和电动机次暂态阻抗后的电压来实现；（b）通过戴维南定理来实现。

8.6 两个同步电动机的次暂态电抗的标幺值分别为 0.80 和 0.25(基准值为 480 V，2000 kVA)。电动机通过一条电抗值为 0.023 Ω 的线路与电力系统相连。电力系统的短路容量(MVA)为 9.6 MVA，额定电压为 480 V。当电动机节点电压为 440 V 时发生电动机三相故障，忽略负荷电流，求电动机节点上的初始对称电流的有效值。

8.7 四节点网络的节点阻抗矩阵用标幺值表示如下：

$$\mathbf{Z}_{\text{bus}} = \begin{bmatrix} j0.15 & j0.08 & j0.04 & j0.07 \\ j0.08 & j0.15 & j0.06 & j0.09 \\ j0.04 & j0.06 & j0.13 & j0.05 \\ j0.07 & j0.09 & j0.05 & j0.12 \end{bmatrix}$$

发电机与节点①和节点②相连，其次暂态电抗包含在 $\mathbf{Z}_{\text{bus}}$ 中。忽略故障前电流，令故障点在故障前的电压标幺值为 $1.0\angle 0°$，求节点④发生三相故障时的次暂态电流的标幺值。已知发电机 2 的次暂态电抗标幺值为 0.2，求发电机 2 的电流标幺值。

8.8 图 8.17 中，节点②发生三相故障，使用节点阻抗矩阵求发电机 1、线路①-②中的次暂态电流，以及节点①和节点③上的电压。假设故障前空载，且节点②上的故障前电压的标幺值为 $1.0\angle 0°$。编写 MATLAB 程序来验证结果。

8.9 对图 8.17 所示的网络，求 $\mathbf{Y}_{\text{bus}}$ 及其三角因子。使用三角因子法确定习题 8.8 中的 $\mathbf{Z}_{\text{bus}}$ 元素。编写 MATLAB 程序验证结果。

8.10 图 8.5 所示的网络空载(所有节点电压的标幺值均为 $1.0\angle 0°$)，节点①发生三相故障，求故障点的次暂态电流；节点②、节点③、节点④的电压；发电机向节点④提供的电流。使用例题 8.3 的基于 $\mathbf{Z}_{\text{bus}}$ 的等效电路以及类似于图 8.7 的等效电路来说明计算结果。

8.11 图 8.8 所示网络的节点阻抗矩阵如例题 8.4 所示。如果空载时(所有节点电压的标幺值等于 $1.0\angle 0°$)网络节点②发生短路故障，求故障点的次暂态电流、节点①和节点③上的电压，以及发电机向节点①提供的电流。使用基于 $\mathbf{Z}_{\text{bus}}$ 的等效电路以及类似于图 8.7 的等效电路来说明计算结果。

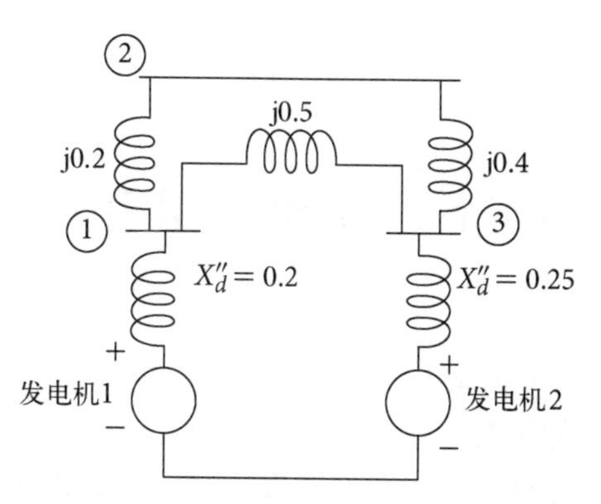

图 8.17　例题 8.8 和例题 8.9 对应的网络

8.12　图 8.8 所示网络的 $\mathbf{Z}_{\text{bus}}$ 如例题 8.4 所示。线路③-⑤在靠近节点③的断路器线路上发生线路终端故障，求只有节点③的近端断路器开断时的次暂态电流。使用图 8.11 所示的等效电路方法。

8.13　图 7.5 所示为单电源网络的单线图，线路数据如表 7.7 所示。发电机分别和节点①、节点④相连，次暂态电抗标幺值均为 0.25。按 8.6 节所述方法确定故障的假设条件，然后确定网络的：(a) $\mathbf{Y}_{\text{bus}}$；(b) $\mathbf{Z}_{\text{bus}}$；(c) 节点③上发生三相故障时的次暂态电流标幺值；(d) 线路①-③和线路④-③对故障电流的贡献。

8.14　如图 8.18 所示，发电机通过断路器与节点相连，发电机的额定电压为 625 kV，电抗标幺值为 $X''_d = 0.20$。

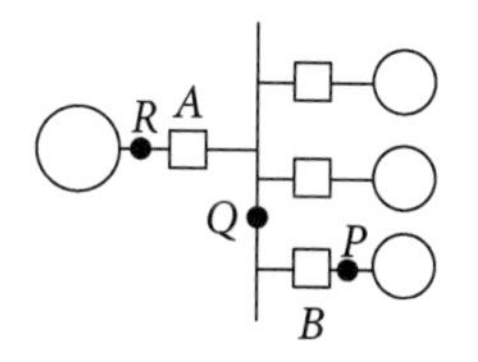

图 8.18　习题 8.14 的单线图

3 台同步电动机通过断路器连接到同一节点上。同步电动机的额定值为 250 hp，2.4 kV，功率因数为 1.0，效率为 90%，电抗的标幺值 $X''_d = 0.20$。电动机运行在满负荷、功率因数等于 1(标幺值)且额定电压的状态下，负荷在这 3 台电动机之间平均分配。试求：

a. 以 625 kVA，2.4 kV 为基准值，画出用标幺值表示的阻抗图；
b. 求点 P 发生三相故障时，能被断路器 A 和 B 开断的对称短路电流的有名值，为了简化计算，忽略故障前电流；
c. 点 Q 发生三相故障时，重做问题 b；
d. 点 R 发生三相故障时，重做问题 b。

8.15　已知断路器的额定电压为 34.5 kV，连续额定电流为 1500 A，电压范围因子 K 等于 1.65。额定最高电压为 38 kV，对应的额定短路电流为 22 kA。求：(a) 当工作电压低于多少时，额定短路电流不再随着工作电压的下降而上升，对应的电流值是多少？(b) 34.5 kV 下的额定短路电流是多少？

第 9 章　对称分量和序网

对称分量法是由 C. L. Fortescue① 提出的处理不对称多相电路最有力的工具之一。Fortescue 证明了含 n 个相量的不对称系统可以分解为由对称相量构成的 n 个系统，这些对称相量被称为原始相量的对称分量。每组对称分量中的 n 个相量不但长度相等，而且相邻相量的夹角也相等。对称分量法适用于任何不对称多相系统，但本章只讨论三相系统。

通常，对称三相系统发生不对称故障时，各相中将出现不对称电流和电压。如果电流和电压的关系可以用恒定阻抗表示，则将该系统称为线性系统，可以采用叠加原理进行分析。线性系统中，通过单独考虑系统中各个元件对电流对称分量的响应，可以确定不对称电流引起的电压变化。系统中的元件包括发电机、变压器、输电线路以及连接成△型或 Y 型的负荷。

通过对称分量法可知，系统中各个元件的输出响应取决于元件的连接方式和对应的电流分量。元件的响应和各个电流分量的关系可以用等效电路(也称为序电路)来描述。三相系统的每个元件都对应 3 个等效电路。将各个等效电路按照它们之间关系进行组合，可得三序网络。对故障条件下的序网进行求解，可得到对称电流和电压分量，然后将对称电压和电流分量组合，即得到不对称故障电流对整个系统的影响。

对称分量法是一种强有力的工具，它使不对称故障的计算几乎与三相故障一样简单。第 10 章将主要分析不对称故障。

9.1　对称分量法的基本原理

根据 Fortescue 的定理，三相系统的 3 个不对称相量可以分解为 3 个系统中的三相对称相量。对称相量包括：

1. 正序分量，由幅值相等、相位互差 120°的 3 个相量组成，与原始相量的相序相同；
2. 负序分量，由幅值相等、相位互差 120°的 3 个相量组成，与原始相量的相序相反；
3. 零序分量，由幅值相等、相位相同的 3 个相量组成。

用对称分量法求解问题时，习惯性地认为系统的三相为 a，b 和 c 相，这样不对称相量的正序分量就称为 *abc* 序，而负序分量的相序为 *acb* 序。

以电压为例，将原始电压相量用 V_a，V_b和 V_c表示。为了在后续章节中清楚区分节点与序分量，将三组对称分量用上标进行标注，其中 1 表示正序分量，2 表示负序分量，0 表示零序分量。V_a，V_b和 V_c的正序分量分别表示为 $V_a^{(1)}$，$V_b^{(1)}$ 和 $V_c^{(1)}$。同样，负序分量为 $V_a^{(2)}$，$V_b^{(2)}$ 和 $V_c^{(2)}$，零序分量为 $V_a^{(0)}$，$V_b^{(0)}$ 和 $V_c^{(0)}$。

图 9.1 所示为上述 3 组对称分量。电流分量由 I 表示，其上标和电压分量相同。

---

① C. L. Fortescue, "Method of Symmetrical Coordinates Applied to the Solution of Polyphase Networks," *Transactions of AIEE*, vol. 37, 1918, pp. 1027-1140.

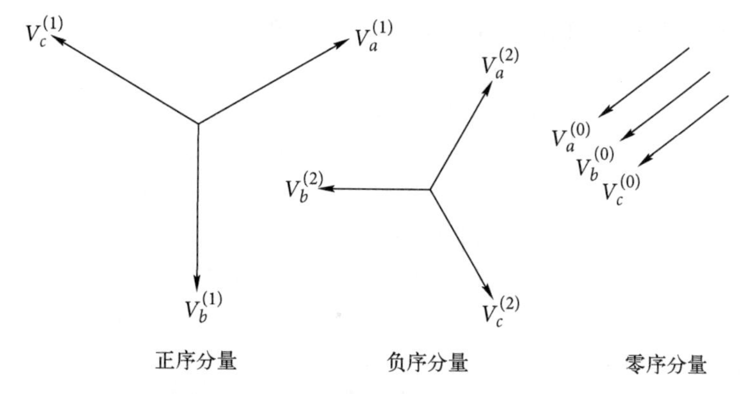

图 9.1　3 个不对称相量的三组对称分量

由于每个不对称相量都是其对称分量之和，因此原始相量可以用对称分量表示为

$$V_a = V_a^{(0)} + V_a^{(1)} + V_a^{(2)} \tag{9.1}$$

$$V_b = V_b^{(0)} + V_b^{(1)} + V_b^{(2)} \tag{9.2}$$

$$V_c = V_c^{(0)} + V_c^{(1)} + V_c^{(2)} \tag{9.3}$$

图 9.2 所示为利用图 9.1 所示的 3 组对称分量合成的 3 个不对称相量。

随着对称系统不对称故障研究的深入，对称分量法在电力系统分析中的众多优点逐渐凸显。该方法首先求得故障点电流的对称分量，然后利用阻抗矩阵求出系统各个节点的电流和电压。对称分量法简单易行，能对系统的行为进行准确的预测。

由图 9.2 可知，按照式(9.1)~式(9.3)，3 组对称相量可以合成 3 个不对称相量。接下来继续利用式(9.1)~式(9.3)，讨论如何将 3 个不对称相量分解成对应的对称分量。

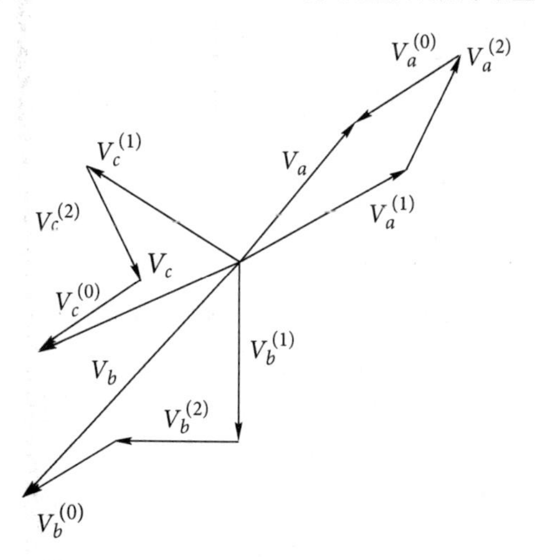

图 9.2　将图 9.1 的对称分量相加，得到 3 个不对称相量

首先，为了减少式(9.1)~式(9.3)中未知数的个数，将 V_b 和 V_c 的对称分量表示为 V_a 和算子 $\alpha=1\angle 120°$(见第 2 章)的乘积形式。由图 9.1 可得下述关系：

$$\begin{aligned} &V_b^{(0)} = V_a^{(0)}, \quad &V_c^{(0)} = V_a^{(0)} \\ &V_b^{(1)} = \alpha^2 V_a^{(1)}, \quad &V_c^{(1)} = \alpha V_a^{(1)} \\ &V_b^{(2)} = \alpha V_a^{(2)}, \quad &V_c^{(2)} = \alpha^2 V_a^{(2)} \end{aligned} \tag{9.4}$$

将式(9.4)代入式(9.2)和式(9.3)，同时保持式(9.1)不变，得

$$V_a = V_a^{(0)} + V_a^{(1)} + V_a^{(2)} \tag{9.5}$$

$$V_b = V_a^{(0)} + \alpha^2 V_a^{(1)} + \alpha V_a^{(2)} \tag{9.6}$$

$$V_c = V_a^{(0)} + \alpha V_a^{(1)} + \alpha^2 V_a^{(2)} \tag{9.7}$$

或用矩阵形式表示为

$$\begin{bmatrix} V_a \\ V_b \\ V_c \end{bmatrix} = \begin{bmatrix} 1 & 1 & 1 \\ 1 & \alpha^2 & \alpha \\ 1 & \alpha & \alpha^2 \end{bmatrix} \begin{bmatrix} V_a^{(0)} \\ V_a^{(1)} \\ V_a^{(2)} \end{bmatrix} = \mathbf{A} \begin{bmatrix} V_a^{(0)} \\ V_a^{(1)} \\ V_a^{(2)} \end{bmatrix} \tag{9.8}$$

为方便起见，令

$$\mathbf{A} = \begin{bmatrix} 1 & 1 & 1 \\ 1 & \alpha^2 & \alpha \\ 1 & \alpha & \alpha^2 \end{bmatrix} \tag{9.9}$$

显然

$$\mathbf{A}^{-1} = \frac{1}{3} \begin{bmatrix} 1 & 1 & 1 \\ 1 & \alpha & \alpha^2 \\ 1 & \alpha^2 & \alpha \end{bmatrix} \tag{9.10}$$

在式(9.8)两边同时左乘 $\mathbf{A}^{-1}$得到

$$\begin{bmatrix} V_a^{(0)} \\ V_a^{(1)} \\ V_a^{(2)} \end{bmatrix} = \frac{1}{3} \begin{bmatrix} 1 & 1 & 1 \\ 1 & \alpha & \alpha^2 \\ 1 & \alpha^2 & \alpha \end{bmatrix} \begin{bmatrix} V_a \\ V_b \\ V_c \end{bmatrix} = \mathbf{A}^{-1} \begin{bmatrix} V_a \\ V_b \\ V_c \end{bmatrix} \tag{9.11}$$

上式为将 3 个不对称相量分解成对称分量的公式。上述关系非常重要，因此将上式展开并单独表示为

$$V_a^{(0)} = \frac{1}{3}(V_a + V_b + V_c) \tag{9.12}$$

$$V_a^{(1)} = \frac{1}{3}(V_a + \alpha V_b + \alpha^2 V_c) \tag{9.13}$$

$$V_a^{(2)} = \frac{1}{3}(V_a + \alpha^2 V_b + \alpha V_c) \tag{9.14}$$

由式(9.4)可得对称分量 $V_b^{(0)}$，$V_b^{(1)}$，$V_b^{(2)}$，$V_c^{(0)}$，$V_c^{(1)}$和 $V_c^{(2)}$。上述方法也适用于线电压，只需要用 V_{ab}，V_{bc}和 V_{ca}分别替代上述式中的 V_a，V_b和 V_c即可。

式(9.12)表明，如果不对称相量之和为零，则不存在零序分量。由于三相系统中线电压的相量之和始终为零，因此无论系统不对称的程度如何，线电压中都不存在零序分量。但是三个相电压相量之和不一定为零，所以相电压中可能包含零序分量。

任何一组相关相量都可以采用上述公式表示，包括电流相量。公式的求解可以采用数值分析法或者图解法。由于上述公式是后续分析的基础，因此以电流为例，总结如下：

$$\begin{aligned} I_a &= I_a^{(0)} + I_a^{(1)} + I_a^{(2)} \\ I_b &= I_a^{(0)} + \alpha^2 I_a^{(1)} + \alpha I_a^{(2)} \\ I_c &= I_a^{(0)} + \alpha I_a^{(1)} + \alpha^2 I_a^{(2)} \end{aligned} \tag{9.15}$$

$$\begin{aligned} I_a^{(0)} &= \frac{1}{3}(I_a + I_b + I_c) \\ I_a^{(1)} &= \frac{1}{3}(I_a + \alpha I_b + \alpha^2 I_c) \\ I_a^{(2)} &= \frac{1}{3}(I_a + \alpha^2 I_b + \alpha I_c) \end{aligned} \tag{9.16}$$

上述结论同样适用于△型电路[如图 9.4(a)所示]中的相电流，只需要用I_{ab}，I_{bc}和I_{ca}分别替代上述公式中的I_a，I_b和I_c。

例题 9.1　三相线路中的一相开路。线路 a 向负荷提供的电流等于 10 A，负荷为△型连接。以线路 a 的电流为参考相量，假设线路 c 开路，求线电流的对称分量。

解：图 9.3 所示为对应电路。

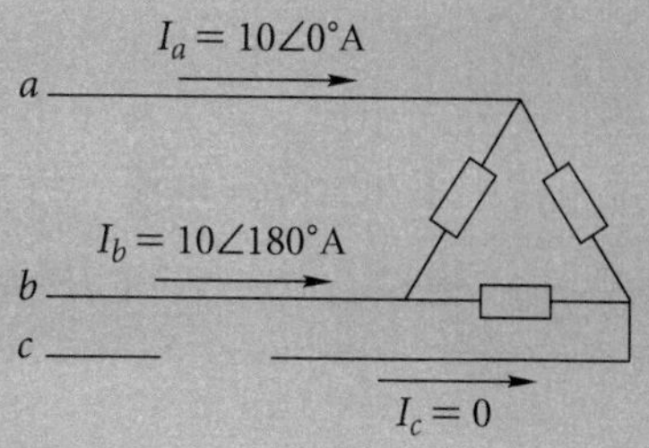

线电流为

$$I_a = 10\angle 0°\ \text{A},\ I_b = 10\angle 180°\ \text{A},\ I_c = 0\ \text{A}$$

由式(9.16)可得

$$I_a^{(0)} = \frac{1}{3}(10\angle 0° + 10\angle 180° + 0) = 0$$

$$I_a^{(1)} = \frac{1}{3}(10\angle 0° + 10\angle(180° + 120°) + 0)$$

$$= 5 - \text{j}2.89 = 5.78\angle -30°\ \text{A}$$

$$I_a^{(2)} = \frac{1}{3}(10\angle 0° + 10\angle(180° + 240°) + 0)$$

$$= 5 + \text{j}2.89 = 5.78\angle 30°\ \text{A}$$

$I_a = 10\angle 0°\text{A}$　$I_b = 10\angle 180°\text{A}$　$I_c = 0$

图 9.3　例题 9.1 的电路

由式(9.4)可得

$$I_b^{(0)} = 0,\qquad I_c^{(0)} = 0$$

$$I_b^{(1)} = 5.78\angle -150°\ \text{A},\qquad I_c^{(1)} = 5.78\angle 90°\ \text{A}$$

$$I_b^{(2)} = 5.78\angle 150°\ \text{A},\qquad I_c^{(2)} = 5.78\angle -90°\ \text{A}$$

上述结果 $I_a^{(0)} = I_b^{(0)} = I_c^{(0)} = 0$ 对任何三相系统都成立。

由例题 9.1 可见，虽然因为 c 相开路，没有电流流过 c 相线路，但相量 $I_c^{(1)}$ 和 $I_c^{(2)}$ 非零。当然，c 相对称分量之和为零。a 相对称分量之和为 $10\angle 0°$ A，b 相对称分量之和为 $10\angle 180°$ A。

9.2　Y 型和△型对称电路

三相系统中，线路 a，b，c 之间的电路元件或者连接成 Y 型，或者连接成△型。由图 9.4 可以建立 Y 型和△型电路中电流和电压对称分量的关系，其中 Y 型和△型电路的阻抗为对称阻抗。

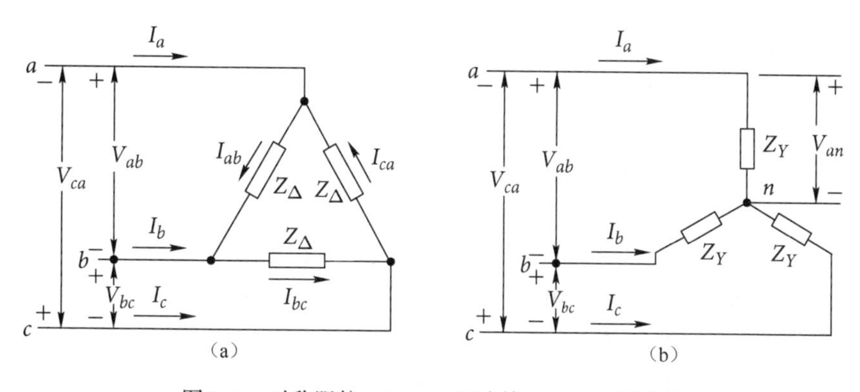

图 9.4　对称阻抗。(a) △型连接；(b) Y 型连接

因为参考相位不会对结果造成影响，因此可以任意选择。令△型电路中支路 a-b 的电流为参考值。有

$$\begin{aligned} I_a &= I_{ab} - I_{ca} \\ I_b &= I_{bc} - I_{ab} \\ I_c &= I_{ca} - I_{bc} \end{aligned} \tag{9.17}$$

上述 3 个公式相加，即为零序电流，表示为 $I_a^{(0)}=(I_a+I_b+I_c)/3=0$，这意味着进入△型电路的线电流中不包含零序电流。将式(9.17)中的电流 I_a用对称分量表示，可得

$$\begin{aligned} I_a^{(1)} + I_a^{(2)} &= (I_{ab}^{(0)} + I_{ab}^{(1)} + I_{ab}^{(2)}) - (I_{ca}^{(0)} + I_{ca}^{(1)} + I_{ca}^{(2)}) \\ &= \underbrace{(I_{ab}^{(0)} - I_{ca}^{(0)})}_{0} + (I_{ab}^{(1)} - I_{ca}^{(1)}) - (I_{ab}^{(2)} - I_{ca}^{(2)}) \end{aligned} \tag{9.18}$$

显然，仅由线电流无法判断△型电路中是否存在非零的循环电流 $I_{ab}^{(0)}$。因为 $I_{ca}^{(1)}=\alpha I_{ab}^{(1)}$，$I_{ca}^{(2)}=\alpha^2 I_{ab}^{(2)}$，所以式(9.18)可改写为

$$I_a^{(1)} + I_a^{(2)} = (1-\alpha)I_{ab}^{(1)} + (1-\alpha^2)I_{ab}^{(2)} \tag{9.19}$$

对 b 相可以建立类似公式，$I_b^{(1)}+I_b^{(2)}=(1-\alpha)I_{bc}^{(1)}+(1-\alpha^2)I_{bc}^{(2)}$，用 $I_a^{(1)}$，$I_a^{(2)}$，$I_{ab}^{(1)}$ 和 $I_{ab}^{(2)}$ 代替 $I_b^{(1)}$，$I_b^{(2)}$，$I_{bc}^{(1)}$，$I_{bc}^{(2)}$，并与式(9.19)联立求解，可得

$$I_a^{(1)} = \sqrt{3}\angle{-30^\circ} \times I_{ab}^{(1)}, \quad I_a^{(2)} = \sqrt{3}\angle 30^\circ \times I_{ab}^{(2)} \tag{9.20}$$

上述结果非常重要，它实际上就是式(9.19)中同一序电流的解。该电流的正负序分量的相量图如图 9.5(a)所示。

同样，Y 型系统的线电压可以用相电压表示为

$$\begin{aligned} V_{ab} &= V_{an} - V_{bn} \\ V_{bc} &= V_{bn} - V_{cn} \\ V_{ca} &= V_{cn} - V_{an} \end{aligned} \tag{9.21}$$

将上述 3 个公式相加，得到 $V_{ab}^{(0)}=(V_{ab}+V_{bc}+V_{ca})/3=0$，意味着线电压中没有零序分量。将 V_{ab}用对称分量表示，得

$$\begin{aligned} V_{ab}^{(1)} + V_{ab}^{(2)} &= (V_{an}^{(0)} + V_{an}^{(1)} + V_{an}^{(2)}) - (V_{bn}^{(0)} + V_{bn}^{(1)} + V_{bn}^{(2)}) \\ &= \underbrace{(V_{an}^{(0)} - V_{bn}^{(0)})}_{0} + (V_{an}^{(1)} - V_{bn}^{(1)}) - (V_{an}^{(2)} - V_{bn}^{(2)}) \end{aligned} \tag{9.22}$$

因此，单独由线电压不能判断零序电压 $V_{an}^{(0)}$ 是否非零。按式(9.19)所述的方法，将正、负序分量分开，得到同样很重要的电压关系：

$$\begin{aligned} V_{ab}^{(1)} &= (1-\alpha^2)V_{an}^{(1)} = \sqrt{3}\angle 30^\circ \times V_{an}^{(1)} \\ V_{ab}^{(2)} &= (1-\alpha)V_{an}^{(2)} = \sqrt{3}\angle{-30^\circ} \times V_{an}^{(2)} \end{aligned} \tag{9.23}$$

图 9.5(b)所示为对应的正负序电压分量相量图。式(9.23)中，如果相电压是以相电压为基准值的标幺值，而线电压是以线电压为基准值的标幺值，则式(9.23)中必须去掉乘子 $\sqrt{3}$。但是，如果线电压和相电压的基准电压相同，则式(9.23)保持不变。同样地，当△型

电路的线电流和相电流表示为以各自线电流或相电流为基准值的标幺值时，也需要去掉式(9.20)中的$\sqrt{3}$，因为这两个基准值的比值等于$\sqrt{3}:1$。当电流的基准值相同时，式(9.20)保持不变。

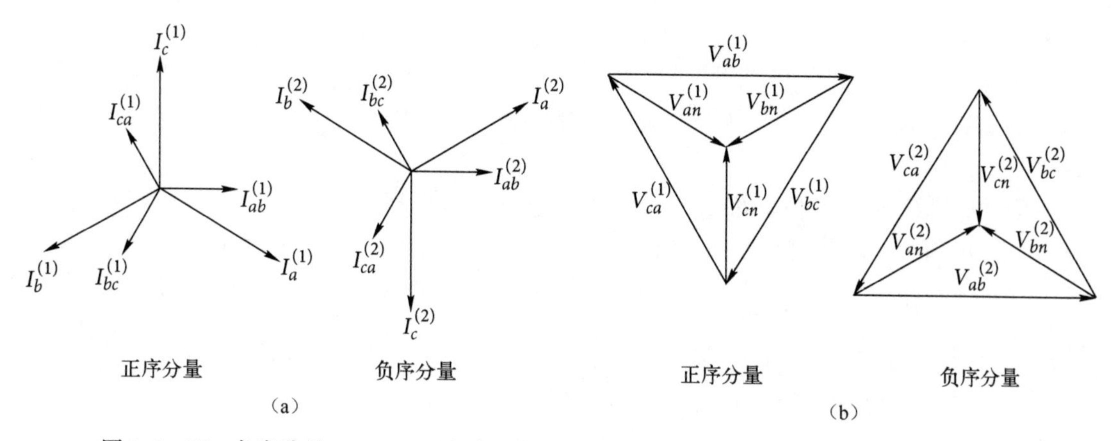

图 9.5 正、负序分量。(a) △型电路的线电流和相电流；(b) 三相系统的线电压和相电压

再由图 9.4 可知，当△型电路内没有电源或者没有互感耦合时，则 $V_{ab}/I_{ab}=Z_{\triangle}$。当同时存在正序和负序分量，有

$$\frac{V_{ab}^{(1)}}{I_{ab}^{(1)}}=Z_{\triangle}=\frac{V_{ab}^{(2)}}{I_{ab}^{(2)}} \tag{9.24}$$

分别将式(9.20)和式(9.23)代入上式，有

$$\frac{\sqrt{3}V_{an}^{(1)}\angle 30^{\circ}}{\dfrac{I_a^{(1)}}{\sqrt{3}}\angle 30^{\circ}}=Z_{\triangle}=\frac{\sqrt{3}V_{an}^{(2)}\angle -30^{\circ}}{\dfrac{I_a^{(2)}}{\sqrt{3}}\angle -30^{\circ}}$$

因此

$$\frac{V_{an}^{(1)}}{I_a^{(1)}}=\frac{Z_{\triangle}}{3}=\frac{V_{an}^{(2)}}{I_a^{(2)}} \tag{9.25}$$

上式表明，就正序或负序电流而言，△型电路的阻抗 $Z_{\triangle}$ 可以用图 9.6(a)中 Y 型电路的一相阻抗，即 $Z_Y=Z_{\triangle}/3$ 来进行等效。

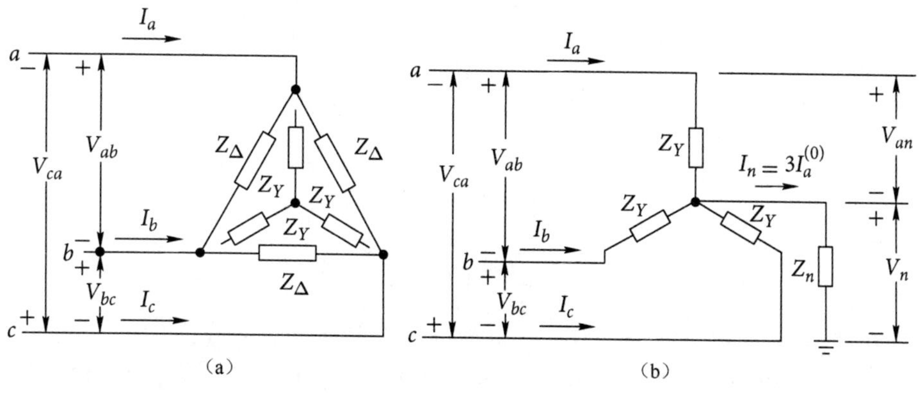

图 9.6 (a) 对称的△型阻抗及等效 Y 型阻抗，阻抗满足关系 $Z_Y=Z_{\triangle}/3$；(b) 中性点接地的 Y 型阻抗

当然，这个结论也可以通过表 2.2 的 △型-Y 型电路转换得到。当阻抗 $Z_{\triangle}$ 和 Z_{Y} 均为有名值，或者均为相同基准值下的标幺值时，$Z_{Y}=Z_{\triangle}/3$ 都成立。

例题 9.2 3 个相同的电阻 Y 型连接，三相额定值为 2300 V 和 500 kVA。如果负荷电压为

$$|V_{ab}| = 1840\ \text{V},\ |V_{bc}| = 2760\ \text{V},\ |V_{ca}| = 2300\ \text{V}$$

试求用标幺值表示的负荷线电压和电流。假设负荷没有与系统的中性点相连，且基准值为 2300 V，500 kVA。

解： 取负荷的额定值为基准值，因此负荷电阻标幺值等于 1.0。该基准值下，线路电压的标幺值为

$$|V_{ab}| = 0.8,\ |V_{bc}| = 1.2,\ |V_{ca}| = 1.0$$

由图 9.7 可知，令 V_{ca} 的相角为 180°。

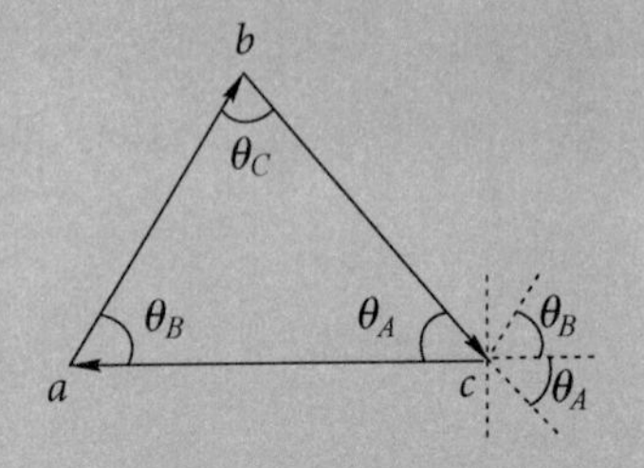

图 9.7 用余弦定律求线电压相角

利用余弦定律求解图 9.7 中其他线电压的相角，有

$$|V_{ca}|^2 = |V_{ab}|^2 + |V_{bc}|^2 - 2|V_{ab}| \times |V_{bc}| \cos\theta_C$$

将对应的线电压标幺值代入上式，可以得到 $\theta_C = 55.77°$。

同样，有 $\theta_A = 41.41°$，$\theta_B = 82.82°$。因此，对应的线电压标幺值为

$$V_{ab} = |V_{ab}|\angle\theta_B = 0.8\angle 82.82°$$

$$V_{bc} = |V_{bc}|\angle -\theta_A = 1.2\angle -41.41°$$

$$V_{ca} = |V_{ca}|\angle 180° = 1.0\angle 180°$$

线电压的对称分量为

$$\begin{aligned}
V_{ab}^{(1)} &= \frac{1}{3}(V_{ab} + \alpha V_{bc} + \alpha^2 V_{ca}) \\
&= \frac{1}{3}(0.8\angle 82.82° + 1.2\angle(120° - 41.41°) + 1.0\angle(240° + 180°)) \\
&= \frac{1}{3}(0.1 + \text{j}0.793\,73 + 0.237\,39 + \text{j}1.176\,28 + 0.5 + \text{j}0.866\,03) \\
&= 0.279\,13 + \text{j}0.945\,53 = 0.985\,68\angle 73.55°\ \text{p.u.}（基准值为相电压）
\end{aligned}$$

$$\begin{aligned}
V_{ab}^{(2)} &= \frac{1}{3}(V_{ab} + \alpha^2 V_{bc} + \alpha V_{ca}) \\
&= \frac{1}{3}(0.8\angle 82.82° + 1.2\angle(240° - 41.41°) + 1.0\angle(120° + 180°)) \\
&= \frac{1}{3}(0.1 + \text{j}0.793\,73 - 1.137\,39 - \text{j}0.382\,55 + 0.5 - \text{j}0.866\,03) \\
&= -0.179\,13 - \text{j}0.151\,62 \\
&= 0.234\,68\angle 220.25°\ \text{p.u.}（基准值为相电压）
\end{aligned}$$

因为负荷没有与系统的中性点相连，这意味着不存在零序电流。因此，负荷的相电压仅包含正序和负序分量。由式(9.23)可以求得相电压，其中，因为线电压的基准值为线电压，而相电压的基准值为相电压，因此，式(9.23)去掉了乘子$\sqrt{3}$

$$V_{an}^{(1)} = 0.985\,68\angle(73.55^\circ - 30^\circ)$$

$$= 0.985\,68\angle 43.55^\circ \text{ p.u.}（基准值为相电压）$$

$$V_{an}^{(2)} = 0.234\,68\angle(220.25^\circ + 30^\circ)$$

$$= 0.234\,68\angle 250.25^\circ \text{ p.u.}（基准值为相电压）$$

以电流从电源流向负荷的方向为正方向，因为电阻的标幺值均为 $1.0\angle 0^\circ$，有

$$I_a^{(1)} = \frac{V_a^{(1)}}{1.0\angle 0^\circ} = 0.985\,68\angle 43.55^\circ \text{ p.u.}$$

$$I_a^{(2)} = \frac{V_a^{(2)}}{1.0\angle 0^\circ} = 0.234\,68\angle 250.25^\circ \text{ p.u.}$$

MATLAB Program for Example 9.2(ex9_2.m):

```
% M-file for Example 9.2: ex9_2.m
clc
clear all
Vab_abs=1840; Vbc_abs=2760; Vca_abs=2300; % V
Vbase=2300; Sbase=500; % kVA
% Calculate voltage inpu
Vab_abs_pu=Vab_abs/Vbase; Vbc_abs_pu=Vbc_abs/Vbase;
Vca_abs_pu=Vca_abs/Vbase;
SHOW1=sprintf('abs(Voltage) in per unit , Vbase=2300V ,so |Vab|=%d
, |Vbc|=%d , |Vca|=%d',Vab_abs_pu,Vbc_abs_pu,Vca_abs_pu);
disp(SHOW1);
% Assuming an angle of 180 (deg.) forVc and apply the law of cosine
DEG_A=acosd((Vbc_abs_pu^2-Vab_abs_pu^2-Vca_abs_pu^2)/
(-2*Vab_abs_pu*Vca_abs_pu));
DEG_B=-acosd((Vab_abs_pu^2-Vbc_abs_pu^2-Vca_abs_pu^2)/
(-2*Vbc_abs_pu*Vca_abs_pu));
DEG_C=180;
% Line voltage
Vab=Vab_abs_pu*exp(DEG_A*(pi/180)*i);
Vbc=Vbc_abs_pu*exp(DEG_B*(pi/180)*i);
Vca=Vca_abs_pu*exp(DEG_C*(pi/180)*i);
a=1*exp(120*(pi/180)*i);
% Find symmetrical components
disp('Symmetrical components of voltage:')
Vab0=round((1/3)*(Vab+Vbc+Vca)); % pu
Vab0_mag=abs(Vab0); Vab0_ang=angle(Vab0)*180/pi;
disp([' Vab0 = round((1/3)*(Vab+Vbc+Vca)) = ',num2str(Vab0_mag),
'∠',num2str(Vab0_ang),' per unit']);
Vab1=(1/3)*(Vab+a*Vbc+a^2*Vca); % pu
Vab1_mag=abs(Vab1); Vab1_ang=angle(Vab1)*180/pi;
disp([' Vab1 = (1/3)*(Vab+a*Vbc+a^2*Vca) = ',num2str(Vab1_mag),'∠',
num2str(Vab1_ang),' per unit']);
Vab2=(1/3)*(Vab+a^2*Vbc+a*Vca); % pu
Vab2_mag=abs(Vab2); Vab2_ang=angle(Vab2)*180/pi;
disp([' Vab2 = (1/3)*(Vab+a^2*Vbc+a*Vca) = ',num2str(Vab2_mag),'∠',
num2str(Vab2_ang),' per unit']);
```

```
disp('Phasor parts:')
Van0 = Vab0; % pu
Van0_mag = abs(Van0); Van0_ang = angle(Van0) * 180/pi;
disp([' Van0 = Vab0 = ',num2str(Van0_mag),'∠',num2str(Van0_
ang),'per unit']);
Van1 = Vab1 * exp(-30 * (pi/180) * i); % pu
Van1_mag = abs(Van1); Van1_ang = angle(Van1) * 180/pi;
disp([' Van1 = Vab1 * exp(-30 * (pi/180) * i) = ',num2str(Van1_mag),'∠',
num2str(Van1_ang),' per unit']);
Van2 = Vab2 * exp(30 * (pi/180) * i); % pu
Van2_mag = abs(Van2); Van2_ang = angle(Van2) * 180/pi;
disp([' Van2 = Vab2 * exp(30 * (pi/180) * i) = ',num2str(Van2_mag),'∠',
num2str(Van2_ang),' per unit']);
disp('Since each resistor has an impedance of 1.0 per unit:')
Ia0 = Van0/1; Ia1 = Van1/1; Ia2 = Van2/1; % pu
disp([' Ia0 = Van0/1 = ',num2str(Van0_mag),'∠',num2str(Van0_ang),
'per unit']);
disp([' Ia1 = Van1/1 = ',num2str(Van1_mag),'∠',num2str(Van1_ang),
'per unit']);
disp([' Ia2 = Van2/1 = ',num2str(Van2_mag),'∠',num2str(Van2_ang),
'per unit']);
```

9.3 基于对称分量的功率

如果已知电流和电压的对称分量，就可以直接计算出三相电路上的功率损耗。这是利用对称分量进行矩阵运算的场景之一。

通过三相线路 a，b 和 c 流入电路的复功率为

$$S_{3\phi} = P + \mathrm{j}Q = V_a I_a^* + V_b I_b^* + V_c I_c^* \tag{9.26}$$

其中，V_a，V_b和 V_c是线路终端的相电压，I_a，I_b和 I_c是流入三相系统的线电流。中性点可以接地，也可以不接地。如果中性点通过阻抗接地，则电压 V_a，V_b和 V_c代表线对地的电压，而不是线对中性点的电压。表示为矩阵形式，有

$$S_{3\phi} = [V_a V_b V_c]\begin{bmatrix} I_a \\ I_b \\ I_c \end{bmatrix}^* = \begin{bmatrix} V_a \\ V_b \\ V_c \end{bmatrix}^{\mathrm{T}}\begin{bmatrix} I_a \\ I_b \\ I_c \end{bmatrix}^* \tag{9.27}$$

其中，共轭矩阵中的元素由原始矩阵中相应元素的共轭组成。

利用式(9.8)，引入电压和电流的对称分量，有

$$S_{3\phi} = [\mathbf{AV}_{012}]^{\mathrm{T}}[\mathbf{AI}_{012}]^* \tag{9.28}$$

其中

$$\mathbf{V}_{012} = \begin{bmatrix} V_a^{(0)} \\ V_a^{(1)} \\ V_a^{(2)} \end{bmatrix}, \quad \mathbf{I}_{012} = \begin{bmatrix} I_a^{(0)} \\ I_a^{(1)} \\ I_a^{(2)} \end{bmatrix} \tag{9.29}$$

根据矩阵求逆的运算规则，两个矩阵的乘积的转置等于两个矩阵转置后再逆序相乘：

$$[\mathbf{AV}_{012}]^{\mathrm{T}} = \mathbf{V}_{012}^{\mathrm{T}}\mathbf{A}^{\mathrm{T}} \tag{9.30}$$

因此

$$S_{3\phi}=\mathbf{V}_{012}^{\mathrm{T}}\mathbf{A}^{\mathrm{T}}[\mathbf{A}\mathbf{I}_{012}]^{*}=\mathbf{V}_{012}^{\mathrm{T}}\mathbf{A}^{\mathrm{T}}\mathbf{A}^{*}\mathbf{I}_{012}^{*} \tag{9.31}$$

注意，因为 $\mathbf{A}^{\mathrm{T}}=\mathbf{A}$，且 α 和α^2共轭，因此

$$\mathbf{S}_{3\phi}=[V_a^{(0)}\quad V_a^{(1)}\quad V_a^{(2)}]\begin{bmatrix}1&1&1\\1&\alpha^2&\alpha\\1&\alpha&\alpha^2\end{bmatrix}\begin{bmatrix}1&1&1\\1&\alpha&\alpha^2\\1&\alpha^2&\alpha\end{bmatrix}\begin{bmatrix}I_a^{(0)}\\I_a^{(1)}\\I_a^{(2)}\end{bmatrix}^{*} \tag{9.32}$$

又因为

$$\mathbf{A}^{\mathrm{T}}\mathbf{A}^{*}=\begin{bmatrix}1&1&1\\1&\alpha^2&\alpha\\1&\alpha&\alpha^2\end{bmatrix}\begin{bmatrix}1&1&1\\1&\alpha&\alpha^2\\1&\alpha^2&\alpha\end{bmatrix}=3\begin{bmatrix}1&0&0\\0&1&0\\0&0&1\end{bmatrix}$$

$$S_{3\phi}=3[V_a^{(0)}\quad V_a^{(1)}\quad V_a^{(2)}]\begin{bmatrix}I_a^{(0)}\\I_a^{(1)}\\I_a^{(2)}\end{bmatrix}^{*} \tag{9.33}$$

所以，复功率为

$$S_{3\phi}=V_aI_a^{*}+V_bI_b^{*}+V_cI_c^{*}=3V_a^{(0)}I_a^{(0)*}+3V_a^{(1)}I_a^{(1)*}+3V_a^{(2)}I_a^{(2)*} \tag{9.34}$$

由上式可知，利用不对称三相电路中相电压(V)和线电流(A)的对称分量可以计算得到复功率(VA)。注意，将 abc 相的电压和电流转换为对称分量后不会改变功率的大小，但需要将各序电压(V)与相应序电流(A)共轭复数的乘积乘以 3[如式(9.34)所示]，9.6 节将对功率恒定的问题进行讨论。当然，如果复功率$S_{3\phi}$是以三相功率为基准值的标幺值时，就不需要再乘以 3。

例题 9.3 利用对称分量法求例题 9.2 的负荷功率并验证结果。

解： 以 500 kVA 为三相功率基准值，式(9.34)变为

$$S_{3\phi}=V_a^{(0)}I_a^{(0)*}+V_a^{(1)}I_a^{(1)*}+V_a^{(2)}I_a^{(2)*}$$

将例题 9.2 求到的电压和电流分量代入，有

$$\begin{aligned}S_{3\phi}&=0+0.985\,7\angle 43.6^\circ\times 0.985\,7\angle -43.6^\circ+0.234\,6\angle 250.3^\circ\times 0.234\,6\angle -250.3^\circ\\&=(0.985\,7)^2+(0.234\,6)^2=1.026\,64\ \text{p.u.}\\&=513.32\ \text{kW}\end{aligned}$$

已知 Y 型负荷的相电阻标幺值为 1.0。转换为有名值，为

$$R_Y=\frac{(2300)^2}{500\,000}=10.58\ \Omega$$

等效为△型连接的电阻

$$R_\triangle=3R_Y=31.74\ \Omega$$

由于线电压已知，因此复功率可以直接计算得到

$$S_{3\phi}=\frac{|V_{ab}|^2}{R_\triangle}+\frac{|V_{bc}|^2}{R_\triangle}+\frac{|V_{ca}|^2}{R_\triangle}$$

$$=\frac{(1840)^2+(2760)^2+(2300)^2}{31.74}=513.33\ \text{kW}$$

MATLAB Program for Example 9.3(ex9_3.m):

```
% M-file for Example 9.3: ex9_3.m
% Clean previous value
```

```
clc
clear all
% Initial value from Example 9.2
Vab_abs=1840; Vbc_abs=2760; Vca_abs=2300;
Van0=0; % pu
Van1=0.9857*exp(43.6*(pi/180)*i);
Van2=0.2346*exp(250.3*(pi/180)*i);
Ia0=Van0/1; Ia1=Van1/1; Ia2=Van2/1; % pu
Vbase=2300; % V
Sbase=500*1000; % VA
disp('Using S=VI*')
S_pu=Van0*(Ia0)'+Van1*(Ia1)'+Van2*(Ia2)'; % pu
S=S_pu*Sbase; % W
disp([' S=Va0*(Ia0*)+Va1*(Ia1*)+Va2*(Ia2*) = ',num2str(S)])
disp('Using S=V^2/R to check the answer')
Ry=Vbase^2/Sbase; % ohm
Rdelta=3*Ry; % ohm
S=[(Vab_abs)^2+(Vbc_abs)^2+(Vca_abs)^2]/Rdelta; % W
disp([' S = [(Vab_abs)^2+(Vbc_abs)^2+(Vca_abs)^2]/Rdelta =
',num2str(S)])
```

9.4 Y 型和△型阻抗的各序电路

如图 9.6(b)所示，Y 型阻抗的中性点通过阻抗Z_n接地，则线电流之和等于通过中性点返回路径的电流I_n。即

$$I_n = I_a + I_b + I_c \tag{9.35}$$

用对称分量表示不对称线电流，有

$$\begin{aligned} I_n &= (I_a^{(0)} + I_a^{(1)} + I_a^{(2)}) + (I_b^{(0)} + I_b^{(1)} + I_b^{(2)}) + (I_c^{(0)} + I_c^{(1)} + I_c^{(2)}) \\ &= (I_a^{(0)} + I_b^{(0)} + I_c^{(0)}) + \underbrace{(I_a^{(1)} + I_b^{(1)} + I_c^{(1)})}_{0} + \underbrace{(I_a^{(2)} + I_b^{(2)} + I_c^{(2)})}_{0} \\ &= 3I_a^{(0)} \end{aligned} \tag{9.36}$$

由于中性点 n 的正序和负序电流之和等于零，因此，不管Z_n大小如何，中性点和大地之间不存在正序或负序电流。此外，零序电流在中性点 n 处汇合成 $3I_a^{(0)}$，所以中性点和大地之间的电压降为 $3I_a^{(0)}Z_n$。因此，在不对称短路故障中，必须区分线路到中性点的电压以及线路的对地电压。将 a 相到中性点的电压和 a 相的对地电压分别表示为V_{an}和V_a。因此有 a 相对地电压为$V_a=V_{an}+V_n$，其中$V_n=3I_a^{(0)}Z_n$。参考图 9.6(b)，可以将 a，b 和 c 相到大地的电压表示为

$$\begin{bmatrix} V_a \\ V_b \\ V_c \end{bmatrix} = \begin{bmatrix} V_{an} \\ V_{bn} \\ V_{cn} \end{bmatrix} + \begin{bmatrix} V_n \\ V_n \\ V_n \end{bmatrix} = Z_Y \begin{bmatrix} I_a \\ I_b \\ I_c \end{bmatrix} + 3I_a^{(0)}Z_n \begin{bmatrix} 1 \\ 1 \\ 1 \end{bmatrix} \tag{9.37}$$

该式的 abc 相的相电压和电流可以用其对称分量表示为

$$\mathbf{A} \begin{bmatrix} V_a^{(0)} \\ V_a^{(1)} \\ V_a^{(2)} \end{bmatrix} = Z_Y \mathbf{A} \begin{bmatrix} I_a^{(0)} \\ I_a^{(1)} \\ I_a^{(2)} \end{bmatrix} + 3I_a^{(0)}Z_n \begin{bmatrix} 1 \\ 1 \\ 1 \end{bmatrix} \tag{9.38}$$

在上式两边同时左乘逆矩阵$\mathbf{A}^{-1}$，得到

$$\begin{bmatrix} V_a^{(0)} \\ V_a^{(1)} \\ V_a^{(2)} \end{bmatrix} = Z_Y \begin{bmatrix} I_a^{(0)} \\ I_a^{(1)} \\ I_a^{(2)} \end{bmatrix} + 3I_a^{(0)} Z_n \mathbf{A}^{-1} \begin{bmatrix} 1 \\ 1 \\ 1 \end{bmatrix}$$

因为$\mathbf{A}^{-1}$右乘$[1 \quad 1 \quad 1]^{\mathrm{T}}$等于将$\mathbf{A}^{-1}$的每一行元素相加，因此有

$$\begin{bmatrix} V_a^{(0)} \\ V_a^{(1)} \\ V_a^{(2)} \end{bmatrix} = Z_Y \begin{bmatrix} I_a^{(0)} \\ I_a^{(1)} \\ I_a^{(2)} \end{bmatrix} + 3I_a^{(0)} Z_n \begin{bmatrix} 1 \\ 0 \\ 0 \end{bmatrix} \tag{9.39}$$

将式(9.39)展开，得到关于电压和电流对称分量的3个解耦公式如下：

$$V_a^{(0)} = (Z_Y + 3Z_n) I_a^{(0)} = Z_0 I_a^{(0)} \tag{9.40}$$

$$V_a^{(1)} = Z_Y I_a^{(1)} = Z_1 I_a^{(1)} \tag{9.41}$$

$$V_a^{(2)} = Z_Y I_a^{(2)} = Z_2 I_a^{(2)} \tag{9.42}$$

习惯上，上式使用符号Z_0，Z_1和Z_2。

其实可以用更简单的方法得到式(9.40)~式(9.42)(但不是严格解)，不过本节仍采用矩阵变换法，该方法有助于后续章节中其他重要关系的推导。将式(9.24)~式(9.25)与式(9.40)~式(9.42)联立，可见，对阻抗对称的△型或Y型三相电路，某一序电流只能导致同一序的电压降。有了这个重要的结论，就可以绘制如图9.8所示的3个单相序电路图。

图9.8的3个电路可以提供与图9.6(b)实际电路相同的信息，而且因为式(9.40)~式(9.42)已经解耦，所以这3个电路彼此独立。图9.8(a)所示的电路为零序电路，因为它提供了零序电压$V_a^{(0)}$与零序电流$I_a^{(0)}$的关系，从而有零序电流对应的阻抗为

$$\frac{V_a^{(0)}}{I_a^{(0)}} = Z_0 = Z_Y + 3Z_n \tag{9.43}$$

同样，图9.8(b)所示为正序电路，Z_1为正序电流对应的阻抗，图9.8(c)所示为负序电路，Z_2为负序电流对应的阻抗。通常将上述3个阻抗简写为：零序阻抗Z_0、正序阻抗Z_1和负序阻抗Z_2。其中，正序和负序阻抗Z_1和Z_2均等于正常运行时的单相阻抗Z_Y，也就是稳态对称电路的相阻抗。当实际三相电路中分别流过对应的序电流时，可以用3个序电路作为实际三相电路的单相等效电路。当三序电流同时存在时，需要3个序电路才能完全代表原始电路。

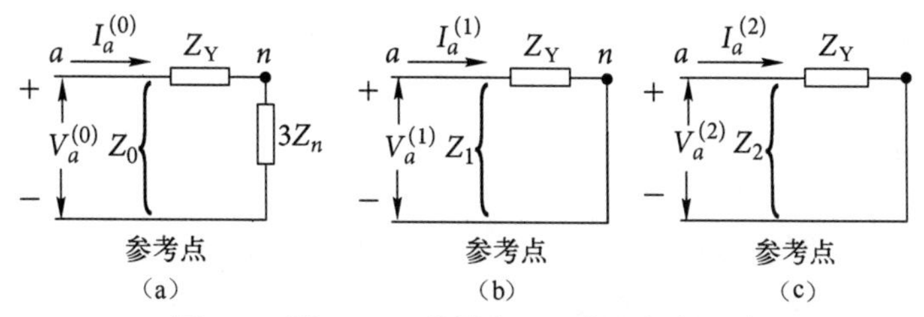

图9.8　图9.6(b)的零序、正序和负序电路

不管中性点是否通过阻抗Z_n接地，正序和负序电路中的电压都可以认为是相到中性点或相到大地的电压。因此，在正序电路中，$V_a^{(1)}$和$V_{an}^{(1)}$没有区别，同样负序电路中的$V_a^{(2)}$和$V_{an}^{(2)}$也没有区别。但是，零序电路的参考点和中性点之间可能存在电压差。图9.8(a)中，电流$I_a^{(0)}$流过阻抗$3Z_n$，使中性点和大地之间产生电压降，它等于图9.6(b)所示的实际电路中

由电流 $3I_a^{(0)}$ 流过阻抗Z_n产生的电压降。

如果 Y 型电路的中性点直接接地，即$Z_n=0$，则可以将零序电路中的中性点和参考点直接相连。如果中性点没有接地，则没有零序电流的通路，因此$Z_n=\infty$，等效于将图 9.9(a)中零序电路的中性点和参考点断开。

显然，△型电路没有与中性点相连的路径，线电流也不能流入△型负荷，它的等效 Y 型电路中也不能包含零序分量。考虑图 9.4 中的对称△型电路，其中

$$V_{ab}=Z_{\triangle}I_{ab},\ V_{bc}=Z_{\triangle}I_{bc},\ V_{ca}=Z_{\triangle}I_{ca} \tag{9.44}$$

将上述 3 个式子相加，得到

$$V_{ab}+V_{bc}+V_{ca}=3V_{ab}^{(0)}=3Z_{\triangle}I_{ab}^{(0)} \tag{9.45}$$

由于线电压之和恒为零，因此有

$$V_{ab}^{(0)}=I_{ab}^{(0)}=0 \tag{9.46}$$

因此，当△型电路只包含阻抗而不包含电源或互感耦合电路时，不存在循环电流。但是，如果电路中有感应电势或零序电势，△型变压器和发电机回路中有可能会存在单相循环电流。△型电路及其零序电路如图 9.9(b) 所示。注意，即使△型电路的各相中产生了零序电压，△型电路的端子上也检测不到该电压，因为每相的电压增量将和每相的零序阻抗电压降相互抵消。

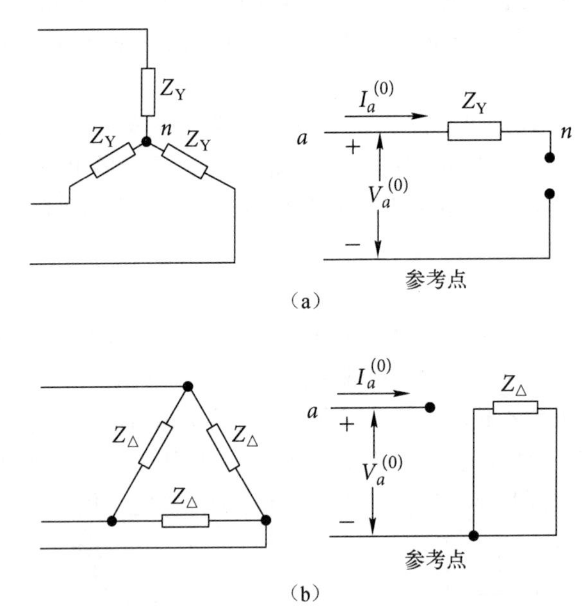

图 9.9 Y 型和△型电路及其零序电路。(a) 不接地的 Y 型电路；(b) △型电路

例题 9.4 3 个相等的阻抗连接成△型，每相阻抗为 j21 Ω。确定序阻抗和各序电路图。

解： 线电压与△型电路的电流的关系为

$$\begin{bmatrix}V_{ab}\\V_{bc}\\V_{ca}\end{bmatrix}=\begin{bmatrix}\mathrm{j}21 & 0 & 0\\0 & \mathrm{j}21 & 0\\0 & 0 & \mathrm{j}21\end{bmatrix}\begin{bmatrix}I_{ab}\\I_{bc}\\I_{ca}\end{bmatrix}$$

将电压和电流用对称分量表示为

$$\mathbf{A}\begin{bmatrix} V_{ab}^{(0)} \\ V_{ab}^{(1)} \\ V_{ab}^{(2)} \end{bmatrix} = \begin{bmatrix} \text{j}21 & 0 & 0 \\ 0 & \text{j}21 & 0 \\ 0 & 0 & \text{j}21 \end{bmatrix} \mathbf{A}\begin{bmatrix} I_{ab}^{(0)} \\ I_{ab}^{(1)} \\ I_{ab}^{(2)} \end{bmatrix}$$

将两边同时左乘$\mathbf{A}^{-1}$，得到

$$\begin{bmatrix} V_{ab}^{(0)} \\ V_{ab}^{(1)} \\ V_{ab}^{(2)} \end{bmatrix} = \text{j}21\mathbf{A}^{-1}\mathbf{A}\begin{bmatrix} I_{ab}^{(0)} \\ I_{ab}^{(1)} \\ I_{ab}^{(2)} \end{bmatrix} = \begin{bmatrix} \text{j}21 & 0 & 0 \\ 0 & \text{j}21 & 0 \\ 0 & 0 & \text{j}21 \end{bmatrix}\begin{bmatrix} I_{ab}^{(0)} \\ I_{ab}^{(1)} \\ I_{ab}^{(2)} \end{bmatrix}$$

如图 9.10 所示，正序和负序电路中的相阻抗为$Z_1 = Z_2 = \text{j}7\ \Omega$，由于$V_{ab}^{(0)} = 0$，所以零序电流$I_{ab}^{(0)} = 0$，因此零序电路开路。只有原始△型电路含有内部电源时，零序电路中的阻抗 j21 Ω 才有意义。

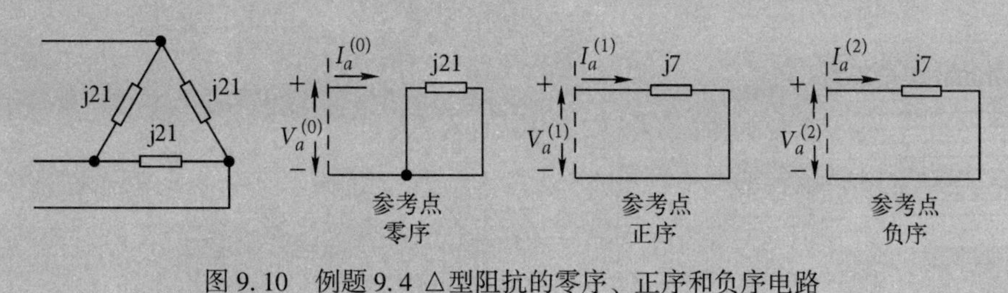

图 9.10　例题 9.4 △型阻抗的零序、正序和负序电路

后续章节中，将采用本例的矩阵运算方法。

9.5　对称输电线路的各序电路

本书主要研究本质上是对称平衡的系统，这些系统只有在发生不对称故障时才会变得不对称。但在实际的输电系统中，这种完全对称只是理想化的假设。由于线路不对称程度造成的影响很小，因此一般情况下，特别是线路采用换位处理后，通常都假定各相完全对称。以图 9.11 为例，该图为带有中线的三相输电线路的一段线路。

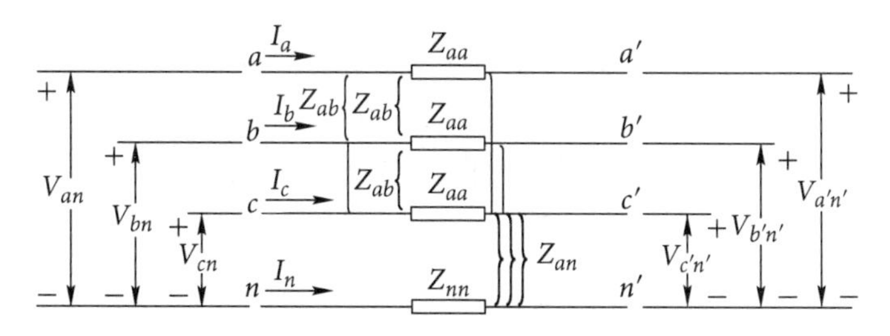

图 9.11　对称三相线路中流过中线的不对称电流

各相导线均具有相同的自阻抗Z_{aa}，中线的自阻抗为Z_{nn}。当三相导线中的电流I_a，I_b和I_c不对称时，中线作为不对称电流的返回路径。令图中所示的电流方向为正方向，在不对称故障发生时，电流可能为负。由于存在耦合，因此任何一相电流都会在其他两相及中线中感应出电压。同样，中线中的电流I_n也会在三相导线中感应出电压。三相导线的互感耦合对称，对应的互阻抗均为Z_{ab}。中线和相导线之间的互阻抗为Z_{an}。

以 a 相为例，将 b，c 相和中线电流在 a 相中产生的感应电压等效为电压源，同时对中

线中的感应电压也进行相同的处理，结果如图 9.12 所示。

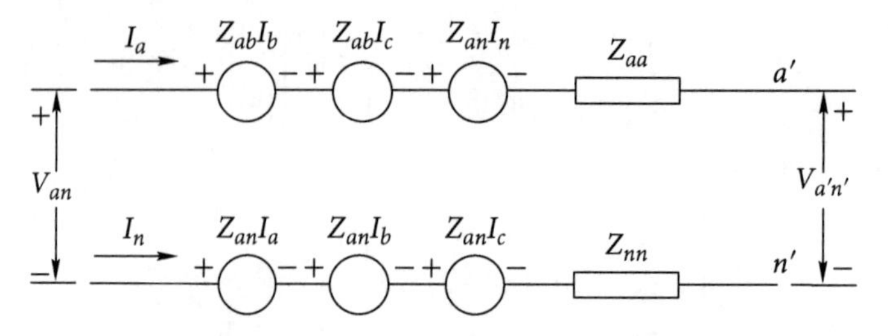

图 9.12 对 a 相和中线组成的闭合回路列写基尔霍夫电压方程

应用基尔霍夫电压定律，有

$$V_{an} = Z_{aa}I_a + Z_{ab}I_b + Z_{ab}I_c + Z_{an}I_n + V_{a'n'} - (Z_{nn}I_n + Z_{an}I_c + Z_{an}I_b + Z_{an}I_a) \tag{9.47}$$

该段线路上的电压降为

$$V_{an} - V_{a'n'} = (Z_{aa} - Z_{an})I_a + (Z_{ab} - Z_{an})(I_b + I_c) + (Z_{an} - Z_{nn})I_n \tag{9.48}$$

对 b 相和 c 相也可以建立类似的表达式：

$$\begin{aligned} V_{bn} - V_{b'n'} &= (Z_{aa} - Z_{an})I_b + (Z_{ab} - Z_{an})(I_a + I_c) + (Z_{an} - Z_{nn})I_n \\ V_{cn} - V_{c'n'} &= (Z_{aa} - Z_{an})I_c + (Z_{ab} - Z_{an})(I_a + I_b) + (Z_{an} - Z_{nn})I_n \end{aligned} \tag{9.49}$$

如图 9.11 所示，线电流I_a，I_b和I_c通过中线返回，中线电流I_n为

$$I_n = -(I_a + I_b + I_c) \tag{9.50}$$

将式(9.50)代入式(9.48)和式(9.49)，可得

$$\begin{aligned} V_{an} - V_{a'n'} &= (Z_{aa} + Z_{nn} - 2Z_{an})I_a + (Z_{ab} + Z_{nn} - 2Z_{an})I_b \\ &\quad + (Z_{ab} + Z_{nn} - 2Z_{an})I_c \\ V_{bn} - V_{b'n'} &= (Z_{ab} + Z_{nn} - 2Z_{an})I_a + (Z_{aa} + Z_{nn} - 2Z_{an})I_b \\ &\quad + (Z_{ab} + Z_{nn} - 2Z_{an})I_c \\ V_{cn} - V_{c'n'} &= (Z_{ab} + Z_{nn} - 2Z_{an})I_a + (Z_{ab} + Z_{nn} - 2Z_{an})I_b \\ &\quad + (Z_{aa} + Z_{nn} - 2Z_{an})I_c \end{aligned} \tag{9.51}$$

由上式的系数可知，中线改变了各相导线的自阻抗和互阻抗，使对应的有效值变为

$$\begin{aligned} Z_s &= Z_{aa} + Z_{nn} - 2Z_{an} \\ Z_m &= Z_{ab} + Z_{nn} - 2Z_{an} \end{aligned} \tag{9.52}$$

因此，重新将式(9.51)整理为以下的简单矩阵形式：

$$\begin{bmatrix} V_{aa'} \\ V_{bb'} \\ V_{cc'} \end{bmatrix} = \begin{bmatrix} V_{an} - V_{a'n'} \\ V_{bn} - V_{b'n'} \\ V_{cn} - V_{c'n'} \end{bmatrix} = \begin{bmatrix} Z_s & Z_m & Z_m \\ Z_m & Z_s & Z_m \\ Z_m & Z_m & Z_s \end{bmatrix} \begin{bmatrix} I_a \\ I_b \\ I_c \end{bmatrix} \tag{9.53}$$

每相导线上的电压降为

$$V_{aa'} = V_{an} - V_{a'n'}, \ V_{bb'} = V_{bn} - V_{b'n'}, \ V_{cc'} = V_{cn} - V_{c'n'} \tag{9.54}$$

由于式(9.53)没有显式包含中线，因此可以将Z_s和Z_m认为是导线自身的参数，不再有和返回路径相关的自感或互感。

根据式(9.8)，线路 abc 相的电压降和电流可以用它们的对称分量来表示，因此，以 a 相为例，有

$$\mathbf{A}\begin{bmatrix} V_{aa'}^{(0)} \\ V_{aa'}^{(1)} \\ V_{aa'}^{(2)} \end{bmatrix} = \left\{ \begin{bmatrix} Z_s - Z_m & \cdots & \cdots \\ \cdots & Z_s - Z_m & \cdots \\ \cdots & \cdots & Z_s - Z_m \end{bmatrix} + \begin{bmatrix} Z_m & Z_m & Z_m \\ Z_m & Z_m & Z_m \\ Z_m & Z_m & Z_m \end{bmatrix} \right\} \mathbf{A} \begin{bmatrix} I_a^{(0)} \\ I_a^{(1)} \\ I_a^{(2)} \end{bmatrix} \tag{9.55}$$

正如例题 9.4 所示，上述方式更便于计算。左乘$\mathbf{A}^{-1}$，得到

$$\begin{bmatrix} V_{aa'}^{(0)} \\ V_{aa'}^{(1)} \\ V_{aa'}^{(2)} \end{bmatrix} = \mathbf{A}^{-1} \left\{ (Z_s - Z_m) \begin{bmatrix} 1 & \cdots & \cdots \\ \cdots & 1 & \cdots \\ \cdots & \cdots & 1 \end{bmatrix} + Z_m \begin{bmatrix} 1 & 1 & 1 \\ 1 & 1 & 1 \\ 1 & 1 & 1 \end{bmatrix} \right\} \mathbf{A} \begin{bmatrix} I_a^{(0)} \\ I_a^{(1)} \\ I_a^{(2)} \end{bmatrix} \tag{9.56}$$

按例题 9.4 所述方法进行矩阵变换，得

$$\begin{bmatrix} V_{aa'}^{(0)} \\ V_{aa'}^{(1)} \\ V_{aa'}^{(2)} \end{bmatrix} = \begin{bmatrix} Z_s + 2Z_m & \cdots & \cdots \\ \cdots & Z_s - Z_m & \cdots \\ \cdots & \cdots & Z_s - Z_m \end{bmatrix} \begin{bmatrix} I_a^{(0)} \\ I_a^{(1)} \\ I_a^{(2)} \end{bmatrix} \tag{9.57}$$

将式(9.52)中的Z_s和Z_m代入，可得零序、正序和负序阻抗的定义为

$$\begin{aligned} Z_0 &= Z_s + 2Z_m = Z_{aa} + 2Z_{ab} + 3Z_{nn} - 6Z_{an} \\ Z_1 &= Z_s - Z_m = Z_{aa} - Z_{ab} \\ Z_2 &= Z_s - Z_m = Z_{aa} - Z_{ab} \end{aligned} \tag{9.58}$$

由式(9.57)和式(9.58)，将线路两端电压降的各序分量简写为

$$\begin{aligned} V_{aa'}^{(0)} &= V_{an}^{(0)} - V_{a'n'}^{(0)} = Z_0 I_a^{(0)} \\ V_{aa'}^{(1)} &= V_{an}^{(1)} - V_{a'n'}^{(1)} = Z_1 I_a^{(1)} \\ V_{aa'}^{(2)} &= V_{an}^{(2)} - V_{a'n'}^{(2)} = Z_2 I_a^{(2)} \end{aligned} \tag{9.59}$$

因为假设图 9.11 所示电路为对称电路，所以由上式可再次得到结论：零序、正序和负序表达式相互解耦，相应的零序、正序和负序电路也不存在任何耦合，如图 9.13 所示。

尽管图 9.11 所示的线路模型很简单，但结果已经阐明了序阻抗的重要特征，这些特征可适用于更复杂和更实用的线路模型。例如，正序和负序阻抗相等，它们都不包含中线阻抗Z_{nn}和Z_{an}，只有零序阻抗Z_0的计算需要用到Z_{nn}和Z_{an}，如式(9.58)所示。

换句话说，返回路径中的阻抗参数仅影响输电线路的零序阻抗，不会影响正序或负序阻抗。

大多数架空输电线路都至少有两条被称为地线的架空导线，它们沿着输电线路铺设，并在相同长度后接地。地线与大地共同组成中线，以供电流返回，其阻抗值，如Z_{nn}和Z_{an}，取决于大地的电阻率。专业文献指出，线路零

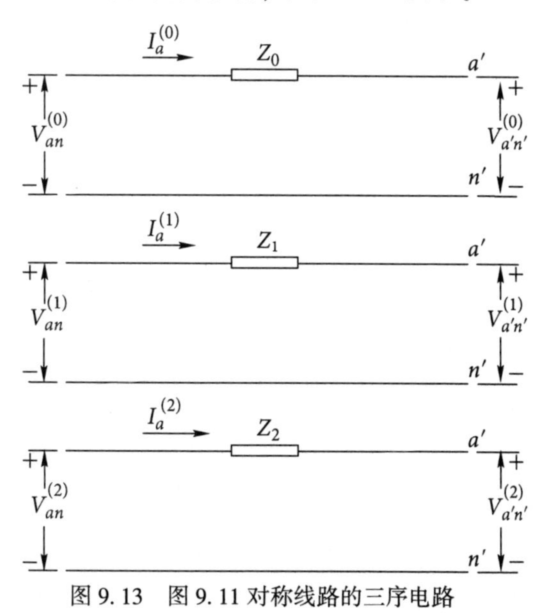

图 9.13　图 9.11 对称线路的三序电路

序阻抗的计算需要考虑返回路径的参数。

将图 9.11 中的中线视为不对称电流零序分量的返回路径，并在零序阻抗计算中计入中线，则可以将大地等效为理想导线。因此可以将图 9.13 中的线路电压理解为线路两端相对于理想大地的电压差

$$
\begin{aligned}
V_{aa'}^{(0)} &= V_a^{(0)} - V_{a'}^{(0)} = Z_0 I_a^{(0)} \\
V_{aa'}^{(1)} &= V_a^{(1)} - V_{a'}^{(1)} = Z_1 I_a^{(1)} \\
V_{aa'}^{(2)} &= V_a^{(2)} - V_{a'}^{(2)} = Z_2 I_a^{(2)}
\end{aligned} \tag{9.60}
$$

其中电压V_a和$V_{a'}$的各序分量都是相对于理想大地的值。

求解换位输电线路的电感和电容公式时，令三相电流对称，但无指定相序。因此，得到的参数既适用于正序阻抗，也适用于负序阻抗。当输电线路中只有零序电流时，各相电流都相同。电流的返回路径可以是大地、架空地线或者两者的组合路径。

因为各相导线中的零序电流都相同(幅值和相位均相同，没有 120°的偏移)，所以零序电流产生的磁场与正、负序电流产生的磁场完全不同。不同的磁场导致架空输电线路的零序感应电抗是正序电抗的 2~3.5 倍。对于双回路线路和不带地线的线路，该比例更高。

例题 9.5 图 9.11 中，线路两端的终端电压分别为

$$
\begin{aligned}
V_{an} &= 182.0 + \mathrm{j}70.0\ \mathrm{kV}, & V_{a'n'} &= 154.0 + \mathrm{j}28.0\ \mathrm{kV} \\
V_{bn} &= 72.24 - \mathrm{j}32.62\ \mathrm{kV}, & V_{b'n'} &= 44.24 - \mathrm{j}74.62\ \mathrm{kV} \\
V_{cn} &= -170.24 + \mathrm{j}88.62\ \mathrm{kV}, & V_{c'n'} &= -198.24 + \mathrm{j}46.62\ \mathrm{kV}
\end{aligned}
$$

线路阻抗的有名值(Ω)为

$$Z_{aa} = \mathrm{j}60, \quad Z_{ab} = \mathrm{j}20, \quad Z_{nn} = \mathrm{j}80, \quad Z_{an} = \mathrm{j}30$$

使用对称分量法求线电流I_a，I_b和I_c。不使用对称分量法，重做本例。

解： 序阻抗为

$$Z_0 = Z_{aa} + 2Z_{ab} + 3Z_{nn} - 6Z_{an} = \mathrm{j}60 + \mathrm{j}40 + \mathrm{j}240 - \mathrm{j}180 = \mathrm{j}160\ \Omega$$

$$Z_1 = Z_2 = Z_{aa} - Z_{ab} = \mathrm{j}60 - \mathrm{j}20 = \mathrm{j}40\ \Omega$$

线路电压降的序分量为

$$
\begin{bmatrix} V_{aa'}^{(0)} \\ V_{aa'}^{(1)} \\ V_{aa'}^{(2)} \end{bmatrix} = \mathbf{A}^{-1} \begin{bmatrix} V_{an} - V_{a'n'} \\ V_{bn} - V_{b'n'} \\ V_{cn} - V_{c'n'} \end{bmatrix} = \mathbf{A}^{-1} \begin{bmatrix} (182.0 - 154.0) + \mathrm{j}(70.0 - 28.0) \\ (72.24 - 44.24) - \mathrm{j}(32.62 - 74.62) \\ -(170.24 - 198.24) + \mathrm{j}(88.62 - 46.62) \end{bmatrix}
$$

$$
= \mathbf{A}^{-1} \begin{bmatrix} 28.0 + \mathrm{j}42.0 \\ 28.0 + \mathrm{j}42.0 \\ 28.0 + \mathrm{j}42.0 \end{bmatrix} = \begin{bmatrix} 28.0 + \mathrm{j}42.0 \\ 0 \\ 0 \end{bmatrix} \mathrm{kV}
$$

代入式(9.59)，得到

$$
\begin{aligned}
V_{aa'}^{(0)} &= 28\,000 + \mathrm{j}42\,000 = \mathrm{j}160 I_a^{(0)} \\
V_{aa'}^{(1)} &= 0 = \mathrm{j}40 I_a^{(1)} \\
V_{aa'}^{(2)} &= 0 = \mathrm{j}40 I_a^{(2)}
\end{aligned}
$$

因此，a 相电流的对称分量为

$$I_a^{(0)} = 262.5 - \mathrm{j}175\ \mathrm{A}, \qquad I_a^{(1)} = I_a^{(2)} = 0$$

线电流为

$$I_a = I_b = I_c = 262.5 - \mathrm{j}175\ \mathrm{A}$$

按式(9.52)，自阻抗和互阻抗为

$$Z_s = Z_{aa} + Z_{nn} - 2Z_{an} = \mathrm{j}60 + \mathrm{j}80 - \mathrm{j}60 = \mathrm{j}80\ \Omega$$

$$Z_m = Z_{ab} + Z_{nn} - 2Z_{an} = \mathrm{j}20 + \mathrm{j}80 - \mathrm{j}60 = \mathrm{j}40\ \Omega$$

如果不使用对称分量法，由式(9.53)也可以直接计算得到线电流：

$$\begin{bmatrix} V_{aa'} \\ V_{bb'} \\ V_{cc'} \end{bmatrix} = \begin{bmatrix} 28+\mathrm{j}42 \\ 28+\mathrm{j}42 \\ 28+\mathrm{j}42 \end{bmatrix} \times 10^3 = \begin{bmatrix} \mathrm{j}80 & \mathrm{j}40 & \mathrm{j}40 \\ \mathrm{j}40 & \mathrm{j}80 & \mathrm{j}40 \\ \mathrm{j}40 & \mathrm{j}40 & \mathrm{j}80 \end{bmatrix} \begin{bmatrix} I_a \\ I_b \\ I_c \end{bmatrix}$$

$$\begin{bmatrix} I_a \\ I_b \\ I_c \end{bmatrix} = \begin{bmatrix} \mathrm{j}80 & \mathrm{j}40 & \mathrm{j}40 \\ \mathrm{j}40 & \mathrm{j}80 & \mathrm{j}40 \\ \mathrm{j}40 & \mathrm{j}40 & \mathrm{j}80 \end{bmatrix}^{-1} \begin{bmatrix} 28+\mathrm{j}42 \\ 28+\mathrm{j}42 \\ 28+\mathrm{j}42 \end{bmatrix} \times 10^3 = \begin{bmatrix} 262.5-\mathrm{j}175 \\ 262.5-\mathrm{j}175 \\ 262.5-\mathrm{j}175 \end{bmatrix} \mathrm{A}$$

9.6 同步电机的各序电路

图9.14中，同步发电机通过电抗器接地。

当发电机端口发生故障(图中未显示)时，线电流为I_a，I_b和I_c。如果故障接地，将会出现流入发电机中点的电流I_n。不管线电流是否对称，都可以用对应的对称分量来表示。

3.10节推导的所有理想同步电机公式都基于假设——瞬时电枢电流对称。在式(3.45)中，假定$i_a + i_b + i_c = 0$，然后令式(3.43)中的$i_a = -(i_b + i_c)$，从而得到式(3.49)的a相电压：

$$v_{an} = -Ri_a - (L_s + M_s)\frac{\mathrm{d}i_a}{\mathrm{d}t} + e_{an} \qquad (9.61)$$

上式对应的稳态公式如式(3.58)所示，为

$$V_{an} = -RI_a - \mathrm{j}\omega(L_s + M_s)I_a + E_{an} \qquad (9.62)$$

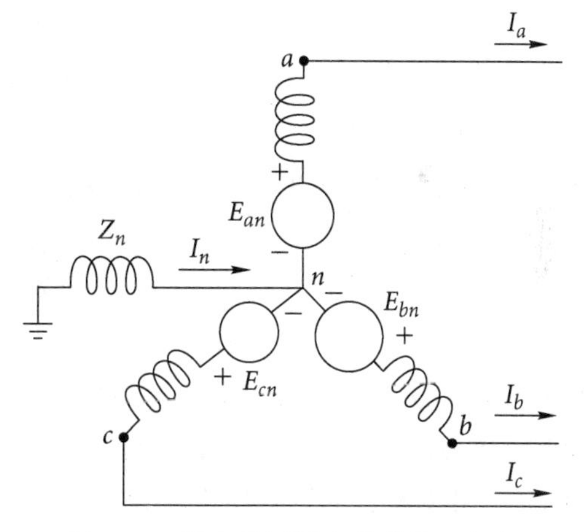

图9.14 发电机通过电抗接地。相电动势E_{an}，E_{bn}和E_{cn}均为正序值

其中，E_{an}为电机的同步内电势。式(9.61)和式(9.62)中电压的下标与第3章的下标略有不同，以强调本节的电压是相对于中性点的电压。在未用$i_a = -(i_b + i_c)$替换前，有

$$v_{an} = -Ri_a - L_s\frac{\mathrm{d}i_a}{\mathrm{d}t} + M_s\frac{\mathrm{d}}{\mathrm{d}t}(i_b + i_c) + e_{an} \qquad (9.63)$$

令电枢中一直存在额定频率为ω的稳态正弦电流和电压，则式(9.63)可用相量形式表示为

$$V_{an} = -RI_a - \mathrm{j}\omega L_s I_a + \mathrm{j}\omega M_s(I_b + I_c) + E_{an} \qquad (9.64)$$

其中，E_{an}被重新定义为e_{an}的相量。理想电机的b相和c相电枢具有类似的表达式，为

$$\begin{aligned} V_{bn} &= -RI_b - \mathrm{j}\omega L_s I_b + \mathrm{j}\omega M_s(I_a + I_c) + E_{bn} \\ V_{cn} &= -RI_c - \mathrm{j}\omega L_s I_c + \mathrm{j}\omega M_s(I_a + I_b) + E_{cn} \end{aligned} \qquad (9.65)$$

将式(9.64)和式(9.65)整理为矩阵形式

$$\begin{bmatrix} V_{an} \\ V_{bn} \\ V_{cn} \end{bmatrix} = -[R + j\omega(L_s + M_s)] \begin{bmatrix} I_a \\ I_b \\ I_c \end{bmatrix} + j\omega M_s \begin{bmatrix} 1 & 1 & 1 \\ 1 & 1 & 1 \\ 1 & 1 & 1 \end{bmatrix} \begin{bmatrix} I_a \\ I_b \\ I_c \end{bmatrix} + \begin{bmatrix} E_{an} \\ E_{bn} \\ E_{cn} \end{bmatrix} \tag{9.66}$$

按照前面两节的步骤，将电机的 abc 相电压表示为 a 相电枢的对称分量：

$$\begin{aligned} \begin{bmatrix} V_{an}^{(0)} \\ V_{an}^{(1)} \\ V_{an}^{(2)} \end{bmatrix} &= -[R + j\omega(L_s + M_s)] \begin{bmatrix} I_a^{(0)} \\ I_a^{(1)} \\ I_a^{(2)} \end{bmatrix} \\ &\quad + j\omega M_s \mathbf{A}^{-1} \begin{bmatrix} 1 & 1 & 1 \\ 1 & 1 & 1 \\ 1 & 1 & 1 \end{bmatrix} \mathbf{A} \begin{bmatrix} I_a^{(0)} \\ I_a^{(1)} \\ I_a^{(2)} \end{bmatrix} + \mathbf{A}^{-1} \begin{bmatrix} E_{an} \\ \alpha^2 E_{an} \\ \alpha E_{an} \end{bmatrix} \end{aligned} \tag{9.67}$$

由于同步发电机提供对称的三相电压，因此式(9.67)中的电动势E_{an}，E_{bn}和E_{cn}为一组正序相量，其中 $\alpha = 1\angle 120°$，$\alpha^2 = 1\angle 240°$。按式(9.56)所示方法对式(9.67)进行矩阵运算，得

$$\begin{bmatrix} V_{an}^{(0)} \\ V_{an}^{(1)} \\ V_{an}^{(2)} \end{bmatrix} = -[R + j\omega(L_s + M_s)] \begin{bmatrix} I_a^{(0)} \\ I_a^{(1)} \\ I_a^{(2)} \end{bmatrix} + j\omega M_s \begin{bmatrix} 3 & 0 & 0 \\ 0 & 0 & 0 \\ 0 & 0 & 0 \end{bmatrix} \begin{bmatrix} I_a^{(0)} \\ I_a^{(1)} \\ I_a^{(2)} \end{bmatrix} + \begin{bmatrix} 0 \\ E_{an} \\ 0 \end{bmatrix} \tag{9.68}$$

解耦后的零序、正序和负序电压电流关系为

$$\begin{aligned} V_{an}^{(0)} &= -RI_a^{(0)} - j\omega(L_s - 2M_s)I_a^{(0)} \\ V_{an}^{(1)} &= -RI_a^{(1)} - j\omega(L_s + M_s)I_a^{(1)} + E_{an} \\ V_{an}^{(2)} &= -RI_a^{(2)} - j\omega(L_s + M_s)I_a^{(2)} \end{aligned} \tag{9.69}$$

将式(9.69)写成如下形式，可得对应的 3 个序网电路图：

$$\begin{aligned} V_{an}^{(0)} &= -I_a^{(0)}[R + j\omega(L_s - 2M_s)] = -I_a^{(0)} Z_{g0} \\ V_{an}^{(1)} &= E_{an} - I_a^{(1)}[R + j\omega(L_s + M_s)] = E_{an} - I_a^{(1)} Z_1 \\ V_{an}^{(2)} &= -I_a^{(2)}[R + j\omega(L_s + M_s)] = -I_a^{(2)} Z_2 \end{aligned} \tag{9.70}$$

其中，Z_{g0}，Z_1和Z_2分别是发电机的零序、正序和负序阻抗。图 9.15 所示为对称三相发电机的单相等效序电路，不对称电流的各个对称分量分别在对应的序网电路中流通。因为发电机的 abc 三相对称，所以各序电流仅能在同一序的阻抗中流通，各序阻抗用图中对应下标表示。正序电路由电动势(EMF)与发电机正序阻抗串联而成。负序和零序电路不包含 EMF，但分别包含负序和零序电流能流通的发电机阻抗。

正序和负序电路的参考点是发电机的中性点。就正、负序分量而言，如果中性点通过有限阻抗或零阻抗接地，因为中性点-大地线路上没有正序或负序电流，所以发电机的中性点与大地的电位相同。因此，正序电路中$V_a^{(1)}$和$V_{an}^{(1)}$没有本质区别，负序电路中$V_a^{(2)}$和$V_{an}^{(2)}$也没有本质区别。因此，可以将图 9.15 中正序电压$V_a^{(1)}$和负序电压$V_a^{(2)}$的下标 n 去掉。

中性点和大地之间阻抗Z_n上的电流为 $3I_a^{(0)}$。由图 9.15(e)可见，点 a 到大地的零序电压降为$-3I_a^{(0)}Z_n - I_a^{(0)}Z_{g0}$，其中$Z_{g0}$是发电机的单相零序阻抗。因为零序电路表示一相零序电流流通时的单相电路，因此零序电路的阻抗等于 $3Z_n + Z_{g0}$，如图 9.15(f)所示。

$I_a^{(0)}$ 对应的零序总阻抗为

$$Z_0 = 3Z_n + Z_{g0} \tag{9.71}$$

通常情况下，由序网电路对应的公式可以确定 a 相的电流和电压分量。由图 9.15 可得，

从 a 相的点 a 到参考点(或大地)的电压降的序分量为

$$
\begin{aligned}
V_a^{(0)} &= -I_a^{(0)}Z_0 \\
V_a^{(1)} &= E_{an} - I_a^{(1)}Z_1 \\
V_a^{(2)} &= -I_a^{(2)}Z_2
\end{aligned}
\tag{9.72}
$$

式中，E_{an}是相对于中性点的正序电压，Z_1和Z_2分别是发电机的正序和负序阻抗，Z_0由式(9.71)确定。

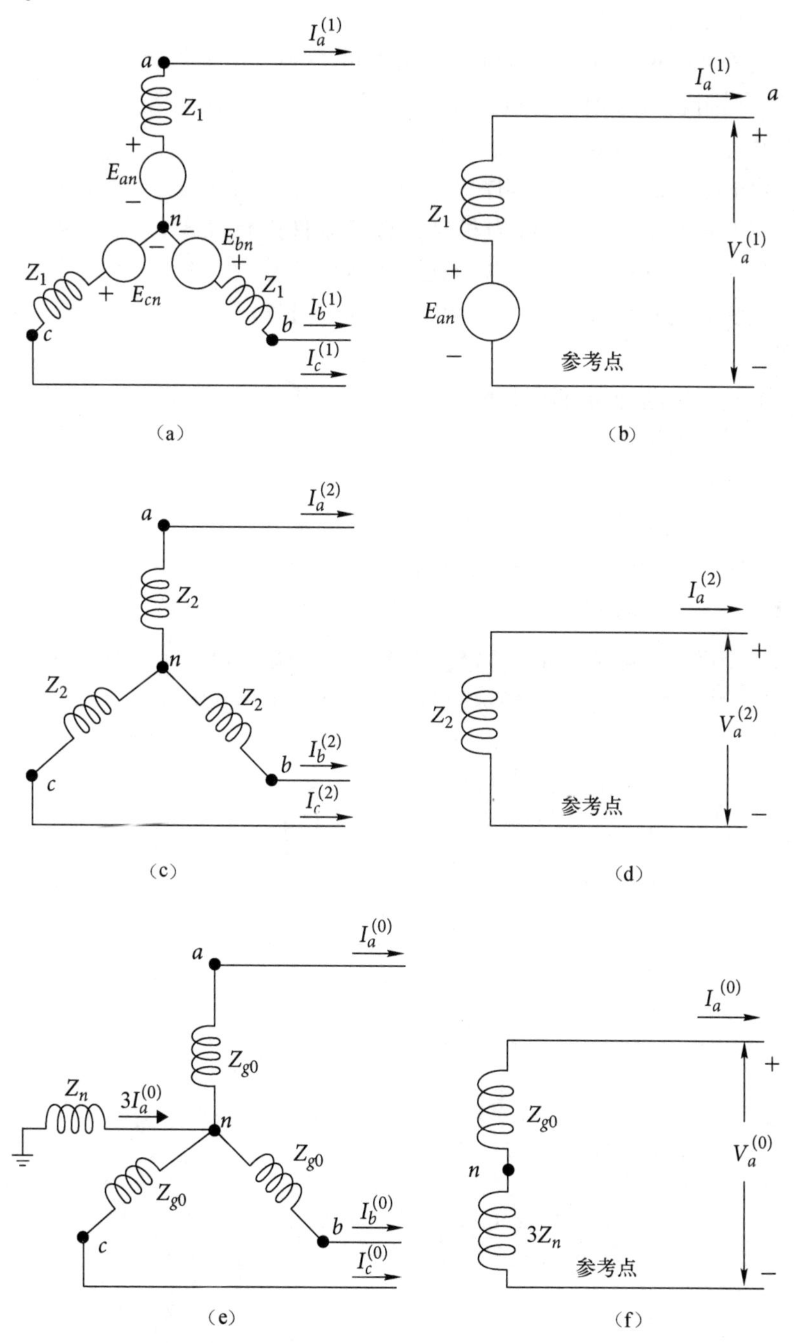

图 9.15　发电机中各序电流的流通路径及对应的序网电路图

注意，上述公式的推导均以简单电机模型为基础，该模型假定电流只存在基频分量，在此基础上，正、负序阻抗彼此相等，零序阻抗差别较大。但是实际上，旋转电机的三序电流通常对应 3 个不同的序阻抗。

负序电枢电流产生的磁动势(MMF)和转子磁动势的旋转方向相反。正序电流产生的磁动势相对于转子静止，而负序电流产生的磁通以更快的速度扫过转子表面。励磁绕组和阻尼绕组感应电流并与电枢的旋转磁动势抵消，使穿过转子的磁通量减少。这种情况类似于发电机端点短路时磁通量的快速变化。

负序电流的磁通路径与次暂态电抗的路径相同。因此，通常认为隐极机的次暂态电抗和负序电抗相等，如附表 A. 2 所示。按照研究的需求(次暂态或暂态)，正、负序网络中的电抗通常可以选择等于次暂态电抗或暂态电抗。

当三相电机的电枢绕组中只有零序电流时，三相电流和磁动势同时达到最大值。三相最大磁动势在空间上互差 120°电角度(电枢绕组按该条件进行绕线)。如果各相电流产生的磁动势在空间上为纯正弦分布，那么由 3 个磁动势构成的散点图将为 3 条正弦曲线，且任何一点对应的 3 个正弦值之和都等于零。因为没有磁通穿过气隙，所以各相绕组的电抗参数仅由漏磁和端匝产生。

实际上，电机绕组的分布并不能形成完美的正弦磁动势。磁动势之和将产生一个很小的磁通量，这使得零序电抗在电机电抗中数值最小——它只是略高于理想情况下的零电抗(理想情况下零序电流不会产生气隙磁通)。

式(9. 72)适用于电流不对称的任何发电机，它是推导不同类型故障下电流分量的基础。下文将会看到，它们既能用在戴维南等效电路中，也能用在稳态条件下的有载发电机中。在暂态或次暂态情况下，只需要用 E' 或 E'' 代替 E_{an}，即能适用于有载发电机。

例题 9. 6 无阻尼凸极发电机的额定值为 20 MVA，13. 8 kV，直轴次暂态电抗的标幺值为 0. 25，负序电抗的标幺值为 0. 35，零序电抗的标幺值为 0. 10，中性点牢固接地。发电机在额定电压下空载，$E_{an}=1.0\angle 0°$(标幺值)时发生机端单相接地故障，使得各相对地电压为

$$V_a=0,\ V_b=1.013\angle -102.25°,\ V_c=1.013\angle 102.25°$$

求故障引起的发电机次暂态电流和次暂态条件下的线电压。

解： 图 9. 16 中，发电机发生 a 相接地故障。

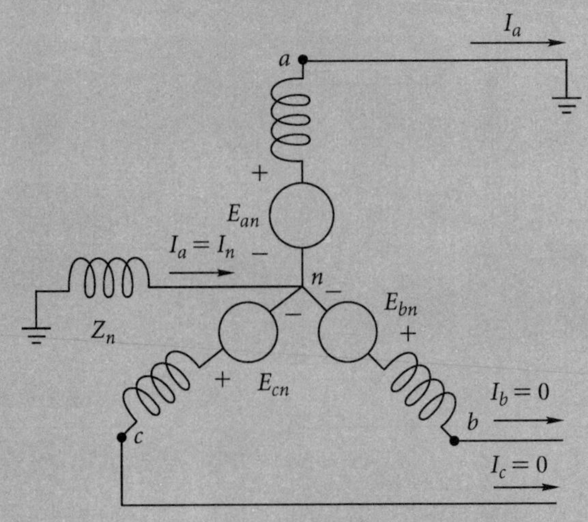

图 9. 16 空载发电机机端发生 a 相接地故障，其中发电机中性点通过电抗接地

V_b和V_c用笛卡儿坐标表示为

$$V_b = -0.215 - j0.990 \text{ p.u.}$$

$$V_c = -0.215 + j0.990 \text{ p.u.}$$

故障点电压的对称分量为

$$\begin{bmatrix} V_a^{(0)} \\ V_a^{(1)} \\ V_a^{(2)} \end{bmatrix} = \frac{1}{3}\begin{bmatrix} 1 & 1 & 1 \\ 1 & \alpha & \alpha^2 \\ 1 & \alpha^2 & \alpha \end{bmatrix}\begin{bmatrix} 0 \\ -0.215 - j0.990 \\ -0.215 + j0.990 \end{bmatrix} = \begin{bmatrix} -0.143 + j0 \\ 0.643 + j0 \\ -0.500 + j0 \end{bmatrix} \text{ p.u.}$$

由式(9.72)和图 9.15，当$Z_n=0$时，有

$$I_a^{(0)} = -\frac{V_a^{(0)}}{Z_{g0}} = -\frac{(-0.143 + j0)}{j0.10} = -j1.43 \text{ p.u.}$$

$$I_a^{(1)} = \frac{E_{an} - V_a^{(1)}}{Z_1} = -\frac{(1.0 + j0) - (0.643 + j0)}{j0.25} = -j1.43 \text{ p.u.}$$

$$I_a^{(2)} = -\frac{V_a^{(2)}}{Z_2} = -\frac{(-0.500 + j0)}{j0.35} = -j1.43 \text{ p.u.}$$

因此，流入大地的故障电流为

$$I_a = I_a^{(0)} + I_a^{(1)} + I_a^{(2)} = 3I_a^{(0)} = -j4.29 \text{ p.u.}$$

因为基准电流为 20 000/($\sqrt{3}$×13.8)= 837 A，所以线路 a 中的次暂态电流为

$$I_a = -j4.29 \times 837 = -j3590 \text{ A}$$

故障后的线电压为

$$V_{ab} = V_a - V_b = 0.215 + j0.990 = 1.01\angle 77.7^\circ \text{ p.u.}$$

$$V_{bc} = V_b - V_c = 0 - j1.980 = 1.980\angle 270^\circ \text{ p.u.}$$

$$V_{ca} = V_c - V_a = -0.215 + j0.990 = 1.01\angle 102.3^\circ \text{ p.u.}$$

由于相电动势E_{an}=1.0(标幺值)，因此上述线电压的标幺值以相电压为基准值。故障后线电压的有名值(V)为

$$V_{ab} = 1.01 \times \frac{13.8}{\sqrt{3}}\angle 77.7^\circ = 8.05\angle 77.7^\circ \text{ kV}$$

$$V_{bc} = 1.980 \times \frac{13.8}{\sqrt{3}}\angle 270^\circ = 15.78\angle 270^\circ \text{ kV}$$

$$V_{ca} = 1.01 \times \frac{13.8}{\sqrt{3}}\angle 102.3^\circ = 8.05\angle 102.3^\circ \text{ kV}$$

故障前的线电压对称，等于 13.8 kV。为了与故障后的线电压比较，以$V_{an}=E_{an}$为参考相量，将故障前电压定义为

$$V_{ab} = 13.8\angle 30^\circ \text{ kV}, \quad V_{bc} = 13.8\angle 270^\circ \text{ kV}, \quad V_{ca} = 13.8\angle 150^\circ \text{ kV}$$

图 9.17 所示为故障前与故障后的电压相量图。

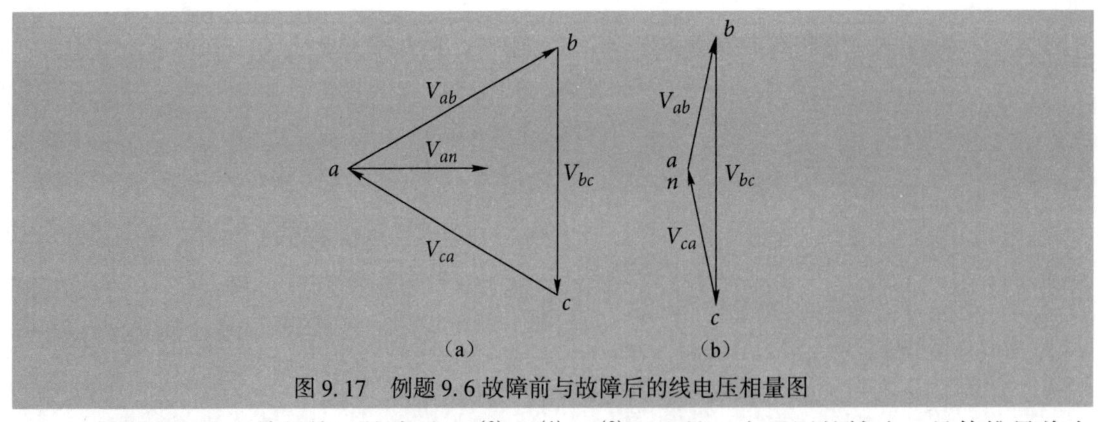

图 9.17　例题 9.6 故障前与故障后的线电压相量图

上例表明，发生单相接地故障时，$I_a^{(0)}=I_a^{(1)}=I_a^{(2)}$。这是一个通用的结论，具体推导将在 10.2 节展开。

9.7　Y-△型变压器的各序电路

三相变压器的各序等效电路取决于一次绕组和二次绕组的连接方式。△型和 Y 型绕组的不同组合方式决定了零序电路的结构以及正、负序电路的相移。因此，请随时复习第 3 章，特别是 3.5 节和 3.7 节。

由第 3 章可见，在忽略磁化电流的前提下，一次侧电流由二次侧电流和绕组匝数比决定。如果变压器二次侧电流等于零，一次侧电流也等于零。下述分析将以这些原则为基础。双绕组变压器有 5 种连接方式。图 9.18 所示为对应连接方式及其零序电路的总结。

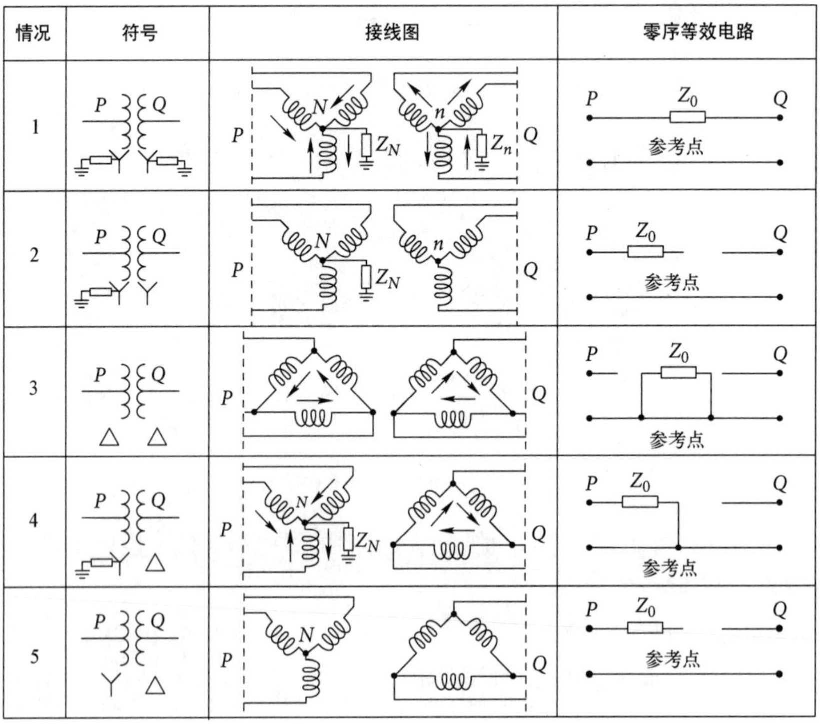

情况	符号	接线图	零序等效电路
1	P Q	P N Z_N n Z_n Q	P Z_0 Q 参考点
2	P Q	P N Z_N n Q	P Z_0 Q 参考点
3	P Q △ △	P Q	P Z_0 Q 参考点
4	P Q △	P N Z_N Q	P Z_0 Q 参考点
5	P Q Y △	P N Q	P Z_0 Q 参考点

图 9.18　三相变压器的零序等效电路、接线图和单线图符号。阻抗Z_0等于漏阻抗 Z 与接地阻抗 $3Z_N$及 $3Z_n$(如果接地阻抗存在)之和

图 9.18 中，接线图上的箭头表示零序电流的可能路径。没有箭头的支路表示在这种连接方式下变压器不允许零序电流流通。零序等效电路忽略了电阻和磁化电流的路径，因此为近似的等效电路图。接线图和等效电路上的对应点用字母 P 和 Q 表示。各种连接方式下等效电路的推导过程如下。

情况 1 Y-Y 型接线，两侧中性点均接地。

图 9.19(a)所示为中性点接地的 Y-Y 型变压器，其中高压侧的中性点阻抗为Z_N，低压侧的中性点阻抗为Z_n。

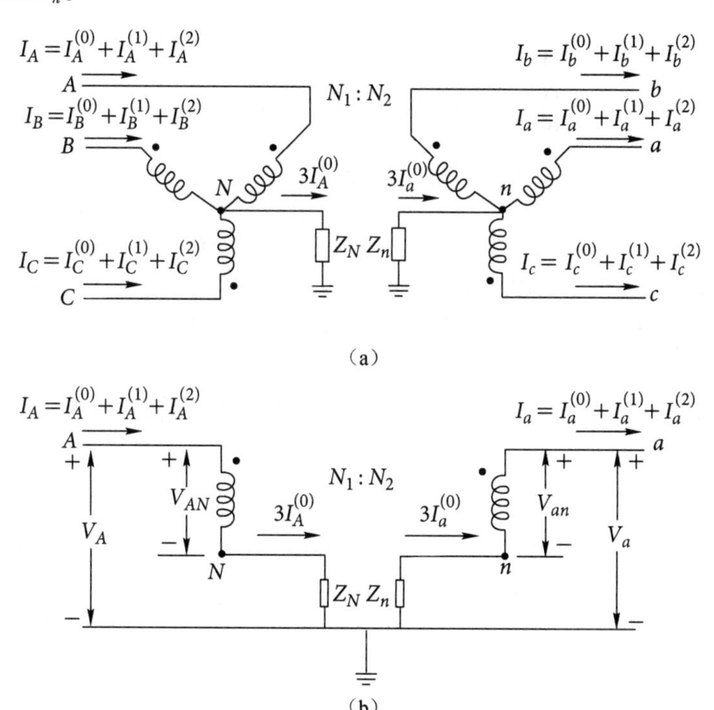

图 9.19 （a）Y-Y 型变压器，中性点通过阻抗接地；（b）通过磁路链接的一对绕组

图中箭头的方向为电流的正方向。这里先将变压器等效为理想变压器，后续章节将考虑增加串联漏抗，而且还可以增加并联磁化电流。继续用带单个下标的电压表示相对于大地的电压，例如V_A，V_N或V_a。带两个下标的电压表示相对于中性点的电压，例如V_{AN}或V_{an}。高压侧电压用大写字母表示，低压侧用小写字母表示。和以前一样，电路图中平行的绕组表示通过同一铁心建立磁联系的绕组。图 9.19(b)为图 9.19(a)中的两个绕组。高压侧对地电压为

$$V_A = V_{AN} + V_N \tag{9.73}$$

将各个电压用对应的对称分量表示，有

$$V_A^{(0)} + V_A^{(1)} + V_A^{(2)} = (V_{AN}^{(0)} + V_{AN}^{(1)} + V_{AN}^{(2)}) + 3Z_N I_A^{(0)} \tag{9.74}$$

上式再次证明了正序、负序对地电压等于正序、负序对中性点的电压。对中性点的零序电压和对地的零序电压之差等于$(3Z_N)I_A^{(0)}$。

同样，低压侧有

$$V_a^{(0)} + V_a^{(1)} + V_a^{(2)} = (V_{an}^{(0)} + V_{an}^{(1)} + V_{an}^{(2)}) - 3Z_n I_a^{(0)} \tag{9.75}$$

上式中的负号表示$I_a^{(0)}$的正方向是从变压器流到低压侧线路。变压器两侧电压和电流的变比与匝数比N_1/N_2有关，因此

$$V_a^{(0)} + V_a^{(1)} + V_a^{(2)} = \left(\frac{N_2}{N_1}V_{AN}^{(0)} + \frac{N_2}{N_1}V_{AN}^{(1)} + \frac{N_2}{N_1}V_{AN}^{(2)}\right) - 3Z_n\frac{N_1}{N_2}I_A^{(0)} \tag{9.76}$$

两侧同时乘以N_1/N_2，得

$$\frac{N_1}{N_2}(V_a^{(0)} + V_a^{(1)} + V_a^{(2)}) = (V_{AN}^{(0)} + V_{AN}^{(1)} + V_{AN}^{(2)}) - 3Z_n\left(\frac{N_1}{N_2}\right)^2 I_A^{(0)} \tag{9.77}$$

用式(9.74)代替($V_{AN}^{(0)}+V_{AN}^{(1)}+V_{AN}^{(2)}$)，得到

$$\frac{N_1}{N_2}(V_a^{(0)} + V_a^{(1)} + V_a^{(2)}) = (V_A^{(0)} + V_A^{(1)} + V_A^{(2)}) - 3Z_nI_A^{(0)} - 3Z_n\left(\frac{N_1}{N_2}\right)^2 I_A^{(0)} \tag{9.78}$$

将正、负、零序电压分开列写，有

$$\frac{N_1}{N_2}V_a^{(1)} = V_A^{(1)}, \qquad \frac{N_1}{N_2}V_a^{(2)} = V_A^{(2)} \tag{9.79}$$

$$\frac{N_1}{N_2}V_a^{(0)} = V_A^{(0)} - \left[3Z_N + 3Z_n\left(\frac{N_1}{N_2}\right)^2\right]I_A^{(0)} \tag{9.80}$$

式(9.79)的正序、负序关系与第3章正、负序关系的描述完全相同，因此，当变压器的正序和负序电压、电流非零时，可以采用变压器的单相等效电路进行求解。式(9.80)所示的零序等效电路如图9.20所示。图中的高压侧零序电流的总阻抗为$Z+3Z_N+3(N_1/N_2)^2Z_n$，因此在变压器的高压侧增加了串联漏抗Z。

显然，如果需要，还可以在图9.20的电路中添加并联磁化阻抗。

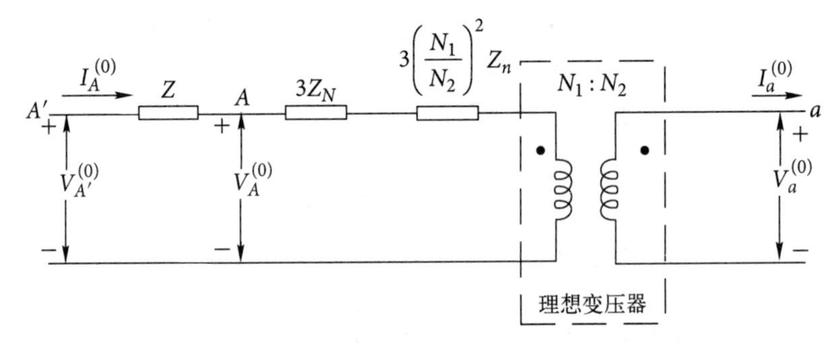

图9.20　图9.19所示Y-Y型变压器的零序电路。阻抗Z是从变压器高压侧测得的漏抗

当变压器两侧的电压表示为以额定线电压(kV)为基准值的标幺值时，图9.20中的匝数比等于1，所以可以忽略N_1/N_2。这样就得到图9.18中情况1的零序电路，其中

$$Z_0 = Z + 3Z_N + 3Z_n \quad \text{p.u.} \tag{9.81}$$

注意，零序电路中，中性点和大地之间的阻抗需要乘以3。当Y-Y型变压器的两个中性点直接接地或通过阻抗接地时，两个绕组中都存在零序电流的流通路径。如果零序电流可以在变压器两侧的外部电路中流通，则它也可以在变压器的两个绕组中流通。变压器零序阻抗的接入点与正、负序电路的接入点相同。

情况2　Y-Y型接线，仅有一侧中性点接地。

如果Y-Y型变压器任意一侧的中性点不接地，两侧绕组中就都没有零序电流。这等效于令图9.20中的Z_N或Z_n为无穷大。零序电流无法在一个绕组中形成通路，所以另一个绕组中的电流也无法流通，因此变压器两侧的系统为开路状态，如图9.18所示。

情况3　△-△型接线。

图9.21中△-△型变压器两侧的线电压相量之和等于零，因此$V_{AB}^{(0)}=V_{ab}^{(0)}=0$。用传统的

加“点”法对耦合线圈进行标注，得到

$$V_{AB}=\frac{N_1}{N_2}V_{ab}$$

$$V_{AB}^{(1)}+V_{AB}^{(2)}=\frac{N_1}{N_2}(V_{ab}^{(1)}+V_{ab}^{(2)}) \tag{9.82}$$

由式(9.23)，用相电压表示线电压，得

$$\sqrt{3}V_{AN}^{(1)}\angle 30°+\sqrt{3}V_{AN}^{(2)}\angle -30°=\frac{N_1}{N_2}(\sqrt{3}V_{an}^{(1)}\angle 30°+\sqrt{3}V_{an}^{(2)}\angle -30°) \tag{9.83}$$

因此，

$$V_{AN}^{(1)}=\frac{N_1}{N_2}V_{an}^{(1)}, \quad V_{AN}^{(2)}=\frac{N_1}{N_2}V_{an}^{(2)} \tag{9.84}$$

△-△型变压器的正、负序等效电路，以及Y-Y型变压器的等效电路，和第3章的单相等效电路相同。

由于△型电路不能提供零序电流的返回路径，因此尽管零序电流可能会在△型绕组的内部形成环流，△-△型变压器的任何一侧都不存在零序电流。因此，图9.21中，$I_A^{(0)}=I_a^{(0)}=0$，从而得到图9.18所示的零序等效电路。

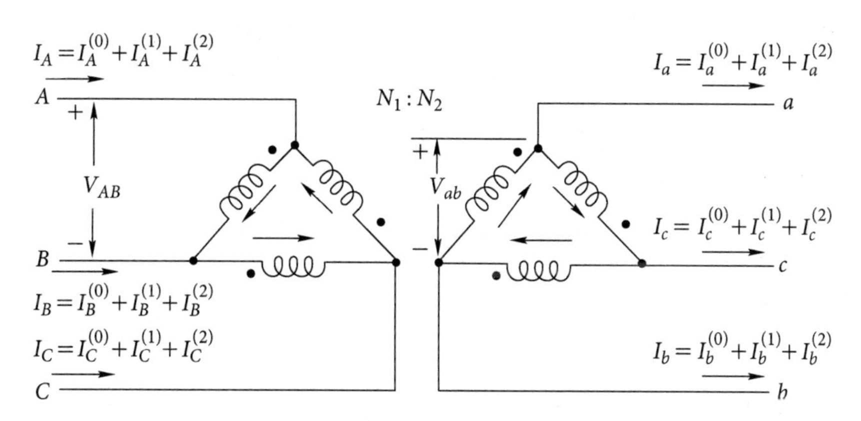

图9.21　三相△-△型变压器的接线图

情况4　Y-△型接线，Y侧接地。

如果Y-△型变压器的中性点接地，则零序电流可以通过Y型电路流入大地，因为相应的感应电流可以在△型绕组内形成环流。△型绕组中的零序环流用于抵消对称Y型绕组中零序电流产生的磁场，但不能流到△型绕组的外部线路中。所以图9.22中，$I_a^{(0)}=0$。

Y侧 a 相电压的表达式和式(9.74)相同，所以有

$$V_A^{(0)}+V_A^{(1)}+V_A^{(2)}=\frac{N_1}{N_2}V_{ab}^{(0)}+\frac{N_1}{N_2}V_{ab}^{(1)}+\frac{N_1}{N_2}V_{ab}^{(2)}+3Z_N I_A^{(0)} \tag{9.85}$$

按式(9.19)所述的方法，将相应的序分量分开列写，得

$$V_A^{(0)}-3Z_N I_A^{(0)}=\frac{N_1}{N_2}V_{ab}^{(0)}=0 \tag{9.86}$$

$$V_A^{(1)}=\frac{N_1}{N_2}V_{ab}^{(1)}=\frac{N_1}{N_2}\sqrt{3}\angle 30°\times V_a^{(1)}$$

$$V_A^{(2)}=\frac{N_1}{N_2}V_{ab}^{(2)}=\frac{N_1}{N_2}\sqrt{3}\angle -30°\times V_a^{(2)} \tag{9.87}$$

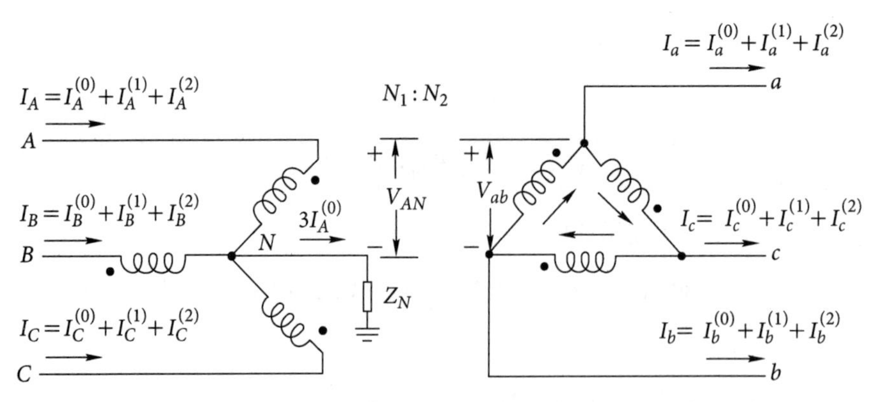

图 9.22　三相 Y-△型变压器的接线图，其中中性点通过阻抗Z_N接地

式(9.86)对应的零序电路如图 9.23(a)所示，其中$Z_0=Z+3Z_N$，Z 为归算到变压器高压侧的漏抗。该等效电路提供了一条零序电流的流通路径，该路径从 Y 侧线路开始，通过变压器的等效电阻和漏抗，最后与参考点相连。△侧的线路和参考点之间为开路状态。当中性点和大地之间的阻抗为Z_N时(如图所示)，零序等效电路必须将 $3Z_N$和变压器的等效电阻和漏抗串联，然后与 Y 侧线路相连后再接地。

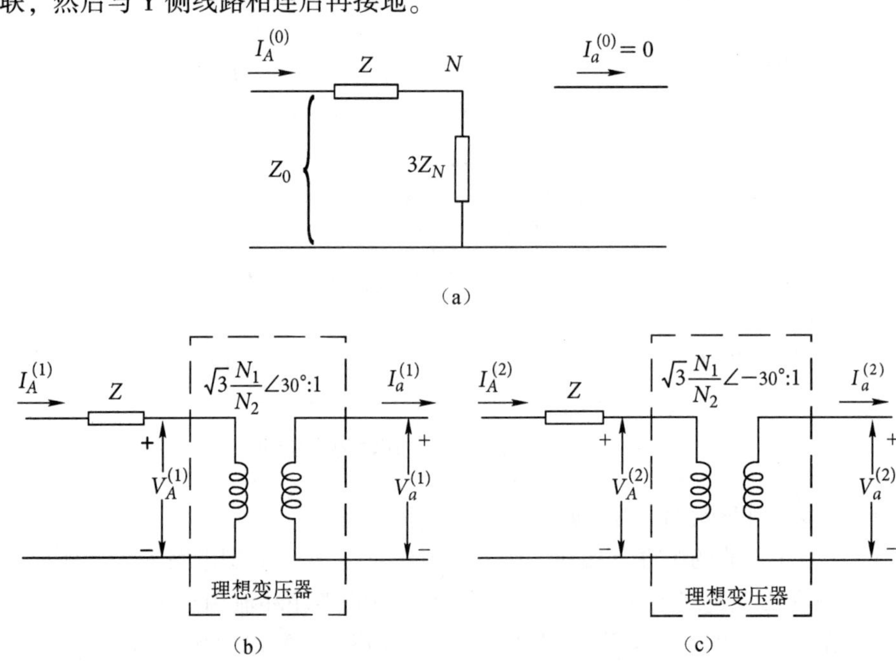

图 9.23　(a) Y-△型变压器组的零序电路，其中接地阻抗为Z_N；(b) 对应的正序电路；(c) 对应的负序电路

情况 5　Y-△型接线，Y 侧不接地。

Y 型不接地指的是中性点和大地之间的阻抗 Z_n 无穷大。令情况 4 中零序等效电路的阻抗 $3Z_n$为无穷大，零序电流将无法在变压器绕组中流通。

按照式(9.87)可得 Y-△型变压器正序、负序等效网络分别如图 9.23(b)和图 9.23(c)所示。由 3.7 节可知，式(9.87)中的乘子 $\sqrt{3}N_1/N_2$代表 Y-△型变压器两侧的额定线电压(以及额定相电压)之比。因此，在标幺值计算中，式(9.87)与式(3.36)完全相同，对应的变换规则重新列写如下：

$$V_A^{(1)} = V_a^{(1)} \times 1\angle 30^\circ \qquad I_A^{(1)} = I_a^{(1)} \times 1\angle 30^\circ$$

$$V_A^{(2)} = V_a^{(2)} \times 1\angle -30^\circ \qquad I_A^{(2)} = I_a^{(2)} \times 1\angle -30^\circ \tag{9.88}$$

即当电压和电流从△-Y 型或 Y-△型变压器的低压侧变换到高压侧时，正序电压(和电流)将超前 30°，而负序电压(和电流)将滞后 30°。

下面通过具体例题来说明式(9.88)的应用。

例题 9.7 例题 9.2 中，Y-△型变压器的 Y 型为低压侧，它向 Y 型电阻性负荷供电。负荷的电压与例题 9.2 相同。求变压器高压侧线电压和电流的标幺值。

解： 由例题 9.2 可知，电阻负荷的正、负序电流为

$$I_a^{(1)} = 0.985\,87\angle 43.55^\circ \text{ p.u.}$$

$$I_a^{(2)} = 0.234\,68\angle 250.25^\circ \text{ p.u.}$$

对应的变压器 Y 型低压侧的电压为

$$V_{an}^{(1)} = 0.985\,87\angle 43.55^\circ \text{ p.u.（基准值为相电压）}$$

$$V_{an}^{(2)} = 0.234\,68\angle 250.25^\circ \text{ p.u.（基准值为相电压）}$$

将低压侧正序电压的相角逆时针旋转 30°，同时将负序电压顺时针旋转 30°后，可得高压侧有

$$V_A^{(1)} = 0.985\,87\angle(43.55^\circ + 30^\circ) = 0.985\,87\angle 73.55^\circ = 0.279\,12 + j0.945\,53$$

$$V_A^{(2)} = 0.234\,68\angle(250.25^\circ - 30^\circ) = 0.234\,68\angle 220.25^\circ = -0.179\,13 - j0.151\,62$$

$$V_A = V_A^{(1)} + V_A^{(2)} = 0.099\,99 + j0.793\,91 = 0.8\angle 82.82^\circ \text{ p.u.}$$

$$V_B^{(1)} = \alpha^2 V_A^{(1)} = 0.985\,87\angle -46.45^\circ = 0.679\,25 - j0.714\,53$$

$$V_B^{(2)} = \alpha V_A^{(2)} = 0.234\,68\angle -19.76^\circ = 0.220\,86 - j0.079\,34$$

$$V_B = V_B^{(1)} + V_B^{(2)} = 0.900\,11 - j0.793\,82 = 1.2\angle -41.41^\circ \text{ p.u.}$$

$$V_C^{(1)} = \alpha V_A^{(1)} = 0.985\,87\angle 193.55^\circ = -0.958\,41 - j0.231\,03$$

$$V_C^{(2)} = \alpha^2 V_A^{(2)} = 0.234\,68\angle 100.25^\circ = -0.041\,74 + j0.230\,94$$

$$V_C = V_C^{(1)} + V_C^{(2)} = -1.0 + j0 = 1.0\angle 180^\circ \text{p.u.}$$

注意，变压器△型高压侧的相电压标幺值等于例题 9.2 中 Y 型低压侧的线电压。因此高压侧线电压为

$$\begin{aligned} V_{AB} = V_A - V_B &= 0.099\,99 + j0.793\,91 - 0.900\,11 + j0.793\,82 \\ &= -0.800\,12 + j1.587\,73 \\ &= 1.778\,0\angle 116.75^\circ \text{ p.u.（基准值为相电压）} \\ &= \frac{1.778\,0}{\sqrt{3}}\angle 116.75^\circ = 1.0274\angle 116.75^\circ \text{ p.u.（基准值为线电压）} \end{aligned}$$

$$V_{BC} = V_B - V_C = 0.90011 - \mathrm{j}079382 + 1.0 = 1.90011 - \mathrm{j}0.79382$$

$$= 2.0593\angle -22.67^\circ \text{ p.u. (基准值为相电压)}$$

$$= \frac{2.0593}{\sqrt{3}}\angle -22.67^\circ = 1.1889\angle -22.67^\circ \text{ p.u. (基准值为线电压)}$$

$$V_{CA} = V_C - V_A = -1.0 - 0.09999 - \mathrm{j}0.79391 = -1.09999 - \mathrm{j}0.79391$$

$$= 1.35657\angle 215.82^\circ \text{ p.u. (基准值为相电压)}$$

$$= \frac{1.35657}{\sqrt{3}}\angle 215.82^\circ = 0.7832\angle 215.82^\circ \text{ p.u. (基准值为线电压)}$$

因为本例中各相负荷阻抗的标幺值均为 1.0∠0°，因此$I_a^{(1)}$和$V_a^{(1)}$的标幺值相同。同样，$I_a^{(2)}$和$V_a^{(2)}$的标幺值相同。所以，I_A与V_A的标幺值相同。从而有

$$I_A = 0.8\angle 82.82^\circ \text{ p.u.}$$

$$I_B = 1.2\angle -41.41^\circ \text{ p.u.}$$

$$I_C = 1.0\angle 180^\circ \text{ p.u.}$$

上例再次表明：当电流和电压从△-Y 型或 Y-△型变压器的一侧变换到另一侧时，必须对同一侧的正序分量和负序分量进行单独相移，然后才能在另一侧合成得到实际电压。

关于移相的说明。美国国家标准协会(ANSI)要求，对于 Y-△型和△-Y 型变压器，高压侧相电压的正序分量$V_{H,N}$需要超前低压侧相电压正序分量$V_{X,n}$30°。图 9.22 所示的接线图和图 9.24(a)所示的接线图均满足 ANSI 要求。

如上文图示，与变压器端子H_1，H_2，H_3-X_1，X_2，X_3连接的各相导线分别标记为A，B，C-a，b，c，因此有$V_{AN}^{(1)}$超前$V_{an}^{(1)}$30°。

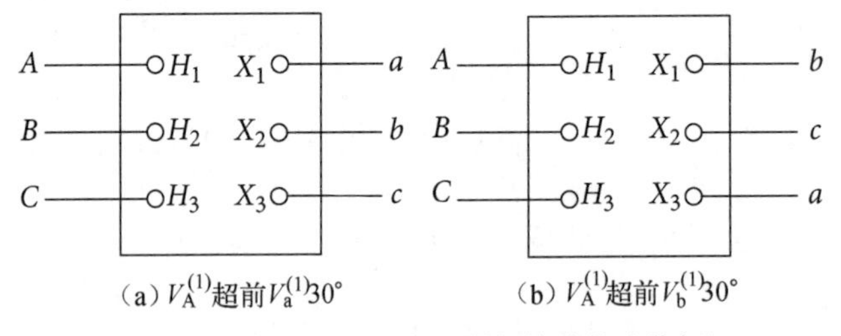

(a) $V_A^{(1)}$超前$V_a^{(1)}$30°　　(b) $V_A^{(1)}$超前$V_b^{(1)}$30°

图 9.24　三相 Y-△型变压器与线路的连接标记

但是，并不是强制要求与三相 Y-△型变压器端子X_1，X_2，X_3相连的线路必须标记为a，b，c。实际上，也可以选择图 9.24(b)所示的线路标记方式，其中与X_1，X_2，X_3相连的线路分别被标记为b，c和a。如果选择了图 9.24(b)的标记方式，则需要将图 9.22 的接线图和相量图中的a替换为b、b替换为c、c替换为a，最后使$V_{an}^{(1)}$超前$V_{AN}^{(1)}$90°，而$V_{an}^{(2)}$滞后$V_{AN}^{(2)}$90°。对应的电流也需要进行类似的替换。

本书采用图 9.24(a)所示的标记方法，因而式(9.88)符合 ANSI 要求。求解不对称故障问题时，分别算出正、负序分量，并在必要时利用式(9.88)进行相移。可以使用计算机程序来分析相移的影响。

三相电路中的变压器可能由 3 个单相变压器组成，也可能是一台三相变压器。尽管三相

变压器的零序串联阻抗可能与正序和负序阻抗略有不同，但习惯上，不管变压器类型如何，通常都假定三序的串联阻抗相等。

附表 A.1 所示为变压器的典型电抗值，当容量为 1000 kVA 及以上时，变压器的电抗值和阻抗值基本相等。为了简化计算，忽略并联导纳，因此没有激磁电流。

9.8 不对称串联阻抗

前面的章节主要关注对称系统。本节将利用对称分量法推导三相电路串联阻抗不相等时的计算公式，从而引出一个重要结论。

图 9.25 所示的系统具有不相等的串联阻抗Z_a，Z_b和Z_c。

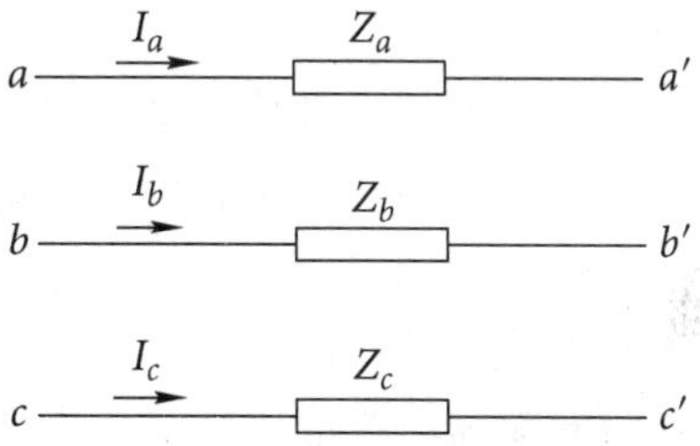

假设 3 个阻抗之间没有互感（没有耦合），则该系统两端的电压降为

$$\begin{bmatrix} V_{aa'} \\ V_{bb'} \\ V_{cc'} \end{bmatrix} = \begin{bmatrix} Z_a & 0 & 0 \\ 0 & Z_b & 0 \\ 0 & 0 & Z_c \end{bmatrix} \begin{bmatrix} I_a \\ I_b \\ I_c \end{bmatrix} \tag{9.89}$$

图 9.25 具有 3 个不相等串联阻抗的三相系统的一部分

写成电压和电流对称分量的形式

$$\mathbf{A} \begin{bmatrix} V_{aa'}^{(0)} \\ V_{aa'}^{(1)} \\ V_{aa'}^{(2)} \end{bmatrix} = \begin{bmatrix} Z_a & 0 & 0 \\ 0 & Z_b & 0 \\ 0 & 0 & Z_c \end{bmatrix} \mathbf{A} \begin{bmatrix} I_a^{(0)} \\ I_a^{(1)} \\ I_a^{(2)} \end{bmatrix} \tag{9.90}$$

其中矩阵 $\mathbf{A}$ 的定义见式(9.9)。上式两边同时左乘$\mathbf{A}^{-1}$后，可得矩阵方程为

$$\begin{aligned} V_{aa'}^{(0)} &= \frac{1}{3} I_a^{(0)} (Z_a + Z_b + Z_c) + \frac{1}{3} I_a^{(1)} (Z_a + \alpha^2 Z_b + \alpha Z_c) \\ &\quad + \frac{1}{3} I_a^{(2)} (Z_a + \alpha Z_b + \alpha^2 Z_c) \\ V_{aa'}^{(1)} &= \frac{1}{3} I_a^{(0)} (Z_a + \alpha Z_b + \alpha^2 Z_c) + \frac{1}{3} I_a^{(1)} (Z_a + Z_b + Z_c) \\ &\quad + \frac{1}{3} I_a^{(2)} (Z_a + \alpha^2 Z_b + \alpha Z_c) \\ V_{aa'}^{(2)} &= \frac{1}{3} I_a^{(0)} (Z_a + \alpha^2 Z_b + \alpha Z_c) + \frac{1}{3} I_a^{(1)} (Z_a + \alpha Z_b + \alpha^2 Z_c) \\ &\quad + \frac{1}{3} I_a^{(2)} (Z_a + Z_b + Z_c) \end{aligned} \tag{9.91}$$

令阻抗相等（即$Z_a = Z_b = Z_c$），则式(9.91)可简化为

$$V_{aa'}^{(0)} = I_a^{(0)} Z_a, \quad V_{aa'}^{(1)} = I_a^{(1)} Z_a, \quad V_{aa'}^{(2)} = I_a^{(2)} Z_a \tag{9.92}$$

但是，如果阻抗不相等，由式(9.91)可知，任何一序电压降都取决于 3 个序电流。因此有结论：不对称电流的对称分量流过对称负荷或对称串联阻抗时，只能产生同序的电压降。如果图 9.25 中 3 个阻抗之间存在不对称耦合（例如不相等的互感），式(9.89)和式(9.90)的方阵中将包含非对角元素，式(9.91)中还将增加其他相关项。

尽管三相输电线路任何一相导线中的电流都会在其他导线中感应出电压，但是电抗计算忽略了耦合的影响。自感的计算基于完全换位线路，其本身就包含了互感抗的影响，因此线路各相串联阻抗相等。这样一来，任何一序电流在输电线路上只能产生同一序的电压降。也就是说，正序电流只产生正序电压降。同样，负序电流只产生负序电压降，零序电流只产生零序电压降。如果把点 a'，b'和 c'连接形成一个新的中性点，那么式(9.91)也适用于不对称 Y 型负荷。式(9.91)可以用于分析各种情况，例如对单相负荷，可令$Z_b = Z_c = 0$。不过本书只讨论故障前保持对称的系统。

9.9 序网

本章前面几节主要研究负荷阻抗、变压器、输电线路和同步电机的零序、正序和负序等效电路，这些电路构成了三相输电系统的主要部分。除了旋转电机外，网络的其他部分都是静止元件，不含电源。当连接成 Y 型或△型时，令各个元件均为线性且三相对称。基于上述假设，有：

- 对系统的任一部分，某一序电压仅取决于该部分中与序电流同一序的阻抗；
- 静态电路中，正序和负序阻抗Z_1和Z_2相等，在次暂态情况下，同步电机的正序和负序阻抗近似相等；
- 对系统的任一部分，零序电流对应的阻抗Z_0通常不等于正序阻抗Z_1和负序阻抗Z_2；
- 只有旋转电机的正序电路中含有正序电压源；
- 中性点是正、负序网络中电压的参考点，如果实际电路的中性点通过有限阻抗或者零值阻抗与大地相连，则相电压等于对地电压；
- 中性点和大地之间的线路上没有正序或负序电流；
- 正序和负序网络中不包含中性点和大地之间的阻抗Z_n，但零序电路的中性点和大地之间存在$3Z_n$阻抗。

利用各序电路的特性可构建对应的序网。得到电力系统各部分的序阻抗后，就可以建立整个系统的序网图。特定的序网——由系统各部分的对应序电路组合而成——可用于描述实际系统中该序电流可能流通的所有路径。

对称三相系统正常运行时的三相电流组成了一组对称正序分量。该组正序电流只能引起正序的电压降。由于前述章节只分析一序电流，因此可以认为这一序电流流过独立的一相网络，该网络由旋转电机的正序电动势(EMF)和其他正序电流对应的静态阻抗组成。为了与其他两个序网进行区别，将上述一相等效网络称为正序网络。

前面章节已经讨论了一些相当复杂的正序网络的阻抗和导纳表示法。通常可以忽略正序网络中△-Y 型和△-△型变压器的相移，因为实际系统在设计时，所有回路的相移总和就为零。不过，在详细计算中必须记住，当从△-Y 型或 Y-△型变压器的低压侧变换到高压侧时，所有正序电压和电流需要超前 30°。

将正序网络变成负序网络的过程很简单。三相同步发电机和电动机含有正序电动势的唯一原因是这些电机被设计为可以输出对称电压。又由于静态对称系统的正序和负序阻抗相等，因此，为了将正序网络转变为负序网络，只需要改变代表旋转电机的阻抗(如果有需要)并删除 EMF 即可。因为已经假设电压对称，而且没有外部电源提供负序电压，所以可以删除 EMF。当然，在使用负序网络进行详细计算时，必须记住，当从△-Y 型或 Y-△型变压器的低压侧变换到高压侧时，所有负序电压和电流需要滞后 30°。

因为对称三相系统中相电流对称时，所有的中性点都具有相同的电位，所以，不管电流是正序还是负序，所有中性点的电位都必须相同。因此，对称三相系统的中性点既是正序、负序电压降的参考电位，也是正序、负序网络的参考点。正、负序网络中不包含电机中性点-大地之间的阻抗，因为正、负序电流都无法流经该阻抗。

负序网络和前面章节的正序网络一样，既可以是包含系统各部分的精确等效电路，也可以是忽略串联电阻和分流导纳的简化电路。

例题 9.8 求例题 5.1 所示系统的负序网络。假设电机的负序电抗等于其次暂态电抗，忽略与变压器相关的电阻和相移。

解：由于系统的所有负序电抗等于正序电抗，因此负序网络与图 5.5 所示的正序网络相同，但负序网络中不包含 EMF。图 9.26 所示为忽略变压器相移的负序网络。

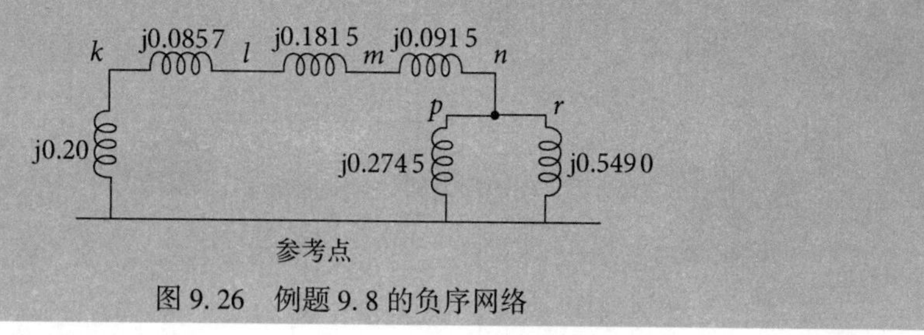

图 9.26 例题 9.8 的负序网络

将系统各部分的零序等效电路组合在一起，即得到完整的零序网络。因为系统中三相零序电流的幅值和相位处处相等，所以，三相系统为一相运行模式。存在完整的零序电流返回路径的电路才能组成零序网络。

零序电压的参考电位是系统的接地电位。系统中任何一点的电压值均以该接地电位为参考电位。由于零序电流可能流过大地，使得大地的电位不一定处处相等，因此零序网络的参考节点不代表大地的电位均匀。

由前面章节的讨论可知，大地和地线的阻抗包含在输电线路的零序阻抗中，同时，零序网络的返回路径是一根阻抗为零的导线，它代表了系统的参考点。因为零序阻抗中包含大地阻抗，所以零序网络中各点相对于参考点的电压等于各点相对于理想接地点的电压。图 9.27 和图 9.28 所示为两个小型电力系统的单线图及其简化的零序网络图，图中忽略了电阻和分流导纳。

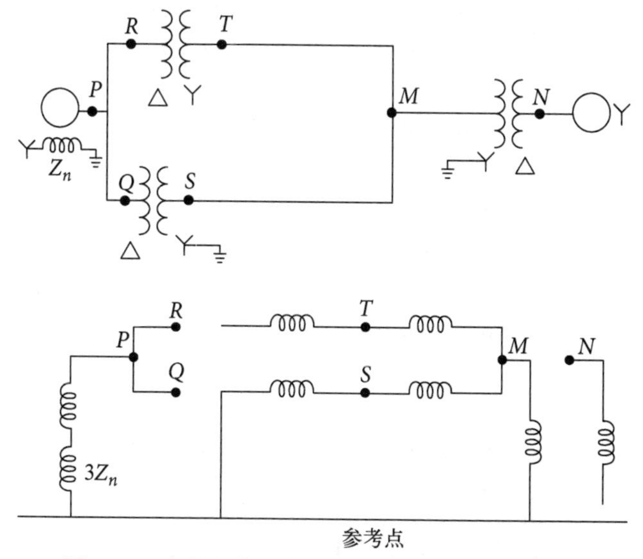

图 9.27 小型电力系统的单线图和对应的零序网络

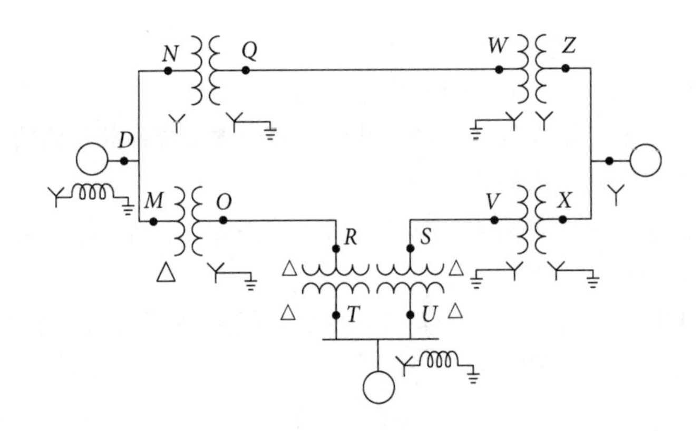

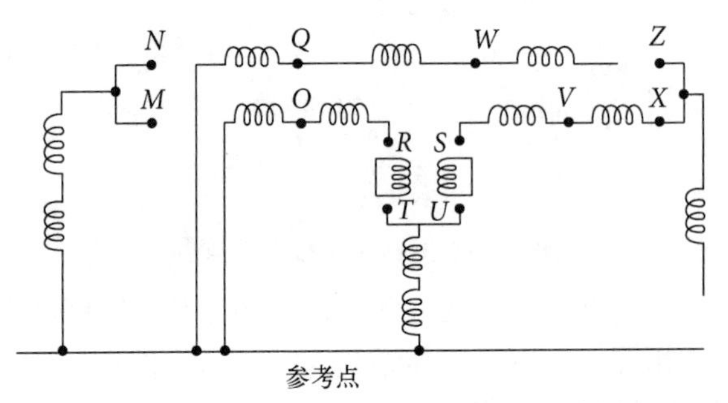

图 9.28　小型电力系统的单线图和对应的零序网络

分析对称系统的非对称故障的关键是确定不对称电流的对称分量。因此，用对称分量法分析故障的影响时，重点在于确定序阻抗，并将其组合为序网。然后，将流过同一对称电流分量 $I_a^{(0)}$，$I_a^{(1)}$ 和 $I_a^{(2)}$ 的序网相互连接，实现对各种不对称故障的等效，具体分析详见第 10 章。

例题 9.9　绘制例题 5.1 所示系统的零序网络图。其中，发电机和电动机的零序电抗为 0.05(标幺值)。发电机和大型电动机的中性点均安装了 0.4 Ω 的限流电抗器。输电线路的零序电抗为 1.5 Ω/km。

解：变压器的零序漏抗等于正序漏抗。因此，按例题 5.1，两台变压器的电抗分别为 $X_0 = 0.0857$ 和 $X_0 = 0.0915$(标幺值)。发电机和电动机的零序电抗为

$$\text{发电机}: X_0 = 0.05 \text{ p.u.}$$

$$\text{电动机1}: X_0 = 0.05\left(\frac{300}{200}\right)\left(\frac{13.2}{13.8}\right)^2 = 0.0686 \text{ p.u.}$$

$$\text{电动机2}: X_0 = 0.05\left(\frac{300}{100}\right)\left(\frac{13.2}{13.8}\right)^2 = 0.1372 \text{ p.u.}$$

发电机电路中

$$\text{阻抗基准值}\, Z = \frac{(20)^2}{300} = 1.333\ \Omega$$

电动机电路中

$$\text{阻抗基准值}\, Z = \frac{(13.8)^2}{300} = 0.635\ \Omega$$

在发电机的阻抗网中

$$3Z_n = 3\left(\frac{0.4}{1.333}\right) = 0.900 \text{ p.u.}$$

在电动机的阻抗网中

$$3Z_n = 3\left(\frac{0.4}{0.635}\right) = 1.890 \text{ p.u.}$$

对输电线路

$$Z_0 = \frac{1.5 \times 64}{176.3} = 0.5445 \text{ p.u.}$$

因此，零序网络如图 9.29 所示。

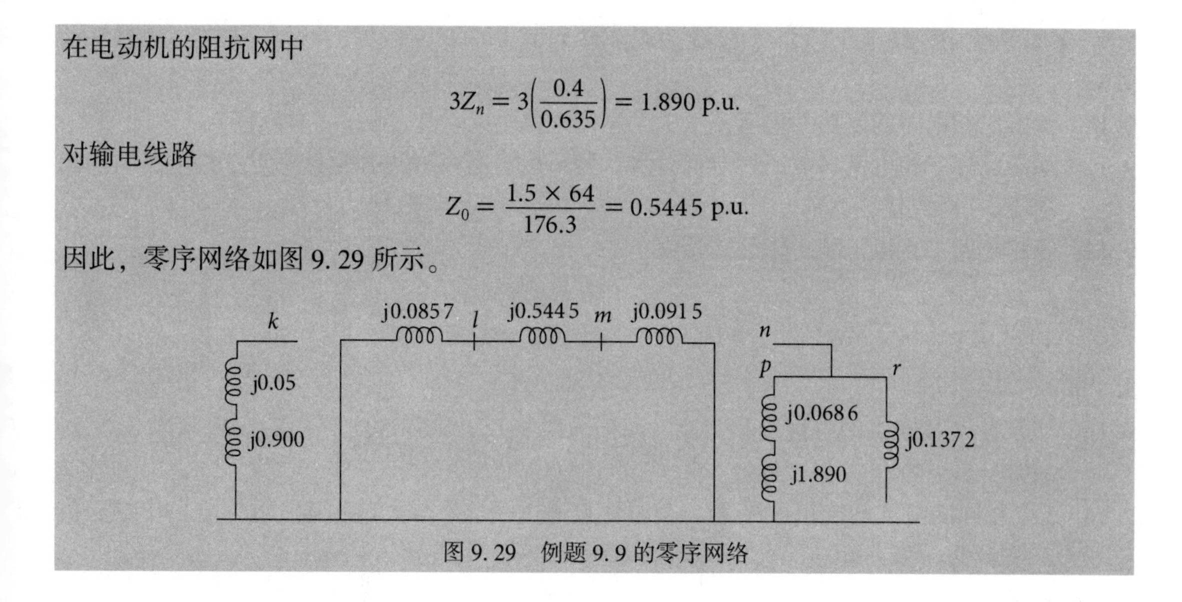

图 9.29　例题 9.9 的零序网络

9.10　小结

不对称电压和电流可以分解为它们的对称分量。分析问题时，可以先分别处理各组对称分量，再将结果进行合并。

对相间严格对称耦合的对称网络，某一序电流只会引起同一序的电压降。不同序电流对应的阻抗不一定相等。

对于潮流分析、故障计算和稳定性研究，必须掌握正序网络的知识。如果故障计算或稳定性研究涉及对称系统的非对称故障，则还需要分析负序和零序网络。零序网络的构造需要特别仔细，因为零序网络与其他网络可能有很大的不同。

复习题

9.1 节

9.1　使用对称分量法进行故障分析有什么好处？

9.2　如果不对称三相电流或电压相量之和为零，则存在零序分量。(对或错)

9.3　3 个线电压相量之和不一定为零。(对或错)

9.4　3 个相量的零序分量中，相等的量为 ________。

a. 幅值　　b. 相位　　c. 以上都对　　d. 以上都不对

9.5　3 个相量的正序分量在相位上互差________角度。

9.2 节

9.6　下述存在零序电流的电路是：

a. △型电路　　b. Y 型电路

c. 三相四线制对称电力系统　　d. 三相三线制电力系统

9.7　对△-Y 型变压器，说明公式$Z_Y = Z_\triangle/3$ 成立的条件。

9.8　△型电路中线电流不含零序分量。(对或错)

9.9 Y 型系统中，线电压$V_{ab}^{(0)}=(V_{ab}+V_{bc}+V_{ca})/3=$ ________。

9.3 节

9.10 流入三相电路的复功率等于流入 3 个序网电路的复功率之和。(对或错)

9.11 如果已知三相电流和电压的对称分量，则可以直接由对称分量计算出三相电路的功率损耗。(对或错)

9.12 三相电路中，以下哪一个公式错误？

a. $S_{3\phi}=3V_a^{(0)}I_a^{(0)*}+3V_a^{(1)}I_a^{(1)*}+3V_a^{(2)}I_a^{(2)*}$　　b. $S_{3\phi}=V_aI_a^*+V_bI_b^*+V_cI_c^*$

c. $S_{3\phi}=V_a^{(0)}I_a^{(0)*}+V_a^{(1)}I_a^{(1)*}+V_a^{(2)}I_a^{(2)*}$　　d. $S_{3\phi}=P_{3\phi}+\mathrm{j}Q_{3\phi}$

9.4 节

9.13 如果在 Y 接阻抗的中性点和大地之间插入阻抗Z_n，则零序电路中Z_n需要乘以 3。(对或错)

9.14 3 个相同的阻抗Z_Y连接成 Y 型，其中性点通过阻抗Z_n与大地相连。零序电路中的阻抗Z_0是多少？

a. Z_Y　　b. Z_Y+3Z_n　　c. Z_n　　d. $3Z_n$

9.5 节

9.15 由于输电线路存在耦合，任何一相导线中的电流都会在相邻线路和中性线中感应电压。(对或错)

9.16 输电线路的零序阻抗小于正序阻抗。(对或错)

9.6 节

9.17 三相 Y 型发电机的内电势(例如E_{an})不会出现在正序、负序和零序电路中。(对或错)

9.18 对于 Y 型同步发电机，下面哪项陈述是错误的？

a. 如果 Y 型同步发电机通过阻抗Z_n接地，则零序电路中阻抗Z_n必须乘以 3。

b. 负序电路不含 EMF。

c. 零序电路不含 EMF。

d. 正序电路不含 EMF。

9.7 节

9.19 Y 型电路中没有零序电流。(对或错)

9.20 下列哪一项陈述是错误的？

a. Y-△型变压器中有零序电流。

b. 当从△-Y 型或 Y-△型变压器的低压侧升压到高压侧时，高压侧的正序电压(和电流)需要超前 30°，负序电压(和电流)需要滞后 30°。

c. Y-Y 型变压器的正序和负序电路相同。

9.21 从△-Y 型或 Y-△型变压器的低压侧升压到高压侧时，低压侧的正序电压、电流需要滞后 30°，负序电压、电流需要超前 30°。(对或错)

9.22 绘制下图所示△-△型变压器的零序等效电路。

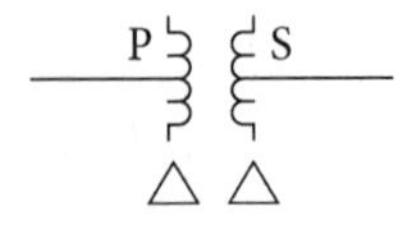

9.8 节和 9.9 节

9.23 对称分量法不适用于不对称故障分析。(对或错)

9.24　在对称三相系统中，三相导线中的电流仅包含正序分量。(对或错)

9.25　绘制图 9.27 所示电力系统的正序网络。

9.26　牢固接地中性点是指中性线与大地直接相连，对应的阻抗等于零。(对或错)

习题

9.1　已知$V_{an}^{(1)}=50\angle 0°$，$V_{an}^{(2)}=20\angle 90°$，$V_{an}^{(0)}=10\angle 180°$ V，试求相电压V_{an}，V_{bn}和V_{cn}，绘制相量图，说明对称分量和相电压的关系。

9.2　令发电机 a 相开路、其余两相发生短路接地故障，对应的 a 相电流对称分量为$I_a^{(1)}=600\angle -90°$ A，$I_a^{(2)}=250\angle 90°$ A，$I_a^{(0)}=350\angle 90°$ A，求接地电流和发电机的各相电流。

9.3　已知$I_a=10\angle 0°$ A，$I_b=10\angle 230°$ A，$I_c=10\angle 130°$ A，求电流的对称分量，编写 MATLAB 程序进行验证。

9.4　流向△型对称负荷的线电流为$I_a=100\angle 0°$ A，$I_b=141.4\angle 225°$ A，$I_c=100\angle 90°$ A。求线电流的对称分量，并绘制正序、负序线电流和正序、负序相电流的相量图。I_{ab}的有名值是多少？编写 MATLAB 程序进行验证。

9.5　Y 型对称负荷由 3 个 10 Ω 的电阻组成，负荷终端电压为$V_{ab}=100\angle 0°$ V，$V_{bc}=80.8\angle -121.44°$ V 和$V_{ca}=90\angle 130°$ V。假设负荷的中性点没有与外电路相连，利用上述线电压的对称分量求线电流。

9.6　利用电流和电压的对称分量，求习题 9.5 中 3 个 10 Ω 电阻所消耗的功率。验证答案。

9.7　如果 Y 型负荷的中性点和大地之间存在阻抗，请说明式(9.26)中电压V_a，V_b和V_c表示对地电压。

9.8　由阻抗$Z_{\triangle}$构成的对称△型三相负荷和由阻抗Z_Y构成的牢固接地 Y 型负荷并联。

a. 令电源电压为V_a，V_b和V_c，求电源流向负荷的线电流I_a，I_b和I_c的公式；

b. 将(a)中的表达式转换为对称分量形式，用$V_a^{(0)}$，$V_a^{(1)}$和$V_a^{(2)}$表示$I_a^{(0)}$，$I_a^{(1)}$和$I_a^{(2)}$；

c. 画出组合负荷的序网图。

9.9　习题 9.8 中，与△型阻抗 $Z_{\triangle}$并联的 Y 型阻抗通过阻抗Z_g接地。

a. 用电源电压V_a，V_b和V_c以及中性点电压V_n来表示由电源流向负荷的线电流 $I_a^{(0)}$，$I_a^{(1)}$，$I_a^{(2)}$。

b. 用$I_a^{(0)}$，$I_a^{(1)}$，$I_a^{(2)}$和Z_g表示V_n，求用$V_a^{(0)}$，$V_a^{(1)}$和$V_a^{(2)}$表示的线电流。编写 MATLAB 程序进行验证。

c. 画出组合负荷的序网图。

9.10　假设例题 9.5 所述线路的送端相电压为恒定值 200 kV，在受端的 a 相和中性点之间连接 420 Ω 的单相感性负荷。

a. 将负荷电流I_L和线路的序阻抗Z_0，Z_1和Z_2的值代入式(9.51)，求受端序电压$V_{a'n}^{(0)}$，$V_{a'n}^{(1)}$和$V_{a'n}^{(2)}$的表达式；

b. 求线电流I_L的有名值；

c. 求受端 b，c 相的开路相电压；

d. 不使用对称分量法，验证 c 的答案。

9.11　假设例题 9.10 中的 420 Ω 感性负荷连接在受端 a 相和 b 相之间，重做习题 9.10。其中，问题 c 只需要求解 c 相的开路电压。

9.12 Y 型同步发电机的序电抗标幺值为 $X_0=0.09$，$X_1=0.22$，$X_2=0.36$。发电机的中性点通过标幺值为 0.09 的电抗接地。发电机在额定电压下空载运行时发生不对称故障。发电机故障电流的标幺值为$I_a=0$，$I_b=3.75\angle150°$，$I_c=3.75\angle30°$，以 a 相电压为参考值。求：

a. 发电机终端对地电压；

b. 发电机中性点对地电压；

c. 由问题 a 的结果求故障性质(类型)。

9.13 令习题 9.12 故障电流的标幺值为$I_a=0$，$I_b=-2.986\angle0°$，$I_c=2.986\angle0°$，重做习题 9.12。编写 MATLAB 程序验证结果。

9.14 令习题 9.4 中流向负荷的电流由△-Y 型变压器的 Y 侧线路提供。△-Y 型变压器的额定值为 10 MVA，13.2△/66*Y* kV。将电流的对称分量转换为以变压器额定值为基准值的标幺值，并根据式(9.88)对电流分量进行移相，从而求解变压器△侧线路的电流值。将 Y 侧的电流乘以绕组匝数比，直接得到变压器△绕组侧的各相电流的有名值，比较结果。最后计算变压器△侧的线电流，从而完成验证。

9.15 如图 9.30 所示，3 个单相变压器连接成 Y-△型变压器。高压绕组为 Y 型连接，对应极性如图所示。平行绕组代表具有磁耦合关系的绕组。确定低压绕组的极性，以及：

a. 用字母 a，b 和 c 对低压侧端子进行编号，其中$I_A^{(1)}$超前$I_a^{(1)}$ 30°；

b. 用字母 a'，b'和 c'对低压侧端子进行编号，使$I_a^{(1)}$与$I_A^{(1)}$的相位差为 90°。

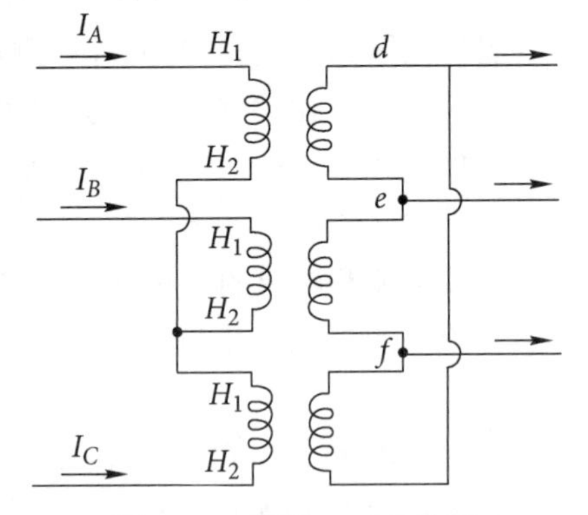

图 9.30 习题 9.15 的电路

9.16 将线电压为 100 V 的对称三相电压施加到由 3 个电阻器组成的 Y 型负荷上。负荷的中性点不接地。a 相电阻为 10 Ω，b 相电阻为 20 Ω，c 相电阻为 30 Ω。以三相线路的相电压为参考值，确定 a 相电流和电压V_{an}。

9.17 求习题 3.33 所示电力系统的负序和零序网络。以发电机 1 的 50 MVA，13.8 kV 为基准，求所有电抗的标幺值并在图中进行标注。发电机 1 和发电机 3 的中性点通过电抗标幺值为 5%(以各自发电机的额定值为基准值)的限流电抗器接地。发电机的负序电抗和零序电抗分别为 20% 和 5%(以各自发电机的额定值为基准值)。输电线路 B-C 的零序电抗为 210 Ω，C-E 的零序电抗为 250 Ω。

9.18 求习题 3.34 所示电力系统的负序和零序网络。输电线路为 40 Ω，以 50 MVA，138 kV 为基准值，求所有电抗的标幺值并做标注。各台同步电机的负序电抗等于其次暂态电抗。各台同步电机的零序电抗为 8%(以各自发电机的额定值为基准值)。电机的中性点通过电抗标幺值为 5%(以各自发电机的额定值为基准值)的限流电抗器接地。假设输电线路的零序电抗为其正序电抗的 300%。

9.19 求习题 9.17 所述系统从节点 C 看入系统的零序戴维南阻抗，其中变压器T_3：

a. 一侧不接地，一侧为牢固接地中性点，如图 3.46 所示；

b. 两个中性点都牢固接地。

第 10 章　不对称故障

电力系统中的大多数故障都是不对称故障，其中包含不对称短路、非金属性不对称故障或线路断路。不对称故障可能是单相接地故障、相间故障和两相接地故障。两相之间或相与大地之间可能通过阻抗形成短路路径，也可能是直接连接。一条或两条导线断开，或者由于熔丝以及其他装置动作造成三相电路不能同时开断，都会导致不对称故障。

因为任何不对称故障都会导致系统中不平衡电流的存在，所以对称分量法成为分析和确定故障发生后系统各部分电流和电压的有效工具。本章采用戴维南定理分析电力系统的故障，将整个系统等效为一个发电机和阻抗的串联支路，然后再对故障电流进行分析。同时，本章还将讲解节点阻抗矩阵在不对称故障分析中的应用。

10.1　电力系统的不对称故障

在推导电力系统电流和电压的对称分量时，通常用I_{fa}，I_{fb}和I_{fc}分别表示从原始平衡系统的故障点 a，b，c 相流出系统的电流。图 10.1 所示为电网发生故障时 a，b，c 三相线路和对应的故障电流。故障电流由虚拟短线段旁边的箭头表示。短线段的不同连接方式代表不同类型的故障。例如，b 相和 c 相的短线段直接连接表示发生相间直接短路故障。此时短线段 a 中的电流为零，且I_{fb}等于$-I_{fc}$。

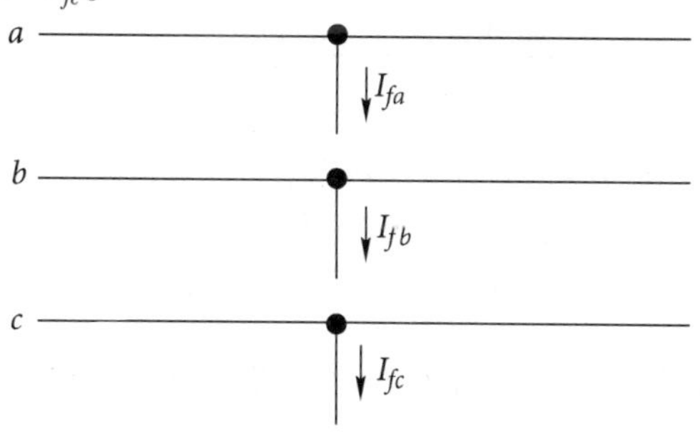

图 10.1　三相系统的 3 根导线。3 根短线段中流过电流I_{fa}，I_{fb}和I_{fc}，3 根短线段的不同连接方式代表不同类型的故障

故障期间，将系统任意节点ⓙ的对地电压用V_{ja}，V_{jb}和V_{jc}表示，上标 1、2 和 0 表示正、负和零序分量。因此，$V_{ja}^{(1)}$，$V_{ja}^{(2)}$和$V_{ja}^{(0)}$分别表示故障期间节点ⓙ对地电压V_{ja}的正、负和零序分量。将故障点 a 相的故障前电压表示为V_f，因为系统对称，因此V_f为正序电压。故障前电压V_f的概念见 8.3 节的电力系统三相对称故障。图 10.2 所示为含两台同步电机的电力系统的单线图。

对该图的分析可以用于推导任何对称系统(无论系统多复杂)的电压、电流表达式。图 10.2 还包含系统的序网图。令故障发生在点 P，对应于单线图和序网图中的节点ⓚ。分析次暂态故障时，需要将电机表示为次暂态内电势和次暂态电抗串联的形式。

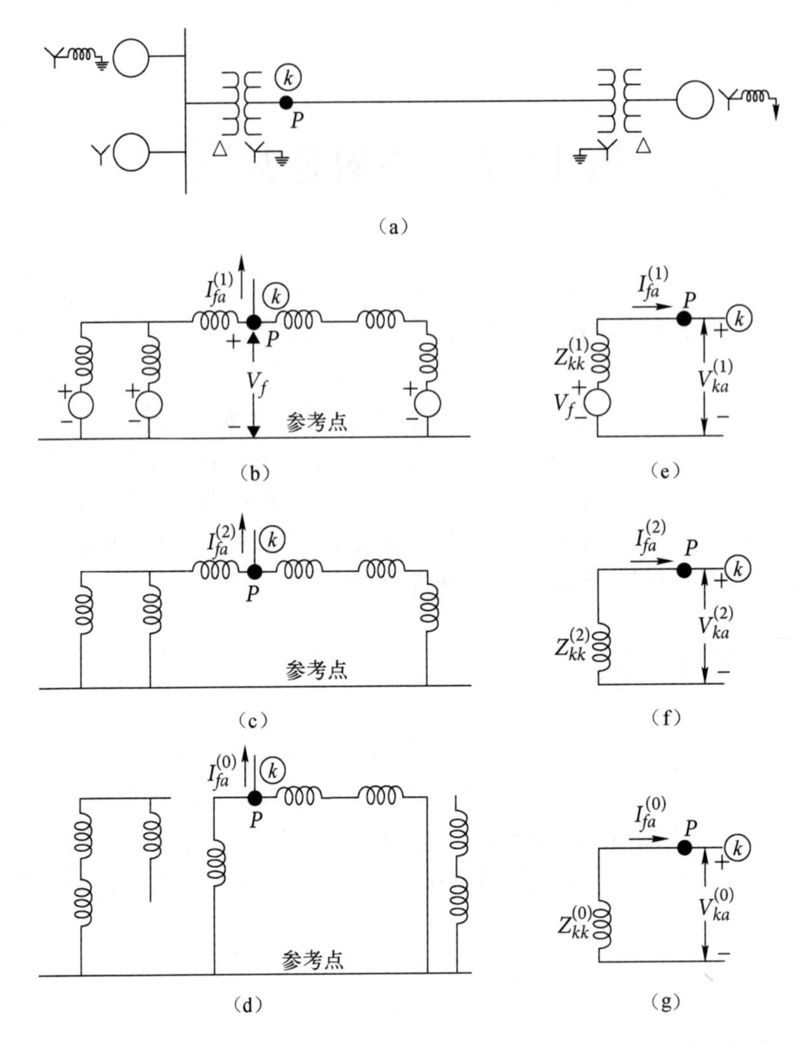

图 10.2　三相系统的单线图、序网图以及位置 P(节点ⓚ)发生故障时各个网络的戴维南等效电路。(a) 对称三相系统的单线图；(b) 正序网络；(c) 负序网络；(d) 零序网络；(e) 正序网络的戴维南等效电路；(f) 负序网络的戴维南等效电路；(g) 零序网络的戴维南等效电路

8.3 节使用由正序阻抗组成的节点阻抗矩阵来确定对称三相故障时的电流和电压。将负序和零序网络也用对应的节点阻抗矩阵表示后，就可以将 8.3 节的方法扩展到非对称故障分析中。正序网络的节点阻抗矩阵可表示为

$$\mathbf{Z}_{\text{bus}}^{(1)} = \begin{array}{c} \\ ① \\ ② \\ \\ ⓚ \\ \\ Ⓝ \end{array} \begin{array}{c} \begin{array}{cccccc} ① & ② & & ⓚ & & Ⓝ \end{array} \\ \begin{bmatrix} Z_{11}^{(1)} & Z_{12}^{(1)} & \cdots & Z_{1k}^{(1)} & \cdots & Z_{1N}^{(1)} \\ Z_{21}^{(1)} & Z_{22}^{(1)} & \cdots & Z_{2k}^{(1)} & \cdots & Z_{2N}^{(1)} \\ \vdots & \vdots & \ddots & \vdots & \ddots & \vdots \\ Z_{k1}^{(1)} & Z_{k2}^{(1)} & \cdots & Z_{kk}^{(1)} & \cdots & Z_{kN}^{(1)} \\ \vdots & \vdots & \ddots & \vdots & \ddots & \vdots \\ Z_{N1}^{(1)} & Z_{N2}^{(1)} & \cdots & Z_{Nk}^{(1)} & \cdots & Z_{NN}^{(1)} \end{bmatrix} \end{array} \tag{10.1}$$

同样，负序和零序网络的节点阻抗矩阵如下：

$$
\mathbf{Z}_{\text{bus}}^{(2)} = \begin{array}{c} \\ ① \\ ② \\ \\ ⓚ \\ \\ Ⓝ \end{array} \begin{array}{c} \begin{array}{cccccc} ① & ② & & ⓚ & & Ⓝ \end{array} \\ \left[\begin{array}{cccccc} Z_{11}^{(2)} & Z_{12}^{(2)} & \cdots & Z_{1k}^{(2)} & \cdots & Z_{1N}^{(2)} \\ Z_{21}^{(2)} & Z_{22}^{(2)} & \cdots & Z_{2k}^{(2)} & \cdots & Z_{2N}^{(2)} \\ \vdots & \vdots & \ddots & \vdots & \ddots & \vdots \\ Z_{k1}^{(2)} & Z_{k2}^{(2)} & \cdots & Z_{kk}^{(2)} & \cdots & Z_{kN}^{(2)} \\ \vdots & \vdots & \ddots & \vdots & \ddots & \vdots \\ Z_{N1}^{(2)} & Z_{N2}^{(2)} & \cdots & Z_{Nk}^{(2)} & \cdots & Z_{NN}^{(2)} \end{array}\right] \end{array}
$$

$$
\mathbf{Z}_{\text{bus}}^{(0)} = \begin{array}{c} \\ ① \\ ② \\ \\ ⓚ \\ \\ Ⓝ \end{array} \begin{array}{c} \begin{array}{cccccc} ① & ② & & ⓚ & & Ⓝ \end{array} \\ \left[\begin{array}{cccccc} Z_{11}^{(0)} & Z_{12}^{(0)} & \cdots & Z_{1k}^{(0)} & \cdots & Z_{1N}^{(0)} \\ Z_{21}^{(0)} & Z_{22}^{(0)} & \cdots & Z_{2k}^{(0)} & \cdots & Z_{2N}^{(0)} \\ \vdots & \vdots & \ddots & \vdots & \ddots & \vdots \\ Z_{k1}^{(0)} & Z_{k2}^{(0)} & \cdots & Z_{kk}^{(0)} & \cdots & Z_{kN}^{(0)} \\ \vdots & \vdots & \ddots & \vdots & \ddots & \vdots \\ Z_{N1}^{(0)} & Z_{N2}^{(0)} & \cdots & Z_{Nk}^{(0)} & \cdots & Z_{NN}^{(0)} \end{array}\right] \end{array} \tag{10.2}
$$

$Z_{ij}^{(1)}$，$Z_{ij}^{(2)}$和$Z_{ij}^{(0)}$分别代表正、负和零序网络中节点阻抗矩阵的对应元素。如果需要，可以用任意一个节点和参考节点之间的戴维南等效电路来代替各个网络。

图 10.2 中，各个序网旁边的电路为对应的故障点 P 与参考节点之间的戴维南等效电路。如 8.3 节所述，正序网络及其等效电路中的电压源为V_f，即故障位置 P(在图 10.2 中对应节点ⓚ)的故障前相电压。正序网络的 P 点与参考节点之间的戴维南阻抗为$Z_{kk}^{(1)}$，其大小取决于网络中的电抗值。复习第 8 章可知，计算故障发生时刻的对称电流时，发电机需要使用次暂态电抗，同步电动机的电抗需要等于次暂态电抗的 1.5 倍(或等于暂态电抗)。

故障前系统中没有负序或零序电流，负序和零序网络中所有节点的故障前电压都等于零。因此，负序和零序网络中，点 P 和参考节点之间的故障前电压为零，对应的戴维南等效电路中不存在电动势(EMF)。各个序网中节点ⓚ和参考节点之间的负序和零序阻抗用戴维南阻抗分别表示为$Z_{kk}^{(2)}$和$Z_{kk}^{(0)}$——对应$\mathbf{Z}_{\text{bus}}^{(2)}$和$\mathbf{Z}_{\text{bus}}^{(0)}$的对角线元素。由于$I_{fa}$是从系统流向故障点的电流，所以如图 10.2 所示，其对称分量$I_{fa}^{(1)}$，$I_{fa}^{(2)}$和$I_{fa}^{(0)}$也是流出各自序网的电流。因此，电流$-I_{fa}^{(1)}$，$-I_{fa}^{(2)}$和$-I_{fa}^{(0)}$表示由故障节点ⓚ注入正、负和零序网络的电流。这些电流引起正序、负序和零序网络中节点电压的变化，具体求解参见 8.3 节的节点阻抗矩阵法。例如，由于$-I_{fa}^{(1)}$注入节点ⓚ，因此 N 节点系统中正序网络的节点电压变化为

$$
\begin{bmatrix} \Delta V_{1a}^{(1)} \\ \Delta V_{2a}^{(1)} \\ \vdots \\ \Delta V_{ka}^{(1)} \\ \vdots \\ \Delta V_{Na}^{(1)} \end{bmatrix} = \begin{array}{c} ① \\ ② \\ \\ ⓚ \\ \\ Ⓝ \end{array} \begin{bmatrix} Z_{11}^{(1)} & Z_{12}^{(1)} & \cdots & Z_{1k}^{(1)} & \cdots & Z_{1N}^{(1)} \\ Z_{21}^{(1)} & Z_{22}^{(1)} & \cdots & Z_{2k}^{(1)} & \cdots & Z_{2N}^{(1)} \\ \vdots & \vdots & \ddots & \vdots & \ddots & \vdots \\ Z_{k1}^{(1)} & Z_{k2}^{(1)} & \cdots & Z_{kk}^{(1)} & \cdots & Z_{kN}^{(1)} \\ \vdots & \vdots & \ddots & \vdots & \ddots & \vdots \\ Z_{N1}^{(1)} & Z_{N2}^{(1)} & \cdots & Z_{Nk}^{(1)} & \cdots & Z_{NN}^{(1)} \end{bmatrix} \begin{bmatrix} 0 \\ 0 \\ \vdots \\ -I_{fa}^{(1)} \\ \vdots \\ 0 \end{bmatrix} = \begin{bmatrix} -Z_{1k}^{(1)} I_{fa}^{(1)} \\ -Z_{2k}^{(1)} I_{fa}^{(1)} \\ \vdots \\ -Z_{kk}^{(1)} I_{fa}^{(1)} \\ \vdots \\ -Z_{Nk}^{(1)} I_{fa}^{(1)} \end{bmatrix} \tag{10.3}
$$

(列标号：① ② ⓚ Ⓝ)

上式和对称故障时的电压增量公式(8.15)很相似。注意，只有$\mathbf{Z}_{\text{bus}}^{(1)}$的第 k 列参与了计

算。实际上，习惯性地将所有的故障前电流都视为零，并认为电压V_f是故障前系统所有节点的正序电压。将式(10.3)得到的电压变化量与故障前电压相加，即可得到故障期间各节点的 a 相正序电压为

$$\begin{bmatrix} V_{1a}^{(1)} \\ V_{2a}^{(1)} \\ \vdots \\ V_{ka}^{(1)} \\ \vdots \\ V_{Na}^{(1)} \end{bmatrix} = \begin{bmatrix} V_f \\ V_f \\ \vdots \\ V_f \\ \vdots \\ V_f \end{bmatrix} + \begin{bmatrix} \Delta V_{1a}^{(1)} \\ \Delta V_{2a}^{(1)} \\ \vdots \\ \Delta V_{ka}^{(1)} \\ \vdots \\ \Delta V_{Na}^{(1)} \end{bmatrix} = \begin{bmatrix} V_f - Z_{1k}^{(1)} I_{fa}^{(1)} \\ V_f - Z_{2k}^{(1)} I_{fa}^{(1)} \\ \vdots \\ V_f - Z_{kk}^{(1)} I_{fa}^{(1)} \\ \vdots \\ V_f - Z_{Nk}^{(1)} I_{fa}^{(1)} \end{bmatrix} \tag{10.4}$$

上式和对称故障时的节点电压计算公式(8.18)很相似，唯一的区别是上式添加了表示 a 相正序分量的上标和下标。

将式(10.3)的上标分别从 1 变为 2 以及从 1 变为 0，可得 N 节点系统节点ⓚ发生故障时的负序和零序电压变化。由于负序和零序网络中的故障前电压为零，因此故障引起的电压变化就是故障期间各节点的负序和零序电压，

$$\begin{bmatrix} V_{1a}^{(2)} \\ V_{2a}^{(2)} \\ \vdots \\ V_{ka}^{(2)} \\ \vdots \\ V_{Na}^{(2)} \end{bmatrix} = \begin{bmatrix} -Z_{1k}^{(2)} I_{fa}^{(2)} \\ -Z_{2k}^{(2)} I_{fa}^{(2)} \\ \vdots \\ -Z_{kk}^{(2)} I_{fa}^{(2)} \\ \vdots \\ -Z_{Nk}^{(2)} I_{fa}^{(2)} \end{bmatrix} \qquad \begin{bmatrix} V_{1a}^{(0)} \\ V_{2a}^{(0)} \\ \vdots \\ V_{ka}^{(0)} \\ \vdots \\ V_{Na}^{(0)} \end{bmatrix} = \begin{bmatrix} -Z_{1k}^{(0)} I_{fa}^{(0)} \\ -Z_{2k}^{(0)} I_{fa}^{(0)} \\ \vdots \\ -Z_{kk}^{(0)} I_{fa}^{(0)} \\ \vdots \\ -Z_{Nk}^{(0)} I_{fa}^{(0)} \end{bmatrix} \tag{10.5}$$

当节点ⓚ发生故障时，注意只有$\mathbf{Z}_{\text{bus}}^{(2)}$和$\mathbf{Z}_{\text{bus}}^{(0)}$的第 k 列参与负序和零序电压的计算。因此，如果已知节点ⓚ的故障电流对称分量$I_{fa}^{(0)}$，$I_{fa}^{(1)}$和$I_{fa}^{(2)}$，就可以利用式(10.4)和式(10.5)的第 j 行得到系统任意节点ⓙ上的序电压。即，节点ⓚ发生故障时任意节点ⓙ的电压为

$$\begin{aligned} V_{ja}^{(0)} &= -Z_{jk}^{(0)} I_{fa}^{(0)} \\ V_{ja}^{(1)} &= V_f - Z_{jk}^{(1)} I_{fa}^{(1)} \\ V_{ja}^{(2)} &= -Z_{jk}^{(2)} I_{fa}^{(2)} \end{aligned} \tag{10.6}$$

如果节点ⓙ的故障前电压不是V_f，那么只需将式(10.6)中的V_f替换为该节点实际的故障前(正序)电压即可。由于V_f的定义是故障节点ⓚ在故障前的实际电压，所以总有

$$\begin{aligned} V_{ka}^{(0)} &= -Z_{kk}^{(0)} I_{fa}^{(0)} \\ V_{ka}^{(1)} &= V_f - Z_{kk}^{(1)} I_{fa}^{(1)} \\ V_{ka}^{(2)} &= -Z_{kk}^{(2)} I_{fa}^{(2)} \end{aligned} \tag{10.7}$$

上式即为图 10.2 所示序网的戴维南等效电路的端电压公式。

注意，电流$I_{fa}^{(0)}$，$I_{fa}^{(1)}$和$I_{fa}^{(2)}$是故障点流入假想短线段的对称分量电流。这些电流值由故障类型决定，一旦计算得到，其负值就可以等效为注入相应序网中的电流。如果系统含△-Y 型变压器，则需要将式(10.6)计算出的序电压进行移相，然后才能与其他对称分量组合形成新的节点电压。当选择故障点的电压V_f作为参考电压时(常见方式)，式(10.7)不涉及相移。

当用计算机程序对含有△-Y 型变压器的系统构建$\mathbf{Z}_{\text{bus}}$时，需要仔细分析零序网络的开

路情况。以图 10.3(a)为例，节点ⓜ和节点ⓝ之间为牢固接地的 Y-△型变压器。其正序和零序电路分别如图 10.3(b)和图 10.3(c)所示，负序电路与正序电路相同。

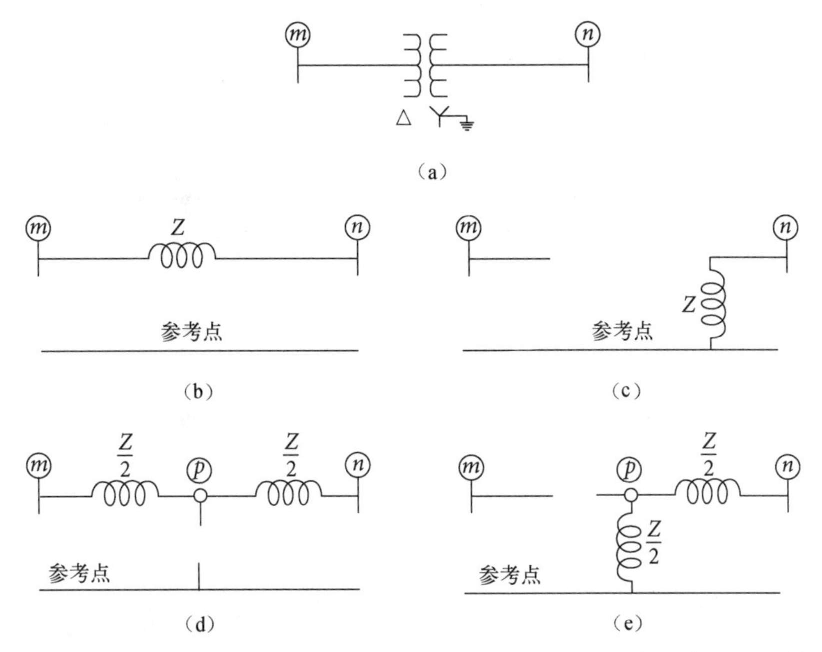

图 10.3 (a) △-Y 型接地变压器，其中漏电抗为 Z；(b) 正序电路；(c) 零序电路；(d) 包含内部节点的正序电路；(e) 包含内部节点的零序电路

按上图的画图法可以很直接地将各序电路加入节点阻抗矩阵$\mathbf{Z}_{\text{bus}}^{(0)}$，$\mathbf{Z}_{\text{bus}}^{(1)}$和$\mathbf{Z}_{\text{bus}}^{(2)}$中。这种方法对含 Y-△型变压器的电路有效。但是，如何表示断开变压器和节点ⓝ的连接呢？显然，计算机程序不知道利用这种图形表示法。从正、负序网络中切断变压器与节点ⓝ的连接很容易，即对矩阵$\mathbf{Z}_{\text{bus}}^{(1)}$和$\mathbf{Z}_{\text{bus}}^{(2)}$利用构建法，分别在正负序网络的节点ⓜ和节点ⓝ之间添加漏阻抗 Z。

但是，上述方法不适用于由图 10.3(c)直接生成的零序阻抗矩阵$\mathbf{Z}_{\text{bus}}^{(0)}$。在节点ⓜ和节点ⓝ之间添加阻抗$-Z$ 不会断开和节点ⓝ相连的变压器零序阻抗。为了使三序网络的处理过程统一，相关文献①提出一种如图 10.3(d)和图 10.3(e)所示的添加内部节点ⓟ的方法。注意，漏阻抗被分配到与节点ⓟ相连的两条支路上。分别在图 10.3(d)和图 10.3(e)所示序网的节点ⓝ和ⓟ之间添加$-Z/2$ 将切断节点ⓝ与变压器的连接。

同样，在计算机程序中，开路可以表示为在支路上串联一个任意大的阻抗(例如，标幺值等于 10^6)。变压器内部节点在$\mathbf{Z}_{\text{bus}}$的计算机实现中发挥着重要作用。读者可以通过注释 1 的文献来进一步了解开路和短路(母联)支路的处理。

后续章节将讨论导线之间以及导线与大地之间具有阻抗Z_f的非金属性故障。$Z_f=0$ 对应直接短路，也称为金属性接地故障。虽然直接短路造成的故障电流最大，在确定故障影响时也应该考虑最保守的值，但故障阻抗很少为零。大多数故障都是由绝缘体闪络引起的，其中线路和大地之间的阻抗取决于电弧的电阻、塔架本身的电阻以及不使用接地线时塔架基脚的电阻。线路与大地之间的电阻基本上就是塔基电阻，其值取决于土壤条件。例如，干燥土壤的电阻是沼泽电阻的 10~100 倍。图 10.4 所示为阻抗Z_f的各种故障连接。

---

① 参见 H. E. Brown, *Solution of Large Networks by Matrix Methods*, *second Edition*, John Wiley & Sons, Inc., New York, 1985).

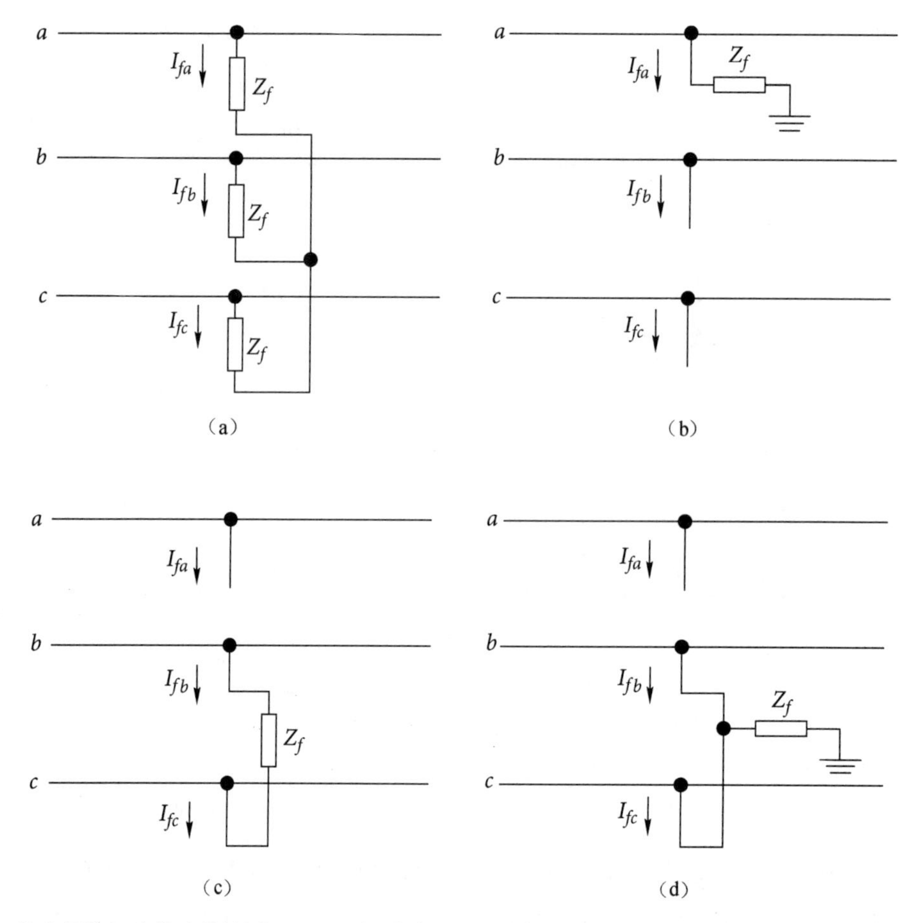

图 10.4　非金属性短路故障接线图。(a) 三相故障；(b) 单相接地故障；(c) 相间故障；(d) 相间接地故障

平衡系统发生三相故障(各线路和公共连接点之间阻抗相同)时，系统保持对称。网络中只有正序电流。如图 10.4(a)所示，三相的故障阻抗Z_f均相等时，只需要在系统正常(正序)戴维南等效电路中的故障点ⓚ加入阻抗Z_f，就可以求得对应的故障电流

$$I_{fa}^{(1)}=\frac{V_f}{Z_{kk}^{(1)}+Z_f} \tag{10.8}$$

下文将继续推导图 10.4 所示的其他各类故障的对称电流分量$I_{fa}^{(0)}$，$I_{fa}^{(1)}$和$I_{fa}^{(2)}$的表达式。其中，故障点 P 均为节点ⓚ。

例题 10.1　如图 10.5 所示，两台同步电机通过三相变压器连接到输电线路上。同步电机以及变压器的额定值和电抗为：

同步电机 1 和 2：100 MVA，20 kV，$X_d''=X_1=X_2=20\%$，$X_0=4\%$，$X_n=5\%$。

变压器T_1和T_2：100 MVA，20△/345Y kV，$X=8\%$。

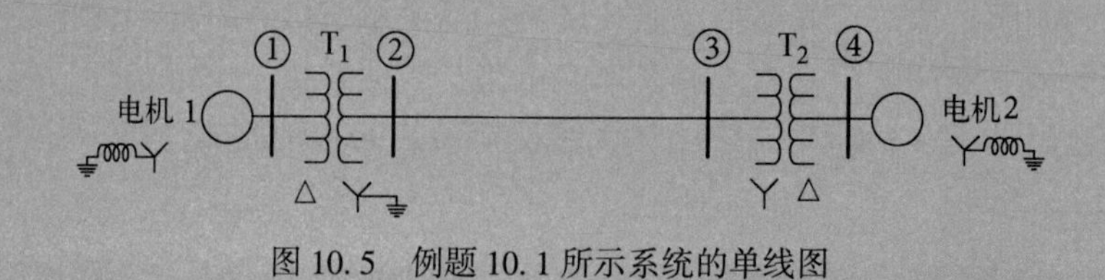

图 10.5　例题 10.1 所示系统的单线图

以 100 MVA，345 kV 为输电线路的基准值，线路电抗为$X_1 = X_2 = 15\%$和$X_0 = 50\%$。求 3 个序网图，同时利用$\mathbf{Z}_{\text{bus}}$构造算法求零序节点阻抗矩阵。

解： 本例中，所有的阻抗标幺值均基于同一基准值，因此可以利用这些阻抗值直接形成各序网络。图 10.6(a)所示为正序网络，负序网络与 EMF 短路时的正序网络相同；图 10.6(b)所示为零序网络，其中各台电机的中性点接地阻抗为 $3X_n = 0.15$ p. u. 。

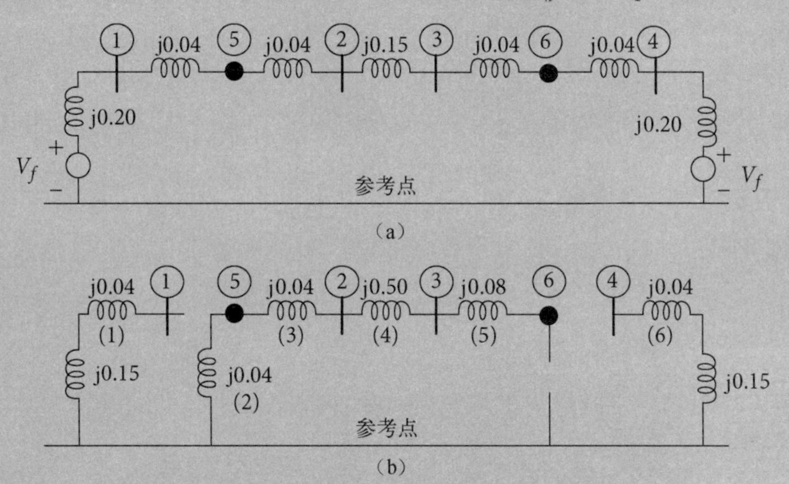

图 10.6 （a）图 10.5 所示系统的正序网络；（b）图 10.5 所示系统的零序网络（节点⑤和节点⑥是变压器的内部节点）

注意，每个变压器都被分配了一个内部节点——变压器T_1对应节点⑤、变压器T_2对应节点⑥。这两个内部节点在系统分析中没有直接的作用。为了应用$\mathbf{Z}_{\text{bus}}$构建算法(在本例中特别简单)，将零序支路用(1)～(6)进行标记，如图所示。

第 1 步

将支路(1)连接到参考点

	①
①	j0.19

第 2 步

将支路(2)连接到参考点

	①	⑤
①	j0.19	0
⑤	0	j0.04

第 3 步

在节点⑤和节点②之间添加支路(3)

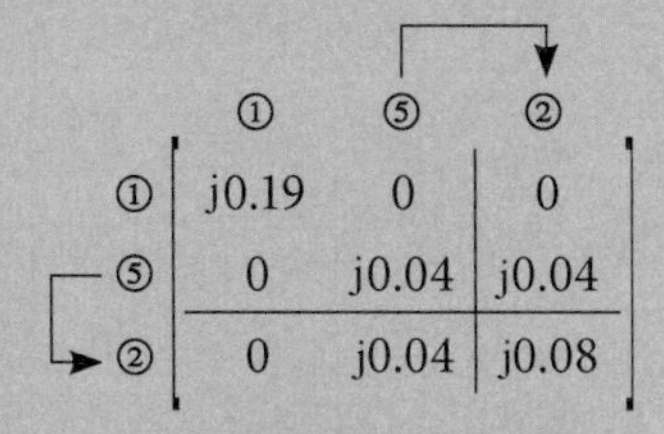

	①	⑤	②
①	j0.19	0	0
⑤	0	j0.04	j0.04
②	0	j0.04	j0.08

第 4 步

在节点②和节点③之间添加支路(4)

$$
\begin{array}{c} \\ ① \\ ⑤ \\ ② \\ ③ \end{array}
\begin{array}{cccc} ① & ⑤ & ② & ③ \\ \end{array}
$$

$$
\begin{array}{c|cccc|c}
 & ① & ⑤ & ② & ③ \\
\hline
① & j0.19 & 0 & 0 & 0 \\
⑤ & 0 & j0.04 & j0.04 & j0.04 \\
② & 0 & j0.04 & j0.08 & j0.08 \\
③ & 0 & j0.04 & j0.08 & j0.58
\end{array}
$$

第 5 步

在节点③和节点⑥之间添加支路(5)

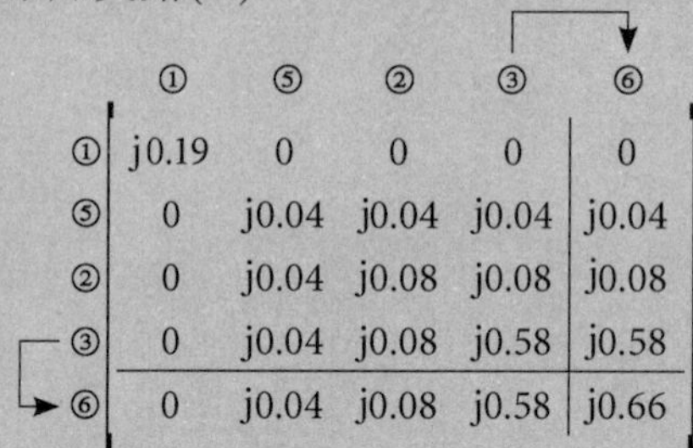

$$
\begin{array}{c|ccccc}
 & ① & ⑤ & ② & ③ & ⑥ \\
\hline
① & j0.19 & 0 & 0 & 0 & 0 \\
⑤ & 0 & j0.04 & j0.04 & j0.04 & j0.04 \\
② & 0 & j0.04 & j0.08 & j0.08 & j0.08 \\
③ & 0 & j0.04 & j0.08 & j0.58 & j0.58 \\
⑥ & 0 & j0.04 & j0.08 & j0.58 & j0.66
\end{array}
$$

第 6 步

在节点④和参考节点之间添加支路(6)

$$
\begin{array}{c|cccccc}
 & ① & ⑤ & ② & ③ & ⑥ & ④ \\
\hline
① & j0.19 & 0 & 0 & 0 & 0 & 0 \\
⑤ & 0 & j0.04 & j0.04 & j0.04 & j0.04 & 0 \\
② & 0 & j0.04 & j0.08 & j0.08 & j0.08 & 0 \\
③ & 0 & j0.04 & j0.08 & j0.58 & j0.58 & 0 \\
⑥ & 0 & j0.04 & j0.08 & j0.58 & j0.66 & 0 \\
④ & 0 & 0 & 0 & 0 & 0 & j0.19
\end{array}
$$

节点⑤和节点⑥是变压器的内部虚拟节点，它们使利用计算机程序实现$\mathbf{Z}_{\text{bus}}$的构建变得简单。本例没有将开路等效为阻抗值极大的支路。删除矩阵中对应节点⑤和节点⑥的行和列，得到实际的有效矩阵为

$$
\mathbf{Z}_{\text{bus}}^{(0)} = \begin{array}{c|cccc}
 & ① & ② & ③ & ④ \\
\hline
① & j0.19 & 0 & 0 & 0 \\
② & 0 & j0.08 & j0.08 & 0 \\
③ & 0 & j0.08 & j0.58 & 0 \\
④ & 0 & 0 & 0 & j0.19
\end{array}
$$

由$\mathbf{Z}_{\text{bus}}^{(0)}$中的零元素可知，图 10.6(b)节点①或节点④的零序电流不会在其他节点上产生零序电压，这是由于△-Y 型变压器使得零序电路开路，此外，注意和开路支路⑥-④串联的标幺值电抗 j0.08 不会对$\mathbf{Z}_{\text{bus}}^{(0)}$造成影响，因为该支路中无电流。

同样，将$\mathbf{Z}_{\text{bus}}$构建算法用于建立正序、负序网络，可得

$$
\mathbf{Z}_{\text{bus}}^{(1)} = \mathbf{Z}_{\text{bus}}^{(2)} = \begin{array}{c|cccc}
 & ① & ② & ③ & ④ \\
\hline
① & j0.1437 & j0.1211 & j0.0789 & j0.0563 \\
② & j0.1211 & j0.1696 & j0.1104 & j0.0789 \\
③ & j0.0789 & j0.1104 & j0.1696 & j0.1211 \\
④ & j0.0563 & j0.0789 & j0.1211 & j0.1437
\end{array}
$$

上述矩阵将继续用于下文的例题中。

10.2 单相接地故障

单相接地故障是最常见的故障，它由闪电或导体与大地接触引起。当单相故障通过阻抗Z_f接地时，3 条输电线路的连接方式如图 10.7 所示，其中 a 相是故障相。

下面以 a 相故障为例来进行单相故障各分量的推导，但下述推导不仅限于 a 相，因为三相是任意指定的，任一相都可以认为是 a 相。故障节点Ⓚ的边界条件为

$$I_{fb}=0,\ I_{fc}=0,\ V_{ka}=Z_f I_{fa} \qquad (10.9)$$

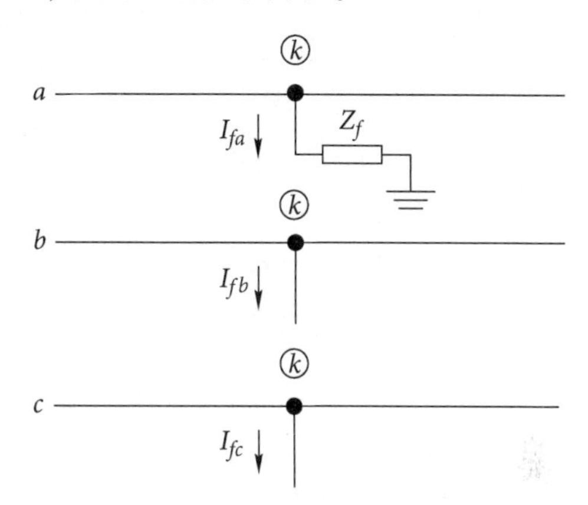

图 10.7　单相接地故障示意图(故障点为节点Ⓚ)

因为$I_{fb}=I_{fc}=0$，则短路电流的对称分量为

$$\begin{bmatrix} I_{fa}^{(0)} \\ I_{fa}^{(1)} \\ I_{fa}^{(2)} \end{bmatrix}=\frac{1}{3}\begin{bmatrix} 1 & 1 & 1 \\ 1 & \alpha & \alpha^2 \\ 1 & \alpha^2 & \alpha \end{bmatrix}\begin{bmatrix} I_{fa} \\ 0 \\ 0 \end{bmatrix}$$

求解上式，得

$$I_{fa}^{(0)}=I_{fa}^{(1)}=I_{fa}^{(2)}=\frac{I_{fa}}{3} \qquad (10.10)$$

用$I_{fa}^{(0)}$代替$I_{fa}^{(1)}$和$I_{fa}^{(2)}$，有$I_{fa}=3\,I_{fa}^{(0)}$，由式(10.7)可得

$$\begin{aligned} V_{ka}^{(0)}&=-Z_{kk}^{(0)}I_{fa}^{(0)} \\ V_{ka}^{(1)}&=V_f-Z_{kk}^{(1)}I_{fa}^{(0)} \\ V_{ka}^{(2)}&=-Z_{kk}^{(2)}I_{fa}^{(0)} \end{aligned} \qquad (10.11)$$

对上式求和，注意$V_{ka}=3Z_fI_{fa}^{(0)}$，可得

$$V_{ka}=V_{ka}^{(0)}+V_{ka}^{(1)}+V_{ka}^{(2)}=V_f-(Z_{kk}^{(0)}+Z_{kk}^{(1)}+Z_{kk}^{(2)})I_{fa}^{(0)}=3Z_fI_{fa}^{(0)}$$

求解$I_{fa}^{(0)}$，并将结果代入式(10.10)，得到

$$I_{fa}^{(0)}=I_{fa}^{(1)}=I_{fa}^{(2)}=\frac{V_f}{Z_{kk}^{(1)}+Z_{kk}^{(2)}+Z_{kk}^{(0)}+3Z_f} \qquad (10.12)$$

式(10.12)是带阻抗Z_f的单相接地故障的故障电流表达式，利用该公式以及对称分量之间的关系，可以确定故障点 P 的电压和电流。如图 10.8 所示，将 3 个序网的戴维南等效电路串联后得到的电流和电压满足上述公式——因为从 3 个序网的故障点Ⓚ看入的戴维南阻抗、故障阻抗$3Z_f$和故障前电压源V_f串联。

在上述连接方式下，各序网络上的电压是故障点Ⓚ电压V_{ka}的对应对称分量，故障点Ⓚ注入各序网络的电流是故障相应序电流的负值。如图 10.8 所示，将各序网络的戴维南等效电路串联连接，有利于记住单相接地故障的求解方程，因为从序网的连接中可以推导得到故障点的所有相关公式。一旦知道电流$I_{fa}^{(0)}$，$I_{fa}^{(1)}$和$I_{fa}^{(2)}$，就可以根据式(10.6)从各序网络的节点阻抗矩阵中确定系统其他所有节点上的电压分量。

例题 10.2　如图 10.9(a)所示，两台同步电机通过三相变压器连接到输电线路上。同步电机和变压器的额定值和电抗为：

同步电机 1 和 2：100 MVA，20 kV，$X_d''=X_1=X_2=20\%$，$X_0=4\%$，$X_n=5\%$。

变压器T_1和T_2：100 MVA，20Y/345Y kV，$X=8\%$。

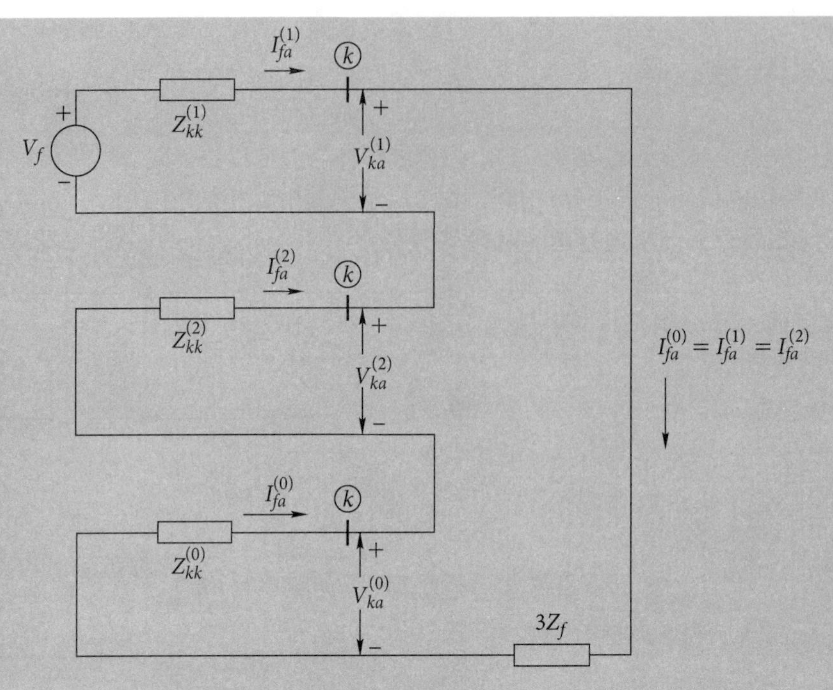

图 10.8　节点ⓚ发生 a 相接地故障时三序网络的戴维南等效电路的串联连接

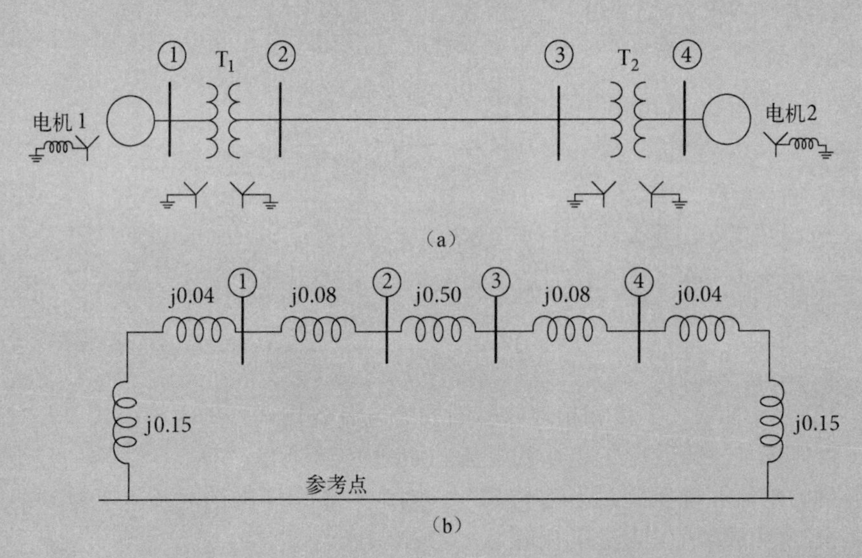

图 10.9　（a）例题 10.2 所示系统的单线图；（b）例题 10.2 所示系统的零序网络

两台变压器的两侧均为牢固接地。以 100 MVA，345 kV 为输电线路的基准值，线路电抗为$X_1=X_2=15\%$和$X_0=50\%$。当系统运行在额定电压下且故障前电流为零时，节点③发生 a 相金属性($Z_f=0$)接地故障。使用 3 个序网的节点阻抗矩阵确定故障点流入大地的次暂态电流、2 号发电机机端的相电压以及 2 号发电机 c 相输出的次暂态电流。

解：本例与例题 10.1 的系统相同，但是变压器变成了 Y-Y 型连接。因此，可以继续使用例题 10.1 中图 10.6(a)的$\mathbf{Z}_{\text{bus}}^{(1)}$和$\mathbf{Z}_{\text{bus}}^{(2)}$。对于零序网络，因为变压器两侧均为牢固接地，因此零序网络完全可以导通，等效电路如图 10.9(b)所示，对应的节点阻抗矩阵为

$$
\mathbf{Z}_{\text{bus}}^{(0)} = \begin{array}{c} ① \\ ② \\ ③ \\ ④ \end{array} \overset{\begin{array}{cccc} ① & ② & ③ & ④ \end{array}}{\begin{bmatrix} \text{j}0.1553 & \text{j}0.1407 & \text{j}0.0493 & \text{j}0.0347 \\ \text{j}0.1407 & \text{j}0.1999 & \text{j}0.0701 & \text{j}0.0493 \\ \text{j}0.0493 & \text{j}0.0701 & \text{j}0.1999 & \text{j}0.1407 \\ \text{j}0.0347 & \text{j}0.0493 & \text{j}0.1407 & \text{j}0.1553 \end{bmatrix}}
$$

由于节点③发生单相接地故障，因此将各序网络的戴维南等效电路串联，如图 10.10 所示。

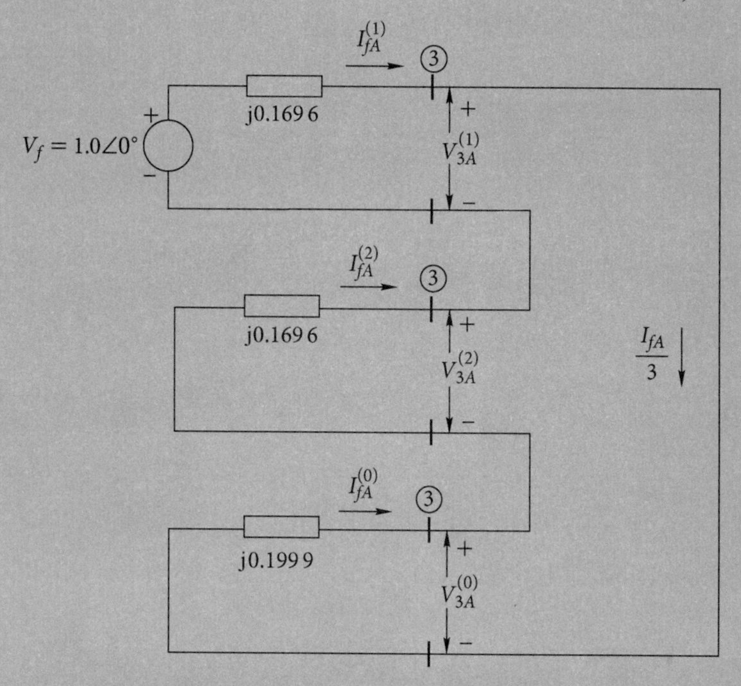

图 10.10　例题 10.2 单相接地故障时各序网络对应的戴维南等效电路的串联连接

由该图，可得故障电流I_{fA}的对称分量

$$
I_{fA}^{(0)} = I_{fA}^{(1)} = I_{fA}^{(2)} = \frac{V_f}{Z_{33}^{(1)} + Z_{33}^{(2)} + Z_{33}^{(0)}}
$$

$$
= \frac{1.0\ \angle 0°}{\text{j}(0.1696 + 0.1696 + 0.1999)} = -\text{j}1.8549 \text{ p.u.}
$$

总故障电流为

$$
I_{fA} = 3I_{fA}^{(0)} = -\text{j}5.5648 \text{ p.u.}
$$

高压输电线路的电流基准值为 100 000/($\sqrt{3}$×345)= 167. 35 A，因此有

$$
I_{fA} = -\text{j}5.5648 \times 167.35 = 931\angle 270° \text{ A}
$$

节点④的 a 相电压以及 2 号发电机的机端电压可以由式(10. 6)计算得到，当 $k=3$ 和 $j=4$ 时，

$$
V_{4a}^{(0)} = -Z_{43}^{(0)}I_{fA}^{(0)} = -(\text{j}0.1407)(-\text{j}1.8549) = -0.2610 \text{ p.u.}
$$

$$
V_{4a}^{(1)} = V_f - Z_{43}^{(1)}I_{fA}^{(1)} = 1 - (\text{j}0.1211)(-\text{j}1.8549) = 0.7754 \text{ p.u.}
$$

$$
V_{4a}^{(2)} = -Z_{43}^{(2)}I_{fA}^{(2)} = -(\text{j}0.1211)(-\text{j}1.8549) = -0.2246 \text{ p.u.}
$$

注意，电压和电流相量的下标 A 和 a 分别对应 Y-Y 型变压器的高压侧和低压侧，没有相移。由上述对称分量，可以计算得到节点④的 a，b，c 相对地电压为

$$\begin{bmatrix} V_{4a} \\ V_{4b} \\ V_{4c} \end{bmatrix} = \begin{bmatrix} 1 & 1 & 1 \\ 1 & \alpha^2 & \alpha \\ 1 & \alpha & \alpha^2 \end{bmatrix} \begin{bmatrix} -0.2610 \\ 0.7754 \\ -0.2246 \end{bmatrix} = \begin{bmatrix} 0.2898 + \mathrm{j}0.0 \\ -0.5364 - \mathrm{j}0.8660 \\ -0.5364 + \mathrm{j}0.8660 \end{bmatrix} = \begin{bmatrix} 0.2898\angle 0° \\ 1.0187\angle -121.8° \\ 1.0187\angle 121.8° \end{bmatrix}$$

为了得到 2 号发电机相电压的有名值(kV)，将对应标幺值乘以 $20/\sqrt{3}$，得到

$$V_{4a} = 3.346\angle 0°\ \mathrm{kV}, \quad V_{4b} = 11.763\angle -121.8°\ \mathrm{kV}, \quad V_{4c} = 11.763\angle 121.8°\ \mathrm{kV}$$

为了确定 2 号发电机的 c 相输出电流，首先需要计算出该发电机的 a 相电流的对称分量。由图 10. 9(b)可得，发电机输出的零序电流为

$$I_a^{(0)} = -\frac{V_{4a}^{(0)}}{\mathrm{j}(X_0 + 3X_n)} = \frac{0.2610}{\mathrm{j}0.04 + \mathrm{j}0.15} = -\mathrm{j}1.374\ \mathrm{p.u.}$$

由图 10. 6(a)可得其他两序电流为

$$I_a^{(1)} = \frac{V_f - V_{4a}^{(1)}}{\mathrm{j}X_1} = \frac{1.0 - 0.7754}{\mathrm{j}0.20} = -\mathrm{j}1.123\ \mathrm{p.u.}$$

$$I_a^{(2)} = -\frac{V_{4a}^{(2)}}{\mathrm{j}X_2} = \frac{0.2246}{\mathrm{j}0.20} = -\mathrm{j}1.123\ \mathrm{p.u.}$$

注意，发电机电流没有用下标 f 表示，因为下标 f 是故障点(短线段中)电流和电压的专有符号。2 号发电机的 c 相电流为

$$\begin{aligned} I_c &= I_a^{(0)} + \alpha I_a^{(1)} + \alpha^2 I_a^{(2)} \\ &= -\mathrm{j}1.374 + \alpha(-\mathrm{j}1.123) + \alpha^2(-\mathrm{j}1.123) = -\mathrm{j}0.251\ \mathrm{p.u.} \end{aligned}$$

2 号发电机的基准电流为 $100\,000/(\sqrt{3}\times 20) = 2886.751$ A，所以 $|I_c| = 724.575$ A。按同样的方法，可得系统中其他的电压和电流。

MATLAB Program for Example 10. 2(ex10_2. m)

```
clc
clear all
% Initial value
Vf=complex(1,0);
Z33_1=complex(0,0.1696);
Z33_2=complex(0,0.1696);
Z33_0=complex(0,0.1999);
Zbus0=[0.1553i 0.1407i 0.0493i 0.0347i;
       0.1407i 0.1999i 0.0701i 0.0493i;
       0.0493i 0.0701i 0.1999i 0.1407i;
       0.0347i 0.0493i 0.1407i 0.1553i]
Z43_0=complex(0,0.1407);
Z43_1=complex(0,0.1211);
Z43_2=complex(0,0.1211);
a=complex(-0.5,0.866);
% Caculate falt current
Ifa0=Vf/(Z33_1+Z33_2+Z33_0)
Ifa1=Ifa0;
Ifa2=Ifa0;
% Caculata total fault current
Ifa_unit=3*Ifa0
Ibase=100000/(sqrt(3)*345)
```

```
Ifa=Ifa_unit*Ibase
% Caculate fault voltage
V4a_0=-Z43_0*Ifa0
V4a_1=Vf-Z43_1*Ifa1
V4a_2=-Z43_2*Ifa2
% Fault voltage in each phase
Vabc=[1 1 1;1 a^2 a;1 a a^2]*[V4a_0;V4a_1;V4a_2]
Vbase=20/sqrt(3)
V4a=Vabc(1,1)*Vbase
V4b=Vabc(2,1)*Vbase
V4c=Vabc(3,1)*Vbase
% Caculate fault current of phase a
X1=0.2i;%X"=X1=X2
X0=0.04i;
Xn=0.05i;
Ia0=-V4a_0/(X0+3*Xn)
Ia1=(Vf-V4a_1)/X1
Ia2=-V4a_2/X1
Ic=Ia0+a*Ia1+a^2*Ia2
```

10.3 相间故障

带阻抗Z_f的相间故障可以用如图 10.11 所示的线路表示。

节点ⓚ仍然对应故障点 P，为了不失一般性，考虑 b 相和 c 相发生相间故障。故障点满足以下关系：

$$I_{fa}=0,\ I_{fb}=-I_{fc},\ V_{kb}-V_{kc}=I_{fb}Z_f \tag{10.13}$$

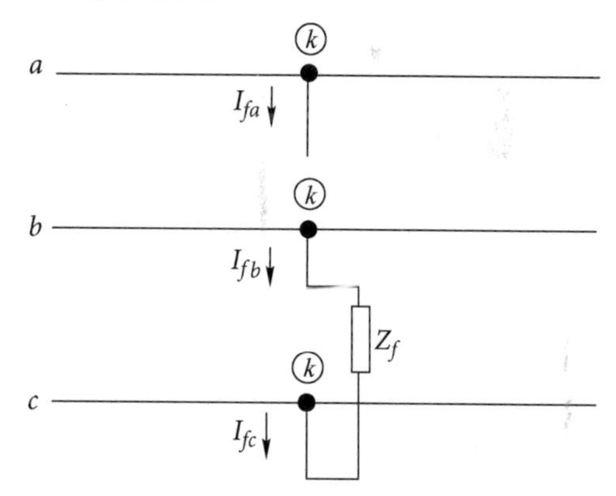

图 10.11　相间故障的接线示意图(故障点为节点ⓚ)

因为$I_{fb}=-I_{fc}$，且$I_{fa}=0$，因此电流的对称分量为

$$\begin{bmatrix} I_{fa}^{(0)} \\ I_{fa}^{(1)} \\ I_{fa}^{(2)} \end{bmatrix}=\frac{1}{3}\begin{bmatrix} 1 & 1 & 1 \\ 1 & \alpha & \alpha^2 \\ 1 & \alpha^2 & \alpha \end{bmatrix}\begin{bmatrix} 0 \\ I_{fb} \\ -I_{fb} \end{bmatrix}$$

求解上式，可得

$$I_{fa}^{(0)}=0 \tag{10.14}$$

$$(\alpha^2-\alpha)(V_{ka}^{(1)}-V_{ka}^{(2)})=(\alpha^2-\alpha)I_{fa}^{(1)}Z_f \tag{10.15}$$

由于没有零序电源，因此整个零序网络的电压处处为零，又由于$I_{fa}^{(0)}=0$，因此零序网络中也没有零序电流。所以，相间故障不涉及零序网络，零序网络与故障前一样——是无源网络。

将正序网络和负序网络的戴维南等效电路并联连接，以满足$I_{fa}^{(1)}=-I_{fa}^{(2)}$，如图 10.12 所示。

为了证明序网的这种连接方式满足电压公式$V_{kb}-V_{kc}=I_{fb}Z_f$，现在将该公式的两边分别展开如下：

$$V_{kb}-V_{kc}=(V_{kb}^{(1)}+V_{kb}^{(2)})-(V_{kc}^{(1)}+V_{kc}^{(2)})=(V_{kb}^{(1)}-V_{kc}^{(1)})+(V_{kb}^{(2)}-V_{kc}^{(2)})$$
$$=(\alpha^2-\alpha)V_{kb}^{(1)}+(\alpha-\alpha^2)V_{ka}^{(2)}=(\alpha^2-\alpha)(V_{ka}^{(1)}-V_{ka}^{(2)})$$
$$I_{fb}Z_f=(I_{fb}^{(1)}+I_{fb}^{(2)})Z_f=(\alpha^2 I_{fa}^{(1)}+\alpha I_{fa}^{(2)})Z_f$$

令上述展开项分别相等并利用$I_{fa}^{(1)}=-I_{fa}^{(2)}$(如图 10.12 所示)，得到

$$(\alpha^2-\alpha)(V_{ka}^{(1)}-V_{ka}^{(2)})=(\alpha^2-\alpha)I_{fa}^{(1)}Z_f$$

或

$$V_{ka}^{(1)}-V_{ka}^{(2)}=I_{fa}^{(1)}Z_f \tag{10.16}$$

这正是图 10.12 中阻抗Z_f上的电压降。

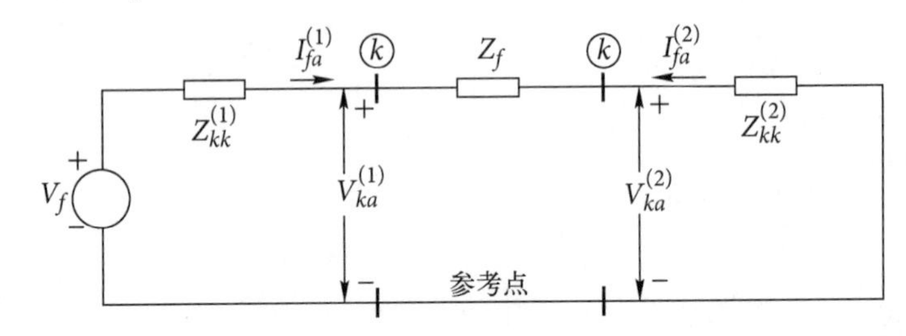

图 10.12　系统节点ⓚ的 b 相和 c 相发生相间故障时正序、负序网络的戴维南等效电路的连接

因此，如图 10.12 所示，通过阻抗Z_f将正序、负序网络并联能够满足式(10.13)的所有边界条件。零序网络无法导通，因此不进入相间短路的故障计算。正序故障电流的表达式可以直接由图 10.12 得

$$I_{fa}^{(1)}=-I_{fa}^{(2)}=\frac{V_f}{Z_{kk}^{(1)}+Z_{kk}^{(2)}+Z_f} \tag{10.17}$$

对于金属性的相间故障，$Z_f=0$。

式(10.17)是带阻抗Z_f的相间故障电流的计算公式。一旦已知了$I_{fa}^{(1)}$和$I_{fa}^{(2)}$，就可以把$-I_{fa}^{(1)}$和$-I_{fa}^{(2)}$分别看作注入正序、负序网络的电流，并且如前述一样，故障造成的系统中各节点的序电压变化可以从节点阻抗矩阵中求得。若系统包含Δ-Y 型变压器，那么计算时必须考虑正负序电流和电压的相移。下面将通过具体例题进行说明。

例题 10.3　例题 10.1 的系统运行在额定电压下且故障前电流为零时，节点③发生金属性相间故障，利用次暂态条件下序网的节点阻抗矩阵求故障电流、故障点的线电压和 2 号发电机机端的线电压。

解：例题 10.1 中已经求出了$\mathbf{Z}_{\text{bus}}^{(1)}$和$\mathbf{Z}_{\text{bus}}^{(2)}$。由于故障为相间故障，所以不考虑零序网络和$\mathbf{Z}_{\text{bus}}^{(0)}$。

将例题 10.1 节点③的正、负序网络的戴维南等效电路并联，如图 10.13 所示。

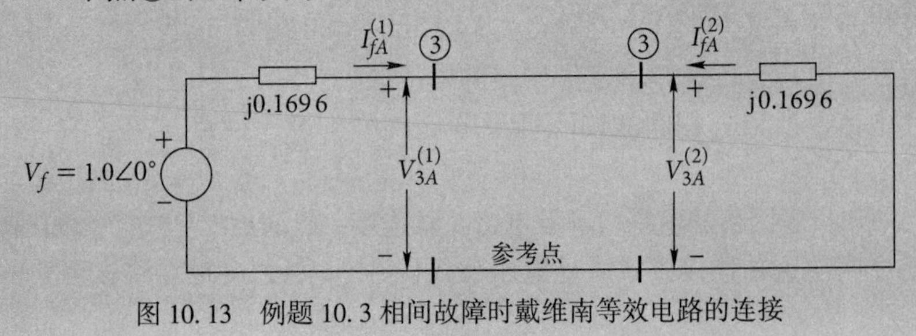

图 10.13　例题 10.3 相间故障时戴维南等效电路的连接

由该图可得序电流为

$$I_{fA}^{(1)} = -I_{fA}^{(2)} = \frac{V_f}{Z_{33}^{(1)} + Z_{33}^{(2)}} = \frac{1 + \mathrm{j}0}{\mathrm{j}0.1696 + \mathrm{j}0.1696} = -\mathrm{j}2.9481 \text{ p.u.}$$

上图使用大写字母 A，因为故障发生在高压侧电路。由于$I_{fA}^{(0)}=0$，故障电流的对称分量为

$$I_{fA} = I_{fA}^{(1)} + I_{fA}^{(2)} = -\mathrm{j}2.9481 + \mathrm{j}2.9481 = 0$$

$$\begin{aligned} I_{fB} &= \alpha^2 I_{fA}^{(1)} + \alpha I_{fA}^{(2)} = -\mathrm{j}2.9481(-0.5 - \mathrm{j}0.866) + \mathrm{j}2.9481(-0.5 + \mathrm{j}0.866) \\ &= -5.1061 + \mathrm{j}0 \text{ p.u.} \end{aligned}$$

$$I_{fC} = -I_{fB} = 5.1061 + \mathrm{j}0 \text{ p.u.}$$

与例题 10. 2 一样，输电线路的基准电流为 167. 35 A，因此

$$I_{fA} = 0$$

$$I_{fB} = -5.1061 \times 167.35 = 855\angle 180^\circ \text{ A}$$

$$I_{fC} = 5.1061 \times 167.35 = 855\angle 0^\circ \text{ A}$$

节点③的 A 相对地电压的对称分量为

$$V_{3A}^{(0)} = 0$$

$$V_{3A}^{(1)} = V_{3A}^{(2)} = 1 - Z_{33}^{(1)} I_{fA}^{(1)} = 1 - (\mathrm{j}0.1696)(-\mathrm{j}2.9481) = 0.5 + \mathrm{j}0 \text{ p.u.}$$

故障节点③的对地电压为

$$V_{3A} = V_{3A}^{(0)} + V_{3A}^{(1)} + V_{3A}^{(2)} = 0 + 0.5 + 0.5 = 1.0\angle 0^\circ \text{ p.u.}$$

$$V_{3B} = V_{3A}^{(0)} + \alpha^2 V_{3A}^{(1)} + \alpha V_{3A}^{(2)} = 0 + 0.5\alpha^2 + 0.5\alpha = 0.5\angle 180^\circ \text{ p.u.}$$

$$V_{3C} = V_{3B} = 0.5\angle 180^\circ \text{ p.u.}$$

故障节点③的线电压为

$$V_{3,AB} = V_{3A} - V_{3B} = (1.0 + \mathrm{j}0) - (-0.50 + \mathrm{j}0) = 1.5\angle 0^\circ \text{ p.u.}$$

$$V_{3,BC} = V_{3B} - V_{3C} = (-0.50 + \mathrm{j}0) - (-0.50 + \mathrm{j}0) = 0$$

$$V_{3,CA} = V_{3C} - V_{3A} = (-0.50 + \mathrm{j}0) - (1.0 + \mathrm{j}0) = 1.5\angle 180^\circ \text{ p.u.}$$

表示为有名值，为

$$V_{3,AB} = 1.5\angle 0^\circ \times \frac{345}{\sqrt{3}} = 299\angle 0^\circ \text{ kV}$$

$$V_{3,BC} = 0$$

$$V_{3,CA} = 1.5\angle 180^\circ \times \frac{345}{\sqrt{3}} = 299\angle 180^\circ \text{ kV}$$

忽略连接到 2 号发电机的△-Y 型变压器引起的相位偏移，使用例题 10. 1 的节点阻抗矩阵，并将 $k=3$ 和 $j=4$ 代入式(10. 6)，可得节点④的 A 相各序电压为

$$V_{4A}^{(0)} = -Z_{43}^{(0)} I_{fA}^{(0)} = 0$$

$$V_{4A}^{(1)} = V_f - Z_{43}^{(1)} I_{fA}^{(1)} = 1 - (\mathrm{j}0.1211)(-\mathrm{j}2.9481) = 0.643 \text{ p.u.}$$

$$V_{4A}^{(2)} = -Z_{43}^{(2)} I_{fA}^{(2)} = -(\mathrm{j}0.1211)(\mathrm{j}2.9481) = 0.357 \text{ p.u.}$$

考虑到高压输电线路到 2 号发电机机端的降压过程涉及相移，正序电压需要滞后 30°，负序电压需要超前 30°。将 2 号发电机端口的电压用小写字母 a 表示，有

$$V_{4a}^{(0)}=0$$

$$V_{4a}^{(1)}=V_{4A}^{(1)}\angle-30^\circ=0.643\angle-30^\circ=0.5569-\text{j}0.3215\ \text{p.u.}$$

$$V_{4a}^{(2)}=V_{4A}^{(2)}\angle 30^\circ=0.357\angle 30^\circ=0.3092+\text{j}0.1785\ \text{p.u.}$$

$$V_{4a}=V_{4a}^{(0)}+V_{4a}^{(1)}+V_{4a}^{(2)}=0+(0.5569-\text{j}0.3215)+(0.3092+\text{j}0.1785)$$

$$=0.8661-\text{j}0.1430=0.8778\angle-9.4^\circ\ \text{p.u.}$$

因此有 2 号发电机端口的 b 相电压为

$$V_{4b}^{(0)}=V_{4a}^{(0)}=0$$

$$V_{4b}^{(1)}=\alpha^2V_{4a}^{(1)}=(1\angle 240^\circ)(0.643\angle-30^\circ)=-0.5569-\text{j}0.3215\ \text{p.u.}$$

$$V_{4b}^{(2)}=\alpha V_{4a}^{(2)}=(1\angle 120^\circ)(0.357\angle 30^\circ)=-0.3092+\text{j}0.1785\ \text{p.u.}$$

$$V_{4b}=V_{4b}^{(0)}+V_{4b}^{(1)}+V_{4b}^{(2)}=0+(-0.5569-\text{j}0.3215)+(-0.3092+\text{j}0.1785)$$

$$=-0.8661-\text{j}0.143=0.8778\angle-170.6^\circ\ \text{p.u.}$$

2 号发电机端口的 c 相电压为

$$V_{4c}^{(0)}=V_{4a}^{(0)}=0$$

$$V_{4c}^{(1)}=\alpha V_{4a}^{(1)}=(1\angle 120^\circ)(0.643\angle-30^\circ)=0.643\angle 90^\circ\ \text{p.u.}$$

$$V_{4c}^{(2)}=\alpha^2V_{4a}^{(2)}=(1\angle 240^\circ)(0.357\angle 30^\circ)=0.357\angle-90^\circ\ \text{p.u.}$$

$$V_{4c}=V_{4c}^{(0)}+V_{4c}^{(1)}+V_{4c}^{(2)}=0+(\text{j}0.643)+(-\text{j}0.357)=0+\text{j}0.286\ \text{p.u.}$$

2 号发电机端口的线电压为

$$V_{4,ab}=V_{4a}-V_{4b}=(0.8661-\text{j}0.143)-(-0.8661-\text{j}0.143)$$
$$=1.7322+\text{j}0\ \text{p.u.}$$

$$V_{4,bc}=V_{4b}-V_{4c}=(-0.8661-\text{j}0.143)-(0+\text{j}0.286)$$
$$=-0.8661-\text{j}0.429=0.9665\angle-153.65^\circ\ \text{p.u.}$$

$$V_{4,ca}=V_{4c}-V_{4a}=(0+\text{j}0.286)-(0.8661-\text{j}0.143)$$
$$=-0.8661+\text{j}0.429=0.9665\angle 153.65^\circ\ \text{p.u.}$$

表示为有名值，为

$$V_{4,ab}=1.7322\angle 0^\circ\times\frac{20}{\sqrt{3}}=20\angle 0^\circ\ \text{kV}$$

$$V_{4,bc}=0.9665\angle-153.65^\circ\times\frac{20}{\sqrt{3}}=11.2\angle-153.65^\circ\ \text{kV}$$

$$V_{4,ca}=0.9665\angle 153.65^\circ\times\frac{20}{\sqrt{3}}=11.2\angle 153.65^\circ\ \text{kV}$$

因此，根据故障电流$I_{fA}^{(0)}$，$I_{fA}^{(1)}$和$I_{fA}^{(2)}$以及各序网络的节点阻抗矩阵，可以确定相间故障导致的整个系统的不平衡电压和电流。

10.4 两相接地故障

两相接地故障对应的连接方式如图 10.14 所示。

同样，故障发生在 b 和 c 相，故障节点ⓚ的边界条件为

$$I_{fa}=0,\ V_{kb}=V_{kc}=(I_{fb}+I_{fc})Z_f \tag{10.18}$$

因为$I_{fa}=0$，因此零序电流为$I_{fa}^{(0)}=(I_{fb}+I_{fc})/3$，式(10.18)的电压变成

$$V_{kb}=V_{kc}=3Z_fI_{fa}^{(0)} \tag{10.19}$$

将下述对称分量变换中的V_{kc}用V_{kb}替代：

$$\begin{bmatrix} V_{ka}^{(0)} \\ V_{ka}^{(1)} \\ V_{ka}^{(2)} \end{bmatrix} = \frac{1}{3}\begin{bmatrix} 1 & 1 & 1 \\ 1 & \alpha & \alpha^2 \\ 1 & \alpha^2 & \alpha \end{bmatrix}\begin{bmatrix} V_{ka} \\ V_{kb} \\ V_{kc} \end{bmatrix} \tag{10.20}$$

由该式的第2行和第3行可见

$$V_{ka}^{(1)} = V_{ka}^{(2)} \tag{10.21}$$

由第1行和式(10.19)可得

$$3V_{ka}^{(0)} = V_{ka} + 2V_{kb} = (V_{ka}^{(0)} + V_{ka}^{(1)} + V_{ka}^{(2)}) + 2(3Z_f I_{fa}^{(0)})$$

将所有的零序项整合到公式的一边，并考虑$V_{ka}^{(2)}=V_{ka}^{(1)}$，可求得$V_{ka}^{(1)}$为

$$V_{ka}^{(1)} = V_{ka}^{(0)} - 3Z_f I_{fa}^{(0)} \tag{10.22}$$

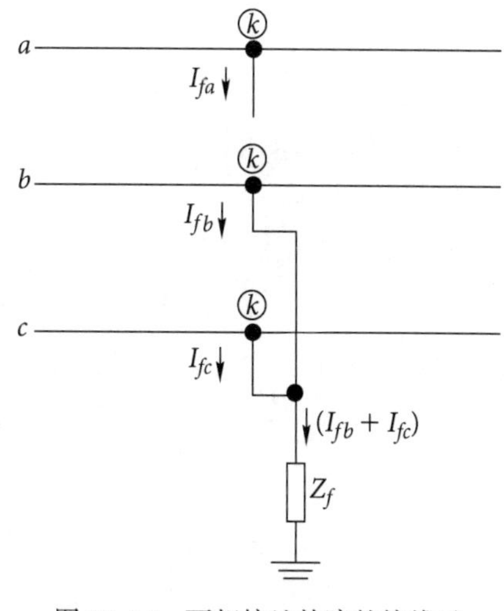

图 10.14 两相接地故障的接线示意图（故障点为节点ⓚ）

将式(10.21)和式(10.22)合并，注意因为$I_{fa}=0$，所以有

$$\begin{gathered} V_{ka}^{(1)} = V_{ka}^{(2)} = V_{ka}^{(0)} - 3Z_f I_{fa}^{(0)} \\ I_{fa}^{(0)} + I_{fa}^{(1)} + I_{fa}^{(2)} = 0 \end{gathered} \tag{10.23}$$

如图10.15所示，3个序网络的并联连接满足两相接地故障的所有特征公式。

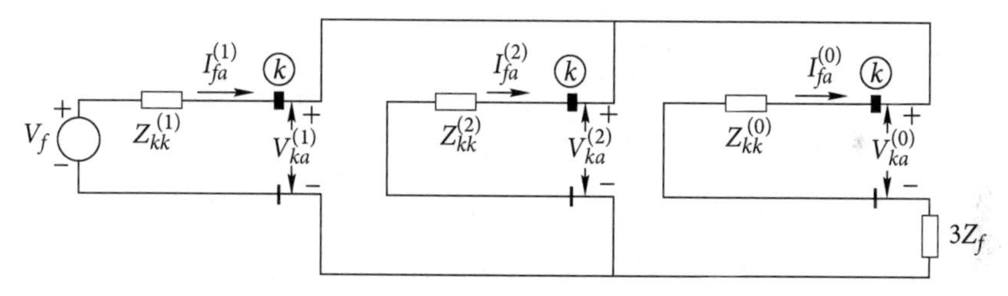

图 10.15 系统节点ⓚ的b相和c相发生两相接地故障时各序网络的戴维南等效电路的连接

由序网连接图可见，将$Z_{kk}^{(2)}$和($Z_{kk}^{(0)}+3Z_f$)并联后再和$Z_{kk}^{(1)}$串联，然后在总阻抗上施加故障前电压V_f，就可以确定正序电流$I_{fa}^{(1)}$，

$$I_{fa}^{(1)} = \frac{V_f}{Z_{kk}^{(1)} + \left[\dfrac{Z_{kk}^{(2)}(Z_{kk}^{(0)} + 3Z_f)}{Z_{kk}^{(2)} + Z_{kk}^{(0)} + 3Z_f}\right]} \tag{10.24}$$

通过简单的电流分流原理，从图10.15还可以推导出系统流入故障点的负序和零序电流为

$$I_{fa}^{(2)} = -I_{fa}^{(1)}\left[\frac{Z_{kk}^{(0)} + 3Z_f}{Z_{kk}^{(2)} + Z_{kk}^{(0)} + 3Z_f}\right] \tag{10.25}$$

$$I_{fa}^{(0)} = -I_{fa}^{(1)}\left[\frac{Z_{kk}^{(2)}}{Z_{kk}^{(2)} + Z_{kk}^{(0)} + 3Z_f}\right] \tag{10.26}$$

对于金属性短路故障，上述公式中的$Z_f=0$。当$Z_f=\infty$时，零序电路变为开路。因为没有零序电流，所以上式变成前一节讨论过的相间短路故障公式。

同样，如前几节所述，一旦求得序电流$I_{fa}^{(1)}$，$I_{fa}^{(2)}$和$I_{fa}^{(0)}$，就可以将它们的负值看作注入各序网

络故障节点ⓚ的电流，因此系统任意节点ⓚ的各序电压变化都可以根据节点阻抗矩阵得到。

例题 10.4 图 10.5 所示的系统中，2 号发电机的机端发生两相接地故障且$Z_f=0$，使用节点阻抗矩阵求次暂态条件下次暂态故障电流和线电压。令故障发生时系统空载并运行在额定电压下，忽略电阻。

解： 节点阻抗矩阵$\mathbf{Z}_{\text{bus}}^{(1)}$，$\mathbf{Z}_{\text{bus}}^{(2)}$和$\mathbf{Z}_{\text{bus}}^{(0)}$与例题 10.1 相同，因此故障节点④的戴维南阻抗标幺值等于对角线元素$Z_{44}^{(0)}=\text{j}0.19$，$Z_{44}^{(1)}=Z_{44}^{(2)}=\text{j}0.1437$。为了对节点④上的两相接地故障进行仿真，将所有 3 个序网的戴维南等效电路并联，如图 10.16 所示。

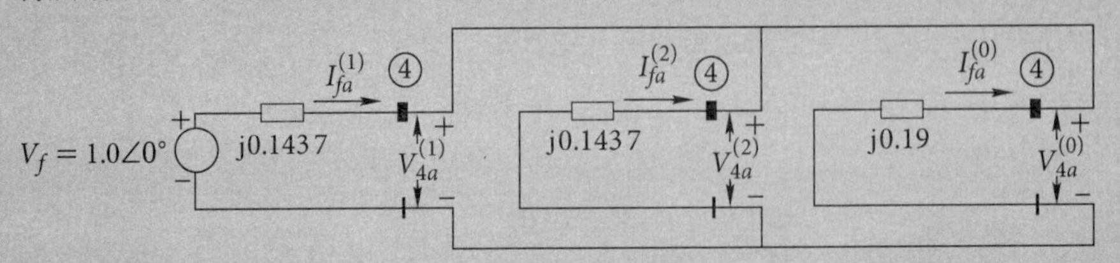

图 10.16 例题 10.4 发生两相接地故障时三序网络的戴维南等效电路的连接

由上图可得

$$I_{fa}^{(1)}=\frac{V_f}{Z_{44}^{(1)}+\left[\dfrac{Z_{44}^{(2)}Z_{44}^{(0)}}{Z_{44}^{(2)}+Z_{44}^{(0)}}\right]}=\frac{1+\text{j}0}{\text{j}0.1437+\left[\dfrac{(\text{j}0.1437)(\text{j}0.19)}{(\text{j}0.1437)+(\text{j}0.19)}\right]}$$
$$=-\text{j}4.4342\ \text{p.u.}$$

因此，各序故障电压为

$$V_{4a}^{(1)}=V_{4a}^{(2)}=V_{4a}^{(0)}=V_f-I_{fa}^{(1)}Z_{44}^{(1)}=1-(-\text{j}4.4342)(\text{j}0.1437)=0.3628\ \text{p.u.}$$

通过电流分流原理，可得注入负序和零序网络故障节点的电流为

$$I_{fa}^{(2)}=-I_{fa}^{(1)}\left[\frac{Z_{44}^{(0)}}{Z_{44}^{(2)}+Z_{44}^{(0)}}\right]=\text{j}4.4342\left[\frac{\text{j}0.19}{\text{j}(0.1437+0.19)}\right]=\text{j}2.5247\ \text{p.u.}$$

$$I_{fa}^{(0)}=-I_{fa}^{(1)}\left[\frac{Z_{44}^{(2)}}{Z_{44}^{(2)}+Z_{44}^{(0)}}\right]=\text{j}4.4342\left[\frac{\text{j}0.1437}{\text{j}(0.1437+0.19)}\right]=\text{j}1.9095\ \text{p.u.}$$

从系统流入故障点的电流为

$$I_{fa}=I_{fa}^{(0)}+I_{fa}^{(1)}+I_{fa}^{(2)}=\text{j}1.9095-\text{j}4.4342+\text{j}2.5247=0$$

$$\begin{aligned}I_{fb}&=I_{fa}^{(0)}+\alpha^2I_{fa}^{(1)}+\alpha I_{fa}^{(2)}\\&=\text{j}1.9095+(1\angle 240°)(4.4342\angle -90°)+(1\angle 120°)(2.5247\angle 90°)\\&=-6.0266+\text{j}2.8642=6.6726\angle 154.58°\ \text{p.u.}\end{aligned}$$

$$\begin{aligned}I_{fc}&=I_{fa}^{(0)}+\alpha I_{fa}^{(1)}+\alpha^2I_{fa}^{(2)}\\&=\text{j}1.9095+(1\angle 120°)(4.4342\angle -90°)+(1\angle 240°)(2.5247\angle 90°)\\&=6.0266+\text{j}2.8642=6.6726\angle 25.4°\ \text{p.u.}\end{aligned}$$

流入大地的电流I_f为

$$I_f=I_{fb}+I_{fc}=3I_{fa}^{(0)}=\text{j}5.7285\ \text{p.u.}$$

故障节点的 a，b，c 三相电压为

$$V_{4a}=V_{4a}^{(0)}+V_{4a}^{(1)}+V_{4a}^{(2)}=3V_{4a}^{(1)}=3(0.362\,8)=1.088\,4\ \text{p.u.}$$

$$V_{4b}=V_{4c}=0$$

$$V_{4,ab}=V_{4a}-V_{4b}=1.088\,4\ \text{p.u.}$$

$$V_{4,bc}=V_{4b}-V_{4c}=0$$

$$V_{4,ca}=V_{4c}-V_{4a}=-1.088\,4\ \text{p.u.}$$

2 号发电机所在电路的电流基准值为 $100\times10^3/(\sqrt{3}\times20)=2887$。因此，

$$I_{fa}=0$$

$$I_{fb}=2887\times6.672\,6\angle154.6^\circ=19\,262\angle154.6^\circ\ \text{A}$$

$$I_{fc}=2887\times6.672\,6\angle25.4^\circ=19\,262\angle25.4^\circ\ \text{A}$$

$$I_f=2887\times5.728\,5\angle90^\circ=16\,538\angle90^\circ\ \text{A}$$

2 号发电机的相电压基准值为 $20/\sqrt{3}$ kV，因此

$$V_{4,ab}=1.088\,4\times\frac{20}{\sqrt{3}}=12.568\angle0^\circ\ \text{kV}$$

$$V_{4,bc}=0$$

$$V_{4,ca}=-1.088\,4\times\frac{20}{\sqrt{3}}=12.568\angle180^\circ\ \text{kV}$$

MATLAB Program for Example 10. 4(ex10_4. m)

```
% Clean previous value
clc
clear all
% Initial value
Vf=complex(1,0);
Z44_0=complex(0,0.19);
Z44_1=complex(0,0.1437);
Z44_2=complex(0,0.1437);
a=cosd(120)+sind(120)*i
% Caculate fault current
Ifa1=Vf/(Z44_1+(Z44_2*Z44_0/(Z44_2+Z44_0)))
Ifa0=-Ifa1*(Z44_2/(Z44_2+Z44_0))
Ifa2=-Ifa1*(Z44_0/(Z44_2+Z44_0))
% Fault current in phase
Ifa_unit=Ifa0+Ifa1+Ifa2
Ifb_unit=Ifa0+a^2*Ifa1+a*Ifa2
Ifc_unit=Ifa0+a*Ifa1+a^2*Ifa2
% Caculate total fault current
If_unit=Ifb_unit+Ifc_unit
Ibase=100000/(sqrt(3)*20);
disp('************** Fault current in A ************** ')
Ifa=0
Ifb=Ifb_unit*Ibase
Ifc=Ifc_unit*Ibase
If=If_unit*Ibase
% Caculate fault voltage
```

```
V4a_1=Vf-Ifa1*Z44_1
V4a_2=V4a_1
V4a_0=V4a_1
V4a=V4a_0+V4a_1+V4a_2
V4b=0 % Bolted ground
V4c=0
V4ab_unit=V4a-V4b
V4bc_unit=V4b-V4c
V4ca_unit=V4c-V4a
disp('************* Fault voltage in kV ************* ')
Vbase=20/sqrt(3);
V4ab=V4ab_unit*Vbase
V4bc=V4bc_unit*Vbase
V4ca=V4ca_unit*Vbase
```

例题 10.3 和例题 10.4 表明，若以故障点电压V_f作为参考电压，则故障系统各序电流和电压的计算都不需要考虑△-Y 型变压器引起的相移。但是，对于那些通过△-Y 型变压器与故障点隔离的系统，通过节点阻抗矩阵计算得到的各序电流和电压需要先移相，然后才能组合成实际电压。这是因为各序网络的节点阻抗矩阵未考虑相移，因此它由包含故障点的系统的阻抗标幺值构成。

例题 10.5 例题 10.4 所示的系统发生两相接地故障，求输电线路末端远离故障的节点②的对地次暂态电压。

解： 故障电流对称分量如例题 10.4 所示，$\mathbf{Z}_{\text{bus}}^{(1)}$，$\mathbf{Z}_{\text{bus}}^{(2)}$和$\mathbf{Z}_{\text{bus}}^{(0)}$如例题 10.1 所示。忽略△-Y 型变压器的相移，将相应的数值代入式(10.6)，可得节点④发生故障时节点②的相电压为

$$V_{2a}^{(0)} = -I_{fa}^{(0)} Z_{24}^{(0)} = -(\text{j}1.9095)(0) = 0$$

$$V_{2a}^{(1)} = V_f - I_{fa}^{(1)} Z_{24}^{(1)} = 1 - (-\text{j}4.4342)(\text{j}0.0789) = 0.6501 \text{ p.u.}$$

$$V_{2a}^{(2)} = -I_{fa}^{(2)} Z_{24}^{(2)} = -(\text{j}2.5247)(\text{j}0.0789) = 0.1992 \text{ p.u.}$$

考虑到节点④的故障在升压到输电线路时会有相移，因此

$$V_{2A}^{(0)} = 0$$

$$V_{2A}^{(1)} = V_{2a}^{(1)}\angle 30° = 0.6501\angle 30° = 0.5630 + \text{j}0.3251 \text{ p.u.}$$

$$V_{2A}^{(2)} = V_{2a}^{(2)}\angle -30° = 0.1992\angle -30° = 0.1725 - \text{j}0.0996 \text{ p.u.}$$

节点②的对地次暂态电压为

$$\begin{aligned} V_{2A} = V_{2A}^{(0)} + V_{2A}^{(1)} + V_{2A}^{(2)} &= (0.5630 + \text{j}0.3251) + (0.1725 - \text{j}0.0996) \\ &= 0.7355 + \text{j}0.2255 = 0.7693\angle 17.0° \text{ p.u.} \end{aligned}$$

$$\begin{aligned} V_{2B} = V_{2A}^{(0)} + \alpha^2 V_{2A}^{(1)} + \alpha V_{2A}^{(2)} &= (1\angle 240°)(0.6501\angle 30°) \\ &\quad + (1\angle 120°)(0.1992\angle -30°) \\ &= -\text{j}0.4509 = 0.4509\angle -90° \text{ p.u.} \end{aligned}$$

$$\begin{aligned} V_{2C} = V_{2A}^{(0)} + \alpha V_{2A}^{(1)} + \alpha^2 V_{2A}^{(2)} &= (1\angle 120°)(0.6501\angle 30°) \\ &\quad + (1\angle 240°)(0.1992\angle -30°) \\ &= -0.7356 + \text{j}0.2255 = 0.7693\angle 163° \text{ p.u.} \end{aligned}$$

将上述标幺值乘以相电压基准值 $345/\sqrt{3}$ kV 后，可以将电压标幺值转换为有名值。

10.5 实例

电力输电系统的故障通常使用基于各序网节点阻抗矩阵的大型计算机程序来分析。主要研究三相和单相接地故障。由于需要根据对称短路电流的大小来选择断路器，所以需要计算故障时的对称短路电流。程序的输出既包括总的故障电流和每条线路上的故障电流，也包括轮流切除各条线路与故障点的连接，同时保持其余线路正常工作时的计算数据。

正序和零序节点阻抗矩阵由线路阻抗和每台发电机的相应阻抗构建。负序网络的阻抗与正序网络相同。因此，节点ⓚ发生单相接地故障时，$I_{fa}^{(1)}$的标幺值等于$1.0/(2Z_{kk}^{(1)}+Z_{kk}^{(0)}+3Z_f)$。程序还可以输出节点电压以及非故障线路的电流，这些参数很容易通过节点阻抗矩阵获取。

下面分析两种系统的单相接地故障：(1) 一个工业电力系统；(2) 一个小型电网系统。这两个系统都远小于常见的大型系统。为了强调故障分析中遇到的电路概念，计算过程没有使用矩阵形式。读者很容易掌握并利用序网进行故障分析。本节阐述的原理与工业级大型计算机程序的原理基本相同。最后，节点阻抗矩阵将用于重做这些例题。

例题 10.6 一组同步电动机通过变压器连接到 4.16 kV 母线上，该节点位于电力系统发电厂的远方终端。电动机参数相同，额定电压均为 600 V，当功率因数等于 1 且电压为额定电压时，负载满载运行，效率为 89.5%。它们的输出功率之和等于 4476 kW(6000 hp)。各电动机的电抗标幺值(以各电动机的输入容量为基准值)为 $X_d''=X_1=0.20$，$X_2=0.20$，$X_0=0.04$，每台电动机都通过标幺值为 0.02 的电抗接地。电动机通过变压器连接到4.16 kV 的母线上，变压器由 3 个单相变压器组成，每台单相变压器的额定值为 2400/600 V，2500 kVA。变压器△侧为 600 V 绕组，与电动机相连，Y 侧为 2400 V，与电网相连，每台变压器的漏抗为 10%。

向 4.16 kV 母线供电的电力系统戴维南等效为一台发电机，其额定值为 7500 kVA，4.16 kV，电抗标幺值为 $X_d''=X_2=0.10$，$X_0=0.05$，中性点对地的阻抗标幺值为$X_n=0.05$。

当电动机运行在额定电压时，各台电动机平均分配 3730 kW(5000 hp)的总负载，对应的功率因数为 85%(滞后)，效率为 88%。此时发生变压器组低压侧单相接地故障。将电动机组视为一个等效电动机。画出带有阻抗值的序网图。忽略故障前电流，确定系统各部分的次暂态线电流。

解： 系统的单线图如图 10.17 所示。

分别将 600 V 的节点和 4.16 kV 的节点标注为①和②。以等效发电机的额定值(即 7500 kVA、节点电压 4.16 kV)作为基准值。由于

$$\sqrt{3}\times 2400 = 4160\ \text{V}, \qquad 3\times 2500 = 7500\ \text{kVA}$$

因此三相变压器的额定值为 7500 kVA，4160Y/600△ V。因此，电动机电路的基准值为7500 kVA，600 V。

单个等效电动机的输入额定功率为

$$\frac{6000\times 0.746}{0.895} = 5000\ \text{kVA}$$

以电动机总容量为基准值的等效电机的电抗百分比和以单个电动机容量为基准值的单个电机的电抗百分比相同。因此，等效电机的电抗标幺值为

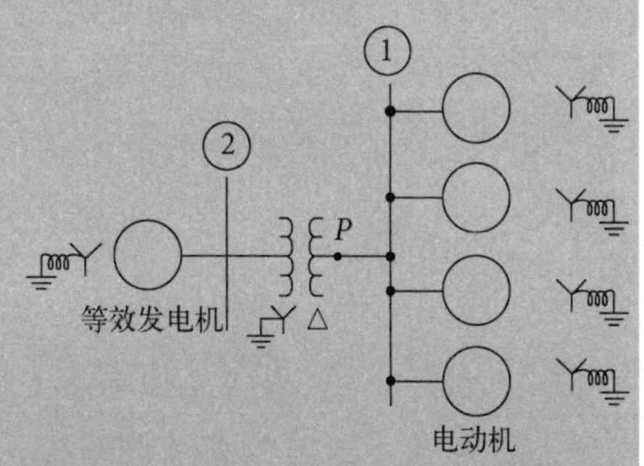

图 10.17 例题 10.6 所示系统的单线图

$$X''_d = X_1 = X_2 = 0.2\frac{7500}{5000} = 0.3, \quad X_0 = 0.04\frac{7500}{5000} = 0.06$$

零序网络中，等效电动机的中性点对地电抗为

$$3X_n = 3 \times 0.02\frac{7500}{5000} = 0.09 \ \text{p.u.}$$

等效发电机的中性点对地电抗为

$$3X_n = 3 \times 0.05 = 0.15 \ \text{p.u.}$$

图 10. 18 所示为各序网络的串联图。

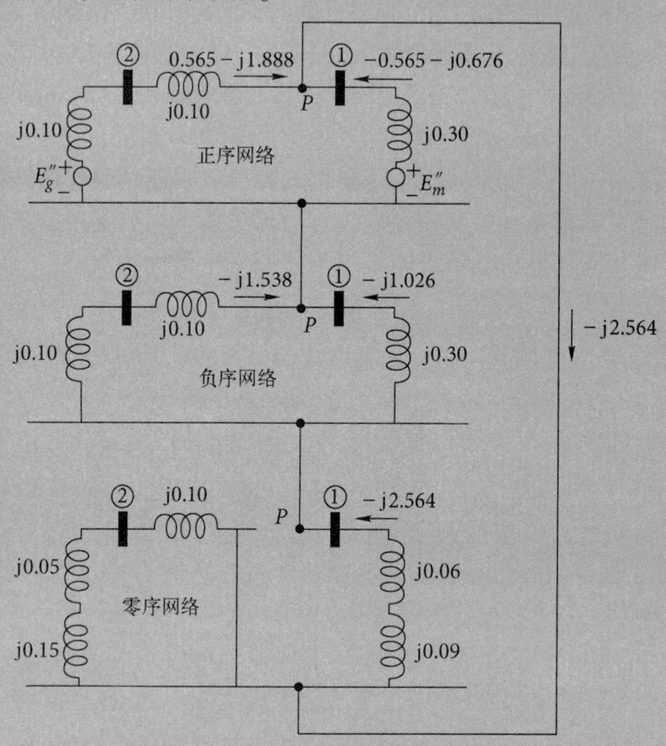

图 10. 18　例题 10. 6 中各序网络的连接。P 处发生单相接地故障，次暂态电流用标幺值表示，包含故障前电流

由于电动机运行在额定电压下，且额定电压等于电动机电路的基准电压，因此节点①故障前的 a 相电压标幺值为

$$V_f = 1.0 \ \text{p.u.}$$

电动机电路的电流基准值为

$$\frac{7\,500\,000}{\sqrt{3} \times 600} = 7217 \ \text{A}$$

电动机的实际电流为

$$\frac{746 \times 5000}{0.88 \times \sqrt{3} \times 600 \times 0.85} = 4798 \ \text{A}$$

故障前电动机 a 相吸收的电流为

$$\frac{4798}{7217}\angle -\arccos 0.85 = 0.665\angle -31.8° = 0.565 - \text{j}0.350 \ \text{p.u.}$$

如果不考虑故障前电流，图 10. 18 中的 E''_g 和 E''_m 等于 $1.0\angle 0°$。各序网络节点①的戴维南阻抗为

$$Z_{11}^{(1)} = Z_{11}^{(2)} = \frac{(j0.1 + j0.1)(j0.3)}{j(0.1 + 0.1 + 0.3)} = j0.12 \text{ p.u.}, \quad Z_{11}^{(0)} = j0.15 \text{ p.u.}$$

串联序网中的故障电流为

$$I_{fa}^{(1)} = \frac{V_f}{Z_{11}^{(1)} + Z_{11}^{(2)} + Z_{11}^{(0)}} = \frac{1.0}{j0.12 + j0.12 + j0.15} = \frac{1.0}{j0.39} = -j2.564$$

$$I_{fa}^{(2)} = I_{fa}^{(0)} = I_{fa}^{(1)} = -j2.564 \text{ p.u.}$$

故障电流的标幺值为 $3I_{fa}^{(0)} = 3(-j2.564) = j7.692$。利用电流分流原理，正序网络中从变压器流向 P 处的$I_{fa}^{(1)}$的电流分量为

$$\frac{-j2.564 \times j0.30}{j0.50} = -j1.538 \text{ p.u.}$$

从电动机流向 P 处的$I_{fa}^{(1)}$的电流分量为

$$\frac{-j2.564 \times j0.20}{j0.50} = -j1.026 \text{ p.u.}$$

同样，从变压器支路流出的$I_{fa}^{(2)}$的电流标幺值为-j1.538，从电动机支路流出的$I_{fa}^{(2)}$的电流标幺值为-j1.026。所有的$I_{fa}^{(0)}$均从电机流向 P 处。

故障发生时，线路中的电流不用下标 f 表示，分别为：

从变压器流向 P 处的电流标幺值为

$$\begin{bmatrix} I_a \\ I_b \\ I_c \end{bmatrix} = \begin{bmatrix} 1 & 1 & 1 \\ 1 & \alpha^2 & \alpha \\ 1 & \alpha & \alpha^2 \end{bmatrix} \begin{bmatrix} 0 \\ -j1.538 \\ -j1.538 \end{bmatrix} = \begin{bmatrix} -j3.076 \\ -j1.538 \\ -j1.538 \end{bmatrix}$$

从电动机流向 P 处的电流标幺值为

$$\begin{bmatrix} I_a \\ I_b \\ I_c \end{bmatrix} = \begin{bmatrix} 1 & 1 & 1 \\ 1 & \alpha^2 & \alpha \\ 1 & \alpha & \alpha^2 \end{bmatrix} \begin{bmatrix} -j2.564 \\ -j1.026 \\ -j1.026 \end{bmatrix} = \begin{bmatrix} -j4.616 \\ j1.538 \\ j1.538 \end{bmatrix}$$

线路的标记方法与图 9.24(a)所用的方法一致，变压器高压侧的线路电流$I_A^{(1)}$和$I_A^{(2)}$与低压侧的线路电流$I_a^{(1)}$和$I_a^{(2)}$需要满足

$$I_A^{(1)} = I_a^{(1)} \angle 30°, \quad I_A^{(2)} = I_a^{(2)} \angle -30°$$

因此

$$I_A^{(1)} = (-j1.538)\angle 30° = 1.538 \angle -60° = 0.769 - j1.332$$

$$I_A^{(2)} = (-j1.538)\angle -30° = 1.538 \angle -120° = -0.769 - j1.332$$

图 10.18 中，注意零序网络的$I_A^{(0)} = 0$。由于变压器的高压侧没有零序电流，因此有

$$I_A = I_A^{(1)} + I_A^{(2)} = (0.769 - j1.332) + (-0.769 - j1.332) = -j2.664 \text{ p.u.}$$

$$I_B^{(1)} = \alpha^2 I_A^{(1)} = (1\angle 240°)(1.538\angle -60°) = -1.538 + j0$$

$$I_B^{(2)} = \alpha I_A^{(2)} = (1\angle 120°)(1.538\angle -120°) = 1.538 + j0$$

$$I_B = I_B^{(1)} + I_B^{(2)} = 0$$

$$I_C^{(1)} = \alpha I_A^{(1)} = (1\angle 120°)(1.538\angle -60°) = 0.769 + j1.332$$

$$I_C^{(2)} = \alpha^2 I_A^{(2)} = (1\angle 240°)(1.538\angle -120°) = -0.769 + j1.332$$

$$I_C = I_C^{(1)} + I_C^{(2)} = j2.664 \text{ p.u.}$$

若通过电路分析能求得整个系统任意节点的电压，则它们的对称分量也可以由序网的电流和电抗计算得到。在变压器高压侧电压对称分量的求解过程中，首先忽略相移，然后确定相移的影响。

通过计算变压器两侧的基准电流，可以将上述电流标幺值转换为有名值。电动机电路的基准电流已知，等于 7217 A。变压器高压侧的基准电流为

$$\frac{7\,500\,000}{\sqrt{3}\times 4160}=1041\text{ A}$$

故障电流为

$$7.692\times 7217=55\,500\text{ A}$$

变压器和故障点之间的线电流为

线路 a　$3.076\times 7217=22\,200\text{ A}$

线路 b　$1.538\times 7217=11\,100\text{ A}$

线路 c　$1.538\times 7217=11\,100\text{ A}$

电动机和故障点之间的线电流为

线路 a　$4.616\times 7217=33\,300\text{ A}$

线路 b　$1.538\times 7217=11\,100\text{ A}$

线路 c　$1.538\times 7217=11\,100\text{ A}$

4.16 kV 节点和变压器之间的线电流为

线路 A　$2.664\times 1041=2773\text{ A}$

线路 B　0

线路 C　$2.664\times 1041=2773\text{ A}$

上例中的电流为电动机空载时流入单相接地故障点的电流。当电机不吸收电流时，上述才是正确的结果。不过，本例指出，故障时需要考虑负载。因此，需要将故障前电动机从 a 相线路吸收的电流标幺值加到变压器流向 P 处的电流$I_{fa}^{(1)}$分量中，并需要从电机流向 P 处的电流$I_{fa}^{(1)}$分量中减去该电流分量。因此，从变压器到故障点 a 相正序电流的修正值为

$$0.565-\text{j}0.350-\text{j}1.538=0.565-\text{j}1.888$$

从电动机到故障点 a 相正序电流的修正值为

$$-0.565+\text{j}0.350-\text{j}1.026=-0.565-\text{j}0.676$$

这些值如图 10.18 所示。使用修正值后，其余部分的计算和前述步骤相同。

图 10.19 所示为空载时故障后系统各处的次暂态线电流标幺值。

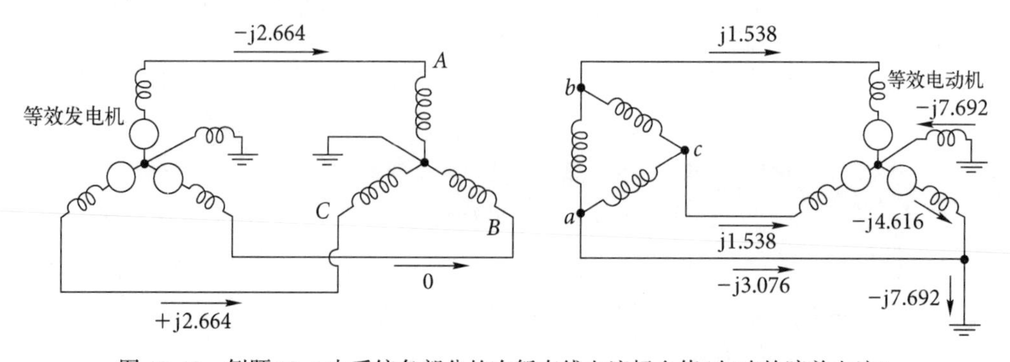

图 10.19　例题 10.6 中系统各部分的次暂态线电流标幺值(忽略故障前电流)

图 10.20 所示为带负载时故障后对应的修正值。

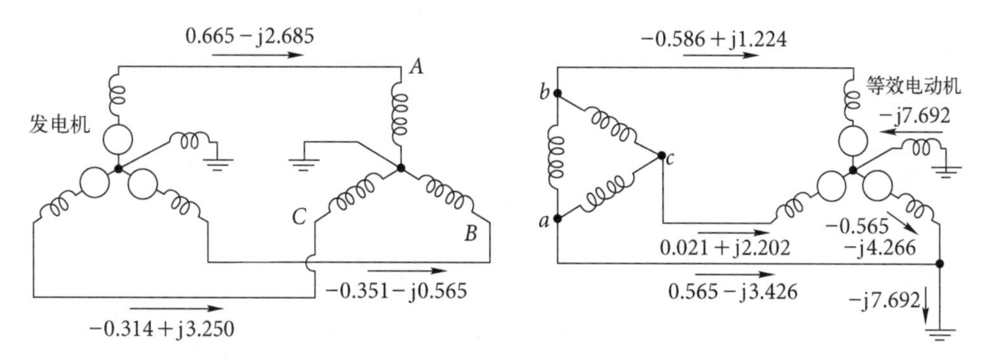

图 10.20 例题 10.6 中系统各部分的次暂态线电流标幺值(考虑故障前电流)

大型系统的故障电流远大于负载电流，因此忽略负载电流对系统的影响很小，甚至小于图 10.19 和图 10.20 的比较结果。不过在大型系统中，也可以简单地将潮流分析得到的故障前电流和忽略负载的故障电流相加。

例题 10.7 小型电力系统的单线图如图 10.21 所示。故障点 P 处发生金属性单相接地故障。发电机和变压器的额定值及电抗为：

发电机：100 MVA，20 kV；$X''=X_2=20\%$，$X_0=4\%$，$X_n=5\%$。

变压器T_1和T_2：100 MVA，20△/345Y kV，$X=10\%$。

图 10.21 例题 10.7 系统的单线图(P 点发生单相接地故障)

以 100 MVA，345 kV 作为输电线路的基准值，线路电抗为

T_1到 P：$X_1=X_2=20\%$，$X_0=50\%$。

T_2到 P：$X_1=X_2=10\%$，$X_0=30\%$。

图 10.22 所示为故障时各序网络等效电路的串联接线图，图中包含电抗标幺值。

验证图中所示的电流值，并绘制包含全部电流标幺值的完整三相电路图。假设变压器的标注满足式(9.88)。

解：开关 S 断开时，故障前电流为零，将点 P 的 A 相开路电压取为参考电压 1.0+j0.0。由故障点看入序网的阻抗为

$$Z_{pp}^{(0)}=\frac{(\mathrm{j}0.6)(\mathrm{j}0.4)}{\mathrm{j}0.6+\mathrm{j}0.4}=\mathrm{j}0.24\ \text{p.u.}$$

$$Z_{pp}^{(1)}=Z_{pp}^{(2)}=\mathrm{j}0.5\ \text{p.u.}$$

点 P 的 A 相假想短路线段中的序电流为

$$I_{fA}^{(0)}=I_{fA}^{(1)}=I_{fA}^{(2)}=\frac{1.0+\mathrm{j}0.0}{\mathrm{j}0.5+\mathrm{j}0.5+\mathrm{j}0.24}=-\mathrm{j}0.8065\ \text{p.u.}$$

总的故障电流为

$$I_{fA}=3I_{fA}^{(0)}=-\mathrm{j}2.4195\ \text{p.u.}$$

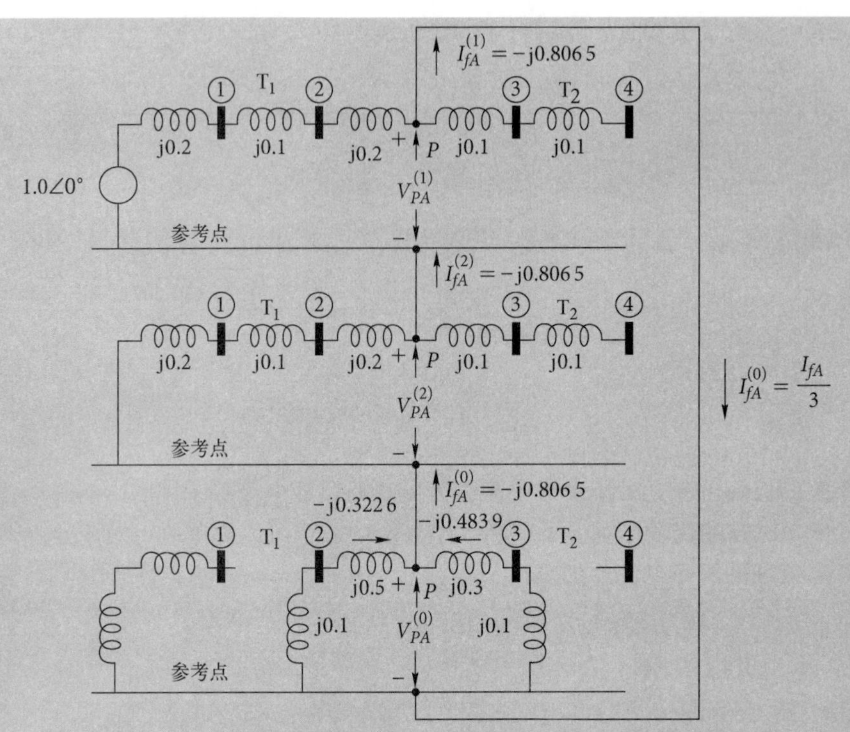

图 10.22　图 10.21 所示系统的点 P 发生单相接地故障时的序网连接图

点 P 的 B 相假想短路线段中的序电流为

$$I_{fB}^{(1)}=\alpha^2 I_{fA}^{(1)}=0.8065\angle(-90°+240°)=0.8065\angle 150°$$

$$I_{fB}^{(2)}=\alpha I_{fA}^{(1)}=0.8065\angle(-90°+120°)=0.8065\angle 30°$$

$$I_{fB}^{(0)}=I_{fA}^{(0)}=0.8065\angle -90°$$

$$I_{fB}=I_{fB}^{(0)}+I_{fB}^{(1)}+I_{fB}^{(2)}=0$$

同理，点 P 的 C 相假想短路线段中的序电流为

$$I_{fC}=I_{fC}^{(0)}+I_{fC}^{(1)}+I_{fC}^{(2)}=0$$

零序网络中的电流为

从T_1到 P

$$I_A^{(0)}=\frac{\mathrm{j}0.4}{\mathrm{j}0.6+\mathrm{j}0.4}(0.8065\angle -90°)=0.3226\angle -90°\ \text{p.u.}$$

从T_2到 P

$$I_A^{(0)}=\frac{\mathrm{j}0.6}{\mathrm{j}0.6+\mathrm{j}0.4}(0.8065\angle -90°)=0.4839\angle -90°\ \text{p.u.}$$

输电线路中的电流为

从T_1到 P

线路 A　$0.3226\angle -90°+0.8065\angle -90°+0.8065\angle -90°=-\mathrm{j}1.9356$ p.u.

线路 B　$0.3226\angle -90°+0.8065\angle 150°+0.8065\angle 30°=\mathrm{j}0.4839$ p.u.

线路 C　$0.3226\angle -90°+0.8065\angle 30°+0.8065\angle 150°=\mathrm{j}0.4839$ p.u.

从T_2到 P：

线路 A　$I_A = -\mathrm{j}0.4839$ p.u.

线路 B　$I_B = -\mathrm{j}0.4839$ p.u.

线路 C　$I_C = -\mathrm{j}0.4839$ p.u.

可见，从变压器T_1流到线路 A，B，C 的电流中包含正序、负序和零序分量，而从变压器T_2流到线路中的电流只包含零序分量。

发电机中的电流为

$$I_a = I_a^{(0)} + I_a^{(1)} + I_a^{(2)} = 0 + 0.8065\angle(-90° - 30°) + 0.8065\angle(-90° + 30°) = -\mathrm{j}1.3969$$

$$I_b = I_a^{(0)} + \alpha^2 I_a^{(1)} + \alpha I_a^{(2)} = 0 + 0.8065\angle(-120° + 240°) + 0.8065\angle(-60° + 120°) = \mathrm{j}1.3969$$

$$I_c = I_a^{(0)} + \alpha I_a^{(1)} + \alpha^2 I_a^{(2)} = 0 + 0.8065\angle(-120° + 120°) + 0.8065\angle(-60° + 240°) = 0$$

图 10.23 所示为包含所有电流标幺值的三相电路图。

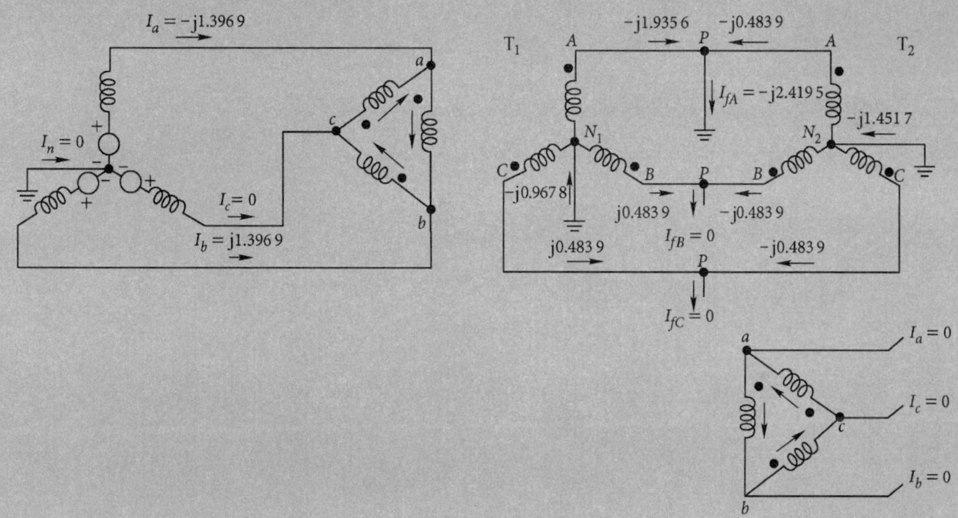

图 10.23　图 10.21 P 处发生单相接地故障时的系统电流图

由上述图可得：

- 线路和极性的标注需要满足式(9.88)的条件；
- 每条线路的故障处都带有一根假想短路线段；
- 对于单相接地故障，短路线段中的电流$I_B = I_C = 0$，但是短路线段中的$I_B^{(0)}$，$I_B^{(1)}$，$I_B^{(2)}$，$I_C^{(0)}$，$I_C^{(1)}$和$I_C^{(2)}$均为非零值；
- 故障电流从 A 相短路线段流出，然后一部分流向T_1，一部分流向T_2；
- 发电机中只有正序和负序电流；
- 变压器T_2的 Y 侧绕组只有零序电流；
- 变压器T_1的△侧各相绕组电流只含有正序和负序分量。这些分量如图 10.24 所示。

对图 10.24，参考式(9.20)和图 9.5，有

$$I_a^{(1)} = 0.8065\angle{-120°} = (\sqrt{3}\angle{-30°})I_{ab}^{(1)}$$

$$I_{ab}^{(1)} = -\mathrm{j}0.4656,\quad I_{bc}^{(1)} = 0.4656\angle150°,\quad I_{ca}^{(1)} = 0.4656\angle30°$$

$$I_a^{(2)} = 0.8065\angle{-60°} = (\sqrt{3}\angle30°)I_{ab}^{(2)}$$

$$I_{ab}^{(2)} = -\mathrm{j}0.4656,\quad I_{bc}^{(2)} = 0.4656\angle30°,\quad I_{ca}^{(2)} = 0.4656\angle150°$$

因此

$$I_{ab}=I_{ab}^{(1)}+I_{ab}^{(2)}=-\mathrm{j}0.9312,\quad I_{bc}=\mathrm{j}0.4656,\quad I_{ca}=\mathrm{j}0.4656$$

$I_a=1.3969\angle-90°$

$I_{ca}^{(0)}=0$

$I_{ca}^{(1)}=0.4656\angle30°$

$I_{ca}^{(2)}=0.4656\angle150°$

$I_{ca}=0.4656\angle90°$

$I_c=0$

$I_{bc}^{(0)}=0$

$I_{bc}^{(1)}=0.4656\angle150°$

$I_{bc}^{(2)}=0.4656\angle30°$

$I_{bc}=0.4656\angle90°$

$I_b=1.3969\angle90°$

$I_{ab}^{(0)}=0$

$I_{ab}^{(1)}=0.4656\angle-90°$

$I_{ab}^{(2)}=0.4656\angle-90°$

$I_{ab}=0.9312\angle-90°$

a c b

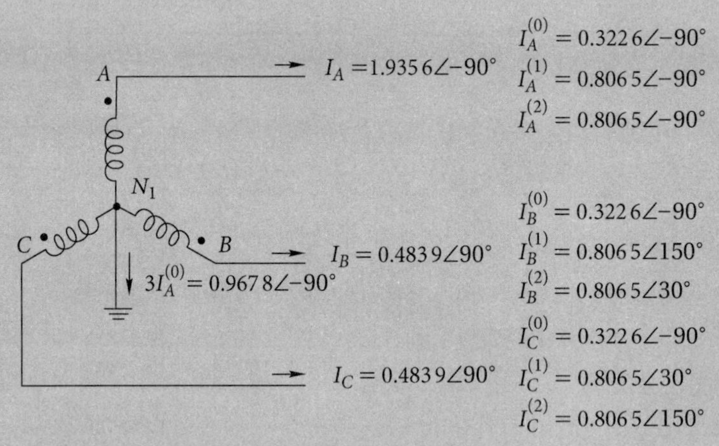

图 10.24　图 10.23 中变压器T_1的电流对称分量

MATLAB Program for Example 10.7(ex10_7.m)

```
% Clean previous value
clc
clear all
% Initial value
Vf=complex(1,0);
Zpp_0=complex(0,0.24);
Zpp_1=complex(0,0.5);
a=cosd(120)+sind(120)*i
% Caulate fault current
Zpp_0=0.6*0.4/(0.6+0.4)*i
Zpp_1=0.5i
Zpp_2=Zpp_1
IfA1=Vf/(Zpp_0+Zpp_1+Zpp_2)
IfA0=IfA1
IfA2=IfA1
IfA=3*IfA0
% Find point P' current of phase B
IfB1=a^2*IfA1
```

```
IfB2=a*IfA2
IfB0=IfA0
IfB=IfB0+IfB1+IfB2
IfC=0
% Caculate cunrrent in sequence 0
disp('Zero sequence current,Toward P from T1:')
IA0_PtoT1=0.4/(0.4+0.6)*IfA0
disp('Zero sequence current,Toward P from T2:')
Ia0_PtoT2=0.6/(0.4+0.6)*IfA0
% Find the current in transmission line
disp('Transmission line current:')
IA1_PtoT1=IfA1
IA2_PtoT1=IfA2
IA_PtoT1=IA0_PtoT1+IA1_PtoT1+IA2_PtoT1
IB_PtoT1=IA0_PtoT1+IA1_PtoT1*a^2+IA2_PtoT1*a
IC_PtoT1=IA0_PtoT1+IA1_PtoT1*a+IA2_PtoT1*a^2
IA_PtoT2=Ia0_PtoT2
IB_PtoT2=Ia0_PtoT2
IC_PtoT2=Ia0_PtoT2
% Current of generator
disp('Generator current:')
Ia_012=[0; IfA1*(cosd(-30)+sind(-30)*i);
IfA2*(cosd(30)+sind(30)*i)];
Ia=Ia_012(1,1)+Ia_012(2,1)+Ia_012(3,1)
Ib=Ia_012(1,1)+Ia_012(2,1)*a^2+Ia_012(3,1)*a
Ic=Ia_012(1,1)+Ia_012(2,1)*a+Ia_012(3,1)*a^2
```

10.6 断路故障

当平衡三相电路的一相线路断开时，系统进入不对称状态，产生不对称电流。当三相中的任意两相断开而第三相保持闭合时，也会出现类似的不对称状态。例如，当输电线路的一相或两相导线因意外或风暴而断裂时。另外，当电流过载时，熔丝或其他开关设备可能会切断一条或两条导线而其余导线保持导通。这种开路故障也可以通过序网的节点阻抗矩阵来分析。

图 10.25 所示为三相电路的一部分，其中各相的线电流为I_a，I_b和I_c，电流的正方向从节点ⓜ流向节点ⓝ。

图 10.25(a)中，a 相的点 p 和 p'之间发生开路故障，图 10.25(b)中 b 相和 c 相在 pp'点位置断开。这相当于先将三相线路的点 p 和 p'都断开，然后再将图 10.25 中的闭合线路短路。以下分析遵循上述假设。

断开三相线路的方法是，首先断开节点ⓜ和节点ⓝ之间的三相线路，然后在节点ⓜ至 p 和节点ⓝ至 p'之间增加合适的阻抗。如果线路ⓜ-ⓝ的序阻抗为Z_0，Z_1和Z_2，则可以在正常系统 3 个序网的戴维南等效电路的节点ⓜ和节点ⓝ之间添加阻抗$-Z_0$，$-Z_1$和$-Z_2$来等效三相开路。

为了进一步说明该观点，以图 10.26(a)为例，正序戴维南等效网络的节点ⓜ至节点ⓝ

之间连接了$-Z_1$。图中所示的阻抗为正常系统正序节点阻抗矩阵$\mathbf{Z}_{\text{bus}}^{(1)}$中的元素，包括$Z_{mm}^{(1)}$，$Z_{nn}^{(1)}$，$Z_{mn}^{(1)}=Z_{nm}^{(1)}$，$Z_{th,mn}^{(1)}=Z_{mm}^{(1)}+Z_{nn}^{(1)}-2Z_{mn}^{(1)}$对应节点ⓜ和节点ⓝ之间的戴维南等效阻抗。

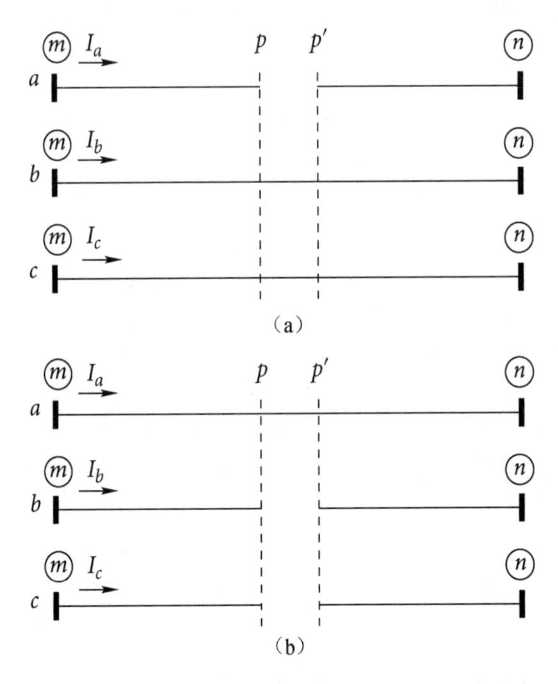

图 10.25　三相系统的节点ⓜ和节点ⓝ之间发生开路故障。(a) a 相开路；(b) b 相和 c 相开路(点 p 和 p'之间发生开路)

电压V_m和V_n是断线故障发生前节点ⓜ和节点ⓝ的 a 相故障前(正序)电压。正序阻抗分别为kZ_1和$(1-k)Z_1$，$0\leqslant k\leqslant 1$，如图所示，它们分别表示从节点ⓜ到点 p 以及从节点ⓝ到点 p'的线路ⓜ-ⓝ长度。

令电压$V_a^{(1)}$表示 a 相线路点 p 与 p'两点间电压降$V_{pp',a}$，$V_{pp',b}$和$V_{pp',c}$的正序分量。下文将说明，$V_a^{(1)}$和相应的负序和零序分量$V_a^{(2)}$和$V_a^{(0)}$的值随开路故障类型的不同而不同。

通过电源转换，可以将图 10.26(a)中电压降$V_a^{(1)}$串联阻抗$[kZ_1+(1-k)Z_1]$的电路转换为电流源$V_a^{(1)}/Z_1$与阻抗Z_1并联的支路，如图 10.26(b)所示。而图 10.26(b)中Z_1和$-Z_1$的并联支路可以被删除，所以结果如图 10.26(c)所示。

上述处理正序网络的方法也同样适用于负序和零序网络，但必须记住，除了正序网络，其余网络不包含任何内部电源。在绘制图 10.27 的负序和零序等效电路时，需要知道电流$V_a^{(2)}/Z_2$和$V_a^{(0)}/Z_0$与图 10.26(c)中的电流$V_a^{(1)}/Z_1$一样，均来源于系统中点 p 和 p'之间的开路故障电压。

如果没有导线开路，那么电压$V_a^{(1)}$，$V_a^{(2)}$和$V_a^{(0)}$均为零，电流源消失。由图可见，可以分别将序电流$V_a^{(0)}/Z_0$，$V_a^{(1)}/Z_1$和$V_a^{(2)}/Z_2$看作正常系统各序网络中注入节点ⓜ和节点ⓝ的电流，因此，可以使用系统正常运行时的节点阻抗矩阵$\mathbf{Z}_{\text{bus}}^{(0)}$，$\mathbf{Z}_{\text{bus}}^{(1)}$和$\mathbf{Z}_{\text{bus}}^{(2)}$来确定由于线路开路引起的电压变化。但首先必须求出图 10.25 所示各种故障在故障点 p 和 p'上的电压降的对称分量$V_a^{(0)}$，$V_a^{(1)}$和$V_a^{(2)}$的表达式。这些电压降可以被认为是图 10.26 和图 10.27 所示的正常系统各序网络中注入电流引起的电压增量。

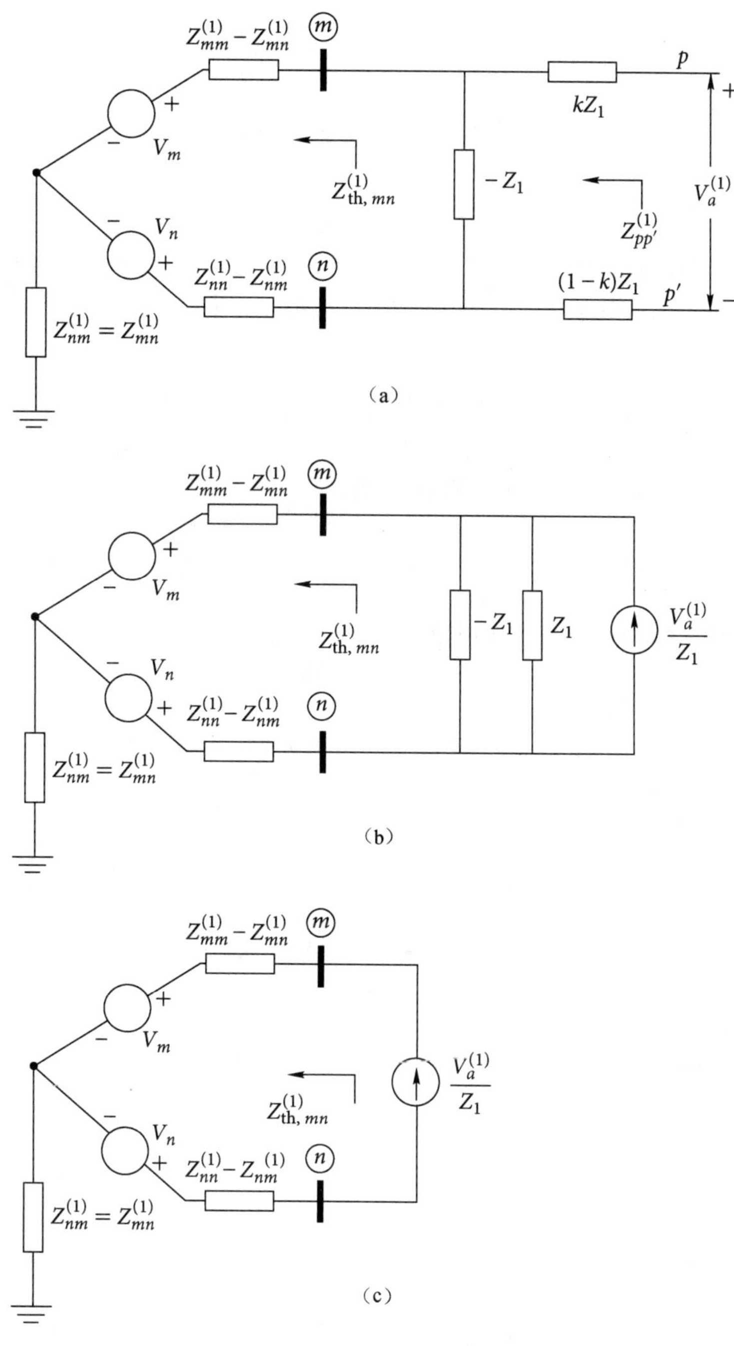

图 10.26　线路ⓜ-ⓝ上的点 p 和 p'之间发生开路。(a) 系统正序戴维南等效网络；(b) 等效电流源；(c) 合成的等效电路

	正序	负序	零序
节点ⓜ	$V_a^{(1)}/Z_1$	$V_a^{(2)}/Z_2$	$V_a^{(0)}/Z_0$
节点ⓝ	$-V_a^{(1)}/Z_1$	$-V_a^{(2)}/Z_2$	$-V_a^{(0)}/Z_0$

将节点阻抗矩阵$\mathbf{Z}_{\mathrm{bus}}^{(0)}$，$\mathbf{Z}_{\mathrm{bus}}^{(1)}$和$\mathbf{Z}_{\mathrm{bus}}^{(2)}$分别乘以只包含上述注入电流的向量，可得任意节点ⓘ的 a 相电压对称分量的增量为

$$零序:\ \Delta V_i^{(0)}=\frac{Z_{im}^{(0)}-Z_{in}^{(0)}}{Z_0}V_a^{(0)}$$

$$正序:\ \Delta V_i^{(1)}=\frac{Z_{im}^{(1)}-Z_{in}^{(1)}}{Z_1}V_a^{(1)} \tag{10.27}$$

$$负序:\ \Delta V_i^{(2)}=\frac{Z_{im}^{(2)}-Z_{in}^{(2)}}{Z_2}V_a^{(2)}$$

在推导各种开路故障电压$V_a^{(0)}$，$V_a^{(1)}$和$V_a^{(2)}$的公式之前，首先推导从故障点 p 和 p'看入系统的正序网络的戴维南等效阻抗。从图 10.26(a)故障点 p 和 p'之间看正序网络，可得阻抗$\mathbf{Z}_{pp'}^{(1)}$等于

$$Z_{pp'}^{(1)}=kZ_1+\frac{Z_{\text{th},mn}^{(1)}(-Z_1)}{Z_{\text{th},mn}^{(1)}-Z_1}+(1-k)Z_1=\frac{-Z_1^2}{Z_{\text{th},mn}^{(1)}-Z_1} \tag{10.28}$$

利用分压原理，故障点 p 至 p'的开路电压为

$$p\text{–}p'\text{的开路电压降}=\frac{-Z_1}{Z_{\text{th},mn}^{(1)}-Z_1}(V_m-V_n)=\frac{Z_{pp'}^{(1)}}{Z_1}(V_m-V_n) \tag{10.29}$$

在故障发生前，线路ⓜ-ⓝ的 a 相电流I_{mn}是正序电流，对应公式如下：

$$I_{mn}=\frac{V_m-V_n}{Z_1} \tag{10.30}$$

将I_{mn}的表达式代入式(10.29)，得到故障点 p 至 p'的开路电压为

$$p\text{–}p'\text{的开路电压降}=I_{mn}Z_{pp'}^{(1)} \tag{10.31}$$

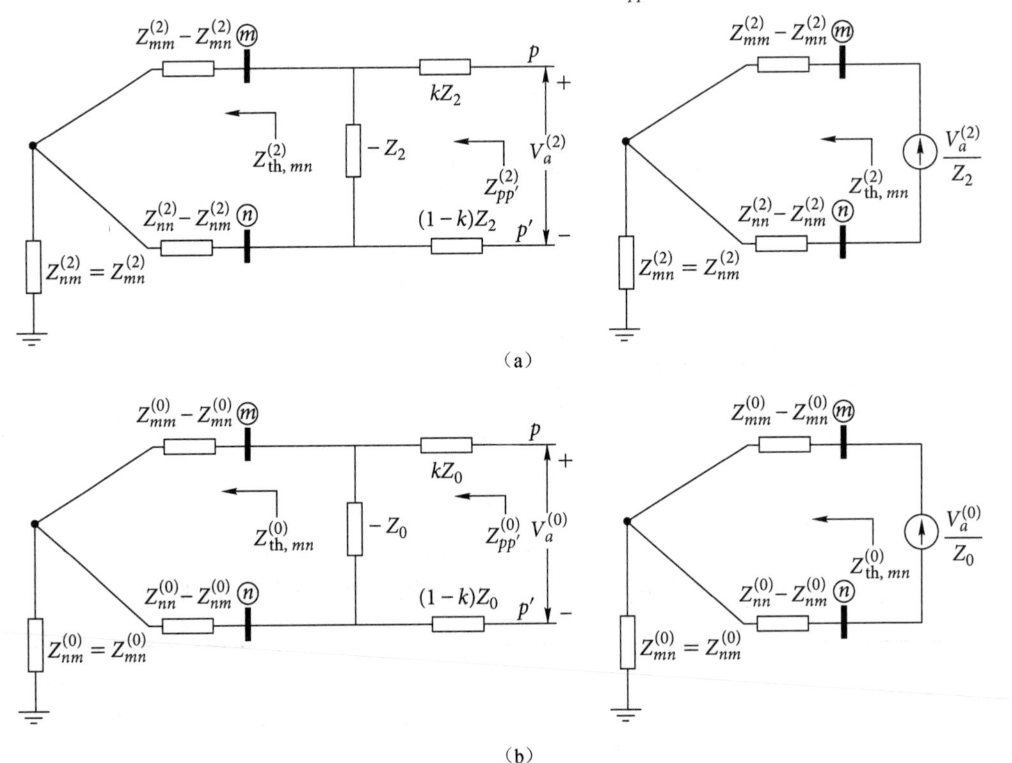

图 10.27 线路ⓜ-ⓝ上的点 p 和 p'之间发生开路故障。(a) 负序等效电路；(b) 零序等效电路

图 10.28(a)所示为故障点 p 和 p'之间的正序等效电路。

类似于式(10.28)，有

$$Z_{pp'}^{(2)}=\frac{-Z_2^2}{Z_{\mathrm{th},mn}^{(2)}-Z_2}\quad,\qquad Z_{pp'}^{(0)}=\frac{-Z_0^2}{Z_{\mathrm{th},mn}^{(0)}-Z_0}\tag{10.32}$$

图 10.28(b)和图 10.28(c)分别对应点 p 和 p'之间系统的负序和零序阻抗。接下来继续推导各序电压降$V_a^{(0)}$，$V_a^{(1)}$和$V_a^{(2)}$的表达式。

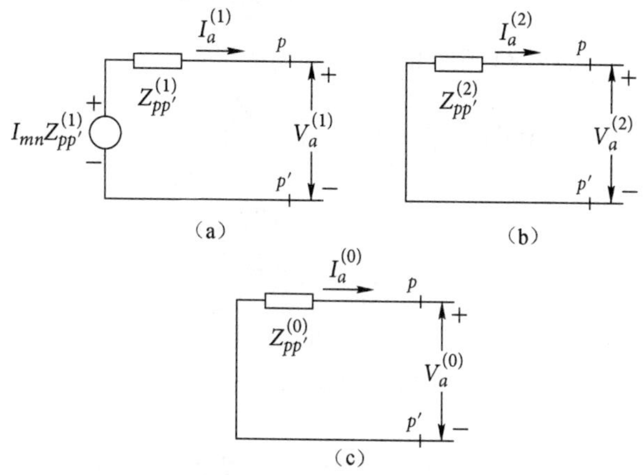

图 10.28　点 p 和 p'之间系统的等效电路。(a)正序；(b)负序；(c)零序

1. 单相开路

如图 10.25(a)所示，a 相开路，电流$I_a=0$，因此

$$I_a^{(0)}+I_a^{(1)}+I_a^{(2)}=0\tag{10.33}$$

其中$I_a^{(0)}$，$I_a^{(1)}$和$I_a^{(2)}$是点 p 和 p'之间线电流I_a，I_b和I_c的对称分量。由于 b 相和 c 相闭合，因此

$$V_{pp',b}=0,\qquad V_{pp',c}=0\tag{10.34}$$

将故障点 p 和 p'之间的电压降用对称分量表示，得到

$$\begin{bmatrix}V_a^{(0)}\\V_a^{(1)}\\V_a^{(2)}\end{bmatrix}=\frac{1}{3}\begin{bmatrix}1&1&1\\1&\alpha&\alpha^2\\1&\alpha^2&\alpha\end{bmatrix}\begin{bmatrix}V_{pp',a}\\0\\0\end{bmatrix}=\frac{1}{3}\begin{bmatrix}V_{pp',a}\\V_{pp',a}\\V_{pp',a}\end{bmatrix}\tag{10.35}$$

即

$$V_a^{(0)}=V_a^{(1)}=V_a^{(2)}=\frac{V_{pp',a}}{3}\tag{10.36}$$

该式表明，a 相导线开路导致各序网络中故障点 p 至 p'的电压降相等。因此式(10.33)可以等效为将故障点 p 至 p'之间各序网络的戴维南等效电路的并联，如图 10.29 所示。

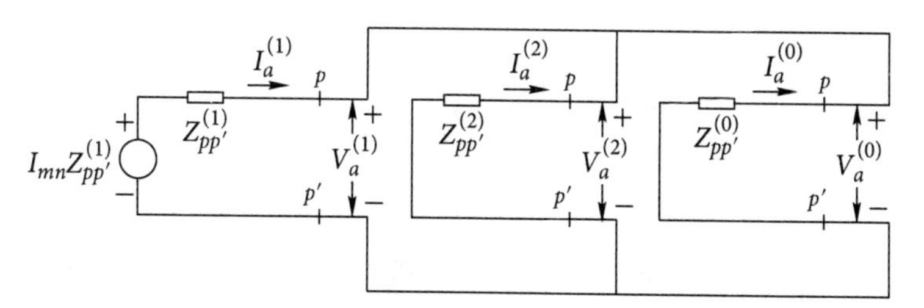

图 10.29　点 p 和 p'之间 a 相线路开路时系统的序网连接

由图 10.29 可见，正序电流$I_a^{(1)}$的表达式为

$$
\begin{aligned}
I_a^{(1)} &= I_{mn}\frac{Z_{pp'}^{(1)}}{Z_{pp'}^{(1)}+\dfrac{Z_{pp'}^{(2)}Z_{pp'}^{(0)}}{Z_{pp'}^{(2)}+Z_{pp'}^{(0)}}} \\
&= I_{mn}\frac{Z_{pp'}^{(1)}(Z_{pp'}^{(2)}+Z_{pp'}^{(0)})}{Z_{pp'}^{(0)}Z_{pp'}^{(1)}+Z_{pp'}^{(1)}Z_{pp'}^{(2)}+Z_{pp'}^{(2)}Z_{pp'}^{(0)}}
\end{aligned}
\tag{10.37}
$$

由图 10.29 可得三序电压降$V_a^{(0)}$，$V_a^{(1)}$和$V_a^{(2)}$为

$$
\begin{aligned}
V_a^{(0)} = V_a^{(2)} = V_a^{(1)} &= I_a^{(1)}\frac{Z_{pp'}^{(2)}Z_{pp'}^{(0)}}{Z_{pp'}^{(2)}+Z_{pp'}^{(0)}} \\
&= I_{mn}\frac{Z_{pp'}^{(0)}Z_{pp'}^{(1)}Z_{pp'}^{(2)}}{Z_{pp'}^{(0)}Z_{pp'}^{(1)}+Z_{pp'}^{(1)}Z_{pp'}^{(2)}+Z_{pp'}^{(2)}Z_{pp'}^{(0)}}
\end{aligned}
\tag{10.38}
$$

式(10.38)右侧的值可以从各序网络的阻抗参数以及线路ⓜ-ⓝ故障前的 a 相电流获得。因此，利用式(10.38)可以确定注入相应序网的电流$V_a^{(0)}/Z_0$，$V_a^{(1)}/Z_1$和$V_a^{(2)}/Z_2$。

2. 两相开路

图 10.25(b)所示为两相开路，对应的故障边界条件是式(10.33)和式(10.34)的对偶，即

$$V_{pp',a} = V_a^{(0)} + V_a^{(1)} + V_a^{(2)} = 0 \tag{10.39}$$

$$I_b = 0，I_c = 0 \tag{10.40}$$

将线电流分解成对称分量，得出

$$I_a^{(0)} = I_a^{(1)} = I_a^{(2)} = \frac{I_a}{3} \tag{10.41}$$

式(10.39)和式(10.41)可以等效为将点 p 和 p'之间的负序和零序戴维南等效网络串联，如图 10.30 所示。

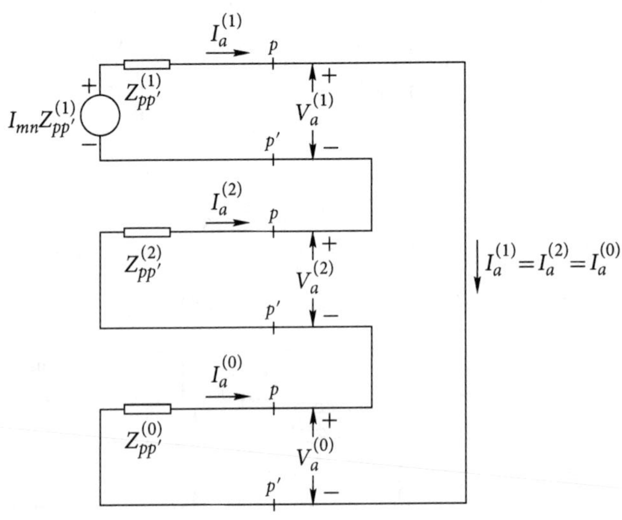

图 10.30　点 p 和 p'之间 b 相和 c 相线路开路时系统的序网连接

因此，序电流为

$$I_a^{(0)} = I_a^{(1)} = I_a^{(2)} = I_{mn}\frac{Z_{pp'}^{(1)}}{Z_{pp'}^{(0)} + Z_{pp'}^{(1)} + Z_{pp'}^{(2)}} \tag{10.42}$$

其中I_{mn}表示 b 相和 c 相发生开路故障之前线路ⓜ-ⓝ的 a 相电流。序电压降为

$$V_a^{(1)} = I_a^{(1)}(Z_{pp'}^{(2)} + Z_{pp'}^{(0)}) = I_{mn}\frac{Z_{pp'}^{(1)}(Z_{pp'}^{(2)} + Z_{pp'}^{(0)})}{Z_{pp'}^{(1)} + Z_{pp'}^{(2)} + Z_{pp'}^{(0)}}$$

$$V_a^{(2)} = -I_a^{(2)}Z_{pp'}^{(2)} = I_{mn}\frac{-Z_{pp'}^{(1)}Z_{pp'}^{(2)}}{Z_{pp'}^{(1)} + Z_{pp'}^{(2)} + Z_{pp'}^{(0)}} \tag{10.43}$$

$$V_a^{(0)} = -I_a^{(0)}Z_{pp'}^{(0)} = I_{mn}\frac{-Z_{pp'}^{(1)}Z_{pp'}^{(0)}}{Z_{pp'}^{(1)} + Z_{pp'}^{(2)} + Z_{pp'}^{(0)}}$$

在发生故障前，上述各公式右侧的量均为已知。因此，式(10.38)可用于求解一相发生开路故障时点 p 和 p'之间电压降的对称分量，而式(10.43)可用于两相发生开路故障的求解。

导线开路会造成正序网络中开路线路的转移阻抗增大。对于单相开路故障，增加的阻抗等于点 p 和 p'之间负序和零序网络阻抗的并联；对于两相开路，增加的阻抗等于点 p 和 p'之间负序和零序网络阻抗的串联。

例题 10.8 图 10.5 所示的系统中，2 号电机是一台电动机，当节点③的电压为额定电压 345 kV 时，2 号电机带动的负荷为 50 MVA，功率因数为 0.8(滞后)。求节点③的电压变化，当输电线路发生如下故障：(a) 单相开路故障；(b) 节点②和节点③之间线路发生两相开路故障。以 100 MVA，345 kV 为输电线路的基准值。

解： 直接利用例题 10.1 中的标幺值参数。以节点③的电压标幺值为 1.0+j0.0，线路②-③的故障前电流为

$$I_{23} = \frac{P - \mathrm{j}Q}{V_3^*} = \frac{0.5(0.8 - \mathrm{j}0.6)}{1.0 + \mathrm{j}0.0} = 0.4 - \mathrm{j}0.3\ \text{p.u.}$$

由图 10.6 的序网图可得线路②-③的阻抗标幺值为

$$Z_1 = Z_2 = \mathrm{j}0.15\ \text{p.u.}, \qquad Z_0 = \mathrm{j}0.5\ \text{p.u.}$$

节点阻抗矩阵$\mathbf{Z}_{\text{bus}}^{(0)}$以及$\mathbf{Z}_{\text{bus}}^{(1)} = \mathbf{Z}_{\text{bus}}^{(2)}$也直接由例题 10.1 给出。将线路的开路故障点定为点 p 和 p'，由式(10.28)和式(10.32)可得

$$Z_{pp'}^{(1)} = Z_{pp'}^{(2)} = \frac{-Z_1^2}{Z_{22}^{(1)} + Z_{33}^{(1)} - 2Z_{23}^{(1)} - Z_1}$$

$$= \frac{-(\mathrm{j}0.15)^2}{\mathrm{j}0.1696 + \mathrm{j}0.1696 - 2(\mathrm{j}0.1104) - \mathrm{j}0.15} = \mathrm{j}0.7120\ \text{p.u.}$$

$$Z_{pp'}^{(0)} = \frac{-Z_0^2}{Z_{22}^{(0)} + Z_{33}^{(0)} - 2Z_{23}^{(0)} - Z_0}$$

$$= \frac{-(\mathrm{j}0.50)^2}{\mathrm{j}0.08 + \mathrm{j}0.58 - 2(\mathrm{j}0.08) - \mathrm{j}0.50} = \infty$$

因此，如果节点②-③间的线路断开，那么从点 p 和 p'看入的零序网络的阻抗将为无穷大。由图 10.6(b)也可以得到相同的结论，因为断开节点②和节点③的连接时，也断开了节点③和参考节点的连接。

单相开路：

将本例数值代入式(10.38)，得

$$V_a^{(0)} = V_a^{(2)} = V_a^{(1)} = I_{23}\frac{Z_{pp'}^{(1)}Z_{pp'}^{(2)}}{Z_{pp'}^{(1)} + Z_{pp'}^{(2)}}$$

$$= (0.4 - j0.3)\frac{j(0.7120)(j0.7120)}{j0.7120 + j0.7120}$$

$$= 0.1068 + j0.1424 \text{ p.u.}$$

由式(10.27)可以计算节点③的电压对称分量：

$$\Delta V_3^{(1)} = \Delta V_3^{(2)} = \frac{Z_{32}^{(1)} - Z_{33}^{(1)}}{Z_1} V_a^{(1)} = \left(\frac{j0.1104 - j0.1696}{j0.15}\right)(0.1068 + j0.1424)$$

$$= -0.0422 - j0.0562 \text{ p.u.}$$

$$\Delta V_3^{(0)} = \frac{Z_{32}^{(0)} - Z_{33}^{(0)}}{Z_0} V_a^{(0)} = \left(\frac{j0.08 - j0.58}{j0.50}\right)(0.1068 + j0.1424)$$

$$= -0.1068 - j0.1424 \text{ p.u.}$$

$$\Delta V_3 = \Delta V_3^{(0)} + \Delta V_3^{(1)} + \Delta V_3^{(2)} = -0.1068 - j0.1424 - 2(0.0422 + j0.0562)$$

$$= -0.1912 - j0.2548 \text{ p.u.}$$

由于节点③的故障前电压等于 1.0+j0.0，因此新的节点③电压为

$$V_{3,\text{new}} = V_3 + \Delta V_3 = (1.0 + j0.0) + (-0.1912 - j0.2548)$$

$$= 0.8088 - j0.2548 = 0.848\angle -17.5^\circ \text{ p.u.}$$

两相开路

在正序网络的点 p 和 p' 之间插入串联的零序网络无穷大阻抗，正序网络将开路。系统中没有功率流动——这再次证实，由于零序网络不提供电流的返回路径，两相开路时不能依靠单相输电线路传输电能。

MATLAB Program for Example 10.8(ex10_8.m)

```
% Clean previous value
clc
clear all
% Initial value
Z1=0.15i;
Z2=Z1;
Z0=0.5i;
Z22_1=0.1696i;
Z33_1=0.1696i;
Z23_1=0.1104i;
Z22_0=0.08i;
Z33_0=0.58i
Z23_0=0.08i;
PF=0.8;
disp('Choose a base of 100MVA, 345kV in the transmission line')
S=50/100
V3=1+0i
I23=0.5*(cosd(acosd(PF))-sind(acosd(PF))*i)/V3
% Design the open-circuit point of the line as p and q
Zpq_1=-(Z1^2)/(Z22_1+Z33_1-2*Z23_1-Z1)
Zpq_2=Zpq_1
```

```
Zpq_0=-(Z0^2)/(Z22_0+Z33_0-2*Z23_0-Z0)
disp('One open conductor')
Va_0=I23*Zpq_1*Zpq_2/(Zpq_1+Zpq_2)
Va_1=Va_0
Va_2=Va_0
dV3_1=(Z23_1-Z33_1)/Z1*Va_1
dV3_2=dV3_1
dV3_0=(Z23_0-Z33_0)/Z0*Va_0
disp('The change in voltage at bus 3')
dV3=dV3_1+dV3_2+dV3_0
V3_new=V3+dV3
```

10.7 小结

如果将如图 10.2 所示的正序网络中的 EMF 短路，则故障节点ⓚ和参考节点之间的阻抗既是故障公式中的正序阻抗$Z_{kk}^{(1)}$，也是节点ⓚ和参考节点之间戴维南等效电路的串联阻抗。因此，可以把$Z_{kk}^{(1)}$看作一个单一阻抗或是忽略 EMF 后节点ⓚ和参考节点之间的整个正序网络。

如果电压源V_f与这个修改后的正序网络串联，则得到如图 10.2(e)所示的电路，它是原正序网络的戴维南等效电路。图 10.2 所示的等效电路对于原始网络节点ⓚ和参考节点之间的任意外部电路都具有相同的效果。如果没有外部连接，等效电路中将没有电流，但如果网络中两个 EMF 的相位或幅值存在差异，则电流将在原始正序网络中流动。图 10.2(b)中没有外部连接，但支路中存在故障前的负载电流。

当其他序网与图 10.2(b)中的正序网络或图 10.2(e)的等效电路相连时，流出网络(或等效电路)的电流为$I_{fa}^{(1)}$，节点ⓚ对参考节点的电压为$V_{ka}^{(1)}$。在这种连接下，图 10.2(b)中原正序网络任何一条支路的电流都等于故障期间该支路 a 相的正序电流。该电流包括故障前电流分量。但是，图 10.2(e)所示的戴维南等效电路中的支路电流仅为实际正序电流的一部分，它是故障电流$I_{fa}^{(1)}$沿着阻抗为$Z_{kk}^{(1)}$的支路进行分流得到的电流分量，因此不包括故障前电流。

由前述章节可知，将电力系统各序网络的戴维南等效电路互联后，可以求解得到故障时电流和电压的对称分量。

图 10.31 所示为各种短路故障(包括对称三相故障)下序网的不同连接方法。

序网可以用矩形示意图表示，其中粗实线表示网络的参考节点，标记了ⓚ的节点表示网络中的故障点。正序网络中包含电机的内电势 EMF。

无论故障前电压及短路故障情况如何，I_{fa}(从系统故障点ⓚ的 a 相流出的电流)的对称分量$I_{fa}^{(1)}$是导致系统节点正序电压变化的唯一电流。正序电压的变化等于正序节点阻抗矩阵$\mathbf{Z}_{\text{bus}}^{(1)}$的第 k 列乘以注入电流$-I_{fa}^{(1)}$。同样，流出故障点ⓚ的故障电流I_{fa}的对称分量$I_{fa}^{(2)}$和$I_{fa}^{(0)}$分别导致了负序电压和零序电压的变化。这些序电压的变化也分别等于$\mathbf{Z}_{\text{bus}}^{(2)}$和$\mathbf{Z}_{\text{bus}}^{(0)}$的第 k 列分别乘以注入电流$-I_{fa}^{(2)}$和$-I_{fa}^{(0)}$。

因此，毫无疑问，当节点ⓚ发生短路故障时只需要一个程序就可以计算出系统各节点电压变化的对称分量——即找到$I_{fa}^{(0)}$，$I_{fa}^{(1)}$和$I_{fa}^{(2)}$，并用相应节点阻抗矩阵的第 k 列乘以相应节点注入电流的负值。对于常见的短路故障类型，计算的唯一区别在于对故障节点ⓚ的等效方法以及$I_{fa}^{(0)}$，$I_{fa}^{(1)}$和$I_{fa}^{(2)}$的求解方法。由各序戴维南等效网络的不同连接方式可以计算$I_{fa}^{(0)}$，$I_{fa}^{(1)}$和$I_{fa}^{(2)}$，如图 10.31 所示，对应的公式详见表 10.1。

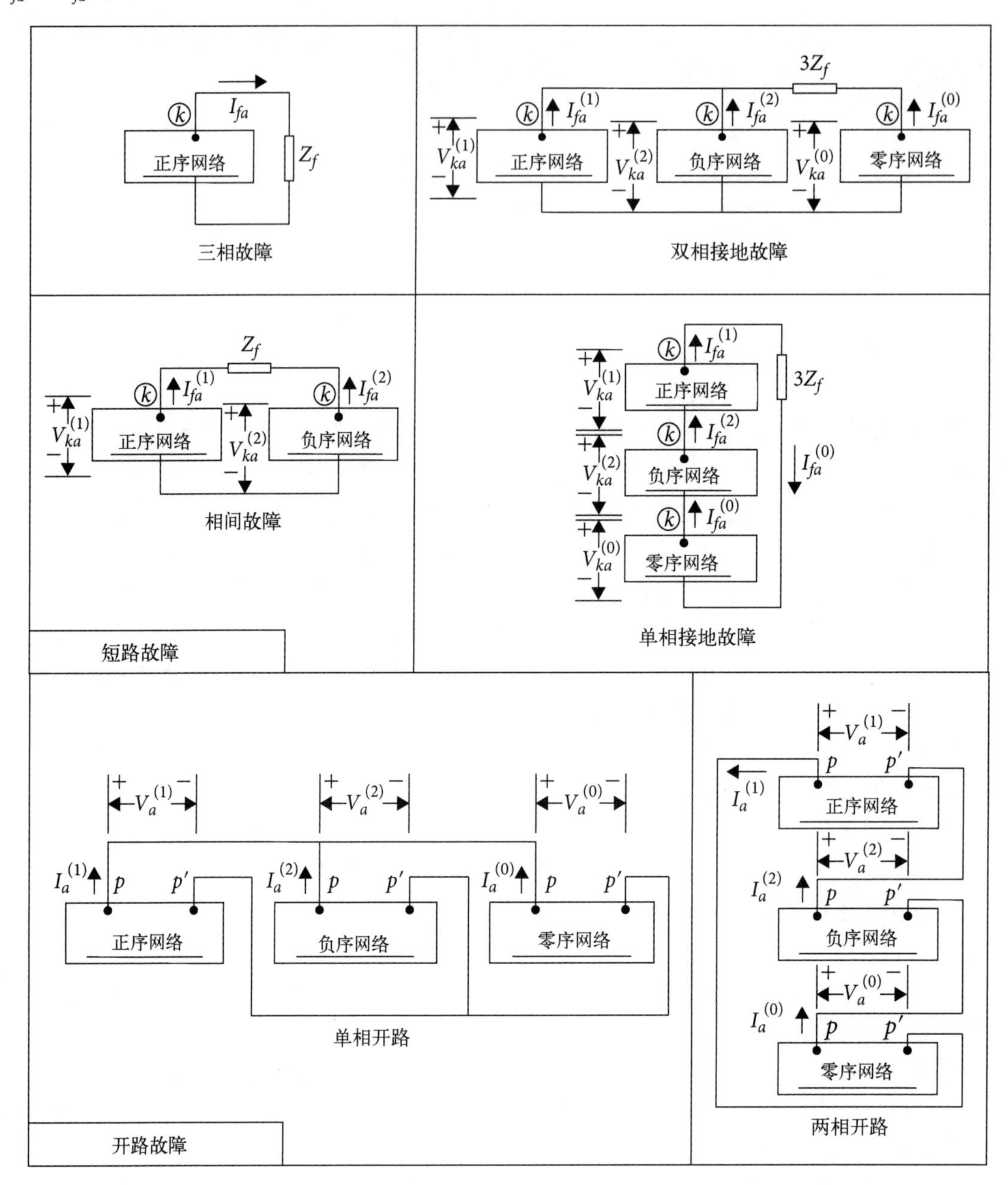

图 10.31　带阻抗Z_f的各种短路故障的序网连接，其中$V_{ka}^{(0)}$，$V_{ka}^{(1)}$和$V_{ka}^{(2)}$是故障节点ⓚ相对于参考电压的 a 相电压对称分量。$V_a^{(0)}$，$V_a^{(1)}$和$V_a^{(2)}$是开路点 p 和 p'的 a 相电压降的对称分量

开路故障对应的各序网络中都有两个电流注入点，它们分别是距离线路开路点最近的两个节点。除此之外，系统中各序电压变化的计算与短路故障相同。故障时各序电压和电流的计算公式总结如表 10.1 所示。

对于故障点与系统其余各部分通过△-Y 型变压器连接的情况，需要先调整各部分电流和电压对称分量的相角。

表 10.1　不同类型故障时，故障点的各序电压和电流公式

	短路故障			开路故障	
	单线接地故障	线路故障	双线接地故障	单相开路	两相开路
序电流	$I_{fa}^{(1)}=\dfrac{V_f}{Z_{kk}^{(1)}+Z_{kk}^{(2)}+Z_{kk}^{(0)}+3Z_f}$	$I_{fa}^{(1)}=\dfrac{V_f}{Z_{kk}^{(1)}+Z_{kk}^{(2)}+Z_f}$	$I_{fa}^{(1)}=\dfrac{V_f}{Z_{kk}^{(1)}+Z_{kk}^{(2)} \parallel (Z_{kk}^{(0)}+Z_f)}$	$I_a^{(1)}=\dfrac{I_{mn}Z_{pp'}^{(1)}}{Z_{pp'}^{(1)}+Z_{pp'}^{(2)} \parallel Z_{pp'}^{(0)}}$	$I_a^{(1)}=\dfrac{I_{mn}Z_{pp'}^{(1)}}{Z_{pp'}^{(1)}+Z_{pp'}^{(2)}+Z_{pp'}^{(0)}}$
	$I_{fa}^{(2)}=I_{fa}^{(1)}$	$I_{fa}^{(2)}=-I_{fa}^{(1)}$	$I_{fa}^{(2)}=-I_{fa}^{(1)}\dfrac{(Z_{kk}^{(0)}+3Z_f)}{Z_{kk}^{(2)}+Z_{kk}^{(0)}+3Z_f}$	$I_a^{(2)}=-I_a^{(1)}\dfrac{Z_{pp'}^{(0)}}{Z_{pp'}^{(2)}+Z_{pp'}^{(0)}}$	$I_a^{(2)}=I_a^{(1)}$
	$I_{fa}^{(0)}=I_{fa}^{(1)}$	$I_{fa}^{(0)}=0$	$I_{fa}^{(0)}=-I_{fa}^{(1)}\dfrac{Z_{kk}^{(2)}}{Z_{kk}^{(2)}+Z_{kk}^{(0)}+3Z_f}$	$I_a^{(0)}=-I_a^{(1)}\dfrac{Z_{pp'}^{(2)}}{Z_{pp'}^{(2)}+Z_{pp'}^{(0)}}$	$I_a^{(0)}=I_a^{(1)}$
序电压	$V_{ka}^{(1)}=I_{fa}^{(1)}(Z_{kk}^{(2)}+Z_{kk}^{(0)}+3Z_f)$	$V_{ka}^{(1)}=I_{fa}^{(1)}(Z_{kk}^{(2)}+Z_f)$	$V_{ka}^{(1)}=V_{ka}^{(0)}-3I_{fa}^{(0)}Z_f$	$V_a^{(1)}=I_a^{(1)}\dfrac{Z_{pp'}^{(2)}Z_{pp'}^{(0)}}{Z_{pp'}^{(2)}+Z_{pp'}^{(0)}}$	$V_a^{(1)}=I_a^{(1)}(Z_{pp'}^{(2)}+Z_{pp'}^{(0)})$
	$V_{ka}^{(2)}=-I_{fa}^{(1)}Z_{kk}^{(2)}$	$V_{ka}^{(2)}=I_{fa}^{(1)}Z_{kk}^{(2)}$	$V_{ka}^{(2)}=-I_{fa}^{(2)}Z_{kk}^{(2)}$	$V_a^{(2)}=-I_a^{(2)}Z_{pp'}^{(2)}$	$V_a^{(2)}=-I_a^{(2)}Z_{pp'}^{(2)}$
	$V_{ka}^{(0)}=-I_{fa}^{(1)}Z_{kk}^{(0)}$	$V_{ka}^{(0)}=0$	$V_{ka}^{(0)}=-I_{fa}^{(0)}Z_{kk}^{(0)}$	$V_a^{(0)}=-I_a^{(0)}Z_{pp'}^{(0)}$	$V_a^{(0)}=-I_a^{(0)}Z_{pp'}^{(0)}$

注：“‖”表示阻抗并联。

$V_{ka}^{(0)}$，$V_{ka}^{(1)}$和$V_{ka}^{(2)}$是故障点ⓚ相对于参考电压的 a 相电压对称分量。

$V_a^{(0)}$，$V_a^{(1)}$和$V_a^{(2)}$是开路点 p 和 p'的 a 相电压降的对称分量。

复习题

10.1 节

10.1　电力系统发生的故障多为不对称故障。(对或错)

10.2　电力系统不对称故障的分析一般采用对称分量法。(对或错)

10.3　下列哪一项不是不对称故障?

a. 单相接地故障　　b. 双相接地故障　　c. 三相故障

10.4　不对称故障分析时，通常在各序网络中建立故障点与参考节点之间的戴维南等效电路。(对或错)

10.5　电力系统发生对称故障时，存在零序电流分量。(对或错)

10.6　相间故障或一相(两相)短接故障涉及零阻抗时，称为金属性故障。(对或错)

10.2 节

10.7　下列哪种故障具有相同的正序、负序和零序故障电流?

a. 单相接地故障　　b. 双相接地故障　　c. 三相故障

10.8　单相接地故障是电力系统中最常见的故障。(对或错)

10.9　电力系统发生经过故障阻抗Z_f的单相接地故障，则零序电流流经的短路阻抗是Z_f的多少倍?

a. 1 倍　　b. 2 倍　　c. 3 倍　　d. 4 倍

10.3 节

10.10　相间故障的故障电流中零序分量为零。(对或错)

10.11　电力系统的相间故障不存在零序电流分量。(对或错)

10.12 对于电力系统节点ⓚ发生的相间故障，正序和负序故障电流的大小相同。(对或错)

10.4 节

10.13 对于两相接地故障，故障节点上的正、负和零序电压相同。(对或错)

10.14 对于两相接地故障，故障电流的零序分量为零。(对或错)

10.15 如果节点ⓚ的 b 相和 c 相发生经过短路阻抗 Z_f 的两相接地故障，下列哪一个关于 a 相故障电流的表达式是正确的？

a. $I_{fa}^{(1)} = \dfrac{V_f}{Z_{kk}^{(1)} + \dfrac{Z_{kk}^{(2)} + Z_{kk}^{(0)} + 3Z_f}{Z_{kk}^{(2)}(Z_{kk}^{(0)} + 3Z_f)}}$　　b. $I_{fa}^{(0)} = -I_{fa}^{(1)}\left[\dfrac{Z_{kk}^{(2)}}{Z_{kk}^{(2)} + Z_{kk}^{(0)} + 3Z_f}\right]$

c. $I_{fa}^{(2)} = -I_{fa}^{(1)}\left[\dfrac{Z_{kk}^{(2)}}{Z_{kk}^{(2)} + Z_{kk}^{(0)} + 3Z_f}\right]$　　d. 上述都不对

10.5 节

10.16 通常使用各序网络的零序、正序和负序节点阻抗矩阵对电力系统进行故障分析。(对或错)

10.17 如果电力系统中含有△-Y 型或 Y-△型变压器，则不需要考虑序网中电流和电压的相移。(对或错)

10.6 节

10.18 如果 a 相导线发生开路故障，则开路两点之间的正序、负序和零序电压相同。(对或错)

10.19 当 b 相和 c 相发生两相开路故障时，试绘制系统的复合序网图。

习题

10.1 额定值为 500 MVA，22 kV，频率为 60 Hz 的发电机 Y 形连接，牢固接地，额定电压下空载运行。其电抗标幺值为 $X''_d = X_1 = X_2 = 15\%$，$X_0 = 0.05$。断开它与系统其余部分的连接。求单相接地故障和三相对称故障时次暂态线电流之比。编写 MATLAB 程序进行验证。

10.2 求习题 10.1 相间故障与对称三相故障的次暂态电流之比。

10.3 为了使习题 10.1 中单相故障的次暂态线电流不大于三相故障时的次暂态线电流，求发电机中性点需要插入一个多大的对地电感电抗(单位：Ω)。

10.4 在习题 10.3 发电机中性点插入上题的接地电感电抗后，求下述故障与三相故障的次暂态线电流之比：(a) 单相接地故障；(b) 相间故障；(c) 双相接地故障。

10.5 为了使习题 10.1 中单相接地故障的次暂态线电流不大于三相故障的次暂态线电流，发电机中性点需要插入多大的对地电阻(单位：Ω)？

10.6 发电机的额定值为 100 MVA 和 20 kV，电抗为 $X''_d = X_1 = X_2 = 20\%$，$X_0 = 5\%$。中性点通过 0.32 Ω 的电抗器接地。发电机在额定电压下空载运行，且未与系统其他部分连接，求机端发生单相接地故障时故障相的次暂态电流。

10.7 电力系统与一台 100 MVA，18 kV 的涡轮发电机相连，发电机的电抗为 $X''_d = X_1 = X_2 = 20\%$，$X_0 = 5\%$。发电机中性点的限流电抗器为 0.162 Ω。发电机接入系统前的端电压为 16 kV，求 b 相和 c 相端子发生两相接地故障时流入大地和线路 b 的初始对称电流的有效值。

10.8 发电机的额定值为100 MVA，20 kV，电抗为 $X_d''=X_1=X_2=20\%$，$X_0=5\%$。发电机与额定值为100 MVA，20△/230Y kV 的△-Y 型变压器相连，变压器的电抗为10%。变压器的中性点牢固接地。发电机的端电压为20 kV，变压器高压侧开路时发生单相接地故障，求发电机各相的初始对称电流的有效值。

10.9 发电机通过 Y-△型变压器向电动机供电，发电机和变压器的 Y 侧相连。电动机端子和变压器之间发生故障。从电动机流向故障点的次暂态电流对称分量的标幺值为

$$I_a^{(1)} = -0.8 - \mathrm{j}2.6\ \text{p.u.}$$
$$I_a^{(2)} = -\mathrm{j}2.0\ \text{p.u.}$$
$$I_a^{(0)} = -\mathrm{j}3.0\ \text{p.u.}$$

从变压器流向故障点的对称分量的标幺值为

$$I_a^{(1)} = 0.8 - \mathrm{j}0.4\ \text{p.u.}$$
$$I_a^{(2)} = -\mathrm{j}1.0\ \text{p.u.}$$
$$I_a^{(0)} = 0\ \text{p.u.}$$

假设电动机和发电机的电抗均为 $X_d''=X_1=X_2$。分析故障类型以及：(a) a 相的故障前电流(如有)；(b) 次暂态故障电流的标幺值；(c) 发电机三相次暂态电流标幺值。

10.10 利用图10.18，计算例题10.6的节点阻抗矩阵 $\mathbf{Z}_{\text{bus}}^{(1)}$，$\mathbf{Z}_{\text{bus}}^{(2)}$ 和 $\mathbf{Z}_{\text{bus}}^{(0)}$。

10.11 利用习题10.10的节点阻抗矩阵，求例题10.6中节点①和节点②分别发生单相接地故障时的次暂态电流，以及节点①发生故障时节点②的相电压。

10.12 计算例题10.6变压器低压侧发生相间故障时系统各部分的次暂态电流，忽略故障前电流。参考习题10.10的 $\mathbf{Z}_{\text{bus}}^{(1)}$，$\mathbf{Z}_{\text{bus}}^{(2)}$ 和 $\mathbf{Z}_{\text{bus}}^{(0)}$。

10.13 若发生的是两相接地故障，重做习题10.12。

10.14 如图10.32所示的单线图，两台电机分别与两个高压节点相连，两台电机的额定值均为100 MVA，20 kV，电抗为 $X_d''=X_1=X_2=20\%$，$X_0=4\%$。

三相变压器额定值为100 MVA，345Y/20△ kV，漏抗为8%。取输电线路的基准值为100 MVA，345 kV，线路电抗分别为 $X_1=X_2=15\%$，$X_0=50\%$。求3个序网的2×2维节点阻抗矩阵。如果网络中没有故障前电流，求节点①的 B 相和 C 相发生两相接地故障时流入大地的次暂态电流。当故障点移至节点②时，重做该题。若线路的标记满足 $V_A^{(1)}$ 超前 $V_a^{(1)}$ 30°，求故障发生在节点②时2号电机的 b 相电流。如果相序标记满足 $I_a^{(1)}$ 超前 $I_A^{(1)}$ 30°，2号电机的哪一相(a，b 或 c)的相电流等于上述的 b 相电流？

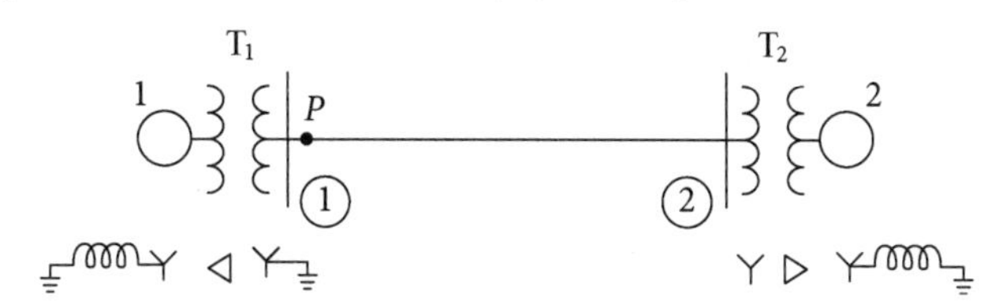

图10.32 习题10.14的单线图

10.15 两台发电机 G_1 和 G_2 分别通过变压器 T_1 和 T_2 与输电线路的高压节点相连。线路终端的 F 点发生故障。F 点的故障前电压为515 kV。额定视在功率和电抗为

G_1 1000 MVA, 20 KV, $X_s = 100\%$，$X_d'' = X_1 = X_2 = 10\%$，$X_0 = 5\%$

G_2 800 MVA, 22 KV, $X_s = 120\%$，$X_d'' = X_1 = X_2 = 15\%$，$X_0 = 8\%$

T_1 1000 MVA, 500Y/20△kV, $X = 17.5\%$

T_1 800 MVA, 500Y/20Y kV, $X = 16.0\%$

线路$X_1=15\%$，$X_0=40\%$，基准值为1500 MVA，500 kV。

G_1的中性点通过0.04 Ω的电抗接地。G_2的中性点不接地。所有变压器的中性点均牢固接地。以1000 MVA，500 kV为输电线路的基准值。忽略故障前电流，求：

(a)F点发生三相故障时，G_1的c相次暂态电流；(b)B相和C相发生相间故障时F点的B相次暂态电流；(c)A相发生单相接地故障时F点的A相次暂态电流；(d)A相发生单相接地故障时G_2的c相次暂态电流。假设变压器T_1中$V_A^{(1)}$超前$V_a^{(1)}$ 30°。

10.16 图8.17中，Y-Y型变压器与输电线路终端相连，变压器中性点均接地。和节点③相连的变压器为Y-△型变压器，其中Y侧中性点牢固接地，△侧连接到节点③。图8.17所示的线路阻抗均包含变压器电抗。这些线路的零序电抗值(包括变压器电抗)是图8.17所示电抗值的2.0倍。

两台发电机均为Y形连接，与节点①和节点③相连的发电机的零序电抗分别为0.04 p.u.和0.08 p.u.，与节点①相连的发电机的接地电抗的标幺值为0.02，与节点③相连的发电机中性点为牢固接地。

求该网络的节点阻抗矩阵$\mathbf{Z}_{\text{bus}}^{(1)}$，$\mathbf{Z}_{\text{bus}}^{(2)}$和$\mathbf{Z}_{\text{bus}}^{(0)}$，并计算：(a) 节点②发生单相接地故障时的次暂态电流的标幺值；(b) 线路①-②故障相的次暂态电流的标幺值。忽略故障前电流，所有节点的故障前电压标幺值均为$1.0\angle 0°$。编写MATLAB程序验证结果。

10.17 图7.5所示网络的线路数据参见表7.7。与节点①和节点④相连的两台发电机的电抗标幺值为$X_d''=X_1=X_2=0.25$。使用8.6节的假设进行简化，确定序矩阵$Z_{\text{bus}}^{(1)}=Z_{\text{bus}}^{(2)}$，并使用序矩阵求解：

a. 节点②发生相间故障时的次暂态电流标幺值；

b. 线路①-②和线路③-②上的故障电流分布，假设线路①-②和线路③-②直接与节点②相连(而不是通过变压器)，且所有正序、负序电抗相同。

10.18 图10.9(a)所示系统中，2号电机是一台电动机，对应的负荷为80 MVA、功率因数为0.85(滞后)，节点③的额定电压为345 kV。求节点③的电压变化，当输电线路发生：(a) 单相开路故障；(b)节点②和节点③之间的线路发生两相开路故障。输电线路的基准值为100 MVA，345 kV。$\mathbf{Z}_{\text{bus}}^{(0)}$，$\mathbf{Z}_{\text{bus}}^{(1)}$和$\mathbf{Z}_{\text{bus}}^{(2)}$请参考例题10.1和例题10.2。

第 11 章　电力系统保护

第 8~10 章研究了电力系统的对称和不对称故障，并学习了短路电流和电压的计算。本章将研究隔离故障部分以实现系统保护。

尽管电力系统发生短路故障的频率不高，但采取措施从电力系统中快速切除短路故障却至关重要。现代电力系统可以自动切除短路故障，很少需要人为干预。完成这项工作的设备统称为保护系统。本章将介绍输电线路和变压器保护的一些重要原则，同时还将讨论发电机、电动机和母线保护的相关方法。由于篇幅有限，本章将不涉及系统保护理论的深入研究。

严格地说，系统的任何异常状态都是故障，因此故障通常包括短路和断路。本章只讨论短路故障。断路故障比短路故障少，并且通常随着事态的发展会转换为短路故障。尽管有些断路故障可能会对人身安全造成潜在危害，但就故障后果而言，短路比断路更严重。

如果电力系统短路时间过长，则可能产生以下不良影响：

1. 降低电力系统的稳定裕度(将在第 13 章中讨论)；
2. 短路引起的大电流、不平衡电流或低电压可能会导致故障附近的设备损坏；
3. 短路可能会引起含有绝缘油的设备爆炸，甚至引起火灾，对人员和设备造成损害；
4. 不同保护系统的一系列保护动作，即级联保护，会彻底中断整个系统的电力供应。

故障时上述哪些影响最为明显取决于电力系统的性质和运行条件。

11.1　保护系统的性质

保护系统快速切除故障需要许多子系统的正确动作。通过描述从故障发生到故障清除的过程可以帮助了解各个子系统的工作情况。虽然电力系统偶尔会出现复杂的连续故障，并且时不时需要保护系统进行特殊操作，但本章主要研究简单输电线路三相短路以及保护系统的适当动作。

考虑如图 11.1 所示的系统。

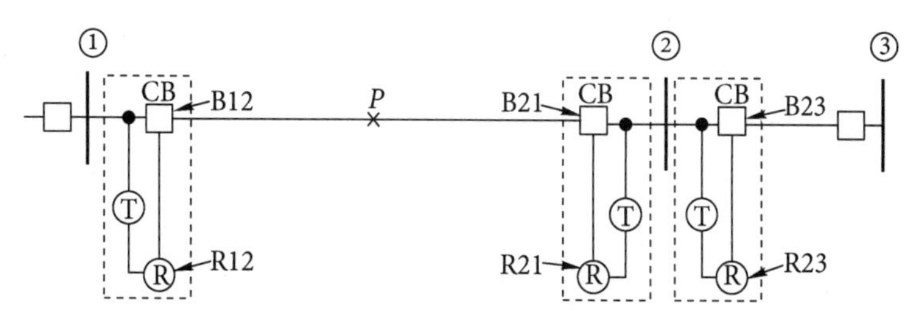

图 11.1　两条输电线路的单线图以及线路①-②的保护系统所含的元件

节点①和节点②为输电线路的两个终端。输电线路的终端有两个用虚线表示的相同的保护系统，它们构成了输电线路①-②的保护系统。

保护系统可以细分为 3 个子系统：

1. 断路器(CB 或 B)；

2. 互感器(T)；

3. 继电器(R)。

断路器已经在第 8 章简单介绍过。继电器是检测故障并使断路器跳闸电路充电从而断开触头的装置。互感器一般分为电流互感器(CT)和电压互感器(VT)，它们向继电器提供输入。下面将对这 3 个子系统进行深入的介绍。

通常使用双编号标识法来表示断路器和继电器。如图 11.1 所示，线路①-②在节点①上装有断路器 B12，在节点②上装有断路器 B21。两端的继电器分别标记为 R12 和 R21。继电器 R23 与断路器 B23 相关。不过，如果是简单的系统，直接使用字母来表示断路器更方便。例如，B12 和 B21 可以标记为 A 和 B，而不需要任何数字符号。

断开断路器可以按相单独操作，也可以由继电器控制一个三相断路器以同时断开三相。

假设节点①和节点②均与电源相连，当图 11.1 中的点 P 发生故障时，故障电流会从输电线路的两端流向故障点。如果系统不是两端供电，保护系统将更加简单。后续章节将讨论这种辐射状系统的保护。线路终端电流的增加将伴随电压的降低。

注意输电线路的电流和电压是 kA 和 kV 级。由于保护装置的绝缘能力有限，保护系统无法使用这些高电平信号。故需要通过互感器 T 将高电平信号转换为低电平信号(几十 A 和 V)。稍后将会对互感器进行深入的探讨。

使用故障引起的电流增量和电压减少量可以检测出输电线路上已经发生的故障。继电器是保护系统的逻辑元件。互感器输出的低电平信号能如实反映输电线路的实际电压和电流。继电器 R12 和 R21 对这些输入信号进行处理，并确定故障是否确实发生在输电线路①-②上。故障发生后，必须在很短的时间内做出判断，通常为几十毫秒，这取决于继电器的设计。

继电器 R12 和 R21 确定线路的故障后，将触发断路器 B12 和 B21 并跳闸。断路器(参见第 8 章的简介)是故障切除过程中的最后环节。当断路器的跳闸电路被充电后，断路器触头开始快速断开与输电线路的串联。随着通过断路器触头的电流(故障电流)变为零，触头之间充满电介质，它能够阻止故障电流再次流过断路器。最终，输电线路与系统的其余部分断开，故障从系统中切除。从故障发生到最终故障清除的整个过程小于 100 ms，具体时间取决于保护系统的类型。

继电器的某些特性是衡量性能水平的重要指标。由上文可知，为了正确动作，继电器不但需要具有速动性，而且需要有较高的可靠性和选择性。速动性不言而喻，继电器需要在满足其他需求的前提下尽快做出故障判断。可靠性则意味着继电器需要能在设计的保护范围内响应所有的故障，同时避免对保护范围外的故障误动作。

继电器的选择性要求故障后能使切除的部分最小。用图 11.1 对选择性进行说明。考虑线路②-③终端②的继电器 R23，P 处发生故障时，该继电器的输入电流和输入电压也将发生变化。P 点故障对继电器 R23 的影响通常描述为继电器 R23“看到了”P 点故障。但是，继电器 R23 需要有选择性，当 P 点位于其动作范围(可达范围)之外时，该继电器不能动作。通常，继电器的可靠性与速动性相互冲突，所以设计保护系统时需要权衡利弊，从而得到合理的组合。

11.2 保护区域

可以通过为各种保护系统分配保护区域来明确保护系统负责的区域。“区域”可用于帮助确定不同保护系统的可靠性要求。下面将通过图 11.2 解释保护区域的概念。

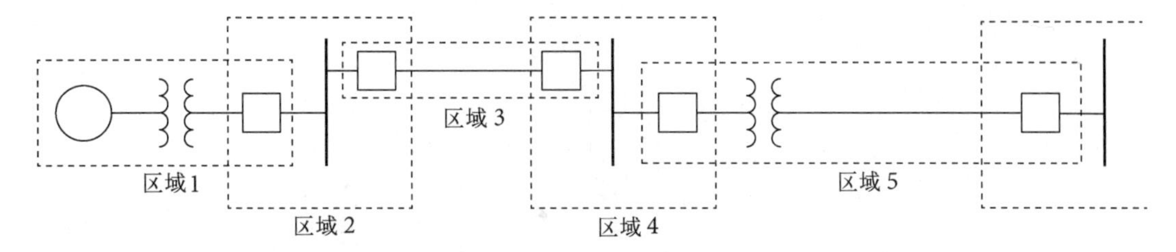

图 11.2 用虚线表示的保护区域，虚线中包含各个区域的电力系统元件

该电力系统的单线图包含一台发电机、两台变压器、两条输电线路和 3 个节点。闭合的虚线框表示该电力系统的 5 个保护区域。每个区域内除了一个或两个断路器外，还包含一个或多个电力系统元件。每个断路器都包含在相邻的两个保护区域中。例如，区域 1 包含发电机、变压器以及它们的连接线路。区域 3 仅包含输电线路。注意，区域 1 和区域 5 分别包含两个电力系统元件。

保护区域指的是电力系统的一部分，凡是发生在该区域内的故障，负责该区域的保护系统都需要正确动作并将该区域内的所有元件与系统的其余部分隔离。由于故障时的隔离动作(或断电动作)是由断路器完成的，因此，每一个区域内设备与电力系统其余部分的连接点都应装设断路器。换句话说，断路器可用于界定保护区域的边界。

保护区域的另一个重要特性是相邻区域重叠。这种重叠是必须的，因为如果没有重叠，系统将有一小部分区域不属于任何一个相邻区域，尽管它很小，但它将得不到保护。通过重叠相邻区域，电力系统的任何区域都能得到保护。尽管当故障发生在重叠区域内时，电力系统将切除更大的部分(对应于涉及重叠的两个区域)。为了将这种可能性降到最低，要求重叠区域尽可能小。

例题 11.1 (a) 考虑图 11.3(a)所示的电力系统，其中节点①、节点③和节点④上带有电源。该系统应划分为哪些保护区域？P_1和P_2故障时，哪些断路器会动作？(b) 如果在节点②处增加 3 个断路器，如图 11.3(b)所示，那么应该如何修改保护区域？在该条件下，P_1和P_2发生故障时哪些断路器将动作？

解：(a) 利用保护区域的定义，图 11.3(a)所示的系统可以划分为如图中虚线所示的区域。对于P_1点故障，断路器 A、B 和 C 将动作。对于P_2点故障，断路器 A、B、C、D 和 E 将动作。

(b) 如图 11.3(b)所示，如果在节点②上增加 3 个断路器 F、G 和 H。保护区域将如图中的虚线所示。在这种情况下，P_1点故障时断路器 A 和 F 将动作，P_2点故障时断路器 G、C、D 和 E 将动作。注意，增加断路器后，电力系统在这两种故障下的切除范围都将减小。但这种性能的改进以增加 3 个额外断路器和相关保护设备为代价。

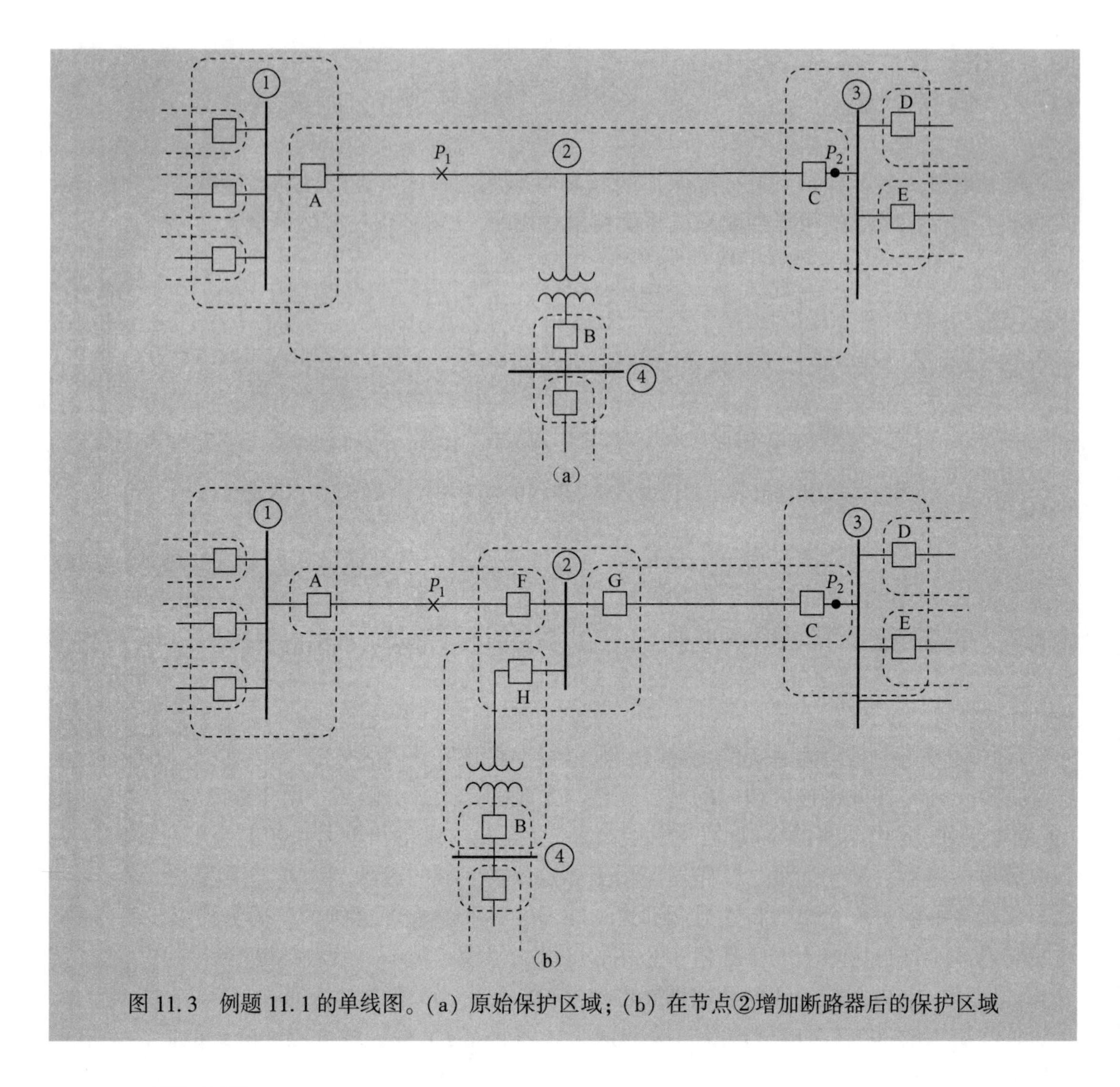

图 11.3　例题 11.1 的单线图。(a) 原始保护区域；(b) 在节点②增加断路器后的保护区域

11.3　互感器

电流和电压互感器将受保护设备的电流和电压转换为低电平，从而实现继电器动作。必须降低电平的原因有两个：(1) 低电平能确保组成继电器的物理硬件的体积小，因此更便宜；(2) 低电平能保障使用继电器的人员的工作环境安全。原则上，这些互感器与第 3 章讨论的电力变压器相同。但是，这些变压器(互感器)需要在指定场景下使用。例如，电流互感器必须能在其二次绕组中尽可能真实地再现原始电流的波形。同样，电压互感器也需要考虑该因素。由于互感器上的负荷仅为给定时间内工作的继电器和仪表，因此互感器提供的功率并不大，电流互感器(CT)和电压互感器(VT)上的负荷通常被称为二次负荷。二次负荷通常指连接到变压器二次绕组的阻抗，但也可指输送到负荷的功率。例如，向 0.1 Ω 的电阻负荷输送 5 A 电流的变压器也可以表述为变压器带有 5 A，2.5 VA 的二次负荷。

下面将分别介绍电流互感器和电压互感器。

1. 电流互感器

实际应用中有两类电流互感器。对于电力系统中的死槽油箱式设备，它们被浸在装有绝缘介质(通常是油)的接地金属罐中。死槽油箱式装置包括电力变压器、电抗器和油断路器等。这一类设备有套管，电力设备的端子通过该套管引出。电流互感器安装在套管内，称为套管式电流互感器(CT)。在没有死槽油箱式装置的场合，例如使用活槽断路器的 EHV 开关站，则需要使用独立式电流互感器。

电流互感器的原理图如图 11.4 所示。

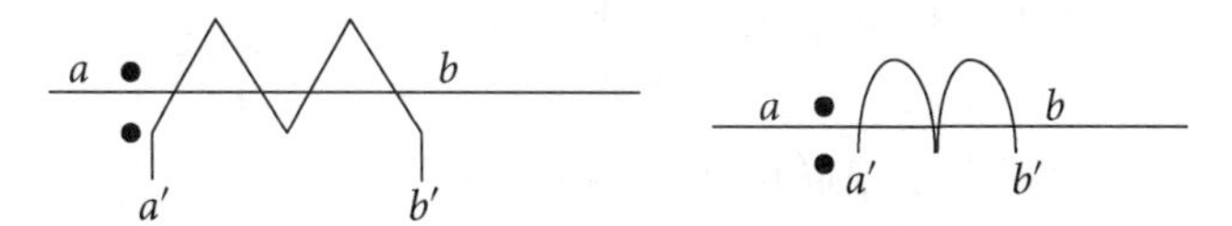

图 11.4　电流互感器与输电线路的两种连接示意图

电流互感器的一次绕组通常由单匝组成，并用图 11.4 中标记了 a 和 b 的直线表示。将一次侧导线穿过一个或多个环形钢芯即得到一次绕组。二次绕组的端子在图中用 a' 和 b' 表示，它由缠绕在环形磁芯上的多匝绕组构成。电流互感器端子 a 和 a' 处的“·”点和传统变压器的含义相同。当一次电流进入端子 a(带有“·”点端子)时，如果忽略励磁电流，则从二次绕组带有“·”点的端子 a' 流出的电流与一次电流同相。

电流互感器具有比率误差，有些电流互感器可以通过计算得到该误差，有些电流互感器必须通过测试来确定该误差。如果阻抗负荷太大，则误差可能非常大，但是按照负荷合适选择 CT 后，该误差可以被限制在可接受的范围之内。由于本章主要关注保护方法，所以不再深入讨论 CT 误差，但必须对其有所了解。

CT 二次侧的额定电流规定为 5 A，但欧洲和美国部分区域也使用 1 A 作为标准。CT 二次绕组的电流允许短时间超过额定值，这不会损坏绕组。电力系统短路期间，CT 绕组中经常会遇到超过电流额定值 10~20 倍的情况。

根据 IEEE 标准 C57.13-2008，表 11.1 列出部分 CT 单电流比。

表 11.1　CT 的标准单电流比

电　流　比		
10 : 5	200 : 5	2000 : 5
150 : 5	300 : 5	3000 : 5
250 : 5	400 : 5	4000 : 5
40 : 5	600 : 5	5000 : 5
50 : 5	800 : 5	6000 : 5
750 : 5	1200 : 5	8000 : 5
100 : 5	1500 : 5	12 000 : 5

在该标准中，还列出了具有串并联一次绕组的双变比和二次绕组带分接头时的双变比，以供参考。

2. 电压互感器

在继电保护中有两种常见类型的电压互感器。低压网络(系统电压约为 12 kV 或更低)的行业标准为：变压器的一次绕组为系统电压，二次绕组电压等于 67 V(指系统的相电压)和 $67\times\sqrt{3}=116$ V(指系统的线电压)。这种电压互感器类似于多绕组电力变压器，随着电压等级的增大，设备也更加昂贵。对于高压、超高压和特高压线路，可以使用电容分压电路，如图 11.5 所示。

当端子 A 与系统同电位时，调节电容器 C_1 和 C_2，使 C_2 上的电压为几千伏。通过图 11.5 所示电路，再将耦合电容式电压互感器(CVT)中的分接头电压进一步降低到继电器的电压水平。

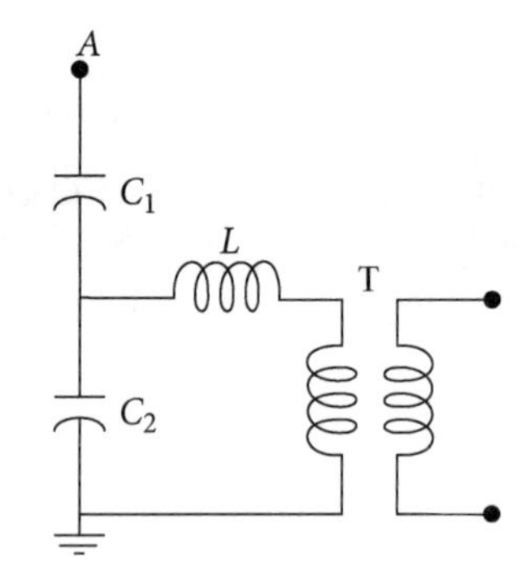

图 11.5 带有可调电感 L 的电容耦合式电压互感器(CVT)的电路图

考虑连接的电容器后，图 11.5 的 A 点电压实际上等于无穷大系统的节点电压。根据戴维南定理，通过 C_2 端子看向系统的阻抗为 $1/\omega(C_1+C_2)$。调整 L 使得 ωL 等于该等效阻抗，系统将发生串联谐振，因此 CVT 的输出电压与线路电势同相，没有输出相角误差。CVT 是独立设备，它安装在自带的支撑绝缘体结构上，可应用于 HV、EHV 和 UHV 系统中。如果电力系统设备带有套管，并允许电压等级为系统电压的导线穿过时，例如电力变压器或某些断路器，就可以用很少的额外成本将套管式 CVT 安装在套管中。对这种 CVT，电容器 C_1 和 C_2 安装在套管内。一般而言，和独立式 CVT 相比，套管式 CVT 能向更小的负荷供电。

电压互感器通常比电流互感器更精确，可以忽略它们的比率误差和相角误差。不过，需要注意 CVT 在故障条件下的暂态响应，因为暂态条件下可能存在误差。注意，本书不对 CVT 的暂态响应进行研究。

11.4 基于逻辑判断的保护继电器

继电器的作用是将区内故障和其他系统的状态进行隔离。继电器需要有可靠性，能对其保护区域内的故障可靠动作(即对相关断路器的跳闸线圈充电)，同时又需要有安全性，能防止区外故障误跳闸。继电器的可靠性和安全性通过在其内部设计逻辑决策能力来实现，它能对输入信号的每个可能状态产生正确的输出信号。按照其运行机制，继电器可分为机电式和静态式(包括固态、数字和数值)继电器。与传统的机电式相比，静态式继电器的内部没有可运动的机械元件。在过去的几十年，保护继电器已经从机电式过渡到静态式，现在的静态式继电器由微处理器和微控制器与各种数字信号处理技术和算法结合而成。

另一种划分保护继电器类型的方法是基于不同的运行逻辑。本节将讨论不同类型的继电器以及它们的逻辑功能。尽管电力系统中有各种各样的继电器，但它们大多属于以下 5 类：

1. 幅值继电器；
2. 方向继电器；
3. 距离或阻抗继电器；
4. 差动继电器；
5. 高频继电器。

继电器的逻辑性能与继电器所使用的硬件无关，可以根据它们的输入和输出变量来定义。每种继电器都需要指定输入信号(通常是电压和电流)以及对应的输出状态。本章中，继电器的输出对应断路器跳闸线圈的输入。因此，如果继电器的输出状态是触头闭合，则称为跳闸，如果状态是触头断开，则称闭锁或中止跳闸。

1. 幅值继电器。幅值继电器最常见的形式是电流幅值继电器或过电流继电器。它们对

输入电流的幅值进行响应，只要电流幅值超过指定值(可调节)，就会跳闸。如果通过短路分析可以在 CT 二次侧绕组找到一个电流值 $|I_p|$，使得继电器保护区域内的任意故障发生时，二次侧绕组的故障电流幅值 $|I_f|$ 都大于 $|I_p|$，那么继电器按下述公式设计就可以保证可靠性和安全性：

$$\begin{aligned} |I_f| > |I_p| \quad & \text{跳闸} \\ |I_f| < |I_p| \quad & \text{闭锁} \end{aligned} \tag{11.1}$$

不等式(11.1)为过电流继电器的逻辑表示法，也可以用图形表示，如图 11.6 所示的相量图。电流幅值 $|I_p|$ 被称为继电器的启动电流。

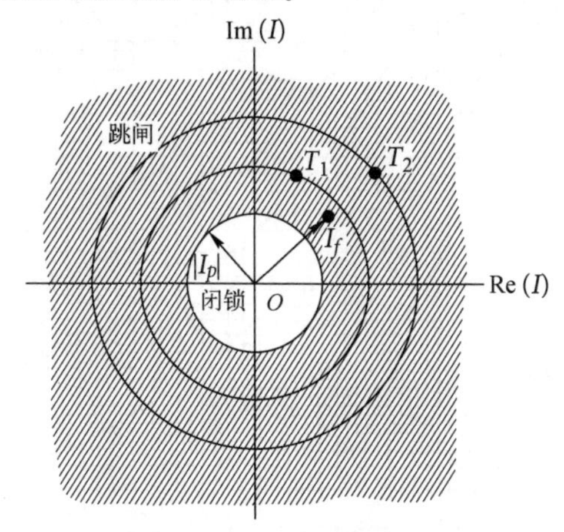

图 11.6　复平面中反时限过流继电器动作区域和闭锁区域的示意图。继电器工作线圈中的电流相量不但用于描述继电器的跳闸或闭锁状态，而且用于描述动作时限。时间 T_2 先于 T_1

复平面中，可以随意选择故障电流相量 I_f 的参考相量。因为参考相量任意，所以故障电流的相角可以在 0～360°之间任意变动。如图 11.6 所示，以原点为中心，启动电流幅值 $|I_p|$ 为半径的圆将复相量平面划分为标识了“跳闸”和“闭锁”的两个区域。故障电流相量位于圆外阴影区域时继电器将跳闸。幅值小于 $|I_p|$ 的故障电流相量将位于圈内，继电器闭锁。该图形有助于理解继电器的特性，故广泛用于继电器的文献中。

下文将会指出，这种最简单的过电流继电器不适用的情况很多。必须引入另一个参数——$|I_f|$ 大于 $|I_p|$ 后继电器动作所需要的时间。因此对不等式条件(11.1)增加补充条件

$$T = \phi(|I_f| - |I_p|), \quad |I_f| > |I_p| \tag{11.2}$$

其中 T 是继电器的动作时限，函数 ϕ 表示动作时限与故障电流的关系。通过在图 11.6 的相量图中添加表示时间的圆(如 T_1 和 T_2)可以说明这种关系的依赖程度。如图所示，相量的长度 $|I_f|$ 落在一根时间线上(或两个时间线之间)。这些时间线代表该故障电流下继电器的动作时间。反时限过流继电器特性的传统表示法如图 11.7 所示。通过改变输入绕组上的分接头可以调节继电器的启动电流 $|I_p|$。例如，通用电气公司的继电器 IFC-53(特性曲线如图 11.7 所示)的分接头可设置为 1.0 A，1.2 A，1.5 A，2.0 A，3.0 A，4.0 A，5.0 A，6.0 A，7.0 A，8.0 A，10.0 A 和 12.0 A。

函数 ϕ 通常是启动电流的渐近函数，当 $|I_f|>|I_p|$ 时，函数 ϕ 与电流幅值的平方成反比。通常横坐标是启动电流的倍数，纵坐标为动作时间。具体的倍数值用继电器电流和启动电流之比表示。反时限特性可以通过时间整定系数而上下移动。图 11.7 中，在指定电流下，时

间整定系数 1/2 对应最快的继电器动作时间，时间整定系数 10 对应最慢的动作时间。虽然不能连续调整时间整定系数，但可以在离散曲线之间插值以获得中间数值。

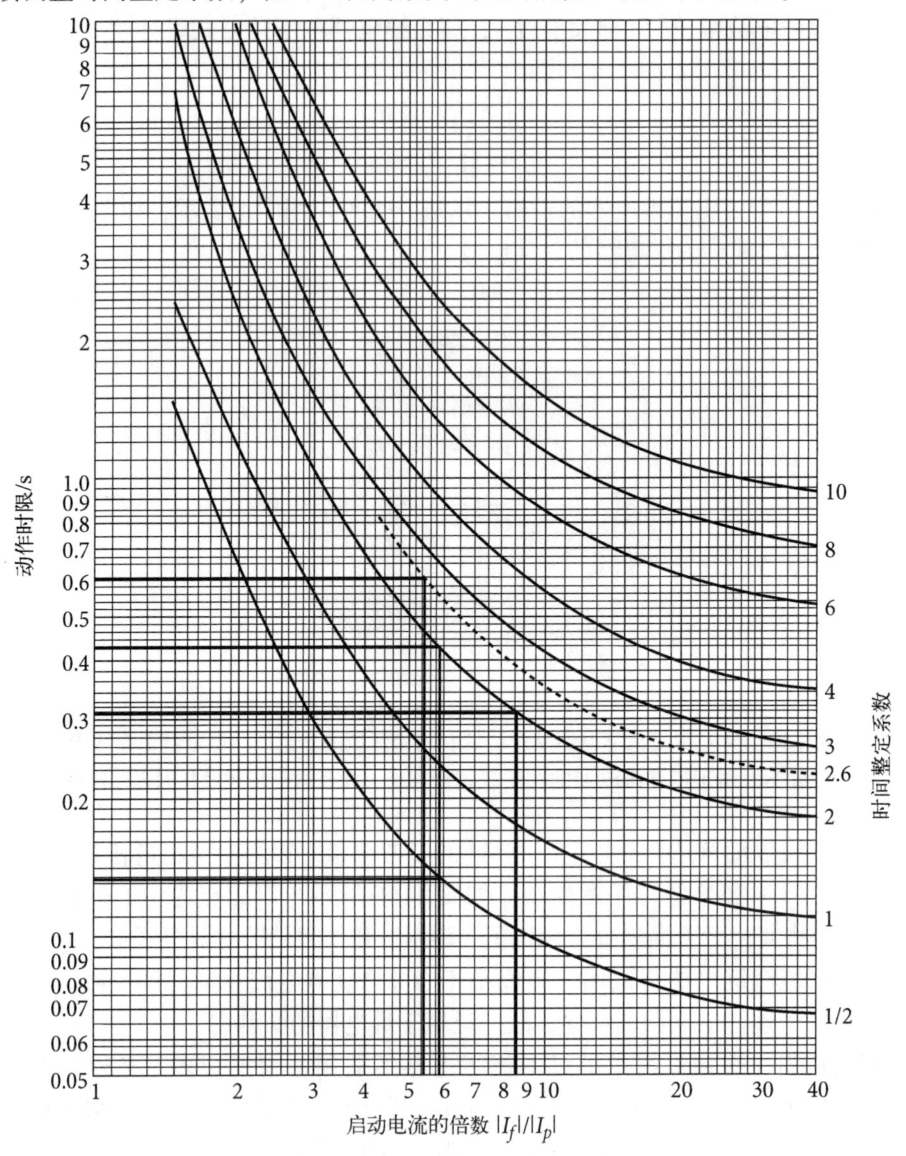

图 11.7　IFC-53 型反时限过流继电器的特性曲线(通用电气公司提供)

2. 方向继电器。有些继电器需要能保护其安装地点一侧的所有电力系统。例如，图 11.8(a)中的继电器 R21。

该继电器需要响应其位置左侧的故障，其他情况下则应该闭锁。由于输电线路主要为感性阻抗，当故障发生在 R21 左侧时，从节点②流向节点①的故障电流将滞后节点②的电压约 90°。另一方面，对于节点②右侧的故障，从节点②到节点①的电流将超前节点②的电压约 90°。

继电器的动作可以通过图 11.8(b)来说明，其中，相量复平面被分为两部分，对所有使电流相量位于阴影范围内(以节点②的电压作为参考)的故障，继电器将动作，而对于其他所有故障，继电器将闭锁。因为这种继电器的动作取决于电流相对于电压的方向，因此被称为方向继电器。

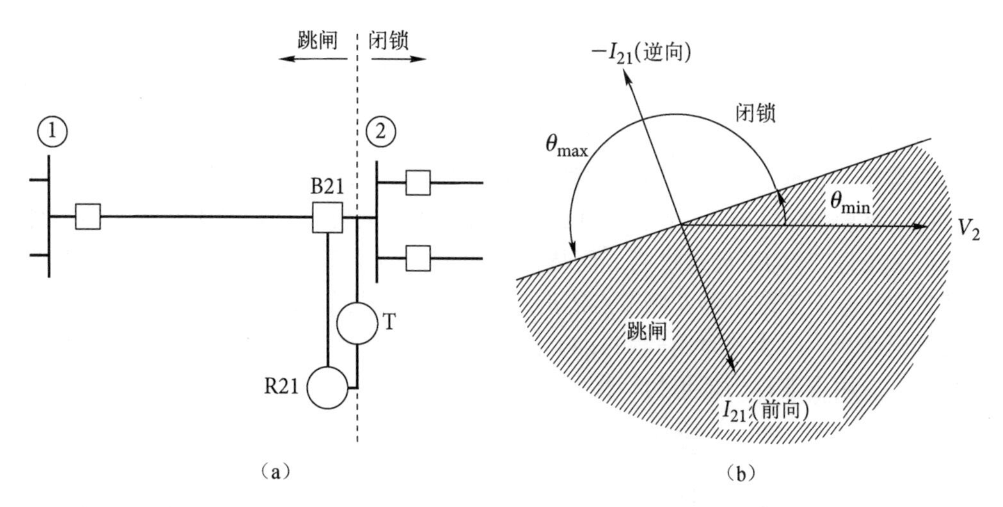

图 11.8　方向继电器工作原理。(a) 安装位置单线图；(b) 复平面中继电器的动作特征

作为参考相量的量被称为极化量。因此，上述方向继电器使用的参考量为极化电压。有时也可以使用电流信号作为极化信号。通过缩小故障电流相量的阴影范围，可使继电器的选择性更优。通常，方向继电器的工作原理可以描述为

$$\begin{aligned} &\theta_{\min} > \theta_{\mathrm{op}} > \theta_{\max} \quad \text{跳闸} \\ &\theta_{\min} < \theta_{\mathrm{op}} < \theta_{\max} \quad \text{闭锁} \end{aligned} \tag{11.3}$$

其中 θ_{op} 是以极化相量为参考值的运行相量的相角，θ_{min} 和 θ_{max} 分别为动作特性的两个边界。

3. 距离或阻抗继电器。考虑图 11.9(a)所示的继电器 R12。有些继电器需要能对距离节点①某个距离内的所有线路故障进行响应。节点的邻近区域可以由沿线的距离或者节点①和故障位置之间的等效阻抗来描述。因此，R12 的保护区域是指始于节点①并且线路阻抗小于指定阻抗 $|Z_r|$ 的区域。这种情况可以用 R12 安装位置的电压和电流的比值表示，令该比值(类似于阻抗)为

$$Z = \frac{V_1}{I_{12}} \tag{11.4}$$

继电器动作特性可以描述为

$$\begin{aligned} &|Z| < |Z_r| \quad \text{跳闸} \\ &|Z| > |Z_r| \quad \text{闭锁} \end{aligned} \tag{11.5}$$

此类继电器被称为阻抗或阻抗继电器。在阻抗复平面中，常数 $|Z_r|$ 的轨迹为一个圆，如图 11.9(b)所示。注意，等式(11.4)中阻抗 Z 定义为继电器安装位置①的电压电流之比。当系统正常运行时，该比值是复数，其相角由负荷功率因数确定。由于负荷电流通常远小于故障电流，因此在正常运行条件下，比值 Z 的幅值将很大(相角任意)。所以，正常运行条件下复平面中的 Z 将位于半径为 $|Z_r|$ 的圆的外面，因此，断路器不会跳闸。

故障条件下，继电器认为 Z 是负荷阻抗，其阻抗值等于保护装置安装位置和故障点之间的线路阻抗。和 Z 相关的角度是 θ 或 $\pi+\theta$，它取决于故障在图 11.9(a)中节点①的右侧还是左侧。

对阻抗继电器进行简单改进后效果将更佳。如图 11.9(b)所示，将中心在原点的圆偏移 $|Z'|$，从而产生图 11.9(c)所示的偏移特性阻抗继电器的特性图。这种继电器的特性可以描

述为

$$
\begin{aligned}
|Z - Z'| &< |Z_r| \quad \text{跳闸} \\
|Z - Z'| &> |Z_r| \quad \text{闭锁}
\end{aligned}
\tag{11.6}
$$

当$|Z'|$等于$|Z_r|$时，继电器特性曲线将通过原点，如图 11.9(c)所示，这种特性称为“方向”性。特性如图 11.9(b)所示的阻抗继电器为非方向继电器：发生在继电器右侧或左侧的故障($|Z|<|Z_r|$)均可导致跳闸。而特征如图 11.9(c)所示的方向阻抗(mho)继电器具有明确的方向性。对于继电器左侧节点①的故障，无论它与节点①有多接近，都不会导致继电器发出跳闸命令，因为此时由式(11.4)定义的 Z 将位于第三象限内。后续将会看到，这是一个在很多应用中都相当理想的特性。

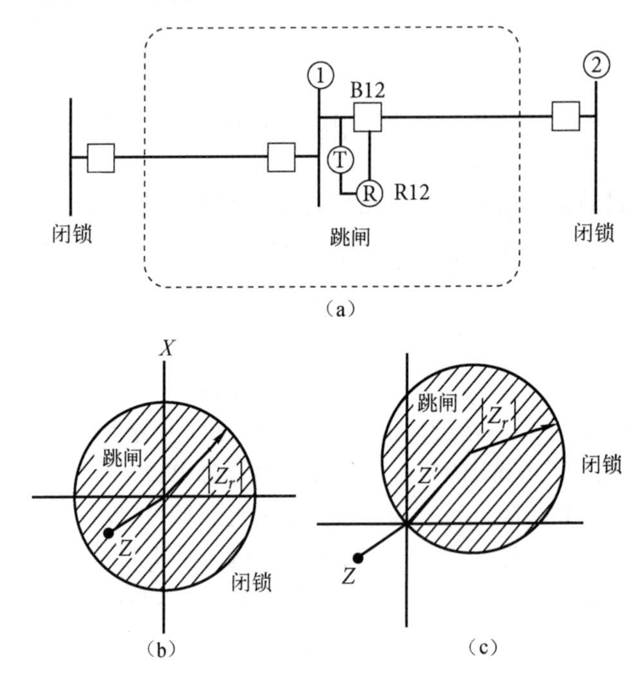

图 11.9　阻抗继电器特性。(a) R12 的保护区域；(b) 复平面中针对无方向继电器的测量阻抗；(c) 方向阻抗(Mho)继电器。图(b)和(c)的阻抗都对应 R12 左侧发生的故障

4. 差动继电器。当继电器的保护区域相对很小时，就可以采用电流连续性原理来设计简单有效的保护方案。考虑图 11.10 所示的发电机一相绕组的保护区域。

两个具有相同匝数比的电流互感器放置在保护区域的边界上(对三相发电机，每一相上放置两个电流互感器)。对于正常运行和保护区域的外部故障，有

$$I_1 - I_2 = 0$$

对于保护区域内故障，有

$$I_1 - I_2 = I_f$$

其中I_f是 CT 二次侧检测到的故障电流。注意，由于电流互感器的误差，上述方程在实际中并不成立。考虑不准确性后，可以选择一个电流值较低的$|I_p|$，使得当系统正常运行或者发生保护区域外部故障时，有

$$|I_1 - I_2| < |I_p|$$

对于内部故障，有

$$|I_1 - I_2| > |I_p|$$

因此可以定义继电器的工作原理为

$$\begin{aligned} |I_1 - I_2| &> |I_p| \quad \text{跳闸} \\ |I_1 - I_2| &< |I_p| \quad \text{闭锁} \end{aligned} \tag{11.7}$$

在图 11.10 中添加一个前文介绍过的过流继电器，使其动作线圈为线圈 3，通过线圈 3 的电流为I_1-I_2，该继电器将按照式(11.7)中的差动继电原理对断路器(一个或多个)发出跳闸命令以保护发电机绕组。通常，电流互感器的误差(详见 11.3 节)会随着I_1和I_2的增加而增加。因此，可以将I_p的值设置为由I_1和I_2的平均值决定。按这种方式设计的继电器工作原理为

$$\begin{aligned} |I_1 - I_2| &> k|I_1 + I_2|/2 \quad \text{跳闸} \\ |I_1 - I_2| &< k|I_1 + I_2|/2 \quad \text{闭锁} \end{aligned} \tag{11.8}$$

这种继电器被称为比率差动继电器。电流$(I_1+I_2)/2$为制动电流，电流I_1-I_2是继电器的跳闸电流。图 11.10 中，继电器线圈 1 和线圈 2 中的电流为I_1和I_2。如果将继电器的结构设计为使线圈 1 和线圈 2 中的电流与流过线圈 3 的电流效果相反，这种差动继电器将具有式(11.8)所示的比率差动特性。

线圈 1 和线圈 2 相对于线圈 3 的相对效率由比率差动继电器的常数 k 确定。在机电比率差动继电器中，线圈 1、线圈 2 和线圈 3 按指定的方向缠绕在同一个铁心上，使得线圈 1 和线圈 2 中电流产生的磁动势与线圈 3 中电流产生的磁动势方向相反。电子式继电器的理想特性可以通过在适当信号路径中添加放大系数获得。这种类型的继电器也可以用在节点或电动机的保护中。

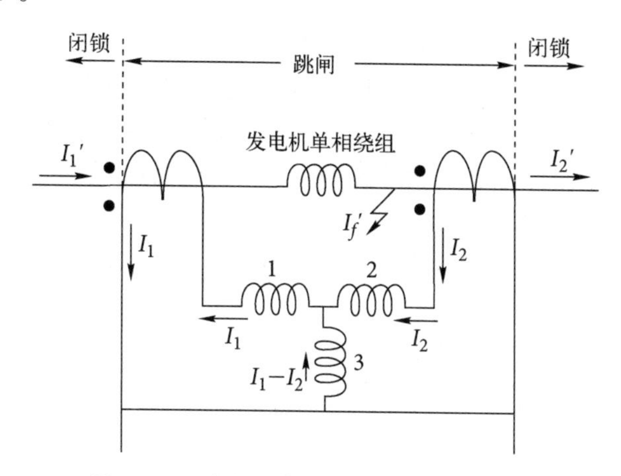

图 11.10　发电机单相绕组差动保护接线图

5. 高频继电器。上文讨论的差动继电器只能保护边界点地理位置比较接近的区域，这样才可以将边界上的信号传递到继电器中。只有当保护区域内的电力设备(如变压器、发电机或节点)规模不大时，才可能实现这种保护。但是，如果需要对输电线路进行保护，因为输电线路的两端可能相隔数百英里，所以将输电线路两端的信号连接到一个继电器上变得不切实际。

高频继电器提供了一种将信息从远程边界区域传送到每个终端继电器的技术。尽管直接用高频信道代替全部的差分电流信号线路在经济上或技术上不可行，但是现阶段已经设计了

等效的信息传输方案。高频通道使用的物理介质可以是固定电话(音频)线路、与电力输电线路耦合的高频信号(电力线载波)、微波或光纤通道。高频继电器的应用将在11.6节中阐述。

11.5 主保护和后备保护

本章开头指出，保护系统包含了许多子系统，成功切除故障需要每个子系统和元件都正确动作。目前为止所讨论的保护系统主要负责迅速切除故障，同时尽可能减少系统断电。这些保护系统通常被称为主保护系统。但是，主保护系统的某些元件或子系统存在拒动的可能性，所以在主保护系统拒动时通常使用后备保护系统来继续执行切除故障的保护工作。下面考虑图11.11所示的电力系统。

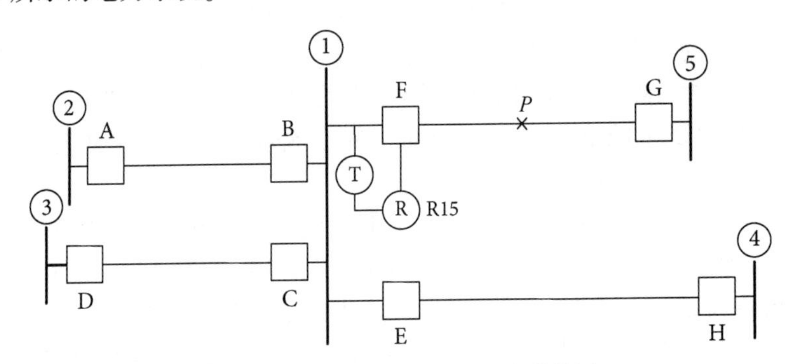

图11.11 具有后备保护的系统单线图

*P*处发生故障时，主保护系统必须断开断路器F和G。后备保护的一种方法是完全复制主保护(或尽可能经济地)，使得主系统拒动时故障也能够被切除。这种后备保护系统被称为复制的主保护系统，对于重要电路，如果可以追加成本，就可以使用这种保护方式。

但是，主保护和复制的主保护系统不可避免地会共用某些元件。例如，电池断路器，它用于操作断路器跳闸线圈、CT和CVT。因此，两个主保护可能都会受到这些公共元件拒动的影响，所以必须做好由远方系统提供后备保护的准备，远方系统与主保护系统发生同样故障的可能性很小。

远后备保护能力可以轻松地集成到远方的主保护系统中。例如，图11.11中节点①的主保护系统未能切除*P*处的故障(假设节点⑤端的保护系统正确动作)。发现该故障后，可以让节点②、节点③和节点④上的主保护系统分别断开断路器A、D和H。节点②、节点③和节点④的保护系统，除了为线路②-①、③-①和④-①提供主保护外，还将为保护线路①-⑤的节点①的主保护系统提供远后备保护。与主保护系统相比，远后备保护系统动作将切除更多的系统。

上例中，当远后备保护系统切除故障时，除了原始故障线路①-⑤外，还切除了线路②-①、③-①和④-①。和节点②、节点③和节点④连接的负荷可能都会受到影响，节点①的供电也将被中断。其次，备用保护系统必须给主保护系统留出足够的正常动作时间。备用保护系统动作太快的话，可能导致更多的系统被错误切除。因此，需要在主系统故障切除的最长时间和备用系统的最快响应之间引入延迟时间，延缓备用系统的动作时间。此延迟时间称为协调延迟时间，它用于协调主保护和备用保护系统的动作次序。

再由图 11.11 可知，当线路①-⑤上节点①的主保护失效时，可以设计一个和上述远备用系统等效的备用保护系统，用于使和节点①相连的断路器 B、C 和 E 跳闸。这样的保护系统被称为近后备保护，当负责切除故障的断路器(本例中为断路器 F)拒动时，该后备保护系统将动作。因此，近后备保护系统也称为断路器失灵保护。由于主保护系统和本地断路器失灵保护系统可能共用某些子系统，例如电池站，因此这两个系统可能存在共同的故障模式，故远后备保护对于整个保护系统的性能非常重要。

11.6 输电线路保护

输电线路保护在电力系统保护中起着核心的作用，因为输电线路是发电厂与负荷中心的重要网络元件。此外，由于输电线路跨度长、范围广，所以电力系统中的大部分故障都会影响输电线路。系统电压等级最低的保护系统最简单，它由熔丝组成，相当于继电器和断路器的组合。

本书不考虑熔丝和自动重合闸(也用于配电线路)的保护，而集中讨论中、高压输电线路的保护。中压输电线路的保护系统比高压输电线路(向主要的大容量输电设备供电)的保护系统稍微简单一些。由于高压线路断路的后果比配电或二级输电线路严重得多，所以大容量电力输电线路的保护通常更复杂，冗余度更大，而且也更昂贵。

1. 二级输电线路的保护

当发电-负荷系统是辐射状系统时，保护系统的设计最简单。以图 11.12(a)所示的电力系统为例。

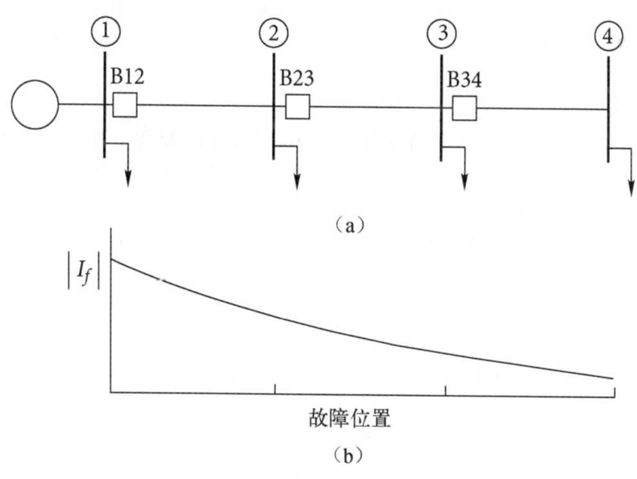

图 11.12　辐射状系统的保护。(a) 系统的单线图；(b) 故障电流 $|I_f|$ 和故障位置的定性关系曲线

节点①的发电机(也可以由向节点①供电的多个更高电压等级的变压器的等效电路表示)通过 3 条输电线路向节点①、节点②、节点③和节点④供电。因为从电源开始的输电线路呈辐射状向负荷供电，所以这种系统被称为辐射状系统。由于电源仅位于各条输电线路的左侧，因此只需要在每条线路的电源端提供一个断路器就足够了。显然，对于线路①-②的任何故障，必须断开断路器 B12。在这种情况下，断路器 1 下游节点②、节点③和节点④的负荷将全部被切除。

上文的过电流继电器可以用于该系统的输电线路保护。由于线路上的故障电流取决于故障位置，而且故障阻抗随着故障至发电机距离的增加而变大，所以故障电流与该距离成反比。故障电流I_f与故障至节点①的距离的函数关系如图 11. 12(b)所示。此外，故障电流的幅值将根据故障类型和节点①的发电量而变化。例如，如果节点①的发电机由两个并联变压器等效，当其中一台变压器停止运行时(可能由于任何原因)，故障电流将减小很多。一般情况下，最大故障电流(发电量最大且发生三相故障时)和最小故障电流(发电量最小且相间或单相接地故障时，无论是否含接地阻抗)可以用类似于图 11. 12(b)所示的故障电流幅值曲线分别表示。

可以将上文讨论过的反时限过流继电器设置为线路主保护，同时为相邻线路提供远后备保护。节点①、节点②、节点③上的继电器分别作为各自线路的主保护，同时也给下游线路提供远后备保护。因此，节点①的继电器，除了为线路①-②提供主保护外，也为线路②-③提供远后备保护。但节点③上的继电器仅需要为线路③-④提供主保护，因为线路③-④的右侧没有其他线路。当节点①上的继电器为线路②-③提供后备保护时，必须使节点①上的继电器有足够的动作延迟时间(协调延迟时间)，以便保证节点②上的继电器能先对线路②-③上的故障动作。不需要用节点①的继电器来为节点③以后的其他线路提供后备保护。下面将通过例题来说明这些概念。

例题 11. 2　13. 8 kV 辐射状系统的部分电路如图 11. 13 所示。

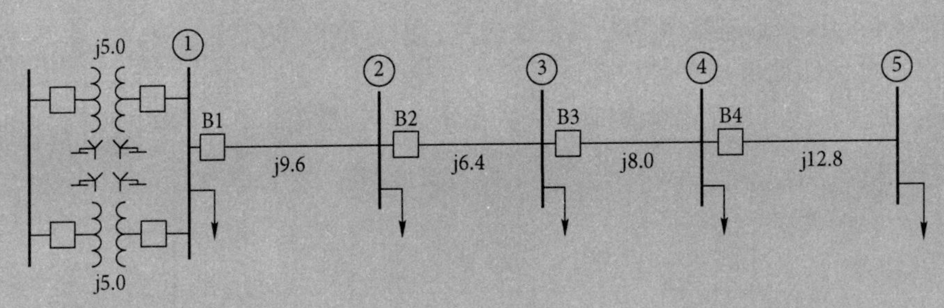

图 11. 13　例题 11. 2 和例题 11. 3 的辐射状系统单线图(线路和变压器电抗值的单位为欧姆)

某些运行条件下，系统中可能只有一个变压器参与工作。假设变压器高压母线是无穷大节点。现在需要设计相间故障和三相故障时的保护系统。试求节点⑤故障时故障电流的最小值和最大值。图 11. 13 中线路和变压器的电抗值均为归算到 13. 8 kV 侧的有名值。忽略电阻。

解：当两个变压器同时运作且发生三相故障时，故障电流最大的。这种情况下节点⑤的故障电流为

$$I_f = \frac{13\,800/\sqrt{3}}{\mathrm{j}(2.5 + 9.6 + 6.4 + 8.0 + 12.8)} = -\mathrm{j}202.75\ \mathrm{A}$$

当只有一个变压器工作且发生相间故障时，故障电流最小。一个变压器工作且发生三相故障时，有

$$I_f = \frac{13\,800/\sqrt{3}}{\mathrm{j}(5.0 + 9.6 + 6.4 + 8.0 + 12.8)} = -\mathrm{j}190.60\ \mathrm{A}$$

两相短路产生的短路电流等于三相故障电流的 $\sqrt{3}/2$ 倍。详细证明见习题 10. 2。因此，节点⑤故障时的最小故障电流是

$$I_f = \frac{\sqrt{3}}{2}(-\mathrm{j}190.6) = -\mathrm{j}165.1\ \mathrm{A}$$

对不同节点的故障进行类似计算，可得如表 11.2 所示的最大和最小故障电流。

表 11.2　例题 11.3 的最大和最小故障电流

故障节点	1	2	3	4	5
最大故障电流/A	3187.2	658.5	430.7	300.7	202.7
最小故障电流/A	1380.0	472.6	328.6	237.9	165.1

接下来将通过例题 11.3 证明，对于任何过流继电器 X，如果它需要作为相邻下一级继电器 Y 的后备保护，必须满足以下条件：

a. 启动电流等于 Y 检测到的最小电流的三分之一；

b. 对于 Y 检测到的最大电流，应该在 Y 启动之后 0.3 s 再启动。

例题 11.3　为例题 11.2 的系统选择 CT 变比、继电器抽头(启动)整定值和继电器时间整定系数。所有的位置均使用 11.4 节的 IFC-53 继电器。由于各条线路仅有一端有断路器，因此将节点①、节点②、节点③和节点④处继电器的符号分别简化为 R1，R2，R3 和 R4。当三相线路同一个节点上 3 个继电器中的任何一个触发跳闸时，该节点上的三相线路将同时被切除。例如，节点①三相线路的 3 个继电器用 R1 表示。

解：继电器 R4 的设置：该继电器需要对高于 165.1 A 的电流做出响应，但是，从可靠性角度出发，继电器需要对等于电流最小值三分之一的线路电流做出响应：

$$I_P' = \frac{165.1}{3} = 55\ \text{A}$$

当 CT 变比为 50/5(见表 11.1)时，继电器的电流为

$$I_P = 55 \times \frac{5}{50} = 5.5\ \text{A}$$

因此，继电器整定值设置为 5.0 A 是合适的。

由于该继电器位于辐射状系统的末端，因此它不需要与其他继电器配合，但动作时间需要尽可能快。因此，时间整定系数设置为 1/2。

继电器 R3 的设置：该继电器必须作为继电器 R4 的后备，因此当 R4 上流过最小故障电流 165.1 A 时，R3 必须可靠启动。因此，就像 R4 一样，CT 变比选 50/5，R3 的继电器整定值为 5 A。

为了确定时间整定系数，习惯上通常要求备用继电器(此时为 R3)在被保护的继电器(R4)动作之后至少 0.3 s 才动作。该间隔是协调延迟时间。因此，在 R4 响应最大故障电流(而不是最小故障电流)之前，必须为 R3 准备 0.3 s 的延迟。在 R4 对辖区内任何故障做出反应前，R3 的动作延迟时间都不能少于 0.3 s。

由表 11.2，R4 能检测到的最大故障电流是刚好发生在 R4 上游并流向节点⑤的电流，即 300.7 A：

$$\frac{13\,800/\sqrt{3}}{\text{j}(2.5 + 9.6 + 6.4 + 8.0)} = -\text{j}300.7\ \text{A}$$

流过继电器 R3 和 R4 的电流为

$$300.7 \times \frac{5}{50} = 30.1\ \text{A}$$

当继电器整定值设置为 5 时，继电器 R3 和 R4 上的电流与整定值的比率为 30.1/5 = 6.0。查图 11.7 可知，当时间整定系数为 1/2 时，R4 的运行时间为 0.135 s。因此，对于发生在 R4 辖区内的故障，继电器 R3 的动作时间必须为

$$0.135 + 0.3 = 0.435\ \text{s}$$

由图 11.7 可知 R3 所需的时间整定系数为 2.0。

如果在 R4 检测到最小电流(而不是最大电流)时将 R3 的延迟时间设置为 0.3 s，对应的时间整定系数将小于 2.0，那么当 R4 检测到最大电流时 R3 就无法提供 0.3 s 的延迟时间了。

继电器 R2 的设置：如表 11.2 所示，为了给 R3 提供后备保护，R2 必须响应的最小故障电流为 237.9 A。

$$\frac{13\,800/\sqrt{3}}{\mathrm{j}(5 + 9.6 + 6.4 + 8.0)} \times \frac{\sqrt{3}}{2} = -\mathrm{j}237.9\ \text{A}$$

选择 CT 变比为 100/5。根据可靠性要求，启动电流应该为最小故障电流的三分之一，因此启动整定值为

$$\frac{1}{3} \times 237.9 \times \frac{5}{100} = 3.9\ \text{A}$$

因此将继电器启动整定值设置为 4.0 A。

为了求得 R2 的时间整定系数，先找到节点③上的最大故障电流 430.7 A。该电流下，继电器 R3 上的电流和启动整定值之比为

$$430.7 \times \frac{5}{50} \times \frac{1}{5} = 8.6$$

由于 R3 的时间整定系数为 2.0，由图 11.7 可知，继电器将在 0.31 s 内动作。为了与 R3 正确配合，继电器 R2 的动作时间应为

$$0.31 + 0.3 = 0.61\ \text{s}$$

作为 R3 的备用时，继电器 R2 也会检测到 430.7 A 的故障电流，其中继电器电流与整定值的变比为

$$430.7 \times \frac{5}{100} \times \frac{1}{4} = 5.4$$

从图 11.7 中可知时间整定系数为 2.6。

继电器 R1 的设置：为了给 R2 提供后备保护，继电器 R1 必须响应的最小故障电流为 R3 检测到的电流值 328.6 A，选择 CT 变比为 100/5，

$$\frac{1}{3} \times 328.6 \times \frac{5}{100} = 5.5$$

因此抽头设置为 5 A。

为了求 R1 的时间整定系数，先找到节点②上的最大电流 658.5 A。该电流下，继电器 R2 上的电流和启动整定值之比为

$$658.5 \times \frac{5}{100} \times \frac{1}{4} = 8.23$$

由于 R2 的时间整定系数为 2.6，由图 11.7 可知，该继电器将在 0.42 s 内动作。因此，为了与 R2 正确配合，继电器 R1 的动作时间为

$$0.42 + 0.3 = 0.72\ \text{s}$$

作为 R2 的后备保护，继电器 R1 也会检测到 658.5 A 的故障电流，对应的继电器电流与启动整定值的比率为

$$658.5 \times \frac{5}{100} \times \frac{1}{5} = 6.6$$

由图 11.7 可得时间整定系数为 3.9。

表 11.3 给出了所有继电器的最终 CT 变比、启动值和时间整定系数。

表 11.3 例题 11.3 的继电器设置

	R1	R2	R3	R4
CT 变比	100/5	100/5	50/5	50/5
启动整定值/A	5	4	5	5
时间整定系数	3.9	2.6	2.0	1/2

注意，如果在大负荷或小故障时，线路④-⑤上的电流恰好接近继电器的整定值，则继电器 R3 有可能在 R4 动作之前动作。虽然 R3 和 R4 检测到相同的电流(因为它们的 CT 变比和启动整定值都相同)，但由于 CT 或继电器存在误差，因此 R4 可能检测到一个稍低于其整定值的电流，而 R3 将其视为跳闸条件(电流略大于其整定值)。为了避免发生这种情况，R3 的整定值应该设置为略大于 R4 的值。

图 11.13 所示系统为辐射状系统，所以可以利用时限过流继电器(简单且相对便宜)进行保护。接下来考虑图 11.14(a)所示的多源系统和图 11.14(b)所示的系统。这两种系统的保护方法相似，因为它们都是环路系统。

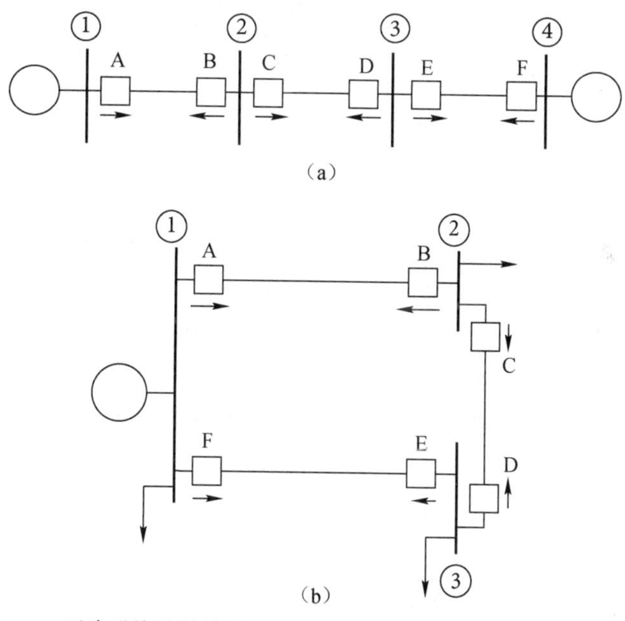

图 11.14 环路系统的单线图。每个断路器旁边的粗箭头表示继电器将响应的故障的方向，环路中箭头方向相同的继电器相互配合

对这样的系统，一旦线路上出现故障，输电线路的两端都将出现短路电流。因此，为了从系统中移除故障线路，必须在线路的两端都装设断路器。但是，如果每个继电器仅响应图 11.14 中箭头所示的正向流动的电流(流入其保护区域)，同时不响应反向电流，那么环路系统的保护将类似于辐射状系统。和断路器 A、C、E 相关的继电器必须相互配合，继电器 F、D、B 也必须相互配合。通过加装方向继电器，然后将方向继电器的输出和过电流元件的输出进行逻辑“和”操作，可以使电流继电器具有方向性。只有两个继电器都提供了跳闸信号，它们控制的断路器才执行跳闸命令。

2. 高压输电线路的保护

大容量电力网络没有辐射状或单回路系统。大量发电站和二级输电节点互相连成网络，因此找不到简单的环形电路。在这样的系统中，方向过流继电器不可能为输电线路提供保护，因为对于给定位置的故障，继电器检测到的电流会随系统工作条件的变化而有较大的变化。

上文的阻抗继电器可用于输电线路的保护。继电器被设计为响应继电器安装地点和故障点之间的阻抗。该阻抗与保护装置安装地点到故障点的距离成正比(因此称为“距离继电器”)，它不依赖于故障电流的水平。

以图 11. 15(a)所示的部分大型系统为例。

对于P_1处的故障，继电器 R12(正方向从节点①到节点②)用于响应节点①和P_1之间的正序阻抗(或距离)。同样，节点②上的继电器 R21 表示正方向从节点②到节点①。

反应线电压(例如V_a-V_b)和线电流之差(例如I_a-I_b，也称为角接电流)的阻抗继电器被称为相继电器。相继电器检测故障点和继电器安装点之间的正序阻抗。3 个这样的继电器可以正确响应所有可能的相间故障、两相接地故障和三相故障。但是，这些继电器无法正确响应单相接地故障。需要增加 3 个利用相电压V_a，V_b，V_c，相电流I_a，I_b，I_c和零序电流I_0的继电器，这些继电器用于检测包含接地故障的所有线路故障时故障点和继电器安装点之间的正序阻抗。

阻抗继电器和一个类似于方向过流继电器的方向单元进行配合后，可以具有方向性。有些阻抗继电器不需要增加方向单元，因为它们在设计时就内嵌了方向性。这种继电器的典型案例是前述的 mho 继电器。方向性使继电器只响应正向距离(即保护区域内)而不响应反方向故障。

考虑用方向阻抗继电器对图 11. 15(a)所示的线路①-②进行保护。继电器 R12 和 R21 的保护区域如图中实线所示。对于继电器 R12，故障发生在P_2，P_3和P_4时，故障到节点①的距离都相同；但P_3和P_4的故障显然超出了 R12 的保护区域。因此，如果将阻抗继电器 R12 设置为响应P_2的故障，则它也会响应P_3和P_4的故障。但这属于误动。为了避免出现这种低级错误，将阻抗继电器 R12 的保护区域修改为如图 11. 15(a)中虚线所示。因此，实线表示的单个保护区域被虚线表示的两个区域代替：第Ⅰ段和第Ⅱ段。第Ⅰ段的保护区域小于实线所示范围，通常约为线路长度的 80%。对于该区域内的故障，节点①处的阻抗继电器将正常动作(即尽可能快地动作)。通常将这个被缩小的第Ⅰ段称为欠程保护区。同时，第Ⅱ段延伸到线路终端之外，进入到与远端节点连接的相邻线路，并且称为超程保护区。为了与 R23 和 R24 配合，继电器 R12 对第Ⅱ段中故障的响应需要有时间延迟。

同样，可以为节点②的继电器 R21 设置第Ⅰ段和第Ⅱ段保护区。对于发生在P_1的故障，继电器 R12 和 R21 都以尽可能快的速度动作，因为该故障位于包含两个继电器的第Ⅰ段中。故障P_2位于 R21 的第Ⅰ段中，因此断路器 B21 将快速跳闸。但是，继电器 R12 不会快速切除该故障，因为该故障位于 R12 的第Ⅱ段中。继电器 R12 需要等待第Ⅱ段的延迟时间结束后，才会动作并使断路器 B12 跳闸。因此，对于类似于P_2的故障，节点②能快速动作，而节点①则需要经过延迟时间后才能切除故障。

现在考虑P_3处的故障。该故障位于继电器 R23 的第Ⅰ段中，因此继电器 R23 将控制断路器 B23 快速切除故障。如果 B23 拒动，继电器 R12 将在第Ⅱ段对应的延时时间后使节点①的断路器 B12 跳闸。显然，第Ⅱ段的切除时间必须慢于继电器 R23 可能的最慢切除时间，以防止 R12 过早地切除P_3的故障。对节点④上的继电器 R42 和断路器 B42 也可以按两段进行设置。故障点P_3将位于继电器 R42 的第Ⅱ段中。

继电器 R12、R23 和 R24 第Ⅰ段和第Ⅱ段响应时间如图 11. 15(b)所示。时限特性图中的横坐标表现沿线路的故障位置，纵坐标是继电器动作时间。第Ⅰ段的动作时间约为 1 个周期，而第Ⅱ段的动作时间范围为15~30个周期。

在大多数情况下，阻抗继电器还有一个称为第Ⅲ段的保护区域，它为相邻线路提供远后备保护。继电器的第Ⅲ段必须超出受保护线路远端节点上所连接的最长线路。远后备功能必须与其保护元件的主保护配合。因此，继电器R12的第Ⅲ段必须与节点②上的继电器(R23和R24)的第Ⅱ段配合。

另外还需注意，图11.15(b)示出了继电器配合的一个重要原则。配合既和时间相关，又和距离相关。快速保护所到达的距离必须大于较慢的后备保护。因此，继电器R12的第Ⅱ段到达的距离小于继电器R23或R24的第Ⅰ段到达的距离。类似地，继电器R12的第Ⅲ段到达的距离比R23和R24的第Ⅱ段到达的距离短。如果不按距离进行配合，对于某些故障，可能不会出现快速切除，反而会导致不必要的慢后备保护。第Ⅲ段的协调时间通常为1 s。继电器R12的3个保护区域和3个区域的动作时间如图11.15(b)所示。

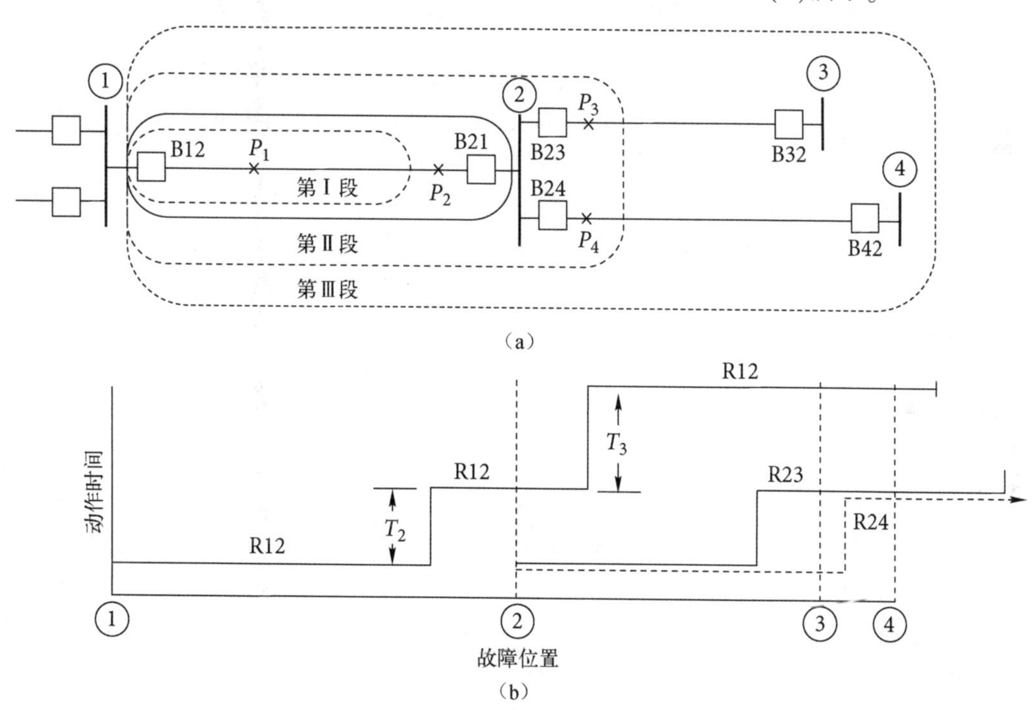

图11.15　距离(阻抗)继电器的配合。(a) 实线所示的保护区域被虚线标识的第Ⅰ段和第Ⅱ段替代，Ⅲ段为相邻保护系统提供后备保护；(b) R12、R23和R24的时间延迟和动作时间

图11.16(a)所示为用复平面R-X表示的方向阻抗继电器的特性。

图中的直线为线路阻抗轨迹。沿着这条线，可以绘制继电器安装位置到受保护线路沿线各点的正序阻抗。继电器的方向元件将继电器特性分为跳闸和闭锁区域，在图11.16(a)中用一根垂直于线路阻抗轨迹的线表示。沿着线路阻抗轨迹，节点①到节点②和节点④的测量阻抗值用带圆圈的数字表示。

区域圆的中心为R-X平面的圆点，半径等于R12从节点①到由带圆圈数字的区域末端所对应的被保护线路的阻抗幅值。因此，阻抗圆与线路阻抗轨迹的交点对应继电器安装位置到保护区域末端的线路阻抗。发生故障时，继电器测量到的阻抗将比正常运行时的负荷阻抗小很多。当继电器测量到的阻抗位于区域圆内时，继电器动作。第Ⅰ段圈内阻抗的动作时间最小。然后为第Ⅱ段和第Ⅲ段故障设置后续动作的延迟时间。

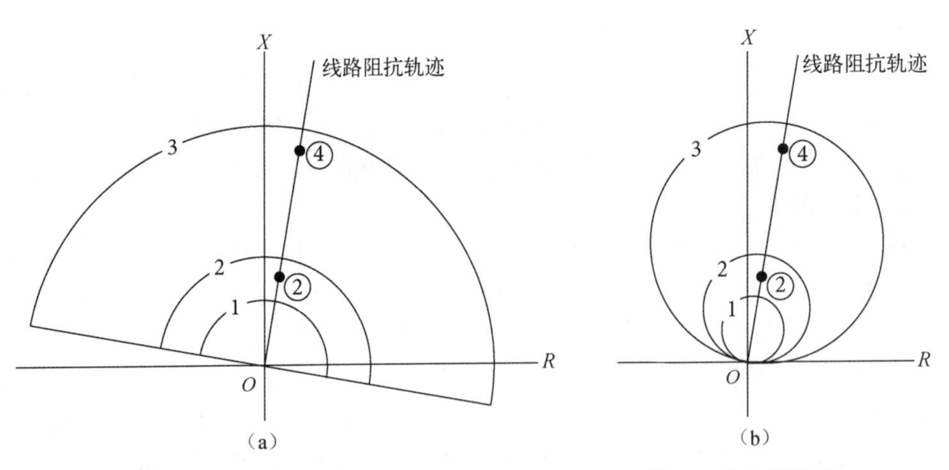

图 11.16 (a) 方向阻抗继电器特性；(b) 例题 11.4 的 Mho 继电器特性

Mho 继电器的特性如图 11.16(b)所示，区域圆的中心位于线路阻抗轨迹上。注意，对于相同的阻抗，区域圆的半径等于对应的方向阻抗继电器区域圆的半径的一半，因为区域圆与线路阻抗轨迹的交点仍然是继电器位置到区域末端的线路阻抗。

本节提供的 3 段式距离保护方案为高压输电线路提供了多方面的保护。对于特定的系统，只需要根据该系统的特点进行微小的调整，就可以实现对现代电力系统输电线路的保护。多数情况下，接地故障由方向时限过流继电器提供保护，三相和两相故障由阻抗继电器提供保护。有时，继电器第Ⅲ段与相邻线路第Ⅱ段的时间协调非常困难，尤其是在远距离超高压(EHV)或特高压(UHV)输电的情况下。这时，可以忽略阻抗继电器的远后备(第Ⅲ段)保护功能。

在负荷很大的紧急过载潮流期间，继电器测量到的阻抗很低，必须确保它不落在继电器特性曲线的任何一个区域圆内。

例题 11.4 考虑图 11.15(a)所示的 138 kV 输电系统。线路①-②、线路②-③和线路②-④的长度分别为 64 km，64 km 和 96 km(40 mi，40 mi 和 60 mi)。输电线路的正序阻抗为 0.05+j0.5 Ω/km。在紧急过载情况下线路①-②的最大负荷为 50 MVA。设计三段式距离保护系统确定 R12 的保护区域(阻抗归算到 CT 和 CVT 的二次侧)。在 *R*-*X* 平面上，画出区域设置点，并使继电器特性图上的区域圆通过对应的点。

解： 3 条线路的正序阻抗为

线路①-② 3.2+j32.0 Ω

线路②-③ 3.2+j32.0 Ω

线路②-④ 4.8+j48.0 Ω

由于阻抗继电器取决于电压与电流的比值，因此每一相上都需要安装一个 CT 和 CVT。最大负荷电流为

$$\frac{50\times 10^6}{\sqrt{3}\times 138\times 10^3}=209.2\ \text{A}$$

因此选择 CT 的比率为 200/5，在最大负荷条件下，二次绕组产生的电流约为 5 A。

系统相电压为

$$\frac{138\times 10^3}{\sqrt{3}}=79.67\times 10^3\ \text{V}$$

11.3 节中指出，CVT 二次侧相电压的工业标准是 67 V。因此选择的 CVT 的变比为

$$\frac{79.67 \times 10^3}{67} = 1189.1/1$$

在这种情况下，正常系统电压将在 CVT 二次侧产生 67 V 的相电压。将节点①上 CVT 的一次侧电压和二次侧电压表示为V_p，将 CT 的一次侧电流表示为I_p，则继电器的测量阻抗为

$$\frac{V_p/1189.1}{I_p/40} = Z_{\text{line}} \times 0.0336$$

因此，继电器 R12 测量到的 3 个线路阻抗大致为

线路①-② 0.11+j1.1 Ω，二次侧

线路②-③ 0.11+j1.1 Ω，二次侧

线路②-④ 0.16+j1.6 Ω，二次侧

假设功率因数为 0.8(滞后)，继电器上出现的最大负荷电流是 209.2 A，

$$Z_{\text{load}} = \frac{67}{209.2(5/200)}(0.8 + \text{j}0.6)$$

$$= 10.2 + \text{j}7.7\ \Omega\ (\text{二次侧})$$

继电器 R12 的第Ⅰ段保护设置必须小于线路①-②的阻抗，因此有

$$0.8 \times (0.11 + \text{j}1.1) = 0.088 + \text{j}0.88\ \Omega\ (\text{二次侧})$$

第Ⅱ段的保护设置应该超过线路①-②的节点②。考虑到互感器-继电器系统可能存在各种误差，第Ⅱ段通常设定为被保护线路长度的 1.2 倍左右。因此，R12 的第Ⅱ段保护设置为

$$1.2 \times (0.11 + \text{j}1.1) = 0.13 + \text{j}1.32\ \Omega\ (\text{二次侧})$$

第Ⅲ段的保护设置应该超出连接到节点②的最长线路。因此，区域 3 的设置为

$$(0.11 + \text{j}1.1) + 1.2 \times (0.16 + \text{j}1.6) = 0.302 + \text{j}3.02\ \Omega\ (\text{二次侧})$$

注意，上式中，连接到节点②的最长线路的阻抗乘以系数 1.2，这是为了确保在保护系统存在误差的情况下，继电器 R12 的第Ⅲ段也能包含节点④。对应的方向阻抗继电器的特性图如图 11.16(a)所示。

本例既可以使用图 11.16(a)，也可以使用图 11.16(b)来绘制特性图，线路阻抗轨迹上的节点②和节点④分别对应从节点①到节点②和节点④的计算阻抗。继电器测量到的负荷阻抗 Z_{load}是从节点①到节点④的线路阻抗的 3 倍以上，远远超出了方向阻抗继电器和 mho 继电器的第Ⅲ段保护区域。因此，输电线路上的任何负荷波动都不会使线路面临跳闸的危险。如果最大负荷太接近方向阻抗继电器第Ⅲ段的保护区域，则可能需要把方向阻抗继电器替换为 mho 继电器，因为它的第Ⅲ段保护区域在 R-X 平面上相对较小，如图 11.16 所示。

3. 带高频继电器的线路保护

上一节曾指出，一条线路(如图 11.17 中的线路①-②)受到阻抗继电器的第Ⅰ段和第Ⅱ段保护，并且第Ⅰ段的正常范围约为线路长度的 80%。

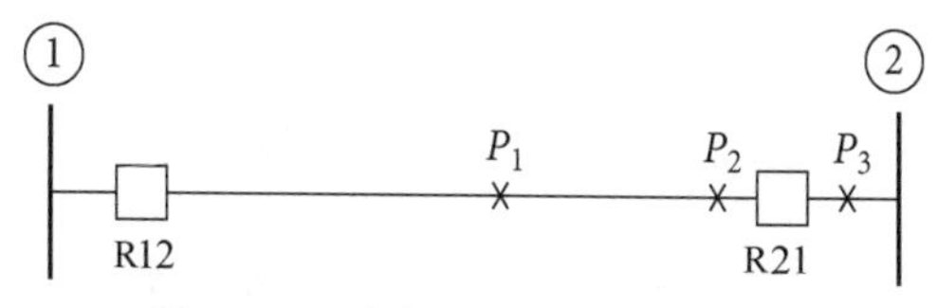

图 11.17 高频继电器保护的线路

该区域通常称为直接跳闸区或高速区，对于第Ⅰ段内的故障，继电器的动作时间通常为一个周期左右。对于落在继电器 R12 的第Ⅱ段内的故障，如图 11.17 中的P_2点，继电器 R12

将在它的第Ⅱ段时间内切除。

当然，节点②处还有一组相同的继电器，该继电器将故障P_2视为处于它们的第Ⅰ段保护范围内。因此，当P_2故障时，节点②处的断路器将高速动作。因此，对于线路中间60%处的故障，两端都能瞬时切除故障，而对于靠近两端节点20%线路长度的故障，近端将高速切除故障，而远端将在第Ⅱ段的延迟时间后切除故障。

在现代高压系统中，由于互联网络的复杂性和对稳定裕度要求的严苛性等原因，通常不能接受远端延迟切除故障。因此需要为整条线路提供高速保护(而不是中间的60%)。输电线路的高速保护可由11.4节所述的高频继电器提供。对于受保护线路上的任何故障，方向继电器R12和R21都会检测到同一个现象：两个继电器都会测量到正向流动的故障电流。当这一信息通过高频信道传送到远程终端时，就可以确认受保护线路上发生了故障。

考虑图11.15所示线路①-②上P_2和P_3处的故障。尽管继电器R12认为这两个故障相同，但继电器R21将P_2视为内部故障而将P_3视为外部故障(与其保护区域的方向相反)。R12接收到这个方向信息后，就能防止对故障P_3的误跳闸。(注意，故障P_3位于节点②的保护区域内，但不在线路①-②的保护区域内)。P_2处故障时线路两端将同时高速跳闸。这种系统称为“方向比较”高频方案。通过对线路两端故障电流的相角进行比较并在高频信道上交换该相位角信息，也可以起到同等效果。这种方案称为“相位比较”方案。本书不对这两种方案的优缺点进行比较，但读者需要知道在实践中这两种保护方案都可以被采用。

11.7 电力变压器的保护

与输电线路一样，电力变压器的保护取决于变压器的容量、额定电压和运行特点。对于小型变压器(小于2 MVA)，仅采用保险丝保护可能就能满足要求，而对于大于10 MVA的变压器，则需要采用具有谐波抑制功能的差动继电器。

首先考虑如图11.18所示的单相双绕组电力变压器的差动保护。

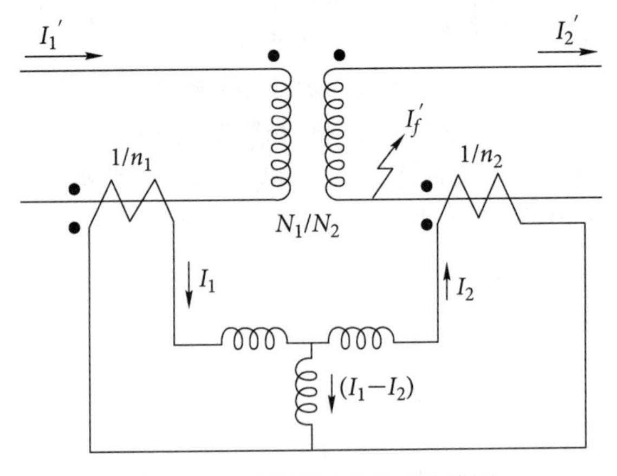

图11.18 变压器差动保护接线图

令电力变压器一次侧和二次侧绕组中流过的负荷电流分别为I_1'和I_2'，忽略励磁电流可得

$$\frac{I_1'}{I_2'}=\frac{N_2}{N_1} \tag{11.9}$$

其中N_1和N_2分别是电力变压器一次侧和二次侧绕组的匝数。CT二次侧电流为I_1和I_2，电力变

压器一次侧和二次侧的 CT 匝数比分别为n_1和n_2（CT 一次侧的一个线圈对应二次侧的 n 个线圈），所以

$$I_1 = \frac{I_1'}{n_1}, \ I_2 = \frac{I_2'}{n_2} \tag{11.10}$$

为了防止正常情况下的误动作，通过跳闸线圈的电流差$I_1 - I_2$必须为零，也就是说，I_1必须等于I_2。因此，从式(11.9)和式(11.10)可知

$$\frac{n_1}{n_2} = \frac{N_2}{N_1} \tag{11.11}$$

电力变压器二次侧发生内部故障时，令故障电流为 I_f'，有

$$I_1 - I_2 = \frac{I_f'}{n_2} \tag{11.12}$$

对于变压器一次侧的故障，公式(11.12)的右侧为 I_f'/n_1。如果继电器启动电流$|I_p|$的值足够小，则差分继电器将在内部故障时跳闸，同时躲过外部故障或正常负荷。

正如3.8节所述，电力变压器通常配备可变抽头，允许在一定范围内对其二次电压进行调整。调整步长通常很小，大概是N_1/N_2额定匝数比的±10%左右。如果抽头切换导致匝数比为非标准变比，继电器将在正常负荷条件下检测到差动电流。为避免这种情况下的不正常动作，必须使用比率差动继电器。

接下来进一步讨论带 Y-△绕组的三相变压器。如9.2节所述，正常运行状态下，Y-△型变压器的一次侧和二次侧电流不但幅值不同，相角也不同。因此，必须调整电流互感器的连接方式，使继电器测量到的 CT 二次侧电流与一次侧电流同相，同时还必须调整 CT 变比，使得继电器测量到的两侧电流的幅值在正常情况下(无故障)相等。将电力变压器 Y 侧的 CT 连接成△型，并将电力变压器△侧的 CT 连接成 Y 型，即可获得该相角关系。CT 的这种连接方式补偿了电力变压器 Y-△连接产生的相移。接下来将通过例题详细说明。

例题 11.5 三相 345 kV/34.5 kV 变压器的额定功率为 50 MVA，其短期过载额定容量为 60 MVA。使用标准 CT 变比，求 CT 变比、CT 连接、电力变压器和 CT 中的电流。345 kV 侧为 Y 型连接，而 34.5 kV 侧是△型连接。

解： 当变压器负荷最大时，345 kV 侧和 34.5 kV 侧的电流为

$$\frac{60\times10^6}{\sqrt{3}\times345\times10^3} = 100.4\ \text{A}, \quad \frac{60\times10^6}{\sqrt{3}\times34.5\times10^3} = 1004.1\ \text{A}$$

在 34.5 kV 侧使用变比为 1000/5 的 CT。由于 CT 连接成 Y 型，因此流向差动继电器的电流为

$$1004\times\frac{5}{1000}\cong5.02\ \text{A}$$

为了平衡该电流，345 kV 侧△型连接的 CT 需要产生的线电流为 5.0 A。因此△型连接的 CT 的相电流为

$$\frac{5.02}{\sqrt{3}}\cong2.898\ \text{A}$$

对应的 CT 变比应该为

$$\frac{100.4}{2.898}\cong34.64\ \text{A}$$

最接近的标准 CT 的比率为 200/5。在该比率下，CT 二次电流为

$$100.4\times\frac{5}{200} = 2.51\ \text{A}$$

△型连接的 CT 提供给差动继电器的线电流为

$$2.51 \times \sqrt{3} = 4.347\ \text{A}$$

显然，这个电流不能平衡 34.5 kV 侧产生的 5.0 A 电流。

在为 Y-△型变压器设计保护系统时，经常遇到使用标准 CT 而使电流不匹配的情况。一种简便的解决方案是使用辅助电流互感器，它能提供更广泛的匝数比。这些辅助 CT 的一次侧和二次侧绕组都是低电压、低电流电路，属于廉价的小型器件。使用 3 个辅助 CT，并使对应的匝数比为

$$\frac{5.02}{4.347} = 1.155$$

则电力变压器正常负荷时能使差动继电器中的电流达到平衡。假设功率因数为 0.8(滞后)，电力变压器和各 CT 中的电流如图 11.19 所示。

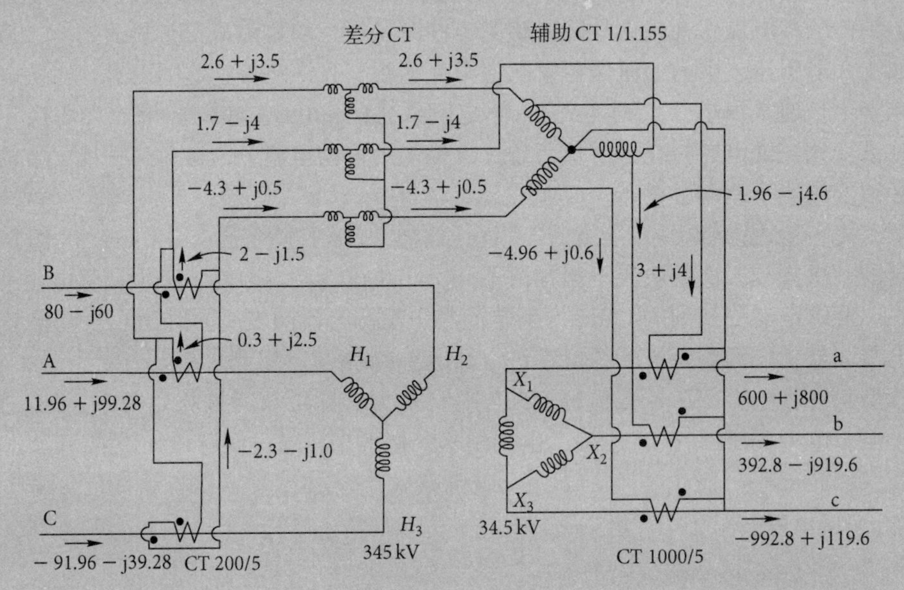

图 11.19　例题 11.5 电力线路和继电器电路的接线图，图中电流的单位为 A

辅助 CT 通常只作为最后的手段，因为辅助 CT 本身也是负荷，该负荷不但会增加主 CT 的负荷，同时还会增加变换的总误差。更为合适的方式是在继电器线圈上添加抽头，其目的与可变匝数比的辅助 CT 相同。在大多数情况下，继电器线圈抽头可提供足够的间距来校正实践中变比的不匹配。

注意，以上讨论均假设电力变压器的一次侧和二次侧电流之比只与其匝数比相关，这意味着忽略了励磁电流。当变压器处于正常工作状态且励磁电流非常小时，以上假设是很好的近似。然而，当变压器被充电时，它可能会吸收大量的励磁电流(称为励磁涌流)，该涌流会逐渐衰减成一个非常小的稳态值。但是因为励磁电流仅在一次侧绕组中流动，所以它是差动电流。这时，就必须检测并且防止差动继电器切断变压器。

事实上，励磁涌流富含谐波，而故障电流则是更纯粹的基频正弦波。利用这一特点，除了$(I_1+I_2)/2$ 的基频抑制电流之外，在差分继电器中增加一个与差动电流的谐波分量成正比的抑制信号。通过选择适当的谐波分量加权系数，能防止差动继电器在变压器充电期间切断变压器，甚至在励磁涌流的确引起了跳闸电流时，也能防止变压器被误切除。

11.8 保护继电器的发展

11.4 节讨论了继电器的逻辑设计。这些继电器中很多是机电设备。机电式继电器便于使用，它是传统设计保护系统的重要组成部分。这些继电器坚固、价格低廉且相对不受电力变电站恶劣工作环境的影响。但它们的响应速度难以满足现代电力系统的需求，而且在可用特性、负荷容量、抽头设置方面灵活性较差。

采用固态电路的静态继电器出现于 20 世纪 60 年代早期。这些继电器将模拟电路与逻辑门结合，从而产生新的继电特性。固态继电器除了能够提供与机电继电器类似的特性外，还可以提供许多新的特性。20 世纪 80 年代左右，数字继电器被推向市场。许多数字继电器采用微处理器来实现继电功能并处理数字化的测量信号。20 世纪 80 年代中期，数值继电器得到持续发展，并且在 20 世纪 90 年代成为流行趋势。与数字继电器相比，数值继电器中使用的微处理器具有更强的处理能力、可编程功能以及更好的数据传输、远程控制和监控能力。

除了具有可靠的保护功能外，现代智能继电保护还可以集成计量、故障定位、故障记录、数字通信接口等功能。结合信息和通信技术的远程数据访问，不但可以实现有效和可靠的故障分析，还可以实现灵活的远程继电器分接头切换和逻辑功能设置。

现在，广域测量(WAMS)成为继电保护的一个重要内容。广域测量通过在高压变电站中广泛安装同步相量测量单元(PMU，也称为同步相量)，从而实现电力系统的动态过程监测、分析和实时控制。WAMS 的研究始于 20 世纪 90 年代早期，并在 20 世纪 90 年代中期得到发展。PMU 类似于数值继电器，它们主要用于精确测量特定位置(例如变电站馈线)的采样电压和电流以及输电网络中的本地频率和频率变化率。来自网络中各种 PMU 的测量结果以全球定位系统(GPS)提供的绝对时间作为参考并进行同步。这些安装在整个输电网络中的测量单元为来自不同位置的测量值的分析提供了一种简单的方法，并对电力系统的动态性、稳定性分析及故障分析和决策提供实时监控，从而维持电力系统的安全和可靠运行。采用 PMU 的主要目的是为了建立智能电网并在保护继电器中集成同步相量测量。

11.9 小结

本章主要讨论现代高压电网的继电保护系统。本章不包括常用于配电系统的保险丝和自动重合闸系统。这些设备的协调在很多方面与 11.4 节和 11.6 节讨论的时限过流继电器类似。在设备保护方面，11.7 节讨论了变压器保护。讨论差动继电器时提及了发电机的保护，差动继电器也可用于保护母线。用于设备和输电线路的保护系统是一个值得深入研究的课题。11.8 节对继电器的发展进行了综述。

复习题

11.1 节

11.1　保护继电器是检测故障并使断路器跳闸的装置。(对或错)

11.2　保护系统的 3 个子系统包括断路器、互感器和________。

11.3　电流互感器和电压互感器不是向保护继电器提供输入参数的传感器。(对或错)

11.2 节

11.4　保护区域的概念是什么？

11.5　描述保护区域边界的定义。

11.3 节

11.6　使用 CT 的目的是什么？

11.7　电压互感器通常比电流互感器精确得多，它们的变比和相角误差通常可以被忽略。(对或错)

11.8　使用电容耦合电压互感器(CCVT)进行电力系统保护的目的是什么？

11.4 节

11.9　列举 3 种继电器并指出设计逻辑。

11.10　以下哪项陈述是错误的？

a. 差动继电器不能用于保护母线、发电机或电动机。

b. 方向继电器的动作取决于电流相对于电压的方向。

c. 过电流继电器需要设置整定值。

11.5 节

11.11　什么是后备保护？

11.12　后备系统必须留出足够的时间让主保护系统正常动作。(对或错)

11.6 节

11.13　高频继电器可用于保护输电线路。(对或错)

11.14　阻抗继电器提供了一种保护互联输电线路的方法。它用于响应继电器位置和故障点之间的阻抗。(对或错)

11.7 节

11.15　用于电力变压器的保护取决于变压器的容量、额定电压和运行特点。(对或错)

11.16　对于小型变压器(小于 2 MVA)，使用熔丝进行保护可能就足够了，而对于大于 10 MVA 容量的变压器，可以使用具有谐波抑制的差动继电器。(对或错)

11.17　绘制变压器差动保护的接线图。

11.8 节

11.18　相量测量单元(PMU)的用途是什么？

11.19　高压变电站中的 PMU 是对电力系统进行动态过程监测、分析和实时控制的广域测量(WAMS)的关键组成部分。(对或错)

习题

11.1　系统的单线图和保护区域如图 11.3(b)所示，当跳闸的断路器分别为：(a) G 和 C；(b) F，G 和 H；(c) F，G，H 和 B；(d) D，C 和 E。试求故障位置。

11.2　对例题 11.3，求与 R4 测量到的最低故障电流对应的 R3 的时间整定系数。为什么以 R4 的最高故障电流而不是最低故障电流来进行时间整定系数的设置？

11.3　在例题 11.3 中，假设线路②-③的中点发生故障。哪个继电器将动作？它的动作时间是多少？假设该继电器拒动，哪个继电器将继续清除故障？需要多长时间？

11.4　11 kV 辐射状系统如图 11.20 所示。

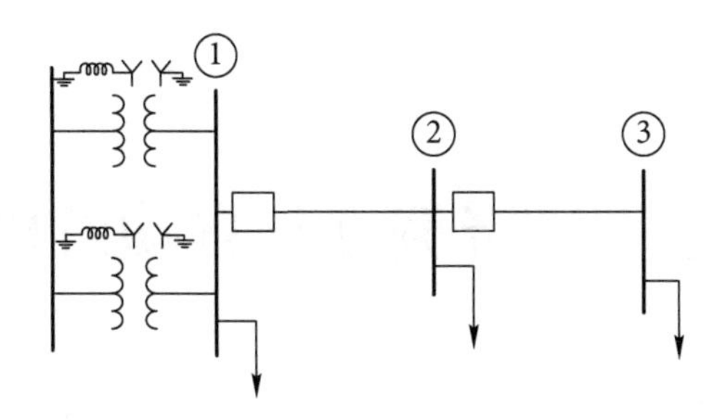

图 11.20　习题 11.4 的单线图

线路①-②的正序和零序阻抗分别为 0.8 Ω 和 2.5 Ω。线路②-③的阻抗是线路①-②的 3 倍。两台变压器的正序和零序阻抗分别为 j2.0 Ω 和 j3.5 Ω。当出现一台变压器退出运行的紧急情况时，系统可以保持正常运行。采用 lFC-53 继电器对该系统的单相接地故障进行保护，求对应的 CT 变比、启动整定值和时间整定系数。假设高压节点是无穷大节点，空载时向低压节点提供 11 kV 的电压。

11.5　图 11.21 所示为 765 kV 网络的一部分。

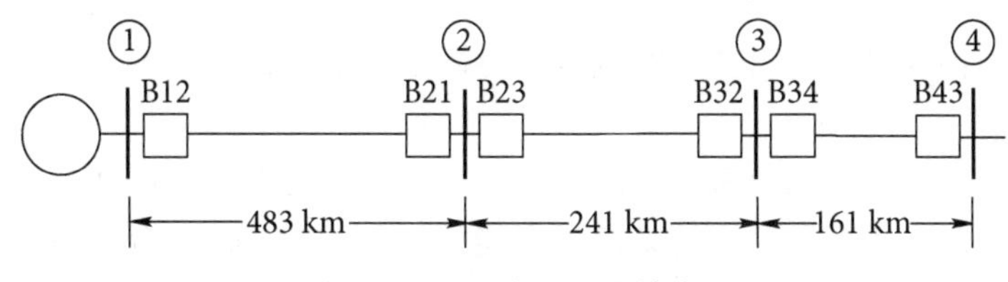

图 11.21　习题 11.5 的单线图

输电线路的正序和零序阻抗分别为 0.006 215+j0.372 902 Ω 和 0.062 15+j0.118 707 Ω/km。发电机的正负序阻抗为 j10.0 Ω，零序阻抗为 j20.0 Ω。

a. 为了对该系统的单相接地故障进行保护，将继电器 R12、R23 和 R34 均设置为反时限 IFC-53 过流继电器。求用于设置 R12 接地继电器启动值的故障电流。(忽略线路电阻)

b. 为节点①的相位阻抗继电器选择 CT 和 CVT 的变比。假设继电器电流线圈可以连续承载 10 A 的电流，紧急过载线路负荷上限为 3000 MVA。(使用标准 CT 变比)

c. 对节点①上用于相间故障保护的方向阻抗继电器，确定二次侧 R-X 图上的 3 个保护区域。

d. 确定紧急过载时等效阻抗在 R-X 图上的位置。紧急过载时线路的运行是否存在问题？如果是，请提出解决方案。

11.6　如图 11.19 所示，三角形绕组的端子处发生三相故障，该故障位于差动继电器保护区域内。假设从 345 kV 侧测量到的变压器的正序阻抗是 j250 Ω，345 kV 侧的电力系统具有无限大的短路容量。求图 11.19 中所有接线中的电流是多少？(忽略故障前电流并假设系统的低压部分不提供故障电流)

第12章　经济调度与自动发电控制

电力系统的经济运行决定了投资后的利润回报。监管机构确定的固定费率以及节能的需求都迫使电力公司实现运行效率的最大化。在燃料、劳动力、物质和维护成本不断上涨的情况下，效率最大化表示发电企业输送并供应给用户的能量成本最小。

和发电及输电相关的最重要的经济运行内容之一是使电能生产的成本最低，即经济调度。在满足指定负荷需求的前提下，经济调度决定了每个发电厂(和发电厂内的每台机组)的功率输出，从而使系统燃料总成本最低。因此，经济调度的核心是协调系统中所有运行的发电厂的电能生产成本。

本章主要介绍经济调度的经典方法。首先研究同一个发电厂内各机组之间输出功率的最经济分布，该方法同样适用于忽略网损且系统负荷给定时各发电厂输出功率的经济调度。然后，将网损表示为各发电厂输出功率的函数，再确定使输送给负荷的功率成本最小的发电厂间的输出功率分配。

由于电力系统一天内的总负荷在不断变化，因此需要协调发电厂间的输出功率以确保发电量与负荷保持平衡，从而使系统的频率尽可能接近额定值(通常为50 Hz或者60 Hz)。所以，本章只对系统稳态时的自动发电控制(AGC)进行基础性介绍。

12.1　同一发电厂内机组的负荷分配

早期的经济调度是在系统轻载时由效率最高的发电厂提供电能。当负荷增加时，效率最高的电厂将继续提供电能，直到达到该电厂的最大效率点。当负荷继续增加时，第二高效的发电厂开始向系统供电，当第二个发电厂的最大效率点达到后，第三个发电厂将开始供电。但是，必须强调，即使忽略网损，该方法也不能使成本最小。

为了确定各种发电机组(涡轮机、水轮机和蒸汽机)之间的负荷经济分布，需要将机组的运行成本表示为输出功率的函数。使用煤、天然气或石油等化石燃料的发电厂的主要成本是燃料，核燃料的成本也可以表示为输出功率的函数。本章讨论基于燃料成本的经济性问题，燃料成本中包含其他可以用输出功率函数表示的成本。

图12.1(a)所示为化石燃料机组的燃料输入(kcal/h或Btu/h)与机组输出功率(MW)之间的输入-输出关系，它是典型的二次函数曲线。

注意，图12.1(a)所示的曲线可以通过测量不同功率输出(MW)与燃料输入的关系得到。如果有必要，燃料输入与功率输出的关系也可以由三阶函数表示。输入-输出曲线上任何一点到原点的直线的斜率表示每小时燃料输入(kcal/h或MBtu/h)与功率输出(MW)的比值，或者是燃料输入(kcal或Btu)与能量输出(kWh)的比值。这个比率称为热效率，其倒数为燃料效率。因此，热效率低意味着燃料效率高。

当曲线上的点与原点连线的斜率最小(连线与曲线相切)时，燃料效率最大。以美国为例，使用不同化石燃料时，电厂典型热效率约为32 000~44 000 kcal/kWh(或8000~11 000 Btu/kWh)，而热电联产电厂的热效率更低。由于 1 kWh 约等于 859. 85 kcal(或 3412 Btu)，因此当发电厂的热效率为 2520 kcal/kWh(或 10 000 Btu/kWh)时，对应的燃料效率为 34. 12%。将图 12. 1(a)的燃料输入乘以燃料成本($/MWh)后，就得到如图 12. 1(b)所示的输入-输出曲线对应的燃料成本曲线，其中纵坐标的单位为$/h。

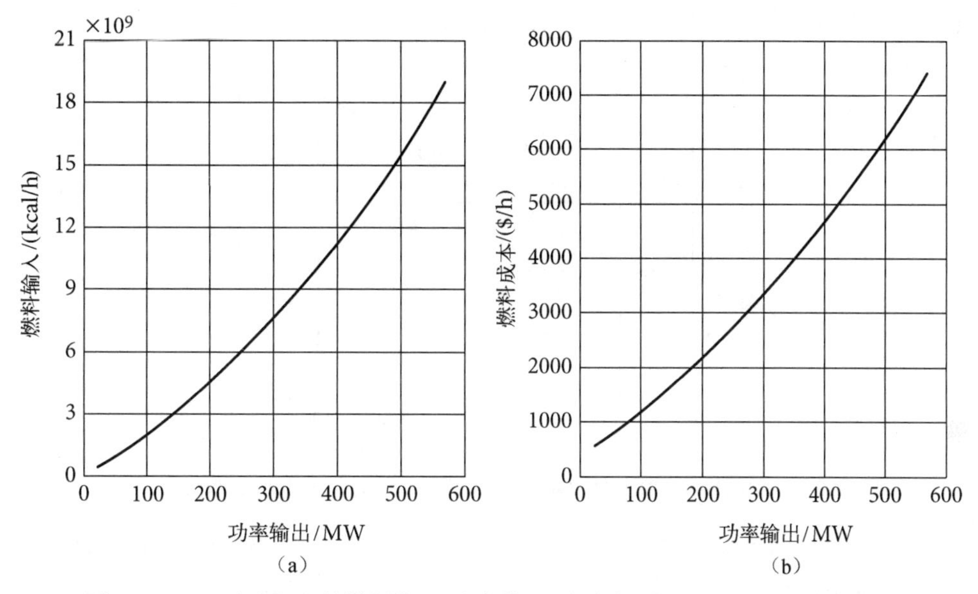

图 12. 1 (a) 发电机组的燃料输入-功率输出(热效率)曲线；(b) 燃料成本曲线

两台发电机组间负荷分配的基础是：增加一台发电机组上的负荷同时令另一台发电机组减少同样的负荷，是否会增加总成本。因此，本章主要考虑燃料成本微增率，它由两台发电机组燃料成本曲线的斜率决定。如图 12. 1(b)所示，燃料成本曲线纵坐标的单位为$/h，令

f_i = 输入到发电机组 i 的燃料成本($/h)

P_{gi} = 发电机组 i 的输出功率(MW)

发电机组的燃料成本微增率($/MWh)为 $\mathrm{d}f_i/\mathrm{d}P_{gi}$，而该机组的燃料平均成本为 f_i/P_{gi}。因此，如果机组 i 的燃料成本曲线为二次曲线，则可以写为

$$f_i = a_i P_{gi}^2 + b_i P_{gi} + c_i \quad \$/\text{h} \tag{12.1}$$

该发电机组的燃料成本微增率 λ_i 为

$$\lambda_i = \frac{\mathrm{d}f_i}{\mathrm{d}P_{gi}} = 2a_i P_{gi} + b_i \quad \$/\text{MWh} \tag{12.2}$$

其中 a_i，b_i 和 c_i 为常数。燃料成本微增率可近似为每增加 1 MW 功率输出所需要额外增加的成本($/h)。通过测量图 12. 1(a)中输入-输出曲线上与各输出功率对应的点的斜率，同时令燃料成本($/kcal 或$/MBtu)为常数，可得燃料成本微增率与功率输出的典型关系如图 12. 2 所示。

由图 12. 2 可知，在一定范围内，燃料成本微增率和功率输出几乎是线性关系。具体分析中，通常将该曲线等效为一条或两条直线。图中的虚线可作为曲线的一种近似表示。如果虚线对应的函数为

$$\lambda_i = \frac{\mathrm{d}f_i}{\mathrm{d}P_{gi}} = 0.0126 P_{gi} + 8.9$$

当功率输出为 300 MW 时，成本微增率线性近似为 12.68 \$/MWh。λ_i值近似等于输出功率P_{gi}增加 1 MW 时每小时增加的额外成本，或者是输出功率P_{gi}减少 1 MW 时每小时所节省的成本。输出功率为 300 MW 时实际成本微增率为 12.50 \$/MWh，但 300 MW 时，成本微增率实际值与线性近似值的差基本上是最大值，所以这种近似的精度可以接受。如果需要获得更高的精度，可以用两条直线来表示该曲线的上下范围。

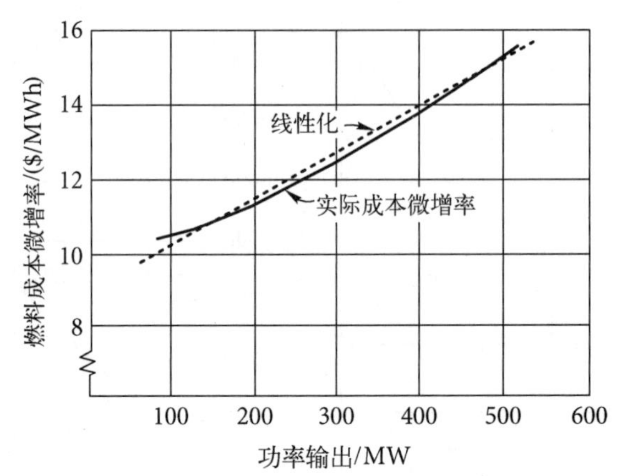

图 12.2　机组的输入–输出曲线如图 12.1 所示时，燃料成本与功率输出的关系

上文中经济调度的原理将用于指导系统中一个或多个发电厂内发电机组的负荷分配。例如，某电厂的总输出功率由两台机组提供，其中一台机组的燃料成本微增率高于另一台机组。令部分负荷从成本微增率较高的机组转移到成本微增率较低的机组。对于成本微增率较高的机组，负荷减少将降低成本；对于成本微增率较低的机组，增加负荷将增加成本，但节约的成本大于增加相同负荷所需的成本。继续将负荷从一台机组转移到另一台机组将会使总燃料成本持续降低，直到两台机组的燃料成本微增率相等。上述推导可以扩展到含两台以上机组的发电厂。因此，同一发电厂内机组负荷经济分配的原则为：所有发电机组必须具有相同的燃料成本微增率(或相同的边际成本)。这就是所谓的等 λ(等燃料成本微增率)原则。

当同一发电厂中各机组的燃料成本微增率相对于运行范围内的输出功率都近似为线性时，可以将燃料成本微增率作为输出功率的线性函数，这将使计算得到简化。同一发电厂中各机组的负荷经济调度可以通过以下步骤实现：

1. 设定发电厂总输出功率；
2. 计算发电厂的燃料成本微增率 λ；
3. 用 λ 代替各机组燃料成本微增率公式中的 λ_i，从而得到各机组的输出功率。

由 λ–发电厂负荷曲线，可以确定在给定发电厂负荷时各机组的 λ。以图 12.3 为例，负荷 P_D在含 N 台机组的发电厂内进行负荷经济分配，发电厂的 λ 等于各机组的 λ_i。

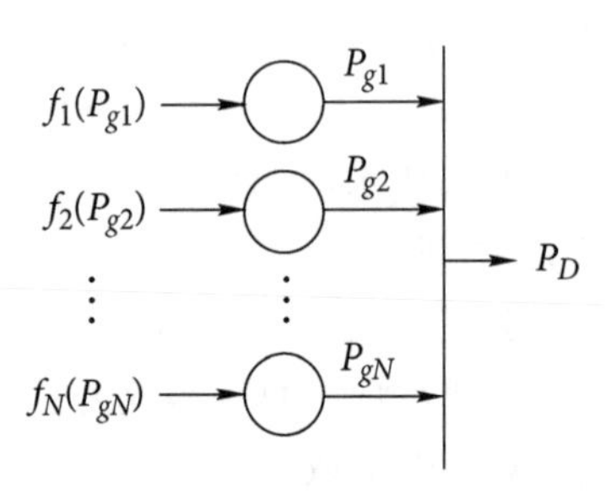

图 12.3　包含 N 台机组的发电厂，总负荷需求为P_D

该发电厂需要最小化的所有机组的总燃料成本为

$$F=\sum_{i=1}^{N} f_i(P_{gi})=\sum_{i=1}^{N}(a_iP_{gi}^2+b_iP_{gi}+c_i) \qquad (12.3)$$

发电厂需要满足的负荷为

$$\sum_{i=1}^{N} P_{gi}=P_D \quad 或 \quad P_D-\sum_{i=1}^{N} P_{gi}=0 \qquad (12.4)$$

式(12.3)和式(12.4)组成了含等式约束的优化问题，

其中式(12.3)为目标函数，式(12.4)为对应的等式约束。为了得到发电厂的经济调度方案，接下来将利用拉格朗日乘数法对该约束优化问题进行求解。首先将式(12.4)与式(12.3)组合，成为无约束的目标函数，

$$L=\sum_{i=1}^{N} f_i(P_{gi})+\lambda(P_D-\sum_{i=1}^{N} P_{gi}) \tag{12.5}$$

式(12.5)称为拉格朗日函数，变量 λ 为拉格朗日乘数。通过求解以下偏导，首先找到拉格朗日函数的最小值，然后就可以得到经济调度方案，

$$\frac{\partial L}{\partial P_{gi}}=\frac{\mathrm{d}f_i(P_{gi})}{\mathrm{d}P_{gi}}-\lambda=2a_iP_{gi}+b_i-\lambda=0,\quad i=1,2,\cdots,N \tag{12.6}$$

$$\frac{\partial L}{\partial \lambda}=0=P_D-\sum_{i=1}^{N}P_{gi} \tag{12.7}$$

由式(12.6)可知，变量 λ 实际上是燃料成本微增率的最优值(或边际成本)，它满足

$$\lambda=2a_iP_{gi}+b_i,\ i=1,2,\cdots,N \tag{12.8}$$

所以

$$P_{gi}=\frac{\lambda-b_i}{2a_i},\quad i=1,2,\cdots,N \tag{12.9}$$

将式(12.9)代入式(12.7)，可得

$$\sum_{i=1}^{N} P_{gi}=\sum_{i=1}^{N}\frac{\lambda-b_i}{2a_i}=P_D \tag{12.10}$$

则发电厂的燃料成本微增率的最优值为

$$\lambda=\left(\sum_{i=1}^{N}\frac{1}{2a_i}\right)^{-1}\sum_{i=1}^{N}P_{gi}+\left(\sum_{i=1}^{N}\frac{1}{2a_i}\right)^{-1}\left(\sum_{i=1}^{N}\frac{b_i}{2a_i}\right) \tag{12.11}$$

或

$$\lambda=a_TP_{gT}+b_T \tag{12.12}$$

其中 $a_T=\left(\sum_{i=1}^{N}\frac{1}{2a_i}\right)^{-1}$，$b_T=a_T\left(\sum_{i=1}^{N}\frac{b_i}{2a_i}\right)$，$P_{gT}=\sum_{i=1}^{N}P_{gi}$ 为发电厂的总输出功率。

式(12.12)为 λ 的解析解，它适用于同一发电厂内两个以上机组的经济调度，因为式(12.8) 中的燃料成本微增率是机组输出功率的线性函数。根据 λ 可以计算出 N 台机组各自的输出功率。

例题 12.1 包含两台机组的发电厂的燃料成本微增率($/MWh)为

$$\lambda_1=\frac{\mathrm{d}f_1}{\mathrm{d}P_{g1}}=0.0080P_{g1}+8.0,\quad \lambda_2=\frac{\mathrm{d}f_2}{\mathrm{d}P_{g2}}=0.0096P_{g2}+6.4$$

假设两台机组均投入运行，总负荷的变化范围为 250~1250 MW，各台机组的最小和最大负荷分别为 100 MW 和 625 MW。求发电厂的燃料成本微增率及不同负荷下机组间的负荷经济分配。

解: 轻载时，机组 1 的燃料成本微增率较高，因此以 100 MW 的下限运行，对应的 $\mathrm{d}f_1/\mathrm{d}P_{g1}$ 等于 8.8 $/MWh。当机组 2 的输出也为 100 MW 时，$\mathrm{d}f_2/\mathrm{d}P_{g2}$ 等于 7.36 $/MWh。因此，随着发电厂输出功率的增加，新增负荷将由机组 2 承担，直到 $\mathrm{d}f_2/\mathrm{d}P_{g2}$ 等于 8.8 $/MWh。在达到该点之前，发电厂的燃料成本微增率 λ 仅由机组 2 确定。当发电厂负荷为 250 MW 时，机组 2 提供的功率为 150 MW，$\mathrm{d}f_2/\mathrm{d}P_{g2}$ 等于 7.84 $/MWh。当 $\mathrm{d}f_2/\mathrm{d}P_{g2}$ 等于 8.8 $/MWh 时

$$0.0096P_{g1}+6.4=8.8$$

$$P_{g2}=\frac{2.4}{0.0096}=250\ \mathrm{MW}$$

发电厂总输出 P_{gT}为 350 MW。从 350 MW 开始，由式(12.12)可计算出 P_{gT}为不同值时对应的发电厂 λ，代入式(12.9)，即可得到各机组的负荷经济分配结果，如表 12.1 所示。

表 12.1　例题 12.1 总输出 P_{gT}为不同值时发电厂 λ 和各机组的输出功率

发电厂		机组 1	机组 2
P_{gT} MW	λ \$/MWh	P_{g1} MW	P_{g2} MW
250	7.84	100†	150
350	8.80	100†	250
500	9.45	182	318
700	10.33	291	409
900	11.20	400	500
1100	12.07	509	591
1175	12.40	550	625†
1250	13.00	625	625†

"†"表示机组输出功率达到输出下限(或上限)，因此发电厂的 λ 等于未达到极限值的机组的燃料成本微增率

当 P_{gT}的范围为 350~1175 MW 时，发电厂的 λ 值由式(12.12)确定。当 $\lambda=12.4$ 时，机组 2 达到上限，新增的负荷需要由机组 1 承担，然后发电厂的 λ 由机组 1 确定。图 12.4 所示为发电厂 λ 与发电厂输出功率的关系。

如果需要求解发电厂输出功率为 500 MW 时机组间的负荷分布，那么就可以通过绘制各机组的输出与发电厂输出的关系来求解，如图 12.5 所示，图中曲线为发电厂任意输出对应的各机组的输出。

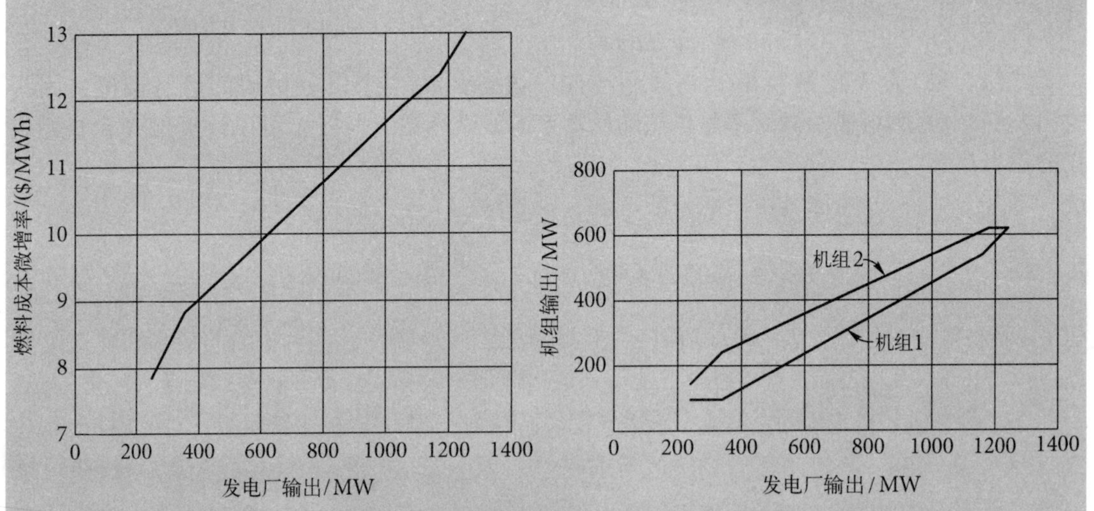

图 12.4　机组按例题 12.1 进行经济分配时，燃料成本微增率与发电厂输出的关系

图 12.5　发电厂按例题 12.1 进行经济运行时，各机组输出功率和发电厂输出功率的关系

对于发电厂总输出功率由多台机组承担的情况，令所有机组的燃料成本微增率相等，由式(12.12)可计算得到各机组输出功率的正确解。本例中，当总输出为 500 MW 时

$$P_{gT} = P_{g1} + P_{g2} = 500 \text{ MW}$$

$$a_T = \left(\frac{1}{2a_1} + \frac{1}{2a_2}\right)^{-1} = \left(\frac{1}{0.008} + \frac{1}{0.0096}\right)^{-1} = 4.363\,636 \times 10^{-3}$$

$$b_T = a_T\left(\frac{b_1}{2a_1} + \frac{b_2}{2a_2}\right) = a_T\left(\frac{8.0}{0.008} + \frac{6.4}{0.0096}\right) = 7.272\,727$$

对于每台机组

$$\lambda = a_T P_{gT} + b_T = 9.454\,545 \text{ \$/MWh}$$

因此有

$$P_{g1} = \frac{\lambda - b_1}{2a_1} = \frac{9.454\,545 - 8.0}{0.008} = 181.818\,2 \text{ MW}$$

$$P_{g2} = \frac{\lambda - b_2}{2a_2} = \frac{9.454\,545 - 6.4}{0.0096} = 318.181\,8 \text{ MW}$$

实际上精度并不需要这么高，因为成本具有不确定性，而且本例中的成本增量公式为近似公式。

本例对应的 MATLAB 代码见 M 文件 ex12_1. m。

例题 12. 2 例题 12. 1 中，当发电厂的总负荷为 900 MW 时，求两台机组负荷经济分配相对于负荷平均分配节省的成本($/h)。

解：由表 12. 1 可知，机组 1 提供 400 MW 功率，机组 2 提供 500 MW 功率。如果两台发电机组均提供 450 MW 功率，则机组 1 的成本增量为

$$\int_{400}^{450}(0.008P_{g1} + 8)\mathrm{d}P_{g1} = (0.004P_{g1}^2 + 8P_{g1} + c_1)\Big|_{400}^{450} = \$570/\text{h}$$

当考虑两个极限值后，可消去常数 c_1。同样，机组 2 的成本增量为

$$\int_{400}^{450}(0.0096P_{g2} + 6.4)\mathrm{d}P_{g2} = (0.0048P_{g2}^2 + 6.4P_{g2} + c_2)\Big|_{500}^{450} = -\$548/\text{h}$$

负号表示成本下降，正如预期，减少输出将降低成本。每小时成本净增量为$570−$548 = $22。这个费用看似很小，但是如果连续运行一年，燃料成本将减少$192 720。

负荷经济分配相对于负荷任意分配所节省的成本，可以通过将燃料成本微增率的公式相加并比较负荷从经济分配方式变为其他方式时各机组成本的变化而得到。

接下来，例题 12. 3 将分析同一发电厂内的 4 台机组的经济调度问题。

例题 12. 3 火力发电厂含 4 台持续运行的机组，对应的燃料成本函数为

$$f_1(P_{g1}) = 0.012P_{g1}^2 + 2.6P_{g1} + 25 \text{ \$/h}$$

$$f_2(P_{g2}) = 0.003P_{g2}^2 + 2.3P_{g2} + 12 \text{ \$/h}$$

$$f_3(P_{g3}) = 0.002P_{g3}^2 + 2.4P_{g3} + 10 \text{ \$/h}$$

$$f_4(P_{g4}) = 0.001P_{g3}^2 + 2.1P_{g3} + 50 \text{ \$/h}$$

如果发电厂的总负荷为 500 MW，求经济调度方案。忽略各机组的输出限制。

解：当 4 台机组的燃料成本微增率相同时，即为经济调度方案。

$$\frac{\mathrm{d}f_1}{\mathrm{d}P_{g1}} = 0.024P_{g1} + 2.6 = \lambda, \qquad \frac{\mathrm{d}f_2}{\mathrm{d}P_{g2}} = 0.006P_{g2} + 2.3 = \lambda$$

$$\frac{df_3}{dP_{g3}} = 0.004P_{g3} + 2.4 = \lambda, \qquad \frac{df_4}{dP_{g4}} = 0.002P_{g3} + 2.1 = \lambda$$

由式(12.11)和式(12.9)，可得

$$\lambda = \left(\frac{1}{0.024} + \frac{1}{0.006} + \frac{1}{0.004} + \frac{1}{0.002}\right)^{-1} \times 500$$
$$+ \left(\frac{1}{0.024} + \frac{1}{0.006} + \frac{1}{0.004} + \frac{1}{0.002}\right)^{-1} \left(\frac{2.6}{0.024} + \frac{2.3}{0.006} + \frac{2.4}{0.004} + \frac{2.1}{0.002}\right)$$
$$= 2.7565 \text{ \$/MWh}$$

$$P_{g1} = \frac{\lambda - b_1}{2a_1} = \frac{2.7565 - 2.6}{0.024} = 6.521 \text{ MW}$$

$$P_{g2} = \frac{\lambda - b_2}{2a_2} = \frac{2.7565 - 2.3}{0.006} = 76.083 \text{ MW}$$

$$P_{g3} = \frac{\lambda - b_3}{2a_3} = \frac{2.7565 - 2.4}{0.004} = 89.125 \text{ MW}$$

$$P_{g4} = \frac{\lambda - b_4}{2a_4} = \frac{2.7565 - 2.1}{0.002} = 328.25 \text{ MW}$$

由式(12.3)，经济调度时的总燃料成本为

$$F = \sum_{i=1}^{4} f_i(P_{gi}) = 42.4643 + 204.3568 + 239.7865 + 847.2660 = 1333.8736 \text{ \$/h}$$

12.2 考虑机组功率极限时发电厂内机组的负荷分配

例题12.3中，如果各机组的功率输出有最大和最小限制，则在轻载或重载时，有些机组的燃料成本微增率将无法和其他机组(输出功率未超限)相同。假设 P_{g1} 和 P_{g4} 的计算值分别超出机组1和相组4的限制。那么需要放弃之前4台机组的输出计算结果，取 P_{g1} 的计算值等于机组1的限值，取 P_{g4} 的计算值等于机组4的限值。返回式(12.12)，重新计算另外两台机组对应的系数 a_T 和 b_T，并取 P_{gT} 的有效经济调度值等于总发电厂负荷减去 P_{g1} 和 P_{g4}。然后计算 λ。当发电厂输出功率变化时，λ 可以控制机组2和机组3的经济调度，但机组1和机组4的输出保持不变，等于对应的极限值。

现在考虑机组输出功率受限时的负荷经济调度问题，对于某些特定负荷，即使机组的燃料成本微增率不同，机组也不能越限。这种情况下，当任何机组 i 的输出功率小于其最小限值 $P_{gi,\min}$ 或大于其最大限值 $P_{gi,\max}$ 时，必须遵循以下标准：

$$\begin{aligned} &\text{若}\ P_{gi} < P_{gi,\min},\quad P_{gi} = P_{gi,\min},\quad \frac{df_i}{dP_{gi}} > \lambda^* \\ &\text{若}\ P_{gi} > P_{gi,\max},\quad P_{gi} = P_{gi,\max},\quad \frac{df_i}{dP_{gi}} < \lambda^* \\ &\text{若}\ P_{gi,\min} < P_{gi} < P_{gi,\max},\quad \frac{df_i}{dP_{gi}} = \lambda^* \end{aligned} \tag{12.13}$$

其中 λ^* 为给定负荷减去越限机组的限值后，其他未越限机组的燃料成本微增率。

图12.6所示为机组4火电厂的输出分配，其中机组1越过最小限值且机组4超过最大限值。注意，对给定的负荷，经济调度方案变为 $P_{g1} = P_{g1,\min}$，$P_{g2} = P_{g2}^*$，$P_{g3} = P_{g3}^*$，$P_{g4} =$

$P_{g4,\max}$。机组 1 的输出功率受最小输出限制，因为该机组的燃料成本微增率 $\lambda_{1,\min}$ 在所有机组中最大，而机组 4 的输出功率受最大输出限制，因为该机组的燃料成本微增率 $\lambda_{4,\max}$ 最低。从负荷需求中减去机组 1 和机组 4 的限值后，机组 2 和机组 3 在燃料成本微增率等于 λ^* 时达到最优经济分配，且满足对剩余负荷的供应。

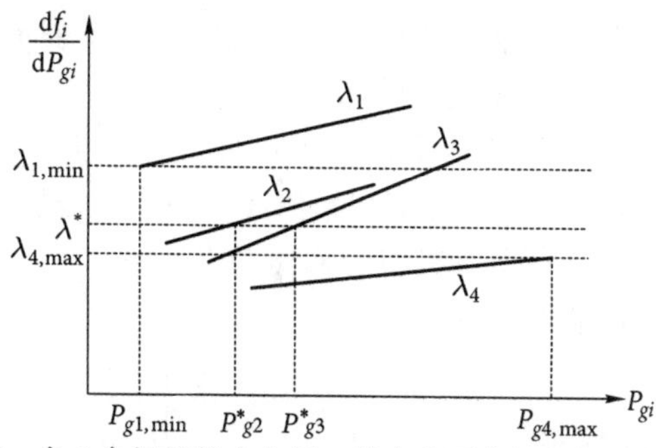

图 12.6　含 4 台机组的火电厂，其中有两台机组超过发电限制

例题 12.4　当各台机组的最小和最大输出功率为

$$30\ \text{MW} \leqslant P_{g1} \leqslant 160\ \text{MW}$$

$$40\ \text{MW} \leqslant P_{g2} \leqslant 130\ \text{MW}$$

$$60\ \text{MW} \leqslant P_{g3} \leqslant 190\ \text{MW}$$

$$80\ \text{MW} \leqslant P_{g4} \leqslant 250\ \text{MW}$$

时，重新求例题 12.3 的负荷经济分配方案。

解：由于机组 1 和机组 4 的输出功率都超过了其最小和最大功率限制，因此取机组 1 的输出功率等于最小输出功率 30 MW，而机组 4 的输出功率等于最大输出功率 250 MW。然后，机组 2 和机组 3 的功率输出之和变为

$$P_{g2} + P_{g3} = P_D - (P_{g1,\min} + P_{g4,\max}) = 500 - (30 + 250) = 220\ \text{MW}$$

为了实现经济调度，机组 2 和机组 3 的燃料成本微增率为

$$\begin{aligned}\lambda^* &= \frac{\mathrm{d}f_2}{\mathrm{d}P_{g2}} = \frac{\mathrm{d}f_3}{\mathrm{d}P_{g3}} \\ &= \left(\frac{1}{0.006} + \frac{1}{0.004}\right)^{-1} \times 220 + \left(\frac{1}{0.006} + \frac{1}{0.004}\right)^{-1}\left(\frac{2.3}{0.006} + \frac{2.4}{0.004}\right) \\ &= 2.888\ \ \$/\text{MWh}\end{aligned}$$

故

$$P_{g2} = \frac{\lambda^* - b_2}{2a_2} = \frac{2.888 - 2.3}{0.006} = 98\ \text{MW}$$

$$P_{g3} = \frac{\lambda^* - b_3}{2a_3} = \frac{2.888 - 2.4}{0.004} = 122\ \text{MW}$$

此外，机组 1 和机组 4 的燃料成本微增率分别对应于它们的功率输出限值

$$\lambda_{1,\min} = \frac{\mathrm{d}f_1(P_{g1,\min})}{\mathrm{d}P_{g1}} = 0.024 \times 30 + 2.6 = 3.32\ \ \$/\text{MWh}$$

$$\lambda_{4,\max} = \frac{\mathrm{d}f_4(P_{g4,\max})}{\mathrm{d}P_{g4}} = 0.002 \times 250 + 2.1 = 2.6\ \ \$/\text{MWh}$$

注意，$\lambda_{1,\min}>\lambda^*>\lambda_{4,\max}$。该经济调度方案下的总燃料成本为

$$F=\sum_{i=1}^{4} f_i(P_{gi})=113.8+266.212+332.568+637.5=1350.08 \ \$/\mathrm{h}$$

由于机组输出功率受限，本例的成本略大于例题 12.3。

实际工作中，有时将燃料成本和机组输出功率之间的关系表示为三次函数。这样，机组的燃料成本微增率成为机组输出功率的二阶函数。为了求解三阶函数的燃料成本经济调度问题，可以使用 λ 迭代法。该方法的主要步骤总结如下：

步骤 1：初始化迭代计数 $i=0$，并分配初始值 $\lambda^{(i)}=\lambda^{(0)}$。设置收敛误差 ε。

步骤 2：根据当前的 λ 值计算所有机组的输出功率。

步骤 3：校验结果是否满足收敛条件

$$\left|P_D-\sum_{i=1}^{N} P_{gi}\right|\leqslant\varepsilon$$

如果满足，则停止迭代并输出结果。如果不满足，继续执行下一步。

步骤 4：确定第 i 次迭代的增量 $\Delta\lambda^{(i)}$，并根据 $\lambda^{(i+1)}=\lambda^{(i)}+\Delta\lambda(i)$ 更新第 $(i+1)$ 次迭代的 λ 值。

步骤 5：返回步骤 3。

通常使用 7.2 节的牛顿-拉夫逊法确定增量 $\Delta\lambda^{(i)}$。根据式(12.4)和式(12.10)，设 $f(\lambda)$ 为

$$f(\lambda)=\sum_{i=1}^{N} P_{gi}(\lambda)=P_D \tag{12.14}$$

由上式可得

$$f(\lambda^{(k)})+\left.\frac{\mathrm{d}f(\lambda)}{\mathrm{d}\lambda}\right|_{\lambda=\lambda^{(k)}}\Delta\lambda^{(k)}=P_D \tag{12.15}$$

和式(7.11)类似，第 k 次迭代的 λ 的增量为

$$\Delta\lambda^{(k)}=\frac{P_D-f(\lambda^{(k)})}{\left.\dfrac{\mathrm{d}f(\lambda)}{\mathrm{d}\lambda}\right|_{\lambda=\lambda^{(k)}}} \tag{12.16}$$

例如，对式(12.3)的燃料成本函数，利用式(12.9)，得到

$$\left.\frac{\mathrm{d}f(\lambda)}{\mathrm{d}\lambda}\right|_{\lambda=\lambda^{(k)}}=\sum_{i=1}^{N}\left.\frac{\mathrm{d}P_{gi}(\lambda)}{\mathrm{d}\lambda}\right|_{\lambda=\lambda^{(k)}}=\sum_{i=1}^{N}\left(\frac{1}{2a_i}\right) \tag{12.17}$$

故

$$\Delta\lambda^{(k)}=\frac{\Delta P(\lambda^{(k)})}{\sum_{i=1}^{N}\left(\frac{1}{2a_i}\right)} \tag{12.18}$$

其中 $\Delta P(\lambda^{(k)})=P_D-f(\lambda^{(k)})$。

每次迭代中 λ 的更新还可以采用二分法。该方法的主要步骤总结如下：

步骤 1：设置收敛误差 ε。在 $\lambda_{\min}-\lambda_{\max}$ 的范围内设置 λ 值，初始化迭代次数 i。

步骤 2：令 $\lambda^{(i)}=(\lambda_{\min}+\lambda_{\max})/2$。

步骤 3：计算 $P_D-f(\lambda^{(i)})$。

步骤 4：如果 $|P_D-f(\lambda^{(i)})|\leqslant\varepsilon$，停止迭代并输出结果。

否则，如果 $f(\lambda^{(i)})<P_D$，则 $\lambda_{\min}=\lambda^{(i)}$；如果 $f(\lambda^{(i)})>P_D$，则 $\lambda_{\max}=\lambda^{(i)}$。

然后，令 $\lambda=\lambda_{\min}+(\lambda_{\max}-\lambda_{\min})/2$。

步骤 5：令 $\lambda^{(i)}=\lambda$。返回第 3 步。

例题 12.5 将采用二分法求解 3 台机组的最优经济调度方案。

例题 12.5 某些电力公司的发电机组燃料成本曲线为三次函数。令包含 3 台机组的火力发电厂的燃料成本函数和输出功率限制如下：

$$f_1(P_{g1}) = 6\times10^{-7}P_{g1}^3 + 7.5\times10^{-4}P_{g1}^2 + 6.95P_{g1} + 1250 \quad \$/\text{h}$$

$$f_2(P_{g2}) = 10.1\times10^{-7}P_{g2}^3 + 1.1\times10^{-4}P_{g2}^2 + 5.89P_{g2} + 1300 \quad \$/\text{h}$$

$$f_3(P_{g3}) = 1.2\times10^{-7}P_{g3}^3 + 9\times10^{-4}P_{g3}^2 + 6.75P_{g3} + 720 \quad \$/\text{h}$$

$$P_D = P_{g1} + P_{g2} + P_{g3} = 1000\ \text{MW}$$

$$100 \leqslant P_1 \leqslant 1100\ \text{MW},\quad 275 \leqslant P_2 \leqslant 800\ \text{MW},\quad 200 \leqslant P_3 \leqslant 900\ \text{MW}$$

该电厂向 1000 MW 负荷供电。利用二分法进行 λ 迭代，确定 3 台机组的经济调度方案以及总燃料成本。假设功率平衡收敛误差为 $\varepsilon=10^{-6}$ MW。

解：由式(12.6)，各机组燃料成本微增率曲线可以表示为以下偏导数形式：

$$\begin{cases}\dfrac{\mathrm{d}f_1(P_{g1})}{\mathrm{d}P_{g1}} = 18\times10^{-7}P_{g1}^2 + 15\times10^{-4}P_{g1} + 6.95 = \lambda \\[2ex] \dfrac{\mathrm{d}f_2(P_{g2})}{\mathrm{d}P_{g2}} = 30.3\times10^{-7}P_{g2}^2 + 2.2\times10^{-4}P_{g2} + 5.89 = \lambda \\[2ex] \dfrac{\mathrm{d}f_1(P_{g3})}{\mathrm{d}P_{g3}} = 3.6\times10^{-7}P_{g3}^2 + 18\times10^{-4}P_{g3} + 6.75 = \lambda\end{cases}$$

上式可以写为

$$\begin{cases}\underbrace{18\times10^{-7}}_{a_{g1}}P_{g1}^2 + \underbrace{15\times10^{-4}}_{b_{g1}}P_{g1} + \underbrace{(6.95-\lambda)}_{c_{g1}} = 0 \\ \underbrace{30.3\times10^{-7}}_{a_{g2}}P_{g2}^2 + \underbrace{2.2\times10^{-4}}_{b_{g2}}P_{g2} + \underbrace{(5.89-\lambda)}_{c_{g2}} = 0 \\ \underbrace{3.6\times10^{-7}}_{a_{g3}}P_{g3}^2 + \underbrace{18\times10^{-4}}_{b_{g3}}P_{g3} + \underbrace{(6.75-\lambda)}_{c_{g3}} = 0\end{cases}$$

使用 a_{gi}，b_{gi} 和 $c_{gi}(i=1,2,3)$ 来表示 3 个联立二阶方程的系数。机组的燃料成本微增率曲线如图 12.7 所示，图中同时对各机组最小和最大 λ 值进行了标注。

注意，各个燃料成本微增率曲线都是单调递增的二次函数。接下来应用二分法对上述方程的 λ 进行迭代求解，以求出经济调度方案。

步骤 1：

根据各机组的功率输出限制，各机组的最小和最大 λ 值为

$$\lambda_{1,\min} = \left.\frac{\mathrm{d}f_1(P_{g1})}{\mathrm{d}P_{g1}}\right|_{P_{g1}=100} = 18\times10^{-7}\times100^2 + 15\times10^{-4}\times100 + 6.95 = 7.118$$

$$\lambda_{1,\max} = \left.\frac{\mathrm{d}f_1(P_{g1})}{\mathrm{d}P_{g1}}\right|_{P_{g1}=1100} = 18\times10^{-7}\times1100^2 + 15\times10^{-4}\times1100 + 6.95 = 10.778$$

同样，$\lambda_{2,\min}=6.178$，$\lambda_{2,\max}=7.992$，$\lambda_{3,\min}=7.124$，$\lambda_{3,\max}=8.662$。

因此，系统 λ 的范围如下

$$[\lambda_{\min}\ \lambda_{\max}] = [\lambda_{2,\min}\ \lambda_{1,\max}] = [6.178\ 10.778]$$

其中 $\lambda_{\min}=\lambda_{2,\min}$，$\lambda_{\max}=\lambda_{1,\max}$。

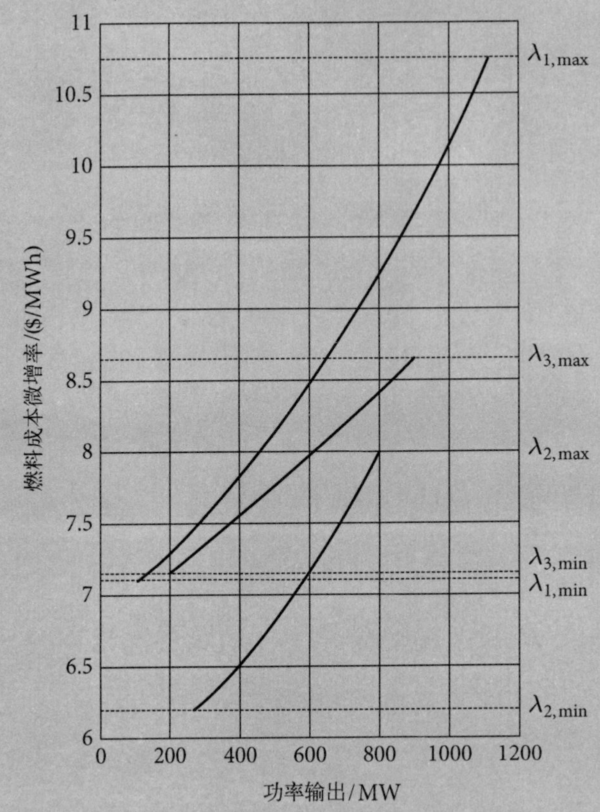

图 12.7　例题 12.6 3 台机组的燃料成本微增率曲线

步骤 2：

设置 λ 的初始值 $\lambda^{(0)}=(\lambda_{\max}+\lambda_{\min})/2=8.478$，然后计算

$$\sum_{i=1}^{3} P_{gi}(\lambda^{(0)}) = \sum_{i=1}^{3}\left(\frac{-b_{gi}+\sqrt{b_{gi}^2-4a_{gi}c_{gi}}}{2a_{gi}}\right)$$

$$= 594.54 + 891.44 + 824.18$$

$$= 2310.16 \text{ MW}$$

步骤 3：

由于 $P_D - \sum_{i=1}^{N} P_{gi}(\lambda^{(0)}) = 1000 - 2308.03 < 0$，因此，$\lambda_{\max}=\lambda^{(0)}=8.478$，$\lambda$ 的更新值为 $\lambda^{(1)}=\lambda_{\min}+(\lambda_{\max}-\lambda_{\min})/2=6.18+(8.478-6.178)/2=7.328$。

重新计算得

$$\sum_{i=1}^{3} P_{gi}(\lambda^{(1)}) = \sum_{i=1}^{3}\left(\frac{-b_{gi}+\sqrt{b_{gi}^2-4a_{gi}c_{gi}}}{2a_{gi}}\right) = 202.74 + 655.63 + 302.83$$

$$= 1161.2 \text{ MW}$$

步骤 4：

由于 $P_D - \sum_{i=1}^{N} P_{gi}(\lambda^{(1)}) = 1000 - 1161.2 < 0$，因此，$\lambda_{\max} = \lambda^{(1)} = 7.328$，$\lambda$ 的更新值为 $\lambda^{(2)} = \lambda_{\min} + (\lambda_{\max} - \lambda_{\min})/2 = 6.178 + (7.328 - 6.178)/2 = 6.753$。

重新计算得

$$\sum_{i=1}^{3} P_{gi}(\lambda^{(2)}) = -163.23 + 500.19 + 1.73 = 338.69 \text{ MW}$$

步骤 5：

由于 $P_D - \sum_{i=1}^{N} P_{gi}(\lambda^{(2)}) = 1000 - 338.69 > 0$，用 $\lambda_{\min} = \lambda^{(2)} = 6.753$，$\lambda$ 的更新值为 $\lambda^{(3)} = \lambda_{\min} + (\lambda_{\max} - \lambda_{\min})/2 = 6.753 + (7.328 - 6.753)/2 = 7.041$。

重复上述过程，可得到机组的输出功率和相应更新的 λ 值。表 12.2 所示为基于二分法的 λ 迭代结果。注意，在收敛之前可能出现负的输出功率。本例的 MATLAB 文件为 ex12_5. m。

表 12.2　基于二分法的 λ 迭代结果

迭　代	λ	P_{g1}(MW)	P_{g2}(MW)	P_{g3}(MW)	总发电量(MW)
1	8.478 1	594.538 8	891.441 1	824.181 4	2310.161 4
2	7.328 1	202.741 0	655.632 2	302.825 2	1161.198 4
3	6.753 1	-163.229 4	500.190 3	1.729 9	338.690 8
4	7.040 6	56.564 9	582.807 1	156.546 8	795.918 8
5	7.184 4	134.520 2	620.229 8	230.665 6	985.415 7
⋮	⋮	⋮	⋮	⋮	⋮
28	7.195 9	140.314 9	623.146 8	236.538 3	1000.000 0
29	7.195 9	140.314 9	623.146 8	236.538 3	1000.000 0
30	7.195 9	140.314 9	623.146 8	236.538 3	1000.000 0

为了进行说明，本例中收敛误差为 $\varepsilon = \left| P_D - \sum_{i=1}^{3} P_{gi} \right| \leqslant 10^{-6}$，但实际中不需要这样的精度。系统 λ 和 3 台机组负荷分配的最后收敛解为

$$\lambda = 7.1959 \text{ \$/MWh}$$

$$P_{g1} = 140.31 \text{ MW},\quad P_{g2} = 623.15 \text{ MW},\quad P_{g3} = 236.54 \text{ MW}$$

该经济调度方案下的总燃料成本为 9867.63 $/h。

因为负荷经济分配能节约成本，所以需要设备对各机组进行自动控制。本章稍后会介绍发电过程的自动控制。下一节将研究考虑网损时发电厂之间的负荷经济分配问题。

12.3　发电厂间的负荷分配

在发电厂之间进行负荷经济分配时，会遇到如图 12.8 所示的输电线路的网损问题。网损通常表示为注入网络的所有机组输出功率的二次函数，稍后将会对该二次函数进行推导。在给定负荷下，尽管一个发电厂节点的燃料成本微增率可能低于另一个发电厂的燃料成本微增率，但是燃料成本微增率较低的发电厂可能距离负荷中心更远。该发电厂的网损可能太大，以至于需要减少该发电厂承担的负荷，而转由燃料成本微增率较高的发电厂承担该负

荷。因此，各个发电厂的输出方案中需要加入网损，才能实现给定负荷时的经济最大化。下面以图 12.8 所示的具有 N 个发电机组的系统为例进行说明。

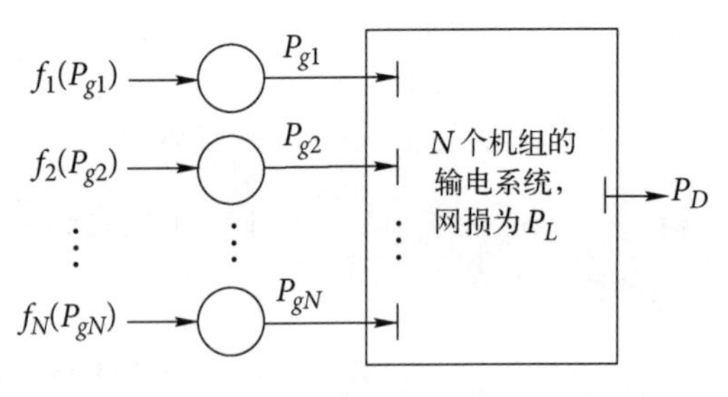

图 12.8　含 N 个机组的电力系统，其中负荷需求为P_D，网损为P_L

令整个系统的总燃料成本函数为

$$f = f_1 + f_2 + \cdots + f_N = \sum_{i=1}^{N} f_i \quad (12.19)$$

其中 f 是各台机组 f_1，f_2，…，f_N 的燃料成本之和。全部机组输入到网络的总功率为

$$P_{g1} + P_{g2} + \cdots + P_{gN} = \sum_{i=1}^{N} P_{gi} \quad (12.20)$$

其中 $P_{g1}, P_{g2}, \cdots, P_{gN}$ 是各台机组注入网络的输出功率。系统的总燃料成本 f 是所有发电厂输出功率的函数。f 的约束条件为功率平衡等式(12.20)，重新写成下述形式：

$$P_L + P_D - \sum_{i=1}^{N} P_{gi} = 0 \quad (12.21)$$

P_D是系统的总负荷需求，P_L是系统网损，用机组输出功率的二次函数表示。优化目标是当系统负荷 P_D为定值且满足功率平衡约束式(12.21)下，使 f 最小。接下来将通过拉格朗日乘数法求解该最小极值问题。

将总燃料成本和等式约束条件(12.21)结合，可得到由拉格朗日函数表示的增广成本函数 F

$$F = (f_1 + f_2 + \cdots + f_N) + \lambda\left(P_L + P_D - \sum_{i=1}^{N} P_{gi}\right) \quad (12.22)$$

拉格朗日乘数 λ 是考虑输电线路网损时系统的有效燃料成本微增率。当 f_i 以\$/h 为单位而 P 以 MW 为单位时，F 和 λ 的单位分别为\$/h 和\$/MWh。等式(12.21)约束下的原始 f 最小极值问题变成式(12.22)所述的 F 无约束最小极值问题，需要求解的变量为 λ 和各个发电机的输出功率。成本最小时，F 相对于各个 P_{gi} 的偏导等于零，即

$$\frac{\partial F}{\partial P_{gi}} = \frac{\partial}{\partial P_{gi}}\left[(f_1 + f_2 + \cdots + f_N) + \lambda\left(P_L + P_D - \sum_{i=1}^{N} P_{gi}\right)\right] = 0 \quad (12.23)$$

由于 P_D为定值，机组的燃料成本仅在该机组输出功率变化时才变化，因此对于各个机组的输出功率 P_{g1}，P_{g2}，…，P_{gN}，由式(12.23)可得

$$\frac{\partial F}{\partial P_{gi}} = \frac{\partial f_i}{\partial P_{gi}} + \lambda\left(\frac{\partial P_L}{\partial P_{gi}} - 1\right) = 0, \quad i = 1, 2, \cdots, N \quad (12.24)$$

因为 f_i 仅依赖于 P_{gi}，所以对于任意 i，f_i 的偏导数都可以用导数代替，则有

$$\lambda = \left(\frac{1}{1 - \dfrac{\partial P_L}{\partial P_{gi}}}\right)\frac{\partial f_i}{\partial P_{gi}}, \quad i = 1, 2, \cdots, N \quad (12.25)$$

将上式写成以下形式

$$\lambda = L_i \frac{\partial f_i}{\partial P_{gi}} = L_i \frac{\mathrm{d} f_i}{\mathrm{d} P_{gi}}, \quad i = 1, 2, \cdots, N \quad (12.26)$$

其中 L_i 被称为机组 i 的惩罚因子

$$L_i = \frac{1}{1 - \dfrac{\partial P_L}{\partial P_{gi}}}, \quad i = 1, 2, \cdots, N \quad (12.27)$$

式(12.26)表明：当系统中各个机组的燃料成本微增率与其惩罚因子的积相同时，可获得最小燃料成本。对应的 $L_i(\mathrm{d}f_i/\mathrm{d}P_{gi})$ 相等，用 λ 表示，并称为系统 λ，它近似等于总负荷每增加1 MW 时对应的成本(\$/h)。惩罚因子 L_i 取决于 $\partial P_L/\partial P_{gi}$，表示输电系统网损对 P_{gi} 单独变化的敏感度。同一发电厂内与同一节点相连的机组都有相同的输电路径，因此，这些机组输出功率的微小变化都对应相同的系统网损的变化。这表示同一发电厂内机组的惩罚因子相同。因此，对于连接到同一发电厂内公共节点的机组，负荷的经济分配需要满足 12.1 节的规则。

式(12.26)为发电厂机组分散在整个系统中时考虑网损的经济负荷分配协调公式。为了确定不同发电厂的惩罚因子，首先需要将系统总网损表示为发电厂负荷的函数，下文将对这个函数进行讨论。

当忽略系统网损时，输电网络等效于一个节点，所有机组和负荷都和该节点相连。各发电厂的惩罚因子变为 1，系统 λ 与式(12.6)相同。当考虑网损(通常是所有机组输出功率的二次函数)时，需要通过迭代求解非线性协调方程(12.24)才能得到经济调度方案，将非线性协调方程重写为如下形式：

$$\frac{\mathrm{d}f_i}{\mathrm{d}P_{gi}} - \lambda + \lambda\frac{\partial P_L}{\partial P_{gi}} = 0, \qquad i = 1, 2, \cdots, N \tag{12.28}$$

令系统中各机组的燃料成本为式(12.1)所示的二阶函数，燃料成本微增率为式(12.2)所示的线性函数。式(12.28)中的偏导数项为网损增量，它表示当其他机组保持输出功率不变时，系统网损对机组 i 输出增量变化的敏感度。例如，当系统中含两个发电厂，每个电厂有两台机组时，网损为

$$P_L = \sum_{i=1}^{N}\sum_{j=1}^{N} P_{gi}B_{ij}P_{gj} + \sum_{i=1}^{N} B_{i0}P_{gi} + B_{00} \tag{12.29}$$

其中 $N=2$，B 称为网损系数或 B 系数，它对应系统 $\mathbf{Z}_{bus}$ 中元素的实部。12.4 节将对系统网损函数进行详细的推导。

$N=2$ 时，由式(12.29)可得机组 1 的网损增量为

$$\begin{aligned}\frac{\partial P_L}{\partial P_{g1}} &= \frac{\partial}{\partial P_{g1}}(B_{11}P_{g1}^2 + 2B_{12}P_{g1}P_{g2} + B_{22}P_{g2}^2 + B_{10}P_{g1} + B_{20}P_{g2} + B_{00})\\ &= 2B_{11}P_{g1} + 2B_{12}P_{g2} + B_{10}\end{aligned} \tag{12.30}$$

在式(12.28)中，令 i 等于 1，$\mathrm{d}f_1/\mathrm{d}P_{g1}$ 用式(12.2)替代，$\partial P_L/\partial P_{g1}$ 用式(12.30)替代，可得

$$(2a_1P_{g1} + b_1) - \lambda + \lambda(2B_{11}P_{g1} + 2B_{12}P_{g2} + B_{10}) = 0 \tag{12.31}$$

归并上式中所有含 P_{g1} 的项，然后除以 λ，

$$\left(\frac{2a_1}{\lambda} + 2B_{11}\right)P_{g1} + 2B_{12}P_{g2} = (1 - B_{10}) - \frac{b_1}{\lambda} \tag{12.32}$$

按上述相同步骤求 $\partial P_L/\partial P_{g2}$，可得机组 2 的相关表达式：

$$2B_{21}P_{g1} + \left(\frac{2a_2}{\lambda} + 2B_{22}\right)P_{g2} = (1 - B_{20}) - \frac{b_2}{\lambda} \tag{12.33}$$

将式(12.32)和式(12.33)重新排列成矩阵形式

$$\begin{bmatrix}\left(\dfrac{2a_1}{\lambda} + 2B_{11}\right) & 2B_{12}\\ 2B_{21} & \left(\dfrac{2a_2}{\lambda} + 2B_{22}\right)\end{bmatrix}\begin{bmatrix}P_{g1}\\ P_{g2}\end{bmatrix} = \begin{bmatrix}(1 - B_{10}) - \dfrac{b_1}{\lambda}\\ (1 - B_{20}) - \dfrac{b_2}{\lambda}\end{bmatrix} \tag{12.34}$$

上式即为机组 1 和机组 2 的非线性协调方程组。当系统含有 N 台机组时，对式(12.29)的 P_L

求相对于 P_{gi} 的偏导，可得机组 i 的通用协调公式为

$$\left(\frac{2a_i}{\lambda}+2B_{ii}\right)P_{gi}+\sum_{\substack{j=1\\j\neq i}}^{N}2B_{ij}P_{gj}=(1-B_{i0})-\frac{b_i}{\lambda} \tag{12.35}$$

和

$$P_{gi}=\frac{\lambda(1-B_{i0}-\sum\limits_{\substack{j=1\\j\neq i}}^{N}2B_{ij}P_{gj})-b_i}{2(a_i+\lambda B_{ii})} \tag{12.36}$$

令 i 的范围为 1~N，类似于式(12.34)可得 N 台机组的线性方程组

$$\begin{bmatrix}\left(\frac{2a_1}{\lambda}+2B_{11}\right) & 2B_{12} & \cdots & 2B_{1N}\\ 2B_{21} & \left(\frac{2a_2}{\lambda}+2B_{22}\right) & \cdots & 2B_{2N}\\ \vdots & \vdots & \ddots & \vdots\\ 2B_{N1} & 2B_{N2} & \cdots & \left(\frac{2a_N}{\lambda}+2B_{NN}\right)\end{bmatrix}\begin{bmatrix}P_{g1}\\P_{g2}\\ \vdots\\P_{gN}\end{bmatrix}=\begin{bmatrix}(1-B_{10})-\frac{b_1}{\lambda}\\(1-B_{20})-\frac{b_2}{\lambda}\\ \vdots\\(1-B_{N0})-\frac{b_N}{\lambda}\end{bmatrix} \tag{12.37}$$

将式(12.21)中的 P_L 用式(12.29)替代，可得

$$\left(\sum_{i=1}^{N}\sum_{j=1}^{N}P_{gi}B_{ij}P_{gj}+\sum_{i=1}^{N}B_{i0}P_{gi}+B_{00}\right)+P_D-\sum_{i=1}^{N}P_{gi}=0 \tag{12.38}$$

上式为基于 B 系数、发电厂负荷和总负荷的系统功率平衡约束方程。求解经济调度策略的过程即为求解满足式(12.38)网损和负荷要求的式(12.37)的 N 个方程。

求解式(12.37)和式(12.38)中未知数 $P_{g1},P_{g2},\cdots,P_{gN}$ 和 λ 的方法很多。令式(12.37)中的 λ 为初始值，则式(12.37)变为线性方程组。下述的矩阵系数求逆法为众多方法中的一种：

步骤 1：

指定系统负荷 $P_D=\sum_{j=1}^{J}P_{dj}$，其中 J 是负荷节点的个数，节点 j 的负荷功率为 P_{dj}。

步骤 2：

第一次迭代时，设置系统 λ 的初始值。[初始化时，可以假设网损为零，并由式(12.12)计算得到 λ 的初始值。]

步骤 3：

将 λ 的值代入式(12.37)，求解线性联立方程组的解 P_{gi}。

步骤 4：

使用步骤 3 中的 P_{gi} 值计算式(12.29)的网损 P_L。

步骤 5：

比较 $\left(\sum_{i=1}^{N}P_{gi}-P_L\right)$ 与 P_D，验证功率平衡方程(12.38)。如果功率平衡误差大于指定的误差 ε，则按下式更新系统 λ 值

$$\lambda^{(m+1)}=\lambda^{(m)}+\Delta\lambda^{(m)} \tag{12.39}$$

增量 $\Delta\lambda^{(m)}$ 的公式为

$$\Delta\lambda^{(m)} = \frac{\lambda^{(m)} - \lambda^{(m-1)}}{\sum_{i=1}^{N} P_{gi}^{(m)} - \sum_{i=1}^{N} P_{gi}^{(m-1)}}\left[P_D + P_L^{(m)} - \sum_{i=1}^{N} P_{gi}^{(m)}\right] \tag{12.40}$$

式(12.39)和式(12.40)中，上标(m+1)表示将要开始的下一次迭代，上标(m)表示刚刚结束的迭代，(m−1)表示上一次迭代。12.2节介绍的二分法或牛顿法也可以用于求解 λ 的增量。

步骤6：

返回步骤3并继续计算步骤3、步骤4和步骤5，直到最终收敛。

上述步骤除了能得到已知系统负荷时的系统 λ 外，还能得到各机组的经济负荷分配。注意，每次迭代的步骤3都提供了一个经济调度方案，尽管它可能不是系统指定负荷下的最优解，但它对应了某一个负荷水平下的最优解。

例题12.6 四节点系统中，两台机组分别与节点①和节点②相连，燃料成本微增率如例题12.1所示。当负荷为500 MW时，系统的 B 系数(以100 MVA为基准值)为

$$\begin{bmatrix} B_{11} & B_{12} & B_{10}/2 \\ B_{21} & B_{22} & B_{20}/2 \\ B_{10}/2 & B_{20}/2 & B_{00} \end{bmatrix} = \begin{bmatrix} 8.412231 & -0.028725 & 0.380697 \\ -0.028725 & 5.981305 & 0.197142 \\ 0.380697 & 0.197142 & 0.092345 \end{bmatrix} \times 10^{-3}$$

计算负荷为500 MW时各机组的经济负荷。系统 λ 以及系统的网损是多少？各机组的惩罚因子和各发电机节点的燃料成本微增率是多少？

解： 属于不同发电厂的两台机组的燃料成本微增率($/MWh)分别为

$$\frac{\mathrm{d}f_1}{\mathrm{d}P_{g1}} = 0.0080\,P_{g1} + 8.0 = 2a_1P_{g1} + b_1$$

$$\frac{\mathrm{d}f_2}{\mathrm{d}P_{g2}} = 0.0096\,P_{g2} + 6.4 = 2a_2P_{g2} + b_2$$

其中 P_{g1}和 P_{g2}的单位为MW。

第一次迭代时，首先预估 λ 的初始值。直接使用例题12.1系统负荷为500 MW时的结果。设步骤5中用于验证功率平衡的容许误差为 $\varepsilon = 10^{-6}$。

步骤1：

以100 MVA为基础，P_D的标幺值为 $P_D = 5.00$。

步骤2：

根据例题12.1，选择 $\lambda^{(1)} = 9.454545$。

步骤3：

基于 $\lambda^{(1)}$的估计值，输出功率 P_{g1}和 P_{g2}由下式计算：

$$\begin{bmatrix} \frac{0.8}{\lambda^{(1)}} + 2 \times 8.412231 \times 10^{-3} & -2 \times 0.028725 \times 10^{-3} \\ -2 \times 0.028725 \times 10^{-3} & \frac{0.96}{\lambda^{(1)}} + 2 \times 5.981305 \times 10^{-3} \end{bmatrix} \begin{bmatrix} P_{g1} \\ P_{g2} \end{bmatrix}$$

$$= \begin{bmatrix} (1 - 0.761394 \times 10^{-3}) - \frac{8.0}{\lambda^{(1)}} \\ (1 - 0.394284 \times 10^{-3}) - \frac{6.4}{\lambda^{(1)}} \end{bmatrix}$$

注意，式(12.37)中参数 $2a_1$ 和 $2a_2$ 在本例中为标幺值，因为其他量也是标幺值。该例题比较简单，可以直接求解得到 P_{g1} 和 P_{g2} 的第一次迭代值：

$$P_{g1}^{(1)} = 1.512869\text{p.u.}, \quad P_{g2}^{(1)} = 2.845237 \text{ p.u.}$$

步骤 4：

根据步骤 3 的结果和系统的 B 系数，网损计算如下：

$$\begin{aligned} P_L &= B_{11}P_{g1}^2 + 2B_{12}P_{g1}P_{g2} + B_{22}P_{g2}^2 + B_{10}P_{g1} + B_{20}P_{g2} + B_{00} \\ &= B_{11}(1.512869)^2 + 2B_{12}(1.512869)(2.84523) \\ &\quad + B_{22}(2.84523)^2 + B_{10}(1.512869) + B_{20}(2.84523) + B_{00} \\ &= 0.0693733 \text{ p.u.} \end{aligned}$$

步骤 5：

检查 $P_D = 5.00$ p.u. 时，功率是否平衡

$$P_D + P_L^{(1)} - (P_{g1}^{(1)} + P_{g2}^{(1)}) = 5.0693733 - 4.358106 = 0.711266$$

误差超过 $\varepsilon = 10^{-6}$，因此需要提供新的 λ 值。λ 的增量由式(12.39)计算如下：

$$\Delta\lambda^{(1)} = (\lambda^{(1)} - \lambda^{(0)})\left[\frac{P_D + P_L^{(1)} - (P_{g1}^{(1)} + P_{g2}^{(1)})}{\left(\sum_{i=1}^{2} P_{gi}^{(1)}\right) - \left(\sum_{i=1}^{2} P_{gi}^{(0)}\right)}\right]$$

由于这是第一次迭代，$\lambda^{(0)}$ 和 $\sum_{i=1}^{2} P_{gi}^{(0)}$ 都设定为零，所以

$$\Delta\lambda^{(1)} = (9.454545 - 0)\left[\frac{0.711266}{4.358106 - 0}\right] = 1.543033$$

更新的 λ 为

$$\lambda^{(2)} = \lambda^{(1)} + \Delta\lambda^{(1)} = 9.454545 + 1.543033 = 10.997579$$

步骤 6：

返回步骤 3，开始第二轮迭代，使用 $\lambda^{(2)}$ 重复上述步骤，依次类推。

系统 λ 和两台机组经济负荷的最终收敛解为

$$\lambda = 9.839862 \text{ \$/MWh}$$

$$P_{g1} = 190.2204 \text{ MW}, \quad P_{g2} = 319.1015 \text{ MW}$$

本例中的收敛条件 $\varepsilon = 10^{-6}$ 仅仅是为了进行分析，实践中不需要这种精度。

最后一次迭代的步骤 4 中，根据 P_{g1} 和 P_{g2} 的解可以计算得到：网损为 9.6981 MW，两个电厂的总发电量为 510.22 MW，满足负荷和网损的需求。这两个发电厂的网损增量为

$$\begin{aligned} \frac{\partial P_L}{\partial P_{g1}} &= 2(B_{11}P_{g1} + B_{12}P_{g2} + B_{10}/2) \\ &= 2(8.383183 \times 190.2203 - 0.049448 \times 319.101533 + 0.375082) \times 10^{-3} \\ &= 0.032455 \end{aligned}$$

$$\begin{aligned} \frac{\partial P_L}{\partial P_{g2}} &= 2(B_{22}P_{g2} + B_{21}P_{g1} + B_{20}/2) \\ &= 2(5.963568 \times 319.101533 - 0.049448 \times 190.2203 + 0.194971) \times 10^{-3} \\ &= 0.038622 \end{aligned}$$

惩罚因子为

$$L_1 = \frac{1}{1-0.032\,455} = 1.033\,544\,, \qquad L_2 = \frac{1}{1-0.038\,622} = 1.040\,173$$

两个发电厂节点的燃料成本微增率为

$$\frac{\mathrm{d}f_1}{\mathrm{d}P_{g1}} = 2a_1P_{g1} + b_1 = 2 \times 0.008 \times 190.220\,4 + 8.0 = 11.043\,526 \quad \$/\mathrm{MWh}$$

$$\frac{\mathrm{d}f_2}{\mathrm{d}P_{g2}} = 2a_2P_{g2} + b_2 = 2 \times 0.009\,6 \times 319.101\,5 + 6.4 = 12.526\,749 \quad \$/\mathrm{MWh}$$

表 12.3 所示为对应的迭代过程与最优经济分配结果。

表 12.3　基于式(12.43)的 λ 迭代解

迭　代	λ (\$/MWh)	P_{g1}(MW)	P_{g2}(MW)	总发电量(MW)
1	9.454 545	151.286 9	284.523 7	435.810 6
2	10.997 579	304.138 8	421.254 2	725.393 0
3	9.895 750	195.824 3	324.092 4	519.916 8
4	9.840 954	190.329 9	319.199 1	509.529 0
5	9.839 900	190.224 1	319.104 9	509.329 0
6	9.839 864	190.220 5	319.101 6	509.322 2
7	9.839 863	190.220 4	319.101 5	509.321 9

表 12.4 和表 12.5 分别为使用二分法和牛顿法获得的结果。比较后可见，3 种方法的 λ 迭代结果非常相近。感兴趣的读者可以进一步分析 3 种方法下对应的收敛时间或迭代次数。

表 12.4　基于二分法的 λ 迭代结果

迭　代	λ (\$/MWh)	P_{g1}(MW)	P_{g2}(MW)	总发电量(MW)
1	25.000 000	1395.867 4	1480.295 9	2876.163 2
2	15.500 000	445.474 8	550.057 9	995.532 7
⋮	⋮	⋮	⋮	⋮
27	9.839 862	190.220 4	319.101 5	509.321 9
28	9.839 862	190.220 4	319.101 5	509.321 9
29	9.839 862	190.220 4	319.101 5	509.321 9

表 12.5　基于牛顿法的 λ 迭代结果

迭　代	λ (\$/MWh)	P_{g1}(MW)	P_{g2}(MW)	总发电量(MW)
1	9.454 545	151.286 9	284.523 7	435.810 6
2	9.520 010	157.938 5	290.419 2	448.357 6
⋮	⋮	⋮	⋮	⋮
67	9.839 862	190.220 3	319.101 5	509.321 8

续表

迭　代	λ (\$/MWh)	P_{g1}(MW)	P_{g2}(MW)	总发电量(MW)
68	9.839 862	190.220 3	319.101 5	509.321 8
69	9.839 862	190.220 3	319.101 5	509.321 8

表 12.3 对应的 MATLABM 程序为 ex12_6.m。表 12.4 和表 12.5 对应的 M 文件分别为 ex12_6a.m 和 ex12_6b.m。

MATLAB program for Example 12.6(ex12_6.m):

```
% Matlab M-file for Example 12.6:ex12_6.m
clc
clear all
% Initial value
format long
a1=0.8;
a2=0.96;
b1=8;
b2=6.4;
B=[8.412231 -0.028725 0.380697; % B is obtained from B_matrix in
Ex13.6
  -0.028725 5.981305 0.197142;
  0.380697 0.197142 0.092345]*10^(-3)
lambda=9.454545;
PD=5;
B10=2*B(3,1);
B20=2*B(3,2);
B00=B(3,3);
disp('Given PD=5.00 per unit on a 100-MVA base')
disp('Choose lambda=9.454545 in first iteration')
% Suppose M*Pg=N
M=[a1/lambda+2*B(1,1) 2*B(1,2);
2*B(2,1) a2/lambda+2*B(2,2)]
N=[1-B10-b1/lambda;1-B20-b2/lambda]
Pg=inv(M)*N
PL=B(1,1)*Pg(1,1)^2+2*B(1,2)*Pg(1,1)*Pg(2,1)+B(2,2)
*Pg(2,1)^2+B10*Pg(1,1)+B20*Pg(2,1)+B00
check=PD+PL-(Pg(1,1)+Pg(2,1));
delta_lambda=lambda*(PD+PL-(Pg(1,1)+Pg(2,1)))/(Pg(1,1)+Pg(2,1))
k=0;
while abs(check) > (10^(-6))
disp(['*****Enter iteration' num2str(k)])
Pg_pre=[Pg(1,1);Pg(2,1)]; % The value of Pg1,Pg2 in previous
iteration
lambda_pre=lambda; % The value of lambda in previous iteration
lambda=lambda+delta_lambda
M=[a1/lambda+2*B(1,1) 2*B(1,2);2*B(2,1) a2/lambda+2*B(2,2)];
N=[1-B10-b1/lambda;1-B20-b2/lambda];
Pg=inv(M)*N
```

```
PL=B(1,1)*Pg(1,1)^2+2*B(1,2)*Pg(1,1)*Pg(2,1)+B(2,2)
*Pg(2,1)^2+B10*Pg(1,1)+B20*Pg(2,1)+B00;
check=PD+PL-(Pg(1,1)+Pg(2,1));
delta_lambda=(lambda-lambda_pre)*(PD+PL-(Pg(1,1)+Pg(2,1)))/
(Pg(1,1)+Pg(2,1)
-Pg_pre(1,1)-Pg_pre(2,1))
k=k+1;
end
disp('--------------Stop iteration--------------')
% Calculate the incremental fuel cost ($/MWh)
cost1=a1*Pg(1,1)+b1
cost2=a2*Pg(2,1)+b2
% Calculate the penalty factor
L1=1/(1-2*(B(1,1)*Pg(1,1)+B(1,2)*Pg(2,1)+B10/2))
L2=1/(1-2*(B(2,2)*Pg(2,1)+B(2,1)*Pg(2,1)+B20/2))
```

该例中，发电厂2的燃料成本微增率较低，因此承载500 MW负荷的较大部分。读者可以验证，系统的有效成本微增率(通常称为交付功率的成本微增率)等于$L_1(\mathrm{d}f_1/\mathrm{d}P_{g1})=L_2(\mathrm{d}f_2/\mathrm{d}P_{g2})=9.8425$ \$/MWh。

注意，前文已经提过，每次迭代的步骤3都为机组提供了一组有效的经济分配结果。这些结果在特定负荷水平下是正确的，能满足功率平衡的要求。例如，例题12.4第一次迭代的步骤3中，系统λ等于9.454 545 \$/MWh，计算得到的发电机输出为$P_{g1}^{(1)}=151.0728$ MW和$P_{g2}^{(1)}=284.3756$ MW。在同一迭代的步骤4中，对应的$P_L^{(1)}$值等于6.968 6 MW。因此，当系统负荷P_D等于下述值时，将满足系统的功率平衡

$$(P_{g1}^{(1)}+P_{g2}^{(1)})-P_L^{(1)}=(435.4484-6.9686)=428.4798\ \mathrm{MW}$$

下例将使用本例的结论。

例题12.7 例题12.6中，当系统负荷从500 MW减少到429 MW时，试求两个发电厂的生产成本减少了多少?

解: 由例题12.6可知，当系统负荷为500 MW时，两个发电厂的经济负荷分别为$P_{g1}=190.2$ MW和$P_{g2}=319.1$ MW。第一轮迭代中，发电厂的输出功率为$P_{g1}=151.3$ MW和$P_{g2}=284.5$ MW，能确保负荷为436 MW时各机组的经济分配。因此，直接使用上述结果，就能得到具有足够精度的两种负荷下生产成本的降低程度

$$\begin{aligned}\Delta f_1&=\int_{190.2}^{151.3}(0.0080P_{g1}+8.0)\mathrm{d}P_{g1}\\&=(0.0040P_{g1}^2+8.0P_{g1}+c_1)\Big|_{190.2}^{151.3}=-364.34\ \$/\mathrm{h}\end{aligned}$$

$$\begin{aligned}\Delta f_2&=\int_{319.1}^{284.5}(0.0096P_{g2}+6.4)\mathrm{d}P_{g2}\\&=(0.0048P_{g2}^2+6.4P_{g2}+c_2)\Big|_{319.1}^{284.5}=-321.69\ \$/\mathrm{h}\end{aligned}$$

因此，单位小时内系统燃料成本的减少总量为686.03 \$/h。

目前已经有包含系统网损的在线机组经济调度程序。

图12.6中，如果在经济调度问题中加入式(12.41)所示各机组的最大和最小输出限制，则式(12.41)可以用不等式约束式(12.42)和式(12.43)，表示为

$$P_{gi,\min}\leqslant P_{gi}\leqslant P_{gi,\max},\quad i=1,2,\cdots,N \tag{12.41}$$

$$P_{gi,\min} - P_{gi} \leqslant 0 \tag{12.42}$$

$$P_{gi} - P_{gi,\max} \leqslant 0 \tag{12.43}$$

N 台机组经济调度问题的拉格朗日函数变为

$$L = \sum_{i=1}^{N} f_i(P_{gi}) + \lambda(P_D + P_L - \sum_{i=1}^{N} P_{gi}) + \sum_{i=1}^{N} \mu_{i,\min}(P_{gi,\min} - P_{gi}) + \sum_{i=1}^{N} \mu_{i,\max}(P_{gi} - P_{gi,\max}) \tag{12.44}$$

其中，$\mu_{i,\min}$ 和 $\mu_{i,\max}$ 分别是第 i 台机组的最小和最大发电极限的拉格朗日乘数。假设各台机组的成本函数均表示为式(12.3)所示的二阶函数，根据 Kuhn-Tucker 理论，最优解的充要条件为

$$\frac{\partial L}{\partial P_{gi}} = 2a_i P_{gi} + b_i - \lambda = 0, \quad i = 1, 2, \cdots, N \tag{12.45}$$

$$\frac{\partial L}{\partial \lambda} = P_D + P_L - \sum_{i=1}^{N} P_{gi} = 0 \tag{12.46}$$

$$\frac{\partial L}{\partial \mu_{i,\min}} = P_{gi,\min} - P_{gi} \leqslant 0, \quad i = 1, 2, \cdots, N \tag{12.47}$$

$$\mu_{i,\min}(P_{gi,\min} - P_{gi}) = 0, \qquad \mu_{i,\min} > 0, \quad i = 1, 2, \cdots, N \tag{12.48}$$

$$\frac{\partial L}{\partial \mu_{i,\max}} = P_{gi} - P_{gi,\max} \leqslant 0, \quad i = 1, 2, \cdots, N \tag{12.49}$$

$$\mu_{i,\max}(P_{gi} - P_{gi,\max}) = 0, \qquad \mu_{i,\max} > 0, \quad i = 1, 2, \cdots, N \tag{12.50}$$

既考虑网损又考虑发电限制的多机组的经济调度问题涉及更复杂的数学规划技术，这里不再讨论。解决此类问题的一种简单方法是在 12.2 节中的步骤中加入发电机极限的校验。考虑网损和机组发电极限后的主要求解步骤如下：

步骤 1：输入收敛误差 ε、最大迭代次数 I_{MX}，以及更新 λ，β 的步长，初始化迭代次数，$m=1$。

步骤 2：忽略网损和机组发电极限。按式(12.11)和式(12.9)求 λ 和 $P_{gi}(i=1,2,\cdots,N)$。

步骤 3：令 $\lambda^{(m)}=\lambda$，计算未超出式(12.36)发电极限的 N_g 个机组的 $P_{gi}(i=1,2,\cdots,N_g)$。

步骤 4：由式(12.29)计算网损。

步骤 5：校验 $\left| P_D + P_L^{(m)} - \sum_{i=1}^{N} P_{gi}^{(m)} \right| \leqslant \varepsilon$ 是否成立。如果成立，执行步骤 8；如果不成立，检查迭代次数是否超过 I_{MX}。如果是，执行步骤 8。

步骤 6：按 $\lambda^{(m+1)}=\lambda^{(m)}+\Delta\lambda^{(m)}$ 更新 λ，其中 $\Delta\lambda^{(m)}$ 为

$$\Delta\lambda_i^{(m)} = \beta(P_D + P_L^{(m)} - \sum_{i=1}^{N} P_{gi}^{(m)}) \tag{12.51}$$

或者由式(12.40)确定 $\Delta\lambda^{(m)}$。

步骤 7：令 $\lambda=\lambda^{(m+1)}$ 并返回步骤 3。

步骤 8：验证是否有 $P_{gi}(i=1,2,\cdots,N_g)$ 超出其限制。如果有，将机组输出设定为极限值。如果没有，执行步骤 10。

步骤 9：更新迭代次数 $m=m+1$ 并返回步骤 3。

步骤 10：计算总燃料成本、网损和功率输出。

12.4 网损方程

为了推导基于发电厂功率输出的网损方程，首先考虑一个包含两个发电厂和两个负荷的

简单系统，其输电网络用节点阻抗矩阵表示。推导过程分两步。第一步，对将6.8节等功率变换的方法用于系统 $\mathbf{Z}_{bus}$，使网损仅与发电机电流有关。第二步，将发电机电流转换为发电厂的功率输出，从而推导出含任意 N 台发电机的系统网损方程。

以图12.9(a)所示的四节点系统为例，其中节点①和节点②是发电机节点，节点③和节点④是负荷节点，节点ⓝ是系统中性点。

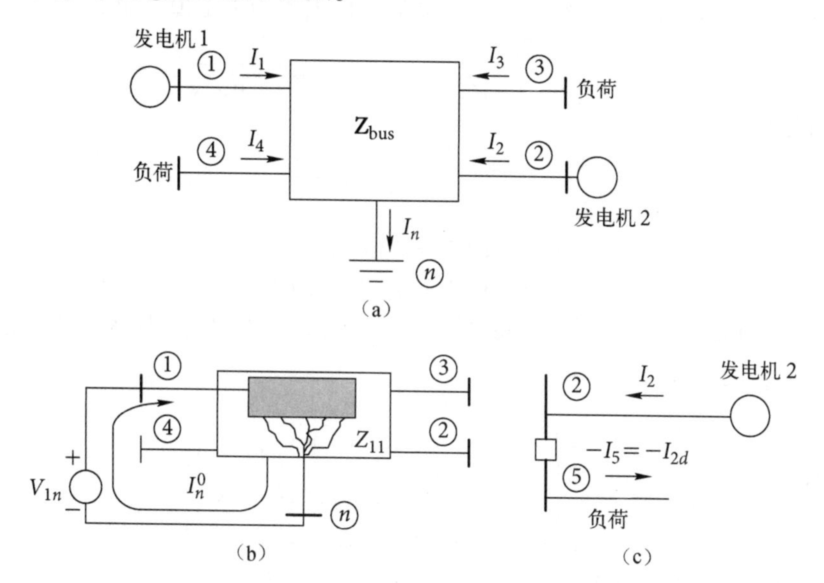

图12.9 (a) 四节点系统；(b) 式(12.58)的空载电流 I_n^0；(c) 发电机节点②上负荷电流 $-I_{2d}$ 的处理

图12.9(c)为发电机和负荷在同一节点时的情况，这种情况将放在本节最后进行讨论。将图12.9(a)中负荷节点的注入电流 I_3 和 I_4 相加，成为系统综合负荷电流 I_D

$$I_3 + I_4 = I_D \tag{12.52}$$

假设各负荷与总负荷的比例保持不变，令

$$I_3 = d_3 I_D, \quad I_4 = d_4 I_D \tag{12.53}$$

故

$$d_3 + d_4 = 1 \tag{12.54}$$

式(12.52)~式(12.54)增加相应的电流表达式后，可以推广到含两个以上负荷节点的系统。

选择图12.9(a)的节点ⓝ作为节点方程的参考节点，有

$$\begin{bmatrix} V_{1n} \\ V_{2n} \\ V_{3n} \\ V_{4n} \end{bmatrix} = \begin{array}{c} ① \\ ② \\ ③ \\ ④ \end{array} \overset{\begin{array}{cccc} ① & ② & ③ & ④ \end{array}}{\begin{bmatrix} Z_{11} & Z_{12} & Z_{13} & Z_{14} \\ Z_{21} & Z_{22} & Z_{23} & Z_{24} \\ Z_{31} & Z_{32} & Z_{33} & Z_{34} \\ Z_{41} & Z_{42} & Z_{43} & Z_{44} \end{bmatrix}} \begin{bmatrix} I_1 \\ I_2 \\ I_3 \\ I_4 \end{bmatrix} \tag{12.55}$$

为了强调节点电压是相对于参考节点ⓝ的电压，上式中节点电压采用双下标表示。将式(12.55)的第一行展开

$$V_{1n} = Z_{11}I_1 + Z_{12}I_2 + Z_{13}I_3 + Z_{14}I_4 \tag{12.56}$$

将 $I_3 = d_3 I_D$ 和 $I_4 = d_4 I_D$ 代入上式，可求得 I_D 为

$$I_D=\frac{-Z_{11}}{d_3Z_{13}+d_4Z_{14}}I_1+\frac{-Z_{12}}{d_3Z_{13}+d_4Z_{14}}I_2+\frac{-Z_{11}}{d_3Z_{13}+d_4Z_{14}}I_n^0 \tag{12.57}$$

其中 I_n^0为空载电流，简写为

$$I_n^0=-\frac{V_{1n}}{Z_{11}} \tag{12.58}$$

I_n^0的物理意义为 V_{1n}恒定时注入系统节点ⓝ的电流，该电流为恒定值。定义

$$t_1=\frac{Z_{11}}{d_3Z_{13}+d_4Z_{14}}\ ,\qquad t_2=\frac{Z_{12}}{d_3Z_{13}+d_4Z_{14}} \tag{12.59}$$

式(12.57)可简化为

$$I_D=-t_1I_1-t_2I_2-t_1I_n^0 \tag{12.60}$$

将式(12.60)代入式(12.53)，可得

$$I_3=-d_3t_1I_1-d_3t_2I_2-d_3t_1I_n^0 \tag{12.61}$$

$$I_4=-d_4t_1I_1-d_4t_2I_2-d_4t_1I_n^0 \tag{12.62}$$

将式(12.61)和式(12.62)定义为将“旧”电流 I_1，I_2，I_3和 I_4变换为“新”电流 I_1，I_2和 I_n^0的变换矩阵 **C**，同式(6.86)一样，即

$$\begin{bmatrix}I_1\\I_2\\I_3\\I_4\end{bmatrix}=\begin{matrix}①\\②\\③\\④\end{matrix}\overset{\begin{matrix}①\qquad\quad ②\qquad\quad ③\end{matrix}}{\begin{bmatrix}1 & \cdot & \cdot\\ \cdot & 1 & \cdot\\ -d_3t_1 & -d_3t_2 & -d_3t_1\\ -d_4t_1 & -d_4t_2 & -d_4t_1\end{bmatrix}}\begin{bmatrix}I_1\\I_2\\I_n^0\end{bmatrix}=\mathbf{C}\begin{bmatrix}I_1\\I_2\\I_n^0\end{bmatrix} \tag{12.63}$$

求解式(12.63)，然后用式(6.99)表示网损，将其写为

$$P_L=[I_1\ \ I_2\ \ I_n^0]\mathbf{C}^{\mathrm{T}}\mathbf{R}_{\mathrm{bus}}\mathbf{C}^*\begin{bmatrix}I_1\\I_2\\I_n^0\end{bmatrix}^* \tag{12.64}$$

其中 $\mathbf{R}_{\mathrm{bus}}$是式(12.55)的 $\mathbf{Z}_{\mathrm{bus}}$的对称实部。由于变换矩阵 **C** 具有功率不变的特性，所以基于发电机电流 I_1，I_2和空载电流 I_n^0的式(12.64)可以表示系统的有功网损。令节点①为系统的松弛节点，则电流 $I_n^0=-V_{1n}/Z_{11}$为恒定的复数，因此式(12.64)中的变量只有 I_1和 I_2。

图 12.9(b)可用于解释将 I_n^0称为空载电流的原因。如果从系统中移除所有的负荷和发电机，并在节点①上施加电压 V_{1n}，则和节点ⓝ相连的并联支路上将仅有电流 I_n^0流过。该电流由戴维宁阻抗 Z_{11}确定，而 Z_{11}包括与线路充电电流和变压器磁化电流相关的阻抗，该阻抗值很大且与负荷无关，所以 I_n^0通常较小且相对恒定。

假设各发电机节点的无功功率 Q_{gi}是有功功率 P_{gi}的 s_i倍。这相当于假设同一周期内各发电机的功率因数恒定，因此

$$P_{g1}+\mathrm{j}Q_{g1}=(1+\mathrm{j}s_1)P_{g1},\quad P_{g2}+\mathrm{j}Q_{g2}=(1+\mathrm{j}s_2)P_{g2} \tag{12.65}$$

其中 $s_1=Q_{g1}/P_{g1}$，$s_2=Q_{g2}/P_{g2}$，s_1和 s_2均为实数。发电机的输出电流为

$$I_1=\frac{(1-\mathrm{j}s_1)}{V_1^*}P_{g1}=\alpha_1P_{g1}\ ,\qquad I_2=\frac{(1-\mathrm{j}s_2)}{V_2^*}P_{g2}=\alpha_2P_{g2} \tag{12.66}$$

其中 α_1和 α_2分别表示有功功率 P_{g1}和 P_{g2}前面的系数表达式。由式(12.66)，可将电流 I_1，I_2和 I_n^0表示为矩阵形式

$$\begin{bmatrix}I_1\\I_2\\I_n^0\end{bmatrix}=\begin{bmatrix}\alpha_1 & \cdots & \cdots\\ \cdots & \alpha_2 & \cdots\\ \cdots & \cdots & I_n^0\end{bmatrix}\begin{bmatrix}P_{g1}\\P_{g2}\\1\end{bmatrix} \tag{12.67}$$

将上式代入式(12.64)，可得

$$P_L = \begin{bmatrix} P_{g1} \\ P_{g2} \\ 1 \end{bmatrix}^{\mathrm{T}} \underbrace{\begin{bmatrix} \alpha_1 & \cdot & \cdot \\ \cdot & \alpha_2 & \cdot \\ \cdot & \cdot & I_n^0 \end{bmatrix} \mathbf{C}^{\mathrm{T}}\mathbf{R}_{\mathrm{bus}}\mathbf{C}^* \begin{bmatrix} \alpha_1 & \cdot & \cdot \\ \cdot & \alpha_2 & \cdot \\ \cdot & \cdot & I_n^0 \end{bmatrix}^*}_{\mathbf{T}_\alpha} \begin{bmatrix} P_{g1} \\ P_{g2} \\ 1 \end{bmatrix}^* \tag{12.68}$$

注意，矩阵乘积的转置等于矩阵转置后逆序相乘。例如，对矩阵 **A**，**B** 和 **D**，有 $(\mathbf{ABD})^{\mathrm{T}} = \mathbf{D}^{\mathrm{T}}\mathbf{B}^{\mathrm{T}}\mathbf{A}^{\mathrm{T}}$，两边同时取共轭复数，有 $[(\mathbf{ABD})^{\mathrm{T}}]^* = (\mathbf{D}^{\mathrm{T}})^*(\mathbf{B}^{\mathrm{T}})^*(\mathbf{A}^{\mathrm{T}})^*$。因此，式(12.68)中的矩阵 $\mathbf{T}_\alpha$ 等于其自身转置的共轭。具有这种特性的矩阵称为埃尔米特矩阵①。埃尔米特矩阵中非对角线元素 m_{ij} 等于元素 m_{ij} 的共轭复数，对角线元素都是实数。因此，将 $\mathbf{T}_\alpha$ 和 $\mathbf{T}_\alpha^*$ 相加后，非对角线元素的虚部被抵消，实部为 $\mathbf{T}_\alpha$ 对应实部的 2 倍，表示为

$$\begin{bmatrix} B_{11} & B_{12} & B_{10}/2 \\ B_{21} & B_{22} & B_{20}/2 \\ B_{10}/2 & B_{20}/2 & B_{00} \end{bmatrix} = \frac{\mathbf{T}_\alpha + \mathbf{T}_\alpha^*}{2} \tag{12.69}$$

为符合工业惯例，此处使用了符号 $B_{10/2}$，$B_{20/2}$ 和 B_{00}。将式(12.68)和它的共轭复数相加，结合式(12.69)可得

$$P_L = [P_{g1} \quad P_{g2} \mid 1] \left[\begin{array}{cc|c} B_{11} & B_{12} & B_{10}/2 \\ B_{21} & B_{22} & B_{20}/2 \\ \hline B_{10}/2 & B_{20}/2 & B_{00} \end{array}\right] \left[\begin{array}{c} P_{g1} \\ P_{g2} \\ \hline 1 \end{array}\right] \tag{12.70}$$

其中 B_{12} 等于 B_{21}。通过行-列相乘将式(12.70)展开，得

$$\begin{aligned} P_L &= B_{11}P_{g1}^2 + 2B_{12}P_{g1}P_{g2} + B_{22}P_{g2}^2 + B_{10}P_{g1} + B_{20}P_{g2} + B_{00} \\ &= \sum_{i=1}^{2}\sum_{j=1}^{2} P_{gi}B_{ij}P_{gj} + \sum_{i=1}^{2} B_{i0}P_{gi} + B_{00} \end{aligned} \tag{12.71}$$

重新排列成如下形式：

$$P_L = [P_{g1} \quad P_{g2}] \begin{bmatrix} B_{11} & B_{12} \\ B_{21} & B_{22} \end{bmatrix} \begin{bmatrix} P_{g1} \\ P_{g2} \end{bmatrix} + [P_{g1} \quad P_{g2}] \begin{bmatrix} B_{10} \\ B_{20} \end{bmatrix} + B_{00} \tag{12.72}$$

或用更一般的向量矩阵形式表示为

$$P_L = \mathbf{P}_{\mathrm{G}}^{\mathrm{T}}\mathbf{B}\mathbf{P}_{\mathrm{G}} + \mathbf{P}_{\mathrm{G}}^{\mathrm{T}}\mathbf{B}_0 + B_{00} \tag{12.73}$$

当系统中的电源不是 2 个而是 N 个时，等式(12.73)的向量和矩阵将有 N 行和 N 列，对式(12.71)从 1 到 N 求和，可以得到网损的一般形式为

$$P_L = \sum_{i=1}^{N}\sum_{j=1}^{N} P_{gi}B_{ij}P_{gj} + \sum_{i=1}^{N} B_{i0}P_{gi} + B_{00} \tag{12.74}$$

网损系数或 B 系数组成 N 阶方阵 **B**，该阵为对称阵，可简称为 **B** 矩阵。当三相功率 $P_{g1} \sim P_{gN}$ 的单位为 MW 时，网损系数的单位是 MW 的倒数，此时，P_L 的单位也是 MW。B_{00} 的单位与 P_L 的单位一致，而 B_{i0} 无量纲。当然，标准化分析中都采用标么值进行计算。

注意，B 系数仅在指定负荷和运行条件下才能推导得到准确的网损。当负荷和发电厂节点的电压幅值以及发电厂的功率因数保持不变时，式(12.72)中的 B 系数为常数，不会随着

① 埃尔米特矩阵的实例之一为 $\begin{bmatrix} 1 & 1+\mathrm{j} \\ 1-\mathrm{j} & 1 \end{bmatrix}$。

P_{g1}和P_{g2}的改变而变化。不过，当发电厂输出功率或总负荷没有发生巨变时，那么用各种运行条件下B系数的平均值(常数)作为网损系数，就能够求到较为准确的网损。实践中，大型系统针对不同的负荷条件将计算不同的网损系数，从而达到经济运行。

例题 12.8 图 12.9 的四节点系统中，线路和节点数据如表 12.6 所示，基本案例下的潮流计算结果如表 12.7 所示。计算系统的B系数，并证明由网损计算公式得到的网损与潮流计算结果一致。

表 12.6 例题 12.8 的线路数据和节点数据†

节点至节点	线路参数			节点参数				
	串联 Z		并联 Y	发电			负荷	
	R	X	B	节点	P	$\lvert V\rvert\angle\delta°$	P	Q
线路①-④	0.007 44	0.037 2	0.077 5	①		$1.0\angle 0°$		
线路①-③	0.010 08	0.050 4	0.102 5	②	3.18	1.0		
线路②-③	0.007 44	0.037 2	0.077 5	③	—	—	2.20	1.363 4
线路②-④	0.012 72	0.063 6	0.127 5	④	—	—	2.80	1.735 2

† 上述标幺值均以 230 kV，100 MVA 为基准值

表 12.7 例题 12.8 的潮流计算结果†

节点	基本案例			
	发电机		电压	
	P	Q	幅值(标幺值)	相角(角度)
①	1.913 152	1.872 240	1.0	0.0
②	3.18	1.325 439	1.0	2.439 95
③			0.960 51	−1.079 32
④			0.943 04	−2.626 58
总量	5.093 152		3.197 679	

† 上述标幺值均以 230 kV，100 MVA 为基准值

解： 将输电线路用 π 型等效电路表示，其中线路的两端到中性点之间都并联了一个电纳，电纳值等于 1/2 线路充电电纳。选择中性点ⓝ作为参考节点，由表 12.6 可得节点阻抗矩阵 $\mathbf{Z}_{\text{bus}}=\mathbf{R}_{\text{bus}}+\text{j}\mathbf{X}_{\text{bus}}$，其中

$$\mathbf{R}_{\text{bus}}=\begin{matrix} ① \\ ② \\ ③ \\ ④ \end{matrix}\overset{\begin{matrix} ① & \quad\quad ② & \quad\quad ③ & \quad\quad ④ \end{matrix}}{\begin{bmatrix} +2.911963 & -1.786620 & -0.795044 & -0.072159 \\ -1.786620 & +2.932995 & -0.072159 & -1.300878 \\ -0.795044 & -0.072159 & +2.991196 & -1.786620 \\ -0.072159 & -1.300878 & -1.786620 & +2.932995 \end{bmatrix}}\times 10^{-3}$$

$$\mathbf{X}_{\text{bus}}=\begin{matrix} ① \\ ② \\ ③ \\ ④ \end{matrix}\overset{\begin{matrix} ① & \quad\quad ② & \quad\quad ③ & \quad\quad ④ \end{matrix}}{\begin{bmatrix} -2.582884 & -2.606321 & -2.601379 & -2.597783 \\ -2.606321 & -2.582784 & -2.597783 & -2.603899 \\ -2.601379 & -2.597783 & -2.582884 & -2.606321 \\ -2.597783 & -2.603889 & -2.606321 & -2.582784 \end{bmatrix}}$$

由表 12.7 的潮流结果可得负荷电流

$$I_3 = \frac{P_3 - jQ_3}{V_3^*} = \frac{-2.2 + j1.36340}{0.96051\angle 1.07932°} = 2.694641\angle 147.1331°$$

$$I_4 = \frac{P_4 - jQ_4}{V_4^*} = \frac{-2.8 + j1.73520}{0.94304\angle 2.62658°} = 3.493036\angle 145.5863°$$

然后有

$$d_3 = \frac{I_3}{I_3 + I_4} = 0.435473 + j0.006644$$

$$d_4 = \frac{I_4}{I_3 + I_4} = 0.564527 - j0.006628$$

由 d_3，d_4和 $\mathbf{Z}_{\text{bus}}$的第一行元素可得式(12.59)的 t_1和 t_2：

$$t_1 = \frac{Z_{11}}{d_3 Z_{13} + d_4 Z_{14}} = 0.993664 + j0.001259$$

$$t_2 = \frac{Z_{12}}{d_3 Z_{13} + d_4 Z_{14}} = 1.002681 - j0.000547$$

基于上述结果，计算等式(12.63)中的$-d_i t_j$项，得到 **C** 变换矩阵：

$$\mathbf{C} = \begin{matrix} & ① & ② & & ⓝ \\ ① & 1 & \cdots & & \cdots \\ ② & \cdots & 1 & & \cdots \\ ③ & -0.432705 - j0.007143 & -0.436644 - j0.006416 & \cdots & -0.432705 - j0.007143 \\ ④ & -0.560958 + j0.005884 & -0.566037 + j0.006964 & \cdots & -0.560958 + j0.005884 \end{matrix}$$

可得

$$\mathbf{C}^{\mathrm{T}}\mathbf{R}_{\text{bus}}\mathbf{C}^* = \begin{matrix} & ① & ② & & ⓝ \\ ① & 4.297002 + j0 & -0.016007 - j0.010610 & \cdots & 1.000562 - j0.005255 \\ ② & -0.016007 + j0.010610 & 5.080886 + j0 & \cdots & 1.38261 + j0.006011 \\ \vdots & \vdots & \vdots & & \vdots \\ ⓝ & 1.000562 + j0.005255 & 1.38261 - j0.006011 & \cdots & 0.616065 + j0 \end{matrix} \times 10^{-3}$$

空载电流的标幺值为

$$I_n^0 = \frac{-V_1}{Z_{11}} = \frac{-1.0 + j0.0}{0.002912 - j2.582884} = -0.000436 - j0.387164$$

利用表12.7基础情况的潮流计算结果，由式(12.66)可得

$$\alpha_1 = \frac{1 - js_1}{V_1^*} = \frac{1 - j\left(\dfrac{1.872240}{1.913152}\right)}{1.0\angle 0°} = 1.0 - j0.978615$$

$$\alpha_2 = \frac{1 - js_2}{V_2^*} = \frac{1 - j\left(\dfrac{1.325439}{3.180000}\right)}{1.0\angle -2.43995°} = 1.016838 - j0.373854$$

等式(12.68)的埃尔米特矩阵 $\mathbf{T}_\alpha$为

$$\mathbf{T}_\alpha = \begin{bmatrix} \alpha_1 & \cdots & \cdots \\ \cdots & \alpha_2 & \cdots \\ \cdots & \cdots & I_n^0 \end{bmatrix} \mathbf{C}^{\mathrm{T}}\mathbf{R}_{\text{bus}}\mathbf{C}^* \begin{bmatrix} \alpha_1 & \cdots & \cdots \\ \cdots & \alpha_2 & \cdots \\ \cdots & \cdots & I_n^0 \end{bmatrix}^*$$

$$\mathbf{T}_\alpha = \begin{bmatrix} 8.412231 + j0.0 & -0.028729 - j0.004726 & 0.380697 + j0.385820 \\ -0.028725 + j0.004726 & 5.981305 + j0.0 & 0.197142 + j0.545405 \\ 0.380697 - j0.385820 & 0.197142 - j0.545405 & 0.092345 + j0.0 \end{bmatrix} \times 10^{-3}$$

提取 $\mathbf{T}_\alpha$ 各元素的实部，可得和网损系数相关的 **B** 矩阵(标幺值)为

$$\left[\begin{array}{cc|c} B_{11} & B_{12} & B_{10}/2 \\ B_{21} & B_{22} & B_{20}/2 \\ \hline B_{10}/2 & B_{20}/2 & B_{00} \end{array}\right] = \left[\begin{array}{cc|c} 8.412231 & -0.028725 & 0.380697 \\ -0.028725 & 5.981305 & 0.197142 \\ \hline 0.380697 & 0.197142 & 0.092345 \end{array}\right] \times 10^{-3}$$

所以网损为

$$P_L = [1.913152 \quad 3.18 \mid 1]\left[\begin{array}{cc|c} B_{11} & B_{12} & B_{10}/2 \\ B_{21} & B_{22} & B_{20}/2 \\ \hline B_{10}/2 & B_{20}/2 & B_{00} \end{array}\right] = \left[\begin{array}{c} 1.913152 \\ 3.18 \\ \hline 1 \end{array}\right]$$

$$= 0.093728 \text{ p.u.}$$

上述结果与表 12.7 的潮流结果一致。本例的 MATLAB 程序为下述 M 文件 ex12_8. m。

MATLAB Program for Example 12. 8(ex12_8. m):

```
% Matlab M-file for Example 12.8:ex 12-8.m
% Clean previous value
clc
clear all
% Initial value
format long
V1 =1;
P1 =1.913152;
Q1 =1.872240;
V2 =exp(2.43995 * (pi/180) * i);
P2 =3.18;
Q2 =1.325439;
P3 =-2.2;
Q3 =-1.3634;
V3 =0.96051 * exp(-1.07932 * (pi/180) * i);
P4 =-2.8;
Q4 =-1.7352;
V4 =0.94304 * exp(-2.62658 * (pi/180) * i);
Rbus =10^-3 * [2.911963 -1.786620 -0.795044 -0.072159;
       -1.786620 2.932995 -0.072159 -1.300878;
       -0.795044 -0.072159 2.9911963 -1.786620;
       -0.072159 -1.300878 -1.786620 2.932995]
Xbus =[-2.582884 -2.606321 -2.601379 -2.597783;
       -2.606321 -2.582784 -2.597783 -2.603899;
       -2.601379 -2.597783 -2.582884 -2.606321;
       -2.597783 -2.603899 -2.606321 -2.582784]
I3 =(P3-Q3 * i)/conj(V3)
I4 =(P4-Q4 * i)/conj(V4)
d3 =I3/(I3+I4)
d4 =I4/(I3+I4)
% solution
disp('Using Zbus =Xbus+Rbus and d3,d4 to calculate t1,t2')
Zbus =Rbus+Xbus * i
% Calculate B-coefficients
t1 =Zbus(1,1)/(d3 * Zbus(1,3)+d4 * Zbus(1,4))
```

```
t2=Zbus(1,2)/(d3*Zbus(1,3)+d4*Zbus(1,4))
In0=-V1/Zbus(1,1)
C=[1 0 0; 0 1 0; -d3*t1 -d3*t2 -d3*t1; -d4*t1 -d4*t2 -d4*t1]
CtRbusC=(C.')*Rbus*conj(C)
alfa1=(1-i*(Q1/P1))/conj(V1)
alfa2=(1-i*(Q2/P2))/conj(V2)
Ta=[alfa1 0 0; 0 alfa2 0; 0 0 In0]*CtRbusC*conj([alfa1 0 0; 0 alfa2
0; 0 0 In0])
B_matrix=real(Ta)
disp('The power loss')
PL=[P1 P2 1]*B_matrix*[P1;P2;1]
```

用两种方法计算例题 12.8 得到的损耗结果相同，因为网损系数以特定的潮流情况(包含网损计算)为基础。将例题 12.8 的负荷分别设为基本案例下的 90%和 80%，且按例题 12.6 对 P_{g2} 进行经济分配，可得对应两种潮流情况下的收敛解，如表 12.8 所示，由该表可知，使用例题 12.8 的网损系数对其他运行情况进行计算会带来误差。

实际中，需要利用实际的电力系统数据来周期性地重新计算并更新网损系数。

接下来讨论发电机节点带有本地负荷的情况，假设图 12.9(a)的节点②上除了注入网络的电流 I_2外，还有负荷电流$-I_{2d}$。由于所有电流都被认为是注入分量，因此可以将负荷电流$-I_{2d}$视为注入虚拟节点(节点⑤)的电流 I_{2d}，如图 12.9(c)所示。因此 $\mathbf{R}_{\text{bus}}$ 中需要增加和节点⑤相关的一行和一列，其中非对角线元素等于第 2 行和第 2 列的元素，且$Z_{55}=Z_{22}$。像以前一样计算变换矩阵 **C**，将节点⑤简单地处理为负荷节点，其注入电流为 $I_5=I_{2d}=d_5I_D$，其中 $I_D=I_3+I_4+I_5$。

表 12.8 不同运行条件下由例题 12.8 的 *B* 系数和潮流计算得到的网损结果比较

负荷水平			P_{g1}(松弛节点)	P_{g2}(经济分配)	P_L	
	P_{d3}	P_{d4}			潮流计算	*B* 系数
基本案例	2.2	2.8	1.913 152	3.18	0.093 728	0.093 152
90%	1.98	2.52	1.628 151	2.947 650	0.075 801	0.076 024
80%	1.76	2.24	1.354 751	2.705 671	0.060 422	0.060 842

12.5 自动发电控制

几乎所有的电厂(或 1.11 节中介绍的 RTO、ISO 和 TSO)都和邻近的电网公司进行互联，如图 12.10 所示。

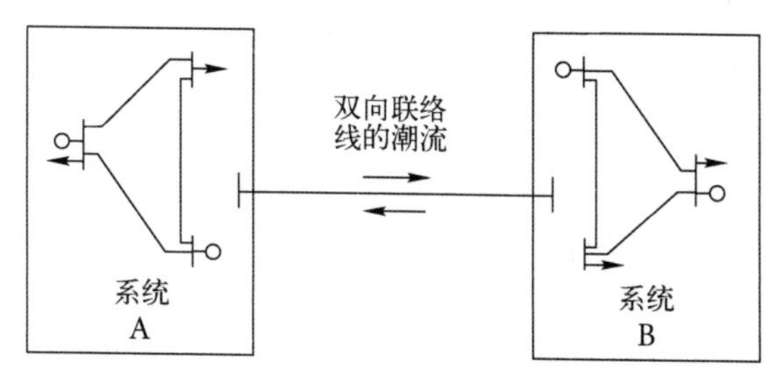

图 12.10 通过联络线互联的两个区域系统

联络线既能进行正常运行条件下功率的经济分配，同时又能在紧急情况下共享发电资源。为了便于控制，通常将整个互联系统细分为不同的控制区域，并以一个或多个电力公司的边界来划分这些控制区域。区域联络线上的净交换功率等于该区域发电量减去区域负荷与网损之和。各区域需要预先与邻近区域共同制定联络线上的功率，当各区域按照计划进行功率交换时，表示各区域完成了承担自身负荷变化的主要职责。但由于各区域共享互联带来的利益，因此各区域也需要共担维持系统频率的责任。

因为一天中的系统负荷随机变化，因此无法对有功功率需求进行准确的预测，这是频率发生变化的原因。由于实际发出的有功功率和负荷需求(加上网损)不平衡，导致系统中正在工作的发电机旋转动能(系统惯性的一部分)增加或者减少，从而使得整个互联系统的频率发生变化。各个控制区域都有一个称为能量控制中心的中央设施，它能监控系统频率以及通过联络线输送到相邻区域的实际潮流。

将理想频率和实际频率相减，然后再与规划的净交换功率误差组合，可以得到区域控制误差(或简称为 ACE)。为了抵消区域控制误差，能量控制中心向区域内发电厂的机组发送信号，控制发电机输出，从而将净交换功率和系统频率分别恢复为计划值和期望值。发电机组就以这种方式参与到系统的频率调节中。各区域内监控、遥测、处理和控制的协调通过能量控制中心基于计算机的自动发电控制(AGC)系统来完成。AGC 的关键功能是负荷频率控制，它通过对控制区域内不同发电厂之间机组的功率输出进行调节，从而维持期望的净交换功率和系统频率。

为了更好地理解发电厂的上述控制措施，接下来以火力发电机组的调速器-汽轮机-发电机系统为例，讨论频率和终端电压的控制，如图 12. 11 所示。

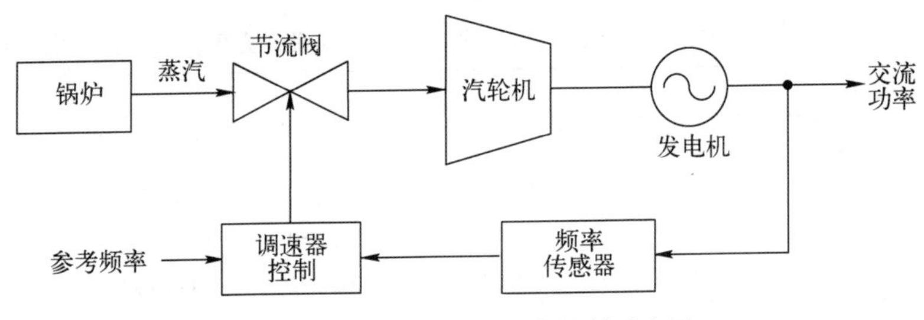

图 12. 11　汽轮发电机频率控制示意图

如图 12. 11 所示，目前大多数蒸汽涡轮发电机(以及水轮机)都配有涡轮调速器。调速器的功能是连续监测涡轮发电机的转速并控制节流阀，节流阀根据“系统转速”或频率的变化调节进入涡轮机的蒸汽流量(或水轮机闸门的位置)。本节中，系统转速和频率的概念可互换，因为它们均为比率值。为了使发电机组能够并联运行，各机组的转速-功率输出特性曲线均具有下垂特性，这意味着转速降低将伴随负荷的增加，如图 12. 12(a)的直线所示。

发电机组频率下垂或转速调节系数标幺值 R_u 的定义为：当机组输出功率逐渐从额定功率 1. 00(标幺值)减小至零时，稳态转速的幅值变化(以额定转速为基准值的标幺值)。因此，当表示频率的轴和表示功率输出的轴分别用标幺值(以各自的额定值为基准值)表示时，调节系数标幺值就可以简单地表示为转速-功率输出特性曲线的斜率。

由图 12. 12(a)可知，调节系数标幺值 R_u 为

$$R_u = \frac{(f_2 - f_1)/f_R}{P_{gR}/S_R}\ \text{p.u.} \tag{12.75}$$

其中，f_2 = 空载频率(以 Hz 为单位)；

f_1=输出额定有功功率 P_{gR}(MW)时的频率(Hz);

f_R=机组的额定频率(Hz);

S_R=功率基准值(单位 MW)。

将式(12.75)两边同时乘以 f_R/S_R，得

$$R = R_u \frac{f_R}{S_R} = \frac{f_2 - f_1}{P_{gR}} \ \text{Hz/MW} \tag{12.76}$$

其中 R 代表转速下垂特性曲线的斜率(Hz/MW)。假设发电机的输出功率为 P_{g0}，对应的频率为 f_0，负荷忽然增加到 $P_g=(P_{g0}+\Delta P_g)$，如图 12.12(b)所示。随着机组转速的降低，调速器将动作，使更多来自锅炉的蒸汽(或来自水闸的水)进入涡轮机，以阻止频率下降。由该图还可知，输入和输出功率在新的频率 $f=(f_0+\Delta f)$ 下重新达到平衡。根据转速-输出特性曲线的斜率公式(12.76)，频率变化(Hz)为

$$\Delta f = -R\Delta P_g = -\left(R_u \frac{f_R}{S_R}\right)\Delta P_g \ \text{Hz} \tag{12.77}$$

上述随发电机输出功率增量而变化的频率响应被称为系统频率的一次控制，它不能使频率恢复到额定值。图 12.12 中独立机组的频率 f 将低于系统额定频率，直到调频器进行负荷-频率控制(二次控制)，才能使系统频率恢复额定值。调频器的机制是：通过调频电机将调节特性曲线平行移动到图 12.12(b)虚线所示的新位置。调频器对调速器的动作进行有效补偿，它通过改变转速的设置值，从而允许更多原动机能量变成机组的动能，使得机组可以再次在额定频率 f_0 下提供新的功率输出 P_g。

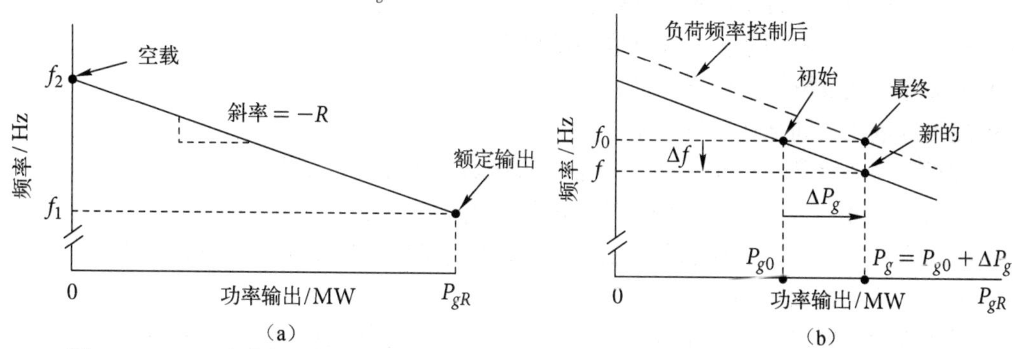

图 12.12 (a) 发电机组的调速特性；(b) 负荷增加之前(或之后)ΔP_g和系统频率的变化

当系统中有 K 台机组并联运行时，它们的转速下垂特性决定了稳态时负荷变化在机组之间的分配。令 K 台机组在给定频率下同步运行时，负荷变化了 ΔP MW。因为这些机组通过输电网络互联，所以它们的运行频率相同。因此，当调速器动作并达到新的稳态时，所有机组的频率变化也将相同，均为 Δf Hz。由式(12.77)可计算得到各机组对应的输出功率的增量

$$\text{机组1:} \quad \Delta P_{g1} = -\frac{S_{R1}}{R_{1u}} \frac{\Delta f}{f_R} \ \text{MW} \tag{12.78}$$

$$\vdots$$

$$\text{机组}i\text{:} \quad \Delta P_{gi} = -\frac{S_{Ri}}{R_{iu}} \frac{\Delta f}{f_R} \ \text{MW} \tag{12.79}$$

$$\vdots$$

$$\text{机组}K:\quad \Delta P_{gK}=-\frac{S_{RK}}{R_{Ku}}\frac{\Delta f}{f_R}\ \text{MW} \tag{12.80}$$

将上述公式相加，可得输出功率的总变化量为

$$\Delta P=\sum_{i=1}^{K}\Delta P_{gi}=-\left(\frac{S_{R1}}{R_{1u}}+\cdots+\frac{S_{Ri}}{R_{iu}}+\cdots+\frac{S_{RK}}{R_{Ku}}\right)\frac{\Delta f}{f_R} \tag{12.81}$$

因此系统的频率变化为

$$\frac{\Delta f}{f_R}=-\frac{\Delta P}{\left(\frac{S_{R1}}{R_{1u}}+\cdots+\frac{S_{Ri}}{R_{iu}}+\cdots+\frac{S_{RK}}{R_{Ku}}\right)}\ \text{p.u.} \tag{12.82}$$

将式(12.82)代入式(12.79)，发电机 i 的功率输出增量 ΔP_{gi} 为

$$\Delta P_{gi}=-\frac{S_{Ri}/R_{iu}}{\left(\frac{S_{R1}}{R_{1u}}+\cdots+\frac{S_{Ri}}{R_{iu}}+\cdots+\frac{S_{RK}}{R_{Ku}}\right)}\Delta P\quad \text{MW} \tag{12.83}$$

发电机组输出功率的增量之和等于负荷增量 ΔP。在能量控制中心的 AGC 系统(负荷变化所在区域)进行负荷频率控制之前，机组将在新的频率下继续同步运行。AGC 将向指定区域的发电厂发送信号，以提高(或降低)部分或全部调频器的转速。通过调频器的协调控制不但可以使整个系统频率恢复到额定频率 f_0，并且可以在机组的容量范围内实现对负荷的分配。

因此，互联系统中机组上的调速器不是为了维持指定的转速，而是用于维持负荷-发电功率的平衡，同时，各控制区域内 AGC 系统的二次控制包括：

- 使该区域消化其自身的负荷变化；
- 按预先设定好的功率向相邻互联系统供电；
- 确保各区域发电厂的经济调度；
- 使各区域能共同维持系统频率。

能源控制中心将持续记录 ACE，以显示各区域的工作完成情况。

控制特定区域的计算机的信号流的框图如图 12.13 所示。

图中带圆圈的数字表示控制所在的位置。图中带较大的圆圈的符号×或∑表示对输入信号进行乘法运算或代数求和。

位置①表示对联络线上潮流进行信息处理，这些信息将被传送给其他控制区域。如果净交换功率流出该区域，则实际净交换功率 P_a 为正。将计划净交换功率用 P_s 表示。位置②表示用实际净交换功率减去计划净交换功率[①]，下文假设实际和计划净交换功率都流出区域(即功率为正)。

位置③表示将实际频率 f_a 与计划频率 f_s(例如，60 Hz)相减，从而获得频率偏差 Δf。位置 4 表示频率偏差设置值 B_f，其符号为负，单位为 MW/0.1 Hz，用于将频率偏差转换为功率偏差。然后，将 B_f 乘以 $10\Delta f$ 得到频率偏差($10B_f\Delta f$，单位：MW)。频率偏差设置值 B_f 由发电机铭牌上的最大发电限制、所有发电机的转速下垂特性和系统额定频率共同确定。令频率偏差设置值为

$$B_f=-\frac{\Delta P}{10\Delta f} \tag{12.84}$$

---

① 将实际值与标准值或参考值相减来求取误差是电力系统工程师公认的惯例，是控制理论中控制误差的负值。

其中 ΔP 和 Δf 由式(12.82)确定。根据式(12.82)，有

$$B_f = \frac{\sum_{i=1}^{K}\left(\frac{S_{Ri}}{R_{iu}}\right)}{10f_R} \tag{12.85}$$

当实际频率小于计划频率时，频率偏差为正。位置⑤的(P_a-P_s)减去频率偏差，得到 ACE，ACE 的值可以为正或负。用等式表示为

$$\text{ACE} = (P_a - P_s) - 10B_f(f_a - f_s)\ \text{MW} \tag{12.86}$$

负的 ACE 表示该区域没有足够的功率向区域外输出，因此净输出功率不足。当实际频率 P_a 小于计划频率 P_s 时，偏差($10B_f\Delta f$)为负，所以频率无偏差时，ACE 更小，缺少的功率更多。该区域将生产足够的电能以满足其自身负荷和预先设定的交换功率的需求，但不会为了帮助相邻互联区域提高频率而提供额外的输出功率。

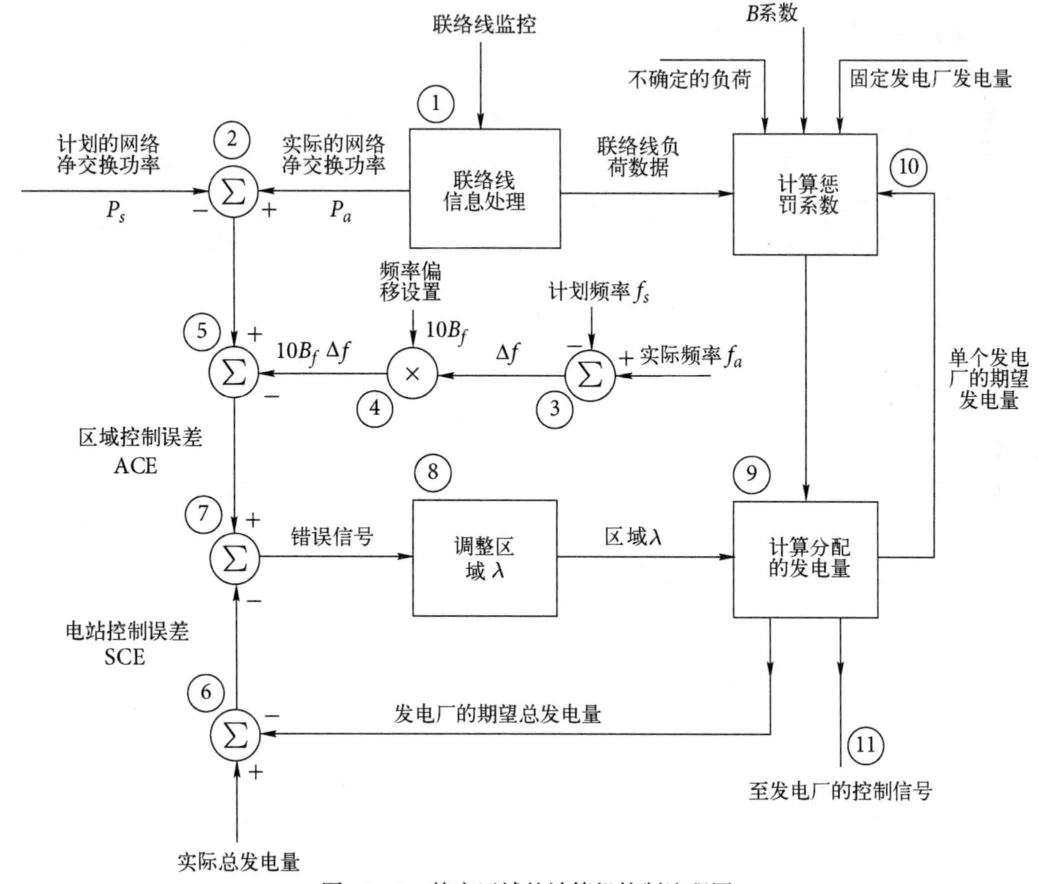

图 12.13　特定区域的计算机控制流程图

位置⑥表示电站控制误差(SCE)，它等于所有发电厂的实际发电量之和减去期望的发电量。当期望的发电量大于实际发电量时，SCE 为负。

整个控制系统的核心部分是 ACE 和 SCE 的比较。它们的差值就是位置⑦所示的误差信号。如果 ACE 和 SCE 均为负值且相等，则该区域输出功率的缺额等于期望的发电量和实际发电量的差值。误差信号为零。但是，如位置⑪所示，如果期望的发电量大于实际发电量，超出的部分将会产生一个信号，要求发电厂增加发电量并降低 SCE；结果使得各区域增加输出功率，ACE 的幅值减小。

如果 ACE 和 SCE 均为负且 ACE 更小，将会产生一个要求增加该区域 λ 值的误差信号，增大的 λ 值反过来会造成期望的发电量增加(位置 9)。各发电厂都将收到信号，并根据经济调度原则确定其增加的发电量。

本节仅考虑区域计划净交换功率(正的计划净交换功率)远远大于实际净交换功率的情况，其中 ACE 等于或小于 SCE。读者可以通过图 12.13 对其他的可能性进行讨论。

图中的位置⑩表示各发电厂惩罚因子的计算。被存储的 B 系数用于计算$\partial P_L/\partial P_{gi}$和惩罚因子。这些惩罚因子将输入位置⑨，从而得到满足经济分配和期望的总发电量的各个发电厂的输出功率。

图 12.13 中未画出的一个重要内容是对与时间误差成正比的计划净交换功率的补偿，其中时间误差是指频率误差标幺值对时间(单位：s)的积分。补偿用于协助积分误差朝零的方向减小，从而保持电子钟的准确性。

例题 12.9 两个火力发电机组以 60 Hz 并联运行，共同为 700 MW 的负荷供电。机组 1 的额定输出功率为 600 MW，转速下垂特性为 4%，承担 400 MW 的功率，机组 2 的额定输出功率为 500 MW，转速下垂特性为 5%，承担剩余的 300 MW 负荷。如果总负荷增加到 800 MW，则在未进行任何二次控制的情况下，确定各发电机新的负荷分配、频率变化以及频率偏差设置值。忽略网损。

解：两台机组的转速调节特性分别如图 12.14 所示，其中 a 点为起始点。

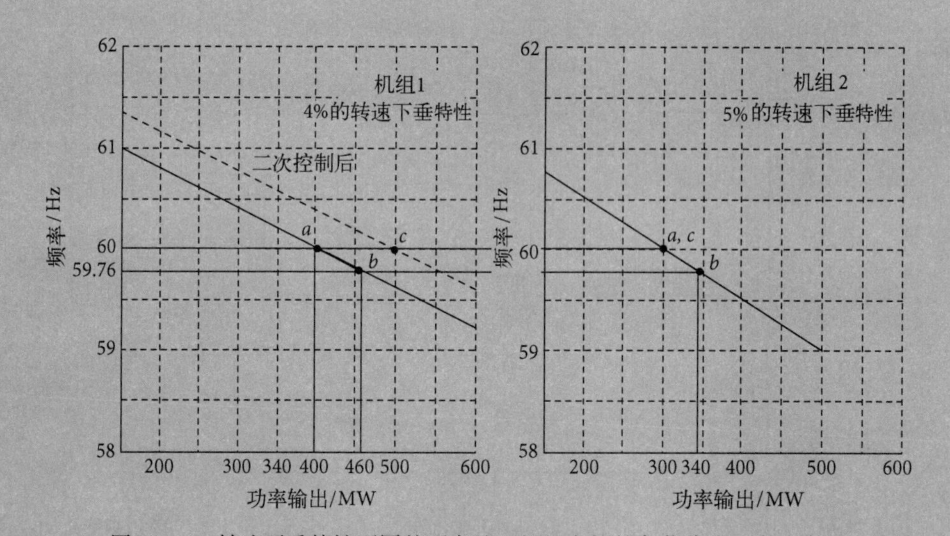

图 12.14 转速下垂特性不同的两台独立机组之间的负荷分配。点 a 表示初始负荷为700 MW时的分配；点b表示59.76 Hz下负荷为800 MW时的分配；点c表示对机组1进行二次控制后的最终工作点

当负荷增加 100 MW 时，由式(12.82)可得频率偏差标幺值为

$$\frac{\Delta f}{f_R}=\frac{-100}{\dfrac{600}{0.04}+\dfrac{500}{0.05}}=-0.004\ \text{p.u.}$$

由于f_R等于 60 Hz，因此频率变化为 0.24 Hz，新的频率为 59.76 Hz。分配给每台机组的负荷增量由式(12.83)可得

$$\Delta P_{g1} = \frac{600/0.04}{\dfrac{600}{0.04} + \dfrac{500}{0.05}} \times 100 = 60\ \text{MW}$$

$$\Delta P_{g2} = \frac{500/0.05}{\dfrac{600}{0.04} + \dfrac{500}{0.05}} \times 100 = 40\ \text{MW}$$

因此，机组 1 的输出功率为 460 MW，机组 2 的输出功率为 340 MW，对应图 12.14 的新工作点 b 处。如果单独对机组 1 进行二次控制，则可以将其特性曲线平移到最终频率等于 60 Hz，即图 12.14 中 c 点位置，整个 100 MW 的负荷增量都由该机组承担。机组 2 将返回其原始工作点，以 60 Hz 频率提供 300 MW 功率。

由式(12.85)可得频率偏差设置值为

$$B_f = \frac{\dfrac{600}{0.04} + \dfrac{500}{0.05}}{10 \times 60} = 41.6667\ \text{MW/0.1 Hz}$$

将控制区域内的大量发电机和调速器组合起来，就得到代表区域整体特性的综合频率-功率控制特性。当负荷变化较小时，通常将区域特性曲线等效为单台机组的线性曲线，其中等效机组的发电量等于该区域内总的在线发电量。下面将通过实例说明三区域系统中 AGC 的稳态运行(忽略网损)。

例题 12.10 具有自主 AGC 系统的 3 个控制区域互联成如图 12.15(a)所示的 60 Hz 系统。这些区域的综合转速下垂特性和各区域的在线发电量为

区域 A: $R_{Au} = 0.0200$ p.u.， $S_{RA} = 16\,000$ MW

区域 B: $R_{Bu} = 0.0125$ p.u.， $S_{RB} = 12\,000$ MW

区域 C: $R_{Cu} = 0.0100$ p.u.， $S_{RC} = 6400$ MW

各区域的负荷水平等于其额定在线容量的 80%。出于经济原因，区域 B 向区域 C 输送 500 MW 功率，其中的 100 MW 通过区域 A 的联络线输送，区域 A 的计划交换功率等于零。当区域 B 中承担 400 MW 的发电机退出满载运行时，确定系统频率偏差和各区域发电量的变化。区域频率偏移设置值为

$$B_{fA} = -1200\ \text{MW/0.1 Hz}$$

$$B_{fB} = -1500\ \text{MW/0.1 Hz}$$

$$B_{fC} = -950\ \text{MW/0.1 Hz}$$

确定 AGC 未动作时各个区域的 ACE。

解：发电机输出功率减少 400 MW，对其他运行中的发电机而言，相当于负荷增加，因此由式(12.82)可得系统频率的减少量为

$$\frac{\Delta f}{f_R} = \frac{-400}{\dfrac{16\,000}{0.0200} + \dfrac{12\,000}{0.0125} + \dfrac{6400}{0.0100}} = \frac{-10^{-3}}{6}\ \text{p.u.}$$

因此，在一次调速器动作后，频率下降了 0.01 Hz，由式(12.79)可得运行中的发电机输出功率的增量为

$$\Delta P_{gA} = \frac{16\,000}{0.020\,0} \times \frac{10^{-3}}{6} = 133 \text{ MW}$$

$$\Delta P_{gB} = \frac{12\,000}{0.012\,5} \times \frac{10^{-3}}{6} = 160 \text{ MW}$$

$$\Delta P_{gC} = \frac{6400}{0.010\,0} \times \frac{10^{-3}}{6} = 107 \text{ MW}$$

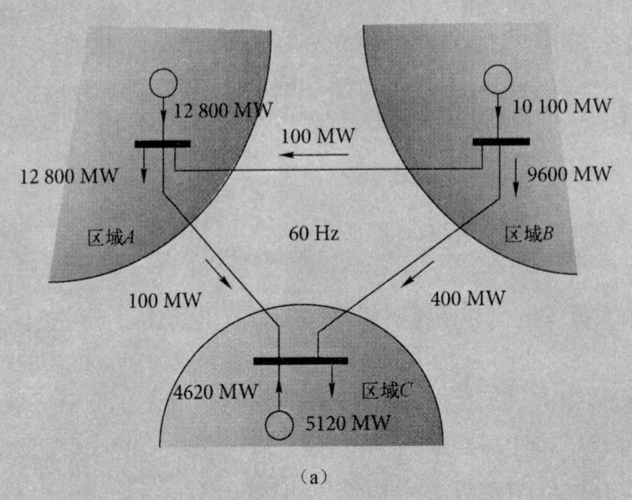

(a)

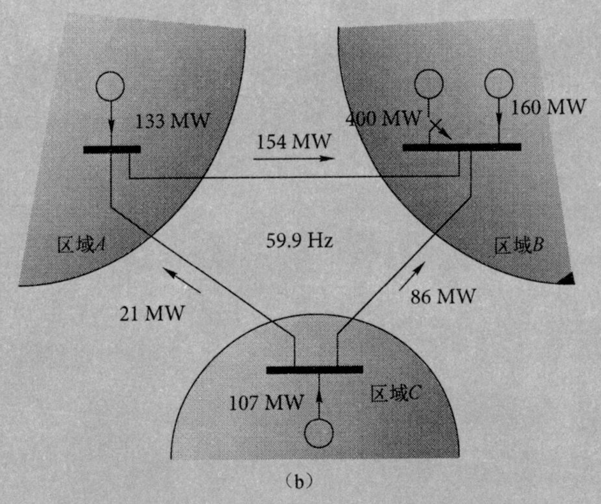

(b)

图 12. 15 (a) 例题 12. 9 和例题 12. 10 运行在额定频率 60 Hz 时的三区系统；(b) 当区域 B 机组失去400 MW输出功率且AGC未动作时，发电量的增量和联络线的潮流

假设这些增量如图 12. 15(b)所示，被分配到区域间的联络线上。各个区域的区域控制误差为

$$(\text{ACE})_A = (133 - 0) - 10\,(-1200)(-0.01) \qquad = 13 \text{ MW}$$

$$(\text{ACE})_B = (260 - 500) - 10\,(-1500)(-0.01) \qquad = -390 \text{ MW}$$

$$(\text{ACE})_C = [-393 - (-500)] - 10(-950)(-0.01) = 12 \text{ MW}$$

理想情况下，区域 A 和区域 C 的 ACE 将为零。ACE 最大的区域是区域 B，也就是丢失 400 MW 机组的区域 B。区域 B 的 AGC 系统将命令其控制区域内的发电厂增加发电量以抵消 400 MW 的损失，同时恢复 60 Hz 的系统频率。区域 A 和区域 C 返回其原始运行状态。

频率误差的标幺值等于频率误差持续时间内每秒的时间误差(秒)。因此，如果频率误差的标幺值为$(-10^{-3}/6)$，持续时间为10 min，那么系统时间(由电子钟给出)将比标准时间慢0.1 s。

12.6 小结

经济调度问题的经典解决方案是拉格朗日乘数法。该方法指出，当系统中所有机组的燃料成本微增率df_i/dP_{gi}与其惩罚因子L_i的乘积相同时，可获得最小燃料成本。各机组的乘积$L_i(df_i/dP_{gi})$都等于系统λ，即总输出功率增加1 MW时对应的每小时成本($/h)

$$\lambda = L_1\frac{df_1}{dP_{g1}} = L_2\frac{df_2}{dP_{g2}} = L_3\frac{df_3}{dP_{g3}} \tag{12.87}$$

发电厂i的惩罚因子定义为

$$L_i = \frac{1}{1-\partial P_L/\partial P_{gi}} \tag{12.88}$$

其中P_L是有功总网损。增量损耗$\partial P_L/\partial P_{gi}$是当其他发电厂输出保持恒定时系统网损对发电厂$i$输出增量变化的敏感度。

网损P_L可以用B系数和输出功率P_{gi}表示为

$$P_L = \sum_{i=1}^{N}\sum_{j=1}^{N}P_{gi}B_{ij}P_{gj} + \sum_{i=1}^{N}B_{i0}P_{gi} + B_{00} \tag{12.89}$$

B系数的单位必须与P_{gi}相同，它可以通过收敛的潮流解[利用基于系统$\mathbf{Z}_{bus}$实部($\mathbf{R}_{bus}$)的等功率变换]得到。12.4节提供了一种经济调度问题的经典算法。

12.5节介绍了自动发电控制的基本原理，并介绍了区域控制误差(ACE)和时间误差的定义。

复习题

12.1节

12.1 经济调度的目的是什么？

12.2 为了对同一发电厂内的机组进行负荷经济分配，需要所有机组都有相同的燃料成本微增率。(对或错)

12.3 为了最大限度地降低总燃料成本，即使违反发电限制，所有参与调度的火电机组也必须以相同的燃料成本微增率运行。(对或错)

12.4 电力系统运行经济学包括电力生产成本最小和能量输送到负荷时的网损最小。(对或错)

12.5 火力发电机组燃料成本微增率的单位是：

a. MW　　b. $/hr　　c. $/MWh　　d. $

12.6 1 kWh=________ kcal(千卡)。

12.2节

12.7 对于系统负荷固定且受平衡条件约束的燃料成本最小化问题，可以使用拉格朗日乘数法。(对或错)

12.8 经济调度问题中，系统 λ 的含义是什么？

12.9 经济调度问题中，定义考虑网损时的惩罚因子并解释其含义。

12.10 经济调度问题中，说明考虑网损时实现最优经济调度方案的条件。

12.3 节

12.11 发电机组网损增量与燃料成本微增率之间的关系是什么？

12.4 节

12.12 当不考虑互联系统网损时，各个发电厂的惩罚因子都等于 1。(对或错)

12.13 B 系数用于评估电力系统的网损。(对或错)

12.14 实践中，大型电力系统仅需要使用一组网损系数(针对各种负荷水平)就能保证负荷的经济分配。(对或错)

12.5 节

12.15 自动发电控制的目的是什么？

12.16 电力系统频率变化的主要原因是发电量和负荷之间的不平衡。(对或错)。

12.17 什么是互联区域的 ACE(区域控制误差)？

12.18 参考图 12.12(a)，用 f_1，f_2，f_R(各机组的额定频率)，S_R(基准值，MW)和 P_{gR} 表示调节系数标幺值为：$R_u=$________。

12.19 图 12.10 所示的互联系统中，如果区域 A 的额定频率为 60 Hz，现在该频率增加了 0.001 Hz，则以区域 A 的频率作为参考，电子钟在 10 小时后将增加多少秒？

习题

12.1 某发电机组的燃料输入(kcal/h)与功率输出 P_g(MW)的关系为 $0.032P_g^2+5.8P_g+120$。求：

a. 当燃料成本为 0.5 \$/Mkcal 时，求燃料成本微增率(\$/MWh)与 P_g(MW)的关系；

b. 当 $P_g=200$ MW 时的燃料平均成本(\$/MWh)；

c. 将发电机的输出功率从 200 MW 提高到 201 MW 时，求每小时额外增加的燃料成本的估算值与准确值，并进行比较。

12.2 某发电厂内 4 台机组的燃料成本微增率(\$/MWh)为

$$\lambda_1=\frac{\mathrm{d}f_1}{\mathrm{d}P_{g1}}=0.012P_{g1}+9.0\,,\quad \lambda_2=\frac{\mathrm{d}f_2}{\mathrm{d}P_{g2}}=0.0096P_{g2}+6.0$$

$$\lambda_3=\frac{\mathrm{d}f_3}{\mathrm{d}P_{g3}}=0.008P_{g3}+8.0\,,\quad \lambda_4=\frac{\mathrm{d}f_4}{\mathrm{d}P_{g4}}=0.0068P_{g4}+10.0$$

假设 4 台机组共同向 80 MW 的总负荷供电，求发电厂的燃料成本微增率 λ 和每台机组的负荷经济分配。

12.3 习题 12.2 中，令 4 台机组的最大输出功率分别为 200 MW，400 MW，250 MW 和 300 MW，同时最小输出功率分别为 50 MW，100 MW，80 MW 和 110 MW。在最大和最小输出限制下，求发电厂的 λ 和各机组的负荷经济分配(单位：MW)。

12.4 当机组 4 的最小输出功率不是 110 MW 而是 50 MW 时，重做习题 12.3。

12.5 某发电厂中两台机组的燃料成本微增率为

$$\lambda_1 = \frac{df_1}{dP_{g1}} = 0.012P_{g1} + 8.0\,, \quad \lambda_2 = \frac{df_2}{dP_{g2}} = 0.008P_{g2} + 9.6$$

其中f的单位为\$/h，P_g的单位为 MW。如果两台机组均持续运行，且两台机组的最大和最小负荷分别为550 MW 和100 MW，当总负荷从200 MW 增大到1100 MW 时，试绘制经济调度下发电厂的λ(\$/MWh)与发电厂输出功率(MW)的关系曲线。

12.6 当发电厂总输出功率为600 MW 时，求习题 12.5 负荷经济分配相对于负荷平均分配所节省的成本(\$/h)。

12.7 某电厂由两台发电机组组成，其燃料成本函数如下：

$$C_1 = 0.4P_{g1}^2 + 160P_{g1} + 200 \text{ \$/h}$$

$$C_2 = 0.45P_{g2}^2 + 120P_{g2} + 140 \text{ \$/h}$$

其中 P_{g1}和 P_{g2}分别是两台机组的输出功率(MW)。忽略网损和发电机发电限制。

a. 如果两台机组的总负荷为 162.5 MW，求该发电厂的经济调度方案。应用 MATLAB 程序进行验证。

b. 如果 162.5 MW 的负荷平均分配给两台机组，那么与(a)相比，该电厂每天的额外燃料成本是多少？

12.8 总负荷为 800 MW 时，求以下两个火力发电机组的经济调度方案。忽略机组的输出限制。

$$f(P_1) = 0.0023P_1^2 + 1.5P_1 + 130 \text{ \$/h}, \quad 100 \text{ MW} \leqslant P_1 \leqslant 375 \text{ MW}$$

$$f(P_2) = 0.0019P_2^2 + 1.35P_2 + 220 \text{ \$/h}, \quad 300 \text{ MW} \leqslant P_2 \leqslant 550 \text{ MW}$$

12.9 考虑发电机组输出限制，重做习题 12.7。应用 MATLAB 程序进行验证。

12.10 习题 12.7 的网损为

$$P_L = B_{11}P_1^2 + 2B_{12}P_1P_2 + B_{22}P_2^2 + B_{10}P_1 + B_{20}P_2 + B_{00} \text{ MW}$$

其中，

$$\left[\begin{array}{cc|c} B_{11} & B_{12} & B_{10}/2 \\ B_{21} & B_{22} & B_{20}/2 \\ \hline B_{10}/2 & B_{20}/2 & B_{00} \end{array}\right] = \left[\begin{array}{cc|c} 8.383183 & -0.049448 & 0.375082 \\ -0.049448 & 5.963568 & 0.194971 \\ \hline 0.375082 & 0.194971 & 0.090121 \end{array}\right] \times 10^{-3}$$

确定经济调度方案。忽略发电机组的输出限制(MW)。应用 MATLAB 程序进行验证。

12.11 电力公司 A 和电力公司 B 相连。电力公司 A 有 3 台火力发电机组，燃料成本特性分别如下所示：

$$f_1 = 0.04P_{g1}^2 + 1.4P_{g1} + 15 \text{ \$/h}$$

$$f_2 = 0.05P_{g2}^2 + 1.6P_{g2} + 25 \text{ \$/h}$$

$$f_3 = 0.02P_{g3}^2 + 1.8P_{g3} + 20 \text{ \$/h}$$

其中 P_{g1}，P_{g2}和 P_{g3}分别是 3 台机组的输出功率。

a. 如果电力公司 A 的负荷需求为 350 MW，无须从电力公司 B 购买电力，求 3 台机组的经济调度方案和相关的最优燃料成本微增率。总发电成本是多少？

b. 如果公司 B 的燃料成本微增率为 8.2 \$/MWh，为了使燃料成本最低，公司 A 需要从公司 B 购买多少电力？总发电量和购买电力的成本是多少？

12.12 3 家发电厂按经济调度方案向电力系统供电。发电厂 1 的成本微增率为 10.0 \$/MWh，发电厂 2 为 9.0 \$/MWh，发电厂 3 为 11.0 \$/MWh。求惩罚因子最高和最低的发电厂。如果总负荷每增加 1 MW 对应的成本为 12.0 \$/h，求发电厂 1 的惩罚因子。

12.13 电力系统含有两个发电厂，对应的 B 系数用式(12.37)表示为(以 100 MVA 为基准值)

$$\left[\begin{array}{cc|c} 5.0 & -0.03 & 0.15 \\ -0.03 & 8.0 & 0.20 \\ \hline 0.15 & 0.20 & 0.06 \end{array}\right] \times 10^{-3}$$

两个发电厂的机组的燃料成本微增率为(\$/MWh)

$$\lambda_1 = \frac{df_1}{dP_{g1}} = 0.012P_{g1} + 6.6, \quad \lambda_2 = \frac{df_2}{dP_{g2}} = 0.0096P_{g2} + 6.0$$

如果发电厂 1 的负荷为 200 MW，发电厂 2 的负荷为 300 MW，求两个发电厂的惩罚因子。现在的负荷分配方案是最经济的吗？如果不是，应该增加哪个发电厂的发电量，应该减小哪个发电厂的发电量？解释原因。应用 MATLAB 程序进行验证。

12.14 如果负荷需求为 1200 MW，重做例题 12.5，进行两次迭代。应用 MATLAB 程序进行验证。

12.15 例题 12.6 中，将系统 λ 的起始值设置为 10.0 \$/MWh，进行一次迭代并求 λ 的更新值。应用 MATLAB 程序求收敛解并验证结果。

12.16 假设四节点系统的节点②既是发电机节点，也是负荷节点。在节点②上指定发电机电流和负荷电流，如图 12.9(c)所示，求式(12.63)所示的转换矩阵 **C**。

12.17 图 12.9 所示的四节点系统的节点和线路数据如表 12.6 所示。对节点数据进行微调，使得节点②上发电机有功输出的标幺值为 4.68，有功负荷和无功功率负荷标幺值分别为 1.5 和 0.929 6。利用表 12.7 的结果，求节点数据修改后的潮流。使用习题 12.16 的结果，求新的 B 系数，其中节点②上既有发电机也有负荷。

12.18 60 Hz 的 3 台机组并联运行，它们的额定功率分别为 300 MW，500 MW 和 600 MW，转速下降特性分别为 5%，4% 和 3%。在负荷频率控制未动作之前，负荷变化导致系统频率增加了 0.3 Hz。确定系统负荷的变化量以及每台机组输出功率的变化量。另外，确定系统的频率偏差设置值 B_f。

12.19 图 12.10 中，假设系统 A 从系统 B 购买 400 MW 功率，频率偏差设置值为 -50 MW/0.1 Hz。实际进入系统 A 的潮流为 410 MW 且系统频率是 60.01 Hz。假设时间校正或联络线计量误差都为零，求系统 B 的区域控制误差？

12.20 习题 12.18 中，3 台机组组成 60 Hz 系统，并通过联络线连接到相邻系统。假设相邻系统中的一台发电机退出运行，联络线上的潮流从 400 MW 增加到 631 MW。求各台机组输出功率的增量，以及频率偏差设置值为 -58 MW/0.1 Hz 时系统的 ACE。

12.21 习题 12.20 中，为了使系统的频率恢复到 60 Hz，电力系统的 AGC 用了 5 分钟时间来向 3 台机组发出增加输出功率的指令。这 5 分钟的时间误差(秒)是多少？假设在整个恢复期间初始频率偏差保持不变。

第 13 章　电力系统稳定性

电力系统是现代生活最为重要的基础设施之一。发电机、变压器、负荷等元件以及相关控制结构的物理特性，使得电力系统成为高度非线性系统。保持此类系统的稳定性是系统设计和规划的首要目标。系统的稳定性是指：初始运行在稳定状态下的系统在经受小扰动或大扰动之后重新恢复平衡状态的能力。

小扰动可以是负荷持续、缓慢的变化或者自动调压装置等控制装置的动作。大扰动通常与负荷的大量切除、线路的故障或发电机退出运行有关。电力系统通常能在小扰动下保持稳定运行。但是，大扰动时，可能有更多的电力系统元件需要重新达到稳定运行状态(稳定状态取决于扰动前系统的初始状态)。系统在小扰动下的恢复时间约为 10~20 s，大扰动下通常为 3~5 s。由于电力系统规模持续扩大，系统互联持续增强，维持各部分的同步变得极具挑战。

13.1　稳定性问题

稳定性分析用于评估扰动对电力系统机电特性的影响，稳定性问题可以分为两类——暂态和稳态。暂态稳定性(或大扰动转子相角稳定性[①])研究通常由电力公司规划部门承担，以确保系统的动态性能。因为现代电力系统庞大且高度互联，上百台电机通过超高压和特高压等网络互联，所以暂态稳定性分析涉及的系统模型非常广泛。这些电机都具有相似的励磁系统和汽轮机调速控制系统，因此，为了正确反映系统的动态性能，需要对它们(部分而非全部情况)进行建模。如果需要对整个系统的非线性微分方程和代数方程进行求解，则必须使用直接法或迭代法。本章以暂态稳定性为重点，对暂态稳定性分析中的基本迭代步骤进行介绍。在此之前，首先介绍稳定性分析中的一些常见专业术语。

当描述系统运行状态的所有物理量的测量(或计算)值都恒定时，则认为电力系统处于稳定运行状态。稳态运行时，如果系统的参数(一个或多个)或运行数据(一个或多个)发生突然或一系列变化时，则认为系统在稳定运行状态下受到扰动。扰动根据其来源有大有小。大扰动时，无法对描述电力系统动态特性的非线性方程组进行有效的线性化处理。输电系统故障、负荷突变、发电机组退出运行和线路跳闸等都是大扰动。如果稳态运行的电力系统发生了某种变化，若该变化可以通过将其动态和代数方程组线性化来处理，则认为这是小扰动。大型发电机组的励磁系统的自动电压调节器对增益的调节就是一个小扰动。如果在小扰动之后，电力系统能自动恢复初始稳定状态，则称电力系统在该运行状态下具有稳态稳定性。如果在大扰动之后，系统达到完全不同的、但可接受的另一种稳定运行状态，则认为该系统具有暂态稳定性。

稳态稳定性分析通常没有暂态稳定性分析的范围广，一般只涉及单机无穷大系统或只有少量电机遭受一个(或多个)小扰动的情况。因此，稳态稳定性分析研究稳态平衡点或运行

① 进一步讨论请参见：IEEE/CIGRE Joint Task Force on Stability Terms and Definitions，“Definition and Classification of Power System Stability”，*IEEE Transactions on Power Systems*，Vol. 19，No. 2，May 2004，pp. 1387-1401.

状态发生小范围变化时系统的稳定性。通过线性分析方法，将系统的非线性微分方程和代数方程组线性化处理为一组线性方程组，就可以确定系统是否具有稳态稳定性。

由于暂态稳定性分析涉及大扰动，因此不允许将系统方程进行线性化处理。暂态稳定性分析有时只研究第一摇摆周期，而不针对多个摇摆周期。第一摇摆周期的暂态稳定性分析使用的发电机模型相对简单，该模型仅由暂态电势 E_i' 和暂态电抗 X_d'组成。不包括发电机组的励磁和汽轮机控制系统。研究的时间段通常是系统故障或其他大扰动后的第 1 秒。如果系统中的电机在第 1 秒内基本保持同步，则认为系统具有暂态稳定性。多摇摆周期的稳定性分析涉及的时间段更长，因此必须考虑发电机组控制系统的影响，因为控制系统会影响机组在一段持续时间内的动态性能。所以需要更复杂的电机模型来正确反映系统的行为。

因此，稳态和暂态稳定性分析中是否需要考虑励磁和汽轮机控制系统，完全视具体情况而定。所有稳定性分析的目的都是确定被扰动的发电机转子是否恢复到恒定速度。显然，这意味着转子偏离(至少是暂时性的)了同步转速。为了便于计算，在所有稳定性分析中都做了以下 3 个基本假设：

1. 定子绕组和电力系统中电流和电压的频率为同步频率。因此，直流偏移电流和谐波分量被忽略。

2. 不对称故障用对称分量表示。

3. 感应电势不受电机转速变化的影响。

基于上述假设，输电网络和 60 Hz 下的潮流计算都可以采用相量法。此外，故障点的负序和零序网络也可以并入正序网络。下文主要分析三相对称故障。但是，在一些特殊情况下，由于断路器切除动作不统一，不可避免地会遇到不平衡状况。①

13.2 转子动态和摇摆方程

同步电机转子运动方程基于动力学的基本原理：加速转矩等于转子转动惯量与其角加速度的乘积。以米-千克-秒(MKS)为单位，同步发电机的转子运动方程可以写为

$$J\frac{d^2\theta_m}{dt^2} = T_a = T_m - T_e \ \text{N·m} \tag{13.1}$$

其中，

J：转子质块的总转动惯量，单位为 kg · m^2；

θ_m：转子相对于静止轴的角位移，单位为机械弧度(rad)；

t：时间，单位为秒；

T_m：原动机提供的机械转距(或轴转距)与旋转损耗对应的制动转距之差，单位为 N · m；

T_e：净电磁转矩，单位为 N · m；

T_a：净加速转距，单位为 N · m。

令同步发电机的机械转距 T_m和电气转距 T_e为正值。因此合成转距 T_m使转子从 θ_m开始沿着旋转正方向加速，如图 13.1(a)所示。

当发电机稳态运行时，T_m和 T_e相等，加速转矩 T_a为零。此时，转子质块没有加速或减

① 更多内容请参阅：P. M. Anderson and A. A. Fouad，“*Power System Control and Stability*”，Wiley-IEEE Press，2002。

速，因而转速恒定，称为同步转速。包括发电机转子和原动机转子的旋转质块与系统中其他发电机同步。原动机可以是水轮机或汽轮机，因此需要使用不同复杂程度的模型来评估它们对 T_m 的影响。本文中，假定 T_m 在任何给定运行条件下都恒定。尽管原动机的输入功率由调速器控制，但上述假设对发电机是合理的。

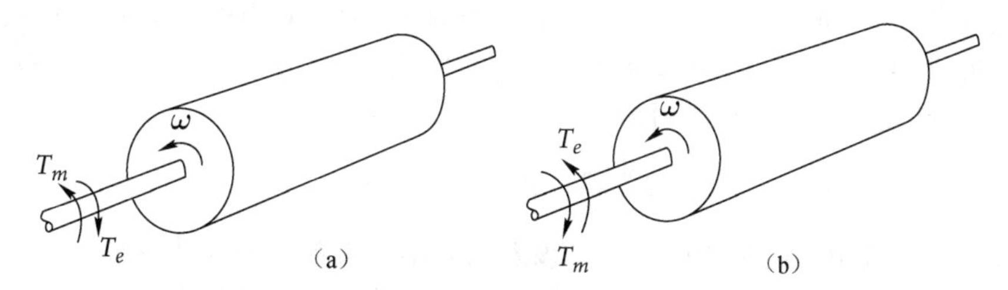

图 13.1　电机转子的旋转方向、机械转矩方向和电磁转距方向的比较。(a) 发电机；(b) 电动机

调速器在未检测到转速变化之前不会动作，因此在本节所关注的转子运动时间段内可以认为调速器未动作。电磁转矩 T_e 对应电机中的净气隙功率，它等于发电机的总输出功率加上电枢绕组的损耗 $|I|^2R$。同步电动机的潮流方向与发电机的潮流方向相反。因此，对于电动机，式(13.1)中 T_m 和 T_e 的符号需要相反，如图 13.1(b)所示。T_e 对应于电力系统驱动转子旋转的气隙功率，而 T_m 表示负荷的反向转距和用于制动转子的旋转损耗。

由于 θ_m 为相对于定子静止参考轴的测量值，因此它是转子角的绝对值。所以，即使同步转速恒定，θ_m 也会随着时间的推移而持续增加。由于需要分析转子相对于同步转速的速度，因此采用相对于同步旋转参考轴的转子角更方便。定义

$$\theta_m = \omega_{sm}t + \delta_m \tag{13.2}$$

其中 ω_{sm} 是电机的同步转速(单位为机械弧度/秒)，δ_m 是转子相对于同步旋转参考轴的角位移(单位为机械弧度)。将式(13.2)对时间求导，得

$$\frac{\mathrm{d}\theta_m}{\mathrm{d}t} = \omega_{sm} + \frac{\mathrm{d}\delta_m}{\mathrm{d}t} \tag{13.3}$$

以及

$$\frac{\mathrm{d}^2\theta_m}{\mathrm{d}t^2} = \frac{\mathrm{d}^2\delta_m}{\mathrm{d}t^2} \tag{13.4}$$

等式(13.3)表明，当 $\mathrm{d}\delta_m/\mathrm{d}t$ 为零时，转子角速度 $\mathrm{d}\theta_m/\mathrm{d}t$ 恒定且等于同步转度。因此，$\mathrm{d}\delta_m/\mathrm{d}t$ 表示转子转速偏离同步转速的大小，单位为机械弧度/秒。式(13.4)表示转子加速度，单位为机械弧度/秒^2。

将式(13.4)代入式(13.1)，可得

$$J\frac{\mathrm{d}^2\delta_m}{\mathrm{d}t^2} = T_a = T_m - T_e \ \ \mathrm{N\cdot m} \tag{13.5}$$

为书写方便，引入转子角速度的符号 ω_m

$$\omega_m = \frac{\mathrm{d}\theta_m}{\mathrm{d}t} \tag{13.6}$$

由基本动力学可知，功率等于转距乘以角速度，因此将式(13.5)乘以 ω_m，可得

$$J\omega_m\frac{\mathrm{d}^2\delta_m}{\mathrm{d}t^2} = P_a = P_m - P_e \ \ \mathrm{W} \tag{13.7}$$

其中，P_m 是减去旋转损耗后电机的机械输入功率；

P_e为穿过气隙的电磁功率；

P_a为加速功率，等于P_m和P_e的差值。

通常忽略旋转损耗和电枢损耗$|I|^2R$，并认为P_m为原动机提供的功率，P_e为电磁输出功率。

系数$J\omega_m$表示转子的角动量，当转速为同步转速ω_{sm}时，对应的角动量用M表示，并称为电机的惯性常数。显然，M的单位等于$J\omega_m$的单位。对照式(13.7)，可知M的单位为焦耳·秒/机械弧度，将式(13.7)写为

$$M\frac{d^2\delta_m}{dt^2}=P_a=P_m-P_e\ \text{W} \tag{13.8}$$

虽然上式使用了系数M，但在严格意义上该系数并不是常数，因为并不是所有运行条件下ω_m都等于同步转速。但是实际上，当电机稳定运行时，ω_m与同步转速差异不大，而且由于计算功率比计算转距方便，因此仍然采用式(13.8)进行分析。在用于稳定性分析的电机数据中，另一个与惯性相关的值是常数H，其定义为

$$H=\frac{\text{同步转速对应的动能(单位：MJ)}}{\text{电机的额定容量(MVA)}}$$

以及

$$H=\frac{\frac{1}{2}J\omega_{sm}^2}{S_{\text{mach}}}=\frac{\frac{1}{2}M\omega_{sm}}{S_{\text{mach}}}\ \text{MJ/MVA} \tag{13.9}$$

其中S_{mach}表示电机的三相额定容量(单位为MVA)。求解方程(13.9)，可得M为

$$M=\frac{2H}{\omega_{sm}}S_{\text{mach}}\ \text{MJ/机械弧度} \tag{13.10}$$

将式(13.10)代入式(13.8)，可得

$$\frac{2H}{\omega_{sm}}\frac{d^2\delta_m}{dt^2}=\frac{P_a}{S_{\text{mach}}}=\frac{P_m-P_e}{S_{\text{mach}}} \tag{13.11}$$

上述方程可以继续简化。

注意，式(13.11)分子中δ_m的单位为机械弧度，而分母中ω_{sm}的单位为机械弧度/秒。因此，可将式(13.11)重写为

$$\frac{2H}{\omega_s}\frac{d^2\delta}{dt^2}=P_a=P_m-P_e\ \text{p.u.} \tag{13.12}$$

其中δ和ω_s的单位相同，可以是机械角度、电气角度或弧度。H和t的单位一致，因为MJ/MVA就是秒，P_a，P_m和P_e是以同一个H值为基准值的标幺值。当ω，ω_s和δ带有下标m时，它对应机械量；否则，它对应电气量。因此，同步转速ω_s表示电气量。令系统的电气频率为f Hz，当δ是电气弧度时，式(13.12)变为

$$\frac{H}{\pi f}\frac{d^2\delta}{dt^2}=P_a=P_m-P_e\ \text{p.u.} \tag{13.13}$$

当δ为电气角度时

$$\frac{H}{180f}\frac{d^2\delta}{dt^2}=P_a=P_m-P_e\ \text{p.u.} \tag{13.14}$$

式(13.12)被称为发电机的摇摆方程，是稳定性分析中用于控制同步电机旋转特性的基本方程。它是一个二阶微分方程，可以用两个一阶微分方程表示：

$$\frac{2H}{\omega_s}\frac{d\omega}{dt}=P_m-P_e\ \text{p.u.} \tag{13.15}$$

$$\frac{\mathrm{d}\delta}{\mathrm{d}t}=\omega-\omega_s \tag{13.16}$$

其中ω，ω_s和δ的单位可以是电气弧度或电气角度。

本章将使用摇摆方程的各种等效形式来确定电力系统中发电机的稳定性。通过求解摇摆方程，可得δ相对于时间的表达式。δ的波形被称为电机的摇摆曲线，观察系统中所有电机的摇摆曲线，可以判断电机在遭受扰动后是否保持同步。

13.3 摇摆方程的深入讨论

式(13.11)中，定义H时引入了基准值S_{mach}(MVA)。当分析含多台同步电机的电力系统稳定性时，全系统都只能共用一个功率基准值(MVA)。因为各电机摇摆方程的右侧必须是基于该统一功率的标幺值，所以各摇摆方程左侧的H值也必须与该基准值保持一致。各电机基于其自身基准值的H值需要转换为基于系统基准值S_{system}的标幺值。对式(13.9)的两侧分别乘以比值($S_{\text{mach}}/S_{\text{system}}$)，得到转换公式

$$H_{\text{system}}=H_{\text{mach}}\frac{S_{\text{mach}}}{S_{\text{system}}} \tag{13.17}$$

其中各项下标对应适用的情况。工业分析通常选择100 MVA作为基准值。

实际中，摇摆方程通常使用常数H，而很少使用式(13.10)的惯性常数M。这是因为对不同容量和类型的电机，M值的变化范围很大，而H值的变化范围要小得多，如表13.1所示。

表13.1 同步电机的典型惯性常数†

电机类型	惯性常数，H‡ MJ/MVA
汽轮发电机	
冷凝，1800 r/min	9~6
3600 r/min	7~4
非冷凝，3600 r/min	4~3
水轮发电机	
慢速，<200 r/min	2~3
高速，>200 r/min	2~4
同步调相机 §	
大	1.25
小	1.00
有载同步电动机 范围为1.0~5.0，重型飞轮的上限值更高	2.00

† 经ABB Power T&D公司授权允许转载自《电力输送和配电参考手册》。

‡ 给定范围时，第一个数字适用于额定容量较小的电机。

§ 氢冷却时，减少25%。

例题13.1 同步发电机的额定值为1333 MVA，1800 r/min，转动惯量为245 260 kg·m²。推导常数H的计算公式，然后求基准值为100 MVA时H的标幺值。

解：以MJ为单位的同步转速下的动能(KE)为

$$
\begin{aligned}
\text{KE} &= \frac{1}{2}J\omega_{sm}^2 = \frac{1}{2} \times 245\,260 \times \left(\frac{2\pi \times 1800}{60}\right)^2 \\
&= 4357.11\ \text{MJ}
\end{aligned}
$$

因此，常数 H 为

$$
H = \frac{\text{KE}}{S_{\text{mach}}} = \frac{4357.11}{1333} = 3.27\ \ \text{MJ/MVA}
$$

将 H 转换以为 100 MVA 为基准值时的标幺值

$$
H = 3.27 \times \frac{1333}{100} = 43.56\ \ \text{MJ/MVA}
$$

对应的 MATLAB 程序为 ex13_1. m：

```
% M-file of Example 13.1:ex13_1.m
clc
clear all
% Initial values
Jm=2.4526*10^5; % kg*m^2
ns=1800; % synchronous speed in rotation/min
Smach=1333; % in MVA
Sb=100; % in MVA
% Solution
% H = KE/Smach
% KE=(Jm*ws^2)/2 ws in rad/s
KE=(Jm*(2*pi*ns/60)^2/2)/10^6 % in MJ
H=KE/Smach % in MJ/MVA
% Converting H to a 100-MVA system base
Hs=H*Smach/Sb
```

对于大型系统，由于其含有大量在地理上分布广泛的电机，所以希望稳定性分析中摇摆方程的数量最小化。假设输电线路故障或系统其他扰动使得同一发电厂内所有电机的转子同步摇摆，那么，同一发电厂内的全部电机可以合并为一台等效电机，就像所有转子被机械耦合在一起一样，因此只需要一个摇摆方程。

考虑一个远离网络扰动的发电厂，该发电厂有两台连接到同一节点的发电机。基于统一基准值的摇摆方程为

$$
\frac{2H_1}{\omega_s}\frac{\mathrm{d}^2\delta_1}{\mathrm{d}t^2} = P_{m1} - P_{e1}\ \text{p.u.} \tag{13.18}
$$

$$
\frac{2H_2}{\omega_s}\frac{\mathrm{d}^2\delta_2}{\mathrm{d}t^2} = P_{m2} - P_{e2}\ \text{p.u.} \tag{13.19}
$$

将上述两个方程相加，由于转子同步摇摆，所以可以用 δ 表示 δ_1 和 δ_2，从而有

$$
\frac{2H}{\omega_s}\frac{\mathrm{d}^2\delta}{\mathrm{d}t^2} = P_m - P_e\ \text{p.u.} \tag{13.20}
$$

其中 $H=(H_1+H_2)$，$P_m=(P_{m1}+P_{m2})$，$P_e=(P_{e1}+P_{e2})$。上式与式(13. 12)的形式相同，可以用于求解发电厂的动态性能。

例题 13. 2　一发电厂内两台 60 Hz 发电机组并联运行，参数如下：

发电机 1：500 MVA，功率因数为 0. 85，20 kV，3600 r/min，

$$
H_1 = 4.8\ \text{MJ/MVA}
$$

发电机 2：1333 MVA，功率因数为 0. 9，22 kV，1800 r/min，

$$H_2 = 3.27\ \text{MJ/MVA}$$

计算以 100 MVA 为基准值时两台机组的等效常数 H。

解：两台电机的总旋转动能(KE)为

$$\text{KE} = (4.8 \times 500) + (3.27 \times 1333) = 6759\ \text{MJ}$$

因此，以 100 MVA 为基准值时，等效电机的常数 H 为

$$H = 67.59\ \text{MJ/MVA}$$

如果发电机同步摇摆，各时刻的转子角都同步，那么上述值就可以用在单个摇摆方程中。

同步摇摆的电机称为同调电机。注意，当 ω_s 和 δ 的单位都是电气角度或弧度时，就算额定转速不同，也可以将同调电机的摇摆方程进行合并。这种方式常常用于含许多电机的系统稳定性分析，主要用于减少摇摆方程的数量。

如果系统中的一对电机非同调，那么可以列写类似于式(13.18)和式(13.19)的摇摆方程。将两个摇摆方程分别除以各自左侧的系数后再相减，可得

$$\frac{\mathrm{d}^2\delta_1}{\mathrm{d}t^2} - \frac{\mathrm{d}^2\delta_2}{\mathrm{d}t^2} = \frac{\omega_s}{2}\left(\frac{P_{m1} - P_{e1}}{H_1} - \frac{P_{m2} - P_{e2}}{H_2}\right) \tag{13.21}$$

两侧同时乘以 $H_1H_2/(H_1+H_2)$ 并重新排列，可得

$$\frac{2}{\omega_s}\left(\frac{H_1H_2}{H_1 + H_2}\right)\frac{\mathrm{d}^2(\delta_1 - \delta_2)}{\mathrm{d}t^2} = \frac{P_{m1}H_2 - P_{m2}H_1}{H_1 + H_2} - \frac{P_{e1}H_2 - P_{e2}H_1}{H_1 + H_2} \tag{13.22}$$

上式也可以写成更简单的形式，类似于基本摇摆方程式(13.12)

$$\frac{2}{\omega_s}H_{12}\frac{\mathrm{d}^2\delta_{12}}{\mathrm{d}t^2} = P_{m12} - P_{e12} \tag{13.23}$$

其中，相对角 δ_{12} 等于 $\delta_1-\delta_2$，等效惯性常数和加权输入和输出功率的定义为

$$H_{12} = \frac{H_1H_2}{H_1 + H_2} \tag{13.24}$$

$$P_{m12} = \frac{P_{m1}H_2 - P_{m2}H_1}{H_1 + H_2} \tag{13.25}$$

$$P_{e12} = \frac{P_{e1}H_2 - P_{e2}H_1}{H_1 + H_2} \tag{13.26}$$

注意，上述方程组可以用于含一个发电机(电机 1)和一个同步电动机(电机 2)的两机系统，其中两个电机通过纯电抗网络连接。无论发电机输出功率发生了什么变化，电动机都会吸收该功率变化，可写为

$$\begin{aligned} P_{m1} &= -P_{m2} = P_m \\ P_{e1} &= -P_{e2} = P_e \end{aligned} \tag{13.27}$$

在上述条件下，令 $P_{m12}=P_m$，$P_{e12}=P_e$，则式(13.23)可简化为

$$\frac{2H_{12}}{\omega_s}\frac{\mathrm{d}^2\delta_{12}}{\mathrm{d}t^2} = P_m - P_e$$

该式和单台电机的表达式(13.12)相同。

式(13.22)表明，系统中一台电机的稳定性与系统中其他电机的动态行为相关。可以选择一台电机的转子角 δ_1，并将 δ_1 和其他电机的转子角(比如 δ_2)比较。为了保持稳定性，在开关的最后一次动作(例如断路器切除故障)后，所有电机间的相角差都必须减小。虽然也可以绘制发电机转子相对于同步旋转参考轴的相角轨迹，但绘制电机之间相对角度的变化更为重要。

上文讨论的重点是系统稳定性的特性，通过分析双机问题揭示了稳定性的本质特征。双机问题可以分为两类：一类是具有一个有限惯性的电机，它相对于无穷大节点摇摆，另一类是具有两个有限惯性的电机，它们相互摇摆。稳定性分析中，如果电机的电势恒定、阻抗为零且惯性无限大，则该节点为无穷大节点。发电机与大型电力系统的连接点就是无穷大节点。任何情况下，摇摆方程的形式都如式(13.12)所示，其中右侧各项必须在求解前显式描述。因为 P_e的表达式对摇摆方程的描述至关重要，所以下文将通过对通用两机系统的分析来推导 P_e的特性。

13.4 功角方程

发电机摇摆方程中，原动机的机械输入功率 P_m被认为恒定不变。如前所述，这是一个合理假设，因为在调速器还未能控制汽轮机动作之前，电网的运行条件可能已经发生了变化。由于式(13.12)中的 P_m保持恒定，因此电磁输出功率 P_e将决定转子是加速、减速或同步转速。当 P_e等于 P_m时，电机为同步稳态运行状态；当 P_e不等于 P_m时，转子将偏离同步转速。P_e的变化由输电和配电网络的状态以及系统的负荷决定。

负荷突变、网络故障或断路器动作造成的电网扰动可能导致发电机输出功率 P_e的快速变化，从而产生机电暂态过程。基于前文的基本假设，可以忽略发电机转速变化对感应电势的影响，因此 P_e的变化由电网的潮流方程和代表电机特性的模型确定。暂态稳定性分析中，各同步电机被等效为暂态电势 E_i'和暂态电抗 X_d'的串联形式，如图 13.2(a)所示，其中 V_t是同步电机的端电压。

图 13.2(a)和稳态电路(由同步电抗 X_d与同步电势或空载电压 E_i串联组成)的形式相同。因为大多数情况下可以忽略电枢电阻，所以可以使用图 13.2(b)所示的相量图。由于每台电机都属于整个系统的一部分，所以所有电机的相角测量值都基于同一个参考系统。

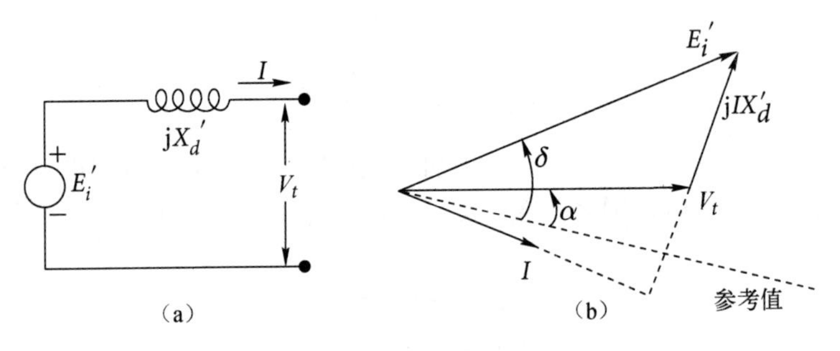

图 13.2　暂态稳定性分析中同步电机的相量图

图 13.3 所示为发电机通过输电系统向节点②的受端系统供电的示意图。

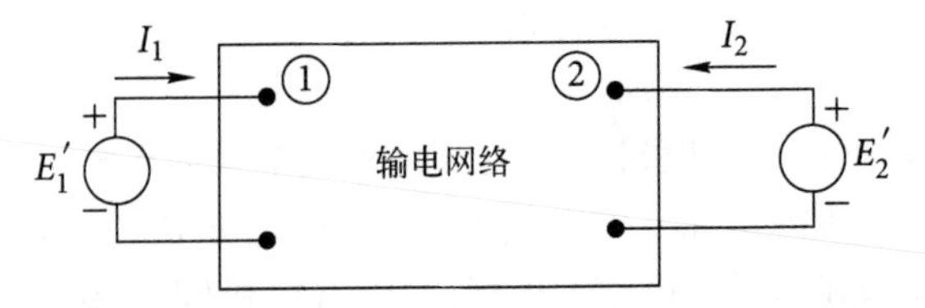

图 13.3　稳定性分析的示意图。与 E_1'和 E_2'相关的暂态电抗包括在输电网络中

图中，矩形代表线性无源的输电系统，例如变压器、输电线路、电容器和发电机的暂态电抗。因此，电压E_1'表示节点①上发电机的暂态电势。这里的受端电压E_2'被视为无穷大节点的电压，或者是同步电动机的暂态电势，同步电动机的暂态电抗被包含在输电网络中。本章后续章节将讨论两台发电机向恒阻抗、恒负荷供电的情况。去掉参考节点，该网络的节点导纳矩阵为

$$\mathbf{Y}_{\text{bus}} = \begin{matrix} & ① & ② \\ ① & Y_{11} & Y_{12} \\ ② & Y_{21} & Y_{22} \end{matrix} \tag{13.28}$$

由式(7.24)，可知

$$P_k + \mathrm{j}Q_k = V_k \sum_{n=1}^{N} (Y_{kn}V_n)^* \tag{13.29}$$

假设k和N分别等于1和2，并用E'代替V，可得

$$P_1 + \mathrm{j}Q_1 = E_1'(Y_{11}E_1')^* + E_1'(Y_{12}E_2')^* \tag{13.30}$$

定义

$$E_1' = |E_1'|\angle\delta_1\ , \qquad E_2' = |E_2'|\angle\delta_2$$

$$Y_{11} = G_{11} + \mathrm{j}B_{11}\ , \qquad Y_{12} = |Y_{12}|\angle\theta_{12}$$

则式(13.30)变为

$$P_1 = |E_1'|^2\, G_{11} + |E_1'||E_2'||Y_{12}|\cos(\delta_1 - \delta_2 - \theta_{12}) \tag{13.31}$$

$$Q_1 = -|E_1'|^2\, B_{11} + |E_1'||E_2'||Y_{12}|\sin(\delta_1 - \delta_2 - \theta_{12}) \tag{13.32}$$

将上述两个方程中的下标1和2互换，可得节点②的方程。

令

$$\delta = \delta_1 - \delta_2$$

定义一个新的相角γ

$$\gamma = \theta_{12} - \frac{\pi}{2}$$

则式(13.31)和式(13.32)变为

$$P_1 = |E_1'|^2\, G_{11} + |E_1'||E_2'||Y_{12}|\sin(\delta - \gamma) \tag{13.33}$$

$$Q_1 = -|E_1'|^2\, B_{11} - |E_1'||E_2'||Y_{12}|\cos(\delta - \gamma) \tag{13.34}$$

式(13.33)可以进一步简写为

$$P_e = P_c + P_{\max}\sin(\delta - \gamma) \tag{13.35}$$

其中

$$P_c = |E_1'|^2\, G_{11}\ , \qquad P_{\max} = |E_1'||E_2'||Y_{12}| \tag{13.36}$$

由于P_1代表发电机的电磁输出功率(忽略电枢损耗)，因此式(13.35)中已经用P_e替代了P_1，该式通常被称为功角方程，方程的解对应δ的函数，即功角曲线。网络结构确定且电压幅值$|E_1'|$和$|E_2'|$恒定时，参数P_c，$P_{\max}$，γ恒定。当忽略网络中的电阻时，$\mathbf{Y}_{\text{bus}}$中的所有元素都是电纳，G_{11}和γ都为零。因此纯电抗网络的功角方程将被简化成下面的常用形式：

$$P_e = P_{\max}\sin\delta \tag{13.37}$$

其中$P_{\max} = |E_1'||E_2'|/X$，$X$代表$E_1'$和$E_1'$之间的转移电抗。

例题 13.3 图13.4所示的单线图中，一台发电机通过并联输电线路与大都市系统(无穷大节点)相连。

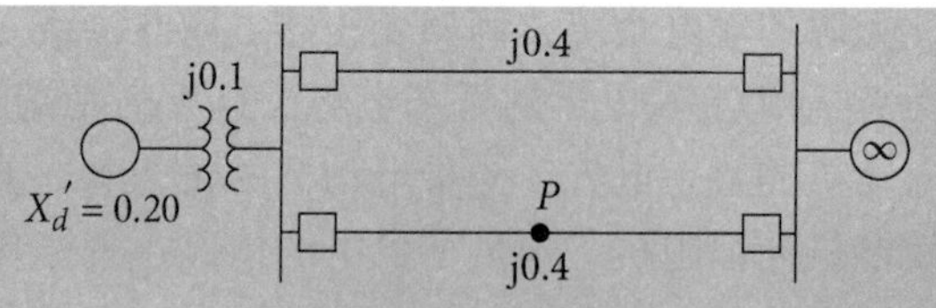

图 13.4　例题 13.3 和例题 13.4 的单线图(P 点位于线路中心)

该发电机输送的功率为 1.0(标幺值)，发电机端电压和无穷大节点电压均为 1.0。图中的数字表示同一基准下的电抗值。发电机的暂态电抗为 0.20(标幺值)。试求给定运行条件下系统的功角方程。

解：系统的电抗图如图 13.5(a)所示。发电机端电压和无穷大节点之间的串联电抗为

$$X = 0.10 + \frac{0.4}{2} = 0.3 \text{ p.u.}$$

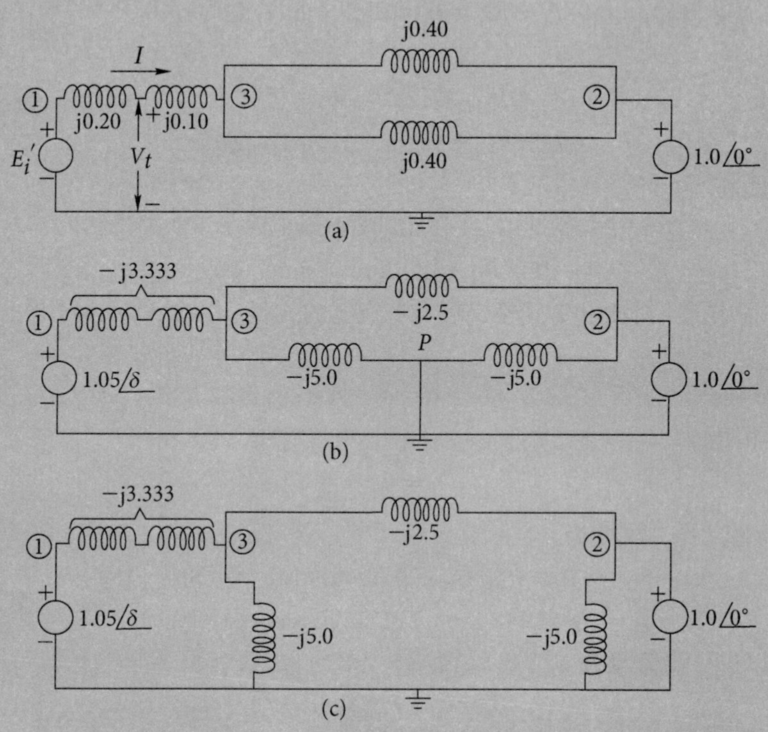

图 13.5　电抗图。(a) 例题 13.3 故障前网络，电抗为标幺值；(b) 例题 13.4 的故障网络，电抗转换为导纳标幺值；(c)去掉点P后 (b) 的故障网络

因此，发电机的输出功率 1.0 由下式确定：

$$\frac{|V_t||V|}{X}\sin\alpha = \frac{(1.0)(1.0)}{0.3}\sin\alpha = 1.0$$

其中 V 是无穷大节点的电压，α 是相对于无穷大节点的相角。求解 α 可得

$$\alpha = \arcsin 0.3 = 17.458°$$

因此端电压为

$$V_t = 1.0\angle 17.458° = 0.954 + \text{j}0.300 \text{ p.u.}$$

发电机的输出电流为

$$I = \frac{1.0\angle 17.458° - 1\angle 0°}{\mathrm{j}0.1 + \mathrm{j}0.4/2}$$

$$= 1.0 + \mathrm{j}0.1535 = 1.012\angle 8.729° \text{ p.u.}$$

暂态电势为

$$E_1' = (0.954 + \mathrm{j}0.30) + \mathrm{j}(0.2)(1.0 + \mathrm{j}0.1535)$$

$$= 0.923 + \mathrm{j}0.5 = 1.050\angle 28.44° \text{ p.u.}$$

由暂态电势 E_i' 和无穷大节点电压 V 表示的功角方程由总串联电抗确定：

$$X = 0.2 + 0.1 + \frac{0.4}{2} = 0.5 \text{ p.u.}$$

因此，功角方程为

$$P_e = \frac{(1.050)(1.0)}{0.5}\sin\delta = 2.10\sin\delta \text{ p.u.}$$

其中 δ 是发电机转子相对于无穷大节点的相角。

上述例题中功角方程的解如图 13.6 所示。

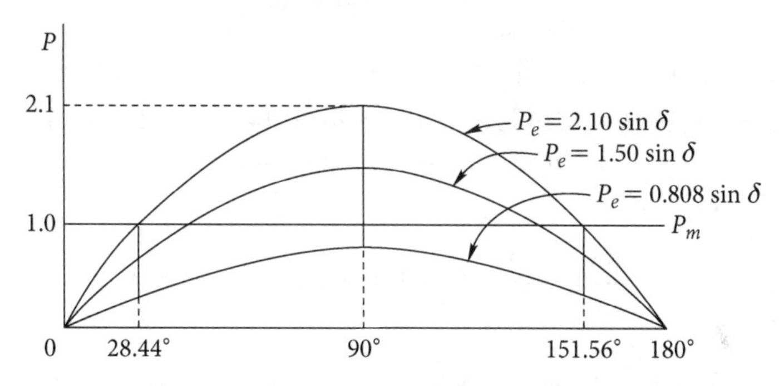

图 13.6　例题 13.3 至例题 13.5 的功角曲线图

注意，机械输入功率 P_m 恒定不变，它与正弦功角曲线相交在 $\delta_0 = 28.44°$ 处。这是给定运行条件下发电机转子的初始相角。该发电机的摇摆方程为

$$\frac{H}{180f}\frac{\mathrm{d}^2\delta}{\mathrm{d}t^2} = 1.0 - 2.10\sin\delta \text{ p.u.} \tag{13.38}$$

其中 H 的单位为 MJ/MVA，f 是系统的频率，δ 是电气角度。可以很容易验证例题 13.3 的结果，因为在给定的运行条件下，$P_e = 2.10\sin 28.44° = 1.0$ p.u.，这恰好等于机械输入功率 P_m，因此加速度等于零。

例题 13.4 将对上述系统在 P 点(其中一条输电线的中点)发生三相故障后的功角方程进行求解。通过该例可以观察到故障导致的加速度为正。

例题 13.4　图 13.4 的点 P 发生三相故障，其中系统的运行条件如例题 13.3 所示。求故障发生期间系统的功角方程和相应的摇摆方程。令 $H = 5$ MJ/MVA。

解： P 点发生故障时的系统电抗图如图 13.5(b)所示。图中的导纳为标幺值。为了清楚地显示短路故障造成的影响，将电抗图重新绘制为如图 13.5(c)所示。由例题 13.3 可知，由于假设发电机的磁链恒定，所以发电机的暂态电势保持不变，$E_i' = 1.05\angle 28.44°$。和电压源相连的转移导纳未知。各节点用图中的数字表示，通过观察图 13.5(c)，可得 $\mathbf{Y}_{\text{bus}}$ 为

$$
\mathbf{Z}_{\text{bus},5} = \begin{matrix} & ① & ② & ③ \\ ① & -j3.333 & 0.00 & j3.333 \\ ② & 0.000 & -j7.50 & j2.500 \\ ③ & j3.333 & j2.50 & -j10.833 \end{matrix}
$$

因为节点③没有与外部电源连接，所以可以通过 6.2 节的节点消除法将其删除，从而得到降阶的节点导纳矩阵为

$$
\begin{matrix} & ① & ② \\ ① & Y_{11} & Y_{12} \\ ② & Y_{21} & Y_{22} \end{matrix} = \begin{matrix} & ① & ② \\ ① & -j2.308 & j0.769 \\ ② & j0.769 & -j6.923 \end{matrix}
$$

可得转移导纳的幅值为 0.769，因此

$$P_{\max} = |E_1'||E_2'||Y_{12}| = (1.05)\times(1.0)\times(0.769) = 0.808 \text{ p.u.}$$

系统发生故障时的功角方程为

$$P_e = 0.808 \sin\delta \text{ p.u.}$$

相应的摇摆方程为

$$\frac{5}{180f}\frac{d^2\delta}{dt^2} = 1.0 - 0.808 \sin\delta \text{ p.u.} \tag{13.39}$$

由于存在惯性，故障发生时转子位置不会发生突变。因此，转子角 δ 的初始值等于 28.44°，这与例题 13.3 相同，电磁输出功率为 $P_e = 0.808\sin 28.44° = 0.385$。初始加速功率为

$$P_a = 1.0 - 0.385 = 0.615 \text{ p.u.}$$

因此初始加速度为正值，等于

$$\frac{d^2\delta}{dt^2} = \frac{180f}{5}\times(0.615) = 22.14f \text{ 电角度/s}^2$$

其中 f 是系统频率。

继保系统发现线路故障后，线路终端的断路器将会同时动作以清除故障。这时，由于网络发生了变化，功角方程也将发生变化。

例题 13.5 例题 13.4 中，故障线路两端的断路器同时断开可以切除故障。求故障后的功角方程和摇摆方程。

解： 由图 13.5(a)可见，在切除故障线路后，系统的转移导纳为

$$\frac{1}{j(0.2 + 0.1 + 0.4)} = -j1.429 \text{ p.u.}$$

因此，在节点导纳矩阵中

$$Y_{12} = j1.429$$

故障后的功角方程为

$$P_e = (1.05)(1.0)(1.429)\sin\delta = 1.500 \sin\delta$$

对应的摇摆方程为

$$\frac{5}{180f}\frac{d^2\delta}{dt^2} = 1.0 - 1.500 \sin\delta$$

故障切除瞬间的加速度取决于切除瞬间转子角的位置。图 13.6 所示为例题 13.3~13.5 的功角曲线。

13.5 同步功率系数

例题 13.3 的运行点对应图 13.6 中正弦曲线 P_e 上的点 $\delta_0 = 28.44°$，此时机械输入功率 P_m

等于电磁输出功率 P_e。由该图还可知，δ= 151.56°时 P_e 也等于 P_m，因此这一点似乎也是一个可接受的运行点。但是，事实并非如此。

可靠运行点的一个基本要求是：当发电机的电磁输出功率发生小扰动时，发电机不应失去同步。对于固定的机械输入功率 P_m，当运行点参数有小增量变化，即

$$\delta=\delta_0+\delta_\Delta, \qquad P_e=P_{e0}+P_{e\Delta} \tag{13.40}$$

其中下标 0 表示稳态运行点，下标 Δ 表示稳态运行点运行参数的增量。将式(13.40)代入式(13.37)，可得通用两机系统的功角方程为

$$\begin{aligned}P_{e0}+P_{e\Delta}&=P_{\max}\sin(\delta_0+\delta_\Delta)\\&=P_{\max}(\sin\delta_0\cos\delta_\Delta+\cos\delta_0\sin\delta_\Delta)\end{aligned}$$

由于 δ_Δ只是偏离 δ_0的很小的增量，故

$$\sin\delta_\Delta\cong\delta_\Delta, \qquad \cos\delta_\Delta\cong 1 \tag{13.41}$$

假设上式严格相等，因此有

$$P_{e0}+P_{e\Delta}=P_{\max}\sin\delta_0+(P_{\max}\cos\delta_0)\,\delta_\Delta \tag{13.42}$$

在初始运行点 δ_0，有

$$P_m=P_{e0}=P_{\max}\sin\delta_0 \tag{13.43}$$

因此式(13.42)变为

$$P_m-(P_{e0}+P_{e\Delta})=-(P_{\max}\cos\delta_0)\,\delta_\Delta \tag{13.44}$$

将方程(13.40)的增量表达式代入基本摇摆方程(13.12)中，可得

$$\frac{2H}{\omega_s}\frac{\mathrm{d}^2(\delta_0+\delta_\Delta)}{\mathrm{d}t^2}=P_m-(P_{e0}+P_{e\Delta}) \tag{13.45}$$

因为 δ_0为常数，所以用式(13.44)代替上式右侧的表达式并移至等式左边，可得

$$\frac{2H}{\omega_s}\frac{\mathrm{d}^2(\delta_0+\delta_\Delta)}{\mathrm{d}t^2}+(P_{\max}\cos\delta_0)\delta_\Delta=0 \tag{13.46}$$

注意 $P_{\max}\cos\delta_0$是功角曲线在相角 δ_0处的斜率，用S_p表示，并定义为

$$S_p=\left.\frac{\mathrm{d}P_e}{\mathrm{d}\delta}\right|_{\delta=\delta_0}=P_{\max}\cos\delta_0 \tag{13.47}$$

S_p被称为同步功率系数。将 S_p代入式(13.46)，摇摆方程重写为

$$\frac{\mathrm{d}^2\delta_\Delta}{\mathrm{d}t^2}+\frac{\omega_2 S_p}{2H}\delta_\Delta=0 \tag{13.48}$$

上式为线性二阶微分方程，其解取决于S_p的符号。当 S_p为正时，$\delta_\Delta(t)$对应简谐运动，可以用摆锤的无阻尼振荡表示①。当 S_p为负时，$\delta_\Delta(t)$呈指数增加。因此，图 13.6 所示的运行点 δ_0=28.44°是稳定平衡点，因为当系统遭受小扰动时转子角的摇摆幅度受限。发生暂态电磁小扰动后，在阻尼的作用下转子相角最终将恢复位置 δ_0。相反，点 δ= 151.56°是不稳定平衡点，因为该点的 S_p为负。所以，该点不是有效运行点。

发电机转子相对于无穷大节点的位置的变化可以用下述方式来理解。图 13.7(a)所示为以固定框架上的支点为圆点的摆锤。

点 a 和 c 是摆锤的最大振荡点，点 b 为平衡点。由于阻尼的作用，摆锤最终将停在 b

① 简谐运动方程为 $\mathrm{d}^2x/\mathrm{d}t^2+\omega_n^2x=0$，它的通解为 $A\cos\omega_n t+B\sin\omega_n t$，其中常数 A 和 B 由初始条件决定。方程的解对应角频率 ω_n 的无阻尼正弦曲线。

处。现在想象一个以摆锤的支点为圆心的圆盘顺时针旋转，如图 13.7(b)所示，将摆锤的运动叠加到圆盘的运动中。当摆锤从 a 向 c 移动时，摆锤相对于与圆盘的相对角速度小于圆盘的转速。当摆锤从 c 向 a 移动时，相对角速度将大于圆盘的转速。在点 a 和 c 处，摆的绝对角速度为零，相对角速度等于圆盘的角速度。因此如果将圆盘的角速度对应转子的同步转速，摆锤的独立运动对应转子相对于无穷大节点的摇摆，则相对于圆盘的摆锤运动代表实际的转子角运动。

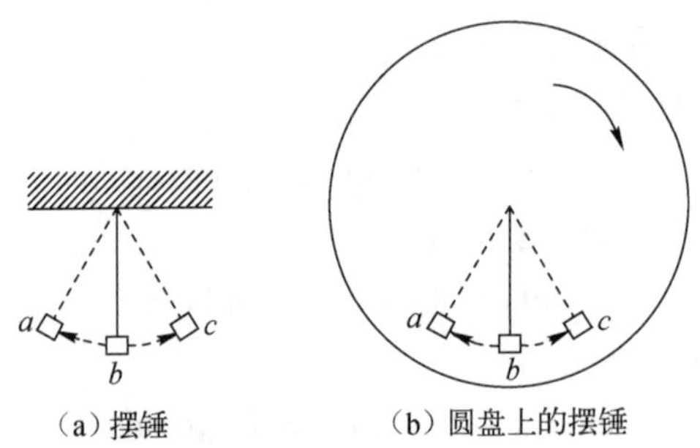

（a）摆锤　　（b）圆盘上的摆锤

图 13.7　利用摆锤和旋转圆盘解释转子相对于无穷大节点的摇摆

由上述讨论可得出结论：如果同步功率系数 S_p 为正，则式(13.48)的解为振荡的正弦波。无阻尼振荡的角频率为

$$\omega_n = \sqrt{\frac{\omega_s S_p}{2H}} \text{ 电弧度/s} \tag{13.49}$$

对应的振荡频率为

$$f_n = \frac{1}{2\pi}\sqrt{\frac{\omega_s S_p}{2H}} \text{ Hz} \tag{13.50}$$

例题 13.6　例题 13.3 中，电机在运行点 $\delta=28.44°$处受到轻微的暂态扰动。如果在原动机响应之前扰动已经被消除，试求电机转子的振荡频率和周期。取 $H=5$ MJ/MVA。

解：摇摆方程如式(13.48)所示，运行点对应的同步功率系数为

$$S_p = 2.10\cos 28.44° = 1.8466$$

因此，振荡角频率为

$$\omega_n = \sqrt{\frac{\omega_s S_p}{2H}} = \sqrt{\frac{377 \times 1.8466}{2 \times 5}} = 8.343 \text{ 电弧度/s}$$

对应的振荡频率为

$$f_n = \frac{8.343}{2\pi} = 1.33 \text{ Hz}$$

振荡周期为

$$T = \frac{1}{f_n} = 0.753 \text{ s}$$

上述例子有重要的现实意义，它代表了在多个电机互联的大型系统中可以与额定频率 60 Hz 叠加的振荡频率的量级。由于一天中的系统负荷随机变化，因此电机间 1 Hz 左右的振荡频率趋向于增加，但在原动机、系统负荷和发电机本身的各种阻尼的影响下，这些振荡能迅速得到抑制。注意，即使上例的输电系统中包含电阻，但转子的摇摆仍然是无阻尼谐波运动。例题 13.8 将探讨电阻对同步功率系数和振荡频率的影响。后续章节还将继续讨论同步系数的概念。下一节将研究大扰动下的暂态稳定性判断方法。

13.6 稳定性的等面积准则

13.4 节的摇摆方程本质上是非线性方程。这种方程很难求出解析解。即使是单机系统相对于无穷大节点的摇摆，都很难得到解析解，因此通常使用计算机求解。现在讨论直接法，不求解摇摆方程就能得到两机系统的稳定性。

图 13.8 所示的系统与图 13.4 所示的系统相同，但增加了一条短输电线路。

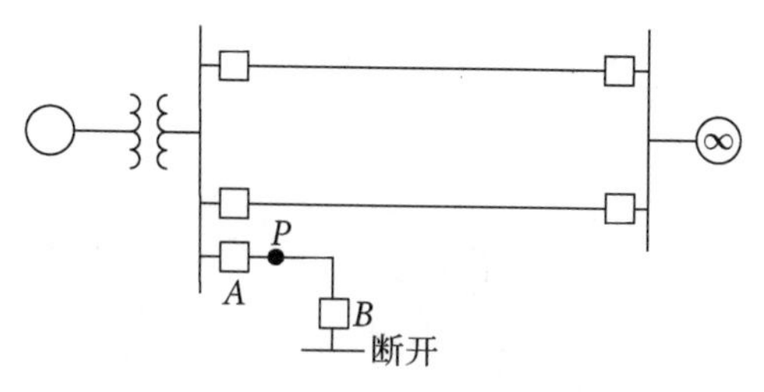

图 13.8　图 13.4 所示的单线图，其中增加了一条短输电线路

初始时刻，短输电线路一端的断路器 A 闭合，另一端的断路器 B 断开。因此，可认为系统维持例题 13.3 的初始运行条件。然后，P 点发生三相故障，经过短暂延时后断路器 A 动作切除故障。因此，除故障发生期间外，有效输电系统并未发生变化。因为该节点发生短路故障，所以在故障被切除前发电机的电磁输出功率等于零。故障前、故障中和故障后的物理情况可通过分析图 13.9 所示的功角曲线得到。

发电机初始状态为同步运行，转子相角为 δ_0，机械输入功率 P_m 等于电磁输出功率 P_e，对应图 13.9(a)中的点 a。$t=0$ 时发生故障，电磁输出功率突然变为零，而机械输入功率未改变，如图 13.9(b)所示。功率差值必须通过转子质块中动能的改变来抵消。恒定加速功率 P_m 将导致转子转速增加。如果用 t_c 表示切除故障的时间，那么在时间 $t\sim t_c$ 内加速度恒定，为

$$\frac{\mathrm{d}^2\delta}{\mathrm{d}t^2}=\frac{\omega_s}{2H}P_m \tag{13.51}$$

故障期间，同步转速的速度增量可通过积分得到

$$\frac{\mathrm{d}\delta}{\mathrm{d}t}=\int_0^t\frac{\omega_s}{2H}P_m\mathrm{d}t=\frac{\omega_s}{2H}P_m t \tag{13.52}$$

将上式对时间积分，可得转子角为

$$\delta=\frac{\omega_s P_m}{4H}t^2+\delta_0 \tag{13.53}$$

式(13.52)和式(13.53)表明转子相对于同步转速的速度随时间线性增加，转子角将从 δ_0 增大到和故障切除时间对应的相角 δ_c，即，相角 δ 从图 13.9(b)中的 b 点变为 c 点。在故障切除的瞬间，转子转速的增量以及发电机与无穷大节点之间的相角差分别为

$$\left.\frac{\mathrm{d}\delta}{\mathrm{d}t}\right|_{t=t_c}=\frac{\omega_s P_m}{2H}t_c \tag{13.54}$$

和

$$\left.\delta(t)\right|_{t=t_c}=\frac{\omega_s P_m}{4H}t_c^2+\delta_0 \tag{13.55}$$

当相角为 δ_c 时切除故障，电磁输出功率突然增加，变成功角曲线上点 d 对应的值。在 d 点，

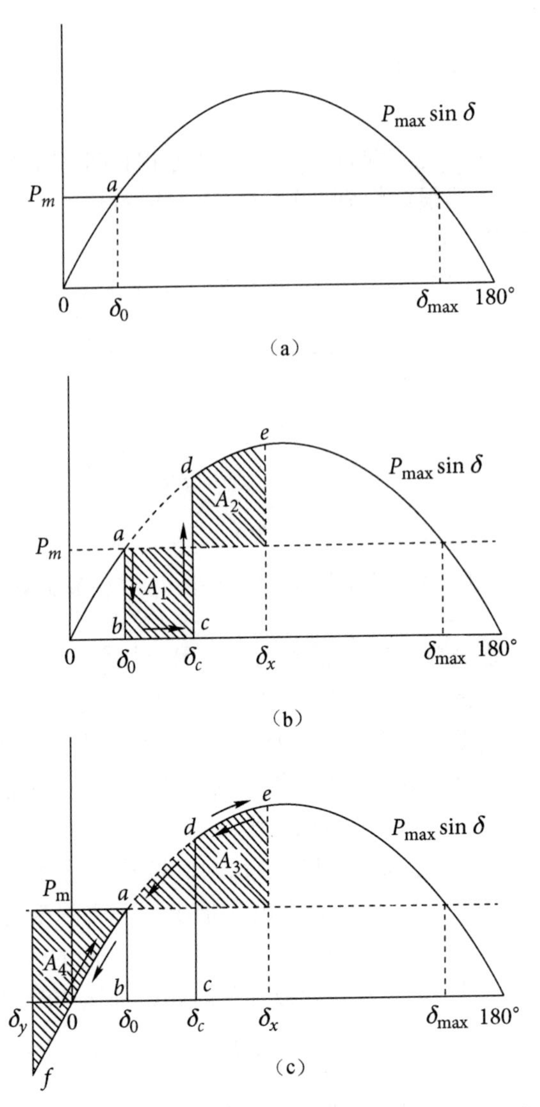

图 13.9　图 13.8 所示发电机的功角曲线，面积 A_1 和 A_2 相等，面积 A_3 和 A_4 相等

电磁输出功率大于机械输入功率，因此加速功率为负。所以，当图 13.9(c)中 P_e 从 d 点到 e 点时，转子减速。到达 e 点时，转子角增大到 δ_x，转子转速再次同步。下文将解释相角 δ_x 所在的点使面积 A_1 和 A_2 相等。

e 点的加速功率仍然为负(制动)，因此转子转速不能保持同步而将开始减速。此时相对转速为负，转子相角从与 e 点对应的 δ_x 沿着图 13.9(c)功角曲线反向移动到 a 点，此时转子转速小于同步转速。从 a 点到 f 点，机械功率超过电磁功率，转子再次加速，直到它在 f 点处达到同步。f 点的位置使面积 A_3 和 A_4 相等。在没有任何阻尼的情况下，转子将继续以 f-a-e，e-a-f 的顺序来回振荡，其中 e 点和 f 点对应同步转速。

下文将证明图 13.9(b)中阴影面积 A_1 和 A_2 相等，图 13.9(c)中面积 A_3 和 A_4 相等。在单机无穷大系统中，可以使用这种面积相等的原则，即等面积准则，来确定系统的暂态稳定性，这种方法不需要对摇摆方程进行求解。该方法并不适用于多机系统，但它有助于理解某些参数对系统暂态稳定性的影响。

下面针对单机无穷大系统进行等面积准则的推导，13.3 节的讨论也表明，该方法适用于通用两机系统。和无穷大节点相连的电机的摇摆方程为

$$\frac{2H}{\omega_s}\frac{\mathrm{d}^2\delta}{\mathrm{d}t^2}=P_m-P_e \tag{13.56}$$

将转子相对于同步转速的角速度定义为

$$\omega_r=\frac{\mathrm{d}\delta}{\mathrm{d}t}=\omega-\omega_s \tag{13.57}$$

将式(13.57)对 t 求导，并代入式(13.56)，可得

$$\frac{2H}{\omega_s}\frac{\mathrm{d}\omega_r}{\mathrm{d}t}=P_m-P_e \tag{13.58}$$

当转子为同步转速时，$\omega=\omega_s$，$\omega_r=0$。在式(13.58)的两边同时乘以 $\omega_r=\mathrm{d}\delta/\mathrm{d}t$，可得

$$\frac{H}{\omega_s}2\omega_r\frac{\mathrm{d}\omega_r}{\mathrm{d}t}=(P_m-P_e)\frac{\mathrm{d}\delta}{\mathrm{d}t} \tag{13.59}$$

将上式左侧重新整理，得

$$\frac{H}{\omega_s}\frac{\mathrm{d}\left(\omega_r^2\right)}{\mathrm{d}t}=(P_m-P_e)\frac{\mathrm{d}\delta}{\mathrm{d}t} \tag{13.60}$$

两边同时乘以 $\mathrm{d}t$ 并积分，可得

$$\frac{H}{\omega_s}\left(\omega_{r2}^2-\omega_{r1}^2\right)=\int_{\delta_1}^{\delta_2}(P_m-P_e)\mathrm{d}\delta \tag{13.61}$$

ω_r项的下标和 δ 的值对应。即，转速 ω_{r1}对应于角度 δ_1的转速，ω_{r2}对应于 δ_2的转速。由于 ω_r表示转子偏离同步转速的程度，而在 δ_1 和 δ_2时转子为同步转速，所以 $\omega_{r1}=\omega_{r2}=0$。式(13.61)变为

$$\int_{\delta_1}^{\delta_2}(P_m-P_e)\mathrm{d}\delta=0 \tag{13.62}$$

上式适用于功率曲线上转子为同步转速的任意两点 δ_1和 δ_2。图 13.9(b)中的这两点是 a 和 e，它们分别对应于 δ_0和 δ_x。如果分两步对式(13.62)进行积分，可得

$$\int_{\delta_0}^{\delta_c}(P_m-P_e)\mathrm{d}\delta+\int_{\delta_c}^{\delta_x}(P_m-P_e)\mathrm{d}\delta=0 \tag{13.63}$$

或

$$\int_{\delta_0}^{\delta_c}(P_m-P_e)\mathrm{d}\delta=\int_{\delta_c}^{\delta_x}(P_e-P_m)\mathrm{d}\delta \tag{13.64}$$

上式左侧积分用于故障期间，而右侧积分对应于故障切除瞬间与最大摇摆点 δ_x。在图 13.9(b)中，故障期间的 P_e 等于零，阴影面积 A_1 等于式(13.64)的左侧，阴影面积 A_2 等于式(13.64)的右侧。因此，面积 A_1 和 A_2 相等。

图 13.9(c)中，δ_x和 δ_y时转子也是同步转速，因此，按上述同样方法可得面积 A_3 等于 A_4。面积 A_1 和 A_4 与转子加速时转子动能的增量成正比，而面积 A_2 和 A_3 与转子减速时转子动能的减少成正比。式(13.61)验证了这一点。因此，等面积准则表明故障时转子中增加的动能必须在故障后被抵消，以便使转子恢复到同步转速。

阴影面积 A_1 取决于故障切除对应的时间。如果故障切除时间被延迟，则角度 δ_c 将增加；因此，面积 A_1 将增加，按等面积准则，面积 A_2 也将增加，因此需要更大的转子最大摇摆角 δ_x，才能使转子恢复到同步运行。如果故障切除延迟时间继续增大，使得转子角度 δ 摇摆到超过图 13.9 中的角度 $\delta_{\max}$ 时，则加速功率重新变成正值，功角曲线上该点的转子转速将大于同步转速。在该正加速功率的影响下，角度 δ 将不受控地继续增大，最终导致系统不稳

定。因此，为了满足等面积准则对稳定性的要求，必须设置故障切除的临界角度。

该角度称为临界切除角 δ_{cr}，如图 13.10 所示。

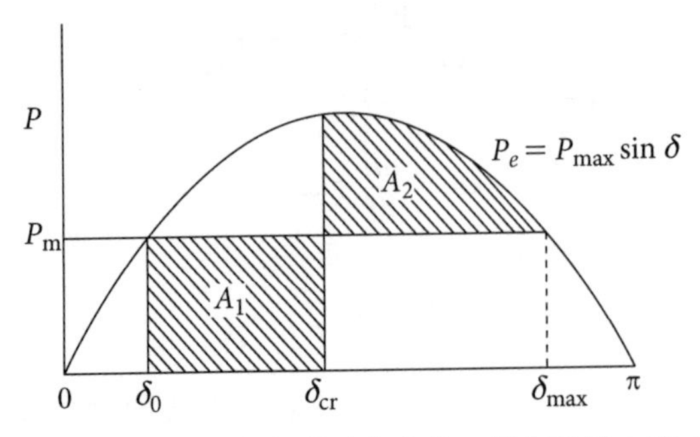

图 13.10　含临界切除角 δ_{cr}的功角曲线。其中面积 A_1和 A_2相等

对应的故障切除临界时间称为临界切除时间 t_{cr}。因此，临界切除时间是从故障开始到故障切除时使电力系统具有暂态稳定性的最长时间。

图 13.10 中，临界切除角和临界切除时间的计算如下。矩形面积 A_1为

$$A_1 = \int_{\delta_0}^{\delta_{cr}} P_m \, d\delta = P_m(\delta_{cr} - \delta_0) \tag{13.65}$$

而面积 A_2为

$$\begin{aligned} A_2 &= \int_{\delta_{cr}}^{\delta_{max}} (P_{max}\sin\delta - P_m)\, d\delta \\ &= P_{max}(\cos\delta_{cr} - \cos\delta_{max}) - P_m(\delta_{max} - \delta_{cr}) \end{aligned} \tag{13.66}$$

使 A_1等于A_2，移项后可得

$$\cos\delta_{cr} = (P_m/P_{max})(\delta_{max} - \delta_0) + \cos\delta_{max} \tag{13.67}$$

由正弦功角曲线可知

$$\delta_{max} = \pi - \delta_0 \quad \text{电弧度} \tag{13.68}$$

$$P_m = P_{max}\sin\delta_0 \tag{13.69}$$

将 δ_{max}和 P_m的表达式代入式(13.67)并简化，可得临界切除角 δ_{cr}为

$$\delta_{cr} = \arccos[(\pi - 2\delta_0)\sin\delta_0 - \cos\delta_0] \tag{13.70}$$

将 δ_{cr}的值代替式(13.55)的左侧部分，得

$$\delta_{cr} = \frac{\omega_s P_m}{4H} t_{cr}^2 + \delta_0 \tag{13.71}$$

因此临界切除时间为

$$t_{cr} = \sqrt{\frac{4H(\delta_{cr} - \delta_0)}{\omega_s P_m}} \tag{13.72}$$

例题 13.7　图 13.8 所示的短输电线路的 P 点发生三相故障，计算临界切除角和临界切除时间。初始条件与例题 13.3 相同，H=5 MJ/MVA。

解：在例题 13.3 中，功角方程和转子初始相角为

$$P_e = P_{max}\sin\delta = 2.10\sin\delta$$

$$\delta_0 = 28.44° = 0.496\text{电弧度}$$

机械输入功率 P_m的标幺值为 1.0，利用式(13.70)，可得

$$\delta_{cr} = \arccos[(\pi - 2 \times 0.496)\sin 28.44° - \cos 28.44°]$$
$$= 81.697° = 1.426 \text{ 电弧度}$$

将已知量代入式(13.72)，求得

$$t_{cr} = \sqrt{\frac{4 \times 5(1.426 - 0.496)}{377 \times 1}} = 0.222 \text{ s}$$

上述值表示临界切除时间为 13.3 个周期(对应频率为 60 Hz)。

上例建立了临界切除时间的概念，它对于正确设计继保方案以切除故障至关重要。但在更一般的情况下，如果没有通过计算机仿真来求解摇摆方程，则无法得到临界切除时间的显式表达式。

13.7 等面积准则的更多应用

等面积准则对两机系统或单机无穷大系统的稳定性分析非常有效。但是计算机计算仍然是确定大系统稳定性的唯一实用方法。考虑到等面积准则对于理解暂态稳定性的作用，所以在讨论摇摆曲线的计算机方法之前，将进一步对等面积准则进行讨论。

当发电机通过并联输电线路向无穷大系统供电时，断开一条线路后，尽管负荷仍然可以通过稳态运行的另一条线路获取电能但发电机可能失去同步。如果是两条并联线路的连接节点发生三相短路，则任何一条线路都无法输送功率。这实际上就是例题 13.7。但是，如果故障位于其中一条线路的末端，则断开该线路两端的断路器就能使故障与系统隔离，功率将从另一条并联线路中流过。当三相故障不是发生在并联节点或线路的末端，而是在双回输电线路上的其他地点，并联节点与故障之间将存在阻抗。这样，当部分系统故障时，系统也能输送部分功率。例题 13.4 的功角方程就是这种情况。

当故障期间系统仍输送功率时，可以应用等面积准则，如图 13.11 所示，它与图 13.6 所示的功角曲线图类似。

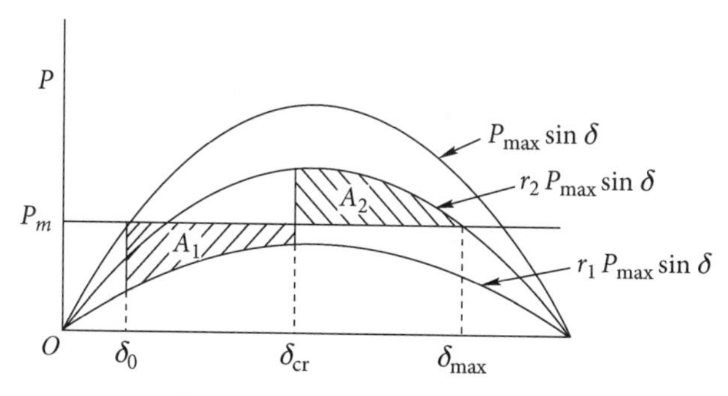

图 13.11 故障期间仍输送功率时的等面积准则(面积 A_1 和 A_2 相等)

故障发生之前可以输送的功率是 $P_{max}\sin\delta$；故障期间可以输送的功率为 $r_1 P_{max}\sin\delta$，$\delta = \delta_{cr}$ 时切除故障，系统可以输送的功率为 $r_2 P_{max}\sin\delta$。由图 13.11 可知，δ_{cr} 是此时的临界切除角。按照上一节求面积 A_1 和 A_2 的步骤，可得

$$\cos\delta_{cr} = \frac{(P_m / P_{max})(\delta_{max} - \delta_0) + r_2\cos\delta_{max} - r_1\cos\delta_0}{r_2 - r_1} \tag{13.73}$$

在这种情况下，无法得到极限切除时间 t_{cr} 的解析解。对于图 13.8 所示的故障，$r_1 = 0$，$r_2 =$

1，因此式(13.73)可简化为式(13.67)。

如果线路不是发生三线短路故障，那么部分功率可以通过未受影响的线路输送。这种故障可以等效为在正序阻抗图的故障点和参考节点之间添加一个阻抗(不是短路)。正序网络中代表故障的并联阻抗越大，故障期间输送的功率越大。无论切除角多大，故障期间的输送功率会影响面积 A_1 的大小。因此，r_1 值越小，对系统的扰动越大，因为故障期间输送的功率越小，对应的加速面积 A_1 将越大。各种故障按严重程度从小到大(即 r_1P_{max} 降低的顺序)排序如下：

1. 单相接地短路故障；
2. 相间短路故障；
3. 两相接地短路故障；
4. 三相短路故障。

最常见的故障是单相接地故障，最少发生的故障是三相故障。为了保证整体的可靠性，在设计阶段就需要考虑最恶劣的地方发生三相故障时系统的暂态稳定性，实际上这正是普遍的做法。

例题 13.8 系统初始结构和故障前运行条件如例题 13.3 所述，求发生例题 13.4 和例题 13.5 所述三相故障时的临界切除角。

解： 由前述例题，可得功角方程为

$$\text{故障前：} P_{max}\sin\delta = 2.100\sin\delta$$

$$\text{故障期间：} r_1P_{max}\sin\delta = 0.808\sin\delta$$

$$\text{故障后：} r_2P_{max}\sin\delta = 1.500\sin\delta$$

因此，

$$r_1 = \frac{0.808}{2.100} = 0.385, \quad r_2 = \frac{1.500}{2.100} = 0.714$$

由例题 13.3 可知

$$\delta_0 = 28.44° = 0.496\text{ rad}$$

由图 13.11 可得

$$\delta_{max} = 180° - \arcsin\left[\frac{1.000}{1.500}\right] = 138.190° = 2.412\text{ rad}$$

将具体数值代入式(13.73)，可得

$$\cos\delta_{cr} = \frac{\left(\frac{1.0}{2.10}\right)(2.412 - 0.496) + 0.714\cos(138.19°) - 0.385\cos(28.44°)}{0.714 - 0.385} = 0.1266$$

因此，$\delta_{cr} = 82.726°$。

本例中，为了确定临界切除时间，必须已知 δ-t 的摇摆曲线。13.9 节将讨论计算摇摆曲线的一种方法。

13.8 多机稳定性分析：经典模型

等面积准则不能直接用于含 3 台或 3 台以上发电机的系统。尽管在两机系统中观察到的物理现象与多机系统基本相同，但是，随着暂态稳定性分析中发电机数量的增加，数值计算的复

杂性也会增加。当多机系统处于机电暂态状态时，互联输电系统会引起发电机间的振荡。如果将每台电机都认为是一个单独的振荡源，那么各电机都会产生一个由其惯性和同步功率决定的机电振荡并将该振荡传入互联系统中。这种振荡的典型频率为1~2 Hz，它叠加在系统60 Hz的额定频率上。当多台电机的转子同时发生暂态振荡，摇摆曲线将反映这些振荡的组合效果。因此，输电系统的频率不会过度偏离额定值，仍然可以使用60 Hz来计算网络参数。为了减轻系统建模的复杂性并减少计算量，暂态稳定性分析通常还会添加如下假设：

1. 在整个摇摆曲线计算期间，每台电机的机械输入功率保持不变；
2. 忽略阻尼功率；
3. 将每台电机等效为恒定暂态电抗与恒定暂态电势的串联电路；
4. 每台电机的机械转子角等于暂态电势的电气角度 δ；
5. 将所有负荷等效为对地并联阻抗，阻抗的值由暂态开始前的条件决定。

基于上述假设的系统稳定性模型称为经典稳定性模型，基于该模型的研究称为经典稳定性分析。这些假设用于补充13.1节针对所有稳定性分析的基本假设。当然，在具体的计算机程序中，需要复杂的电机和负荷模型来修改上述假设。不过，本章将使用经典模型研究三相故障带来的系统扰动。

如上文所述，任何暂态稳定性分析都必须知道故障发生前的系统状态以及故障发生期间和之后的网络结构。因此，在多机情况下，首先需要进行两个预备步骤：

1. 使用产品级潮流计算程序计算系统故障前的稳定状态；
2. 确定故障前的网络，然后形成故障期间和故障后的网络。

由上述第一个预备步骤可以得到各发电机终端和负荷节点的有功功率、无功功率和电压值，其中所有相角都以松弛节点为参考值。各发电机的暂态电势可由下式得到：

$$E = V_t + \mathrm{j}X_d'I \tag{13.74}$$

其中 V_t 是对应的端电压，I 是输出电流。各负荷都转换为其节点上的恒定接地导纳

$$Y_L = \frac{P_L - \mathrm{j}Q_L}{|V_L|^2} \tag{13.75}$$

其中 $P_L+\mathrm{j}Q_L$ 表示负荷，$|V_L|$ 为对应的节点电压幅值。将故障前潮流计算使用的节点导纳矩阵扩大到包含各发电机的暂态电抗和各负荷的并联导纳，如图13.12所示。

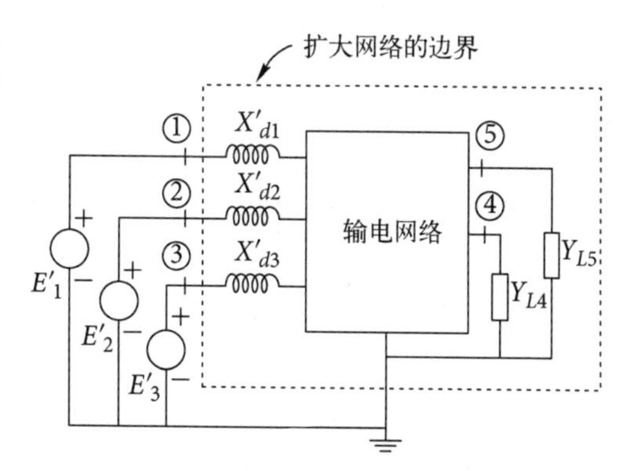

图13.12 扩大的电力系统网络

注意，除了发电机的内部节点外，所有节点的注入电流均为零。在第二个预备步骤中，需要按照故障期间和故障后的状态修改节点导纳矩阵。由于只有发电机内部节点有电流注入，因此其他节点都可以通过Kron降阶法而消除。降阶后的矩阵维数和发电机数量相同。故障期间和故障后各发电机注入网络的功率可以由相应的功角方程计算得到。例如，图13.12中发电机1的输出功率为

$$P_{e1} = |E_1'|^2 G_{11} + |E_1'||E_2'||Y_{12}|\cos(\delta_{12} - \theta_{12}) + |E_1'||E_3'||Y_{13}|\cos(\delta_{13} - \theta_{13}) \tag{13.76}$$

其中 δ_{12} 等于 $\delta_1-\delta_2$。分别利用故障期间和故障后3×3维节点导纳矩阵的元素 Y_{ij}，可以列写 P_{e2} 和 P_{e3} 的类似表达式。P_{ei} 的表达式构成了摇摆方程的一部分

$$\frac{2H_i}{\omega_s}\frac{\mathrm{d}^2\delta_i}{\mathrm{d}t^2}=P_{mi}-P_{ei},\ i=1,2,3 \tag{13.77}$$

它表示转子在故障期间和故障后的运动情况。上式的解由故障位置、持续时间和切除故障线路后的 $\mathbf{Y}_{\text{bus}}$ 决定。下例将阐释经典稳定性分析中基本的计算机程序步骤。

例题 13.9 图 13.13 所示为 60 Hz，230 kV 的输电系统，其中包含两台有限惯性的发电机和一个无穷大节点。

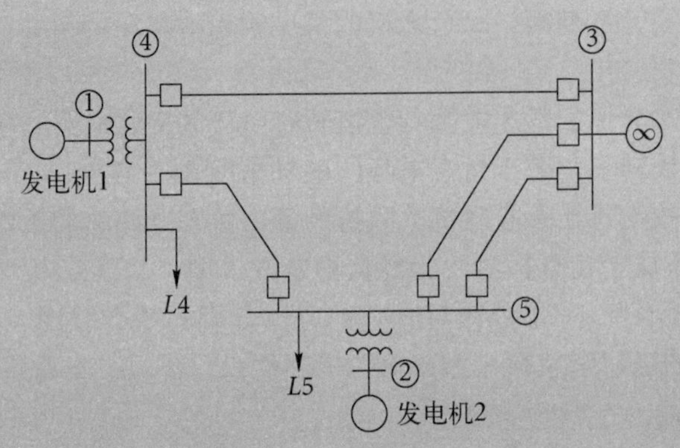

图 13.13 例题 13.9 的单线图

变压器和线路数据见表 13.2。

表 13.2 例题 13.9 的线路和变压器数据[†]

	串联 Z		并联 Y
节点	R	X	B
变压器①-④	—	0.022	
变压器②-⑤	—	0.040	
线路③-④	0.007	0.040	0.082
线路③-⑤(1)	0.008	0.047	0.098
线路③-⑤(2)	0.008	0.047	0.098
线路④-⑤	0.018	0.110	0.226

[†]以 230 kV，100 MVA 为基准值

线路④-⑤靠近节点④的位置发生三相故障。使用表 13.3 给出的故障前潮流解，确定故障期间各电机的摇摆方程。

表 13.3 节点数据和故障前的潮流[†]

		发 电 机		负 荷	
节点	电压	P	Q	P	Q
①	$1.030\angle 8.88°$	3.500	0.712		
②	$1.020\angle 6.38°$	1.850	0.298		
③	$1.000\angle 0°$	—	—		
④	$1.018\angle 4.68°$	—	—	1.00	0.44
⑤	$1.011\angle 2.27°$	—	—	0.50	0.16

[†]以 230 kV，100 MVA 为基准值

以 100 MVA 为基准值的发电机电抗和 H 值如下：

发电机 1：400 MVA，20 kV，$X_d'=0.067$ p. u.，$H=11.2$ MJ/MVA；

发电机 2：250 MVA，18 kV，$X_d'=0.10$ p. u.，$H=8.0$ MJ/MVA。

解：为了求解摇摆方程，首先必须确定暂态电势。由表 13.3 的数据可知，注入节点①的电流为

$$I_1=\frac{(P_1+\mathrm{j}Q_1)^*}{V_1^*}=\frac{3.50-\mathrm{j}0.712}{1.030\angle-8.88^\circ}=3.468\angle-2.619^\circ$$

同样，流入节点②的电流为

$$I_2=\frac{(P_2+\mathrm{j}Q_2)^*}{V_2^*}=\frac{1.850-\mathrm{j}0.298}{1.020\angle-6.38^\circ}=1.837\angle-2.771^\circ$$

由式(13.74)，计算得

$$E_1'=1.030\angle 8.88^\circ+\mathrm{j}0.067\times 3.468\angle-2.619^\circ=1.100\angle 20.82^\circ$$
$$E_2'=1.020\angle 6.38^\circ+\mathrm{j}0.10\times 1.837\angle-2.771^\circ=1.065\angle 16.19^\circ$$

对无穷大节点，有

$$E_3'=E_3=1.000\angle 0.0^\circ$$

因此

$$\delta_{13}=\delta_1,\ \delta_{23}=\delta_2$$

使用式(13.75)将节点④和节点⑤上的 P-Q 负荷转换为等效并联导纳，有

$$Y_{L4}=\frac{1.00-\mathrm{j}0.44}{(1.018)^2}=0.9649-\mathrm{j}0.4246\ \text{p.u.}$$

$$Y_{L5}=\frac{0.50-\mathrm{j}0.16}{(1.011)^2}=0.4892-\mathrm{j}0.1565\ \text{p.u.}$$

现在修改故障前的节点导纳矩阵，使其包含负荷导纳和电机的暂态电抗。节点①和节点②表示电机暂态电抗后的内部虚拟节点。因此，故障前节点导纳矩阵的元素有

$$Y_{11}=\frac{1}{\mathrm{j}0.067+\mathrm{j}0.022}=-\mathrm{j}11.236\ \text{p.u.}$$

$$Y_{34}=-\frac{1}{0.007+\mathrm{j}0.040}=-4.2450+\mathrm{j}24.2571\ \text{p.u.}$$

节点③、节点④和节点⑤的导纳计算必须包括输电线路的并联电容。所以，对于节点④，有

$$\begin{aligned}Y_{44}&=-\mathrm{j}11.236+\frac{\mathrm{j}0.082}{2}+\frac{\mathrm{j}0.226}{2}+4.2450-\mathrm{j}24.2571\\&\quad+\frac{1}{0.018+\mathrm{j}0.110}+0.9649-\mathrm{j}0.4246\\&=6.6587-\mathrm{j}44.6175\ \text{p.u.}\end{aligned}$$

新的故障前节点导纳矩阵如表 13.4 所示。

表 13.4　例题 13.9 故障前节点导纳矩阵的元素†

节　点	①	②	③	④	⑤
①	-j11.236 0	0.0	0.0	j11.236 0	0.0
②	0.0	-j7.142 9	0.0	0.0	j7.142 9
③	0.0	0.0	11.284 1	-4.245 0	-7.039 2
			-j65.473 1	+j24.257 1	+j41.355 0
④	j11.236 0	0.0	-4.245 0	6.658 8	-1.448 8

续表

节　点	①	②	③	④	⑤
			+j24. 257 1	−j44. 617 5	+j8. 853 8
⑤	0. 0	j7. 142 9	−7. 039 2	−1. 448 8	8. 977 2
			+j41. 355 0	+j8. 853 8	−j57. 297 2

†导纳均为标幺值。

为了表示故障，将节点④与参考节点短接。因为节点④与参考节点是同电位点，所以需要消去表 13. 4 中的第 4 行和第 4 列。再通过 Kron 降阶法消除节点⑤的对应行和列，即可得到如表 13. 5 上半部分所示的节点导纳矩阵。

表 13. 5　例题 13. 9 故障期间和故障后的节点导纳矩阵†

故障网络			
节点	①	②	③
①	0. 000 0−j11. 236 0 (11. 236 0$\angle -90°$)	0. 0+j0. 0	0. 0+j0. 0
②	0. 0+j0. 0	0. 136 2−j6. 273 7 (6. 275 2$\angle -88. 756 3°$)	−0. 068 1+j5. 166 1 (5. 166 5$\angle 90. 755 2°$)
③	0. 0+j0. 0	−0. 68 1+j5. 166 1 (5. 166 5$\angle 90. 755 2°$)	5. 798 6−j35. 629 9 (36. 098 7$\angle -80. 756 4°$)
故障后网络			
①	0. 500 5−j7. 789 7 (7. 805 8$\angle -86. 323 7°$)	0. 0+j0. 0	−0. 221 6+j7. 629 1 (7. 632 3$\angle 91. 663 8°$)
②	0. 0+j0. 0	0. 159 1−j6. 116 8 (6. 118 9$\angle -88. 510 1°$)	−0. 090 1+j6. 097 5 (6. 098 2$\angle 90. 846 6°$)
③	−0. 221 6+j7. 629 1 (7. 632 3$\angle 91. 663 8°$)	−0. 090 1+j6. 097 5 (6. 098 2$\angle 90. 846 6°$)	1. 392 7−j13. 872 8 (13. 942 6$\angle -84. 267 2°$)

由故障期间系统的 $\mathbf{Y}_{bus}$ 可见，故障期间节点①与其他节点解耦，节点②与节点③直接相连。这与实际的物理情况一致，即节点④短路使得由发电机 1 注入系统的功率减少到零，同时发电机 2 直接向节点③输送功率。故障期间，基于表 13. 5，可得功角方程为

$$\begin{aligned}P_{e1} &= 0\\ P_{e2} &= |E_2'|^2 G_{22} + |E_2'||E_3||Y_{23}|\cos(\delta_{23} - \theta_{23})\\ &= (1.065)^2(0.136\,2) + (1.065)(1.0)(5.166\,5)\cos(\delta_2 - 90.755°)\\ &= 0.154\,5 + 5.502\,3\sin(\delta_2 - 0.755°)\ \text{p.u.}\end{aligned}$$

因此，当系统发生故障时，对应的摇摆方程（P_{m1} 和 P_{m2} 由表 13. 3 提供）为

$$\begin{aligned}\frac{d^2\delta_1}{dt^2} &= \frac{180f}{H_1}(P_{m1} - P_{e1}) = \frac{180f}{H_1}P_{a1}\\ &= \frac{180f}{11.2}(3.5)\ \text{电角度/s}^2\end{aligned}$$

$$\frac{d^2\delta_2}{dt^2}=\frac{180f}{H_2}(P_{m2}-P_{e2})=\frac{180f}{H_2}P_{a2}$$

$$=\frac{180f}{8.0}\left\{\overbrace{1.85}^{P_m}-\left[\overbrace{0.1545}^{P_c}+\overbrace{5.5023}^{P_{\max}}\sin\left(\delta_2-\overbrace{0.755°}^{\gamma}\right)\right]\right\}$$

$$=\frac{180f}{8.0}\left[\underbrace{1.6955}_{P_m-P_c}-\underbrace{5.5023}_{P_{\max}}\sin\left(\delta_2-\underbrace{0.755°}_{\gamma}\right)\right]\text{ 电角度/s}^2$$

例题 13.10 例题 13.9 发生三相故障后，故障线路两端的断路器同时断开以切除故障。求故障后的摇摆方程。

解： 因为线路④-⑤被切除，因此必须修改表 13.4 的故障前 $\mathbf{Y}_{\text{bus}}$。将表 13.4 中的元素 Y_{45} 和 Y_{54} 改为零，将 Y_{44} 和 Y_{55} 减去线路④-⑤的串联导纳和线路电容电纳的一半。

故障后，降阶的节点导纳矩阵如表 13.5 的下半部分所示。由第一行和第二行的零元素可知，当线路④-⑤被移除时，发电机 1 和发电机 2 不再互连。因此，各发电机均直接与无穷大节点相连，故障后的功角方程为

$$P_{e1}=|E_1'|^2G_{11}+|E_1'||E_3||Y_{13}|\cos(\delta_{13}-\theta_{13})$$

$$=(1.100)^2(0.5005)+(1.100)(1.0)(7.6323)\cos(\delta_1-91.664°)$$

$$=0.6056+8.3955\sin(\delta_1-1.664°)\text{ p.u.}$$

$$P_{e2}=|E_2'|^2G_{22}+|E_2'||E_3||Y_{23}|\cos(\delta_{23}-\theta_{23})$$

$$=(1.065)^2(0.1591)+(1.065)(1.0)(6.0982)\cos(\delta_2-90.847°)$$

$$=0.1804+6.4934\sin(\delta_2-0.847°)\text{ p.u.}$$

故障后的摇摆方程为

$$\frac{d^2\delta_1}{dt^2}=\frac{180f}{11.2}\{3.5-[0.6056+8.3955\sin(\delta_1-1.664°)]\}$$

$$=\frac{180f}{11.2}[2.8944-8.3955\sin(\delta_1-1.664°)]\text{ 电角度/s}^2$$

$$\frac{d^2\delta}{dt^2}=\frac{180f}{8.0}\{1.85-[0.1804+6.4934\sin(\delta_2-0.847°)]\}$$

$$=\frac{180f}{8.0}[1.6696-6.4934\sin(\delta_2-0.847°)]\text{ 电角度/s}^2$$

例题 13.9 和本例求到的功角方程均与式(13.35)的形式相同，因此对应的摇摆方程为

$$\frac{d^2\delta}{dt^2}=\frac{180f}{H}[P_m-P_c-P_{\max}\sin(\delta-\gamma)] \tag{13.78}$$

其中，等式右侧的中括号中的式子表示转子的加速功率。因此，可以将式(13.78)写为

$$\frac{d^2\delta}{dt^2}=\frac{180f}{H}P_a\text{ 电角度/s}^2 \tag{13.79}$$

其中，

$$P_a=P_m-P_c-P_{\max}\sin(\delta-\gamma) \tag{13.80}$$

下一节将讨论式(13.79)的求解，从而获得指定切除时间的 δ 值(时间 t 的函数)。

13.9 摇摆曲线的逐步求解法

大型系统需要利用计算机来求解电机的 δ–t 关系，然后绘制 δ 相对于 t 的波形以获得对应电机的摇摆曲线。通过绘制足够长时间的 δ–t 函数，可以确定 δ 的趋势是单调增加或者达到某个最大值后开始减小。后者通常表示系统稳定，但对变量很多的实际系统，可能需要绘制足够长时间的 δ–t 曲线，才能确保 δ 能返回较低的值，而不是继续增大。

求出不同切除时间对应的摇摆曲线后，就可以确定故障切除前系统能保持稳定的时间。断路器及其相关继电器的标准开断时间一般是故障发生后的 1、2、3、5 或 8 个周期，由此可以确定断路器的动作速度。对于严重的故障，例如使电机能输送的功率变成最小以及系统即将失去稳定性等故障，必须通过计算确定断路的速度。

用于评估二阶微分方程的数值算法很多，它们都通过逐步增加自变量的迭代计算而实现。如果需要更高的精度，那么只能通过计算机实现。逐步计算法可以手动实现，它比常用的计算机算法简单。短时间内转子位置角变化的手动计算需要做如下假设：

1. 从上一个时间段的中点时刻到本时间段的中点时刻，加速度P_a保持恒定；
2. 任何一个时间段内的角速度恒定，它等于该时间段中点时刻的计算值。

当然，由于 δ 连续变化，而且P_a和 ω 都是 δ 的函数，因此上述假设并不准确。随着时间步长的减小，计算的精度将增加。以图 13.14(a)为例，先计算时间段 $n-2$、$n-1$ 和 n 的结束时刻用圆圈包围的点(也是时间段 $n-1$、n 和 $n+1$ 的开始时刻)的加速功率。

图 13.14(a)中 P_a曲线呈阶梯状，因为 P_a在相邻两个时间段的中点之间保持恒定。同样，ω_r (即角速度 ω 相对于同步角速度 ω_s的增量)的曲线也呈阶梯状，如图 13.14(b)所示，它在整个时间段内保持恒定，其值等于该时间段中点时刻的值。$n-3/2$ 和 $n-1/2$ 时刻对应的纵坐标之间存在转速变化，它由恒定加速功率引起。转速变化等于加速度和时间步长的乘积：

$$\omega_{r,n-(1/2)} - \omega_{r,n-(3/2)} = \frac{\mathrm{d}^2\delta}{\mathrm{d}t^2}\Delta t = \frac{180f}{H}P_{a,n-1}\Delta t \tag{13.81}$$

同一时间段内 δ 的变化等于该时间段内 ω_r与时间步长的乘积。因此，时间段 $n-1$ 内 δ 的变化为

$$\Delta\delta_{n-1} = \delta_{n-1} - \delta_{n-2} = \Delta t \times \omega_{r,n-(3/2)} \tag{13.82}$$

在第 n 个时间段内

$$\Delta\delta_n = \delta_n - \delta_{n-1} = \Delta t \times \omega_{r,n-(1/2)} \tag{13.83}$$

将式(13.83)与式(13.82)相减，然后再将式(13.81)代入，消除所有的 ω_r值，可得

$$\Delta\delta_n = \delta_{n-1} + kP_{a,n-1} \tag{13.84}$$

其中

$$k = \frac{180f}{H}(\Delta t)^2 \tag{13.85}$$

式(13.84)是摇摆方程逐步求解法的重要步骤，它显示了在一个时间段内如何使用该时间段的加速功率和上一时间段内 δ 的变化来计算本时间段内 δ 的变化。继续计算下一个时间段起始时刻的加速度，并继续求解，直到求出足够的点来绘制摇摆曲线。Δt 越小，精度越高。通常 $\Delta t = 0.05$ s 已经能满足精度要求。

故障的发生导致加速功率 P_a 由故障前的零值突变成非零值。突变发生时，$t=0$。由图 13.14可知，该计算方法假设上一个时间段中点时刻到本时间段中点时刻的加速功率保持不变。发生故障时，一个时间段的起始时刻将对应两个 P_a值，加速功率将等于这两个值的

平均值。例题 13.11 将对该步骤进行说明。

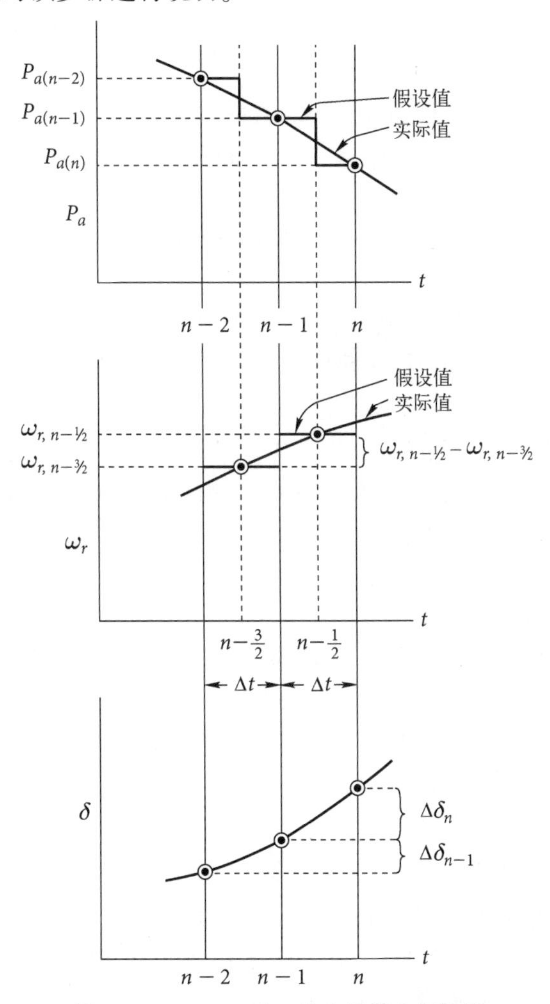

图 13.14 P_a，ω_r和 δ 的实际值和假设值

例题 13.11 例题 13.9 和例题 13.10 的 60 Hz 系统发生故障，用画表格的方式说明电机 2 的摇摆曲线的绘制步骤。0.225 s 时故障线路两端的断路器同时断开以切除故障。

解： 不失一般性，本例对发电机 2 进行详细计算。对电机 1 的摇摆曲线的计算请读者自行完成。接下来所有符号都去掉发电机 2 的下标 2。所有计算均以 100 MVA 为基准值。当时间步长 $\Delta t=0.05$ s 时，电机 2 的参数 k 为

$$k=\frac{180f}{H}(\Delta t)^2=\frac{180\times 60}{8.0}\times(0.05)^2=3.375 \text{ 电角度}$$

$t=0$ 时发生故障，电机 2 的转子角度不能发生突变。由例题 13.9 可知

$$\delta_0=16.19°$$

故障期间

$$P_e=0.1545+5.5023\sin(\delta-0.755°)\text{ p.u.}$$

因此，如例题 13.9 所示，

$$P_a=P_m-P_e=1.6955-5.5023\sin(\delta-0.755°)\text{ p.u.}$$

在第一个时间段的起始时刻，电机的加速功率不连续。故障发生前，$P_a=0$，故障发生瞬间

$$P_a = 1.6955 - 5.5023\sin(16.19° - 0.755°) = 0.231 \text{ p.u.}$$

$t=0$ 时 P_a 的平均值为 $\frac{1}{2}\times 0.2310=0.1155$ p. u. 。因此

$$kP_a = 3.375 \times 0.1155 = 0.3898°$$

用数字下标表示不同的时间段，可知在第一个时间段内，随着时间从 0 变化到 Δt，电机 2 的转子角为

$$\Delta\delta_1 = 0 + 0.3898 = 0.3898°$$

第一个时间段结束时，有

$$\delta_1 = \delta_0 + \Delta\delta_1 = 16.19° + 0.3898° = 16.5798°$$

且

$$\delta_1 - \gamma = 16.5798° - 0.755° = 15.8248°$$

当 $t=\Delta t=0.05$ s 时，有

$$\begin{aligned} kP_{a,1} &= 3.375\left[(P_m - P_c) - P_{\max}\sin(\delta_1 - \gamma)\right] \\ &= 3.375\left[1.6955 - 5.5023\sin(15.8248°)\right] = 0.6583° \end{aligned}$$

所以在第二个时间段，转子角的增量为

$$\Delta\delta_2 = \Delta\delta_1 + kP_{a,1} = 0.3898° + 0.6583° = 1.0481°$$

第二个时间段结束时，有

$$\delta_2 = \delta_1 + \Delta\delta_2 = 16.5798° + 1.0481° = 17.6279°$$

后续计算步骤如表 13.6 所示。注意，需要用到例题 13.10 中的故障后方程。

在表 13.6 中，$P_{\max}\sin(\delta-\gamma)$，$P_a$ 和 δ_n 由第一列的时刻 t 计算得到；$\Delta\delta_n$ 是以该时刻为起点的时间段内的转子角变化。例如，在 $t=0.10$ s 的一行中，首先计算得到功角 17.6279°，它通过将前一个时间段(0.05~0.10 s)内的功角变化与 $t=0.05$ s 时的功角相加得到。接下来，计算 $\delta=17.6279°$ 时的 $P_{\max}\sin(\delta-\gamma)$。再计算 $P_a=(P_m-P_c)-P_{\max}\sin(\delta-\gamma)$ 和 kP_a。kP_a 的值为 0.3323°，它与前一个时间段的功角变化 1.0481° 相加，从而得到以 $t=0.10$ s 为开始时刻的时间段的功角变化 1.3804°。将该值与 17.6279° 相加，得到 $t=0.15$ s 时的 $\delta=19.0083°$。注意 0.225s 时故障被切除，所以 0.25 s 时 P_m-P_c 发生了变化。角度 γ 也从 0.755° 变为 0.847°。

切除故障时，加速功率 P_a 会突变。如表 13.6 所示，当切除时间为 0.225 s 时，不需要采取任何特殊的处理方法，因此已经假定在一个时间段的中点时刻加速功率会突变。故障切除后的第一个时间段用常数 P_a 确定该时间段开始时刻的 δ。

例如，当故障切除时间为第 3 个周期(0.05 s)的开始时刻，发电机输出功率将对应两个表达式，即加速功率也有两个。一个对应故障期间，一个对应故障切除后。对于例题 13.11，如果突变发生在 0.05 s 处，则这两个加速功率的平均值等于 0.025~0.075 s 内的恒定 P_a 值。计算步骤与 $t=0$ 时发生故障后的计算方法相同，如表 13.6 所示。

按照表 13.6 中的同样步骤，可以得到 0.225 s 切除故障后电机 1 的 δ-t 关系，以及 0.05 s 切除故障时两台电机的 δ-t 关系。下一节将展示故障切除时间分别为 0.05 s 和 0.225 s 时通过计算机程序得到 δ-t 关系。图 13.15 所示为两台电机的摇摆曲线，由图可见，如果 0.225 s 切除故障，电机 1 将不稳定，但电机 2 的转子角变化非常小，甚至在故障发生后的第 13.5 个周期(或 0.225 s)才切除故障。

表 13.6 例题 13.11 在 0.225 s 切除故障时电机 2 的摇摆曲线的计算

$k=(180f/H)(\Delta t)^2=3.375$ 电角度，故障切除前，$P_m-P_c=1.6955$ p. u.，$P_{max}=5.5023$ p. u.，$\gamma=0.755°$。故障切除后，这些值分别变为 1.669 6，6.493 4 和 0.847。

t，s	$(\delta_n-\gamma)$电角度	$P_{max}\sin(\delta_n-\gamma)$ p. u.	P_a p. u.	$kP_{a,n-1}$电角度	$\Delta\delta_n$ 电角度	δ_n 电角度
0-	—	—	0.00	—		16.19
0+	15.435	1.464 4	0.231 0	—		16.19
0 av	—	—	0.115 5	0.389 8	—	16.19
					0.389 8	
0.05	15.824 8	1.500 5	0.195 0	0.658 3	—	16.579 8
					1.048 1	
0.10	16.872 9	1.597 0	0.098 5	0.332 3	—	17.627 9
					1.380 4	
0.15	18.253 3	1.723 4	-0.027 9	-0.094 2	—	19.008 3
					1.286 2	
0.20	19.539 5	1.840 3	-0.144 8	-0.488 6	—	20.294 5
					0.797 6	
0.25	20.245 1	2.247 0	-0.577 4	-1.948 7	—	21.092 1
					-1.151 1	
0.30	19.094 0	2.124 1	-0.454 5	-1.534	—	19.941 0
					-2.685 2	
0.35	16.408 8	1.834 3	-0.164 7	-0.555 9	—	17.255 8
					-3.241 0	
0.40	13.167 8	1.479 2	0.190 4	0.642 5	—	14.014 8
					-2.598 5	
0.45	10.569 3	1.191 1	0.478 5	1.615 1	—	11.416 3
					-0.983 3	
0.50	9.586 0	1.081 3	0.588 3	1.985 4	—	10.433 0
					1.002 0	
0.55	10.588 0	1.193 1	0.476 5	1.608 1	—	11.435 0
					2.610 1	
0.60	13.198 1	1.482 6	0.187 0	0.631 2	—	14.045 1
					3.241 4	
0.65	16.439 5	1.837 6	-0.168 0	-0.567 2	—	17.286 5
					2.674 2	
0.70	19.113 7	2.126 2	-0.456 6	-1.541 1	—	19.960 7
					1.133 1	
0.75	20.246 8	2.247 1	-0.577 5	-1.949 2		21.093 8
					-0.816 1	

续表

t, s	$(\delta_n-\gamma)$电角度	$P_{\max}\sin(\delta_n-\gamma)$ p. u.	P_a p. u.	$kP_{a,n-1}$电角度	$\Delta\delta_n$ 电角度	δ_n 电角度
0. 80	19. 430 7	2. 160 1	-0. 490 5	-1. 655 6	—	20. 277 7
					-2. 471 6	
0. 85	—	—	—	—	—	17. 806 1

可以使用 13. 5 节的线性化步骤近似计算转子的振荡频率。由故障后电机 2 的功角方程可计算出同步功率系数为

$$S_p=\frac{\mathrm{d}P_e}{\mathrm{d}\delta}=\frac{\mathrm{d}}{\mathrm{d}\delta}[0.180\,4+6.493\,4\sin(\delta-0.847°)]$$
$$=6.493\,4\cos(\delta-0.847°)$$

注意，表 13. 6 中电机 2 的功角 δ 在 10. 43°~21. 09°之间变化。无论采用哪个相角，S_p值的变化都很小。本例使用平均值 15. 76°，则

$$S_p=6.274\ \text{功率标幺值/电弧度}$$

由式(13. 50)，可得振荡频率为

$$f_n=\frac{1}{2\pi}\sqrt{\frac{377\times 6.274}{2\times 8}}=1.935\ \text{Hz}$$

因此振荡周期为

$$T=\frac{1}{f_n}=\frac{1}{1.935}=0.517\ \text{s}$$

通过图 13. 15 和表 13. 6 可以证明电机 2 的 T 值的正确性。当故障持续时间小于 0. 225 s 时，由于转子的摇摆幅度相对较小，因此可以得到更精确的结果。

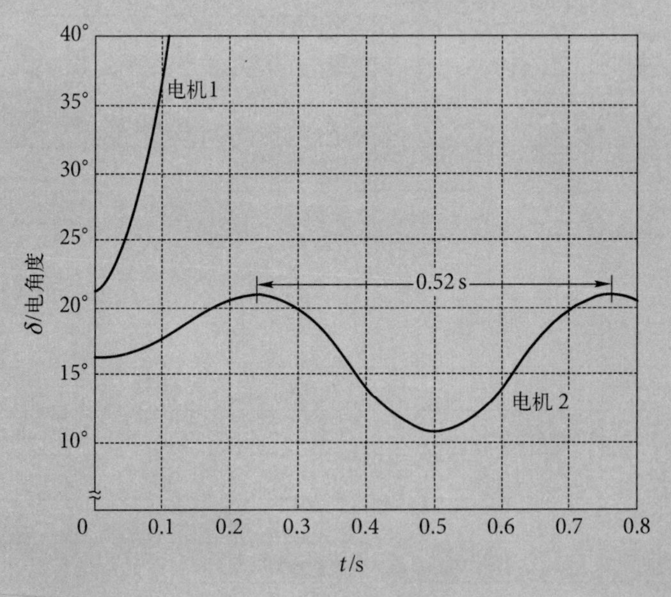

图 13. 15 例题 13. 9~例题 13. 11 在 0. 225 s 切除故障时电机 1 和电机 2 的摇摆曲线

下面将介绍了两种更为实用的求解摇摆方程的方法：改进欧拉(Euler)法和四阶 Runge-Kutta 法。

1. 改进欧拉法

最简单的求解一阶微分方程$\frac{\mathrm{d}y}{\mathrm{d}t}=f(t,y)$，$y(t_0)=y_0$的数值方法是基于欧拉法的算法，通过递推公式$y^{(i+1)}=y^{(i)}+f(t^{(i)},y^{(i)})\Delta t$，连续取$t^{(i)}=t^{(0)}+i\Delta t$(即$t_i=t_0+i\Delta t$，如图13.16所示)时曲线的切线，就可以得到$y^{(i)}$，$i=0,1,2,\cdots\cdots$，其中$\Delta t$是时间间隔(或时间步长)。

为了求解上述微分方程，同时减少数值误差，通常使用改进欧拉法，对应的递归公式为

$$y^{(i+1)}=y^{(i)}+\frac{f(t^{(i)},y^{(i)})+f(t^{(i+1)},y^{(i+1)*})}{2}\Delta t \tag{13.86}$$

其中$y^{(i+1)*}=y^{(i)}+f(t^{(i)},y^{(i)})\Delta t$。如图13.16所示，步长的斜率$m_a$等于当前点斜率和下一点斜率(用欧拉法求解得到)的平均值。注意，在图13.16中，$t_i=t^{(i)}$，$y_i=y^{(i)}$，$i=0,1$，$y_1^*=y^{(1)*}$，$y(t_1)$是y在时刻t_1的实际解的简写。

使用改进欧拉法求解摇摆方程式(13.79)和式(13.80)时，可以将二阶微分方程表示为类似于式(13.15)和式(13.16)的两个一阶微分方程：

$$\frac{\mathrm{d}\delta}{\mathrm{d}t}=\omega-\omega_s \tag{13.87}$$

$$\begin{aligned}\frac{\mathrm{d}\omega}{\mathrm{d}t}&=\frac{180f}{H}(P_m-P_e)\\&=\frac{180f}{H}[P_m-P_c-P_{\max}\sin(\delta-\gamma)]\end{aligned} \tag{13.88}$$

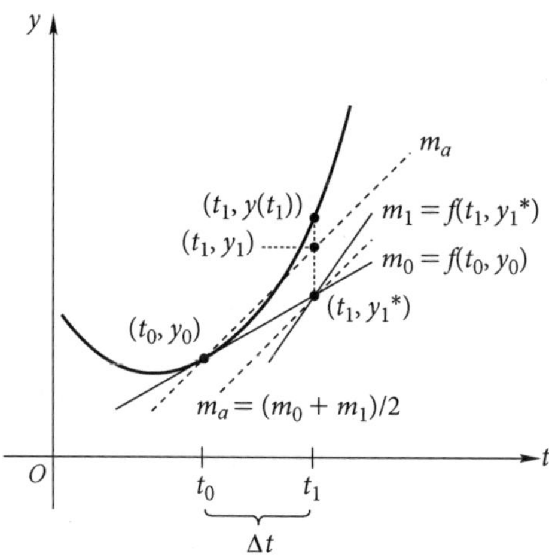

图13.16 欧拉法和改进欧拉法的图形解释

第$(i+1)$个时间段δ和ω的更新解为

$$\delta^{(i+1)}=\delta^{(i)}+\frac{\left(\left.\frac{\mathrm{d}\delta}{\mathrm{d}t}\right|_{\omega^{(i)}}+\left.\frac{\mathrm{d}\delta}{\mathrm{d}t}\right|_{\omega^{(i+1)*}}\right)}{2}\Delta t \tag{13.89}$$

$$\omega^{(i+1)}=\omega^{(i)}+\frac{\left(\left.\frac{\mathrm{d}\omega}{\mathrm{d}t}\right|_{\delta^{(i)}}+\left.\frac{\mathrm{d}\omega}{\mathrm{d}t}\right|_{\delta^{(i+1)*}}\right)}{2}\Delta t \tag{13.90}$$

其中

$$\delta^{(i+1)*}=\delta^{(i)}+\left.\frac{\mathrm{d}\delta}{\mathrm{d}t}\right|_{\omega^{(i)}}\Delta t \tag{13.91}$$

$$\omega^{(i+1)*} = \omega^{(i)} + \left.\frac{\mathrm{d}\omega}{\mathrm{d}t}\right|_{\delta^{(i)}} \Delta t \tag{13.92}$$

以及

$$\left.\frac{\mathrm{d}\delta}{\mathrm{d}t}\right|_{\omega^{(i+1)*}} = \omega^{(i+1)*} - \omega_s \tag{13.93}$$

$$\left.\frac{\mathrm{d}\omega}{\mathrm{d}t}\right|_{\delta^p_{(i+1)}} = \frac{180f}{H}[P_m - P_c - P_{\max}\sin(\delta - \gamma)]_{\delta^{(i+1)*}} \tag{13.94}$$

2. 四阶 Runge-Kutta 法

下面将介绍摇摆方程的四阶 Runge-Kutta 求解法。假设两个一阶微分方程如式(13.95)和式(13.96)所示，其中变量为 y 和 z

$$\frac{\mathrm{d}y}{\mathrm{d}t} = f(y, z, t) \tag{13.95}$$

$$\frac{\mathrm{d}z}{\mathrm{d}t} = g(y, z, t) \tag{13.96}$$

令变量 y 和 z 的初始值为 y^0和 z^0，时间步长为 Δt，则第 i 个时间步长下 y 和 z 的变化 $i\Delta t(i=0,1,2,3,\ldots,)$为

$$\Delta y^{(i)} = y^{(i+1)} - y^{(i)} = \frac{1}{6}(k_0 + 2k_1 + 2k_2 + k_3) \tag{13.97}$$

$$\Delta z^{(i)} = z^{(i+1)} - z^{(i)} = \frac{1}{6}(l_0 + 2l_1 + 2l_2 + l_3) \tag{13.98}$$

其中 k_j和 $l_j(j=0,1,2,3)$是与斜率相关的常数，其值可由式(13.99)~式(13.106)得

$$k_0 = f\left(y^{(i)}, z^{(i)}, t^{(i)}\right)\Delta t \tag{13.99}$$

$$k_1 = f\left(y^{(i)} + \frac{1}{2}k_0, z^{(i)} + \frac{1}{2}l_0, t^{(i)} + \frac{1}{2}\Delta t\right)\Delta t \tag{13.100}$$

$$k_2 = f\left(y^{(i)} + \frac{1}{2}k_1, z^{(i)} + \frac{1}{2}l_1, t^{(i)} + \frac{1}{2}\Delta t\right)\Delta t \tag{13.101}$$

$$k_3 = f\left(y^{(i)} + k_2, z^{(i)} + l_2, t^{(i)} + \Delta t\right)\Delta t \tag{13.102}$$

$$l_0 = g\left(y^{(i)}, z^{(i)}, t^{(i)}\right)\Delta t \tag{13.103}$$

$$l_1 = g\left(y^{(i)} + \frac{1}{2}k_0, z^{(i)} + \frac{1}{2}l_0, t^{(i)} + \frac{1}{2}\Delta t\right)\Delta t \tag{13.104}$$

$$l_2 = g\left(y^{(i)} + \frac{1}{2}k_1, z^{(i)} + \frac{1}{2}l_1, t^{(i)} + \frac{1}{2}\Delta t\right)\Delta t \tag{13.105}$$

$$l_3 = g\left(y^{(i)} + k_2, z^{(i)} + l_2, t^{(i)} + \Delta t\right)\Delta t \tag{13.106}$$

时间步长增加时，通过式(13.107)和式(13.108)可以更新变量 y 和 z

$$y^{(i+1)} = y^{(i)} + \Delta y^{(i)} \tag{13.107}$$

$$z^{(i+1)} = z^{(i)} + \Delta z^{(i)} \tag{13.108}$$

当应用 Runge-Kutta 法求解式(13.79)和式(13.80)的摇摆方程时，可以将二阶微分方程表示为两个一阶微分方程(13.87)和方程(13.88)[类似于式(13.15)和式(13.16)]。

为了用 Runge-Kutta 法求解例题 13.9 中电机 1 和电机 2 的摇摆方程，分别对两台电机建立一阶微分方程(13.87)和方程(13.88)，按例题 13.9 所述，初始条件分别为 $\delta_1^0=20.82°$，$\delta_2^0=16.19°$，且 $\omega_1^0=\omega_2^0=0$。图 13.17 所示为 0.05 s 切除故障时两台电机的摇摆曲线。

结果表明两台电机都具有稳定性。当 0.225 s 切除故障时，得到的解与图 13.15 类似。当 0.20 s 切除故障时，系统是稳定的。由等面积准则可得，实际临界切除时间在 0.20~0.225 s 之

间(见习题 13.16)。在习题 13.18 中，读者将会被要求用改进欧拉法求解例题 3.11，并将结果与 Runge-Kutta 法得到的结果进行比较。

通过执行 MATLAB 的 M 文件 ex13_11b.m 可以得到如图 13.17 所示的曲线。

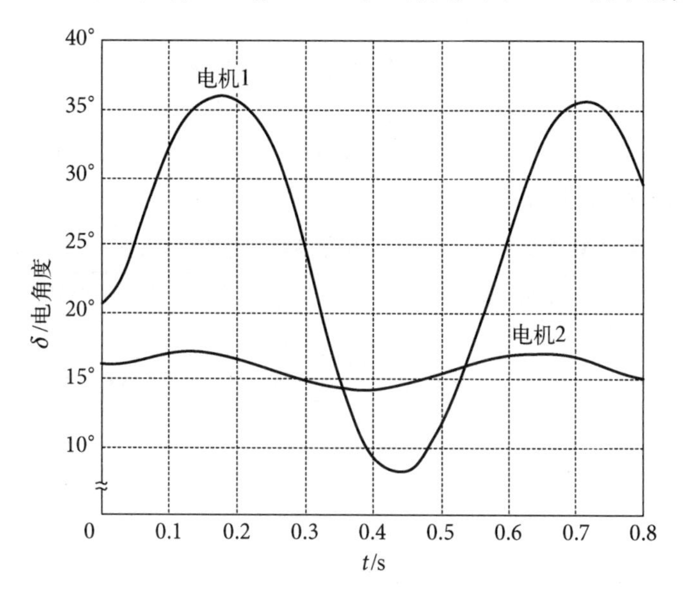

图 13.17　例题 13.9~例题 13.11 在 0.05 s 切除故障时用四阶 Runge-Kutta 法计算得到的摇摆曲线

上述例题由于故障位置明确，因此可以分别计算每台电机的摇摆曲线。当故障发生在其他位置时，两台电机没有解耦，电机间将存在振荡。摇摆曲线将很难计算。这种情况下，手动计算相当耗时，应该尽量避免。通常可以使用更为灵活的计算机程序进行求解。

13.10　暂态稳定性的计算机程序

目前用于暂态稳定性分析的计算机程序由两个基本需求发展而来：(1) 需要研究具有大量电机的大型互联系统；(2) 需要对电机及其相关控制系统建立更详细的模型。经典电机模型可以用于许多研究。但是，现代汽轮发电机可能需要更精细的模型来等效，因为电机和控制系统中的众多先进技术决定了它的动态特性。

经典稳定性分析中使用的模型是最简单的同步电机模型。采用更复杂的电机模型可以表示系统受扰动后的次暂态和暂态过程中直轴和交轴的磁通状态。通过改变直轴上励磁绕组的磁链，复杂的模型可以反映现代电机中自动电压调节器和励磁系统的连续作用。控制发电机组机械输入功率的汽轮机控制系统的动态响应特性也会影响转子的动态。如果需要体现这些控制方案，则必须进一步拓展发电机组的模型。

发电机模型更复杂，每台电机对应的微分和代数方程更多。在大型系统研究中，大量发电机通过广阔的输电系统向分散的负荷中心供电，其性能也必须由很多代数方程表示。因此，在系统发生扰动后的每个时间段内，都需要同时求解两组方程。一组是由网络及其负荷的稳态特性构成的代数方程，以及和同步电机的 V 和 E' 相关的代数方程。另一组是描述电机及其相关控制系统的动态机电性能的微分方程。

第 7 章的 Newton-Raphson 潮流程序是最常用的网络方程求解方法。微分方程的数值求解可以采用常用的逐步迭代方法。四阶 Runge-Kutta 法常用于产品级的暂态稳定性程序中。其他方法包括欧拉法、改进欧拉法、梯形法以及预测校正法(类似于 13.9 节中的逐步求解法)。这些方法在数值稳定性、时间步长、积分的计算量以及解的准确性方面，各有优缺点。

表 13.7 所示为例题 13.11 在 0.225 s 和 0.05 s 切除故障后，电机 1 和电机 2 的摇摆曲线的计算机模拟输出结果。这些结果由稳定性分析的产品级程序得到，该程序将 Newton-Raphson 潮流程序与四阶 Runge-Kutta 法结合在一起。可将表 13.6 中手工计算的结果与表 13.7 中电机 2 的结果进行比较，从而得到 0.225 s 切除故障时两种方法的近似度。

表 13.7　例题 13.9 至例题 13.11 在 0.225 s 和 0.05 s 切除故障时，电机 1 和电机 2 的摇摆曲线的计算机模拟输出

时间	0.225 s 时切除故障		0.05 s 时切除故障		
	电机 1 的相角	电机 2 的相角	时间	电机 1 的相角	电机 2 的相角
0.00	20.8	16.2	0.00	20.8	16.2
0.05	25.1	16.6	0.05	25.1	16.6
0.10	37.7	17.6	0.10	32.9	17.2
0.15	58.7	19.0	0.15	37.3	17.2
0.20	88.1	20.3	0.20	36.8	16.7
0.25	123.1	20.9	0.25	31.7	15.9
0.30	151.1	19.9	0.30	23.4	15.0
0.35	175.5	17.4	0.35	14.6	14.4
0.40	205.1	14.3	0.40	8.6	14.3
0.45	249.9	11.8	0.45	6.5	14.7
0.50	319.3	10.7	0.50	10.1	15.6
0.55	407.0	11.4	0.55	17.7	16.4
0.60	489.9	13.7	0.60	26.6	17.1
0.65	566.0	16.8	0.65	34.0	17.2
0.70	656.4	19.4	0.70	37.6	16.8
0.75	767.7	20.8	0.75	36.2	16.0

因为假设负荷导纳恒定，所以 $\mathbf{Y}_{bus}$ 中可以包括这些导纳，从而避免潮流计算，而使用 Runge-Kutta 法时必须进行潮流计算才能得到更精确的解。因为 Runge-Kutta 法有四阶，所以每个时间步长需要进行 4 次迭代潮流计算。

下面为多机系统暂态稳定性程序的主要步骤：

步骤 1：提供被研究系统的线路参数和节点参数。

步骤 2：对故障前系统进行潮流分析。

步骤 3：由式(13.74)和式(13.75)建立包含各发电机暂态电抗和负荷导纳的故障前网络导纳矩阵。

步骤 4：使用步骤 2 得到的发电机节点电压，由式(13.74)计算各发电机的电势。

步骤 5：按 6.2 节的 Kron 降阶法删除步骤 3 网络导纳矩阵中除发电机内部节点以外的所有节点。

步骤 6：由式(13.37)计算转子角的初始值 $\delta^{(0)}$，其中发电机的电磁输出功率等于初始值。

转子的初始转速等于同步转速，$\omega^{(0)}=\omega_s$。

步骤 7：选择时间步长 Δt 和时间长度t_{mx}，令 $t=0$。

步骤 8：指定故障条件，包括(1) 节点短路；(2) 线路短路；(3) 线路跳闸。对于情况(1)，将故障的节点电压设置为零；对于情况(2)或(3)，相应地更新网络导纳矩阵。

步骤 9：由式(13.35)和式(13.36)计算各发电机的电磁输出功率。

步骤 10：用基于改进欧拉法的式(13.89)~式(13.94)或基于四阶 Runge-Kutta 法的式(13.95)~式(13.108)求解摇摆方程式(13.87)和式(13.88)，得到时刻$t=t+\Delta t$的转子角和转速的增量。

步骤 11：按步骤 10 的结果更新各发电机电势的相角。

步骤 12：检查是否 $t\geqslant t_{mx}$。如果是，输出结果；否则返回步骤 8。

13.11 影响暂态稳定性的因素

衡量发电机组相对稳定性的因素有两个，分别是：(1) 故障期间及故障后电机的相角摇摆；(2) 临界切除时间。下文将清楚地阐明，发电机组的常数 H 和暂态电抗 X'_d会对这两个因素造成直接影响。

式(13.84)和式(13.85)表明，常数 H 越小，相同时间段内的相角摇摆越大。另一方面，式(13.36)表明，随着电机暂态电抗的增加，$P_{\max}$将减小。这是因为暂态电抗是整个串联电抗的一部分，它等于系统转移导纳的倒数。由图 13.11 可知，当 $P_{\max}$减小时，3 条功率曲线都将降低。因此，当机械输入功率 P_m给定时，在较小的 $P_{\max}$下，初始转子角 δ_0将增大，$\delta_{\max}$将减小，δ_0和 δ_{cr}之间的差值将减小。最终结果是：降低 $P_{\max}$将减小发电机偏离初始角度的振荡范围(小于临界切除角)。因此，任何降低电机的常数 H 和增加电机暂态电抗 X'_d的情况都会导致临界切除时间减小并降低系统在暂态条件下保持稳定的可能性。

随着电力系统规模的不断扩大，可能会需要更高等级的发电机组。这些大型机组有先进的冷却系统，在不需要增加转子尺寸的前提下能有更大的额定容量。因此，常数 H 将继续减小，从而对发电机组的稳定性造成潜在的不利影响。同时，这种升级过程往往会导致暂态同步电抗增大，使得设计可靠、稳定的系统更具挑战。

不过，稳定性控制技术和输电系统的发展也使得系统的整体稳定性不断提高。这些控制方案包括：

- 励磁系统；
- 汽轮机阀门控制；
- 断路器的单刀操作；
- 更快的故障清除时间。

旨在降低系统电抗的系统设计策略包括：

- 减小变压器电抗；
- 线路串联电容补偿；
- 附加输电线路。

故障发生时，系统所有节点的电压都会降低。励磁系统中的自动电压调节器检测到发电机端的电压降并使发电机端电压复原。励磁系统的作用通常是降低故障后的初始转子相角。它在稳压器的前向路径中加装放大器，从而提高发电机励磁绕组上的电压。气隙中的磁通将增加，使得转子上的制动转矩增加，从而减慢转子转速。现代励磁系统采用晶闸管控制，当发电机升压变压器的高压侧发生三相故障时，可以在 0.5～1.5 个周期内快速响应，从而使临界切除时间增加。

现代电液汽轮调节系统能够关闭汽轮机阀门，以减少机组附近发生严重系统故障时机组的加速度。一旦检测到机械输入功率和电磁输出功率的差异，控制装置将控制阀门关闭，从而降低输入功率。该方法可以将临界切除时间延长 1～2 个周期。

故障时降低系统的电抗可以增加 r_1P_{max} 并减小图 13.11 中的加速面积。因此系统保持稳定的可能性增大。由于单相故障比三相故障发生的几率大得多，因此在继保方案中可以考虑使用独立或可选的断路器闸刀操作，只切除故障相，同时保持非故障相继续运行。三相故障时，可以为每相提供单独的继电器系统、跳闸线圈和操作机构，以减轻断路器拒动等突发事件。对关键断路器进行分相操作可以将临界切除时间延长 2～5 个周期，具体延长多久则取决于故障时是一相还是两相闸刀拒动。延长临界切除时间极为重要，特别是对系统没有备用切除时间的情况。

降低输电线路的电抗是提高 P_{max} 的另一种方法。利用串联电容来补偿线路的电抗是提高系统稳定性的常用的经济手段。增加两点之间输电线路的条数是减少电抗的常用方法。当输电线路不是单一线路而是并联线路时，即使其中一条线路发生三相故障，也会有一部分电能通过剩余线路进行输送——除非故障发生在并联线路的节点上。对于发生在一条线路上的其他类型的故障，并联线路比单一线路能输送更多的功率。对于两条以上线路并联的情况，故障期间输送的功率更多。发电机的输入功率减去输出到系统的功率等于加速功率。因此，故障期间输送到系统中的功率越多，电机转子的加速度越小，则系统的稳定性越大。

13.12 小结

本章介绍了电力系统稳定性分析的基础知识。从旋转运动的基本原理出发，介绍了控制发电机组机电暂态特性的摇摆方程。因为发电机的电磁输出功率是转子角的非线性函数，所以摇摆方程是非线性方程。通常需要采用逐步迭代法求解这种非线性摇摆方程。在两台惯性有限发电机(或单机无穷大系统)的情况下，可以使用等面积准则来计算临界切除角。不过，通常需要对摇摆方程求数值解才能得到临界切除时间(指能维持系统暂态稳定性的故障开始到故障切除的最长时间)。

针对多发电机情况，介绍了经典稳定性分析方法及其相关的基本假设，用公式说明了求解系统摇摆方程的简单迭代步骤。为工业产品级计算机程序的研究提供了更强大的数值技术基础。

电力系统的暂态稳定性还受到系统结构、保护系统以及各机组控制方案等许多其他因素的影响。

复习题

13.1 节

13.1　如果描述电力系统运行状态的所有测量值或计算值都恒定，那么系统处于稳定运行状

态。(对或错)

13.2　如果暂态稳定性分析涉及大扰动，那么可以对系统方程线性化处理。(对或错)

13.3　所有稳定性分析的基本假设是什么?

13.4　第一次摇摆的暂态稳定性分析可以使用一个相对简单的发电机模型，该模型由暂态电抗和发电机暂态电势组成。这种模型没有考虑发电机组的励磁系统和汽轮机的控制系统。(对或错)

13.5　稳定性分析的目的是确定被扰动的发电机转子能否恢复到同步转速。(对或错)

13.2 节

13.6　摇摆方程是一个线性二阶微分方程。(对或错)

13.7　同步发电机的惯性惯量 J($\mathrm{kg\text{-}m^2}$)与常数 H(MJ/MVA)的关系是什么?

13.3 节

13.8　同步发电机的额定功率为 1000 MVA，3600 r/min，转动惯量为 240 000 $\mathrm{kg\cdot m^2}$。求电机的常数 H。

13.9　某发电厂中，两台发电机连接到同一节点，该节点在电气上远离网络扰动。两台发电机的转子机械耦合。如果两台发电机的常数 H 分别是 H_1 和 H_2。求发电厂的等效常数 H。

13.4 节

13.10　暂态稳定性分析中的同步发电机由次暂态电抗和发电机的次暂态电势表示。(对或错)

13.11　什么是功角曲线?

13.5 节

13.12　在功角方程中，如果系统遭受一个小扰动增量，那么在什么条件下，关于相角变化的线性二阶微分方程的解能维持正弦振荡?

13.6 节

13.13　试推导单机无穷大系统的等面积准则。

13.14　用等面积准则分析无穷大系统的暂态稳定条件。以下哪一项陈述是错误的?

a. 如果故障切除时间小于临界切除时间，则系统稳定。

b. 如果故障切除时间大于临界切除时间，则系统稳定。

c. 如果加速面积等于减速面积，则系统稳定。

13.15　推导图 13.10 所示的临界切除角。

13.7 节

13.16　当发电机通过两条并联输电线路向无穷大系统供电时，一条线路断线可能导致发电机失去同步，即使通过剩余线路仍然可以向负荷稳定供电。(对或错)

13.17　为实现全面的可靠性，设计时需确保系统在最严重位置发生单相故障时的暂态稳定性。(对或错)。

13.8 节

13.18　除了 13.1 节中关于稳定性分析的基本假设外，在构建暂态稳定性分析的经典稳定性模型中，通常还有哪些假设?

13.19　多机暂态稳定性分析需要哪两个预备步骤?

13.9 节

13.20 通过求解不同故障切除时间的摇摆曲线，无法找到故障切除前系统能稳定运行的最长时间。(对或错)

13.21 多机暂态稳定性问题的解析解很容易求到。(对或错)

13.22 多机暂态稳定性问题可以采用改进欧拉法和 Runge-Kutta 法进行数值求解。(对或错)

13.11 节

13.23 减小电机的常数 H 和增加暂态电抗 X'_d 会缩短临界切除时间并降低暂态稳定性。(对或错)

13.24 表征发电机组相对稳定性的两个因素是什么?

13.25 通过串联电容补偿输电线路的电抗是提高稳定性的一种经济手段。(对或错)

习题

13.1 60 Hz 四极发电机的额定容量为 500 MVA，额定电压为 22 kV，惯性常数为 $H=7.5$ MJ/MVA。求：(a) 转子同步转速时存储的动能；(b) 当输入功率减去旋转损耗后为 740 000 hp(1 hp = 746 W)且输出的电磁功率为 400 MW 时，转子的角加速度是多少?

13.2 如果习题 13.1 中发电机的加速度在 15 个周期内保持恒定，求该周期内角度 δ 的变化量(电气角度)以及第 15 个周期结束时的转速(转/分钟)。假设发电机与大型系统同步，分析之前没有加速转距。

13.3 习题 13.1 的发电机以额定容量(MVA)供电，功率因数为 0.8，发生故障时，输出电磁功率降低至 40%，求故障发生时的加速转矩(N · m)。忽略损耗并假设机械输入功率恒定不变。

13.4 确定习题 13.1 发电机的惯性常数 J。

13.5 $H=6$ MJ/MVA 的发电机通过电抗网络连接到 $H=4$ MJ/MVA 的同步电动机上。发电机向负荷提供标幺值为 1.0 的功率，发生故障后，输送的功率减少。求当输送的功率减少到标幺值为 0.6 时，发电机相对于电动机的角加速度。

13.6 电力系统与例题 13.3 相同，但是，发电机的端电压和无穷大系统的电压都为 1.0 p.u.，每条并联输电线的阻抗为 j0.5，输出功率为 0.8 p.u.。试确定该运行条件下系统的功角方程。

13.7 习题 13.6 中，当一条线路上距离送端为 30% 线路长度的位置发生三相故障，求：(a) 故障期间的功角方程；(b) 摇摆方程。(故障发生时，假设系统的运行条件如习题 13.6 所示，H 如例题 13.4 所示，$H=5.0$ MJ/MVA)

13.8 输电系统中含有串联电阻，因此式(13.80)中的 P_c 和 γ 为正值。当指定电磁输出功率时，试说明电阻对同步系数 S_p、转子振荡频率和阻尼振荡的影响。

13.9 $H=6.0$ MJ/MVA 的发电机通过纯电抗网络向无穷大系统输送 1.0 p.u. 的功率。发生故障后，发电机输出功率降至零。可输送的最大功率为 2.5 p.u.。故障清除后，系统恢复初始运行状态。求临界切除角和临界切除时间。

13.10 额定值为 60 Hz 的发电机通过无功功率网络向无穷大功率系统提供 60% 的 P_{max}。发生故障后，发电机内电势和无穷大系统之间的网络电抗增加了400%。切除故障后，可以输送的最大功率为原始最大功率的80%。求该运行条件下的临界切除角度。

13.11 习题13.10中，如果发电机的惯性常数为$H=6$ MJ/MVA，P_m(等于$0.6P_{max}$)的标幺值为1.0，求对应的临界切除时间。令$\Delta t=0.05$ s，编写MATLAB代码并绘制摇摆曲线。

13.12 习题13.6和习题13.7中，系统和故障条件不变，如果故障发生的4.5个周期后，故障线路两端的断路器同时动作切除故障，求功角方程。使用MATLAB程序绘制发电机的摇摆曲线($t=0.25$ s)。

13.13 扩展表13.6，求$t=1.00$ s时的δ。

13.14 按13.9节的方法编写MATLAB程序，计算例题13.9～例题13.11中电机2的摇摆曲线。其中故障在0.05 s时切除。将结果与产品级程序获得的值进行比较并列于表13.7中。

13.15 如果例题13.9的三相故障发生在线路④-⑤的节点⑤上，故障发生的4.5个周期后线路两端的断路器同时断开以清除故障，按表13.6所示形式填写表格，然后绘制$t=0.30$ s后的发电机2的摇摆曲线。

13.16 对例题13.9和例题13.10中发电机1的摇摆曲线应用等面积准则：(a) 求临界切除角的公式；(b) 通过试错法评估δ_{cr}；(c) 利用式(13.72)求解临界切除时间。

13.17 基于表13.4的导纳矩阵绘制图13.3的故障前网络模型。

13.18 对例题13.11，当故障切除时间分别为0.225 s和0.05 s时，编写基于改进欧拉法的MATLAB程序并计算。与四阶Runge-Kutta法的结果进行比较。

附 录 A

表 A.1 变压器电抗的典型范围 †

25 000 kVA 及以上的电力变压器

系统额定电压/kV	强迫水冷/%	强迫油冷/%
34.5	5~8	9~14
69	6~10	10~16
115	6~11	10~20
138	6~13	10~22
161	6~14	11~25
230	7~16	12~27
345	8~17	13~28
500	10~20	16~34
700	11~21	19~35

† 以额定容量(kVA)为基准值的百分比。一般变压器按表中的最小电抗值进行设计。配电变压器的电抗值更低。变压器的电阻通常小于1%。

表 A.2 三相同步电机的典型电抗 †

下述值为标幺值。对于每个电抗，典型值下方为对应的电抗值范围 ‡

	汽轮发电机					
	2 极		4 极		凸极发电机	
	常规冷却	导体冷却	常规冷却	导体冷却	带阻尼器	无阻尼器
X_d	1.76 1.7~1.82	1.95 1.72~2.17	1.38 1.21~1.55	1.87 1.6~2.13	1 0.6~1.5	1 0.6~1.5
X_q	1.66 1.63~1.69	1.93 1.71~2.14	1.35 1.17~1.52	1.82 1.56~2.07	0.6 0.4~0.8	0.6 0.4~0.8
X'_d	0.21 0.18~0.23	0.33 0.264~0.387	0.26 0.25~0.27	0.41 0.35~0.467	0.32 0.25~0.5	0.32 0.25~0.5
X''_d	0.13 0.11~0.014	0.28 0.23~0.323	0.19 0.184~0.197	0.29 0.269~0.32	0.2 0.13~0.32	0.30 0.2~0.5
X_2	$=X''_d$	$=X''_d$	$=X''_d$	$=X''_d$	0.2 0.13~0.32	0.40 0.30~0.45
X_0 §						

† 数据由 ABB 电力 T&D 公司提供。

‡ 旧型号电机的电抗值通常接近最小值。

§ X_0的变化强烈依赖于电枢绕组的间距，因此很难给出平均值。X_0的变化范围为 $0.1X''_d$ ~ $0.7X''_d$。

表 A. 3　钢芯铝绞线(ACSR)的电气特性†

代码	铝面积(cmil)	绞线 铝/钢	铝的层数	外径(in)	电阻			GMR D_s, ft	60 Hz 时，间距为 1 ft 时每根导体的电抗	
					直流，20℃，Ω/1 000 ft	交流，60 Hz			感性 X_a，Ω/mi	容性 X'_a，MΩ · mi
						20℃，Ω/mi	50℃，Ω/mi			
Waxwing	266 800	18/1	2	0. 609	0. 064 6	0. 348 8	0. 383 1	0. 019 8	0. 476	0. 109 0
Partridge	266 800	26/7	2	0. 64 2	0. 064 0	0. 345 2	0. 379 2	0. 021 7	0. 465	0. 107 4
Ostrich	300 000	26/7	2	0. 680	0. 056 9	0. 307 0	0. 337 2	0. 022 9	0. 458	0. 105 7
Merlin	336 400	18/1	2	0. 684	0. 051 2	0. 276 7	0. 303 7	0. 022 2	0. 462	0. 105 5
Linnet	336 400	26/7	2	0. 721	0. 050 7	0. 273 7	0. 300 6	0. 024 3	0. 451	0. 104 0
Oriole	336 400	30/7	2	0. 741	0. 050 4	0. 271 9	0. 298 7	0. 025 5	0. 445	0. 103 2
Chickadee	397 500	18/1	2	0. 743	0. 043 3	0. 234 2	0. 257 2	0. 024 1	0. 452	0. 103 1
Ibis	397 500	26/7	2	0. 783	0. 043 0	0. 232 3	0. 255 1	0. 026 4	0. 441	0. 101 5
Pelican	477 000	18/1	2	0. 814	0. 036 1	0. 195 7	0. 214 8	0. 026 4	0. 441	0. 100 4
Flicker	477 000	24/7	2	0. 846	0. 035 9	0. 194 3	0. 213 4	0. 028 4	0. 432	0. 099 2
Hawk	477 000	26/7	2	0. 858	0. 035 7	0. 193 1	0. 212 0	0. 028 9	0. 430	0. 098 8
Hen	477 000	30/7	2	0. 883	0. 035 5	0. 191 9	0. 210 7	0. 030 4	0. 424	0. 098 0
Osprey	556 500	18/1	2	0. 879	0. 030 9	0. 167 9	0. 184 3	0. 028 4	0. 432	0. 098 1
Parakeet	556 500	24/7	2	0. 914	0. 030 8	0. 166 9	0. 183 2	0. 030 6	0. 423	0. 096 9
Dove	556 500	26/7	2	0. 927	0. 030 7	0. 166 3	0. 182 6	0. 031 4	0. 420	0. 096 5
Rook	636 000	24/7	2	0. 977	0. 026 9	0. 146 1	0. 160 3	0. 032 7	0. 415	0. 095 0
Grosbeak	636 000	26/7	2	0. 990	0. 026 8	0. 145 4	0. 159 6	0. 033 5	0. 412	0. 094 6
Drake	795 000	26/7	2	1. 108	0. 021 5	0. 117 2	0. 128 4	0. 037 3	0. 399	0. 091 2
Tern	795 000	45/7	3	1. 063	0. 021 7	0. 118 8	0. 130 2	0. 035 2	0. 406	0. 092 5
Rail	954 000	45/7	3	1. 165	0. 018 1	0. 099 7	0. 109 2	0. 038 6	0. 395	0. 089 7
Cardinal	954 000	54/7	3	1. 196	0. 018 0	0. 098 8	0. 108 2	0. 040 2	0. 390	0. 089 0
Ortolan	1 033 500	45/7	3	1. 213	0. 016 7	0. 092 4	0. 101 1	0. 040 2	0. 390	0. 088 5
Bluejay	1 113 000	45/7	3	1. 259	0. 015 5	0. 086 1	0. 094 1	0. 041 5	0. 386	0. 087 4
Finch	1 113 000	54/19	3	1. 293	0. 015 5	0. 085 6	0. 093 7	0. 043 6	0. 380	0. 086 6
Bittern	1 272 000	45/7	3	1. 345	0. 013 6	0. 076 2	0. 083 2	0. 044 4	0. 378	0. 085 5
Pheasant	1 272 000	54/19	3	1. 382	0. 013 5	0. 075 1	0. 082 1	0. 046 6	0. 372	0. 084 7
Bobolink	1 431 000	45/7	3	1. 427	0. 012 1	0. 068 4	0. 074 6	0. 047 0	0. 371	0. 083 7
Plover	1 431 000	54/19	3	1. 465	0. 012 0	0. 067 3	0. 073 5	0. 049 4	0. 365	0. 082 9
Lapwing	1 590 000	45/7	3	1. 502	0. 010 9	0. 062 3	0. 067 8	0. 049 8	0. 364	0. 082 2
Falcon	1 590 000	54/19	3	1. 545	0. 010 8	0. 061 2	0. 066 7	0. 052 3	0. 358	0. 081 4
Bluebird	2 156 000	84/19	4	1. 762	0. 008 0	0. 047 6	0. 051 5	0. 058 6	0. 344	0. 077 6

† 大部分用于多层导线

‡ 数据由铝协会提供：*Aluminum Electrical Conductor Handbook*，second edition.，Washington D. C.，1982.

表 A.4　60 Hz 下电感电抗间距系数 X_d†[Ω/(mi·根)]

间距												
英尺	英寸											
	0	1	2	3	4	5	6	7	8	9	10	11
0	……	-0.301 5	-0.217 4	-0.168 2	-0.133 3	-0.106 2	-0.084 1	-0.065 4	-0.049 2	-0.034 9	-0.022 1	-0.010 6
1	0	0.009 7	0.018 7	0.027 1	0.034 9	0.042 3	0.049 2	0.055 8	0.062 0	0.067 9	0.073 5	0.078 9
2	0.084 1	0.089 1	0.093 8	0.098 4	0.102 8	0.107 1	0.111 2	0.115 2	0.119 0	0.122 7	0.126 4	0.129 9
3	0.133 3	0.136 6	0.139 9	0.143 0	0.146 1	0.149 1	0.152 0	0.154 9	0.157 7	0.160 4	0.163 1	0.165 7
4	0.168 2	0.170 7	0.173 2	0.175 6	0.177 9	0.180 2	0.182 5	0.184 7	0.186 9	0.189 1	0.191 2	0.193 3
5	0.195 3	0.197 3	0.199 3	0.201 2	0.203 1	0.205 0	0.206 9	0.208 7	0.210 5	0.212 3	0.214 0	0.215 7
6	0.217 4	0.219 1	0.220 7	0.222 4	0.224 0	0.225 6	0.227 1	0.228 7	0.230 2	0.231 7	0.233 2	0.234 7
7	0.236 1	0.237 6	0.239 0	0.240 4	0.241 8	0.243 1	0.244 5	0.245 8	0.247 2	0.248 5	0.249 8	0.251 1
8	0.252 3											
9	0.266 6											
10	0.279 4											
11	0.291 0											
12	0.301 5											
13	0.311 2											
14	0.320 2											
15	0.328 6											
16	0.336 4											
17	0.343 8											
18	0.350 7											
19	0.357 3											
20	0.363 5											
21	0.369 4											
22	0.375 1											
23	0.380 5											
24	0.385 6											
25	0.390 6											
26	0.395 3											
27	0.399 9											
28	0.404 3											
29	0.408 6											
30	0.412 7											
31	0.416 7											
32	0.420 5											
33	0.424 3											
34	0.427 9											

60 Hz 时，对每根导体(Ω/mi)

$X_d = 0.279\,4 \log d$

d=距离，ft

对三相线路

$d = D_{eq}$

英尺	间距											
	英寸											
	0	1	2	3	4	5	6	7	8	9	10	11
35	0.4314											
36	0.4348											
37	0.4382											
38	0.4414											
39	0.4445											
40	0.4476											
41	0.4506											
42	0.4535											
43	0.4564											
44	0.4592											
45	0.4619											
46	0.4646											
47	0.4672											
48	0.4697											
49	0.4722											

60 Hz 时，对每根导体(Ω/mi)

$X_d = 0.2794 \log d$

d=距离，ft

对三相线路

$d = D_{eq}$

† 数据经 ABB 电力 T&D 公司许可，由 *Electrical Transmission and Distribution* 一书提供。

表 A.5　60 Hz 下并联电容–电抗间距系数 X_d(MΩ · mi/根)

英尺	间距											
	英寸											
	0	1	2	3	4	5	6	7	8	9	10	11
0	……	−0.0737	−0.0532	−0.0411	−0.0326	−0.0260	−0.0206	−0.0160	−0.0120	−0.0085	−0.0054	−0.0026
1	0	0.0024	0.0046	0.0066	0.0085	0.0103	0.0120	0.0136	0.0152	0.0166	0.0180	0.0193
2	0.0206	0.0218	0.0229	0.0241	0.0251	0.0262	0.0272	0.0282	0.0291	0.0300	0.0309	0.0318
3	0.0326	0.0334	0.0342	0.0350	0.0357	0.0365	0.0372	0.0379	0.0385	0.0392	0.0399	0.0405
4	0.0411	0.0417	0.0423	0.0429	0.0435	0.0441	0.0446	0.0452	0.0457	0.0462	0.0467	0.0473
5	0.0478	0.0482	0.0487	0.0492	0.0497	0.0501	0.0506	0.0510	0.0515	0.0519	0.0523	0.0527
6	0.0532	0.0536	0.0540	0.0544	0.0548	0.0552	0.0555	0.0559	0.0563	0.0567	0.0570	0.0574
7	0.0577	0.0581	0.0584	0.0588	0.0591	0.0594	0.0598	0.0601	0.0604	0.0608	0.0611	0.0614
8	0.0617											
9	0.0652											
10	0.0683											
11	0.0711											
12	0.0737											
13	0.0761											

60 Hz 时，对每根导体(MΩ · mi)

$X'_d = 0.06831 \log d$

d=距离，ft

对三相线路

$d = D_{eq}$

续表

英尺	间距 英寸 0	1	2	3	4	5	6	7	8	9	10	11
14	0.078 3											
15	0.080 3											
16	0.082 3											
17	0.084 1											
18	0.085 8											
19	0.087 4											
20	0.088 9											
21	0.090 3											
22	0.091 7											
23	0.093 0											
24	0.094 3											
25	0.095 5											
26	0.096 7											
27	0.097 8											
28	0.098 9											
29	0.099 9											
30	0.100 9											
31	0.101 9											
32	0.102 8											
33	0.103 7											
34	0.104 6											
35	0.105 5											
36	0.106 3											
37	0.107 1											
38	0.107 9											
39	0.108 7											
40	0.109 4											
41	0.110 2											
42	0.110 9											
43	0.111 6											
44	0.112 3											
45	0.112 9											
46	0.113 6											
47	0.114 2											
48	0.114 9											
49	0.115 5											

60 Hz 时，对每根导体(MΩ · mi)

$X'_d = 0.068\ 31 \log d$

d=距离，ft

对三相线路

$d = D_{eq}$

† 数据经 ABB 电力 T&D 公司许可，由 *Electrical Transmission and Distribution Reference* 一书提供。

表 A.6　各种网络的常数 A，B，C，D

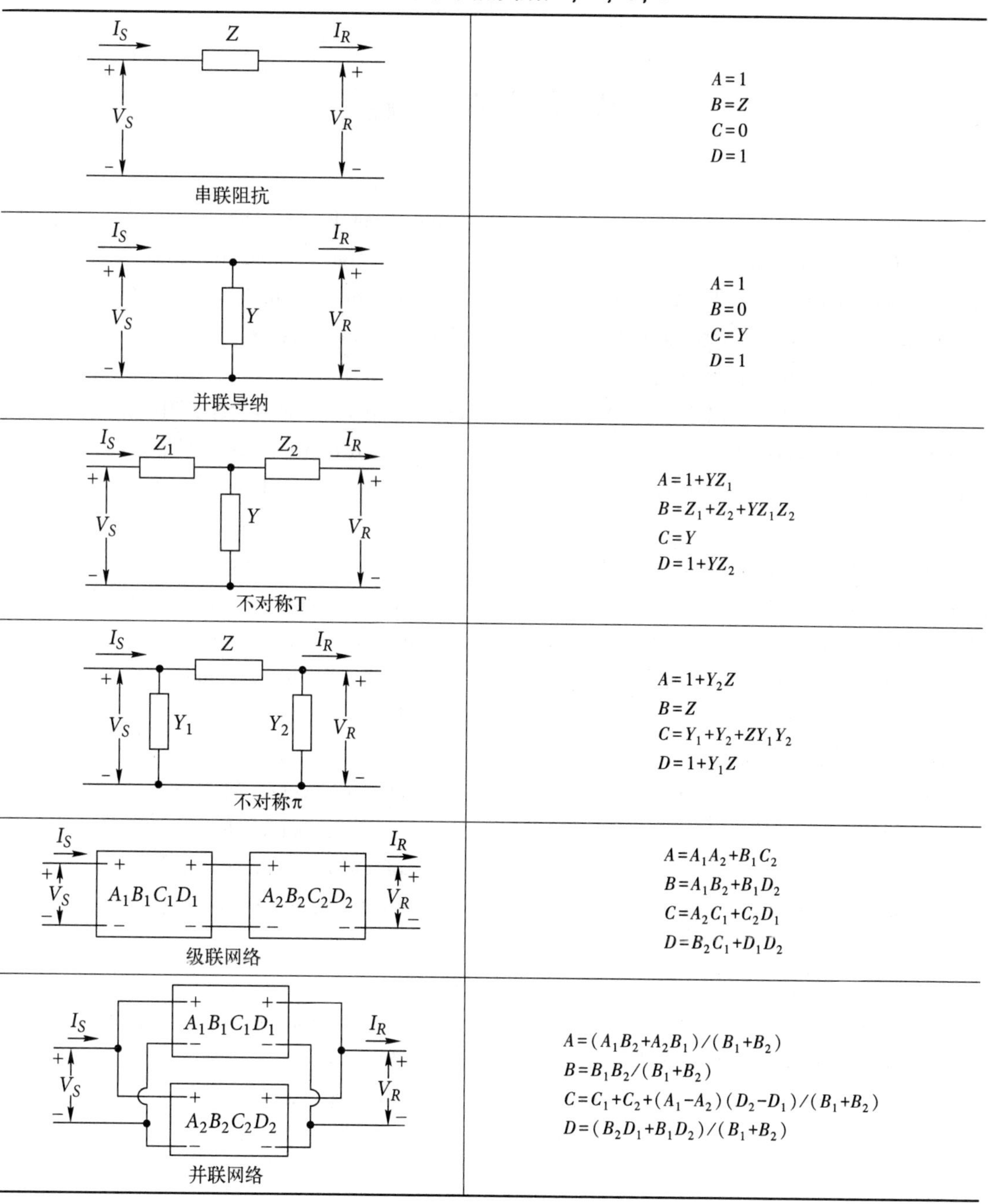

串联阻抗	$A=1$ $B=Z$ $C=0$ $D=1$
并联导纳	$A=1$ $B=0$ $C=Y$ $D=1$
不对称T	$A=1+YZ_1$ $B=Z_1+Z_2+YZ_1Z_2$ $C=Y$ $D=1+YZ_2$
不对称π	$A=1+Y_2Z$ $B=Z$ $C=Y_1+Y_2+ZY_1Y_2$ $D=1+Y_1Z$
级联网络	$A=A_1A_2+B_1C_2$ $B=A_1B_2+B_1D_2$ $C=A_2C_1+C_2D_1$ $D=B_2C_1+D_1D_2$
并联网络	$A=(A_1B_2+A_2B_1)/(B_1+B_2)$ $B=B_1B_2/(B_1+B_2)$ $C=C_1+C_2+(A_1-A_2)(D_2-D_1)/(B_1+B_2)$ $D=(B_2D_1+B_1D_2)/(B_1+B_2)$

中英文对照表

M

N

O

P

R

S

subtransient internal voltage：次暂态电势
subtransient reactance：次暂态电抗
synchronous motors：同步电动机
transient internal voltage：暂态电势
triangular factors：三角因子
symmetrical transmission line：对称输电线路
aerial transmission lines：架空输电线路
balanced three-phase currents：三相平衡电流
Kirchhoff's voltage equation：基尔霍夫电压方程
line currents：线电流
neutral conductor：中线
neutral-conductor impedances：中线阻抗
voltage drops：电压降
zero-，positive-，and negative-sequence impedances：零序、正序和负序阻抗
synchronous generator：同步发电机
*a-b-c*quantities：*a-b-c* 量
armature phases：电枢各相
circuit diagram：电路图
current paths：电流路径
faults at terminal：终端故障
line-to-line voltages：线电压
subtransient current：次暂态电流
synchronous internal voltage：同步电势
zero-，positivc- and negative-sequence circuit：零序、正序和负序电路
zero-，positive- and negative-sequence equations：零序、正序和负序方程
zero-，positive- and negative-sequence impedance：零序、正序和负序阻抗
synchronous generator exciter system：同步发电机励磁系统
synchronous machine：同步电机
AC component：交流分量
active power output：有功功率输出
base armature impedance：电枢阻抗基准值
constant armature current：恒定电枢电流
constant excitation：恒定励磁
DC component：直流分量
excitation current：励磁电流
excitation voltage：励磁电压
ferromagnetic structures：铁磁结构
four-pole machine：四极电机
infinite bus：无限大母线
lagging current：滞后电流
loading capability diagram：负荷容量图
operation chart：运行图
operation principles：运行原则
per-phase equivalent circuit：单相等效电路
phasor diagrams：相量图
phasor equivalents：等效相量
phasor-voltage equation：电压相量方程
power-factor angle：功率因数角
reactive power output：无功功率输出
real and reactive power control：有功和无功功率控制
rotor：转子
salient-pole machine：凸极电机
stator：定子
subtransient current：次暂态电流
synchronous generator equivalent circuits：同步发电机等效电路
synchronous impedance：同步阻抗
synchronous internal voltage：同步电势
synchronous motor equivalent circuits：同步电动机等效电路
terminal voltage *vs.* reactive power：端电压和无功功率
three-phase generator：三相发电机
transient current：暂态电流
two-pole machine：两极电机
underexcited region of operation：欠励磁运行区域

T

tap-changing-under-load（TCUL）transformer：有载调压变压器
Taylor's series expansion：泰勒级数展开

W

wide area measurements(WAMS)：广域测量
William Stanley：威廉·斯坦利
wind and solar generation：风能和太阳能发电

Y

Y and △ circuits：Y型和△型电路
line currents：线电流
line-to-line voltages：线电压
line voltages and currents：线路电压和电流
positive-and negative-sequence components：正序和负序分量
reference phase：参考相位
symmetrical impedances：对称阻抗
Y-△ transformers：Y-△型变压器
connection diagram：接线图
△-△ bank：△-△型
designation of lines：线路标记
line voltages and currents：线电压和电流
one-line diagram symbols：单线图符号
Y-△ bank，grounded Y：Y-△型变压器组，接地Y型
Y-△ bank，ungrounded Y：Y-△型变压器组，不接地Y型
Y-Y bank，both neutrals grounded：Y-Y型变压器组，全部中性点接地
Y-Y bank，one neutral grounded：Y-Y型变压器组，一个中性点接地
zero-sequence equivalent circuits：零序等效电路

Z

zones of protection：保护区域